Corporate Social Responsibility

Andreas Schneider • René Schmidpeter

Herausgeber

Corporate Social Responsibility

Verantwortungsvolle Unternehmensführung in Theorie und Praxis

Herausgeber

Mag. Andreas Schneider
Stabsabteilung Wirtschaftspolitik
der Wirtschaftskammer Österreich
Wiedner Hauptstraße 63
1045 Wien
Österreich
andreas.schneider@wko.at

Dr. René Schmidpeter
Ingolstadt/Bayern
Deutschland
rene.schmidpeter@gmx.de

Springer Gabler
ISBN 978-3-642-25398-0   e-ISBN 978-3-642-25399-7
DOI 10.1007/978-3-642-25399-7

Die Deutsche Nationalbibliothek verzeichnet diese Publikation in der Deutschen Nationalbibliografie; detaillierte bibliografische Daten sind im Internet über http://dnb.d-nb.de abrufbar.

Gedruckt auf säurefreiem und chlorfrei gebleichtem Papier

Springer Gabler ist eine Marke von Springer DE. Springer DE ist Teil der Fachverlagsgruppe Springer Science+Business Media
www.springer-gabler.de

Für unsere Familien,
wohl wissend, dass Zeit das Wichtigste ist,
was wir ihnen geben können!

Vorwort:
CSR eine neue Sichtweise auf Unternehmen?!

Kritiker des gegenwärtigen Wirtschaftssystems gibt es viele. Ebenso findet man immer noch Entscheidungsträger, die auch nach den Erfahrungen der jüngsten Finanz- und Wirtschaftskrisen so weitermachen wollen wie bisher. Eine Frage wird somit immer brennender: Brauchen wir ein neues Paradigma des Wirtschaftens oder müssen wir uns nur wieder auf die bereits jahrzehntelang praktizierten ökonomischen Rezepte verlassen? Zwischen dem Lager der Fundamentalkritiker und den reaktiven Nostalgikern öffnet sich ein stetig wachsendes Vakuum. Ein Raum, der Platz schafft für neues Denken, welches die Stärke der ökonomischen Perspektive mit den bereits praktizierten Managementansätzen des nachhaltigen Wirtschaftens verbindet. Ein Raum, in dem Wirtschaft und Gesellschaft keinen Gegensatz darstellen. Ein Raum, in dem Unternehmen eingebettet sind in ihr gesellschaftliches Umfeld und nur so erfolgreich agieren können. Immer mehr Gestalter aus Politik, Wirtschaft und Wissenschaft erkennen die Zeichen und Chancen der Zeit. Sie haben die Fehler der Vergangenheit identifiziert und arbeiten nun aktiv daran, die ursprüngliche Funktion des Unternehmers wieder zu beleben. Das klassische Gegensatzdenken hat sich selbst überlebt, es geht nicht um die Frage: Mehr Wettbewerb oder mehr Kooperation? Eine funktionierende Gesellschaft braucht beides. Vor allem aber braucht sie Vertrauen zwischen den Marktteilnehmern und eine unternehmerische Wertschöpfung, die sowohl den Unternehmern als auch der Gesellschaft zugutekommt.

Rückblickend gesehen hat die „Erfindung" des Unternehmens immer sowohl eine individuelle Komponente „Gewinn" (business case) als auch eine gesellschaftliche Funktion „Mehrwert für die Gesellschaft" (social case). Denn nur wenn Unternehmen auch Mehrwert für ihre Stakeholder schaffen, sind sie langfristig erfolgreich und somit für die Shareholder ein gutes Investment. Ein Blick in die Geschichte bestätigt, dass Unternehmen in Zeiten des Wandels immer ein großes Interesse an einem stabilen und funktionierenden gesellschaftlichen Umfeld hatten. Unternehmerische Investitionen in die Region und in nachhaltige Produkte und Dienstleistungen sind daher nicht nur ethischen, sondern immer auch unternehmerischen Interessen geschuldet. Denn: Was für die Gesellschaft gut ist, ist auch für das Unternehmen gut. Soll das Verhältnis zwischen Unternehmen und Gesellschaft als partnerschaftlich verstanden werden, muss der Slogan: „Geht's der Wirtschaft gut, geht's uns allen gut" auch vice versa „Geht's uns allen gut, geht's der Wirtschaft gut" und somit in einem Regelkreis gedacht werden. Geschieht dies nicht, fällt die Bedeutung eines intakten gesellschaftlichen Umfelds für die Unternehmen regelmäßig unter den Tisch.

Insbesondere kleine und mittlere Unternehmen (KMU) wissen am besten, dass es sich nur in einem intakten gesellschaftlichen Umfeld erfolgreich wirtschaften lässt. Die vielen kleinen und mittleren Unternehmen in Deutschland, Österreich und der Schweiz zeigen eindrücklich, wie durch gemeinsame Wertschöpfung sowohl für die Region als auch für das Unternehmen nachhaltiges Unternehmertum funktionieren kann. Im Gegensatz dazu zeigen die jüngsten Beispiele, dass Unternehmen, die ihre Kosten externalisieren und somit auf Kosten der Gesellschaft Gewinne erzielen (wie z. B. ENRON, Lehman Brothers, TEPCO, Gammelfleischproduzenten etc.), von der Gesellschaft abgestraft werden und so schnell für die Eigentümer zum Verlustgeschäft mutieren können. Insbesondere in Zeiten des Internets und aufgeklärter Konsumenten birgt die Externalisierung von Kosten ein stetig wachsendes Risiko für Unternehmen.[1] Zugleich werden durch derartige reaktive Unternehmensstrategien dringend notwendige Innovationen verabsäumt. Für solche Unternehmen besteht daher die reale Gefahr, im Wettbewerb mit innovativen und aktiv handelnden Unternehmen den Kürzeren zu ziehen.

Innovation und Veränderung sind die Zeichen der Zeit. Die Chance liegt darin, den gesellschaftlichen Mehrwert der eigenen Produkte und Dienstleistungen zu steigern und so den Wert des Unternehmens nachhaltig zu erhöhen. Das ist die „Corporate-Social-Responsibility-Antwort" auf die Frage nach unternehmerischer Exzellenz.[2] Ziel dieses Buches ist es, die Zeit der Orientierungslosigkeit in Politik und Wirtschaft als historisches „window of opportunity" zu nutzen und in unserer bewegten Zeit unter Einbezug einer breiten Expertise an den Managementmodellen der Zukunft zu bauen. Der Blick ist auf ein Geschäftsmodell gerichtet, welches sowohl für das Unternehmen als auch für sein Umfeld Nutzen stiftet („shared value"), wie es auch im Geiste der Gründer der sozialen Marktwirtschaft angedacht war.

Marktwirtschaft, Privatwirtschaft und Unternehmen sind meist die effizienteste Form, um Nutzen für andere und den Unternehmer selbst zu stiften. Dies ist die große Entdeckung von Adam Smith[3] und dies allein ist die Rechtfertigung dafür, dass wir einen Großteil unserer Produktion und Distribution in die Hände von Unternehmern legen. Verantwortungsvolles Unternehmertum schafft Vertrauen in unser Wirtschaftssystem, welches am Ende des Tages hohe Kooperationsgewinne für alle verspricht. Ziel unseres Wirtschaftssystems sollte es sein, die Kooperation aller sicherzustellen.[4] Der Wettbewerb und auch die Gewinnorientierung sind nur

---

[1] mündige und aufgeklärte Konsumenten im Sinne einer Consumer Social Responsibility sind daher ein wichtiger Lückenschluss für das verantwortungsvolles Unternehmertum und eine nachhaltige Gesellschaft; dies wird in der Diskussion um die Verantwortung von Unternehmen oft übersehen

[2] ein Faktum, das trotz oder gerade wegen Tom Peters' Bestseller „In Search of Excellence" oft vergessen wird

[3] als Moralphilosoph und Begründer der Ökonomie hat Adam Smith Wirtschaft und Gesellschaft „zusammen gedacht", jedoch wurde er oft – sowohl von Befürwortern als auch Kritikern – einseitig rezipiert, was im weiteren Verlauf der Diskussion und auch heute noch zu vielen Missverständnissen führte

[4] „Kooperation" in der Gesellschaft sicherzustellen, ist eine grundlegende Herausforderung für moderne Gesellschaften und damit Gegenstand der politischen Philosophie und der politischen Ökonomie

Mittel zum Zweck und kein Selbstzweck. Wettbewerb soll zur Kooperation und damit verbunden zu Kooperationsgewinnen führen. Wahre Leistungsträger behalten diesen Kontext bei ihren Entscheidungen im Blick. Die beste Strategie ist es daher, für Kooperationspartner (Kunden, Mitarbeiter etc.) so viel Nutzen wie möglich zu stiften, ohne anderen dabei zu schaden – und dies natürlich auf eine effiziente Art und Weise. Dies ist das Geheimnis erfolgreichen Unternehmertums, welches es zu vitalisieren gilt.

Dafür benötigen wir mehr Transparenz und faire Rahmenbedingungen. Dies hat nun, beschleunigt durch die jüngste Finanz- und Wirtschaftskrise, auch die Politik erkannt. Es besteht kein Zweifel mehr, dass wir die Rahmenbedingungen (insbesondere im Finanzsektor) neu gestalten und damit mehr Anreize für Nachhaltigkeit und faires Wirtschaften schaffen müssen. Nur so kann das Vertrauen in unser Wirtschaftssystem zurückgewonnen und den Fundamentalkritikern der Wind aus den Segeln genommen werden. Eine an Nachhaltigkeitskriterien orientierte Rahmenordnung macht unsere Wirtschaft nicht nur sozialer und ökologischer, sondern auch wettbewerbsfähiger und zukunftssicher. Denn von größerer Transparenz, Vertrauen und verantwortlichem Wirtschaften profitieren wir alle. Dies zeigen die Beiträge in diesem Buch eindrücklich. Aber die Publikation geht noch darüber hinaus: Sie zeigt, dass es längst nicht mehr um die Frage geht, *ob* sondern *wie* wir nachhaltig wirtschaften werden. Der gegenwärtig entstehende Diskussionsraum für neue Gedanken füllt sich bereits mit großer Geschwindigkeit. Dies zeigt sich an der Fülle der innovativen Buchbeiträge. Unser herzlicher Dank gilt daher an erster Stelle allen 67 Autoren aus Deutschland, Österreich, der Schweiz, Südtirol und den USA für insgesamt 50 außergewöhnliche Beiträge. Die vielen positiven Rückmeldungen zu diesem Buchprojekt waren für uns ein enormer Ansporn und Motivation zugleich.

Unser Dank gilt dabei nicht nur den vorausdenkenden Professoren, sondern auch den vielen Nachwuchswissenschaftlern, die ihre Lebenszeit dem Dienst der „gedanklichen" Veränderung und der Theorienentwicklung für die Zeit nach der Krise widmen. Hoffnung gibt auch die breite Bereitschaft der Politik, sich des Themas „gesellschaftliche Verantwortung von Unternehmen" anzunehmen und aktiv an der Gestaltung von nachhaltigen Rahmenbedingungen zu arbeiten. Unser Dank gilt hier sowohl den beteiligten politischen Vordenkern als auch ihren Mitarbeitern in den Ministerien und in der öffentlichen Verwaltung. Sie alle suchen den Schulterschluss mit der Wirtschaft, um dem Paradigma der Nachhaltigkeit zum Durchbruch zu verhelfen und gemeinsam in Partnerschaft mit der Zivilgesellschaft und der Wirtschaft neue Lösungen für die Zukunft zu entwickeln.

Und danken möchten wir auch all' jenen Unternehmern, die trotz des globalen Wettbewerbs stetig nach Produkten und Dienstleistungen streben, die sowohl ihnen als auch ihrem Umfeld zugutekommen. Unternehmer, die erkannt haben, dass sie einen wichtigen Beitrag für unser aller Wohl liefern, indem sie innovative Ideen umsetzen, und die Mehrwert schaffen, indem sie helfen gesellschaftliche Probleme zu lösen. Die vorliegende Publikation wurde erst durch dieses gelebte Unternehmertum ermöglicht. Denn die beteiligten Unternehmen liefern nicht nur tagtäglich den praktischen Beweis, dass Corporate Social Responsibility mehr als ein Feigenblatt ist, sondern sie haben sich sowohl intellektuell als auch finanziell am Entstehen dieses Werkes beteiligt. Unser Dank gilt an dieser Stelle allen Sponsoren, die ihr Engagement nicht nur durch monetäre Zuwendungen, sondern insbesondere durch eine im Kerngeschäft gelebte Praxis verwirklichen. Dank gilt auch den Verantwortlichen der Wirtschaftskammer Österreich, die seit Jahren mit viel Zeit- und Finanzaufwand das Thema CSR unterstützen.

Danken möchten wir auch dem Springer-Verlag, namentlich Frau Dr. Bihn und Herrn Bursik für das entgegengebrachte Vertrauen und die professionelle Begleitung. Und last but not least danken wir unseren Familien für ihre Geduld, Kraft und Unterstützung, ohne die das Buchprojekt nicht möglich gewesen wäre.

Die Arbeit an dieser Publikation hat uns gezeigt, dass allen an dieser Publikation Beteiligten eines gemeinsam ist: Sie haben erkannt, dass die gegenwärtigen Probleme nur vereint gelöst werden können. Corporate Social Responsibility ist ein wichtiger Beitrag hierbei und wird in Zukunft sowohl im wirtschaftlichen als auch gesellschaftspolitischen Handeln ein nicht mehr wegzudenkendes Konzept sein. Mit dieser Erkenntnis möchten wir Sie nun auf den Weg schicken und wünschen Ihnen viel Freude und Inspiration mit diesem Buch. Mögen Sie aus den einzelnen Beiträgen möglichst viele Anregungen und Bausteine zum Aufbau eines neuen Wirtschafts-, Gesellschafts- und Politikmodells gewinnen und diese erfolgreich in Ihrem Umfeld umsetzen.

Mag. Andreas Schneider   Dr. René Schmidpeter

Wien und Berlin im Jänner/Januar 2012

Inhaltsverzeichnis

CSR Diskurse und Perspektiven

CSR Managementansätze

Integration von CSR in die Unternehmensbereiche

CSR aus der Praxis

Dr. Ursula von der Leyen

Bundesministerin für Arbeit und Soziales der Bundesrepublik Deutschland

Grußwort

Verantwortliche Unternehmensführung ist kein Schönwetterthema, sondern ein echter Erfolgsgarant. Der Lohn einer mitarbeiterorientierten Personalpolitik zum Beispiel ist eine motivierte, produktive Belegschaft; Angebote zur Vereinbarkeit von Beruf und Familie und zur Förderung älterer Beschäftigter helfen, den Fachkräftebedarf zu sichern; Energiesparmaßnahmen schonen nicht nur natürliche Ressourcen, sondern senken auch Produktionskosten. Deshalb gehört verantwortliches Handeln bei vielen Unternehmen zum Kerngeschäft.

Dies unterstützt die deutsche Bundesregierung nach Kräften. Daher haben wir im Herbst 2010 die „Nationale Strategie zur gesellschaftlichen Verantwortung von Unternehmen" beschlossen. Unser besonderes Augenmerk liegt auf dem Mittelstand: Denn nicht alle Mittelständler sind in der Lage, die nötigen Schritte zu einer verantwortungsvollen CSR-Politik aus eigener Kraft zu gehen.

Mit dem Programm „Gesellschaftliche Verantwortung im Mittelstand" fördern wir die CSR-Beratung für Geschäftsführungen, Beschäftigte und Belegschaftsvertreter/innen kleiner und mittlerer Unternehmen.

Das ist eine von 50 Maßnahmen des deutschen Aktionsplans CSR. Dieser Aktionsplan stärkt CSR in Bildung, Qualifizierung, Wissenschaft und Forschung, auch internationale und entwicklungspolitische Ziele nimmt er fest in den Blick.

Wie wichtig ist Vertrauen für die nachhaltige Wertschöpfung? Was zeichnet den ehrbaren Kaufmann aus und gibt es ihn auch heute noch? Welche Rolle haben die OECD-Leitsätze oder die neue Norm ISO 26.000 für die CSR-Arbeit?

Dieses Buch nimmt Theorie und Praxis verantwortlicher Unternehmensführung in den Blick. Auch internationale Perspektiven kommen nicht zu kurz. Es hat viele aufmerksame Leserinnen und Leser verdient, weil es kompetente Antworten gibt.

Ursula von der Leyen

Dr. Michael Spindelegger

Vizekanzler und Bundesminister für europäische und internationale Angelegenheiten
der Republik Österreich

Grußwort

Der im Österreich der 1980er Jahre geprägte Begriff der ökosozialen Marktwirtschaft
ist zwischenzeitlich zu einem wichtigen Bestandteil des europäischen Sozialmodells
geworden. Zentrales Element der ökosozialen Marktwirtschaft ist das Konzept der
sozialen Verantwortung der Unternehmen *(Corporate Social Responsibility)*. Auch
über die Grenzen Europas hinaus ist man sich heute der Bedeutung des konstruktiven
Engagements der Unternehmen für soziale und ökologische Anliegen im Interesse der
Förderung von nachhaltigem Wirtschaftswachstum und Wohlstand bewusst.

Unternehmerische Verantwortung darf aber nicht auf soziale und ökologische
Aspekte begrenzt sein. Während im vorigen Jahrhundert insbesondere die soziale Komponente die wohl größte Herausforderung darstellte, stehen heute Fragen des Bildungs-
zuganges, der Gesundheitsversorgung sowie der Integration im Vordergrund. Diese
neuen Herausforderungen sind auch für die nächsten Generationen bestimmend und
gehören zu den zentralen Aufgaben einer verantwortungsvollen Unternehmensführung.

Die soziale Verantwortung von Unternehmen ist heute Teil der Diskussion über
nachhaltige Entwicklung und Wettbewerbsfähigkeit in Europa und Bestandteil der
Europa-2020-Strategie für intelligentes, nachhaltiges und integratives Wachstum.
Diese Strategie hat vor allem die Förderung von Forschung und Entwicklung, von
Hochschulbildung und lebenslangem Lernen, von gesellschaftlicher Integration und
von umweltfreundlichen Technologien zum Ziel.

Die Europäische Union hat damit ein starkes Zeichen gesetzt und die Förderung
der sozialen Verantwortung von Unternehmen zu einem wichtigen und zentralen
Anliegen gemacht. Europäische Unternehmen sind in vielen Regionen der Welt tätig und leisten schon jetzt mit ihrem sozialverantwortlichen Engagement einen wesentlichen Beitrag zu nachhaltigem Wirtschaftswachstum und zur Verwirklichung der
Millenniumsentwicklungsziele der Vereinten Nationen.

Michael Spindelegger

Dr. Reinhold Mitterlehner
Bundesminister für Wirtschaft, Familie und Jugend der Republik Österreich

Grußwort

Verantwortungsvoll agierende Unternehmen sind ein wichtiger Teil des gesellschaftlichen Kapitals Österreichs und ein starker Erfolgsfaktor für den Wirtschaftsstandort. Denn eine verantwortungsvolle Unternehmensführung trägt nicht nur zu einem steigenden Vertrauen der Bevölkerung in die Wirtschaft bei, sondern auch zum betriebswirtschaftlichen Erfolg. Gleichzeitig wird dadurch der internationale Stellenwert des Standorts Österreich nachhaltig gestärkt.

Österreichische Unternehmen sind sich ihrer Verantwortung wohl bewusst. Wichtig ist jetzt, das öffentliche Bewusstsein für dieses Thema weiter zu verankern und Österreich auch international noch stärker als Vorreiterland zu positionieren. Daher unterstützt das Wirtschaftsministerium Initiativen wie die erfolgreiche Plattform „respACT – austrian business council for sustainable development" und den TRIGOS-Award, eine Auszeichnung für verantwortungsvoll agierende österreichische Unternehmen, die im Jahr 2011 bereits zum achten Mal vergeben wurde.

Auf internationaler Ebene haben sich die vom OECD-Ministerrat im Mai 2011 angenommenen überarbeiteten Leitsätze für multinationale Unternehmen und der UN Global Compact als führende Instrumente in diesem Bereich etabliert.

Mit diesem Band liegt nun eine umfassende Auseinandersetzung mit den Inhalten und Anwendungsfeldern von Corporate Social Responsibility vor. Mein Dank gilt den Initiatoren und Autoren, die durch ihre vielfältigen Beiträge dazu beitragen, das Verständnis für die Bedeutung dieses wichtigen Themas weiter zu vertiefen.

Reinhold Mitterlehner

Rudolf Hundstorfer

Bundesminister für Arbeit, Soziales und Konsumentenschutz der Republik Österreich

Grußwort

Der Begriff Corporate Social Responsibility gewinnt auf internationaler, europäischer und nationaler Ebene zunehmend an Bedeutung. Durch unterschiedlichste Aktivitäten in diesem Bereich machen Unternehmen und Organisationen auf sich aufmerksam, wobei meist eine Verbesserung ihres Images im Vordergrund steht. CSR ist jedoch mehr als ein Marketinginstrument oder punktuelles Engagement. Vielmehr müssen sich Unternehmen und Organisationen ihrer Verantwortung für ihr soziales Umfeld bewusst werden und diese umfassend wahrnehmen. Die Bewältigung gesellschaftlicher Probleme kann nur gelingen, wenn Politik und Wirtschaft gleichermaßen ihren Beitrag leisten. Insbesondere in Bezug auf die Beseitigung der Ursachen von Armut und den Erhalt und Ausbau sozialer Sicherheit sind Unternehmen und Organisationen gefragt, existenzsichernde Beschäftigungs- und Ausbildungsmöglichkeiten zu schaffen.

Soziale Verantwortung muss ganzheitlich in allen Dimensionen der Nachhaltigkeit gelebt werden. Es gilt, Menschenrechte entlang der gesamten Wertschöpfungskette einzuhalten und zu fördern und eine diskriminierungsfreie, von Respekt und Wertschätzung gegenüber den Mitmenschen geprägte Unternehmens- bzw. Organisationskultur zu etablieren. Grundlegend sind in diesem Zusammenhang soziale Maßnahmen zu nennen, die deutlich über gesetzliche Bestimmungen hinausgehen und beispielsweise die Verbesserung der Arbeitsbedingungen oder die Förderung von sozial benachteiligten Gruppen zum Ziel haben. CSR-Engagement muss transparent und vergleichbar sein und unter Einbindung aller Anspruchsgruppen nach klaren Regeln ablaufen. An dieser Stelle nimmt die Politik eine wichtige Rolle ein, indem sie nicht nur Anreize für Unternehmen und Organisationen setzt, sondern auch einheitliche Rahmenbedingungen für CSR-Aktivitäten festlegt.

Rudolf Hundstorfer

DI Nikolaus Berlakovich

Bundesminister für Land- und Forstwirtschaft, Umwelt und Wasserwirtschaft
der Republik Österreich

Grußwort

Österreichs Know-how im Bereich Umwelttechnologie ist international gefragt. Die positive Entwicklung in diesem Bereich zeigt, dass der Umweltsektor wieder an die Entwicklung vor der Wirtschaftskrise angeschlossen hat. Es ist uns gelungen, diese Entwicklung mit gezielten Förderungen maßgeblich zu forcieren. Für Wirtschaft und Klimaschutz sind green jobs ein Wachstumsmotor. Jede Investition in den Ausbau von green jobs bringt mehr Klimaschutz, mehr Erneuerbare Energie, Wirtschaftswachstum und Aufschwung. Jeder investierte Euro in die Umweltwirtschaft bringt Vorteile für die Menschen, den Klimaschutz und die Wirtschaft. Bereits jetzt wird in Österreich jeder zehnte Euro mit der Umwelt verdient. Bis 2020 können 100.000 neue green jobs in den Schlüsselbereichen entstehen. Daher forciere und fördere ich auch weiterhin den Ausbau dieses Arbeitsmarktes. Das Lebensministerium kann dazu bereits viele Erfolge vorweisen: Mit dem Masterplan green jobs, mit der Förderoffensive zur thermischen Sanierung und der Umweltförderung im Inland genauso wie mit den Programmen im Klima- und Energiefonds. Mit der Klimaschutzinitiative klima:aktiv, der green jobs-Qualifizierungsoffensive und gezielten Förderaktionen zum Einsatz erneuerbarer Energie setze ich darüber hinaus punktgenaue Maßnahmen. Gemeinsam arbeiten wir daran, heute das Know-How für das Energiesystem von morgen zu schaffen. Das ist ein weiterer wichtiger Schritt auf unserem Weg in die Energieautarkie. Davon profitieren gleichermaßen Klima- und Umweltschutz sowie die heimische Wirtschaft. Und damit beweisen wir, dass wir unsere Verantwortung wahrnehmen.

Niki Berlakovich

Dr. Christoph Leitl

Präsident der Wirtschaftskammer Österreich

Erfolg und Verantwortung gehören zusammen

Erfolgreiche Unternehmen brauchen eine intakte Gesellschaft und stabile Politikverhältnisse – stabile Politikverhältnisse und eine intakte Gesellschaft brauchen erfolgreiche Unternehmen. „Verantwortungsvolle Unternehmensführung" – CSR, als essentieller Beitrag der Unternehmen zur nachhaltigen Entwicklung, rückt immer stärker in den Mittelpunkt der politischen Diskussion. Aus der Erkenntnis heraus, dass Politik, Zivilgesellschaft und Wirtschaft nur gemeinsam die gewaltigen Herausforderungen der Gegenwart nachhaltig bewältigen können, um die Zukunft für nachfolgende Generationen nicht zu gefährden.

CSR-Lösungen stiften gesellschaftlichen Nutzen und Mehrwert durch effektive und innovative unternehmerische Lösungen direkt an den Problemfeldern. Gerade dieses Schaffen von gesellschaftlichem Mehrwerts war und ist die zentrale Triebfeder des unternehmerischen Handelns. CSR als strategisches Managementkonzept hilft dabei, die jahrhundertelange Tradition der gesellschaftlichen Verantwortung mit der modernen Geschäftswelt zu vereinbaren. Entscheidend für die Erzielung von gesellschaftlichem und wirtschaftlichem Mehrwert ist, dass CSR mit dem Kerngeschäft des Unternehmens und dessen Anspruchsgruppen strategisch verknüpft ist.

Neben Verantwortung ist Vertrauen bei CSR von zentraler Bedeutung. Verantwortungsvolle Unternehmensführung ist auch eine vertrauensbildende Maßnahme und daher essentiell für den Fortschritt und die Zukunftsfähigkeit einer Gesellschaft und damit eines Wirtschaftsstandortes.

Wirtschaft und Gesellschaft sind heutzutage mehr denn je aufeinander angewiesen. Nicht zuletzt deshalb stieg in den vergangenen Jahren in der österreichischen Wirtschaft das Bewusstsein dafür, dass ökonomischer Erfolg, gesellschaftliche Verantwortung und umfassender Umweltschutz kein Widerspruch sein müssen, sondern in einer WIN-WIN-WIN Situation das Wirtschaftswachstum fördern, die Wettbewerbsfähigkeit steigern und gleichzeitig das Vertrauen zwischen Wirtschaft und Gesellschaft stärken können.

Christoph Leitl

Dr. Martin Wansleben

Hauptgeschäftsführer des Deutschen Industrie- und Handelskammertages (DIHK)

Verantwortungsvolle Unternehmensführung als Leitbild der Sozialen Marktwirtschaft

Unser wirtschaftspolitischer Ordnungsrahmen orientiert sich am Prinzip der Freiheit in Verantwortung. Neben der individuellen Verantwortung des Einzelnen kommt der Verantwortung der Institutionen, nicht zuletzt der Unternehmen, eine große Bedeutung zu. Eine solche Kultur zu leben, bedeutet für Unternehmer und Manager, sich zu ihrer wirtschaftlichen, sozialen und ökologischen Verantwortung im betrieblichen Kerngeschäft zu bekennen.

Dabei ist der Grundsatz von Vertrauen und Glaubwürdigkeit zentral. Das hat uns die globale Finanzmarktkrise gezeigt. Sie hat verdeutlicht, dass die Fokussierung auf kurzfristige Gewinne die Glaubwürdigkeit der sozialen Marktwirtschaft erschüttert. Erforderlich ist eine Besinnung der am marktwirtschaftlichen Geschehen beteiligten Gruppen auf die gesellschaftlichen Grundwerte: Verantwortung, Nachhaltigkeit und Solidarität müssen die Richtschnur wirtschaftlichen und politischen Handelns sein. Das Leitbild des Ehrbaren Kaufmanns ist dabei ein wichtiger Orientierungsrahmen für Unternehmer. Anstand, Ehrlichkeit, Verlässlichkeit sowie die Aus- und Weiterbildung der Belegschaft sind Vermögenswerte, die die Grundlage für zukünftige Geschäfte bieten. Verantwortliche Gewinnerzielung ist im gesellschaftlichen Interesse, schafft Wohlstand und sichert Arbeitsplätze. In der Diskussion um Unternehmensverantwortung geht es deshalb nicht um die Frage, ob Gewinne erzielt werden, sondern um das Wie.

Unsere freiheitliche Gesellschaft ist darauf angewiesen, Vertrauen zu schaffen – Corporate Social Responsibility ist ein hierbei wichtiger Weg, um Vertrauen zu bilden und Transaktionskosten zu senken.

Martin Wansleben

Wir danken den nachstehenden Sponsoren, die das „CSR-Standardwerk" finanziell unterstützt und damit die Realisierung des Buchprojektes ermöglicht haben.

www.fairantwortung.at

Hinweise:
Die Herausgeber möchten darauf hinweisen, dass aus Gründen der einfacheren Lesbarkeit sowie sprachlichen Ästhetik auf die geschlechtsneutrale Differenzierung (z.B. Teilnehmer und Teilnehmerinnen) weitgehend verzichtet wurde. Entsprechende Begriffe gelten selbstverständlich für beide Geschlechter.

Die Buchbeiträge geben die persönliche Meinung der Autoren wieder, die sich nicht mit jener ihrer Organisationen bzw. Arbeitgeber decken muss.

Die sprachliche Textkorrektur wurde durchgeführt von:
Fa. Binder International – Übersetzungsbüro OnlineLingua
Emanuel Binder und Lucie Pavlickova – www.onlinelingua.at

Für Anregungen und Hinweise können Sie die Herausgeber unter
andreas.schneider@wko.at bzw. rene.schmidpeter@gmx.de kontaktieren.

Unternehmerische Verantwortung – Hinführung und Überblick über das Buch

René Schmidpeter

Die Diskussion um die gesellschaftliche Verantwortung von Unternehmen („Corporate Social Responsibility" – CSR) ist im vollen Gange. Unternehmensvorstände, Politiker und Wissenschaftler debattieren über die Verantwortungsübernahme von Unternehmen und darüber, wie nachhaltiges Wirtschaften zur Lösung der gegenwärtigen gesellschaftlichen Herausforderungen beitragen kann, aber auch wie es hilft die Wettbewerbsfähigkeit zu verbessern. In den Medien werden mit wachsender Verbreitung des Konzeptes immer öfter verantwortungsvolle Unternehmen und ihre Managementansätze vorgestellt. Dabei wird sowohl der Nutzen für das Unternehmen als auch für die Gesellschaft erörtert. Die Diskussion um CSR hat sich so in den letzten Jahren zu einem der wichtigsten Brennpunkte in der Managementlehre sowie in verschiedenen gesellschaftspolitischen Debatten entwickelt.

Die nachfolgenden Kapitel dieses Buches dokumentieren den aktuellen Status quo dieser Diskussion und ermöglichen so allen interessierten Beobachtern einen umfassenden Einstieg in das Thema bzw. eine gezielte Vertiefung des bereits vorhandenen Wissens. Es wird bewusst ein Brückenschlag zwischen verschiedenen wissenschaftlichen Disziplinen, gesellschaftlichen Bereichen und Meinungen hergestellt. Die Diskussion um CSR ist nach wie vor sehr dynamisch, so dass alle Definitionsversuche und Beiträge eine Momentaufnahme darstellen. Das heißt insbesondere auch, dass der Leser nicht aus seiner Verantwortung entlassen wird, selbst diejenigen Gedanken aufzugreifen, die ihm wichtig erscheinen. Es bleibt explizit in der Verantwortung des Lesers, die vorgestellten Theorien, Konzepte und Anwendungsbeispiele in seinen je eigenen Kontext zu transferieren und daraus für sich stimmige Handlungsstrategien zu entwickeln. Dazu will die Publikation das notwendige Rüstzeug liefern: Beiträge, die aufgrund weitreichender Praxiskenntnisse bzw. tiefgründiger Theoriearbeit entstanden sind. Sie will so einen Status quo schaffen, hinter den die aktuelle Diskussion nicht mehr zurückfallen sollte.

1 Theoretische Grundlagen einer verantwortungsvollen Unternehmensführung

Im ersten Teil des Buches werden die theoretischen Grundlagen einer verantwortungsvollen Unternehmensführung dargelegt. Jede Perspektive erfasst dabei nur einen je eigenen, ausgewählten Teil des Konzeptes CSR. Die verschiedenen Perspektiven erzeugen sozusagen unterschiedliche Schnitte durch die Realität und generieren aufgrund ihrer verschiedenen Standpunkte jeweils genuine Erkenntnisse (siehe Abbildung 1). Die in dieser Publikation aufgenommenen Beiträge stehen exemplarisch für viele weitere Standpunkte, die in der Diskussion eingenommen werden können, und zeigen zugleich, dass schon jetzt eine breite, interdisziplinäre Grundlage für die Diskussion der unternehmerischen Verantwortung existiert.

Gleich zu Beginn stellt Andreas Schneider in seinem Beitrag das Zukunftskonzept CSR mittels eines Reifegradmodells – exemplarisch für die nachfolgenden Beiträge – dar. Er skizziert sowohl die Grenzen als auch die Chancen der Diskussion, indem er mittels eines integrativen Ansatzes die verschiedenen Diskussionsstränge der CSR- und Nachhaltigkeitsdebatte zusammenführt und systematisiert.

Ergänzt werden diese übersichtsartigen Gedanken durch die Ausführungen des Arbeitskreises Nachhaltige Unternehmensführung der Schmalenbach-Gesellschaft für Betriebswirtschaft e.V. Diese hat sich, aufbauend auf einer Analyse der Entwicklung des CSR-Konzeptes sowie durch eine Befragung von 228 Vertretern aus Wirtschaft, Politik, Wissenschaft und Zivilgesellschaft, dem Thema Verantwortung phänomenologisch bzw. lexigraphisch genähert. Die gesammelten Antworten der befragten Personen zeigen, dass die Präsenz von CSR in Führungsetagen stetig steigt und nachhaltige Unternehmensführung als „ein langfristig ausgerichtetes, wertebasiertes und gegenüber Mensch und Umwelt Verantwortung forderndes, gelebtes Konzept" beschrieben werden kann.

Teil 1: Theoretische Ansätze

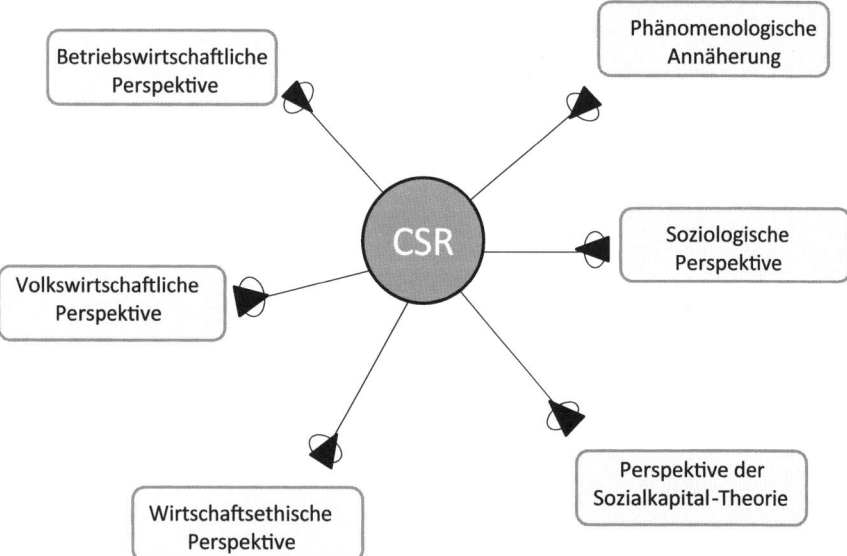

Abb. 1: Übersicht zum ersten Teil der Publikation

Andreas Suchanek liefert mit seinem Beitrag eine wirtschaftsethische Fundierung der gegenwärtigen Diskussion um CSR. Die goldene Regel „Investiere in die Bedingungen der gesellschaftlichen Zusammenarbeit zum gegenseitigen Vorteil" ist für ihn tragendes Fundament der Diskussion um die gesellschaftliche Verantwortung von Unternehmen. Dabei ist insbesondere „Vertrauen" für Unternehmen ein zentraler „Vermögenswert", wenn es um nachhaltige unternehmerische Wertschöpfung geht.

Philipp Schreck führt in seinem Beitrag weitere betriebswirtschaftliche Überlegungen dazu aus. Dabei geht er der Frage nach, ob Unternehmen aus genuin ökonomischen Gründen an CSR interessiert sind („business case"). Er liefert in seinem Beitrag ergänzend – neben den von anderen vorgebrachten normativen Begründungen – ökonomische Gründe, warum Unternehmen sich aus eigenem Interesse heraus gesellschaftlich engagieren.

Gottfried Haber und Petra Gregorits flankieren diese betriebswirtschaftlichen Überlegungen durch eine volkswirtschaftliche Wertschöpfungsanalyse zum gesellschaftlichen Engagement von Unternehmen. Basierend auf einer empirischen qualitativen und quantitativen Befragung österreichischer Unternehmer zeigen sie auf, dass CSR bereits eine breite Umsetzung in der Praxis erfährt und dadurch einen wichtigen Beitrag zur gesamtwirtschaftlichen Wertschöpfung leistet.

Im Anschluss daran weisen Holger Backhaus-Maul und Martin Kunze auf die soziologische Dimension des Themas „Unternehmerische Verantwortung" hin. Ihr Beitrag verdeutlicht, dass neben der Betriebswirtschafts- und Volkswirtschaftslehre auch die Soziologie das Thema „Gesellschaftliche Verantwortung von Unternehmen" diskutiert. Neben den wirtschaftlichen Kalkülen sind es hier insbesondere die soziokulturellen Einflüsse, die auf die Entwicklung von Wirtschaft und Unternehmen wirken. Die Soziologie unterstreicht, dass das komplexe Wechselverhältnis – „Unternehmen als Teil der Gesellschaft" und „die Gesellschaft als Teil von Unternehmen" – entscheidend für die Konzeption der „Verantwortung von Unternehmen" ist.

Abgerundet wird der erste Teil von André Habisch und Christoph Schwarz, welche die Investitionen von Unternehmen in das regionale Umfeld bzw. in die Verbesserung der Bedingungen des eigenen Handelns als „Investition in Sozialkapital" beschreiben. In ihrem Artikel fokussieren sie dabei insbesondere auf das gesellschaftliche Engagement („Corporate Citizenship") von Unternehmen und legen dar, wie Unternehmen durch Partnerschaft mit anderen Akteuren (Bildungseinrichtungen, Verwaltung etc.) Mehrwert für die Gesellschaft und für sich selbst generieren können.

2 CSR Diskurse und Perspektiven

Der zweite Teil dient dazu, dem Leser aufzuzeigen, dass die Diskussion um CSR nicht im luftleeren Raum geführt wird. Vielmehr gibt es viele an die CSR-Diskussion anschließende Diskurse und weiterführende Perspektiven (siehe Abbildung 2).

Die in diesem Teil versammelten Beiträge haben alle eines gemeinsam: Sie liefern wichtige Ergänzungen bzw. Einwände zur aktuellen CSR-Diskussion.

Allen voran fordern Michael Porter und Mark Kramer, dass im Kern des neuen Paradigmas der Managementwissenschaft das Konzept des „Shared Value" stehen sollte. Sie unterstreichen damit, dass die Übernahme von gesellschaftlicher Verantwortung eine fundamentale Veränderung der Unternehmensstrategie impliziert. Für den Erfolg der CSR-Diskussion bedeutet dies, nicht länger auf das Trade-off zwischen Unternehmensinteressen und gesellschaftlichen Interessen zu fokussieren, sondern eine unternehmerische und zugleich gesellschaftliche Wertschöpfung in allen Unternehmensprozessen zu verfolgen.

Thomas Beschorner und Christoph Schank entwickeln in ihrem Beitrag das Konzept eines guten Unternehmerbürgertums, in dem Unternehmen sich als integraler Bestandteil der Gesellschaft verstehen und dabei gesellschaftliche Ansprüche nicht abwehren, sondern antizipativ zu erfüllen suchen. Konsequent weitergedacht, bedeutet dieser Ansatz nicht nur Verpflichtungen für Unternehmen, sondern ist zugleich auch ein Mandat für eine proaktive Gestaltung der Gesellschaft durch Unternehmen.

Teil 2: Diskurse und Perspektiven

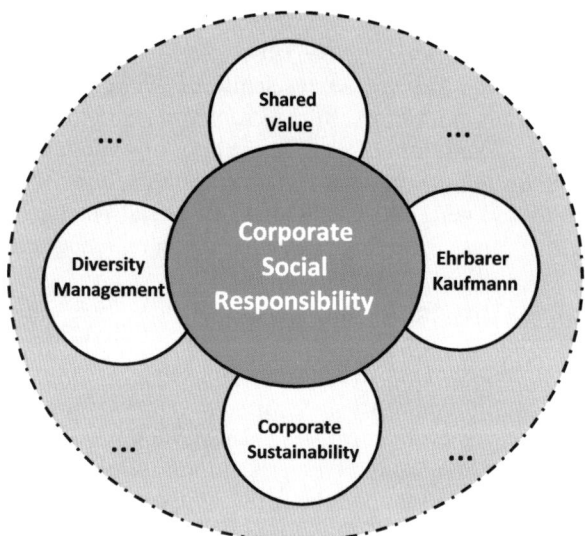

Abb. 2: Übersicht zum zweiten Teil der Publikation

Dass Unternehmen die nachhaltige Entwicklung nicht „nicht beeinflussen" können, zeigt Stefan Schaltegger in seinem Beitrag auf. Er erwartet von einem nachhaltigen Unternehmer, dass er „unnachhaltige" Verhältnisse als Anlass zur Schaffung neuer, nachhaltiger Produktions- und Dienstleistungsangebote nimmt, die die bisherigen Strukturen ersetzen und diese unattraktiv oder gar obsolet machen. Er fokussiert dabei auf die Frage, ob unternehmerische Verantwortung freiwilliger Zusatz ist oder zum grundsätzlichen Geschäftskern gehören sollte.

Edeltraud Hanappi-Egger macht mit ihrem Beitrag deutlich, dass es neben der CSR-Diskussion weitere Managementansätze gibt, die ähnliche bzw. komplementäre Zielsetzungen verfolgen. Sie beschreibt die Unterschiede und Gemeinsamkeiten zwischen CSR und Diversitätsmanagement und zeigt, dass der Austausch von Lernerfahrungen aus unterschiedlichen Managementdiskursen bereichernd sein kann. Insbesondere die Erfahrungen des Diversitätsmanagements mit betriebsinterner Legitimierung von Aktivitäten innerhalb der betriebswirtschaftlichen Logik können die CSR-Diskussion befruchten.

Clemens Sedmak argumentiert aus der Perspektive einer humanen Marktwirtschaft für das Prinzip Menschlichkeit. Er schreibt den Unternehmen ein Verantwortungsprivileg zu und deutet dabei unternehmerisches Handeln als das Stellen der richtigen Fragen einerseits sowie das Geben von menschengemäßen Antworten auf diese Fragen andererseits. Dieses Privileg von Unternehmen ist für sie zugleich die Pflicht, an einer Wirtschaft mit menschlichem Antlitz mitzubauen.

Anna Maria Pircher-Friedrich und Rolf Klaus Friedrich unterstreichen in ihrem Beitrag, dass die aktuellen Entwicklungen von Unternehmern nicht nur bessere Managementinstrumente, sondern vor allem eine permanente Entwicklung der eigenen Persönlichkeit erfordern. Für sie geht es nicht darum, was Manager „anders machen" können, sondern vielmehr darum, wie sie „anders sein" können. Denn das wichtigste Führungsinstrument ist für sie die Persönlichkeit.

Joachim Schwalbach und Daniel Klink zeigen in ihrem Beitrag auf, dass der „Ehrbare Kaufmann" als nachhaltig wirtschaftender Akteur sowohl das ursprüngliche Leitbild der Betriebswirtschaftslehre als auch die individuelle Verantwortungskategorie im CSR-Diskurs darstellt. Sie weisen nach, dass auf der individuellen Ebene das Streben nach verantwortungsbewusstem Handeln bis in die Antike zurückreicht. Sie ergänzen mit ihrer Perspektive die Frage nach der institutionellen Ausgestaltung von Verantwortung um die Frage nach der individuellen Verantwortungsübernahme im CSR-Diskurs.

3 CSR Managementansätze

Nachdem in den ersten beiden Teilen besonders theoretische Überlegungen im Mittelpunkt standen, setzt sich der dritte Teil mit Erfahrungen der Implementation von CSR auseinander (siehe Abbildung 3).

Karin Gastinger und Philipp Gaggl beschreiben CSR als einen Managementansatz, in welchem finanzielle und nicht-finanzielle Werte in einem Unternehmen verankert werden. Sie zeigen auf, wie Unternehmen, die vor großen Nachhaltigkeits-Herausforderungen stehen, ihr Management vom Quartalsdenken hin zur Langfristplanung gestalten können.

Maud H. Schmiedeknecht und Josef Wieland liefern Hintergründe zur ISO 26.000, welche einen Orientierungsrahmen für die Wahrnehmung und Gestaltung gesellschaftlicher Verantwortung von Organisationen gibt. Sie gehen dabei der Frage nach, welche Konsequenzen die ISO 26.000 für Unternehmen haben wird und welche Auswirkungen sich daraus für die Umsetzung von Corporate Social Responsibility ergeben.

Welche Bedeutung eine nachhaltige Wertschöpfungskette für das Thema CSR hat und wie eine solche aufgebaut werden kann, zeigt Otto Schulz in seinem Beitrag auf. Für ihn geht Nachhaltigkeitsmanagement über CO_2-Reduktion, soziales Engagement und Klimaschutz hinaus. Vielmehr geht es für ihn um eine integrierte Steuerung des Unternehmens im Sinne eines „Triple Bottom Line"-Ansatzes entlang der gesamten Wertschöpfungskette.

Teil 3: Managementansätze

Ethische Interventionen
CSR – Integration in das Management
Strategische Implementierung von CSR im KMU
Nachhaltige Wertschöpfungsketten
ISO 26.000: 7 Grundsätze und 6 Kernthemen
Corporate Social Responsibility als Managementansatz

Abb. 3: Übersicht zum dritten Teil der Publikation

Dass CSR sowohl für Großunternehmen als auch kleine und mittlere Unternehmen gleichermaßen relevant ist, zeigen die Ausführungen von Ulrike Gelbmann und Rupert J. Baumgartner. Durch die strategische Weiterentwicklung ihrer gesellschaftlichen Verantwortung können insbesondere KMUs ihr gesellschaftliches Potenzial weiter ausbauen und gleichzeitig ihre Wettbewerbsfähigkeit steigern.

Im Anschluss daran erörtern Bettina Lorentschitsch und Thomas Walker, wie man CSR ganzheitlich in das Management von Unternehmen integrieren kann. Dazu ergänzen sie das St. Gallener Managementkonzept um die Dimension der Verantwortung. Als Ergebnis präsentieren sie einen CSR-Leadership- und Managementprozess, der ein integratives CSR-Management ermöglichen soll.

Aufbauend darauf skizziert Thomas Walker die Brücke zwischen dem beschriebenen Managementansatz und den beteiligten Menschen. Er zeigt Möglichkeiten der ethischen Intervention auf, um die Prozesse im Unternehmen im Rahmen selbststeuernder Netzwerke in Richtung mehr Verantwortung und Menschlichkeit zu lenken.

4 Integration von CSR in die Unternehmensbereiche

Der vierte Teil hat das Ziel, die Integration von CSR in verschiedene Unternehmensbereiche aufzuzeigen (siehe Abbildung 4). Da es sich bei CSR um ein Querschnittsthema handelt, sind alle Unternehmensbereiche in der Umsetzung gefordert. Dafür ist jedoch wichtig, dass die unternehmensstrategische Dimension von CSR insbesondere vom Vorstand erkannt und in allen Unternehmensbereichen implementiert wird.

Die Kernpunkte einer strategischen Einbettung von CSR beschreibt Anja Schwerk im ersten Beitrag dieses Buchteils. Sie widmet sich darin den Fragen, was strategische CSR bedeutet, wie ein idealtypischer Managementprozess aussehen könnte und welche strategischen Tools bzw. Messinstrumente in der Praxis schon vorhanden sind.

Dass insbesondere das Rechnungswesen einen wesentlichen Beitrag leisten kann, die Übernahme von gesellschaftlicher Verantwortung in betriebliche Entscheidungen zu integrieren, stellt Edeltraud Günther in ihrem Beitrag deutlich dar. Durch das Rechnungswesen können den jeweiligen Abteilungen, aber auch externen Zielgruppen, Informationen zur Verfügung gestellt werden, die zeigen, welche gesellschaftliche Verantwortung das Unternehmen übernimmt.

Eva Grieshuber fokussiert in ihrem Beitrag auf den Innovationsaspekt, der von CSR ausgeht. Für sie stellt CSR einen wichtigen Hebel für ganzheitliche Innovationen im Unternehmen dar. Sie beschreibt dabei, wie durch Verantwortungsübernahme Prozess-, Sozial-, Produkt- bis hin zu Geschäftsmodellinnovationen befördert werden. So kann aufgezeigt werden, dass CSR insbesondere in den gegenwärtigen Zeiten des Wandels eine sehr hohe Relevanz für die Entscheider im Unternehmen haben sollte.

Welchen Beitrag das Wissensmanagement für die Integration von CSR leisten kann, legt Wolfgang Müller in seinem Beitrag dar. Es werden Bedingungen erörtert, unter denen die „Organisation" die Praktiken der unternehmerischen Verantwortung lernt und zudem erfährt, welche Folgen ihr Handeln in der Gesellschaft hat und wie sie sich zielorientiert daran anpasst. CSR und Organisationales Lernen müssen dazu miteinander verknüpft und in der Gesamtstrategie verankert werden.

Georg-Suso Sutter zeigt auf, dass nachhaltiges Human Resource Management ein wichtiger Schlüssel für die Wirksamkeit von CSR ist. Denn letztendlich mache der Mensch den Unterschied in der Organisation aus. Und so seien es das interne Führungsverständnis, die internen Kommunikationsprinzipien, das Fähigkeits- und Wissenspotenzial, die Kernwerte des Unternehmens und die Unternehmenskultur, die darüber entschieden, ob CSR erfolgreich implementiert werden könne.

Den Aspekt der menschlichen Fähigkeiten greifen auch Michaela Haase und Hans-Georg Lilge auf, indem sie beschreiben, wie CSR zu einem integralen Bestandteil der Management- und Managerausbildung und damit zur Führungskräfteausbildung gemacht werden kann. Sie sehen die Notwendigkeit, dass (angehende) Manager lernen, die eigenen Werte – in Bezug auf die vermittelten Inhalte und Methoden – zu reflektieren. Denn die sozialen und persönlichen Kompetenzen von Managern und ihre Fähigkeit und Bereitschaft zur Übernahme von Verantwortung werden für die Unternehmen immer wichtiger.

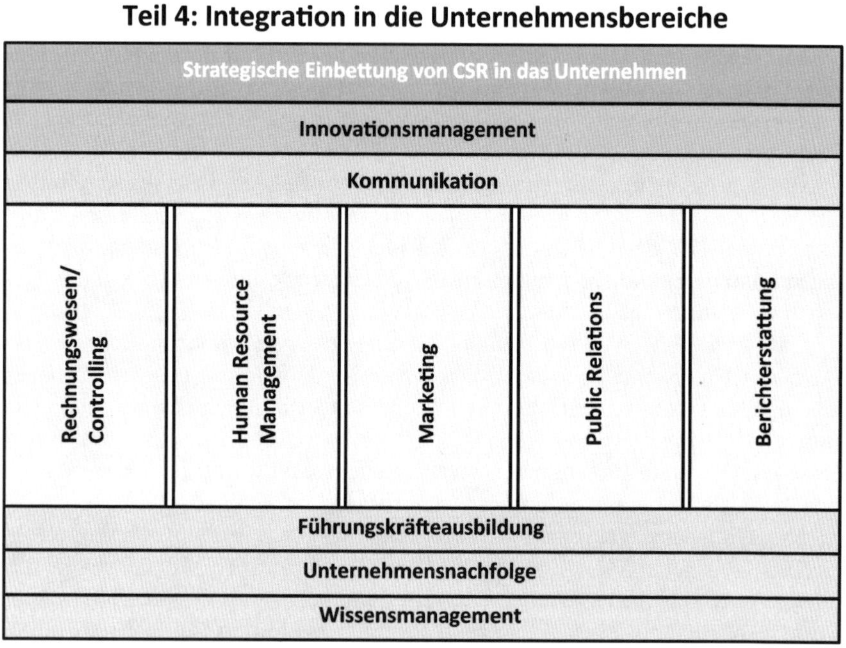

Teil 4: Integration in die Unternehmensbereiche

Strategische Einbettung von CSR in das Unternehmen

Innovationsmanagement

Kommunikation

| Rechnungswesen/ Controlling | Human Resource Management | Marketing | Public Relations | Berichterstattung |

Führungskräfteausbildung

Unternehmensnachfolge

Wissensmanagement

Abb. 4: Übersicht zum vierten Teil der Publikation

Dass Fragen der CSR auch für die Unternehmensnachfolge (insbesondere bei Familienunternehmen) Relevanz haben können, zeigt Hans A. Strauß in seinem Beitrag. Denn für ihn ist ein nachhaltiger Generationenwechsel vor dem Hintergrund der damit verbundenen regionalen Auswirkungen sowie der volkswirtschaftlichen Bedeutung ein wichtiger Aspekt einer verantwortungsvollen Unternehmensführung. Ein Unternehmer muss nicht nur die Auswirkungen seines unternehmerischen Handelns während seiner aktiven Zeit verfolgen, sondern auch sorgfältig bei der Planung und Durchführung der Übergabe seines Unternehmens an die nächste Generation vorgehen.

Walter Schiebel widmet sich dem Bereich Marketing und zeigt auf, wie durch verantwortliches Wirtschaften neue Märkte erschlossen und neue Kundengruppen gewonnen werden können. Sein Ansatz basiert auf der Prämisse der „Coopetition",

d. h. kooperatives Konkurrieren mithilfe von „Komplementatoren" im Wertenetz aus Kunden, Lieferanten und Konkurrenten.

Ein weiterer zentraler Unternehmensbereich für CSR ist die Kommunikation. Thomas H. Osburg befasst sich in seinem Beitrag mit der Frage, wie das strategische gesellschaftliche Engagement von Unternehmen holistisch in die gesamte Kommunikationsstrategie des Unternehmens integriert werden kann. Ziel ist es, die existierenden kommunikativen Ansätze der Unternehmen zu strukturieren und die aktuellen Herausforderungen an die Kommunikation von unternehmerischer Verantwortungsübernahme zu identifizieren.

Danach widmet sich Gabriele Faber-Wiener dem Wechselspiel von CSR und Kommunikation aus Sicht der Praxis. Sie beschreibt in ihrem Beitrag, wie die verschiedenen Ebenen der Kommunikation im CSR-Prozess analysiert werden können und bietet so einen innovativen Zugang zu einer lösungsorientierten Umsetzung der CSR-Kommunikation von Unternehmen.

Abschließend lenkt Christine Jasch den Blick auf die Berichterstattung und erörtert das gewandelte Informationsbedürfnis und die sich ändernden Adressaten des Jahresabschlusses auf. Sie analysiert, wie sich Unternehmen durch glaubwürdige Berichterstattung zu den gesellschaftlichen und ökologischen Auswirkungen ihres Handelns das Vertrauen ihrer Anspruchsgruppen sichern und so eine notwendige Voraussetzung für den zukünftigen Geschäftserfolg schaffen.

5 CSR aus der Praxis

Dass gesellschaftliche Verantwortung nicht nur auf dem Papier existiert, sondern auch in der Praxis gelebt wird, verdeutlicht der fünfte Teil dieses Buches (siehe Abbildung 5).

Am Beispiel der BMW Group erörtert Maximilian Schöberl, wie nachhaltiges Wirtschaften in der Automobilbranche umgesetzt werden kann und welche Bedeutung dies für die Wettbewerbsfähigkeit des Unternehmens hat. Sein Beitrag macht deutlich, dass sich insbesondere im Automobilbau einschneidende Veränderungen abzeichnen, die nur durch bewusste Verantwortungsübernahme bewältigt werden können.

Anschließend beschreibt Ralf Zastrau, wie CSR im Unternehmen Nanogate praktiziert wird. Zugleich erörtert er, wie die Übernahme von gesellschaftlicher Verantwortung in innovativen Branchen wie der Nanotechnologie aussehen kann. Dabei unterstreicht er, dass für eine erfolgreiche Unternehmensführung das Thema Verantwortung in die Gesamtstrategie des Unternehmens integriert werden muss.

Dass Change-Prozesse in Richtung mehr Nachhaltigkeit hohe Priorität und eine positive Rückkopplung haben, veranschaulicht auch das Beispiel der Simacek Facility Management Group. Die Unternehmerin Ursula Simacek zeigt gemeinsam mit Ina Pfneiszl anhand ihrer Erfahrungen auf, wie CSR und Diversity Management implementiert und mit Leben gefüllt werden können.

Teil 5: Beispiele aus der Praxis

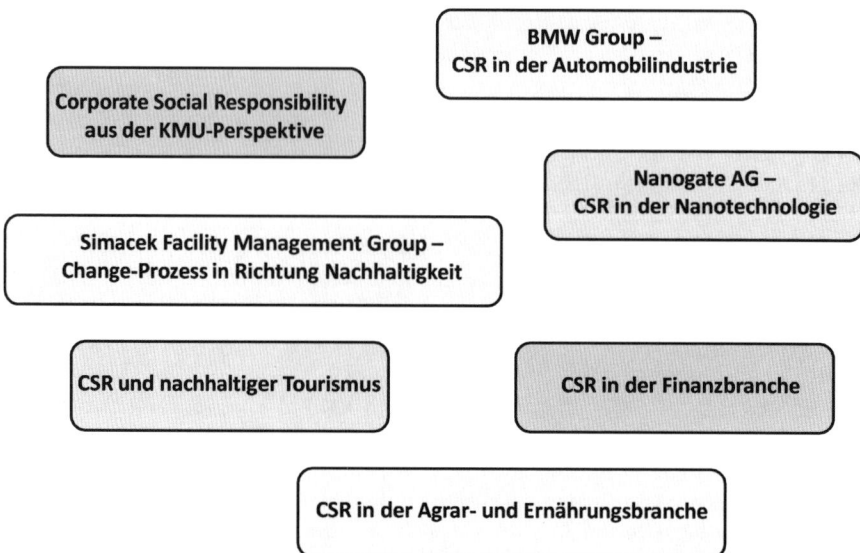

Abb. 5: Übersicht zum fünften Teil der Publikation

Heidrun Kopp thematisiert die Anstrengungen der Finanzbranche, ihrer gesellschaftlichen Verantwortung gerecht zu werden. Insbesondere Banken besitzen durch die Gewährung und Verwaltung finanzieller Mittel einen großen Hebel, um aktiv eine nachhaltige und zukunftsfähige Entwicklung mitzugestalten. Aktuelle Beispiele gewähren einen Einblick in Nachhaltigkeitsaktivitäten, die die Finanzwirtschaft bereits vorweisen kann.

Auch die Tourismusbranche steht gegenwärtig vor großen Veränderungen. Dagmar Lund-Durlacher zeigt in ihrem Beitrag auf, wie den durch den Tourismusboom der letzten Jahre verursachten negativen ökologischen und sozialen Auswirkungen entgegengewirkt werden kann. Sie beschreibt die bisherigen Bemühungen der Tourismus-Branche, CSR in die Unternehmen zu integrieren.

Insbesondere bei der Befriedigung der menschlichen Grundbedürfnisse spielt die Agrar- und Ernährungswirtschaft nach wie vor eine bedeutende Rolle. Die Ausführungen von Oliver Meixner, Anna Schwarzbauer und Siegfried Pöchtrager geben Einblick in die Aktivitäten und Schwerpunkte der CSR-Strategien der Lebensmittelwirtschaft.

Last but not least fokussiert der Artikel von Andreas Schneider auf die Verantwortungsübernahme kleiner und mittlerer Unternehmen. Ausgehend von den vielfältigen Erfahrungen der Wirtschaftskammer Österreich mit diesem Thema skizziert er einen zukunftsfähigen Ansatz, wie insbesondere kleine und mittlere Unternehmen durch Professionalisierung im Bereich CSR ihre eigene Wettbewerbsfähigkeit und ihren „gesellschaftlichen Impact" ausbauen können.

Der Leser bekommt in diesem Teil des Buches somit ein umfassendes Bild der CSR-Überlegungen und deren Umsetzung in sechs verschiedenen Branchen sowie aus der Perspektive von großen als auch von kleinen und mittelständischen Unternehmen vermittelt.

6 Politische Rahmenbedingungen und gesellschaftliches Umfeld für CSR

Der sechste und letzte Teil erörtert die Rahmenbedingungen und politischen Aktivitäten, die Einfluss auf die weitere Entwicklung von CSR haben (siehe Abbildung 6).

Zunächst geben Harald Mahrer und Marisa Mühlbock einen fundierten Überblick über die Bedeutung des nationalen Wirtschaftssystems für die Übernahme von gesellschaftlicher Verantwortung von Unternehmen. Letztendlich sind alle Akteure gefordert, die Rahmenbedingungen so zu gestalten, dass Unternehmen in Freiheit Verantwortung übernehmen können.

In welchem Zusammenhang CSR und Wettbewerbsfähigkeit stehen, erörtert André Martinuzzi in seinem Beitrag. Er zeigt dabei die Wettbewerbsrelevanz von CSR-Politiken, die branchenspezifischen Wettbewerbsbedingungen und die Wettbewerbswirkung der Integration von CSR ins Kerngeschäft auf.

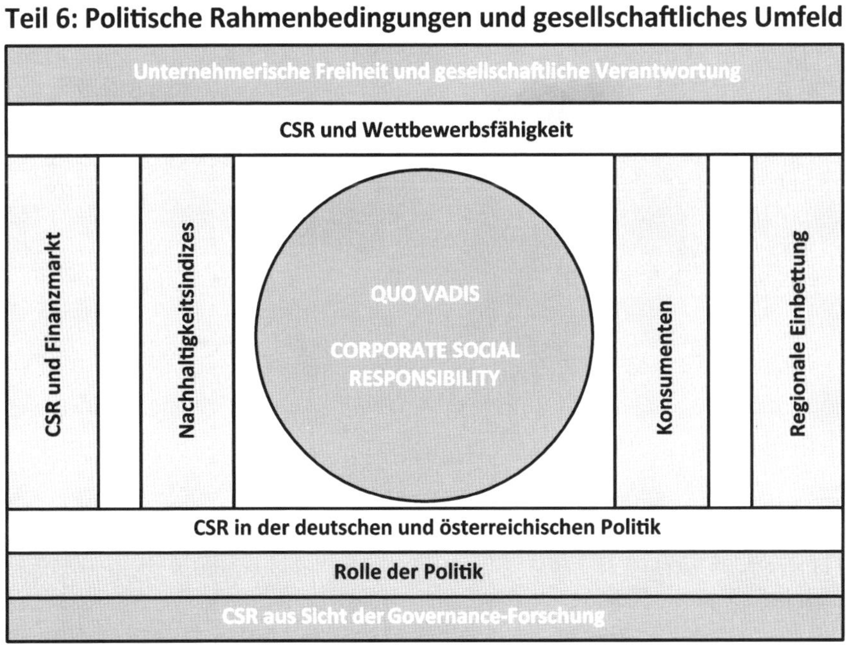

Teil 6: Politische Rahmenbedingungen und gesellschaftliches Umfeld

Abb. 6: Übersicht zum sechsten Teil der Publikation

Aus Sicht des Finanzmarktes erörtert Annett Baumast, welche Bedeutung Ethik und Verantwortung als Kriterien im Anlagegeschäft haben. Sie stellt bereits existierende Initiativen und CSR-Aktivitäten auf den Finanzmärkten vor und legt dar, dass Nachhaltigkeit in dem Maße für die Finanzmärkte an Bedeutung gewinnt, wie sie durch die Gesellschaft höher bewertet wird.

Wie das Thema Nachhaltigkeit auch bei der Entwicklung von Finanzindizes Berücksichtigung finden kann, beschreibt Henry Schäfer in seinem Beitrag. Er erklärt die Anwendungsmöglichkeiten von Nachhaltigkeitsindizes und betont auch die große Bedeutung von Transparenz für die Akzeptanz solcher Indizes.

Transparenz ist auch für die Konsumenten ein wichtiges Thema. Gerhard Koths und Florian Holl gehen in ihren Ausführungen dem Problem der asymmetrisch verteilten Information nach. Sie entwickeln darauf aufbauend ein Modell, wie Konsumenten im Rahmen ihrer Kaufentscheidung besser informiert entscheiden können. Dies stärkt nicht nur die Konsumentensouveränität, sondern hilft auch die Wettbewerbsfähigkeit von nachhaltigen Unternehmen zu steigern.

Nicht nur für die Konsumenten, sondern auch für das regionale Umfeld von Unternehmen ist das Thema CSR von großer Bedeutung. Insbesondere kleine und mittlere Unternehmen stehen in einem engen Austauschverhältnis mit ihrer Region. Christiane Kleine-König und René Schmidpeter gehen der Frage nach, welchen Beitrag CSR für die Regionalentwicklung liefern kann. Ziel ihrer Ausführungen ist es, Kriterien und Bedingungen für die gesellschaftlichen Investitionen der Unternehmen in die Region aufzuzeigen und so die Brücke zwischen der Managementlehre und den Regionalwissenschaften zu schlagen.

Diese theoretischen Überlegungen werden von Kurt Oberholzer mit konkreten Ansätzen zur Förderung einer regionalen CSR unterlegt. Durch seine Ausführungen wird klar, dass die Förderung von CSR in der Region entsprechende Promotoren benötigt, die in CSR ein konkretes Instrument sehen, dem gesellschafts- und wirtschaftspolitischen Großprojekt einer nachhaltigen Wirtschaft zum Durchbruch zu verhelfen.

Die nachfolgenden Beiträge des Buches loten die Rolle der Politik für die Entwicklung von CSR aus. Zunächst beschreiben Melanie Coni-Zimmer und Lothar Rieth aus Sicht der Governance-Forschung die Diskussion um die gesellschaftliche Verantwortung von Unternehmen. Im Mittelpunkt dieser Überlegungen steht die Frage des Beitrages von CSR zur politischen Governance und wie diese Verantwortungsübernahme aus Sicht von demokratiepolitischen Legitimationsfragen zu beurteilen ist.

Reinhard Steurer geht in seinem Artikel konkret der Rolle der Politik und ihrer Handlungsmöglichkeiten nach. Er stellt Instrumente und Themen systematisch dar und zeigt auf, warum sich Regierungen gegenwärtig so stark für das Managementthema CSR interessieren. Gerade in Ländern mit starken Sozialpartnerschaften bzw. sozialen Marktwirtschaften (z.B. Deutschland, Österreich und der Schweiz) geht es dabei auch darum, etablierte Formen des Ausgleichs zwischen Wirtschaft und Gesellschaft mit neuen Formen des Stakeholder-Aktivismus in Einklang zu bringen.

Wie die deutsche Bundesregierung die CSR von Unternehmen konkret befördert, zeigt Jörg Trautner in seinem Beitrag auf. Er erklärt dabei, wie durch einen innovativen Multistakeholder-Ansatz für Deutschland erfolgreich eine CSR-Strategie entwickelt wurde und welche konkreten politischen Maßnahmen im Rahmen des nationalen Aktionsplans der deutschen Bundesregierung in den nächsten Jahren umgesetzt werden sollen.

Wie das österreichische Ministerium für Arbeit, Soziales und Konsumentenschutz das Thema CSR sieht und welche Schwerpunkte in Österreich verfolgt werden, beschreibt Sylvia Bierbaumer. Insbesondere die soziale Komponente sowie das Thema Menschenrechte gewinnen für sie derzeit im Diskurs um die unternehmerische Verantwortung an Bedeutung.

Zum Abschluss fasst Birgit Riess die aus ihrer Sicht wichtigsten Eckpunkte der gegenwärtigen CSR-Diskussion zusammen. Sie beschreibt nochmals die Bedeutung der Handlungsfelder „Messung und Steuerung", „regionale CSR" sowie „Weiterentwicklung der politischen Rahmenbedingungen". Ihr Beitrag kann somit als Klammer und Orientierung für die vielfältigen Beiträge in diesem Buch dienen. Er ist zugleich eine prägnante Beschreibung des Status quo von CSR als auch konkreter Handlungsauftrag für die Weiterentwicklung von CSR in den nächsten Jahren.

7 Fazit

In der Zusammenschau aller Beiträge zeigt sich, dass CSR aus der Managementlehre und der gesellschaftspolitischen Diskussion nicht mehr wegzudenken ist. Die nächsten Monate und Jahre werden zeigen, ob es gelingt, das vorhandene geballte Fachwissen weiterhin für konkrete Maßnahmen in Wirtschaft und Politik zu nutzen und ob uns genug Zeit bleibt, gemeinsam an einem nachhaltigen Wirtschaftssystem zu bauen. Auch die Europäische Kommission unterstreicht in ihrer jüngsten Mitteilung, dass Unternehmen mit der Übernahme von gesellschaftlicher Verantwortung einen wichtigen Beitrag leisten können, die Folgen der aktuellen Wirtschaftskrise abzumildern. Das neue Paradigma „Was für die Gesellschaft gut ist, ist für die Wirtschaft gut" könnte sich als wichtigste „wirtschaftliche" Innovation des 21. Jahrhunderts erweisen. Die vorliegenden Beiträge geben viele hilfreiche Hinweise und tiefgreifende Erkenntnisse darüber, wie dieses neue Paradigma umgesetzt werden kann. Die Breite der Autorenschaft zeigt dabei auch, dass CSR längst kein Nischenthema mehr ist, sondern in der Mitte der Gesellschaft angekommen ist. Unser Dank gilt nochmals allen, die bereits engagiert an dieser neuen Vision „nachhaltigen Wirtschaftens" mitarbeiten und all denjenigen, die durch die Lektüre animiert von nun an helfen das Konzept der verantwortungsvollen Unternehmensführung (CSR) in Wirtschaft, Politik und Zivilgesellschaft zu etablieren.

Theoretische Grundlagen einer verantwortungsvollen Unternehmensführung

Reifegradmodell CSR – eine Begriffsklärung und -abgrenzung

Andreas Schneider[1]

1 Begrifflichkeit CSR nicht gefestigt und abgegrenzt

Zahlreiche Autoren aus der Wissenschaft und der Praxis stellen eine Uneinheitlichkeit in der Definition von CSR fest und zeigen Abgrenzungsunschärfen auf.[2] Stellt für den einen „jegliches Engagement" über gesetzliche Verpflichtungen hinaus bereits „CSR" dar, ist es dies für andere nicht. Die einen betonen, „Social Sponsoring" sei keine richtige[3] CSR, andere wiederum grenzen Diversitätsmanagement und Nachhaltigkeit stark von CSR ab und meinen, dass es etwas ganz anderes sei. Manche wollen CSR „normieren" und „verordnen".

Auch in der unternehmerischen Praxis prallen – regional und kulturell – unterschiedliche CSR-Vorstellungen[4] aufeinander. Von der Ansicht, dass jedes Unternehmen durch seine bloße Existenz schon gesellschaftliches Engagement entfaltet, über die Vorstellung, dass nur große Unternehmen mit Managementsystemen CSR leben, bis hin zur elitären Einstellung, dass nur „grüne Schönwetter-Unternehmen"[5] oder „Social Entrepreneurs" CSR betreiben können, jedoch keinesfalls Unternehmen aus der Glücksspiel-, Chemie-, Automobil- oder ähnlichen Branchen.

Unternehmen, die sich CSR auf ihre Fahnen heften, meinen oft, es geht um „gesellschaftliches Engagement", vergessen dabei aber das Managementkonzept, die Strategie etc. Manche Konsumentenschützer und Gewerkschafter überstrapazieren das „soziale" Element von CSR und sehen darin einen Hebel, CSR-Maßnahmen als quasi-gesetzliche Maßnahmen den Unternehmen aufzuoktroyieren. Umwelt-NGOs fokussieren oft ausschließlich auf die Umsetzung der ökologischen Nachhaltigkeit, usw.. Letztlich hat jeder, je nach Standort und Interessenlage, seinen je eigenen CSR-Standpunkt.

---

[1] wertvolle und wichtige Anregungen hierzu stammen aus der Diskussion mit Freunden und CSR-Experten, wie René Schmidpeter, Thomas Walker, Bettina Lorentschitsch sowie aus laufenden Fachdiskussionen u.a. im Arbeitskreis CSR im Rahmen der Alpbacher Reformgespräche, sowie als Jurymitglied des CSR-Preises TRIGOS und als Mitglied von Normungskomitees (wie der ISO 26.000, der ÖNORM S 2501 für DiM, der „CSR Berater-Norm" ON S 2502 bzw. der ONR 192500 – Gesellschaftliche Verantwortung von Organisationen) etc.
[2] vgl. Crane/Matten/Spence (2008): 3; die von einem Dschungel an Definitionen sprechen
[3] andererseits auch kein „falsches" gesellschaftliches Engagement von Unternehmen
[4] in der Praxis vielfach in Jury-Sitzungen zu CSR Preisen, in Normungsgremien bzw. Diskussionen mit Unternehmern, Politikern, NGOs, Verbrauchervertretern etc. erlebt
[5] zum Beispiel eine Regenwurmfarm, die Bio-Blumendünger erzeugt

The term is a brilliant one; **it means something, but not always the same thing to everybody.** *To some it conveys the idea of legal responsibility or liability; to others it means socially responsible behavior in an ethical sense; to still others, the meaning transmitted is that of 'responsible for', is a casual mode; many simply equate it with a charitable contribution.*[6]

Diese, bereits 1972 von Dow Votaw getroffene Aussage, besitzt bis heute Gültigkeit. Bisher lassen sich weder eine allgemein gültige Definition des Begriffs noch ein universelles Konzept von Corporate Social Responsibility (CSR) in der Literatur finden.

Das Konzept CSR blieb bis heute unpräzise, was falsche Erwartungen und damit Enttäuschungen – sowohl auf Seiten der Unternehmen, die CSR implementieren, als auch in der Zivilgesellschaft – hervorruft. Dies ist einer der Gründe für die nach wie vor weitgehende Unkenntnis, aber auch für die Missverständnisse über Inhalt und die Wirkung von CSR. Die Unschärfe des CSR-Begriffes erzeugt unterschiedliche Paradigmen und Vorstellungen zu CSR, die einander teilweise widersprechen. Andererseits ist diese Unschärfe und vermeintliche Beliebigkeit und Vieldeutigkeit mit ein Grund für die große Faszination des CSR-Konzeptes.

Auch wenn sich international der Begriff CSR etabliert hat und die wissenschaftliche Forschung sich mehr und mehr mit dem Thema auseinanderzusetzen beginnt, wie die Beiträge in diesem Buch eindrucksvoll belegen, so fehlt es trotz einer ISO 26000 an einer einheitlichen Definition bzw. vielmehr an einer Begriffsklärung und –abgrenzung für CSR.

Auch der Vergleich innerhalb der Europäischen Union auf wissenschaftlicher Ebene zeigte große Unterschiede in den CSR-Paradigmen von Unternehmen und Wissenschaftlern.[7] Noch größere Unterschiede in der Anschauung und Definition von CSR als innerhalb Europas gibt es zwischen amerikanischen und europäischen Wissenschaftlern und Unternehmen.[8] Zwar kann diese Uneinheitlichkeit und Vielfalt des Begriffes mit historisch gewachsenen Unterschieden im Politik- und Gesellschaftssystem erklärt werden,[9] jedoch sollten sich die Positionen im Zuge einer sich immer stärker globalisierenden Welt einander annähern bzw. eine gemeinsame Diskussionsgrundlage bilden.

„Die Tatsache, dass kein international einheitliches Verständnis für den Begriff CSR existiert, erschwert sowohl die theoretische Weiterentwicklung des Konzepts als auch Implementierung und Erfolgsmessung auf Unternehmensebene. Dieses Faktum ist insbesondere vor dem Hintergrund von Relevanz, dass sich die CSR-Debatte grundlegend verändert hat: So geht es heute im Management weniger darum, ob CSR-Aktivitäten erfolgen sollen, sondern vielmehr darum, wie diese durchzuführen sind."[10]

---

[6] Votaw/Sethi (1973): 11 f. zit. nach. Coelho/McClure/Spry (2003): 15
[7] vgl. KMU Forschung Austria (2007)
[8] vgl. den Beitrag von Mahrer/Mühlböck in diesem Buch
[9] Zirnig (2009): 5
[10] Zirnig (2009): 7

**Welches ist das richtige CSR-Paradigma, gibt es das überhaupt, und soll es
überhaupt gefunden werden?**

Eine abschließende Definition zu CSR für das Jahr 2012 und folgende ist vor dem
Hintergrund des „moving issues CSR", eines dynamischen und sich weiterentwickelnden, noch dazu für jedes Unternehmen individuellen Prozesses nicht möglich.
Es stellt sich die Frage, ob es eine abschließende Begriffsdefinition und Begriffsabgrenzung braucht und ob dies für ein Konzept, das einen kontinuierlichen Verbesserungsprozess in seinen Genen trägt, nicht sogar kontraproduktiv wäre.

CSR ist in einer steten Entwicklung. Diese kontinuierliche Entwicklung ist
nicht abgeschlossen und soll es auch niemals sein, will die Idee einer sich selbst
erfindenden und befruchtenden CSR erhalten bleiben. Die einzige Konstante des
Paradoxons CSR ist die stete Veränderung auf Basis bestimmter Grundcharakteristika von CSR, die nachstehend beschrieben werden.

Anhand dieser Grundcharakteristika wird der Versuch einer Systematisierung
durch ein Reifegrad-Stufenbaumodell unternommen und im Anschluss daran werden am Beispiel eines Obstkorbes in einem Unternehmen CSR-Reifegrade und
Abstufungen von CSR verdeutlicht.

Auch dieser Beitrag kann aus oben genannten Gründen keine abschließende
Definition liefern, will jedoch durch Identifizierung von Grundcharakteristika und
Kernkriterien das CSR-Konzept abstecken und in ein Reifegrad-Stufenbau-Modell
einordnen und somit die Begrifflichkeit begreifbarer, unmissverständlicher und
strukturierter gestalten.

In einem ersten Schritt soll das theoretische Konzept CSR durch eine Skiz-
zierung der rezentesten Diskursstränge zu CSR-Begriffsdefinitionen greifbarer gemacht werden. Im zweiten Schritt erfolgt eine Systematisierung in einem dynamischen, sich weiterentwickelnden Reifegrad-Stufenbau-Modell.

Dieser Versuch, der Anregung zur Weiterentwicklung sein soll, stellt einen ersten Aufschlag dar, die inhaltliche Breite von CSR sowie verschiedene Entwicklungsstufen differenzierter zu betrachten und damit eine Klärung zur Begrifflichkeit sowie Begriffsabgrenzung für CSR zu leisten.

2 Offizielle Definitionen von CSR

Hat es das Kürzel CSR schon schwer, von einer breiten Masse von Unternehmen
und Konsumenten verstanden zu werden, tauchen in regelmäßigen Abständen weitere mit CSR verwandte Begrifflichkeiten und Kürzel (z. B. CC[11], CCR[12], SR[13],

---

[11] CC ist die Abkürzung für Corporate Citzenship; vgl. Beitrag von Beschorner/Schank in diesem
Buch bzw. in seltenen Fällen steht CC auch als Abkürzung für „corporate conscience"

[12] CCR meint zumeist „Corporate Citizen Responsibility"; vgl. Beitrag von Beschorner/Schank
in diesem Buch bzw. in seltenen Fällen steht CCR auch als Abkürzung für „Corporate Cultural
Responsibility"

[13] SR als Abkürzung für Social Responsibility, gemäß ISO 26000, da der Begriff nicht nur für Unternehmen (Corporate) sondern für alle Organisationen gültig sein möchte

CR[14], CS[15], SD[16], DiM[17]) auf, mit dem Versuch, sich von CSR abzugrenzen und die Unterscheidungsmerkmale zu CSR hervorzuheben. Soll CSR unternehmerischer Mainstream werden, sollte diese Begriffs-Spaltung von CSR zumindest unter dem gemeinsamen Dach CSR stattfinden (siehe Abschnitt 3).

Wie nachstehend – in Abschnitt 3 bzw. Abb.1 – gezeigt wird, haben sich CSR, unternehmerische Nachhaltigkeit, DiM. etc. in der Praxis einander sehr stark angenähert bzw. können mittlerweile unter dem breiten CSR-Konzept subsumiert und diskutiert werden. Durch diese Klärung könnte die Begrifflichkeit und die Bedeutung von CSR in Wirtschaft und Politik gestärkt und gefestigt werden.

Da sich CSR in den letzten 10 bis 15 Jahren maßgeblich entwickelt hat und auch das Wirtschafts- und Gesellschaftssystem heute ein anderes ist, als in den 1960er, 1970er und 1980er Jahren, versteht sich dieser Beitrag als Aufarbeitung der aktuellen CSR-Diskursstränge und als Abstecken einer modernen CSR-Politik mit Blick in die Zukunft. Definitionen und Begriffsklärungen aus dem letzten Jahrtausend werden daher vernachlässigt.[18]

2.1 CSR-Definition der Europäischen Kommission 2001 und 2002 als Basis

Eine relativ weit verbreitete Definition und Ausgangsbasis auch dieses Buchbeitrags sind die CSR-Definitionen der Europäischen Kommission aus den Jahren 2001 und 2002. Im Grünbuch der Kommission aus dem Jahr 2001 wird CSR als „soziale Verantwortung der Unternehmen" übersetzt – was nicht passend übersetzt und auch nicht zutreffend ist –, definiert wird es als „ein Konzept, das den Unternehmen als Grundlage dient, auf **freiwilliger Basis soziale Belange** und **Umweltbelange** in ihre **Tätigkeit** und in die **Wechselbeziehungen mit den Stakeholdern** zu integrieren."[19] Ergänzt wird diese Definition durch die Mitteilung der Europäischen Kommission vom 2. Juli 2002, wo festgehalten wird: „CSR ist nicht etwas, was dem **Kerngeschäft** von Unternehmen aufgepfropft werden soll. Vielmehr geht es um die Art des Unternehmensmanagements."[20]

---

[14] CR meint „Corporate Responsibility" und unterliegt der nicht zeitgemäßen Lehrmeinung; der Begriff umschließe die Themenbereiche Corporate Social Responsibility (CSR), Corporate Citizenship und Corporate Governance, was ein modernes CSR-Konzept jedoch mit einschließt

[15] CS meint „Corporate sustainability" unternehmerische Nachhaltigkeit, siehe Abschnitt 3 dieses Kapitels

[16] SD, als Abkürzung für Sustainable Development, meint nachhaltige Entwicklung; siehe Abschnitt 3 dieses Beitrags

[17] DiM meint Diversity Management; vgl. dazu Beitrag von Hanappi-Egger in diesem Buch, bzw. Abschnitt 3.1 dieses Beitrags

[18] auch sieht der Autor dieses Kapitels den Ursprung von CSR nicht in den USA, wie beispielsweise der Beitrag von Schwalbach/Klink zum ehrbaren Kaufmann in diesem Buch belegt; zwar wurde die englische Begrifflichkeit „CSR" von Bowen (1953), ebenso wie viele Managementtheorien von den USA geprägt, was CSR jedoch nicht zu einem amerikanischen Konzept macht; vielmehr haben auch die Konzepte einer sozialen Marktwirtschaft, der Nachhaltigkeit sehr starke europäische Ausprägungen in die CSR-Diskussion einfließen lassen

[19] Europäische Kommission (2001): 7

[20] Europäische Kommission (2002): 6

Diese Definitionen aus dem Jahre 2001 bzw. 2002 erscheinen relativ plausibel und umfassend und waren eine gute Ausgangsbasis für die Weiterentwicklung des CSR Konzepts. In der Systematisierung von CSR, mittels des Reifegradmodells, wird nochmals auf die wichtigsten Eckpunkte der Kommissionsdefinitionen eingegangen und für die Weiterentwicklung des CSR-Diskurses aufgearbeitet.

2.2 CSR-Definition der Europäischen Kommission 2011

Eine begriffliche Weiterentwicklung der CSR-Definition findet sich in der jüngsten Mitteilung der Europäischen Kommission, welche im Oktober 2011 vorgestellt wurde. CSR aufgefasst als `responsibility of enterprises for their **impacts on society**`…. wird definiert als "process to integrate **social, environmental, ethical** and **human rights** concerns into their **business operations** and **core strategy** in close interaction with their **stakeholders**, with the aim of:

- maximising the **creation of shared value** for their **owners/shareholders** <u>and</u> for their other **stakeholders and society** at large;
- identifying, preventing and mitigating their possible **adverse impacts**."[21]

"CSR at least covers human rights, **labour and employment practices** (such as training, diversity, gender equality and employee health and well-being), **environmental issues** (such as biodiversity, climate change and pollution prevention), and combating **bribery and corruption**. **Community involvement** and development, the **integration of disabled persons**, and **consumer interests**, including **privacy**, and are also part of the CSR agenda. The promotion of social and environmental responsibility through the **supply-chain**, and the disclosure of **non-financial information**, are recognised as important cross-cutting issues."[22]

"To maximise the creation of shared value, enterprises are encouraged to adopt a **long-term, strategic approach** to CSR, and to explore the opportunities for developing **innovative products, services and business models**[23] that contribute to societal wellbeing and lead to higher quality and more productive jobs. … enterprises … are encouraged to carry out risk-based **due diligence**, including through their supply chains."[24]

---

[21] Europäische Kommission (2011): 5
Die Europäische Kommission definiert CSR als Integration von gesellschaftlichen, ökologischen und (2011 neu) auch ethischen Themen sowie Fragen der Menschenrechte in die Geschäftstätigkeit und Geschäftsstrategie – in enger Interaktion mit den Anspruchsgruppen. CSR geht für die Kommission über die gesetzlichen Bestimmungen und Kollektivverträge hinaus. Konsumenteninteressen und die Einbindung der Gesellschaft sind demnach Teil der CSR-Agenda, ebenso wie eine verantwortungsbewusste Lieferkette und die Veröffentlichung nicht-finanzieller Informationen (d.h. Informationen zur CSR/Nachhaltigkeitsperformance) und die „gebührende Sorgfaltspflicht" (engl. „due diligence"). Die Definition als strategische CSR, mit dem Anspruch, gesellschaftlichen Mehrwert für das Unternehmen und die Gesellschaft zu erzielen, ist eine der Weiterentwicklungen des CSR-Konzepts der Kommission.

[22] Europäische Kommission (2011): 6
[23] vgl. Beitrag von Grieshuber in diesem Buch
[24] Europäische Kommission (2011): 6

Die Kommission hält in ihrer Mitteilung klar fest, dass CSR "**beyond legal requirements**" geht und nicht durch Gesetze verordnet werden kann, sowie von den Unternehmen entwickelt werden muss.[25] CSR trage gemäß Mitteilung der Europäischen Kommission zur **nachhaltigen Entwicklung** und **wettbewerbs-fähigen sozialen Marktwirtschaft** bei. Im Weiteren werden auch Themen wie „**responsible consumption**"[26], „**public procurement und investment**" themati-siert und in einen CSR-Zusammenhang gestellt. Auch die Rolle der Medien[27] in der Bewusstseinsbildung wird angeschnitten, sowie auch die **Offenlegungspflicht von Unternehmen**[28] für gesellschaftliche und Umweltkennzahlen, zur Erhöhung der **Transparenz** und die Integration von **CSR in die Forschung und Ausbildung**.

Eine detaillierte Abhandlung all dieser Grundcharakteristika von CSR würde den Rahmen dieses Artikels sprengen.[29] Viele CSR-Merkmale der Kommissions-definition 2011 wurden aus den Kommissions-Definitionen der Jahre 2001 und 2002 übernommen. wie z. B. der Stakeholder-Ansatz[30], die Anbindung von CSR an das Kerngeschäft[31], das CSR über „legal compliance"[32] hinausgeht, die Bericht-erstattung[33], usw.

Die Kommissionsmitteilung 2011 eröffnet teilweise eine neue Generation einer strategischeren CSR[34], die auf die Gewinnung eines gesellschaftlichen Mehrwerts für das Unternehmen und die Gesellschaft ausgerichtet ist. Eine abschließende Definition, sowie Abgrenzung von CSR liefert die Mitteilung nur zum Teil.

Im Vergleich zu früheren Kommissionsmitteilungen sind nachstehende Charakteristika auffällig: Wurde 2001/2002 der Aspekt der Freiwilligkeit nahe-zu inflationär durch die Europäische Kommission verwendet, möglicherweise um Akzeptanz in der Unternehmenswelt zu erreichen, so wurde der Aspekt Freiwillig-keit im Jahr 2011 im gesamten Dokument nur dreimal erwähnt und zudem stark relativiert.[35]

---

[25] Europäische Kommission (2011): 7 bzw. 5

[26] responsible consumption bzw. „Socially responsible consumption" meint bewussten und verant-wortungsbewussten Konsum; da Konsumenten durch „Positive buying" die Nachfrage beeinflussen und der Konsument mittels Kaufentscheidung die Macht hat, sich für „ethischere", verantwortungs-bewustere Produkte zu entscheiden. vgl. Europäische Kommission (2011): 9 f.

[27] vgl. Europäische Kommission (2011): 7

[28] vgl. Europäische Kommission (2011): 11 f.

[29] der Übersichtlichkeit halber wurden die wichtigsten Grundcharakteristika von CSR in diesem Kapitel **fett** gekennzeichnet; bzw. nicht zuletzt wird im Kapitel 5 noch detaillierter darauf ein-gegangen

[30] Stakeholder sind die Anspruchsgruppen eines Unternehmens. Gemäß dem Stakeholder-Ansatz muss die Unternehmensführung bei ihren Entscheidungen nicht nur die Interessen der Anteilseigner (Shareholder), sondern die aller Stakeholder berücksichtigen. Vgl. Gabler Wirtschaftslexikon (o.A.): 317

[31] Kerngeschäft meint das eigentliche unmittelbare Geschäftsfeld und den Geschäftszweck eines Unternehmens

[32] bedeutet über die Einhaltung von Gesetzen hinausgehend

[33] vgl. den Beitrag von Jasch, in diesem Buch

[34] insbesondere durch den ganzheitlicheren strategischen Ansatz und den Anspruch gesellschaftlichen Mehrwert zu schaffen, bzw. auch die Integration von nicht-finanziellen Leistungsindikatoren in der Berichterstattung.

[35] die Vorversionen der Europäischen Kommission vom August 2011 waren diesbezüglich noch weitreichender und sprachen von "mainly voluntary and, where necessary, regulatory policy measures", was sich in der endgültigen Version nicht mehr findet

Ein weiteres Charakteristikum ist das Fehlen des Triple-Bottom-Line[36]-Ansatzes, der ergänzt wurde um die Bereiche „Menschenrechte" und „Ethik".

Das dritte Charakteristikum ist der Aspekt der Ganzheitlichkeit. Wurde der Begriff „Ganzheitlichkeit" noch in den Kommissionspapieren 2001/2002 verwendet, findet er sich in der Mitteilung 2011 nicht mehr. Andererseits stellt die Definition der Kommission im Jahr 2011 per se ein ganzheitliches Konzept dar, weshalb Ganzheitlichkeit vorausgesetzt werden könnte. Ein Indiz dafür ist, dass die Kommission 2001/2002 noch von einer externen und internen Dimension von CSR sprach, 2011 wurde diese Unterteilung aufgegeben.

2.3 CSR-Definition der ISO 26000 als globale Definitionsbasis[37]

Im Rahmen der Entwicklung der ISO 26000 von 2004 bis 2010 ist man immer stärker von den Basisdefinitionen der Europäischen Kommission der Jahre 2001/2002 abgekommen. Die ersten Entwürfe waren noch stark von dieser Definition beeinflusst, letztlich wurde ein anderer Weg eingeschlagen.

Die ISO spricht nicht von CSR, sondern nur von Social Responsibility[38] (SR) und definiert (C)SR als „Verantwortung einer **Organisation** für die Auswirkungen ihrer Entscheidungen und Tätigkeiten auf die Gesellschaft und **Umwelt** durch transparentes und **ethisches Verhalten**, das

- zur **nachhaltigen Entwicklung**, Gesundheit und Gemeinwohl eingeschlossen, beiträgt;
- die Erwartungen der **Anspruchsgruppen** berücksichtigt;
- einschlägiges **Recht einhält** und mit **internationalen Verhaltensstandards** übereinstimmt; und
- in der gesamten Organisation **integriert** ist und in ihren Beziehungen gelebt wird.[39]

Die ISO 26000 besteht darüber hinaus in der detaillierten Ausführung von sieben Prinzipien[40] (Rechenschaftspflicht, Transparenz, Ethisches Verhalten, Achtung der Interessen der Anspruchsgruppen, Achtung der Rechtsstaatlichkeit, Achtung internationaler Verhaltensstandards und Achtung der Menschenrechte) sowie aus weiteren sieben Kernpunkten von gesellschaftlicher Verantwortung:[41] (Organisationsführung,

---

[36] das Bekenntnis des Managements, die Drei Säulen der Nachhaltigkeit (Wirtschaft, Gesellschaft/ Soziales und Umwelt) freiwillig über die bestehenden Verpflichtungen hinaus in unternehmerische Entscheidungen systematisch einzubeziehen. vgl. Beitrag der Schmalenbach-Gesellschaft; Schulz; Schaltegger; Lorentschitsch/Walker in diesem Buch

[37] für Details zur ISO 26000 vgl. den Beitrag von Schmiedeknecht/Wieland in diesem Buch

[38] Hintergrund dieser Definition ist, dass die ISO 26000 nicht nur für Unternehmen (Corporate Social Responsibility, CSR) sondern für alle Organisationen von der Privatwirtschaft, bis zum öffentlichen und gemeinnützigen Sektor anwendbar ist, weshalb der Ausdruck (Social Responsibility, SR) gewählt wurde. Regierungsorganisationen wurde es in der ISO 26000 freigestellt, ob sie diese anwendet oder nicht.

[39] ISO 26000: 14

[40] ISO 26000: 8 bzw. 22 ff.

[41] ISO 26000: 8 bzw. 32 ff.

Menschenrechte, Arbeitspraktiken, Umwelt, Faire Betriebs- und Geschäftspraktiken, Konsumentenbelange, regionale Einbindung und Entwicklung des Umfeldes.)

Die ISO 26000 ist eine globale Annäherung an eine CSR-Begrifflichkeit, welche die wichtigsten CSR-Grundcharakteristika umfasst, sowie auch teilweise abgrenzt. So wird (C)SR klar als „über die gesetzlichen Bestimmungen hinaus" definiert.

3 Verwandte Begriffe von CSR – Abgrenzung oder Annäherung an verwandte Konzepte

Die Aufspaltung der CSR-Debatte in ergänzende, neue, sowie angrenzende Konzepte[42] (z.B. Corporate Citizenship, Shared Value, CCR, usw.) innerhalb der letzten 15 Jahre erschwerte durch deren Uneinheitlichkeit und Heterogenität die Auseinandersetzung auf Ebene der Politik und Unternehmen. Aus diesem Grund gilt es Sprachbarrieren und Insider-Sprachkultur abzubauen, und eine einheitliche Begrifflichkeit bzw. ein einheitliches Konzept zu verfolgen, weshalb in diesem Kapitel für einen ebensolchen umfassenden und inkludierenden Dachbegriff CSR plädiert wird, welcher nachstehende mit CSR verwandte Konzepte und Begriffe, nicht als von CSR unabhängige Konzepte sieht, sondern in ein CSR Konzept integriert.[43]

CSR versus Nachhaltigkeit[44] – es wächst zusammen, was zusammengehört

Der Begriff „Nachhaltigkeit" wurde zwar schon im 18. Jahrhundert verwendet, politische Bedeutung und Gewicht erhielt der Begriff jedoch erst im Jahre 1983 in einer von der UN eingesetzten Kommission zur nachhaltigen Entwicklung bzw. mit dem 1987 veröffentlichten Brundtland-Report. Dieser Bericht erlangte seine große Bedeutung dadurch, dass hier erstmals ein Leitbild einer nachhaltigen Entwicklung entworfen wurde. „Nachhaltige Entwicklung" wurde definiert als Entwicklung, „die den Bedürfnissen der heutigen Generation entspricht, ohne die Möglichkeiten künftiger Generationen zu gefährden, ihre eigenen Bedürfnisse zu befriedigen und ihren Lebensstil zu wählen."[45] Diese Definition ist nach wie vor anerkannt und weit verbreitet, ähnlich der CSR-Definition im Grünbuch der Europäischen Kommission.

In nachstehender Grafik wurden die wichtigsten Wegmarken von CSR und Nachhaltigkeit in einer historischen Achse dargestellt. Auch wenn beide Konzepte unterschiedliche historische Ursprünge und Wurzeln haben, sind sie im Sinne der Ganzheitlichkeit zusammengewachsen.

CSR und „Nachhaltigkeit" sollten auf unternehmerischer Ebene – als „Corporate Sustainability" verstanden – untrennbar miteinander verbunden sein.[46] CSR

---

[42] vgl. die Beiträge im zweiten Teil dieses Buches
[43] vgl. Abb. 1 im Beitrag der Schmalenbach-Gesellschaft in diesem Buch, sowie Beiträge von Gastinger/Gaggl; Lorentschitsch/Walker; Gelbmann/Baumgartner; Schulz und Schwerk in diesem Buch
[44] vgl. Beitrag von Schaltegger in diesem Buch
[45] UN (1987): 24
[46] auch Crane/Matten/Spence (2008) sehen Nachhaltigkeit nicht als eigenen Bereich, sondern als einen Begriff der unter CSR subsumiert werden kann

umfasst ebenso die klassischen drei gleichwertigen Säulen der Verantwortung wie der Triple-Bottom-Line-Ansatz der unternehmerischen Nachhaltigkeit.[47]

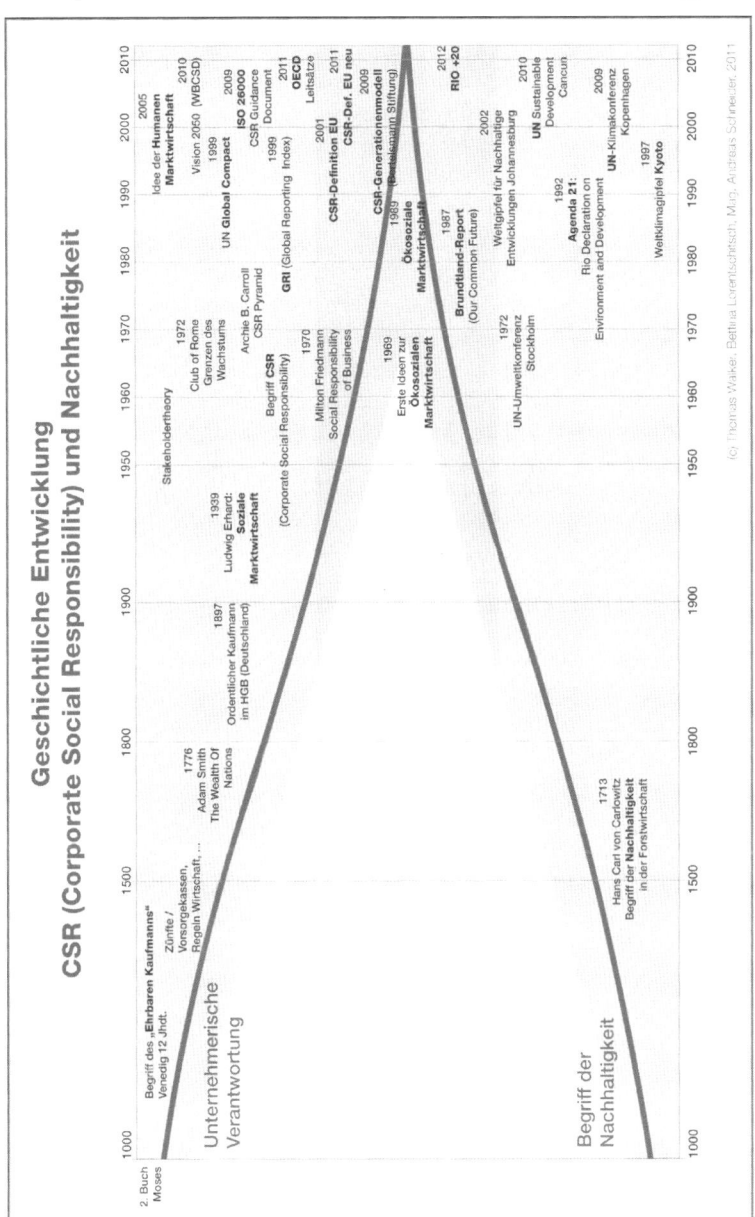

Abb. 1: Historische Entwicklung und Verschmelzung des CSR-Konzeptes und des Nachhaltigkeitskonzeptes[48]

---

[47] vgl. Zirnig (2009)
[48] in Analogie zu Loew u.a. (2004): 12

CSR auf makroökonomischer Ebene entspricht demnach dem Konzept der „nachhaltigen Entwicklung" (Sustainable Development bzw. Sustainability) und bezieht sich nicht ausschließlich auf Unternehmen, sondern auch auf Regierungs- und andere Organisationen. CSR auf makroökonomischer Ebene kann vielmehr als Entwicklungspfad gesehen werden, der darauf ausgerichtet ist, sowohl die Bedürfnisse der gegenwärtigen als auch der nachfolgenden Generationen zu berücksichtigen[49], aber darüber hinaus auch Gesellschaftspolitik und Wirtschaftspolitik verbindet. CSR auf mikroökonomischer Ebene – für Unternehmen – entspricht dem Konzept der nachhaltigen Unternehmensführung.

Hierzu kann eingewandt werden, dass sich CSR und Nachhaltigkeit außerhalb von Unternehmen insofern unterscheiden, als Nachhaltigkeit (dann jedoch nicht verstanden als ‚Corporate Sustainability', sondern als ‚sustainable development') auch jene Aktivitäten einbezieht, die unfreiwillig erfolgen, beispielsweise als Regulierung, oder mittels Druck durch die Öffentlichkeit oder Stakeholder etc.)[50] Sofern auch bei derartigen „unfreiwilligen" Aktivitäten eine Selbstverpflichtung bzw. ein „commitment" zu CSR durch das Unternehmen vorliegt, würden auch diese Aktivitäten sehr wohl unter das CSR-Konzept subsumiert werden können, wie dies beispielsweise die Europäische Kommission in ihrer jüngsten Mitteilung[51] betonte.

3.1 CSR und Diversitätsmanagement (DiM)[52]

„Diversitätsmanagement" ist ebenso wie CSR ein Managementkonzept, das seinen besonderen Fokus auf das Management der Vielfalt im Unternehmen richtet. DiM als gesondertes Managementkonzept zu sehen, wäre kontraproduktiv, da DiM als Teil der gesellschaftlichen Säule der drei Säulen der Nachhaltigeit bzw. CSR angesehen werden kann.

CSR und Corporate Governance[53]

Die jüngste Mitteilung der Europäischen Kommission zu CSR (2011) stellt Corporate Governance zwar als separates Instrument dar, subsumiert es jedoch unter dem Dach von CSR und definiert Corporate Governance wie folgt: "CSR is separate from but linked to the concept of corporate governance, which is defined as the system by which companies are directed and controlled and as a set of relationships between a company's management, its board, its shareholders and its other stakeholders."[54]

---

[49] entspricht der Definition von Nachhaltigkeit gemäß dem Brundtland-Report
[50] für nähere Details dieser Problematik sei auf den Beitrag von Schaltegger in diesem Buch verwiesen
[51] vgl. Europäische Kommission (2011): 4 und 6, wo die Kommission von freiwilliger und auch unfreiwilliger CSR spricht
[52] vgl. die Beiträge Hanappi-Egger sowie Strauss und Grieshuber in diesem Buch
[53] vgl. die Beiträge der Schmalenbach-Gesellschaft sowie Schwalbach/Klink in diesem Buch
[54] Europäische Kommission (2011): 5

Exkurs: Abgrenzung Business-Ethik – Wertemanagement

Im Zusammenhang mit CSR sollte vielmehr von „Wertemanagement" als von „Ethik" gesprochen werden. Ethik – als philosophische Reflexion auf Moral verstanden – vermag allein nicht Handlungsanleitung für ein richtiges oder falsches Handeln sein. Treffend formulierte dies Wilfried Stadler: „Es ist auch eine Frage der Unternehmenskultur, sich ethischen Fragen – ohne jeden moralinsauren Beigeschmack – zu stellen und ihnen nicht auszuweichen."[55] Werte hingegen sind gesellschaftliche Normen oder Verhaltensweisen, die einer einzelnen Person, einer Gruppe oder einer Institution als wichtig und erstrebenswert erscheinen. Je allgemeiner Werte sind, desto objektiver werden sie. Werte sind daher – im Vergleich zur Ethik – richtungsweisend und zielsetzend. Ethisches Verhalten wird damit nicht ausgeschlossen, sowohl die ISO 26000 als auch die jüngste Mitteilung der Europäischen Kommission betonen die „ethical issues" für CSR.[56]

4 Wo beginnt CSR? Wo endet CSR?[57]

Drei klare Systemgrenzen/Grenzmarken kennzeichnen den Beginn und das Ende von CSR.

Die **erste Systemgrenze** als Bewusstseinsschwelle von CSR am unteren Ende des gesellschaftlichen Engagements beginnt, wenn gesellschaftliche Aktivitäten, systematisch und geplant werden. D.h. wenn aus Zufällen ein System bzw. Konzept wird, welches auch bewusst gesteuert – gemanagt – wird. Diese Schwelle wurde im untenstehenden Reifegrad-Modell bei CSR.1.0 angesetzt. CSR 0.0 wäre damit streng genommen zwar gesellschaftliches Engagement, jedoch keine CSR[58]. Die Bezeichnung CSR 0.0 sollte Motivation sein, aus dem ‚gesellschaftlichen Engagement' den ersten Schritt in Richtung CSR 1.0 und mehr zu setzen.

Die **zweite Systemgrenze** bzw. Grenzmarke für den Beginn von CSR ist „beyond legal compliance", d.h., wenn gesellschaftliches Engagement bzw. gesellschaftliche Wertschöpfung über die Einhaltung von Gesetzen hinausgeht. Es herrscht weitgehend Konsens, dass CSR über die die Einhaltung von Gesetzen hinauszugehen hat. Auch die ISO 26000 versteht CSR als „über die Gesetze hinausgehend" – beyond legal compliance. CSR liegt damit im Ermessen des Unternehmers bzw. Unternehmens und nicht im Ermessen des Gesetzgebers, was wiederum eine gesetzliche Verpflichtung zu CSR in ein Paradoxon führt.

Der zuvor genannte unternehmerische Handlungs- und Gestaltungsspielraum, – d.h. ob eine Maßnahme im Ermessen des Gesetzgebers oder des Unternehmers liegt – kennzeichnet als dritte **Systemgrenze den Beginn, aber auch das Ende von CSR**. Werden einzelne CSR-Maßnahmen gesetzlich verpflichtend, handelt es sich

---

[55] Stadler (2011): 217

[56] mit Leben erfüllt werden diese durch den integrativen Ansatz eines CSR Managements, in dem Managementansätze mit Ethik und Werten verknüpft werden; vgl. Beitrag von Lorentschisch/Walker in diesem Buch

[57] vgl. den Abschnitt 2 bzw. Abb.1. des Beitrags von Steurer in diesem Buch

[58] die neutrale Zahl Null definiert, dass es sich um keine CSR handelt, bzw. neutral und indifferent ist

um „legal compliance" bzw. „accountability", <u>nicht</u> mehr um CSR. Diese CSR-Maßnahme fällt damit aus dem CSR-Rahmen heraus. Hier endet CSR. Eine CSR-Maßnahme die gesetzlich verbindlich wird bedeutet für den Unternehmer aber auch für die betroffenen Stakeholder weniger Handlungsfreiheit, Kreativität und Individualität in der Lösung und Umsetzung gesellschaftlicher Herausforderungen; schafft andererseits jedoch Verbindlichkeit für alle Marktteilnehmer.[59] In beiden Fällen hängt die Realisierung von der Einflusssphäre ab, d.h. von den Möglichkeiten und Fähigkeiten institutioneller Gestaltungskraft.

Freiwilligkeit von CSR
Mit den zuvor genannten drei Systemgrenzen eng zusammenhängend ist das Charakteristikum der Freiwilligkeit von CSR. Diese ist – neben dem Triple-Bottom-Line-Ansatz – ein Hauptbestandteil der Definition der Europäischen Kommission der Jahre 2001 und 2002. Freiwilligkeit heißt jedoch nicht Beliebigkeit oder Unverbindlichkeit von CSR. Eine proaktive Selbstverpflichtung, d.h. jene Verantwortung, die Unternehmen aus eigener Initiative und über gesetzliche Vorschriften hinaus wahrnehmen, macht CSR zwar freiwillig, jedoch nicht beliebig. Nicht nur, dass ein Unternehmen, welches sich CSR auf seine Fahnen heftet, die Gesetze einzuhalten hat; es steht außerdem unter einer besonderen Beobachtung durch die Gesellschaft, kritische NGOs und Mitbewerber.

5 CSR-Reifegradmodell von CSR 1.0 zu CSR 3.0

Ausgehend von den Definitionen der Europäischen Kommission 2001, 2002 und 2011 und der ISO 26000 möchte ich nachstehend die wichtigsten Grundcharakteristika von CSR – ohne Anspruch auf Vollständigkeit – aufzeigen, um damit ein aktuelles CSR-Verständnis abzustecken und herzustellen. Gleichzeitig möchte ich diese Grundcharakteristika in ein Reifegradmodell einbringen, welches sich unter anderem Anleihe von Systematiken wie dem Generationenmodell der Bertelsmann Stiftung[60], der Carroll-Pyramide[61] sowie jener von Crane, Matten und Spence[62] nahm. Je höher die Stufe, auf der das Engagement eines Unternehmens eingeordnet werden kann, desto größer ist das Potenzial, zur Ausbildung von gesellschaftlichem Nutzen und Mehrwert für Umwelt, Gesellschaft und auch für das Unternehmen selbst. Das Reifegradmodell versteht sich als inklusives Modell und nicht als demotivierender exklusiver Ansatz.[63]

---

[59] vgl. Beitrag von Mahrer/Mühlböck in diesem Buch
[60] Peters (2009)
[61] vgl. Carroll (1991): 40 f. Caroll unterschied vier Arten von Verantwortung: economic, legal, ethical and philantropic; diese Ansätze aus 1991 sind veraltet und unzeitgemäß und auch in kein Managementkonzept etc. eingebunden
[62] in Anlehnung an die Ausführungen von Crane/Matten/Spence (2008): 5ff.
[63] vgl. Abbildung 1 im Beitrag der Schmalenbach-Gesellschaft in diesem Buch

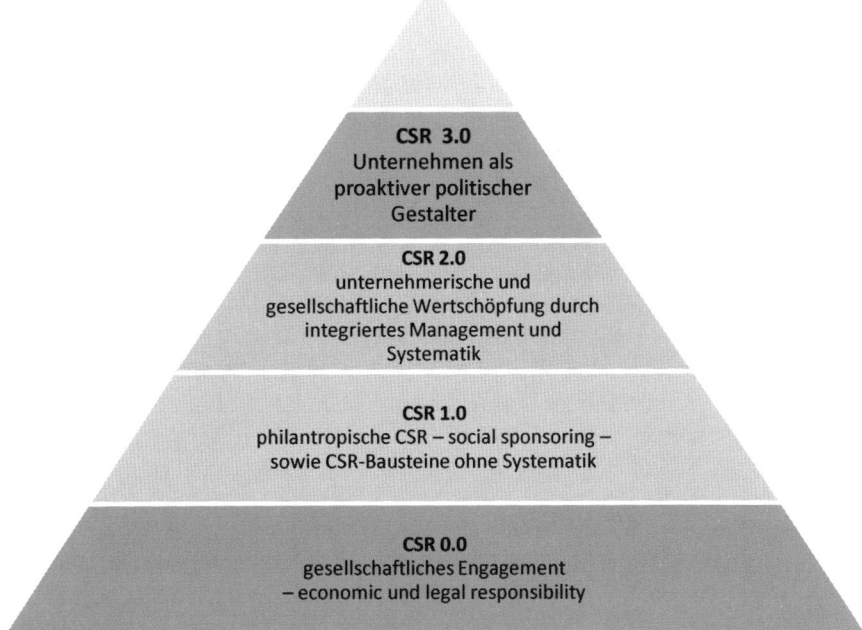

Abb. 2: CSR-Reifegradpyramide – von CSR 0.0 zu CSR 3.0 – als nach oben offene Skala

5.1 CSR 0.0 – gesellschaftliches Engagement – economic und legal responsibility

Wie oben erläutert ist CSR 0.0 streng genommen keine CSR, da diese weder systematisch erfolgt, noch bewusst gemanagt etc. wird. Vielmehr handelt es sich dabei um ‚gesellschaftliches Engagement‘, das entweder per se (durch die Tätigkeit des Unternehmens Produkte und Dienstleistungen für die Gesellschaft zu erbringen) oder durch Zufall eine gesellschaftliche Wirkung entfaltet (beispielsweise Arbeitsplätze, die gesellschaftliche Wirkung durch Löhne, Ausbildung etc. generieren).

Es handelt sich hierbei um eine passive gesellschaftliche Verantwortung, die sich in der Einhaltung von Gesetzen und einer rein-ökonomischen Funktion eines Unternehmens für die Gesellschaft erschöpft. Im Sinne einer Wertschätzung auch dieses wichtigen gesellschaftlichen Engagements und einer möglichen Weiterentwicklung kann es unter dem Begriff CSR – mit dem Beisatz 0.0 – subsumiert werden.

5.2 CSR 1.0 – philanthropische CSR, unsystematische CC und lose CSR-Maßnahmen ohne System außerhalb des Kerngeschäfts

Bei CSR 1.0 handelt es sich einerseits um **philanthropische CSR**. Philanthropie meint unternehmensfremde Aktivitäten und Maßnahmen wie Spenden, Sponsoring,

Mäzenatentum etc., die das eigene Unternehmen bzw. dessen Kerngeschäft nicht betreffen und sich kaum oder nur indirekt auf die Geschäftsstrategie auswirken. Philanthropie wird von vielen Experten aus dem CSR-Konzept ausgeschlossen, da diese meist keinen direkten Bezug zur Unternehmenstätigkeit hat und damit austauschbar ist. Im Sinne einer Wertschätzung auch dieses wichtigen gesellschaftlichen Engagements von Unternehmen und eines sich stetig entwickelnden CSR Engagements ist philanthropische CSR ein Einstieg, gesellschaftliches Engagement zu zeigen, meist aus der Motivation heraus, der Gesellschaft etwas zurückgeben zu wollen. Beginnend mit reinen Geldbeträgen, können in einer Weiterentwicklung des gesellschaftlichen Engagements Projekte entstehen, welche in weiterer Folge einen Bezug zum Kerngeschäft des Unternehmens herstellen – und sich damit in Richtung CSR 2.0 entwickeln. Philanthropische CSR ohne Kerngeschäft ist streng genommen ein Kostenfaktor – mit beschränktem Nutzen für die Gesellschaft und sehr geringem Nutzen für das Unternehmen.

Auch **Corporate Citizenship**[64] (Bürgerschaftliches Engagement) fällt weitgehend in die Kategorie CSR 1.0, sofern kein strategisches/integriertes Managementsystem dahintersteht. „Als Corporate Citizen (verantwortungsvoller „Unternehmens-Bürger") kann ein Unternehmen neue Partnerschaften erproben, in einen intensiven Dialog mit seinen Stakeholdern treten, deren Interessen verstehen und selbst neue Fähigkeiten gewinnen … Dieses Engagement am Standort zeichnet sich neben finanzieller Unterstützung, vor allem durch das persönliche Einbringen der Mitarbeiter mit Zeit und Know-How aus."[65]

Der dritte Aspekt von CSR 1.0 als Weiterentwicklung einer philanthropischen CSR und Corporate Citzenship **sind unsystematische CSR-Maßnahmen**, die entweder nur eine Säule der Nachhaltigkeit im Fokus haben (z. B. Energieeffizienz, Abfallvermeidung) oder nicht im ganzen Unternehmen oder auch nicht mit dem Kerngeschäft verankert sind. Derartige CSR-Projekte ohne Verbindung zum Kerngeschäft (sog. projektorientierte CSR) sind oft Marketing-/PR getrieben, und auf die Legitimierung des unternehmerischen Handelns gerichtet. Die konventionelle extrovertierte Strategie stellt dabei den Marketing- und PR-Aspekt der CSR-Maßnahmen zu sehr in den Vordergrund, um in erster Linie das Unternehmensimage zu erhöhen, weniger gesellschaftlichen Mehrwert zu schaffen. Die Gefahr von Green-/Bluewashing[66] ist hier sehr groß. [67]

CSR 1.0 ist eine passive, defensive, unreflektierte, maximal reaktive, ‚ex-post'-Verantwortung. CSR 1.0 ist vielfach mit der Motivation verbunden das Risiko welches den Ruf oder Wert des Unternehmens beschädigen könnte, zu minimieren, oder den bereits eingetretenen Schaden zu begrenzen – hingegen nicht ex ante Schaden zu vermeiden – oder auch staatliche Regilierung hintanzu-

---

[64] für nähere Ausführungen zu Corporate Citizenship, sei auf das Handbuch Corporate Citizenship, hrsg. von Habisch/Schmidpeter/Neureiter (2007) sowie auf den Beitrag der Schmalenbach-Gesellschaft in diesem Buch verwiesen

[65] vgl. Peters (2009): 8 f.

[66] Green-/Bluewashing ist die Bezeichnung für PR und Marketing, das darauf abzielt, Unternehmen ein umweltfreundliches und verantwortungsbewusstes Image zu verleihen

[67] vgl. die Beiträge von Martinuzzi sowie Gelbmann/Baumgartner in diesem Buch

halten. Ein CSR 1.0 Engagement bringt dem Unternehmen keinen direkten oder indirekten wirtschaftlichen Nutzen; maximal kurzfristig positive Imagewerte. Bei CSR 1.0 liegt das zu Verantwortende in der Vergangenheit, weshalb hier von einer „retrospektiven" bzw. „Ex-post"-Verantwortung[68] gesprochen werden kann. Michael Porter nannte diese „responsive CSR"[69] – philanthropisch ausgerichtete Maßnahmen, welche meist initiiert werden, wenn bedenkliche Verhältnisse bereits existieren. CSR 1.0 ist eine ‚add-on-CSR' bzw. manchmal eine ‚nice-to-have CSR', die bei Änderung der Verhältnisse schnell entfernt werden kann, weil es CSR an der Oberfläche, nicht in der Tiefe des Unternehmens – in den Prozessen und Strukturen bzw. ohne Beteiligung der Unternehmensbeteiligten – verankert ist.

5.3 CSR 2.0 – unternehmerische und gesellschaftliche Wertschöpfung durch integriertes Management und Systematik

CSR 2.0 spielt sich im **Kerngeschäft**, systematisch, als integriertes zukunftsgerichtetes, strategisches **Managementkonzept**[70] mit **Führungs- und Gestaltungsauftrag** der obersten Leitung ab. Nur im Kerngeschäft kann ein Unternehmen langfristig zukunftsfähige gesellschaftliche Wertschöpfung erzeugen und einen nachhaltigen Beitrag für die Gesellschaft erbringen. Als Beispiele sind Produkt- und Prozessinnovationen, Ressourcen-Effizienz, ressourcenschonende Produkte, nachhaltige und verantwortungsvolle Liefer- bzw. Wertschöpfungsketten[71], die Internalisierung bzw. das Managen von Externalitäten, Managementinnovationen, etc. zu nennen.

CSR 2.0 ist bewusstes, sorgfältiges[72] **Planen und Managen von Verantwortung**, in engem und laufendem Dialog mit den – und Analyse der – **Anspruchsgruppen**[73], um die Erwartungen der Gesellschaft zu erkennen, einzuordnen und – in Abwägung der Interessen und Werte – CSR 2.0 auch als Wertemanagementkonzept verstanden – erfüllen zu können. CSR 2.0 ist auch eine qualitätsorientierte CSR.[74] Beispielsweise sollten die Interessen der Mitarbeiter im Sinne eines CSR-Human-Ressource-Managements oder einer HR-CSR-Roadmap[75] respektiert und ihnen

---

[68] vgl. den Beitrag von Beschorner/Schank in diesem Buch
[69] vgl. Porter/Kramer (2006): 9
[70] vgl. Abschnitt 3, „CSR als Teil des strategischen Managements" im Beitrag von Gelbmann/ Baumgartner in diesem Buch
[71] vgl. die Beiträge von Schulz, von Lorentschitsch/Walker bzw. von Porter/Kramer in diesem Buch
[72] im Sinne der "due diligence" – d.h. gebührende Sorgfaltspflicht; vgl. ISO 26000: 5
[73] die Stakeholdertheorie besagt, dass die es für die Umsetzung von CSR notwendig ist, die relevanten Anspruchsgruppen (engl. Stakeholder) des Unternehmens zu identifizieren, ihre Beziehung und Ansprüche zum Unternehmen zu erheben und die Aktivitäten unter den Fokus der Stakeholderorientierung zu stellen. vgl. auch die Ausführungen der Europäischen Kommission (2001): 30; vgl. auch den Beitrag der Schmalenbach-Gesellschaft in diesem Buch; darüberhinaus gibt es auch Möglichkeiten zur Klassifikation von Stakeholdern. vgl. Abschnitt 3.3. im Beitrag von Gelbmann/ Baumgartner in diesem Buch
[74] vgl. den Beitrag von Martinuzzi in diesem Buch
[75] vgl. den Beitrag von Sutter in diesem Buch

eine langfristige Perspektive im Unternehmen aufgezeigt werden, Verantwortung auch an die Mitarbeiter abgegeben werden und somit unternehmerisches Denken, Eigenverantwortung in der Belegschaft – als Beitrag zur Gesamtverantwortung – gestärkt werden. Ziel ist gesellschaftlicher Mehrwert und wechselseitiger Nutzen auf Unternehmens- Gesellschafts- und Umweltebene (sog. Business Case CSR)[76].

Ziel von CSR 2.0 ist es einen ganzheitlichen Blick vom Unternehmen zu bekommen und in weiterer Folge eine Balance zwischen den **drei Säulen der Nachhaltigkeit** herzustellen. „Zur Umsetzung von nachhaltigem Management sind Kontrollsysteme notwendig, die die Leistung eines Unternehmens nicht nur in ökonomischen, sondern auch mit ökologischen und sozialen Kennzahlen messen und bewerten. Nur durch eine solche ‚Triple Bottom Line'- Evaluierung können Ziele außerhalb der Betriebswirtschaft gesetzt und ihre Erreichung kontrolliert werden."[77]

CSR 2.0 kann als dialektisches[78] **Verantwortungsmanagement** verstanden werden, wo alle strategischen Prozesse und operativen Tätigkeiten, mit der Verantwortungswahrnehmung eines Unternehmens verbunden sind. Darüber hinaus ist Nicht-Opportunismus, verstanden als Bereitschaft und Fähigkeit des Vertrauensnehmers, situativen „Versuchungen" des Missbrauchs von Vertrauen zu widerstehen,[79] eine wichtige Grundvoraussetzung für eine dauerhafte Verantwortungswahrnehmung und für den Aufbau von Vertrauen[80] zu den Stakeholdern. Neben dieser Kultur des Vertrauens bedarf es auch einer positiven und als Chance begriffenen Konfliktkultur.

„Nach innen und außen bedarf es pro-aktiver, ehrlicher und transparenter Kommunikation mit den Stakeholdern über Werte, Aktivitäten, Erfolge und Herausforderungen eines Unternehmens. Werte und Ziele müssen nicht nur kommuniziert, sondern tatsächlich gelebt werden. Dazu müssen Mitarbeiter die Möglichkeit erhalten, ihr Verständnis und ihre Bedenken zu Zielen sowie ihre Ideen zu deren Umsetzung zu diskutieren. Für die Kommunikation mit externen Stakeholdern wird eine klare Berichterstattung anhand messbarer Kennzahlen, die durch Dritte geprüft worden sind, erwartet."[81]

Die Gewinnerzielung erfolgt einerseits langfristig (in Generationen statt in Quartalen denkend) und nachhaltig; andererseits wird auch unter CSR-Gesichtspunkten entschieden, was mit dem nachhaltig erwirtschafteten Gewinn – z. B. reinvestiert in Gesellschaft, Mitarbeiter etc. – gemacht wird. Wichtig ist zu betonen, dass CSR 2.0 auch dem Unternehmen langfristig wirtschaftlich nicht nur nutzen darf – sondern sogar nutzen muss, soll CSR langfristig eine Win-Win-Win-Situation sein.[82]

---

[76] vgl. die Beiträge von Schaltegger (insb. den Abschnitt zum Business Case for Sustainability), Schreck und Porter/Kramer in diesem Buch
[77] Peters (2009): 11
[78] im Gegensatz zu CSR 3.0. wo eine hermeneutisches Verantwortungsmanagement vorherrscht
[79] vgl. den Beitrag von Suchanek in diesem Buch
[80] vgl. die Beiträge von Suchanek sowie Sedmak in diesem Buch
[81] Peters (2009): 11; vgl. Beiträge von Osburg bzw. Faber-Wiener in diesem Buch
[82] CSR, die keinen direkten oder indirekten ökonomischen Nutzen für das Unternehmen aufweist, wäre demnach CSR 1.0 oder darunter, da nicht alle drei Säulen berührt werden

CSR 2.0 sind unternehmensbezogene CSR-Aktivitäten, die das eigene Unternehmen direkt betreffen. Die Maßnahmen wirken sich direkt auf die Geschäftsstrategie aus, weshalb die Geschäftsstrategie ein wesentlicher Treiber für das CSR-Engagement ist[83]. Das Unternehmen verfolgt einen visionären nachhaltigen **Entwicklungspfad mit kontinuierlichem Verbesserungsprozess**. Die Initiative für eine derartig gelebte CSR geht zumeist von der Unternehmensleitung aus. Eigentümer und Führungskräfte prägen die gesamte Kultur eines Unternehmens, die gelebten Werte und die daraus resultierenden Anreizsysteme und Karrierechancen. Verantwortungsvolles Wirtschaften braucht das Bekenntnis und das Vorbild der Unternehmensspitze, wenn es ernst genommen und konsequent gelebt werden soll. Letztlich sind jedoch alle im Unternehmen zuständig bzw. verantwortlich – CSR in die Verantwortungsprozesse und operative Struktur zu integrieren – nicht nur ein CSR-Beauftragter im Unternehmen. Dieser kann lediglich einen CSR-Prozess im Unternehmen organisieren und moderieren, ihn aber nicht mit Leben, d.h. mit Verantwortung in alle Unternehmensbereiche hinein und damit Letzt-Verantwortung, füllen. Nicht zuletzt beginnen **materielle und immaterielle Wertschöpfungsketten** beim verantworteten Handeln des Einzelnen und setzen sich fort in einer Unternehmenskultur der Offenheit, Transparenz, Zielorientierung, gegenseitigen Wertschätzung und Glaubwürdigkeit.

CSR 2.0 ist eine aktive, reflektierte und strategische CSR[84], die direkten Einfluss auf die Strategie und Wettbewerbsfähigkeit eines Unternehmens nimmt. „Wenn CSR auf diese Weise in die ‚DNA' eines Unternehmens eingepflanzt wird, gewinnt ein Unternehmen an gesellschaftlicher Relevanz und Akzeptanz, an Stabilität und Effektivität, kurz: an Wettbewerbsfähigkeit."[85] CSR ist Teil der Unternehmenskultur und des Unternehmensalltags und damit nicht mehr austauschbar bzw. auch kein Kosten-, sondern ein Nutzenfaktor – bzw. wie auch im ursprünglichen Sinne der Triple Bottom Line ein nicht finanzieller Leistungsindikator als neuer Einblick und Blickwinkel auf das Unternehmen, der die Möglichkeit zur effektiven Steuerung ermöglicht. Finanzieller und gesellschaftlicher Gewinn, die Mehrung des Gemeinwohls durch die Übernahme von gesellschaftlicher Verantwortung ist das Ziel. Bei CSR 2.0 liegt das zu Verantwortende nicht nur in der Vergangenheit, wie bei CSR 1.0, sondern in der Gegenwart und in der Zukunft, in Richtung eigentlicher Verhaltensänderung und Schaffung eines weitreichenden nachhaltigen Wandels.[86] Während CSR 1.0 versucht, die Symptome gesellschaftlicher Herausforderungen zu bekämpfen, setzt CSR 2.0 bei der Ursachenbekämpfung an, in dem bereits in der Wertschöpfung auf Nachhaltigkeit gesetzt wird.

---

[83] vgl. den Beitrag von Porter/Kramer in diesem Buch
[84] in Anlehnung an Porter/Kramer (2006): 9
[85] Peters (2009): 11
[86] vgl. den Beitrag von Porter/Kramer in diesem Buch

5.4 CSR 3.0 – Unternehmen als proaktiver politischer Gestalter

CSR 3.0 versteht sich auf Basis von CSR 2.0 als antizipative **wirtschafts-, gesellschafts- und umweltpolitischer Gestalter gesellschaftlicher Herausforderungen im Rahmen der Einflussmöglichkeiten,**[87]mit dem Anspruch einer nachhaltigen Veränderung der Rahmenbedingungen. CSR 3.0 ist die Teilhabe der Unternehmen an gesellschaftlicher Governance[88] bzw. das Äquivalent für herkömmliche (staatliche) Governance-Formen.[89] CSR 3.0 sieht Unternehmen als aktive Mitgestalter des Politischen[90]. CSR 3.0 verfolgt nicht nur eine Regulierung von Unternehmen, sondern insbesondere auch eine Regulierung <u>durch</u> Unternehmen. CSR 3.0 ist eine kooperative Form einer „new-governance", in denen Netzwerke und Cluster eine wichtige Rolle spielen. CSR wird verstanden als politisches Konzept, das die Rolle der Wirtschaft in der Gesellschaft und damit auch das Verhältnis Staat–Wirtschaft– Zivilgesellschaft – im tiefen Bewusstsein einer wechselseitigen Abhängigkeit voneinander – neu definiert und neu denkt.[91]

CSR 3.0 ist **global denkende, lokal agierende und vernetzte**[92] CSR für die Bedingungen des Marktes, **eine proaktive**[93]**, initiative, ganzheitliche** gesellschaftliche Verantwortung mit dem Kerngeschäft, über den unmittelbaren Einflussbereich und Gestaltungshorizont des Unternehmens hinaus. Die Balance von wirtschaftlicher, ökologischer und gesellschaftlicher Entwicklung steht an jeder Stelle der Wertschöpfungskette: vom Einkauf, Handel, Produktion bis zur Produktnutzung und Wiederverwertung (cradle to cradle) bzw. auch ganzheitlicher im Sinne eines Produktlebenszyklus (Life-Cycle-Approach). CSR 3.0. ist eine CSR-Marke; dementsprechend wird in der Kommunikation auch ein proaktives Themenmanagement betrieben.

Das Unternehmen **gestaltet mit seinen Anspruchsgruppen** – nicht nur in einem Top-down-Prozess, sondern in einem evolutionären Prozess, der sowohl Bottom-up- als auch Top-down-Elemente verbindet und alle Unternehmensbereiche einschließt – zukunftsfähige Formen des Wirtschaftens. Daraus resultiert eine enge Beziehung zu den Stakeholdern, was dem Unternehmen Wettbewerbsvorteile verschafft. Ganzheitlichkeit nicht nur auf Unternehmensebene, sondern auch in der Einbettung der politischen und gesellschaftlichen Rahmenstruktur. Durch eine

---

[87] hier wird nicht auf die Einflusssphäre abgestellt, sondern auf die Möglichkeiten aktiv Einfluss zu nehmen

[88] vgl. den Beitrag von Rieth/Coni-Zimmer in diesem Buch

[89] aus diesem Grund ist eine staatlich verordnete CSR Politik, außerhalb eines ordnungspolitischen Rahmen – d.h. im Sinne einer „accountability" ein Widerspruch; vgl. die Beiträge von Beschorner/ Schank sowie Schreck in diesem Buch

[90] auf Basis und unter der Bedingungen eines soliden Engagements von CSR 2.0; sonst könnten fälschlicherweise auch CC-Aktivitäten ohne Verbindung zum Kerngeschäft, mit politischem Anstrich verstehen, als CSR 3.0. gesehen werden

[91] vgl. den Beitrag von Steurer in diesem Buch

[92] Porter/Kramer sprechen in ihrem Buchbeitrag vom Aufbau „lokaler Cluster"

[93] proaktiv meint, dass aktiv nach Verantwortungsbereichen gesucht wird, Anforderungen vorweggenommen werden und mehr getan wird, als von den Anspruchsgruppen bzw. der Gesellschaft verlangt

derartige Verantwortungsübernahme werden organisationales[94] Lernen sowie ganzheitliche Innovation[95] und vor allem Exnovation[96] angeregt, die damit einem Unternehmen einen Wettbewerbsvorteil durch Alleinstehungsmerkmale oder neue Geschäftsfelder verschaffen.[97] Kann man bei CSR 2.0 von einem Optimierungsprozess sprechen, so wäre CSR 3.0 ein strategischer Differenzierungsprozess.[98]

Der **kontinuierliche hermeneutische Dialog mit externen Stakeholdern**, inklusive der Kritiker, ist ein wichtiges Sensorium zum Aufspüren gesellschaftlicher Themen und herannahender Probleme. Vorausschauender Umgang mit Wirtschafts-, Gesellschafts- und Umwelt-Risiken kann einem Unternehmen einen strategischen Vorteil gegenüber den Wettbewerbern verschaffen. Hierzu gehört ein 360-Grad-System zur Entdeckung von Chancen und Risiken in gesellschaftlichen Veränderungsprozessen. CSR 3.0 ist damit nicht von PR- oder kurzfristigen Trends getrieben, sondern von gesellschaftlichen Herausforderungen und gesellschaftlichen Megatrends als Kern seines künftigen Geschäftsmodells. Organisationsstrukturen müssen daher flexibel gestaltet sein, um schnell auf erkannte Chancen und Risiken reagieren zu können. CSR wird so zu einer Querschnittsfunktion, die nicht mehr allein von einem „CSR-Manager" oder der Kommunikationsabteilung in Einzelprojekten vorangetrieben wird, sondern als Organisationsprinzip in der gesamten Unternehmensführung verankert ist und vom ganzen Unternehmenskörper gelebt und weitergedacht wird.[99]

CSR 3.0 nimmt sich gesellschaftlicher Themen an, die auch in einem erweiterten und nicht unmittelbaren Sinne die Unternehmenstätigkeit beeinflussen (z. B. Menschenrechte; Bildung im und außerhalb des Unternehmens, beispielsweise durch Kooperationen in der Grundausbildung; Anti-Korruptionsmaßnahmen und Bewusstseinsbildung hierzu, etc.) jedoch ebenfalls gesellschaftliche ganzheitliche Wertschöpfung[100] und langfristig Mehrwert für das Unternehmen generieren. Dazu gehört auch die Schaffung von **Soft Law,** wo sich mehrere Unternehmen zu Initiativen und quasi-staatlichen Selbstregulierungen zusammen schließen, um Standards beispielsweise für die Einhaltung von Arbeitsbedingungen zu schaffen. Diese Initiativen kommen zumeist – aber nicht nur – in Entwicklungs-und Schwellenländern zum Einsatz – und gehen entweder freiwillig über bestehendes Recht hinaus oder füllen Gesetzeslücken.[101]

Bei CSR 3.0 ist das Unternehmen der **Treiber** – nicht der Getriebene – und derjenige, der strategisch und führend Agendasetting betreibt. CSR 3.0 ist visionär im Sinne einer ganzheitlichen CSR-Strategie, die in allen Unternehmensbereichen und

---

[94] vgl. den Beitrag von Müller in diesem Buch
[95] vgl. den Beitrag von Grieshuber in diesem Buch
[96] Exnovation verstanden als konsequente Ausrichtung der Entwicklungsarbeit eines Unternehmens auf Außenreize
[97] vgl. Peters (2009): 8 bzw. 11 sowie den Beitrag von Porter/Kramer in diesem Buch
[98] vgl. Abbildung 2 im Beitrag von Schulz in diesem Buch; die vier aufgezeigten Entwicklungsstufen im Exzellenzstufenmodell entsprechen weitgehend den Stufen des CSR-Reifegradmodells (CSR 0.0 bis CSR 3.0); vgl. ebenso den Beitrag von Gastinger/Gaggl in diesem Buch
[99] vgl. Peters (2009): 12
[100] vgl. den Beitrag von Schulz in diesem Buch
[101] vgl. Peters (2009): 12

-aktivitäten aktiv nach gesellschaftlichen Aspekten sucht, um aus Differenzierung und Innovation Wettbewerbsvorteile zu ziehen. Eine systemisch **visionäre Strategie auf stetigem Streben nach gesellschaftlichen Mehrwert und Gewinn im Unternehmen** wird angestrebt. So wird die breite dynamische und auf ständige Verbesserung gerichtete Sichtweise von CSR verwirklicht.[102] Bei CSR 3.0 liegt das zu Verantwortende in der Zukunft, ganz im Sinne der Aussage von Peter Drucker: „Der beste Weg, die Zukunft vorherzusagen, ist sie zu erschaffen."

Ein wichtiges Ziel von CSR 3.0 ist es, **die Kooperation aller** sicherzustellen. Das Gewinnen von langfristiger Vertrauenswürdigkeit als gesellschaftlich konstituierter Kooperationspartner[103] ist ein Schlüsselfaktor dieses CSR-Konzepts. CSR 3.0 ist zweifellos eine andere ganzheitlichere und interdependente Weltsicht auf Wirtschaft, Politik, Umwelt, Zivilgesellschaft und Medien; was ein Denken in anderen Dimensionen und Paradigmen in sich trägt.

5.5 CSR-Reifegrade am Beispiel des Obstkorbes

Wie eingangs erwähnt, sollen als eine Art Lackmustest die unterschiedlichen CSR-Engagements an einem praktischen Beispiel erläutert werden.

Ein Unternehmen stellt seinen Mitarbeitern einen Obstkorb bereit – ist das CSR?

Diese Frage ist – wie nachstehend sehr simplifizierend dargestellt wird, nicht einfach mit Ja oder Nein zu beantworten. Es kommt drauf an, was hinter diesem Obstkorb steckt.

Hat die Unternehmensleitung das Obst mit der Motivation bereitgestellt, dass Mitarbeiter möglichst kurze Pausen machen, so handelt es sich um **CSR 0.0.**

Aus der Intention der Unternehmensleitung, mit der Einzelmaßnahme „Obstkorb" ‚irgendetwas' für die Mitarbeitergesundheit zu tun, – ohne Stakeholderdialog (d. h. ohne zu erheben, ob Bedarf bei Mitarbeitern besteht usw.) – um dies in erster Linie als PR- und Image-Maßnahme verkaufen zu können, handelt es sich um **CSR 1.0.**

Ist der Obstkorb eines von vielen Ergebnissen eines vorangegangenen Stakeholderdialogs und einer systematischen und bewussten Entscheidung des Managements – eingebunden in ein ganzheitliches Gesamtkonzept – kann man von **CSR 2.0** sprechen. Der Obstkorb ist hier jedoch nur eine von vielen Teilmaßnahmen eines systematischen CSR-Konzepts eines Unternehmens.

Der Obstkorb – über die Erfordernisse von 2.0 hinausgehend – als Ergebnis einer von vielen Maßnahmen zur Förderung der Gesundheit und als strategisches und politisches Engagement eines Unternehmens, einerseits die Gesundheit der Mitarbeiter und auch ihrer Angehörigen zu heben, daneben Informationen über die richtige Ernährung usw. zu geben, ABER auch bewusst nachhaltiges Obst z. B. aus regionaler, biologischer Produktion, zu kaufen, sowie mit dem Bewusstsein

---

[102] vgl. den Beitrag von Gelbmann/Baumgartner in diesem Buch
[103] vgl. den Beitrag von Suchanek in diesem Buch

und der politischen Ambition, dadurch regionale Wirtschaftskreisläufe und die biologische Landwirtschaft zu stärken, fällt in die Systematik **CSR 3.0**.

Wie so oft, ist die Sache an sich weder gut noch schlecht, sondern die dahinterstehenden Tatsachen und Umstände sind zu bewerten.

6 Schlussbemerkung

Ein einheitliches Verständnis und Paradigma von CSR, was es leisten kann und soll, wo CSR beginnt und endet, besteht nicht. Auch die jüngste Mitteilung der Europäischen Kommission vom October 2011 hat zwar eine aktuelle Begriffsdefinition, jedoch keine Begriffsabgrenzung vorgenommen. Das komplexe und breite CSR-Konzept bedarf daher zunächst einer Begriffsklärung und Abgrenzung. Darüber hinaus braucht das CSR-Konzept eine Abstufung und innere Nuancierung – um einerseits unterschiedliche Reifeformen von CSR unterscheiden, vergleichen und bewerten zu können, andererseits auch um den Unternehmen Motivation zu sein, in ihrer CSR Entwicklung nicht stehen zu bleiben, sondern auf ein höheres Verantwortungsniveau vorzudringen bzw. einen höheren CSR-Reifegrad zu erreichen. Erst auf den höheren Niveaustufen beginnt CSR auch im Unternehmen zu wirken und Mehrwert für das Unternehmen und die Gesellschaft zu schaffen.

Je höher die Komplexität, umso wichtiger ist Systematisierung und Orientierung auf einen Entwicklungspfad hin zu hoher Verantwortung als Beitrag zur nachhaltigen Entwicklung. Zwar gibt es, wie Schaltegger in seinem Buchbeitrag betont, kein absolut nachhaltiges Unternehmen/Organisation/NGO etc., dennoch ist das Spektrum von CSR und Nachhaltigkeit sehr breit. Das inklusive Modell von unterschiedlichen CSR Reifegraden mit den Eckgrößen CSR 0.0 bzw. 1.0 auf der einen und CSR 3.0 auf der anderen Seite möchte dieses Spektrum zwischen Unnachhaltigkeit und Nachhaltigkeit bzw. gesellschaftlicher Wertschöpfung aufzeigen und differenzieren.

CSR ist selbst in einem kontinuierlichen Verbesserungs- und Entwicklungsprozess.[104] Dieser Beitrag versteht sich als Anregung und Anstoß zur Weiterentwicklung und soll in einem kontinuierlichen Verbesserungsprozess durch Wissenschaft, Wirtschaft und Zivilgesellschaft selbst reifen.

7 Literatur

Braungart, M./McDonough, W. (2002): Cradle to cradle, remaking the way we make things; 1. Auflage, New York, North point press.

Carroll, A.B. (1991): The pyramid of Corporate Social Responsibility: toward the moral Management of Organizational Stakeholders. In: Business Horizons, July-August, pp 39–48.

Coelho, McClure, Spry (2003): The Social Responsibility of Corporate Management: A Classical Critique, 18 Mid-American Journal of Business, 15.

---

[104] dies erfordert ein „panta rei" (griech.: „alles fließt") – statt eines „ceteris paribus"-Denkens. D.h. alle Dinge sind im Fluss, statt alle Bedingungen (bis auf eine) bleiben gleich

Crane, A./Matten, D./Spence, L. (2008): Corporate Social Responsibility – Readings and cases in a global context: Routledge Chapman & Hall, Oxford.

European Competitiveness Report (2008) (COM(2008)774), and accompanying Staff Working Paper SEC(2008) 2853. siehe Online-Dokument: http://ec.europa.eu/enterprise/newsroom/cf/_getdocument.cfm?doc_id=4058

Europäische Kommission (2001): Grünbuch Europäische Rahmenbedingungen für die soziale Verantwortung der Unternehmen. KOM (2001) 366 endgültig, Brüssel.

Europäische Kommission (2002): Mitteilung betreffend die soziale Verantwortung der Unternehmen: ein Unternehmensbeitrag zur nachhaltigen Entwicklung. KOM (2002) 347 endgültig, Brüssel.

Europäische Kommission (2006): Umsetzung der Partnerschaft für Wachstum und Beschäftigung. KOM (2006) 136 endgültig. Brüssel.

Europäische Kommission (2011): Communication from the Commission to the Council and the European Parliament – A renewed EU strategy 2011–2014 for Corporate Social Responsibility, Brüssel, October 2011.

Friesl, C. (2008): Erfolg und Verantwortung, die strategische Kraft von Corporate Social Responsibility, 1. Auflage, Facultas Wien.

Gabler Wirtschaftslexikon (2006), 9. Auflage, Wiesbaden.

Habisch, A./Schmidpeter, R./Neureiter, M. (2007): Handbuch Corporate Citizenship, Berlin.

Hiß, S. (2005): Corporate Social Responsibility – ein Mythos? Reichweite und Grenzen des Neoinstitutionalismus als Erklärungsinstrument. Dissertation, Bamberg.

ISO 26000 – Leitfaden zur gesellschaftlichen Verantwortung, deutsche Sprachversion.

KMU Forschung Austria (2007): CSR and Competetiveness – European SMEs´ Good Practice – Vienna 2007.

Kuhlen, B. (2005): Corporate Social Responsibility (CSR), Die ethische Verantwortung von Unternehmen für Ökologie, Ökonomie und Soziales; Entwicklung – Initiativen – Berichterstattung – Bewertung, 1. Auflage, Baden-Baden.

Lorentschitsch, B. (2009): Eine kritische Betrachtung von Corporate Social Responsibility unter wirtschaftsethischen Aspekten. Master Thesis zur Erlangung des akademischen Grades „MBA – Master of Business Administration" am Institut für Management, Salzburg.

Müller, M./Schaltegger, S. (2008): Corporate Social Responsibility: Trend oder Modeerscheinung, 1. Auflage, München, Oekom Verlag.

Peters, A. (2009): Wege aus der Krise – CSR als strategisches Rüstzeug, Gütersloh.

Porter, M.E./Kramer, M.R. (2006): Strategy & Society: The Link between competitive Advantage and Corporate Social Responsibility. Harvard Business Review, December 2006.

Stadler, W. (2011): Der Markt hat nicht immer recht – Über die wirklichen Ursachen der Finanzmarktkrise und wie wir die nächste vermeiden können, Wien.

Suchanek, A. (2007): Ökonomische Ethik, 2. Auflage, Tübingen, Mohr Siebeck.

UN (1987): Report on the World Commission on Environment and Development, "Our Common Future" unter dem Vorsitz von Gro Harlem Brundtland. siehe Online-Dokument: http://www.un-documents.net/wced-ocf.htm

Zirnig, D. (2009): Corporate Social Responsibility – Definitorische Abgrenzung, Instrumente und betriebswirtschaftliche Erfolgswirkungen, Hamburg.

„Verantwortung" – eine phänomenologische Annäherung

Arbeitskreis Nachhaltige Unternehmensführung
der Schmalenbach-Gesellschaft für Betriebswirtschaft e.V.[1]

1 Verantwortung für eine nachhaltige Entwicklung

Unternehmen sehen sich heute vermehrt der Forderung ausgesetzt, aktiv soziale, ökonomische und ökologische Verantwortung zu übernehmen. Immer mehr Anspruchsgruppen erwarten, dass die Wirtschaft einen wesentlichen Beitrag zu einer *nachhaltigen Entwicklung* leistet, d.h. im Sinne der Definition des Brundtlandberichts von 1987 zu einer Entwicklung beiträgt, „die die Bedürfnisse der Gegenwart befriedigt, ohne zu riskieren, dass künftige Generationen ihre eigenen Bedürfnisse nicht befriedigen können."[2]. Soll dieses Leitbild einer nachhaltigen Entwicklung Realität werden, müssen neben Politik und Zivilgesellschaft alle gesellschaftlichen Akteure einen Teil der Verantwortung übernehmen, so auch die Unternehmen. Durch ihre Entscheidungen bestimmen sie, in welchem Umfang sie für die Folgen ihres Handelns einstehen, indem sie z.B. externe Effekte internalisieren. Doch warum sollten Unternehmen soziale und ökologische Verantwortung übernehmen? Die wirtschaftswissenschaftliche Theorie bietet hierfür verschiedene Erklärungsansätze für verschiedene Wirkungsrichtungen:

Die It-Pays Theorie liefert eine naheliegende Erklärung: Material- oder Energieeinsparungen, aber auch die Reduktion von Abfall, die sich direkt in Kostenreduktionen übersetzen lassen, lohnen sich, ihre Vernachlässigung ist gar ein Zeichen für Ineffizienz.[3] Die Stakeholdertheorie[4] besagt, dass eine schlechtere Nachhaltigkeitsleistung zu schlechteren Stakeholderbeziehungen und in der Folge zu einer schlechteren ökonomischen Leistung führt und umgekehrt. Aus Sicht der Natural Resource Based View Theorie[5] werden die Fähigkeiten eines Unternehmens und deren Einsatz für einen Umgang mit der natürlichen Umwelt als Wettbewerbsvorteil gesehen, konkret in Form der Vermeidung von Umweltbelastungen, der Übernahme von Produktverantwortung und der Beförderung einer nachhaltigen Entwicklung. Einen Widerspruch von CSR und Unternehmenserfolg sieht die Trade-off-Theorie, von Friedman prominent beschrieben als „the busi-

---

[1] der Arbeitskreis Nachhaltige Unternehmensführung dankt Frau Maria Sende, B.Sc., die die Inhaltsanalyse der hier untersuchten Statements mit der Software MAXQDA durchgeführt hat
[2] Hauff (1987): 46
[3] vgl. Porter/van der Linde (1995): 105
[4] vgl. Freeman (1984): 46
[5] vgl. Hart (1995)

ness of business is business"[6], der sowohl den Druck, den Unternehmen im Hinblick auf Nachhaltigkeits- und CSR-Leistungen haben, als auch die Möglichkeit, dies in Chancen der Zusammenarbeit zum gegenseitigen Vorteil zu überführen, unterschätzt. Die Slack Resources-Hypothese[7] hingegen argumentiert, dass eine gute finanzielle Leistung ein Engagement in Richtung Nachhaltigkeit ermöglicht. Die Managerial Opportunism-Hypothese[8] besagt wiederum, dass die Manager so wenig wie möglich in eine nachhaltige Entwicklung investieren wollen, um ihr persönliches Einkommen zu maximieren. Und schließlich gibt es auch einen Erklärungsansatz für eine neutrale Beziehung, die Theorie der Unternehmung,[9] die davon ausgeht, dass Angebot und Nachfrage zu einer Neutralisierung möglicher Einflüsse führen.

Diese Vielfalt der Erklärungen lässt großen Spielraum für Interpretationen, doch lassen sich mit ihnen auch Handlungsweisen der Unternehmenspraxis erklären. Dieser Beitrag stellt den Ansätzen der wirtschaftswissenschaftlichen Theorie Faktoren, die Führungskräfte zu CSR und Nachhaltigkeit motivieren, und Aspekte, die ihr Verständnis einer solchen prägen, gegenüber.

Dieser Buchbeitrag ist wie folgt gegliedert: Nach einem Überblick über verschiedene Begriffe, die teilweise synonym verwendet werden, und über das Verständnis CSR in Wissenschaft und Praxis wird die Perspektive von Persönlichkeiten aus Wirtschaft, Politik und Gesellschaft vorgestellt. Die Auswertung wird die Fragen beantworten, **warum** Unternehmen soziale und ökologische Verantwortung übernehmen sollten und **wie** CSR ausgestaltet sein sollte.

2 Begriffsvielfalt – eine Abgrenzung

Im englischen Sprachgebrauch haben sich unter dem Oberbegriff *Corporate Responsibility* die Themenfelder Corporate Social Responsibility (CSR),[10] Corporate Citizenship und Corporate Governance gebildet. Als Subjekte der Gesellschaft werden Unternehmen wie Bürger gesehen (corporate citizen), die sich wie jeder Einzelne der Verantwortung gegenüber der Gesellschaft und dem Gesetz stellen müssen (vgl. Abbildung 1).

---

[6] Friedman (1962); Orlitzky (2005): 51
[7] vgl. Waddock/Graves (1997)
[8] vgl. Preston/O'Bannon (1997): 421
[9] vgl. McWilliams/Siegel (2001)
[10] siehe weiterführend Crane/McWilliams u.a. (2008)

Abb. 1: Corporate Responsibility-Verständnis (Quelle: Ernst & Young)

Corporate Social Responsibility wird von der Europäischen Kommission wie folgt definiert: „Soziale Verantwortung der Unternehmen (Corporate Social Responsibility – CSR) ist ein Konzept, das den Unternehmen als Grundlage dient, um auf freiwilliger Basis soziale und ökologische Belange in ihre Unternehmenstätigkeit und in die Beziehungen zu den Stakeholdern zu integrieren."[11] Corporate Social Responsibility umfasst demnach das Bekenntnis des Managements, Umwelt- und Sozialbelange freiwillig über die bestehenden Verpflichtungen hinaus in unternehmerische Entscheidungen systematisch einzubeziehen (*Triple-Bottom-Line-Ansatz*). Betont werden die Verantwortung für die gesamte Wertschöpfungskette und der ständige Dialog mit den Stakeholdern, wobei den Mitarbeitern eine besondere Aufmerksamkeit zukommt. Im Dreiklang von Mitarbeitern, Stakeholdern und Wertschöpfungskette soll ein kontinuierlicher Verbesserungsprozess angestoßen und Nachhaltigkeit im Unternehmen *gelebt* werden. Soziale Verantwortung bedeutet zum Beispiel, die Interessen der Mitarbeiter zu respektieren und ihnen eine langfristige Perspektive im Unternehmen zu bieten. Ökologische Verantwortung beinhaltet die Reduzierung des Ressourcen- und Energieverbrauchs, aber auch die Entwicklung umweltverträglicher Innovationen.

Unter Corporate Citizenship fällt beispielsweise die finanzielle Unterstützung humanitärer Projekte, Unternehmensstiftungen oder das Sponsoring lokaler Sportvereine. Auch das *Corporate Volunteering* gehört hierzu: Unternehmen stellen ihre Mitarbeiter für den Einsatz in sozialen oder ökologischen Projekten frei oder unterstützen ihr bereits bestehendes freiwilliges Engagement. Häufig wird Corporate Citizenship mit Unternehmensverantwortung selbst gleichgesetzt.

Corporate Governance, für deutsche Unternehmen konkretisiert im Deutschen Corporate Governance Kodex,[12] beschäftigt sich mit den verbindlichen *Spielregeln*

---

[11] Kommission der Europäischen Gemeinschaften (Hrsg.) (2006)
[12] vgl. Regierungskommission Deutscher Corporate Governance Kodex (2010)

verantwortungsvoller Unternehmensführung wie Steuer- und Wirtschaftsgesetzen oder auch mit den moralischen Werten, an denen Unternehmensleitung und Mitarbeiter ihr Handeln ausrichten sollen. Da Werte und Gesetze je nach Branche, Land oder Selbstverständnis unterschiedlich sein können, muss sich jedes Unternehmen individuell damit auseinandersetzen, wie es deren Einhaltung sicherstellen kann.[13]

Der deutsche Begriff der *Nachhaltigen Unternehmensführung* oder des *Nachhaltigen Wirtschaftens* bezieht sich meist auf den Kern der Triple Bottom Line; so definiert z.B. die VDI-Richtlinie 4070 „Nachhaltiges Wirtschaften verknüpft die Vorgehensweisen erfolgreichen Wirtschaftens mit Forderungen nach ökologischer Verträglichkeit und sozialer Gerechtigkeit und bringt sie in ein ausgeglichenes Verhältnis."[14] Auch eine etymologische Betrachtung unterstützt das Begriffsverständnis:[15] So ist das Wort *Nachhalten* seit dem 18. Jh. mit einem breiten Verwendungsbereich belegt und bedeutet „andauern, wirken, anhalten". Das Wort *Nachhaltigkeit* beschreibt in dieser Verwendung die Fortdauer oder Konstanz von Zuständen, Prozessen und Wirkungen. Nachhaltigkeit ist aber auch die Übersetzung des englischen Begriffs *Sustainability*. *To sustain* kommt vom Lateinischen *sustinere* (*aushalten*) und ist seit dem 13. Jh. gebräuchlich. In dieser Form steht es einerseits in einer eher passiven Form dafür, unerwünschte Einwirkungen auszuhalten und ihnen standzuhalten, andererseits in einer eher aktiven Form dafür, einen erwünschten Zustand zu stützen oder in Gang zu halten. Die Ausrichtung unternehmerischer Entscheidungen auf die Zukunft (Zeitperspektive) und das Abwägen ökonomischer, ökologischer und sozialer Ziele (Mehrfachzielsetzungen) macht somit nachhaltige Unternehmensführung aus.

3 Meilensteine der Entwicklung des CSR-Verständnisses

Nachdem der Begriff des *Ehrbaren Kaufmanns* in Deutschland seit dem Mittelalter bekannt ist,[16] wird als Startpunkt für die internationale Diskussion in der Wissenschaft meist Bowen genannt (vgl. 2). Gemäß Bowen gehört zur Verpflichtung von Kauf- und Geschäftsleuten auch die Übernahme von Verantwortung für eigene Entscheidungen und Handlungen sowie das Tragen von Konsequenzen.[17] Überdies wird das jeweilige Verhalten der Geschäftsleute anhand der (gegenwärtigen) Ziele und Werte der Gesellschaft beurteilt.[18] Damit unterliegt das Verständnis für CSR einem zeitlichen Wandel. Dies zeigt sich auch in Carrolls mehrfach angepasster CSR-Definition, die in der Fassung mit den vier Aspekten Wirtschaft, Recht, Ethik und Good Corporate Citizen[19] zur am häufigsten zitierten CSR-Literatur gehört.

---

[13] vgl. zur Bedeutung der „Compliance" Grüninger (2010)
[14] VDI (2006): Richtlinie 4070, Blatt 1
[15] vgl. Günther (2008): 45
[16] vgl. Klink (2008): 62
[17] vgl. Bowen (1953)
[18] vgl. Bowen (1953): 6, zitiert nach: Carroll (1999): 270
[19] vgl. Carroll (1999): 43

Neueste Veröffentlichungen bestätigen wiederum, dass CSR zum gelebten Unternehmensalltag gehört und nicht mehr nur Teil wirtschaftswissenschaftlicher Theorie ist, auch wenn die Umsetzung zwischen Unternehmen variiert.[20] Dabei stehen einerseits die Beziehungen zu Stakeholdern, andererseits aber auch die Bedeutung von CSR für Führungskräfte im Mittelpunkt.[21]

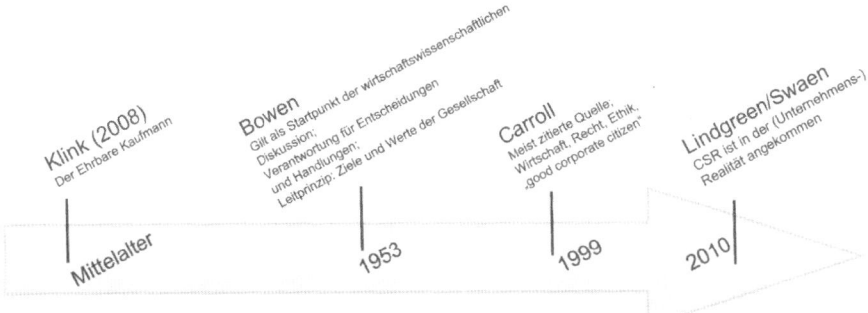

Abb. 2: CSR-Verständnisentwicklung

Auch wenn die Diskussion in Wissenschaft und Praxis in Deutschland später begann, herrscht mittlerweile ein lebhafter Dialog zum Thema Corporate Social Responsibility bzw. Verantwortung von Unternehmen für die Gesellschaft. Eine Analyse deutschsprachiger Artikel zum Thema in Google Scholar am 28.6.2011 ergibt 462 Veröffentlichungen, die das Wort „corporate * responsibility" (davon 442 konkret „corporate social responsibility") im Titel der Veröffentlichung führen, 4.100 im Text (davon 4.050 konkret „corporate social responsibility"). Zu nennen sind dabei Sonderhefte verschiedener betriebswirtschaftlicher Zeitschriften, wie z.B. der „Zeitschrift für Betriebswirtschaft" (Heft 3/2008), der Zeitschrift „Die Unternehmung" (Heft 4/2010) sowie regelmäßige Veröffentlichungen in der Zeitschrift für Wirtschafts- und Unternehmensethik. Einen aktuellen Überblick über Corporate Social Responsibility als Gegenstand betriebswirtschaftlicher Forschung in deutschsprachigen betriebswirtschaftlichen Zeitschriften gibt Schreck (2011).[22]

4 Perspektive der Praxis

Eine praxisorientierte, eher politisch motivierte Definition bietet die bereits genannte EU-Kommission, die auf einen Multistakeholder-Dialog zurückgeht. So spricht CSR neben sozialen Blickpunkten auch umweltbezogene Aspekte an, die in Geschäftstätigkeiten integriert sind bzw. Beachtung finden. Darüber hinaus beruht CSR auf freiwilliger Basis und geht somit weiter, als es rechtliche Anforderungen

---

[20] vgl. Lindgreen/Swaen (2010): 1
[21] vgl. Lindgreen/Swaen (2010): 2
[22] vgl. Schreck (2011)

oder vertragliche Verpflichtungen gebieten.[23] Die Betonung des freiwilligen Engagements und der (Über-)Erfüllung rechtlicher Rahmenbedingungen deckt sich mit
der breiten wissenschaftlichen CSR-Auffassung. Sie führt allerdings auch dazu,
dass gleiche Verhaltensweisen in verschiedenen Ländern unterschiedlich bewertet
werden.

Aus einem weiteren Multistakeholder-Ansatz ging die Norm „Leitfaden gesellschaftlicher Verantwortung", die DIN ISO 26000, hervor. Diese richtet sich allgemein an Organisationen und nicht nur an Unternehmen. Die dort beschriebene
Definition von gesellschaftlicher Verantwortung deckt sich mit vielen bereits angesprochenen Punkten. Sieben Prinzipien bilden dabei das Grundgerüst. Zu diesen gehören die Rechenschaftspflicht, Transparenz, ethisches Verhalten sowie die
Achtung der Interessen von Anspruchsgruppen, Rechtsstaatlichkeit, internationale
Verhaltensstandards und Menschenrechte.[24] Neu ist in diesem Zusammenhang
die Verantwortung auch gegenüber der Umwelt als weiterem Stakeholder sowie
die besondere Aufmerksamkeit der Geschlechter- bzw. Gleichstellungsfrage und
Chancengleichheit. Insgesamt soll die Einhaltung der sieben Prinzipien und die
Verankerung dieser im gesamten Unternehmen zu nachhaltiger Entwicklung beitragen.[25] Darin zeigen sich wiederum der bereits angesprochene Innovationsgedanke
und die Zukunftsorientierung des Konzeptes. Kernthemen sind dabei die Organisationsführung, Menschenrechte, Arbeitspraktiken, Umwelt, anständige Handlungsweisen (und Umgangsformen) von Organisationen, Konsumentenfragen und
die regionale Einbindung und Entwicklung des Umfeldes.

5 Methodik

Doch wie sehen Praktiker das Konstrukt der nachhaltigen Unternehmensführung?
Welche Gründe führen sie an, warum Unternehmen neben der ökonomischen soziale und ökologische Verantwortung übernehmen sollten? Wie sollte ihrer Meinung nach eine nachhaltige Unternehmensführung ausgestaltet sein? Um diese
Fragen des **WARUM?** und des **WIE?** zu beantworten, lud der Arbeitskreis Nachhaltige Unternehmensführung der Schmalenbach-Gesellschaft Führungspersönlichkeiten ein, „Klartext zu sprechen" und ihre Meinung in Form eines Statements
auf der Internetseite des Arbeitskreises www.aknu.org zu veröffentlichen.

Die Auswahl der Adressaten war dabei nicht repräsentativ, sondern erfolgte in
Form eines convenience sample, in dem Führungskräfte aus Wirtschaft, Politik,
Gesellschaft und Wissenschaft angesprochen wurden. Um ihre Einstellungen und
Werte zu erfragen, Hervorhebungen zuzulassen und eine Verzerrung durch ein
vorgegebenes Raster und sozial erwünschte Antworten zu vermeiden, erhielten
die Befragten offene Fragen zur Orientierung: Warum ist nachhaltige Unternehmensführung gerade für Ihr Unternehmen / Ihren Verantwortungsbereich von zen-

---

[23] vgl. EUROPEAN MULTISTAKEHOLDER FORUM ON CSR (Hrsg.) (2004): 3
[24] vgl. DIN ISO 26000 (2009): 13 und 21 ff.
[25] vgl. DIN ISO 26000 (2009): 13 ff.

traler Bedeutung? Welche (positiven) Erfahrungen haben Sie gemacht? Was ist Ihre Motivation, sich für Nachhaltigkeit zu engagieren? Was sind die zentralen Herausforderungen und wie können diese gelöst werden? Wie haben Sie es konkret geschafft, Nachhaltigkeit in Ihrem Unternehmen zu verankern bzw. die oben angesprochenen Herausforderungen zu meistern?

6 Auswertung

228 Klartexte gingen in die hier vorgestellte Auswertung ein. Hierbei lassen sich 14 Klartexte dem Bereich Politik, 51 der Gesellschaft (Vertreter von NGOs, Verbänden, Kirche etc.), 40 der Wissenschaft (v.a. Hochschullehrer) sowie weitere 123 der Wirtschaft (Manager, Führungskräfte) zuordnen.

6.1 Lexikographische Auswertung

Anhand ausgewählter Stichwörter soll gezeigt werden, inwieweit sich die Kernaussagen der Führungspersönlichkeiten zur Nachhaltigkeit im Allgemeinen und der nachhaltigen Unternehmensführung im Speziellen mit dem kompletten Datenmaterial decken. Für die lexikographische Suche werden vornehmlich Wörter aus den gesammelten Definitionen der befragten Führungspersönlichkeiten verwendet. Die Untersuchung soll zeigen, wie hoch die Frequenz dieser Wörter in den Aussagen ist.

Das mit 870 Treffern in der Wortsuche am häufigsten verwendete Stammwort in den Klartexten ist „nachhaltig". Dazu zählt auch die Substantivierung „Nachhaltigkeit". Da es sich bei den Klartexten um das Thema nachhaltige Unternehmensführung handelt, war eine hohe Verwendung des Wortes in den Statements zu erwarten. Im Schnitt ist das Wort viermal pro Klartext gebraucht worden. Am zweithäufigsten verwendet wurde „Verantwortung" mit 160 Treffern. Dies bestätigt, dass nachhaltige Unternehmensführung im Sinne des englischen Begriffs CSR als Übernahme von Verantwortung für die Gesellschaft gesehen wird. Auf den Plätzen drei bis fünf folgen „Erfolg", „langfristig" und „sozial". Die häufige Verwendung von „langfristig" bestätigt den vorausschauenden Tenor der Klartexte und bringt die etymologische Deutung zum Ausdruck, die sich auf die Fortdauer von Zuständen bezieht, wohingegen die häufige Verwendung des Begriffs „sozial" das Verständnis des Ausbalancierens von ökonomischem unternehmerischem Erfolg und sozialen Zielen unterlegt. In Abb. 3 ist eine Auswahl der gesuchten Wörter zu sehen. Die Achse mit der Anzahl der Treffer ist logarithmisch skaliert, um die Ergebnisse für die gesuchten Wörter besser vergleichen zu können.

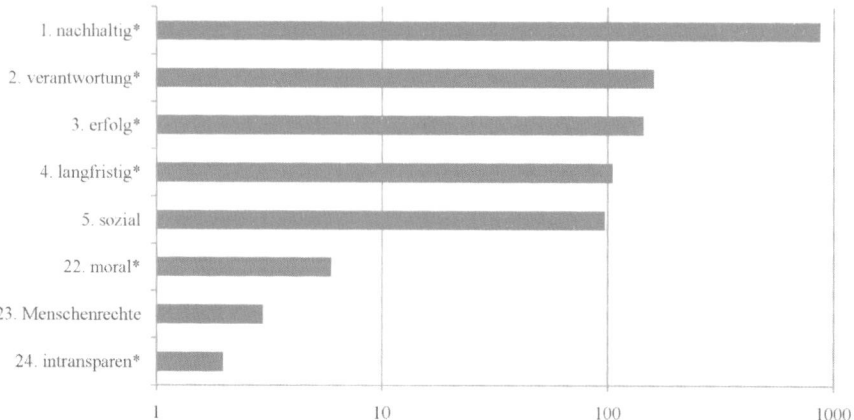

Abb. 3: Ergebnisauszug der lexikographischen Untersuchung

Wörter mit der geringsten Anzahl an Verwendungen sind „Moral", „Menschen-rechte" und „intransparent" bzw. „Intransparenz" mit sechs, drei und zwei Nennungen. Die geringe Verwendung von „Moral" bzw. „moralisch" kann zweierlei bedeuten: Moral ist für Unternehmen in Hinblick auf ihre Verantwortung gegen-über Gesellschaft und Umwelt selbstverständlich oder Moral spielt für Nachhaltig-keit im Vergleich zur Ökologie, Ökonomie und Sozialem nur eine untergeordnete Rolle. Demgegenüber kann bei Menschenrechten festgehalten werden, dass diese in Deutschland im Grundgesetz verankert sind und somit eine besondere Aufmerk-samkeit vermutlich nicht weiter erforderlich ist. Offen bleibt allerdings, wie die-ses Thema bei internationalen Geschäften und Produktionstätigkeiten gehandhabt wird. Beachtet werden muss allerdings, dass nur nach den aufgelisteten Wörtern gesucht wurde. Der Kontext zu den Suchergebnissen wurde nicht berücksichtigt, da hier eine frequentierte Darstellung der Wortverwendung angestrebt wurde.

6.2 Wissenschaftliche Perspektive: eine Mehrebenenbetrachtung

Entsprechend dem in der Wissenschaft bekannten Mehrebenenmodell können die Klartexte entlang der Ebenen Individuum, Unternehmen und Umfeld gegliedert werden.[26]

Im Mittelpunkt des Modells steht das Individuum, der einzelne Mensch. In den Klartexten kommt die subjektive Meinung und Auffassung von nachhaltiger Unternehmensführung dieser Einzelpersonen zum Ausdruck. Auch hier zeigt sich die stark zukunftsgerichtete Betrachtungsweise der Thematik. Zukünftige sowie langfristige Denkweisen kommen in 139 (61%) der Klartexte zum Ausdruck. Auffällig ist dabei, dass unabhängig vom Tätigkeitsfeld primär der langfristige Erhalt des allgemeinen Wohlstandes besonders auch für die kommenden Gene-rationen gewährleistet wird. Für Unternehmen steht die eigene Zukunftsfähig-

---

[26] vgl. Klein/Kozlowski (2000)

keit im Tätigkeitsumfeld – der Gesellschaft und der natürlichen Umwelt – im Vordergrund. Die gegenwärtige Situation (in 91 Klartexten; 40%) wird durch den Aktionismus charakterisiert, bestehende Krisen (Wirtschafts-, Finanz-, Umwelt-, Klimakrise) zu bewältigen. Die Vergangenheit (in 55 Klartexten; 24%) wiederum dient vor allem dem Bild des erlangten Erfahrungsschatzes, aus dem für derzeitige und künftige Herausforderungen geschöpft werden kann.

Die Analyse der Unternehmensebene beschränkt sich auf fünf Aspekte. So wird betrachtet, inwiefern CSR eine Rolle für die Unternehmensführung und -politik spielt und wie der Umgang mit Stakeholdern bzgl. CSR gestaltet wird. Bei der Stakeholderbetrachtung lassen sich drei Teilkategorien unterscheiden. Dabei wird das Verhältnis zu Stakeholdern entlang der Supply Chain (dazu gehören Lieferanten, Mitarbeiter, Kunden), das Verhältnis zum Staat (Umsetzung (inter-)nationaler Vorschriften) sowie die Interaktion und das Engagement von Unternehmen und der Gesellschaft (sozialer Dialog, Zusammenarbeit, gemeinnützige Projekte) betrachtet. Damit von „erfolgreichem" CSR gesprochen werden kann, ist die Annahme der Thematik durch verantwortliche Führungskräfte in einer Organisation erforderlich. Aus diesem Grund wird erwartet, dass vor allem gute Unternehmensführung sowie die Prioritätensetzung zur Behandlung von CSR auf oberster Entscheidungsinstanz in den Klartexten genannt werden.

Jeder Klartext wurde darauf untersucht, welche dieser fünf Aspekte er anspricht. Dabei konnte jeder Aspekt jeweils einmal pro Klartext für die Ergebnisanalyse berücksichtigt werden. Anzumerken ist, dass auf die fünf Punkte überhaupt nur sehr wenig Beteiligte eingegangen sind.

Am häufigsten angesprochen wird, dass gesellschaftliche Verpflichtungen Teil einer guten, vorbildlichen Unternehmensführung sein sollten (vgl. Abb. 4). Daran anknüpfend wurde CSR als Teil der Unternehmenspolitik am zweithäufigsten genannt. Damit soll vor allem das Wirtschaften nach nachhaltigen Leitprinzipien gewährleistet werden. Durch die Etablierung von CSR als weiterem strategischem Ziel findet langfristig ausgerichtetes Denken und Handeln konsequenter Eingang in alle Bereiche und Wertschöpfungsstufen einer Organisation.

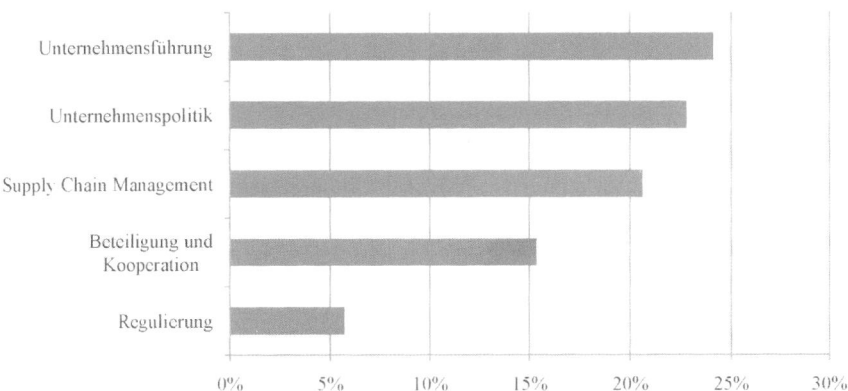

Abb. 4: Prioritäten auf Unternehmensebene

Ebenfalls eine gewichtige Rolle spielt der Umgang mit dem Supply Chain Management entlang der Wertschöpfungskette. In diesem Zusammenhang ist der Umgang mit Ressourcen, Lieferanten, aber auch mit Mitarbeitern und Kunden ein wichtiger Teilaspekt des nachhaltigen Leistungserstellungsprozesses. Damit gewinnt durch das Vorleben und die Einhaltung der Grundsätze der Nachhaltigkeit die Thematik sowohl innerhalb als auch außerhalb von Firmen an Ernsthaftigkeit und fördert deren Glaubwürdigkeit. Darüber hinaus können (nachhaltige) Entwicklungen so gezielter verfolgt und unterstützt werden. Dies zeigt sich in der aktiven Beteiligung an der gesellschaftlichen Entwicklung und an Kooperationen zwischen Regierung, Unternehmen, NGOs und der Gesellschaft. Einerseits dient dies zur Analyse des Umfeldes, andererseits sind Synergieeffekte gezielter nutzbar und zum Wohl aller dienlich. Zu diesem Punkt zählen aber auch der gegenseitige Erfahrungsaustausch, die Netzwerkbildung sowie der Dialog zwischen Unternehmen selbst zum Austausch von guten Beispielen.

Die Einbindung von nationalen sowie internationalen Regelungen wird selten in den Klartexten als Thema im Zusammenhang mit nachhaltiger Unternehmensführung genannt. Dies bedeutet nicht, dass dieser Punkt keine Rolle spielt. Vielmehr könnte das ein Hinweis darauf sein, dass rechtliche Belange und Gesetzmäßigkeiten in Unternehmen sowie Gesellschaft des deutschen Sprachraumes zur selbstverständlichen Pflichterfüllung gehören.

Schließlich sehen sich Unternehmen mit unterschiedlichsten Erwartungen von Seiten der Gesellschaft konfrontiert. Welche Stakeholder am stärksten wahrgenommen werden bzw. aus der Sicht der Befragten einen hohen Stellenwert besitzen, soll im Folgenden dargestellt werden.

In Bezug auf gesellschaftliche Verantwortung wird vermutet, dass vor allem die Belange und Erwartungen der Gesellschaft – also einer breiteren Öffentlichkeit – als signifikante Schlüsselfaktoren betrachtet werden. In den untersuchten Klartexten konnten jeweils mehrere Stakeholder vorkommen. Gezählt wurde jede genannte Anspruchsgruppe pro Klartext mit maximal einer Stimme. Bei Mehrfachnennung einer einzelnen Gruppe konnte diese somit nur einmal in die Bewertung eingehen.

Die Analyse bestätigt die Vermutung: Am häufigsten wird die Öffentlichkeit als Erwartungsträger genannt (vgl. Abb. 5). Öffentlicher Druck ist damit auch einer der stärksten Einflussfaktoren im Hinblick auf die gesellschaftliche Verantwortung eines Unternehmens und somit eine Bestätigung der instrumentellen Stakeholder-Theorie. Neben dem allgemeinen Wohlergehen spielen vor allem auch die Wünsche und Bedürfnisse von Mitarbeitern eine sehr wichtige Rolle. Dies kann damit erklärt werden, dass Mitarbeiter aus physischer Sicht den Entscheidungsträgern am nächsten sind und somit am ehesten wahrgenommen werden können. Für ein Unternehmen sind vor allem Abnehmer von Produkten und die Inanspruchnahme von Dienstleistungen existenzsichernd und damit auch einer der wichtigeren Punkte, die es zu beachten gilt. Daher ist das Verhältnis zu Kunden als Teilmenge der gesamten Öffentlichkeit ein strategisch wichtiger Aspekt. Hingegen werden Gewerkschaften, die traditionell mit ihren Forderungen Druck auf Unternehmen ausüben, am seltensten im Bezug zur nachhaltigen Unternehmensführung als Anspruchsgruppe genannt.

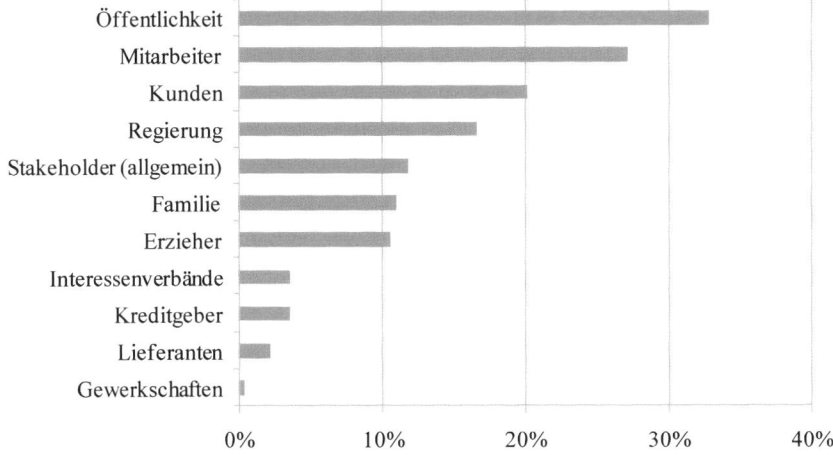

Abb. 5: Wahrgenommene Anspruchsgruppen

6.3 Politisch-praktische Konzeption

Im letzten Teil der Inhaltsanalyse sollen die Ergebnisse zur politisch-praktisch orientierten Untersuchung der Klartexte deutscher Führungspersönlichkeiten vorgestellt werden. Hierbei wurde überprüft, inwieweit sich diese Aussagen den sieben Kernthemen der DIN ISO 26000 zuordnen lassen. Diese sind Menschenrechte, Arbeitsbedingungen, Umwelt, anständige Handlungsweisen und Umgangsformen von Organisationen, Konsumentenfragen sowie regionale Einbindung und Entwicklung des Umfeldes.

Jedes dieser Kernthemen wird durch die verschiedenen Handlungsfelder näher charakterisiert. Dabei ist zu beachten, dass ein Unternehmen, ein Institut oder eine sonstige Organisation nicht alle Handlungsfelder aller Kernthemen in ihrem (unternehmens-) spezifischen Verhalten gegenüber der Umwelt abdecken kann. Vielmehr hat jede Organisation einige individuell wichtige Handlungsfelder, die sie betreffen.

Die Klartexte behandeln nachhaltige Unternehmensführung als Thema. Daher wird erwartet, dass vor allem Statements zur Organisationsführung sowie zum Punkt anständige Handlungsweisen getroffen werden, da zum Führen eines Unternehmens auch das Treffen von Entscheidungen und die Initialisierung von Handlungen gehören. Um einen Gesamtüberblick über bestehende Schwerpunktsetzungen unter den beteiligten Führungspersönlichkeiten zu den Kernthemen geben zu können, wurden jeweils mehrere Aussagen aus einem Klartext zu einem Handlungsfeld in die Auswertung einbezogen. Das Ergebnis mit einem Gesamtüberblick zu den am meisten genannten Schwerpunkten ist in Tab. 1 zusammengetragen.

Tab. 1: Ergebnis der politisch-praktisch orientierten Untersuchung

Kernthemen	Anzahl Nennungen	Anteil am gesamten Stichprobenumfang
Organisationsführung	126	55%
Umwelt	109	48%
regionale Einbindung und Entwicklung des Umfelds	103	45%
Arbeitspraktiken	81	36%
anständige Handlungsweisen und Umgangsformen	55	24%
Konsumentenfragen	45	20%
Menschenrechte	24	11%

Im Durchschnitt beinhaltet über die Hälfte der Klartexte Aussagen zur Organisationsführung, was einen Teil der These bestätigt. Allerdings werden anständige Handlungsweisen mit durchschnittlich knapp einem Viertel der Statements nicht so stark thematisiert, wie ebenfalls angenommen wurde. Stattdessen spielen vielfach die regionale Einbindung ins nähere Umfeld eines Unternehmens sowie Umweltfragen eine große Rolle. Dennoch zeigt das Ergebnis, dass alle Kernthemen im Schnitt für Führungspersönlichkeiten und Personen in leitenden Positionen relevant sind.

Die häufige Thematisierung von Organisationsführung im Vergleich zu den anderen Kernthemen ist damit zu erklären, dass die Führung strategisches Zentrum eines Unternehmens ist und so maßgeblich die Ausrichtung sowie die Unternehmenspolitik bzgl. Nachhaltigkeit und gesellschaftlicher Verantwortung gestaltet. Langfristige und kurzfristige Ziele werden festgelegt. Damit ist die oberste Organisationsebene Ausgangspunkt für die Zukunftssicherung. An Führungskräfte werden hohe Anforderungen gestellt, die es gebieten, das eigene Handeln ständig zu hinterfragen. So kann ein andauernder Verbesserungsprozess der eigenen und der Unternehmensleistung gewährleistet werden. Die Motivation und Sensibilisierung von Mitarbeitern ist ebenfalls in den Führungsetagen angesiedelt. Der Grundgedanke bei einer nachhaltigen Unternehmensführung ist stets gleich: vertrauensvoller, vorausschauender und vorbildlicher Umgang mit Mensch und Natur. Ebenso oft wird der Aspekt angesprochen, dass nicht nur für ökonomische Aufgaben im Unternehmen mögliche Konsequenzen zu tragen sind, sondern auch für Fehlentscheidungen hinsichtlich sozialer und ökologischer Themenbereiche. Ausgestaltung und individuelle Schwerpunktsetzung sowie entsprechendes Engagement sind meist von der Unternehmensgröße sowie dem sozialen Umfeld der Führungskraft abhängig. Aktuelle Krisensituationen erfordern schnelle Entscheidungen. Dabei ist nachhaltiges Handeln zu jeder Zeit eine aktuelle und dringliche Aufgabe zur Existenzsicherung. Nachhaltigkeit wird zunehmend als Chance angesehen und geht über die bloße Betrachtung im Risikomanagement hinaus. Die Etablierung verschiedenster Umweltmanagementsysteme kann Entscheidungsträger und Abteilungen unterstützen, ihre Nachhaltigkeitsziele zu erreichen.

Bei der regionalen Einbindung und Entwicklung des Umfeldes besonders häufig angesprochen wird das Handlungsfeld „Technologien entwickeln". Die

Erforschung und der Ausbau neuer technologischer Lösungen ermöglicht es, Umweltauswirkungen in vielerlei Hinsicht einzudämmen und die Umweltbelastung zu reduzieren. Auch in die Bereiche Gesundheit und medizinische Versorgung spielen Technologien mit hinein. Darüber hinaus schaffen innovative Ansätze neue Arbeitsplätze und sichern die bestehenden. Im Endeffekt können Unternehmen mit Forschungs- und Entwicklungsbemühungen ihre Existenz sichern und einen Beitrag zum gesellschaftlichen Wohlergehen leisten. Ein stetiger Verbesserungs- und Entwicklungsprozess unabhängig von der wirtschaftlichen Lage wird stets als wichtig empfunden. Beim Blick auf gegenwärtige globale Verhältnisse wird vereinzelt auch die finanzielle sowie technische Unterstützung von Entwicklungsländern angesprochen. Neben einer Innovations- besitzen Unternehmen auch eine Investitionskraft, die in verschiedenen Beteiligungen am Leben der Gesellschaft eingesetzt werden. Die Förderung kultureller Veranstaltungen sowie Initiativen und Kooperationen mit Bildungseinrichtungen sind mehrfach genanntes Unternehmensengagement. Dies fördert und fordert einerseits den Dialog zwischen Stakeholdern und Unternehmen und schafft andererseits ein gegenseitiges Verständnis auf Vertrauensbasis.

Überdies werden im Bereich Umwelt insbesondere Aussagen zur nachhaltigen Nutzung von Ressourcen sowie der Minderung und Anpassung an den Klimawandel getroffen. Unternehmen sind sich neben ihrer gesellschaftlichen auch einer ökologischen Verantwortung bewusst. Positiver Nebeneffekt eines umweltverträglichen Verhaltens ist das Einsparpotential, das durch die Vermeidung von Überproduktion und Ressourcenverschwendung sowie Recycling erreicht werden kann. Ein ökologisch nachhaltiges Verhalten während des Leistungserstellungs- und Leistungserbringungsprozesses ist somit auch ein hohes Qualitätsmerkmal. Investitionen in den Umweltschutz sollen ganz im Sinne des Verursacher-/Vorsorgeprinzips Umweltschäden entlang des Wertschöpfungsprozesses vermeiden und vermindern. Das soll bspw. helfen, die Artenvielfalt zu erhalten oder klimaschädliche Treibhausgase zu reduzieren. Als gutes Beispiel im Bereich des Umweltschutzes voranzugehen, bringt Akzeptanz in der Bevölkerung und kann ein nachhaltiges Denken in Gesellschaft und unter Wettbewerbern fördern.

Es ist nicht möglich, die Kernthemen isoliert voneinander zu betrachten. Viele bereits angesprochene Aspekte finden sich auch in den Arbeitspraktiken eines Unternehmens wieder. Arbeitspraktiken beinhalten einerseits den Umgang mit ökologischen Ressourcen und andererseits auch das Verhalten von Führungspersönlichkeiten gegenüber ihren Mitarbeitern, Lieferanten, Kunden und Verhandlungspartnern. Insbesondere faire Arbeitsbedingungen und effizienter Einsatz von Mitarbeitern sind gute Motivatoren für die Leistungserbringung und fördern die Bindung zum Unternehmen und die Identifikation mit der eigenen Tätigkeit. Der Dialog mit Arbeitnehmern begünstigt die Verbreitung und Verankerung von nachhaltigem Handeln in der gesamten Organisation. Durch gezielte Integration nachhaltiger Fragestellungen in die Aus- und Weiterbildung kann dieser Ansatz noch vertieft werden. Mitunter werden in einigen Klartexten auch Arbeitssicherheit und Gesundheit erwähnt. Sozialer Schutz soll durch Gesundheitsmanagement und zusätzliche Altersvorsorge von Seiten des Unternehmens gewährleistet werden.

Darüber hinaus steht die Vereinbarkeit von beruflichen und familiären Verpflichtungen im Interesse der Arbeitnehmer und damit als Zielsetzung im Interesse der Arbeitgeber.

Grundstein für eine nachhaltige (gesellschaftliche) Entwicklung ist vorbildhaftes Verhalten gegenüber Anspruchsgruppen und Umwelt. Die Achtung ethischer Grundsätze und Prinzipien gehört zu anständigen Handlungsweisen (und Umgangsformen) von Unternehmen. Zwischen Zweck und Mittel einer Handlung muss abgewogen werden. In den untersuchten Klartexten wird vielfach deutlich, dass die Orientierung an gegenwärtigen Verhaltensstandards ein starker Leitfaden ist. Diese gehen über rein rechtliche Beschränkungen und Anforderungen hinaus. Auch die Förderung der gesellschaftlichen Verantwortung gehört zu anständigen Handlungsweisen. Neben verantwortungsvoller wirtschaftlicher Tätigkeit erwartet die Gesellschaft von Unternehmen ebenfalls ein beständig kollegiales, hilfsbereites und kooperatives Verhalten. Stark diskutierte Gegenbeispiele in den Klartexten sind die Fixierung auf kurzfristige Gewinnziele, die Selbstbereicherung von Führungskräften auf Kosten anderer, unfaires Vorgehen im Wettbewerb oder korruptes Verhalten und in diesem Zusammenhang die Abweisung von Konsequenzen. Die Wahrnehmung von Verantwortung gegenüber Mitarbeitern und der Gesellschaft führt zu angemessenen Entscheidungen und fördert nachhaltig das Unternehmensbild in den Medien und gegenüber der Öffentlichkeit.

Ähnlich wie schon bei den Mitarbeitern ist auch zu Konsumenten eine vertrauens- sowie respektvolle Beziehung erstrebenswert. Denn Ansichten der Öffentlichkeit über ein Unternehmen können nicht nur entsprechende positive bzw. negative Effekte auf die Mitarbeiterrekrutierung haben, sondern auch auf den Kundenstamm. Neben den Leistungserstellungsprozessen ist auch die Nachhaltigkeit sowie Umweltverträglichkeit der Produkte selbst ein wichtiger Aspekt, der Unternehmen vor große Herausforderungen stellt. Bei Konsumentenfragen kommt es aber nicht nur auf die Produkte und Produktionsprozesse an. Das Verhalten gegenüber Kunden wird ebenso in den untersuchten Aussagen der Führungspersönlichkeiten hervorgehoben. Statt diese zu täuschen, stehen vielmehr die Transparenz des Produktionsweges und die wahrheitsgemäße Gestaltung von Informationen im Vordergrund. Hierbei spielt auch die Möglichkeit zur Sensibilisierung der Kunden zu nachhaltigem Verhalten und Konsum eine Rolle.

Bezüge zu Menschenrechten werden allgemein sehr vage in den Klartexten hergestellt. Grundlegende Prinzipien und Rechte bei der Arbeit decken sich mit den Arbeitspraktiken eines Unternehmens. Kinderarbeit ist zwar in Deutschland mit gesetzlich geregelten Ausnahmen verboten, wird aber auch in einem Klartext angesprochen. Ein anderes in der Arbeitswelt angesiedeltes Thema ist die Frage nach Frauen in Führungspositionen. Diese Forderung lehnt sich an das Prinzip der Chancengleichheit an und wird bisher nur mäßig in deutschen Unternehmen umgesetzt. Die Einführung einer Frauenquote in Führungspositionen ist aber noch stark diskutiert. Allgemein wird allerdings viel von der Freiheit sowie dem Respekt und der Verantwortung gegenüber den Menschen und zukünftigen Generationen gesprochen.

7 Fazit

Die erste Auswertung der nicht repräsentativen bisherigen Klartexte von www. aknu.org zeigt, dass sowohl im Inhalt als auch im Umfang bei den Entscheidungs- und Verantwortungsträgern kein einheitliches Verständnis von nachhaltiger Unternehmensführung besteht. Hier muss noch viel Aufklärungsarbeit geleistet werden. Vgl. in diesem Zusammenhang auch die Stellungnahme des AKNU zum deutschen Nachhaltigkeitskodex auf www.aknu.org.

Dennoch zeigen die Klartexte eine stetig verstärkte Präsenz von CSR in Führungsetagen. Zusammenfassend kann nachhaltige Unternehmensführung als ein langfristig ausgerichtetes, wertebasiertes und gegenüber Mensch und Umwelt Verantwortung forderndes, gelebtes Konzept beschrieben werden.

Auch wenn naturgemäß jeder seine gruppenspezifischen Perspektiven und Schwerpunkte lebt, müssen doch Wirtschaft, Politik und Gesellschaft zu einem einvernehmlichen Verständnis kommen, damit gegenseitige Erwartungen nicht zu unnötigen Konflikten und Auseinandersetzungen führen. Die aktuelle Nachhaltigkeitsbewegung sollte Ängste auf allen Seiten abbauen und nicht schüren. Eher Gegenteiliges ist derzeit in der Realität zu beobachten (vgl. die aktuellen Diskussionen bzgl. Atomkraft und Seuchen).

Der AKNU will bis zum Herbst 2012 Hilfen und Anleitungen erarbeiten, damit zukünftig weniger gegenseitige Erwartungslücken bestehen können.

8 Literatur

Bowen, H. R. (1953): Social Responsibilities of the Businessman. New York: Harper & Row.

Carroll, A. B. (1999): Corporate Social Responsibility. In: Business & Society, Vol. 38, Nr. 3, S. 268-295.

Crane, A./McWilliams, A. u.a. (2008): The Oxford Handbook of Corporate Social Responsibility. Oxford: Oxford University Press.

DIN ISO 26000 (2009): Leitfaden gesellschaftlicher Verantwortung. (Entwurf)

Freeman, R. E. (1984): Strategic Management: A Stakeholder Approach. Boston: Pitman.

Friedman, M. (1962): The Social Responsibility of Business is to Increase its Profits. In: The New York Times Magazine, 13. September 1970. Online im Internet: http://www. umich.edu/~thecore/doc/Friedman.pdf

Grüninger, S. (2010): Wertorientiertes Compliance Management System. In: Wieland, J. u.a. (Hrsg.): Handbuch Compliance-Management. Konzeptionelle Grundlagen, praktische Erfahrungen, globale Herausforderungen. Berlin: Erich Schmidt Verlag, S. 39-69.

Günther, E. (2008): Ökologieorientiertes Management: Um-(weltorientiert) Denken in der BWL. Stuttgart: Lucius & Lucius UTB.

Hart, S. L. (1995): A natural resource-based view of the firm. In: Academy of Management Review, Vol. 20, Nr. 4, S. 986-1014.

Hauff, V. (1987): Unsere gemeinsame Zukunft (Brundtland-Bericht). Greven: Eggenkamp.

Klein, K. J./Kozlowski, S. W. J. (2000): Multilevel theory, research, and methods in organizations: Foundations, extensions, and new directions. 1. Aufl., San Francisco: Jossey-Bass.

Klink, D. (2008): Der Ehrbare Kaufmann – Das ursprüngliche Leitbild der Betriebswirtschaftslehre und individuelle Grundlage für die CSR-Forschung. In: Corporate Social Responsibility. Zeitschrift für Betriebswirtschaft – Journal of Business Economics, Special Issue 3, S. 57-79.

Kommission der Europäischen Gemeinschaften (Hrsg.) (2006): Mitteilung der Kommission an das Europäische Parlament, den Rat und den Europäischen Wirtschafts- und Sozialausschuss – Umsetzung der Partnerschaft für Wachstum und Beschäftigung: Europa soll auf dem Gebiet der sozialen Verantwortung der Unternehmen führend werden. Komm (2006) 136.

Lindgreen, A./Swaen, V. (2010): Corporate social responsibility. In: International Journal of Management Reviews, Vol. 12, Nr. 1, S. 1-7.

McWilliams, A./Siegel, D. (2001): Corporate social responsibility: A theory of the firm perspective. In: Academy of Management Review, Vol. 26, Nr. 1, S. 117-127.

Orlitzky, M. (2005): Payoffs to Social and Environmental Performance. In: Journal of Investing, Vol. 14, Nr. 3, S. 48-51.

Porter, M. E./van der Linde, C. (1995): Green and competitive: Ending the stalemate. In: Harvard Business Review, Vol. 73, Nr. 5, S. 120-134.

Preston, L. E./O´Bannon, D. P. (1997): The Corporate Social Performance Relationship. In: Business & Society, Vol. 36, Nr. 4, S. 419-429.

Regierungskommission Deutscher Corporate Governance Kodex (2010): Deutscher Corporate Governance Kodex (in der Fassung vom 26. Mai 2010). Online unter: http://www.corporate-governance-code.de/ger/download/kodex_2010/D_CorGov_ Endfassung_Mai_2010.pdf

Schreck, P. (2011): Ökonomische Corporate Social Responsibility Forschung – Konzeptionalisierung und kritische Analyse ihrer Bedeutung für die Unternehmensethik. In: Zeitschrift für Betriebswirtschaft, Sonderheft 1/11.

Verein Deutscher Ingenieure (VDI) (Hrsg.) (2006): VDI Richtlinie 4070 Blatt 1. Nachhaltiges Wirtschaften in kleinen und mittelständischen Unternehmen – Anleitung zum Nachhaltigen Wirtschaften. Düsseldorf.

Waddock, S. A./Graves, S. B. (1997): The corporate social performance – financial performance link. In: Strategic Management Journal, Vol. 18, Nr. 4, S. 303-319.

Vertrauen als Grundlage nachhaltiger unternehmerischer Wertschöpfung

Andreas Suchanek

1 Einleitung

Niemand arbeitet freiwillig mit einem Unternehmen zusammen, das er als nicht vertrauenswürdig ansieht. Sollte man doch einmal darauf angewiesen sein, wird man versuchen, sich so weit wie möglich abzusichern und man wird mit dem Einbringen eigener Leistungen zurückhaltend sein.

Diese elementare Überlegung macht bereits deutlich, wie wertvoll Vertrauen bzw. Vertrauenswürdigkeit für Unternehmen ist: Nachhaltige unternehmerische Wertschöpfung, die Raison d'être von Unternehmen, ist ohne Vertrauen nicht möglich. Insofern lässt sich auch plausibilisieren, dass *der Erhalt der Vertrauenswürdigkeit den eigentlichen Kern von Unternehmensverantwortung ausmacht.* Dies kann als Hintergrundthese der folgenden Ausführungen gesehen werden.

Bevor diese These im Laufe der Argumentation zunehmend plausibilisiert wird, sei zunächst der konzeptionelle wirtschaftsethische Rahmen der weiteren Überlegungen kurz skizziert.

2 Der wirtschaftsethische Kontext

Gesellschaft kann verstanden werden als „Unternehmen der [gelingenden generationenübergreifenden; AS] Zusammenarbeit zum gegenseitigen Vorteil".[1] In dieser Bestimmung sind sowohl normative Grundwerte wie Solidarität, Gerechtigkeit oder Nachhaltigkeit erfasst als auch die alltäglichen Formen der Kooperation, wie sie z.B. beim Brötchenkauf oder einem vom Reisebüro organisierten Urlaub bzw. der täglichen Arbeit einer Richterin, eines Ingenieurs, einer Journalistin oder eines Wirtschaftsethikers zum Tragen kommt. Ebenso umfasst diese wirtschaftsethische Bestimmung von Gesellschaft das Ziel, gesellschaftliche Problemfelder wie Klimawandel, Bekämpfung von Hunger und Armut anzugehen, des Weiteren gegen Korruption usw. so wirksam wie möglich vorzugehen.

Diese gesellschaftliche Zusammenarbeit zum gegenseitigen Vorteil ist zu gestalten und erfordert permanent Beiträge der Gesellschaftsmitglieder in Form produktiver Arbeit, die ihrerseits typischerweise in Organisationen und oft über Märkte koordiniert wird.

---

[1] Rawls (1979): 105

Die wirtschaftsethische Handlungsmaxime, die dies reflektiert und die im Weiteren zu Grunde gelegt wird, ist eine reformulierte und erweiterte Fassung der Goldenen Regel: *Investiere in die Bedingungen der gesellschaftlichen Zusammenarbeit zum gegenseitigen Vorteil!*[2] Diese Maxime ist zugleich Kriterium für Regeln, Strukturen und Prozesse, insofern diese daraufhin befragt werden können, ob sie derartige Investitionen fördern oder unterminieren. Dies gilt auch für Unternehmen als gesellschaftlich etablierte institutionelle Arrangements.[3]

3 Wertschöpfung als Raison d'être von Unternehmen

Die gesellschaftliche Aufgabe von Unternehmen ist es, Wertschöpfungsprozesse zu organisieren und auf diese Weise die gesellschaftliche Zusammenarbeit zu fördern. Eine wichtige Qualifikation dieser Bestimmung der Rolle von Unternehmen, die sich später noch als wichtig erweisen wird, besteht darin, dass dies in einer Weise geschehen sollte, dass dabei niemand geschädigt wird.[4]

Diese Qualifikation erweist sich auch deshalb als wesentlich, da Unternehmen erwünschtermaßen unter Wettbewerbsbedingungen agieren sollen. Die Begründung hierfür liegt darin, dass der Wettbewerb die Unternehmen dazu zwingt, sich an den Wünschen der Kooperationspartner zu orientieren – da diese ansonsten zum Konkurrenten abwandern – und effizient mit ihren Ressourcen umzugehen sowie stets nach neuen, innovativen Möglichkeiten zu suchen, beides stets noch weiter zu verbessern.[5] Allerdings erzeugt Wettbewerb auch Konflikte und den Druck, Kosten nicht nur zu vermeiden, sondern evtl. auch zu externalisieren, wenn sich dafür Möglichkeiten ergeben. Es gehört zu den grundlegenden Herausforderungen der Unternehmensethik (und in praktischer Hinsicht: der Unternehmensführung), dieser Ambivalenz von Wettbewerb gerecht zu werden.

Dies gilt umso mehr, da an sich nicht Wettbewerb, sondern Kooperation die primäre Quelle von unternehmerischer Wertschöpfung ist. Diese ist zwingend auf zahlreiche Beiträge diverser Kooperationspartner: Kunden, Mitarbeiter, Zulieferer, Kapitalgeber, Behörden usw. angewiesen. Da diese Kooperationspartner nicht zur Kooperation gezwungen werden können, müssen Unternehmen die jeweiligen Akteure für die Kooperation *gewinnen*. Unternehmen tun dies, indem sie ihnen eine hinreichend[6] attraktive Gegenleistung für ihren Wertschöpfungsbeitrag *versprechen*: Werbespots, Anzeigen, Stellenausschreibungen, aber auch Geschäfts-

---

[2] Suchanek (2007)

[3] Homann/Suchanek (2005): Kap. 5

[4] sonst ließe sich auch die Mafia legitimieren, da auch sie Wertschöpfung betreibt, aber eben auf Kosten Dritter. Wirtschaftsethisch, genauer: konsenstheoretisch lässt sich das reformulieren als Legitimationserfordernis, dass grundsätzlich jedes Gesellschaftsmitglied der Existenz von Unternehmen zustimmen kann – was impliziert, dass keine grundlegenden Rechte bzw. legitimen Interessen verletzt werden.

[5] siehe hierzu auch Homann (1990)

[6] mit dem Begriff „hinreichend" wird angedeutet, dass es immer auch eine Frage der relevanten Alternativen, insbesondere der Wettbewerbskonstellation, ist, wie attraktiv die Gegenleistung sein sollte

berichte, Präsentationen, Mitgliedschaften und anderes mehr, sind Quellen solcher Versprechen.

Diese Versprechen sind allein indes wirkungslos, sofern nicht eine notwendige Bedingung erfüllt ist: dass die jeweiligen Kooperationspartner das *Vertrauen* haben, dass diese Versprechen auch erfüllt werden. Es ist wichtig zu erkennen, dass es erst diese Vertrauenserwartung ist, die Versprechen „funktionieren" lässt.[7]

Allerdings ist zu betonen, dass die Vertrauenserwartung sich nicht allein auf die Vertrauenswürdigkeit des Unternehmens stützen wird. Gerade bei wirtschaftlichen Beziehungen ist zu erwarten, dass ein erheblicher Teil der Vertrauenserwartung ‚abgesichert' ist durch die Rahmenbedingungen der Situation, insbesondere rechtliche Vorschriften, vertragliche Regelungen sowie sonstige Anreizbedingungen der Situation. Das Vertrauen verschiebt sich dann und wird zu einem erheblichen Teil „Systemvertrauen".[8] Indes ist auch davon auszugehen, dass Unternehmen als Vertrauensnehmer *immer* Handlungsspielräume („Freiheit") haben – und auch haben sollen, um diese Freiheit „unternehmerisch" zu nutzen. Mehr noch: Unter Bedingungen der Globalisierung und Digitalisierung sind die Freiheitsspielräume so groß wie nie, doch sind damit auch (Verhaltens-) Unsicherheiten und dadurch auch Bedarf an Vertrauen gewachsen.[9] Dies ist der Grund, weshalb das Thema der Vertrauenswürdigkeit von Unternehmen – und, nicht zufällig parallel hierzu, auch das Thema CSR – in den letzten Jahren erheblich an Bedeutung gewonnen hat.

Im nächsten Schritt soll genauer erforscht werden, was mit Vertrauenswürdigkeit gemeint ist.

4 Vertrauenswürdigkeit

Vertrauenswürdigkeit hat viele Facetten, zumal es wie Reputation eine relationale Eigenschaft ist: Es ist immer auch eine Frage des Beobachters, insbesondere des möglichen Vertrauensgebers, ob Vertrauenswürdigkeit zugeschrieben wird oder nicht – und auch: was als vertrauenswürdig gilt (und dann evtl. entsprechend erwartet wird) und was nicht.

Für die weiteren Überlegungen werden drei Aspekte von Vertrauenswürdigkeit herausgestellt und zwei von ihnen, die den „Kern" von Vertrauenswürdigkeit ausmachen, näher betrachtet:

1) Ein erster Aspekt ist *Kompetenz*. Betrachtet man nur diesen Aspekt, kann man auch statt von Vertrauen von „Zutrauen" oder „Verlässlichkeit" sprechen. In diesem Sinne kann man auch einer Maschine „vertrauen". Dieser Hinweis zeigt schon, dass dieser Aspekt – gerade in Wertschöpfungsprozessen – zwar ein notwendiger Bestandteil für erfolgreiche Kooperationsbeziehungen ist, aber nicht den Kern des Vertrauensphänomens trifft: Mit Maschinen kooperiert man nicht.

---

[7]   darauf wird in Abschnitt 5 noch genauer eingegangen
[8]   Luhmann (2009): 59 ff.
[9]   vgl. etwa Giddens (1996)

2) Der für Kooperationsbeziehungen wichtigste Aspekt von Vertrauenswürdigkeit bezieht sich auf *Nicht-Opportunismus* als Bereitschaft und Fähigkeit des Vertrauensnehmers, situativen „Versuchungen" des Missbrauchs von Vertrauen zu widerstehen, d.h. sich nicht Vorteile zu Lasten des Vertrauensgebers zu verschaffen, beispielsweise durch Verzögerung der Zahlungen an Lieferanten, Auslieferung von Produkten minderer Qualität als angekündigt, fehlende Überprüfung von Standards bei Zulieferern. In allgemeinerer Form kann dies auch beschrieben werden als Bereitschaft und Fähigkeit des Vertrauensnehmers, die Interessen des Vertrauensgebers in angemessener Weise bei seinen Handlungen zu berücksichtigen.

Dieser Aspekt ist für eine nachhaltige Wertschöpfung von grundlegender Bedeutung. Ein Vertrauensgeber wird nur bereit sein, durch eine riskante Vorleistung in die Kooperationsbeziehung bzw. in die gemeinsame Wertschöpfung zu „investieren", wenn er die (Vertrauens-) *Erwartung* hat, dadurch nicht benachteiligt oder geschädigt zu werden.[10]

3) Ein dritter Aspekt von Vertrauenswürdigkeit bezieht sich auf die Auswirkungen des Handelns des Vertrauensnehmers auf Dritte, die andere Vertrauensgeber, aber auch „bloß" Betroffene, z.B. Anrainer oder Kunden eines Restaurants, das unwissentlich verdorbene Lebensmittel serviert, sein können. Eine konkrete Kooperation mit einem spezifischen Partner, z.B. einem Investor oder einem Kunden, kann mit anderen Worten durchaus erfolgreich durchgeführt werden, jedoch in einer Weise, die zu Lasten Dritter geht. Dies kann durch Verletzung von rechtlichen Vorschriften geschehen, aber auch durch Nicht-Beachtung moralischer (sozialer, ökologischer) Standards und Normen, gerade wenn die rechtlichen Vorschriften in den betreffenden Regionen nicht oder nur rudimentär existieren bzw. ihre Durchsetzung unter Vollzugsdefiziten leidet.

Dies muss nicht zwingend die jeweilige konkrete Kooperation, z.B. mit Kunden, beeinträchtigen, insbesondere, wenn der betreffende Kooperationspartner von der Beeinträchtigung der (legitimen) Interessen Dritter nichts weiß bzw. sich dafür nicht interessiert und die Beeinträchtigung nicht publik wird.

Dieser Aspekt von Vertrauenswürdigkeit wird als *Rechtschaffenheit*[11] charakterisiert, da es darum geht, rechtliche und moralische Regeln und Standards einzuhalten, die dem Schutz der berechtigten Interessen Dritter dienen.

Es sei angemerkt, dass es sich wohl vor allem um diesen Aspekt von Vertrauenswürdigkeit handelt, auf den sich die Diskussion und Implementation von CSR im Wesentlichen beziehen. Danach geht es weniger um das „normale" Kerngeschäft, also die Vertrauenswürdigkeit als (direkter) Kooperationspartner, sondern eher um die Vertrauenswürdigkeit als gesellschaftlich konstituierter (korpo-

---

[10] in dieser „Verletzlichkeit" des Vertrauensgebers wird in der Literatur oft das wichtigste Merkmal von Vertrauen gesehen, siehe dazu etwa Bigley/Pearce (1998): 406 ff.

[11] gemeint ist der Begriff, wie er bei Hegel gebraucht wird: „Das Sittliche, insofern es sich an dem individuellen durch die Natur bestimmten Charakter als solchem reflektiert, ist die *Tugend*, die, insofern sie nichts zeigt als die einfache Angemessenheit des Individuums an die Pflichten der Verhältnisse, denen es angehört, *Rechtschaffenheit* ist." Hegel (1993): § 150.

rativer) Akteur, dem *Freiheit* – die „licence to operate" – zugebilligt wird in der (Vertrauens-) Erwartung, dass diese Freiheit nicht zu Lasten Dritter missbraucht wird durch die Nicht-Berücksichtigung sozialer oder ökologischer Standards oder andere Formen der Externalisierung von Kosten.[12] Es sei dabei schon an dieser Stelle darauf hingewiesen, dass nach der hier vertretenen Auffassung die mit diesem Aspekt von Vertrauenswürdigkeit verbundene Verantwortung von Unternehmen eher negativ bestimmt sein sollte nach dem Grundsatz „neminem laedere" – niemandem zu schaden – und die positive Bestimmung der Verantwortung im Kernbereich der Wertschöpfung zu belassen. Andernfalls gibt es praktisch keine Möglichkeit, die Grenzen der Unternehmensverantwortung angemessen zu bestimmen und damit die Unternehmen der ständigen Gefahr der Überforderung auszusetzen.[13]

Nachdem Vertrauenswürdigkeit bestimmt wurde als Trias von Kompetenz, Nicht-Opportunismus und Rechtschaffenheit, soll im nächsten Schritt gefragt werden, welche Bedingungen erfüllt sein müssen, damit Vertrauenswürdigkeit erreicht bzw. erhalten und glaubwürdig vermittelt werden kann. Zu diesem Zweck ist zunächst auf eine grundlegende Asymmetrie einzugehen.

5 Eine grundlegende Asymmetrie

Diese Asymmetrie ergibt sich daraus, dass Vertrauenswürdigkeit den Charakter einer, wie man es nennen könnte, „Allaussage" hat. Damit ist gemeint, dass es dem Wesen von Vertrauenswürdigkeit widerspräche zu behaupten, dass jemand gelegentlich vertrauenswürdig ist, zu anderen Zeiten nicht; schon gar nicht wird man einen entsprechenden Eindruck kommunizieren, indem man etwa behauptet, dass man gelegentlich seine Versprechen hält. Für Vertrauensgeber wäre damit gerade nicht die Möglichkeit gegeben, abschätzen zu können, ob man den Versprechen eines Vertrauensnehmers glauben kann oder nicht.

Anders formuliert kann Vertrauenswürdigkeit nur dann eine Grundlage für die Bildung von (Vertrauens-) Erwartungen über das künftige Verhalten des Vertrauensnehmers sein, wenn sie *universell* unterstellt wird. Dies lässt sich in der Form eines logischen Syllogismus darstellen, wobei der Satz (1) die Eigenschaft (bzw. die Zuschreibung durch den Vertrauensgeber) der Vertrauenswürdigkeit des Vertrauensnehmers ausdrückt:

(1) Immer wenn ein Vertrauensnehmer (VN) gegenüber einem Vertrauensgeber (VG) ein Versprechen abgibt, dann erfüllt er es.
(2) VN gibt einem VG das Versprechen P.
(3) (Daraus folgt: VG kann erwarten, dass gilt:) VN erfüllt P.

---

[12] vgl. hierzu Suchanek (2007): 70 ff., 135 f.
[13] siehe hierzu Lin-Hi (2009)

Ohne die erste Prämisse lassen sich keine Erwartungen darüber ableiten, ob ein abgegebenes Versprechen gehalten wird oder nicht.[14]

Dieser Allgemeinheit beanspruchende Charakter von Vertrauenswürdigkeit führt zu einer folgenreichen Asymmetrie zwischen Bestätigung und „Widerlegung" von Vertrauenswürdigkeit[15]: Eine *Bestätigung* der Vertrauenswürdigkeit ist das, was erwartet wird – was aber deshalb auch keinen besonderen Informationswert hat.[16] Hingegen hat eine „*Widerlegung*" einen hohen Informationswert: die Erwartung der (generellen) Vertrauenswürdigkeit wird enttäuscht mit der Folge, dass sie in dieser Form – als generelle (oder generalisierte) Vertrauenswürdigkeit – nicht mehr aufrecht erhalten werden kann. Dies wiederum führt folglich zur Frage: Unter welchen Bedingungen kann man denn vertrauen? Woher soll man wissen, ob diese Bedingungen vorliegen, wenn man selbst mit dem betreffenden Vertrauensnehmer kooperieren will?

Diese abstrakten Gedanken seien in zwei Schritten verdeutlicht. Zunächst sei der Charakter von Allaussagen an folgendem Beispiel erläutert: Eine einfache Allaussage ist etwa (1) Alle Raben sind schwarz. Wenn man nun einen Raben beobachten will, so wird man erwarten können, er müsste schwarz sein. Sieht man dann einen schwarzen Raben, ist das wenig überraschend; genau das wurde erwartet. Bemerkenswert und aufschlussreich hingegen wäre es, wenn man einen grünen Raben sähe. Allerdings wäre die Aussage, dass *alle* Raben schwarz sind, offensichtlich nicht mehr gültig; man könnte nicht mehr ohne Weiteres von dieser Erwartung – die sich auf den Allsatz (1) stützt – ausgehen.

Übertragen auf Vertrauenswürdigkeit: Wenn ein Unternehmen verspricht, ein bestimmtes Produkt mit beworbenen Qualitätsmerkmalen zu liefern, und es liefert auch entsprechend, so ist das nichts Überraschendes; die Vertrauenserwartung wurde erfüllt.[17] Werden hingegen diese Qualitätsmerkmale nicht erfüllt, ohne dass es dafür eine Erklärung gäbe und ohne dass das Unternehmen auf die entsprechende Beschwerde reagiert, so würde die Vertrauensbeziehung zu diesem Unternehmen möglicherweise irreversiblen Schaden nehmen.

Damit lässt sich eine folgenreiche Asymmetrie konstatieren: Enttäuschten Vertrauenserwartungen kommt im Einzelfall eine ungleich höhere Bedeutung zu als

---

[14] es sei angemerkt, dass in der Realität immer auch weitere Annahmen über die Situation berücksichtigt werden wie beispielsweise das zuvor erwähnte Systemvertrauen, sprich: Annahmen über situative Bedingungen, die das Halten des Versprechens wahrscheinlicher oder unwahrscheinlicher werden lassen.

[15] diese Überlegungen sind, wie der Kenner unschwer feststellt, durch Poppers Wissenschaftstheorie (Popper 2005) inspiriert worden.

[16] deshalb ist es sehr schwierig, Vertrauenswürdigkeit konkret zu signalisieren. Hinzu kommt, dass eine explizite Beteuerung der eigenen Vertrauenswürdigkeit eher gegenteilige Wirkung entfaltet; auch dies verweist auf den universellen Charakter von Vertrauenswürdigkeit, deren „Selbstverständlichkeit" genau dadurch unterminiert werden kann, dass es durch die explizite Kommunikation in seiner Kontingenz, der Möglichkeit, dass es auch anders sein könnte, thematisiert wird. Man fragt sich dann als Vertrauensgeber möglicherweise, warum der Vertrauensnehmer meint, das ausdrücklich betonen zu müssen.

[17] und würde daraus eine Meldung für den CSR-Bericht gemacht, würde das, vorsichtig gesagt, eigentümlich anmuten. Dies verweist auf die später noch kurz andiskutierte Problematik der Kommunikation von Vertrauenswürdigkeit.

erfüllten Vertrauenserwartungen[18]. Genau dies wird von Sprichworten wie „Wer einmal lügt, dem glaubt man nicht, und wenn er auch die Wahrheit spricht" gespiegelt oder dem Shakespeare zugeschriebenen Zitat „Don't trust the person who has broken faith once." Der Verhaltenspsychologe P. Slovic führt diesbezüglich aus: „Trust is fragile. It is typically created rather slowly, *but it can be destroyed in an instant – by a single mishap or mistake.* Thus, once trust is lost, it may take a long time to rebuild it to its former state. In some instances, lost trust may never be regained …The fact that trust is easier to destroy than to create reflects certain fundamental mechanisms of human psychology that I shall call the 'asymmetry principle.'".[19]

Für Unternehmen, denen viel an ihrer Vertrauenswürdigkeit – als Grundlage gelingender Kooperation und damit nachhaltiger Wertschöpfung – liegt, ist es demnach von hoher Bedeutung, dafür Sorge zu tragen, „Widerlegungen" zu vermeiden.

Für die weiteren Überlegungen seien diese „Widerlegungen" näherhin präzisiert als *relevante Inkonsistenzen* zwischen den (Vertrauens-)Erwartungen von Vertrauensgebern im Hinblick auf Kompetenz, Nicht-Opportunismus und Rechtschaffenheit einerseits und dem tatsächlichem Verhalten von Vertrauensnehmern andererseits.

6 Relevante Inkonsistenzen

Nicht jedes Versprechen *kann* gehalten werden, nicht jede Regel wird exakt eingehalten – und das wird auch nicht erwartet. Im unternehmerischen Alltag kommt es zu beliebig vielen, kleineren und größeren Inkonsistenzen[20], doch nicht alle sind bedeutsam. Auch hängt es, wie zuvor erwähnt, stets von den Umständen ab, ob Regeln befolgt und Versprechen gehalten werden. Die Frage ist somit, was eine – im Hinblick auf Vertrauen und Vertrauenswürdigkeit – *relevante* Inkonsistenz ist.

Als relevant werden jene Inkonsistenzen bezeichnet, die von Vertrauensgebern als „Widerlegung" von Vertrauenswürdigkeit wahrgenommen und interpretiert werden, die mit anderen Worten zu einer Gefährdung, wenn nicht Erosion des Vertrauensverhältnisses führen.

Es ist anzumerken, dass es keinen objektiven Maßstab dafür gibt, was als relevante Inkonsistenz anzusehen ist. Wie zuvor angedeutet, hängt es immer auch von den situativen Umständen und Konsequenzen für beide, Vertrauensgeber und Vertrauensnehmer, ab, ob der Bruch eines Versprechens bzw. einer rechtlichen oder moralischen Norm als relevant eingestuft wird oder nicht. Allerdings gibt es genügend Fälle, in denen man mit einiger Sicherheit eine weitgehende

---

[18] hinzuzufügen ist allerdings, dass es die unspektakulären Bestätigungen der Vertrauenserwartungen sind, die Vertrauen aufbauen und erhalten.

[19] Slovic (1993): 677; meine Hervorhebung.

[20] man kann auch von Diskrepanzen, Widersprüchen, Unstimmigkeiten, Enttäuschungen, Konflikten, usw. sprechen.

Übereinstimmung in der Beurteilung finden wird; Beispiele für solche relevanten Inkonsistenzen sind die Verletzung von Menschenrechten, Korruption, Bilanzfälschung, Vernachlässigung von Sicherheitsstandards, die Mensch oder Natur gefährden und natürlich auch das Nicht-Halten von konkreten Versprechen gegenüber Kooperationspartnern, die sich dadurch geschädigt fühlen.

7 Selbstbindung als Grundlage von Vertrauenswürdigkeit

Um Vertrauenswürdigkeit zu erhalten, ist es mithin wichtig, relevante Inkonsistenzen zu vermeiden bzw. glaubwürdige Antworten bereit zu haben, wenn es doch einmal zu einer solchen Inkonsistenz kommt.

Als *das* Mittel zur Vermeidung relevanter Inkonsistenzen ist *Selbstbindung* anzusehen. Damit sind Strukturen, Regeln oder Dispositionen gemeint, die einem (individuellen oder korporativen) Akteur in einer konkreten Situation bestimmte Handlungsoptionen unmöglich oder hinreichend unattraktiv machen – genau solche Optionen, die als relevante Inkonsistenz, als Vertrauensbruch, interpretiert werden (könnten).

Beispiele für solche (individuellen) Selbstbindungen gibt es zahlreiche. Verträge gehören ebenso dazu wie Compliance-Systeme, aber auch Mitgliedschaften in Organisationen, die Vertrauenswürdigkeit dadurch verleihen können, dass sie bestimmte Verhaltensstandards von ihren Mitgliedern einfordern und dies ggf. auch überprüfen. Andere Möglichkeiten der Selbstbindung bestehen für Unternehmen darin, sich selbst bestimmte Handlungsmöglichkeiten zu beschneiden, indem man sich von bestimmten Marktsegmenten, Formen der Wertschöpfung, Regionen etc. fernhält. Vor allem aber gehören die vielfältigen internen Strukturen und Prozesse – von der Revision und anderen Kontrollverfahren bis hin zu entsprechenden Maßnahmen der Weiterbildung und Führungskräfteentwicklung – dazu, durch die die Selbstbindung Wirklichkeit wird.

Allerdings reicht es in der Regel nicht, sich nur selbst zu binden; Unternehmen müssen auch in der Lage sein, ihre Kommunikation auf den Erhalt von Vertrauenswürdigkeit abzustellen, was sich als beträchtliche Herausforderung erweist.

8 Die Herausforderung glaubwürdiger Kommunikation

Diese Herausforderung ergibt sich aus dem zuvor dargestellten Charakter von Vertrauenswürdigkeit: Die Kommunikation von Maßnahmen, die Vertrauenswürdigkeit signalisieren, haben in der Regel keinen Informationswert – es ist ja das, was man erwartet. Mehr noch: Das explizite Herausstellen der eigenen Vertrauenswürdigkeit wirkt eher kontraproduktiv und kann den „Motivverdacht"[21] hervorrufen, d.h. der Vertrauensgeber fragt sich, warum der Vertrauensnehmer seine eigene

---

[21] Japp (2010): 281

Vertrauenswürdigkeit glaubt kommunizieren zu müssen und kommt auf die nahe-liegende Vermutung: in strategischer Absicht – was die Möglichkeit des Opportu-nismus bewusst(er) werden lässt.

Andererseits ist die Kommunikation von ausgebliebenen „Widerlegungen" – nach dem Motto: „Ein weiterer Monat, an dem unser Unternehmen nicht in Korruption verstrickt war" – offensichtlich auch nur in Grenzen umsetzbar.[22]

Insofern ist es wenig verwunderlich, dass Unternehmen auf die Idee kamen, ihre Verantwortlichkeit bzw. Vertrauenswürdigkeit durch positive Maßnahmen – Spenden, Pro-bono-Aktivitäten, Corporate-Volunteering-Programme usw. – zu kommunizieren. Allerdings kann eine solche Strategie nur begrenzt erfolgreich sein, in nicht wenigen Fällen kann sie sogar kontraproduktiv wirken.[23] Dies ist ins-besondere dann der Fall, wenn die Selbstdarstellung, die mit diesen Maßnahmen versucht wird, *nicht konsistent* ist mit beobachtbaren Verhaltensweisen des Unter-nehmens in anderen Bereichen, die nicht den Erwartungen an Nicht-Opportunis-mus und Rechtschaffenheit entsprechen – die Vertrauenswürdigkeit eines Akteurs ist grundsätzlich unteilbar.

Das heißt nicht, dass für Kommunikation nichts zu tun bleibt – im Gegen-teil. Es stellt sich die anspruchsvolle Aufgabe, in Abstimmung mit anderen Un-ternehmensbereichen solche Selbstdarstellungen[24] des Unternehmens zu fördern, die zwei elementaren Bedingungen genügen: (1) Sie sind geeignet, gewünschte Kooperationspartner für die nachhaltige Wertschöpfung zu gewinnen und (2) sie führen nicht in relevante Inkonsistenzen, was nicht nur bedeutet, dass das Unter-nehmen entsprechende Handlungen unterlässt, sondern auch, dass die vielfältigen (Vertrauens-) Erwartungen, die an das Unternehmen gestellt werden, angemessen berücksichtigt – und durch die Unternehmenskommunikation möglichst auch po-sitiv beeinflusst – werden.

In diesem Zusammenhang sei ein weiterer wichtiger Punkt herausgestellt: *die Bedeutung gemeinsamer Maßstäbe* von Vertrauensgeber und –nehmer. Gerade weil in der heutigen Gesellschaft die „Lebenswelten" der Menschen sehr un-terschiedlich sind und man trotzdem durch wirtschaftliche oder politische Interdependenzen miteinander verbunden ist, wird es zu einer enormen Heraus-forderung, solche gemeinsamen Maßstäbe zu entwickeln. Der durchschnittliche Kunde kann kaum Einsicht haben in die Bedingungen, unter denen ein global agierendes Unternehmen heute seine Wertschöpfung betreibt – und doch haben Kunden, genau wie andere Stakeholder, Vertrauenserwartungen, die sich heute in zunehmendem Maße nicht mehr nur allein (wenngleich nach wie vor vorrangig) auf die konkreten, ihnen gegenüber abgegebenen Versprechen beziehen, sondern

---

[22] allerdings sollten die Möglichkeiten hierzu auch nicht unterschätzt werden. So vermag eine Berichterstattung, die sich an den einschlägigen GRI-Indikatoren orientiert, schon Aufschlüsse über die „Rechtschaffenheit" zu vermitteln.

[23] siehe hierzu Lin-Hi (2009), Lin-Hi/Suchanek (2011)

[24] diese Selbstdarstellungen haben vielfältige Formen: Von Webauftritten, Geschäftsberichten, Pressemitteilungen über Werbeauftritte, Investoren-Roadshows oder Stellenausschreibungen bis hin zu konkreten Versprechen in Verhandlungen, Kundengesprächen, Zielvereinbarungsgesprächen usw.

auch auf Aspekte dessen, was hier mit Rechtschaffenheit bezeichnet wurde und die Einhaltung von sozialen und ökologischen Standards betrifft.

Folgerichtig werden die verschiedenen Formen von Stakeholderdialogen bedeutsam, in denen es nicht nur darum gehen kann, gemeinsame Wertvorstellungen auszumachen und zu bestärken, fast noch wichtiger ist es, wechselseitig ein Verständnis für die Handlungssituation des jeweils anderen – man könnte auch sagen: eine gewissen *Vertrautheit* – zu schaffen. Und auch hier zeigt sich wieder die Schwierigkeit, dass entsprechende Angebote von Unternehmen unter Umständen von vornherein dem Verdacht unterliegen, in strategischer Absicht zu geschehen.

9 Implikationen für CSR

Interpretiert man CSR im Sinne von Unternehmensverantwortung und verbindet dies mit der Aussage, dass Erhalt und Stärkung der eigenen Vertrauenswürdigkeit als Kooperationspartner das zentrale Kriterium für jede CSR-Strategie darstellen, ergeben sich aus dem Gesagten einige Implikationen.

Zunächst ist anzumerken, dass von den drei angeführten Aspekten von Vertrauenswürdigkeit, Kompetenz, Nicht-Opportunismus und Rechtschaffenheit, der erstgenannte, Kompetenz, für CSR eher weniger direkte Bedeutung hat; er ist gewissermaßen eine Hintergrundannahme, die als selbstverständlich erachtet wird.[25]

Nicht-Opportunismus (gegenüber dem direkten Kooperationspartner) ist der Sache nach zweifellos von grundlegender Bedeutung und elementarer Bestandteil unternehmerischer Verantwortung. Es gibt sogar gute Gründe zu behaupten, dass für die alltägliche Wertschöpfung dies der Sache nach den wichtigsten Bestandteil gelebter Unternehmensverantwortung darstellt.

Doch dürfte für CSR, wie es weithin diskutiert und praktiziert wird, vor allem der dritte Aspekt von Vertrauenswürdigkeit, der hier als Rechtschaffenheit bezeichnet wurde, zentral sein.[26] Hierbei geht es weniger um die Herausforderung, konkrete Versprechen gegenüber Vertrauensgebern einzulösen (und dabei auf Möglichkeiten opportunistischer Vorteilsnahme zu verzichten), sondern eher um die Beachtung von rechtlichen Regeln bzw. allgemeinen sozialen und ökologischen Standards, durch die der Schutz Dritter vor Schädigung sichergestellt werden soll.[27] Für global agierende Unternehmen stellt sich in diesem Zusammenhang die erhebliche Schwierigkeit, unter Wettbewerbsbedingungen die Frage zu beantworten, welche sozialen und ökologischen Standards erfüllt sein sollten und wie sie mit der Nicht-Erfüllung bzw. Nicht-Erfüllbarkeit umgehen.

---

[25] bedeutsam wird dieser Aspekt allenfalls in dem Sinne, dass bei CSR-Maßnahmen auf Kompetenz geachtet werden sollte, was in dem Bereich, in dem sich eine Vielzahl von CSR-Maßnahmen abspielen, tatsächlich nicht trivial ist.

[26] hierin zeigt sich die Eigentümlichkeit, dass CSR, das ja nominell die Verantwortung des Unternehmens zum Gegenstand hat, des Öfteren anscheinend nicht auf das eigentliche Zentrum von Unternehmensverantwortung, das Kerngeschäft und die damit verbundenen Entscheidungen, Prozesse, Strukturen usw., bezogen zu sein scheint.

[27] in der Realität lassen sich diese beiden Aspekte nicht immer sauber trennen.

Insbesondere unter Berücksichtigung der zuvor dargestellten Asymmetrie ergeben sich aus diesen Überlegungen Implikationen für mögliche CSR-Strategien. So müsste es deren primäres Ziel sein, Schädigungen Dritter zu vermeiden, die sich aus den Wertschöpfungsprozessen ergeben könnten; denn es sind diese Schädigungen, die als relevante Inkonsistenzen Vertrauenswürdigkeit unterminieren.

Hingegen sind, wie im vorigen Abschnitt bereits angedeutet, jene Maßnahmen, die in der Literatur und (vor allem) in der Praxis nicht selten dominieren – einzelne konkrete Maßnahmen und Projekte wie Spenden, Pro-bono-Aktivitäten, Corporate Volunteering-Maßnahmen usw. – zwar für sich genommen oft sinnvoll, etwa aus Gründen des Marketing oder des Personalmanagements. Sie sind jedoch eher ungeeignet, Vertrauenswürdigkeit im hier beschriebenen Sinne zu signalisieren, da sie nicht am Kern der damit verbundenen Herausforderung, welcher sich auf die Vermeidung relevanter Inkonsistenzen bezieht, ansetzen und überdies leicht imitierbar sind durch Akteure, die nicht vertrauenswürdig sind (dies aber gern signalisieren möchten).

10 Schlussbemerkung

Eingangs wurde gesagt, dass wohl niemand gern mit einem Unternehmen zusammenarbeitet, das man als nicht vertrauenswürdig einschätzt. Vertrauen bzw. Vertrauenswürdigkeit werden deshalb zu Recht als „Vermögenswerte", angesehen. Daraus folgt, dass es auch lohnenswert ist, in diese „Vermögenswerte" zu investieren. Solche Investitionen, das sollten die hier angestellten Überlegungen verdeutlichen, sind anspruchsvoll. Doch gibt es gute Gründe zu behaupten, dass sich diese Investitionen lohnen; immerhin geht es um nichts anderes als die Grundlage nachhaltiger unternehmerischer Wertschöpfung.

11 Literatur

Bigley, Gregory A./Pearce, Jone L. (1998): Straining for Shared Meaning in Organization Science: Problems of Trust and Distrust, in: Academy of Management Review, 23. Jg (1998), S. 405-421.

Giddens, A. (1996): Konsequenzen der Moderne, Frankfurt am Main.

Hegel, G. F. W. (1993): Grundlinien der Philosophie des Rechts, Frankfurt am Main.

Homann, K (1990): Wettbewerb und Moral, in: Jahrbuch für Christliche Sozialwissenschaften 31, S. 34-56

Homann, K./Suchanek, A. (2005): Ökonomik. Eine Einführung, Tübingen.

Japp, K.P. (2010): Risiko und Gefahr. Zum Problem authentischer Kommunikation, in: C. Büscher, K. P. Japp (Hrsg.): Ökologische Aufklärung, S. 281-308.

Lin-Hi, N. (2009): Eine Theorie der Unternehmensverantwortung: Die Verknüpfung von Gewinnerzielung und gesellschaftlichen Interessen. Berlin

Lin-Hi, N./Suchanek, A. (2011): Corporate Social Responsibility als Integrationsheraus-
    forderung: Zum systematischen Umgang mit Konflikten zwischen Gewinn und Moral.
    In: Zeitschrift für Betriebswirtschaft, 81. Jg (2011), Special Issue 1, S. 63-91.

Luhmann, N. (2009): Vertrauen. 4. Aufl., Stuttgart

Popper, K.R. (2005): Logik der Forschung. 11. Aufl. Tübingen

Rawls, J. (1979): Eine Theorie der Gerechtigkeit, Frankfurt am Main.

Slovic, P. (1993): Perceived Risk, Trust, and Democracy. In: Risk Analysis, 13. Jg (1993),
    S. 675-682.

Suchanek, A. (2007): Ökonomische Ethik, Tübingen.

Der Business Case for Corporate Social Responsibility

Philipp Schreck

1 Relevanz des Business Case for CSR

In der Diskussion um Corporate Social Responsibility (CSR) steht häufig die Frage im Vordergrund, ob die Übernahme gesellschaftlicher Verantwortung letztlich mit Mehrkosten einhergeht, oder ob sie ganz im Gegenteil eine betriebswirtschaftliche Notwendigkeit darstellt und dem ökonomischen Erfolg zuträglich ist. Der Begriff des *Business Case for Corporate Social Responsibility* steht im letzteren Sinne für die grundlegende Idee, dass Unternehmen aus genuin ökonomischen Gründen ein Interesse an Corporate Social Responsibility (CSR) haben könnten. Als Annahme setzt sie zumindest die Möglichkeit voraus, dass die Berücksichtigung gesellschaftlicher Interessen durch Unternehmen auch mit betriebswirtschaftlich erwünschten Konsequenzen einhergeht.

Die weite Verbreitung dieser Idee in der Unternehmenspraxis sowie insbesondere der internationalen Management Literatur spricht für ihre hohe Attraktivität in Wissenschaft und Praxis.[1] Aus der Perspektive von Unternehmen hätte eine Konvergenz gesellschaftlicher und privatwirtschaftlicher Ziele den Vorteil, dass die Beantwortung etwaiger gesellschaftlicher Verantwortungszuschreibungen sich nicht nur als Kosten- sondern als Erfolgsfaktor verstehen ließe, CSR also als Marktchance wahrgenommen werden kann. Aus der Perspektive normativer Unternehmensethikkonzeptionen hätte die Existenz eines Business Case for CSR den Vorzug, dass normative Forderungen nach einer Übernahme gesellschaftlicher Verantwortung durch Unternehmen nicht *gegen* sondern im *Einklang mit* der ökonomischen Logik erhoben werden könnten. Angesichts der Relevanz ökonomischer Erfolgsziele in der Unternehmenspraxis hätten solche Forderungen somit eine deutlich höhere Chance auf Implementierung, als wenn sie lediglich auf Kosten von Gewinnen umgesetzt werden könnten.

Vor dem Hintergrund der Bedeutung des Business Case for CSR in Wissenschaft und Praxis soll der vorliegende Beitrag einen systematischen Überblick über grundlegende Fragen und ausgewählte Erkenntnisse im Zusammenhang mit dem Business Case for CSR verschaffen. Hierzu erfolgt zunächst eine Kennzeichnung des Business Case for CSR (Abschnitt 2). Die folgenden Abschnitte behandeln anschließend drei zentrale Fragen der Diskussion: Wie lässt sich der Business Case normativ begründen (Abschnitt 3)? Existiert der Business Case in der Unterneh-

---

[1] vgl. z.B. Kurucz *u.a.* (2008); Schaltegger/Wagner (2006)

menspraxis (Abschnitt 4)? Wie können Unternehmen vorgehen, um den Business Case for CSR zu erreichen (Abschnitt 5)? Der Beitrag schließt mit einem Ausblick zu einem etwaigen Business Case für politische (Mit-)Verantwortung von Unternehmen.

2 Kennzeichnung und Einordnung

Das Konzept der CSR betrifft gesellschaftliche Verantwortungszuschreibungen an Unternehmen, also die Forderung, dass Unternehmen ihr Handeln auch an gesellschaftlichen Erwartungen ausrichten sollten.[2] Zwar fußt es damit auf der empirisch kaum haltbaren Annahme, es gäbe innerhalb einer bestimmten Gesellschaft (oder sogar über diese hinaus) einheitliche gesellschaftliche Erwartungen an Unternehmen. Allerdings kann im Hinblick auf die Beurteilung zumindest bestimmter Praktiken ein breiter Konsens angenommen werden. So gilt z.B. die Wahrung gewisser Mindestarbeitnehmerrechte, wie sie in der ILO Konvention festgehalten sind, als allgemein akzeptierte Erwartung an Unternehmen. Ferner werden weitläufig der Schutz der natürlichen Umwelt oder die Vermeidung unmoralischer Geschäftspraktiken wie Korruption, Kartellbildung oder Bilanzmanipulation gefordert (schließlich sind viele dieser Erwartungen auch gesetzlich kodifiziert). Die weite Verbreitung und Anerkennung eines Prinzipienkatalogs wie dem UN Global Compact[3] spricht dafür, dass zumindest hinsichtlich einiger sehr grundlegender Erwartungen an Unternehmen von weitgehender Einigkeit ausgegangen werden kann.

Zur allgemeinen Kennzeichnung dieser Erwartungen an Unternehmen lassen sich je nach Bezug zur Wertschöpfung drei Ebenen unterscheiden, auf denen gesellschaftlich-moralische Verantwortungszuschreibungen stattfinden und durch entsprechende Maßnahmen beantwortet werden können.[4] Sie betreffen erstens den Umgang mit moralischen Problemen, die im Zuge der Wertschöpfung entstehen, wie z.B. im Falle von negativen Effekten auf die natürliche Umwelt oder der Verletzung von Menschenrechtsstandards und moralischen Prinzipien (z.B. Korruption); zweitens die moralische Qualität der Wertschöpfungsaufgabe selbst; und drittens schließlich die gesellschaftliche Verantwortung von Unternehmen über deren Wertschöpfungsaufgabe hinaus, die Unternehmen als politische Akteure unter der Bedingung einer globalisierten Gesellschaft verstärkt zugeschrieben wird.

Unternehmerische Aktivitäten auf diesen drei Ebenen lassen sich auch im Hinblick auf ihre ökonomischen Wirkungen beurteilen: Sie können betriebswirtschaftlich-ökonomischen Zielen zuträglich sein oder diesen entgegenstehen. Stellt man diese beiden Bewertungsmöglichkeiten unternehmerischer Handlungen gegenüber, ergeben sich, wie in Abb. 1 dargestellt, vier denkbare Kombinationsmöglichkeiten.

---

[2] vgl. hierzu ausführlich Schreck (2009): 5 ff.
[3] vgl. Rasche (2009); Williams (2004)
[4] vgl. Schreck (2011a)

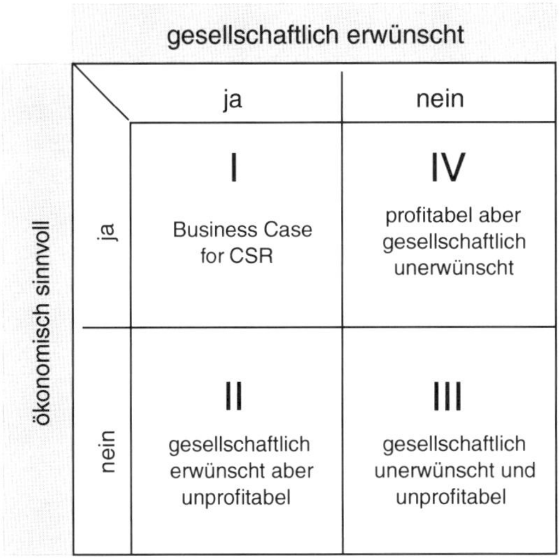

Abb. 1: Gegenüberstellung betriebswirtschaftlich-ökonomischer und gesellschaftlicher Beurteilung unternehmerischer Handlungen.

Während die Handlungen in den Quadranten II und IV durch einen Konflikt zwischen ökonomischen Kriterien und gesellschaftlichen Erwartungen gekennzeichnet sind, steht Quadrant III für solche Handlungen, für die weder ökonomische Anreize noch gesellschaftliche Forderungen bestehen, die also empirisch äußerst unwahrscheinlich sind. Handlungen, die ökonomisch rentabel und gesellschaftlich erwünscht sind, befinden sich in Quadrant I. Auf diesen „positiven Kompatibilitätsfall"[5] zwischen moralischer Akzeptanz und ökonomischer Rentabilität bezieht sich der Business Case for CSR. Wenn es Unternehmen z.B. gelingt, über ökologisch hochwertige oder fair gehandelte Produkte neue Märkte zu erschließen und höhere Preise durchzusetzen; über eine gute CSR Reputation moralisch motivierte Investoren zu gewinnen; oder über ressourcensparende Prozessinnovationen Effizienzgewinne zu erzielen; dann gelingt ihnen jene erfolgreiche Verknüpfung von privatwirtschaftlichen Zielen mit gesellschaftlichen Interessen, die kennzeichnend für den Business Case for CSR ist.

Für eine nähere Darstellung der Diskussion um den Business Case for CSR lassen sich unterschiedliche Problemebenen unterscheiden, auf denen diese Diskussion stattfindet. Ordnet man CSR als Teilbereich der Unternehmensethik ein, so ergeben sich im Hinblick auf die Erkenntnisziele der Unternehmensethik drei solcher Problemebenen:[6]

- In normativer Hinsicht kann zum einen untersucht werden, ob der Business Case erstrebenswert ist, ob er sich also begründen lässt (Abschnitt 3).

---

[5] Homann/Blome-Drees (1992): 133
[6] vgl. zu den Erkenntniszielen der CSR Forschung ausführlich Schreck (2011a)

- In deskriptiver Hinsicht lässt sich *beschreiben*, inwieweit der Business Case for CSR in der Praxis bereits existiert; solche Fragen sind insbesondere Gegenstand empirischer Forschungsarbeiten (Abschnitt 4).
- Schließlich kann in *gestalterischer Absicht* untersucht werden, wie der Business Case for CSR von Unternehmen erreicht werden kann. In den Kategorien von Abb. 1 ausgedrückt geht es um die Ermittlung von Möglichkeiten für Unternehmen, Aktivitäten im Quadranten II in solche von Quadrant IV zu transformieren. Dieses Ziel ergibt sich insbesondere aus der Anwendungsorientierung betriebswirtschaftlich geprägter Unternehmensethikkonzeptionen (Abschnitt 5).

3 Normative Begründungen für den Business Case for CSR

Die Denkfigur des Business Case for CSR erfreut sich sowohl als Forschungsgegenstand in der Wissenschaft als auch als Managementidee in der Praxis sehr großer Beliebtheit. Dies ist zumindest in Teilen mit der hohen Attraktivität erklärbar, die sich angesichts der für den Business Case charakteristischen Verknüpfung von gesellschaftlicher Akzeptanz und betriebswirtschaftlich-ökonomischem Interesse aus zwei Perspektiven begründen lässt.

Zum einen lässt sich der Business Case *ökonomisch* unter der Annahme begründen, dass privatwirtschaftliche Erfolgsziele in Unternehmen eine entscheidende Rolle spielen und handlungsleitend sind. Bestehen Möglichkeiten, durch Übernahme gesellschaftlicher Verantwortung unternehmerische Gewinninteressen zu verfolgen, liefern diese die Begründung dafür, warum der Business Case für Unternehmen erstrebenswert ist. So verwundert es kaum, dass wesentliche Teile der managementorientierten CSR Literatur für die Einhaltung gesellschaftlicher Verantwortung mit Verweis auf die damit verbundenen potentiellen Wettbewerbsvorteile eintreten.[7]

Wenn z.B. Unternehmen der Textilindustrie Gewinne erwirtschaften wollen und die Beachtung internationaler Umwelt- und Sozialstandards von ihren Kunden mit einer höheren Zahlungsbereitschaft prämiert wird, ergibt sich daraus für diese Unternehmen die Notwendigkeit, diese Standards einzuhalten. Wie dieses Beispiel verdeutlicht, wird CSR in einer solchen rein ökonomischen Argumentation gewissermaßen instrumentalisiert, da sie CSR als Mittel zum Zweck der Gewinnerzielung sieht.

Aus *ethisch-normativer* Perspektive kehrt sich diese Mittel-Zweck-Beziehung um: der Business Case for CSR ist kein Selbstzweck sondern stellt eine Möglichkeit dar, die Implementierungschancen moralischer Anliegen zu erhöhen. Bestehen Möglichkeiten, die Übernahme gesellschaftlicher Verantwortung unter Verweis auf damit verbundene Gewinnmöglichkeiten einzufordern, liefern diese die Begründung dafür, warum der Business Case für die Vertreter gesellschaftlicher Anliegen erstrebenswert ist.

---

[7] vgl. z.B. Porter/Kramer (2006); Werther Jr./Chandler (2010)

Wenn z.B. Hinweise darauf bestehen, dass gesteigerter Umweltschutz in der Produktion auch mit Kostenersparnissen einhergehen kann, liefern diese Argumentationshilfen für die ethisch legitimierte Forderung, Unternehmen sollten bestimmte Umweltstandards einhalten. Zwar spielen Erkenntnisse über Möglichkeiten und Grenzen eines Business Case zunächst keine Rolle bei der Beurteilung für die Legitimität der ihm zu Grunde liegenden moralischen Anliegen (hier: die Forderung nach erhöhtem Umweltschutz);[8] aber sie beeinflussen deren Chancen auf Implementierbarkeit, insbesondere unter wettbewerbsintensiven Marktbedingungen.[9] Je mehr solcher Hinweise existieren, desto weniger können Unternehmen ethische Forderungen mit Verweis auf die ökonomischen Nachteile derer Berücksichtigung ablehnen. Vielmehr ergibt sich dann für Unternehmen die Notwendigkeit, nach Möglichkeiten zu suchen, diesen Forderungen unter Berücksichtigung ihrer ökonomischen Interessen nachzukommen, also den Business Case for CSR anzustreben.

Die charakteristische Verknüpfung von Moral mit ökonomischem Vorteil determiniert auch die Grenzen der normativen Reichweite des Business Case for CSR; denn er setzt neben der ethischen immer auch die Möglichkeit einer *ökonomischen* Begründung voraus. Daher sind, wie in Abb. 1 schematisch dargestellt, all jene Fälle von Verantwortungszuschreibung ausgeklammert, die nach ethischen Kriterien (un)erwünscht sein mögen, aber ökonomisch systematisch keine Vorteile (Nachteile) mit sich bringen.

Diese Grenze hervorzuheben ist in der Diskussion um den Business Case von großer Wichtigkeit, denn empirisch sind jene Fälle durchaus von Bedeutung, in denen Unternehmen eben kein ökonomisches Interesse daran haben, Umwelt- und Sozialstandards einzuhalten, Korruption zu verhindern oder sich für die Lösung gesellschaftlich drängender Probleme einzusetzen (bzw. wo ökonomische Gründe für die Verletzung gesellschaftlicher Normen sprechen). Es ist daher als wesentlicher Beitrag der Kritiker eines naiven Glaubens an den Business Case for CSR zu werten, diese Grenzen identifiziert und auf sie hingewiesen zu haben.[10] Die Kenntnis dieser Grenzen ist von zentraler Bedeutung, denn immer dann, wenn der Grundgedanke des Business Case an seine (empirischen) Grenzen stößt, muss auf alternative Mechanismen gesetzt werden, um das Verhalten von Unternehmen in Einklang mit gesellschaftlichen Erwartungen zu bringen (staatliche Regulierung, zivilgesellschaftliches Engagement von Kunden, Nichtregierungsorganisationen, etc.).

Die normative Relevanz des Business Case hängt also ganz wesentlich von der empirischen Realisierbarkeit des Business Case ab. Dadurch wird die Wichtigkeit empirischer Forschung deutlich, da sie Aufschluss darüber gibt, inwieweit in der Realität von einer Konvergenz gesellschaftlicher Erwartungen und betriebswirtschaftlich-ökonomischer Interessen ausgegangen werden kann.

---

[8]   dies bedeutete sonst einen „naturalistischen" oder „empiristischen" Fehlschluss; vgl. Suchanek (2001): 22 ff.
[9]   zu Verhältnis von Wettbewerb und Moral vgl. Homann (2002)
[10] vgl. stellvertretend Kuhn/Weibler (2011); Kurucz *u.a.* (2008): 97ff.; Thielemann (2008)

4　Empirische Studien zum Business Case for CSR

4.1 Notwendigkeit einer differenzierten Analyse des Business Case for CSR

Der empirischen Überprüfung eines allgemeinen Business Case for CSR werden seit knapp vierzig Jahren zahlreiche Untersuchungen gewidmet. Dabei soll jeweils überprüft werden, ob Unternehmen, die ihrer gesellschaftlich zugeschriebenen Verantwortung gerecht werden, ökonomisch erfolgreicher sind als andere Firmen, ob also ein empirischer Zusammenhang besteht zwischen der Übernahme gesellschaftlicher Verantwortung (*Corporate Social Performance*, CSP) und ökonomischem Erfolg (*Corporate Financial Performance*, CFP), kurz: ob ein „CSP-/ CFP-Link" besteht. Diese Studien sind mehrfach im Detail hinsichtlich ihrer jeweiligen Methoden und Ergebnisse diskutiert worden.[11] An dieser Stelle soll daher ein Verweis auf das Fazit der meisten narrativen und quantitativen Meta-Analysen genügen: Unabhängig von der konkreten Messmethode liegt keine belastbare Evidenz für einen allgemeinen (positiven oder negativen) Zusammenhang zwischen ökonomischer und gesellschaftsbezogener Performance vor, „a direct CSP-CFP relationship has not been convincingly demonstrated".[12] Damit lässt sich die Annahme, die Wahrnehmung gesellschaftlicher Verantwortung trage generell zu ökonomischen Erfolgsgrößen bei, empirisch nicht bestätigen. Angesichts der Unterschiede bei der Operationalisierung von CSP und CFP, bei den jeweils verwendeten Daten sowie bei den Methoden der jeweiligen Studien ist dieses Ergebnis allerdings kaum verwunderlich. Damit ergibt sich, wie in Abb. 2 dargestellt, die Notwendigkeit der Differenzierung von Analysen des Business Case for CSR.[13]

Erstens lassen sich anstelle der Wirkungen eines Gesamtkonstrukts die Wirkungen einzelner Dimensionen von CSP untersuchen. Unter demselben Begriff (CSP) werden letztlich sehr unterschiedliche Phänomene verhandelt. Denn die verschiedenen Operationalisierungen des CSP Konstrukts basieren auf sehr unterschiedlichen Messungen. Dass die Qualität der Mitarbeiter und der Produkte, die Teil des *Fortune Reputation Index* sind, in anderer Beziehung zu finanziellem Erfolg stehen, als Investitionen in umweltfreundliche Technologien, ist hoch wahrscheinlich; diese Information geht jedoch bei der Zusammenfassung unter einen Begriff verloren,[14] die dem inhärent multidimensionalen Charakter von CSR[15] nicht gerecht wird. Anstatt also generisch nach den ökonomischen Konsequenzen „der" CSP insgesamt zu fragen, sollte das Konstrukt der Übernahme gesellschaft-

---

[11] vgl. etwa de Bakker *u.a.* (2005); Griffin/Mahon (1997); Margolis/Walsh (2003); Orlitzky (2008); Schreck (2009): 18 ff.

[12] Schuler/Cording (2006): 540

[13] vgl. Schreck (2011b)

[14] am stärksten trifft diese Kritik wohl auf die Bildung eines alles abbildenden Index bei Griffin/ Mahon (1997) oder die Suche nach dem einen Zusammenhangsmaß bei Orlitzky *u.a.* (2003) zu

[15] vgl. Carroll (2008); Cochran/Wood (1984); Wood (1991)

licher Verantwortung (CSP) in theoretisch trennscharfe und empirisch messbare Komponenten untergliedert werden.[16]

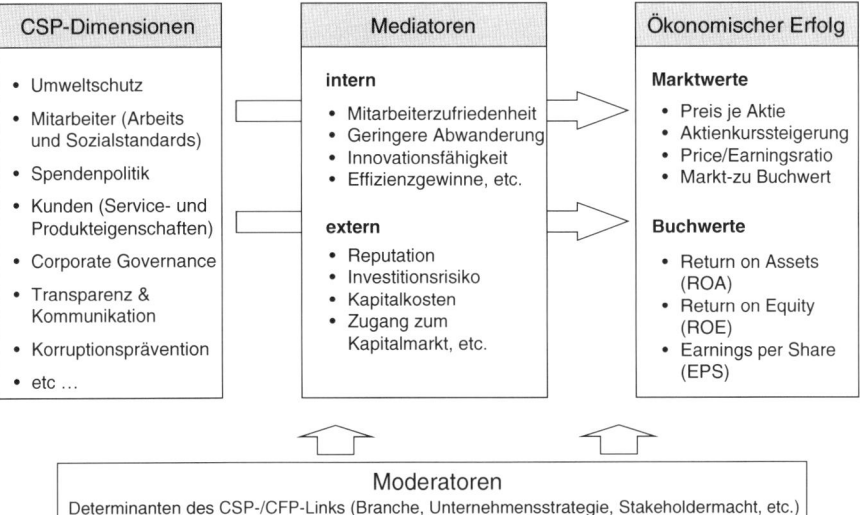

CSP-Dimensionen	Mediatoren	Ökonomischer Erfolg
• Umweltschutz • Mitarbeiter (Arbeits und Sozialstandards) • Spendenpolitik • Kunden (Service- und Produkteigenschaften) • Corporate Governance • Transparenz & Kommunikation • Korruptionsprävention • etc …	**intern** • Mitarbeiterzufriedenheit • Geringere Abwanderung • Innovationsfähigkeit • Effizienzgewinne, etc. **extern** • Reputation • Investitionsrisiko • Kapitalkosten • Zugang zum Kapitalmarkt, etc.	**Marktwerte** • Preis je Aktie • Aktienkurssteigerung • Price/Earningsratio • Markt-zu Buchwert **Buchwerte** • Return on Assets (ROA) • Return on Equity (ROE) • Earnings per Share (EPS)

Moderatoren
Determinanten des CSP-/CFP-Links (Branche, Unternehmensstrategie, Stakeholdermacht, etc.)

Abb. 2: Bezugsrahmen zur differenzierten Analyse des CSP-/ CFP-Zusammenhangs

Zweitens sollten empirische Studien über die Annahme eines unmittelbaren CSP-/ CFP-Links hinausgehen und Wirkungsmechanismen (Mediatoren) zwischen der Übernahme gesellschaftlicher Verantwortung einerseits und ökonomischem Erfolg andererseits untersuchen. Solche Analysen dienen der Klärung der Frage, *warum* CSR Maßnahmen sich positiv auf den ökonomischen Unternehmenserfolg auswirken sollten. Selbst wenn solche Wirkungen möglich sind, ist nicht davon auszugehen, dass CSR Maßnahmen ökonomische Erfolgskennzahlen unmittelbar beeinflussen. Vielmehr besteht ein solcher Zusammenhang über ‚vermittelnde' Mechanismen, die durch CSR-Maßnahmen beeinflusst werden und sich ihrerseits positiv auf ökonomische Größen wie Kosten oder Umsatz auswirken. Um einen evtl. Zusammenhang zwischen CSP und ökonomischen Erfolgsgrößen erklären zu können, hat eine Analyse des Business Case daher an den ökonomisch relevanten Wirkungsmechanismen der entsprechenden CSR-Maßnahmen anzusetzen.

Drittens sollten Analyse des Business Case auch Kontingenzfaktoren (Moderatoren) berücksichtigen. Sie beziehen sich auf die Frage, *unter welchen Umständen* die erwünschten Wirkungen von CSR Maßnahmen zu erwarten sind. Beispielsweise ist nicht davon auszugehen, dass die Berücksichtigung ökologischer Belange unabhängig von der Art der Unternehmen oder der Beschaffungs- und Absatzmärkte die gleichen Konsequenzen auslösen wird. Somit sind die organisations- und umfeldspezifischen Bedingungen, unter denen Unternehmen die Her-

---

[16] dem Argument von Rowley/Berman (2000) nach dem der Begriff CSP eine Forschungsrichtung kennzeichnen sollte, und nicht ein theoretisches oder operationales Konstrukt, ist daher zuzustimmen

stellung einer Konvergenz (privater) ökonomischer und gesellschaftlicher Interessen gelingen kann, in die Analyse mit einzubeziehen.

4.2 Darstellung ausgewählter Erkenntnisse zum differenzierten CSP-/CFP-Link

Anhand ausgewählter CSP Dimensionen soll im Folgenden beispielhaft dargestellt werden, welche Erkenntnisse die empirische Forschung bereitstellen kann. Zu den am stärksten untersuchten Forschungsbereichen zählen die Wirkungen ökologiebezogener Aktivitäten von Unternehmen (corporate environmental performance), durch die sie u.U. Wettbewerbsvorteile erlangen können.[17] So legen empirische Studien nahe, dass die Umweltleistung von Unternehmen einen positiven Einfluss auf aktuelle und potentielle Mitarbeiter haben kann, etwa wenn dadurch deren Identifikation von Mitarbeitern und Bewerbern mit ihrem (potentiellen) Arbeitgeber gesteigert wird.[18] Jenseits vom Einfluss auf Mitarbeiter wurden positive Wirkungen auch von betrieblichem Umweltmanagement auf die organisatorische Effizienz[19] sowie die Fähigkeit zur Innovation[20] gezeigt. Ähnlich positiv kann sich die Umweltleistung von Unternehmen auch auf externe Faktoren auswirken, so etwa auf die Reputation beim Kunden,[21] was sich in einer höheren Zahlungsbereitschaft dieser Kunden niederschlagen kann.[22] Weitere Vorteile von hohen Umweltstandards in Unternehmen können in der gesteigerten Legitimität ihrer Wertschöpfungstätigkeit in den Augen der relevanten Stakeholder sowie der Vermeidung externer Regulierung gesehen werden.[23] Auch Kapitalmärkte können ökologisch nachhaltiges Wirtschaften durch geringere Kapitalkosten prämieren.[24]

Eine zweite CSP Dimension, entlang derer betriebswirtschaftlich wünschenswerte Wirkungen erlangt werden können, stellt die Berücksichtigung von Mitarbeiterbelangen dar. Zunächst betrifft dies natürlich die Mitarbeiter des Unternehmens selbst, die sich durch den Ruf des Unternehmens im Hinblick auf ihre Personalpolitik beeinflussen lassen. So wurde gezeigt, dass Unternehmen mit der Reputation eines guten Arbeitgebers von geringeren Einstellungskosten und Abwesenheitszeiten profitieren können[25] und in ihnen effizienter gearbeitet wird.[26] Ob Unternehmen, etwa in Entwicklungsländern, Arbeitnehmer unter unwürdigen Bedingungen einstellen oder Lieferanten mit solchen Arbeitsbedingungen beschäftigen, hat auch großen Einfluss auf die Wahrnehmung bei Kunden in den Absatzmärkten der Unternehmen.

---

[17] vgl. etwa Klassen/McLaughlin (1996); Klassen/Whybark (1999); Porter/van der Linde (1995)

[18] vgl. Bauer/Aiman-Smith (1996); Greening/Turban (2000)

[19] vgl. Chapple u.a. (2005); Hamschmidt/Dyllick (2001); Russo/Fouts (1997)

[20] vgl. Dowell u.a. (2000); Heal (2005); Orsato (2006); Porter/van der Linde (1995); Utting (2000)

[21] vgl. Russo/Fouts (1997); Schwaiger (2004); Sen/Bhattacharya (2001)

[22] vgl. Maignan u.a. (1999); McWilliams/Siegel (2001); Mohr u.a. (2001); Sen/Bhattacharya (2001)

[23] vgl. Bansal/Clelland (2004); Maxwell u.a. (2000); Shrivastava (1995); Spicer (1978)

[24] vgl. Heinkel u.a. (2001); SustainAbility 2006

[25] vgl. Albinger/Freeman (2000); Greening/Turban (2000).

[26] vgl. Branco/Rodriguez (2006); Pruzan (1998); SustainAbility (2006)

Ökonomische Vorteile können Unternehmen auch aus deren Spenden- und Sponsoringpolitik erwachsen sowie aus deren gemeinnützigen Aktivitäten in dem Umfeld, in dem sie operieren. Intern können etwa karitative Spenden oder Instrumente wie ‚Corporate Volunteering' die Mitarbeitermotivation und -produktivität steigern.[27] Auch Kunden lassen sich durch solche Aktivitäten in ihrer Wahrnehmung vom Unternehmen beeinflussen.[28] Und schließlich können gute Beziehungen mit dem unmittelbaren Umfeld des Unternehmens zum Vertrauensaufbau beitragen, was hilft, Risiken im Falle von Skandalen (Boykotte, etc.) abzuschwächen,[29] und sogar zu einer höheren Bewertung an Kapitalmärkten führen kann.[30]

Die angeführten Beispiele erheben keinen Anspruch auf Vollständigkeit. Sie verdeutlichen jedoch, dass der Business Case zwar nicht unbedingt die Regel in der Unternehmenspraxis darstellt, aber dennoch zumindest eine Möglichkeit, die auch seitens der Unternehmensführung angestrebt werden kann. Damit gerät die Frage, *ob* der Business Case existiert, in den Hintergrund. An ihre Stelle tritt das Interesse dafür, *wie* und *unter welchen Umständen* eine Konvergenz zwischen gesellschaftlichen und betriebswirtschaftlichen Interessen erzielt werden kann. Die Beantwortung dieser Frage ist letztlich Aufgabe eines strategischen Managements, das sich auch der Erkenntnisse der betriebswirtschaftlichen Forschung bedienen kann, um den Business Case herzustellen.

5 Der Business Case for CSR als Ziel eines Strategischen CSR Managements

5.1 Die duale Zielstruktur als Merkmal einer strategischen CSR

Ziel einer strategischen CSR ist die Beantwortung gesellschaftlich-moralischer Verantwortungszuschreibungen an Unternehmen bei simultaner Erlangung ökonomischer Vorteile, also die Identifikation von Möglichkeiten, den Business Case for CSR herzustellen.[31] In den Kategorien von Abb. 1 geht es darum, Geschäftsfelder sowie Maßnahmen im Quadrant I zu identifizieren bzw. Konfliktfälle (Quadranten II und IV) in Kompatibilitätsfälle (Quadranten I und III) zu transformieren. Prinzipiell steht Unternehmen entweder die Möglichkeit individueller Selbstbindung offen, um den Business Case zu erreichen, z.B. wenn durch glaubwürdigen Verzicht auf ökologisch sowie sozial belastende Produktionsprozesse bestimmte Märkte bedient werden. Alternativ, wenn Dilemmastrukturen individuelle Selbstbindung systematisch ausschließen, können sich Unternehmen auch kollektiv binden. Beispielsweise ruft Siemens seine Wettbewerber auf, sich im Programm „collective action" zu engagieren, um gravierende Korruptionsprobleme im Verbund zu lösen.

---

[27] vgl. Porter/Kramer (2002); SustainAbility (2006)
[28] vgl. Fombrun/Shanley (1990); Smith/Alcorn (1991)
[29] vgl. Godfrey (2005); Peloza (2006)
[30] vgl. Lev *u.a.* (2006)
[31] vgl. auch Porter/Kramer (2006)

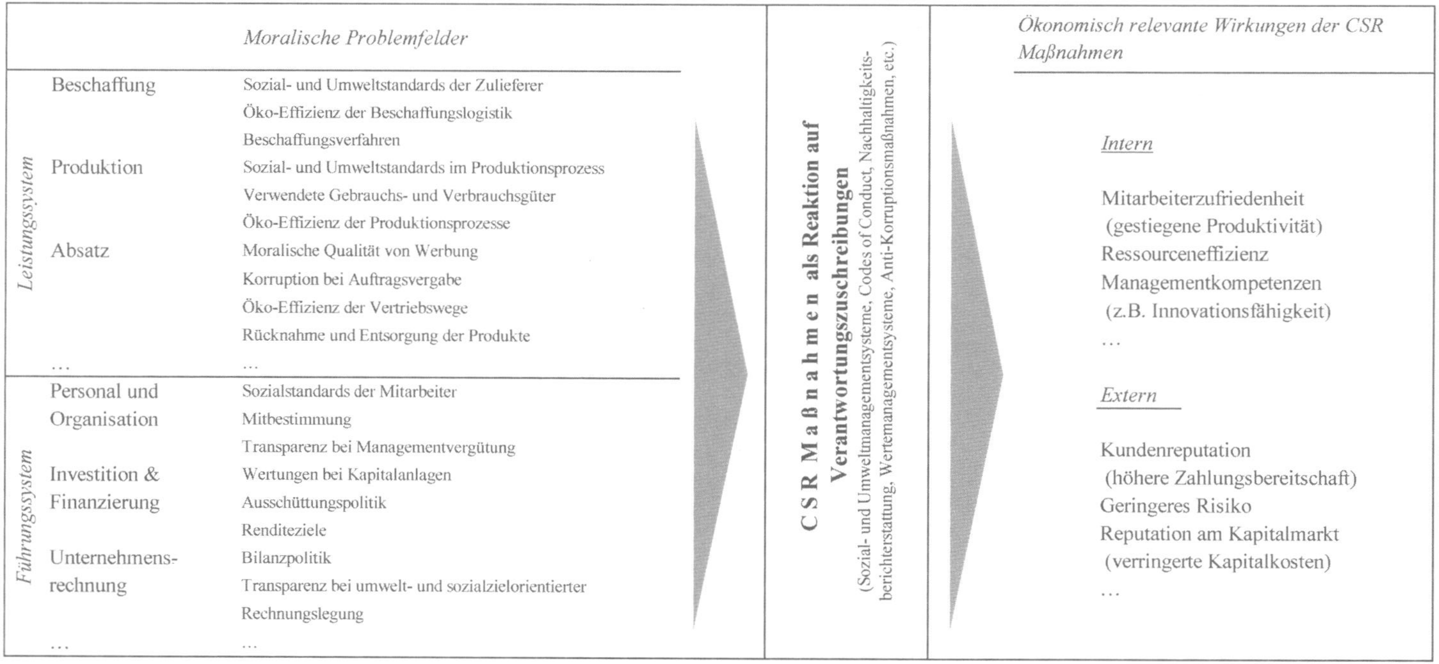

Ökonomisch relevante Wirkungen der CSR
Maßnahmen

Intern

- Mitarbeiterzufriedenheit (gestiegene Produktivität)
- Ressourceneffizienz
- Managementkompetenzen (z.B. Innovationsfähigkeit)
- ...

Extern

- Kundenreputation (höhere Zahlungsbereitschaft)
- Geringeres Risiko
- Reputation am Kapitalmarkt (verringerte Kapitalkosten)
- ...

C S R M a ß n a h m e n als Reaktion auf
Verantwortungszuschreibungen
(Sozial- und Umweltmanagementsysteme, Codes of Conduct, Nachhaltigkeitsberichterstattung, Wertemanagementsysteme, Anti-Korruptionsmaßnahmen, etc.)

Moralische Problemfelder

Leistungssystem

Beschaffung
- Sozial- und Umweltstandards der Zulieferer
- Öko-Effizienz der Beschaffungslogistik
- Beschaffungsverfahren

Produktion
- Sozial- und Umweltstandards im Produktionsprozess
- Verwendete Gebrauchs- und Verbrauchsgüter
- Öko-Effizienz der Produktionsprozesse

Absatz
- Moralische Qualität von Werbung
- Korruption bei Auftragsvergabe
- Öko-Effizienz der Vertriebswege
- Rücknahme und Entsorgung der Produkte
- ...

Führungssystem

Personal und Organisation
- Sozialstandards der Mitarbeiter
- Mitbestimmung

Investition & Finanzierung
- Transparenz bei Managementvergütung
- Wertungen bei Kapitalanlagen
- Ausschüttungspolitik
- Renditeziele

Unternehmensrechnung
- Bilanzpolitik
- Transparenz bei umwelt- und sozialzielorientierter Rechnungslegung
- ...

Abb. 3: Wirkungsmechanismen eines Business Case for CSR auf Ebene der Wertschöpfungskette

In jedem Fall müssen unternehmerische CSR Strategien und Maßnahmen zur Erreichung des Business Case zunächst dazu geeignet sein, zur Lösung jener moralischen Probleme beizutragen, die Ausgangspunkt für Verantwortungszuschreibungen waren. Darüber hinaus müssen sich aus ihnen ökonomisch wünschenswerte Wirkungen ergeben. Um aus Perspektive der Unternehmung zu untersuchen, inwieweit CSR Maßnahmen zu ökonomischen Vorteilen führen könnten, lassen sich die spezifischen Wirkungsmechanismen untersuchen, die zwischen CSR-Maßnahmen einerseits und Erfolgswirkungen andererseits wirken. Diese können ganz allgemein in der Verringerung unerwünschter Konsequenzen (z.B. Risiken, Kosten) bzw. in der Erzielung positiver Konsequenzen (z.B. Umsatzsteigerung) bestehen, die jeweils innerhalb und außerhalb der Unternehmung wirksam werden. Für jede potentielle CSR Maßnahme lässt sich also untersuchen, wie sie die wichtigsten Mediatoren beeinflussen, die sich wiederum positiv auf ökonomische Größen auswirken. Der Zusammenhang zwischen moralischen Problemen entlang der Wertschöpfungskette einerseits und den durch entsprechende Maßnahmen ausgelösten ökonomisch relevanten Wirkungen andererseits ist exemplarisch für einige Problemfelder und Wirkungen in Abb. 3 dargestellt.

Aufgabe eines strategischen CSR Managements ist nun die Analyse der oben skizzierten Wirkungen in der spezifischen Situation des jeweiligen Unternehmens, die als Grundlage für eine Priorisierung alternativer Maßnahmen gelten kann. Im Folgenden soll skizziert werden, wie solche Bewertungen stattfinden können.

5.2 Strategische Analysen zur Erlangung des Business Case for CSR

5.2.1 Der Unternehmens-/Umwelt-Fit als Ziel von CSR Strategien

Vor dem Hintergrund der Analyse der Möglichkeit eines allgemeinen Business Case in Abschnitt 4 wurde deutlich, dass etwaige ökonomische Wirkungen nicht universell gelten, sondern von unternehmens- und umweltspezifischen Bedingungen (Kontingenzfaktoren) abhängen. Banken haben ein anders gelagertes ökonomisches Interesse am Umweltschutz als Chemieunternehmen. Zugleich haben sie andere Fähigkeiten, zur Lösung ökologischer Probleme beizutragen. Die Analyse solcher Bedingungen bildet daher den Ausgangspunkt für CSR Strategien, für die auch Konzepte und Instrumente aus dem strategischen Management angewandt werden können.

Der Abgleich von internen Stärken und Schwächen mit externen Gelegenheiten und Risiken gehört zum Kern der meisten Strategiekonzepte. Grundlegendes Ziel der Strategiebildung ist somit die Erlangung eines Strategic Fit durch entsprechende Unternehmens- und Umfeldanalysen.[32] Überträgt man diesen Gedanken auf CSR, so konstituieren die internen Stärken und Schwächen im Hinblick auf den Umgang mit Verantwortungszuschreibungen sowie diesbezügliche externe Chancen und Risiken im Unternehmensumfeld die beiden hier zentralen Wirkungsdimensionen.

---

[32] vgl. Grant (2007): 13

In ihnen konkretisiert sich die zuvor diskutierte Idee der Kontingenzfaktoren als Determinante der Wirksamkeit einzelner CSR Maßnahmen. Zum einen hängt vom Strategic Fit ab, inwieweit die vom Unternehmen unternommenen CSR Maßnahmen geeignet sind, die moralischen Probleme tatsächlich zu lösen. Zum anderen bestimmt er, welche ökonomischen Wirkungen diese Aktivitäten für das betreffende Unternehmen auslösen.

CSR Strategien führen immer dann zu einer optimalen Übereinstimmung, wenn es Unternehmen gelingt, ihre spezifischen Kompetenzen zur Lösung moralischer Probleme einzusetzen. So stellen etwa Pharma-Unternehmen Medizin in bestimmten Märkten sehr günstig zur Verfügung, ohne sich ihre herkömmlichen Märkte zu zerstören;[33] Logistikunternehmen leisten kostenfreie Transportdienste von Hilfsgütern; und Unternehmensberatungen bieten Non-Profit-Organisationen ihre Dienstleistungen entgeltfrei an. Gemeinsam ist diesen Maßnahmen, dass unternehmensspezifische interne Stärken (Produkte, Know-How, etc.) und externe Gelegenheiten (Erschließung neuer Märkte, Kundenreputation, etc.) genutzt werden, um *sowohl* einen optimalen gesellschaftlichen Beitrag zu leisten *als auch* betriebswirtschaftlich Nutzen zu generieren. Somit bilden, wie in Abb. 4 dargestellt, Analysen der unternehmens- und umweltspezifischen Kontingenzfaktoren den Bewertungsrahmen, vor dessen Hintergrund alternative CSR Maßnahmen als Reaktion auf zugeschriebene moralische Verantwortung im Sinne einer strategischen CSR zu beurteilen sind. Sie sind Gegenstand der folgenden Abschnitte.

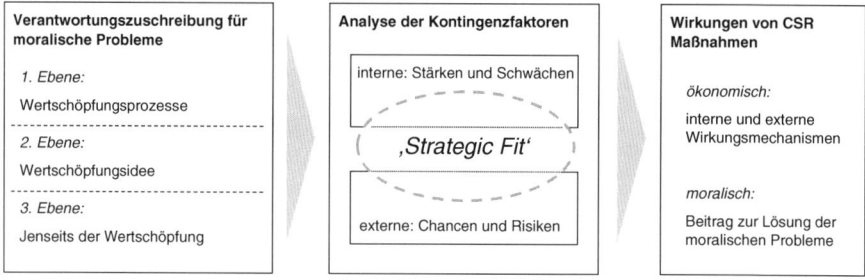

Abb. 4: Analyserahmen zur Wirksamkeit von CSR Maßnahmen vor dem Hintergrund unternehmens- und umweltspezifischer Kontingenzfaktoren

5.2.2 Interne Analyse: Unternehmensspezifische Stärken und Schwächen als Ausgangspunkte für den Business Case for CSR

Ausgangspunkt für die unternehmensinterne Analyse bildet die Ist-Situation entlang der Wertschöpfungskette in Bezug auf moralische Probleme wie z.B. negative soziale und ökologische Externalitäten. Um diesbezügliche unternehmensspezifische Stärken und Schwächen zu identifizieren, lassen sich herkömmliche Instrumente des strategischen Managements auf CSR-Aspekte anwenden. So können CSR Strategien zunächst an etwaigen *Kosten- sowie Differenzierungsvorteilen*[34]

---

[33] vgl. zu einer interessanten Diskussion am Beispiel HIV Chance; Deshpande (2009)
[34] vgl. Porter (1985): 62 ff.

ansetzen, die in Maßnahmen zur Lösung moralischer Probleme entlang der gesamten Wertschöpfungskette begründet sind.

Eine Kostentreiberanalyse[35] gibt Aufschluss darüber, welche Einsparungspotentiale als Quelle von Wettbewerbsvorteilen dienen können. Kostentreiber wie z.B. Prozesstechnologien, Produktdesign, Ressourceneinsatz, Skaleneffekte etc. können auch auf ihren Bezug zu ökologischen und sozialen Produkt- und Prozesseigenschaften hin untersucht und zu einer CSR-bezogenen Kostentreiberanalyse erweitert werden. Die Berücksichtigung solcher unternehmensspezifischer Kontingenzfaktoren ist unumgänglich, da Bemühungen um eine bessere CSR-Performance entlang der Wertschöpfungskette, etwa durch Etablierung eines betrieblichen Umweltsystems, sich zwar kostensenkend auswirken können, dies aber keineswegs unter allen Umständen der Fall ist.[36]

Zur Ermittlung der internen Stärken und Schwächen im Wertschöpfungsprozess bietet sich ferner die Analyse von Differenzierungsmöglichkeiten über ökologische und soziale Produkteigenschaften an. Diese können in Beziehung gesetzt werden zu unternehmensspezifischen Kompetenzen und Ressourcen wie etwa dem Qualitätsmanagement, der Qualifizierung und Einstellung der Mitarbeiter gegenüber sozial- und umweltbezogenen Aspekten oder dem Differenzierungsgrad des bestehenden Produktportfolios. Über viele dieser Zusammenhänge und ihrer Bedingungen existieren auch empirische Erkenntnisse, die bei einer solchen Analyse berücksichtigt werden können. So ergaben entsprechende Studien Hinweise auf eine Abhängigkeit der Wirkungen von CSR-orientiertem Produktmarketing von der Art der erstellten Konsumgüter sowie des Markenimage.[37]

Der angestrebte Bezug von CSR Strategien zu unternehmensspezifischen Stärken und Schwächen betrifft nicht nur Eigenschaften des Wertschöpfungsprozesses, die mittels bestimmter Standards und Zertifikate signalisiert werden können, sondern auch die Wertschöpfungsaufgabe selbst. Damit ist insbesondere die Fähigkeit des Unternehmens zu ökologischen und sozialen Produktinnovationen angesprochen. Diesbezügliche Analysen sowie Strategieentwicklungen haben dabei auch an der bisherigen strategischen Ausrichtung des Unternehmens anzusetzen, wie sie z.B. in der Unterscheidung zwischen Innovatoren und Imitatoren zum Ausdruck kommen. Während Imitatoren versuchen, neu geschaffene Märkte „besser" als die Konkurrenz zu bedienen, erlauben Innovationen auch im Bereich CSR Vorteile des *First-Mover*.[38]

Jenseits der Wertschöpfung schließlich stehen im Mittelpunkt unternehmensinterner Analysen die Fähigkeiten und Kompetenzen der betreffenden Organisation, zur Lösung solcher gesellschaftlichen Probleme beizutragen, deren Entstehung in keiner kausalen Relation zu den Unternehmensaktivitäten steht. Dies betrifft v.a. die verfügbaren Ressourcen, das Verhältnis möglicher Maßnahmen zur aktuellen Organisationskultur, die Bereitschaft der Mitarbeiter und die organisatorischen Kompetenzen, die entsprechenden Maßnahmen erfolgreich umzusetzen. Da es

---

[35] vgl. Grant (2007): 200 ff.
[36] vgl. Orsato (2006): 128
[37] vgl. Du *u.a.* (2007); Strahilevitz/Myers (1998)
[38] vgl. Sirsly/Lamertz (2008)

sich auf dieser Ebene aber primär um Verantwortungszuschreibungen aus der Unternehmensumwelt handelt, kommen hier CSR-spezifische Instrumente v.a. in der Umfeldanalyse zum Einsatz.

5.2.3 Externe Umweltanalyse: Chancen und Risiken als Ausgangspunkte für den Business Case for CSR

Die externe Umweltanalyse ist auf die Kontingenzfaktoren im Umfeld der Unternehmung ausgerichtet, welche die Wirkungen von CSR-Maßnahmen beeinflussen. Ihr Ziel besteht im Erkennen von Chancen sowie in der Vermeidung von Risiken im Zusammenhang mit Verantwortungszuschreibungen auf das Unternehmen. Zur Untersuchung dieser Einflussfaktoren bietet sich zunächst die Verwendung klassischer Instrumente wie etwa die Branchenstrukturanalyse an, die als wesentliche Wettbewerbskräfte den Einfluss von Kunden, Zulieferern, (potentiellen) Wettbewerbern und Produktsubstituten ermittelt.[39] Zur differenzierten Einzelanalyse dieser Bereiche ist in der Betriebswirtschaftslehre ein facettenreiches Instrumentarium entwickelt worden, das sich auch im Hinblick auf die Entwicklung von CSR Strategien anwenden lässt.[40] Letztere hängen dann etwa von der CSR-Orientierung der relevanten Konsumenten ab, von der Fähigkeit der Zulieferer, Umwelt- und Sozialstandards einzuhalten, dem Sättigungsgrad von ökologieorientierten Märkten, der Positionierung der aktuellen und potentiellen Wettbewerber, etc.

Angesichts der verschiedenen Formen, die gesellschaftliche Verantwortungszuschreibung und die entsprechenden Unternehmensmaßnahmen über die drei diskutierten Ebenen hinweg annehmen können, ist offensichtlich, dass mittels der *Five Forces* die potentiell relevanten Einflussfaktoren in der Unternehmensumwelt nicht hinreichend erfasst werden können. Um die von anderen Faktoren ausgehenden Chancen und Risiken auf allen Ebenen der CSR zu analysieren, sind deren Einflussmöglichkeiten daher in einer umfassenden Stakeholderanalyse zu untersuchen.[41]

Mögliche Chancen, die mit Hilfe solcher Analysen identifiziert werden können, betreffen z.B. neue Märkte und Marktsegmente, deren Potenzial wiederum mit herkömmlichen Marktforschungsmethoden in gewissen Grenzen prognostizierbar ist. Auch neuere Entwicklungen in nach ethischen Kriterien ausgerichteten Kapitalmärkten bieten für manche Unternehmen Chancen, die daher zum Gegenstand einer Umweltanalyse als Teil des strategischen Managements werden sollten. In ähnlicher Weise sind Kontingenzfaktoren wie Branchenwachstum, Kundeneinstellung, Einflussmöglichkeit und Charakteristika von Stakeholdergruppierungen sowie die Einstellung des Managements untersucht worden. Die Ergebnisse dieser Arbeiten können Aufschluss über die Wirkung von Umfeldfaktoren auf Art und Stärke der zu erwartenden ökonomisch relevanten Wirkungen von CSR-Maßnahmen geben.[42]

---

[39] vgl. Porter (1980)
[40] vgl. Bea/Haas (2009); Grant (2007): 51ff.; Müller-Stewens/Lechner (2005)
[41] vgl. Mitchell *u.a.* (1997)
[42] vgl. Barnett (2007); Berman *u.a.* (1999); Russo/Fouts (1997); Sen/Bhattacharya (2001); Wagner/Schaltegger (2004)

Die Kehrseite solcher Chancen ist in entsprechenden Risiken zu sehen, die etwa von abwanderungswilligen Kunden und Investoren ausgehen. Ferner sind Teile der Medien, Menschenrechtsgruppen und anderen Nichtregierungsorganisationen prominente Beispiele dafür, wie externe Anspruchsgruppen die Notwendigkeit von CSR Maßnahmen sowie deren Wirkung auf Erfolgsgrößen (mit-)bestimmen können. Änderungen in unternehmensexternen Wertevorstellungen und Anforderungen an die Legitimität unternehmerischen Handelns – wie etwa die Angemessenheit bestimmter Werbemaßnahmen, Diskriminierung von Minderheiten oder Korruption im Ausland – bedingen Risiken, die von den Entscheidungsträgern in Unternehmen entsprechend berücksichtigt werden sollten.

6 Ausblick:
Politische Unternehmensverantwortung als Business Case?

In der Diskussion um die Reichweite von CSR sind zunehmend Beiträge zu finden, die Unternehmen eine neue politische (Mit-)Verantwortung zuschreiben.[43] Ausgangspunkt dieser Entwicklung ist die Beobachtung bzw. Forderung, dass Unternehmen Aufgaben übernehmen (sollten), die traditionell von staatlichen Institutionen wahrgenommen wurden, wovon allerdings in einer globalisierten Gesellschaft immer weniger ausgegangen werden könne. Politisches Engagement von Unternehmen wird dementsprechend als notwendiges funktionales Äquivalent für herkömmliche (staatliche) Governance-Formen gesehen.

Während sich diese Beiträge intensiv mit der normativen *Begründung* für eine solche Verantwortungszuschreibung befassen, ist weit weniger darüber bekannt, inwieweit, warum, über welche Mechanismen, mit welchen Konsequenzen, etc. sich Unternehmen bereits im Sinne einer politischen Mitverantwortung engagieren. Selbst wenn man vereinfachend davon ausgeht, dass ein politisches Engagement von Unternehmen gesellschaftlich prinzipiell erwünscht ist, lässt sich analog zu Abb. 1 fragen, ob Unternehmen ein ökonomisches Interesse daran haben, sich im gewünschten Sinne einzusetzen. In einigen Fällen mag dies durchaus gegeben sein, etwa wenn sich Unternehmen in Ermangelung international durchsetzbarer staatlicher Regularien freiwillig und kollektiv Regeln zur Korruptionsbekämpfung unterwerfen und damit marktwirtschaftlichen Prinzipien (wie fairer Wettbewerb) zur Geltung verhelfen; in diesen Fällen ließe sich vom Business Case für eine politische Unternehmensverantwortung sprechen.

Allerdings geben Arbeiten zu den Risiken politischer Einflussnahme durch Unternehmen[44] Hinweise auf jene Fälle, in denen Unternehmen gerade kein ökonomisches Interesse an gesellschaftlich erwünschten Reglеänderungen haben; oder in denen sie sogar ein Interesse daran haben, gesellschaftlich unerwünschte Regeln durchzusetzen. Solche Hinweise zeigen Grenzen des Erwartbaren auf und mahnen somit zur Vorsicht bei der Forderung nach einer Ausweitung des politischen

---

[43] vgl. z.B. Matten/Crane (2005); Pies u.a. (2009b); Scherer et al. (2009); Scherer/Palazzo (2011)

[44] vgl. z.B. zu Lobbying Barley (2007); Baysinger (1984); Hillman et al. (2004)

Verantwortungsbereichs von Unternehmen. Die Zusammenhänge zwischen gesellschaftlicher Erwünschtheit und privatwirtschaftlichem Interesse an politischem Engagement, die konkreten Mechanismen, die zur Herstellung eines etwaigen Business Case führen können, sowie eine realistische Einschätzung der Rolle, die Unternehmen bei Regelfindungs- und -setzungsprozessen spielen können, etc. wurden bislang noch nicht ausreichend erforscht. In ihrer Analyse liegt daher eine wichtige Aufgabe zukünftiger Forschungsarbeiten.

7 Literatur

Albinger, H. S./Freeman, S. J. (2000): Corporate Social Performance and Attractiveness as an Employer to Different Job Seeking Populations. In: Journal of Business Ethics, Vol. 28, Nr. 3, S. 243-253.

Bansal, P./Clelland, I. (2004): Talking Trash: Legitimacy, Impression Management, and Unsystematic Risk in the Context of the Natural Environment. In: Academy of Management Journal, Vol. 47, Nr. 1, S. 93-103.

Barley, S. R. (2007): Corporations, Democracy, and the Public Good. In: Journal of Management Inquiry, Vol. 16, Nr. 3, S. 201-215.

Barnett, M. L. (2007): Stakeholder Influence Capacity and the Variability of Financial Returns to Corporate Social Responsibility. In: Academy of Management Review, Vol. 32, Nr. 3, S. 794-816.

Bauer, T. N./Aiman-Smith, L. (1996): Green Career Choices: The Influence of Ecological Stance of Recruiting. In: Journal of Business and Psychology, Vol. 10, Nr. 4, S. 445-458.

Baysinger, B. D. (1984): Domain Maintenance as an Objective of Business Political Activity: An Expanded Typology. In: Academy of Management Review, Vol. 9, Nr. 2, S. 248-258.

Bea, F. X./Haas, J. (2009): Strategisches Management. Stuttgart: Lucius & Lucius.

Berman, S. L./Wicks, A. C./Kotha, S. u.a. (1999): Does Stakeholder Orientation Matter? The Relationship Between Stakehoder Management Models and Firm Financial Performance. In: Academy of Management Journal, Vol. 42, Nr. 5, S. 488-506.

Branco, M. C./Rodriguez, L. L. (2006): Corporate Social Responsibility and Resource-Based Perspectives. In: Journal of Business Ethics, Vol. 69, Nr. 2, S. 111-132.

Carroll, A. B. (2008): A History of Corporate Social Responsibility: Concepts and Practices. In Crane, A./McWilliams, A./Matten, D./ u.a. (Hrsg.) *The Oxford Handbook of Corporate Social Responsibility.* Oxford: Oxford University Press.

Chance, Z./Deshpande, R. (2009): Putting Patients First: Social Marketing Strategies for Treating HIV in Developing Nations. In: Journal of Macromarketing, Vol. 29, Nr. 3, S. 220-232.

Chapple, W./Morrison Paul, C. J./Harris, R. (2005): Manufacturing and Corporate Environmental Responsibility: Cost Implications of Voluntary Waste Minimisation. In: Structural Change and Economic Dynamics, Vol. 16, Nr. 3, S. 347-373.

Cochran, P. L./Wood, R. A. (1984): Corporate Social Responsibility and Financial Performance. In: Academy of Management Journal, Vol. 27, Nr. 1, S. 42-56.

de Bakker, F. G./Groenewegen, P./Hond, F. d. (2005): A Bibliometric Analysis of 30 Years of Research and Theory on Corporate Social Responsibility and Corporate Social Performance. In: Business & Society, Vol. 44, Nr. 3, S. 283-317.

Dowell, G./Hart, S./Yeung, B. (2000): Do Corporate Global Environmental Standards Create Or Destroy Market Value? In: Management Science, Vol. 46, Nr. 8, S. 1059-1074.

Du, S./Bhattacharya, C. B./Sen, S. (2007): Reaping Relational Rewards From Corporate Social Responsibility: The Role of Competitive Positioning. In: International Journal of Research in Marketing, Vol. 24, Nr. 3, S. 224-241.

Fombrun, C. J./Shanley, M. (1990): What's in a Name? Reputation Building and Corporate Strategy. In: Academy of Management Journal, Vol. 33, Nr. 2, S. 233-258.

Godfrey, P. C. (2005): The Relationship Between Corporate Philanthropy and Shareholder Wealth: A Risk Management Perspective. In: Academy of Management Review, Vol. 30, Nr. 4, S. 777-798.

Grant, R. M. (2007): Contemporary Strategy Analysis. New York: Wiley.

Greening, D. W./Turban, D. B. (2000): Corporate Social Performance as a Competitive Advantage in Attracting a Quality Workforce. In: Business & Society, Vol. 39, Nr. 3, S. 254-280.

Griffin, J. J./Mahon, J. F. (1997): The Corporate Social Performance and Corporate Financial Performance Debate – Twenty-Five Years of Incomparable Research. In: Business & Society, Vol. 36, Nr. 1, S. 5-31.

Hamschmidt, J./Dyllick, T. (2001): ISO 14001: Profitable – Yes! But is it Eco-effective? In: Greener Management International, Vol. 34, Nr. 1, S. 34-54.

Heal, G. (2005) Corporate Social Responsibility. An Economic and Financial Framework. The Geneva Papers on Risk and Insurance: Issues and Practice.

Heinkel, R./Kraus, A./Zechner, J. (2001): The Effect of Green Investment on Corporate Behavior. In: Journal of Financial and Quantitative Analysis, Vol. 36, Nr. 4, S. 431-449.

Hillman, A. J./Keim, G. D./Schuler, D. (2004): Corporate Political Activity: A Review and Research Agenda. In: Journal of Management, Vol. 30, Nr. 6, S. 837-857.

Homann, K. (2002): Wettbewerb und Moral. In Lütge, Christoph (Hrsg.) *Vorteile und Anreize. Zur Grundlegung einer Ethik der Zukunft.* Tübingen: Mohr Siebeck.

Homann, K./Blome-Drees, F. (1992): Wirtschafts- und Unternehmensethik. Göttingen: Vandenhoeck & Ruprecht.

Klassen, R. D./McLaughlin, C. P. (1996): The Impact of Environmental Management on Firm Performance. In: Management Science, Vol. 42, Nr. 8, S. 1199-1214.

Klassen, R. D./Whybark, D. C. (1999): The Impact of Environmental Management on Firm Performance. In: Academy of Management Journal, Vol. 42, Nr. 6, S. 599-615.

Kuhn, T./Weibler, J. (2011): Ist Ethik ein Erfolgsfaktor? Unternehmensethik im Spannungsfeld von Oxymoron Case, Business Case und Integrity Case. In Küpper, H.-U./Schreck, P. (Hrsg.) *Unternehmensethik in Forschung und Lehre, Zeitschrift für Betriebswirtschaft, Special Issue 1/2011.* Wiesbaden: Gabler.

Kurucz, E. C./Colbert, B. A./Wheeler, D. (2008): The Business Case for Corporate Social Responsibility. In Crane, A./McWilliams, A./Matten, D./ u.a. (Hrsg.) *The Oxford Handbook of Corporate Social Responsibility.* Oxford: Oxford University Press.

Lev, B./Petrovits, C./Radhakrishnan, S. (2006) Is Doing Good Good for You? Yes, Charitable Contributions Enhance Revenue Growth. New York University Stern School of Business Working Paper, New York.

Maignan, I./Ferrell, O. C./Hult, T. M. (1999): Corporate Citizenship: Cultural Antecedents and Business Benefits. In: Journal of the Academy of Marketing Science, Vol. 27, Nr. 4, S. 455-469.

Margolis, J. D./Walsh, J. P. (2003): Misery Loves Companies: Rethinking Social Initiatives by Business. In: Administrative Science Quarterly, Vol. 48, Nr. 2, S. 268-305.

Matten, D./Crane, A. (2005): Corporate Citizenship: Toward an Extended Theoretical Conceptualization. In: Academy of Management Review, Vol. 30, Nr. 1, S. 166-179.

Maxwell, J. W./Lyon, T. P./Hackett, S. C. (2000): Self-Regulation and Social Welfare: The Political Economy of Corporate Environmentalism. In: Journal of Law and Economics, Vol. 43, Nr. 2, S. 583-618.

McWilliams, A./Siegel, D. (2001): Corporate Social Responsibility: A Theory of the Firm Perspective. In: Academy of Management Review, Vol. 26, Nr. 1, S. 117-127.

Mitchell, R. K./Agle, B. R./Wood, D. J. (1997): Toward a Theory of Stakeholder Identification and Salience: Defining the Principle of Who and What Really Counts. In: Academy of Management Review, Vol. 22, Nr. 4, S. 853-886.

Mohr, L. A./Webb, D. J./Harris, K. E. (2001): Do Consumers Expect Companies to be Socially Responsible? The Impact of Corporate Social Responsibility on Buying Behavior. In: The Journal of Consumer Affairs, Vol. 35, Nr. 1, S. 45-72.

Müller-Stewens, G./Lechner, C. (2005): Strategisches Management. Wie strategische Initiativen zum Wandel führen. Stuttgart: Schäffer-Poeschel.

Orlitzky, M. (2008): Corporate Social Performance and Financial Performance: A Research Synthesis. In Crane, A./McWilliams, A./Matten, D./ u.a. (Hrsg.) *The Oxford Handbook of Corporate Social Responsibility.* Oxford: Oxford University Press.

Orlitzky, M./Schmidt, F. L./Rynes, S. L. (2003): Corporate Social and Financial Performance: A Meta-Analysis. In: Organization Studies, Vol. 24, Nr. 3, S. 403-441.

Orsato, R. (2006): Competitive Environmental Strategies: When Does It Pay to be Green? In: California Management Review, Vol. 48, Nr. 2, S. 127-143.

Peloza, J. (2006): Using Corporate Social Responsibility as Insurance for Financial Performance. In: California Management Review, Vol. 48, Nr. 2, S. 52-72.

Pies, I./Hielscher, S./Beckmann, M. (2009): Moral Commitments and the Societal Role of Business: An Ordonomic Approach to Corporate Citizenship. In: Business Ethics Quarterly, Vol. 19, Nr. 3, S. 375-401.

Porter, M. E. (1980): Competitive Strategy. Techniques for Analyzing Industries and Competitors. New York: Free Press.

Porter, M. E. (1985): Competitive Advantage. Creating and Sustaining Superior Performance. New York: Free Press.

Porter, M. E./Kramer, M. R. (2002): The Competitive Advantage of Corporate Philanthropy. In: Harvard Business Review, Vol. 80, Nr. 12, S. 56-69.

Porter, M. E./Kramer, M. R. (2006): Strategy & Society: The Link Between Competitive Advantage and Corporate Social Responsibility. In: Harvard Business Review, Vol. 84, Nr. 12, S. 78-92.

Porter, M. E./van der Linde, C. (1995): Toward a New Conception of the Environment-Competitiveness Relationship. In: Journal of Economic Perspectives, Vol. 9, Nr. 24, S. 97-118.

Pruzan, P. (1998): From Control to Values-Based Management and Accountability. In: Journal of Business Ethics, Vol. 17, Nr. 13, S. 1379-1394.

Rasche, A. (2009): 'A Necessary Supplement' – What the United Nations Global Compact Is (Not). In: Business and Society, Vol. 48, Nr. 4, S. 511-537.

Rowley, T. J./Berman, S. L. (2000): A Brand New Brand of Corporate Social Performance. In: Business & Society, Vol. 39, Nr. 4, S. 397-418.

Russo, M. V./Fouts, P. A. (1997): A Resource-based Perspective on Corporate Environmental Performance and Profitability. In: Academy of Management Journal, Vol. 40, Nr. 3, S. 534-559.

Schaltegger, S./Wagner, M. (Hrsg., 2006): Managing the Business Case for Sustainability. Sheffield: Greenleaf.

Scherer, A. G./Palazzo, G./Matten, D. (2009): The Business Firm as a Political Actor: A New Theory of the Firm for a Globalized World. In: Business & Society, Vol. 48, Nr. 4, S. 577-580.

Scherer, A. G./Palazzo, G. (2011): The New Political Role of Business in a Globalized World – A Review of a New Perspective on CSR and its Implications for the Firm, Governance, and Democracy. In: Journal of Management Studies, Vol. 48, Nr. 4, S. 899-931.

Schreck, P. (2009): The Business Case for Corporate Social Responsibility. Understanding and Measuring Economic Impacts of Corporate Social Performance. Heidelberg: Physica.

Schreck, P. (2011a): Ökonomische Corporate Social Responsibility Forschung – Konzeptionalisierung und kritische Analyse ihrer Bedeutung für die Unternehmensethik. In: Zeitschrift für Betriebswirtschaft (ZfB), Vol. 81, Nr. 7, S. 745-769.

Schreck, P. (2011b) Reviewing the Business Case for Corporate Social Responsibility: New Evidence and Analysis. Journal of Business Ethics, Vol. 103, Nr. 2, S. 167-188.

Schuler, D. A./Cording, M. (2006): A Corporate Social Performance-Corporate Financial Performance Behavioral Model for Consumers. In: Academy of Management Review, Vol. 31, Nr. 3, S. 540-558.

Schwaiger, M. (2004): Components and Parameters of Corporate Reputation – an Empirical Study. In: Schmalenbach Business Review, Vol. 56, Nr. 1, S. 46-71.

Sen, S./Bhattacharya, C. B. (2001): Does Doing Good Always Lead to Doing Better? Consumer Reactions to Corporate Social Responsibility. In: Journal of Marketing Research, Vol. 38, Nr. 2, S. 225-243.

Shrivastava, P. (1995): Ecocentric Management for a Risk Society. In: Academy of Management Review, Vol. 20, Nr. 1, S. 118-137.

Sirsly, C.-A. T./Lamertz, K. (2008): When Does a Corporate Social Responsibility Initiative Provide a First-Mover Advantage? In: Business & Society, Vol. 47, Nr. 3, S. 343-369.

Smith, S. M./Alcorn, D. S. (1991): Cause Marketing: A New Direction in the Marketing of Corporate Social Responsibility. In: Journal of Consumer Marketing, Vol. 8, Nr. 3, S. 19-35.

Spicer, B. H. (1978): Market Risk, Accounting Data, and Companies' Pollution Control Records. In: Journal of Business, Finance, and Accounting, Vol. 5, Nr. 1, S. 67-83.

Strahilevitz, M./Myers, J. G. (1998): Donations to Charity as Purchase Incentives: How Well They Work May Depend On What You Are Trying To Sell. In: Journal of Consumer Research, Vol. 24, Nr. 4, S. 434-446.

Suchanek, A. (2001): Ökonomische Ethik. Tübingen: Mohr Siebeck.

SustainAbility (Hrsg.)(2006): Buried Treasures. Uncovering the Business Case for Corporate Sustainability. London: L&S Printing.

Thielemann, U. (2008): Ethik als Erfolgsfaktor? The Case against the business case und die Idee verdienter Reputation. In Scherer, A.G./Patzer, M. (Hrsg.) *Betriebswirtschaftslehre und Unternehmensethik*. Wiesbaden: Gabler.

Utting, P. (2000) Business Responsibility for Sustainable Development. UNRISD Occasional Paper No. 2.

Wagner, M./Schaltegger, S. (2004): The Effect of Corporate Environmental Strategy Choice and Environmental Performance on Competitiveness and Economic Performance: An Empirical Study of EU Manufacturing. In: European Management Journal, Vol. 22, Nr. 5, S. 557-572.

Werther Jr., W. B./Chandler, D. (2010): Strategic Corporate Social Responsibility – Stakeholders in a Global Environment. Thousand Oaks et al.: Sage.

Williams, O. F. (2004): The UN Global Compact: The Challenge and the Promise. In: Business Ethics Quarterly, Vol. 14, Nr. 4, S. 755-774.

Wood, D. J. (1991): Corporate Social Performance Revisited. In: Academy of Management Review, Vol. 16, Nr. 4, S. 691-718.

Unternehmensverantwortung – empirische Bestandsaufnahme und volkswirtschaftliche Perspektive[1]

Gottfried Haber und Petra Gregorits

1 Einleitung

Verantwortung für Wirtschaft, Umwelt und Gesellschaft zu tragen, mit der Zielsetzung, Nachhaltigkeit zu bewirken und Vertrauen der Anspruchsgruppen aufzubauen, ist zum zentralen Unternehmenswert von Unternehmen aller Größenordnungen geworden. Gesellschaftliche Verantwortung beruht zu einem großen Teil auf dem persönlichen Selbstverständnis von Unternehmern und den Wertesystemen von Unternehmen.

Dabei stellt sich der CSR-Begriff vielfältig und differenziert dar, so dass eine empirische Analyse naturgemäß nicht alle Facetten von CSR abdecken kann. Insbesondere ist hier auf das Spannungsfeld zum Begriff „Corporate Citizenship" zu verweisen sowie auf die Tatsache, dass der CSR-Begriff regional und kulturell bedingt sowie auch historisch unterschiedlich definiert wird.[2]

Inwiefern sich die Strategien und Maßnahmen im Bereich gesellschaftlicher Verantwortung auf die Unternehmensentwicklung und den Unternehmenserfolg auswirken, wurde bisher nur in Ansätzen erhoben, ebenso fehlt bisher die gesamtwirtschaftliche Messung dieser Unternehmensleistungen. Im Fokus stand vielmehr der soziale und ökologische Mehrwert für die Gesellschaft.

Im Rahmen einer empirischen Studie für Österreich wurde daher der Versuch unternommen, zumindest für einen Teilbereich der unter CSR zu subsumierenden Aspekte eine Abschätzung der ökonomischen Effekte auf der Makroebene vorzunehmen. Die in dieser Studie verwendete Abgrenzung erfolgt daher weniger aus theoretischen oder definitorischen Aspekten, sondern vielmehr aus methodisch-pragmatischen Überlegungen. Es wird also ausdrücklich nicht der Versuch unternommen, CSR neu abzugrenzen, sondern lediglich eine für die empirische Analyse sinnvoll erfassbare Teilmenge in Hinblick auf die makroökonomischen Effekte analysiert.

---

[1] auf Basis der gleichnamigen Studie im Auftrag der Wirtschaftskammer Österreich, Stabsabteilung Wirtschaftspolitik

[2] vgl. z.B. Bowen (1953); Carroll (1999); Schmidpeter/Palz (2008); Crane u.a. (2010)

2 Rahmendaten der empirischen Analyse

Die vorliegenden Ergebnisse basieren auf einer im Auftrag der Wirtschaftskammer Österreich als Interessenvertretung von 400.000 Unternehmen in Österreich von Juni bis August 2011 durchgeführten, österreichweiten Studie zu Status und Potenzial von Strategien und Maßnahmen im Bereich gesellschaftlicher Verantwortung von Unternehmen.

Dem Gesamtprojekt, das eine empirische Analyse bei etwa 300 Unternehmen[3] sowie eine darauf aufbauende Wertschöpfungsanalyse umfasst, liegt ein breit angelegter, wirtschaftsnaher Begriffsrahmen von unternehmerischer Verantwortung zugrunde. Zielsetzung ist die Analyse des über die eigentliche Kernleistung des Unternehmens hinaus gehenden Beitrags zur gesellschaftlichen Verantwortung und die dadurch zusätzlich erzielte bzw. darauf kausal zurückführbare Wirtschaftsleistung. Die Stichprobe deckt Unternehmen mit insgesamt etwa 59.000 Mitarbeitern und mehr als 10 Mrd. EUR Jahresumsatz ab.

Die zentrale Untersuchungshypothese widmet sich der Frage: Wenn gesellschaftliche Verantwortung ein sozio-ökonomisches Phänomen mit volkswirtschaftlicher Relevanz und ein wesentlicher Wachstumstreiber für Unternehmen und Gesellschaft ist, wie würde sich das Wachstum von Unternehmen und Volkswirtschaft ohne gesellschaftliches Engagement entwickeln?

3 Ergebnisse der empirischen Analyse

3.1 Motive und Verbreitung von CSR-Maßnahmen

Die Schwerpunkte bzw. Prioritäten der befragten Unternehmen in Bezug auf Maßnahmen im Rahmen der Wahrnehmung gesellschaftlicher Verantwortung durch Unternehmen lassen sich aufgrund der empirischen Analyse in drei große Gruppen unterteilen:

- Maßnahmen in Hinblick auf Mitarbeiter
- Maßnahmen in Hinblick auf Kunden
- Maßnahmen in Hinblick auf Umwelt/Nachhaltigkeit

68,2% der Entscheidungsträger sind selbst in einem oder mehreren dieser Bereiche gesellschaftlich aktiv. Für 90,5% der Entscheidungsträger hat dieses Engagement, der eigenen Werthaltung entsprechend, eine hohe persönliche Bedeutung. Analog folgt in 81% der Unternehmen die Zielsetzung der Strategien und Maßnahmen einer gelebten Unternehmenskultur, von Werten und Traditionen. Gleichzeitig konzentrieren sich Unternehmen zunehmend auf ihre primären Anspruchsgruppen und zwar mit 65,3% auf Mitarbeiter, zu 58% auf Kunden und 49,2% auf Partner. Diese

---

[3] =30 Experteninterviews und n=274 standardisierte Telefoninterviews mit Unternehmensvertretern sowie n=30 Kontrollgruppeninterviews mit Mitarbeitern

Entwicklung wird durch die Ziele im Bereich der Mitarbeiterbindung mit 79,2%, der Kundenbindung mit 73,4% und der Sicherung des Unternehmensumfeldes mit 71,2% noch deutlicher.

Der Umweltbereich als dritte Säule des CSR-Konzeptes scheint sich aufgrund umfangreicher gesetzlicher Standards von diesem etwas zu entkoppeln. Zwar setzen 60,2% der Betriebe Maßnahmen im Bereich Nachhaltigkeit, diese sind jedoch getrieben von Kosten- und Ressourceneffizienz im Sinne der Standort- und Unternehmenssicherung, was sich in der konkreten Zielsetzung mit 74,1% und durch den Schwerpunkt auf regionalen Aktivitäten mit 79,2% ausdrückt. Die Unternehmen selbst sehen somit derartige Maßnahmen deutlich weniger unter dem Aspekt der Übernahme gesellschaftlicher Verantwortung, sondern vielmehr als Folge betriebswirtschaftlicher Notwendigkeiten.

„Vertrauen von Anspruchsgruppen" mit 83,6% und „Sicherung des Unternehmenserfolgs" mit 71,9% der Nennungen implizieren somit eine klare Wertschöpfungskomponente auf der Motivebene. Erst dadurch wird für 75,5% der Beitrag zur positiven gesellschaftlichen Entwicklung möglich. Es scheint also, als ob die Unternehmen daher einen starken Zusammenhang zwischen betriebswirtschaftlichen Aspekten und der Übernahme gesamtgesellschaftlicher Verantwortung sehen.

3.2 Vom Selbstverständnis zur Systematik?

In 53,2% der Unternehmen liegt die Zielrichtung der Wahrnehmung gesellschaftlicher Verantwortung in der Entscheidung des Unternehmers, der Geschäftsführung oder des Vorstands, ist also Chefsache (vgl. Abb. 1). In 63,1% der Unternehmen sind die Mitarbeiter in die Umsetzung aktiv eingebunden. 74,1% der Unternehmen agieren auf Basis ihrer Unternehmenswerte gemäß dem Prinzip der Freiwilligkeit. Das Feedback der Anspruchsgruppen ist für 63,8% maßgeblich.

Kurzfristige Anfragen von Anspruchsgruppen bei 61,3% und anlassbezogene Entscheidungen über die Maßnahmen bei 59,1% dokumentieren das für die Unternehmen bedeutsame Prinzip der Freiwilligkeit. 55,5% der Unternehmen setzen auf einen mittelfristig festgelegten Aktionsplan und klare Zielsetzungen auf Basis der Unternehmensstrategie. Die Messsysteme sind individuell und basieren etwa auf eigens entwickelten Kennzahlensystemen. Nur in 39,8% der Unternehmen sind die Kriterien gesellschaftlichen Engagements Bestandteil des Controllings und werden erst durch die Integration in dieses messbar. Deutlich wird der Stellenwert des Selbstverständnisses vor jenem der systematischen, messbaren Zielformulierung durch die Priorisierung der Auswirkungen gesellschaftlicher Maßnahmen.

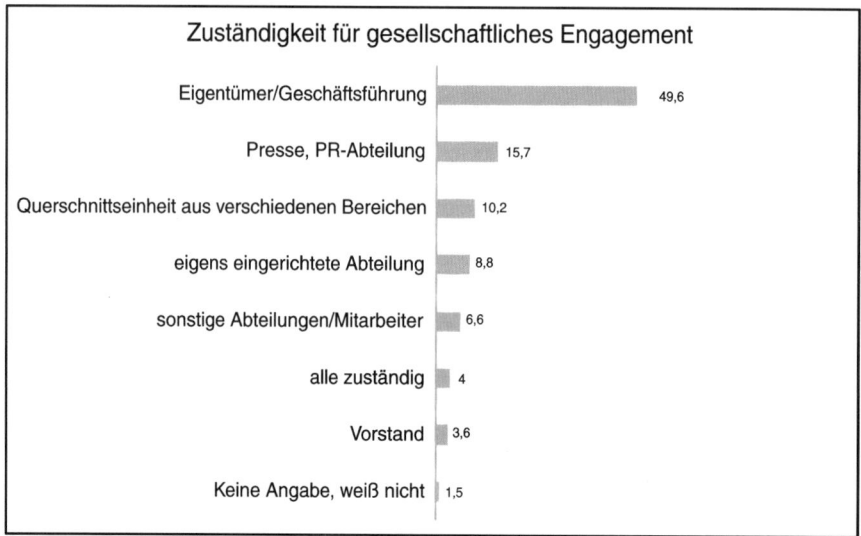

Abb. 1: CSR-Zuständigkeiten im Unternehmen in Prozent der in diesem Bereich aktiven Unternehmen

Zunächst zählen das Image bei Mitarbeitern und deren Motivation mit 78,5%, gefolgt vom Image bei Kunden mit 76,7% vor der positiven Entwicklung der Unternehmensstandorte mit 68,2% und dem Image bei Partnern und Lieferanten mit 66,8%. Der wirtschaftliche Erfolg hingegen liegt nur für 61,7% im Fokus der Aktivitäten gesellschaftlicher Verantwortung. Ohne die Investition in die Gesellschaft wären 48,5% ihrer eigenen Einschätzung nach nicht und 41,2% sehr wohl erfolgreich. Gesellschaftliche Verantwortung ausgehend vom CSR-Konzept stellt sich für die Mehrheit der Unternehmen somit als (ins Unternehmen) zu integrierendes Managementsystem und weniger als rein ethisches Konzept dar. Die Konzentration auf betriebswirtschaftliche Kernbereiche wirkt sich in Folge auch positiv auf die Gesellschaft aus.

3.3 Umfeld und Rahmenbedingungen

Die Frage nach den idealen Rahmenbedingungen, dem Nährboden für gesellschaftliches Engagement, knüpft an die Motive und Zielsetzungen an. Nur wenn die Aktionen in die Unternehmensstrategie verankert und bei der Unternehmensspitze angesiedelt sind, können aus Unternehmenssicht für 81,4% die entsprechenden Rahmenbedingungen für eine erfolgreiche Durchführung gewährleistet werden, begleitet vom Bekenntnis der Mitarbeiter zum gesellschaftlichen Engagement für 73,4% und der Transparenz und Anerkennung in der Öffentlichkeit für 72,6%. Die verstärkte steuerliche Absetzbarkeit der eingesetzten Ressourcen hat für 58,1% Priorität und die Systematik der Messbarkeit der Auswirkungen auf den wirtschaftlichen Erfolg für 55,1%.

Für die Unternehmen ist also die Freiwilligkeit und Autonomie über die Investition in die Gesellschaft von großer Bedeutung. Die Befragungsergebnisse legen nahe, dass die Freiwilligkeit der Maßnahmen für viele Unternehmen sogar als Definitionskriterium aufgefasst wird. 62,8% sehen sich in Anbetracht der Herausforderungen, die es für die Gesellschaft zu lösen gilt, als Vorreiter, und „Helden von morgen", wenn es darum geht, dort aktiv zu werden, wo öffentliche Systeme versagen, etwa in der Aus- und Weiterbildung der Mitarbeiter. Somit sind die Motive in Österreich derzeit vielfach primär betriebswirtschaftlich motiviert, folgen einem unternehmerischen Antrieb und dienen im zweiten Schritt einem „positiven Nebeneffekt", der Gesellschaft.

3.4 Was ist CSR für die Unternehmen?

Die Definitionen von CSR und Corporate Citizenship sind in der Literatur nicht einheitlich, folgen jedoch in der Regel einem relativ weiten Konzept. Von großem Interesse in der vorliegenden Studie war daher auch die Fragestellung nach dem Selbstverständnis der Unternehmen in Bezug auf die subjektive Begriffsabgrenzung. Im Rahmen der auf die Mitarbeiter ausgerichteten Maßnahmen wurden vor allem folgende Bereiche von den Unternehmen genannt:

Ausbildung und Qualifizierung, Mitarbeiterveranstaltungen, Gesundheitsvorsorge, Mittagstisch, Ernährung, freiwillige Pensionsvorsorge, Vereinbarkeit von Familie und Beruf mit Bezug auf Arbeitszeitregelungen, Sport und Freizeit, Freistellung für Katastrophenschutz, Diversity Management, Freistellung für soziale Aktivitäten sowie Bereitstellung von Kinderbetreuungseinrichtungen.

Als Maßnahmen für Kunden und Gesellschaft wurden vorwiegend genannt:

- Kundenveranstaltungen, Engagement im Sozial- und Gesundheitsbereich, Sportveranstaltungen, Förderung von Kunst und Kultur, Partner- und Lieferantenveranstaltungen, Maßnahmen für Gemeinden und andere öffentliche Stakeholder.

Im Bereich der Nachhaltigkeit bzw. Umwelt sind die für die Unternehmen wesentlichsten Themen:

- Energieeffizienz, Ressourcenschonung durch nachhaltigen Einkauf und nachhaltige Produktion, Optimierung von Transportwegen und CO_2-Neutralität.

Es zeigt sich somit abweichend von den theoretischen Konzepten in der Wahrnehmung der Unternehmen derzeit noch ein relativ enger Begriff von CSR. Daraus kann eine deutliche Diskrepanz zwischen den theoretischen Modellen und der tatsächlich empirisch beobachtbaren Begriffsverwendung abgeleitet werden.

4   Gesamtwirtschaftliche Effekte der untersuchten CSR-Maßnahmen

4.1 Abgrenzung des Untersuchungsgegenstandes

Bei dem Versuch, die ökonomischen Effekte von CSR zu quantifizieren, muss der Untersuchungsgegenstand methodisch bedingt eingegrenzt werden. Die daraus resultierende Abgrenzung stellte daher nicht den Anspruch, ein neues theoretisches Modell (oder auch einen sehr engen, traditionellen Begriff von CSR) zu entwickeln, sondern soll die gesamtwirtschaftlichen Effekte in ausgewählten Kernbereichen illustrieren.

In der ökonomischen Impact-Analyse im Rahmen der Studie werden daher nur jene Leistungen berücksichtigt, die nicht ohnehin vom Unternehmen oder anderen Unternehmen erbracht werden müssten und deren Wertschöpfungseffekte dann dort wirksam würden, oder sich schon aus rein betriebswirtschaftlichen Überlegungen unmittelbar ergeben (z.B. Ressourceneffizienz,…). Daher werden auch weite Bereiche dessen, was in modernen CSR-Theorien diskutiert wird, mangels eindeutiger Kausalität in der Verursachung der ökonomischen Effekte bewusst ausgeklammert. Da in der empirischen Analyse festgestellt werden konnte, dass das Konzept der Freiwilligkeit in der Wahrnehmung der Unternehmen einen zentralen Stellenwert bei der Begriffsbestimmung einnimmt, wurden somit auch jene Maßnahmen ausgeklammert, für die gesetzliche Regelungen bestehen.

Im Rahmen der Studie wurden somit unterschiedliche Aktivitäten erfasst, die sich den Bereichen Events, Soziales, Sport und Freizeit, Gesundheit sowie Kultur zuordnen lassen. Konkret wurden folgende Maßnahmenbereiche berücksichtigt (jeweils freiwillige Maßnahmen, für die keine gesetzliche oder sonstige regulatorische Verpflichtung besteht):

Aus- und Weiterbildung, Gesundheitsvorsorge, Sport und Freizeit, Diversity Management (Maßnahmen für Personen mit besonderen Ansprüchen), Bereitstellung von Mitarbeitern für soziale Aktivitäten, Bereitstellung von Mitarbeitern für Katastrophenschutz (Freiwillige Feuerwehr, Hochwasserhilfe,…), Veranstaltungen für Mitarbeiter, Kundenveranstaltungen ohne primären Verkaufszweck, Veranstaltungen für Lieferanten, Unterstützung gemeinwohlorientierter Vereine und anderer NGOs, Förderung von Kunst und Kultur, Zuwendungen an Kirchen und Religionsgemeinschaften, Zuwendungen an den Sozial- und Gesundheitsbereich, Bereitstellung von Einrichtungen für Aktivitäten der Gemeinde oder einer anderen Gebietskörperschaft, Bereitstellung sonstiger Dienstleistungen für wohltätige oder karitative Zwecke und sonstige mildtätige Aktivitäten.

4.2 Methodik der ökonomischen Impact-Analyse

Im Rahmen der Analyse der ökonomischen Effekte (Impact-Analyse) ist davon auszugehen, dass jede der erfassten Aktivitäten zu einer messbaren Nachfrage am Markt führt (vgl. Abb. 2). Diese Erhöhung der ökonomischen Aktivität bewirkt im direkt betroffenen Bereich eine Erhöhung von Wertschöpfung und Beschäftigung. Zur Erstellung dieser Wertschöpfung sind jedoch weitere Vorleistungen erforderlich, wodurch wiederum in vorgelagerten Branchen Wertschöpfung und Beschäftigung hervorgerufen werden (indirekter Effekt). Die direkten und indirekten Effekte gemeinsam werden als die primären Effekte bezeichnet. Da aber sowohl die Beschäftigten im direkt betroffenen Wirtschaftsbereich als auch die Beschäftigten im Rahmen der Erbringung von Vorleistungen Einkommen erzielen, steht mehr Kaufkraft in der Wirtschaft zur Verfügung. Dadurch werden wiederum alle Wirtschaftszweige zusätzlich stimuliert (sekundärer Effekt oder Kaufkrafteffekt).

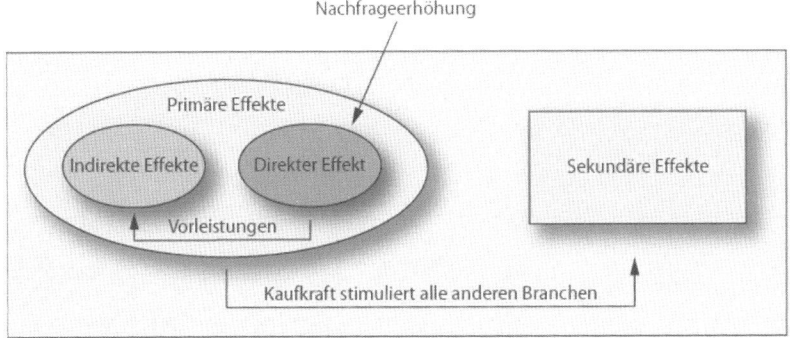

Abb. 2: Struktur der ökonomischen Effekte

Mithilfe der Zahlen der Input-Output-Tabelle für die österreichische Volkswirtschaft (Quelle: Statistik Austria) sowie der durchschnittlichen Neigung der privaten Haushalte und deren Verteilung auf die unterschiedlichen Wirtschaftszweige können entsprechende Zusammenhänge zwischen Ausgaben, Wertschöpfung und Beschäftigung anhand eines Multiplikatormodells ermittelt werden.[4]

Darüber hinaus wurde in der Analyse zwischen zwei Arten von Maßnahmen unterschieden: Einerseits Aktivitäten, die direkt als Betriebsausgaben und daher in der Kostenrechnung der Unternehmen erfasst werden, andererseits Sachleistungen, die kalkulatorisch bewertet werden müssen. Zur ersten Gruppe zählen insbesondere von Unternehmen bezahlte, jedoch von Dritten erbrachte Leistungen, in der zweiten Gruppe finden sich vor allem unentgeltlich zur Verfügung gestellte Personalleistungen (z.B. Freistellungen für das Engagement bei der Freiwilligen Feuerwehr).

4.3 Aufwendungen für ausgewählte CSR-Leistungen

Bei den direkt erfolgenden Betriebsausgaben werden jährlich rund € 355 pro Mitarbeiter getätigt, weitere € 185 werden in Form von Personalleistungen erbracht. Bezieht man diese Zahlen auf die Umsätze der Unternehmen, so werden etwa € 1.560 jährlich je Million Euro Umsatz direkt aufgewendet sowie zusätzliche rund € 1.000

---

[4] vgl. Statistik Austria (2010)

in Form von unentgeltlichen Personalleistungen. Die höchsten Aufwendungen je Mitarbeiter lassen sich dem Eventbereich im weitesten Sinn zuordnen, gefolgt von den Bereichen Soziales sowie Sport und Freizeit (vgl. Abb. 3).

Diese Ergebnisse zeigen, dass im Verständnis der Unternehmen die Sichtbarkeit und Außenwirksamkeit von CSR-Maßnahmen durchaus einen Stellenwert einnimmt. Dies deutet darauf hin, dass derartige Aktivitäten auch als Wettbewerbsfaktoren relevant sein können. Wenn also entsprechende Rahmenbedingungen geschaffen werden im Sinne der Transparenz und Vergleichbarkeit des sozialen Engagements von Unternehmen, so können auch die Marktkräfte dazu eingesetzt werden, um Anreize für gesellschaftlich erwünschtes Verhalten zu setzen. Aus ökonomischer Sicht könnte somit die Reduktion asymmetrischer Information bzw. die Erhöhung der Transparenz zu verstärkten Aktivitäten der Unternehmen führen.

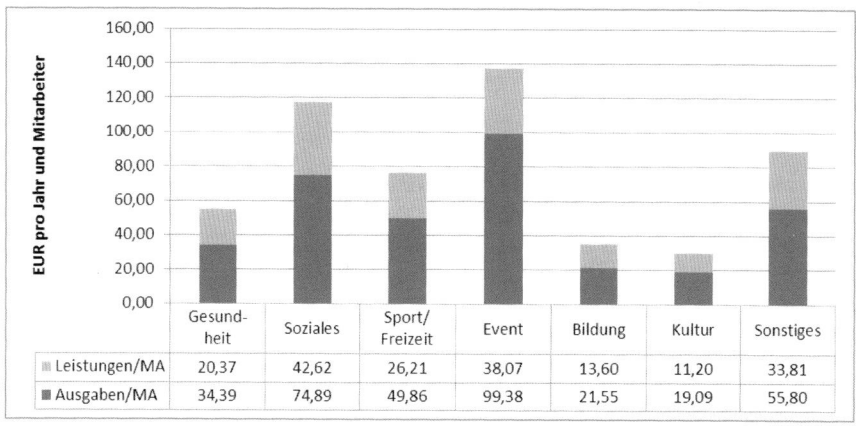

Abb. 3: Aufwendungen je Mitarbeiter und Jahr für ausgewählte CSR-Maßnahmen

Insgesamt werden in Österreich etwa € 1,3 Milliarden jährlich an Ausgaben getätigt, weitere € 677 Millionen an Personalleistungen kommen noch hinzu. Daraus folgen gesamte nachfragewirksame Effekte von knapp € 2 Milliarden (je nach Abgrenzung ergeben sich Werte zwischen € 1,89 Milliarden und € 2,05 Milliarden). Davon entfallen etwa € 510 Millionen auf den Bereich Events, € 425 Millionen auf Soziales, € 275 Millionen auf Sport und Freizeit, € 200 Millionen auf die Gesundheit sowie € 110 Millionen für den Bereich Kultur. Da die Abgrenzung der berücksichtigten Maßnahmen restriktiv erfolgte, sind diese Werte als empirisch feststellbare Untergrenzen der ökonomischen Aktivitäten zu interpretieren. Als grobe Richtschnur könnten die genannten Zahlen für erste Schätzungen mit dem Faktor 10 auf Deutschland übertragen werden – es müsste dabei jedoch jedenfalls berücksichtigt werden, dass die CSR-Diskussion in Deutschland bereits weiter fortgeschritten ist als in Österreich, daher auch die ökonomische Bedeutung möglicherweise bereits eine größere Dimension erreicht.

4.4 Wertschöpfungs- und Beschäftigungseffekte

Werden nun die nachfragewirksamen Aufwendungen der Unternehmen bzw. im Falle der Personalleistungen die zu Herstellungskosten bewerteten Sachleistungen als Input für das ökonomische Modell verwendet, so lassen sich die Wertschöpfungs- und Beschäftigungseffekte dieser Aktivitäten innerhalb des gesamten Wirtschaftssystems nachverfolgen und ermitteln (vg. Tab. 1 und 2).

Tab. 1: Wertschöpfungseffekte in Österreich [jährlich, in Mio. EUR]

[Mio. EUR]	Wertschöpfung direkt (1)	Wertschöpfung indirekt (2)	Wertschöpfung primär (3=1+2)	Wertschöpfung sekundär (4)	Wertschöpfung gesamt (5=3+4)
Gesundheit	126	37	163	104	268
Soziales	271	80	350	224	574
Sport/Freizeit	161	74	235	82	317
Event	298	137	435	151	586
Bildung	107	12	119	97	215
Kultur	64	29	94	33	126
Sonstiges	222	70	292	112	404
Summe	1.250	438	1.689	803	2.491

Die direkte Wertschöpfung der berücksichtigten Maßnahmenbereiche beträgt rund € 1,25 Milliarden jährlich in Österreich. Durch Vorleistungen entlang der Wertschöpfungskette kommen noch weitere rund € 440 Millionen hinzu, so dass eine primäre Wertschöpfung von etwa € 1,7 Milliarden resultiert. Kaufkrafteffekte in der Größenordnung von rund € 800 Millionen führen schließlich zu einem gesamten Wertschöpfungseffekt (Beitrag zum Bruttoinlandsprodukt) von knapp € 2,5 Milliarden in der Gesamtwirtschaft.

Tab. 2: Beschäftigungseffekte in Österreich [jährlich, Arbeitsplätze]

[Jobs]	Jobs direkt (1)	Jobs indirekt (2)	Jobs primär (3=1+2)	Jobs sekundär (4)	Jobs gesamt (5=3+4)
Gesundheit	877	379	1.257	534	1.791
Soziales	1.883	814	2.697	1.147	3.844
Sport/Freizeit	1.219	837	2.056	418	2.474
Event	2.256	1.549	3.805	774	4.579
Bildung	563	120	683	495	1.178
Kultur	485	333	819	166	985
Sonstiges	1.436	657	2.093	575	2.668
Summe	8.720	4.690	13.410	4.109	17.519

Die daraus resultierenden Arbeitsplätze belaufen sich direkt auf etwa 8.700 Jobs, indirekt auf rund 4.700 Jobs, primär also in Summe auf etwa 13.400 Beschäftigte.

Kaufkrafteffekte sind für weitere etwa 4100 Jobs in der Gesamtwirtschaft verantwortlich, der gesamte Beschäftigungseffekt der analysierten Aktivitäten beläuft sich somit auf mehr als 17.500 Arbeitsplätze.

5 Potenzial und Ausblick

Unternehmerische, gesellschaftliche Verantwortung legitimiert betriebswirtschaftlichen Erfolg. Somit zeigt die Praxis in den Unternehmen eine Emanzipation vom, vor allem in den älteren Theoriekonzepten, ursächlich ausschließlich sozial motivierten Engagement auf. Im Ökologiebereich steigt der Kostendruck. Dieser entzieht sich in Folge und im Gegensatz zu den Aktivitäten bezogen auf Markt und Gesellschaft immer mehr der Freiwilligkeit der Unternehmen und damit auch dem klassischen Verständnis von rein aus gesellschaftlicher Verantwortung motivierten Aktivitäten.

Die Systeme in den Unternehmen sind in strategischer Planung, Umsetzung und Evaluierung meist gut nachvollziehbar, jedoch wenig standardisiert. Es erhebt sich die Frage nach den Rahmenbedingungen einer umfassenden, transparenten Darstellbarkeit der Wertschöpfungsketten auf einzelbetrieblicher Ebene. Da es viele Hinweise darauf gibt, dass gesellschaftlich verantwortliche Handlungen auch für rein gewinnorientierte Unternehmen langfristig positive Effekte haben können, scheint gerade diese Transparenz ein möglicher Ansatzpunkt für die Schaffung von Anreizen zu sein. Während also die Umsetzung von Maßnahmen im Rahmen der Wahrnehmung der gesellschaftlichen Verantwortung von Unternehmen aus der Sicht der befragten Betriebe hauptsächlich freiwillig und wenig standardisiert sein soll, müssten in der Außendarstellung vergleichbare Systeme der Kenntlichmachung implementiert werden, sodass hier der positive Nutzen für die Gesellschaft (sowohl die dadurch geschaffene Wertschöpfung und Beschäftigung als auch darüber hinausgehende positive externe Effekte im Bereich der Nachhaltigkeit sowie andere gesellschaftliche Bereiche) für die Unternehmen in Form von Wettbewerbsvorteilen internalisiert werden kann.

In Summe wird durch Maßnahmen von österreichischen Unternehmen, die dem Bereich CSR zugeordnet werden können, inkl. Folgeeffekten eine Wertschöpfung von jedenfalls jährlich etwa mindestens 2,5 Mrd. EUR erzielt. Rund 17.500 Jobs hängen direkt und indirekt von dieser Wirtschaftsaktivität ab, die Bedeutung dieses Wirtschaftsfaktors ist jedoch in der Einschätzung der Betriebe zukünftig steigend. Es ist daher ein Win-Win-Szenario für Wirtschaft und Gesellschaft zu erwarten. Die hier ermittelten Werte stellen aufgrund der engen methodischen Abgrenzung eine Untergrenze für die tatsächlich zu erwartenden ökonomischen Effekte dar. Die Mitarbeiter belegen dabei die Richtigkeit des Engagements durch hohe Identifikation mit den gesetzten Maßnahmen. Je mehr Freiwilligkeit und Eigenverantwortung der Wirtschaft in der Auswahl und Umsetzung der Modelle gegeben wird, umso prosperierender sehen die Unternehmen die mögliche Entwicklung von Wirtschaft und Gesellschaft.

6 Literatur

Bowen, H. R. (1953): Social responsibilities of the businessman. New York: Harper.

Carroll, A. B. (1999): Corporate Social Responsibility. In: Business & Society, Vol. 38, S. 268-293.

Crane, A/Matten D./Moon, J (2010): Der Aufstieg von Corporate Citizenship. Historische Entwicklungen und neue Perspektiven. Berlin: Centrum für Corporate Citizenship Deutschland e. V.

Schmidpeter, R./Palz, D. (2008): Corporate Social Responsibility in Europa. In: Habisch, A. u.a. (Hrsg.): Handbuch Corporate Citizenship: Corporate Social Responsibility für Manager. Berlin: Springer, S. 493-500.

Statistik Austria (2010): Standard-Dokumentation / Metainformationen (Definitionen, Erläuterungen, Methoden, Qualität) zur Input-Output-Statistik, Wien: Statistik Austria.

Unternehmen in Gesellschaft. Soziologische Zugänge[1]

Holger Backhaus-Maul und Martin Kunze

1 Soziologische Skepsis und Distanz

Das Thema Corporate Social Responsibility (CSR) ist im deutschsprachigen Raum ein prominenter Gegenstand medialer Kommunikation und öffentlicher Diskussion. Zunächst einmal handelt es sich um ein gesellschaftliches Phänomen, das – jenseits von Wissenschaft und maßgeblich befördert durch eine globale Kommunikation – mit dezidiert nicht-wissenschaftlichen Begrifflichkeiten entwickelt und etabliert wurde.[2] Angesichts dieser Genese des Themas Corporate Social Responsibility überrascht es nicht, dass die Sozialwissenschaften dieses Themenfeld erst relativ spät und zugleich mit deutlicher Zurückhaltung und wohlüberlegter Skepsis erschließen. Dabei versuchen die sozialwissenschaftlichen Disziplinen seit einigen Jahren zunächst das neue Phänomen überhaupt erst einmal zu erfassen, um dann Verknüpfungen mit eigenen bewährten Begrifflichkeiten und theoretisch-konzeptionellen Überlegungen herzustellen.[3]

Im Wissenschaftssystem hat die öffentliche Diskussion über Corporate Social Responsibility zunächst in den Wirtschaftswissenschaften Aufmerksamkeit hervorgerufen, bevor seit Mitte des letzten Jahrzehnts eine vielfältige und intensive Rezeption in den Sozialwissenschaften, insbesondere der Soziologie, einsetzte. Als Pole dieser wissenschaftlichen Diskussion können einerseits die Betriebswirtschaftslehre und andererseits die Politikwissenschaft identifiziert werden. Während die Betriebswirtschaftslehre der Frage nachgeht, wie Corporate Social Responsibility-Standards und -Verfahren in Betrieben implementiert und deren Effekte gemessen werden können („Business Case"), geht die Politikwissenschaft der Frage nach, wie Corporate Social Responsibility gesteuert wird und wie sie sich wiederum auf die politische Steuerung auswirkt („Governance").

Jenseits von „Business Case"-Überlegungen und Fragen der Governance richten die Sozialwissenschaften, allen voran die Soziologie, ihr Augenmerk auf die gesellschaftlichen Dimensionen von Corporate Social Responsibility. Die

---

[1] Beim vorliegenden Beitrag handelt es sich um die aktualisierte Fassung des Beitrags „Unternehmen als gesellschaftliche Akteure", der im von Michael S. Aßländer und Albert Löhr herausgegebenen Band „Corporate Social Responsibility in der Wirtschaftskrise. Reichweiten der Verantwortung, DNWE-Schriftenreihe, Bd. 18. München/Mehring 2010, S. 85-98, zuerst veröffentlicht wurde.

[2] vgl. Backhaus-Maul u.a. (2010); Habisch u.a. (2008); Heidbrink/Hirsch (2008), Raupp u.a. (2011)

[3] vgl. Backhaus-Maul, H. u.a. (2010); Bluhm (2008); Braun/Backhaus-Maul (2010); Hiß (2006), Polterauer (2008a)

Auseinandersetzung der Sozialwissenschaften mit diesem Thema ist – so die Soziologin Judith Polterauer[4] – nicht zuletzt durch rege Forschungsaktivitäten in den letzten Jahren über den Anfangsstatus phänomenologischen Beschreibens deutlich hinaus gekommen,

> „…gleichwohl steht die wissenschaftliche Forschung noch am Anfang und müht sich mit […] Begriffsabgrenzung und Verortung des Phänomens in den Einzeldisziplinen. Auch wenn man von einer Begriffsklärung noch weit entfernt ist – dies gilt sowohl für die Forschungsdisziplinen wie auch für die Demarkation zwischen ihnen –, und auch wenn die Abgrenzung [der] Begriffe voneinander sowie zu inhaltsverwandten Konzepten wie Nachhaltigkeit, Wirtschafts- und Unternehmensethik unklar ist, entwickelt sich allmählich eine gemeinsame Diskussionsgrundlage."[5]

In der Auseinandersetzung mit dem Thema Corporate Social Responsibility stand für die Soziologie zunächst die Wiederentdeckung der eigenen wirtschaftssoziologischen Tradition im Vordergrund, bevor dann versucht wurde, sich dem Phänomen mit soziologischen Begrifflichkeiten, Konzepten und Theorien zu nähern, es zu beschreiben und zu erklären.[6]

2 Soziologische Zugänge zu Wirtschaft und Unternehmen

Beim Thema Wirtschaft und Unternehmen kann die Soziologie auf einen äußerst gehaltvollen Fundus zurückgreifen, so dass die Soziologin Andrea Maurer voller Begeisterung zum Heben versunkener Schätze aufgerufen hat.[7]

Die frühen Soziologen, insbesondere Marx, Durkheim, Simmel und Tönnies, sahen sich und ihr Fach in der Zeit des Deutschen Kaiserreichs als Bestandteil eines umfassenden und gesellschaftlich grundlegenden Verständnisses von Wirtschaftswissenschaften. Erst die Etablierung der klassischen Nationalökonomie in der Zeit der Weimarer Republik hat zu einer Ausdifferenzierung und zugleich Spezialisierung von Wirtschaftswissenschaften einerseits sowie insbesondere von Soziologie andererseits geführt. Im Zuge dieser Entwicklung wurde die Wirtschaft von den Wirtschaftswissenschaften zu ihrem originären und alleinigen Gegenstandsbereich erklärt. Die „übrig gebliebenen" und „an den Rand gedrängten" Sozialwissenschaften wurden auf die Erforschung der sozialkulturellen Voraussetzungen, politisch-administrativen Rahmenbedingungen und die gesellschaftlichen Folgen wirtschaftlichen Handelns verwiesen.

Für die Soziologie war diese Entwicklung folgenreich. Sie hat sich – Ironie der Geschichte – seit den zwanziger Jahren des letzten Jahrhunderts den Gegenstandsbereich Wirtschaft sowohl differenzierter und grundlegender als auch theoretisch-konzeptionell und methodisch-empirisch anspruchsvoller – wenn auch mit

---

[4] vgl. Polterauer (2008a und 2008b)
[5] Polterauer (2008a): 32
[6] vgl. zum Folgenden auch Backhaus-Maul (2009)
[7] vgl. Maurer (2008b): 11

erheblichen Brüchen und Zeitverzögerungen – wieder angeeignet. Dabei lassen sich bereits in der Anfangsphase einer eigenständigen Soziologie vereinfacht drei unterschiedliche Zugangsweisen zum hier interessierenden Themenfeld identifizieren:

1. eine kultursoziologische Perspektive, die die sozialkulturellen Grundlagen unternehmerischen Handelns, wie etwa die protestantische Ethik des Kapitalismus untersucht,[8]
2. ein gesellschaftstheoretischer Ansatz, der den Kapitalismus als Gesellschaftssystem – etwa im Vergleich mit dem Sozialismus – analysiert,[9] sowie
3. ein organisationssoziologischer Zugang, der Unternehmen als Organisationen thematisiert. Diese organisationssoziologische Herangehensweise bleibt anfangs aber rudimentär: Unternehmen bzw. die Frage der Organisation des Wirtschaftens wird zunächst entweder personifiziert („die protestantische Unternehmerpersönlichkeit") oder auf die zentrale Frage der politischen Soziologe von Macht und Herrschaft bzw. Durchsetzung und Folgebereitschaft fokussiert.[10]

Diese klassischen soziologischen Perspektiven wurden in den vergangenen Jahrzehnten unterschiedlich gewichtet und akzentuiert. In den 1970 und 1980er Jahren wurde der gesellschaftstheoretische Zugang zur existenziellen Systemfrage bzw. Gesellschaftskrise erhoben und bisweilen ideologisch aufgeladen, während die organisationssoziologische Perspektive oftmals auf gewerkschaftliche Anliegen, wie die „Humanisierung der Arbeitswelt" und eine erweiterte Mitbestimmung, verengt wurde. Seit den 1990er Jahren erfährt das Themenfeld Wirtschaft in der Soziologie einen erheblichen Bedeutungszuwachs. So wird die klassische Frage nach den sozialkulturellen Grundlagen bzw. der sozialkulturellen Einbettung wirtschaftlichen Handelns unter Verweis auf die Arbeiten von Mark Granovetter untersucht.[11] In gesellschaftstheoretischer Perspektive werden die Leistungsfähigkeit und die Grenzen von Staat und Markt als Allokationsprinzipien herausgearbeitet[12] und seit einigen Jahren wird die Ökonomisierung der Gesellschaft einer grundlegenden soziologischen Analyse unterzogen. Mit dem Begriff der Ökonomisierung von Gesellschaft richtet die Soziologie in kritischer Absicht ihr Augenmerk auf die mehr oder minder subtile ökonomische Präformierung und Durchdringung aller Gesellschaftsbereiche.[13]

In den vergangenen zehn Jahren wurde die kultursoziologische Perspektive sowohl im Rahmen der Konsumenten- und Verbraucher- wie auch der Elitenforschung vertieft,[14] während in gesellschaftstheoretischer Hinsicht das Steuerungs- und Allokationspotenzial des Marktes in seinem grundsätzlichen Leistungsvermögen aner-

---

[8] vgl. Weber (1921)
[9] vgl. Schumpeter (1947)
[10] vgl. Deutschmann (2008); Bröckling (2007)
[11] vgl. Granovetter (1985)
[12] vgl. Berger (2009); Wiesenthal (2005)
[13] vgl. Schimank/Volkmann (2008); Münch (2008)
[14] vgl. Lamla (2005 und 2008); Imbusch/Rucht (2007)

kannt wurde.[15] Zugleich wurden in der Organisationssoziologie Unternehmen als Organisationen des Wirtschaftens wieder entdeckt.[16] Die gesellschaftstheoretischen und organisationssoziologischen Ansätze inspirierten wiederum finanzsoziologische Arbeiten, die den Übergang vom Unternehmer- über den Manager- hin zum Finanzmarktkapitalismus herausarbeiteten. Dabei wird deutlich, dass Entscheiden unter den Bedingungen eines dynamischen und flexiblen Finanzmarktkapitalismus zwar organisiert, aber weitgehend entpersonifiziert und dereguliert erfolgt.[17] Gesellschaftliche Verantwortung ist demnach nur schwer konkreten Personen und Organisationen zuzuweisen und finanzwirtschaftliche Prozesse können durch politische, rechtliche oder gesellschaftliche Regelungen und Vereinbarungen weder dauerhaft „gezähmt" noch direkt gesteuert werden. Vermutlich kommt aber in öffentlichen Absichtserklärungen, in denen angesichts der Finanzkrise beteuert wird, den Finanzmarktkapitalismus steuern zu wollen, „nur" der Wunsch zum Ausdruck, angesichts latenter gesellschaftlicher Unsicherheit, zumindest Gewissheit durch die Konstruktion sozialer Mythen erzeugen zu wollen.

3 Corporate Social Responsibility und Corporate Citizenship: Soziologische Annäherungsversuche an Wirtschaft und Unternehmen

Trotz dieser vielfältigen Tradition finden Wirtschaft und Unternehmen aber erst seit einigen Jahren wieder verstärkte Aufmerksamkeit in der Soziologie. So ist mittlerweile geradezu eine Renaissance der Wirtschaftssoziologie zu konstatieren[18] und darüber hinaus werden Wirtschaft und Unternehmen wieder in soziologischen Gegenwartsanalysen[19] und organisationssoziologischen Arbeiten thematisiert.[20]

In der Auseinandersetzung mit dem Thema Wirtschaft und Unternehmen kann die Soziologie auf ihre Kernkompetenz als Gesellschaftswissenschaft zurückgreifen. Gesellschaftliche Entwicklungen verlaufen in soziologischer Perspektive in einem Spannungsverhältnis von Wandel und Stabilität. So prägen einerseits Vorstellungen von Krise und Transformation den soziologischen Blick, während andererseits Begriffe wie Institution und Organisation relative Stabilität zum Ausdruck bringen. Insofern markieren Veränderungen und Einschnitte wie etwa die Finanz- und Wirtschaftskrisen Gelegenheiten, um Veränderungen in den Vorstellungen und Rollen gesellschaftlicher Akteure, d.h. in diesem Falle von Wirtschaft und Unternehmen, zu untersuchen. Die Soziologie ist mit ihrem theoretisch-konzeptionellen und methodischen Instrumentarium in der Lage, einerseits die grundlegenden gesellschaftlichen Veränderungen und die Rolle von Wirtschaft und Unternehmen zu

---

[15] vgl. Berger (2009); Wiesenthal (2005)
[16] vgl. Baecker (1999); Allmendinger/Hinz (2002)
[17] vgl. Deutschmann (2008); Windolf (2002)
[18] vgl. Maurer (2008b); Maurer/Schimank (2008)
[19] vgl. Dörre/Lessenich/Rosa (2009); Schimank/Volkmann (2008)
[20] vgl. Allmendinger/Hinz (2002)

untersuchen und andererseits die sozialkulturellen Grundlagen und das institutionelle Gefüge wirtschaftlichen Handels herauszuarbeiten. In dieser weit reichenden soziologischen Betrachtung von Wirtschaft und Unternehmen finden einerseits wirtschaftliche und gesellschaftliche Globalisierungsprozesse Berücksichtigung.[21] Andererseits wird mit Verweis auf die sozialkulturellen Grundlagen wirtschaftlichen Handelns und deren Institutionalisierung der spezifische, Kontinuität verbürgende nationale Pfad des Wirtschaftens, wie er mit Begriffen wie „Rheinischer Kapitalismus" und „Soziale Marktwirtschaft" beschrieben wird, herausgearbeitet.[22]

Die jeweils aktuelle Wirtschaftskrise konstituiert angesichts ihrer Herausforderungen und Unsicherheiten eine besondere soziologische Gelegenheit zur Untersuchung gesellschaftlicher Vorstellungen und Rollenwahrnehmungen von Wirtschaft und Unternehmen. Beim Blick auf die aktuelle globale Entwicklung sollte dabei jedoch die Kontinuität des deutschen Institutionalisierungspfades sowie einer entsprechend „regulierten" gesellschaftlichen Rolle von Unternehmen mit gesetzlichen Verpflichtungen und politischen Vereinbarungen nicht verkannt werden (vgl. Abbildung 1).

Corporate Social Responsibility (CSR)	
Leitvorstellung	„reguliertes" Wirtschaften
Entscheidung	nationaler Korporatismus und internationale Verhandlungen mit Stakeholdern
Organisation	Betrieb
Regelung	gesetzliche und vertragliche Regelungen auf der Grundlage betriebswirtschaftlicher Kriterien und Verfahren
Instrumente	betriebswirtschaftliche Standards, Mess- und Evaluationsinstrumente
Referenzrahmen	betriebliche Perspektive mit selektivem Umweltbezug
Corporate Citizenship (CC)	
Leitvorstellung	„gute Gesellschaft"
Entscheidung	Unternehmensentscheidung und gesellschaftliche Kommunikation
Organisation	Unternehmensführung
Regelung	„Konzeptionelle" Überlegungen und freiwillige vertragliche Vereinbarungen auf der Grundlage unternehmerischer Nutzenerwägungen und Gesellschaftsvorstellungen
Instrumente	Bereitstellung von Sach-, Geld- und Dienstleistungen, Stiftungen, Mitarbeiterengagement
Referenzrahmen	gesellschaftliche Rolle von Unternehmen

Abb. 1: Facetten des gesellschaftlichen Engagements von Unternehmen

Der international gebräuchliche Begriff der Corporate Social Responsibility umreißt im deutschen Sprachraum die gesetzlich geregelte Verantwortung von Unternehmen, die einerseits im politischen Entscheidungsprozess unter maßgeblicher Beteiligung von Unternehmensverbänden und Gewerkschaften ausgehandelt und andererseits im wirtschaftlichen Kerngeschäft von Unternehmen implementiert wird. Das darüber hinausgehende freiwillige gesellschaftliche Engagement von

---

[21] vgl. Beck (1997); Curbach (2009); Wiesenthal (1995)
[22] vgl. Windolf (2002); Aßländer/Ulrich (2009)

Unternehmen hingegen lässt sich mit dem international gebräuchlichen Corporate Citizenship-Begriff benennen, der die Vorstellungen von Unternehmen über eine „gute Gesellschaft" in vielfältigen Formen von Sach-, Geld- und Dienstleistungen zum Ausdruck bringt. Die gesamte Spannbreite der gesellschaftlichen Rolle von Unternehmen erschließt sich folglich erst dann, wenn man sowohl die gesetzlich geregelte Verantwortung bzw. Verpflichtung von Unternehmen im institutionellen Arrangement der sozialen Marktwirtschaft als auch das freiwillige gesellschaftliche Engagement in einer Gesamtschau betrachtet. Oder anders formuliert: Eine umfassende und zufrieden stellende Antwort auf die grundlegende Frage nach der Rolle von Unternehmen in der Gesellschaft lässt sich sozialwissenschaftlich erst dann finden, wenn Corporate Social Responsibility und Corporate Citizenship – so der Wirtschafts- und Politikwissenschaftler Stefan Nährlich treffend – als zwei Seiten derselben Medaille verstanden werden.[23]

4 Potenziale soziologischer Forschung

Für die theoretisch-konzeptionelle Konfiguration und empirisch-methodische Untersuchung der gesellschaftlichen Rolle und des hier vor allem interessierenden gesellschaftlichen Engagements von Unternehmen eröffnet die Soziologie grundlegende Zugänge und viel versprechende Perspektiven, die abschließend aufgezeigt werden sollen.

Mit dem Thema Corporate Social Responsibility rückt die gesellschaftliche Dimension von Wirtschaft und Unternehmen in den Fokus wissenschaftlicher Untersuchungen und auch öffentlicher Diskussionen. Für die Soziologie als Gesellschaftswissenschaft eröffnen sich damit herausragende Forschungsmöglichkeiten. Während sich die Wirtschaftswissenschaft im Kern mit den wirtschaftlichen Dimensionen des Themas befasst und die Politikwissenschaft vorsichtig das Steuerungspotenzial von Corporate Social Responsibility sondiert, verspricht die Soziologie den gesellschaftlichen Gehalt des Themas umfassend zu erschließen.

Als Gesellschaftswissenschaft ist die Soziologie zunächst einmal darauf bedacht, wirtschaftliches Handeln nicht wie in medialen und öffentlichen Diskussionen derzeit üblich, zu einer „Zivilreligion" zu überhöhen, sondern mit wissenschaftlicher Gelassenheit in einem gesellschaftlichen Kontext einzuordnen. Die Wirtschaftssoziologie geht folgerichtig davon aus, dass wirtschaftliche Handlungen

> „… grundsätzlich in sozialen Kontexten und unter Unsicherheit stattfinden, so dass die Erklärung und Analyse wirtschaftlicher Beziehungen ‚immer' einer moralischen Fundierung oder sozialen Einbettung […] bzw. formaler Regeln, Strukturen und Verfassungen bedürfen […], die mehr erfordert als nur kalkulierte Nutzenerwartungen, sondern soziale Erwartungen voraussetzt, die den Einzelnen gültig erscheinen".[24]

---

[23] vgl. Backhaus-Maul u.a. (2010); Braun/Backhaus-Maul (2010); Heidbrink/Hirsch (2008); Streeck/Höpner (2003); Windolf (2002)

[24] Maurer/Schimank (2009): 9; vgl. auch Berger (2009) sowie Deutschmann (2008)

Die Wirtschaft und ihre Unternehmen sind folglich Teil der Gesellschaft und das fragile Ergebnis gesellschaftlicher Auseinandersetzungen und Deutungsversuche, die ständigen Veränderungen ausgesetzt sind. Gleichwohl steht die – wohlgemerkt relative – Bedeutungszunahme von Wirtschaft und Unternehmen in modernen kapitalistischen Gesellschaften wissenschaftlich außer Frage. Die Wirtschaftssoziologie kommt zu dem Ergebnis, dass „Unternehmen zu einer Kerninstitution des modernen Wirtschafts- und damit auch des Gesellschaftssystems werden und andere Produktionsformen respektive soziale Koordinationsformen so rasant und umfassend ablösen".[25] Folgedessen ist eine „Aufwertung ökonomischer Handlungsprinzipien" in nicht ökonomischen Gesellschaftsbereichen[26] und die „Zunahme und Gewichtsverstärkung wirtschaftlicher Gesichtspunkte in Programmstrukturen"[27] zu beobachten.

Derartige soziologische Gegenwartsdiagnosen sind voraussetzungsreich. Sie gehen einerseits von einer funktionalen Differenzierung von Gesellschaft in Systeme aus, wie etwa Wirtschaft, Bildung oder Politik, die „ohne Zentrum und Spitze" quasi nebeneinander existieren. Andererseits wird argumentiert, dass die Interdependenzen zwischen diesen Systemen zunehmen. In diesem Sinne wendet sich die soziologische Annahme von einer sozialen Einbettung wirtschaftlichen Handelns[28] gegen die triviale Vorstellung von strikt getrennten gesellschaftlichen Teilsystemen, die jeweils nur einer spezifischen Handlungslogik folgen. Stattdessen verweist die Soziologie auf zunehmende Interdependenzen zwischen Systemen, wie etwa Bildung und Wirtschaft, die in Deutschland und Österreich bisher im Verständnis einer öffentlichen Bildung einerseits und einer privaten Wirtschaft andererseits strikt getrennt wurden. Folglich überrascht es nicht, wenn das hier interessierende Wirtschaftssystem und seine Unternehmen angesichts einer „Ökonomisierung der Gesellschaft"[29] „frohlocken" können, gleichsam aber feststellen müssen, dass sie – quasi im Gegenzug – Adressaten von Resozialisierungsbemühungen geworden sind[30] und einer „Moralisierung der Märkte"[31] ausgesetzt sind.

Dieser nicht risikofreie „Siegeszug" der Wirtschaft in modernen kapitalistischen Gesellschaften folgt spezifischen nationalen Institutionalisierungspfaden, die die gesellschaftliche Rolle und auch das gesellschaftliche Engagement von Unternehmen prägen:[32]

• Die soziologische Korporatismusforschung arbeitet heraus, in welcher Art und Weise der grundlegende gesellschaftliche Konflikt zwischen Kapital und Arbeit in Deutschland im Sinne der Leitidee einer „Sozialen Marktwirtschaft" dadurch befriedet wurde, dass verbandliche Interessenorganisationen, d.h. Ge-

---

[25] Maurer/Schimank (2009): 7f.
[26] vgl. Schimank/Volkmann (2008): 382
[27] vgl. Schimank/Volkmann (2008): 385
[28] vgl. Granovetter (1985)
[29] vgl. Schimank; Volkmann (2008)
[30] vgl. Beckert (1997)
[31] vgl. Stehr (2007)
[32] vgl. Backhaus-Maul (2008); Braun/Backhaus-Maul (2010)

werkschaften und Unternehmensverbände, in die sie betreffenden staatlichen Entscheidungsprozesse einbezogen wurden.[33]

- Die Finanzsoziologie wiederum analysiert die Transformationsprozesse vom Unternehmer- und Managerkapitalismus hin zum neuen Typus eines entpersonifizierten Finanzmarktkapitalismus.[34]
- Die Politische Soziologie wiederum geht in Kenntnis des deutschen Institutionalisierungspfades und seines global inspirierten Transformationsprozesses der Frage nach, welchen Beitrag Wirtschaft und Unternehmen unter den Bedingungen des Finanzmarktkapitalismus zur gesellschaftlichen Steuerung und Koordination leisten und leisten können.[35]

Insgesamt betrachtet, kann von einer Wiederentdeckung von Wirtschaft und Unternehmen als Gegenstand der Soziologie gesprochen werden. In diesem Zusammenhang ist seit einigen Jahren eine Bedeutungszunahme der Wirtschaftssoziologie[36] und auch eine Neuakzentuierung in der Organisationssoziologie zugunsten von Unternehmen als betriebliche Organisationen und kollektive Akteuren feststellbar.[37]

Damit eröffnen sich der Industrie- und Betriebssoziologie sowie der Politischen Soziologie relevante Forschungsfelder. Die „relativ kleine" Industrie- und Betriebssoziologie fokussierte sich bis weit in die 1980er Jahre auf soziale Handlungen und Strukturen einer betriebsförmig organisierten industriellen Produktion und erschloss sich erst bemerkenswert spät und relativ zögerlich auch den Dienstleistungssektor als Forschungsgegenstand.[38] Im Mittelpunkt der Industrie- und Betriebssoziologie standen die Arbeitsbedingungen und Folgen industrieller Produktion, die arbeitsrechtlichen und tarifvertraglichen Regelungen von Arbeitsbeziehungen und nicht zuletzt die Ausgestaltung von betrieblichen und gewerkschaftlichen Interessenvertretungen. Organisationssoziologische Untersuchungen wiederum gehen darüber hinaus, indem sie die Perspektive der Industrie- und Betriebssoziologie zugleich erweitern und vertieften: Sie untersuchen Gesellschaft in einem umfassenden Sinn als Organisationsgesellschaft und beschränken sich dabei nicht nur auf (formale) Strukturen und Verfahren von Organisationen, sondern nehmen insbesondere sozialkulturelle Dimensionen von Organisationen, d.h. Fragen von Akzeptanz und Legitimation, mit den ihnen zugrunde liegenden Deutungen und Mythen sowie Ritualen und Symbolen in den Blick.[39]

Für die soziologische Diskussion über die gesellschaftliche Rolle von Unternehmen erweisen sich vor allem institutionalistische Ansätze als fruchtbar.[40] Die zentrale Grundannahme dabei ist es, dass Organisationen auf gesellschaftliche Legitimation angewiesen sind, um den für sie überlebenswichtigen Zufluss an Res-

---

[33] vgl. Streeck (1999)
[34] vgl. Windolf (2002 und 2005)
[35] vgl. Beckert (2006); Beckert u.a. (2006)
[36] vgl. Maurer (2008)
[37] vgl. Allmendinger/Hinz (2002)
[38] vgl. Brinkmann/Dörre (2006); Müller-Jentsch (2004); Schmidt/Gergs/Pohlmann (2002)
[39] vgl. Allmendinger/Hinz (2002); Jäger/Schimank (2005)
[40] vgl. Bluhm (2009); Hiß (2006 und 2007); Hasse/Krücken (2005); Walgenbach/Meyer (2007)

sourcen zu gewährleisten. Die zugrunde liegenden gesellschaftlichen Erwartungen (Mythen) werden dabei in ihrer Berechtigung und Sinnhaftigkeit nicht hinterfragt, sondern als objektivierte Wirklichkeit wahrgenommen.[41] Diese Mythen entstehen – so Christoph Deutschmann – durch soziale Resonanz.[42] Für den hier interessierenden Aspekt der Corporate Social Responsibility bedeutet dieser Befund: „Je stärker sich Mythen zu CSR in der Öffentlichkeit durchsetzen, desto stärker hängt organisationales Überleben von einer glaubwürdigen Konformität mit diesen Erwartungen ab.“[43]

Insbesondere für Unternehmen ergibt sich daraus eine Ausweitung entlang der „triple bottom line". Zur Erfüllung ökonomischer Standards kommen gesellschaftliche und ökologische Erwartungen hinzu.[44] Folglich ist wirtschaftlicher Gewinn nur eine – und nicht notwendigerweise die wichtigste – Determinante der Überlebensfähigkeit von Unternehmen.[45] Dabei ist es nicht entscheidend, ob ein Mythos „objektiv" rational und effektiv ist, sondern dass er in diesem Sinne wahrgenommen wird. Ethische und normative Fragen treten bei der Übernahme gesellschaftlicher Verantwortung durch Unternehmen aus soziologischer Perspektive demnach in den Hintergrund. Damit richten sich soziologische Organisations- und Wirtschaftsmodelle gegen die Vorstellung rein individuell-rationaler und Nutzen maximierender Marktakteure. Die organisationale Umwelt „besteht aus institutionalisierten Erwartungsstrukturen, die die Ausgestaltung von Organisationen nachhaltig prägen".[46] Folglich verhalten sich Organisationen zwar interessensorientiert, nach expliziten und rationalen Vorgaben, dieses geschieht jedoch vor dem Hintergrund gesellschaftlich geteilter Handlungsweisen und Deutungsmuster.[47]

Die Wirtschaft ist dabei mehr als nur ein selbstbezügliches und genügsames Teilsystem moderner kapitalistischer Gesellschaften mit einer eigenen betrieblichen Organisationsweise. Die Wirtschaft und ihre Unternehmen sind – was die Politische Soziologie herausarbeitet – vielmehr hoch bedeutsame gesellschaftliche Akteure. So wurden jüngst in Anknüpfung an einen fast verschütteten Traditionsstrang der Politischen Soziologie die Gesellschaftsbilder und die Wertvorstellungen wirtschaftlicher Eliten in Deutschland eingehender untersucht, wobei der Fokus in betont kritischer Absicht auf politische Konflikte und Auseinandersetzungen gerichtet wurde.[48] Quasi in Umkehrung der Elitenperspektive befasst sich wiederum die Kultursoziologie mit der Rolle von Unternehmen in der Gesellschaft, in dem sie die Sichtweisen und das Handeln von Bürgern als Konsumenten untersucht.[49] Insbesondere die Arbeiten von Jörn Lamla machen deutlich, dass die moralischen Ansprüche von Konsumenten an die Güte von Produkten und Produktionsprozessen sowie Wirtschaft und Unternehmen insgesamt merklich gestiegen

---

[41] vgl. Hiß (2006)
[42] vgl. Deutschmann (2008); Hiß (2006)
[43] Hiß (2006): 308
[44] vgl. Hiß (2006 und 2007)
[45] vgl. Hasse/Krücken (2005): 51
[46] Walgenbach/Meyer (2007): 11
[47] vgl. Hiß (2006): 123
[48] vgl. Imbusch/Rucht (2007)
[49] vgl. Lamla (2005 und 2008); Hellmann (2009)

sind. In diesem Zusammenhang verweist der Begriff des „politischen Konsums"
darauf, dass individuelle Konsumenten gemessen an ihrer kollektiven Organi-
sationsfähigkeit zwar als „schwach" einzustufen sind, gleichwohl eröffnen ihnen
die Kommunikationsmöglichkeiten moderner Gesellschaft neuartige und weit rei-
chende „politische" Protest- und Interventionsmöglichkeiten.

Mittlerweile wird – inspiriert durch die wirtschafts- und politikwissenschaftliche Diskussion – in der Soziologie anhand von Begriffen wie Governance
und Stakeholder grundlegend untersucht, inwiefern die Wirtschaft und ihre
Unternehmen in einer Akteursperspektive Beiträge zur Steuerung und Koordination von Gesellschaft leisten. Besondere Beachtung wird dabei dem Governance-
potenzial von Unternehmen in hoheitlichen bzw. staatlichen Aufgabenbereichen,
wie Bildung und Erziehung, sowie in der Interaktion mit Non-Governmental-
Organisationen (NGO) und Non-Profit-Organisationen (NPO) zu Teil.[50] Derartige
Interaktionen finden wiederum besondere Aufmerksamkeit in der Politischen
Soziologe, die hier einen Strategiewechsel von der Konfrontation zur punktuellen Kooperation ausmacht.[51] Im Zuge dieser Veränderung werden NGO und NPO
selbst zu Protagonisten im Themenfeld Corporate Social Responsibility.[52] Sie
haben vor allem als „Pressure Groups" zur De-Legitimierung des Shareholder-
Values beitragen, indem sie etwa durch gezielte Skandalisierungen auf dessen negative Folgen aufmerksam machen. Janina Curbach verweist in diesem Sinne auf
die (re-)aktive Rolle von Unternehmen als treibende Kraft einer aktuellen „CSR-
Bewegung":[53] Haben Unternehmen zunächst eher passiv auf diese gesellschaftlichen Veränderungen und die damit einhergehenden Deutungen, Mythen, Rituale
und Symbole reagiert, so betreiben in den letzten Jahren vor allem multinationale
Konzerne erfolgreich eine Neu-Definition ihrer gesellschaftlichen Rolle und damit die Re-Legitimierung von Unternehmen und Interessensverbänden.[54] In diesem Sinne werden intensivierte CSR-Aktivitäten auch als eine Handlungsoption
und „Strategie" beschrieben, wie Unternehmen gesellschaftliche Definitions-
und Deutungsmacht wieder erlangen können. „CSR bedeutet also nicht nur eine
Regulierung von, sondern auch Regulierung durch Unternehmen."[55] In der entsprechenden soziologischen Akteursperspektive werden Wirtschaft und Unternehmen
als „institutional entrepreneurs" thematisiert.[56]

---

[50] vgl. Braun (2007); Curbach (2008); Polterauer (2010); Polterauer/Nährlich (2010), Rudolph (2005)
[51] vgl. Curbach (2008); Polterauer/Nährlich (2010)
[52] vgl. Backhaus-Maul/Schubert (2005); Curbach (2009)
[53] vgl. Curbach (2009)
[54] vgl. Curbach (2009): 246
[55] Curbach (2009): 248
[56] vgl. Hasse/Krücken (2005); Hiß (2006): 195f.; DiMaggio/Powell (1991); Beckert (2006); Walgen-
bach/ Meyer (2007): 139

5 Fazit

Festzuhalten ist, dass aus soziologischer Perspektive Wirtschaft und Unternehmen zugleich eine gesellschaftlich prägende und geprägte Institution und Organisation sind. Wirtschaft und Unternehmen sind insofern das Ergebnis wirtschaftlicher Kalküle und sozialkultureller Einflüsse. Mit der Bedeutungszunahme der Wirtschaft erfahren Unternehmen als betriebliche Organisationen und als kollektive Akteure, die Gesellschaft maßgeblich mit steuern und koordinieren, wachsende Aufmerksamkeit. So werden Unternehmen in der wiederbelebten Wirtschaftssoziologie als Teil von Gesellschaft und Gesellschaft als Teil von Unternehmen beschrieben, einem komplexen Wechselverhältnis und Bedingungsgefüge, dem sich Unternehmen und Wirtschaft nicht mit schlichten Nutzenerwägungen und dem immerwährenden Traum vom „business case" werden entziehen können.

6 Literatur

Adloff, F./Birsl, U./Schwertmann, P. (Hrsg.) (2005): Wirtschaft und Zivilgesellschaft. Theoretische und empirische Perspektiven. Wiesbaden: VS-Verlag.

Allmendinger, J./Hinz, T. (Hrsg.) (2002): Organisationssoziologie. Wiesbaden: VS-Verlag.

Aßländer, M./Ulrich, P. (Hrsg.) (2009): 60 Jahre Soziale Marktwirtschaft. Illusion und Reinterpretation einer ordnungspolitischen Integrationsformel. Bern/Stuttgart/Wien: Haupt Verlag.

Backhaus-Maul, H. (2008): Traditionspfad mit Entwicklungspotenzial. In: Aus Politik und Zeitgeschichte, Heft 31, S. 14-20.

Backhaus-Maul, H. (2009): Zum Stand der sozialwissenschaftlichen Diskussion über „Corporate Social Responsibility" in Deutschland. Expertise für das Bundesministerium für Arbeit und Soziales. Berlin.

Backhaus-Maul, H./Biedermann, C./Nährlich, S./Polterauer, J. (Hrsg.) (2010): Corporate Citizenship in Deutschland: Gesellschaftliches Engagement von Unternehmen. Bilanz und Perspektiven. 2. Auflage. Wiesbaden: VS-Verlag.

Backhaus-Maul, H./Friedrich, P. (2011): Gesellschaftliches Engagement von Unternehmen. Erscheint in: Olk, T./Hartnuß, B. (Hrsg.): Handbuch Bürgerschaftliches Engagement. Weinheim/München: Juventa.

Backhaus-Maul, H./Schubert, I. (2005): Unternehmen und Konsumenten: Diffuse Verantwortung und schwache Interessen? In: Forschungsjournal Neue Soziale Bewegungen, Jg. 18, Heft 4, S. 78-88.

Baringhorst, S./Kneip, V./März, A./Niesyto, J. (Hrsg.) (2010): Unternehmenskritische Kampagnen. Politischer Protest im Zeichen digitaler Kommunikation, Wiesbaden: VS-Verlag.

Baecker, D. (1999): Die Form des Unternehmens. Frankfurt: Suhrkamp.

Beck, U. (1997): Was ist Globalisierung. Frankfurt: Suhrkamp.

Beckert, J. (1997): Grenzen des Marktes. Die sozialen Grundlagen wirtschaftlicher Effizienz. Frankfurt/New York: Campus.

Beckert, J. (2006): Wer zähmt den Kapitalismus? In: Beckert, J., u.a. (Hrsg.): Transformation des Kapitalismus. Frankfurt/New York: Campus, S. 425-442.

Beckert, J./Ebbinghaus, B./Hassel, A./Manow, P. (Hrsg.) (2006): Transformation des Kapitalismus. Frankfurt/New York: Campus.

Berger, J. (2009): Der diskrete Charme des Marktes. Zur sozialen Problematik der Marktwirtschaft. Wiesbaden: VS-Verlag.

Bluhm, K. (2008): Corporate Social Responsibility – Zur Moralisierung von Unternehmen aus soziologischer Perspektive. In: Maurer, A./Schimank, U. (Hrsg.): Die Gesellschaft der Unternehmen – Die Unternehmen der Gesellschaft. Gesellschaftstheoretische Zugänge zum Wirtschaftsgeschehen. Wiesbaden: VS-Verlag, S. 144-162.

Bluhm, K./Schmidt, R. (Hrsg.) (2008): Change in SMEs. The New European Capitalism. Hampshire: Palgrave Macmillan.

Braun, S. (2007): Corporate Citizenship und Dritter Sektor. Anmerkungen zur Vorstellung: ‚Alle werden gewinnen…'. In: Forschungsjournal Neue Soziale Bewegungen, Jg. 20, Heft 2, S. 186-190.

Braun, S./Backhaus-Maul, H. (2010): Gesellschaftliches Engagement von Unternehmen zwischen Tradition und Innovation. Eine empirische Sekundäranalyse. Wiesbaden: VS-Verlag.

Brinkmann, U./Dörre, K. (2006): Die neue Unternehmerkultur – Zum Leitbild des „Intrapreneurs" und seinen Implikationen. In: Brinkmann, U./Krenn, K./Schief, S. (Hrsg.): Endspiel des kooperativen Kapitalismus? Wiesbaden: VS-Verlag, S. 9-15.

Bröckling, U. (2007): Das unternehmerische Selbst. Soziologie einer Subjektivierungsform. Frankfurt: Suhrkamp.

Curbach, J. V. (2008): Unternehmen und NGOs im Kampf um die Definition globaler Unternehmensverantwortung – der Fall der Killer-Coke-Kampagne. Präsentation zum 34. Kongress der Deutschen Gesellschaft für Soziologie 2008 Jena. http://dgs2008.de/wp-content/uploads/2008/08/va_curbach.pdf (29.09.2009).

Curbach, J. V. (2009): Die Corporate-Social-Responsibility-Bewegung. Wiesbaden: VS-Verlag.

Deutschmann, C. (2008): Kapitalistische Dynamik. Eine gesellschaftstheoretische Perspektive. Wiesbaden: VS-Verlag.

Deutschmann, C./Beckert, J. (Hrsg.) (2002): Die gesellschaftliche Macht des Geldes. Wiesbaden: VS-Verlag.

DiMaggio, P. J./Powell, W. W. (Hrsg.) (1991): The New Institutionalism in Organizational Analysis. Chicago: University of Chicago Press.

Dörre, K./Lessenich, S./Rosa, H. (2009): Soziologie – Kapitalismus – Kritik. Eine Debatte. Frankfurt: Suhrkamp.

Granovetter, M. S. (1985): Economic Action and Social Structure. The Problem of Embeddedness. In: American Journal of Sociology, Jg. 91, Heft 3, S. 481-510.

Habisch, A./Schmidpeter, R./Neureiter, M. (Hrsg.) (2008): Handbuch Corporate Citizenship. Corporate Social Responsibility für Manager. Berlin: Springer.

Hasse, R./Krücken, G. (2006): Neo-Institutionalismus. Bielefeld: Transcript.

Heidbrink, L./Hirsch, A. (Hrsg.) (2008): Verantwortung als marktwirtschaftliches Prinzip: Zum Verhältnis von Moral und Ökonomie. Frankfurt/New York: Campus.

Hellmann, K.-U. (2009): Wer Marke will, muss auch Kultur wollen. Zur Interdependenz von Kulturmarken und Markenkulturen. In: Höhne, S./Ziegler, R. P. (Hrsg.): Kulturbranding II. Konzepte und Perspektiven der Markenbildung im Kulturbereich. Leipzig: Leipziger Universitätsverlag, S. 11-23.

Hiß, S. (2007): Corporate Social Responsibility – Über die Durchsetzung von Stakeholder-Interessen im Shareholder-Kapitalismus. In: Berliner Debatte Initial, Jg. 18, Heft 4/5, S. 6-15.

Hiß, S. (2006): Warum übernehmen Unternehmen gesellschaftliche Verantwortung? Ein soziologischer Erklärungsversuch. Frankfurt/New York: Campus.

Imbusch, P./Rucht, D. (Hrsg.) (2007): Profit oder Gemeinwohl? Fallstudien zur gesellschaftlichen Verantwortung von Wirtschaftseliten. Wiesbaden: VS-Verlag.

Jäger, W./Schimank, U. (Hrsg.) (2005): Organisationsgesellschaft. Facetten und Perspektiven, Wiesbaden: VS-Verlag.

Kneip, V. (2010): Consumer Citizenship und Corporate Citizenship. Bürgerschaft als politische Dimension des Marktes. Baden-Baden: Nomos.

Lamla, J. (2005): Kontexte der Politisierung des Konsums. Die Zivilgesellschaft in der gegenwärtigen Krisenkonstellation von Politik, Ökonomie und Kultur. In: Adloff, F./ Birsl, U./Schwertmann, P. (Hrsg.): Wirtschaft und Zivilgesellschaft. Theoretische und empirische Perspektiven. Jahrbuch für Europa- und Nordamerika-Studien. Wiesbaden: VS-Verlag, S. 127-153.

Lamla, J. (2008): Varianten konsumzentrierter Kritik. Wie sollen Verbraucher an der Institutionalisierung einer ökologisch und sozial verantwortungsvollen Wirtschaft mitwirken. In: Backhaus-Maul, H. u.a. (Hrsg.): Corporate Citizenship in Deutschland. Bilanz und Perspektiven. Wiesbaden: VS-Verlag, S. 201-218.

Maurer, A. (2008a): Perspektiven der Wirtschaftssoziologie. In: dies. (Hrsg.): Handbuch der Wirtschaftssoziologie. Wiesbaden: VS-Verlag, S. 12-15.

Maurer, A. (Hrsg.) (2008b): Handbuch der Wirtschaftssoziologie. Wiesbaden: VS-Verlag.

Maurer, A./Schimank, U. (Hrsg.) (2008): Die Gesellschaft der Unternehmen – Die Unternehmen der Gesellschaft. Gesellschaftstheoretische Zugänge zum Wirtschaftsgeschehen. Wiesbaden: VS-Verlag.

Müller-Jentsch, W. (2003): Organisationssoziologie. Frankfurt/New York: Campus.

Münch, R. (2008): Jenseits der Sozialpartnerschaft. Die Konstruktion der sozialen Verantwortung von Unternehmen in der Weltgesellschaft. In: Maurer, A./Schimank, U. (Hrsg.): Die Gesellschaft der Unternehmen – Die Unternehmen der Gesellschaft. Gesellschaftstheoretische Zugänge zum Wirtschaftsgeschehen. Wiesbaden: VS-Verlag, S. 163-187.

Mutz, G./Korfmacher, S. (2003): Sozialwissenschaftliche Dimensionen von Corporate Citizenship in Deutschland. In: Backhaus-Maul, H./Brühl, H. (Hrsg.): Bürgergesellschaft und Wirtschaft – zur neuen Rolle von Unternehmen. Berlin: Deutsches Institut für Urbanistik, S. 45-62.

Polterauer, J. (2008a): Unternehmensengagement als „Corporate Citizen". Ein langer Weg und ein weites Feld für die empirische Corporate Citizenship-Forschung in Deutschland. In: Backhaus-Maul, H. u.a. (Hrsg.): Corporate Citizenship in Deutschland. Bilanz und Perspektiven. Wiesbaden: VS-Verlag, S. 149-182.

Polterauer, J. (2008b): Corporate Citizenship-Forschung in Deutschland. In: Aus Politik und Zeitgeschichte, Heft 31, S. 32-38.

Polterauer, J. (2010): „Gesellschaftlicher Problemlösung" auf der Spur. Gegen ein unterkomplexes Verständnis von „Win-win"-Situationen bei Corporate Citizenship. In: Backhaus-Maul, H. u.a. (Hrsg.): Corporate Citizenship in Deutschland: Gesellschaftliches Engagement von Unternehmen. Bilanz und Perspektiven, 2. Auflage. Wiesbaden: VS-Verlag, S. 612-643.

Polterauer, J.; Nährlich, S. (2010): Corporate Citizenship. Funktion und gesellschaftliche Anerkennung von Unternehmensengagement in der Bürgergesellschaft. In: Backhaus-Maul, H. u.a. (Hrsg.): Corporate Citizenship in Deutschland: Gesellschaftliches Engagement von Unternehmen. Bilanz und Perspektiven, 2. Auflage. Wiesbaden: VS-Verlag, S. 561-587.

Raupp, J./Jarolimek, S./Schultz, F. (Hrsg.) (2011): Handbuch CSR. Kommunikationswissenschaftliche Grundlagen, disziplinäre Zugänge und methodische Herausforderungen. Wiesbaden: VS-Verlag.

Rudolph, B. (2005): Neue Kooperationsbeziehungen zwischen dem Dritten und dem Ersten Sektor – Wege zu nachhaltigen zivilgesellschaftlichen Partnerschaften? In: Birkhölzer, K./Kistler, E./Mutz, G. (Hrsg.): Der Dritte Sektor. Partner für Wirtschaft und Arbeitsmarkt. Wiesbaden: VS-Verlag, S. 35-98.

Schimank, U. (2008): Gesellschaftliche Ökonomisierung und unternehmerisches Agieren. In: Maurer, A./Schimank, U. (Hrsg.): Die Gesellschaft der Unternehmen – die Unternehmen der Gesellschaft. Wiesbaden: VS-Verlag, S. 220-236.

Schimank, U./Volkmann, U. (2008): Ökonomisierung der Gesellschaft. In: Maurer, A. (Hrsg.): Handbuch der Wirtschaftssoziologie. Wiesbaden: VS-Verlag S. 382-393.

Schmidt, R./Gergs, H.-J./Pohlmann, M. (Hrsg.) (2002): Managementsoziologie. Themen, Desiderate, Perspektiven. München/Mering: Hampp.

Schumpeter, J. A. (1947): Kapitalismus, Sozialismus und Demokratie. Tübingen: Mohr Siebeck.

Stehr, N.(2007): Die Moralisierung der Märkte. Eine Gesellschaftstheorie. Frankfurt: Suhrkamp.

Streeck, W. (1999): Korporatismus in Deutschland. Frankfurt/New York: Campus.

Streeck, W. (2006): Nach dem Korporatismus: Neue Eliten, neue Konflikte. In: Münkler, H./ Straßenberger, G./Bohlender, M. (Hrsg.): Deutschlands Eliten im Wandel. Frankfurt/New York: Campus, S. 149-175.

Streeck, W./Höpner, M. (Hrsg.) (2003): Alle Macht dem Markt? Fallstudien zur Abwicklung der Deutschland AG. Frankfurt/New York: Campus.

Walgenbach, P./Meyer, R. (2007): Neoinstitutionalistische Organisationstheorie. Stuttgart: W. Kohlhammer.

Weber, M. (1921): Wirtschaft und Gesellschaft. Tübingen: Mohr Siebeck.

Wiesenthal, H. (Hrsg.) (1995): Einheit als Interessenpolitik. Studien zur sektoralen Transformation Ostdeutschlands. Frankfurt /New York: Campus.

Wiesenthal, H. (2005): Markt, Organisation und Gemeinschaft als „zweitbeste" Verfahren sozialer Koordination. In: Jäger, W./Schimank, U. (Hrsg.): Organisationsgesellschaft. Facetten und Perspektiven. Wiesbaden: VS-Verlag, S. 223-264.

Windolf, P. (2002): Die Zukunft des Rheinischen Kapitalismus. In: Allmendinger, J./Hinz, T. (Hrsg.): Organisationssoziologie. Sonderheft 42 der Kölner Zeitschrift für Soziologie und Sozialpsychologie. Wiesbaden: VS-Verlag, S. 414-442.

Windolf, P. (Hrsg.) (2005): Finanzmarkt-Kapitalismus. Analysen zum Wandel von Produktionsregimen. Wiesbaden: VS-Verlag.

CSR als Investition in Human- und Sozialkapital

André Habisch und Christoph Schwarz

1 Das Unternehmen als guter Bürger

Traditionell herrscht die Auffassung eines Gesellschaftsmodells von drei Sektoren vor: Staat, Wirtschaft und Zivilgesellschaft. Jedem dieser Sektoren wird eine bestimmte Rolle zugeschrieben.[1] Der öffentliche Sektor war bisher für die Erstellung von und die Versorgung mit öffentlichen Gütern zuständig, z.B. Bildung, soziale Sicherheit und Gesundheit. Unternehmen erzeugen private Güter und handeln diese auf Wettbewerbsmärkten. Die Zivilgesellschaft fungiert als ‚Schmiermittel' des gesellschaftlichen Lebens in Form von lokalen Vereinen, Zusammenschlüssen und verschiedenen Interessensgruppen. Diese ‚traditionelle' Rollenverteilung befindet sich im Wandel,[2] die Grenzen zwischen den Sektoren scheinen immer mehr zu verschwimmen – auch wenn die These von der „Politisierung" von Unternehmen teilweise übertrieben scheint.[3]

Der relevante Veränderungsmotor ist die Globalisierung der Wirtschaftsbeziehungen, die bis tief in den Mittelstand hinein wirksam ist. Besonders multinationale Unternehmen, aber in zunehmendem Umfang auch Familienunternehmen wechseln häufiger und schneller ihre internationalen Standorte und erhöhen somit den Wettbewerbsdruck zwischen Regionen, die nicht mehr „nur" innerhalb des eigenen Landes, sondern grenzüberschreitend bezüglich steuerlicher und rechtlicher Rahmenbedingungen, Infrastruktur, Bildungs- und Ausbildungssituation sowie allgemeiner Lebensbedingungen konkurrieren. So ist bereits jetzt ein Mangel an Fachkräften besonders im Bereich Naturwissenschaften und Technik in vielen deutschsprachigen Regionen deutlich spürbar. Verstärkt wird der Prozess noch durch demografischen Wandel. In Zukunft stehen in Europa immer mehr ältere immer weniger jüngeren Menschen gegenüber. Dadurch sinkt die Zahl der Erwerbstätigen und die öffentlichen Budgets schrumpfen. Der Staat kann nicht mehr alle ‚öffentlichen' Leistungen in gewohntem Maße erbringen. Das gilt insbesondere auch für regionale oder überregionale Ordnungsprobleme, die ein spezifisches Problemwissen oder grenzüberschreitendes koordiniertes Handeln erfordern. Gemeinsame Lösungen und Austausch zwischen den gesellschaftlichen Sektoren sind erforderlich, um gesamtgesellschaftlich positive Lösungsansätze für das 21. Jahrhundert zu erarbeiten und umzusetzen.

---

[1] Seitanidi (2010)
[2] Googins/Rochlin (2000); Scherer/Palazzo/Baumann (2006)
[3] vgl. zu einer kritischen Diskussion empirischer Ergebnisse Habisch (2011)

Vermehrt gehen Unternehmen bereits solche sektorübergreifende partnerschaften mit anderen Gruppen und Organisationen staatlicher und zivilgesellschaftlicher Art ein, z.B. mit NGOs im Umweltbereich,[4] mit öffentlichen Stellen in Form von öffentlich-privaten Partnerschaften (‚public-private partnerships') häufig im Infrastrukturbereich[5] oder in Kooperationen zwischen Schulen und Unternehmen zur Berufsorientierung.

Hier gibt es zwei Perspektiven: nach dualistischer Verdrängungslogik hat jeder Sektor seine klare Funktion: kann er diese nicht mehr erfüllen, dann wird er von einem anderen verdrängt. Im Bereich der Bildung entspricht diesem Denken der grundlegende Vorbehalt der Bildungsträger, dass Bildung Sache des Staates und nicht von Unternehmen übernommen oder „aus der Hand zu geben" sei. Dagegen besagt die Partnerschaftslogik, dass verschiedene Sektoren gerade in wechselseitiger Ergänzung das Potenzial haben, Herausforderungen zu meistern. Auf dieser Annahme, dass also Unternehmen das Potenzial haben, die anderen Sektoren nicht zu ersetzen, sondern einen komplementären Beitrag zur gesellschaftlichen Weiterentwicklung zu leisten, basiert das Konzept des Unternehmens als ‚guter Bürger' (corporate citizen):

Unternehmen führen Projekte zur Lösung oder Linderung relevanter gesellschaftlicher Probleme durch; als Ergebnis wird sowohl gesellschaftlicher als auch betrieblicher Nutzen erzielt. Unternehmen kooperieren dabei mit externen Partnern anderer gesellschaftlicher Sektoren und stellen neben Finanzmittel weitere betriebliche Ressourcen zur Verfügung: Mitarbeiterengagement, Zugang zu Logistik und Netzwerken, Informationen etc.[6]

Das Engagement eines Unternehmens als ‚guter Bürger' ist in diesem Sinne als Investition in Sozialkapital zu verstehen.[7] Durch Aufbau von Vertrauensbeziehungen zwischen Unternehmen und Organisationen anderer Sektoren wird kollektives Handeln ermöglicht: So wird z.B. im Austausch zwischen Schule und Wirtschaft erst verdeutlicht, welche Kompetenzen für Berufsanfänger wichtig sind, damit diese in der Schule dann aufgebaut oder vertieft werden können.

Bei der Entwicklung eines Unternehmens zum ‚guten Bürger' können je nach Dauer und Wirkungsgrad des Engagements drei Stufen unterschieden werden: Unternehmen agieren als Sponsor, als Partner und als Bürger (siehe Abbildung 1):

---

[4] z.B. Rondinelli/London (2003)
[5] vgl. dazu Grüb (2007); Weihe (2008)
[6] vgl. Habisch/Wildner/Wenzel (2008)
[7] Habisch/Schmidpeter (2001): 17

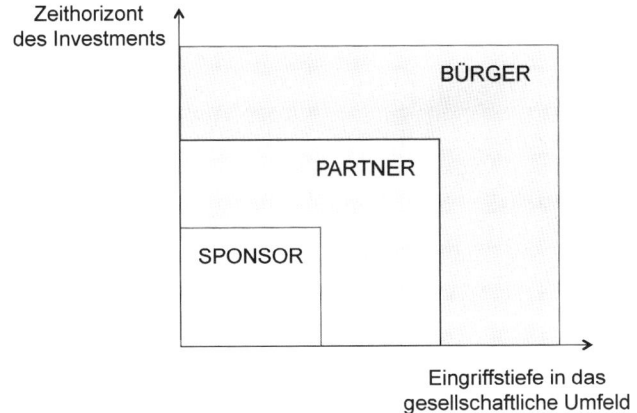

Abb. 1: Die drei Schritte des Corporate Citizenship[8]

Während Unternehmen auf einer ersten Stufe (z.B. Sponsoring) vorerst Bereitschaft zum Engagement signalisieren und lediglich Finanzmittel zur Verfügung stellen, werden in einem zweiten Schritt (z.B. regionales Bürgerengagement) in Kooperation mit Partnerorganisationen Lösungen für gemeinsame Probleme entwickelt: hier baut das Unternehmen Netzwerke auf. Erst nach gewisser Zeit und nicht in jedem Fall werden gesamtgesellschaftlich wirksame Auswirkungen erreicht (z.B. indem relevante gesellschaftliche Institutionen nachhaltig umgestaltet werden).

2 Sozialkapital

2.1 Begriffsbestimmung

Der Begriff Sozialkapital wurde ursprünglich in der Soziologie formuliert[9] und in weiterer Folge vermehrt von den Disziplinen Politikwissenschaft[10] und Volkswirtschaft[11] diskutiert.[12] Die Forschung zu Sozialkapital zeichnet sich trotz zunehmender akademischer Reflexion weiterhin durch eine gewisse begriffliche Unschärfe aus.[13] Daher werden teilweise unterschiedliche Phänomene unter dem Begriff verstanden und untersucht, z.B. Netzwerke, soziale Beziehungen allgemein oder Vertrauen, als dessen Synonym der Begriff oft verwendet wird.[14]

---

[8]   nach Schmidpeter/Habisch (2008): 48
[9]   z.B. Bourdieu (1983); Coleman (1988)
[10] z.B. Putnam (1993 und 2000)
[11] z.B. Sobel (2002)
[12] vgl. Habisch/Moon (2006); Svendsen/Svendsen (2010)
[13] vgl. Nahapiet/Ghoshal (1998); Adler/Kwon (2002)
[14] z.B. Fukuyama (1995)

Bedeutende Vertreter der Sozialkapitalforschung sind Pierre Bourdieu, Ronald S. Burt, James S. Coleman und Robert D. Putnam. Sie werden im Folgenden kurz vorgestellt.

Nach dem französischen Bildungssoziologen Pierre **Bourdieu** kommt Kapital in drei Formen vor: ökonomisches, kulturelles und soziales Kapital.[15] Letzteres wird definiert als „die Gesamtheit der aktuellen und potenziellen Ressourcen, die mit dem Besitz eines dauerhaften Netzes von mehr oder weniger institutionalisierten Beziehungen gegenseitigen Kennens und Anerkennens verbunden sind, d.h. Ressourcen, die auf der Zugehörigkeit zu einer Gruppe beruhen, und Sicherheit wie Kreditwürdigkeit in sozialen Beziehungen verleihen".[16] Soziales Kapital besteht aus sozialen Obligationen,[17] diese stellen „Gutschriften" (credentials) dar, die zu einem späteren Zeitpunkt eingelöst werden können.[18]

Ein weiterer wichtiger Vertreter der Sozialkapitalforschung ist der Betriebswirt an der Universität Chicago Ronald S. **Burt**. Bei ihm steht die Struktur von Netzwerken im Vordergrund: Sozialkapital wird als privates Gut verstanden und stellt den Wert für den Einzelnen dar, der sich aus einer bestimmten Netzwerkstruktur und seiner Position darin ergibt. „Durch Kontakte zu Kollegen, Freunden und Kunden ergeben sich Möglichkeiten, Finanz- oder Humankapital in Profit umzuwandeln".[19] Je nach Netzwerkposition kann der Einzelne Ressourcen für die persönliche Zielerreichung mobilisieren. Diese Ressourcen können in Informationsgewinn bzw. verbesserter Verfügbarkeit von Information bestehen, in möglichen Kontakten zu Mitgliedern anderer Netzwerke, oder zu verbesserten Karrierechancen. In seinem Werk über „strukturelle Lücken" zeigt Burt empirisch, dass schwache und nicht starke Kontakte innerhalb des eigenen Kontaktnetzwerks eher die Chance vergrößern, zu guten Jobs zu kommen.[20] Während nämlich in einem Netzwerk starker Beziehungen oft redundante Information vorliegt, bieten schwache Beziehungen Möglichkeiten, an neue Information und Kontakte zu kommen. Hier wird also darauf abgestellt, welchen Nutzen der einzelne entsprechend seiner Netzwerkposition ziehen kann. Sozialkapital liegt im Unterschied zu Finanz- sowie Humankapital in der Beziehung und gehört somit keinem einzelnen Akteur.

Nach dem US-Bildungssoziologen James S. **Coleman** ist Sozialkapital „durch seine Funktion definiert. Es ist keine abgeschlossene Einheit, sondern besteht aus einer Vielzahl von Elementen, denen zwei Elemente gemein sind: sie alle bestehen gewissermaßen aus sozialen Strukturen und ermöglichen Akteuren – seien es Personen oder Unternehmen – innerhalb der Struktur bestimmte Handlungen."[21] Coleman untersuchte Einflussvariablen auf Schulerfolg. Dabei stellte er deutlich niedrigere Schulabbrecherraten insbesondere an katholischen Privatschulen im Vergleich zu öffentlichen Schulen fest. Er erklärte dies einerseits mit intensiverem

---

[15] Bourdieu (1983)
[16] Bourdieu (1983): 188
[17] Bourdieu (1986): 243
[18] Bourdieu (1986): 248f.
[19] Burt (1992): 9, eigene Übersetzung
[20] Burt (1992)
[21] Coleman (1988): 98

Kontakt innerhalb der Familie zwischen Eltern und Kindern, sowie andererseits im stärkeren Austausch mit Eltern von Mitschülern und der Einbindung in die Gemeinschaft. Elemente von Sozialkapital sind Verpflichtungen und Erwartungen sowie Normen und wirksame Sanktionen.[22] Die Schaffung von ‚Humankapital' (in Form von Fähigkeiten und Wissen des Einzelnen) wird vereinfacht durch die Existenz sozialer Netzwerke – z.B. zwischen Eltern und Lehrern in katholischen Grundschulen: Coleman nennt die Wichtigkeit von Sozialkapital (in Form eines sozialen Netzwerks, das Familie mit der Schule verbindet) für die intellektuelle Entwicklung des Kindes. Der Umfang von Netzwerken um eine Grundschule herum (etwa in Form schulischer Elternarbeit) entscheidet über den Bildungserfolg der Kinder: gut vernetzte Grundschulen (im US-Kontext Colemans meist katholische Schulen) haben niedrige Schulabbrecherraten, an schlecht vernetzten Schulen scheitern dagegen weit mehr Schüler – auch wenn sie etwa einer katholischen Familie entstammen. Nach dieser Logik ist also Sozialkapital höchst relevant für die Schaffung von Humankapital durch Bildung, indem es erst den erforderlichen sozialen Kontext für Informationsaustausch zwischen Schule und Familie und in diesem Sinne effektive Wissensvermittlung schafft. Allerdings kann Sozialkapital sowohl als Ergänzung als auch als Ersatz der anderen Kapitalformen gesehen werden,[23] wenn z.B. der Mangel an Finanzmittel durch bessere Verbindungen/ Kontakte ausgeglichen wird.

Einer der einflußreichsten Forscher zu Sozialkapital ist der US-amerikanische Politikwissenschafter Robert D. **Putnam**. Er beschreibt Sozialkapital als „Aspekte sozialer Organisation, wie Vertrauen, Normen und Netzwerke, welche die Effizienz der Gesellschaft durch koordinierte Handlungen verbessern können."[24] Sozialkapital besteht demnach aus sozialen Netzwerken, Vertrauen und starken sozialen Normen. Putnam analysierte den Trend zur Individualisierung und Abnahme sozialer Netzwerke in seinem berühmten Artikel „Bowling alone"[25] am Beispiel des Phänomens, dass immer mehr US-Amerikaner alleine und nicht in Gruppen zum Bowling gingen. In seiner empirischen Untersuchung wurden die Befunde bestätigt.[26] Ebenso bekannt ist seine Studie mit einem Vergleich nord- und süditalienischer Regionen bezüglicher ökonomischer Leistungsfähigkeit.[27] Es konnte gezeigt werden, dass Regionen mit mehr Netzwerken zivilen Engagements und ausgeprägterer Zivilgesellschaft (Vorliegen von und Mitgliedschaften in Vereinen, Sportclubs, kirchlichen und sonstigen Zusammenschlüssen) ökonomisch erfolgreicher waren. Der Grund liegt darin, dass die Teilnahme an einem dichten Netzwerk Informationsaustausch ermöglicht und somit gegenseitiges Vertrauen schafft. Vertrauen ist wiederum entscheidend für kollektives Handeln, somit können durch mehr Feedback und schnelleren Informationsfluss gesellschaftliche und ökonomische Herausforderungen effizienter angegangen werden.

---

[22] Coleman (1988): 102ff.
[23] Adler/Kwon (2002): 21
[24] Putnam (1993): 167
[25] Putnam (1995)
[26] Putnam (2000)
[27] Putnam (1993)

Eine besser vernetzte Gemeinschaft kann sich schneller an veränderte technische und soziale Rahmenbedingungen anpassen und Netzwerke schaffen effekti-
vere Beziehungen zwischen Einzelnen und Organisationen innerhalb der Gesellschaft. Sogar die öffentliche Verwaltung profitiert vom Vorliegen aktiver sozialer
Netzwerke: falsche oder unpassende Gesetze können durch schnellere Feedbackschleifen leichter korrigiert werden. Insgesamt zeigen Putnams Untersuchungen,
dass das Sozialkapital einer Region zu höherer Identifikation mit der Region führt
und Netzwerke und zivile Zusammenschlüsse mithin eine Kapitalfunktion erfüllen: als soziales Kapital der Region können sie konkreten Wert für die Gesellschaft
schaffen.

Sozialkapital ist aus unterschiedlichen Perspektiven zu betrachten:

Einerseits unterscheiden Adler und Kwon eine *interne und externe* Perspektive
auf Sozialkapital.[28] Erstere bezieht sich auf Beziehungen innerhalb einer Gruppe,
z.B. wenn die Aspekte Vertrauen, Normen und Obligationen in einer Gesellschaft
vorliegen und somit kollektives Handeln ermöglichen.[29] Die externe Perspektive
dagegen betrachtet Beziehungen über die Gruppe hinaus, z.B. schon genannter
Definition von Sozialkapital nach Burt: „Durch Kontakte zu Kollegen, Freunden
und Kunden ergeben sich Möglichkeiten, Finanz- oder Humankapital in Profit
umzuwandeln".[30] Die Unterscheidung zwischen interner und externer Perspektive
korrespondiert mit dem Gegensatzpaar des *bindenden* („bonding") bzw. *brücken-
bildenden* („bridging") Sozialkapitals, das die Beziehungen innerhalb einer Gruppe
bzw. zu Vertretern anderer Gruppen bezeichnet.[31]

Andererseits liegt eine Unterscheidung im Fokus *entweder auf der Struktur
oder den Eigenschaften* von Netzwerkbeziehungen. Nahapiet und Ghoshal nennen drei Dimensionen von Sozialkapital: strukturell, relational und kognitiv.[32]
Danach umfasst der *strukturelle* Aspekt Vorhandensein, Konfiguration, Größe
und Beziehungen innerhalb eines Netzwerkes sowie Heterogenität, Stärke und
Multiplexität der Beziehungen.[33] Die Netzwerkstruktur steht bei Burt im Vordergrund: Sozialkapital wird verstanden als der Wert, der sich aus der individuellen Position innerhalb eines Netzwerks für die individuelle Zielerreichung des
Einzelnen ergibt.[34] Das können z.B. verbesserte Karrierechancen sein, wenn der
Einzelne über Kontakte zu anderen Netzwerken verfügt und somit über exklusive
externe Information verfügt. Hier wird Sozialkapital als *privates* Gut verstanden,
weil sich Effekte für den Einzelnen ergeben.

Die *relationalen* Elemente beschreiben die Eigenschaften der Beziehung. Die
Aspekte Vertrauen, Normen und Obligationen können unterschiedlich ausgeprägt
sein. Weitere Elemente sind Verpflichtungen und Erwartungen, Normen und wirksame Sanktionen.[35]

---

[28] Adler/Kwon (2002)
[29] Putnam (1993)
[30] Burt (1992): 9, eigene Übersetzung
[31] Putnam/Goss (2001): 25ff.
[32] Nahapiet/Ghoshal (1998)
[33] Maurer (2003): 32ff.
[34] Burt (1992)
[35] Coleman (1988): 102ff.

Während Burt die strukturelle Perspektive betrachtet, stellt nicht die Struktur selbst, sondern die Beschaffenheit der Beziehungen (relationaler Aspekt) den Wert von Sozialkapital dar.[36] Sozialkapital hat dann den Charakter eines öffentlichen Gutes: am Beispiel des Vergleichs zwischen Nord- und Süditalien wird deutlich, dass Einzelne auch dann von dichten Netzwerken gesellschaftlicher Zusammenschlüsse profitieren können, wenn sie selber in keinem Verein Mitglied sind.[37] Ein hohes Maß z.B. an allgemeinem Systemvertrauen steht dann nicht nur Einzelnen, sondern allen Mitgliedern einer Gruppe zur Verfügung und kann daher als *öffentliches* Gut aufgefasst werden.

Die genannten Kategorien sind in der folgenden Abbildung 2 dargestellt, die das Spektrum von Sozialkapital andeutet:

Betrachtung

Strukturell	Relational
Wert der Netzwerkstruktur für individuelle Zielerreichung, z.B. verbesserte Karrierechance (Burt, 1992)	Beschaffenheit der Beziehungen, nicht die Struktur selbst, ermöglicht Nutzen (Putnam, 1993)

Reichweite

Extern / „brückenbildend"	Intern / „verbindend"
Beziehungen zu Vertretern anderer Gruppen	Beziehungen innerhalb der Gruppe

Gutscharakter

Privates Gut	Öffentliches Gut
Nutzen für Einzelne	Alle Gruppenmitglieder können darauf zugreifen

Abb. 2: Unterschiedliche Perspektiven auf Sozialkapital[38]

Nahapiet und Ghoshal nennen noch die *kognitive* Dimension: diese zielt auf geteilte Interpretationen und Wertsysteme ab, die für das gegenseitige Verständnis entscheidend sind.[39]

Die zwei folgenden Definitionen stellen jeweils sowohl auf den strukturellen als auch den relationalen Aspekt ab:

> „der gute Wille, der Einzelnen oder Gruppen zur Verfügung steht. Er gründet auf Struktur und Inhalt der sozialen Beziehungen. Effekte ergeben sich aus Information, Einfluss und Solidarität die dem Akteur zugänglich werden."[40]

bzw.

---

[36] Coleman (1988); Putnam (1993)
[37] Putnam (1993)
[38] eigene Darstellung
[39] Nahapiet/Ghoshal (1998)
[40] Adler/Kwon (2002): 23

„die Summe bestehender und potentieller Ressourcen, die in einem Beziehungsnetzwerk eingebettet und dadurch für einen Einzelnen oder eine Gruppe verfügbar sind. Sozialkapital umfasst somit sowohl das Netzwerk als auch die möglichen Vorteile, die sich aus seiner Mobilisation ergeben".[41]

Überdies kann Sozialkapital auf verschiedenen Ebenen betrachtet werden: Individuum,[42] eine Gruppe bzw. Abteilung,[43] ein Unternehmen,[44] interorganisationale Beziehungen[45] bis hin zur Gesellschaft.[46]

2.2 Erträge aus Sozialkapital

Die Frage, ob Sozialkapital durch bewusstes Investitionshandeln aufgebaut werden kann oder nur als ‚Nebenwirkung' anderer gemeinsamer Aktivitäten entsteht, beschäftigt eine intensive wissenschaftliche Diskussion. Nach weit verbreiteter Auffassung kann nicht direkt in Sozialkapital investiert werden;[47] es kann allerdings der Rahmen so gestaltet werden, dass Sozialkapital entstehen kann.[48] Sozialkapital entsteht demnach als Nebenprodukt sozialer Interaktion.[49]

Bezüglich der Erträge aus Sozialkapital kann zu den Dimensionen Allokation und Adaption[50] noch als dritte Dimension Autorität ergänzt werden.[51] Was ist unter diesen Begriffen zu verstehen?

Allokation umschreibt den Zugang zu Informationen und das Wissen über soziale Verbindungen.

Mit *Adaption* wird die Anpassungsfähigkeit bezeichnet: Akteure können miteinander kooperieren, durch enge Beziehungen bilden sich Normen und Vertrauen heraus. Dadurch können Transaktionskosten sinken, was die Kooperation erleichtert und Schnittstellenprobleme reduziert.[52]

Die Dimension *Autorität* meint Einfluss- und Kontrollfunktion, also die Möglichkeit zu brokern je nach Netzwerkposition.

Meister und Lueth führen aus, dass durch Zusammenarbeit von Unternehmen mit Akteuren der Zivilgesellschaft und NGOs relevante gesellschaftliche Probleme gelöst werden können.[53] Diese Beziehungen stellen Sozialkapital dar, das für Unternehmen positive Erträge ermöglicht. Aulinger diskutiert Sozialkapital in Form von Netzwerken als Erfolgsfaktor für Unternehmensgründung im Bereich wis-

---

[41] Nahapiet/Ghoshal (1998): 243
[42] z.B. Coleman (1988)
[43] z.B. Tsai/Ghoshal (1998)
[44] z.B. Gabbay/Leenders (2001)
[45] z.B. Walker/Kogut/Shan (1997) sowie Koka/Prescott (2002)
[46] z.B. Putnam (2000)
[47] Grüb (2007): 157
[48] Riemer (2005): 150
[49] Coleman (1988); Grüb (2007): 157
[50] Nahapiet/Ghoshal (1998): 245
[51] Riemer (2005): 116ff.
[52] Grüb (2007)
[53] Meister/Lueth (2001): 6f.

sensintensiver Dienstleistungen.[54] Er weist auf eine wichtige Unterscheidung hin, dass zu klären ist, was genau soziales Kapital darstellt: bezüglich der Konzeption wird einerseits Sozialstruktur mit sozialem Kapital gleichgesetzt, dann stellt die Struktur bzw. Qualität von sozialen Beziehungen bereits Sozialkapital dar. Andererseits wird Sozialkapital über die möglichen Erträge definiert, die sich aufgrund der Einbettung in eine Sozialstruktur ergeben können.[55]

In der folgenden Abbildung 3 sind mögliche Erträge angeführt und den drei Dimensionen zugeordnet:

Dimension	Erträge
Allokation	Zugang zu Information
	„Radarfunktion" durch frühere Wahrnehmung wichtiger Information
Adaption	Kooperationsfähigkeit
	Innovationsfähigkeit durch höhere Informationsdichte in Netzwerken
	Sinkende Transaktionskosten führen zu besserer Leistung und Reputation
	Erziehung und Aufbau von kulturellem Kapital
	Zugehörigkeit und Identifikation mit Gemeinschaft
	Geltung allgemeiner Normen
Autorität	Einfluss
	Unterstützung und Rückhalt in schwierigen Situationen
	Zuweisung von Status und Anerkennung

Abb. 3: Sozialkapitalerträge nach Dimensionen[56]

Nach Aulinger können Erträge von Sozialkapital in Form von *materieller/finanzieller Unterstützung*, in Form von *Humankapital* (persönliche Lernentwicklung, emotionaler Rückhalt) oder in Form von *(neuem) Sozialkapital* (Kontakte herstellen, Vertrauenswürdigkeit und Reputation) lukriert werden. Diese Unterscheidung folgt dem Verständnis von Sozialkapital als Kapitalform neben Finanz- und Humankapital, auf das z.B. Bourdieu aufbaut.[57]

---

[54] Aulinger (2005)

[55] Aulinger (2005): 283 f.

[56] eigene Darstellung

[57] Aulinger (2005): 285 ff. weist zwar die Erträge den drei Kapitalformen konkret zu; in der Abbildung werden allerdings die drei Dimensionen angelegt, da sie der Vielfalt der möglichen Erträge aus Sicht der Autoren deutlicher Rechnung tragen

3 Investition in Sozialkapital am Beispiel unternehmerischen Bildungsengagements

3.1 Bestandaufnahme

Ein wichtiges gesellschaftliches Handlungsfeld, in dem Unternehmen als ‚gute Bürger' engagiert sind, ist Bildung. Unternehmen kooperieren mit Partnern anderer gesellschaftlicher Sektoren, um gemeinsam relevante gesellschaftliche Probleme zu lösen. Hier ist das ‚duale Ausbildungssystem' zu nennen: die gewerbliche Berufsausbildung ist in Form einer öffentlich-privaten Kooperation zwischen Schule und Unternehmen organisiert. Dieser Aspekt des mitteleuropäischen Bildungswesens hat lange Tradition und gewährleistet, dass auch nach Ende der Schulpflicht und praxisorientiert weitergelernt wird. Interessant ist hierbei die institutionalisierte (freiwillige!) Mitwirkung der Wirtschaft bei Prüfungen und an der inhaltlichen Mitgestaltung der Ausbildungsgänge im Rahmen des dualen Ausbildungssystems. Trotz dieser eingespielten und wirkungsmächtigen Elemente kommt das duale Ausbildungssystem in der öffentlichen Bildungsdebatte kaum vor. Unternehmerisches Engagement im Bildungsbereich umfasst bisher überwiegend Spenden und Sponsoring, das Ermöglichen von Praktika sowie die Organisation von Betriebsbesichtigungen. Allerdings dürfte eine gesellschaftliche Eingriffstiefe erst durch langfristiges Engagement und strategische Verankerung im Unternehmen entstehen, die bisher vielfach nicht gegeben sind. Größere Wirkung dürfte in Form von kontinuierlicher Kooperation zu erzielen sein, die sich durch langfristigen Austausch und die Bündelung gemeinsamer Interessen und Kompetenzen der Partner auszeichnet. Das kann z.B. in Form aufeinander abgestimmter Bildungsinhalte und Lernorte sowie durch gemeinsame Projekte von Bildungseinrichtung und Unternehmen stattfinden. So ist z.B. der gemeinsame praxisnahe Wirtschaftsunterricht über ein ganzes Schuljahr im Rahmen der Initiative „Business@School" der Boston Consulting Group GmbH mittlerweile fixer Bestandteil des Curriculums der P-Seminare an bayerischen Gymnasien (siehe weiter unten im Detail).

Zwei aktuelle Studien unternehmen eine Bestandaufnahme von Kooperationen zwischen Schule und Wirtschaft.[58] Beide Studien verdeutlichen die Wichtigkeit, die solchen Kooperationen mit Schulen von Unternehmensseite beigemessen wird. Allerdings bedarf es entsprechender innovativer Engagementformen. Als Hindernisse für gelingende Zusammenarbeit erscheinen Schwierigkeiten in der Kommunikation und der operativen Abstimmung. Es besteht ein Mangel an Information und gegenseitiger Kenntnis, dadurch liegt oft kein oder wenig Vertrauen vor. Wenn trotz vorhandenen Willens kein Austausch zustande kommt, wird kollektives Handeln erschwert bzw. unmöglich. Hier kann der sektorübergreifende Austausch einen Beitrag leisten, sich kennen zu lernen und somit die Interessen und Bedürfnisse des Partners besser zu verstehen.

Edens und Gilsinan untersuchen die Bildungspartnerschaft zwischen Schule, einer Unternehmensstiftung, einer Universität und einer pädagogischen Hoch-

---

[58] IFOK (2008); Marci-Boehncke/Rath/Joos (2008)

schule in den USA.[59] Dabei fassen die Autoren Sozialkapital – im Sinne Colemans und Putnams – als das Vorhandensein dichter Netzwerke aus reziproken Beziehungen auf, besonders zwischen Akteuren, die ansonsten keinen Kontakt hätten („bridging social capital"). Die Frage, ob Partnerschaften zur Schaffung von Sozialkapital beitragen können, wird gemischt beantwortet: Einerseits kann in Kooperationen „brückenbildendes" Sozialkapital geschaffen werden wie z.B. ein permanentes Netzwerk, das auch nach Projektablauf bestehen bleibt und permanente Kooperation ermöglicht. Eine wichtige Voraussetzung zur Schaffung von Sozialkapital ist ein gemeinsames Interesse wie etwa das sowohl von Schule als auch Unternehmen geteilte Bewusstsein der Notwendigkeit, etwas gegen den Fachkräftemangel zu unternehmen. Andererseits ist der gute Wille zwar eine notwendige, aber nicht hinreichende Voraussetzung für erfolgreiche Kooperation. Denn im Raum zivilgesellschaftlichen Handelns existieren keine wechselseitigen Zwangsmöglichkeiten: Vorleistungen müssen unabhängig voneinander erbracht werden. Dadurch aber ergeben sich wechselseitige Ausbeutungspotenziale: etwa wenn das Unternehmen Mitarbeiter für den Unterricht freistellt, aber die Lehrkräfte diese nicht gut integrieren; oder wenn Schulen mühsam Kooperationsbeziehungen mit Unternehmen aufbauen, der (staatliche oder private) Bildungsträger aber keine Budgets etc. für deren dauerhafte Umsetzung zur Verfügung stellt. Das gemeinsame Ziel bleibt auch dann unerreicht, wenn es zwar eigentlich alle erreichen wollen, aber einige ihre Vorleistungen nicht erbringen: eine Dilemmasituation, die effektive Kooperation auch bei gemeinsamer Zielsetzung verhindern kann. In dieser Situation machen Netzwerke sozialen Kapitals den entscheidenden Unterschied: Sie entwickeln interne Motivationspotenziale und informelle Kontrollmechanismen, um effektive Kooperation auch ohne äußeren Zwang zu ermöglichen, weil die Partner auch unabhängig voneinander ihre Vorleistungen erbringen. Durch Sozialkapital kann also das Kooperationsproblem, das in der Ausbeutungsgefahr besteht, gelöst werden (siehe Abbildung 4).

Corporate Citizenship bezeichnet also die Partnerschaft eines Unternehmens mit einem oder mehreren Akteuren anderer gesellschaftlicher Sektoren. Diese sektorübergreifenden Partnerschaften stellen einen innovativen Bereich dar, um unternehmerisches Engagement projektbezogen umzusetzen. Sie eröffnen Betrieben aller Größenordnungen Spielräume, um zur Entwicklung des Gemeinwesens beizutragen und zugleich die eigene Standortsituation zu verbessern.[60] Neben Kooperationsbeziehungen von Unternehmen mit anderen Unternehmen (Strategischen Allianzen) stellen dabei Kooperationen mit anderen Akteuren des Gemeinwesens (Staat, Bürgergesellschaft) als „soziale Partnerschaften"[61] bzw. „cross-sector (social) partnerships"[62] Möglichkeiten dar, gemeinsam Wert zu schaffen. Eine Form sind Kooperationen zwischen öffentlichen und privaten Akteuren („Public-private partnerships"), z.B. mit Kultusministerien oder Bildungseinrichtungen (Schulen) in öffentlicher Trägerschaft.

---

[59] Edens/Gilsinan (2005)
[60] Seitanidi/Ryan (2007)
[61] Damm/Lang (2002)
[62] Selsky/Parker (2005); Seitanidi (2007)

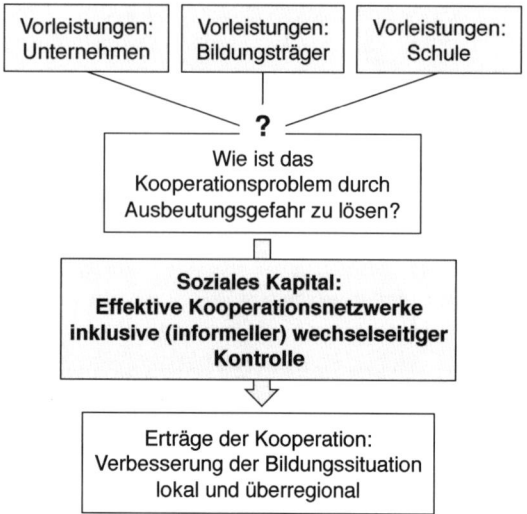

Abb. 4: Sozialkapital ermöglicht gemeinsames Handeln und die Überwindung des Kooperationsdilemmas[63]

3.2 Entstehung von Sozialkapital in den drei Stufen des Corporate Citizenship

Im Folgenden wird unternehmerisches Engagement im Bildungsbereich in Deutschland entlang der drei Schritte des Corporate Citizenship dargestellt und hinsichtlich der möglichen Wirkungen auf die Entstehung von Sozialkapital hin diskutiert:

Erste Stufe / Spenden und Sponsoring: sporadische Zusammenarbeit
In der ersten Stufe finden vereinzelt gemeinsame Aktivitäten statt, z.B. die einmalige Unterstützung des Schulfestes. Aktivitäten auf dieser Stufe entwickeln kaum nachhaltigen Einfluss, sondern setzen ein Signal, dass das Unternehmen sich engagiert und eventuell für weiterführende Aktivitäten offen ist. Oft stellt finanzielle oder materielle Unterstützung die erste Phase dar, in der sich Unternehmen und Schule wechselseitig kennen lernen.

Ertrag
Sozialkapital kann auf dieser ersten Stufe den Bildungspartnern die operative Tätigkeit in ihrem Bereich erleichtern, etwa wenn durch finanzielle oder logistische Unterstützung einigen Schülern oder Klassen die Teilnahme an Ausflügen, Wettbewerben oder (internationalen) Schülerkongressen ermöglicht wird, wenn Schulfeste unterstützt werden etc. Hier kann die Grundlage zur Entstehung von Sozialkapital gelegt werden, indem persönliche Kontakte geknüpft und der Rahmen für eine wei-

---

[63] eigene Darstellung

ter gehende Zusammenarbeit abgesteckt wird – z.B. durch einen wechselseitigen Besuch und die Vereinbarung gemeinsamer Projekte oder Initiativen.

Zweite Stufe / Partner: Projektpartnerschaften
In der zweiten Stufe werden in Kooperation mit Partnerorganisationen Lösungen für gemeinsame Probleme entwickelt, z.B. die Teilnahme von Unternehmen an regionalen Bürgertreffen. Das unternehmerische Engagement weist eine längere Wirksamkeit auf, es werden nicht nur Geld, sondern auch andere Potenziale wie Informationen, Kompetenzen und Kontakte beigesteuert. Wachsende Integration diverser Anspruchsgruppen sowie sporadische Kommunikation und Evaluation charakterisieren diese Engagementformen.

Ertrag
Auf dieser zweiten Stufe kommt es zur Entstehung von Netzwerken wechselseitigen Vertrauens und kontinuierlicher Zusammenarbeit (Sozialkapital). Dies umfasst nicht nur Akteure der beiden verschiedenen Bereiche, sondern auch Gruppen im Unternehmen selbst, die in die Partnerschaft involviert sind und sich dadurch auch untereinander näher kommen.

Dies kann insbesondere durch die Förderung betrieblichen Freiwilligenengagements („Corporate Volunteering") erleichtert werden. Es bietet etwa auch Pensionären oder Erziehungsurlaubern eine gute Gelegenheit, Erfahrungswissen aus der Arbeitswelt in die Schulen zu tragen und sich umgekehrt als Unternehmensvertreter Impulse für die eigene Arbeit zu holen.

Ein Beispiel auf dieser Stufe ist das Bildungsprogramm des Unternehmens Intel Deutschland GmbH, das auf die Förderung der Nutzung Neuer Medien/IT im Unterricht durch internetbasierte Lehrerfortbildung abzielt. Seit mehr als 10 Jahren kooperiert das Unternehmen mit Lehrern und dem Institut für Bildung in der Informationsgesellschaft an der Technischen Universität Berlin (zuvor Akademie für Lehrerfortbildung und Personalführung in Dillingen/ Bayern). In Form eines Blended-Learning Systems werden Lehrern verschiedener Schultypen mehr als 350 Lernpfade (à 40 Stunden) online und kostenlos zur Verfügung gestellt. Über entsprechende Kooperationsvereinbarungen mit den Kultusministerien wurden diese Inhalte als Teil der föderalen Lehrerweiterbildung integriert. Mehr als 50 % der deutschen Lehrer haben sich auf der Internetplattform registriert.[64]

Dritte Stufe / Bürger: strategische Zusammenarbeit bei der Schulentwicklung
In der dritten Stufe voll entwickelten Corporate Citizenship existiert eine hohe institutionelle Verankerung der Partnerschaft in den jeweiligen Organisationen und eine umfassende Integration der Anspruchsgruppen. Kernaspekt ist hier die Mitwirkung der Unternehmen nicht nur als operative Partner, sondern auch bei der strategischen Konzeptentwicklung (z.B. in der Bildungsarbeit). Dadurch wird die Reichweite unternehmerischen Engagements erhöht: denn es werden auch Institutionen geschaffen bzw. verändert. Dies impliziert, dass auch jene Gruppen oder

---

[64] Osburg (2010): 284

Personen von den positiven Rückwirkungen unternehmerischen Engagements profitieren, die nicht direkt an den Engagementprojekten beteiligt waren.

Ein jüngeres Beispiel für die ordnungspolitische Mitverantwortung der Unternehmen im Bildungssystem und die daraus resultierende strategische Zusammenarbeit zwischen Schulen und Unternehmen bietet das Projekt-Seminar zur Studien- und Berufsorientierung (P-Seminar) im Gymnasialsystem. Die Einrichtung des P-Seminares geht maßgeblich auf das Engagement der bayerischen Wirtschaft zurück. In konkreten Praxisprojekten mit externen Partnern (Unternehmen, Behörden, soziale Einrichtungen) soll der Erwerb fachlicher, methodischer und sozialer Kompetenzen gefördert werden. So machen SchülerInnen Erfahrungen, die ihnen in ihrer eigenen beruflichen Orientierung helfen.[65] Ein mögliches Projektthema ist die Energieplanung für ein Wohnhaus. In den Unterrichtsfächern Physik, Chemie oder Wirtschaft und Recht können hier in Zusammenarbeit mit externen Partnern Einblicke in die Berufe aus Ingenieurwesen und Haustechnik gewonnen werden. Ein weiteres Seminarthema kann die Gründung einer Juniorfirma sein, wodurch Erfahrungen in Unternehmensführung gesammelt und Interesse für kaufmännische Berufe geweckt werden können. In diesem Bereich ist die von dem Beratungsunternehmen The Boston Consulting Group GmbH im Jahr 1998 gegründete Initiative „Business@School" anzusiedeln: diese bietet Wirtschaftsunterricht und -kompetenz an der gymnasialen Oberstufe mit Unterstützung weiterer großer Unternehmen. Über ein ganzes Jahr lernen die Schüler große sowie regionale Unternehmen kennen und erarbeiten eine eigene Geschäftsidee. Diese Projekte werden von den Schülern vor einer Jury präsentiert und die Besten nehmen an einem europaweiten Wettbewerb teil.

Die Einrichtung des P-Seminars zeigt das Potential von Unternehmen, die dritte Stufe des Corporate Citizenship (Bürger) zu erreichen: Unternehmen erreichen diese Stufe weniger durch individuelle Projekte, sondern indem sie sich in die Weiterentwicklung von Institutionen (hier der Änderung von Oberstufenordnungen und Lehrplänen) einbringen und so ordnungspolitische Mitverantwortung übernehmen. Damit entfalten sie die größtmögliche gesellschaftspolitische Wirksamkeit und verbessern die Lernbedingungen auch jener SchülerInnen, die im Unterricht nie direkt mit Unternehmen in Kontakt treten. Das Erreichen dieser Stufe scheint umso wahrscheinlicher, je langfristiger die Zusammenarbeit angelegt ist und über operativen Austausch hinaus gegenseitige Impulse bei der strategischen Konzeptentwicklung umgesetzt werden.

Ein möglicher Effekt von Sozialkapital ist *(neues) Sozialkapital*. Dieser ergibt sich umso eher, je höher die Stufe des Engagements ist. Auf dieser dritten Stufe dürfte am Ehesten (neues) Sozialkapital geschaffen werden. In der folgenden Abbildung 5 werden die Erträge dargestellt, die in einer empirischen Erhebung über sektorübergreifende Partnerschaften im Bildungsbereich in Deutschland von Unternehmen und Vermittlerorganisationen genannt wurden:[66]

---

[65] Bayerisches Staatsministerium für Unterricht und Kultus (2011)
[66] die hier interpretierten Daten wurden in der Pilotphase eines Dissertationsprojektes zwischen März und Mai 2011 erhoben

Herausforderungen in Bildungspartnerschaften		Erträge
Fehlen bzw. schlechte Verfügbarkeit von Informationen	Allokation	Zugang zu Information
		„Radarfunktion" durch frühere Wahrnehmung wichtiger Information
Schwierigkeit der Kommunikation	Adaption	Kooperationsfähigkeit
Unterschiedliche Organisationskulturen		Innovationsfähigkeit durch höhere Informationsdichte in Netzwerken
Zielkonflikte		Sinkende Transaktionskosten führen zu besserer Leistung und Reputation
Fehlendes Verständnis		Aufbau von kulturellem Kapital
Unterschiedliche Denkmuster		Zugehörigkeit und Identifikation mit Gemeinschaft
		Geltung allgemeiner Normen
Fehlen formaler Autorität	Autorität	Einfluss
Angst vor Ausbeutung des ‚schwächeren' Partners		Unterstützung in schwierigen Situationen
Akzeptanzprobleme		Zuweisung von Status/Anerkennung

Abb. 5: Herausforderungen in Bildungspartnerschaften und Sozialkapitalerträge nach Dimensionen[67]

3.3 Problemlösungsbeitrag

Allokation

Corporate Citizenship eröffnet den Zugang zu Informationen

- Durch die Partnerschaft lernt das Unternehmen Lehrer und Schüler persönlich kennen. Dadurch erhält es einen Einblick in Schulprozesse und den Ausbildungsstand der Schüler.
- Im Austausch mit den staatlichen Instanzen (z.B. Kultusbehörden) lernen Unternehmen, wie die Zusammenarbeit mit einem öffentlichen Partner funktioniert.
- Oft fehlen fachliche/methodische Kenntnisse, wie sektorübergreifende Projekte umgesetzt werden können, hier setzt gemeinsame Fortbildung an, um entsprechendes Wissen zu vermitteln
- Türöffner für neue Märkte: Ingenieure und Produktentwickler leben oft in einer ‚Binnenkultur', in die die Bedürfnisse der Märkte nur bedingt vordringen. Wenn es hier gelingt, in einer Partnerschaft spezifisches Anwendungswissen aufzubauen, dann bringt das konkrete Vorteile. So hat etwa IBM im Projekt ‚Re-inventing Education' bereits in den 1990er Jahren Chefentwickler mit Schülergruppen vernetzt, um wechselseitiges Lernen zu ermöglichen.

---

[67] eigene Darstellung

- Der Austausch mit Schulen liefert einen Einblick in methodisch-didaktische Überlegungen, die sich z.B. in Form innovativer Lern- und Lehrinhalte auch in betriebliche Fortbildungen hinein umsetzen lassen.

Wie ein „Radar" kann diese Aufnahme und Verarbeitung externer Information, zu denen sonst keinen Zugang bestände, die Umfeldsensibilität des Unternehmens erhöhen. Das betrifft sowohl aber auch Information aus dem Unternehmen an den Partner:

- Durch Austausch bekommen auch Lehrer Informationen, die noch keine Berufspraxis außerhalb der Schule gesammelt haben. Diese hilft ihnen bei der Integration berufsvorbereitender Aspekte in den Unterricht.
- Die konkreten Bedürfnisse der Unternehmen und Anforderungen an ihre zukünftigen Auszubildenden, die in der Schule teilweise zu wenig bekannt sind, können dargestellt werden.
- Oft fehlen in der Schule Praxisinformationen aus Unternehmen, um ersichtlich zu machen, welche Konsequenzen die Entscheidung eines Schülers für einen bestimmten Ausbildungsschwerpunkt mit sich bringt. Hier kann das Unternehmen Information liefern, die den Schülern eine bessere Orientierung ermöglicht.

Unternehmen gehen an diese Kooperationen mit unterschiedlichen Motivlagen heran. Ein wichtiger Aspekt ist der unmittelbare Unternehmensnutzen, der erreicht werden soll: Durch den Kontakt mit Organisationen anderer Sektoren kann besserer oder neuer *Marktzugang* für eigene Produkte oder Projekte ermöglicht werden. So können durch die Ausweitung etablierter Kooperationsprojekte von einem Bundesland auf das andere Kontakte auch zu anderen Kultusministerien geknüpft werden: Es entsteht weiteres Sozialkapital, das auch in anderem (etwa auch geschäftlichem) Zusammenhang Nutzen stiftet. Übereinstimmend berichten Unternehmen über Schwierigkeiten, qualifizierte Fachkräfte und geeigneten Nachwuchs zu finden. Praktischer Nutzen aus vielen Kooperationen mit Bildungseinrichtungen ist das informelle Kennenlernen geeigneter Nachwuchskräfte und eventuell die *Rekrutierung* im Anschluss an gemeinsame Projekte. Viele Unternehmen motiviert auch die erhoffte Steigerung von *Reputation und Imageeffekten*.

Adaption

Eine gewisse wechselseitige Grundskepsis prägt die Atmosphäre zwischen Schule und Wirtschaft – auch wenn diese in der Vergangenheit etwas zurückgegangen ist. Vielfach führen unterschiedliche Kulturen und Arbeitsweisen zu mangelndem Verständnis und fehlendem Vertrauen.

Der Ertrag von Corporate Citizenship und der Entstehung von sozialem Kapital besteht diesbezüglich in gesteigerter Kooperationsfähigkeit. Im Kontakt zu anderen Berufsgruppen, zu unterschiedlichen Arbeitszusammenhängen und gesellschaftlichen Kontexten entsteht ein klareres Verständnis der konkreten Erwartungen und Schwierigkeiten. So wird ein gegenseitiges Verständnis gefördert. Doch mehr als das: Soziales Kapital schafft positive Motivation und Sanktionspotentiale zur

Überwindung des Kooperationsdilemmas. Die Partner wollen ihren Beitrag zum gemeinsamen Ziel leisten, um den anderen nicht zu enttäuschen; sie können auch ihr Missfallen äußern, wenn sich die Partner nicht in gewünschtem Maße beteiligen.

In den Kooperationsnetzwerken erfüllen Unternehmen oft eine Art Pfadfinderfunktion, indem sie neue Horizonte eröffnen, Initiativen und Entwicklungen anstoßen etc. – wie z.B. länderübergreifende Kommunikation zu IT-basierten Lehrmethoden in bestimmten Unterrichtsfächern. Verstärkt wird diese Innovationsfähigkeit durch höhere Informationsdichte in sektorübergreifenden Netzwerken (‚bridging social capital‘).

Autorität

Im Austausch zwischen Schule und Wirtschaft wird oft ein Machtungleichgewicht zwischen Unternehmen als „starkem" und Bildungseinrichtung als „schwachem" Partner wahrgenommen. Dadurch entsteht oft die Angst vor „Ausbeutung" der Schule durch Unternehmen, oder jedenfalls vor dem Verlust von Entscheidungs- und Inhaltsautonomie.

Ein möglicher Effekt von Sozialkapital ist der moderierende wechselseitige Einfluss, der in diesem Partnerschaftsnetzwerk ausgeübt werden kann. Besonders für große Unternehmen besteht ein Anreiz, Kontakte zu politischen Entscheidungsträgern aufzubauen. Dabei ergeben sich Möglichkeiten zum Kontakt auf Ministerialebene. Im Austausch auf Ebene der Kultusministerien können Kooperationsstrukturen geschaffen oder verstärkt werden, die die Langfristigkeit der Partnerschaft unterstützen.

In Partnerschaften stellt die *Zuweisung von Status und Anerkennung* auch eine Form von Sozialkapital dar. Wenn Unternehmen langfristig aktiv sind, werden sie vom Partner (Ministerium oder Schule) als vertrauensvoller und zuverlässiger Partner wahrgenommen, wodurch weiterführende Projekte möglich werden.

Zusammenfassend kann in Kooperationen im Rahmen von Corporate Citizenship neues Sozialkapital geschaffen werden:

- Kontakte
  Es werden neue Beziehungsnetzwerke etabliert und gepflegt. Besonders große Unternehmen stellen über Vermittler leichter Kontakt zu Politik her, während kleine und mittlere Unternehmen eher an lokalen/regionalen Kontakten interessiert sind.

- Pfadfinderfunktion
  Über neue Kontakte werden neue Partnerschaften über ein Ursprungsprojekt hinaus möglich. Das Ursprungsprojekt inspiriert vielfach zur Neuschaffung weiterer Initiativen und Projekte und entfaltet so einen Multiplikatoreffekt.

- Leistungsfähige Region
  In Summe kann die Vernetzung einer Region gesteigert werden, was Auswirkungen auch auf die politisch-administrative Stabilität (Zufriedenheit der Bürger) wie auch die wirtschaftliche Dynamik mit sich bringt.[68]

- Bildungsbeitrag von Unternehmen
  Ein Hauptmotiv des unternehmerischen Engagements ist die Nachwuchssiche-
  rung. Dadurch wird als Nebeneffekt ein wichtiger Beitrag zum öffentlichen
  Gut Beschäftigungsfähigkeit geleistet. Die Gesellschaft insgesamt profitiert
  von guter Bildungsqualität. Wichtige Aspekte sind hier die Förderung von Interesse an den MINT-Fächern (Mathematik, Informatik, Naturwissenschaften
  und Technik), insbesondere für Mädchen.

- Gesellschaftlicher Beitrag
  Durch Kooperationen und sonstiges Engagement von Unternehmen leisten
  diese einen Beitrag zu Erziehung und Bildung, der den Erziehungsauftrag der
  Eltern bzw. der Schule unterstützt. Gesellschaftliches Engagement von Unter-
  nehmen gewinnt an Akzeptanz und Bedeutung, die Unternehmen werden im
  Umfeld positiver gesehen.

4 Corporate Citizenship, Soziales Kapital und die Rolle von Unternehmen in der Gesellschaft

Unternehmen, die sich als ‚gute Bürger' etwa im Bereich Bildung engagieren, können zur Schaffung von Sozialkapital beitragen, indem sie Beziehungsnetzwerke
knüpfen, durch die neue Projekte entstehen. *Darin können, wollen und werden die
Unternehmen die Letztverantwortung des demokratisch legitimierten Staates für
öffentliche Güter nicht übernehmen!* Weder steuern sie die Organisation des Bil-
dungssektors noch die Festlegung der Bildungsinhalte, die zurecht einem letztlich
demokratisch gesteuerten Prozess unterliegen. Die Rede von der ‚Politisierung'
von Unternehmen in Teilen der nationalen und internationalen Diskussion um
Corporate Citizenship ist also zumindest missverständlich, weil sie unternehmerisches Handeln zugleich überfordert und diskreditiert.[69] Das Spiegelbild der un-
abdingbaren Freiwilligkeit des Unternehmensengagements, das nicht durch staatliche Auflagen oder Privilegierungen erzwungen werden darf, ist vielmehr auch
die eingeschränkte Verantwortlichkeit des Unternehmens im Bildungssektor. Statt
einer ‚Substitution des Staates' bleiben Unternehmen ein wichtiger Bestandteil der
Zivilgesellschaft. Sie übernehmen eine Art Pfadfinderfunktion,[70] indem sie *komple-
mentär* zur staatlichen Bildungsaufsicht durch ihr Engagement neue Entwicklungen anstoßen – durchaus auch aus eigenem langfristigen Interesse an besser aus-
gebildeten jungen Menschen. Gerade durch diese innovativen Impulse tragen sie

---

[68] vgl. Putnam (1993 und 2000)
[69] vgl. Habisch (2011)
[70] Habisch/Wildner/Wenzel (2008)

zur Wissensgenerierung bei – in Form von Lerneffekten bei Schülern und Lehrern (beruflicher Praxisbezug des Lernens), aber auch bei den MitarbeiterInnen selber (Personalentwicklung, über den Tellerrand blicken).

Die drei Schritte des Corporate Citizenship eignen sich als Hintergrundbeispiel für die Analyse der Erträge von sektorübergreifenden Partnerschaften. Je höher die Stufe, auf der das Engagement eines Unternehmens eingeordnet werden kann, desto größer ist das Potenzial, zur Ausbildung von Sozialkapital im Gemeinwesen beizutragen.

Corporate Citizenship, das Engagement von Unternehmen als ‚guter Bürger‘, kann zur Schaffung von Sozialkapital beitragen: indem Wissen bzw. Information verfügbar wird (Allokation), die Anpassungsfähigkeit der Partner steigt (Adaption) und wechselseitige Kontroll- und Einflussmöglichkeiten kollektives Handeln zu ermöglichen und zu stabilisieren verhelfen (Autorität). Da der Austausch zwischen Akteuren unterschiedlicher gesellschaftlicher Sektoren vielfältige Herausforderungen mit sich bringt, ist Corporate Citizenship langfristig nur als Investition in Soziales Kapital möglich und sinnvoll. Nicht durch betrieblichen Aktivismus (und entsprechend oberflächliche Öffentlichkeitsarbeit), sondern nur durch die Mithilfe an der Entstehung lokaler und regionaler Selbststeuerungsinstanzen (Subsidiarität) können Unternehmen einen Beitrag zur nachhaltigen Entwicklung ihres Gemeinwesens leisten. Dabei lernen sie auch selbst graduell ihre gesellschaftliche Umwelt (inklusive ihrer eigenen Handlungsmöglichkeiten darin) besser kennen.

Für die Wiederentdeckung der Zivilgesellschaft in wichtigen öffentlichen Aufgabenfeldern wie der Bildungspolitik wird das Engagement von Unternehmen dann eine zentrale Rolle spielen[71].

5 Literaturverzeichnis

Adler, P. S./Kwon, S.-W. (2002): Social Capital: Prospects for a New Concept. Academy of Management Review, 27 (1), S. 17-40.

Aulinger, A. (2005): Entrepreneurship und soziales Kapital. Netzwerke als Erfolgsfaktor wissensintensiver Dienstleistungsunternehmen. Marburg: Metropolis.

Bayerisches Staatsministerium für Unterricht und Kultus (2011): Das Projekt-Seminar zur Studien- und Berufsorientierung. Im Internet verfügbar: www.gymnasium.bayern.de/gymnasialnetz/oberstufe/seminare/p-seminar/. (zuletzt abgerufen: 20.06.2011)

Bourdieu, P. (1983): Ökonomisches Kapital, kulturelles Kapital, soziales Kapital. In R. Kreckel (Hrsg.): Soziale Ungleichheiten, S. 183-199. Göttingen: Otto Schwartz & Co.

Bourdieu, P. (1986): The Forms of Capital. In Richardson, J. G. (Ed.): Handbook of Theory and Research for the Sociology of Education, S. 241-258. New York [u.a.]: Greenwood Press.

Burt, R. S. (1992): Structural Holes: The Social Structure of Competition. Harvard: University Press.

---

[71] die deutsche Regierung trägt dem insofern Rechnung, dass der erste nationale Engagementbericht im Herbst 2011 mit dem speziellen Themenfokus ‚Engagement von Unternehmen‘ erscheint.

Coleman, J. S. (1988): Social Capital in the Creation of Human Capital. The American Journal of Sociology, 94; Supplement: Organizations and Institutions: Sociological and Economic Approaches to the Analysis of Social Structure, S. 95-120.

Damm, D./Lang, R. (2002): Handbuch Unternehmenskooperation: Erfahrungen mit corporate citizenship in Deutschland. Bonn [u.a.]: Stiftung Mitarbeit.

Edens, R./Gilsinan, J. F. (2005): Rethinking School Partnerships. Education and Urban Society, 37 (2), S. 123-138.

Fukuyama, F. (1995): Trust: the social virtues and the creation of prosperity. London: Penguin Books.

Gabbay, S. M./Leenders, R. T. (2001): Social Capital of Organizations: from social structure to the management of corporate social capital. In Gabbay, S.M./ Leenders, R.T. (Hrsg.): Social Capital of Organizations, Bd. 18, S. 1-20. Amsterdam [u.a.]: Research in the sociology of organizations.

Googins, B. K./Rochlin, S. A. (2000): Creating the partnership society: understanding the rhetoric and reality of cross-sectoral partnerships. Business and Society Review, 105 (1), S. 127-144.

Grüb, B. (2007): Sozialkapital als Erfolgsfaktor von Public Private Partnership. Berlin: Berliner Wissenschafts-Verlag.

Habisch, A. (2011): Politization of Companies? Empirical Evidence on Corporate Citizenship Activities in Europe. In Pies, I./Koslowski, P. (Hrsg.): Corporate Citizenship and New Governance: The Political Role of Corporations. Heidelberg-Berlin: Springer, i.E.

Habisch, A./Moon, J. (2006): Social Capital and Corporate Social Responsibility. In Jonker, J. /de Witte, M. (Hrsg.): The challenge of organising and implementing corporate social responsibility, S. 63-77. Basingstoke: Palgrave Macmillan.

Habisch, A./Schmidpeter, R. (2001): Social Capital, Corporate Citizenship and Constitutional Dialogues – Theoretical Considerations for Organisational Strategy. In Habisch, A./ Meister, H.-P./Schmidpeter, R. (Hrsg.): Corporate Citizenship as Investing in Social Capital, S. 11-18. Berlin: Logos.

Habisch, A./Wildner, M./Wenzel, F. (2008): Corporate Citizenship (CC) als Bestandteil der Unternehmensstrategie. In: Habisch, A./Schmidpeter, R./Neureiter, M. (Hrsg.): Handbuch Corporate Citizenship. Corporate Social Responsibility für Manager, S. 3-44. Berlin, Heidelberg: Springer.

IFOK (2008): Kooperationen zwischen Schulen und Wirtschaft: Partnerschaften mit Zukunftspotential. Bensheim.

Koka, B. R./Prescott, J. E. (2002): Strategic alliances as social capital: a multidimensional view. Strategic Management Journal, 23 (9), S. 795-816.

Marci-Boehncke, G./Rath, M./Joos, J. (2008): Wirtschaft macht Schule. Studie zur Kooperation von Wirtschaftsunternehmen mit Schulen in Baden-Württemberg. Forschungsstelle Jugend-Medien-Bildung an der Pädagogischen Hochschule Ludwigsburg.

Maurer, I. (2003): Soziales Kapital als Erfolgsfaktor junger Unternehmen. Eine Analyse der Gestaltung und Entwicklungsdynamik der Netzwerke von Biotechnologie Start-Ups. Wiesbaden: Westdeutscher Verlag/GWV Fachverlage GmbH.

Meister, H.-P./Lueth, A. (2001): Opening Address: Beyond Corporate Citizenship – Investing in Social Capital as Corporate Strategy. In: Habisch, A./Meister, H.-P./Schmidpeter, R. (Hrsg.): Corporate Citizenship as Investing in Social Capital, S. 3-8. Berlin: Logos.

Nahapiet, J./Ghoshal, S. (1998): Social capital, intellectual capital, and the organizational advantage. Academy of Management Review, 23 (2), S. 242-266.

Osburg, T. H. (2010): Private Unternehmen und öffentliche Bildung. In Hardtke, A./Kleinfeld, A. (Hrsg.): Gesellschaftliche Verantwortung von Unternehmen. Von der Idee der

Corporate Social Responsibility zur erfolgreichen Umsetzung, S. 273-285. Wiesbaden: Gabler.

Putnam, R. D. (2000): Bowling alone. New York: Simon & Schuster.

Putnam, R. D. (1995): Bowling alone: America's Declining Social Capital. Journal of Democracy, 6 (1), S. 65-78.

Putnam, R. D. (1993): Making democracy work: Civic traditions in modern Italy. Princeton, NJ: University Press.

Putnam, R. D./Goss, K. A. (2001): Einleitung. In: Putnam, R.D. (Hrsg.), Gesellschaft und Gemeinsinn, S. 15-43. Gütersloh: Berterlsmann Stiftung.

Riemer, K. (2005): Sozialkapital und Kooperation. Tübingen: Mohr Siebeck.

Rondinelli, D. A./London, T. (2003): How corporations and environmental groups cooperate: Assessing cross-sector alliances and collaborations. Academy of Management Executive, 17 (1), S. 61-76.

Scherer, A. G./Palazzo, G./Baumann, D. (2006): Global rules and private actors: toward a new role of the transnational corporation in global governance. Business Ethics Quarterly, 16 (4), S. 505-532.

Seitanidi, M. M. (2010): The Politics of Partnerships. A Critical Examination of Nonprofit-Business Partnerships. Berlin et al.: Springer.

Seitanidi, M. M. (2007): Intangible economy: how can investors deliver change in businesses? Lessons from nonprofit-business partnerships. Management Decision, 45 (5), S. 853-865.

Seitanidi, M. M./Ryan, A. (2007): A critical review of forms of corporate community involvement: from philanthropy to partnerships. International Journal of Nonprofit and Voluntary Sector Marketing, 3, S. 247-266.

Selsky, J. W./Parker, B. (2005): Cross-Sector Partnerships to Address Social Issues: Challenges to Theory and Practice. Journal of Management, 31 (6), S. 1-25.

Sobel, J. (2002): Can We Trust Social Capital? Journal of Economic Literature, XL, S. 139-154.

Svendsen, G. T./Svendsen, G. L. (2010): The troika of sociology, political science and economics. In: Svendsen, G.T./Svendsen, G.L. (Hrsg.): Handbook of Social Capital, S. 1-13. Cheltenham, UK: Edward Elgar.

Tsai, W./Ghoshal, S. (1998): Social Capital and Value Creation: The Role of Intrafirm Networks. Academy of Management Journal, 41 (4), S. 464-476.

Walker, G./Kogut, B./Shan, W. (1997): Social Capital, Structural Holes and the Formation of an Industry Network. Organization Science, 8 (2), S. 109-125.

Weihe, G. (2008): Ordering Disorder – On the Perplexities of the Partnership Literature. The Australian Journal of Public Administration, 67 (4), S. 430-442.

CSR Diskurse und Perspektiven

Shared Value: Die Brücke von Corporate Social Responsibility zu Corporate Strategy[1]

Michael E. Porter und Mark R. Kramer

1 Ein neues Konzept für unternehmerisches Engagement in der Gesellschaft

Die Grundidee des „Shared Value"-Konzeptes (gemeinsamer Mehrwert für Unternehmen und Gesellschaft) liegt in der Annahme, dass die Wettbewerbsfähigkeit eines Unternehmens und der Wohlstand der Gesellschaft, in der das Unternehmen tätig ist, miteinander in Wechselwirkung stehen. Wer den Zusammenhang von gesellschaftlichem und wirtschaftlichem Fortschritt erkennt und nutzbar macht, entfesselt eine Kraft, die globales Wachstum fördern und zu einer Neuinterpretation des Begriffes „Kapitalismus" führen kann.

Wir haben das „Shared Value"-Konzept erstmals im Jahr 2006 in unserem Artikel „Strategie und Gesellschaft" in der Zeitschrift „Harvard Business Review" vorgestellt und es im Frühjahr 2011 in dem Folgeartikel „Creating Shared Value" näher erläutert. In diesem zweiten Artikel haben wir drei Möglichkeiten, wie Unternehmen „Shared Value" schaffen können, vorgestellt:[2]

- *Produkte und Märkte neu begreifen*
  Unternehmen können gesellschaftliche Bedürfnisse erfüllen, indem sie bestehende Märkte besser beliefern, neue Märkte erschließen oder neue Produkte und Produktinnovationen, die auf gemeinsamen Mehrwert ausgerichtet sind, entwickeln. Siehe dazu die nachfolgend beschriebenen Aktivitäten der ERSTE Bank.

- *Neubewertung der Wertschöpfungsproduktivität*
  Unternehmen können die Qualität, die Quantität, die Kosten und die Verlässlichkeit ihrer Produktionsmittel und ihrer Produktions- und Logistikprozesse verbessern und sich gleichzeitig für den Erhalt essenzieller natürlicher Ressourcen einsetzen und so den wirtschaftlichen und gesellschaftlichen Fortschritt vorantreiben. Siehe dazu nachstehendes Beispiel von Nestlé.

- *Lokale Cluster aufbauen*
  Unternehmen sind nicht isoliert von den wirtschaftlichen Kreisläufen ihrer Umgebung. Sie brauchen ein starkes, wettbewerbsfähiges Umfeld, bestehend

---

[1] der englische Originalbeitrag für die Publikation wurde von Christine Moore übersetzt und von den Autoren freigegeben

[2] Porter/Kramer (2011)

aus verlässlichen regionalen Zulieferern, Zugang zu talentierten Mitarbeiterinnen und Mitarbeitern sowie eine funktionierende Verkehrs- und Telekommu-
nikationsinfrastruktur, um im Wettbewerb zu überzeugen. Siehe dazu nachstehendes Beispiel von Robert Bosch.

Natürlich ist die Idee, dass wirtschaftlicher und gesellschaftlicher Erfolg voneinander abhängig sind – speziell für deutschsprachige Leser und Leserinnen – nicht
neu. Das Fundament des deutschen Modells der sozialen Marktwirtschaft wurde
auf dieser Wechselwirkung aufgebaut, und sie war über ein halbes Jahrhundert
lang ein Schlüsselfaktor für den Erfolg der deutschen Wirtschaft. In jüngerer Vergangenheit wurde dieses Prinzip von Verfechtern eines „strategischen CSR-Ansat-
zes" – wie beispielsweise der Bertelsmann-Stiftung – zunehmend verfeinert. Die
Schaffung von „Shared Value" bezieht sich auf diese beiden Konzepte und nimmt
zahlreiche ihrer Ideen auf. Das zeigt sich in den vielen Beispielen aus der Vergangenheit (manchmal sind sie bis zu 100 Jahre alt), die wir immer wieder in unseren
Artikeln zur Illustration von „Shared Value" verwendet haben und in diesem Kapitel näher beschreiben werden.

Dennoch gibt es einen wesentlichen Unterschied zwischen der Schaffung von
„Shared Value" und diesen beiden verwandten Konzepten: Sowohl bei der sozialen Marktwirtschaft als auch bei „Corporate Social Responsibility" (CSR) liegt der
Fokus auf einer Verpflichtung seitens des Unternehmens, einen Beitrag zum gesellschaftlichen Fortschritt zu leisten. Im Begriff CSR ist diese Verpflichtung sogar
mit dem Wort „responsibility" ausdrücklich verankert. Die soziale Marktwirtschaft
beruht ebenfalls auf der gesellschaftlichen Verantwortung von Unternehmen: Im
deutschen Grundgesetz wird explizit darauf hingewiesen, dass Besitz mit gewissen
Verpflichtungen verbunden ist und dass der Gebrauch von Besitztümern auch dem
Gemeinwohl zugutekommen soll.

Das „Shared Value"-Konzept steht nicht im Widerspruch zu diesen Vorstellungen. Es gibt wichtige gesellschaftliche und politische Gründe, die für ein soziales Engagement von Unternehmen sprechen. Aber das „Shared Value"-Konzept
bietet den Unternehmen ein zusätzliches, sehr mächtiges Argument zur Unter-
mauerung ihrer diesbezüglichen Aktivitäten: Eigennutz (siehe untenstehende Tabelle).

Das traditionelle Verständnis von CSR sowie die Paradigmen der sozialen
Marktwirtschaft beruhen auf einem inhärenten Konflikt zwischen den vielfältigen
Anliegen der Gesellschaft und den weitaus enger gefassten Interessen von Unternehmern. Beispielsweise werden Umweltverschmutzung oder schlechte Arbeitsbedingungen oft als externe bzw. gesellschaftliche Probleme betrachtet, durch
welche dem Unternehmen keine Kosten entstehen. Diese Annahme führt zu dem
Schluss, dass Unternehmen erst durch politische Intervention und gesellschaftlichen Druck dazu gebracht werden müssen, den Wert, den sie im Rahmen ihrer
üblichen Geschäftstätigkeit erwirtschaften, zu teilen.

	Corporate Social Responsibility / Wirtschaftlichen Mehrwert verteilen	Shared Value / Gemeinsamen Mehrwert schaffen
Motivation	Reputationssicherung	Neue Geschäftsfelder
Treiber	Externe Anspruchsgruppen (sog. Stakeholder)	Unternehmensstrategie
Bemessung	Kosten, standardisierte Evaluationssysteme zur Messung von „ESG" Aktivitäten	Geschaffener Mehrwert für Wirtschaft und Gesellschaft
Steuerung	CSR-Abteilung	Vertikal im gesamten Unternehmen verankert
Gesellschaftlicher Nutzen	Erfolgreiche (Sozial-)Projekte	Weitreichender nachhaltiger Wandel
Wirtschaftlicher Nutzen	Reduktion von unternehmerischem Risiko und Sicherung des öffentlichen Wohlwollens	Strategischer Wettbewerbsvorteil

Das „Shared Value"-Konzept setzt bei einer gänzlich anderen Weltsicht an. Das zentrale Argument liegt dabei in der Schaffung eines Ausgleichs zwischen Unternehmertum und Gesellschaft. Denn „Shared Value" bedeutet, dass gerade der Einsatz für gesellschaftliche und ökologische Probleme in seiner Umgebung den Interessen eines Unternehmens dient. Wer in diesem Kontext denkt, erkennt, dass Themen wie Umweltverschmutzung und schlechte Arbeitsbedingungen nicht externe, zu vernachlässigende Themen, sondern auch zentrale betriebswirtschaftliche Anliegen sind, die großen Einfluss auf Effizienz und Produktivität haben. Unternehmen erkennen bereits, dass Engagement für Nachhaltigkeit nicht nur eine Reaktion auf den Druck seitens der NGOs zur Reduktion des ökologischen Fußabdrucks oder zum umsichtigen Gebrauch limitierter Ressourcen bedeutet, sondern dass eine sorgsame Steuerung ihrer Wertschöpfungsprozesse und Minimierung ökologischer Folgeschäden sich positiv auf ihre Produktivität auswirken und Kosten reduzieren kann.

Diese Haltungsänderung kann einen tiefgreifenden Wandel in Unternehmen bewirken. Statt sich nur auf die Einhaltung lokaler Gesetze und die Befriedigung der Interessen der lautesten Stakeholdergruppen zu beschränken, verwenden Unternehmen, die „Shared Value" schaffen wollen, deutlich verbesserte Methoden und operative Praktiken. Statt den Ruf des Unternehmens durch Verschenken unternehmerischer Ressourcen wie Zeit, Geld oder Fachwissen aufpolieren zu wollen, verfolgen „Shared Value"-Unternehmen innovative Pfade und verbünden sich mit anderen, um grundlegende Probleme anzugehen und dadurch gleichzeitig ihre Marktanteile und ihre Gewinne zu vermehren.

Nehmen wir beispielsweise ein Unternehmen, das modernste Medizintechnik im Hochpreissegment anbietet. Im Kontext von „Corporate Social Responsibility" wäre es wichtig, dass dieses Unternehmen seine Mitarbeiterinnen und Mitarbeiter fair behandelt und dass seine Produkte wiederverwertbar sind. Würde das Unternehmen sich als Proponent einer sozialen Marktwirtschaft verstehen, müsste es

Programme für Auszubildende anbieten und sicherstellen, dass ein Personalvertreter im Aufsichtsrat vertreten wäre. In beiden Szenarien könnte das Unternehmen großzügige Produktspenden an benachteiligte Bevölkerungsgruppen tätigen und so den von ihm erwirtschafteten Wert mit der Gesellschaft teilen und gesellschaftlichen Nutzen stiften.

Die Schaffung von „Shared Value" würde jedoch ein solches Unternehmen zu Erreichung viel weitreichenderer Ziele anspornen. Geht man beispielsweise davon aus, dass der größtmögliche gesellschaftliche Wert, den ein Hersteller medizintechnischer Geräte schaffen kann, die Leben jener Menschen sind, die dank seiner Produkte gerettet werden, dann könnte ein solches Unternehmen sein Geschäftsmodell überprüfen und sich fragen: „Wie können wir sicherstellen, dass möglichst viele Menschen von unseren Produkten profitieren?". Die Beantwortung dieser Frage würde eine neue Sicht auf das Produktportfolio bedingen, bei der „modernste Medizintechnik" nicht zwangsläufig „Hochpreissegment" bedeuten muss und neue Produktvarianten auch Menschen mit geringerem Einkommen zugutekommen könnten. Mit einer solchen Strategie könnte das Unternehmen seine Wettbewerbssituation neu gestalten und seinen Marktanteil wesentlich vergrößern und gleichzeitig würden mehr Menschen davon profitieren als von jeglicher Spendenaktion.

Misstrauische Leserinnen und Leser könnten jetzt einwerfen, dass dieses Beispiel von einer „Shared Value"-Strategie utopisch und nicht realisierbar sei. Aber tatsächlich passiert genau das bereits heute in der medizintechnischen Industrie, vor allem in multinationalen Konzernen. Zum Beispiel investiert General Electric (GE) im Rahmen seiner Healthymagination-Strategie 6 Milliarden Dollar in die Forschung, um neue Geräte und Prozesse zu entwickeln, die die Gesundheitskosten bis 2015 um 15 % reduzieren sollen.[3] Medtronic plant ebenfalls die Entwicklung neuer Produkte und möchte dadurch bis 2020 die Anzahl der Menschen, die sich die Produkte leisten können, verdreifachen.

Mit dem „Shared Value"-Ansatz soll der wertvolle Beitrag, den „Corporate Social Responsibility" zur wirtschaftlichen Entwicklung und zum gesellschaftlichen Wohlstand leistet, nicht geschmälert oder gering geschätzt werden. Vielmehr soll auf den nachfolgenden Seiten untersucht werden, wie deutsche, österreichische und Schweizer Unternehmen die „Shared Value"-Prinzipien in der Vergangenheit umgesetzt haben und welchen Beitrag dieser Ansatz zur Fortsetzung des eingeschlagenen Weges künftig leisten kann.

2 „Shared Value" im deutschsprachigen Raum

Da diese Publikation für den deutschsprachigen Raum gedacht ist, wollen wir „Shared Value" im Rahmen der sozialen Marktwirtschaft sowie der langjährigen Tradition deutscher, österreichischer und Schweizer Unternehmen bei der Schaffung von „Shared Value" betrachten.

---

[3] GE Healthymagination (2011)

„Shared Value" in der sozialen Marktwirtschaft

Die soziale Marktwirtschaft in Deutschland ist eine einzigartige Variante einer freien, kapitalistisch orientierten Marktwirtschaft, die sowohl den freien Marktzugang für alle Beteiligten als auch die soziale Absicherung für jene Menschen, die ihr Einkommen am Markt nicht sichern können, garantiert.[4] Da in diesem System der Staat für den Ausgleich zwischen größtmöglicher wirtschaftlicher Freiheit und ausreichender sozialer Gerechtigkeit verantwortlich ist, spielt er hier eine größere intervenierende und regulierende Rolle, als dies bei einer reinen freien Marktwirtschaft der Fall ist.[5]

Im Unterschied zur sozialen Marktwirtschaft orientiert sich das „Shared Value"-Konzept nicht an der Rolle des Staates, sondern konzentriert sich auf das Verhalten der Unternehmen am Markt. Die Schaffung von gesellschaftlichem Mehrwert wird dabei als integraler Bestandteil bei der Entwicklung eines Wettbewerbsvorteils gesehen. Aus der Sicht der Gesellschaft ist es ohnehin egal, welche Organisation gesellschaftlichen Wert erzeugt. Egal, ob der Staat, die NGOs oder die Unternehmen diesen Nutzen schaffen, wichtig ist nur, dass es jene Organisationen tun, die die besten Voraussetzungen mitbringen, um den größtmöglichen Nutzen mit den geringsten Kosten zu stiften.[6]

Dennoch finden sich bei der sozialen Marktwirtschaft und beim „Shared Value"-Konzept einige wesentliche Gemeinsamkeiten:

* Die langfristige Ausrichtung
* Der Glaube an die wechselseitige Abhängigkeit von Wirtschaft und Gesellschaft
* Die Meinung, dass Unternehmen gesellschaftlichen Wert schaffen können und sollen

Unternehmensbeispiele aus der Vergangenheit

Die Vorstellung, dass Unternehmen zum gesellschaftlichen Wohlstand beitragen, ist im deutschsprachigen Raum nichts Neues. In Österreich, in Deutschland und in der Schweiz gibt es eine lange Tradition von zivilgesellschaftlichem Engagement in der Privatwirtschaft, insbesondere von Klein- und Mittelbetrieben (KMU).[7] Wie die folgenden Beispiele zeigen, befassten sich einige der heute bestehenden Unternehmen schon bei ihrer Gründung mit der Frage nach ihrem Beitrag zum gesellschaftlichen Wohl.

Produkte und Märkte neu begreifen

Österreichs größte Bank, die ERSTE, wurde 1819 von Johann Baptist Weber, einem Pastor aus der Leopoldstadt (Wien), gegründet. Seine Vision für die von ihm

---

[4] Bundesministerium für Wirtschaft und Technologie (2011)
[5] GTZ/Bertelsmann Stiftung (2007)
[6] Porter/Kramer (2011)
[7] GTZ/Bertelsmann Stiftung (2007)

gegründete Vereinigung, den *Verein der Ersten Österreichischen Spar-Casse*, orientierte sich an den neuen „Sparkassen"-Modellen, die zu diesem Zeitpunkt gerade in Großbritannien und Deutschland entstanden.[8] Es ging ihm darum, Leistungen von Banken, die bis dato einer reichen Elite vorbehalten waren, auch dem Rest der Bevölkerung zugänglich zu machen. Weber hatte schon damals eine Wahrheit entdeckt, die hinter den kraftvollen Bestrebungen heutiger Mikro-Sparprogramme in Afrika und Indien steckt: Die Chance, kleine Summen sicher anzusparen, erleichtert es armen Menschen, ihre Zukunft zu planen, und eröffnet ihnen die Möglichkeit, einen Weg aus der Armut zu finden. Die ERSTE Bank wird heute von derselben Wahrheit kraftvoll geleitet. Die primäre Quelle der Bank zur Schaffung von gesellschaftlichem Wert besteht in der Bereitstellung finanzieller Dienstleistungen für ihre Kundinnen und Kunden. Dieser Service wird zunehmend zur Voraussetzung für eine vollständige Teilnahme am modernen gesellschaftlichen und wirtschaftlichen Leben. 2006 erkannte die Bank diese Tatsache und gründete die Zweite Sparkasse – eine Bank, die Basisdienstleistungen für Österreicherinnen und Österreicher anbietet, die auf Grund ihrer wirtschaftlichen Verhältnisse und Kreditgeschichte von anderen Banken[9] als Kundinnen und Kunden abgewiesen werden. Es gibt geschätzte 40.000 potentielle Kundinnen und Kunden in Österreich, die diese Form von Dienstleistung benötigen.[10] Obwohl die Bank ohne „Profithürde" gegründet wurde, sollen die Kundinnen und Kunden der Zweiten Sparkasse dennoch nach einem Zeitraum von zirka drei Jahren zu einer regulären Bank wechseln.[11]

Neubewertung der Wertschöpfungsproduktivität

Schon bei seiner Gründung im Jahr 1867 erkannte der Schweizer Nahrungsmittel- und Getränkekonzern Nestlé, dass der eigene wirtschaftliche Erfolg vom Wohlergehen seiner Lieferanten abhängt. Durch den Aufbau eines Netzwerks von sogenannten „Milchbezirken" konnte das Unternehmen den lokalen Bauern Unterstützung in landwirtschaftlichen Belangen anbieten und ihnen durch seine Beratung zu größeren Erträgen, Zugang zu verbesserten Rohstoffen und regelmäßigeren Einnahmen verhelfen. Die Milchbezirke wurden ursprünglich in den Regionen Cham und Vevey in der Nähe der Produktionsstätte von Nestlé eingerichtet, aber das Netzwerk breitete sich bis 1905 in Europa und Nordamerika, in den 1920er-Jahren bis nach Lateinamerika und in den 1960er-Jahren bis nach Indien aus. Heute finden sich Milchbezirke auf der ganzen Welt: von Argentinien bis Usbekistan.[12] Sie haben die wirtschaftliche Entwicklung und das Wohlergehen der landwirtschaftlichen Bevölkerung grundlegend verbessert, sind aber auch essenziell für den Erfolg von Nestlé, da sich das Unternehmen damit verlässliche Bezugsquellen für seinen wichtigsten Rohstoff gesichert hat.

---

[8]   Erste Gruppe (2011)
[9]   Die Zweite Sparkasse (2011)
[10] Erste Stiftung (2011)
[11] ibid
[12] Nestlé (2006)

Lokale Cluster aufbauen

Der deutsche Industrielle Robert Bosch interessierte sich immer dafür, welche Faktoren sich positiv auf die Verweildauer seiner Mitarbeiterinnen und Mitarbeiter im Unternehmen auswirkten, wie sich das Motivationsniveau beeinflussen ließ und wie er einen Zustrom von talentierten Mitarbeiterinnen und Mitarbeitern sichern konnte. Deshalb stattete er sein Unternehmen – eine ungewöhnliche Maßnahme für das 19. Jahrhundert – mit der modernsten Ausrüstung aus und sorgte für gute Beleuchtung und Klimatisierung. 1906 führte Robert Bosch als erster Arbeitgeber im damaligen Württembergischen Reich einen achtstündigen Arbeitstag ein und ebnete damit den Weg für einen Dreischicht-Betrieb, der zu einem Produktivitätsschub führte. Seine Mitarbeiterinnen und Mitarbeiter kamen zudem in den Genuss von Alters- und Hinterbliebenenunterstützung und Betriebsärzten. Es gab eine besondere Förderung für bedürftige Auszubildende und junge Arbeiterinnen und Arbeiter, die sich durch besondere Begabung auszeichneten.[13] Robert Bosch glaubte fest daran, dass gesellschaftlicher Fortschritt stark mit Bildung zusammenhängt, und setzte sich bereits Anfang des 20. Jahrhunderts für den offenen Bildungszugang ein. Schließlich spendete er die großzügige Summe von einer Million Deutsche Mark an die Fakultäten für Maschinenbau, Elektrotechnik und Physik der Technischen Hochschule Stuttgart[14] – alles Gebiete, die für sein wachsendes Unternehmen von hoher Relevanz waren.

Aktuelle Beispiele heutiger Unternehmen

Der Zusammenhang zwischen gesellschaftlicher Entwicklung und wirtschaftlichem Erfolg ist in der globalisierten Welt von heute deutlicher denn je zu erkennen. Immer mehr Unternehmen aus dem deutschsprachigen Raum werden sich ihrer Möglichkeiten bewusst, wirtschaftlichen Wert zu schaffen, indem sie gesellschaftlichen Wert realisieren. Sie beginnen, ihre Produkte und Märkte neu zu begreifen, Produktivität und Wertschöpfung neu zu bewerten und lokale Cluster aufzubauen.

Produkte und Märkte neu begreifen

Eines der aussagekräftigsten deutschen Beispiele, in dem Produkte und Märkte neu definiert werden, ist die Revolution in der Treibstoffeffizienz zweier namhafter Automobilhersteller. BMW reduzierte z. B. zwischen 1995 und 2009 mit seinem EfficientDynamics-Konstruktionsprogramm die durchschnittlichen Emissionswerte seiner Flotte um beachtliche 29 % und überholte damit andere Autohersteller.[15] Vor zwanzig Jahren glaubte man noch daran, dass der Erfolg eines Autoherstellers in der Produktion immer größerer, teurerer und leistungsfähigerer Autos stecke, die in der Lage waren, mit den steigenden Erwartungen seiner Kundinnen und Kunden mitzuhalten. Heute weiß man, dass genau das Gegenteil zum Erfolg führt: Die Reduktion von CO_2 ist zum Erfolgsfaktor in der Autoindustrie geworden. Der

---

[13] Robert Bosch (2011)
[14] ibid
[15] BWM Group (2011)

Vorsprung, den BMW für sich beanspruchen konnte, wird von Mitbewerbern – wie Volkswagen – energisch angefochten. Volkswagen rühmt sich, mit seinem Polo BlueMotion 1.4 TDI ein Auto mit einem geringeren Ausstoß hergestellt zu haben, als sein Vorbild, das Toyota Prius Hybridauto, bei seiner Markteinführung hatte.[16] Und Daimler-Benz bezeichnet seinen BlueTEC-Motor als „einen der saubersten Dieselmotoren der Welt".[17] Sobald der Euro-6-Emissionsstandard in September 2015 für alle Neuwagen in Kraft tritt, wird Daimler-Benz in der Lage sein, eine Auswahl an Fahrzeugen, die diesen strengen Richtlinien entsprechen, anzubieten.[18]

In der Schweiz hat Nestlé schon lange von sich behauptet, dass „wir, um langfristigen Wert für unsere Aktionäre zu realisieren, Wert für die Gesellschaft schaffen müssen".[19] Einen Weg zur Schaffung von „Shared Value" sieht Nestlé z. B. in der Anpassung seiner Produkte für Menschen mit geringem Einkommen, damit diese Kundinnen und Kunden wertvolle Nahrung zu einem leistbaren Preis und in einer adäquaten Verpackungsgröße kaufen können. Mehr als ein Drittel der Weltbevölkerung bekommt eine zu geringe Zufuhr von Spurenelementen und zahlreiche Menschen leiden an einem Mangel an wichtigen Mikronährstoffen wie Eisen, Jod, Vitamin A und Zink. Nestlé erkannte diesen Bedarf und diese Chance, analysierte die ernährungsbedingten Mangelerscheinungen in verschiedenen Regionen und ergänzte daraufhin Milliarden von Portionen seiner Produkte so, dass sie den jeweils lokalen Bedarf decken und sich gleichzeitig von der Konkurrenz abheben.[20] Zum Beispiel wurden die angereicherten MAGGI-Produkte von Nestlé in Indien zur „Nummer 1 der wertvollsten Marken" gekürt und ihr Umsatz stieg im Jahr 2010 um 29 %, dank einer preisgekrönten Werbekampagne, die diese Botschaft untermauerte und den hohen Stellenwert von Spurenelementen in den Vordergrund stellte.[21]

Neubewertung der Wertschöpfungsproduktivität

Der internationale Handels- und Servicekonzern OTTO investierte in die Entwicklung einer neuen Kollektion von Baumwollprodukten für den Massenmarkt namens „Cotton Made in Africa". Die Baumwolle wird von Bauern in Benin, Burkina Faso und Sambia hergestellt. Unternehmensgründer Dr. Michael Otto baute eine komplett neue Lieferantenkette von Grund auf und ließ sich dabei von der Organisation „Aid by Trade" unterstützt. Dieses Projekt bescherte 40.000 afrikanischen Bauern und deren Dörfern neue wirtschaftliche Perspektiven und der OTTO-Gruppe ein unverwechselbares Produkt für einen besonders hart umkämpften Markt. Da afrikanische Baumwolle relativ lange Fasern hat, wird sie sorgfältig händisch gepflückt, was zur hohen Qualität des Rohstoffs beiträgt. Diese ohnehin hohe Qualität wird noch durch die Trainingsprogramme von „Cotton made in Africa" für Kleinbauern erhöht. Die Bauern lernen dabei, wie sie moderne und effiziente Be-

---

[16] The GreenCarWebsite (2007)
[17] Daimler (2011)
[18] ibid
[19] Nestlé (2011)
[20] ibid
[21] Nestlé (2010)

pflanzungsmethoden anwenden, mit einem Minimum an Düngemitteln auskommen, ihre Erträge erhöhen und die Qualität ihrer Fasern verbessern können.[22] Das wirtschaftliche Ziel ist es, zirka 60.000 Tonnen Baumwolle zu beziehen und zu verkaufen und ein Handelsvolumen von etwa 3 Milliarden Euro zu erreichen.[23] Während „Fair Trade"-Organisationen Baumwollherstellern höhere Preise für ihren Rohstoff garantieren, gelingt es „Cotton made in Africa", auf Subventionen und künstlich eingesetzte Preissteigerungen zu verzichten. Die Kleinbauern können ihre Lebensqualität und ihr Einkommen mit „Cotton made in Africa" immer weiter verbessern. Das beständige Wachstum der internationalen Abnahmeallianz (International Demand Alliance) für „Cotton made in Africa" ist der Beleg dafür, dass die Nachfrage nach afrikanischer Baumwolle steigt.[24]

Lokale Cluster aufbauen

Als die Bertelsmann-Stiftung im Jahr 2007 ihre „Verantwortungspartner"-Initiative gründete, zollte sie der wechselseitigen Abhängigkeit zwischen Unternehmen und Gesellschaft Tribut. Im Rahmen dieser Initiative soll durch die Etablierung sektorübergreifender regionaler Verantwortungspartnerschaften zwischen Unternehmen aus der Region, Vereinen, Gemeinden und sonstigen Anbietern von sozialen Dienstleistungen die nachhaltige regionale Entwicklung in Deutschland und Österreich gefördert werden. Diese Partnerschaften wählen ein Themengebiet von hoher Relevanz für die Region aus und setzen ihre Ressourcen gemeinsam ein, um eine möglichst hohe Wirkung für das ausgewählte Anliegen zu erreichen – z. B. Qualifizierung lokaler Arbeitskräfte, Förderung von „MINT"-Kompetenzen oder Nutzung demografischer Trends. Die gemeinsam entwickelte Strategie wird miteinander umgesetzt und der Fortschritt bei der Erreichung der klar gesetzten Ziele wird in regelmäßigen Treffen evaluiert. Derzeit werden „Verantwortungspartner"-Pilotprojekte in fünf Regionen durchgeführt; zwei weitere Regionen haben im Jahr 2009 beschlossen, unabhängig davon ähnliche Vorhaben umzusetzen.[25] Zum Beispiel herrscht in Berlin ein Mangel an IT-Fachkräften, obwohl es dort viele Neugründer in der IT-Branche gibt und die Stadt zwei technische Universitäten beherbergt. Tatsächlich hat Berlin sogar den größten Mangel an Informatikern von allen deutschen Regionen, und das wird zu einem wachsenden Problem in Anbetracht dessen, dass der IT-Industrie für die kommenden Jahre steigende Wachstumsraten prognostiziert werden. Die Regionale Partnerschaft Berlin und Brandenburg versucht daher, durch fünf Projekte (von berufsbildenden Trainings für Fortgeschrittene bis hin zu IT-orientierten Praktika für Schüler) mehr IT-Spezialisten auf den Arbeitsmarkt zu bringen.[26]

---

[22] Cotton Made in Africa (2011)
[23] Accenture (2008)
[24] Cotton Made in Africa (2011)
[25] Bertelsmann Stiftung (2010)
[26] Verantwortungspartner für Berlin und Brandenburg (2011)

3 Der nächste Schritt: Vom „Was" zum „Wie"

Nachdem wir nun „Shared Value" erläutert und die herausragenden Unterschiede zwischen diesem Konzept und CSR hervorgehoben haben, stellt sich die Frage, wie ein Unternehmen diese Ideen erfolgreich implementieren kann.

Anhand unserer Erfahrungen der letzten zehn Jahre mit Unternehmen aller Größen, sowohl Aktiengesellschaften als auch Firmen in Privat- oder Familienbesitz, haben wir einige Schlüsselfaktoren zur erfolgreichen Umsetzung der „Shared Value"-Theorie in der Unternehmensrealität identifiziert.

Führung

Erstens muss die oberste Managementebene das „Shared Value"-Konzept gutheißen. Ohne verbindliche Zusage der Unternehmensführung wird es in keinem Unternehmen möglich sein, eine Strategie umzusetzen, die zur Erreichung ihrer Ziele Ressourcen, Fokussierung und langfristiges Denken voraussetzt.[27] Nestlé ist ein gutes Beispiel für ein Unternehmen, bei dem sich die Geschäftsführung den „Shared Value"-Prinzipien verschrieben hat. Vor mehr als fünf Jahren lieh der damalige Aufsichtsratsvorsitzende und CEO Peter Brabeck-Letmathe dem „Shared Value"-Konzept nicht nur seine Unterstützung, sondern sorgte dafür, dass „Shared Value" zur DNA des Unternehmens wurde, indem er es zum integralen Bestandteil der Unternehmensstrategie ernannte.

Heute ist Nestlé führend in der Schaffung von „Shared Value" und hat das Konzept durchgängig entlang seiner Wertschöpfungskette umgesetzt. Nestlé veranstaltet jährlich ein „Shared Value"-Forum und verleiht einmal im Jahr den „Nestlé Shared Value Preis". Brabeck-Letmathe, jetzt Aufsichtsratsvorsitzender, hat vor kurzem ein Buch zu „Shared Value" publiziert und setzt sich weiterhin für die Verbreitung des Themas ein.

Identifikation der strategisch relevanten Themen

Zweitens sollte sich – so wie sich die Unternehmensstrategie meist auf einige Eckpfeiler stützt, die für die Wettbewerbsposition des Unternehmens entscheidend sind – auch die „Shared Value"-Strategie auf jene gesellschaftlichen Themen konzentrieren, die dem Unternehmensgegenstand am nächsten sind. Das große Chemieunternehmen BASF hat 2010 eine weitreichende Stakeholder- und Unternehmensumfrage durchgeführt, um die wichtigsten Themen, die das Unternehmen mit der Gesellschaft verbinden, herauszufinden. Nach der Befragung von 300 Stakeholdern aus verschiedensten Gebieten (inkl. Wissenschaft, Wirtschaft und NGOs) und nach Interviews mit BASF-Führungskräften stellte sich heraus, dass Energie und Klima die Hauptthemen waren, an denen sich die „Shared Value"-Aktivitäten des Unternehmens orientieren sollten.[28] Seither hat das Unternehmen eine Reihe

---

[27] Bockstette/Stamp (2011)
[28] BASF (2011)

von neuen Produkten entwickelt, unter anderem ein extrem leichtes Plastikmaterial, das zu einer erhöhten Treibstoffeffizienz bei Autos führt, und ein innovatives Dämmmaterial, das in der Bauwirtschaft Verwendung findet.[29] In einem ähnlichen Vorgehen wurden bei Allianz in einem mehrstufigen Verfahren Stakeholder befragt und Gesprächsrunden mit internen und externen Experten durchgeführt, um zu den Themenschwerpunkten Zugang zu Finanzdienstleistungen, Klimawandel, demografische Entwicklung, Digitalisierung und Stabilität der Finanzmärkte konkrete Unterthemen festzulegen.[30]

Die Auswahl und Eingrenzung der richtigen Themen ist jedoch lediglich die erste Hürde, die es zu nehmen gilt. Es müssen auch ehrgeizige Ziele artikuliert werden, die mehr als nur inkrementellen Wandel bewirken. Siemens hat sich beispielsweise das Ziel gesetzt, Umsätze in Höhe von 40 Milliarden Euro aus seinem Portfolio umweltbewusster Technologien zu erzielen.[31] Der Konsumgüterkonzern Unilever hat sich im Rahmen des „Sustainable Living Plan" bis 2020 drei ehrgeizige Ziele gesetzt: die Halbierung des ökologischen Fußabdruckes seiner Produkte; 1 Milliarde Menschen dazu zu bringen, aktiv etwas für ihre eigene Gesundheit und ihr Wohlbefinden zu tun; Beschaffung von 100 % seiner landwirtschaftlichen Rohstoffe aus nachhaltigen Quellen.[32] Die Artikulierung solcher Ziele unterstützt die Verbindlichkeit des Vorhabens, fördert die Innovationskraft und erhöht das Verantwortungsgefühl gegenüber dem Projekt. Da vielen Unternehmen eine solche Zielartikulation leider schwerfällt, kann es zu Schwierigkeiten bei der Evaluation der Maßnahmen kommen. Mit diesem Thema werden wir uns weiter unten beschäftigen.

Funktionale Innovation

Drittens wird es zur Erreichung der ehrgeizigen Ziele nötig sein, Ressourcen für die Durchführung funktionaler Innovationsprojekte und die Gestaltung gezielter Kooperationen mit externen Partnern einzusetzen. Die Erzeugung von „Shared Value" geht deutlich weiter als jegliche Geldspende. „Shared Value" verlangt Innovationen in der Produktgestaltung und der Organisation der Wertschöpfungsprozesse, die Ausweitung der Mitarbeiterkompetenzen, die Fähigkeit, mit untypischen Partnern zu kooperieren, sowie die Nutzung politischer oder wirtschaftlicher Einflussmöglichkeiten. Die Impfstoffe und Medikamente der Firma Novartis wurden 2010 zur Behandlung und zum Schutz von 913 Millionen Menschen eingesetzt. Das Unternehmen erreichte im selben Jahr mit seinen „Access to Medicines" Programmen 85 Millionen Patienten.[33] Diesen Erfolg erzielte das Unternehmen nicht ausschließlich durch seine Investitionen in innovative Forschungsgebiete, wie die Bekämpfung seltener Krankheiten wie Dengue-Fieber, Malaria und Tuberkulose, sondern weil es seine F&E-Aktivitäten durch eine Reihe von Maßnahmen zur Er-

---

[29] BASF (2010)
[30] Allianz (2011)
[31] Siemens (2011)
[32] Unilever (2011)
[33] Novartis (2011)

leichterung des Zuganges zu seinen Medikamenten ergänzte. Novartis verkaufte erschwingliche Produkte in kleinen Verpackungsgrößen und im lokalen Dialekt beschriftet. Zudem investierte das Unternehmen in Weiterbildungsprogramme für lokale Gesundheitstrainer und medizinische Dienste und entwickelte Prozesse, die eine kontinuierliche Verfügbarkeit der Medikamente in lokalen Apotheken sicherten. All diese einzelnen Innovationen waren notwendig, damit Novartis jene Menschen erreichen konnte, die seine Produkte am meisten brauchen.

Wenn Unternehmen die Schaffung von „Shared Value" zum zentralen Element ihrer Geschäftsstrategie machen, werden die gesellschaftlichen Anliegen und Themen in ihre operative Struktur integriert. Die Mitarbeiterinnen und Mitarbeiter der CSR- und Philanthrophie-Abteilungen sind dann nicht nur damit beschäftigt, Zuschüsse zu gewähren oder Berichte zu verfassen, sondern sie sind in das Kerngeschäft des Unternehmens eingebunden. Das deutsche Unternehmen Bayer hat beispielsweise festgestellt, dass es das Erkennen von und die Reaktion auf gesellschaftliche Megatrends zum Kern seines Geschäftsmodells machen muss und dass es hierfür einer Belegschaft bedarf, die sich dazu verpflichtet, innovativ und langfristig zu denken und vorausschauend zu handeln.[34] Das Unternehmen motiviert die Mitarbeiterinnen und Mitarbeiter aller Hierarchieebenen dazu, sich mit Nachhaltigkeit zu beschäftigen und über gesellschaftliches Engagement nachzudenken. Der französische Nahrungsmittelriese Danone entwickelte im Jahr 2008 eine Dreijahresstrategie, in der sich die Unternehmensergebnisse mit der Erzeugung von gesellschaftlichem und ökologischem Wert verbinden. Dieses „Dual Project" beschäftigt sich mit den vier strategischen Unternehmensthemen „Gesundheit", „Für Alle", „Natur", und „Menschen". Um das neue Vorgehen in all seinen Niederlassungen weltweit umzusetzen, rief Danone das Implementierungsprogramm „New Danone" ins Leben. Auf Unternehmensebene richtete Danone verschiedene Abteilungen und Teams zur Bearbeitung der einzelnen Themen und eine Abteilung für gesellschaftliche Themen und „Corporate Social Responsibility" ein. Mit der neu geschaffenen Position des „Vice President für Sustainability & Shared Value Creation", der direkt an die Hauptgeschäftsführung berichtet, stellte Danone die Koordination der einzelnen Programme sicher.[35]

Aber Unternehmen sollten noch weiter gehen. Wer wirklich etwas bewegen will, muss mit den Akteuren in Kontakt treten, die über umfassendes Wissen zu den relevanten „Shared Value"-Themen des Unternehmens verfügen. Durch zielgerichtete Kooperationen mit NGOs, anderen Unternehmen oder öffentlichen Institutionen sichert sich ein Unternehmen nicht nur den verbesserten Zugang zu Informationen, sondern profitiert von dem sektorübergreifenden, komplementären Wissen dieser Organisationen. Als Teil seiner Bemühungen, den Zugang zu Finanzdienstleistungen für arme Menschen auszubauen, hat Allianz beispielsweise eine Reihe von Mikroversicherungsprodukten geschaffen, die Basisschutz für einzelne Personen und Familien bieten, die sonst keine Möglichkeit der sozialen Absicherung hätten. Das Mikroversicherungsgeschäft von Allianz wird durch

---

[34] Bayer (2011)
[35] Danone (2011)

seine lokalen Büros abgewickelt und von der Allianz4Good zentral unterstützt. Die Erkenntnis, dass NGOs über wertvolles Wissen über die Finanzierungsbedürfnisse von Haushalten mit niedrigem Einkommen verfügen, hat sie dazu veranlasst, eng mit Partnerorganisationen wie CARE International, PlaNetFinance und World Vision zusammenzuarbeiten. Gemeinsam erarbeiten sie Strategien zur Erfassung der Kundenbedürfnisse vor Ort, zur Entwicklung von Produkten und zur Gestaltung von Aufklärungsmaterialien. Seit 2010 kooperiert Allianz mit der GIZ (in Form einer Public-Private-Partnership), um die Mikroversicherungsangebote zu verbessern.[36]

„Shared Value" messen

Schließlich ist eine ergebnisorientierte Unternehmensführung für „Shared Value" genauso wichtig wie für alle übrigen Aspekte der strategischen Unternehmensführung und -planung. Das heißt, dass die für die einzigartige „Shared Value"-Strategie des Unternehmens relevanten Ergebnisse gemessen werden sollten anstatt der (oder zusätzlich zu den) herkömmlichen Standardkennzahlen wie GRI. In der Berichterstattung bedeutet dies eine Entwicklung weg von einer Orientierung am „Was?" hin zu einer Haltung von „Was nun?", bei der sich Einsichten entfalten und aus den Ergebnissen gelernt wird. Diese Erfahrungen und Einsichten dienen der Maßnahmensteuerung: An jenen Stellen, wo der Aufwand bereits Früchte trägt, wird verstärkt angesetzt; an jenen Stellen, wo dies nicht der Fall ist, wird korrigiert. Weiter sollte sich die interne und externe Kommunikation von einer langen Liste von gesellschaftsrelevanten Unternehmensaktivitäten verabschieden und sich einer faktenbasierten Auseinandersetzung mit der Frage, welchen Beitrag „Shared Value" zur Entwicklung des Unternehmens und zur gesellschaftlichen Entwicklung leistet, zuwenden.

Nestlé hat in den letzten Jahren einen „Creating Shared Value"-Bericht herausgegeben und sich dabei auf seine drei Kernthemen – Wasser, Nahrung und ländliche Entwicklung – konzentriert. Das Unternehmen arbeitet zwar – wie andere globale Mitstreiter auch – jährlich weiter an der Verbesserung seiner Evaluierungsprozesse, hat aber bereits große Fortschritte bei der Messung und Evaluierung seiner „Shared Value"-Aktivitäten gemacht. Nestlé weiß bereits, dass es im Rahmen seines Nahrungsmittelgeschäfts 90 Milliarden Essensportionen der Marke Maggi mit Spurenelementen (z.B. Jod) angereichert und in 75 Ländern verkauft hat. Als nächsten Schritt möchte das Unternehmen die Auswirkungen angereicherter Nahrung auf die Konsumenten messen, wohl wissend, dass Nestlé-Produkte nur ein Teil von vielen Nahrungsmitteln sind, die die Menschen täglich zu sich nehmen.[37] Im Bereich Wasser konnte Nestlé 27 Millionen Schweizer Franken durch die Einsparung von 1,9 Millionen m³ Wasser einsparen.[38] Im Bereich der ländlichen Entwicklung waren 950 Agrarwissenschaftler und mehr als 15.000

---

[36] Allianz (2011)
[37] Nestlé (2011)
[38] ibid

Experten für Landbau an der Weiterbildung von ca. 150.000 Bauern beteiligt.[39] Im November 2010 führte Nestlé eine Umfrage in 144 seiner ländlichen Fabriken durch und analysierte ihre Zusammenarbeit mit lokalen Lieferanten, die Durchführung lokaler Bildungsprogramme (Lesen, Schreiben, Rechnen), das Angebot an Unternehmensführungstrainings, die Ausbildung von Auszubildenden, die Bereitstellung von sauberem Wasser und die Investitionen in lokale Infrastruktur. Die Ergebnisse waren beeindruckend und veranschaulichen Nestlés Strategie: So stellt das Unternehmen sicher, dass seine Fabriken in starke Gemeinschaften eingebunden sind und dadurch die Nachhaltigkeit und Qualität der eigenen Lieferkette gestärkt wird.[40]

Wie im nächsten Kapitel näher beschrieben, wird die verbesserte Messbarkeit von „Shared Value" eine zentrale Herausforderung der nächsten Jahre sein.

4 Schlussfolgerung und zukünftige Perspektiven

Das „Shared Value"-Modell hat weitreichende Auswirkungen auf zahlreiche Protagonisten wie CSR-Manager, die Zivilgesellschaft und Bildungsinstitutionen für Betriebswirtschaft.

Eine Wendung hin zu „Shared Value" kann für **CSR-Manager** eine grundlegende Veränderung ihrer Rolle bedeuten. Heute sind viele CSR-Manager für verschiedene Programme und externe Beziehungen zuständig, leiten eine Anzahl von Projekten, kommunizieren mit internen und externen Stakeholdern und entwickeln Berichte und andere Kommunikationsmittel. In einem „Shared Value"-Unternehmen sind andere Rollen und andere Kompetenzen erforderlich. CSR-Manager werden dort zu Veränderungsmanagern, die den „Shared Value"-Gedanken und entsprechendes Verhalten in allen Abteilungen des Unternehmens entwickeln sollen. Es liegt an ihnen, dafür zu sorgen, dass Produktinnovationen, die Optimierung der Wertschöpfungskette sowie die Investition in lokale Cluster zur DNA des Unternehmens gemacht werden. Diese Rollenveränderung kann nicht ohne die Unterstützung des CEO oder der oberen Führungsebene stattfinden. Schwierigkeiten können auch dann entstehen, wenn das CSR-Thema hierarchisch der Marketing- oder der Kommunikationsabteilung zugeordnet wird und der CSR-Fokus auf Markenbildung oder Reputationsmanagement statt auf Wertschöpfung liegt.

Für die **Zivilgesellschaft** bedeutet der Wandel hin zu „Shared Value", dass Unternehmen ihre Partnerschaften und Beziehungen zu NGOs und anderen zivilgesellschaftlichen Organisationen in einem neuen Licht betrachten. Statt sie als Spendenempfänger einzuordnen, werden ausgewählte strategische Partner als Voraussetzung für die Schaffung von „Shared Value" erachtet. Die Zivilgesellschaft kann Unternehmen beim Erkennen gesellschaftlicher und ökologischer Entwicklungen helfen, die „Shared Value"-Möglichkeiten eröffnen (oder verhin-

---

[39] ibid
[40] ibid

dern), neue Dienstleistungen vorantreiben oder bestehende Prozesse optimieren. Unternehmen, die sich dem „Shared Value"-Konzept verschreiben, werden wahrscheinlich die Anzahl gesellschaftlicher Themen, mit denen sie sich beschäftigen, und ihre zivilgesellschaftlichen Partnerschaften beschränken, aber ihre Beziehungen mit den für ihre Strategie wichtigsten Organisationen signifikant vertiefen.

Die langfristig angelegten Investitionen für „Shared Value"-Aktivitäten lassen sich nicht immer leicht in einem Quartalsbericht oder sogar in einem Modell zur längerfristigen Kostenevaluierung unterbringen. Weil sie einen kritischen Einfluss auf den langfristigen Wettbewerbsvorteil haben, müssen **Investoren und Analysten** lernen, wie sie die Schaffung von „Shared Value" evaluieren und in ihre Investitionsentscheidungen und -empfehlungen integrieren können.

Schließlich bietet „Shared Value" eine Chance zur Neugestaltung der betriebswirtschaftlichen Ausbildung für die **nächste Generation von Führungskräften**. Zu oft werden Themen wie Nachhaltigkeit oder gesellschaftliches Engagement ausschließlich in speziellen CSR-Kursen vermittelt, anstatt Teil der regulären Ausbildung zu sein. Diese Praxis verstärkt die Auffassung, dass unternehmerisches Engagement für die Gesellschaft getrennt von der betriebswirtschaftlichen Kernaufgabe zu betrachten sei. Statt in separaten Kursen sollten Fallstudien über Nestlé, ERSTE, BASF usw. in den regulären betriebswirtschaftlichen Fächern unter dem Titel „Wie Unternehmen im 21. Jahrhundert miteinander konkurrieren, in dem sie der Gesellschaft dienen" vermittelt werden.

Wie dieses Kapitel gezeigt hat, ist die wechselseitige Abhängigkeit zwischen Wirtschaft und Gesellschaft kein neues Konzept. Vorausblickende Unternehmen wie die ERSTE Bank gestalten ihre Geschäfte bereits seit einigen Jahrhunderten nach dieser Haltung. Und dennoch steckt „Shared Value" noch in den Kinderschuhen und Unternehmen lernen gerade erst, ihre Strategien gleichzeitig an die Bedürfnisse der Gesellschaft und der Gesellschafter anzupassen. Die Finanzkrise von 2009 und 2010 hat dem Kapitalismus einen schlechten Ruf eingebracht. Das rasante Bevölkerungswachstum belastet unsere begrenzten Ressourcen noch weiter. Unternehmen, die talentierte Mitarbeiterinnen und Mitarbeiter gewinnen und ihre Umsätze steigern möchten, müssen sich auf neue Geschäftsmodelle einlassen. Das „Shared Value"–Konzept bietet Leitlinien zur Bewältigung der notwendigen Veränderungen in der Beziehung zwischen Wirtschaft und Gesellschaft.

Allerdings bleiben dabei noch einige Fragen offen – allen voran die Frage, wie sich die Erfolge von „Shared Value" so messen lassen, dass sie auch von Aufsichtsräten und Investoren anerkannt werden. Nur wenige Unternehmen, wenn überhaupt, haben hier Lösungen entwickelt, vermutlich weil diese Art von Initiativen Zeit zum Reifen braucht und Quartalsberichte nicht das geeignete Werkzeug sind, um die langfristigen Investitionen, die „Shared Value" braucht, zu kommunizieren. Eine zweite offene Frage betrifft die Rolle von Regierungen bei der Gestaltung der Rahmenbedingungen für „Shared Value". Wenn die Wirtschaft wächst und gleichzeitig gesellschaftliche Herausforderungen von Unternehmen anstatt von Regierungsprogrammen aufgegriffen werden, stellt sich auch ein enormer Vorteil für den Staat ein. Die richtige Balance zwischen Regulierung und Anreiz wird sich im Laufe der kommenden Jahre herauskristallisieren und es wird spannend sein, dies zu beobachten und zu untersuchen. Schließlich muss die Öffentlichkeit eine neue Haltung zu unternehmerischem Engagement in der Gesellschaft einnehmen. Die Menschen müssen erkennen, dass ein Unternehmen, dessen Kerngeschäft der Gesellschaft dient und das dabei Gewinne macht, dem gesellschaftlichen Fortschritt mehr nützt als eine rein altruistische Philanthropie. In den Medien und bei der Vergabe von CSR-Preisen muss künftig mehr über „innovative Initiativen von Unternehmen im Dienste der Gesellschaft und Gesellschafter" berichtet werden als über „% vom Budget für CSR-Initiativen".

Die Welt, wie wir sie kennen, wird sich in den nächsten zwei Jahrzehnten dramatisch verändern. Unternehmen haben eine noch nie dagewesene Chance, diesen Veränderungen zuvorzukommen und sie in einen klaren Wettbewerbsvorteil umzuwandeln.

Die Unternehmen von morgen müssen sich neu positionieren und gesellschaftlichen Nutzen schaffen, wenn sie weiterhin die Interessen ihrer Aktionäre erfüllen möchten.

5 Literatur

Accenture (2008): "Cotton made in Africa: turning corporate social responsibility into a business case for high performance".

Allianz Group (2011): Sustainable Development Summary Report 2010/11.

BASF (2011): Identification and Management of Sustainability Issues.

BASF (2010): "BASF – A sustainable investment", September 2010.

Bayer (2011): Sustainable Development Report 2010.

Bertelsmann Stiftung (2010): Verantwortungspartner "Unternehmen. Gestalten. Region.", Bertelsmann Stiftung, Gütersloh.

BMW Group (2011): "Efficient and Dynamic –The BMW Group Roadmap for the Application of Thermoelectric Generators".

Bockstette, V./Stamp, M. (2011): Creating Shared Value: A How-to Guide for the New Corporate (R)evolution, Boston: FSG Social Impact Consultants.

Bundesministerium für Wirtschaft und Technologie (2011): Soziale Marktwirtschaft.

Cotton Made in Africa (2011): Africa cotton – Characteristics.

Cotton Made in Africa (2011): The initiative - What we stand for.

Daimler (2011): Sustainability Report 2011.

Danone (2011): Sustainable Development.

Erste Gruppe (2011): Milestones - Geschichte Erste Group.

Erste Stiftung (2011): Die Zweite Sparkasse.

GE Healthymagination (2011): Healthymagination Press Kit.

GTZ/Bertelsmann Stiftung (2007): The CSR Navigator: Public Policies in Africa, the Americas, Asia and Europe, Bertelsmann Stiftung, Gütersloh.

Nestlé (2011): Creating Shared Value.

Nestlé (2010): Nestlé India 2010 Annual Report.

Nestlé (2006): Nestle India Limited Financial Analysts' Meet, November 29, 2006.

Novartis (2011): Novartis Group Annual Report 2010.

Porter, M./Kramer, M. (2011): Creating Shared Value, Boston: Harvard Business Review.

Porter, M./Kramer, M. (2006): Strategy and Society: The Link Between Competitive Advantage and Corporate Social Responsibility, Boston: Harvard Business Review.

Robert Bosch GmbH (2011): „Responsibility creates trust", Magazin 2/2011.

Siemens (2011): Key Sustainability Goals.

The GreenCarWebsite (2007): "Volkswagen Polo Bluemotion 1.4 TDI named greenest car".

Unilever (2011): Unilever Sustainable Living Plan.

Verantwortungspartner für Berlin und Brandenburg (2011): Fachkräfte für einen starken IT-Standort.

Zweite Sparkasse (2011): Hilfe zur Selbsthilfe.

CSR – zur Bürgerrolle und Verantwortung von Unternehmen

Thomas Beschorner und Christoph Schank

1 Einleitung

Die Konzepte Corporate Social Responsibility (CSR) und Corporate Citizenship (CC) zeichnen sich auch nach Jahren der wissenschaftlichen Auseinandersetzung und mehreren politischen Standardisierungsversuchen durch einen enormen Bedeutungspluralismus aus. Neben dem steigenden Bewusstsein dafür, dass Unternehmen gerade in einer globalisierten Weltgesellschaft nicht mehr nur als ökonomische Akteure zu begreifen sind, kann nicht zuletzt in den definitorischen Unschärfen der Begriffe ein Grund für die hohe Faszination der Konzepte erkannt werden. Schon längst fristen Corporate Social Responsibility und Corporate Citizenship kein Nischendasein mehr, sondern haben breiten Einzug in die Managementforschung und -literatur gefunden.[1]

Vielleicht ist jedoch der rasante Einzug der Begriffe in der Unternehmenspraxis selbst noch bemerkenswerter. Unternehmen verwenden die Begriffe – mal den einen, mal den anderen, manchmal beide – als Etikett für ihre gesellschaftliche Verantwortung oder ihr Selbstverständnis in der Gesellschaft. Gegenwärtig erscheinen beide Begriffe attraktiv, verheißungsvoll – und doch gleichzeitig von einem Dasein als Leerformel bedroht. Dabei sticht besonders eine Beliebigkeit oder zumindest Vieldeutigkeit in der Abgrenzung von Corporate Social Responsibility und Corporate Citizenship ins Auge. Nebeneinander finden sich hier in der wissenschaftlichen Literatur Gleichsetzungen wie auch Über- und Unterordnungen der Begriffe. Geeint werden beide Konzepte darin, gegenüber der Wirtschafts- und Unternehmensethik (vermeintlich) weniger moralisierend und akademisch daherzukommen.[2] Darüber hinaus wird die Metapher vom Good Citizen, vom guten Bürger, gerne bemüht, um die Zweckorganisation Unternehmen als „mit Kopf, Herz und Hand agierenden Menschen"[3] zu personifizieren.

Als viel zitierte Quelle für die Verunsicherung in der definitorischen Abgrenzung zwischen Corporate Citizenship und Corporate Social Responsibility gilt Archie B. Carroll, der in seinem klassischen Aufsatz von 1991 die Unternehmen dazu auffordert, sich als Good Citizen zu etablieren.[4] Er definiert Corporate Citizenship an dieser Stelle, ohne den Begriff explizit zu verwenden, als philanthropisches

---

[1] Matten/Palazzo (2008); Hansen/Schrader (2005)

[2] Göbel (2006): 200

[3] Schrader (2011): 309

[4] Carroll (1991), siehe auch Carroll (1979)

und abschließendes Moment einer vierstufigen Pyramide der Corporate Social Responsibility. Während an dieser Stelle Corporate Citizenship noch als Teilaspekt der Corporate Social Responsibility verstanden wird, setzt Carroll selbst 1998 beide Begriffe gleich beziehungsweise löst er Corporate Social Responsibility durch Corporate Citizenship ab.[5] Bereits durch die Gegenüberstellung dieser beiden Beiträge kann die bis heute nicht abschließend beantwortete Frage illustriert werden, ob sich unternehmerische Verantwortung allein im philanthropischen Engagement zeigt.

Wir wollen in diesem Beitrag dieses babylonische Sprach- und Bedeutungsgewirr mit dem Begriff „Corporate Citizen Responsibility" (CCR) plakativ aufzulösen versuchen, indem wir die beiden Kernbegriffe von Corporate Citizenship und Corporate Social Responsibility, nämlich den Bürger- und den Verantwortungsbegriff, näher betrachten und miteinander in Beziehung setzen werden. Die Bürgerrolle des Unternehmens (Corporate Citizenship) wird dabei konzeptionell als ein gedachtes Ideal für eine Verhältnisbestimmung von Unternehmen zu ihren staatlichen wie zivilgesellschaftlichen Umwelten begriffen, dem sich über inkludierende Diskurse angenähert werden kann.

Für den Untersuchungszweck eruiert der folgende Abschnitt 2 in kurzer Form den Bürgerbegriff im Liberalismus und Republikanismus, aus dem dann im Abschnitt 3 ein angemessenes Corporate-Citizenship-Konzept entwickelt wird. Im Abschnitt 4 führen wir diese Überlegungen durch einen knappen Rekurs auf den Verantwortungsbegriff weiter. Wir schließen mit einem Fazit in Abschnitt 5.

2 Bourgeois und Citoyen: Zum Bürgerbegriff im Liberalismus und Republikanismus

Die Diskurse um Bürgerrechte und Bürgerpflichten finden in der abendländischen politischen Philosophie ihre Orientierungspunkte vornehmlich im Liberalismus und Republikanismus.

Das Bürgerbild des *Liberalismus*, wie es maßgeblich von Thomas Hobbes und John Locke begründet wurde, ist jenes des Besitzbürgers, des Bourgeois.[6] Die liberale Tradition betont die Rechte des Bürgers, die es vor seinesgleichen ebenso wie vor einem übermächtigen Staat zu schützen gilt. Der Bürger ist hier ein Besitzbürger, da er zentrale Rechte an Leben, sichergestellt durch die öffentliche Ordnung, und Besitz hält. Der Bourgeois ist damit ein Akteur, dem in gemeinschaftlich gesteckten und über einen Staatsvertrag reglementierten Grenzen die vorrangige Verfolgung des eigenen Vorteiles ausdrücklich gestattet bleibt. Unter den Bürgerpflichten gilt der Rechtsgehorsam als die nobelste, mitunter auch die einzig relevante Pflicht. Übertragen auf die Unternehmen bedeutet dies, stets die Gesetze zu achten, in diesem Rahmen dann aber mit aller Kraft den eigenen Vorteil zu verfolgen.

---

[5] Carroll (1998)
[6] vgl. auch Schrader (2003)

Die Anziehungskraft dieses Bürgerbegriffes erscheint für Unternehmen in vielfacher Hinsicht besonders ausgeprägt. Zum einen stehen sie somit in einer Tradition, die staatliche Angriffe auf die Freiheitsgrade ihrer Unternehmensführung abwehrt und ihnen durch die rein philanthropisch orientierte Übernahme von Verantwortung präventiv vorbeugt, zum anderen wird das Recht auf unbedingte Gewinnerzielung und freie Gewinnverwendung betont. Daran besonders anschlussfähig sind solche Ansätze von gesellschaftlicher Verantwortung, die in der Erzielung und Verwendung der Gewinne getrennte Bereiche erkennen, die unabhängig voneinander zu verfolgen sind. Eine derartige karitativ verstandene Unternehmensethik kann Unternehmen dazu veranlassen, legitime gesellschaftliche Ansprüche an die moralische Integrität mit einem dem Kerngeschäft nachgelagerten Engagement für das Gemeinwesen zu begegnen. Für eine das Gemeinwohl befördernde bürgerschaftliche Verantwortung durch Unternehmen befähigt der liberalistische Ansatz in seiner reinen Form insofern kaum, da ein Zusammenwirken von Engagement und Kerngeschäft nicht eingefordert wird.[7]

Dem Besitzbürger des Liberalismus steht im *Republikanismus* der Staatsbürger, der Citoyen, gegenüber. Die entscheidend von Aristoteles und Rousseau geprägte republikanische Tradition übt auf die deutschsprachige Wirtschaftsethik großen Einfluss aus, wie die Ansätze von Peter Ulrich sowie Horst Steinmann und Albert Löhr zeigen. Der Staatsbürger ist nun ein Akteur, der seinen Sonderwillen nicht über das Gemeinwohl stellt, sondern für den die Förderung des gemeinsamen Nutzens der Gesellschaft selbst das höchste Gut ist. Seine Bürgerschaft begründet sich nicht durch seine negative Freiheit, das heißt die Abwehr von Schaden, Unfreiheit und Entrechtung, sondern durch seine freiwillig übernommenen Verpflichtungen gegenüber dem Gemeinwesen. Während das Kondensat des guten Bürgers im Liberalismus noch allein der Rechtsgehorsam darstellt, misst sich gutes Bürgertum im Republikanismus durch den Beitrag zum Gemeinwesen. So wie der Liberalismus sich, bei aller erkannter Notwendigkeit für eine ordnende und individuelle Rechte schützende Rahmenordnung, gegenüber dem Staat kritisch eingestellt zeigt, so sehr definiert sich der republikanische Staatsbürger über seine politische Partizipation am Herrschen und beherrscht werden.[8]

Diese politische Orientierung am Gemeinwohl gilt ausdrücklich auch in der Sphäre des Marktes; gute Bürger zeichnen sich gerade durch die gemeinsame Betrachtung von Bürgersinn und Geschäftssinn aus.[9] Ein republikanischer Bürger stellt damit eine untrennbare Einheit zwischen dem am Eigenwohl orientierten und dem Gemeinwohl verpflichteten Akteur dar. Dadurch steht Wirtschaften stets unter einem Legitimitätsvorbehalt und unterliegt einer gesellschaftlichen Aushandlung. Diese Rechtfertigung gilt, wie die bisherigen Ausführungen vermuten lassen könnten, jedoch nicht allein dem Staat als Verkörperung des Gemeinwesens. Gerade der Kommunitarismus rückt die Beziehungen zwischen den Bürgern selbst stärker in den Vordergrund und erkennt in bürgerschaftlichem Engagement ein

---

[7] Moon et al. (2003): 7 f.
[8] Aristoteles (1994): 135
[9] Ulrich (2005): 14

Mittel zur Überwindung regulativer Defizite der staatlichen Rahmenordnung, wie sie unter dem Eindruck einer zunehmend globalisierten Weltgesellschaft und Wirtschaftsordnung deutlich zutage treten.[10] Ein guter Bürger im Republikanismus zeichnet sich daher nicht durch eine Verteidigung seiner persönlichen Freiheitsrechte nach Außen aus, sondern gewinnt seine Qualität durch die unbedingte Rückkoppelung seines eigenen Vorwärtsstrebens an das Gemeinwohl. Ein von den Belangen und Ansprüchen Dritter unbeeinflusstes Wirken ist ihm nicht möglich. Aus diesen Wesensmerkmalen des republikanischen Bürgers resultiert seine hohe Eignung für ein wohlverstandenes gutes Unternehmensbürgertum, wie es später noch aufzuzeigen gilt.

3 Der Corporate Citoyen

Über die Theoriedifferenzen beider Bürgerschaftstheorien hinweg, eint beide Ansätze ein Bürgerverständnis, das gerade für den Corporate Citizen wesentlich ist und eines daran ausgerichteten Diskurses bedarf. Ein korporativ verfasster Bürger, das heisst eine auf einen Organisationszweck ausgerichtete Vereinigung von Individuen als Trägerin sui generis von bürgerlichen Rechten und Pflichten, existiert in der politischen Philosophie schlichtweg nicht.

   Die Zuerkennung eines Bürgerstatus für Unternehmen ist damit keinesfalls voraussetzungslos. Eine Annäherung an diese Problematik kann über die Organisationstheorie gelingen, wie sie gerade in und für die Wirtschaftswissenschaften zu essenziellen Theoriemomenten geführt hat. Als kleinste Bausteine einer Organisation gelten die in ihr handelnden oder zumindest ihr zugerechneten natürlichen Personen sowie in ihr wirkenden Institutionen.[11] Die organisationalen Institutionen dienen der Verfolgung des Organisationszweckes, der für die Entstehung der Organisation überhaupt erst ursächlich ist. Durch die klare Zuordnung der natürlichen Personen, des verbindenden und verbindlichen Institutionen-Sets (einschließlich eines formaljuristischen Gründungsaktes) wird eine dauerhafte Grenzziehung zwischen Unternehmen und ihrer Umwelt erlaubt, wie sie für natürliche Personen selbstverständlich ist. Für artifizielle Gebilde gilt diese Selbstverständlichkeit keineswegs und folglich ist die Unterscheidbarkeit zwischen Mitgliedern und Nicht-Mitgliedern, Innen und Außen, ein zentrales Merkmal einer autonom agierenden und stabilen Organisation, wie sie Unternehmen klassischerweise darstellen.[12]

   Unter diesen Erwägungen ist die Rede vom korporativen Bürger nicht nur möglich, sondern es ist auch folgerichtig, Unternehmen als kollektive Akteure zu verstehen. Unternehmen verfolgen „in einem formalen, legitimierten Prozess"[13] formulierte Zielsetzungen, die durch gemeinsame Handlungen erreicht werden

---

[10] Schrader (2011): 308
[11] North (1992): 5
[12] Schreyögg (1999): 9
[13] Kieser/Walgenbach (2003): 8

sollen. Sie bleiben dabei als Summe ihrer Teile nicht diffus, sondern sind klar von der sie umgebenden Umwelt abgegrenzte Akteure, denen Handlungen und Handlungsfolgen zugerechnet werden können.

Diesen Befund formuliert Schrader[14] in eine Forderung um: Damit Unternehmen als gute Bürger fungieren können, müssen sie eine konsistente Unternehmensidentität ausbilden. Diese auszubildende Identität erschöpft sich nicht bereits in der Abgrenzung zur Umwelt, sondern fordert ein in sich stimmiges Gesamtbild der Unternehmung ein. Dies impliziert, dass Kerngeschäft und philanthropische Aktivitäten keine voneinander losgelösten Bereiche darstellen. Corporate Citzenship ist nicht auf die dem Kerngeschäft nachgelagerte Gewinnverwendung beschränkt. Es geht nicht darum, wie Unternehmen ihre Gewinne verwenden, sondern wie sie diese erwirtschaften.

Wir können damit auch festhalten, dass es insbesondere mit einer republikanischen Bürgerschaftstheorie möglich wird, Unternehmen den gesellschaftlichen Status als korporative Bürger zu eröffnen. Dies gelingt über die freiwillig verfolgte Bestrebung zur Mehrung des Gemeinwohles durch die Übernahme gesellschaftlicher Verpflichtungen. Eine vollständige Gleichsetzung des natürlichen mit dem korporativen Bürgers ist dazu keinesfalls notwendig, wie auch Moon, Matten und Crane betonen: „corporations could reasonably claim to act as if they were metaphorically citizens in that their engagement in society resembles the key *process* of citizenship, participation."[15]

Das Mitwirken am Politischen, die „Teilhabe der Unternehmung an gesellschaftlicher Governance"[16], und nicht der wie auch immer materiell bestimmte Bürgerschaftsstatus, ist dabei die entscheidende Offerte an Unternehmen, sich in einem republikanischen Sinne als Corporate Citoyen zu begreifen und gesellschaftlich zu positionieren. Dies beinhaltet im Kern die Forderung, nicht allein vom Staat legitime Rechte in Anspruch zu nehmen, sondern auch zur Gestaltung eines funktionierenden Gemeinwesens freiwillige Verpflichtungen zu übernehmen.[17] Die Anforderungen an Unternehmen lassen sich daher nicht auf die Dimensionen ökonomischer Tragfähigkeit und juristischer Rechtmäßigkeit des Handelns verengen, sondern beinhalten auch ausdrücklich die Forderung, die Partikularinteressen (volonté particuliére) der Gewinnerzielung mit der Gemeinwohlorientierung (volonté générale) in Einklang zu bringen. Gerade dies kann *nicht* über eine karitative Spendenethik, wie Corporate Citizenship mitunter fehlgedeutet wird, gelingen.

Ein normativ gehaltvolles Verständnis vom guten Unternehmerbürgertum in einer republikanischen Tradition stellt für die Praxis der Unternehmensführung eine enorme, vermutlich niemals vollständig einzulösende Entwicklungsaufgabe dar. Gutes Unternehmertum verlangt von Unternehmen, ihr Engagement für die Gesellschaft nicht nur in nachgelagerten, philanthropischen Aktivitäten zu manifestieren, sondern ihre vollständige Geschäftstätigkeit – und damit auch und ge-

---

[14] Schrader (2011): 309; Schrader (2006): 226
[15] Moon et al. (2003): 20 f.
[16] Pfriem (2004): 190
[17] vgl. auch Marsden (2000): 11

rade die Gewinnerzielung – unter das Primat einer Gemeinwohlorientierung zu stellen. Die Verfolgung von ökonomischen Eigeninteressen ist nur in dem Maße legitim, wie sie nicht dem gesellschaftlichen Interesse entgegensteht.

Die Spielregeln der Rahmenordnung bilden für Unternehmen hier eine erste, keinesfalls aber hinreichende Orientierungshilfe. Zugleich befreit ein korporatives Bürgertum die Unternehmen aus einer diskursiven Defensive. Als kollektive, aber womöglich dennoch vollwertige Bürger sind sie nicht länger allein Adressaten von Ansprüchen und Anforderungen, sondern ausdrücklich zur Mitgestaltung des Politischen aufgerufen. Dies führt zwangsläufig zu einer Neubewertung von Organisationszweck und organisationaler Handlungslogik. Die Ausschöpfung jeglicher legitimer Gewinnmöglichkeit steht dann unter dem Vorbehalt einer staatsbürgerlichen Verpflichtung. Von dieser Betrachtungsweise her sind verschiedene Weiterführungen möglich:

Erstens deutet sich an, dass die im deutschsprachigen Raum übliche Verwendung des Begriffs Corporate Citzenship als Corporate Giving und Corporate Volunteering eine verkürzte Sichtweise des Bürgerbegriffs ist: Corporate Giving stellt dabei in verschiedenen Formen von Sach- und Geldspenden ausschließlich auf den Bürger als Bourgeois ab. Corporate Volunteering[18] meint ein von den Organisationsmitgliedern erbrachtes gesellschaftliches Engagement in Form ihrer kreativen, schöpferischen, organisierenden oder körperlichen Arbeitskraft. Beschränkt sich dies nur auf den „Output" und „Outcome" von erbrachten Leistungen, so stellt Corporate Volunteering lediglich eine weitere Form des Corporate Giving dar (Zeitspende). Die entscheidende Kategorie für ein angemessenes Bürgerverständnis im obigen Sinne wäre hingegen der „Impact" der jeweiligen Maßnahme – und zwar in doppelter Hinsicht:

- Als wahre Bürgerpartizipation (mit anderen Bürgern); nicht das ehrenamtliche Anstreichen eines Klassenzimmers durch Unternehmensmitarbeiter, sondern die Planung, Materialbeschaffung und das Anstreichen eines Klassenzimmers gemeinsam mit benachteiligten Jugendlichen ist die wichtige Übung, im besten Fall mit Lernprozessen auf beiden Seiten, sowie
- hinsichtlich der Rückkoppelungseffekte – durch die Erfahrungen und Erlebnisse der Mitarbeiter in anderen Handlungskontexten mit anderen Handlungslogiken – auf die und in der Unternehmensorganisation.

Das Corporate-Citizenship-Konzept im Sinne eines republikanischen Bürgerverständnisses scheint uns, *zweitens*, sehr gut als Ideal für eine Verhältnisbestimmung von Unternehmen zu ihren staatlichen wie zivilgesellschaftlichen Umwelten geeignet. Als strukturelle Schwäche betrachten wir jedoch seine Abstraktheit und Ferne von konkreten wirtschafts- und unternehmensethischen Problemstellungen. Wir sehen dies insbesondere in der Schwierigkeit begründet, den normativen Gehalt dieses Ideals interaktionstheoretisch zu konzeptualisieren, und wir sehen zugleich

---

[18] mögliche Ausdifferenzierungen von Corporate Citizenship finden sich bei Weber (2008): 44; Schrader (2011): 304; Damm/Lang, (2001); Dresewski et al. (2004)

eine Möglichkeit, dies über den Begriff der Verantwortung angemessen bearbeiten zu können, wie wir im Folgenden in gebotener Kürze andeuten wollen.

4 Von der Bürgerpflicht zur Ver-Antwortung

Es mag überraschen, dass der Begriff der Verantwortung ein philosophisch noch recht junger Terminus ist. Kurt Röttgers[19] zeigt in einer aufschlussreichen Darstellung, dass der Verantwortungsbegriff bis ins 20. Jahrhundert hinein in verschiedenen philosophischen Fachwörterbüchern nicht aufgeführt war. Die Gründe dafür sieht er u.a. darin, dass „der Pflichtbegriff im 20. Jahrhundert ins Zwielicht" geraten war und er ergänzt: „Es ist zwar grundsätzlich die gleiche Struktur, die das Pflichtgebot und die Rhetorik der Verantwortungsübernahme für eine übergeordnete Ganzheit charakterisiert, aber Kants Vernunftmonismus hat in letztlich nicht überzeugender Weise unterstellt, dass es keine wirklichen, d.h. unlösbaren Pflichtenkonflikte geben könne"[20]. Hinzu kamen die Gründungen und Entwicklungen der Sozialwissenschaften (insbesondere die Soziologie)[21] im 20. Jahrhundert, die stärker als philosophische Ansätze dieser Zeit ihr Augenmerk auf soziale Beziehungen und Interaktionen legten und damit dem Verantwortungsbegriff sicherlich Vorschub leisteten.

Verantwortung ist die Intensivierung einer „Antwort", der wiederum eine Frage vorausgegangen sein muss. Jemand verantwortet sich für etwas gegenüber jemanden, so eine klassische Formel.[22] Man spricht und interagiert miteinander. Ursprünglich war unter diesem Begriff ausschließlich ein „zur Verantwortung gezogen werden" gemeint, „was nichts anderes heißen kann, als dass man dahin bewegt wird, wohin man freiwillig nicht ginge, in eine Befragungssituation, in der man etwas, oder im Extremfall sich, zu verantworten hat".[23] Man spricht heute darüber hinaus oft davon, dass jemand – mehr oder weniger freiwillig – Verantwortung übernimmt, was stärker moralisch und weniger rechtlich konnotiert ist. In beiden Varianten liegt das zu Verantwortende in der Regel in der Vergangenheit und man spricht in der Literatur daher auch von „retrospektive", „ex post" oder „vergangenheitsbezogene" Verantwortung.[24]

Von diesen beiden Verantwortungstypen können wir einen stärker zukunftsbezogenen Verantwortungsbegriff unterscheiden, den wir hier als prospektive Verantwortung bezeichnen wollen. Er kommt nicht erst zum Tragen, wenn das Kind schon in den Brunnen gefallen ist, sondern ist fester Bestandteil einer zukunftsgerichteten Strategie von Akteuren, auch z. B. Unternehmen. Prospektive Verantwortung ist individuell (Verantwortungssubjekt, „jemand verantwortet sich"), immer auf etwas Konkretes bezogen (das Verantwortungsobjekt, „für et-

---

[19] vgl. Röttgers (2007): 17 ff.
[20] ibid.: 21
[21] in ganz besonderer Weise sicherlich Max Weber
[22] dazu beispielsweise Küpers (2008): 313
[23] Röttgers (2007): 18
[24] vgl. Küpers (2008): 312 ff.; Lautermann/Pfriem (2010): 296 ff.

was"), richtet sich an Adressaten (die Verantwortungsinstanz, „gegenüber jemanden") und orientiert sich dabei am Ideal eines republikanischen Bürgerbegriffs, also dem Bürger der „verantwortlich sein" will und sich für diesen Zweck in die Gesellschaft einbringt.

Unsere Adjektivierung des Verantwortungsbegriffs in „verantwortlich sein" deutet an, dass die Verantwortungsinhalte keinesfalls vorgegeben, sondern von den beteiligten oder betroffenen Akteuren prozessorientiert zu ermitteln und entwickeln sind. Wichtig ist in diesem Zusammenhang, erstens, dass dies immer in einem historisch-kulturellen Kontext stattfindet und zweitens, die Inklusion von Anspruchsgruppen nicht auf der Grundlage machtstrategischer Erwägungen „verhandelt", sondern „auf Augenhöhe" realisiert wird. Lautermann und Pfriem formulieren dazu ähnlich: „Wo ein situatives, problembezogenes Lösen von heterogenen, prinzipiell gleichwertigen Ansichten darüber, was gut oder gerecht sei, gefragt ist, dort hilft als ethisches Konzept am besten die immer temporär und konkret anzuwendende Relation von Verantwortung weiter".[25] Verantwortungsinhalte bestimmen sich damit also in Abhängigkeit von gesellschaftlichen Problemen, den jeweiligen Verantwortungssubjekten und in zentraler Art und Weise durch und in einem Diskurs mit den Beteiligten und Betroffenen.

Diese Weiterführung des Verantwortungsbegriffs ist für ein angemessenes Verständnis von Corporate Social Responsibility von größter Bedeutung, denn es geht um die entscheidende Frage, wie Unternehmen als Akteure eines gesellschaftlichen Wandels mobilisiert werden können. Es geht primär weder um die Verteilung von Spendengeldern noch um die Vermeidung von „bad practices", wie Korruption, Bilanzfälschungen u.v.m., sondern um die Möglichkeiten und Grenzen der Realisierung von „good practices" durch Unternehmen. Für derartige Zukunftsfragen benötigen wir angemessene Konzepte, wie einen prospektiven Verantwortungsbegriff, mit denen die Fragen auch bearbeitbar sind.

5 Fazit

Die Diskussion um die gesellschaftliche Verantwortung von Unternehmen gewinnt in Wissenschaft und Unternehmenspraxis weiter an Resonanz und Dynamik. Dies ist bereits Grund genug, das Verhältnis zweier bestimmender Konzepte zueinander, der Corporate Social Responsibility und dem Corporate Citizenship, über- und weiterzudenken. Wir haben bereits aufgezeigt, wie gutes Unternehmensbürgertum als ein voraussetzungsvolles, forderndes Konzept zu begreifen ist, dessen vollständige Einlösung durch die Unternehmen einem gedachten Idealzustand entspricht. Diesen Idealzustand erblicken wir in einem Unternehmertum, das sich als integraler Bestandteil der Gesellschaft versteht und gesellschaftliche Ansprüche nicht abzuwehren, sondern selbstreflexiv, antizipativ und interagierend zu erfüllen versucht. Wird der eingeschlagene Weg eines republikanisch orientierten Unternehmensbürgertums konsequent weiterverfolgt, erwachsen den Unternehmen daraus aber nicht

---

[25] Lautermann/Pfriem (2010): 295

allein dem Gemeinwohl dienende Verpflichtungen, sondern sie werden zudem mit dem Mandat zur proaktiven gesellschaftlichen Gestaltung ausgestattet.

Die Annäherung an das Idealbild vom guten Unternehmensbürgertum stellt eine enorme Entwicklungsaufgabe dar, die sich auf Unternehmen, die Zivilgesellschaft und die Politik gleichermaßen erstreckt. Im Verständnis einer prospektiven Verantwortung ist das interaktionistische Moment besonders zu betonen, das Träger und Adressaten von Verantwortung in Diskurse über konkrete Problemlagen zusammenführt. Corporate Social Responsibility, sofern nicht lediglich als defensiv ausgerichtetes Konzept zur Vermeidung negativer Aufmerksamkeit und Abwehr staatlicher Regulierung begriffen, birgt das Potenzial zur Gestaltung dieser Diskurse und kann dazu beitragen, Unternehmen als gute Bürger zu einem verantwortungsvollen, am Gemeinwohl ausgerichteten Selbstbild zu verhelfen.

6 Literatur

Aristoteles (1994): Politik. Reinbeck: Rowohlt.

Carroll, A. B. (1979): A three-dimensional conceptual model of corporate performance. In: Academy of Management Review, Vol. 4, Nr. 4, S. 497-505.

Carroll, A. B. (1991): The pyramid of corporate social responsibility: toward the moral management of organizational stakeholders. In: Business Horizons, Vol. 34, Nr. 4, S. 39-48.

Carroll, A. B. (1998): The four faces of corporate citizenship. In: Business and Society Review. Vol. 100, Nr.1, S. 1-7.

Damm, D.; Lang, R. (2001): Handbuch Unternehmenskooperation. Erfahrungen mit Corporate Citizenship in Deutschland. Bonn: Stiftung Mitarbeit.

Dresewski, F.; Kromminga, P.;von Mutius, B. (2004): Corporate Citizenship oder: Mit solcher Verantwortung gewinnen, in: Wieland, J. (Hrsg.): Handbuch Wertemanagement. Hamburg: Murmann, S. 489-526.

Göbel, E. (2006): Unternehmensethik. Stuttgart: Lucius & Lucius.

Hansen, U.; Schrader, U. (2005): Corporate Social Responsibility als aktuelles Thema der Betriebswirtschaftslehre. In: DBW, Vol. 65, Nr. 4, S. 373-395.

Kieser, A.; Walgenbach, P. (2003): Organisation. Stuttgart: Schäffer-Poeschel.

Küpers, W. (2008): Perspektiven responsiver und integraler Ver-Antwortung in Organisationen und der Wirtschaft in: Heidbrink, L. (Hrsg.): Verantwortung in der Marktwirtschaft, Frankfurt a.M.: Campus-Verlag, S. 307-338.

Lautermann, C.; Pfriem, R. (2010): Corporate Social Responsibility in wirtschaftsethischen Perspektiven., in: Raupp, J.; Jarolimek, S.; Schultz, F. (Hrsg.): Handbuch Corporate Social Responsibility. Kommunikationswissenschaftliche Grundlagen und methodische Zugänge, Wiesbaden: VS-Verlag, S. 281–304.

Mardsen, C. (2000): The new corporate citizenship of big business: Part of the solution to sustainability. In: Business and Society Review, Vol. 105, Nr. 1, S. 9-25.

Matten, D.; Crane, A. (2005): Corporate Citizenship – toward an extended theoretical conceptualization. In: Academy of Management Review, Vol. 30, Nr. 1, S. 166-179.

Matten, D.; Palazzo, G. (2008): Unternehmensethik als Gegenstand betriebswirtschaftlicher Forschung und Lehre – Eine Bestandsaufnahme aus internationaler Perspektive. In: Zeitschrift für betriebswirtschaftliche Forschung, Sonderheft 58, S. 50-71.

Moon, J.; Crane, A.; Matten, D. (2003): Can corporations be citizens? Corporate citizenship as a metaphor for business participations in society (2nd edition). No. 13-2003 ICCSR Research Paper Series.

North, D. C. (1992): Institutionen, institutioneller Wandel und Wirtschaftsleistung. Tübingen: Mohr Siebeck.

Pfriem, R. (2004): Ein pluralistisches Feld von Governancekulturen. In: Wieland, J. (Hrsg.): Governanceethik im Diskurs. Marburg: Metropolis, S. 183-21.

Röttgers, K. (2007): Verantwortung nach der Moderne in sozialphilosophischer Perspektive, in: Beschorner, T.; Linnebach, P.; Pfriem, R.; Ulrich, G. (Hrsg.): Unternehmensverantwortung aus kulturalistischer Sicht, Marburg: Metropolis, S. 17-31.

Schäfer, C. K. (2009): Corporate Volunteering und professionelles Freiwilligen-Management. Eine organisationssoziologische Betrachtung. Wiesbaden: VS-Verlag.

Schrader, U. (2006): Corporate Citizenship – Eine Innovation? In: Pfriem, R.; Antes, R.; Fichter, K.; Müller, M.; Paech, N.; Seuring, S.; Siebenhüner, B. (Hrsg.): Innovationen für eine nachhaltige Entwicklung. Wiesbaden: DUV, S. 231-248.

Schrader, U. (2011): Corporate Citizenship. In: Aßländer, M. S. (Hrsg.): Handbuch Wirtschaftsethik. Stuttgart und Weimar: J. B. Metzler, S. 303-312.

Schreyögg, G. (1999): Organisation. Grundlagen moderner Organisationsgestaltung. Wiesbaden: Gabler.

Ulrich, P. (2005): Zivilisierte Marktwirtschaft: Eine wirtschaftsethische Orientierung. Bern: Haupt.

Weber, M. (2008): Corporate Social Responsibility: Konzeptionelle Gemeinsamkeiten und Unterschiede zur Nachhaltigkeits- und Corporate-Citizenship-Diskussion. In: Müller, M.; Schaltegger, S. (Hrsg.): Corporate Social Responsibility. Trend oder Modeerscheinung? München: oekom, S. 39-51.

Die Beziehung zwischen CSR und Corporate Sustainability

Stefan Schaltegger

1 Unternehmen können nachhaltige Entwicklung nicht nicht beeinflussen

Unternehmen üben als Orte der Arbeitsgestaltung, der Kommunikation und der Produktentwicklung wesentlichen Einfluss auf Märkte und Gesellschaft aus.[1] Über die Produktgestaltung beeinflussen sie Konsummuster,[2] über den Einkauf Lieferketten,[3] über die Gestaltung der Arbeitsplätze das Arbeitsleben[4] und über ihre politische Einflussnahme Entwicklungspfade der staatlichen und supranationalen Politik.[5] Kurz: Unternehmen beeinflussen die Nachhaltigkeit wirtschaftlicher und gesellschaftlicher Entwicklung. Darüber dürfte Konsens bestehen.

Formuliert man den Wirkungszusammenhang zwischen Unternehmen und nachhaltiger Entwicklung in doppelter Verneinung, so weitet sich die Aussage: Unternehmen können nicht nicht Einfluss auf die Nachhaltigkeit der wirtschaftlichen und gesellschaftlichen Entwicklung ausüben. Besteht hierüber auch Konsens – und vor allem, welche Konsequenzen ergeben sich hieraus?

Zur Frage, ob sich Unternehmen einer Einflussnahme auf die Nachhaltigkeit oder Unnachhaltigkeit der wirtschaftlichen und gesellschaftlichen Entwicklung entziehen können, genügt eine Diskussion über die gesellschaftlichen Verflechtung und Grundlage des Wirtschaftens. Ohne gesellschaftlichen Bezug kann kein Unternehmen existieren.[6] Nicht nur zur Sicherung von Vorlieferungen, Arbeitskräften und Finanzierung sind Interaktionen mit Menschen erforderlich, sondern auch die Akzeptanz unternehmerischen Tuns ist ein Ergebnis aus der Interaktion mit der Gesellschaft. Da keine Interaktion ohne gegenseitige Einflüsse auskommt, wirken Unternehmen, gewollt oder ungewollt, über vielfältige Verflechtungen in die Gesellschaft.[7] Unabhängig von ihrer Intention sind Unternehmen damit Akteure oder gar Agenten des Wandels oder Bestands. Entweder sie wirken in Richtung Zustandssicherung oder in Richtung Veränderung. Je nach Unternehmensgröße, Marktverhältnissen usw. ist die Wirkung unternehmerischen Handelns natürlich

---

[1] vgl. z.B. Freeman (1984)
[2] vgl. z.B. Belz/Peattie (2010); Meffert/Kirchgeorg (1998)
[3] vgl. z.B. Seuring/Müller (2008); Hansen et al. (2011)
[4] vgl. z.B. Ehnert (2009)
[5] vgl. z.B. Schneidewind (1998); Pfeffer (1992)
[6] vgl. z.B. Freeeman (1984)
[7] vgl. z.B. Schneidewind (1998)

unterschiedlich groß – dennoch verbleibt immer eine Wirkungsrichtung: Es wird ein Beitrag für eine nachhaltige Entwicklung oder ein Beitrag für eine unnachhaltige Entwicklung geleistet.

Verzichtet die Unternehmensleitung auf eine bewusste Gestaltung ihrer gesellschaftlichen Beziehungen, so unterstützt sie bestehende Rahmenbedingungen und unnachhaltige Zustände, indem sie sie akzeptiert. Ein solches Wegschauen vor Wirkungen und Situationen, die der Nachhaltigkeit widersprechen, ist ein Entziehen vor der Verantwortung des eigenen Tuns.

Zur Frage, was denn nun aber nachhaltiges, verantwortungsvolles unternehmerisches Tun kennzeichnet, herrscht Unklarheit. Was könnte unter einem nachhaltigen Unternehmen und unternehmerischer Nachhaltigkeit verstanden werden?

1.1 Unnachhaltige und nachhaltige Unternehmen

Zur Behandlung der Frage, was ein nachhaltiges Unternehmen kennzeichnet, kann die Diskussion der Umkehrfrage hilfreich sein:[8] Was kennzeichnet unnachhaltige Unternehmen?

Grob ausgedrückt verursacht ein unnachhaltiges Unternehmen mehr Schäden, als es Werte schafft. Bei dieser Aussage ist der Wertebegriff erstens weit gefasst und beinhaltet gesellschaftliche, ökologische und ökonomische Werte, und zweitens wird das Konzept der starken Nachhaltigkeit unterstützt, dass eine Minderung von Werten einer Art (z.B. ökologische Werte) nicht durch die Schaffung anderer (z.B. ökonomischer) Werte kompensiert werden kann.[9] Dabei kann Unnachhaltigkeit beispielsweise anhand folgender Punkte diskutiert werden:[10]

- *Direkte Wirkungen* der Unternehmenstätigkeit, wie Emissionen aus der Produktion im Umweltbereich, Kinderarbeit im Sozialen oder Korruption und Überschuldung im Ökonomischen
- *Negative indirekte Wirkungen der in die Welt gesetzten Produkte,* wie beispielsweise gesundheitliche Beeinträchtigungen beim Konsum der Produkte des Unternehmens, persistente Gifte in der Entsorgungsphase oder teure Altlasten verursachende Produktteile
- *Untaugliche Managementsysteme,* die falsche Informationen über die nachhaltigkeitsrelevanten Wirkungen und Nebenwirkungen von Managemententscheidungen liefern oder Umsetzungsdefizite begünstigen
- *Ein unreflektiertes Geschäftsmodell,* das soziale oder ökologische Innovationen hemmt oder unnachhaltige Produktions- und Konsummuster begünstigt

Als Gegenentwurf zur fehlenden oder mangelnden Nachhaltigkeit impliziert der Anspruch, nachhaltig zu wirtschaften, erhebliche Veränderungen zur Verfolgung

---

[8] der Frage, welche Syndrome Unnachhaltigkeit kennzeichnen, geht z.B. der WBGU (1993) nach
[9] vgl. z.B. Grundwald/Kopfmüller (2006)
[10] vgl. z.B. Schaltegger (2010)

mitunter als unerreichbar erscheinender Ziele. Überspitzt gedacht muss ein rundum nachhaltiges Unternehmen über folgende Eigenschaften verfügen:

- Das Unternehmen schafft *gesellschaftliche und ökonomische Werte.*
- Die null Emissionen verursachende, ausschließlich kompostierbare Produkte erzeugende Firma verursacht keinerlei direkte *negative Wirkungen.*
- Vom Unternehmen gehen *keine indirekten negativen Wirkungen* aus. Die nachhaltigkeitsnutzenstiftenden Produkte induzieren ausschließlich vorteilhafte Wirkungen in der Lieferkette und nachhaltiges Konsum- und Weiterverwertungsverhalten bei den Nutzern.
- Das Unternehmen handelt als *„kreativer Zerstörer" unnachhaltiger Wirtschafts- und Gesellschaftsstrukturen.*
- Das *Geschäftsmodell* dient als Vorbild für andere und das Unternehmen. Es wirkt über direkte Markteffekte hinaus und schafft Markt- und Gesellschaftsstrukturen, die eine nachhaltige Entwicklung fördern.

Offensichtlich entspricht kein Unternehmen radikal formulierten Nachhaltigkeitsvorstellungen. Dementsprechend existiert bisher auch kein absolut nachhaltiges Unternehmen. Dennoch gibt es Unternehmen, die bezüglich ihrer Produktion, ihrer Produkte, ihrer Managementsysteme und ihres Geschäftsmodells deutlich nachhaltiger sind als andere.

Auch wenn kein Unternehmen in vollem Umfang nachhaltig ist und auch die Frage unbeantwortbar bleibt, wann genügend große Schritte erzielt wurden, dass ein Unternehmen als wirklich nachhaltig bezeichnet werden kann, so zeigen diese Eckgrößen dennoch eine Orientierung in einem Spektrum zwischen Unnachhaltigkeit und Nachhaltigkeit auf, die einzuschlagen sich für die Unternehmen und die Gesellschaft lohnt. Dies ist Aufgabe und Herausforderung des Nachhaltigkeitsmanagements.

1.2 CSR und Corporate Sustainability als Entwicklungsansätze unternehmerischer Nachhaltigkeit

Die Vision einer nachhaltigen Wirtschaftsweise kann als die anhaltende, weltweite Gewährleistung individueller Chancen zur Sicherung von Grundbedürfnissen sowie zur Verwirklichung hoher Lebensqualität bei gleichzeitigem Erhalt von Natur und menschengerechten Gesellschaftsverhältnissen beschrieben werden.[11] Damit Unternehmen hierzu ihren Beitrag leisten können, muss sich die Unternehmensleitung Klarheit über die notwendigen Managementkonsequenzen einer Verantwortungsübernahme verschaffen. Dabei sind CSR und Corporate Sustainability derzeit die bedeutendsten Entwicklungsansätze, die diskutiert werden.

---

[11] vgl. z.B. BMU et al. (2007); Dyllick/Hockerts (2002); Schaltegger (2010); WCED (1987)

1.3 Vom freiwilligen Zusatz zum grundsätzlich nachhaltigen Geschäftskern

Zum CSR-Begriff kursieren unzählige Interpretationen, Meinungen und Missverständnisse. Orientiert man sich an originären Grundlagenwerken, tiefergreifenden wissenschaftlichen Aufsätzen und Grundsatzpapieren der Europäischen Union, so kristallisiert sich jedoch ein klares Verständnis einer freiwilligen Unternehmenstätigkeit heraus,[12] das Joyner und Payne (2002) folgendermaßen beschreiben: Sie definieren den Corporate Social Responsibility Ansatz als „categories or levels of economic, legal, ethical and discretionary activities of a business entity as adapted to the values and expectations of society".[13] Dies bedeutet, dass das Unternehmen auf gesellschaftliche Belange reagieren und sie auf freiwilliger Basis in die Unternehmenstätigkeit und in die Wechselbeziehungen mit Stakeholdern integrieren soll.[14]

Im Unterschied hierzu strebt unternehmerisches Nachhaltigkeitsmanagement unternehmerische Nachhaltigkeit (corporate sustainability) durch die Steuerung von ökologischen, sozialen und ökonomischen Wirkungen an, um erstens eine nachhaltige Unternehmens- und Geschäftsentwicklung zu erreichen und zweitens einen positiven Beitrag des Unternehmens zur nachhaltigen Entwicklung der gesamten Gesellschaft sicherzustellen.[15] Unternehmerisches Nachhaltigkeitsmanagement umfasst damit alle (nicht nur die freiwilligen) systematischen, koordinierten und zielorientierten unternehmerischen Aktivitäten, die der nachhaltigen Entwicklung einer Unternehmung dienen und eine nachhaltige Entwicklung der Wirtschaft und Gesellschaft fördern. Es beinhaltet auch die Weiterentwicklung des Kerngeschäfts und des Geschäftsmodells sowie die Koordination und Integration des Umwelt- und des Sozialmanagements mit dem konventionellen betrieblichen Management.

Unternehmerische Nachhaltigkeit (Corporate Sustainability) ist demnach ein Entwicklungsansatz, der unternehmerisches Handeln für gesellschaftliche Anliegen nicht als Zusatz, Reparatur oder Korrektur von ansonsten wenig angetasteten Unternehmenstätigkeiten sieht, sondern Nachhaltigkeit so in die unternehmerischen Grundsätze integriert, dass sie zum Bestandteil der betrieblichen Wertschöpfung wird.[16] Damit verbunden ist die Überzeugung, dass ein Engagement für mehr Nachhaltigkeit am glaubwürdigsten ist, wenn es nachvollziehbar und dauerhaft sowohl zu sozialen und ökologischen Verbesserungen als auch zum Unternehmenserfolg beiträgt.

Mit Nachhaltigkeitsmanagement sollen also ökologische, soziale und ökonomische Ansprüche in und mit Unternehmen integrativ berücksichtigt und zu einer neuen innovativen Sichtweise zusammengeführt werden. Die Zielrichtung unternehmerischer Nachhaltigkeit ist damit zwar nur grob umschrieben, in der konkre-

---

[12] vgl. auch Schaltegger/Müller (2008): 18ff.

[13] Joyner/Payne (2002): 300. Dieser Beschreibung von CSR baut auf den Ursprungswerken von Caroll (1991) sowie (1999); Carroll/Buchholtz (2006) auf.

[14] vgl. auch Europäische Kommission (2001a): 8

[15] vgl. z.B. Schaltegger et al. (2003); Schaltegger/Burritt (2005); Schaltegger/Müller (2008)

[16] vgl. z.B. Schaltegger/Burritt (2005)

ten Umsetzung ist die Entwicklungslinie jedoch vielfach klarer, als auf den ersten Blick vermutet. Dabei bezweckt das Nachhaltigkeitsmanagement sowohl eine nachhaltige Organisationsentwicklung als auch einen unternehmerischen Beitrag zur nachhaltigen Entwicklung von Wirtschaft und Gesellschaft.[17]

1.4 Dauerhaftigkeit weder notwendig noch hinreichend

Die vielfach zitierte Dauerhaftigkeit ist weder notwendig noch hinreichend für unternehmerische Nachhaltigkeit. Wenig hilfreich ist die direkte Übertragung der Brundtland-Definition von nachhaltiger Entwicklung, da intergenerationale Langfristigkeit und Dauerhaftigkeit bei Unternehmen nicht zwingend sinnvoll sind oder zu Nachhaltigkeit führen. Je nach Zweckbestimmung soll ein Unternehmen gar nicht lange existieren. So sollen z.B. Baukonsortien oder Unternehmen zur Organisation eines großen Sportanlasses (z.B. Fußballeuropameisterschaft) aufgelöst werden, wenn die Aufgabe erfüllt worden ist. Andere Unternehmen sind zwar auf unbestimmte Zeit angelegt, werden jedoch durch technischen Fortschritt, Substitute, neue Regulierungen usw. obsolet – Schreibmaschinen- wurden z.B. durch Computerhersteller ersetzt. Der „Untergang" bzw. die „Zerstörung" von Unternehmen, die veraltete, unnachhaltige Produkte herstellen, dient häufig sogar der nachhaltigen Entwicklung. So wurden durch die Ablösung von Fotoentwicklungslaboren, die mit giftigen Chemikalien gearbeitet haben, durch Druckdienstleister für Digitalfotos erhebliche Umweltbelastungen reduziert. Ähnliche Wirkungen sind zu erwarten, wenn chemische Reinigungsinstitute durch Unternehmen mit völlig anders gelagerten, deutlich sauberen CO_2-basierten Reinigungstechnologien verdrängt werden.

Hier setzt das Konzept des nachhaltigen Unternehmertums an.[18] Es spiegelt die marktwirtschaftlichste Form einer Integration ökologischer, sozialer und ökonomischer Ziele durch die Gründung oder Entwicklung eines Unternehmens oder Geschäftsbereichs wider.

1.5 Sustainable Entrepreneurship

Nachhaltiges Unternehmertum (sustainable entrepreneurship) beinhaltet nicht nur die Optimierung von Produktionsprozessen und Produkten zur nachhaltigen Unternehmens- und Geschäftsentwicklung, sondern auch eine gesellschaftliche Gestaltungsrolle als Kernaktivität.[19] Dabei geht es um die Frage, welche gesellschaftlichen Entwicklungen von den unternehmerischen Leistungen und Aktivitäten ausgehen oder durch sie gefördert werden. Nachhaltige Entwicklung erfordert Veränderungen – häufig sehr substanzielle. Unnachhaltige Produkte und Produktionsprozesse müssen aufgegeben und neue geschaffen werden. Im Sinne eines „kreativen Zerstörers" (Schumpeter) wird von einem Prozess des nachhaltigen

---

[17] Schaltegger et al. (2003) sowie (2010)
[18] vgl. z.B. Schaper (2010)
[19] Schaper (2010); Schaltegger (2004); Schaltegger/Petersen (2000)

Unternehmertums erwartet, dass es unnachhaltige Verhältnisse als Anlass für die Schaffung neuer nachhaltigerer Produkt- und Dienstleistungsangebote nimmt, die die bisherigen Strukturen ersetzen und unattraktiv oder gar obsolet machen. Dabei wird insbesondere auch angestrebt, nachhaltigere Produkte und Dienstleistungsangebote vom Nischenmarkt in den Massenmarkt zu bringen.[20] Dies kann in und mit einem Unternehmen nur gelingen, wenn die sozialen und ökologischen Themen so bearbeitet werden, dass sie den Unternehmenserfolg stärken.[21] Man spricht auch von einem „Triple Bottom Line"-Ansatz.[22] Ein zentrales Ziel des Nachhaltigkeitsmanagements ist damit die Schaffung von Geschäftsfällen für Nachhaltigkeit (sog. Business Cases for Sustainability).

2 Die unternehmerische Herausforderung

Während einige Unternehmen den Wandel in Richtung stärkerer Nachhaltigkeit für sich gewinnbringend umsetzen oder gar verstärken können, scheitern oder leiden andere an einer mangelnden oder falschen Berücksichtigung von Nachhaltigkeitsthemen. Im Zentrum steht damit der so genannte „Business Case FOR Sustainability".[23] Er ist klar von einem „Business Case OF Sustainability" zu unterscheiden.

Der Business Case for Sustainability

Der „Business Case for Sustainability" fragt, wie ein Unternehmen durch eine verstärkte, freiwillige Berücksichtigung von Nachhaltigkeitsaspekten den wirtschaftlichen Erfolg stärken kann. Er unterscheidet sich damit klar von einem Handeln, das die (beobachtete) Bedeutungszunahme von Nachhaltigkeitsthemen ausschließlich für finanzielle Ziele „ausnutzt". Im Unterschied zu einem opportunistischen Verhalten, wie es einem Business Case OF Sustainability zugrundeliegt, geht es bei einem Business Case FOR Sustainability nicht darum, einen Trend ohne entsprechende substanzielle Nachhaltigkeitsleistungen ökonomisch auszunutzen, sondern Unternehmenserfolg durch weiterreichende Umwelt- und Sozialaktivitäten zu kreieren.

Ein Business Case for Sustainability ist gegeben, wenn durch gezielte Nachhaltigkeitsmaßnahmen eine positive ökonomische Wirkung aus der freiwilligen Berücksichtigung ökologischer und sozialer Themen erfolgt.[24] Sowohl das Management als auch Finanzanalysten stehen vor der Herausforderung, die Zusammen-

---

[20] vgl. z.B. Wüstenhagen (1998); Schaltegger/Petersen (2000)
[21] vgl. z.B. Orlitzky et al. (2003)
[22] Elkington (1998)
[23] Schaltegger/Hasenmüller (2006); Schaltegger/Wagner (2006)
[24] Schaltegger/Wagner (2006)

hänge zwischen der Berücksichtigung von Umwelt- und Sozialaspekten und dem Unternehmenserfolg zu erkennen und zu bewerten.[25]

Der Business Case for Sustainability hat einen hohen Stellenwert für die Unternehmensführung. Dennoch sind die grundsätzlichen Zusammenhänge zwischen Nachhaltigkeit und Unternehmenserfolg meist nicht bekannt. Abbildung 1 illustriert die möglichen unternehmensinternen Zusammenhänge zwischen freiwilligen ökologischen und sozialen Aktivitäten (X-Achse) und ökonomischem Erfolg (Y-Achse).

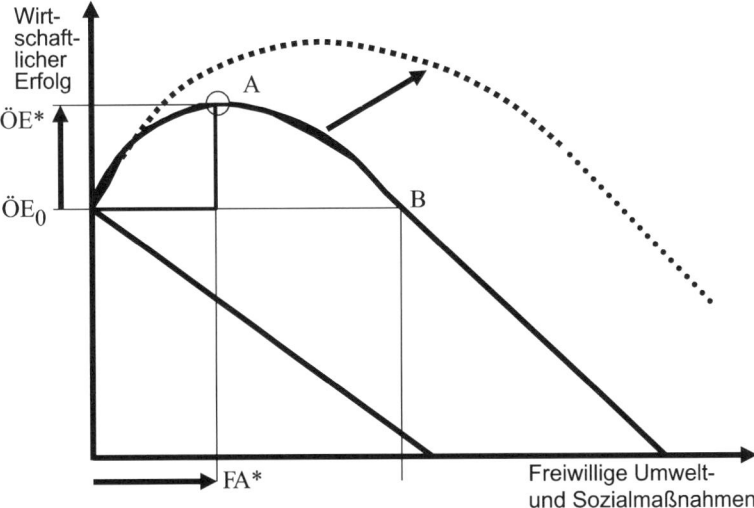

Abb. 1: Business Case for Sustainability (Quelle: Schaltegger/Synnestvedt, 2002)

Die gepunktete und die gestrichelte Kurve in Abbildung 1 stellen zwei grundsätzlich unterschiedliche Meinungen dar, wie sich freiwillige Umwelt- und Sozialmaßnahmen auf den ökonomischen Erfolg des Unternehmens auswirken. Einerseits existiert die Vorstellung, dass Umwelt- und Sozialaktivitäten, die über die Erfüllung der Gesetze hinausgehen, nur Kosten verursachen und in Konflikt mit dem Ziel des wirtschaftlichen Erfolgs stehen (gepunktete Linie). Diese Ansicht geht davon aus, dass jede Umwelt- und Sozialmaßnahme (Bewegung nach rechts) den ökonomischen Erfolg reduziert (fallender Verlauf der Linie). Typische Beispiele: Kläranlagen, Deponien oder Abluftfilter.

Demgegenüber steht die Position, dass durch betriebliche Umwelt- und Sozialmaßnahmen die wirtschaftliche Performance verbessert werden kann, also ein positiver Zusammenhang besteht (Aufwärtsbogen der gestrichelten Line). Da nicht x-beliebig viele Umwelt- und Sozialmaßnahmen den ökonomischen Erfolg immer weiter erhöhen, wird der maximale wirtschaftliche Erfolg (ÖE*) bei Punkt A erreicht. Ab diesem Punkt vermindern weitere ökologische und soziale Maßnahmen dann den wirtschaftlichen Erfolg, wobei in Punkt B der wirtschaft-

---

[25] vgl. z.B. Orlitzky et al. (2003)

liche Erfolg dem Ausgangsniveau (ÖE0) entspricht. Typische Beispiele für einen positiven Zusammenhang zwischen freiwilligen Nachhaltigkeitsmaßnahmen und Unternehmenserfolg sind eine Kostenreduktion durch gesteigerte Energieeffizienz[26] oder neu erschlossene Kundenkreise durch Bioprodukte.

Ohne auf die Gründe für die unterschiedlichen Sichtweisen einzugehen, zeigt die Darstellung, dass es Einzelbeispiele an Maßnahmen gibt, die beide Sichtweisen illustrieren, und dass der firmenspezifische Zusammenhang zwischen einem Umwelt- und Sozialengagement und dem Unternehmenserfolg im Spektrum zwischen den beiden Kurven in Abbildung 1 liegen kann. Mit anderen Worten: Für den Business Case for Sustainability kommt es weniger auf die Anzahl an Aktivitäten an. Vielmehr spielt die Hauptrolle, wie das Nachhaltigkeitsmanagement gestaltet wird. Je nach Gestaltung wird der Zusammenhang zwischen freiwilligen Umwelt- und Sozialmaßnahmen positiv oder negativ auf den Unternehmenserfolg wirken. Fortschrittliches und gleichzeitig wirtschaftlich erfolgreiches Umwelt- und Sozialengagement erfordert demnach ein systematisches Nachhaltigkeitsmanagement.

3 Treiber von Business Cases for Sustainability

Betriebliches Nachhaltigkeitsmanagement bedeutet, alle unternehmerischen Tätigkeiten systematisch darauf hin zu gestalten, dass Umwelteinwirkungen ökonomisch effizient vermindert und erwünschte sozial-gesellschaftliche Wirkungen erhöht werden.[27] Nachhaltigkeitsmanagement bezweckt sowohl eine nachhaltige Organisationsentwicklung als auch einen Beitrag zur nachhaltigen Entwicklung von Wirtschaft und Gesellschaft durch unternehmerische Leistungen.[28] Der Einsatz für gesellschaftliche Anliegen soll zum Bestandteil der betrieblichen Wertschöpfung werden, sodass er nachvollziehbar und dauerhaft sowohl zu sozialen und ökologischen Verbesserungen als auch zum Unternehmenserfolg beiträgt.

Nachhaltigkeitsmanagement muss sich mit marktrelevanten, aber auch stark mit nicht-marktrelevanten Themen befassen. Viele Umwelt- und Sozialthemen entwickeln sich im rechtlichen oder gesellschaftlichen Umfeld. So hat zum Beispiel Kinderarbeit bei Vorlieferanten keinen direkten Kosten- oder Erfolgsbezug. Weder müssen vertragliche Beziehungen noch ein direkter Kontakt mit den Vorlieferanten oder den Kindern bestehen, die dort beschäftigt sind, damit das Thema erfolgsrelevant wird. Wird dieses nicht-marktrelevante Problem von den Medien aufgegriffen und entsprechend (negativ) thematisiert, so kann dies plötzlich zu Umsatzeinbußen führen und erfolgsrelevanter werden als viele marktrelevante Themen. Nicht-marktrelevante Aspekte können aber auch zu politischem Druck, neuen Regulierungen oder gesellschaftlichen Verhaltensänderungen führen und so

---

[26] vgl. z.B. von Weizsäcker (2009)
[27] Schaltegger et al. (2003)
[28] vgl. z.B. Schneidewind (1998); Schaltegger/Burritt (2005)

über nicht-marktrelevante Wirkungsmechanismen den Unternehmenserfolg beeinflussen.

Die Herausforderung für das Management besteht also darin, diejenigen ökologischen und sozialen Aktivitäten zu identifizieren, die den ökonomischen Erfolg am meisten stärken. Zudem müssen sie beurteilen, ob das Nachhaltigkeitsmanagement eines Unternehmens geeignet ist, einen Business Case for Sustainability zu schaffen.

Die Beurteilung der Wirkung von Umwelt- und Sozialaktivitäten auf den Unternehmenserfolg muss anhand der Variablen und Treiber erfolgen, aus denen sich der wirtschaftliche Erfolgsbeitrag des Unternehmens auch konventionell zusammensetzt. Die ökonomischen Wirkungen von Nachhaltigkeitsmaßnahmen können zu einer Verbesserung oder Verschlechterung folgender ökonomischer Erfolgstreiber führen:[29]

- Kosten
- Umsatz, Preis und Gewinnmarge
- Risiko
- Reputation, intangible Werte und Markenwert
- Innovation
- weitere Faktoren wie etwa Arbeitszufriedenheit oder Geschäftsmodellentwicklung mit Einfluss auf die anderen genannten Aspekte

Nachhaltigkeitsmaßnahmen können in einem ersten Schritt im Licht dieser Ansatzpunkte grundsätzlich anhand einer Art Checkliste geprüft werden, wobei auch kombinierte Wirkungen und Folgewirkungen möglich sind (beispielsweise erhöht sich durch steigende Reputation der Umsatz). Selbstverständlich können weitere Faktoren für die Schaffung eines Business Case eine Rolle spielen. Eine systematische Prüfung geplanter Umwelt- und Sozialmaßnahmen bezüglich ihrer Wirkungen auf Kosten, Umsatz und Margen, Risiko, Reputation und Markenwert dient der Identifikation positiver und negativer Einflüsse auf den Unternehmenserfolg.

4 Kreativ zerstören und nachhaltig kreieren

Veränderte und sich weiter verändernde marktliche, rechtliche, politische und gesellschaftliche Rahmenbedingungen fordern Unternehmen heraus, Nachhaltigkeitsaspekte vermehrt und ernsthaft zu berücksichtigen. Mit der von nachhaltigkeitsorientierten Unternehmerpersönlichkeiten und -prozessen ausgelösten unternehmerischen Innovationskraft wurde eine Dynamik entfacht, die einen fundamentalen Strukturwandel in Wirtschaft und Gesellschaft in Gang gesetzt hat. Damit werden Wachstums- und Wandelprozesse bei Unternehmen, in Branchen, in der Wirtschaft insgesamt und in der Gesellschaft beeinflusst.[30] Dies wiederum prägt,

---

[29] Schaltegger/Hasenmüller (2006); Schaltegger/Wagner (2006)
[30] vgl. z.B. Schaper (2010); Schaltegger/Petersen (2000)

welche Art von Unternehmensführung vermehrt gefordert ist, um Unternehmen erfolgreich zu leiten.

Unternehmerische Nachhaltigkeit beinhaltet nicht nur die Optimierung bestehender Produktionsprozesse und Produkte, sondern auch des Kerngeschäfts und damit des Kernelements der gesellschaftlichen Gestaltungsrolle des Unternehmens. Dabei geht es um die Frage, welche gesellschaftlichen Entwicklungen von den unternehmerischen Leistungen und Aktivitäten ausgehen oder durch sie befördert werden. Nachhaltige Entwicklung erfordert Veränderungen. Unnachhaltige Produkte und Produktionsprozesse müssen aufgegeben und neue geschaffen werden. Im Sinne des „kreativen Zerstörers" von Schumpeter wird von einem nachhaltigen Unternehmer erwartet, dass er unnachhaltige Verhältnisse als Anlass für die Schaffung neuer nachhaltigerer Produkt- und Dienstleistungsangebote nimmt, die die bisherigen Strukturen ersetzen und unattraktiv oder gar obsolet machen. Dies kann in und mit einem Unternehmen nur gelingen, wenn die sozialen und ökologischen Themen so bearbeitet werden, dass sie den Unternehmenserfolg stärken.

5 Literatur

Belz, F./Peattie, K. (2010): Sustainability Marketing, Chichester: Wiley.

BMU (Bundesministerium für Umwelt, Naturschutz und Reaktorsicherheit)/BDI (Bundesverband der Deutschen Industrie)/Centre for Sustainability Management (CSM) (Hrsg.) (2007): Nachhaltigkeitsmanagement in Unternehmen. Konzepte und Instrumente zur nachhaltigen Unternehmensentwicklung. Berlin: BMU, (Autoren: Schaltegger, S./Kleiber, O./Müller, J./Herzig, C.).

Carroll, A. B. (1991): The Pyramid of Corporate Social Responsibility. Toward the Moral Management of Organizational Stakeholders, Business Horizons, 34 (4), 39–48.

Carroll, A. B. (1999): Corporate Social Responsibility. Evolution of a Definitional Construct, Business & Society, 38 (3), 268–295.

Carroll, A. B./Buchholtz, A. K. (2006): Business & Society. Ethics and Stakeholder Management. Mason: South-Western, 6. Aufl.

Dyllick, T./Hockerts, K. (2002): Beyond the Business Case for Corporate Sustainability, Business Strategy and the Environment, Vol. 11, No. 2, 130-141.

Ehnert, I. (2009): Sustainable Human Resource Management, Dordrecht: Springer.

Elkington, J. (1998): Cannibals with Forks. The Triple Bottom Lin of 21st Century Business, Gabriola Island: New Society Publishers.

Freeman, E. (1984): Strategic Management. A Stakeholder Approach, Pitman.

Grundwald, A./Kopfmüller, J. (2006): Nachhaltigkeit, Frankfurt: Campus.

Harms, D./Hansen, E./Schaltegger, S. (2011, forthcoming): Sustainable Supply Chains im globalen Kontext. Lieferantenmanagement in DAX- und MDAX-Unternehmen, Die Unternehmung.

Holme, R./Watts, P. (2000): Corporate Social Responsibility: Making Good Business Sense. Genf: WBCSD.

Meffert, H./Kirchgeorg, M. (1998): Marktorientiertes Umweltmanagement – Grundlagen und Fallstudien. 3. Auflage, Stuttgart: C.E.Poeschel,.

Orlitzky, M./Schmidt, F./Rynes, S. (2003): Corporate Social and Financial Performance. A Meta-Analysis, Organization Studies, Vol. 24, No. 3, 402-441.

Pfeffer, J. (1992): Managing With Power. Politics and Influence in Organizations. Boston.

Schaltegger, S. (2002): A Framework for Ecopreneurship. Leading Bioneers and Environmental Managers to Ecopreneurship, Greener Management International, Theme Issue on Environmental Entrepreneurship (Schaper, M., Ed.), Issue 38, 45-58.

Schaltegger, S. (2010): Unternehmerische Nachhaltigkeit als Treiber von Unternehmenserfolg und Strukturwandel, Wirtschaftspolitische Blätter, 57. Jg., Nr. 4, 495-503.

Schaltegger, S./Hasenmüller, P. (2006): Nachhaltiges Wirtschaften aus Sicht des "Business Case of Sustainability", in: Tiemeyer, E./Wilbers, K. (Hrsg.): Berufliche Bildung für nachhaltiges Wirtschaften. Konzepte, Curricula, Methoden, Beispiele, Bielefeld: Bertelsmann, 71-86.

Schaltegger, S./Petersen, H. (2000): Ecopreneurship. Konzept und Typologie. Lüneburg/ Luzern: Center for Sustainability Management (CSM) / Rio-Managementforum.

Schaltegger, S./Petersen, H./Burritt, R. (2003): An Introduction to Corporate Environmental Management: Striving for Sustainability, Sheffield: Greenleaf.

Schaltegger, S./Synnestvedt, T. (2002): The Link Between "Green" and Economic Success. Environmental Management as the Crucial Trigger between Environmental and Economic Performance, Journal of Environmental Management, Vol. 65/4, 339-346.

Schaltegger, S./Wagner, M. (Eds.) (2006): Managing the Business Case of Sustainability. Sustainability Performance, Competitiveness and Business Success. Frameworks, Empirical Results and Management Approaches, Sheffield: Greenleaf.

Schaper, M. (Ed.) (2010): Making Ecopreneurs, Burlington (USA): Gower.

Schneidewind, U. (1998): Die Unternehmung als strukturpolitischer Akteur, Marburg: Metropolis.

Seuring, S./Müller, M. (2008): From a literature review to a conceptual framework for sustainable supply chain management, in: Journal of Cleaner Production, Vol. 16, No. 15, 1699–1710.

von Weizsäcker, E.U./Hargroves, K./Smith, M./Desha, C./Stasinopoulos, P.(2009): Factor Five, London: Earthscan.

WBGU (Wissenschaftlicher Beirat Globale Umweltveränderungen) (1993): Welt im Wandel. Grundstruktur globaler Mensch-Umwelt-Beziehungen, Bonn: Economica.

WCED (World Commission on Environment and Development) (1987): Development and International Economic Co-operation. Environment. Report A/42/427, Geneva: United Nations.

Wüstenhagen, R. (1998): Greening Goliaths versus Muliplying Davids. Pfade einer Coevolution ökologischer Massenmärkte und nachhaltiger Nischen, St. Gallen: Institut für Ökologische Wirtschaftsforschung.

Diversitätsmanagement und CSR

Edeltraud Hanappi-Egger

Diversitätsmanagement ist ein inzwischen recht bekanntes Konzept geworden und wird auch von vielen deutschsprachigen Unternehmen zumindest punktuell umgesetzt. Des Weiteren werden Firmen für ihr Engagement in Sachen Diversität ausgezeichnet: Sei es, dass in Österreich z.B. der DiverCity-Preis ausgelobt wird, sei es, dass in Deutschland zahlreiche Organisationen die Charta der Vielfalt unterschreiben, oder sei es, dass beispielsweise in der Schweiz sich Firmen um den „Top-Arbeitgeber" Preis bemühen. Das bedeutet, dass sich mehr und mehr Unternehmen zu Diversitätsmanagement bekennen und dies auch deutlich machen. Nichtsdestotrotz stellt sich die Frage, was denn nun unter Diversitätsmanagement zu verstehen ist und worin sich dieser Ansatz von anderen wie etwa CSR unterscheidet, insbesondere weil die Argumente für (bzw. gegen) diese Konzepte oft sehr ähnlich erscheinen.

Deutlich wird die Konfusion zwischen Diversitätsmanagement und CSR auch anhand folgenden Beispiels: Am 1. Jänner 2008 ist die ÖNORM S 2501 „Diversity Management – Allgemeiner Leitfaden über Grundsätze, Systeme und Hilfsinstrumente" erschienen[1], die unter Mitarbeit der Autorin eine ExpertInnen-Gruppe formuliert hat. Schon damals wurde das Thema „Diversitätsmanagement" unter „CSR" subsumiert, was zu lebhaften Diskussionen unter den beteiligten WissenschafterInnen und PraktikerInnen geführt hat. Und noch immer wird Diversitätsmanagement und CSR oft synonym verwendet, was – wie eben gesagt – oft zu Verwirrungen führt. Daher soll im Rahmen dieses Beitrages der Versuch unternommen werden, im Lichte von Kosten-Nutzen-Überlegungen die beiden Ansätze gegenüber zu stellen und insbesondere die spezifischen Aspekte des Diversitätsmanagements herauszuarbeiten.

1 Diversitätsmanagement: Theorie und Praxis im europäischen Kontext

Der Ursprung des Diversitätsmanagements wird zum einen mit der Bürgerrechtsbewegung in den USA (und damit mit den Affirmative Action Programmen) in Verbindung gebracht, oder besser gesagt mit der Gegenbewegung dazu: In der Ära Roland Reagans wurden im Sinne einer neo-liberalen Wirtschaftspolitik viele Errungenschaften zurückgenommen, und an Stelle der proaktiven Rekrutierung be-

---

[1] siehe: www.as-search.at

nachteiliger Bevölkerungsgruppen trat die Idee der „individuellen Gleichheit"[2]. Diversitätsmanagement entsprach dieser Sichtweise, die zum anderen mit dem „Workforce-2000"-Bericht des Hudson Instituts zusätzlich legitimiert wurde, der davon ausging, dass im Jahr 2055 75% der arbeitsfähigen US-Bevölkerung weiblich und nicht weiß sein werden, in Verbindung gebracht[3]. Die Einsicht, dass aufgrund demographischer Veränderungen also die bisherigen Personen (weiße Männer) nicht mehr die „Norm" sein werden, führte dazu, dass das bis dato auf diese Adressatengruppe abgestimmte wirtschaftliche Handeln in Frage gestellt werden musste. Der Umgang mit Diversität und die Vermeidung von (kostenverursachenden) Diskriminierungen auf der Basis von Sozialkategorien waren also Schlüsselaspekte in der Entwicklung von Diversitätsmanagement.[4]

Angesichts der tatsächlich zunehmenden demographischen Veränderungen (wie etwa steigende europäische und internationale Migration, höhere Bildung und Erwerbstätigkeit von Frauen, alternde Gesellschaften, Zunahme von Single-Haushalten und Patchwork-Familien) scheint auch in Europa ein verstärktes Interesse an Diversität und Diversitätsmanagement gegeben zu sein.[5]

Dabei wird unter *Diversität* generell Vielfalt oder Verschiedenartigkeit verstanden, also der Umstand, dass sich Menschen hinsichtlich ihrer Sozialkategorien wie Genusgruppenzugehörigkeit, Alter, sexuelle Orientierung, Ethnizität, Qualifikationen, Religion/Weltanschauung, spezielle physische Bedürfnisse, aber auch in Arbeitsstil, Arbeitserfahrungen und dergleichen unterscheiden können. Oft wird in der Literatur beim Versuch, Diversität zu definieren, auf verschiedene Klassifizierungsmodelle verwiesen: So sehen Gardenswartz und Rowe ein Vierschichtenmodell vor,[6] das aus einem Persönlichkeitskern (der nicht weiter spezifiziert wird), den sogenannten „internen Dimensionen" (wie Alter, Genusgruppe, „race"[7]...), den „externen Dimensionen" (wie Religion/Weltanschauung, Edukation, Freizeitverhalten, Lifestyle, ...) und den organisationalen Dimensionen (wie Firmenzugehörigkeit, Managementstatus,...) besteht. Voigt unterteilt die verschiedenen Diversitätsaspekte in wahrnehmbare Erscheinungsformen (Hautfarbe/Ethnizität, Geschlecht,..) und kaum wahrnehmbare Erscheinungsformen.[8] Letztere gliedern sich wiederum in Werte (Religion, sexuelle Orientierung,...) und Wissen/Fertigkeiten/Fähigkeiten (wie Bildung, Fachkompetenz,...). Thomas bezieht sich in seiner Definition von Diversität auf intra-personale Eigenschaften und unter-

---

[2] Kelly/Dobbin (1998)
[3] Johnston/Packer (1987)
[4] siehe auch Lorbiecki/Jack (2000)
[5] siehe auch Hanappi-Egger (2004); Linehan/Hanappi-Egger (2006); Bendl/Hanappi-Egger (2010)
[6] Gardenswartz/Rowe (1994)
[7] im anglo-amerikanischen Raum wird zwar von „race" gesprochen, die oft benutzte deutsche Übersetzung „Rasse" kann allerdings im europäischen Raum aufgrund der historischen Verbundenheit mit dem Nationalsozialismus nicht verwendet werden, wird doch die Sichtweise, es gäbe in Zusammenhang mit Menschen eine entsprechende biologistische Klassifizierungsmöglichkeit und im Hintergrund eine Züchterhand abgelehnt; stattdessen wird in Rahmen dieses Beitrages von Hautfarbe/Ethnizität gesprochen, wohl wissend, dass es auch dabei um sozial konstruierte Zuschreibungen geht und davon keinerlei psycho-sozialen Fähigkeiten abgeleitet werden können
[8] Voigt (2001)

scheidet dem zufolge zwischen personen-immanenter Diversität (Geschlecht, sexuelle Orientierung, ethnische Gruppenzugehörigkeit, Alter, Bildungsniveau) und verhaltens-immanenter Diversität, also den Verhaltensweisen von Menschen als Folge oder Nicht-Folge der personen-immanenten Eigenschaften.[9]

Die unterschiedlichen Zugänge können wie folgt zusammengefasst werden (vgl. Tabelle 1):

Tab. 1: Diversitätsmodelle

Autor/in	Kategorisierungsebene	Ebene	Ebene
Gardenswartz und Rowe (1994)	1.1. Persönlichkeit 1.2. Interne Dimensionen	1.2.1 Geschlecht 1.2.2 Alter 1.2.3 „race" 1.2.4 Ethnizität 1.2.5 ………	
	1.3. Externe Dimensionen	1.3.1 Ausbildung 1.3.2 Familienstand 1.3.3 Wohnort 1.3.4 Religion 1.3.5 ………	
	1.4. Organisationale Dimensionen	1.4.1 Seniorität 1.4.2 Mgmt-Status 1.4.3 Abteilung 1.4.4 Tätigkeitsfeld 1.4.5 …………	
Voigt (2001)	2.1. Wahrnehmbare Eigenschaften	2.1.1 Hautfarbe 2.1.2 Geschlecht 2.1.3 ……..	
	2.2. Kaum wahrnehmbare	2.2.1 Werte	2.2.1.1 Religion 2.2.1.2 Sexualität
		2.2.2 Wissen	2.2.2.1 Bildung 2.2.2.2 Kompetenz
Thoman (2001)	3.1. Personenimmanent	3.1.1 Geschlecht 3.1.2 Alter 3.1.3 Ethnizität 3.1.4 Bildung 3.1.5 ………	
	3.2. Verhaltensimmanent	3.2.1 Verhalten	

Allen diesen Versuchen ist gemeinsam, Diversität in Subgruppen von Sozialkategorien zu klassifizieren.

Vedder führt in Zusammenhang mit solchen Ansätzen, Diversität zu definieren, kritisch an, dass es eben kaum zufriedenstellende Definitionen gibt, die sich nicht auf eine Klassifikation von personeller Vielfalt beziehen, sondern

---

[9] Thomas (2001)

stattdessen eine allgemein gefasste Begriffsbestimmung anbieten.[10] Diese stark auf Differenzierung und Unterscheidungen abzielenden Zugänge werden insbesondere von Thomas in Frage gestellt,[11] der darauf verweist, dass sich Diversität nicht nur auf Unterschiede, sondern auch auf Gemeinsamkeiten bezieht, und dass diese zur Differenzierung dienenden Faktoren auch gleichzeitig Formen von Identifikation anbieten. In diesem Sinne werden daher entlang der genannten Diversitätskategorien Spannungsverhältnisse aufgebaut, da sie einerseits Gruppenzugehörigkeiten definieren, andererseits aber eben auch Personen ausschließen. Es verlangt dem Management ein hohes Maß an Kompetenz ab, mit solchen Spannungsverhältnissen auch umgehen zu können und den Blick für die Einheit in der Vielfalt nicht zu verlieren.

Diversitätsmanagement, ein wie bereits erwähnt aus dem US-amerikanischen Raum stammendes Managementkonzept zielt darauf ab, die personelle Vielfalt für den Unternehmenserfolg produktiv zu nutzen.[12] Das stark auf Inklusion von Personen mit unterschiedlichsten Hintergründen abzielende Managementkonzept erfordert eine zwar freiwillige, aber starke Verpflichtungserklärung einer Organisation, die über einen klassischen Antidiskriminierungsanspruch hinausgeht, da Diversitätsmanagement in der Regel eine völlig neue Orientierung für ein Unternehmen bedeutet. Bisherige Dominanz- und Normgruppen und damit verbundene Wertesysteme müssen in Frage gestellt und indirekte Ausschließungsmechanismen identifiziert werden.

Da vor allem US-amerikanische Unternehmen (wie etwa Microsoft, Ford, IBM, ...) Diversitätsmanagement nach Europa (und damit auch in den deutschsprachigen Raum) über Tochtergesellschaften gebracht haben, verweisen z.B. Syed und Özbilgin darauf, dass das in den USA und in den dortigen soziographischen Verhältnissen verhaftete Managementkonzept nicht ohne weiteres auf andere Kulturkreise übertragbar ist, sondern einer kontextsensiblen Einbettung bedarf.[13] So sehen z.B. nationale Gesetzgebungen meist sehr spezifische Umgangsformen mit verschiedenen Gruppen vor,[14] wie sich etwa am Beispiel Microsoft zeigte, das das Diversitätsmanagement an die entsprechenden Regelungen in der Schweiz anpassen musste.[15]

Gerade in Europa ist also ein steigendes Interesse an Diversität und Diversitätsmanagement zu verzeichnen, das nicht zuletzt auch durch die Antidiskriminierungsrichtlinie der EU weiter gefördert wurde. Diese Richtlinie sieht ein klares Diskriminierungsverbot (auch indirekter Natur) im Arbeitskontext auf der Basis von Alter, Behinderung, Ethnizität, Geschlecht, Religion/Weltanschauung und sexueller Orientierung vor. Diese Bereitschaft von Unternehmen, sich mit diesen Themen konstruktiv auseinanderzusetzen, äußert sich in einem immensen Anstieg

---

[10] Vedder (2005)
[11] Thomas (2001)
[12] vgl. auch Cox/Blake (1991); Cox (1993); Ely/Thomas (2001); Dwyer et al. (2003)
[13] Syed und Özbilgin (2009)
[14] für einen interessanten Ländervergleich siehe Klarsfeld (2010) und für die Entwicklung des Diversitätsdiskurses in Österreich Bendl/Hanappi-Egger/Hofmann (2010)
[15] siehe Fuchs (2004)

von verschiedenen Veranstaltungen zur Förderung des Praxisdialogs zum Zwecke des Wissenstransfers von wissenschaftlichen Erkenntnissen im Diversitätsbereich in die Betriebe bzw. in Organisationsberatungen. Und gerade die steigende Zahl an auf Diversitätsfragen spezialisierten Unternehmensberatungen, Trainings, Kursen und Lehrgängen verweist ebenfalls auf die zunehmend wahrgenommene Relevanz dieser Themen und der damit verbundenen Nachfrage an Know-How. Insbesondere das Versprechen, Diversität und Diversitätsmanagement könne sich positiv auf den Unternehmenserfolg auswirken, erscheint attraktiv, worauf im Folgenden näher eingegangen wird.

1.1 Diversitätsmanagement: die betriebswirtschaftliche Perspektive

Die vor allem in der Wissenschaft und der Beratungsszene verbreiteten Bemühungen um Wissensgenerierung bezüglich Diversität kann nicht über die Tatsache hinwegtäuschen, dass die betriebliche Praxis in Europa nach wie vor recht zögerlich in der Umsetzung von Diversitätsmanagementstrategien ist.[16] Zwar werden zahlreiche einzelne Maßnahmen zu Frauenförderung, zur besseren Einbindung ethnischer Minderheiten oder auch altersgerechter Arbeitsplatzgestaltung getroffen, unternehmensweite Strategien und Konzepte werden aber kaum entwickelt. Das liegt sicher insbesondere auch daran, dass gerade im deutschsprachigen Raum die Firmenlandschaft von KMUs geprägt ist. Kleinst- und Mittelbetriebe haben meist keine so differenzierten Managementkonzepte etabliert, wie sie im Diversitätsmanagement gerne vorausgesetzt werden. Auch spielen bestimmte Treiberfaktoren – wie internationale Wettbewerbsfähigkeit – eine untergeordnete Rolle, und beispielsweise werden gesetzliche Rahmenbedingungen häufig als nicht besonders relevant wahrgenommen.[17]

Dabei bemühen sich gerade wissenschaftliche Beiträge sehr, vor allem die ökonomische Legitimierung zur Einführung von Diversitätsmanagement zu liefern. Im Vordergrund steht dabei die Argumentation, dass es gerade für eine langfristige Überlebensstrategie von Organisationen wichtig ist, auf veränderte Umweltbedingungen zu reagieren und der steigenden Diversität auch mit adäquaten internen Managementkonzepten zu begegnen.

Die betriebswirtschaftlich motivierten Argumente beziehen sich dabei hauptsächlich auf folgende Kosten-Nutzen-Überlegungen[18]:

- *Kostenreduktion* – Die Berücksichtigung diverser Bedürfnislagen und Lebenssituationen der MitarbeiterInnen soll die Bindung an das Unternehmen fördern und steigert die Motivation von MitarbeiterInnen.
- *Personalressourcen* – Der bewusstere Umgang mit Minoritäten und benachteiligten Gruppen macht das Unternehmen attraktiver für qualifiziertes Personal mit entsprechenden Ansprüchen.

---

[16] vgl. z.B. Hafner (2010); Krell et al. (2007); Sepehri/Wagner (2002)
[17] siehe auch Hafner (2010)
[18] siehe auch Krell (2004); Koall et al. (2002); Hanappi-Egger (2004); Hanappi-Egger et al. (2007)

- *Marketing* – Gender- und Diversitätsmanagement ist ein wichtiger Faktor bei der Erschließung neuer KundInnengruppen und fördert ein positives Image des Unternehmens.
- *Kreativität und Problemlösungskompetenz* – Vielfalt schlägt sich auch auf das Einbringen von Perspektiven nieder und kann das Problem von Fehlentscheidungen minimieren bzw. die Qualität von Lösungen steigern, da „group-thinking" verhindert wird.
- *Flexibilisierung* innerhalb des Unternehmens und eine bessere Wahrnehmung des organisationalen Umfelds führen zu einer Erhöhung der Reaktionsfähigkeit auf externe Veränderungen, was Krisen verhindern kann.

Dieser Nutzenseite stehen natürlich auch Kosten gegenüber, wie etwa Kosten, die für Schulungen, Organisationsberatungen, Einführung eines Diversitätsmanagements und die dafür notwendigen Personalressourcen, eventuell notwendige Umbauten im Sinne der Barrierefreiheit und Neugestaltungen des Vertragswesens anfallen.

Dem Ruf nach Kosten-Nutzen-Modellen, die zeigen, dass sich Diversität bzw. Diversitätsmanagement tatsächlich „rechne" wird durch mehrere Studien Folge geleistet.[19] So erhebt z.B. CATALYST regelmäßig Daten von Unternehmen aus den „Fortune 500", die eine positive Korrelation von Diversität (genauer von Frauenquoten im Management) und betriebswirtschaftlichen Kenngrößen (z.B. Profit) zeigen. Dabei wurden insbesondere die Kenngrößen „return on equity" (ROE), „return on sales" (ROS) und „return on invested capital" (ROIC) herangezogen, und gezeigt, dass sich die an der Börse notierten Unternehmen entsprechend des jeweiligen Frauenanteils im Management im jeweiligen oberen bzw. unteren Drittel befinden.

Auch zahlreiche andere Studien zeigen einen positiven Einfluss von Diversität auf betriebswirtschaftliche Kenngrößen. Allerdings ist das Problem mit Kosten-Nutzen-Modellen, dass Kausalitäten zwischen Diversität (bzw. Diversitätsmanagement) und Unternehmenserfolg unterstellt werden müssen, die durchaus umstritten sind. Wissenschaftliche Beiträge widersprechen sich teilweise sogar, wenn es darum geht, darzustellen ob Diversität einen positiven oder negativen Einfluss auf ein Unternehmen hat.[20] Aber auch von anderer Seite kommt viel Kritik an der Sichtweise, dass Diversität zu „managen" ist und damit einer funktionalen also dem Unternehmenserfolg dienlichen Sichtweise unterworfen werden kann.

1.2 Kritik an der „Business-Case"-Perspektive

Die Argumentationslinie der „Business-Case-Sicht" soll helfen, die Einführung von Diversitätsmanagement betriebswirtschaftlich zu legitimieren. Allerdings gehen zahlreiche Forschungsbeiträge davon aus, dass der positive Umgang mit Diversität mehr eine Frage der ethisch-moralischen Verpflichtung im Sinne von Antidis-

---

[19] Bendl/Hanappi-Egger (2010)
[20] siehe auch Mensi-Klarbach (2010); Syed/Kramar (2009)

kriminierung ist. Die „neo-liberale" Instrumentalisierung von menschlicher Vielfalt scheint verwerflich zu sein und stattdessen wird ein der Unternehmensethik stärker verpflichtetes, gesellschaftspolitisches Verständnis von Diversitätsmanagement eingefordert analog etwa dem Gendermainstreaming.[21]

Abgesehen von der grundsätzlichen Diskussion ob und inwieweit eine betriebswirtschaftliche Vereinnahmung von Diversitätsthemen kritikwürdig ist, verursacht die Darstellung der Kosten und Nutzen von Diversitätsmanagement einige Probleme. Hanappi-Egger verweist z.B. auf die „Irrationalität der betriebswirtschaftlichen Rationalität" in forschungs- und technologieintensiven Unternehmen, die sich dadurch zeigt,[22] dass CEOs zwar der Meinung sind, der erwartete Nutzen von Diversitätsmanagement (im untersuchten Fall in Form gendersensibler Programme[23]) sei sehr hoch, die erwarteten Kosten niedrig bis vernachlässigbar. Trotzdem gaben nur 10% der befragten Unternehmen an, entsprechende Maßnahmen zu setzen. Grund dafür ist, dass sich – wie generell bei immateriellen Vermögensgütern – gerade langfristiger Nutzen nur schwer in operationalisierbare Größen abbilden lässt. Zudem müssen, wie bereits erwähnt, recht starke Kausalzusammenhänge unterstellt werden, was prinzipiell immer schwierig in der Evaluierung von Unternehmensentscheidungen ist. Eine Relevanzanalyse stellt sich auch im Diversitätsmanagement als schwer darstellbar heraus, müssen doch Zielvorgaben gemacht, Indikatoren zur Messung der Zielerreichung identifiziert und ein kausaler Zusammenhang unterstellt werden.

Domsch und Ladwig verweisen außerdem auf das Problem der „versteckten" Kosten und Nutzen, die nicht in die Modellbildung einbezogen werden, weil sie übersehen, nicht erkannt oder schlichtweg ignoriert werden.[24] Diese Überlegungen führen letztlich dazu, die Frage nach der Gender-Diversität-Optimierung zu stellen, also nach der Überlegung, welche Programme angesichts des jeweiligen Unternehmenskontextes den optimalen Beitrag bringen werden.

Diese streng-ökonomische Sichtweise nehmen allerdings kaum Unternehmen ein. Selbst sogenannte „good-practice-Beispiele", also Unternehmen, die sich aus unterschiedlichen Gründen der Implementierung eines Diversitätsmanagements stellen, können in der Regel nicht auf ein ausdifferenziertes Kosten-Nutzen-Modell verweisen, sondern versuchen, die jeweils für sie relevanten Themen aufzugreifen und positive Akzente zu setzen.

Diese Einzelmaßnahmen greifen allerdings aus der Sicht einer nachhaltigen Diversitätsstrategie zu kurz[25], was im Folgenden vor allem in der Gegenüberstellung zu CSR genauer diskutiert werden soll.

---

[21] vgl. Wetterer (2002); Noon (2007); Knapp (2007)
[22] Hanappi-Egger (2011a)
[23] Hanappi-Egger/Köllen (2006)
[24] Domsch und Ladwig (2003)
[25] siehe auch Hanappi-Egger/Hofmann (2011) zur Diskussion aus der Sicht von Managementkompetenzen

2 CSR und Diversitätsmanagement: Unterschiede und Gemeinsamkeiten

Wie die bereits erwähnten Aspekte für Diversitätsmanagement zeigen, erinnern die entsprechenden betriebswirtschaftlich motivierten und teilweise kritisch beleuchteten Argumentationsrichtlinien stark an die Diskussionen um CSR: Unternehmen sollen sich ihrer sozialen Verantwortung stellen, sich ethischen Grundprinzipien verpflichtet fühlen und transparente, humane Managementkonzepte etablieren. Im von der EU-Kommission bereits 2001 veröffentlichten Grünbuch wird CSR dabei definiert als „ein Konzept, das den Unternehmen als Grundlage dient, auf freiwilliger Basis soziale Belange und Umweltbelange in ihre Unternehmenstätigkeit und in die Wechselbeziehungen mit den Stakeholdern zu integrieren".[26] Gerade die diskriminierungsfreie Personalpolitik ist dabei ein wesentlicher Bestandteil und Nachhaltigkeit im Sinne der Integration von ökonomischen, ökologischen und sozialen Kriterien wird als ein entscheidender Wettbewerbsvorteil gesehen.

Beide Konzepte CSR und Diversitätsmanagement gehen also davon aus, dass sich eine zukunftsweisende Unternehmenspolitik nicht (nur) auf kurzfristige Profitoptimierung oder Wachstumsmaximierung konzentrieren darf, sondern die langfristige nachhaltige Bestandserhaltung unter besonderer Berücksichtigung der sozio-ökologischen Umweltbedingungen Teil der Unternehmensstrategie sein muss.

Die folgende Gegenüberstellung soll einen groben Vergleich der Konzepte CSR und Diversitätsmanagement bieten, um in weiterer Folge die Spezifika des Diversitätsmanagements zu elaborieren (vgl. Tabelle 2).

Tab. 2: Gegenüberstellung CSR-Diversitätsmanagement

	CSR	*Diversitätsmanagement*
Organisationskonzept	Offenes System	Offenes System
Verpflichtung	freiwillig	freiwillig
Treiber	Ökologie, Demographie	Demographie, rechtliche Grundlagen (Antidiskriminierungsrichtlinie)
Fokus	Stakeholder	Individuum, strukturell benachteiligte MitarbeiterInnen-Gruppen
Strategieausrichtung	Extern/intern	v.a. intern (eventuell extern)
Managementkonzept	Top-down	Top-down und bottom-up
Terminologie	Nachhaltigkeit	Wettbewerbsfähigkeit
Legitimation	Soziale Verantwortung	Ökonomischer Nutzen
Evaluierungsmodell	Balanced Scorecard	Diversity Scorecard

---

[26] Europäische Kommission (2001): 7

Aus dieser – wenn auch sehr groben Gegenüberstellung wird ersichtlich, dass sich Diversitätsmanagement in einigen Punkten von CSR-Ansätzen sehr wohl unterscheidet. Insbesondere der Entstehungskontext aus der politischen Antidiskriminierungsbewegung macht Diversitätsmanagement zu einem stark an Unternehmensstrategien entwickelten Konzept, das weniger einen „Stakeholder-Ansatz" verfolgt als einen ökonomisch legitimierten, auf äußere Veränderungen reaktiven Zugang. Im Mittelpunkt dabei steht die Idee, dass es betriebswirtschaftlich sinnvoller ist, die für bestimmte Jobs am besten geeigneten Individuen zu rekrutieren anstatt reflexartig stereotype Ausgrenzung zu reproduzieren. Diversitätsmanagement bezieht sich also vor allem auf den Personalbereich, speziell in europäischen Unternehmen.

Die externe Strategieausrichtung bezieht sich auf den Absatzmarkt und wird häufiger (auch) im US-amerikanischen Kontext realisiert. Hierbei geht es darum, durch geeignete Zielgruppenansprache (Ethno-Marketing, Gay-Marketing, SeniorInnen-Marketing etc.) neue KundInnen-Segmente zu erschließen und Marktanteile zu vergrößern. Entsprechende Aktivitäten werden aber auch zunehmend von Firmen im deutschsprachigen Raum gesetzt.[27]

Ein wesentlicher, durchaus diskussionswürdiger Punkt ist die Frage nach der Kosten-Nutzendarstellung beider Konzepte. Gerade im Nachhaltigkeitsdiskurs hat sich die Ansicht durchgesetzt, dass es gilt, vor allem auch „intangible assets" darzustellen, um der sehr engen Sichtweise der unmittelbar in monetäre Größen abbildbaren Kosten und Nutzen zu entkommen. Die Balanced Scorecard (BSC) gilt seither als ein Versuch, indirekte und qualitativ messbare Implikationen bestimmter Unternehmensstrategien in eine entsprechende Unternehmensevaluierung einzubeziehen. Kaplan und Norton sprechen in diesem Zusammenhang von der Identifikation „strategischer Themen".[28]

Im Diversitätsmanagement gibt es in der Zwischenzeit – wenn auch nur bescheidene – Versuche, in Anlehnung an die BSC Diversity Scorecards (DSC) zu entwickeln. Dabei wird meist davon ausgegangen, dass Diversitätsmanagement nicht selbst ein Instrument der Strategieentwicklung, sondern ein „strategisches Thema" ist. Herrmann-Pillath verweist dabei auf ein spezielles Problem:[29] „Insbesondere scheint die DSC eine fast paradoxe Intention zu besitzen: Denn während die BSC ausdrücklich das Ziel verfolgt, intangible und nichtfinanzielle Determinanten des Unternehmenserfolges zu erfassen, will die DSC eigentlich gerade die quantitative und finanzielle Dimension der Diversität abbilden."

Wird – was dem theoretischen Zugang entsprechen würde, Diversitätsmanagement als strategisches Management gesehen, das top-down und bottom-up Elemente in einem evolutionären Prozess verbindet und alle Unternehmensbereiche einschließt,[30] würde dies zur Folge haben, auch z.B. die Diversität in den Wertesystemen von KundInnen einzubeziehen. Das wiederrum würde letztlich bedeuten, dass CSR als Teil des Diversitätsmanagements integriert werden müsste, was konträr zur eingangs erwähnten Perspektive Diversitätsmanagement als Teil

[27] Herrnstein (2010)
[28] Kaplan und Norton (2006)
[29] Herrmann-Pillath (2009): 16
[30] siehe Hanappi-Egger (2011b)

von CSR zu sehen, ist. Aber dies würde wohl zu einer sehr grundsätzlichen Diskussion führen.

3 Zusammenfassung

Theoretisch wird im Diversitätsmanagement von einem Top-Management-Verständnis ausgegangen, das analog etwa zum Human Resource-Management dafür verantwortlich ist, dass entsprechende Strategien entwickelt werden. Instrumente der Evaluierung und zur Messung der Zielerreichung (z.B. in Form von Diversity Scorecards) sind damit ebenso Teil eines entsprechenden Diversitätsmanagement-Konzepts wie „bottom-up" Aktivitäten, die auf die partizipative und kontextsensible Einbettung von entsprechenden Maßnahmen abzielen.

Praktisch zeigen mehrere empirische Befunde, dass Organisationen oftmals nur einzelne Diversitätsmaßnahmen setzen, aber kaum weitreichende Diversitätsstrategien entwickeln und in den seltensten Fällen Kosten-Nutzen-Modelle vorweisen können, um den Erfolg bestimmter Diversitätsmaßnahmen in Indikatorensystemen abzubilden.

Aus betriebswirtschaftlicher Sicht kann ein nachhaltiges Diversitätsmanagement nur realisiert werden, wenn es als Teil eines Veränderungsmanagements betrachtet wird, in dem es neben den ökonomischen Nutzenkalkülen immer auch um wirtschaftsethische Perspektiven geht. Es macht also kaum Sinn, Diversitätsmanagement entweder als „business case" ODER „business ethics" – Frage zu sehen. Vielmehr braucht es beides: Die Abkehr von einer auf stereotypen Zuschreibungen beruhenden Personalpolitik versachlicht entsprechende Entscheidungen und nimmt Qualifikationen und Fähigkeiten verstärkt in den Blick. Die Schaffung diskriminierungsfreier Unternehmensstrukturen vermeidet kostenverursachende Probleme wie hohe Fehlzeiten, Fluktuationen und unter Umständen gerichtliche Verfolgungen. Eine Diversität wertschätzende Unternehmenskultur erlaubt es den MitarbeiterInnen ihre Fähigkeiten zu entfalten und trägt zu einer höheren Bindung von Angestellten und KundInnen bei.

Mit anderen Worten: Es kann aus einem Kosten-Nutzen-Interesse durchaus ratsam sein, nicht nur zu berechnen, was Diversitätsmanagement zum Unternehmenserfolg beitragen kann, sondern auch zu bedenken, welche Kosten entstehen, wenn Diversität und damit einhergehende Bedürfnisse *ignoriert* werden.

Es ist daher oft eine Frage des herrschenden *Diversitätsklimas*, welche Strategien wie wirksam sein können. Im Rahmen mehrerer Studien[31] wurde ersichtlich, dass einzelne Diversitätsmaßnahmen nicht notwendigerweise dazu führen müssen, dass die angesprochenen Gruppen (also „Frauen", „Ältere", „Homosexuelle" usw.) besser integriert werden bzw. sich integriert fühlen. Im Gegenteil, die direkte Ansprache von als „Problemgruppen" wahrgenommene Personen kann mitunter zur (weiteren) Isolation und Stigmatisierung führen. Köllen führt auf der Basis von empirischen Untersuchungen mit homosexuellen Personen im Betrieb

---

[31] z.B. Köllen (2010)

am Beispiel deutscher Banken aus, dass eine positive Einbindung verschiedener Gruppen besser durch Maßnahmen erzielt wird, die ganz generell die Verbesserung des Diversitätsklimas zum Zweck haben und damit zu einem positiven Umgang mit Diversität führen.[32]

Zugegebenermaßen ist es schwierig, Kosten bzw. Nutzen von Diversitätsmanagement zu operationalisieren, insbesondere wie erwähnt aufgrund der Notwendigkeit, Kausalitäten zu unterstellen und intangible assets zu messen. Allerdings erzwingt eine Kosten-Nutzen Perspektive als Teil des strategischen Managements eine kritische Analyse der bisher gelebten Praktiken, – und das kann sehr erleuchtend sein, – nicht nur in Zusammenhang mit kostenverursachenden strukturellen Diskriminierungen, sondern auch mit der Identifikation von möglichen Potenzialen im Personal- und Marketingbereich.

Gerade in diesem Punkt kann die CSR-Diskussion vom Diversitätsdiskurs lernen: Diversitätsmanagement und die entsprechenden Kosten-Nutzen Überlegungen erfordern einen im hohen Maße selbst-kritischen Blick auf bisherige Praktiken und Normen. Die unter dem Aspekt der Potenzialanalyse durchgeführten Untersuchungen im Betrieb bilden die Grundlage für die Entwicklung einer kontextsensiblen Diversitätsstrategie, die die Einbindung der betroffenen MitarbeiterInnen benötigt. Der „kühle Blick" auf Zahlen, – so kritisch dies auch immer gesehen werden mag, – erzwingt zumindest eine systematische Benennung von relevanten Indikatoren, die in Folge zur Erfolgsmessung herangezogen werden können. Im Vordergrund steht dabei also nicht – wie oft im CSR-Bereich – das Ausverhandeln von (politischen) Kompromissen mit Stakeholdern, sondern die betriebsinterne Legitimierung von Aktivitäten (oder Nicht-Aktivitäten) innerhalb der betriebswirtschaftlichen Logik.

4 Literatur

Bendl, R.; Hanappi-Egger, E. (2010): Über die Bedeutung von Gender- und Diversitätsmanagent in Organisationen. In: Kasper, H.; Mayrhofer, W. (Hrsg.): Personalmanagement, Führung, Organisation. Wien: Linde Verlag, 4. Aufl., S. 553-574.

Bendl, R.; Hanappi-Egger, E.; Hofmann, R. (2010): Diversitätsmanagement in Österreich: Bedingungen, Ausformungen und Entwicklungen. Diversitas, Vol. 1, Nr. 1, S. 17-34.

Cox, T. (1993): Cultural Diversity in Organizations – Theory, Research and Practice. San Francisco.

Cox, T.; Blake, S. (1991): Managing Cultural Diversity: Implications for Organizational Competitiveness. The Executive, Vol. 5, Nr. 3, S. 45-56.

Domsch, M.; Ladwig, D. H. (2003): Management Diversity: Das Hidden-Cost-Benefit-Phänomen. In: Pasero, U. H. (Hg.): Gender – From Costs to Benefits. Wiesbaden: Westdeutscher Verlag.

Dwyer, S. et al. (2003): Gender diversity in management and firm performance: the influence of growth orientation and organizational culture. In: Journal of Business Research, Vol. 56, S. 1009-1019.

---

[32] Köllen (2010)

Ely, R., Thomas, D. (2001): Cultural Diversity at Work. The Effects of Diversity Perspectives on Work Group Processes and Outcomes. In: Administrative Science Quarterly, Vol. 6, Nr. 2, S. 229-273.

Europäische Kommission, Grünbuch Europäische Rahmenbedingungen für die soziale Verantwortung der Unternehmen, KOM(2001) 366 endgültig. Brüssel 18.7.2011.

Fuchs, B. (2004): Gender- und Diversitätsmanagement bei Microsoft: eine globale Strategie mit lokalspezifischen Ausprägungen am Beispiel der Schweizer Tochtergesellschaft Microsoft Schweiz GmbH. In: Bendl, R.; Hanappi-Egger, E.; Hofmann, R. (Hrsg.): Interdisziplinäre Gender- und Diversitätsmanagement, Wien: Linde, S. 263-273.

Gardenswartz, L.; Rowe, A. (1994): Diversity Teams at Work, Irwin.

Hafner, I. (2010): Diversitätsmanagement im österreichischen Klein- und Kleinstbetrieb. Diplomarbeit, WU Wien.

Hanappi-Egger, E. (2004): Einführung in die Organisationstheorien unter besonderer Berücksichtigung von Gender- und Diversitätsaspekten. Bendl, R.; Hanappi-Egger E.; Hofmann, R. (Hrsg.): Interdisziplinäres Gender- und Diversitätsmanagement, Einführung in Theorie und Praxis. Wien: Linde, S. 21-42.

Hanappi-Egger E.; Köllen, T. (2006): Strengthening Innovative Ability in Technology-Intensive Organizations: A Question of (Gendered) Working Conditions? 22nd EGOS Colloquium, Bergen, Norwegen, 06.07-08.07.

Hanappi-Egger, E.; Köllen, T.; Mensi-Klarbach, H. (2007): Diversity Management: Economically Reasonable or „only" Ethically Mandatory? In: The International Journal of Diversity in Organisations, Communities and Nations, Vol. 7, Nr. 3, S. 159-168.

Hanappi-Egger, E. (2011a): The Triple M of Organizations: Man, Management and Myth. New York/Wien: Springer.

Hanappi-Egger, E. (2011b): erscheinend. Die Rolle von Gender und Diversität in Organisationen: Bendl R.; Hanappi-Egger E.; Hofmann R. (Hrsg): Eine organisationstheoretische Einführung. In: Diversität und Diversitätsmanagement. Wien: facultas wuv.

Hanappi-Egger, E.; Hofmann, R. (2011): erscheinend. Diversitätsmanagement unter der Perspektive organisationalen Lernens: Wissens- und Kompetenzentwicklung für inklusive Organisationen. In: Bendl R.; Hanappi-Egger E.; Hofmann R. (Hrsg.): Diversität und Diversitätsmanagement. Wien: facultas wuv.

Herrnstein, G. (2010): Diversity Marketing, Diplomarbeit, WU Wien.

Herrmann-Pillath, C. (2009): Diversity Management und diversitätsbasiertes Controlling: Von der „Diversity Scorecard" zur „Open Balanced Scorecard. Frankfurt School – Working Paper Series, Nr. 119. Frankfurt School of Finance and Management.

Jonston, W.; Packer, A. (1987): Workforce 2000: Work and workers for the 21st century. Hudson Institute, HI-3796-RR, Indiana.

Kaplan, R. S.; Norton D.P. (2006): How to Implement a New Strategy Without Disrupting Your Organization. In: Harvard Business Review March, S.100-109.

Klarsfeld, A. (2010) (Hrsg.): International Handbook on Diversity Management at Work. Country Perspectives on Diversity and Equal Treatment. Cheltenham, Northampton: Edward Elgar.

Knapp, G. (2007): Gleichheit, Differenz, Dekonstruktion: Vom Nutzen theoretischer Ansätze der Frauen- und Geschlechterforschung für die Praxis. In: Krell G. (Hrsg.) Chancengleichheit durch Personalpolitik: Gleichstellung von Frauen und Männern in Unternehmen und Verwaltungen. Rechtliche Regelungen – Problemanalysen – Lösungen, 5., vollständig überarbeitete und erweiterte Auflage. Gabler: Wiesbaden. S. 163-172.

Kelly, E.; Dobbin, F. (1998): How Afirmative Action Became Diversity Management. Employer response to Antidiscrimination law 1961 to 1996. American Behavioral Scientist, Vol. 41, Nr. 7, S. 960-984.

Koall, I.; Bruchhagen, V.; Höher, F. (Hrsg.) (2002): Vielfalt statt Lei(d)tkultur- Managing Gender & Diversity. Münster: LIT Verlag.

Köllen, Th. (2010): Bemerkenswerte Vielfalt: Homosexualität und Diversity Management. München: Hampp.

Krell, G. (2004) (Hrg): Chancengleichheit durch Personalpolitik. Wiesbaden: Gabler.

Krell, G.; Riedmüller, B.; Sieben B.; Vinz D. (Hrsg.) (2007): Diversity Studies. Grundlagen und disziplinäre Ansätze. Frankfurt/M.: Campus.

Linehan, M.; Hanappi-Egger, E. (2006): Diversity and diversity management: a comparative advantage?. In: Larsen, H.; Mayrhofer, W. (Hrsg): Managing Human Resources in Europe. London: Rautledge, S. 217-233.

Lorbiecki A.; Jack G. (2000): Critical Turns in the Evolution of Diversity Management. In: British Journal of Management, Vol. 11, Special Issue, S. 17-S31.

Mensi-Klarbach, H. (2010): Diversity und Diversity Management – die Business Case Perspektive. Eine kritische Analyse. Hamburg: Kovač.

Noon, M. (2007): The Fatal Flaws of Diversity and the Business Case for Ethnic Minorities. In: Work, Employment and Society, Vol. 21, S. 773–784.

Sepehri, P.; Wagner, D. (2002): Diversity und Managing Diversity: Verständnisfragen, Zusammenhänge und theoretische Erkenntnisse. In: Peters S. (Hrsg) Frauen und Männer im Management: Diversity in Diskurs und Praxis. Wiebaden: Gabler.

Syed, J.; Kramar, R. (2009): Socially Responsible Diversity Management. In: Journal of Management and Organization, Vol. 15, Nr. 5, S. 639–651.

Syed J.; Özbilgin, M. (2009): A relational framework for international transfer of diversity management practices. In: The International Journal of Human Resource Management, Vol. 20, Nr. 12, S. 2435–2453.

Thomas, R. (2001): Management of Diversity – Neue Personalstrategien für Unternehmen. Wiesbaden: Gabler.

Vedder, G. (2005): Denkanstöße zum Diversity Management. In: Arbeit, Vol. 1, Nr. 14, S. 34-43.

Voigt, B. (2001): Measures & Benchmarks. Komparatives Diversity-Measurement. Präsentation auf der 3. Internationale Managing Diversity Konferenz, Potsdam.

Wetterer, A. (2002): Strategien rhetorischer Modernisierung. In: Zeitschrift für Frauenforschung und Geschlechterstudien, Vol. 3, S. 129-148.

CSR – eine humanistische Sichtweise

Clemens Sedmak

1 Einleitung: Zwei Schlüsselfragen

Die Fragestellungen, welchen dieser Beitrag nachgeht, lauten: Welche Rolle spielen Mensch und Menschlichkeit in der Wirtschaft? Ist „humane Marktwirtschaft" ein Paradoxon? Dies wird in zwei Schritten erfolgen: Erstens wird die Rolle von Menschen im Wirtschaftsgeschehen in dreierlei Hinsicht beschrieben: als „Unternehmerisches Selbst", als „Mitmenschlichen Kooperationspartner" und als „Menschengemäßen Respondenten". Zweitens wird die riskante These entwickelt, dass unter humaner Marktwirtschaft „Wirtschaft mit Seele" verstanden werden sollte, die der Idee von „Menschlichkeit" Raum gibt: Menschlichkeit ist Grundprinzip und Kriterium, der Mensch Subjekt und Adressat des Wirtschaftsgeschehens. Dies könnte man als „decent economy" verstehen. Daraus ergibt sich – Gegenstand einer Schlussbemerkung – ein „Verantwortungsprivileg" von Unternehmen.

Die schwedische Autorin Ninni Holmqvist zeichnet in ihrem Debütroman *Die Entbehrlichen* das Bild einer utopischen, aber möglicherweise nicht zu fernen Gesellschaft, die ihre Mitglieder strikt in „nützliche Mitglieder" und „überflüssige Mitglieder" einteilt.[1] Nützliche Mitglieder sind solche, die einen guten Arbeitsplatz erworben und/oder sich vermehrt haben. Unnütze Mitglieder sind Frauen und Männer, die weder auf dem Arbeits- noch auf dem Reproduktionsmarkt nachhaltige und nennenswerte Resultate erzielt haben. Die unnützen Mitglieder werden zu einem klar definierten Zeitpunkt (Frauen mit Vollendung des 50. Lebensjahres, Männer ab 60) in eine Einrichtung eingewiesen, die einem „all inclusive"-Paradies gleicht, aber drei Nachteile hat: Die Einrichtung hat keine Fenster, sie darf nicht verlassen werden und die Insassen werden zu (psychologischen, medizinischen) Experimenten herangezogen, die mit einer „ultimativen Organspende" enden. Auf diese Weise können sich auch die unnützen Mitglieder der Gesellschaft als nützlich erweisen.

Dieser Roman beschreibt eine Gesellschaft, die den Gedanken der Nützlichkeit in den Vordergrund stellt, ihre Mitglieder wie die Mitglieder eines Clubs mit Mitgliedsbeitragspflicht behandelt, und den Beitrag zum Gemeinwohl als messbar darstellt. Letztlich zeichnet dieser Roman das Bild einer Gesellschaft, in der zwei Schlüsselfragen prominent geworden sind: Wieviel kostet das? Wer zahlt das? Wir könnten diese beiden Fragen die Kosten- und die Zahlfrage nennen. Kosten- und Zahlfrage sind Schlüsselfragen in einem Kontext, in dem das Geld zum symbolisch generalisierten Kommunikationsmedium und Universalsymbol geworden ist,

---

[1] Holmqvist (2011)

das Umtausch und Verrechnung von Gütern aller Art ermöglicht.² Diese beiden
Schlüsselfragen erlauben die Übersetzung von einem Kontext in einen anderen.
Kosten- und Zahlfrage lassen sich in Bezug auf Gesundheit, Bildung, Familie,
Altersvorsorge, Kathedralen und politische Maßnahmen stellen. Wenn sich diese
beiden Fragen als Schlüsselfragen etablieren, operieren wir in einem Rahmen, in
dem ökonomische Überlegungen, die den beiden Schlüsselfragen folgen, zu den
Leitüberlegungen einer Gesellschaft mutieren, denen alle anderen Gesichtspunkte
untergeordnet werden. Ninni Holmqvists Szenario beschreibt eine Gesellschaft, die
zwar schlüsselfragenkonform funktioniert und gewissermaßen als ganze die Idee
einer „societas oeconomica" verwirklicht, uns aber mit dem Unbehagen erfüllt,
wie es denn um die Menschlichkeit bestellt sei. Welchen Raum sollen Mensch und
Menschlichkeit in der Wirtschaft einnehmen?

2 Mensch und Wirtschaft

Wirtschaft kann nach Aristoteles als Politik, Technik oder Ethik aufgefasst werden.
Nach allen drei Auffassungen geht es im Wirtschaftsgeschehen darum, dass Menschen ihr Leben gestalten und entsprechend gestaltend in ihre Umwelt eingreifen.
Sie tun dies, um sich einen „Ort" in der Welt zu schaffen, der dem Leben Halt
und Form gibt. Nicht von ungefähr ist das Bild des Hauses für das Wirtschaftsgeschehen zentral: Durch das wirtschaftliche Handeln ist das Haus zu schaffen, zu
erhalten, gegebenenfalls zu erweitern und als Ort zu etablieren, der eine Struktur
für gutes Leben bietet. Das Haus ist nicht selbst das gute Leben, aber es stellt einen
Rahmen dar, innerhalb dessen sich gutes Leben günstig entfalten kann. Dass dabei
Aspekte wie Umsichtigkeit, Langfristigkeit, Maß, Regelmäßigkeit und gute Nach-
barschaft eine Rolle spielen, sei nur am Rande erwähnt. In jedem Fall geht es bei
diesem Bild des Hauses darum, dass ein von Menschenhand (und nicht durch eine
„invisible hand") geschaffene Struktur gutes menschliches Leben ermöglicht. Der
Weg der Wirtschaft, um es in Anlehnung an ein Wort aus der katholischen Tradition
auszudrücken, ist der Mensch.³ So gesehen muß nach dem Ort des Menschen im
Wirtschaftsgeschehen nicht lange gesucht werden. Ich nenne drei Orte, in denen
der Mensch die Mitte der Wirtschaft bildet.

Ein erster Ort des Menschen im Wirtschaftsgeschehen ist der Topos des wirt-
schaftsgestaltenden Subjekts, die Rolle des Menschen als eines „unternehmerischen Selbst". Ulrich Bröckling hat das unternehmerische Selbst als Subjekt
charakterisiert, das Gewinnchancen nutzt, Innovationen entwickelt, Risiken trägt,
Kontakte und Abläufe koordiniert und die Logik des Marktes versteht.⁴ Unternehmerinnen und Unternehmer sind Menschen, die „Möglichkeiten" in „Gelegenheiten" übersetzen, die Ideen haben und diese auch angesichts von Risiken verwirklichen, die Netzwerke aufbauen und pflegen und dabei die Ratio von Angebot

---

² vgl. Luhmann (2001)
³ Johannes Paul II. (1979): 14
⁴ Bröckling (2007): 111-126

und Nachfrage durchdringen. Dieses Profil macht deutlich, dass eine gewisse Begabung vorhanden sein muss, die nicht notwendigerweise allen gegeben ist. Neben Arbeitslosigkeit, Krankheit und Scheidung sind fehlende unternehmerische Fähigkeiten (auch im elementaren Sinn: Unfähigkeit, ein Budget zu erstellen oder zu verwalten) ein Hauptgrund für Überschuldungen von Privathaushalten in Europa.[5] Die Unterstützung von unternehmerischen Fähigkeiten hat Muhammad Yunus als entscheidenden Hebel zur Armutsbekämpfung identifiziert und über Mikrokredite und Programme zur Steigerung der „financial literacy" zu realisieren gesucht.[6] Es sind Menschen mit Gestaltungsmöglichkeit, Gestaltungsfähigkeit und Gestaltungswillen, die das Wirtschaftsgeschehen maßgeblich prägen. Sie haben eine Auffassung vom Leben, die Existenz wesentlich als „Unternehmen" sieht, das aufgebaut, erhalten und erweitert werden will. Entscheidend scheint dabei die Grundfähigkeit des Fragens zu sein: Unternehmerisch tätige Menschen nehmen Fragen von Menschen auf, stellen den Status Quo in Frage und sehen Situationen als „Gelegenheiten", also als Situationen, die Anfragen an das Handeln stellen. Ein Beispiel für die Fähigkeit, Fragen von Menschen aufzunehmen, sehen wir in Manfred Sauers Modeprodukten, die sich an Menschen richten, die auf den Rollstuhl angewiesen sind. Hier hat ein Unternehmer eine Antwort auf die Frage gesucht: Wie kann Mode, die „im Sitzen sitzt", gestaltet werden? Ein Beispiel für einen Unternehmer, der den Status Quo in Frage stellt, ist der britische Unternehmer James Dyson mit seiner Entwicklung eines beutellosen Staubsaugers. Hier wurden Selbstverständlichkeiten in Frage gestellt und in dem dadurch entstandenen neuen Bezugsrahmen Lösungen erarbeitet. Ein Beispiel für die Fähigkeit, Situationen in Gelegenheiten zu verwandeln (wir könnten hier großspurig von „Opportunisierungsfähigkeit" sprechen), stellt die Neuausrichtung der amerikanischen Firma Arms&Hammer dar, die den Rückgang an Bedarf nach von der Firma hergestelltem Backpulver dadurch kompensierte, dass Produkte wie Zahnpasta oder Deodorants auf der Grundlage von Backpulver entwickelt wurden. Hier hat ein Unternehmen eine schwierige Situation als Anfrage gesehen, die Gelegenheit für eine neue Antwort gibt. In allen Beispielen zeigen sich die Fähigkeiten, mit Fragen umzugehen und auf diese aufgeworfenen Fragen Antworten zu finden, als unternehmerische Schlüsselqualitäten. Dass die Fähigkeit, Fragen zu stellen, als Grundmoment des Bildungsprozesses gelten kann, mag die Relevanz von Allgemeinbildung für das Unternehmertum unterstreichen (zumal Kreativität durch große Allgemeinbildung gefördert wird).

Freilich: Nicht alle Menschen sind gleichermaßen für unternehmerisches Tun begabt und vorbereitet. Dass der Wohlfahrtsstaat in seinen Arbeitsmarktverwaltungsbemühungen vor allem auf diese Fähigkeiten abzielt und damit neue Formen der Exklusion erschließt, sei ausdrücklich festgehalten. [7]Das „unternehmerische Selbst" entspricht einer bestimmten Form von Identitätsbildung: Menschen erhalten Identität durch „Gegenstände der Sorge", also durch Dinge, um die sie

---

[5] Kempson et al. (2005)
[6] Yunus (2006): 260-276
[7] vgl. Bude (2008): 27f; siehe auch Bude/Willisch (2008)

bereit sind, sich zu sorgen und zu kümmern;[8] Menschen erhalten Identität durch Zugehörigkeit zu identitätsstiftenden Projekten.[9] In diesem Sinne wird wirtschaftliches Handeln von Menschen gestaltet, die diese Form des Handelns (auch) als identitätsstiftend ansehen. Sie sorgen sich um Anliegen, die sie mit Erfindungsgeist und Umtriebigkeit zu realisieren suchen. Sie setzen Dinge in Gang, bewegen Möglichkeiten, gestalten die Welt – und bekommen dadurch Identität. Das heißt auch, dass nicht nur ein Teil des Menschen, sondern die ganze Persönlichkeit des Menschen in das unternehmerische Tun einfließt, was in der heutigen Soziologie mitunter mit den Stichwörtern „Subjektivierung"[10] und „Entgrenzung"[11] ausgedrückt wird – und zurecht durchaus kritisch gesehen wird, weil die Arbeitswelt Menschen „mit Haut und Haar" fressen könnte. Gleichzeitig erinnern diese Phänomene daran, dass es der Mensch in seiner Gesamtheit ist, der im wirtschaftlichen Teilsegment „Erwerbsarbeit" engagiert ist. Man könnte sich in Anlehnung an Max Webers seinerzeitige Diskussion der Wertfreiheit von Wissenschaft fragen, ob die Idee einer Grenze zwischen „arbeitendem Menschen" und „existenzführendem" Menschen[12] als Orientierungspunkt sinnvoll sei, selbst wenn sie in der Praxis nicht strikt durchgezogen werden könne. Der Anteil der Erwerbsarbeit an der Identitätsarbeit ist unterschiedlich und dürfte bei unternehmerisch tätigen Menschen im strikten Sinn größer sein als bei unselbstständig Erwerbstätigen. In jedem Fall ist der Ort des unternehmerischen Selbst ein erster „locus" des Menschen im Wirtschaftsgeschehen.

Eine zweite Verortung des Menschen im Wirtschaftsgeschehen ist die Idee des mitmenschlichen Kooperationspartners. Hier darf der Hinweis nicht fehlen, dass man Adam Smiths Werk über den Wohlstand der Nationen im Lichte seiner Theorie der moralischen Gefühle lesen möge. Wirtschaft wird durch Kooperation ermöglicht – auch der faire Wettkampf ist eine Form der Kooperation, wenn sich alle Beteiligten an Regeln halten, die dem Wohl aller und der Sicherstellung von Mindeststandards verpflichtet sind. Wirtschaften ist ein Transformationsgeschäft, in dem Rohstoff in Gut, ein Gut in ein anderes Gut oder Beziehungen zu beidseitigem Vorteil transformiert werden. Wirtschaftliches Handeln kennt neben dem Grundakt des Herstellens, der für das unternehmerische Selbst entscheidend ist, auch den Grundakt des Tauschens. Etwas wird für etwas anderes gegeben; damit wird das Erhaltene zum Symbol für das Gegebene und umgekehrt. Die Mindestanforderung an einen Tauschakt ist die symbolische Äquivalenz, also die Idee der Gleichwertigkeit der beiden Tauschobjekte, die einander zum Symbol geworden sind. Philosophisch gesehen befinden wir uns hier im Gebiet der Tauschgerechtigkeit, der kommutativen Gerechtigkeit. Da „Verschiedenes als gleichwertig" getauscht wird, ist ein Tauschakt auf eine Vergleichsbasis an-

---

[8] Frankfurt (2007)

[9] Taylor (1994)

[10] das ganze Subjekt ist in das Arbeitsgeschehen involviert; Moldaschl/Voß (2002), Kratzer et al. (2003)

[11] die Grenzen zwischen dem Beruflichen und dem Privaten verschwimmen; Gottschall/Voß (2005)

[12] bei Weber lautet die Unterscheidung: „denkender Forscher" und „wollender Mensch"; Weber (1985): 148-161

gewiesen und auf Vertrauen, da die langfristige oder ganzheitliche Entwicklung eines Produktes zum Zeitpunkt des Tauschgeschäfts nicht sicher vorhergesagt werden kann. Der Grundakt des Tauschens verlangt also Vertrauen, weil immer auch Risiko eingeschlossen ist. Vertrauen ist eine soziale Notwendigkeit und meint die Bereitschaft, ein aus Sicht des Gebenden wertvolles Gut in die Hände eines anderen zu legen, ohne die Garantie zu haben, dass dieses Gut nicht missbraucht oder beschädigt werden könnte. Arbeitgeber und Arbeitnehmer treten in ein Tauschverhältnis ein, in dem Leistung und Remuneration getauscht werden; Geschäftspartner tauschen Leistungen miteinander, Anbieter und Käufer tauschen Gut gegen Geld. Vertrauen kann mit gutem Grund als Grundlage des Wirtschaftsgeschehens angesehen werden. Verloren gegangenes Vertrauen wieder zu gewinnen („trust repair"), ist ein langwieriges und kostspieliges Unterfangen.[13] Ein Produzent ist angewiesen auf (i) Mitarbeiter/innen, (ii) Zulieferer und (iii) auf Kund/inn/en. In allen drei Fällen stoßen wir auf die Notwendigkeit zu vertrauen. (i) Eine der wichtigsten Ressourcen für den Aufbau einer „intangiblen Infrastruktur" in einem Betrieb ist das Vertrauen der Mitarbeiterinnen und Mitarbeiter untereinander und in die Geschäftsführung. Eine der entscheidenden Gründe für Unzufriedenheit am Arbeitsplatz ist unzureichende Kommunikation von oben nach unten.[14] Ein Klima, das Kreativität nicht fördert und auf Misstrauen und fehlender Fehlerkultur basiert, vernichtet Motivation.[15] (ii) Ein Unternehmen ist, wie wir bei Ulrich Bröckling gesehen haben, auf Koordinations- und Kooperationsfähigkeiten angewiesen, langfristig kann eine Beziehung zu einem Geschäftspartner nur funktionieren, wenn das gezeigte Vertrauen gerechtfertigt ist. Das langsam und mühsam aufgebaute Vertrauen gleicht in schwierigen Zeiten einem „Polster", auf den man zurückgreifen kann, wenn man Sonderregelungen benötigt. (iii) Die sensible Beziehung zwischen Betrieben und Kund/inn/en verlangt ständige Vertrauensarbeit. Vertrauensstudien[16] zeigen, dass Vertrauen mühsam aufgebaut wird, schnell verloren gehen kann und wesentlich mit „Vertrautheit" („familiarity") und „Vertrauen in Personen" („trust") zu tun hat, die die Grundlage für „Vertrauen in Systeme" („confidence") bilden. Vertrauen will genährt und gepflegt werden. Hier ist sorgsam darauf zu achten, welche Versprechen ein Unternehmen abgibt, (ab) wann ein Versprechen gebrochen wird und was im Falle eines gebrochenen Versprechens zu tun ist („broken promise management"). Auch hier zeigen sich „Faktor Mensch" und „Faktor Verantwortung", da Wirtschaftsgeschehen nach diesen Andeutungen in vielem einer Struktur folgt, die der Struktur eines Versprechens zwischen Personen gleicht. Die berühmte Frage „Würden Sie von diesem Menschen einen Gebrauchtwagen kaufen?" deutet eben diese Struktur des Wirtschaftsgeschehens an. So kann man als zweiten Ort des Menschen im Wirtschaftsgeschehen die Rolle des mitmenschlichen Kooperationspartners sehen, also des Menschen, der mit einem anderen Menschen auf Augenhöhe und auf einer Vertrauensbasis Tauschgeschäfte macht, die den Austausch gleichwertiger Güter verlangen.

---

[13] Lewicky/Withoff (2000)
[14] Chiumento (2007)
[15] Amabile (1999)
[16] vgl. Seligman (1997); Sztompka (1999); Hardin (2006)

Der dritte Ort des Menschen im Wirtschaftsgeschehen ist der Mensch als menschengemäßer Respondent. Damit ist gemeint, dass Wirtschaft zum guten Leben dadurch beiträgt, dass durch wirtschaftliches Handeln Güter hergestellt werden, die Probleme lösen und die Lebensqualität verbessern. Anders gesagt: Wirtschaft gibt Antworten in Form von Gütern. Ein Gut ist etwas, das einen Wert hat. Wieder anders gesagt: X ist wertvoll für A, wenn A eine Situation, in der X vorkommt, einer Situation, in der X nicht vorkommt, vorzieht. Die Verantwortung von Wirtschaftstreibenden besteht dann unter anderem darin, mit ihren Angeboten Antworten auf Fragen und Sorgen der Menschen zu liefern. So gesehen hat Wirtschaft eine responsive Struktur, d.h. sie sucht nach angemessenen Antworten auf Fragen von Mensch und Gesellschaft. Sie setzt voraus, dass diejenigen, die Produkte entwickeln, nahe am Alltag der Menschen sind. Man kann hier eine Analogie aus der Tradition der Rechtsprechung heranziehen: Richterinnen und Richter sollen nach einer starken Begründungstradition des Berufsstandes nicht zu fern von den Menschen wohnen, sondern „inmitten der Gesellschaft" ein „gewöhnliches Leben" führen, sodass sie die Alltagsherausforderungen und Lebensfragen der Menschen verstehen. Ähnlich hat auch Mohammad Yunus die These vertreten, dass die Angestellten der Grameen Bank mitten unter den Menschen in nicht abgehobenen Umständen leben sollen.[17] Wirtschaft ist erfolgreich, wenn sie gute Antworten auf Fragen gibt, wenn die Qualität der Antworten hoch ist. Man könnte in diesem Zusammenhang an die von der Firma Philips betriebene „Sense and Simplicity"-Kampagne denken, die darauf abzielte, Produkte insofern benutzer/innen-freundlicher zu gestalten, als die für den alltäglichen Einsatz des Produkts unnötige Komplexität reduziert werden sollte. Hier wird die responsive Struktur von Produktentwicklung, die sich am Leben der Menschen orientieren sollte, deutlich. Wirtschaft bedeutet: Wir haben es mit Menschen zu tun, die für eigene Fragen und die Fragen anderer Menschen Antworten entwickeln.

An diesen drei Orten – der Mensch als unternehmerisches Selbst, der Mensch als mitmenschlicher Kooperationspartner, der Mensch als menschengemäßer Respondent – zeigt sich der Ort des Menschen im Wirtschaftsgeschehen. Lassen sich daraus Anhaltspunkte für eine humane Marktwirtschaft herausarbeiten?

3 Humane Marktwirtschaft

„Menschliche Wirtschaft" hat drei Eigenschaften – sie ist von Menschen getragen, sie wird für Menschen gemacht und sie ist dem Menschen angemessen. Unter humaner Marktwirtschaft will ich im Folgenden eine Form der Wirtschaft verstehen, die diesen drei Anforderungen genügt. Damit ist gleichzeitig das Problem angedeutet, dass eine biozentrische Ethik nicht unbedingt glücklich mit einer anthropozentrischen Wirtschaft sein könnte, die menschliches Wohl auf Kosten der Natur anstrebt (diese Diskussion würde aber den Rahmen sprengen). In jedem Fall lädt der Begriff der humanen Marktwirtschaft zu einer Form von Ökonomie ein, „as if

---

[17] Yunus (2006): 151f.

people mattered". Der Mensch wird () zum Subjekt der Wirtschaft, (ii) zum Adressaten der Wirtschaft, (iii) zum Kriterium der Wirtschaft. Was bedeutet das? (i) Als Subjekt der Wirtschaft erweist sich der Mensch als „agent", also als Handelnder, der Entscheidungen trifft, Gestaltungsspielraum vorfindet und Verantwortung übernimmt. Aussagen hinsichtlich des Vorherrschens von Systemzwängen, hinsichtlich der Notwendigkeit rasch auf kurzfristige Reize reagieren zu müssen oder hinsichtlich der anonymen Kräfte, welche die Wirtschaft lenken, sind der Idee der so verstandenen humanen Marktwirtschaft entgegen gesetzt. Humane Marktwirtschaft sieht Handeln und Entscheiden von Menschen als Basis und Motor des Wirtschaftsgeschehens an. Im globalen Kontext wird mitunter der Eindruck erweckt – zuletzt etwa deutlich bei der Klimakonferenz in Kopenhagen –, dass die Eigendynamik des Systems zu groß sei, um daran etwas nachhaltig ändern zu können. Der Mensch taucht dann nur als Kostenstelle und Verbrauchsressource in der Betrachtung des Ökonomischen auf. Man könnte sich an die Kritik von Jürgen Habermas an Ludwig Wittgensteins Begriff von „Sprachspielen" erinnern: Wittgenstein hatte den regelgeleiteten Gebrauch von Sprache als Sprachspiel charakterisiert und die Regeln als Rahmen dargestellt, innerhalb dessen sprachliches Handeln stattfindet. Habermas hatte berechtigterweise moniert, dass man sich auch über die Regeln unterhalten könne und müsse, dass Regeln veränderbar und rechtfertigungspflichtig seien. Eine ähnliche Position wird die humane Marktwirtschaft in Bezug auf das Verständnis des Wirtschaftsgeschehens vertreten. Der Mensch gilt als Urheber und Motor des wirtschaftlichen Geschehens, das nicht in erster Linie im Sinne einer Ereigniskausalität, sondern im Sinne einer Handlungskausalität unter Zuhilfenahme von Begriffen wie „Absicht", „Interesse" und „Ziele" zu fassen sei. Man könnte in diesem Zusammenhang den Begriff der „bewohnten Marktwirtschaft" im Unterschied zur unbewohnten einführen. Diese Unterscheidung ist Aleida Assmanns Terminologie nachgebildet, die zwischen „bewohntem Gedächtnis" und „unbewohntem Gedächtnis" unterschieden hat; ersteres ist als Funktionsgedächtnis mit persönlichem Engagement und Interesse und auch Erfahrungen begleitet, letzteres ist als Speichergedächtnis nur mehr in Form von Archiven und Museen ohne vitale Anteilnahme vorhanden.[18] Bewohnte Wirtschaft ist Wirtschaft, die von erkennbaren menschlichen Subjekten gesteuert wird; unbewohnte Wirtschaft unterliegt unsichtbaren Händen und Mechanismen, die Systemzwänge und Eigendynamik aufweisen. Humane Marktwirtschaft ist bewohnte Ökonomie. Wir können über die Gestaltung von Finanzmärkten und Transaktionen reden – und zwar so, dass klare Verantwortungen klar zugeschrieben werden können. Wirtschaft wird inhuman, wenn wir nicht mehr von menschlichen Subjekten reden können, die Verantwortung übernehmen und zur Rechenschaft gezogen werden können. Philip Zimbardo hat die Phänomene der Begünstigung unmoralischen Handelns durch diffuse Verantwortung klar beschrieben.[19] Hier ist der Weg ins Inhumane, wie wir ihn aus den Experimenten Stanley Milgrams oder dem Stanford Prison Experiment kennen, vorprogrammiert. (ii) Der Mensch wird im Rahmen eines Diskurses über

---

[18] Assmann (1995)
[19] Zimbardo (2004)

humane Marktwirtschaft nicht nur als gestaltendes Subjekt der Wirtschaft positioniert, sondern auch als Adressat. Menschen betreiben Wirtschaft füreinander und miteinander; hier gelten Standards von Reziprozität und Kooperativität, wie wir im Zusammenhang von Vertrauen und Tausch gesehen haben. Wirtschaft dient dem Menschen und nicht umgekehrt – in Anspielung auf Mk 2,27. Eingedenk der erwähnten Problematisierbarkeit einer anthropozentrischen Ethik zeigt sich das Wirtschaftsgeschehen in solchem Rahmen in einer Dienstfunktion. Wirtschaft dient dem guten Leben. Wirtschaft wird dort inhuman, wo sie aufhört, einen Beitrag zu „decent life" zu leisten. Unter „decent life" könnten wir menschenwürdiges, das heißt ein dem Selbstrespekt würdiges menschliches Leben verstehen. Diesen Begriff der „decent economy" könnten wir einerseits dem Diskurs über die „decent society" nachbilden, andererseits dem Diskurs über „decent work". Nach Avishai Margalit ist eine anständige Gesellschaft („decent society") eine Gesellschaft mit anständigen Institutionen;[20] eine anständige Institution wiederum ist eine solche, die Menschen nicht demütigt. Ein Mensch wird gedemütigt, wenn er einen rationalen Grund hat, sich in seiner Selbstachtung verletzt zu sehen. Humane Marktwirtschaft als „decent economy" wird nach diesem Verständnis Eintrittsstellen für Demütigung zu verhindern suchen.[21] Der Diskurs über „decent work" zur Konturierung des Begriffs „decent economy" basiert auf den Faktoren der Freiheit, eine produktive, angemessen vergütete Arbeit zu wählen, auf ausreichender Sicherheit am Arbeitsplatz und robustem Sozialschutz für die Arbeitnehmer/innen und ihre Familien, sowie auf Chancengleichheit und sozialem Dialog.[22] „Decent economy" wird sich um die Bereitstellung von „decent work" bemühen, die den menschenwürdigen Freiheiten entspricht. Humane Marktwirtschaft stellt Rahmenbedingungen für menschenwürdiges Arbeiten bereit. Auf diese Weise wird der Mensch als Arbeitnehmer Adressat einer humanen Marktwirtschaft. Dies gilt auch für Arbeitsformen, in denen die Arbeit – durchaus nicht nur im Niedriglohnsektor, aber hier besonders bedrohlich – „raubtierhaft" wird und an der Substanz des Menschen zehrt. „Decent economy" hat aber auch mit einer Form von Wirtschaft zu tun, die dem Menschen dient und nicht durch „non-products" Druck ausübt. Der Begriff der „non-products" ist dem Begriff der „non-disease" aus der Medizinsoziologie nachgebildet;[23] unter einem „non-product" könnte entsprechend ein vermeintliches Gut verstanden werden, das aufgrund des sozialen und kulturellen Drucks als Gut dargestellt wird, aber keine Steigerung von Lebensqualität und „decent life" mit sich bringt – man könnte hier, um ein Beispiel zu nennen, an die Vermarktungsstrategie der Hinkelsteine im Band „Obelix GmbH & Co. KG" denken, in dem Marketingexperte Technokratus zur Unterminierung des gallischen Dorfes dem großen Cäsar nahelegt: „Die Leute kaufen a) Nützliches b) Bequemes c) Amüsantes d) was den Nachbarn

---

[20] Margalit (1998)

[21] Ausbeutung, unsittliche Verträge – man denke an die Erfahrungen, die Günter Wallraff in einer Großbäckerei, in einem Callcenter und dergleichen gesammelt hat;

[22] Ghai (2006)

[23] der damit medizinisch nicht problematische Symptome wie Haarausfall bei Männern oder hängende Tränensäcke anspricht, die durch sozialen und kulturellen Druck pathologisiert werden; Smith (2002)

neidisch macht und dieses d) ist die Marktlücke, in die wir stoßen müssen." – dieses d) dürfte auch jene Kandidaten für „non-products" umfassen, mit denen eine humane Marktwirtschaft vorsichtig umgehen wird. Auf diese Weise kann der Mensch als Adressat der Wirtschaft in den Blick genommen werden. (iii) Humane Marktwirtschaft wird drittens Menschlichkeit als Kriterium für Wirtschaften ansehen – die Leitfrage lautet hier: Wird X dem Menschen gerecht? Oder auch: Erfolgt das Wirtschaften nach menschlichem Maß? Menschliches Maß hat mit einem Sinn für Grenzen und einem Sinn für Ausgeglichenheit zu tun. Man könnte dafür argumentieren, dass eine humane Marktwirtschaft kein Interesse haben kann, im Sinne des Gemeinwohls die Unterschiede innerhalb einer Gesellschaft ins Extreme vergrößert zu sehen.[24] Wenn das Maß verloren geht, können sich Parallelen zwischen der Mentalstruktur von Terroristen einerseits und Wirtschaftskapitänen andererseits ausweisen lassen, insofern wir es hier mit der ideologischen Erzeugung von epistemischen Objekten und einem gefährlichen Primat der Ideen vor den konkreten Personen zu tun haben.[25] Gleichzeitig wird eine humane Marktwirtschaft eine Diskussion über Spitzeneinkommen und deren Berechtigung führen.[26] Ein entscheidender Punkt für eine Wirtschaft nach Maß ist der Umgang mit Grenzen – dies betrifft einerseits die bekannten Diskussionen um die Grenzen des Wachstums, andererseits den Diskurs um die Grenzen des Marktes. Debra Satz weist in einer sorgfältig gearbeiteten Theorie auf die Grenzen des Marktes hin;[27] Märkte können schädlich werden, wenn sie die Verwundbarkeit von Menschen ausnutzen und die reduzierte Handlungsfähigkeit von Menschen („weak agency") ausbeuten, wenn sie extrem schädliche Konsequenzen für Individuen haben und extrem schädliche Auswirkungen auf die Gesellschaft. Wir können davon ausgehen, dass die eingangs geschilderte Gesellschaft der Entbehrlichen einen „noxious market" erzeugt hat. Humane Marktwirtschaft wird sich um die Reflexion auf Marktgrenzen und die Regulation von Grenzen des Marktes bemühen – und etwa vorsichtig sein, Kinder, Organe, Bildungsgüter strikt Marktgesetzen zu unterwerfen.

Der Mensch kann so im Rahmen einer humanen Marktwirtschaft als Subjekt, Adressat und Kriterium von gutem Wirtschaften dargestellt werden. Im Grunde genommen läuft das darauf hinaus, der intangiblen Infrastruktur den Primat vor der tangiblen Infrastruktur einzuräumen. Die intangible Infrastruktur einer Gesellschaft sind Wissensbasis und Wertefundament, welche auch Identitätsressourcen genannt werden. Das Credit Suisse Research Institute hat eine wertvolle Analyse des Konzepts einer intangiblen Infrastruktur vorgelegt.[28] Während der Begriff der materiellen Infrastruktur sich auf Straßen, Schienen, Wasser- und Energieversorgung oder Flughäfen bezieht, so befasst sich intangible Infrastruktur mit wissensgestützten und wertbasierten Zusammenhängen wie Bildung, Technologie und Gesundheitsvorsorge. Die Entwicklungen wissensbasierter Ökonomien macht es sehr wahrscheinlich, dass Elemente der intangiblen Infrastruktur eine Schlüsselbedeutung

---

[24] vgl. Wilkinson/Picket (2009)
[25] Sedmak (2009a)
[26] Sedmak (2009b)
[27] Satz (2010)
[28] Natella (2008)

für zukünftige sozio-ökonomische Prosperität zukommen wird. Die erwähnte Studie identifiziert fünf mit einander zusammenhängende Pfeiler der intangiblen Infrastruktur: Bildung, Gesundheitsvorsorge, finanzielle Entwicklung, Investment in Technologie und die Verbreitung von Business Services. Bildung erscheint dabei als Schlüsselelement. Intangible Infrastruktur wird in dieser Studie definiert als "the set of factors that develop human capability and permit the easy and efficient growth of business activity".[29] Ein Schlüsselbegriff, um die Idee der intangiblen Infrastruktur zu verstehen, ist demnach der Begriff der menschlichen Fähigkeiten. Menschliche Fähigkeiten sind zu ihrer Realisierung auf Werte und Wissen angewiesen. Menschliche Fähigkeiten sind Potentiale zur Realisierung von Möglichkeiten, sie sind Mittel, um Möglichkeiten in Wirklichkeiten zu transformieren, sie sind Mittel, um Situationen im Zustand A in den gewünschten Zustand B zu ändern. Intangible Infrastruktur ließe sich als Bündel von Fähigkeiten zur Transformation von Wirklichkeit aufgrund von Werten und Wissen verstehen. Zur Entwicklung menschlicher Fähigkeiten tragen kulturelle, soziale, rechtliche, politische und ökonomische Faktoren bei, sie hängen auch mit sozialer Kohäsion, dem Ausmaß politischer Stabilität und öffentlicher Sicherheit, Steuerpolitik und der Tragfähigkeit institutioneller Rahmenbedingungen zusammen. Katie Warfield, Erin Schultz und Kelsey Johnson entwickeln in ihrer Konzeptualisierung von Infrastruktur mit kulturellen Kategorien ähnliche Vorstellungen.[30] Im Unterschied zu manifester Infrastruktur mit ihren gegenständlichen Elementen, ist intangible Infrastruktur charakterisiert durch weiche Faktoren, die nicht in derselben Weise greifbar und messbar sind. Intangible Infrastruktur hat mit Identität und Konzeptionen von „Selbst" und „Selbstrespekt" zu tun und macht Wirtschaft als Mittel zum Zweck der Identitätsgestaltung und des Lebensvollzugs plausibel. Der Begriff der intangiblen Infrastruktur kann eng an den Begriff von verschiedenen nichtökonomischen Kapitalformen (sozial, symbolisch, kulturell) herangeführt werden. Humane Marktwirtschaft bettet den Umgang mit ökonomischem Kapital in den Umgang mit anderen Kapitalformen ein – und erscheint so als reflektierte Form des Wirtschaftens. Dies wiederum möchte ich noch in einem letzten Anlauf von einer anderen Seite her annähern:

Ich möchte vorschlagen, humane Marktwirtschaft, die sich um den Menschen bemüht, „Wirtschaft mit Seele" zu nennen. Wie kann das verstanden werden? Nach Augustinus, der sich um den Seelenbegriff sehr verdient gemacht hat,[31] sind in der menschlichen Seele drei Vermögen angesiedelt – Gedächtnis, Wille und Verstand. Sie geben uns also drei fundamentale Fragen: Die Frage nach dem „Woher" (Gedächtnis), die Frage nach dem „Wohin" (Wille) und die Frage nach dem „Warum" (Verstand). Wir könnten den Gedanken ventilieren, unter der „Seele der Wirtschaft" jene drei Fragen zu verstehen: Die Frage nach dem Woher (den Wurzeln, der Basis); die Frage nach dem Wohin (nach Telos, Ziele, Grenzen); die Frage nach dem Warum (nach Begründung und nach dem guten Leben). Humane

---

[29] ibd.: 7
[30] Warfield et al (2007)
[31] Cary (2000)

Marktwirtschaft stellt diese drei fundamentalen Fragen nach Basis und Wurzel, nach Ziel und langfristiger Ausrichtung, nach Grund und Begründung. Es sind wohl auch diese drei Fragen, welche die intangible Infrastruktur aufbauen und „decent economy" begleiten, darüber hinaus sind diese drei Fragen wohl auch jene, die in Ninni Holmqvists Szenario verloren gegangen sind.

4 Schlussbemerkung: Das Verantwortungsprivileg von Unternehmen

Das Wirtschaftsgeschehen hat eine responsive Struktur und setzt gleichzeitig auf die Grundfähigkeit der klugen Frage. Unternehmerisches Handeln bedeutet einerseits, die richtigen Fragen zu stellen, und andererseits, menschengemäße Antworten auf Probleme und Fragen zu finden. Wirtschaften bedeutet, in der rechten Weise auf die Fragen, die das Leben an unternehmerisch tätige Menschen heranträgt, zu antworten. Die wenigsten Menschen sind in einer Position, nicht explizit unternehmerisch tätig sein zu müssen. Jede Haushaltsführung verlangt nach Aufbau und Respektierung der skizzierten responsiven Struktur, der Menschen nur gerecht werden, wenn sie in menschengerechter Form aufgebaut wird. Humane Marktwirtschaft stellt den Menschen als Subjekt, als Adressat und als Kriterium in die Mitte, konstituiert so „decent economy", setzt auf einen Primat der intangiblen vor der tangiblen Infrastruktur und reflektiert auf die Fragen nach Woher, Wohin und Warum.

„Verantwortung von Wirtschaft" ergibt sich damit als das Privileg, Antworten auf Fragen zu geben, die Menschen an den Markt herantragen oder auch mit neuen Fragen in den Markt einzutreten, unter anderem mit Fragen, die die Grenzen des Marktes betreffen. Es ist ein Privileg, über entsprechenden Handlungsspielraum und die angemessenen unternehmerischen Fähigkeiten zu verfügen und auch Rahmenbedingungen zur Umsetzung vorzufinden. Dieses Privileg ist im Rahmen einer humanen Marktwirtschaft eine Pflicht – die privilegierte Pflicht, nachhaltig an einer decent economy zu bauen, an einer Wirtschaft mit menschlichem Antlitz.

5 Literatur

Amabile, T.M. (1999): How to kill creativity. In: Harvard Business Review on Breakthrough Thinking. Cambridge, Mass 1999, 1-28

Assmann, A. (1995): Funktionsgedächtnis und Speichergedächtnis – Zwei Modi der Erinnerung. In:Dabag, M./ Platt K. (Hg.), Generation und Gedächtnis. Erinnerungen und kollektive Identitäten. Opladen 1995, 169-185

Bröckling, U. (2007): Das unternehmerische Selbst. Soziologie einer Subjektivierungsform. Frankfurt/Main.

Bude, H. (2008): Die Ausgeschlossenen. Das Ende vom Traum einer gerechten Gesellschaft. München.

Bude H./Willisch, A. (Hg.) (2008): Exklusion. Die Debatte über die „Überflüssigen". Frankfurt/Main 2008

Cary, P. (2000): Augustine's Invention of the Inner Self. Oxford.

Chiumento, S. (2007): Happiness at Work Index. Research Report. London.

Frankfurt, H. (2007): The Importance of What We Care About. Cambridge.

Ghai, D. (Hg.) (2006): Decent Work: Objectives, Strategies. Genf: ILO.

Gottschall, K./Voß, G. (Hg.) (2005): Entgrenzung von Arbeit und Leben. Zum Wandel der Beziehung von Erwerbstätigkeit und Privatsphäre im Alltag. München.

Hardin, R. (2006): Trust. Cambridge.

Holmqvist, N. (2011): Die Entbehrlichen. Frankfurt/Main.

Johannes Paul II (1979):Enzyklika Redemptor Hominis. Vatikanstadt.

Kempson, E. et al. (2004): Characteristics of families in debt and the nature of indebtedness. Report by the Personal Finance Research Center on behalf of the Department for Work and Pensions. Published for the Department for Work and Pensions under licence the Controller of Her Majesty's Stationery Office by Corporate Document Services, Leeds.

Kratzer, N. et al. (2003): Flexibilisierung und Subjektivierung von Arbeit. ISF Arbeitspapier. München.

Lewicki, R.J./Wiethoff, C. (2000): Trust, Trust Development, and Trust Repair. In: Deutsch, M./Coleman, P.T. (eds.): The handbook of conflict resolution: Theory and practice. San Francisco, 86-107.

Luhmann, N. (2001) Einführende Bemerkungen zu einer Theorie symbolisch generalisierter Kommunikationsmedien, in: ders., Aufsätze und Reden. Stuttgart, 31-75.

Margalit, A. (1998): Politik der Würde. Frankfurt/Main.Moldaschl, M./Voß, G. (Hg.) (2002): Subjektivierung von Arbeit. München.Natella, N. et al. (2008): Intangible Infrastructure: Building on the foundation. Credit Suisse Research Institute.

Satz, D. (2010): Why Some Things Should Not Be For Sale. The Moral Limits of Markets. Oxford.

Sedmak, C. (2009a): Management und Terrorismus. Erkenntnistheoretische Überlegungen. In: M. Holztrattner, C. Sedmak, Eliten oder Nieten? Salzburg, 127-135

Sedmak, C. (2009b): Spitzeneinkommen und die Idee der Verhältnismäßigkeit. In: Holztrattner, M./Sedmak, C.: Eliten oder Nieten? Salzburg 2009, 147-154.

Seligman, A.B. (1997): The problem of trust. Princeton.

Smith, R. (1999): In search of „non-disease". British Medical Journal 342 (2002) 883-885.

Sztompka, P. (1999): Trust. Cambridge.

Taylor, C. (1989): Quellen des Selbst. Frankfurt/Main.

Wallraff, G. (2009): Aus der schönen neuen Welt. Expeditionen ins Landesinnere. Köln.

Warfield, K. et al. (2007): Framing Infrastructure in a Cultural Context. Working Paper 3. Centre of Expertise on Culture and Communities. Burnaby, British Columbia.

Weber, M. (1985): Gesammelte Aufsätze zur Wissenschaftslehre. Hrsg. von Johannes Winckelmann. Tübingen.

Wilkinson, R./Picket, Kate (2009): The Spirit Level. London.Yunus, M. (2006): Für eine Welt ohne Armut. Bergisch Gladbach.

Zimbardo, P. (2004): A Situationist Perspective on the Psychology of Evil. In: Miller, A.G. (ed.): The Social Psychology of Good and Evil. New York, 21-50.

CSR und Führungs- und Gestaltungsverantwortung

Anna Maria Pircher-Friedrich und Rolf Klaus Friedrich

1 Problemstellung

Die erschwerten Rahmenbedingungen und die daraus resultierend wachsenden Anforderungen an Unternehmer, Führende aber auch Mitarbeiter machen ein radikales Umdenken **im Management** notwendig. Ein „Weiter so wie bisher" kann nicht zu einer humanen und wirtschaftlich erfolgreichen Zukunft führen. Unser postmodernes Denken und auf mechanistischen Philosophien aufbauendes Führungs- uns Selbstführungsverständnis sind überholt, nicht mehr zeitgemäß und können der wachsenden Komplexität und Dynamik nicht mehr gerecht werden. Postmodernes Denken verkennt den Menschen als freies, sittlich verantwortliches Wesen und mündet in Orientierungslosigkeit. Es führt den Menschen in die Sackgasse des Forderns, des Erwartens, des Immer mehr Haben Wollens, des immer schneller, immer besser und letztendlich in die *Sinnleere*, die von Viktor Frankl[1] genannte *Pathologie unseres Zeitgeistes*. So ist die Wirtschaftskrise im Kern eine Krise sinnwidriger Haltungen und Handlungen. Viele Führungskräfte leiden bedingt durch ihre erfolgshemmenden und krankmachenden Haltungen und dem damit verbundenen sinnwidrigen Verhalten an sich selbst, frustrieren ihre Mitarbeiter, verändern **orientierungs- und hilflos** permanent die Tools und vernichten damit viel Motivation, Produktivität, wirtschaftlichen und menschlichen Erfolg sowie Lebensqualität.

Wir haben in den letzten Jahrzehnten aus wissenschaftlich – technischer Sicht, ein hohes betriebswirtschaftliches Niveau erreicht, sehr gute Tools, wie z. B. auch CSR entwickelt, dabei aber übersehen, dass jedes Tool nur maximal so gut sein kann, wie die dahinterliegende Haltung, denn:

Haltung schlägt Methodik!
Frankl's Hauptziel war es, den Menschen hinzuführen in die Selbstverantwortung

---

[1] Viktor E. Frankl (26. März 1905 – 2. September 1997) ist der Begründer der „Dritten Wiener Schule der Psychotherapie" die er selbst mit dem Doppelbegriff „Logotherapie und Existenzanalyse bezeichnete. Logotherapie ist die von ihm begründete sinnzentrierte Psychotherapie. „ Logos" bedeutet in diesem Zusammenhang „Sinn". Unter Existenzanalyse versteht Frankl das dazugehörige Menschenbild. Frankl war in den Zwanziger und Dreißiger Jahren der Pionier der Jugendberatung. Gerade die Auseinandersetzung mit den Nöten der Jugend und seine reichen Erfahrungen daraus bildeten die Grundlage für die Entwicklung der Logotherapie und Existenzanalyse. Er war Professor für Neurologie und Psychiatrie an der Universität Wien. Er hat den Holocaust überlebt und war eine Persönlichkeit von weltweitem Zuschnitt. Von Universitäten in aller Welt wurden ihm 29 Ehrendoktorate verliehen. Österreich ehrte ihn mit der höchsten Auszeichnung, welche die Republik für wissenschaftliche Leistungen zu vergeben hat.

und Authentizität, exakt das, was nötig wäre, um die weitverbreitete Orientierungslosigkeit in Führung und Arbeitswelt zu wenden. Nur auf der Basis von Selbstverantwortung und Authentizität kann der Mensch nachhaltig sein Bestes geben, seine
Potenziale entfalten, menschliches und unternehmerisches Wachstum *wirklich* erfüllen und gesund erhaltend ermöglichen.

*Wollen wir die wachsenden Herausforderungen meistern, die Tools wirkungsvoll
nutzen und die Möglichkeiten von CSR ausschöpfen, müssen wir die Pfade mecha-
nistischer Führungsansätze verlassen. Frankl würde in diesem Zusammenhang von
einer notwendigen kopernikanischen Wendung sprechen.*

Die aktuellen Entwicklungen erfordern von Unternehmern und/oder Führungskräften nicht nur ein besseres Zeitmanagement, sondern vor allem eine permanente
Entwicklung der eigenen Persönlichkeit. Die entscheidende Fragestellung wird
deshalb nicht lauten, was können sie anders machen, sondern viel mehr:

*„Wie können sie anders sein"; denn menschliches und unternehmerisches Wachs-
tum, Lebensqualität und Gesunderhaltung beginnen im Geist und das wichtigste
Führungsinstrument ist die Persönlichkeit.*

Vor diesem Hintergrund sollen diese Ausführungen verdeutlichen, wie CSR im
Kontext sinnorientierter Führung wirkungsvoll lebbar und erlebbar gemacht werden kann.

   Folgenden drei Fragestellungen soll deshalb nachgegangen werden:

   I. CSR – Modegag oder gelebte Führungsverantwortung?
  II. Warum Sinnorientierung die Grundlage für jede Form von Nachhaltigkeit ist?
 III. Wie kann auf der Basis sinnorientierter Haltungen CSR einen Beitrag zu
      menschlichem und unternehmerischem Wachstum, zu Lebensqualität und Ge-
      sunderhaltung leisten und so Mut und Hoffnung auf eine wertvolle Zukunfts-
      gestaltung generieren?

2 CSR – als gelebte Führungsverantwortung

Gehen wir zunächst der Frage nach, was CSR bedeutet? „Im europäischen Raum
hat sich die im Grünbuch der Europäischen Kommission verankerte CSR-Definition als gemeinsames Verständnis etabliert:[2] „Konzept, das den Unternehmen
als Grundlage dient, auf freiwilliger Basis soziale Belange und Umweltbelange
in ihre Unternehmenstätigkeit und in die Wechselbeziehungen mit den Stakeholdern zu integrieren. Die Definition der Europäischen Kommission nennt soziale Belange und Umweltbelange als zwei zentrale Punkte für CSR. Erweitert

---

[2] Europäische Kommission (2001): 7

man diese um die ökonomischen Belange, erhält man die drei Dimensionen der Nachhaltigkeit."[3]

Wir definieren CSR: „als nachhaltige Unternehmensphilosophie, die die ökonomische mit der sozialen und der ökologischen Verantwortung verbindet.

Immer mehr Menschen berücksichtigen Aspekte der Nachhaltigkeit in ihrem Konsumverhalten. Eine wachsende Zielgruppe bilden die sogenannten „LOHAS" .

„LOHAS " bedeutet *Lifestyle of Health and Sustainability*" und beschreibt einen neuen Lebensstil- bzw. Konsumententyp, der sich an Gesundheit und Nachhaltigkeit orientiert."[4] Somit führt nachhaltige Unternehmensführung über erhöhtes Vertrauen und verbesserte Reputation zur Stärkung der Wettbewerbsfähigkeit. Es ist somit auch unter ökonomischen Aspekten für Unternehmen sinnvoll und gut diese „Zeichen der Zeit" zu erkennen und um zu setzen.

Allerdings stellt sich grundlegend die Frage nach der dahinterliegenden Motivation: Wird CSR lediglich als neues Marketing – noch konkreter PR-Tool eingesetzt – um schnell bessere ökonomische Resultate zu erzielen, oder sollen und wollen Unternehmen und Führende CSR als tiefe innere Grundhaltung als Fundament ihres Führungsauftrages leben?

Im ersten Fall würde CSR „mechanistisch" als Tool missbraucht; langfristig kaum wirksam und mit dem Risiko behaftet von den Stakeholdern als Vertrauensbildung vorgaukelnde Masche durchschaut zu werden: eine mechanistische „Verzweckung" als Symptom mangelhafter, echter und nachhaltiger Problemlösungskompetenz. Vor diesem Hintergrund wäre das folgende Zitat Frankl's zutreffend:

„Manchmal ist das Symptom das einzig gesunde an der Krankheit."

Das „Symptom" mangelhafte, nachhaltige Problemlösungskompetenz ist dabei Ausdruck der „Krankheit" mechanistischen Führungsverständnisses. Es ist höchste Zeit sich von der orientierungslosen Implementierung immer neuer Tools als Allheilmittel zu verabschieden.

Wir brauchen vielmehr ein neues, ganzheitliches Verständnis unseres Menschseins, Unternehmer- und Führungsdaseins.
Nicht nur im Management, sondern in der gesamten westlichen Zivilisation und Kultur ist der Typus des „Machers" vorherrschend. Der Macher sagt: „Ich bin in Ordnung und ich muss die Welt in Ordnung bringen." Er ist überzeugt von seinen Ideen, er glaubt an sie und will sie umsetzen. Er ist sich selbst das Maß, er setzt das Maß."[5] „Der Macher orientiert sich vorwiegend an „narzisstischen Wertewelten, in denen Werte wie Erfolg, Anerkennung, Selbstverwirklichung, Bessersein, Erster sein, die entscheidende Rolle spielen."[6] Der Macher verkörpert das mechanistische Weltbild. Der so genannte „Kampf ums Dasein" auf allen Ebenen in allen Berei-

---

[3] ebenda
[4] vgl. Burda (2007)
[5] Moser (1994): 76
[6] Lay (1992): 228

chen, ist Ausdruck dieses Denkens, dieses Paradigmas. So werden Leben, Unternehmertum und Führung vielfach und ganz dem Mainstream der Ökonomie entsprechend, als eine Kombination aus falsch verstandenem darwinistischem Kampf und Utilitarismus verstanden: Fressen, um nicht gefressen zu werden, Hauptsache mir geht es gut, koste es, was es wolle. Diese Haltung verhindert Selbstreflexion und erstickt jede mögliche Eigenverantwortung im Keim.

Deshalb wird von Machern inszeniertes CSR den Boden instrumentellen Charakters auch nicht verlassen können.

Soll CSR als echte Führungs- und Gestaltungsverantwortung gelebt werden, muss das Paradigma des Dienens im Sinne gelebter Führungsverantwortung zwingend integriert werden. Dienende Führung fußt auf der demütigen Erkenntnis: „Ich muss zuerst mich in Ordnung bringen, bevor ich Menschen und Dinge in Bewegung setze"[7]

Führung und Führungs- und Handlungsverantwortung beginnen im Geist. CSR im Sinne einer ganzheitlichen Verantwortung bedeutet somit, dass Führende und Unternehmer zunächst ihren Lebensgestaltungsauftrag erkennen und sich der diesbezüglichen Verantwortung stellen. Nur auf dieser Basis können sie in einem nachhaltigen Sinne dem Unternehmensgestaltungs- und dem Weltgestaltungsauftrag gerecht werden. Wir sind davon überzeugt, dass dies die eigentliche Herausforderung unserer Zeit ist. Neue nachhaltigere Lebensstile, Gesunderhaltung und Sinnfragen sind auf allen gesellschaftlichen Ebenen im Trend und eröffnen völlig neue Möglichkeiten auch für ein verinnerlichtes CSR.

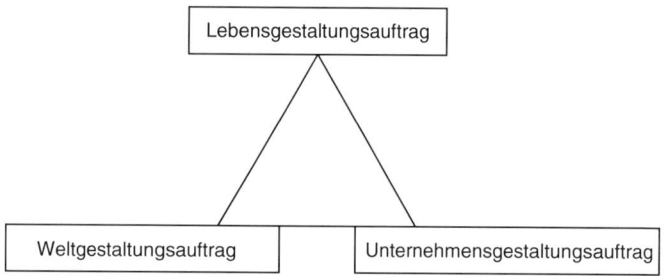

Abb. 1: CSR als Gesamtverantwortung

---

[7] Hinterhuber (2004): 188

3 Sinnorientierung als Grundlage für jede Form von Nachhaltigkeit

Was bedeuten Sinn und Sinnorientierung?

Diese Begriffe werden leider häufig völlig falsch interpretiert. So wird Sinn in mechanistisch, postmoderner Manier häufig als Eigennutz auf Kosten anderer verstanden. Die weit verbreitete überzogene und nicht realistische Erwartungshaltung des heutigen Menschen sinnvoll könne nur das sein, was perfekt und erwartungsgemäß ohne Leid, Schmerz, Enttäuschung und Misserfolg läuft, ist eine weitere Fehlinterpretation. Die Folgen: weit verbreitete Sinnleere in Wirtschaft und Management, Zunahme und epidemische Verbreitung destruktiver, krankmachender Faktoren und chronische Stressbelastung für alle Beteiligten, sinkende Leistungsmotivation mit enormen Produktivitätsverlusten, blockierte Kreativität und Innovationsfreude und immer mehr Menschen mit Burnout, Boreout und Angsterkrankungen. Diese Entwicklungen müssen nicht schicksalhaft sein, vielmehr können sie durch entsprechende Korrektur der zugrunde liegenden Fehlhaltung überwunden werden.

Hier sind besonders die Führenden als Verantwortungselite der Gesellschaft *gefordert,* eine bisher häufig nicht wahrgenommene Option zu nutzen. Der Tenor dieser Option lautet: „erkenne dich selbst", entdecke und entfalte deine Potenziale, hilf deinen Mitarbeitern ihre Potenziale zu erkennen und diese in Leistung zu transformieren, lass sie an deiner Seite wachsen, übernimm Verantwortung für dein Menschenbild, deine Wertehaltungen und Handlungen; hinterfrage, ob diese in der jeweiligen Situation angemessen und demnach für das Unternehmen, die dir anvertrauten Menschen und natürlich auch für dich selbst sinnvoll und nachhaltig erfolgreich sein können.[8]

Wir brauchen also nicht, wie vielfach gefordert, das Management neu zu erfinden. Wir müssen uns der Macht unserer Denkhaltungen und unserer Fähigkeit zur Verantwortung bewusst werden und unsere bisher vernachlässigten und übersehenen geistigen Ressourcen als die wahren Wachstumschancen und Voraussetzungen für gelingendes CSR erkennen und mobilisieren.

Der Mensch in seiner Fähigkeit zur Sinn- und Werteorientierung wird zum entscheidenden Werttreiber nachhaltig erfolgreicher Unternehmen.

In Anlehnung an Frankl's wissenschaftlich fundierte und praktikable Definition, intendiert Sinn in allen Haltungen und Handlungen immer das Positive für alle Prozessbeteiligten und schiebt damit dem für alle schädlichen Gewinner-Verlier-Denken einen Riegel vor.

Weil Sinn Gewinner-Gewinner-Haltungen und Handlungen einfordert, ist Sinnorientierung die grundlegende Voraussetzung für jede Form von Nachhaltigkeit und demnach auch für nachhaltigen Unternehmenserfolg.

---

[8] Pircher-Friedrich (2011): 6 ff.

Sinn erfahren wir, indem wir Werte realisieren. Sinn ist das Realisieren des wichtigsten Wertes vor dem Hintergrund der Realität. Sinnorientiertes Führen und Leisten erfordert, dass wir vor dem Hintergrund der jeweils einzigartigen Situation die möglichen Werte erkennen, sie gegeneinander abwiegen, uns für den aus unserer Sicht und Verantwortung wichtigsten Wert entscheiden und diesen dann mit einem klaren und bekennenden „Ja" untermauern. Daraus erwächst die Kraft, für selbstbejahte Werte auch Opfer zu bringen und auf andere Werte zu verzichten.

Der Sinnbegriff nach Viktor Frankl beinhaltet auch die vier platonischen Kardinaltugenden: Die Weisheit, die Gerechtigkeit, das rechte Maß und die Tapferkeit im Sinne von Mut.[9]

Die *Weisheit* steht für das Bewerten und Abwiegen und von Werten und Entscheidungen. Im Sinne eines transsubjektiven Sinnes, der die eigenen Interessen übersteigt und das Gute in der Welt intendiert. Die *Gerechtigkeit* hinterfragt, ob diese Entscheidung allen beteiligten Menschen gerecht wird. Das *rechte Maß* weist auf die Knappheit der Ressourcen hin und macht deutlich, dass ein Mehr an persönlichem Vorteil zu Lasten anderer Menschen und Systeme geht. *Der Mut* führt aus der Opfer- in die Gestalterrolle und fordert uns auf, trotz persönlicher Nachteile *eventuell* auch nein zu sagen und uns für das Positive zu engagieren.

Alle sonstigen materiellen und immateriellen Werte sollten in ihrer Bedeutung und Sinnhaftigkeit immer vor dem Hintergrund dieser vier Kardinaltugenden betrachtet und bewertet werden und einer Überprüfung durch diese standhalten.

Sinnvolles Führen, Entscheiden und Handeln orientiert sich somit immer:

- am Nutzen und der nachhaltigen Verbesserung der Wettbewerbsfähigkeit des Unternehmens als übergeordnetes Ganzes.
- am Nutzen und an der Verbesserung der Lebensqualität der gesamten Stakeholder (Mitarbeiter, Kunden, Kreditgeber, Staat und Gesellschaft).
- an der Nachhaltigkeit und den möglichen Konsequenzen für die Nachwelt und
- am Nutzen für die Führungskraft.

Diese Orientierung könnte helfen aus der aktuellen Sackgasse herauszukommen und das verlorene Vertrauen in Wirtschaft und Management wieder herzustellen; eine Alternative zu der in Krisenzeiten weit verbreiteten „Kosten runter – Leute raus – Strategie", die zwar kurzfristig in Zahlen ausgedrückt erfolgreich erscheinen mag, letztendlich aber nachhaltigen Erfolg verhindert.

Sinnvolles Führen verlässt die Pfade einseitiger materieller Wertorientierung und stellt den Kundennutzen und die Entwicklungsmöglichkeiten der Mitarbeiterpotenziale in den Mittelpunkt aller Überlegungen. Sinnorientierte Führende wissen, dass die materiellen Werte in Form betriebswirtschaftlicher Resultate immer nur die Folge wirksamen, sinnvollen Führens und Handelns sein können.[10]

---

[9] Pircher-Friedrich (2011): 8 ff.
[10] Pircher-Friedrich (2011): 10 ff.

4 Wie kann auf der Basis sinnorientierter Haltungen CSR einen Beitrag zu menschlichem und unternehmerischem Wachstum, zu Lebensqualität und Gesunderhaltung leisten und so Mut und Hoffnung auf eine wertvolle Zukunftsgestaltung generieren?

Wie kann CSR im Rahmen eines sinnzentrierten und gesund erhaltenden Führungs-konzeptes eingesetzt werden? Im Folgenden versuchen wir CSR in das Grundkon-zept meines sinnorientierten Führungsmodells („das Konzept GEBEN") und in un-ser „Viersäulen Modell der ganzheitlichen Gesundheit" zu integrieren. Ergänzende Fragen zum Selbstcoaching sollen Unternehmern und Führenden eine praktikable Hilfe sein, die eigenen Möglichkeiten zu erkennen und CSR als Führungs- und Handlungsverantwortung zu leben.

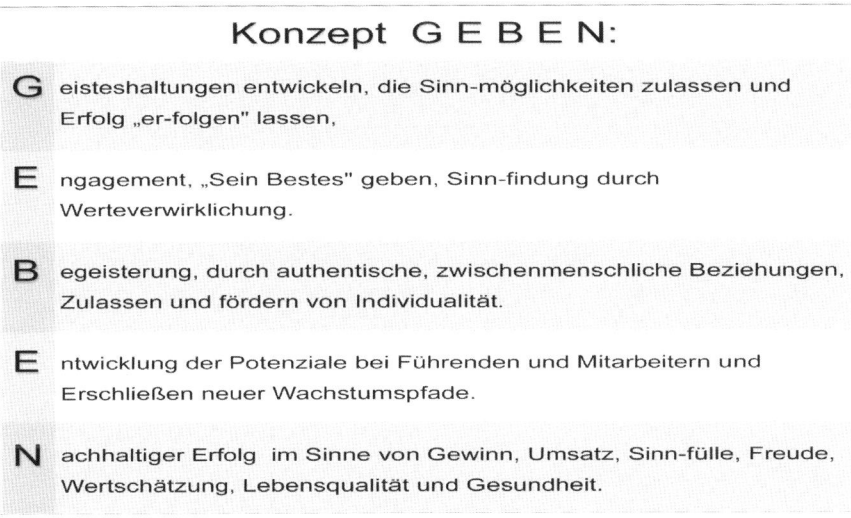

Abb. 2: Das Konzept GEBEN von Pircher-Friedrich

4.1 Geisteshaltungen entwickeln, die Sinnmöglichkeiten zulassen und Erfolg erfolgen lassen

Wollen wir CSR als gelebte Führungs- und Gestaltungsverantwortung verinnerli-chen, dabei unser Leben, Führen und Leisten erfolgreich und gelingend erfahren, zu einem nachhaltigem Unternehmenserfolg beitragen, unsere Mitarbeiter inspirie-ren, sie an unserer Seite wachsen lassen und die wahren Bedürfnisse unserer Kun-den wirklich verstehen, müssen wir zunächst klare Antworten auf die Grundfragen unseres Lebens finden und uns bemühen:

Unser Führen und Leisten auf eine höhere Bewusstseinsstufe anzuheben.

Dies erfordert von Führenden und Mitarbeitern nicht nur höhere Fachkompetenz, sondern vor allem:

- Die Orientierung an einem würdigen und ressourcenorientierten Menschenbild.
- Sich selbst und jeden Mitmenschen als individuelle Person zu beachten, zu respektieren und wertzuschätzen.
- Ein Bemühen um die permanente und lebensfreundliche Entwicklung der eigenen Persönlichkeit.
- Die Entwicklung sinnvoller Geisteshaltungen zu sich selbst und anderen Menschen.
- Das Erkennen und Eingehen auf die wahren Bedürfnisse von Menschen: der eigenen, jene der Mitarbeiter, der Kunden und der Gesellschaft.
- Eine wohlwollende aber gleichzeitig auch konsequente Haltung gegenüber sich selbst und den Mitarbeitern.
- Eine permanente Selbstreflexion und die daraus resultierende Lernbereitschaft.
- Die Entwicklung eines hohen Maßes an Selbstverantwortung, Selbstmotivation, Frustrationstoleranz und Resilienz.
- Das Bemühen um einen Kommunikationsstil, der Menschen aufbaut und deren Selbstwert stärkt.
- Die Übernahme der vollen Verantwortung für die Auswirkung der eigenen Führungsentscheidungen mit Blick auf eine lebenswerte Gestaltung unseres Planeten für uns und unsere Nachwelt.
- Die Entwicklung von der fachkompetenten Führungskraft zu einer dienenden Führungspersönlichkeit, die als Vorbild Menschen Orientierung gibt und Rahmenbedingungen für Sinn und nachhaltiges Wachstum schafft.

Dies setzt ein konsequentes Bewusstwerden, Korrigieren und gezieltes Steuern unseres Menschenbildes, Selbstbildes und Weltbildes voraus: von verzerrten, verkürzten zu menschenwürdigen Bildern. Denn diese inneren Bilder sind die Urheber unserer bewussten oder unbewussten Werte- und Unwertehaltungen und daraus folgendem Verhalten und Handeln. Sie entlarven, wes Geistes Kind wir sind und welche Auswirkungen sie auf uns selbst, andere Menschen, Unternehmen und den Planeten haben.

Der Bedeutung und den Konsequenzen dieser Bilder für die Entwicklung von Menschen und Unternehmen wurde bislang in Theorie und Praxis zu wenig Rechnung getragen.

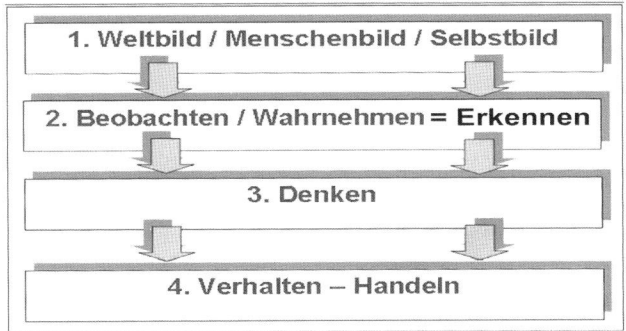

Abb. 3: Die Macht, die von Welt-, Menschen- und Selbstbildern ausgeht[11]

Diese Abbildung verdeutlicht den Kern allen Verhaltens und Handelns und lässt erkennen, warum nur am Verhalten und Handeln orientierte Veränderungsprozesse lediglich das Symptom, nicht aber die Krankheit kurierend, nachhaltig nicht wirksam sein können. Jede verantwortungsvolle und nachhaltige Veränderung muss deshalb bei unseren inneren Bildern ansetzen, um eine menschenwürdige, nachhaltiges Wachstums fördernde und gesund erhaltende Zukunft zu ermöglichen.

Aufgrund unserer inneren Bilder schaffen Führende und Mitarbeiter Wirklichkeiten und Zukünfte. Die Frage ist nur „welche"?

Auch die moderne Gehirnforschung zeigt die Bedeutung und die Macht unserer inneren Bilder in Form des Selbstbildes, des Menschen- und Weltbildes auf. Diese Bilder prägen unser Denken, Fühlen und Handeln. Die Art und Weise, wie ein Mensch denkt, fühlt und handelt, ist ausschlaggebend dafür, welche Nervenzellverschaltungen in seinem Gehirn stabilisiert und ausgebaut und welche durch unzureichende Nutzung gelockert und aufgelöst werden. Deshalb ist es alles andere als belanglos, wie die inneren Bilder beschaffen sind, die sich ein Mensch von sich selbst, von seinen Beziehungen zu anderen und zu der ihn umgebenden Welt und nicht zuletzt von seiner eigenen Fähigkeit, sein Leben nach seinen Vorstellungen zu gestalten, macht. Von der Beschaffenheit dieser einmal entstandenen inneren Bilder hängt es ab, wie und wofür ein Mensch sein Gehirn benutzt und welche Verschaltungen in seinem Gehirn gebahnt und gefestigt oder aufgelöst werden.[12]

Es gibt innere Bilder, die Menschen Angst machen, sie klein machen, sie in Hoffnungslosigkeit, Resignation und Verzweiflung stürzen,[13] sie zu nur am Eigennutz und Selbstsucht orientierten, verantwortungslosen, sich selber, anderen Menschen und der Gesellschaft schädlichem Verhalten und Handeln führen. Die Bilder narzisstischer, egozentrischer, nur zahlenorientierter Manager zählen zu dieser Kategorie. Aber:

---

[11] Pircher-Friedrich (2005): 78
[12] vgl. Hüther (2009): 9
[13] vgl. Hüther (2009): 9

Es gibt auch Bilder, aus denen Menschen Mut, Ausdauer, Zuversicht, Resilienz, Lernfreude, und Wachstum schöpfen, die die Grundlage sinnvollen und demnach ethisch verantwortungsvollem Verhalten und Handeln sind. Exakt das sind die Bilder, gelebter Führungsverantwortung, die wir für menschliches und wirtschaftliches Wachstum und eine humane Zukunft brauchen.

Mit Blick auf diese Erkenntnisse müsste die Personal- und Unternehmensentwicklung exakt bei diesen inneren Bildern ansetzen, um von einer rein Ressourcen nutzenden in eine Potenzial entwickelnde Unternehmenskultur hineinzuwachsen, die sowohl menschliches als auch unternehmerisches Wachstum auf eine Lebens vermehrende Art und Weise fördert.

Viktor Frankl hat uns ein wissenschaftlich fundiertes und praktikables Menschenbild vorgelegt: *würdig, stärkenorientiert, herausfordernd und gesund erhaltend.*

Seiner Anthropologie zufolge ist der Mensch ein ambivalentes Wesen, in jedem Augenblick fähig zum Guten wie zum Bösen. Die Verinnerlichung dieser Tatsache kann Führende im Zeitgeistphänomen des Machbarkeitswahns wieder auf den Boden der Realität und der gebotenen Bescheidenheit zurückführen. Nur im vollen Bewusstsein der Existenz der „beiden Seelen in unserer Brust", ist eine demütige, achtsame, verantwortungsbewusste, reflektierende und aus unseren Fehlern lernende Haltung möglich. Eine Grundvoraussetzung also für eine gelebte und erlebte Führungs- und Gestaltungsverantwortung.

Frankl sieht im „Willen zum Sinn" die Primärmotivation des Menschen. Mensch sein hieße demnach Positives für sich und andere Menschen zu bewirken und der Welt Sinnspuren zu hinterlassen.

Dies bestätigt ebenfalls die moderne neurobiologische Forschung: „Wir sind – aus neurobiologischer Sicht – auf soziale Resonanz und Kooperation angelegte Wesen. Kern aller menschlichen Motivation ist es, zwischenmenschliche Anerkennung, Wertschätzung, Zuwendung oder Zuneigung zu finden und zu geben."[14]

Für Frankl ist der Mensch ein dreidimensionales Wesen (Körper, Seele, Geist), wobei er in der geistigen Dimension die entscheidend humane Dimension sieht. Die geistige Dimension unterscheidet den Menschen von allen anderen Lebewesen. Sie ist die Dimension des Sinn- und Wertespürens. Sie ist die Grundlage für die Entwicklung einer hohen spirituellen Intelligenz, jener Intelligenz, die CSR als Führungsverantwortung erst möglich macht. Die Geschenke der geistigen Dimension sind: die Freiheit, die Verantwortung, die Selbstdistanzierung und die Selbsttranszendenz. Mit Blick auf CSR bedeutet dies, dass Führende nicht Opfer vorgegebener Unternehmensphilosophien und -richtlinien sind, sondern immer die *Freiheit* zur Stellungnahme haben. Getreu nach Heinz von Förster: „Du hast immer die Wahl, wenn nicht war das deine". Diese Erkenntnis kann aus der Opferrolle befreien und in die volle *Selbstverantwortung* führen. Nach dem Motto: „will ich dafür wirklich gelebt, geleistet und geführt haben? Die Fähigkeit der

---

[14] Bauer (2007): 21

Selbstdistanzierung befähigt Führende die Sackgasse der Selbstverliebtheit und bloßen Eigennutzens zu verlassen und echte Beziehung zu anderen Menschen und der Welt aufzubauen und damit die notwendige Empathie für die Menschen und die Probleme dieser Welt zu entwickeln. Die Fähigkeit zur *Selbsttranszendenz* ermöglicht echte, innerlich bejahte Hingabe an andere Menschen und Aufgaben, die Grundlage einer dienenden Führungshaltung und einer qualitativ hochstehenden Dienstleistungskultur, von der wir alle träumen.

Aus diesem Verständnis unseres Menschseins kann Führungs- und Gestaltungsverantwortung entwickelt und Führen nachhaltig erfüllt und gesund erhaltend gelingen.

Fragen zum Selbstcoaching:

- Bin ich mir der Bedeutung meiner inneren Bilder für meine Führungsverantwortung bewusst?
- Verinnerliche ich ein würdiges Menschen-, Selbst- und Weltbild als Grundlage für menschliches und unternehmerisches Wachstum?
- Bin ich mir bewusst, dass sinnvolles Führen Dienen ist?
- Erkenne ich mir und den mir anvertrauten Menschen die Potenziale der geistigen Dimension zu und favorisiere dadurch menschliches Wachstum?
- Verinnerliche ich das sinnzentrierte Menschenbild um meine Potenziale zu nutzen und das Beste aus mir zu machen?
- Bin ich mir der Bedeutung meines Menschenbildes für die Wettbewerbsfähigkeit des Unternehmens bewusst?
- Bin ich wachsam in meinem Beobachten, Wahrnehmen und Erkennen?
- Bin ich mir bewusst, dass die Wirklichkeit mein ganz persönliches Konstrukt ist?
- Verinnerliche ich, dass mein Denken, Handeln und Verhalten, Folgen meiner inneren Bilder sind?
- Helfe ich meinen Mitarbeitern durch mein würdiges Menschenbild ihren Selbstentwicklungsauftrag möglich zu machen?
- Verinnerliche ich, dass ich aufgrund meiner inneren Bilder Zukunft gestalte, im positiven oder im negativen Sinne?

4.2 Engagement – „Sein Bestes geben" Sinnfindung durch Werteverwirklichung

Sinnorientierung verbindet die ökonomische mit der sozialen und gesellschaftlichen Verantwortung und hat gesunderhaltenden Charakter. Im Kontext von CSR schaffen Führende so Rahmenbedingungen für ein Höchstmaß an Selbstmotivation und Selbstverantwortung, indem sie Mitarbeiter durch Fordern fördern und so aus Mitarbeitern Mitgestalter entwickeln. Sie sorgen für eine aufbauende, wertschätzende, wohlwollende aber auch konsequente Kultur einer resultatsorientierten Führung. Im Rahmen eines innovativen Geistes helfen sie ihren Mitarbeitern ihre Potenziale zu erkennen und für das Unternehmen in Leistung zu verwandeln.

Fragen zum Selbstcoaching:

- Was unternehme ich um ein Klima von gegenseitigem Respekt und Wertschätzung zu schaffen?
- An welchen materiellen und immateriellen Werten möchte ich gemessen werden und messe ich meine Mitarbeiter?
- An welchen Faktoren möchte ich menschliches Wachstum messen?
- Kennen alle Mitarbeiter die Sinnvision des Unternehmens, ihren Beitrag zu einem gelebten CSR und ihr „Wofür" für ihre Leistungen?
- Versuche ich als Führungskraft auch Sinnstifter für meine Mitarbeiter zu sein und worin sehe ich meinen Beitrag für deren Wachstum?
- Bin ich mir meiner Vorbildwirkung für die Mitarbeiterentwicklung und -entfaltung bewusst?

4.3 Begeisterung durch authentische zwischenmenschliche Beziehungen – Zulassen und Fördern von Individualität

Hier lautet die entscheidende Frage: Was ist unsere primäre Zielsetzung? Sind es die Zahlen, die es zu erreichen gilt und sind dabei Kunden und Mitarbeiter Mittel zum Zweck oder stellen wir das Schaffen von Werten und Nutzen für unsere Kunden und die Gesellschaft in den Mittelpunkt unserer Entscheidungen und Handlungen?

Fragen zum Selbstcoaching:

- Was würde den Kunden, der Gesellschaft, der Welt fehlen, wenn es unser Unternehmen und unsere Leistungen nicht gäbe?
- Was haben wir zu geben? Womit können wir der Welt **dienen?**
- Worin liegt unser Beitrag, wenn auch zu einer noch so kleinen Verbesserung der Welt?
- Warum sollen die Kunden gerade unsere Produkte kaufen bzw. unsere Dienstleistungen in Anspruch nehmen?
- Womit verdienen wir uns immer wieder das Vertrauen unserer Stakeholder?
- Warum führe ich?
- An welcher Aufgabe arbeite ich zusammen mit dem mir anvertrauen Menschen?
- Welche Spuren möchten und können wir aufgrund unserer Potenziale im eigenen Leben, im Unternehmen und in der Welt hinterlassen?

4.4 Entwicklung der Potenziale bei Führenden und Mitarbeitern – Erschließen neuer Wachstumspfade

Menschliches Wachstum und Gesunderhaltung beginnen genau dort, wo die meisten Führungsinstrumente aufhören, nämlich beim Menschen und seinen geistigen Potenzialen.

Deshalb wollen wir hier der Frage nachgehen, wie menschliches Wachstum und Gesunderhaltung als CSR-Verantwortung im Kontext unseres ganzheitlichen Gesundheitskonzeptes gelebt werden können.

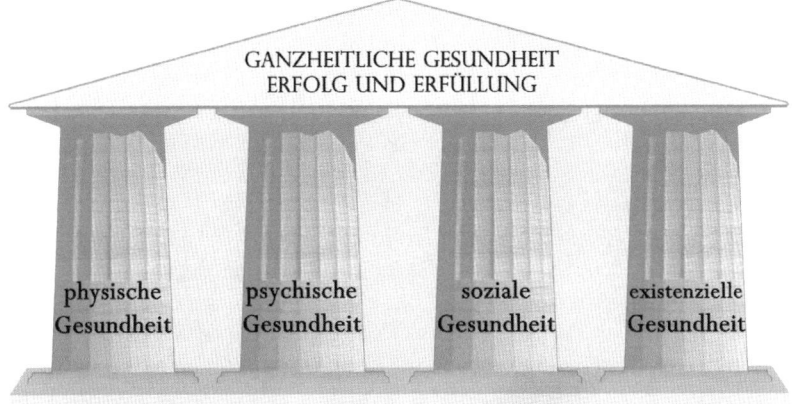

Abb. 4: Das Konzept der ganzheitlichen Gesundheit[15]

Vor dem Hintergrund weit verbreiteter krank machender Faktoren am Arbeitsplatz und den damit verbundenen immer häufigeren Stress bedingten Erkrankungen wie Burnoutsyndrom, Depressionen, Angst-, Sucht- und ernährungsabhängigen Krankheiten mit sich abzeichnenden dramatischen Auswirkungen für Volkswirtschaft und Gesellschaft, halten wir eine salutogene Unternehmenskultur für eine unabdingbare Führungs- und Handlungsverantwortung im Rahmen von CSR. Am Beispiel unseres Viersäulenmodells ganzheitlicher Gesundheit sollen deshalb die allerwichtigsten Ansätze für eine gesunderhaltende Unternehmenskultur aufgezeigt werden.

4.4.1 Die physische Gesundheit
Nach großen wissenschaftlichen Studien über die langlebigsten menschlichen Populationen der Welt kann über mehrere Faktoren des Lebensstils Gesundheit in positivem Sinn mit gestaltet werden. In den Bereich der Führungsverantwortung für die betriebliche Gesundheit fallen hier vor allem die Faktoren Bewegung, Ernährung und Genussmittelkonsum.

Fragen zum Selbstcoaching:

- Trage ich dafür Sorge, dass die Mitarbeiter anstelle von Aufzügen die Treppen benutzen?
- Fördere ich die Benutzung des Fahrrades als Transportmittel zum Arbeitsplatz?

---

[15] Pircher-Friedrich/Friedrich (2008): 23 ff.

- Fordere ich die Mitarbeiter auf, wichtige Informationen persönlich anstelle per e-mail weiter zu geben und damit das Sitzen immer wieder durch Gehen zu unterbrechen?
- Sorge ich für gemeinsame Freizeitaktivitäten in Form von gesundheitsförderlichen Sportarten und Bewegung?
- Sorge ich für eine schmackhafte, gesundheitsförderliche Verpflegung in der Betriebskantine?
- Garantiere ich ein gesundheitsförderliches Ambiente am Arbeitsplatz?
- Gibt es Angebote zur Vermeidung von Genuss- und Suchtmittelmissbrauch?

4.4.2 Die psychische Gesundheit

In der heutigen rastlosen, über- und fehlinformierten Wohlstands- und Leistungsgesellschaft gefährden Ängste und dysfunktionale Gedanken unsere Gesundheit.

Unsere Gefühle sind nicht nur harmlose Stimmungen. Unsere Haltungen nicht nur belanglose, beliebige Einstellungen. Sie sind die Kräfte, die unser Lebensglück, unseren Erfolg und unsere Gesundheit bestimmen. Führende müssen deshalb sehr achtsam mit Gesundheitsgefährdenden Gefühlen und Einstellungen umgehen und sich ihrer Vorbildfunktion auch unter dem Aspekt ihres psychischen Erscheinungsbildes bewusst sein.

Fragen zum Selbstcoaching:

- Was tue ich zur Förderung meiner persönlichen, psychischen Gesundheit?
- Helfe ich meinen Mitarbeitern gesunderhaltende Einstellungen zu entwickeln?
- Bin ich als Führungskraft Vorbild mit Blick auf meine Einstellungen zu den Dingen?
- Fühle ich mich als Opfer oder als Gestalter meines Führungsauftrages?
- Was unternehme ich, um meinen Mitarbeitern zu helfen in die Selbstwert stärkende Gestalterrolle hinein zu wachsen?

4.4.3 Die soziale Gesundheit

Gesundes, erfolgreiches und gelingendes Leben, Führen und Leisten setzen gute Begegnungen und zwischenmenschliche Beziehungen voraus. Ein stabiles Selbstwertgefühl und menschen- und lebensfreundliche Haltungen garantieren stabile soziale Rahmenbedingungen, in denen sich Menschen wohlfühlen, gegenseitig aufbauen und in ihren Stärken bestätigen.

Fragen zum Selbstcoaching:

- Überprüfe ich als Führungskraft unser Betriebsklima im Hinblick auf ein respektvolles und wertschätzendes Miteinander?
- Welcher Kommunikationsstil prägt unser Miteinander auch in Stresssituationen?
- Wie gehen wir mit Konflikten um?
- Reden wir miteinander oder übereinander?

- Ist unsere Kultur eher von einem versöhnlichen, lernenden Geist oder von nachtragenden Haltungen geprägt?
- Fokussieren wir eher das Positive oder eher das Negative?

4.4.4 Die existenzielle Gesundheit

Zum Glücklichsein braucht der Mensch Sinn. Sinn ist die Primärmotivation des Menschen und hat gesunderhaltenden Charakter. Im Rahmen von CSR als Führungs- und Gestaltungsverantwortung ist es deshalb ganz besonders wichtig, dass die Mitarbeiter einen Sinn in ihrer Arbeit erkennen.

Fragen zum Selbstcoaching:
Wie ermögliche ich meinen Mitarbeitern die Auseinandersetzung mit den folgenden Fragestellungen?:

- Wozu bin ich gut?
- Womit kann ich dienen?
- Was hätte ich noch zu geben?
- Wie könnte ich mich noch mehr meinen Menschen und Aufgaben hingeben?
- Wie kann ich Resilienz und Stehvermögen gegenüber den wachsenden Herausforderungen entwickeln?
- Wie kann ich mein Selbstwertgefühl und das der mir anvertrauten Menschen steigern?
- Womit kann ich die Menschen, das Unternehmen, die Welt bereichern, Sinnspuren hinterlassen, dabei meine Möglichkeiten und Fähigkeiten nutzen, um meine Existenz zum Gelingen bringen?

Auf der Basis von Führungs- und Handlungsverantwortung könnte CSR im Sinne Viktor Frankl's einen Beitrag zu einer etwas heileren Welt leisten.

4.5 Nehmen im Sinne von nachhaltigem Erfolg, Sinnfülle, Gesunderhaltung und Lebensqualität

Wenn wir gegeben haben, dann können wir auch nehmen im Sinne von nachhaltigem Erfolg, Sinnfülle, Gesunderhaltung und Lebensqualität. Getreu dem Motto: Was wir sähen, können wir auch ernten.

5 Literatur

Bauer, J. (2007): Prinzip Menschlichkeit – Warum wir von Natur aus kooperieren, Hamburg, dritte Auflage.
Hubert Burda Media Research & Development (2007): Greenstyle report, August 2007.
Europäische Kommission (2001): Grünbuch Europäische Rahmenbedingungen für die soziale Verantwortung der Unternehmen, KOM(2001) 366 endgültig. Brüssel 18.7.2011.
Frankl, V.E. (2002): Logotherapie und Existenzanalyse – Texte aus sechs Jahrzehnten, Weinheim u. a.

Frankl, V.E. (1997): Der Wille zum Sinn, 4. Auflage, München.

Frankl, V.E. (1992): Die Sinnfrage in der Psychotherapie, 4. Auflage, München.

Frankl, V.E./Kreuzer, F. (1997): Im Anfang war der Sinn – Von der Psychoanalyse zur Logotherapie – Ein Gespräch, 4. Auflage, München.

Hinterhuber, H.H. (2003): Leadership, Frankfurt a. M.

Hinterhuber, H.H. (2004): Strategische Unternehmensführung, Band II Strategisches Handeln, 7. Auflage, Berlin, New York.

Hinterhuber, H.H./Saeed, M.M. (o.A.): Führungsleistung als Dienst am Unternehmen – Wie Servant Leadership den Unternehmungswert steigern kann, Berlin.

Hüther, G. (2009): Die Macht der inneren Bilder – Wie Visionen das Gehirn, den Menschen und die Welt verändern, Götingen.

Lay, R. (1992): Wie man sinnvoll miteinander umgeht – Das Menschenbild der Dialektik, Düsseldorf, u. a.

Moser, F. (o.A): Weltbild und Selbstorganisation im Management, in Leadership Revolution – Aufbruch zur Weltspitze mit neuem Denken.

Matheis, R./Pircher-Friedrich, A. (2006): Sinnvoll Dienen – Sinnspuren für sich und alle Prozessbeteiligten hinterlassen. In: Hinterhuber/Schnorrenberg/Pircher-Friedrich (Hrsg.): Servant Leadership – Prinzipien dienender Unternehmensführung, Berlin.

Pircher-Friedrich, A. (2001): Sinn-orientierte Unternehmensführung in Dienstleistungsunternehmen – ein ganzheitliches Führungskonzept, Augsburg.

Pircher-Friedrich, A. (2011): Mit Sinn zum nachhaltigen Erfolg – Anleitung zur werte- und wertorientierten Führung, Berlin, 3. Auflage.

Pircher-Friedrich, A./Friedrich, R. (2008): Gesundheit, Erfolg und Erfüllung – eine Anleitung auch für Manager, Berlin.

Der Ehrbare Kaufmann als individuelle Verantwortungskategorie der CSR-Forschung

Joachim Schwalbach und Daniel Klink

1 Einführung

Im Juni 2003 hielt Horst Albach im Wissenschaftszentrum Berlin einen Vortrag mit dem Titel „Zurück zum ehrbaren Kaufmann", den er mit einem Zitat des deutschen Unternehmers Jürgen Heraeus schloss und ihm anschließend zustimmte: „Der ehrbare Kaufmann braucht keinen Kodex guter Corporate Governance".[1] Seit diesem Vortrag hat der Begriff des Ehrbaren Kaufmanns in der deutschen Öffentlichkeit eine beispiellose Renaissance erlebt. Parteienübergreifend wurde die Rückkehr zu den Tugenden Ehrbarer Kaufleute gefordert.[2] Der Präsident des Deutschen Industrie- und Handelskammertages (DIHK) setzte sich für den Ehrbaren Kaufmann und seine Leitlinien ein.[3] Der ehemalige Bundespräsident Horst Köhler machte den Ehrbaren Kaufmann regelmäßig zum Thema in seinen Reden.[4] Auch große Familienunternehmer und Spitzenmanager bekannten sich öffentlich zu den Grundsätzen des Ehrbaren Kaufmanns.[5] Selbst die evangelische Kirche bezog sich auf diese „Grundregeln".[6] Die Insolvenz der Investmentbank Lehman Brothers am 15. September 2008,[7] welche den Beginn einer globalen Wirtschaftskrise markierte, verstärkte diesen Begriffsboom zusätzlich. Insbesondere kaufmännische Institutionen versuchen das Bewusstsein für ehrbares Wirtschaften seither wiederzubeleben. Ein häufig gewähltes Mittel dazu ist die Formulierung von Leitsätzen bzw. Kodizes. Die zehn Managergebote des Wirtschaftsrates der CDU,[8] das „Leitbild verantwortlich Handeln" unterzeichnet von Spitzenkräften der deutschen Wirtschaft,[9] das Selbstverständnis der Versammlung Eines Ehrbaren Kaufmanns zu Hamburg

---

[1] vgl. Albach (2003): 40
[2] so forderte z.B. die CDU in ihrem Leitantrag im November 2008 die Renaissance des Leitbildes, vgl. Wehner 23.11.2008; die SPD setzte bereits 2006 auf den Ehrbaren Kaufmann vgl. Jennen 20.11.2006
[3] vgl. Driftmann (2009): 16 und Driftmann (2010)
[4] vgl. z.B. die Reden Köhler 27.06.2008 und Köhler 27.05.2008
[5] so z.B. Heinz Dürr, vgl. Dürr (2009), Berthold Leibinger, vgl. Leibinger 27.10.2006, Wolfgang Grupp, vgl. Lindner (2010), Claus Hipp, vgl. Demmerle (2004) und auch Peter Löscher, vgl. Löscher 14.02.2011
[6] vgl. Rat der Evangelischen Kirche in Deutschland (2008): 117
[7] vgl. Balzli (2009): 108; für eine umfassende Dokumentation der „Lehman-Pleite" empfiehlt sich auch das SPIEGEL ONLINE-Dossier abrufbar unter http://www.spiegel.de/thema/insolvenz_lehman_brothers_2008, zuletzt geprüft am 06.03.2011
[8] vgl. Schweickart (2009)
[9] vgl. Ackermann 25.11.2010

(VEEK)[10] und die Leitsätze eines ehrbaren Wirtschaftshandelns des Vereins Berliner Kaufleute und Industrieller (VBKI)[11] sind nur einige Beispiele dafür. Aus der Sicht der Betriebswirtschaftslehre hat das Institut für Management der Humboldt-Universität zu Berlin, dessen Forschungsschwerpunkt seit langem die gesellschaftliche Verantwortung von Unternehmen (Corporate Social Responsibility – CSR) ist, maßgeblich dazu beigetragen, dass der Ehrbare Kaufmann wissenschaftlich erforscht wird.[12] Auch aus anderen Disziplinen regt sich mittlerweile das Interesse am Ehrbaren Kaufmann.[13] Um die Forschung fortzuführen und den gesellschaftlichen Diskurs zu bereichern hat das Institut das Informationsportal zum Leitbild des Ehrbaren Kaufmanns www.der-ehrbare-kaufmann.de entwickelt und im Mai 2011 die gemeinnützige Stiftung Ehrbarer Kaufmann gegründet.[14] Diese Gründung ist der bisherige Höhepunkt der öffentlichen Entwicklung, welche hier nur in einem sehr kurzen Abriss vorgestellt werden konnte.

Folgende Begriffe fallen in öffentlichen Bekundungen überdurchschnittlich oft, wenn vom Ehrbaren Kaufmann gesprochen wird: Verantwortung, ethische bzw. wichtige Grundsätze und Werte, Ehrlichkeit, Geduld, Maßhalten, Selbstverantwortung, Vorbild, Verlässlichkeit, Langfristigkeit, Gewinne erwirtschaften, Anstand, Ehrlichkeit, Tugenden, Nachhaltigkeit, Freiheit, Offenheit, Integrität, Wahrhaftigkeit, Redlichkeit, Sorgfalt, Vernunft, Solidarität, Wort halten, Vertrauen, Soziale Marktwirtschaft, Fleiß und sozialer Frieden.[15] Die enge Verwandtschaft des Ehrbaren Kaufmanns mit der CSR-Forschung wird durch diese Aufzählung schnell deutlich. Verantwortung, Nachhaltigkeit und Langfristigkeit sind zentrale Begriffe dieser Disziplin. Es zeigt sich aber auch, dass beide Begriffe nicht deckungsgleich sind, was nicht verwundert, handelt es sich doch bei der CSR-Forschung um die Verantwortung von Unternehmen (Corporate Responsibility) und beim Ehrbaren Kaufmann um die Verantwortung des Unternehmers als Person. Für die Erforschung des Ehrbaren Kaufmanns kommt es darauf an, diese Schlagworte strukturiert in ihrer Wechselwirkung auch in Bezug auf die Unternehmung zu untersuchen. In diesem Beitrag soll dabei zunächst gezeigt werden, dass die CSR-Diskussion keineswegs neu ist, sondern in Europa seit Jahrhunderten im Ideal des Ehrbaren Kaufmanns zur wirtschaftlichen Realität gehört (Abschnitt 2). Im nächsten Schritt soll anhand des Modells des Ehrbaren Kaufmanns gezeigt werden, dass der Verantwortungsbegriff auch für den Ehrbaren Kaufmann zentral ist (Abschnitt 3). Abschnitt 4 stellt mögliche Forschungsansätze für die weitere Erforschung des Themas vor.

---

[10] vgl. den Wortlaut in Versammlung Eines Ehrbaren Kaufmanns zu Hamburg e.V. (2010) und im Internet abrufbar unter http://www.veek-hamburg.de/zielsetzungen.php (zuletzt geprüft am 02.05.2011), außerdem lesenswert der Kommentar des ehemaligen Vorsitzenden Egbert Diehl, vgl. Diehl (2010)

[11] vgl. Verein Berliner Kaufleute und Industrieller (2011)

[12] ein Sonderheft in der Zeitschrift für Betriebswirtschaft im Jahre 2006 war der Beginn umfassender Aktivitäten zu diesem Thema, vgl. Schwalbach (2006)

[13] vgl. z.B. aus der Psychologie Frey (2010), aus der Compliance-Forschung Graf (2010) und aus der Soziologie Dahrendorf (2009)

[14] mehr Informationen zur Stiftung unter www.stiftung-ehrbarer-kaufmann.de

[15] diese Begriffe entstammen alle öffentlichen Aussagen

2 Historie des Ehrbaren Kaufmanns

Bevor ein historischer Abriss die Entwicklungslinien des Leitbildes des Ehrbaren Kaufmanns aufzeigen kann, soll zunächst der Begriff Ehre betrachtet werden, da er für das Grundverständnis in dieser Thematik unerlässlich und für die Betrachtung des gegenwärtigen Leitbildes sehr nützlich ist. Der Begriff des Kaufmanns steht stellvertretend für die Wirtschaftssubjekte Eigenwirtschaftler, Kaufmann, Unternehmer und Manager und wird hier nicht näher betrachtet.[16]

2.1 Grundbegriff Ehre

Der Begriff Ehre ist kein absoluter Begriff. Er unterliegt stark dem historischen Wandel.[17] Ehre wird häufig zweigliedrig definiert. Die äußere Ehre ist die von der Umwelt bestimmte Bewertung des Individuums und die innere Ehre ist ein inneres vom Individuum selbst empfundenes Ehrgefühl.[18] Die Zweiteilung des Begriffs ist Teil der konstanten Struktur des Ehrbegriffs.[19] Sie existiert bereits seit der Antike und ist für den zu untersuchenden Gegenstand sehr hilfreich. Aristoteles sagt in Buch IV, Nr. 7 seines Werkes „Nikomachische Ethik": „die Ehre ist der Siegespreis der Tugend und wird nur den Guten zuerkannt."[20] Indem er die Ehre als Lohn der Tugend betrachtet, macht er die äußere Ehre von der inneren abhängig. Tugend versteht Aristoteles als Verhalten, das die Mitte „zwischen zwei Schlechtigkeiten, dem Übermaß und dem Mangel", beschreibt.[21] Ehre ist keine einzelne Tugend aus vielen, sie ist vielmehr das Resultat der angewandten Tugenden des Individuums. Sie wird zum Ausdruck seines Wertes, der wiederum mit den Wertanschauungen der Epoche korreliert. Er ist damit an gebotene Tugenden geknüpft. Wird der Wert des Individuums auf dieser Grundlage von außen her durch die Gemeinschaft anerkannt, so lässt sich von äußerer Ehre sprechen. Erkennt das Individuum von innen heraus seinen eigenen Wert an, so verfügt es über ein inneres Selbstwertgefühl, welches sich dann als innere Ehre umschreiben lässt.[22] Dieses Ehrverständnis ist als Grundlage für die Betrachtung des Ehrbaren Kaufmanns das brauchbarste, denn

---

[16] für eine nähere Definition der vier Begriffe siehe Klink (2008): 59-61
[17] vgl. Burkhart (2006): 26, das Werk bietet einen umfassenden historischen Überblick über das Ehrverständnis in Europa und Deutschland
[18] vgl. hierzu Der große Brockhaus (1930): 273: „Ehre, die Anerkennung unseres persönl., bes. sittlichen Wertes durch andere Menschen (**äußere E.**). […] **Innere E.** bedeutet die Anerkennung unserer Person und unseres Verhaltens durch unser eigenes Gewissen. Konflikte zwischen äußerer und innerer E. sind möglich." (Hervorhebungen und Abkürzungen auch im Original); Brockhaus (1988): 134: „im mitmenschlichen Zusammensein durch Worte und Handlungen bekundete Achtung gegenüber einer Person; das Angesehensein aufgrund einer geschätzten Tugend (guter Ruf). […] Eine Form der E. ist die auf das eigene Handeln und die eigenen Einstellungen bezogene Selbstachtung, die von äußerer Anerkennung unabhängig ist (innere sittl. Würde, Verantwortung)." (Abkürzungen auch im Original) und Schopenhauer (1918): 68: „die Ehre ist, objektiv, die Meinung Anderer von unserm Werth, und subjektiv, unsere Furcht vor dieser Meinung."
[19] vgl. Burkhart (2006): 28
[20] vgl. Aristoteles (2005): 85
[21] vgl. Aristoteles (2005): 42
[22] vgl. zu den vorangehenden Ausführungen Stippel (1938): 2

der Kaufmann steht mit seinen Handlungen stets in direktem Bezug zur Gemeinschaft, die ihn entsprechend seines Verhaltens bewertet.

Die nahe Verwandtschaft der persönlichen Ehre zum wirtschaftlichen Ruf ist ebenfalls wichtig. Beide stellen hohe soziale und individuelle Werte dar, die allerdings keinen stabilen Inhalt haben, denn sie beruhen auf freier Meinungsbildung und -äußerung. Insbesondere in der freien Sozialen Marktwirtschaft ist der wirtschaftliche Ruf für das einzelne Unternehmen sehr bedeutsam.[23] Das Prädikat ehrbar stellt demnach das brauchbarste unter den in verschiedenen historischen Quellen genannten dar.[24] Es weist auf den von der betroffenen sozialen Gruppe für ideal befundenen Kaufmann hin.

2.2 Antike

„Wer gerecht und wahr auf dem Markt redet, dem wird Zeus Reichtum geben." spricht Hesiod aus Askra in Böotien[25] schon ca. 700 v. Chr.[26] Dies dürfte eines der ältesten Zeugnisse für den Ehrbaren Kaufmann in der europäischen Geschichte darstellen und verdeutlicht, dass das gesellschaftskonforme Verhalten der Wirtschaftssubjekte in Marktgesellschaften immer schon Anlass für normative Äußerungen war. Bemerkenswert ist hier insbesondere die Verknüpfung der wünschenswerten Verhaltensnorm (gerecht, wahr) mit dem Erfolg (Reichtum).

Vergleichbare Aussagen ziehen sich durch die gesamte europäische Geschichte und sind Ausdruck für eine tief verwurzelte Kultur des Anspruchs an den unternehmerischen Anstand, was zugleich nicht heißen muss, dass europäische Kaufleute diesem Anspruch zu jeder Zeit in der wirtschaftlichen Realität gerecht wurden. Viele negative Beispiele sprechen bis heute eine andere Sprache und Zweifel an der Erreichbarkeit des Ideals gibt es ebenfalls seit der Antike. Demosthenes (griechischer Redner und Sohn eines Fabrikanten[27], 384-322 v. Chr.) hielt es beispielsweise für schwer einen Mann zu finden, der Geschäfte führt und gleichzeitig arbeitsam und ehrenhaft ist.[28] Er sagte auch, „In der Geschäftswelt und auf dem Geldmarkt gilt es als bewundernswert, wenn ein und derselbe Mann sich als redlich und fleißig zugleich erweist."[29] Das drückt aus, dass es wohl immer auch Kaufleute gab, die dem Ideal des Ehrbaren Kaufmanns nahekamen. Einer der ersten bekannten war der Bankier Pasion (vor 400-370 v. Chr.) aus Athen, der „offenbar sehr tüchtig und redlich"[30] und in Athen sehr angesehen (äußere Ehre) war.[31] Das Wirtschaften mit Gewinnerzielungsabsicht, wie es für Kaufleute typisch

---

[23] vgl. zu den vorangehenden Ausführungen Helle (1957): 3-4
[24] Beispiele für verwandt gebrauchte Synonyme sind z.B. der wahre, gute, echte, ehrsame, ehrliche, sittliche, ideale, ethisch oder moralisch handelnde und sogar der königliche Kaufmann. Vgl. zum königlichen Kaufmann auch die utopischen Vorstellungen von Frommelt (1927).
[25] das liegt im östlichen Teil Griechenlands
[26] zitiert nach Baloglou (1996): 23
[27] vgl. Fellmeth (2008): 43
[28] vgl. Baloglou (1993): 61
[29] zitiert nach Fellmeth (2008): 40
[30] vgl. Fellmeth (2008): 40
[31] einen kurzen Überblick über Pasion und seine Zeit findet sich bei Fellmeth (2008): 39-43

ist, war bereits zu Hesiods Zeit gesellschaftsfähig geworden. Allerdings war daran auch immer das tugendhafte Verhalten geknüpft, wie Demokrit (griechischer Philosoph, ca. 460-370 v. Chr.) deutlich macht: „Geld zu erwerben ist nicht unnütz, auf ungerechte Weise aber ist es schlechter als alles".[32]

Dass im Ehrbaren Kaufmann Wirtschaft und Ethik untrennbar vereint sind, war den Griechen also sehr wohl bekannt. Eine Aussage aus dem Werk „oikonomía", vermutlich verfasst von einem Schüler des Aristoteles im 3. Jahrhundert v. Chr. bestätigt abermals die systematische Verknüpfung von kaufmännischen Fähigkeiten und der Tugendhaftigkeit, welche die Grundlage des Erfolgs darstellen: „Wer auf gebührende Weise wirtschaften (*oikonomein*) will, muß die Orte erkennen, wo er tätig wird, muß von Natur aus begabt sein sowie aus eigenem Antrieb keine Mühen scheuen und gerecht sein. Wenn ihm von diesen Eigenschaften etwas fehlt, wird er in den Vorhaben, die er in die Hand nimmt, viele Fehler machen".[33]

Auch in der römischen Republik setzte sich diese Sichtweise fort. Denn auch dort trifft man fast überall Ehren- oder Grabinschriften an, die für wohlhabende Kaufleute gedacht waren.[34] Indizien für die Akzeptanz, aber sicher auch Teil der Selbstinszenierung und Machtdarstellung reicher Familien. Der Geschichtsschreiber Plutarch hatte bereits eine klare Vorstellung von der unternehmerischen Mitarbeiterverantwortung, als er über Marcus Porcius Cato den Älteren (234–149 v. Chr.) schrieb: „Denn man darf mit lebenden Wesen nicht wie mit Schuhen und Geräten umgehen, die man, wenn sie zerbrochen oder durch den Gebrauch verschlissen sind, wegwirft [...]"[35] Cato war Staatsmann, aber auch Betriebswirt und handelte auf diesem Gebiet als Gewinnmaximierer, für den die Kostensenkung auch zu Lasten der Arbeiter gehen durfte.[36] Diese ausbeuterische Wirtschaftsweise, gekennzeichnet von Raub und Erpressung war typisch für die senatorische Elite Roms. Damit handelten gerade die Volksvertreter auf gesellschaftsschädliche Weise. Dennoch gab es immer wieder positive Beispiele, wie z.B. Quintus Candidus Benignus, dem Eigentümer eines Großbetriebes aus Arles (heute Südfrankreich) aus dem 2. Jahrhundert n. Chr., der römischen Kaiserzeit. Auf seinem Grabstein schreiben seine Frau und seine Tochter über ihn: „Er besaß die höchste Fertigkeit im Metier, Eifer, Gelehrsamkeit und sittsames Verhalten; große Künstler/Handwerker nannten ihn stets Meister. Gelehrter als er war niemand; niemand konnte ihn übertreffen, der es verstand, Wasserorgeln zu machen und den Lauf des Wassers zu leiten. Er war immer ein angenehmer Teilnehmer beim Gastmahl und verstand es, seine Freunde zu erfreuen; was Talent und Eifer angeht, war er gelehrig, gütig, was seinen Sinn angeht."[37] Auch Fernhändler genossen hohes Ansehen, waren wohlhabend und einflussreich. In Inschriften und Reliefs verwiesen sie stolz auf ihre soziale Stellung in den Gemeinden.[38]

---

[32] zitiert nach Baloglou (1993): 26
[33] zitiert nach Fellmeth (2008): 8, Hervorhebungen auch im Original
[34] vgl. Fellmeth (2008): 84
[35] zitiert nach Fellmeth (2008): 90
[36] vgl. den Abschnitt über Cato in Fellmeth (2008): 86-92
[37] zitiert nach Fellmeth (2008): 148
[38] vgl. zu den vorangehenden Ausführungen Fellmeth (2008): 149

Der weite Blick zurück in die Antike macht klar, dass die Vorstellungen vom Ehrbaren Kaufmann geprägt waren von der frühen Akzeptanz des Gewinnstrebens und ökonomischer Leistungskriterien, diese müssen jedoch mit tugendhaften Verhaltensweisen im Einklang stehen, um sich als Kaufmann ehrbar nennen zu dürfen. Roms Niedergang und die Zeit der Völkerwanderung führten zu einer längeren Zeit der europäischen Neuordnung. Das Leitbild des Ehrbaren Kaufmanns blieb dabei in ähnlicher Form erhalten, allerdings wurde im europäischen Mittelalter Hesiods Göttervater Zeus durch den christlichen Glauben ersetzt.

2.3 Mittelalter

Die antiken Ansätze über das Wesen des Leitbildes des Ehrbaren Kaufmanns lassen sich mit Quellen über ehrenhaftes kaufmännisches Verhalten aus dem Mittelalter vergleichen, um eine zeitübergreifende Modellstruktur abzuleiten. Hier sollen einige dieser Quellen vorgestellt werden, die für das Verständnis dieser Struktur hilfreich sind, zur Vertiefung sei auf Klink verwiesen.[39]

Eine Anleitung zu ehrenhaftem Handel des Kaufmanns ist für die frühen Jahrhunderte des Mittelalters nicht auszumachen.[40] Die erste Quelle zum Ehrbaren Kaufmann im Mittelalter findet sich im berühmten italienischen Handbuch „Pratica della Mercatura", betitelt und herausgegeben um 1340.[41] Dort gibt der Autor Francesco Balducci[42] Pegolotti in seiner Einleitung die Verse von Dino Compagni[43] wieder:

„Der Kaufmann, der Ansehen genießen will,
muß immer gerecht handeln,
große Weitsichtigkeit besitzen
und immer seine Versprechen einhalten.
Wenn möglich, soll er liebenswürdig aussehen,
wie es dem ehrenwerten Beruf, den er gewählt hat, entspricht
aufrichtig beim Verkauf, aufmerksam beim Kauf sein,
er soll sich herzlich bedanken und von Klagen Abstand halten.
Sein Ansehen wird noch größer sein, wenn er die Kirche besucht,
aus Liebe zu Gott spendet, ohne zu feilschen
seine Geschäfte abschließt und sich strikt weigert,
Wucher zu betreiben. Schließlich soll er vernünftig
seine Konten führen und keine Fehler begehen.
Amen"[44]

---

[39] vgl. Klink (2008)

[40] vgl. Kaufer (1998): 49

[41] der erste Herausgeber war Gian-Francesco Pagnini um 1340, vgl. dazu Dotson (2002): 77; Kaufer (1998): 49-50 fügt hinzu, dass der ursprüngliche Titel wohl „Libro di Divisamenti di Paesi e di Misuri di Mercatantie" war

[42] der zweite Vorname Balducci wird bei Kaufer (1998): 49 genannt

[43] vgl. Le Goff (1993): 85

[44] vgl. das italienische Original bei Balducci Pegolotti (1936): 20}; die deutsche Übersetzung ist Le Goff (1993): 85 entnommen; eine weitere englische Übersetzung findet sich bei Dotson (2002): 86-87

Die Verse weisen mit den Aussagen aus der Antike starke Ähnlichkeiten auf und enthalten drei Elemente, die sich bis in die Neuzeit als konstant erweisen: Die grundlegenden kaufmännischen Fähigkeiten, das tugendhafte Verhalten und die Beziehung zu Gott, welche im Mittelalter stellvertretend für die Beziehung zur Gesellschaft steht. Da es sich bei der Quelle um ein Kaufmannshandbuch handelt, lässt sich auch sagen, dass bereits in den sehr frühen Vorläufern der Betriebswirtschaftslehre das Thema CSR integriert in das ehrbare kaufmännische Verhalten enthalten war.

Grundlegende kaufmännische Fähigkeiten sind für die kaufmännische Tätigkeit unersetzlich. Deshalb sind die Kaufmannshandbücher des 14. Jahrhunderts hauptsächlich geprägt von Informationen zur praktischen Erlernung des Berufs Kaufmann.[45] Enthalten waren mathematisches Wissen, Regeln des Schriftverkehrs, geografische Informationen sowie das Wissen über Gewürze und andere Handelswaren.[46] Luca Pacioli (1445-1517), der als Erfinder der doppelten Buchführung gilt, schreibt 1494 im ersten Kapitel seines Werks „Summa de arithmetica, geometrica, proportioni et proportionalità" (im Folgenden Summa), dass zu den drei notwendigen Hauptsachen eines wahren Kaufmanns erstens das Geld, zweitens die Eigenschaft eines guten Rechners und drittens eine ordentliche Rechnungsführung in Bezug auf Schuld und Forderung und auf alle anderen Geschäfte gehören.[47] Die Kaufmannshandbücher und Pacioli selbst müssen als Vorläufer der Betriebswirtschaftslehre gesehen werden. Die doppelte Buchführung gehört beispielsweise noch heute zum Grundwissen jedes Wirtschaftsstudenten. Sie ist ein von Kaufleuten erdachtes Rechensystem zur eigenen Kontrolle und Sicherung der ehrbaren Kaufmannspraxis.

Das tugendhafte Verhalten ergänzt die fachlichen Fähigkeiten des Kaufmannes. Den Schreibern der Kaufmannshandbücher war bewusst, dass ethisches Verhalten und der gute Name des Kaufmanns Güter waren, die ebenfalls geschützt werden mussten.[48] Das erste wirklich ausführliche Handbuch ist der „Zibaldone da Canal" (im Folgenden Zibaldone), venezianischen Ursprungs datiert er um etwas nach 1320.[49] Der Zibaldone äußert sich zu den Folgen des Schmuggels folgendermaßen: „you lose faith and honor by it, so that they will never trust you as before your crime was found out".[50] Durch kriminelle Machenschaften verlor der Kaufmann Vertrauen und seine Ehre.

Als Christen beriefen sich auch die Kaufleute bei all ihren Handlungen auf Gott. Zu Beginn der Handelsbücher findet sich folgender Satz: „Im Namen unseres Herrn Jesus Christus und der Heiligen Jungfrau Maria Seiner Mutter und aller Heiligen des Paradieses, durch ihre heilige Gnade und Barmherzigkeit sei uns Gesundheit und Gewinn gegeben, sowohl auf dem Lande wie zur See, und dank dem seelischen und körperlichen Heil mögen sich unsere Reichtümer und

---

[45] vgl. Dotson (2002): 83
[46] vgl. Dotson (2002): 78
[47] vgl. Pacioli (1494), zitiert nach Kheil (1896): 9
[48] vgl. Pacioli (1494): 84
[49] vgl. Pacioli (1494): 77
[50] vgl. Zibaldone da Canal (ca. 1320), zitiert nach Dotson (2002): 84

unsere Kinder vermehren. Amen."[51] Im Mittelalter existierte außerdem bereits ein Bewusstsein für die volkswirtschaftliche Bedeutung der wirtschaftlichen Tätigkeit der Kaufleute. Tatsächlich hatten sie großen Einfluss auf die Entwicklung der Städte. Benedetto aus Ragusa schrieb im 15. Jahrhundert in seinem Handbuch „Der Handel und der ideale Kaufmann": „Der Fortschritt, das Gemeinwohl und der Wohlstand der Staaten beruhen zu einem großen Teil auf den Kaufleuten; [...] Die Arbeit der Kaufleute ist zum Wohle der Menschheit eingerichtet."[52] Die Kaufleute wussten, dass es in ihrem Interesse ist, wenn sie durch Wohltätigkeit den sozialen Frieden aufrechterhielten.[53] Die Stadt war die Grundlage ihres Erfolges, ihrer Geschäfte und ihrer Macht. Sie nahm in ihren Überlegungen und Gefühlen die oberste Stelle ein.[54] Sie förderten als Mäzene[55] die Literatur und Kunst innerhalb ihrer Stadt[56] und betrachteten die Kultur als Teil ihres Prestiges (äußere Ehre).

Die Quellen beziehen sich überwiegend auf italienische Kaufleute, aber auch in der nordeuropäischen Hanse existierte eine ähnliche Vorstellung über den Ehrbaren Kaufmann, die Versammlung Eines Ehrbaren Kaufmanns zu Hamburg wurde 1517 gegründet und besteht noch heute[57]. Bestimmend war im Mittelalter das Bündel von Tugenden und Verhaltensweisen, die zum Ziel haben, den Vorteil des Kaufmanns mit der christlichen Gemeinschaft generationenübergreifend in Einklang zu bringen.

2.4 Frühe Neuzeit

In der Frühen Neuzeit verschwand die Religion größtenteils aus dem Ehrverständnis.[58] Durch die Bewegung der Aufklärung verweltlichte sich die bürgerliche Ehrbarkeit der Bürger und des Kaufmanns.[59] Die Art der Ehrbarkeit hielt sich dabei relativ stabil und ging in das Bürgertum und den bürgerlichen Kaufmann über.[60] Sombart hat den bürgerlichen Ehrbaren Kaufmann ausführlich beschrieben.[61] Sombart beschreibt die bürgerlichen Wirtschaftsregeln welche beispielsweise den Grundsatz enthalten, die Einnahmen größer als die Ausgaben zu halten.[62] Außerdem

---

[51] vgl. Le Goff (1993): 84-85

[52] vgl. Benedetto (15. Jahrhundert): Der Handel und der ideale Kaufmann, zitiert nach Le Goff (1993): 80-81

[53] vgl. Le Goff (1993): 106

[54] vgl. Le Goff (1993): 120

[55] genau genommen handelte es sich um Sponsoren, da ihre offen sichtbare Wohltätigkeit einem Zweck dienlich war, während Mäzene im Anonymen spenden, vgl. hierzu Koster (1999): 56

[56] vgl. Le Goff (1993): 104

[57] vgl. Klink (2008): 68-69; zur Versammlung Eines Ehrbaren Kaufmanns zu Hamburg e.V. siehe: www.veek-hamburg.de

[58] vgl. Le Goff (1993): 96: „Es gab immer noch Katholiken, die Kaufleute waren, aber es sollte immer weniger katholische Kaufleute geben". Für eine ausführlichere Beschreibung des Ehrbaren Kaufmanns der Frühen Neuzeit vgl. Klink (2008): 69-72

[59] vgl. Burkhart (2006): 93

[60] vgl. Sombart (1920)

[61] vgl. „Die heilige Wirtschaftlichkeit" bei Sombart (1920): 137-160 und die „Geschäftsmoral" bei Sombart (1920): 160-163 sowie der Beziehung zur Gemeinschaft in Kapitel 12 des Werkes.

[62] vgl. Sombart (1920): 137-139

gibt es die Wirtschaftsmoral, welche das Verhältnis des Kaufmanns zur Außenwelt beschreibt.[63] Zum Ausdruck kommt diese in der Realität meist durch die „kaufmännische Solidität": also der Zuverlässigkeit im Halten von Versprechungen, der „reellen" Bedienung und der Pünktlichkeit in der Erfüllung von Verpflichtungen. Sombart beschreibt dies als „Moral der Vertragstreue", weil die Beziehungen unter Kaufleuten nicht zwingend persönlicher Natur sein mussten, sondern auf das einzelne Geschäft bezogen waren. Die Moral der Vertragstreue als Tugend verstanden, enthält die Grundsätze Einfachheit, Wahrhaftigkeit, Treue und Ehrlichkeit.[64] Diese Grundsätze sind in Europa bis zum 18. Jahrhundert jedem gelehrt worden, der Kaufmann werden wollte.[65] In England war das Handbuch „The Complete English Tradesman" seit 1726 weit verbreitet[66] und in Frankreich das Pendant „Le Parfait Négociant" von Jaques Savary aus dem Jahr 1675, das auch in die deutsche Sprache übersetzt wurde.[67] Der Ausgleich zwischen der Geschäftstätigkeit und der Gemeinschaft war für den bürgerlichen Kaufmann sehr wichtig, nur seinen eigenen Vorteil zu sehen, wurde als falsch empfunden.[68] „Gute und echte Waren zu liefern" war selbstverständlich. Das Bild vom frühneuzeitlichen ehrbaren Kaufmann offenbart die konsequente Fortführung der Ideale des antiken und mittelalterlichen Ehrbaren Kaufmanns kurz vor Anbruch der Moderne.

2.5 Moderne

In der Moderne gab es Anstrengungen der Unternehmer (sie nannten sich oft selbst noch Kaufleute), den Ehrbaren Kaufmann zu bewahren oder sogar weiterzuentwickeln. Einer von ihnen war Oswald Bauer. Er schrieb 1906 das auf persönlichen Erfahrungen[69] beruhende Buch „Der ehrbare Kaufmann und sein Ansehen".[70] Dieses Werk markiert eine Wende, da es sich tiefgreifend mit dem kaufmännischen Alltag seiner Zeit befasst und explizit beleuchtet, wie die Tätigkeit ehrbar ausgeführt werden konnte. Analysiert und strukturiert man den Text,[71] ergibt sich erneut eine Kernstruktur des Ehrbaren Kaufmanns, der als Person über Allgemein-, Fachwissen und Fortbildung verfügen muss, um die nötigen Fertigkeiten aufweisen zu können, die für den wirtschaftlichen Erfolg grundlegend sind. Dieser „tüchtige Kaufmann"[72] wird zum ehrbaren, wenn er auch über eine gute Charakterbildung und gute Umgangsformen verfügt, welche ihn auch dazu befähigt langfristig zu denken.[73] Bauer spricht damit bereits vor über einhundert Jahren den Aspekt der Nachhaltigkeit in der kaufmännischen Tätigkeit an. Der epochale Wechsel der In-

---

[63] vgl. Sombart (1920): 160
[64] vgl. zu den vorangehenden Ausführungen Sombart (1920): 161
[65] vgl. Sombart (1920): 162
[66] vgl. Defoe (1839)
[67] vgl. Savary (1676)
[68] vgl. Sombart (1920): 207
[69] vgl. Bauer (1906): 141
[70] vgl. Bauer (1906)
[71] die genaue Analyse findet sich bei Klink (2007): 40-47
[72] vgl. Bauer (1906): 123
[73] vgl. Bauer (1906): 135

dustrialisierung, welche den Unternehmer zum vorherrschenden Wirtschaftssubjekt hat werden lassen spiegelt sich auch in Bauers Ehrbaren Kaufmann wider, der sich auch gegenüber Mitarbeitern, Kunden, Lieferanten und Wettbewerbern ehrbar verhält. Er betrachtet sogar ausführlich den internationalen Handel.[74] Zuletzt widmet sich Bauer der Beziehung des Kaufmanns zur Gemeinschaft. Sich dem Gemeinwohl zu widmen oder im Alter politische Ämter zu bekleiden sind Fortführungen des bürgerlichen Ehrbaren Kaufmanns. Bauer schafft durch sein Werk Perspektiven, die in eine Betriebswirtschaftslehre überleiten, welche sich noch in Kinderschuhen befand und welche ebenfalls ein Bewusstsein für das ehrbare kaufmännische Verhalten hatte.

Exemplarisch für das Bewusstsein des Leitbildes des Ehrbaren Kaufmanns in den Anfängen der Betriebswirtschaftslehre soll die neunte Auflage des „Maier-Rothschild – Kaufmannspraxis – Handbuch der Kaufmannswissenschaft und der Betriebstechnik" angeführt werden.[75] Seit 1878 wurde er über 150 000 Mal gekauft und stand im „Ruf, das klassische Handbuch des Kaufmanns zu sein".[76] Dieses Buch ist ein Bindeglied vom alten Kaufmannswissen zur neuen Betriebswirtschaftslehre.[77] Bedeutsam ist die Selbstverständlichkeit, mit der im Geleitwort von Johann Friedrich Schär Treu und Glauben als Fundament der deutschen Kaufleute bezeichnet wird. Er fährt fort und betont die erzieherische Aufgabe des „Maier-Rothschild", der zum ersten Mal betriebswirtschaftliche Elemente (Betriebstechnik) mit den kaufmännischen Arbeitsvorgängen kombiniert.[78] Schär bereitet, wie in anderen Kaufmannshandbüchern zuvor, junge Kaufleute auf ihre gesellschaftliche Rolle und Bedeutung vor. Der Kaufmann, der dieses Buch zur Hand nimmt, wird von ihm gemahnt „seinen Beruf von einer höheren Warte als der des Geldverdienens aus zu betrachten" und von ihm an „die Pflichten, die er als ein Diener der Volkswirtschaft zu erfüllen hat" erinnert.[79] Die Aufgabe des Handels, so Schär, ist es Reichtum zu erzeugen, nicht Reichtum anzusammeln. Schär erkennt auch die Herausforderungen des Welthandels und die gestiegenen Anforderungen an den „echten Kaufmann". Daher fordert er: „Der wahre Kaufmann muß ein hohes Maß an Bildung besitzen.", weil er „eine hohe Verantwortlichkeit gegenüber sich selbst und der Gesellschaft" hat.[80] Mit dieser Aussage markiert Schär den Übergang von der Betonung des Ehrbegriffs hin zum Begriff der Verantwortung, welche aus der kaufmännischen Tätigkeit erwächst. Der Ehrbare Kaufmann ist in der Moderne folglich der verantwortungsvolle Unternehmenslenker, der verschiedenen Interessengruppen gerecht werden muss. Wie Hansen zeigen konnte,[81]

---

[74] vgl. Bauer (1906): 38-59
[75] vgl. Rohwaldt (1923)
[76] vgl. Schär (1923): VII
[77] bemerkenswert ist, dass zehn der 21 Autoren des „Maier-Rothschild" (1923) der Handels-Hochschule Berlin und der Universität Berlin angehörten. Das Buch steht somit auch in der direkten Tradition der Humboldt-Universität zu Berlin und insbesondere der Wirtschaftswissenschaftlichen Fakultät.
[78] vgl. Schär (1923): VI-VII
[79] vgl. Schär (1923): VIII
[80] vgl. zu den vorangehenden Ausführungen Schär (1923): IX
[81] vgl. Hansen (2005)

riss die wissenschaftliche Diskussion trotz dieser ethischen Basis der BWL nach dem Ende des Zweiten Weltkrieges ab. Erst am Ende des Jahrhunderts, nach dem Ende des Kalten Krieges und dem Anfang einer weltweiten ökonomischen Liberalisierung, entwickelten sich in der BWL zwei Forschungszweige, die thematisch verwandt sind. Dass ist zum einen die Unternehmensethik und zum anderen die CSR-Forschung. Beide haben sich jedoch bislang zu wenig mit der individuellen Führungsverantwortung auseinandergesetzt. Ebenso blieb eine Betrachtung der eigenen Dogmenhistorie aus, was dazu führte, dass insbesondere die CSR-Forschung als etwas Neues begriffen wurde. Dieser Beitrag zeigt, dass sie es nicht ist. In den Fundamenten der ökonomischen Betrachtungen spielt die gesellschaftliche Verantwortung seit der Antike eine wichtige Rolle. In den Anleitungen zur kaufmännischen Praxis steht der Ehrbare Kaufmann stellvertretend für eine verantwortungsvolle Ausübung der Wirtschaftstätigkeit. Als Synthese aus den vielen Jahrhunderten der Auseinandersetzung mit diesem Leitbild lässt sich ein Modell des Ehrbaren Kaufmanns formulieren, das sich nahtlos in die CSR-Forschung einfügt und sie zugleich um die individuelle Führungskomponente erweitert.

3 Verantwortung des Ehrbaren Kaufmanns

In Abschnitt B konnte gezeigt werden, dass der Begriff Ehre bzw. das Attribut ehrbar für die Beschreibung des durch die Gesellschaft für gut befundenen Wirtschaftssubjektes der brauchbarste ist. Durch nationalsozialistische Missbräuche verschwand der Begriff allerdings seit dem Ende des Zweiten Weltkrieges weitgehend aus dem deutschen Sprachgebrauch,[82] was auch erklären mag, warum er für Viele antiquiert klingt. Der Missbrauch der normativen Anfänge der BWL durch nationalsozialistische Strömungen ist auch ein Grund dafür, dass der Ehrbare Kaufmann seine Leitbildfunktion eingebüßt hatte.[83] An seine Stelle ist heute ein anderer Begriff getreten, der das entstandene Vakuum füllen soll und bei genauerer Betrachtung mit dem Ehrbegriff starke Ähnlichkeiten besitzt.

3.1 Grundbegriff Verantwortung

Obwohl bereits im Kunstbegriff CSR die Verantwortung (responsibility) steckt, beginnt erst seit kurzem eine tiefergreifende wissenschaftliche Auseinandersetzung mit dem Begriff.[84] Heidbrink fasst verschiedene Definitionen des Begriffs zusammen und definiert ihn.[85] Demnach ist Verantwortung ein „mindestens dreistelliger Relationsbegriff, der auf normativen und deskriptiven Zuschreibungen beruht, die sich in moralischer, rechtlicher und sozialer Hinsicht unterscheiden lassen. Dabei umfasst der Verantwortungsbegriff apodiktische (notwendige) Grundprinzipien,

---

[82] vgl. Zingerle (1994): 106-107
[83] vgl. Hansen (2005): 381
[84] vor kurzem erschien eine Dissertationsschrift zum Thema, vgl. Heiß (2011)
[85] vgl. Heidbrink (2011)

assertorische (tatsächliche) Verpflichtungen und problematische (mögliche) Verdiensthandlungen. Wo Akteure Verantwortung übernehmen oder diese ihnen zugeschrieben wird, kommen deshalb nicht nur Nichtschädigungsgebote zum Tragen (negative Verantwortung), sondern auch prosoziale Einstellungen und Wohlverhaltenspflichten (positive Verantwortung)".[86] Verantwortung ist folglich sehr vielschichtig, aber gerade aus diesem Grund zur Betrachtung ökonomischer Prozesse sehr gut geeignet.[87] In Hinblick auf den Ehrbaren Kaufmann ist besonders der relationale Aspekt der Verantwortung von Bedeutung. Die Eigenverantwortung steht stellvertretend für die innere Ehre und die Unternehmens- bzw. Gesellschaftsverantwortung ist vergleichbar mit der äußeren Ehre, denn die verschiedenen Interesseneigner bewerten die Handlungen des Wirtschaftssubjekts. Dieses steht in Wechselwirkung mit seiner Umwelt. Sein Verhalten hat in der Praxis Auswirkungen auf ganz verschiedenen Ebenen. Fügt man die zusammengefassten historischen Vorstellungen über die Wirtschaftsweise des Ehrbaren Kaufmanns mit dem Begriff der Verantwortung zusammen ergibt sich ein vielschichtiges Verantwortungsmodell des Ehrbaren Kaufmanns, das für heutige Führungskräfte eine Orientierungsfunktion für den unternehmerischen Alltag bietet.

3.2 Verantwortungsmodell des Ehrbaren Kaufmanns

Die geschichtliche Analyse hat gezeigt, dass sich der Ehrbare Kaufmann mit seinen antiken Vorläufern seit dem Mittelalter kaum geändert hat. Das Leitbild wurde immer wieder in die Ausbildung eingebracht und bewusst erzieherisch verstanden, in die junge Betriebswirtschaftslehre aufgenommen. Die gesellschaftsgeschichtliche Analyse legte dar, dass die Gesellschaft zu jeder Zeit zu einem großen Teil bestimmte was für den Kaufmann ehrbar oder zeitgemäßer verantwortungsvoll ist.

Die Komplexität des Leitbilds des Ehrbaren Kaufmanns lässt sich durch die Aufteilung in verschiedene übergeordnete Verantwortungsdimensionen handhabbar machen, die in sich weitaus komplexer sind, als sie im Folgenden abgehandelt werden. Das Bewusstsein des Ehrbaren Kaufmanns setzt sich aus zwei Dimensionen zusammen: Der Ehrbare Kaufmann im engeren Sinne und der Ehrbare Kaufmann im weiteren Sinne. Das folgende Kreisdiagramm in Abbildung 1 soll vereinfacht den Zusammenhang der Dimensionen verdeutlichen.

Die Grafik stellt einen Kreis dar, dessen Ringe die Bewusstseinsebenen der Verantwortung des Ehrbaren Kaufmanns symbolisieren. Der hellgraue Kern beschreibt den Ehrbaren Kaufmann im engeren Sinne. Er steht für die innere Ehre bzw. seine Eigenverantwortung. Die Grundlage bildet die humanistische Grundbildung. Darauf aufbauend benötigt jeder Ehrbare Kaufmann ein umfassendes wirtschaftliches Fachwissen. Es schließt alle notwendigen betrieblichen Zusammenhänge ein und beschreibt die rationale Seite seines Charakters. Die heutige Betriebswirtschaftslehre vermittelt in einem umfassenden mehrjährigen Studiengang das theoretische Fachwissen. Im Unternehmen kommt dann das prak-

---

[86] vgl. Heidbrink (2011): 193
[87] vgl. Heidbrink (2008): 17-18

tische Wissen hinzu. Diese beiden fachlichen Ringe werden umschlossen von einem gefestigten Charakter, der sich an Tugenden orientiert, die die Wirtschaftlichkeit fördern. Redlichkeit, Sparsamkeit, Weitblick, Ehrlichkeit, Mäßigkeit, Schweigen, Ordnung, Entschlossenheit, Genügsamkeit, Fleiß, Aufrichtigkeit, Gerechtigkeit, Mäßigung, Reinlichkeit, Gemütsruhe, Keuschheit und Demut muss der Kaufmann in einem Lern- und Erziehungsprozess erwerben, um ein Ehrbarer Kaufmann zu werden. Die Tugenden dienen nicht primär dazu gute Taten zu vollbringen. Sie dienen der eigenen körperlichen und seelischen Gesundheit, für ein erfülltes Leben mit langfristig ausgerichteter Geschäftstätigkeit. Weiterhin stärken sie die eigene Glaubwürdigkeit, die Vertrauen schafft, das für gute Geschäftsbeziehungen unerlässlich ist. Der feste Charakter schützt den Kaufmann auch vor unüberlegten Handlungen, um sich kurzfristig auf Kosten anderer Vorteile zu verschaffen. Im Ehrbaren Kaufmann sind Wirtschaft und Ethik nicht voneinander zu trennen, sie sind zu einer Einheit verschmolzen, mit dem Ziel erfolgreich zu wirtschaften (Wert zu schaffen).

Abb. 1: Verantwortungsmodell des Ehrbaren Kaufmanns

Der Ehrbare Kaufmann entwickelt ein Verantwortungsbewusstsein für die Dinge, die seinen geschäftlichen Erfolg bedingen. Von innen nach außen umgibt den Ehrbaren Kaufmann im engeren Sinne der Ehrbare Kaufmann im weiteren Sinne. Die mittelgrauen Ringe stellen sein Verantwortungsbewusstsein auf der Unternehmensebene dar. Die dunkelgrauen Ringe sind das Verantwortungsbewusstsein, das er für die Gesellschaft entwickelt hat. All diese Ringe gehören in seinem Verständnis zum Kapital, ohne das sein Erfolg und der des Unternehmens undenkbar wären. Die Reihenfolge drückt aus, welche Bereiche ihm stärker im Bewusstsein sind und welchen Dingen er sich stärker widmet. Die Mitarbeiter, mit denen er jeden Tag umgehen muss, sind öfter im Bewusstsein und wichtiger für den direkten Geschäftserfolg, der immer sein Ziel ist, während die Umwelt in den laufenden Geschäften nicht ständig ein Thema ist.

Das Verantwortungsbewusstsein auf der Unternehmensebene ist geprägt durch das Verhältnis zu seinen Mitarbeitern. Es steht an erster Stelle. Ihre Zufriedenheit bedingt seinen Erfolg. Es gilt sie fair und menschlich zu behandeln, aber auch Disziplin und Leistung zu fordern. Das ist „keineswegs übertriebene Sozialschwärmerei, sondern gute, realistische Betriebsführung."[88] An zweiter Stelle stehen die Geschäftskunden und seine Lieferanten, die er ebenfalls nach seinen Grundsätzen behandelt, mit dem Ziel langfristig gute Beziehungen zu ihnen aufzubauen und zu erhalten. Persönliche Bindungen stärken das Unternehmen. Das gilt auch für die Beziehungen zu Investoren, die langfristiges Vertrauen in die Unternehmung haben sollten. Der letzte Ring auf der Unternehmensebene sind die Wettbewerber, denen er ein loyaler Konkurrent ist.[89]

Das Bewusstsein endet jedoch nicht am Fabriktor. Der Ehrbare Kaufmann weiß, dass die Gesellschaft, in der er sein Unternehmen führt, ausschlaggebend ist für den Unternehmenserfolg. Hier haben seine Angestellten ihre Grundbildung erhalten. Die öffentlich finanzierte Infrastruktur ermöglicht den Gütertransport und das politische System sichert die Eigentumsrechte. Die Endkonsumenten zu schützen ist ihm ein inneres Anliegen, weil ihre Zufriedenheit zu zukünftigen Käufen anregen kann. Unzufriedene Kunden beeinträchtigen den Ruf des Unternehmens. Das Verhältnis zur Gemeinde, in der sich das Unternehmen befindet, stärkt er, weil er ihr seine qualifizierten Mitarbeiter zu verdanken hat. Der Ruf des Unternehmens in der Gemeinde hat ebenfalls Auswirkungen auf die Motivation seiner Mitarbeiter innerhalb des Unternehmens. Die Öffentlichkeit ist bedeutsam, weil er über sie seine Interessen bekunden und über seine gesellschaftlich bedeutsame Rolle aufklären kann. Das politische System ist zwar kein Tagesthema, aber ohne die Soziale Marktwirtschaft wäre das Unternehmen gar nicht möglich. Rechtssicherheit wird durch das System gewährleistet. Eine politische Tätigkeit ist für den Ehrbaren Kaufmann nicht ausgeschlossen, um die wirtschaftlichen Interessen der Ehrbaren Kaufleute in der Regierung zu vertreten und um in der Politik das Verständnis für wirtschaftliche Zusammenhänge zu stärken. Zuletzt umgibt alles die Umwelt, die er bei seinen grundsätzlichen Investitionsentscheidungen bedenken muss. Als verantwortlich Entscheidender hat er auch die langfristigen Folgen für die Umwelt zu bedenken, mit Hinblick auf die nachhaltige Sicherung des Fortbestands des Unternehmens, auch über mehrere Generationen hinweg.

---

[88] vgl. Horten (2000): 121
[89] so wie es Bauer (1906): 103-106 dargelegt hat

4 Fazit und Ausblick

Der Beitrag zeigt, dass die gesellschaftliche Verantwortung der Kaufleute und damit auch der Unternehmen (CSR) eine lange Tradition hat. Damit ist der Ehrbare Kaufmann als nachhaltig wirtschaftender Akteur nicht nur das ursprüngliche Leitbild der BWL, sondern auch die individuelle Verantwortungskategorie für die CSR-Forschung. Häufig wird der Eindruck vermittelt, dass CSR etwas Neues sei, doch stimmt das mitnichten: Auf der individuellen Ebene gibt es das Streben nach verantwortungsbewusstem Handeln in Form des Ehrbaren Kaufmanns bereits seit der Antike. Auch heute, angesichts des Fehlverhaltens einiger Manager, geht es in der Regel um die individuelle und weniger um die institutionelle Ebene. Das Leitbild des Ehrbaren Kaufmanns verbindet gesellschaftliche Verantwortung mit Ethik, Nachhaltigkeit und Wertschöpfung. Der Ehrbare Kaufmann ist Leitbild und Lebensphilosophie zugleich. Für ihn sind Wirtschaftlichkeit und Moral keine Gegensätze, sondern er lebt genau in diesem Spannungsverhältnis: Eigennutz einerseits – gesellschaftlicher Nutzen andererseits. In der CSR-Theorie wird daraus oft ein unvereinbarer Gegensatz konstruiert. Jedoch müssen Unternehmer immer eigennützlich handeln, um am Markt erfolgreich agieren zu können. Ein Ehrbarer Kaufmann sieht darüber hinaus die gesellschaftlichen Bedürfnisse und befriedigt diese in vielfältiger Weise. Ein Ehrbarer Kaufmann ist immer einer ausgeprägten Verantwortung verpflichtet, sich selbst gegenüber, seinem Unternehmen aber auch der Gesellschaft als Ganzes.

Das Verantwortungsmodell des Ehrbaren Kaufmanns[90] ist eine wichtige Grundlage für größere Schärfe und Klarheit in der komplexen Betrachtung der Verantwortung der wirtschaftlichen Führungskraft. Aufbauend auf diesem Modell konnten am Institut für Management der Humboldt-Universität einige Qualifizierungsarbeiten erstellt werden. Schmitt zeigte,[91] dass Hidden Champion Unternehmer[92] in ihrer Wirtschaftsweise dem Ehrbaren Kaufmann entsprechen.[93] Wichtige Fortschritte konnten in der Persönlichkeitsanalyse von Unternehmern und Managern gemacht werden. Engländer belegte die kaufmännische Ehrbarkeit Axel Springers[94] und Dimitrova legte dar, dass sich der Krupp-Manager Berthold Beitz durchaus als ehrbar bezeichnen kann, während sein Vorgänger Alfried Krupp dieser Behauptung nicht standhalten kann.[95]

Dass der Ehrbare Kaufmann ein Zukunftsthema ist, zeigt eine Studie aus dem Jahr 2009. Bei 93% der Unternehmer unter 40 Jahren ist der Begriff bekannt.[96] Allerdings hat Peschl in Experteninterviews ermittelt, dass die Tugenden des Ehrbaren Kaufmanns zwar als Ideal angesehen werden, dass sie aber aus „ge-

---

[90] vgl. Klink (2007): 59
[91] vgl. Schmitt (2009)
[92] zu Hidden Champion Unternehmern vgl. Simon (2007)
[93] vgl. Schmitt (2009)
[94] vgl. Engländer (2009)
[95] vgl. Dimitrova (2009)
[96] vgl. PE-P 15 (2009)

schäftspolitischen Gründen" in der Realität nur marginal umgesetzt werden.[97] Das unterstreicht die Bedeutung der CSR-Forschung als Teil der BWL. CSR sollte systematisch in die Grundlagenfächer der kaufmännischen Ausbildung an Hochschulen einfließen und nicht abgeschieden in Wahl- oder Vertiefungsfächern behandelt werden.

Um Verantwortung als integralen Teil der Managerausbildung zu etablieren bedarf es weiterer Forschungsanstrengungen.[98] Dazu gehört die Vertiefung der dogmenhistorischen Ursprünge der BWL und eine gründlichere Analyse der Begriffe, die mit dem Ehrbaren Kaufmann zusammenhängen, wie beispielsweise Tugend, Vertrauen, Integrität und Charakter.

Der Ehrbare Kaufmann ist kein deutsches Phänomen, das hat die historische Analyse zeigen können. Das Leitbild ist europäisch. Daher sollte künftig auch der Anschluss an die internationale Forschung gesucht werden. Ein vielversprechender Anschlusspunkt ist der Forschungszweig „Responsible Leadership".[99] Wie bei der Erforschung des Verantwortungsbegriffs gibt es erst seit wenigen Jahren Ansätze zur Ergründung der Fragestellung nach der verantwortungsvollen Führungskraft.

Es haben sich einige Führungskonzepte herausgebildet, die von der traditionellen, vom Effizienzgedanken geleiteten Führungsforschung, abstrahieren und explizit Verantwortungsaspekte untersuchen: Paternalistic Leadership, Ethical Leadership, Spiritual Leadership, Authentic Leadership, Transformational Leadership und Responsible Leadership.[100] Die Forschung zu diesen Konzepten ist stark empirisch ausgerichtet. Mit quantitativen Methoden versuchen die Forschenden klare Aussagen zu gewinnen. Dazu muss der zu untersuchende Gegenstand in viele kleine Einzelaspekte zerlegt werden. Ein „phänomenologischer Reduktionismus" ist die Folge,[101] der dem komplexen Gehalt verantwortungsvoller Führung in einer multipolaren Gesellschaft nicht gerecht werden kann. Desweiteren wird auch hier häufig von einem Führungsbegriff ausgegangen, der sich auf Mitarbeiterführung reduziert. Nur im Konzept des stakeholder-orientierten „Responsible Leadership"[102] stecken Ansätze, die mit dem Leitbild des Ehrbaren Kaufmanns korrelieren. Pless und Maak fassen es so zusammen: „Responsible

---

[97] vgl. Peschl (2009)

[98] ein Überblick über Forschungsdisziplinen, die mit dem Thema Ehrbarer Kaufmann findet sich bei Klink (2010)

[99] der Begriff „Responsible Leadership" reflektiert leider nur unzureichend, dass es sich um die Führung von Wirtschaftsunternehmen handelt; Responsible *Business* Leadership wäre eine adäquate Erweiterung, um den spezifischen Ansprüchen des unternehmerischen Kontextes gerecht zu werden

[100] für einen Überblick zu Ethical, Authentic, Spiritual und Transformational Leadership vergleiche Brown (2006); für einen Überblick über Authentic Leadership vergleiche Walumbwa (2008); für einem Überblick zu Paternalistic Leadership vergleiche Pellegrini (2008); Pless (2009) gibteinen Überblick über das Konstrukt des Responsible Leadership.

[101] vgl. Pless (2009): 227

[102] ein Indiz dafür, dass sich der Begriff „Responsible Leadership" als akzeptierter Dachbegriff herausbildet, ist die erste internationale Konferenz zu Responsible Leadership, die 2010 in Pretoria, Südafrika stattfand; vgl. Universität van Pretoria, Centre for Responsible Leadership, 2010-International Conference on Responsible Leadership, abrufbar unter http://web.up.ac.za/default.asp?ipkCate goryID=12361&sub=1&parentid=10099&subid=12360&ipklookid=3, Abrufdatum: 10.01.2010.

Leadership ist ein ebenso lange vernachlässigter wie notwendiger Bereich der Führungsforschung, der Führung nicht nur konsequent relational und normativ zu erfassen versucht, sondern auch explizit im Kontext von Nachbardisziplinen und Themenbereichen wie Unternehmensethik, Corporate Citizenship, Nachhaltigkeit, Corporate Social Responsibility und Stakeholdertheorie verortet – mit dem Ziel, Orientierungswissen für eine Führungspraxis zu generieren, die sich dem Wohle aller verpflichtet und verantwortlich fühlt."[103] Diese verantwortungsvolle Führungspraxis wird seit vielen Jahrhunderten durch das Leitbild des Ehrbaren Kaufmanns vermittelt.

5 Literatur

Ackermann, Joseph, Behrend, Michael, Kranich, Ulrich, Cordes, Eckhard, Engel, Klaus, Fehrenbach, Franz, Scholl, Hermann, Fuchs, Stefan, Hambrecht, Jürgen, Kley, Karl-Ludwig, Leibinger-Kammüller, Nicola, Lütkestratkötter, Herbert, Metzler, Friedrich von, Obermann, René, Sattelberger, Thomas, Oetker, Arend, Ostrowski, Hartmut, Reithofer, Norbert, Milberg, Joachim, Rorsted, Kasper, Scheufelen, Ulrich, Schrader, Hans-Otto (2010): Leitbild für verantwortliches Handeln in der Wirtschaft, 25.11.2010. Online verfügbar unter http://www.verantwortlich-handeln.com/download/101125_leitbild_de-fin.pdf, zuletzt geprüft am 01.02.2011.

Albach, Horst (2003): Zurück zum ehrbaren Kaufmann – Zur Ökonomie der Habgier, in: WZB-Mitteilungen, H. 100, S. 37–40

Aristoteles (2005): Die Nikomachische Ethik, Düsseldorf, Artemis & Winkler.

Aßländer, Michael S. (Hrsg.) (2011): Handbuch Wirtschaftsethik, Stuttgart, Metzler Verlag, abrufbar unter: http://www.lob.de/cgi-bin/work/suche2?titnr=259027361&flag=citavi.

Balducci Pegolotti, Francesco und Evans, Allan (1936): La pratica della mercatura – edited by Allan Evans, (Mediaeval Academy of America, 24), Cambridge, Massachusetts, Mediaeval Acadademy of America.

Baloglou, C.P./Peukert/H. (1996): Zum antiken ökonomischen Denken der Griechen (800-31 v.u.Z.) – Eine kommentierte Bibliographie, 2. Auflage, Marburg, Metropolis-Verlag.

Baloglou, C.P./Konstantinidēs, A. (1993): Die Wirtschaft in der Gedankenwelt der alten Griechen, (Reihe 5, Volks- und Betriebswirtschaft, 1412), Frankfurt am Main, Lang.

Balzli, B./Borger, S./Höbel/W./Hujer/M./Pauly/C./Reuter, W./Schepp/M./Schmitz, G.P./Steingart/G. (2009): Der Erreger lebt weiter, in: DER SPIEGEL, Jg. 62, Ausgabe 38, 2009, S. 108–118. Online verfügbar unter http://wissen.spiegel.de/wissen/image/show.html?did=66886612&aref=image040/2009/09/12/ROSP200903801080118.PDF&thumb=false, zuletzt geprüft am 06.03.2011.

Bauer, O. (1906): Der ehrbare Kaufmann und sein Ansehen, Dresden, Steinkopff und Springer.

Brockhaus – Enzyklopädie: in 24 Bänden (1988), 19. Auflage, (Band 6: DS–EW), Mannheim, F.A. Brockhaus.

Brown, M.E./Treviño, L.K. (2006): Ethical leadership – A review and future directions, in: The Leadership Quarterly, Jg. 17, H. 6, S. 595–616.

---

[103] vgl. Pless (2009): 239, ähnlich sieht das auch Waldman (2008)

Burkhart, D. (2006): Eine Geschichte der Ehre, Darmstadt, Wissenschaftliche Buchgesellschaft.

Dahrendorf, R. (2009): Marktwirtschaft, Kapitalismus, Krise: Was nun?, in: Rüttgers, J. (Hrsg.) (2009): Wer zahlt die Zeche? – Wege aus der Krise, Essen, Klartext, S. 23–27.

Defoe, D. (1839): The Complete English Tradesman – Originally published in 1726: now reprinted with notes, Edinburgh, William and Robert Chambers.

Demmerle, E. (2004): Claus Hipp – „Dafür stehe ich mit meinem Namen", München, Universitas.

Denzel, M.A./Hocquet, C.J./Witthöft, H. (Hrsg.) (2002): Kaufmannsbücher und Handelspraktiken vom Spätmittelalter bis zum beginnenden 20. Jahrhundert, Stuttgart, Franz Steiner Verlag.

Der große Brockhaus – Handbuch des Wissens in zwanzig Bänden (1930), 15. Auflage, (Band 5: Doc-Ez), Leipzig, F.A. Brockhaus.

Diehl, E. (2010): Das Leitbild der Versammlung Eines Ehrbaren Kaufmanns zu Hamburg e.V., in: Graf, C./Stober, R. (Hrsg.) (2010): Der Ehrbare Kaufmann und Compliance – Zur Aktivierung eines klassischen Leitbilds für die Compliancediskussion, (Schriften aus dem Forschungsinstitut für Compliance, Sicherheitswirtschaft und Unternehmenssicherheit (FORSI), 3), Hamburg, Kovač, S. 9–14.

DIHK (Hrsg.) (2010): Ehrensache – Engagiert für die Gesellschaft, Berlin, DIHK.

Dimitrova, D. (2009): Alfried Krupp und Berthold Beitz vor dem Hintergrund des Bildes des ehrbaren Kaufmanns – Diplomarbeit. Betreut von Joachim Schwalbach, Berlin, Humboldt-Universität zu Berlin, Institut für Management. Online verfügbar unter http:// www.der-ehrbare-kaufmann.de/files/pdfs/dimitrova-krupp-beitz.pdf, zuletzt geprüft am 06.05.2011.

Dotson, J. (2002): Fourteenth Century Merchant Manuals and Merchant Culture, in: Denzel, M.A./ Hocquet, C.J./Witthöft, H. (Hrsg.) (2002): Kaufmannsbücher und Handelspraktiken vom Spätmittelalter bis zum beginnenden 20. Jahrhundert, Stuttgart, Franz Steiner Verlag, S. 75–87.

Driftmann, H.H. (2009): Quo vadis: Soziale Marktwirtschaft, in: VBKI Spiegel, H. 216, S. 16–17. Online verfügbar unter http://www.vbki.de/fileadmin/VBKI/VBKI_ SPIEGEL/Spiegel_216_Internet.pdf, zuletzt geprüft am 30.04.2011.

Driftmann, H.H. (2010): Das Leitbild des Ehrbaren Kaufmanns revitalisieren, in: DIHK (Hrsg.) (2010): Ehrensache – Engagiert für die Gesellschaft, Berlin, DIHK, S. 5–7.

Dürr, H. (2009): Unternehmensführung und Moral, in: Kirchdörfer, R./Lorz, R./Wiedemann, A./Kögel, R./Frohnmayer, T. (Hrsg.) (2009): Familienunternehmen in Recht, Wirtschaft, Politik und Gesellschaft – Festschrift für Brun-Hagen Hennerkes zum 70. Geburtstag, München, Verlag C.H. Beck, S. 445–450.

Engländer, L.A. (2009): Der Ehrbare Kaufmann Axel Springer – Diplomarbeit. Betreut von Joachim Schwalbach, Berlin, Humboldt-Universität zu Berlin, Institut für Management. Online verfügbar unter http://www.der-ehrbare-kaufmann.de/files/pdfs/englaender-ekas. pdf, zuletzt geprüft am 09.01.2010.

Fellmeth, U. (2008): Pecunia non olet – die Wirtschaft der antiken Welt, Darmstadt, Wissenschaftliche Buchgesellschaft.

Frey, D./Lenz, A. (2010): Wert(e)los: Die wahren Ursachen der Finanzkrise, in: Psychologie Heute, H. 9, S. 44–48.

Frommelt, P.A. (1927): Der königliche Kaufmann in seiner Sonderart und Universität, Leipzig, Aufbau-Verlag.

Götz, K./Seifert, J. (Hrsg.) (2000): Verantwortung in Wirtschaft und Gesellschaft, München, Rainer Hampp Verlag.

Graf, C./Stober, R. (Hrsg.) (2010): Der Ehrbare Kaufmann und Compliance – Zur Aktivierung eines klassischen Leitbilds für die Compliancediskussion, (Schriften aus dem Forschungsinstitut für Compliance, Sicherheitswirtschaft und Unternehmenssicherheit (FORSI), 3), Hamburg, Kovač.

Hansen, U./Schrader, U. (2005): Corporate Social Responsibility als aktuelles Thema der Betriebswirtschaftslehre, in: Die Betriebswirtschaft, Jg. 65, H. 4, S. 373–395.

Heidbrink, L. (2008): Einleitung – Das Verantwortungsprinzip in der Marktwirtschaft, in: Heidbrink, L./Hirsch, A. (Hrsg.) (2008): Verantwortung als marktwirtschaftliches Prinzip – Zum Verhältnis von Moral und Ökonomie, Frankfurt, Campus Verlag, S. 11–27.

Heidbrink, L. (2011): Der Verantwortungsbegriff der Wirtschaftsethik, in: Aßländer, M.S. (Hrsg.) (2011): Handbuch Wirtschaftsethik, Stuttgart, Metzler Verlag, S. 188–198.

Heidbrink, L.Hirsch, A. (Hrsg.) (2008): Verantwortung als marktwirtschaftliches Prinzip – Zum Verhältnis von Moral und Ökonomie, Frankfurt, Campus Verlag.

Heiß, D. (2011): Verantwortung in der modernen Gesellschaft – Grundzüge einer interaktionsökonomischen Theorie der Verantwortung, (Angewandte Ethik, 13), Freiburg, Verlag Karl Alber.

Helle, E. (1957): Der Schutz der persönlichen Ehre und des wirtschaftlichen Rufes im Privatrecht – Vornehmlich auf Grund der Rechtsprechung, Tübingen, J.C.B. Mohr (Paul Siebeck).

Horten, A. (2000): Verantwortung des Unternehmers gegenüber Mitarbeitern, Eigentümern, sowie Staat und Gesellschaft, in: Götz, K./Seifert, J. (Hrsg.) (2000): Verantwortung in Wirtschaft und Gesellschaft, München, Rainer Hampp Verlag, S. 117–123.

Jennen, B. (2006): SPD setzt auf Leitbild des ehrbaren Kaufmanns, in: Financial Times Deutschland, 20.11.2006. Online verfügbar unter http://www.ftd.de/politik/deutschland/:spd-setzt-auf-leitbild-des-ehrbaren-kaufmanns/133681.html, zuletzt geprüft am 02.05.2011.

Kaufer, E. (1998): Spiegelungen wirtschaftlichen Denkens im Mittelalter, (Geschichte & Ökonomie, 10), Innsbruck, Studien-Verlag.

Kheil, C.P. (1896): Über einige ältere Bearbeitungen des Buchhaltungs-Tractates von Luca Pacioli – Ein Beitrag zur Geschichte der Buchhaltung, Prag, Bursik & Kohout.

Kirchdörfer, R./Lorz, R./Wiedemann, A./Kögel, R./Frohnmayer, T. (Hrsg.) (2009): Familienunternehmen in Recht, Wirtschaft, Politik und Gesellschaft – Festschrift für Brun-Hagen Hennerkes zum 70. Geburtstag, München, Verlag C.H. Beck.

Klink, D. (2007): Der ehrbare Kaufmann – Diplomarbeit. Betreut von Joachim Schwalbach, Berlin, Humboldt-Universität zu Berlin, Institut für Management. Online verfügbar unter http://www.der-ehrbare-kaufmann.de/files/der-ehrbare-kaufmann.pdf, zuletzt geprüft am 09.12.2009.

Klink, D. (2008): Der Ehrbare Kaufmann – Das ursprüngliche Leitbild der Betriebswirtschaftslehre und individuelle Grundlage für die CSR-Forschung, in: Schwalbach, Joachim (Hrsg.): Corporate Social Responsibility, Zeitschrift für Betriebswirtschaft – Journal of Business Economics, Special Issue 3, Wiesbaden, Gabler, S. 57–79.

Klink, D. (2010): Der Ehrbare Kaufmann in der aktuellen Forschung, in: Graf, C./ Stober, R. (Hrsg.) (2010): Der Ehrbare Kaufmann und Compliance – Zur Aktivierung eines klassischen Leitbilds für die Compliancediskussion, (Schriften aus dem Forschungsinstitut für Compliance, Sicherheitswirtschaft und Unternehmenssicherheit (FORSI), 3), Hamburg, Kovač, S. 19–28.

Köhler, H. (27.05.2008): Erfolgsgrundlage: Vertrauen – Rede von Bundespräsident Horst Köhler anlässlich der Verleihung des Max-Weber-Preises für Wirtschaftsethik, Veranstaltung vom 27.05.2008, Berlin. Online verfügbar unter http://www.bundespraesident.

de/Anlage/original_645435/Rede-anlaesslich-der-Verleihung-des-Max-Weber-Preises-fuer-Wirtschaftsethik.pdf, zuletzt geprüft am 30.04.2011.

Köhler, H. (27.06.2008): Verantwortung und Eigensinn – Festrede von Bundespräsident Horst Köhler aus Anlass des 60-jährigen Bestehens des Bundesverbandes Deutscher Stiftungen, Veranstaltung vom 27.06.2008, München. Online verfügbar unter http://www.bundespraesident.de/Anlage/original_647787/Festrede-aus-Anlass-des-60-jaehrigen-Bestehens-des-Bundesverbandes-Deutscher-Stiftungen.pdf, zuletzt geprüft am 30.04.2011.

Koster, S. (1999): C. Cilnius Maecenas – Vom Namen zum Begriff, in: Neuhaus, Helmut (Hrsg.) (1999): Mäzenatentum – Stiftungswesen – Sponsoring, Erlangen, Universitätsbund Erlangen Nürnberg, S. 55–80.

Le Goff, J. (1993): Kaufleute und Bankiers im Mittelalter, Frankfurt am Main, Campus Verlag.

Leibinger, B. (27.10.2006): Der ehrbare Kaufmann – Auslaufmodell oder Leitbild in einer globalisierten Wirtschaft? – Vortrag bei der Festveranstaltung anlässlich des 100-jährigen Gründungstags der Handelshochschule Berlin – jetzt Wirtschaftswissenschaftliche Fakultät der Humboldt-Universität zu Berlin, Veranstaltung vom 27.10.2006, Berlin. Online verfügbar unter http://zope.wiwi.hu-berlin.de/wwg/news/2006-10-27_Der_Ehrbare_Kaufmann_Prof.Leibinger_Dvorlage.pdf, zuletzt geprüft am 20.06.2010.

Lindner, E. (2010): Wirtschaft braucht Anstand – Der Unternehmer Wolfgang Grupp, Hamburg, Hoffmann und Campe.

Löscher, P. (2011): Wir schaffen Werte! – Warum der ehrliche Kaufmann gerade in Zeiten von Krisenbankern und Finanzhaien ein Leitbild bleibt, in: FOCUS, Ausgabe 7, 14.02.2011, S. 55.

Neuhaus, H. (Hrsg.) (1999): Mäzenatentum – Stiftungswesen – Sponsoring, Erlangen, Universitätsbund Erlangen Nürnberg.

Pacioli, L. (1494): Summa de arithmetica geometrica proportioni et proportionalità, Vinegia, Paganino de Paganini.

Pellegrini, E.K./Scandura, A./Terri A. (2008): Paternalistic Leadership – A Review and Agenda for Future Research, in: Journal of Management, Jg. 34, H. 3, S. 566–593.

PE-P 15 (Hrsg.) (2009): Der Begriff des ehrbaren Kaufmanns und seine Bedeutung für die Soziale Marktwirtschaft, IHK, Baden-Baden. Online verfügbar unter http://www.der-ehrbare-kaufmann.de/fileadmin/Gemeinsame_Dateien/der-ehrbare-kaufmann.de/PDFs/2009-06-13_PEP15_Pr%C3%A4sentation_Final.pdf

Peschl, K. (2009): Der „Ehrbare Kaufmann" in der heutigen Geschäftswelt, Boyden International Bad Homburg und European Business School. Online verfügbar unter http://www.der-ehrbare-kaufmann.de/files/pdfs/peschl-ek.pdf, zuletzt geprüft am 30.03.2010.

Pless, N.M. und Maak, T. (2009): Responsible leadership – Verantwortliche Führung im Kontext einer globalen Stakeholder-Gesellschaft, in: Zeitschrift für Wirtschafts- und Unternehmensethik, Jg. 9, H. 2, S. 222–243.

Rat der Evangelischen Kirche in Deutschland (Hrsg.) (2008): Unternehmerisches Handeln in evangelischer Perspektive – Eine Denkschrift, Gütersloh, Gütersloher Verlagshaus.

Rohwaldt, K. (Hrsg.) (1923): Maier-Rothschild – Kaufmannspraxis – Handbuch der Kaufmannswissenschaft und der Betriebstechnik, 9. Auflage (155.-164. Tsd.), Berlin, Verlag für Sprach- und Handelswissenschaft.

Rüttgers, J. (Hrsg.) (2009): Wer zahlt die Zeche? – Wege aus der Krise, Essen, Klartext.

Savary, J. (1676): Der vollkommene Kauff- und Handelsmann, oder, Allgemeiner Unterricht alles, was zum Gewerb und Handlung allerhand beydes französischer als aussländischer Kauffwahren gehört – Nebenst denen Formularien der Wechsel-Brieffe, Inventarien und allerhand Gemeinschaffts- Auffsätzen, und Verträgen, Genf, Druckts und Verlagts Joh. Hermann Widerhold.

Schär, J.F. (1923): Geleitwort, in: Rohwaldt, K. (Hrsg.) (1923): Maier-Rothschild – Kaufmannspraxis – Handbuch der Kaufmannswissenschaft und der Betriebstechnik, 9. Auflage (155.-164. Tsd.), Berlin, Verlag für Sprach- und Handelswissenschaft, S. V–IX.

Schmitt, T. (2009): Der Ehrbare Kaufmann braucht keinen Kodex guter Corporate Governance – Diplomarbeit. Betreut von Joachim Schwalbach, Berlin, Humboldt-Universität zu Berlin, Institut für Management.

Schopenhauer, A. (1918): Aphorismen zur Lebensweisheit, Leipzig, Insel-Verlag.

Schwalbach, J. (Hrsg.) (2006): Der Ehrbare Kaufmann – Modernes Leitbild für Unternehmen?, Zeitschrift für Betriebswirtschaft, Special Issue 1/2007, Wiesbaden, Gabler.

Schwalbach, J. (Hrsg.) (2008): Corporate Social Responsibility, in: Zeitschrift für Betriebswirtschaft – Journal of Business Economics, Special Issue 3, Wiesbaden, Gabler.

Schweickart, N./Müller, K.-P., Dött/M.-L./Huber, W./Meier/J./Börsig, C. (2009): 10 Manager-Gebote in der Sozialen Marktwirtschaft – Vertrauen durch Werte schaffen – Unternehmen verantwortungsvoll führen, Kommission Soziale Marktwirtschaft und Ethik des Wirtschaftsrates der CDU. Online verfügbar unter http://www.der-ehrbare-kaufmann.de/fileadmin/Gemeinsame_Dateien/der-ehrbare-kaufmann.de/PDFs/Kodize_Wirtschaftsrat_10_Gebote.pdf, zuletzt geprüft am 02.05.2011.

Simon, H. (2007): Hidden Champions des 21. Jahrhunderts – Die Erfolgsstrategien unbekannter Weltmarktführer, Frankfurt am Main, Campus Verlag.

Sombart, W. (1920): Der Bourgeois – Zur Geistesgeschichte des modernen Wirtschaftsmenschen, München, Duncker und Humblot.

Stippel, F. (1938): Ehre und Ehrerziehung in der Antike, Würzburg-Aumühle, Triltsch.

University of Pretoria (2010): The Next Generation Responsible Leaders – First International Conference in Responsible Leadership, 18-20 May 2010 – Conference proceedings, Pretoria, University of Pretoria, Centre for Responsible Leadership, abrufbar unter: http://web.up.ac.za/sitefiles/file/40/1055/10099/EMS%20May_CRL_ConfProcWeb.pdf, zuletzt geprüft am 04.02.2011.

Verein Berliner Kaufleute und Industrieller (2011): VBKI formuliert „Leitsätze ehrbaren Wirtschaftshandelns" – Referenzrahmen für die Bewertung wirtschaftsethischer Fragestellungen im Verein Berliner Kaufleute und Industrieller e.V., in: VBKI Spiegel, Ausgabe Nr. 222, II Quartal, 2011, S. 21–23. Online verfügbar unter http://www.vbki.de/fileadmin/VBKI/downloads/VBKI_Spiegel_222_Internet.pdf, zuletzt geprüft am 02.05.2011.

Versammlung Eines Ehrbaren Kaufmanns zu Hamburg e.V. (2010): Anhang – Leitbild des Ehrbaren Kaufmanns im Verständnis der Versammlung Eines Ehrbaren Kaufmanns zu Hamburg e.V., in: Graf, Christian; Stober, Rolf (Hrsg.) (2010): Der Ehrbare Kaufmann und Compliance – Zur Aktivierung eines klassischen Leitbilds für die Compliance-diskussion, (Schriften aus dem Forschungsinstitut für Compliance, Sicherheitswirtschaft und Unternehmenssicherheit (FORSI), 3), Hamburg, Kovač, S. 81–83.

Vogt, L. (Hrsg.) (1994): Ehre – Archaische Momente in der Moderne, (Suhrkamp Taschenbuch Wissenschaft, 1121), Frankfurt am Main, Suhrkamp.

Waldman, D.A./Galvin, B.M. (2008): Alternative Perspectives of Responsible Leadership, in: Organizational Dynamics, Jg. 37, H. 4, S. 327–341.

Walumbwa, F.O./Avolio, B. J./Gardner, W.L./Wernsing, T.S./Peterson, S.J. (2008): Authentic Leadership – Development and Validation of a Theory-Based Measure, in: Journal of Management, Jg. 34, H. 1, S. 89–126.

Wehner, M. (2008): CDU entdeckt den ehrbaren Kaufmann, in: Frankfurter Allgemeine Zeitung, 23.11.2008. Online verfügbar unter http://www.faz.net/s/ Rub594835B672714A1DB1A121534F010EE1/Doc~EC80E4C413FB04886857A6F34 C8A2D40F~ATpl~Ecommon~Scontent.html, zuletzt geprüft am 02.05.2011.

Zingerle, A. (1994): Die „Systemehre" – Stellung und Funktion von „Ehre" in der NS-Ideologie, in: Vogt, Ludgera (Hrsg.) (1994): Ehre – Archaische Momente in der Moderne, (Suhrkamp Taschenbuch Wissenschaft, 1121), Frankfurt am Main, Suhrkamp, S. 96–116.

CSR Managementansätze

CSR als strategischer Managementansatz

Karin Gastinger und Philipp Gaggl

1 Nachhaltigkeit eine Frage des Zeithorizontes

Prinz Charles ist der Thronfolger des Vereinigten Königreichs, hat ein weit reichendes Netzwerk und setzt sich dafür ein, dass die Menschen weltweit ökologische Restriktionen, sozialen Wohlstand und wirtschaftliches Wachstum unter einen Hut bekommen.

Im Dezember 2008 hat Prinz Charles mit einer inspirierenden Präsentation auf sich aufmerksam gemacht: In seiner Rede zum Thema „Decision-Making and Reporting in a Resource Constrained World"[1] hat er Parallelen zwischen der aktuellen Finanzkrise und der drohenden ökologischen Krise gezogen:

1.1 Jetzt konsumieren, später zahlen!

Der wichtigste Grund für die Finanzkrise der letzten Jahre ist, dass wir gemäß dem Motto „Heute konsumieren, morgen zahlen" gelebt haben, besonders in den USA. Die Regierung hat die Rahmenbedingungen geschaffen, Banken haben großzügig Kredite vergeben und der Schuldenberg ist so groß geworden, dass ihn die Gläubiger nicht mehr abbauen konnten. Zentralbanken auf der ganzen Welt sind eingesprungen und haben ihre Notenpressen angeworfen.

Ähnlich, so Prinz Charles, gehen wir auch mit unserem ökologischen Kapital um. Um das starke wirtschaftliche Wachstum der letzten Jahrzehnte stemmen zu können, haben wir uns an der Natur bedient und Ressourcen abgebaut. Wir haben uns mehr genommen, als wir jemals zurückzahlen könnten. Die Überausbeutung der Natur ist somit keinesfalls nachhaltig und birgt enorme Risikopotentiale für Wirtschaft und Gesellschaft. Der wesentliche Unterschied zur Wirtschaftskrise: Keine Notenbank der Welt kann dieses Problem mit frischem Geld lösen.

1.2 Langfristige Ziele erhöhen die Überlebenswahrscheinlichkeit!

Ein weiterer Grund für die Finanzkrise liegt wohl auch in den Unternehmen selbst. Kurzfristige Anreize wurden über langfristige Resultate gestellt, und Manager werden basierend auf Quartals- oder Jahreszielen entlohnt.

Professor Jared Diamond hat die Geschwindigkeit, in der Zivilisationen zusammenbrechen oder überleben, zu seinem Forschungsobjekt erklärt.[2] Er fand

---

[1] Larsson (2010): 12-16
[2] Diamond (2011)

heraus, dass zwei Faktoren wesentlichen Einfluss auf die Überlebensfähigkeit einer Gesellschaft haben: Die Fähigkeit zu langfristiger Planung und der Wille zur Veränderung fundamentaler Werte. In anderen Worten: Unternehmen und Staaten, die sich in einem hohen Maß auf kurzfristige Ziele konzentrieren und sich den sich ändernden Rahmenbedingungen nicht flexibel anpassen können, haben eine geringere Überlebenswahrscheinlichkeit. Am Beispiel der Geschichte der Osterinseln von einem blühenden Paradies zu einer kargen Inselgruppe wird dies deutlich.

2 Mehrwert schaffen: Risiken und Chancen managen

Im Verständnis von PwC bedeutet strategische Corporate (Social) Responsibility das systematische und langfristige Managen von nicht-finanziellen Risiken und Chancen. Es gibt unterschiedlichste Treiber, die Unternehmen dazu veranlassen, CSR in der DNA der Organisation zu verankern.

Zum einen dient die Berücksichtigung von sozialen und ökologischen Aspekten im täglichen Handeln der Minimierung von Risiken, und zum anderen öffnet das ganzheitliche Management Tür und Tor für zahlreiche Geschäftschancen. Reputationsschäden können durch glaubwürdige und ernst gemeinte CSR-Maßnahmen weitgehend vermieden werden, das Unternehmen kann sich als wertvoller Akteur im gesellschaftlichen Gefüge positionieren. Werden wachsende Transparenzansprüche der Stakeholder durch umfassende Kommunikationskanäle bedient, kann das Unternehmen die Markenbindung erhöhen und erfährt im Dialog wertvolle Informationen über die Bedürfnisse der Kunden. Werden jene Produkte und Dienstleistungen angeboten, die den Bedarf der Konsumenten decken und dabei auch sozial und ökologisch wertvoll sind, kann sich das Unternehmen erfolgreich vom Mitbewerb abgrenzen, Umsatz steigern und in vielen Fällen auch Kosten senken. Siemens mit seinem Umweltproduktportfolio, Marks & Spencer mit seinen Plan-A Produkten oder die ANZ- Australia & New Zealand Bank mit nachhaltigen Anlageprodukten sind nur Beispiele für die wertschöpfende Verbindung von Nachhaltigkeit mit dem Kerngeschäft.

Die wesentlichen Wertetreiber für ein integriertes CSR-Management lassen sich exemplarisch wie folgt kurz zusammenfassen:

Tab. 1: Wichtige Treiber für CSR-Aktivitäten (PwC, 2011)

Werttreiber von integrierter Nachhaltigkeit	
Risiken minimieren	**Chancen nutzen**
CSR als Flankenschutz für Reputationsschäden	Glaubwürdigkeit und Vertrauen als verantwortungsvoller Akteur in der Gesellschaft (Good Corporate Citizenship)
Abdeckung des Bedarfs der wachsenden Informations- und Transparenzansprüche der Stakeholder	Markenbindung durch Werte und Sicherheit

Tab. 1: *Fortsetzung*

Zukunftssicherheit und Qualitätssicherung der Produkte und Dienstleistungen	Differenzierung gegenüber den Mitbewerbern
Kosteneinsparungen durch Energie- und Ressourceneffizienz	Halten und Gewinnen der besten Köpfe, als guter Arbeitgeber
Versorgungssicherheit mit notwendigen Rohstoffen und Energie	Innovation in Produkten und Dienstleistungen durch nachhaltige Konzepte
Vorbereitung auf zunehmende Regulierungen	Erschließung neuer Markt- und Kundensegmente
= Kosten senken	**= Marktanteil erhöhen**

Logisch ist auch, dass Betriebe, die im Rahmen der Produktion und ihrer Verwaltung Ressourcen sparsam einsetzen, Kostensenkungspotentiale heben können. Neue, nachhaltig gestaltete Prozesse und Produkte schaffen ein Klima der Innovationskraft und schöpfen das kreative Potential der Mitarbeiter voll aus. Vorausschauende Firmenpolitik braucht die besten Köpfe, doch bereits heute ist ein Fachkräftemangel spürbar. Die demografischen Entwicklungen legen den Schluss nahe, dass sich dieses Problem zukünftig zuspitzen wird. High-Potentials suchen oft bereits gezielt jene Unternehmen als Arbeitgeber, welche neben entsprechendem Gehalt auch Sinn und Werte in der Arbeit verfolgen und dabei Wert auf das Arbeitsumfeld legen. Arbeitsklima, Entwicklungsmöglichkeiten, Beitrag der eigenen Leistung an der Weiterentwicklung der Gesellschaft, ein innovatives Umfeld und eine ausgewogene Work-Life-Balance sind wesentliche Merkmale. Nimmt ein Unternehmen ökologische und soziale Aspekte in seine Identität auf, ist dies ein wichtiger Wettbewerbsvorteil im Kampf um diese Talente.

3 Vom Nachzügler zum Vorreiter – welche Phasen Unternehmen durchlaufen

PwC beschäftigt sich seit mehr als 15 Jahren mit der Entwicklung dieser ganzheitlichen und langfristigen Sicht von Unternehmen. Auf Basis unserer Projekte und Studien haben wir eine Entwicklungskurve der nicht-finanziellen, also der ökologischen, sozialen und gesellschaftlichen Wertschöpfung entwickelt, die veranschaulicht, wie der Weg von kurzfristigen finanzgetriebenen Zielen zum langfristigen und nachhaltigen Management charakterisiert ist. Heute spricht man auch zunehmend von der ESG (Environmental, Social, Governance) Performance von Unternehmen.

Diese Entwicklung ist in folgender Grafik bildlich dargestellt:

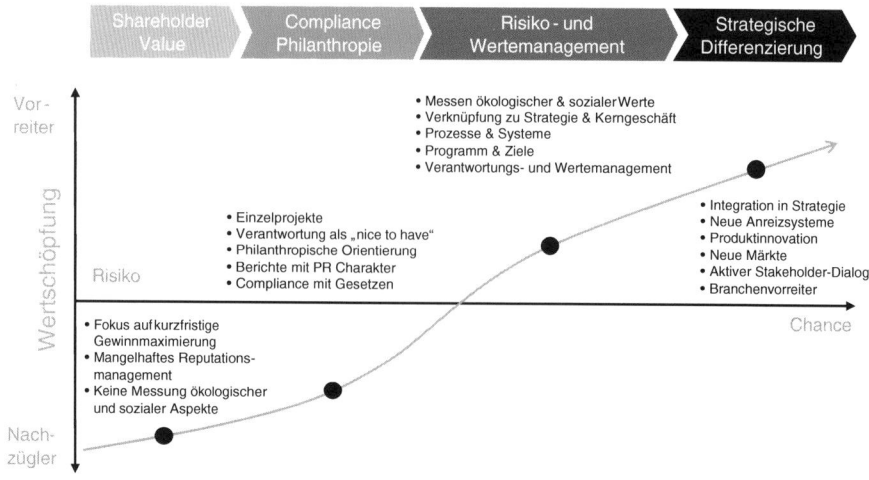

Abb. 1: Die vier Entwicklungsstufen des Nachhaltigkeitsmanagements (PwC, 2011)

3.1 Shareholder Value: Cash counts!

Die erste Entwicklungsstufe ist jene Phase, in der Unternehmen die geringste oder gar keine sichtbare Wertschöpfung im Bereich ökologischer und sozialer Werte erfahren. In dieser Phase sind Shareholder Value und kurzfristige Gewinnorientierung die Maxime der unternehmerischen Entwicklung. Unternehmensverantwortung beziehungsweise ökologische und soziale Themen werden als wenig oder nicht relevant für die zukünftige Unternehmensentwicklung gesehen. Durch fehlendes Messen von nicht finanziellen Werten und mangelnde Kommunikation mit den Stakeholdern sind entsprechende Herausforderungen, Risiken und Chancen nicht erkennbar. Dadurch laufen diese Unternehmen Gefahr, wesentliche Entwicklungen und Veränderungen in diesem Kontext zu übersehen, was letztlich ihre langfristige Überlebensfähigkeit beeinflusst.

3.2 Compliance & Philanthropie: Tue Gutes und sprich darüber!

Die nächste Entwicklungsstufe ist durch das Vorhandensein von einzelnen, meist philanthropisch orientierten Corporate-Responsibility-Projekten und der Kommunikation der eigenen Verantwortung als Teil der Public Relations gekennzeichnet. Es erfolgt weder eine formalisierte Messung noch eine strategische Steuerung dieser Handlungsbereiche. Zahlreiche Unternehmen erleben bereits „Quick Wins" durch die externe Kommunikation eigener Nachhaltigkeitsaktivitäten, die zum Reputationsmanagement beitragen. Meist sind Nachhaltigkeitsaktivitäten in dieser Phase von einzelnen Personen getrieben und laufen in schwierigen wirtschaftlichen Zeiten erfahrungsgemäß Gefahr, dem Rotstift zum Opfer zu fallen.

3.3 Risiko- und Werte: Profitieren von ganzheitlichem Management!

Die dritte Phase der nicht finanziellen Wertentwicklung stellt den längsten Entwicklungsschritt dar. Ökologische, soziale und gesellschaftliche Aspekte und damit verbundene Risiken und Chancen unternehmerischer Aktivität werden gemessen und gesteuert. Dies geschieht durch das Controlling standardisierter quantitativer und qualitativer Indikatoren und Kennzahlen (z.B. CO_2-Ausstoß, Energieverbrauch, Fluktuationsrate, Marktanteil ökologischer Produkte) und der Erweiterung von Managementprozessen und Systemen. Durch das Messen dieser klar definierten Kennzahlen und Indikatoren werden nicht-finanzielle Herausforderungen, Risiken und Chancen erkennbar. Je stärker die daraus abgeleiteten Ziele und Maßnahmen an Strategie und Kerngeschäft orientiert sind, desto mehr Wertschöpfung ist erzielbar. Unternehmen in dieser Phase haben meist ein an die Geschäftsführung angebundenes Nachhaltigkeitsmanagement, eine an internationalen Standards orientierte Berichterstattung und eine nachvollziehbare Darstellung der Zielerreichung und Weiterentwicklung der unternehmerischen Verantwortung. Die Ausbildung einer Nachhaltigkeitskultur und das Vorantreiben der ganzheitlichen Wertentwicklung auf Geschäftsführerebene begleiten diese Phase.

3.4 Strategische Differenzierung: Nachhaltigkeit in der DNA des Unternehmens

Die höchste Stufe der Entwicklung von nicht finanzieller Wertschöpfung und Unternehmensverantwortung wird oft durch wesentliche strategische Zielsetzungen und das Kerngeschäft betreffende Maßnahmen im Nachhaltigkeitskontext eingeleitet. Nicht mehr allein die kurz- und mittelfristige Wertschöpfung durch nicht-finanzielles Wertemanagement steht im Mittelpunkt, sondern vor allem die strategische Orientierung des Kerngeschäfts und der Unternehmensziele an einer ganzheitlichen, langfristigen und nachhaltigen Unternehmensentwicklung. Dies wird durch die Integration des Nachhaltigkeitsprinzips in Strategie, Controlling, Reporting bis hin zu Anreizsystemen begleitet. Unternehmen in dieser Phase entwickeln oft neue nachhaltige Produkte, stehen in intensivem Dialog mit ihren Anspruchsgruppen, kommunizieren die Zielerreichung und sind als Vorreiter ihrer Branche in Sachen Nachhaltigkeit anerkannt. In dieser Phase ist der Schritt vom Reagieren auf neue Herausforderungen zur pro-aktiven Nutzung der sich ergebenden Chancen geschafft. Fallweise führt dies zu einem Rebranding des Unternehmens und zur langfristigen Neuorientierung des Kerngeschäfts. Nachhaltigkeit wird nicht mehr von Einzelpersonen getrieben, ist krisenbeständig und in die Unternehmenskultur und -prozesse integriert.

4 Tools zur praktischen Umsetzung integrierten Managements

Michael E. Porter und Mark Kramer plädieren für das Konzept des „Shared Value"[3]. Der Ansatz steht für unternehmerische Praktiken, die einerseits die wirtschaftliche Wettbewerbsfähigkeit erhöhen und gleichzeitig das soziale und ökonomische Umfeld nachhaltig verbessern.

Dieses Konzept führt von einem produktzentrierten Unternehmensverständnis hin zu einem kunden- und gesellschaftsorientierten Verständnis, das versucht, ungelöste gesellschaftliche Probleme oder Herausforderungen durch innovative Geschäftsmodelle zu lösen. Die Verbesserung der Lebensqualität von Menschen kommt dabei vor der reinen Erfüllung von Bedürfnissen. Auf lange Sicht führt ein erhöhter „Shared Value" auch zu mehr finanzieller Wertschöpfung und zu einem gesteigerten Unternehmenswert. Dies wird nun auch zunehmend vom Kapitalmarkt erkannt. Institutionelle Investoren wie zum Beispiel Pensionsfonds versuchen heute immer öfter herauszufinden, welche Unternehmen sich bereits jetzt mit diesen wachsenden Risiken beschäftigen oder welche sogar dazu imstande sind, diese in neue Geschäftskonzepte umzuwandeln. Die Analyse von Unternehmen durch eigene ESG- und Nachhaltigkeits-Ratingagenturen sind die Folge.

Viele Unternehmen sind dabei bereits auf dem richtigen Weg in Richtung eines gesteigerten „Shared Value" von finanziellen und nicht-finanziellen Werten. Ein Werteverständnis ist häufig vorhanden und Nachhaltigkeit wird gelebt. Häufig fehlen aber noch der systematische Zugang, die Steuerungsperspektive und das gezielte Management von CSR. Dies impliziert eine enge Verknüpfung zwischen CSR und der Unternehmensstrategie und bedarf eines integrierten Managementsystems mit systematischen Ansätzen zur Steuerung von finanziellen und nicht finanziellen Werten. Doch wie schafft man diesen vermeintlichen Kulturwandel hin zum integrierten Management?

In einem ersten Schritt besteht die Herausforderung darin, zu erkennen, welche Themen aktuell und in Zukunft für die eigene Organisation wirklich relevant und wesentlich sind, in welchen Bereichen die größte positive wie auch negative Wirkung erzielt wird und wie diese Themen am effektivsten gesteuert und gemanagt werden können.

4.1 Austausch mit Stakeholdern

Um die wesentlichen Handlungsfelder herausfinden zu können, sind eine intensive Analyse des eigenen Geschäftsmodells in allen Stufen des Wertschöpfungsprozesses sowie eine Auseinandersetzung mit den Erwartungen und Bedürfnissen der Stakeholder notwendig.

---

[3] Porter/Kaplan (2006) bzw. Beitrag von Porter/Kramer in diesem Buch

Je nach Branche, Größe und Stufe in der Wertschöpfungskette kann das sehr stark variieren. Für ein kleines Unternehmen in der Obersteiermark, das Holzmöbel aus regionalen Wäldern herstellt, sind Menschenrechte wahrscheinlich weniger von Bedeutung als für ein börsennotiertes Energieunternehmen, das sein Öl aus dem mittleren Osten bezieht. Eine Supermarktkette ist mit anderen Kundenbedürfnissen konfrontiert als eine Bank. Umweltschutzorganisationen spielen bei Bauunternehmen eine größere Rolle als bei Wirtschaftsprüfern.

Um den Ansprüchen der Stakeholder gerecht zu werden, muss man deren Interessen kennen. Deshalb ist es unabdingbar, mit betroffenen Gruppen in einen steten Nachhaltigkeits-Dialog zu treten, die Bedürfnisse auszuloten und systematisch zu erfassen. Nur so kann deren Bedarf im unternehmerischen Handeln berücksichtigt werden. Ziel soll es sein, am Ende den größt-möglichen Mehrwert für alle zu schaffen.

4.2 Erarbeitung einer ganzheitlichen Strategie

Die Erkenntnisse aus dem Austausch mit Stakeholdern und der aufmerksamen Beobachtung von gesellschaftlichen Entwicklungen muss nun im Management des Unternehmens verankert werden und bereits bei der Konzeption der Geschäftsstrategie beginnen.

Die Strategie ergibt sich aus der Analyse makroökonomischer Einflüsse und Anforderungen auf wirtschaftlicher, gesellschaftlicher und ökologischer Ebene. Dabei sollten insbesondere mögliche Risiken und Herausforderungen identifiziert und wenn möglich in Geschäftspotentiale umgewandelt werden. Das branchenabhängige Kriterium der Wesentlichkeit muss schon bei der Strategie mitbedacht werden. Wesentlich ist, was das Geschäftsmodell beeinflusst, was vom Unternehmen beeinflusst werden kann und was die Stakeholder als wichtig erachten.

Als gutes Instrument, diese unterschiedlichen Wesentlichkeiten darzustellen, hat sich eine Themenrelevanzmatrix erwiesen, wie sie in untenstehender Abbildung illustriert wird. Das Beispiel für ein Unternehmen der Maschinenbauindustrie zeigt exemplarisch wesentliche und irrelevantere Themenfelder auf und wird auf Basis von Stakeholderdialogen, Analysen des Geschäftsmodells und der Einschätzung gesellschaftlicher beziehungsweise ökologischer Entwicklungen erstellt. Von links unten bis nach rechts oben nimmt die Relevanz eines Themengebiets zu und veranschaulicht die Wesentlichkeit für interne und externe Stakeholder.

Beispiel einer Themen-Relevanzmatrix für ein Produktionsunternehmen:

Abb. 2: Beispiel einer Themen-Relevanz-Matrix (PwC, 2011)

Aufgrund der wichtigen Rolle als Quelle für Basisinformationen ist die Einbindung von Stakeholdern bereits im Strategieprozess unabdingbar. Ihre Bedürfnisse müssen Antrieb und Motor unternehmerischer Tätigkeit sein. Denn am Ende sind es die Stakeholder, die beurteilen, ob ein Unternehmen nachhaltig ist und in Zukunft erfolgreich sein wird.

Ein weiterer wichtiger Schritt zum integrierten Management ist die langfristige Perspektive. Dominic Barton rät den Unternehmen in seinem Harvard Business Manager-Artikel[4] mit dem Titel "Zeit zu Handeln" (im Rahmen der Schwerpunkt-Ausgabe „Führen mit Weitblick – Was gute Manager heute leisten müssen"), sich weg vom Quartalskapitalismus und hin zu einem Langfristkapitalismus mit einem Zeithorizont von fünf bis sieben Jahren zu entwickeln. Es gilt Anreize und Strukturen zu schaffen, die allen Akteuren rund um das Unternehmen die Dringlichkeit von nachhaltigem Wirtschaften bewusst machen und entsprechendes Handeln auch belohnen.

Dafür braucht es aber Richtung und Orientierung: Von der Strategie sollten langfristige, ganzheitliche und strategische Ziele für finanzielle und nicht-finanzielle Unternehmensaspekte abgeleitet werden. Quantitative Indikatoren (KPIs), die ein ganzheitliches und überprüfbares Bild der Unternehmensstrategie abbilden und die Entwicklung in den wesentlichen Handlungsfeldern widerspiegeln, sind festzulegen. Unabdingbar für die erfolgreiche Integration von verantwortlichem Handeln in die Managementstrukturen sind Zielvereinbarungen mit Führungskräften. Die Definition von Verantwortung, auch für nicht finanzielle Aspekte, steht und fällt mit der Motivation der Manager, diese zu erreichen. Sind die von der Strategie abgeleiteten Ziele Bestandteil der Zielvereinbarung und werden diese bei einer entsprechenden Erreichung auch monetär belohnt, steigt der Anreiz zur Weiterentwicklung in Richtung strategischer CSR.

---

[4] Barton (2011): 18-28

4.3 Operationalisieren der Ziele

Wenn die Strategie festgelegt ist und Ziele formuliert wurden, gilt es, diese auf die operative Ebene herunterzubrechen. Nachhaltigkeit ist ein Querschnittsthema, das alle Unternehmensebenen und Abteilungen betrifft, in erster Linie aber Chefsache bleibt. Das Thema muss auf strategischer Ebene verstanden und (vor)gelebt werden. Denn nur, wenn die Unternehmensführung versteht, wie die Geschäftsstrategie und das Kerngeschäft mit nachhaltigen Themen zusammenhängen, können sinnvolle strategische Ziele abgeleitet werden.

In weiterer Folge erfordert nachhaltige Unternehmensführung auch eine Integration und Koordination nicht-finanzieller Werte in unternehmensweite Strukturen und Prozesse. Auf dieser Ebene müssen Messinstrumente und Messmechanismen festgelegt werden, die sicherstellen, dass Nachhaltigkeitsdaten zuverlässig gemessen und gesteuert werden können.

Verantwortlichkeiten müssen definiert, Personen benannt werden. Langfristige strategische Ziele sollten auf Abteilungsziele heruntergebrochen, Maßnahmen abgeleitet und Teilkennzahlen entwickelt werden. Wenn nicht-finanzielle Aspekte einmal in Aufbau- und Ablauforganisation integriert sind, gilt es, die geplanten Maßnahmen umzusetzen und den Zielerreichungsgrad kontinuierlich anhand der festgelegten Kennzahlen auf Managementebene zu kontrollieren. Quartalsweise Treffen der Geschäftsführung und Steuerungsgremien können zum Beispiel zum internen Reporting und Verfolgung der KPIs und, wenn nötig, zur Anpassung der operativen Ziele dienen. Entsprechend den sich verändernden Handlungsfeldern und Stakeholdererwartungen können die Nachhaltigkeitsstrategie und entsprechende strategische Ziele angepasst werden.

Als erfolgreiches Instrument zur Steuerung von Nachhaltigkeitszielen hat sich die Einbindung von nicht-finanziellen KPIs in die Managementvergütung herausgestellt.

Ein weiterer Punkt ist die interne Bewusstseinbildung. Nachhaltigkeit sollte bis zur operativen Ebene verstanden werden, in der DNA des Unternehmens festgeschrieben sein und sich im täglichen Handeln der Mitarbeiter widerspiegeln. Entsprechend hat die interne Kommunikation einen ebenso hohen Stellenwert wie die Kommunikation nach außen.

Der Weg der Integration von CSR-Management in ein Unternehmen lässt sich anhand folgender Grafik nachvollziehen:

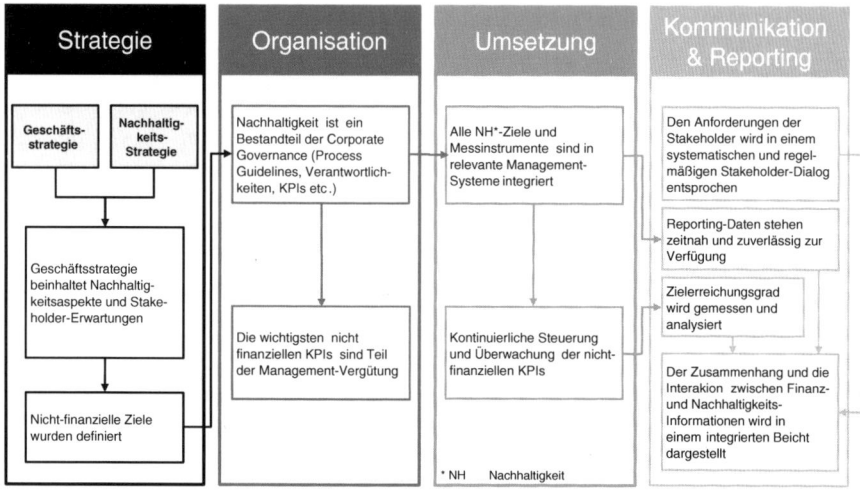

Abb. 3: Schritte zum integrierten Management (PwC, 2011)

4.4 Strukturierung und Kommunikation

Nachhaltigkeits-Kommunikation wird für Unternehmen angesichts der steigenden Anforderungen seitens der Politik, der Gesellschaft und der Mitarbeiter immer wichtiger.

Die Integration von CSR-Management in ein Unternehmen bedarf jedenfalls einer internen Bewusstseinsbildung, wobei sich für die unterschiedlichen wesentlichen internen Entscheidungsträger und Anspruchsgruppen folgende Fragestellungen ergeben:

Abb. 4: Strukturierung und Integration von CSR in die Organisationsstruktur (PwC, 2011)

Erst wenn diese Fragestellungen geklärt sind, kann auch nach außen hin transparent und nachvollziehbar kommuniziert werden.

Darüber hinaus stellt Nachhaltigkeitskommunikation eine zunehmend zentrale Quelle für die Bewertung der Unternehmen in Ratings und Rankings dar. Das heißt, dass Unternehmen, die nicht ausreichend über ihren Umgang mit ökonomischen, sozialen und ökologischen Themen kommunizieren, potentielle Investoren und Kunden abschrecken könnten.

Bisher sind börsenotierte Unternehmen in Österreich aufgrund gesetzlicher Vorgaben dazu verpflichtet, einen Jahresabschluss und einen Lagebericht aufzustellen, in Übereinstimmung mit IFRS und US-GAAP. Diese Standards umfassen jedoch ausschließlich historische Daten zur finanziellen Performance und geben keinerlei Auskunft darüber, wie ein Unternehmen mit sozialen und gesellschaftlichen Risiken umgeht oder welchen Mehrwert es für die Gesellschaft schafft.

Eine steigende Anzahl von Unternehmen geht heute bereits einen Schritt weiter und veröffentlicht auf freiwilliger Basis zusätzlich zum Geschäftsbericht einen „Corporate Social Responsibility Report" oder „Nachhaltigkeitsbericht", der auch quantitative und qualitative Angaben zu nicht-finanziellen Aspekten umfasst und das Bild des Unternehmens damit erweitert.

Eine umfassende und international weitgehend anerkannte Empfehlung für die Inhalte der Nachhaltigkeitsberichterstattung sind die Leitlinien der Global Reporting Initiative (GRI). Sie werden laufend aktualisiert und momentan um „Sector Supplements" erweitert, die spezifische Berichtsinhalte für gewisse Branchen vorgeben. Analog zur Geschäftsberichterstattung gelten auch beim nicht-finanziellen Reporting die Grundprinzipien Wahrheit, Wesentlichkeit, Klarheit, Stetigkeit und Vergleichbarkeit.

Bei der ersten „Integrated Reporting Convention" in Frankfurt im Juni 2011 waren sich Unternehmen, Investoren, Verbände, Wirtschaftsprüfungsgesellschaften und Ratingagenturen einig: Es ist notwendig, die Reporting Silos zu überbrücken und finanzielle und nicht-finanzielle Berichterstattung einander anzunähern. Das Konzept des integrierten Reportings scheint hier der Weg in die Zukunft zu sein. Es ist erklärtes Ziel, dass in Zukunft die finanzielle und nicht-finanzielle Entwicklung und Zukunftsfähigkeit von Unternehmen in einem Bericht – dem integrierten Bericht – dargestellt wird.

Dieser Entwicklungspfad ist in folgender Grafik dargestellt:

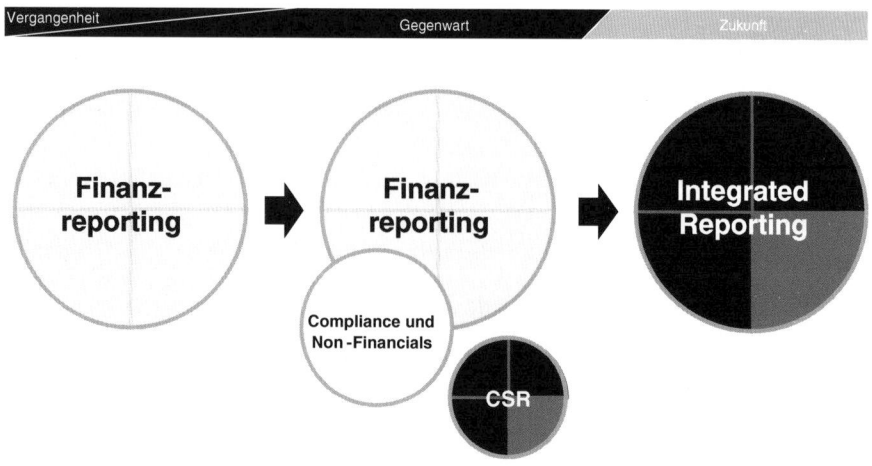

Abb. 5: Die Entwicklung hin zum integrierten Reporting (PwC, 2010)

Integriertes Reporting bedeutet jedoch nicht, einfach Nachhaltigkeits- und Finanz-
bericht in einem einzigen Format zu veröffentlichen. Vielmehr geht es darum,
finanzielle und nicht-finanzielle Themen zu verknüpfen und die Integration von
Nachhaltigkeit in Geschäftsstrategie und Geschäftstätigkeit glaubwürdig und transparent darzustellen. Damit wird die Vielfalt der Berichte, die aktuell noch nach unterschiedlichen oder teilweise gänzlich ohne Standards verfasst werden, hinfällig.
Integriertes Reporting soll Investoren und anderen Stakeholdern ermöglichen, zu
verstehen, wie eine Organisation wirklich arbeitet und was sie tatsächlich leistet.
Ziel des integrierten Reportings ist eine präzise, klare, stetige und vergleichbare
Berichterstattung. Der inhaltliche Aufbau folgt den strategischen Zielen des Unternehmens, der Unternehmensführung und dem Geschäftsmodell.

4.5 Der ganzheitliche Zugang führt zum Erfolg

Aus der praktischen Erfahrung in der Begleitung und Beratung von Nachhaltig-
keits- und CSR Projekten erkennen wir, dass eine erfolgreiche Umsetzung von
nachhaltigem Wirtschaften und unternehmerischer Verantwortung nur dann gelingt, wenn ein ganzheitlicher Ansatz gewählt wird. Nachhaltigkeit und CSR sind
keine Konzepte die in Denk-Silos funktionieren. Bei der Umsetzung der meisten
CSR- Maßnahmen gibt es Auswirkungen auf bestehende Strukturen, Prozesse und
auch die Unternehmenswerte und –kultur. Somit sollten Unternehmen in allen Phasen der strategischen und integrierten Nachhaltigkeitsentwicklung folgende Kon-
textdimensionen berücksichtigen:

•   Strategischer Kontext:
    Nachhaltigkeitsmaßnahmen und Zielsetzungen unterstützen die Unterneh-
    mensstrategie und müssen so Bezug auf diese nehmen. Dies ist wesentlicher

Aspekt der strategischen CSR. Nachhaltigkeitsziele sollten somit praktischen Bezug zu strategischen Zielen haben.

- Struktur und Organisations- Kontext:
  Bestehende Aufbauorganisationsstrukturen, -Hierarchien und Verantwortlichkeiten sind die Basis auf der Nachhaltigkeitsstrukturen und das Nachhaltigkeitsmanagement aufsetzen. Je besser bestehende Strukturen berücksichtigt werden, desto einfacher gelingt die Integration von Nachhaltigkeit in die bestehende Organisation.

- Prozessualer Kontext:
  Ähnlich dem Aufbauorganisationskontext, spielen die Ablauforganisation und bestehende Prozesse eine unterstützende Rolle bei der Umsetzung integrierter CSR. Wesentlich ist es, Klarheit über die Abläufe und Phasen der strukturierten CSR Umsetzung im Unternehmen zu erhalten. Prozess-Manuals sind hier eine praktische Unterstützung.

- Mitarbeiter Kontext:
  Oft scheitern Nachhaltigkeits-Maßnahmen und -projekte an der fehlenden, oder ungenügenden Berücksichtigung der Einstellungen und des Verhaltens von Mitarbeitern. Ohne den Menschen sind die besten CSR Methoden und Organisationsstrukturen wirkungslos. Stakeholderdialoge nach innen und außen und frühzeitige Einbindung der Entscheider und Umsetzer sind hier praktische Zugangsweisen.

- Systemtechnischer Kontext:
  Um das Nachhaltigkeitsmanagement möglichst effizient, strukturiert und zeitnah zu gestalten, können technische IT-Systeme und Managementsysteme eine Unterstützung in der strukturierten Steuerung und dem Reporting von Nachhaltigkeits- und CSR Aktivitäten geben. Praktische Systeme sind hier auf ESG (Environmental, Social, Governance) Steuerung spezialisierte Software-Lösungen, oder Managementsysteme zur Umsetzung des Umwelt- und Qualitätsmanagements.

- Kultureller / Verhaltens Kontext:
  Ein weiterer wesentlicher Erfolgsfaktor der wirkungsvollen Nachhaltigkeitsumsetzung ist die Berücksichtigung der Werte, Normen und Kultur des Unternehmens und auch der wesentlichen Umwelten. Dieselbe Nachhaltigkeitsmaßnahme hat in unterschiedlichen Ländern, religiösen Kontexten, oder auch Unternehmensabteilungen, verschiedene Akzeptanz, Umsetzungsmotive und Wirkung in den Augen der Menschen. Nachhaltigkeit und Verantwortung sind Konzepte, die stark mit kulturellen Werten und Perspektiven zusammenhängen. Praktische Umsetzung des Kulturkontextes geschieht durch Durchführung von Stakeholderprozessen und der ausführlichen Berücksichtigung in der Konzeption von Programmen und Maßnahmen.

Letztlich ist klar, dass Verantwortungswahrnehmung und Nachhaltigkeitsumsetzung im Unternehmen stark von interdisziplinären und systemischen Erfolgsfaktoren abhängig sind. Langfristig kann dadurch der meiste finanzielle und nicht-finanzielle Wert durch diesen ganzheitlichen und stark integrierten Ansatz geschaffen werden.

5 Beispiele aus der Praxis

5.1 Integriertes Reporting bei Novo Nordisk

Ein Unternehmen, das diesen Weg bereits gegangen ist, ist der dänische Pharmakonzern Novo Nordisk. Das Unternehmen veröffentlicht seit 2004 integrierte Geschäftsberichte, welche die soziale, ökologische und finanzielle Performance des Unternehmens in einer kompakten und übersichtlichen Form darstellen[5].

Die finanzielle Performance wird dabei in direktem Bezug zu gesellschaftlichen und ökologischen Zielsetzungen gesehen. Ohne die hohe gesellschaftliche Akzeptanz, die kontinuierlichen Effizienzsteigerungen im Ressourcenverbrauch und die Zufriedenheit der Kunden und Mitarbeiter wäre das Umsatzwachstum von 19% nicht möglich gewesen. Gleichzeitig könnten viele der Nachhaltigkeitsinitiativen nicht ohne die stabile Finanzsituation umgesetzt werden.

Ein Beispiel, wie soziales Engagement direkten Einfluss auf den Geschäftserfolg haben kann, ist Novo Nordisks „differential pricing policy". Dabei wird der Preis von Insulin an die Kaufkraft in den weniger entwickelten Ländern angepasst, um somit auch den Ärmsten der Gesellschaft Zugang zu dem Medikament zu gewähren. Diese Preisreduktion auf bis zu einem Fünftel des Durchschnittspreises in entwickelten Ländern führte zu Verkaufssteigerungen von 30% im Jahr 2010.

Um die Glaubwürdigkeit und Verlässlichkeit der Daten sicherzustellen, lässt Novo Nordisk neben den finanziellen Inhalten auch die nicht-finanziellen Inhalte von PwC prüfen.

5.2 Puma bewertet Umweltauswirkungen entlang der Lieferkette

Wie wichtig quantitative Informationen für die Steuerung der Unternehmensaktivitäten sein können, zeigt das Beispiel des Sportartikelherstellers Puma. Mit Hilfe von PwC UK hat Puma als erstes globales Unternehmen eine umweltbezogene Gewinn- und Verlust-Rechnung entwickelt, um Umweltauswirkungen entlang der gesamten Lieferkette einen monetären Wert zu geben[6].

PwC hat eine Methodik entwickelt, um die Treibhausgas-Emissionen und den Wasserverbrauch entlang der gesamten Lieferkette zu quantifizieren und die damit verbundenen wirtschaftlichen und gesellschaftlichen Auswirkungen je nach Region zu ermitteln. Die Berechnungen zeigen, dass die direkten ökologischen Auswirkungen der operativen Tätigkeiten von Puma einen Gegenwert von EUR 7,2 Mio. haben und noch zusätzliche Auswirkungen in Höhe von EUR 87,2 Mio.

---

[5] siehe: www.novonordisk.com/sustainability/online-reports/online-reports.asp (Stand 30.06.2011)
[6] siehe: safe.puma.com/us/en/2011/05/puma-announces-results-of-unprecedented-environmental-profit-loss/ (Stand 30.06.2011)

hinzukommen, wenn man die weiteren Stufen in der Wertschöpfungskette mit berücksichtigt.

Das Messen und Berichten dieser "Nutzung von Naturkapital und Auswirkungen auf die Ökosysteme" hilft Puma dabei, Risiken und Chancen besser zu verstehen und diesen langfristig begegnen zu können. In weiterer Folge, so kalkuliert Puma, treten Kostensenkungen ein und das Unternehmen kann sich frühzeitig auf neue gesetzliche Vorgaben vorbereiten.

6 Unternehmen stehen vor großen Nachhaltigkeits-Herausforderungen – entscheidend wird der Umgang damit sein!

Im Dezember 2009 wurde eine Versammlung an hochkarätigen Investoren, Standardsettern einschließlich Finanzanalysten, Unternehmen, Rechnungslegungsinstitutionen und UN-Vertretern einberufen. Deren Ergebnis war die Errichtung eines internationalen Gremiums zu Integrated Reporting des „International Integrated Reporting Committee" (IIRC).

Beim G20 Gipfel im Herbst 2011 will das IIRC einen konkreten Entwurf eines internationalen Rahmenwerks zur Umsetzung von der integrierten Berichterstattung vorstellen. Bis 2012/2013 soll dieses schließlich fertiggestellt werden und damit bisherige Reportingstandards wie GRI G3 ablösen. Auch eine Verschmelzung mit IFRS und US-GAAP wird angedacht.

Die Europäische Kommission spricht in ihrem Grünbuch „Weiteres Vorgehen im Bereich der Abschlussprüfung: Lehren aus der Krise"[7] von zukunftsorientierten Informationen, die von Wirtschaftsprüfern bewertet und geprüft werden sollten. Auf europäischer Ebene arbeiten die „Federation of European Accountants" (FEE) und die „European Federation of Financial Analysts Society" EFFAS an der Weiterentwicklung von Indikatoren zur Messung der Environmental, Social und Governance (ESG) von Unternehmen und der Integration dieser Themen in die Unternehmensberichterstattung. Die FEE repräsentiert 45 Berufsorganisationen aus 33 europäischen Ländern, einschließlich aller 27 EU-Mitgliedstaaten. Die EFFAS besteht aus 25 Mitgliederorganisationen, welche europaweit eine Vertretung von 15.000 Investmentexperten ist.

Gemäß dem südafrikanischen „King III Code of Governance"[8] sind börsennotierte Unternehmen bereits gesetzlich dazu verpflichtet, integriert zu Umwelt, Sozialem und Unternehmensführung KPIs zu berichten – dies gilt solange, bis es seitens des IFRS einen eigenen Standard zum integrierten Reporting gibt.

In Österreich sind große Kapitalgesellschaften bereits seit 2004 gemäß § 243 (5) UGB dazu verpflichtet, die wichtigsten nicht-finanziellen Leistungsindikatoren in den Lagebericht aufzunehmen. Unternehmen, die integriert berichten, müssen im Bereich der ESG-Wert-Messung und des Reportings in Punkto Qualität und

---

[7] Europäische Kommission (2010): 10
[8] Institute of Directors in Southern Africa (2009)

Verlässlichkeit der Prozesse und der Konsistenz und Vergleichbarkeit der Daten dieselben Anforderungen erfüllen wie im herkömmlichen Reporting.

Angesichts der dargestellten Entwicklungen und wachsenden Anforderungen im Nachhaltigkeitskontext an Unternehmen stellt sich zunehmend die Frage, wie diese mit den neuen Herausforderungen umgehen.Aus Sicht von PwC läßt sich eines klar sagen: Nur jene Unternehmen, welche die wachsenden Nachhaltig-keitsherausforderungen im Bezug zum Kerngeschäft erkennen, auf Risiken reagie-ren und die neuen Chancen nutzen, werden zukunftssicher und wettbewerbsfähig sein.

7 Literatur

Barton, D. (2011): Zeit zu Handeln, in: Harvard Business Manager, Ausgabe: Mai 2011.

Diamond, J. (2011): Kollaps – Warum Gesellschaften überleben oder untergehen. Fischer Verlag, Frankfurt.

Europäische Kommission (2010): Grünbuch Weiteres Vorgehen im Bereich der Abschluss-prüfung: Lehren aus der Krise, KOM(2010) 561 endgültig, Brüssel.

Institute of Directors in Southern Africa (2009): King III Code of Governance, Parklands, South Africa.

Larsson, L. O. (2010): Sustainable Business Development. Far Förlag AB, Stockholm.

Porter, M. E/Kaplan, M. R (2006): Strategy & Society – The Link Between Competitive Ad-vantage and Corporate Social Responsibility. Harvard Business Review.

ISO 26000, 7 Grundsätze, 6 Kernthemen

Maud H. Schmiedeknecht und Josef Wieland

1 Einleitung

Am 1. November 2010 wurde der Leitfaden zur gesellschaftlichen Verantwortung von Organisationen – „Guidance on Social Responsibility" (ISO 26000:2010) – veröffentlicht. Dieses Normendokument wurde innerhalb von sechs Jahren in einem auch für die ‚International Organization for Standardization' (ISO) einzigartigen, weltweiten Normierungsprozess mit mehr als 400 Experten aus 99 Ländern erarbeitet.

Die ISO 26000 bietet Orientierung rund um das Thema Social Responsibility, indem die dazu notwendigen grundlegenden Prinzipien, Kernthemen und Handlungsfelder gesellschaftlicher Verantwortung definiert und beschrieben werden.[1] Sie gibt praktische Hilfestellung, wie Organisationen gesellschaftlich verantwortliches Verhalten in vorhandene Strategien und Systeme, Verfahrensweisen und Prozesse integrieren können. Kurzum: ISO 26000 ist ein Orientierungsrahmen für die Wahrnehmung und Gestaltung gesellschaftlicher Verantwortung von Organisationen.

Der Social Responsibility Leitfaden richtet sich – anders als „Corporate" Social Responsibility – an *alle* Arten von Organisationen, d.h. an Organisationen des öffentlichen und gemeinnützigen Sektors sowie der Privatwirtschaft, unabhängig von ihrer jeweiligen Größe und ihrem Standort.[2] Ziel der ISO 26000 ist es, weltweit das Verständnis von gesellschaftlicher Verantwortung zu fördern.

In diesem Artikel wird beschrieben, welche Stakeholder (*wer*) innerhalb eines bestimmten Prozesses (*wie* gestaltet und *in welchem Zeitraum*) welche Ergebnisse (*was*) ausgearbeitet haben.[3] So wird zunächst der Entstehungsprozess des Leitfadens, der ISO 26000-Prozess mit seinen Teilnehmern und Gremien erläutert (2). Im nächsten Schritt werden die Inhalte der ISO 26000 vorgestellt (3). Abschließend wird die Bedeutung der ISO 26000 für Unternehmen skizziert (4).

---

[1] vgl. ISO 26000 (2010): 1. Seit Anfang 2011 existiert auch die deutsche Übersetzung der ISO 26000-Norm, vgl. hierzu DIN (2011)
[2] vgl. ISO 26000 (2010): vi
[3] vgl. zur detaillierten Analyse des ISO 26000-Prozesses Schmiedeknecht (2011)

2   Die Entwicklung eines globalen Verständnisses von Social Responsibility: Der ISO 26000-Prozess

2.1 Initiative zur ISO 26000

Die Initiative zur Erarbeitung eines Standards zur gesellschaftlichen Verantwortung von Organisationen ging vom verbraucherpolitischen Komitee der ISO, Committee on Consumer Policy (COPOLCO) aus, da eine wachsende Anzahl von Verbrauchern Bedenken hinsichtlich der gesellschaftlichen Verantwortung von Unternehmen und deren Aktivitäten auf den globalen Märkten äußerten.[4] Im Mai 2001 veröffentlichte die COPOLCO einen Bericht unter dem Titel „The Desirability and Feasibility of ISO Corporate Social Responsibility Standards"[5] und organisierte im Juni 2002 ein Treffen zum Thema ‚Verbraucherschutz auf den globalen Märkten'. Im Anschluss stellte sie einen Normungsantrag bei der ISO zur Entwicklung eines Standards zur gesellschaftlichen Verantwortung von Unternehmen.

Die ISO organisierte daraufhin im Juni 2004 eine Konferenz in Stockholm, auf der über 350 Teilnehmer die Zielsetzung des Vorhabens kontrovers diskutierten. Sollte die ISO das Thema der gesellschaftlichen Verantwortung weiter adressieren und wenn ja, in welcher Form? Sollte die Norm für Unternehmen (Corporate Social Responsibility, CSR) oder für alle Organisationen (Social Responsibility, SR) anwendbar sein? Sollte die Norm analog zu den Normenreihen ISO 9000 (Qualitätsmanagementnormen) und ISO 14000 (Umweltnormen) den Aufbau eines Managementsystems beschreiben und als Grundlage für eine mögliche Zertifizierung dienen?

Dem ‚New Work item Proposal for development of a SR standard' (NWIP)[6], in dem Vorgaben für die Ziele und den Prozess des Projektes festgehalten wurden, stimmten im Januar 2005 die ISO-Mitglieder mehrheitlich zu. Insgesamt fanden acht jeweils einwöchige Sitzungen der ISO Arbeitsgruppe[7] statt; in Salvador de Bahia (Brasilien) im März 2005, in Bangkok (Thailand) im September 2005, in Lissabon (Portugal) im Mai 2006, in Sydney (Australien) im Januar 2007, in Wien (Österreich) im November 2007, in Santiago de Chile (Chile) im September 2008, in Quebec (Kanada) im Mai 2009 und in Kopenhagen (Dänemark) im Mai 2010. Während der ersten zwei Sitzungen diskutierten die Experten über die Organisationsstrukturen, richteten Gremien ein und erzielten einen Konsens über die Struktur des Leitfadens. Danach lag der Schwerpunkt auf den Inhalten des Leitfadens. In dieser Phase wurden *Working Drafts* (WD) und ein *Committee Draft* (CD) erarbeitet. Nachdem ein Konsens zwischen den teilnehmenden Experten hergestellt wurde, bestand fortan das Ziel darin, einen Konsens unter den ISO-Mitgliedsorganisationen zu erreichen. Der daraufhin verfasste *Draft International*

---

[4]   vgl. zum Entwicklung des ISO 26000-Prozesses auch Schmiedeknecht (2011): 173 ff.
[5]   vgl. ISO (2002)
[6]   vgl. ISO/TMB N 26000 (2004)
[7]   ‚ISO/TMB Working Group on Social Responsibility'

Standard (DIS) wurde allen ISO-Mitgliedern zur Überprüfung und Abstimmung vorgelegt.

Im September 2010 wurde schließlich der Schlussentwurf, *Final Draft International Standard* (FDIS), mit einer deutlichen Mehrheit angenommen.[8] Beide Annahmekriterien wurden klar erfüllt: Erstens mussten mehr als 2/3 der 71 stimmberechtigten Mitglieder (sogenannte Participating-Members[9]) für die Annahme stimmen (66 P-Members, d.h. 93% haben zugestimmt). Zweitens durften nicht mehr als 25% aller ISO-Vollmitglieder dagegen stimmen. Die Norm wurde von fünf Mitgliedsländern – Kuba, Indien, Luxemburg, der Türkei und den USA – abgelehnt; Mitgliedsländer wie Australien, Bangladesch, Deutschland[10], Iran, Österreich und Vietnam enthielten sich der Stimme.

Insgesamt kann eine weltweite Zustimmung für die Leitfadennorm zur gesellschaftlichen Verantwortung konstatiert werden. Im November 2010 wurde die in einem Multistakeholder-Dialog erarbeitete ISO 26000-Norm publiziert.

2.2 Teilnehmer und Organisationsstrukturen der ISO 26000-Arbeitsgruppe

Die ISO definierte die folgenden sechs Stakeholder-Kategorien, um ein breites Spektrum von Interessengruppen an dem Prozess zu beteiligen:

- Verbraucher (consumers)
- Öffentliche Hand (government)
- Wirtschaft (industry)
- Gewerkschaften (labour)
- Nichtregierungsorganisationen (non-governmental organizations – NGOs)
- Dienstleister, Berater, Wissenschaftler und andere (service, support, research and others – SSRO)

Im Juli 2010 gehörten der ISO-Arbeitsgruppe 443 Experten und 214 Beobachter aus 99 Mitgliedsstaaten[11] und 42 sogenannte „D-Liaison-Organisationen"[12] an. D-Liaison-Organisationen sind internationale Organisationen außerhalb der ISO, die an einer Zusammenarbeit mit der ISO-Arbeitsgruppe interessiert waren und einen fachlichen Beitrag zur Arbeit leisten konnten, wie beispielsweise Consumer International (Verbraucher), United Nations Global Compact (Öffentliche Hand),

---

[8] vgl. ISO/TMB/WG SR N 196 (2010)

[9] Participating members (P-members) sind ISO-Mitgliedsländer, die eine aktive Rolle in der Arbeit der Technischen Kommitees spielen. Vgl. ISO (2008): 10

[10] die Enthaltung des Deutschen Instituts für Normung e.V. (DIN) ist auf das geschlossene Votum der Gewerkschaften zurückzuführen

[11] von den 99 Ländern waren 16 Länder sogenannte Beobachterländer (7 Observer-members, 9 correspondent members), zu denen Azerbaijan, Neuseeland, Rumänien, Slovakei, Senegal und Zypern zählte; vgl. ISO/TMB/WG SR N 196 (2010)

[12] es existieren verschiedene Kategorien der Liaisons (z.B. Kategorie A, B, D). „Category D: Organizations that make a technical contribution to and participate actively in the work of a working group, maintenance team or project team." ISO/IEC (2009): 20

die International Chamber of Commerce (Wirtschaft), International Confederation of Free Trade Unions (Gewerkschaft), Human Rights Watch (NGO) und die Global Reporting Initiative (SSRO).[13]

Die ISO-Arbeitsgruppe wurde unter gemeinsamer Leitung eines Sekretariats der Standardisierungsorganisationen Brasiliens und Schwedens koordiniert (vgl. Abb.1). Eine Beratergruppe, die so genannte *Chairman's Advisory Group* (CAG), unterstützt das Sekretariat in strategischen Fragen der Organisation. Drei *Strategic Task Groups* befassten sich mit übergreifenden Aspekten, u.a. mit der Finanzierung des Prozesses, der Öffentlichkeitsarbeit und der Erarbeitung von Verfahrensweisen. Die *Standard Setting Task Groups* arbeiteten inhaltlich an den verschiedenen Kapiteln der Norm. Um einerseits der sprachlichen Vielfalt der Teilnehmer gerecht zu werden und Sprachbarrieren zu vermeiden sowie andererseits die Verbreitung des Standards weltweit zu fördern, wurden diverse *Language Task Forces* gegründet, die die Dokumente der Arbeitsgruppe in verschiedene Sprachen übersetzen.

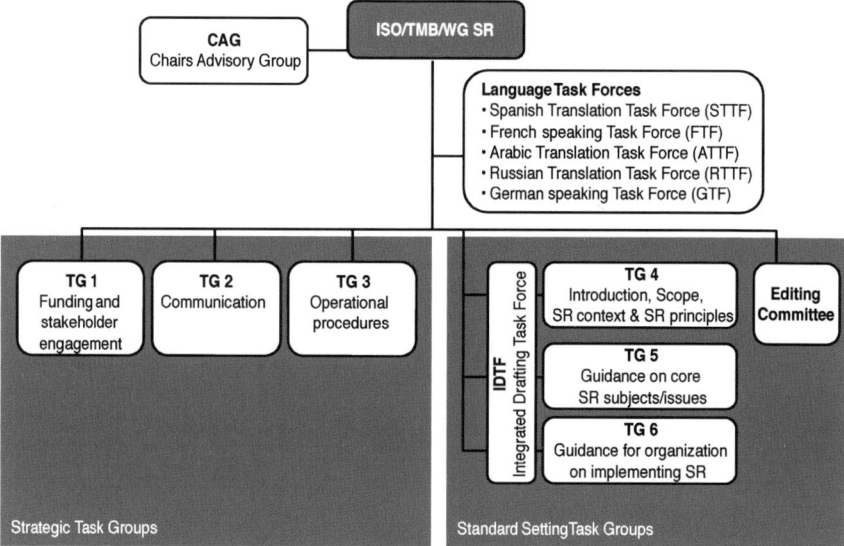

Abb. 1: Organigramm der ISO 26000-Arbeitsgruppe[14]

Bei allen Gremien stand die Gewährleistung einer ausgewogenen Stakeholder-Beteiligung im Vordergrund (*balanced representation*): Neben der ausgewogenen Verteilung nach Kontinenten (*region*) spielte eine ausgewogene Geschlechter-verteilung (*gender*) der Teilnehmer eine Rolle für die von der ISO gewünschte ausgewogene Beteiligung. Des Weiteren wurde darauf geachtet, die Leitung der Ausschüsse und Gremien nach dem *Twinning-Prinzip*[15] gleichberechtigt durch Ver-

---

[13] vgl. ISO/TMB WG SR N 188 (2010)
[14] in Anlehnung an Report of the Secretariat, ISO/TMB/WG SR N183 (2010)
[15] vgl. ISO (2008): 10

treter jeweils eines Schwellen- oder Entwicklungslandes (*developing country*) und eines Industrielandes (*developed country*) zu besetzen.

Insgesamt lässt sich festhalten, dass sich die Legitimität des von dieser ISO-Arbeitsgruppe verfassten Leitfadens insbesondere aus der Inklusivität der Gruppe im Hinblick auf die Beteiligung von relevanten Stakeholdern ergibt, aus der Balance der verschiedenen Stakeholder-Interessen und der Interessen von Entwicklungs-, Schwellen- und Industrieländern sowie aus einem konsensorientierten und demokratischen Verfahren.[16]

3 Die Bedeutung gesellschaftlicher Verantwortung weltweit: Die Inhalte der ISO 26000

3.1 Definition von Social Responsibility

Bei der Definition von Social Responsibility wird deutlich, dass sich die gesellschaftliche Verantwortung auf alle Tätigkeiten – Produkte, Dienstleistungen und Prozesse – von Organisationen bezieht, somit in der gesamten Organisation verankert ist bzw. sein sollte und in den Beziehungen mit den Interessengruppen gelebt wird bzw. gelebt werden soll:

> *social responsibility*: „responsibility of an organization for the impacts of its decisions and activities on society and the environment, through transparent and ethical behaviour that
> - contributes to sustainable development, including health and the welfare of society;
> - takes into account the expectations of stakeholders;
> - is in compliance with applicable law and consistent with international norms of behaviour; and
> - is integrated throughout the organization and practised in its relationships
>
> NOTE 1 Activities include products, services and processes.
> NOTE 2 Relationships refer to an organization's activities within its sphere of influence."[17]

Organisationen sollen Verantwortung für die Auswirkungen ihrer Tätigkeiten auf die Gesellschaft und Umwelt wahrnehmen, die innerhalb ihres Einflussbereichs entstehen. Entscheidend dabei ist u.a. die Berücksichtigung der Erwartungen ihrer Interessengruppen sowie die Einhaltung von anwendbarem Recht sowie die Übereinstimmung mit internationalen Verhaltensstandards.

Im Deutschen wird oftmals „Social Responsibility" mit „Soziale Verantwortung" übersetzt. Diese deutsche Übersetzung im Zusammenhang mit dem ISO 26000-Prozess ist sprachlich falsch und inhaltlich irreführend, da der Eindruck nahegelegt wird, es handele sich um eine international aufgelockerte Version des deutschen Systems sozialer Verantwortung, das thematisch viel enger angelegt und an staatlicher oder korporativer Regulierung orientiert ist.[18] Die ISO 26000 setzt

---

[16] vgl. zur Analyse der Governancestrukturen dieses Multistakeholder-Dialogs Schmiedeknecht (2011)

[17] ISO 26000 (2010): 3f. (ohne Hervorhebungen und Verweise auf Kapitel)

[18] vgl. hierzu und im folgenden Wieland (2011)

vom Prinzip her hingegen nicht von vorneherein auf rechtliche Regulierung durch den Staat, sondern auf ethische Verhaltensbeeinflussung von privaten, aber auch staatlichen Organisationen durch die Gesellschaft. Die Norm richtet sich daher nicht nur an Unternehmen in den Industrienationen, sondern konsequenterweise an alle Organisationen in allen Ländern der Welt. In ISO 26000 eine weitere CSR-Norm zu sehen, würde ein Missverständnis der Intention dieses Dokuments bedeuten. Dem Leitfaden liegt die Idee zugrunde, dass zur Bewältigung der gesellschaftlichen Konsequenzen der Globalisierung jeder einzelne Stakeholder, also etwa Regierungen oder Unternehmen, allein überfordert wären. Nur durch die proaktive Involvierung und Kooperation aller relevanten gesellschaftlichen Kräfte und durch die Schaffung verschiedener Formen und Ebenen gesellschaftlicher Regelsetzung können die globalen Herausforderungen bewältigt werden.[19]

3.2 Inhalte der ISO 26000

Die Norm besteht aus sieben Abschnitten sowie zwei Anhängen.[20] In den ersten drei Abschnitten wird der Anwendungsbereich festgelegt (1), Begriffsdefinitionen vorgenommen (2) und das zugrundeliegende Verständnis gesellschaftlicher Verantwortung erläutert (3).

Als Voraussetzung zur Wahrnehmung gesellschaftlicher Verantwortung empfiehlt der Leitfaden im vierten Abschnitt die Orientierung an sieben Grundsätzen gesellschaftlicher Verantwortung (4): Dazu werden Rechenschaftspflicht, Transparenz, ethisches Verhalten, Achtung der Interessen der Stakeholder, Achtung der Rechtsstaatlichkeit, Achtung internationaler Verhaltensstandards und Achtung der Menschenrechte gezählt.[21] Des Weiteren sind die Anerkennung der gesellschaftlichen Verantwortung der eigenen Organisationen sowie die Identifizierung und Einbindung der Interessengruppen eine Grundvoraussetzung (5).

Im sechsten Abschnitt werden die relevanten sieben Kernthemen mit den jeweiligen Handlungsfeldern beschrieben (6): Als Kernthema wird die Organisationsführung definiert, da durch die Führung, Steuerung und Überwachung einer Organisation auch die übrigen Kernthemen angegangen werden können: Menschenrechte, Arbeitspraktiken, die (ökologische) Umwelt, faire Betriebs- und Geschäftspraktiken, Konsumentenbelange, regionale Einbindung und Entwicklung der Gemeinschaft.

Abschließend befasst sich der siebte Abschnitt mit Handlungsempfehlungen zur organisationsweiten Integration gesellschaftlicher Verantwortung (7). Dazu zählt zuerst, dass Organisationen ihre gesellschaftliche Verantwortung erfassen, in dem sie u.a. ihre wesentlichen Kernthemen und Handlungsfelder bestimmen, ihren Einflussbereich abstecken und ihre Prioritäten für die Handlungsfelder bestim-

---

[19] Wieland (2009)

[20] vgl. ISO 26000 (2010)

[21] vgl. hierzu auch das „Manifest Globales Wirtschaftsethos", in dem grundlegende Prinzipien und Werte einer globalen Wirtschaft deklariert werden, die von allen Menschen mit ethischen Überzeugungen – ob religiös begründet oder nicht – mitgetragen werden können. Küng et al. (2010): 24

men (7.3). Danach wird Organisationen empfohlen, u.a. Verfahren zur Integration gesellschaftlicher Verantwortung in Führung, Systeme und Verfahrensweisen ihrer Organisation zu etablieren (7.4) sowie die interne und externe Kommunikation ihrer Aktivitäten mit unterschiedlichen Stakeholdern zu forcieren (7.5). Entscheidend hierbei ist die Glaubwürdigkeit in Bezug auf gesellschaftliche Verantwortung (7.6). Schließlich wird Organisationen eine Bewertung und kontinuierliche Verbesserung der mit gesellschaftlicher Verantwortung verbundenen Handlungen und Methoden empfohlen (7.7).

Ein Ziel ist es, die gesellschaftliche Verantwortung in die Tätigkeiten der Organisation zu integrieren (vgl. Abb. 2).

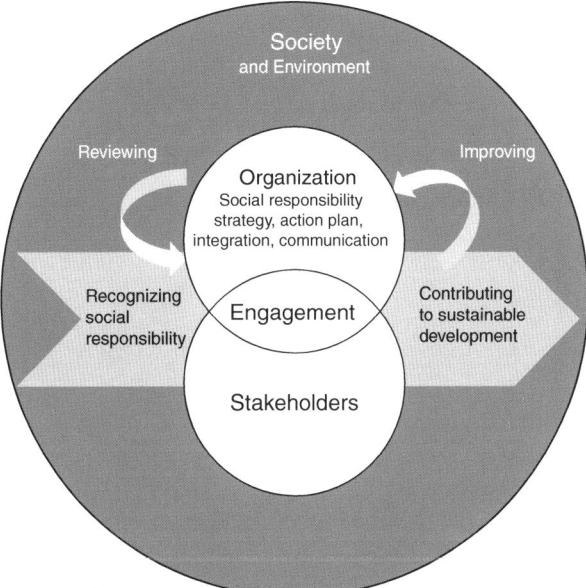

Abb. 2: Integration gesellschaftlicher Verantwortung in die Tätigkeiten der Organisation[22]

Am Ende des Leitfadendokuments werden Beispiele freiwilliger branchenübergreifender und -spezifischer Initiativen und Hilfsmittel für gesellschaftliche Verantwortung aufgelistet (Anhang A)[23] sowie Abkürzungen erläutert (Anhang B).

Die folgende Abbildung 3 zeigt eine Übersicht über die Abschnitte der ISO 26000. Durch die Festlegung von wesentlichen Prinzipien, Kernthemen und Implementierungsstrategien gesellschaftlicher Verantwortung wird eine globale, konsensbasierte inhaltliche Grundlage geschaffen, die für alle Organisationen – und damit auch für Unternehmen – von Bedeutung ist.

---

[22] in Anlehnung an ISO 26000 (2010): 69
[23] diese Liste erhebt keinen Anspruch auf Vollständigkeit

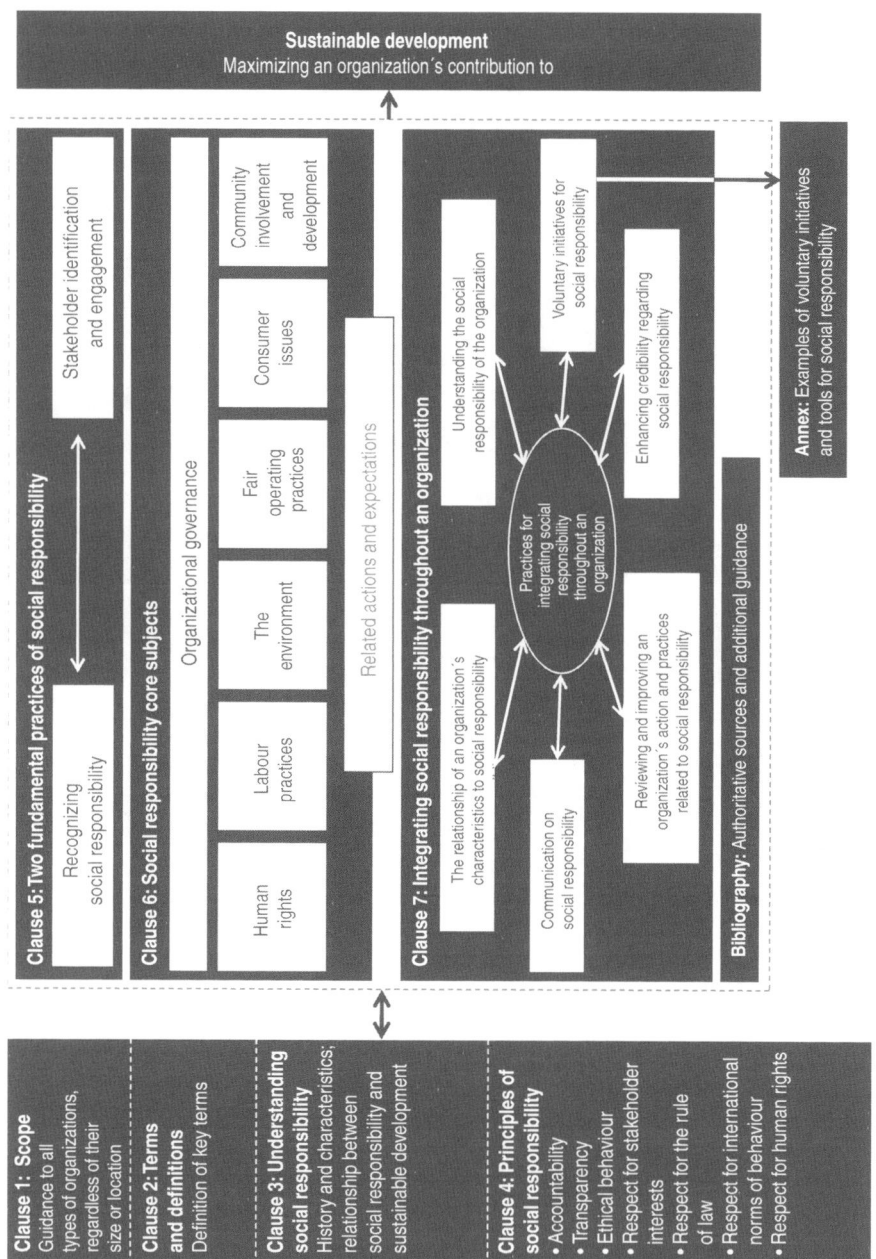

Abb. 3: Übersicht über die Inhalte der ISO 26000[24]

---

[24] in Anlehnung an ISO 26000 (2010): ix

In dem Leitfaden wird auch auf die Spezifität der gesellschaftlichen Verantwortung für kleine und mittlere Organisationen (KMO) hingewiesen.[25] Aufgrund ihres Potenzials und ihrer überschaubaren Organisationsgröße sowie ihrer Verbundenheit in der lokalen und regionalen Gemeinde haben KMO vielfältige Möglichkeiten, flexibel und innovativ gesellschaftliche Verantwortung zu integrieren und umzusetzen. Es wird hierbei betont, dass alle Kernthemen für KMO auch relevant sind, jedoch anfangs eine Konzentration auf spezifische Handlungsfelder dieser Kernthemen und deren Auswirkungen notwendig ist. Des Weiteren wird auf die Bedeutung von lokalen und regionalen Kooperationen mit anderen Organisationen hingewiesen, um dadurch unter anderem Ressourcen effizient und effektiv zu bündeln.[26]

4 Relevanz der ISO 26000 für Unternehmen

Nach Abschluss des Entstehungsprozesses stellt sich die Frage, welche Konsequenzen die ISO 26000 für Organisationen im Allgemeinen und für Unternehmen im Speziellen haben wird.[27] Was ist und bleibt das Besondere an diesem Leitfaden? Welche Stärken hat sie und welche Auswirkungen wird sie auf lange Sicht auf die Diskussion und Umsetzung von Social Responsibility – und damit auch von Corporate Social Responsibility haben? Diese Fragen lassen sich mit Sicht auf den Prozess der Erarbeitung dieses Leitfadendokuments sowie auf die Inhalte der Norm beleuchten.[28]

1) Zum ISO 26000-Prozess:
Bei der Erarbeitung des Leitfadens haben Entwicklungs- und Schwellenländer eine bedeutende Rolle gespielt. Ihnen ging es vor allem um die Schaffung von Handlungsstandards in ihren eigenen Ländern. Denn dieser richtet sich auch an die Organisationen dieser Länder – gerade an die Global Player aus Entwicklungs- und Schwellenländern und nicht nur an die westlichen Multinationals oder Regierungen. Es wird häufig in der Öffentlichkeit noch nicht genügend wahrgenommen, dass Unternehmen der Entwicklungs- und Schwellenländer heute auf Augenhöhe mit den westlichen multinationalen Unternehmen operieren, jedoch sich(noch) nicht ganz so entschlossen im Bereich gesellschaftlicher Verantwortung engagieren. Hier liefert die ISO 26000 eine Leitlinie, an der sich Markt und Öffentlichkeit gleichermaßen orientieren können. Das ist neu und wesentlich, und dass die VR China zugestimmt hat, unterstreicht dies nur.

---

[25] KMU sind Organisationen, deren Mitarbeiteranzahl oder Umfang finanzieller Tätigkeiten eine bestimmte Grenze nicht überschreitet. In der Norm wird darauf hingewiesen, dass dieser Größenschwellenwert von Land zu Land variiert. So genannte „Mikroorganisationen" werden auch zu den kleinen Organisationen dazu gezählt. Vgl. ISO 26000 (2010): 8

[26] vgl. zu den CSR-Aktivitäten von kleinen und mittleren Unternehmen (KMU) z.B. die Beiträge in Wieland (2010)

[27] vgl. hierzu auch Kleinfeld (2011)

[28] vgl. zur folgenden Argumentation auch Wieland (2011)

In dem Prozess der Standardsetzung hat sich auch gezeigt, dass heute ein weltweiter Wettbewerb darum stattfindet, wer welche Standards für die globale Wirtschaft und Gesellschaft des 21. Jahrhunderts setzt. Folglich sind *neue Formen* von Standardsetzung (z.B. Leitlinien oder technische Normen statt Gesetzen) durch *neue Spieler* (BRIC-Länder, NGOs) und neue Verfahren (z.B. deliberative Diskurse statt korporatistischer Interessensausgleich) auf der Tagesordnung, in denen sich der Anspruch und die Kompetenz eines Akteurs, globale Normen zu setzen, aktuell erweisen muss. Eine Verweigerung dieser Aufgabenstellung ist, so wird offensichtlich, nur um den Preis der eigenen Marginalisierung möglich. Diese integrative und diskursive Verfahrensweise ist zwar mühsam, aber eine wichtige Grundlage für eine globale Akzeptanz der Inhalte und der zu erwartenden Effektivität, Effizienz und Verfahrenslegitimität.

2) Zum Inhalt der ISO 26000:

Im Kern geht es dem Leitfaden darum, global akzeptierte Standards guten Organisationsverhaltens zu definieren. Diese sind deshalb global und nicht nur international, da sie in einem als fair empfundenen und diskursiven Prozess global erarbeitet und akzeptiert wurden. Internationale Standards können von einem Land oder einer kleinen Gruppe von Ländern gesetzt und global durchgesetzt werden, globale Standards sind tatsächlich in ihrer Entstehung und Durchsetzung global. Daher ist die ISO 26000 ein Beitrag gegen das Institutions- und Organisationsdefizit der Globalisierung.

Für Organisationen – und insbesondere für Unternehmen –, die im globalen Kontext handeln und kooperieren, ist damit ein gemeinsamer Standard von Prinzipien und Aufgaben bei der Wahrnehmung gesellschaftlicher Aufgaben geschaffen. So können sich nun beispielsweise europäische Unternehmen mit ihrem chinesischen oder brasilianischen Partner auf ein gemeinsames Referenzdokument beziehen, das im Einklang mit schon bestehenden internationalen Normen und (auch) CSR-Standards steht. Diese sind im Anhang des ISO-Standards erwähnt und eingeordnet.

Durch den Einbezug von unterschiedlichen Interessengruppen in die Erarbeitung des Leitfadens wie Nichtregierungsorganisationen und der Konsumentenvertreter, wird nicht nur der Dialog mit diesen Organisationen vor Ort einfacher. Darüber hinaus richtet sich der ISO 26000 ja auch an diese Organisationen selbst. Social Responsibility ist dann keine exklusive Aufgabe der Unternehmen mehr, die man als „moving targets" beliebig kritisieren und auch staatlicher Regulierungsdrohung aussetzen kann, sondern eine durch alle Akteure geteilte Verantwortung. Obwohl das Dokument ausdrücklich für Organisationen jeder Art ausgelegt ist, besteht die Gefahr, dass damit in der Öffentlichkeit im Wesentlichen Unternehmen gemeint sein werden. Hier muss die Kommunikation von Anfang an klar und präzise sein, und die anderen am Prozess beteiligten Stakeholder müssen in die Pflicht genommen werden, diesen Standard auch für sich selbst zu akzeptieren. Damit eröffnet der ISO 26000 folgende Kommunikationsstrategie: SR ist keine exklusive Aufgabenstellung für Unternehmen, sondern das Ergebnis der Anstrengungen aller Akteure der Gesellschaft und deren Vernetzung.

Der Standard ist nicht nur für jede Art, sondern auch für jede Größe von Organisationen entwickelt. Daher sind die Bedenken, dass er in der Wirtschaft nur auf international agierende „Global Player" anwendbar sei, nicht zielführend. Gerade weil er auf die Vernetzung der Verantwortung aller Akteure für gesellschaftliche Entwicklungen zielt, ist er auch und gerade für kleine und mittlere Unternehmen ein geeigneter Leitfaden zur Evaluierung ihrer eignen Aktivitäten.

Der Leitfaden ist als ein Beitrag geeignet, das Vertrauen der Öffentlichkeit in die Unternehmen zu stärken und, wo nötig, wieder herzustellen. Der Entzug gesellschaftlicher Akzeptanz und das Verfehlen gesellschaftlicher Verantwortung stellt in der Zukunft eines der TOP 10-Risiken für Unternehmen dar, so das Ergebnis einer globalen Managementbefragung durch Ernst & Young.[29] So zeigen beispielsweise die Wirtschafts- und Finanzkrise und die Umweltkatastrophen der letzten Jahre eindrücklich, dass es nicht mehr um Einzelfragen geht, sondern um die grundsätzliche Legitimation des Systems und des Unternehmertums.

Wie alle Dokumente dieser Art enthält diese Leitlinie eine ganze Reihe von Formelkompromissen, von denen sich erst in Zukunft herausstellen wird, was damit in der Praxis gemeint ist. Dazu gehören etwa Begriffe wie „impact of an organization" und „sphere of influence", die schon aus anderen Kontexten als strittig bekannt sind und die durch tägliche und anerkannte Praxis geklärt werden müssen. Jedenfalls bietet der ISO 26000 keine neuen (und erschwerenden) Definitionen in diesem Feld.

Von verschiedenen Seiten wird die „Gefahr" der Zertifizierung gesehen. Obgleich die Norm nicht für Zertifizierungszwecke geschaffen wurde, gibt es bereits und wird es entsprechende Angebote von Zertifizierungsfirmen geben. Das ist unvermeidlich, weil es die Nachfrage und das Angebot aus der Wirtschaft gibt. Mit dieser „Gefahr" wird sowohl die Vorstellung neuer Regulierungslasten (für die Industrie) als auch das Gegenteil, die Einschränkung gesetzlicher Regulierungstätigkeit (durch die Gewerkschaften), verbunden. Valide daran ist, dass sich wahrscheinlich nicht die Quantität, wohl aber die Qualität öffentlicher Regulierung ändern kann und wird. Wichtig ist hier anzumerken, dass der Standard selbst Raum für Innovationen und Experimente lässt. Es ist heute seriöserweise nicht genau und definitiv zu bestimmen, was zur guten gesellschaftlichen Praxis einer Organisation in der globalen Welt gehört. Jede Art von detaillierter Regulierung (seien es nun Gesetze oder Zertifizierungsstandards) würde die Suche nach neuen, besseren und innovativen Lösungen durch die involvierten Akteure verhindern. In der globalen Welt müssen Normen und Standards der praktischen Erfahrung und kontinuierlichen Verbesserung zugänglich sein. Was daher dringend gebraucht wird, sind Foren des praktischen Erfahrungsaustausches über die Implementierung der Norm und der Einbezug aller angesprochenen Akteure in diesen Austausch. Normen und Standards als permanente Lernprozesse über Besseres, vielleicht liegt ja darin die eigentliche Herausforderung der Steuerung globaler Interaktionen.

---

[29] „Social acceptance risk and corporate social responsibility", vgl. Ernst & Young (2010): 26

5 Literatur

DIN (Hrsg.) (2011): DIN ISO 26000 Leitfaden zur gesellschaftlichen Verantwortung (ISO 26000:2010). Ausgabedatum: 2011-01. Beuth: Berlin.

Ernst & Young (2010): The Ernst & Young Business Risk Report 2010. The Top-10 Risks for Business. URL: http://www.ey.com/GL/en/Services/Advisory/Business-Risk-Report-2010---Business-risks-across-sectors.

ISO (2002): The Desirability and Feasibility of ISO Corporate Social Responsibility Standards. Final Report, May 2002. Prepared by the "Consumer Protection in the Global Market" Working Group of the ISO Consumer Policy Committee (COPOLCO). URL: www.iso.org/iso/livelinkgetfile?llNodeId=22124&llVolId=-2000.

ISO (2007): Participating in International Standardization. Joining in. URL: http://www. iso.org/iso/joining_in_2007.pdf.

ISO (2008): My ISO job. Guidance for delegate and experts. URL: http://www.iso. org/iso/my_iso_job.pdf.

ISO/IEC (2009): ISO/IEC Directives, Part 1. Directives ISO/CEI, Partie 1. Seventh edition, 2009. www.iec.ch/members_experts/refdocs/iec/Directives-Part1-Ed7.pdf.

ISO 26000 (2010): International Standard ISO 26000 (First edition 2010-11-01). Guidance on social responsibility, Lignes directrices à la responsabilité sociétale, ISO 26000:2010 (E).

ISO/TMB/WG SR N 183 (2010): ISO/TMB/WG Social Responsibility – Report of the Secretariat to the 8th meeting, Copenhagen, Denmark, May 17–21, 2010.

ISO/TMB/WG SR N 188 (2010): Review of liaison D membership.

ISO/TMB/WG SR N 196 (2010): Ballot Information and Result of voting on ISO/FDIS 26000. 2010-09-13. Version number 1.

ISO/TMB N 26000 (2004): New Work Item Proposal. Guidance on social responsibility.

Kleinfeld, A. (2011): Gesellschaftliche Verantwortung von Organisationen und Unternehmen – Fragen und Antworten zur ISO 26000. Berlin: Beuth.

Küng, H./Leisinger, K.M./Wieland, J. (2010): Manifest Globales Wirtschaftsethos. Konsequenzen und Herausforderungen für die Weltwirtschaft. Manifesto Global Economic Ethic. Consequences and Challenges for Global Businesses. München: Deutscher Taschenbuch Verlag.

Schmiedeknecht, M.H. (2011): Die Governance von Multistakeholder-Dialogen. Marburg: Metropolis.

Wieland, J. (Hrsg.) (2009): CSR als Netzwerkgovernance – Theoretische Herausforderungen und praktische Antworten. Über das Netzwerk von Wirtschaft, Politik und Zivilgesellschaft. Marburg: Metropolis.

Wieland, J. (Hrsg.) (2010): Die Praxis gesellschaftlicher Verantwortung im Mittelstand. Regionale CSR-Strategien und Praxis der Vernetzung in KMU. Marburg: Metropolis.

Wieland, J./Schmiedeknecht, M. (2010): Die gesellschaftliche Verantwortung im Mittelstand – Die regionale Vernetzung von CSR-Aktivitäten. In: Wieland, J. (Hrsg.): Die Praxis gesellschaftlicher Verantwortung im Mittelstand. Regionale CSR-Strategien und Praxis der Vernetzung in KMU. Marburg: Metropolis, S. 11-26.

Wieland, J. (2011): Globale Sozialstandards und die Herausforderungen für die Evangelische Sozialethik. In: Höhmann, P.; Becker, D. (Hrsg.): Kirche zwischen Theorie, Praxis und Ethik: Festschrift zum 80. Geburtstag von Karl-Wilhelm Dahm. Reihe: Empirie und Kirchliche Praxis. Frankfurt: AIM-Verlagshaus, S. 331-340.

Nachhaltige ganzheitliche Wertschöpfungsketten

Otto Schulz

CSR / Nachhaltigkeit wird das zentrale Prinzip der Unternehmensführung im 21. Jahrhundert und wirtschaftlicher Erfolg in Zukunft sein und wird nur durch die Integration wirtschaftlicher, sozialer und ökologischer Leistungsprinzipien möglich sein.[1] Doch was heißt das ganz konkret für die Gestaltung von Wertschöpfungsketten und für den Umgang mit Lieferanten und Kunden?

Nachhaltigkeits-Management geht weit über CO_2-Reduktion, soziales Engagement und Klimaschutz hinaus: es ist die integrierte Steuerung eines Unternehmens nach wirtschaftlichen, sozialen und ökologischen Leistungen im Sinne eines „Triple Bottom Line"–Ansatzes – und dies entlang der gesamten Wertschöpfungskette. Das heißt: innerhalb und außerhalb des eigenen Unternehmens. Den meisten Firmen ist durchaus bewusst, dass sich für die Unternehmenssteuerung und die Optimierung von Prozessen das reine Profit-Prinzip nicht mehr uneingeschränkt anwenden lässt – doch es mangelt bislang meist noch an klaren Visionen und Strategien, aus denen sich ein entsprechendes Nachhaltigkeits-Management für die gesamte Wertschöpfungskette ableiten lässt. So gilt es bereits bei der Entwicklung eines Produktes neben dessen Nutzung auch die spätere Entsorgung bzw. das Recycling mit ins Kalkül zu ziehen und auch Zulieferunternehmen zu diesen Prinzipien zu verpflichten – denn häufig findet z. B. der meiste CO_2-Ausstoß eines Produktes außerhalb der eigenen Unternehmensgrenzen statt. Dabei liegt die zentrale Herausforderung darin, in den einzelnen Wertschöpfungsstufen die richtigen Schwerpunkte zu setzen[2]: Welche Anforderungen stellen die Kunden an ein nachhaltiges Produkt? Welche Aspekte müssen in der Nutzungsphase beachtet werden? Wie viel CO_2 oder andere Schadstoffe fallen in der Herstellung an? Wie sozial sind die Arbeitsbedingungen bei Zulieferunternehmen? Wie lässt sich das Produkt nach der Nutzung wieder verwerten oder entsorgen?

Indem Unternehmen der stetig steigenden Kundennachfrage nach nachhaltigen Produkten entsprechen, öffnet sich für sie ein weites Feld zur Marktdifferenzierung. Beispiele dafür sind Hybrid-Autos, Öko-Essen oder „Grüner Strom". Dabei zeigt sich: Wenn es den Unternehmen gelingt, eine nachhaltige Produktlinie am Markt zu etablieren, strahlt das damit einhergehende positive Image auf das gesamte Unternehmen ab. Einige profitieren sogar von geringeren Kapitalkosten.[3]

---

[1] vgl. o.A. (2008)
[2] vgl. A.T. Kearney (2007)
[3] vgl. A.T. Kearney (2009a)

Derzeit sehen viele Unternehmen das Thema Nachhaltigkeit in erster Linie auch als Kosten- und Komplexitätstreiber an. Die rasanten Veränderungen der gesellschaftlichen, sozialen, rechtlichen und wirtschaftlichen Rahmenbedingungen gelten per se eher noch als Risiko – weniger als Chance. Bei „richtiger" und umfassender Transformation kann ein nachhaltiger Managementansatz jedoch vor allem enorme Wachstumspotentiale mit sich bringen. Unabhängig von Unternehmensgröße oder Branche gilt es, den sich rasant verändernden Rahmenbedingungen mit innovativen Technologien, Prozessen und Geschäftsmodellen zu entsprechen, den Wandel aktiv zu gestalten – und dabei gleichzeitig den Kunden nie aus den Augen zu verlieren. Zahlreiche führende Unternehmen richten ihre Strategie und ihre Wertschöpfungsketten bereits im Sinne der „Triple Bottom Line" aus – also nach wirtschaftlichen, sozialen und ökologischen Aspekten – und haben so bereits signifikante Wettbewerbsvorteile erzielt *(siehe Abb. 1)*.

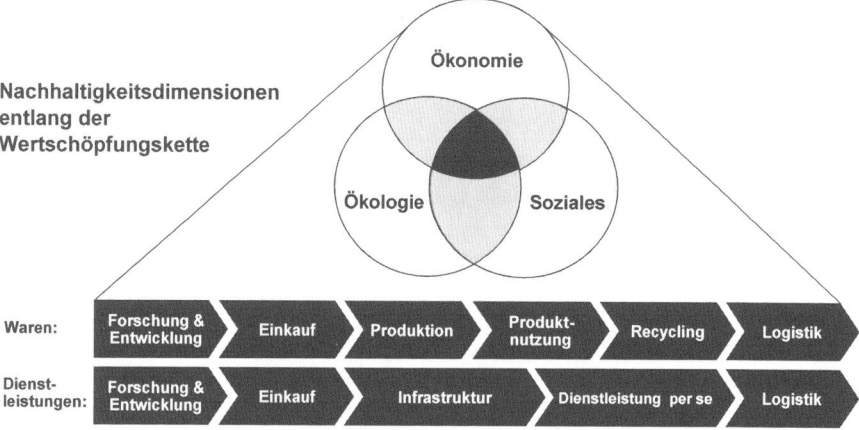

Abb.1: „Triple-Bottom-Line" entlang der Wertschöpfungskette

Mut zu haben wird im Nachhaltigkeitsumfeld belohnt. Unternehmen, die sich bislang noch nicht aktiv in punkto Nachhaltigkeit positioniert haben, laufen Gefahr, den Anschluss an den Markt zu verlieren. Ihnen drohen in zweifacher Hinsicht negative Konsequenzen: Rohstoff- und Energiepreise steigen mit wachsender Dynamik an und werden zudem immer volatiler. Ohne konsequente Ausrichtung auf einen sparsameren Umgang mit Ressourcen und/oder einem rechtzeitigen Wechsel zu Alternativen, kommen enorme Kostensteigerungen auf die Unternehmen zu. Zudem achten viele Kunden bei der Kaufentscheidung auch auf einen Nachhaltigkeits-Nachweis des Anbieters, beispielsweise den CO_2-Footprint eines Produktes. Die nachgewiesene Nachhaltigkeit ist häufig ein kaufentscheidendes Argument, manchmal auch ein überzeugendes Argument, um höhere Preise durchzusetzen. Unternehmen ohne glaubhafte Nachhaltigkeitsstrategie gefährden umgekehrt sowohl ihre Kostenposition, Umsätze und Kunden als auch ihre Reputation.

Für die Objektivierung der Nachhaltigkeitsbewertung der einzelnen Wertschöpfungsstufen kann ein Exzellenzstufenmodell herangezogen werden *(siehe Abb. 2)*, das Unternehmen in die Lage versetzt, ihre Schwerpunkte „richtig" zu setzen und Erfolge, auch im Vergleich zu Wettbewerbern, zu messen.

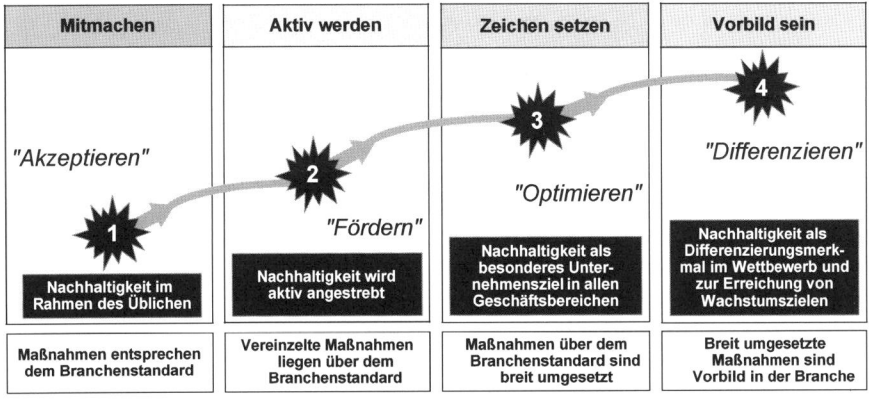

Abb. 2: Exzellenzstufenmodell zur Nachhaltigkeitsbewertung in den einzelnen Wertschöpfungsstufen.

1 Richtig handeln: Status Quo von Nachhaltigkeits-Initiativen

Bei den unterschiedlichen Nachhaltigkeits-Initiativen steht als Ziel bei den meisten Unternehmen die Stärkung der Marke im Fokus, wodurch Kunden gehalten und neue hinzugewonnen werden sollen. Ebenso ist die Steigerung der Umsätze – und auch der Marge – ein erklärtes Ziel.[4]

Heute besitzen bereits 80 Prozent der Unternehmen auf Vorstandsebene eine Nachhaltigkeitsstrategie, vor vier Jahren waren es erst 50 Prozent. Diese war zunächst meist in erster Linie auf Vertrieb und Marketing fokussiert und betrachtete (noch) nicht die gesamte Wertschöpfungskette des Unternehmens. Zudem zeigen die Studien, dass der Schwerpunkt der internen Nachhaltigkeitsbestrebungen auf der Reduktion des Energieverbrauchs lag. Daneben räumen die meisten Unternehmen ein, dass sie in den Bereichen Umweltbeitrag und soziales Engagement bei sich selber genauso wie bei Wettbewerbern Nachholbedarf sehen. Einige, wenige Unternehmen haben sich jedoch bereits bewusst fokussierten Themen zugewandt. Diese Themen sind dann häufig aber nicht immer mit der jeweiligen Kernwertschöpfung verwandt. Beispiele wären hier das Thema Wasser, Regenwald oder landwirtschaftliche Arbeitsbedingungen. Nur rund ein Fünftel der Befragten gab an, sich an der „Triple Bottom Line" zu orientieren. In den

---

[4] vgl. The Economist Intelligence Unit (EIU)/A.T. Kearney (2007)

nächsten fünf Jahren wollen sich aber weitere 40 Prozent diesem ganzheitlichen Nachhaltigkeitsansatz zuwenden.

So berichten mehr als der Hälfte der Unternehmen einen gestiegenen Nutzen im Bereich Brand Management. Zudem ist Produktdifferenzierung sogar für 60 Prozent aller Unternehmen ein zunehmend wichtiges Ziel.

Das ist auch im hohen Maße notwendig, denn die Kunden sind aufgeklärt und mehr als skeptisch, wenn es um das Thema Nachhaltigkeit geht: Unternehmen haben fast immer auch eine Glaubwürdigkeitshürde zu überwinden, da ihnen häufig „Green Washing" unterstellt wird. Eine klare, nachvollziehbare und transparente Differenzierung durch Nachhaltigkeit verbunden mit einem entsprechenden Kundennutzen herauszuarbeiten, ist deshalb heute noch die größte Herausforderung für viele Unternehmen, wenn sie auf Nachhaltigkeit setzen wollen. Da meist noch kein klares Verständnis über den Zusammenhang von nachhaltigem Wirtschaften und Profitabilität besteht, fürchten rund zwei Drittel der Befragten sogar, dass Nachhaltigkeit zur reinen PR-Maßnahme verkommen könnte. Deshalb ist ein klares Verständnis der „Nachhaltigkeitskosten" und der Hebelwirkung auf Umsatz und Ergebnis eine wesentliche Aufgabe.

Sonst könnte es dabei bleiben, dass als größte Barriere bei der Umsetzung von Nachhaltigkeits-Initiativen die Gefahr gesehen wird, dass die Kosten im Vergleich zum Wettbewerb steigen könnten. Ziele sind zu entwickeln, zu messen und auch erfolgreich zu verfolgen.

2 Richtig gemeinsam: Zusammenarbeit mit grünen Unternehmen zahlt sich aus

Die Zusammenarbeit mit nachhaltigen Zulieferunternehmen und die konsequente Optimierung des Lieferkettenmanagements, z.B. nach CO_2-Gesichtspunkten, ist für Unternehmen ein wesentlicher Hebel, um Kosten einzusparen. Mehr als die Hälfte aller Konzerne und ein Viertel aller Zulieferer zielt durch nachhaltige Lieferketten auf weitreichende Kosteneinsparungen und keine Mehrkosten.

86 Prozent der Unternehmen sehen dabei heute weitreichende Wettbewerbsvorteile durch die enge Zusammenarbeit mit Zulieferern – allen voran ein verbesserter Return on Investment. Im Jahr 2009 waren dies lediglich 46 Prozent. Dieser rasante Anstieg bestätigt, dass eine konsequente nachhaltige Ausrichtung beim Lieferkettenmanagement und im Einkauf nicht nur der Umwelt hilft – denn in diesem Bereich fallen z. B. meist mehr als die Hälfte der zurechenbaren CO_2-Emmission eines Unternehmens an, sondern auch die Kosten drückt. Entsprechend hoch ist auch die Bedeutung der Nachhaltigkeit im Bereich Lieferkettenmanagement.

Die wachsende strategische Bedeutung des Themas Nachhaltigkeit hat im vergangenen Jahr geradezu einen Dominoeffekt innerhalb der Lieferketten der globalen Konzerne ausgelöst. So bieten bereits 41 Prozent der Unternehmen entsprechende Schulungen für ihre Mitarbeiter an, damit diese Vorschläge zur CO_2-Reduktion in der Lieferkette machen. Diese werden in 25 Prozent der Unternehmen sogar besonders honoriert. Je nach Dringlichkeit in Branche und Region spielen aber auch Themen wie Arbeitsbedingungen oder Compliance eine wesentliche Rolle in der Nachhaltigkeitsstrategie der Konzerneinkaufsabteilungen.

Die Qualität und Konsistenz der Reporting-Prozesse entlang der Lieferkette stehen selbst in punkto CO_2-Ausstoß jedoch noch vor erheblichen Herausforderungen. Nach und nach etablieren die Unternehmen jedoch standardisierte CO_2-Scorecards zur Optimierung ihrer Lieferketten. So hat sich der Anteil der Unternehmen, die ihre Supply Chain-Emissionen tracken und reporten auf 45 Prozent mehr als verdoppelt. 72 Prozent der globalen Konzerne lassen ihre Daten sogar extern überprüfen. Dies übt einen entsprechenden Druck auf die Lieferketten aus, denn bereits 17 Prozent der Konzerne wählen ihre Zulieferer auch nach CO_2-Kriterien aus. Die Tendenz ist weiter steigend.[5]

So ist auch ein enormer Wandel bei den führenden Unternehmen in der Art und Weise zu erkennen, wie sie quantifizierbare Nachhaltigkeits-Programme und Policies einsetzen: Während im letzten Jahr zahlreiche Konzerne eine sinnvolle Klimapolitik fest in ihre Geschäftsstrategie eingebettet haben, geht es jetzt an die konkrete operative Umsetzung – und das über die gesamte Lieferkette hinweg. Besonders erfreulich dabei: Sowohl Konzerne als auch Lieferanten profitieren gleichermaßen von einer Zusammenarbeit, die neben wirtschaftlichen auch soziale und ökologische Ziele verfolgt.

3 Richtig kritisch: der aufgeklärte Kunde

Neben den Bestrebungen der Konzerne, um nachhaltigen Geschäftserfolg und ein positives Image, sind der aufgeklärte Konsument und ggf. seine (digitalen) Interessenvertreter Haupttreiber nachhaltiger Wertschöpfungsketten.

Der Kunde, ob industriell – wie oben diskutiert – oder als Endverbraucher ist also ein wesentlicher Treiber der Nachhaltigkeit in der Wertschöpfungskette.

So hat im digitalen Zeitalter „Green Washing" – also Projekte oder Produkte, die lediglich durch entsprechende Marketing-Maßnahmen als nachhaltig wahrgenommen werden sollen – kaum noch eine Chance. Kunden werden auch mit Hilfe des Internets immer aktiver, vernetzen sich und setzen ihre Energie zu ihren eigenen Gunsten ein. Sie informieren sich über Herstellungsverfahren und Geschäftspraktiken eines Unternehmens – und sind mit Hilfe des Internets in der Lage bei Bedarf heftige – weltweit vernehmbare – Kritik zu üben.

So können selbst global Konzerne heute durch wenige Aktivisten in einem Entwicklungsland zum Umsteuern gezwungen werden. Diese Erfolge blieben noch vor wenigen Jahren allenfalls wohl organisierten NGOs vorbehalten.

Die Königsdisziplin ist aber natürlich nicht, lediglich Schaden von Unternehmen abzuwenden, sondern Nachhaltigkeit viel mehr positiv zu nutzen, um das eigene Unternehmen vom Wettbewerb zu differenzieren und den Kunden nachhaltig unwiderstehliche Angebote zu machen. Denn Kunden präferieren häu-

---

[5] vgl. Carbon Disclosure Project (CDP)/A.T. Kearney (2011)

fig nachhaltige Produkte bzw. Hersteller oder Händler mit einem entsprechenden Markenversprechen. Oft sind sie sogar bereit, für ein nachhaltiges Produkt ein Preis-Premium zu bezahlen. Hierzu genügt beispielsweise ein vergleichender Blick in ein Saftregal wo „normaler", Bio- und Fair Trade Orangensäfte angeboten werden. In einigen Fällen gelingt es sogar, Kunden und Aktivisten zu „Markenbotschaftern" zu machen.[6]

Beispiele für die erfolgreiche Einführung nachhaltiger Produkte sind Hybrid-Autos, Bio-Lebensmittel, weichmacherfreie Spielzeuge, Wasserbasislacke, regenerative Energien, schadstoffarme Kinderkleidung oder die Babynahrung ihres Vertrauens.

Es geht jedoch nicht (nur) darum, Erfolgsbeispiele von gestern zu kopieren, sondern selbst zukünftige Trends zu antizipieren, um den aufgeklärten Kunden von morgen zufrieden zu stellen. Dies geschieht mit Produkten, die in ihren wesentlichen Eigenschaften besonders nachhaltig sind, und die darüber hinaus einer nachhaltigen Wertschöpfungskette entspringen.

„Nachhaltigkeits-Skandale" können Unternehmen schnell ins Abseits führen. Wie es eine Bank formuliert hat: Kein noch so gutes Geschäft ist die Reputation des Unternehmens wert.

Vor diesem Hintergrund stellen sich drei zentrale Fragen:

1. Wie können Unternehmen mit ihrer eigenen CSR/Nachhaltigkeit ihre Kunden für sich einnehmen?
2. Wie können Unternehmen die Aufmerksamkeit ihrer Kunden in Richtung CSR/Nachhaltigkeit kanalisieren?
3. Welchen Einfluss können Kunden nehmen, wenn sie mit dem ökologischen oder sozialen Verhalten eines Unternehmens nicht zufrieden sind?

Zur Beantwortung dieser Frage sollen hier eine ganze Reihe von Beispielen herangezogen werden.

Vor einigen Jahren verstieß ein globaler Lebensmittelkonzern gegen die Grundüberzeugung vieler Verbraucher – diesmal ganz am Anfang der Wertschöpfungskette: Nachdem eine gentechnisch veränderte Tomate eines Mitanbieters in den USA vom Markt akzeptiert wurde, führte das Unternehmen einen Schokoriegel mit gentechnisch verändertem Mais in Europa ein. Sofort formierte sich Widerstand. Es wurde eine Protesttour durch mehrere Städte mit Demonstrationen vor Lebensmittelmärkten organisiert. Die einzelnen Termine und Märkte wurden im Internet angekündigt. Ebenso wurden dort die durchgeführten Aktionen dokumentiert. Trotz der Beteuerung des Lebensmittelkonzerns, dass gentechnisch veränderte Lebensmittel die Zukunft wären, nahmen mehr und mehr Einzelhändler das betreffende Produkt aus dem Sortiment. Kurze Zeit später verzichtete das Unternehmen schließlich ganz auf gentechnisch veränderte Zutaten.

Der Trend zur Nachhaltigkeit setzt jedoch auch durchaus positive Kunden-Energie frei. Ein hervorragendes Beispiel hierfür ist eine australische Brauerei.

---

[6] o.A. (2010)

Diese wurde im Jahr 2002 innerhalb von 13 Wochen unter starker Beteiligung der späteren Kunden gegründet. Dazu schickten die Gründer eine E-Mail an ihre 140 Kontakte und forderten sie auf, sich auf der Website als Online-Brauer zu registrieren und weitere Kontakte dazu einzuladen. Jeder Online-Brauer konnte über alle Aspekte der Wertschöpfungskette abstimmen. Im Ergebnis hatte das Bier – ein aus regionalem, ökologischem Hopfen gebrautes Lager im mittleren Preissegment – 16.000 Markenbotschafter, bevor es überhaupt auf den Markt kam. Heute ist die Brauerei als börsennotierte Gesellschaft mit mehr als 50.000 Kunden in 46 Ländern nachhaltig erfolgreich. Auch im deutschsprachigen Raum gibt es, vor allem im Bereich Fair Trade, aber auch im Bereich von Ökostrom viele Beispiele in denen Unternehmen und Kunden gemeinsam im Sinne der Nachhaltigkeit agieren.

Noch so umfassendes Marketing hilft jedoch nichts, wenn das Angebot nur oberflächlich nachhaltig ist. So bot ein Energiekonzern vor einigen Jahren seinen Kunden an, die individuelle Strommischung über ein Mischpult im Internet selbst zusammenzustellen. Für einen höheren Ökostromanteil wurde ein teurerer Tarif fällig. Trotzdem konnte nur die Standardmischung geliefert werden. Kritische Verbraucher prangerten diese Irreführung zunächst im Internet und später in den Medien an – verbunden mit einem enormen Imageschaden für das Unternehmen.

Grundsätzlich geht es einerseits einmal darum, die aus der mangelnden Nachhaltigkeit eines Unternehmens resultierenden Risiken einer negativen Kundenreaktion zu vermeiden und Auseinandersetzungen mit den Kunden zu verhindern. Hinzu kommt, dass die Kooperation zur wechselseitigen Verstärkung von Nachhaltigkeit und der Kundenenergie durch die gemeinsame Entwicklung einer nachhaltigen Wertschöpfungskette im Vordergrund steht.

Welche Strategie anzuwenden ist, leitet sich aus einem Portfolio ab, das aus vier Feldern besteht. Auf der Horizontalen wird das Nachhaltigkeitsdefizit aufgetragen. Dieses ergibt sich aus der Bedeutung der Nachhaltigkeit für das eigene Unternehmen im Vergleich zur Bedeutung für die Branche. Auf der Vertikalen steht die Bedeutung der Nachhaltigkeit, der „Nachhaltigkeitshebel", wiederum differenziert nach unterschiedlichen Branchen. *(siehe Abbildung 3)*

Ist die Nachhaltigkeitslücke groß, aber der Nachhaltigkeitshebel (noch) gering, sollte Vertrauen und eine nachhaltige Unternehmenskultur aufgebaut werden. Ist der Nachhaltigkeitshebel bereits hoch, müssen zunächst Risiken vermieden werden – auf keinen Fall darf eine Täuschung der Kunden durch nur scheinbar nachhaltige Angebote erfolgen. Besteht keine Nachhaltigkeitslücke oder sogar ein Vorsprung, sollte dieser Vorteil durch die Einladung ausgewählter Kunden zur Mitgestaltung der nachhaltigen Wertkette noch verstärkt werden. Bei (dann) hohem Nachhaltigkeitshebel lassen sich die positiven Effekte noch weiter steigern, indem immer mehr Kunden nach und nach in möglichst viele Wertschöpfungsschritte integriert werden.

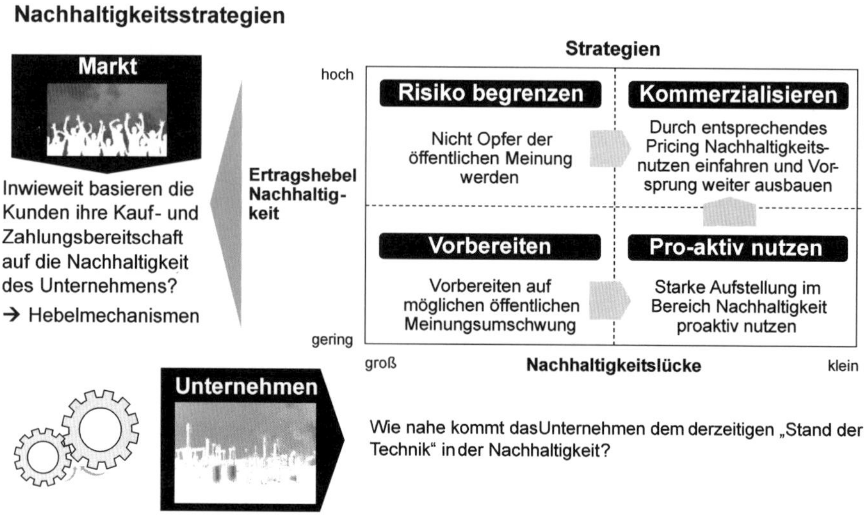

Nachhaltigkeitsstrategien

Strategien

Markt

hoch

Inwieweit basieren die Kunden ihre Kauf- und Zahlungsbereitschaft auf die Nachhaltigkeit des Unternehmens?

→ Hebelmechanismen

Ertragshebel Nachhaltigkeit

gering

Risiko begrenzen	**Kommerzialisieren**
Nicht Opfer der öffentlichen Meinung werden	Durch entsprechendes Pricing Nachhaltigkeits- nutzen einfahren und Vor- sprung weiter ausbauen
Vorbereiten	**Pro-aktiv nutzen**
Vorbereiten auf möglichen öffentlichen Meinungsumschwung	Starke Aufstellung im Bereich Nachhaltigkeit proaktiv nutzen

groß   **Nachhaltigkeitslücke**   klein

Unternehmen

Wie nahe kommt das Unternehmen dem derzeitigen „Stand der Technik" in der Nachhaltigkeit?

Abb.3: Abhängig von Kundenerwartungen und Nachhaltigkeitslücke ergeben sich passende Unternehmensstrategien.

4 Richtig wachsen: Mit Nachhaltigkeit den Umsatz steigern

Zahlreiche globale Projekte mit Bezug zur Nachhaltigkeit haben gezeigt, dass sich Investitionen zur nachhaltigen Ausrichtung von Unternehmen bei richtiger Planung und Umsetzung sehr schnell amortisieren können. Dabei lassen sich grundsätzlich zwei verschiedene Arten von Maßnahmen unterscheiden: solche, die sich „direkt tragen" und solche, die einen komplexeren Wirkungszusammenhang besitzen. Als selbsttragende Nachhaltigkeitsprojekte gelten diejenigen, die beispielsweise durch Optimierung der Einsatz- und Produktionsverfahren unmittelbar zu geringeren Rohstoffkosten und somit zu Einsparungen führen.[7] Darüber hinaus können aber auch „Nachhaltigkeitsmaßnahmen" notwendig werden, bei denen erst in ökologische und soziale Maßnahmen investiert wird, die sich zunächst aber wie Marketingausgaben nur als Kosten sichtbar werden. Aber auch diese Ausgaben können mittelbar zu steigenden Unternehmensgewinnen führen, wenn sie den Umsatz mittelbar ankurbeln. Weiterhin gibt es die Bereiche in der Nachhaltigkeit, die den Absatz ankurbeln und/oder die Preisspanne verbessern. Vorbilder dafür sind beispielsweise im Lebensmittelbereich der ökologische Anbau oder „fair gehandelte" Produkte.

In die Betrachtung eines profitablen Nachfragemanagements sollten idealerweise die folgenden vier wesentlichen „Hebelmechanismen" einfließen:

1. Reputation: Meinungsbildende Gruppen wie Medien oder Aktivistengruppen beeinflussen die Reputation eines Unternehmens und damit häufig auch die Kaufentscheidung des einzelnen Kunden.

---

[7] vgl. A.T. Kearney (2009b)

2. Individuelle Kaufentscheidung: Der einzelne, aufgeklärte Kunde ist durch seine individuelle Wahrnehmung von den Produkteigenschaften eines nachhaltig hergestellten Produktes überzeugt und ggf. auch bereit, einen höheren Preis zu bezahlen.

3. Verbesserung der Kostenposition: Nachhaltiges Wirtschaften wird allein durch reine Kosteneinsparungen rentabel. Beispiele hierfür finden sich im effizienteren Energieeinsatz.

4. Regulatorische Vorgaben: Regulatorische Eintrittsbarrieren beeinflussen Wettbewerbspositionen von Unternehmen. Infolge regulatorischer Vorgaben erhöhte Faktorkosten sollten bei einer im üblichen Rahmen durchgeführten Regulierung alle Marktteilnehmer treffen und können daher oft an den Kunden weitergegeben werden.

Vor diesem Hintergrund sollten sich Unternehmen die Frage stellen, welche Mechanismen für sie zutreffen. Insbesondere im Bereich der Reputation und der individuellen Kaufentscheidung ist es wichtig, eine umfassende, langfristige Strategie zu entwickeln, um durch Nachhaltigkeit profitables Wachstum zu generieren. Für die Verbesserung der Kostenposition und Reaktion auf Regulierung ist häufig eine nach innen gerichtete Optimierung ausreichend.

5 Richtig gewichten: „Nachhaltigkeitslandkarte"

Im wirtschaftlichen Umfeld ist ein wesentlicher Gedanke der Nachhaltigkeitsdebatte vor allem die Frage nach der Vereinbarkeit des Strebens nach Profitabilität mit sozialer Verantwortung und Schonung der Ressourcen. Im Mittelpunkt steht dabei die Frage, wie der „Triple Bottom Line"-Ansatz operationalisiert werden

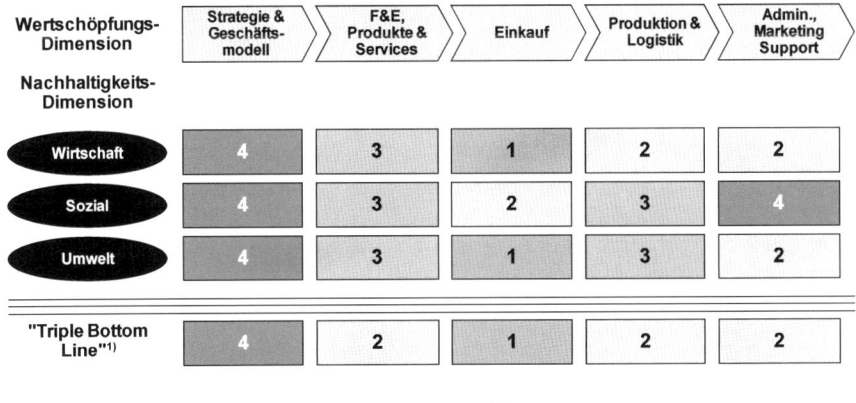

① = Mitmachen   ② = Aktiv werden   ③ = Zeichen setzen   ④ = Vorbild sein

1) "Triple Bottom Line" bewertet die minimal-erreichte Exzellenzstufe in einem Wertschöpfungsschritt; Unternehmen erhalten den erreichten "Triple Bottom Line"-Wert als Bonus zu ihrer Gesamtbewertung dazu; damit werden Unternehmen mit guter Balance über alle Nachhaltigkeitsdimensionen zusätzlich honoriert

Abb.4: Die „Nachhaltigkeitslandkarte" identifiziert entlang der kompletten Wertschöpfungskette eines Unternehmens seine Nachhaltigkeitspositionierung.

kann. So geht es um die Balance von wirtschaftlicher und gesellschaftlicher Entwicklung sowie den Schutz der natürlichen Ressourcen – einschließlich des Klimas an jeder Stelle der Wertschöpfungskette – also von der Strategie bis hin zu Einkauf, Produktion, Verkauf, Produktnutzung und Entsorgung (*siehe Abbildung 4*).

Erst wenn der strategische Fokus eines Unternehmens diese drei Ziele vereint und auch entlang seiner gesamten Wertschöpfungskette konsequent umsetzt, ist ein Unternehmen wirklich nachhaltig ausgerichtet. Die meisten Unternehmen betrachten dabei zunächst ihre eigenen zentralen Wertschöpfungsstufen und in einem zweiten Schritt die vor- bzw. nachgelagerten Stufen (*siehe Abbildung 5*).

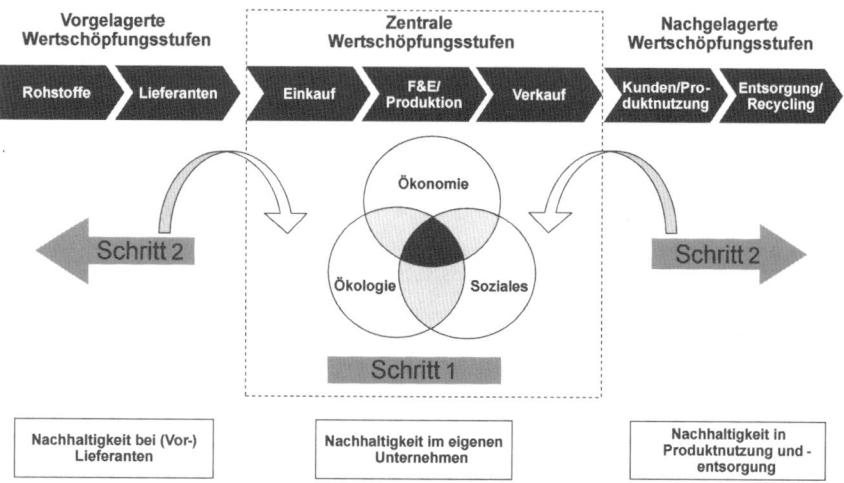

Abb. 5: Sequentieller Ansatz zur Umsetzung von Nachhaltigkeitsstrategien

Und genau hier liegt die eigentliche Herausforderung. Unternehmen stehen vor der Frage, wie diese Balance in ihrem Fall zu erreichen ist und wie die einzelnen Bereiche zu gewichten sind. Verständlicherweise ist den Unternehmen der Aspekt der wirtschaftlichen Entwicklung am besten vertraut – schwieriger fällt ihnen dagegen der Umgang mit den anderen beiden Feldern. Welche Auswirkungen hat beispielsweise die ökonomisch vernünftige Entscheidung, einen Standort innerhalb der Wertschöpfungskette zu schließen, auf das soziale Umfeld in der Region? Welche Auswirkungen kann es haben, preiswertere Rohstoffe einzukaufen, bei denen jedoch die Arbeitsbedingungen bei den Zulieferfirmen unklar sind?[8]

Bei allen Nachhaltigkeitsbestrebungen gilt es daher immer, die vollständige Wertschöpfungskette eines Unternehmens mit einzubeziehen und in allen Bereichen an der „Triple Bottom Line" auszurichten. Dabei ist die Frage, in welchen Bereichen ein Unternehmen einen bestimmten Nachhaltigkeitsaspekt besonders fokussieren sollte, nicht pauschal zu beantworten. Um die Nachhaltigkeit als echten Wettbewerbsvorteil zu nutzen, zeigen sich jedoch branchenspezifisch für die einzelnen Wertschöpfungsstufen einzelne Aspekte, die jeweils

---

[8] The Economist Intelligence Unit (EIU)/A.T. Kearney (2007)

eine ganz besondere Rolle spielen: Wo gilt es, Best-Practice zu sein? Wo reicht es aus, „sauber zu bleiben"? So ist sicherlich eine der aktuell größten Herausforderung für die Automobilindustrie, Fahrzeuge mit möglichst geringer Schadstoffemission zu bauen und so die Entwicklung alternativer Antriebe zu forcieren. Die Arbeitsbedingungen bei Zulieferbetrieben sind eher von sekundärer Bedeutung für Autokunden, da hier auch keine kritischen Punkte gesehen werden. Ganz im Gegenteil zum Textilhandel, die ihre Herausforderungen vor allem bei ihren Zulieferern, vor allem den Nähern und Färbern, hat, mit Themen wie Arbeitsbedingungen bis hin zu Kinderarbeit und Schadstoffbelastungen in Stoffen. In der Energieindustrie dreht sich alles so sehr um die Energieerzeugung, dass alle weiteren Nachhaltigkeitsaspekte weitgehend vernachlässigt werden können *(siehe Abbildung 6).*

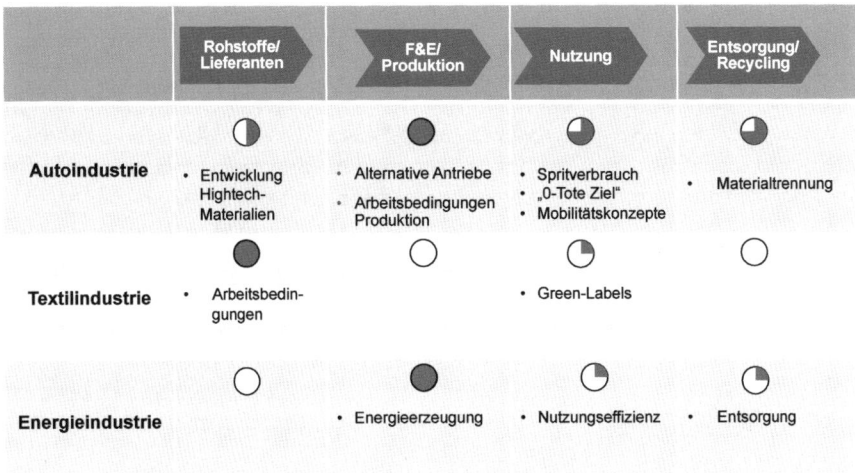

Abb. 6: Vorgehensweise: Wo sind die Nachhaltigkeits-Schwerpunkte zu setzen?

Dabei werden die einzelnen Stufen der Wertschöpfungskette natürlich von unterschiedlichen Kriterien dominiert. So sind beispielsweise in vielen Produktionen bei Zulieferern die Arbeitsbedingungen besonders relevant – also soziale Aspekte, während bei der Logistik die Frage der Transportweg-Optimierung und des CO_2-Ausstoßes im Fokus steht. So steht am Anfang einer jeden Nachhaltigkeitsstrategie die Frage, welche Aspekte bei allen am Wertschöpfungsprozess beteiligten – also bei Lieferanten, innerhalb des eigenen Unternehmens und beim Kunden im Mittelpunkt stehen.

Letzten Endes entscheidet der Kunde darüber, ob es einem Unternehmen gelingt, Nachhaltigkeit zu einem echten Wettbewerbsvorteil auszubauen. So steht am Anfang der Entwicklung einer Nachhaltigkeitsstrategie, die eigenen Kunden und ggf. auch die Endkunden der eigenen Kunden genau zu verstehen.

Dabei treffen Nachhaltigkeitspush und -pull aufeinander. Was ist technologisch möglich? Was ist vom Kunden gewünscht? Der Abgleich zwischen technologischen Möglichkeiten und Kundenwunsch ist dabei zentral.

Der erste Schritt für eine strategische Neuausrichtung einer Wertschöpfungskette im Sinne des „Triple Bottom Line"-Ansatzes ist eine umfassende Standortbestimmung:

- Wie sieht der eigene aktuelle CO_2-Footprint aus?
- Ist gewährleistet, dass die Arbeitsbedingungen bei allen Subunternehmern einem modernen Standard entsprechen?
- Existiert bereits eine übergreifende Nachhaltigkeitsstrategie?
- Welche verbindlichen Erfolgsindikatoren wurden bereits definiert?

Das ist eine Vielzahl von Fragen, für die es in den meisten Unternehmen bislang kaum verlässliche Antworten gibt. Die Tatsache, dass die wenigsten Unternehmen bislang einen effektiven Managementprozess in diesem Bereich definiert haben, unterstreicht die Schwierigkeit der Analyse und verdeutlicht zugleich den dringenden Bedarf für ein entsprechendes Tool.

Eine „Nachhaltigkeits-Karte" beleuchtet sowohl alle relevanten Nachhaltigkeitsdimensionen als auch die zentralen Stufen der Wertschöpfungskette und stellt vor allem auch die Wechselwirkungen der einzelnen Bereiche dar. Sie ermöglicht so eine umfassende und prägnante Einschätzung darüber, wie nachhaltig ein Unternehmen bereits ausgerichtet ist. Die Bestimmung der gesamthaften Nachhaltigkeit eines Unternehmens kann nur auf Basis einer strukturierten Abfrage erfolgen. Aus der Summe aller Antworten ergibt sich eine Übersicht, die eine differenzierte Analyse ermöglicht. Die Karte stellt damit ein effektives Werkzeug dar, um bereits implementierte Nachhaltigkeits-Initiativen zu prüfen. Mit den Bewertungsstufen „Mitmachen" über „Aktiv werden" und „Zeichen setzen" bis hin zu „Vorbild sein" lässt sich für Unternehmen genau ablesen, in welchen Feldern sie sich verbessern müssen.

6 Richtig erfolgreich werden: CSR/Nachhaltigkeitsstrategie

Für die „richtige" Strategie zur nachhaltigen Optimierung der Wertschöpfungsketten eines Unternehmens – und damit zur Differenzierung vom Wettbewerb – gibt es natürlich keinen „One size fits all"-Ansatz. Es gilt also, neue Wege zu finden und mit Mut zu beschreiten. Dazu sind die bisherigen Nachhaltigkeits-Bemühungen zu betrachten und durch ein Nachhaltigkeits-Assessment Stärken und Schwächen zu bestimmen. Je nach Ergebnis der Status Quo-Analyse und der Bedeutung der Nachhaltigkeit im jeweiligen Bereich, sind unterschiedliche strategische Vorgehensweisen für die Unternehmen möglich, um sich auf ihrem Nachhaltigkeits-Weg richtig zu positionieren und die passende Perspektive zu entwickeln.

- „Kommerzialisieren": Das Unternehmen ist in punkto Nachhaltigkeit vorbildlich aufgestellt, was zu einer massiven Gewinnung von Neukunden führt, die ggf. sogar höhere Preise akzeptieren. Durch entsprechende Preisgestaltung kann das Unternehmen von der Positionierung profitieren und den Vorsprung durch weitere Investitionen in Nachhaltigkeit weiter ausbauen.

- „Pro-aktiv nutzen": Im Bereich Nachhaltigkeit ist das Unternehmen zwar sehr engagiert und gut aufgestellt, allerdings ist die Kundenwahrnehmung gering. Zum Beispiel weil das Unternehmen Grundstoffe und Basiskomponenten herstellt, die nur mittelbar in das Endprodukt eingehen. Die gute Positionierung sollte jedoch pro-aktiv kommuniziert werden, um das Kundeninteresse und die Zahlungsbereitschaft zu erhöhen.
- „Risiko begrenzen": Das Unternehmen weist eine große Nachhaltigkeitslücke auf, ist aber generell in einem Bereich aktiv, in dem Kunden ein hohes Interesse an nachhaltigem Handeln haben. Hierbei ist es nur eine Frage der Zeit, bis dies offengelegt wird und das Unternehmen sich mit öffentlicher Kritik konfrontiert sieht. Dieses Risiko sollte durch das Schließen der Nachhaltigkeitslücke minimiert werden.
- „Vorbereiten": Das Unternehmen weist eine große Nachhaltigkeits-lücke auf, die Nachhaltigkeit der Produkte und Produktionsprozesse werden aber von den Konsumenten (noch) nicht kritisch hinterfragt. In diesem Segment wird es für das Unternehmen wichtig sein, sich auf einen möglichen Meinungsumschwung der Öffentlichkeit und der Konsumenten im Zuge des allgemeinen Nachhaltigkeitstrends einzustellen und frühzeitig entsprechende Handlungsstrategien zu entwickeln.

7 Richtig führen

Zahlreiche Studien belegen, dass Unternehmen, die nicht an der Börse vertreten sind, sich leichter damit tun, wirklich nachhaltig zu sein. Man kann davon ausgehen, dass hier die Eigentümer meist enger und langfristiger mit dem Unternehmen verbunden sind und Nachhaltigkeit deshalb besser auf den unterschiedlichen Ebenen des Unternehmens integrieren können.

Für jedes Unternehmen gilt jedoch gleichermaßen: CSR/Nachhaltigkeit ist eine Führungsaufgabe: Wesentlich ist dabei, die richtigen Kennzahlen zu finden und auf dieser Basis klare Ziele zu definieren. Ziel einer offenen und klaren Kommunikation ist es, die eigenen Mitarbeiter „mitzunehmen" und ihnen das Gefühl zu geben, sich auf einem gemeinsamen Weg zu befinden und dabei die eigene Geschichte zu schreiben. Eine Geschichte, die für das eigene Unternehmen und für die Zukunft dieser Welt die richtige ist.

Gleichzeitig eignet sich Nachhaltigkeit auch hervorragend, um Mitarbeiter einzubinden und für das gemeinsame Ziel zu begeistern. Hier gibt es für Unternehmen generell viel Potenzial im Bereich Mitarbeitermotivation zu leben, wenn die Führungsprinzipien stringent und konsequent dem Thema Nachhaltigkeit entsprechen.

Als hilfreiches Führungsinstrument hat sich hier eine um die wesentlichen Nachhaltigkeitskriterien erweiterte Balance Score Card erwiesen. Mit ihr können

Zielkonflikte sichtbar gemacht werden und Weichenstellungen auf Top-Management-Ebene in die Unternehmenswirklichkeit der operativen Tätigkeit überführt werden. So können die vielen Einzelentscheidungen in Vertrieb, Entwicklung, Produktion oder Einkauf in das jeweilige Spannungsfeld gesetzt werden und die Mitarbeiter Entscheidungen treffen, die den strategischen Rahmen so mit Leben füllen, dass ein ganzes Unternehmen sich auf den Weg Richtung Nachhaltigkeit macht.

8 Tue Gutes und lasse alle davon profitieren

Für ein erfolgreiches Nachhaltigkeits-Management zählen eine ganze Reihe unterschiedlicher Faktoren. Im Mittelpunkt steht dabei neben einer langfristigen Perspektive ein ganzheitlicher Ansatz, der die komplette Wertschöpfungskette umfasst. Dass erfolgreiche Nachhaltigkeitsstrategien möglich sind, unterstreichen bereits zahlreiche Best-Practice-Unternehmen, die mit ihren Initiativen führende Marktpositionen aufgebaut haben. Für Unternehmen, die sich bislang noch nicht mit dem Thema Nachhaltigkeit beschäftigt haben, wird es ohne klare, strategische Positionierung immer schwerer werden, sich gegenüber Wettbewerbern zu behaupten. Die Nachhaltigkeits-Karte und die Methodik zur Analyse der verschiedenen Hebelmechanismen kann für Unternehmen die Basis dafür schaffen, den eigenen Standort exakt zu bestimmen und die daraus resultierenden strategischen Optionen aufzuzeigen. Der Druck des Marktes und der Stakeholder wächst – und sollte als Chance für eine zukunftssichere Positionierung genutzt werden.

9 Literatur

A.T. Kearney (2007): Chain Reaction: Nachhaltigkeit fängt in der Supply Chain an, Whitepaper, März 2007.

A.T. Kearney (2009a): "Green Winners II – Green Winners: WACC and stock price of sustainable companies", Studie, November 2009.

A.T. Kearney (2009b): Reuse, Recycle and Reduce Complexity: Combining complexity reduction with sustainability principles—designing both into products, services and operations", Whitepaper, Januar 2009.

Carbon Disclosure Project (CDP)/A.T. Kearney (2011): „Supply Chain Report 2011", Studie, Januar 2011.

o.A. (2008): „Das Prinzip Nachhaltigkeit" erschienen in Frankfurter Allgemeinen Zeitung, 05.12.2008

o.A. (2010): Nachhaltigkeit und Markenentwicklung – Nachhaltigkeit ist mehr als eine Modeerscheinung, erschienen in Markenartikel, Nr. 12/2010.

The Economist Intelligence Unit" (EIU)/A.T. Kearney: (2007) Sustainability in Supply Chains, Oktober 2007.

Strategische Implementierung von CSR in KMU

Ulrike Gelbmann und Rupert J. Baumgartner

1 Einleitung

Spätestens seit Maßnahmen zur Energie- oder Ressourceneinsparung für Unternehmen auch ökonomisch Vorteile bringen, weiß man, dass ethisch korrektes bzw. sozial verantwortliches und nachhaltigkeitsorientiertes Verhalten nicht im Widerspruch zu ökonomischem Erfolg stehen muss. Viele Unternehmen erhalten massiv negatives öffentliches Feedback, wenn sie sich nicht ethisch korrekt verhalten, wie diverse Skandale beweisen. Es ist legitim und ethisch korrekt, aus sozial verantwortlichem Handeln gezielt ökonomischen Nutzen zu ziehen, umso mehr, wenn Unternehmen bewusst über gesetzliche Vorgaben hinaus ethisch handeln. Denn unternehmerisch verantwortungsvolles Handeln wird nicht dadurch abgewertet, dass man es für Unternehmenszwecke positiv nutzt. Grundsätzlich gilt „Tu Gutes und rede darüber!"[1]

Bislang hat sich allerdings noch keine einheitliche Sichtweise von CSR herausgebildet und unter diesem Titel werden eine Reihe von Ansätzen und Aktivitäten subsumiert. Insbesondere reicht das Verständnis von CSR von einzelnen, wenig integrierten CSR Projekten als ein Extrem bis hin zur vollständigen Integration von CSR in die Unternehmensstrategie. Setzt man wie der vorliegende Beitrag unternehmerische Verantwortung gleich mit unternehmerischer Nachhaltigkeit und ethisch korrektem Verhalten gegenüber den Stakeholdern, so erfordert dies die langfristige Integration des CSR-Gedankens in die Unternehmensstrategie.

Die strategischen Aktivitäten des Unternehmens müssen danach trachten, zur Wertschöpfung beizutragen. Das geschieht in der Regel dann, wenn die AbnehmerInnen bereit sind, mehr für die Leistungen des Unternehmens zu zahlen, als diese an Kosten verursachen. So tragen strategische Aktivitäten in erkennbarer und messbarer Weise zu den ökonomischen Nutzenerwartungen des Unternehmens bei.[2] Beliebig und nach dem eigenen Ermessen verteilte Wohltaten sind nicht Teil der strategischen CSR. Denn zur strategischen CSR zählen in erster Linie ökonomische, rechtliche und direkt mit dem Kerngeschäft zusammenhängende ethische Aspekte.[3] CSR-Aktivitäten und -Programme können daher als strategisch bezeichnet werden, wenn sie durch Unterstützung des Kerngeschäftes einen Beitrag zum wirtschaftlichen Wohlergehen des Unternehmens und zur Erfüllung seiner wirtschaftlichen Ziele leisten.[4] Das Kerngeschäft des Unternehmens steht in engem

---

[1] vgl. Husted/Allen (2000): 26ff.
[2] vgl. Burke/Logsdon (1996): 497; Husted/Allen (2009): 782
[3] vgl. Hansen/Schrader (2005); Wood (2010): 52
[4] vgl. Burke/Logsdon (1996): 496

Zusammenhang mit seinen Kernkompetenzen. Auf diesen muss strategische CSR aufbauen und dient dann außer zur Schaffung von unternehmerischen Vorteilen bzw. von sozialen und ökologischen Nutzen auch zur Verringerung von Risiken für das Unternehmen.[5]

Im Rahmen dieses Beitrages wird diskutiert, wie CSR langfristig in das unternehmerische Strategiesystem eingebettet werden kann und welche Aspekte dabei zu beachten sind. Der Fokus liegt dabei auf einer Darstellung der theoretischen Entwicklungen und Implikationen, wobei besonderes Augenmerk auf kleinere und mittlere Unternehmen (KMU) gelegt wird, deren CSR-Erfordernisse sich von denen großer Unternehmen mehrfach unterscheiden.

2 Besonderheiten der CSR in KMU

CSR wurde zunächst in großen multinationalen Unternehmen konzeptionell umgesetzt. Zudem ist der Begriff der KMU in sich heterogen, umfasst er doch Ein-Personen-Betriebe genauso wie Unternehmen, die schon an der Schwelle zum Großunternehmen stehen, Familienbetriebe und Franchises, lokale Handwerker und international tätige Unternehmen, alteingesessene Dienstleister und HighTech-Firmen. Dazu kommt meist die Überlastung der MangerInnen, die für mehr als einen Bereich zuständig sind und weniger Zeit und Engagement für CSR aufbringen können als „hauptamtliche" CSR-ManagerInnen in Großunternehmen.[6]

Eigentümer-ManagerInnen von KMUs wenden anstelle formalen Managementwissens oftmals Intuition an, und die strategische Planung ist in diesen Fällen oftmals nicht besonders ausgereift. Zudem haben sie eine Abneigung gegenüber Selbstbeschränkung, Bürokratie und Einflüssen von außen (z.B. NGOs), auch und besonders, wenn diese im Zusammenhang mit der Notwendigkeit von Innovationen stehen. Die Integration von CSR in die Unternehmensstrategie als freiwilliges und innovatives Konzept, dessen Erfolg nur bedingt gemessen werden kann, stößt daher teilweise nach wie vor auf Unverständnis, da den Eigentümer-ManagerInnen die Terminologie als kompliziert und das Konzept als überflüssig erscheinen.

Doch gerade KMU beweisen häufig, dass sie sozial und gesellschaftlich verantwortlich handeln können, ohne dafür irgendwelche expliziten CSR-Anstrengungen aufwenden zu müssen. Oft sind sie Familienunternehmen, in denen Loyalität, Engagement und Eigeninitiative einen viel höheren Stellenwert haben als in Großunternehmen. Auch der Grad der Integration/Partizipation der MitarbeiterInnen ist oft höher. Denn Eigentümer-ManagerInnen pflegen nicht nur enge Beziehungen zu ihren MitarbeiterInnen, es existiert vielmehr immer ein enger Zusammenhang zwischen ihren jeweiligen persönlichen Motiven und dem ethischen Verhalten des Unternehmens. Daher gibt es viele KMU mit exzellenter CSR-bezogener Performance, denen diese Tatsache gar nicht bewusst ist. Wenn

---

[5] vgl. McElhaney (2007): 1
[6] vgl. dazu und zum folgenden Gelbmann (2010b) und die dort angegebene Literatur

KMU daher über Wissen und Informationen verfügen, um CSR strategisch umzusetzen und die Erfolge sozialer und ökologischer Verantwortung öffentlich bekannt zu machen, verfügen sie auch über eine zusätzliche Chance, sich vom Mitbewerb abzuheben und auf diese Weise Wettbewerbsvorteile zu erzielen.

3 CSR als Teil des strategischen Managements

Zunächst ist zu klären, inwieweit CSR bzw. Nachhaltigkeitsbestrebungen mit dem strategischen Management des Unternehmens konform gesehen werden können und inwieweit sich dieser Ansatz auf KMU umlegen lässt. Der Begriff Strategie kommt aus der Kriegskunst und bezieht sich etymologisch auf die lateinischen Wörter „stratum" und „agere", mithin auf „umfassendes Handeln".[7] Entsprechend muss auch die Sicht auf CSR umfassend und dynamisch angelegt werden.[8] Eine „umfassende" Sicht erfordert ökonomisch vernünftiges Handeln in Bezug auf die gesamte unternehmerische Wertkette in Übereinstimmung mit existierenden Gesetzen und darüber hinaus.[9] Eine „dynamische" Herangehensweise stellt ab auf schrittweise Entwicklung der CSR im Unternehmen mit kontinuierlicher Verbesserung im Hinblick auf Nachhaltigkeitsaspekte.[10] Beidem wird im Folgenden Rechnung getragen.

3.1 Ablaufmodelle für strategische CSR Prozesse

Strategisches Management ist zukunftsorientiert bzw. langfristig, basiert auf umfassender Erhebung und Analyse von Informationen über das Unternehmensumfeld sowie auf der Analyse von unternehmensinternen und -externen Stärken und Schwächen, setzt spezifische Ziele, entwickelt einen Plan („die Strategie") zu deren Erreichung und weist der Zielerreichung entsprechende Ressourcen zu.[11] Ein wesentliches Element des strategischen Managements ist die Evaluierung der Aktivitäten bzw. die strategische Kontrolle. Kombiniert man diese mit Ansätzen aus dem Qualitätsmanagement,[12] so tritt dazu eine Feedbackschleife: Aus dem Erfolg bzw. Misserfolg bisheriger Aktivitäten werden Rückschlüsse für die Verbesserung der weiteren Planung gezogen. Damit soll eine kontinuierliche Verbesserung sichergestellt werden.[13] Für die Integration von CSR in das strategische Management wurden in der wissenschaftlichen Literatur verschiedene Ablaufschemata entwickelt.[14] Diese legen in der Regel großen Wert auf die Analyse der gegenwärtigen Verantwortlichkeitsperformance des Unternehmens, auf Stakeholderidentifikation

---

[7]   vgl. Gelbmann/Vorbach (2007): 166
[8]   vgl. Gelbmann (2010a): 91
[9]   vgl. dazu auch Porter/Kramer (2002 und 2006)
[10] vgl. dazu auch Jokinen/Malaska/Kaivooja (1998)
[11] vgl. Husted/Allen (2000): 783
[12] wie dem PDCA (Plan-Do-Check-Act)-Zyklus
[13] vgl. dazu und im Folgenden Syska (2006): 100-101
[14] vgl. Maon/Lindgren/Swaen (2009): 74ff. und die dort dargestellten Modelle

und -einbindung und Kommunikation der Nachhaltigkeitsperformance nach außen („Accountability"). In einigen Modellen wird speziell auf die Notwendigkeit des Commitment des Top-Managements und die Einbindung der MitarbeiterInnen hingewiesen, während Feedbackschleifen zur weiteren Planung nur selten berücksichtigt werden. Insgesamt aber scheinen diese Modelle relativ komplex und für KMU schwer handhabbar.

Denn speziell KMU benötigen einfache CSR-Instrumente, die wenig bürokratischen Aufwand verursachen, aber doch CSR effektiv zur Erringung von Wettbewerbsvorteilen nutzen.[15] Es gibt vor allem zwei Typen von Instrumenten speziell für KMU:[16] Die Darstellung von good/best practice Beispielen steigert zwar die Motivation, die einzelnen Konzepte sind aber meist nur schwer auf andere Unternehmen umlegbar. Diverse Leitfadenkonzepte stellen die Integration/ Implementierung von CSR meist in Form von Mehrstufenplänen dar,[17] orientieren sich meist an klassischen Managementprozessen und sind einfach und übersichtlich gestaltet. Ein eher komplexes Prozessmodell für die konkrete Umsetzung einer CSR-Strategie speziell in KMUs bietet Jenkins[18]. Sie stellt die Umsetzung konkreter Werte in Geschäftsprinzipien an den Anfang des Prozesses, gefolgt von der Definition von an die Kernkompetenzen des Unternehmens angelehnten CSR-Zielen und einer entsprechenden Strategie zur Erzielung von Wettbewerbsvorteilen. Eine Evaluierungs- bzw. Rückkoppelungsschleife zur verbesserten weiteren strategischen CSR-Planung beendet den Prozess. Dieses Modell fokussiert wie die meisten anderen auf die dem Unternehmen zugrunde liegende Wertestruktur, legt eine intensive Miteinbindung der Stakeholder, die Messung und externe Kommunikation der CSR-bezogenen Performance sowie intensives Commitment des Management bzw. im Falle von KMU der Eigentümer-ManagerInnen nahe. Nachfolgend werden daher diese Aspekte einer erfolgreichen Integration der CSR in das Strategiesystem des Unternehmens diskutiert.

3.2 CSR zur Steigerung der Wertschöpfung

Moderne Strategieansätze basieren auf dem Resource based View und stellen das Erkennen eigener Kernkompetenzen und darauf aufbauend die Generierung von langfristigen Wettbewerbsvorteilen in den Mittelpunkt.[19] Unternehmen, deren CSR-Strategien in Übereinstimmung mit ihrem Produktangebot und ihrem Kundenstamm stehen, arbeiten aktiv an der Schaffung von Wettbewerbsvorteilen und von Mehrwert für ihre KundInnen. Der aus effektiven CSR-Strategien entstehende Erfolg ermöglicht wiederum nachhaltiges Engagement. Damit verschwindet die Trennlinie zwischen CSR und Unternehmensstrategien. Burke/Logsdon identifizieren fünf Dimensionen zur Messung des Beitrags von CSR zur Wertschöpfung.[20]

---

[15] vgl. Gelbmann (2010a): 92
[16] vgl. Gelbmann (2010b): 36
[17] vgl. z.B. Wirtschaftskammer Österreich (2009); Köppl/Neureiter (2004); Dresewski (2007)
[18] vgl. Jenkins (2009)
[19] vgl. Prahalad/Hamel (1990): 81ff.
[20] vgl. dazu und zum Folgenden Burke/Logsdon (1996): 496ff.

- Passen die CSR Politik bzw. das CSR Programm zu den Unternehmenszielen („Zentralität")? Damit ist der Aspekt der Integration von CSR in das Kerngeschäft angesprochen.
- Ist das Unternehmen in der Lage, aus CSR Aktivitäten auch einen Zusatznutzen für das Unternehmen selbst zu lukrieren, und nicht nur quasi öffentliche Güter zur Verfügung zu stellen (Spezifität)? Dieser Aspekt beleuchtet weiter, ob das Unternehmen aus seinem ethisch-verantwortlichen Handeln auch Nutzen im Sinne eines value-added ziehen kann.
- Kann das Unternehmen durch seine CSR Aktivitäten entstehende gesellschaftliche Trends und auch entstehende Krisen vorwegnehmen (Proaktivität)? Hier stößt man unmittelbar auf den Zusammenhang von CSR und Innovation.[21] Denn bewusstes Erbringen nachhaltiger Leistungen und Eingehen auf Stakeholderbedürfnisse führt oftmals zu neuen Produkt- oder Serviceideen, die ihrerseits wieder Wettbewerbsvorteile ermöglichen.[22]
- Kann das Unternehmen seine CSR-Aktivitäten aus eigenem Antrieb und ohne externe Reglementierung wahrnehmen (Freiwilligkeit)? Die Frage der Freiwilligkeit gehört zu den umstrittenen Themen der CSR, ist im Kontext der Erzielung von Wettbewerbsvorteilen jedoch von untergeordneter Bedeutung. Denn zählt man auch die Befolgung von Gesetzen und (Quasi-)Standards zur Wahrnehmung gesellschaftlicher Verantwortung der Unternehmen, können allein dadurch kaum Wettbewerbsvorteile geschaffen werden.
- Wird das Unternehmen in der Gesellschaft als gesellschaftlich verantwortungsvoll wahrgenommen und ist imstande, daraus Nutzen zu ziehen (Sichtbarkeit)?[23]

Treffen diese fünf Aspekte – besonders die Zentralität – zu, wird CSR zur Unternehmensstrategie, die mit den zentralen Unternehmenszielen in Übereinstimmung steht, auf den Kernkompetenzen des Unternehmens aufbaut und von Beginn an darauf abzielt, zugleich unternehmerischen Mehrwert und positiven sozialen Wandel herbeizuführen. Dies gelingt jedoch nur, wenn CSR in die Unternehmenskultur und das tägliche Geschäftsleben eingebettet ist.[24] Gerade das kann aufgrund ihrer Struktur KMU leichter gelingen als Großunternehmen.

3.3 Analyse und Miteinbeziehung der Stakeholder

Wird in früheren Werken zum Thema „Strategieentwicklung" auf die Bedeutung einer Analyse des strategischen Umfeldes hingewiesen,[25] so wird nunmehr die Identifikation von Stakeholdern zusätzlich als wichtig herangezogen. Der Begriff Stakeholder wurde durch Freeman bekannt. Man versteht darunter jene AkteurInnen, die durch die vom Unternehmen zur Erreichung seiner Ziele gesetzten Handlungen betroffen sind oder durch ihr eigenes Handeln die Zielerreichung des

---

[21] vgl. Husted/Allen (2009): 783
[22] vgl. MacGregor/Fontrodona (2008): 12
[23] vgl. European Commission (2003): 7
[24] vgl. McElhany (2009): 31
[25] vgl. Porter (1999): 29; vgl. auch Gelbmann/Vorbach (2007): 96

Unternehmens beeinflussen können. [26] Diese Beeinflussungsmöglichkeiten werden auch als Ansprüche, die Stakeholder folglich als Anspruchsgruppen bezeichnet. Da Stakeholder durchaus auch einzelne Personen sein können, wird dieser Begriff hier nicht verwendet. Der Stake selbst (auch Anforderung oder Anspruch) kann ein (begründetes) Interesse, ein juristisches, moralisches oder Eigentumsrecht sein.[27] Sieht man Stakeholder als diejenigen Personen(gruppen), denen gegenüber sich das Unternehmen verantworten muss und deren Bedürfnisse es zu erfüllen trachtet, so besteht der Mehrwert/Zusatznutzen der Unternehmenstätigkeit für die relevanten Stakeholder darin, dass sie „glücklicher" sind als zuvor.[28]

Im Unterschied zur klassischen Umfeldanalyse, die sich auf die Erhebung potentieller Einflüsse aus dem Umfeld beschränkt („ouside-in"-Verbindung[29]), besteht das Stakeholdermanagement nicht nur in Identifikation der Unternehmensstakeholder. Sein Ziel ist es, langfristig aktiv und direkt auf die an das Unternehmen gestellten Anforderungen einzugehen.[30] Auch wenn dieses Eingehen nicht zwingend in Erfüllung aller Ansprüche bestehen muss, setzt es doch die aktive, bewusste Auseinandersetzung mit Wünschen und Erwartungen des gesamten Umfelds und die Anpassung von Organisation, Strukturen und Abläufe voraus („inside-out"-Verbindung[31]). Das wiederum impliziert die bewusste Übernahme von Verantwortung und rückt Aktivitäten im Bereich Stakeholdermanagement in einen direkten Zusammenhang mit CSR. Proaktives Stakeholdermanagement beruht auf der normativen Sichtweise, dass Verantwortung für die Stakeholder zu den grundlegenden Aufgaben des Unternehmens zählt (schon wegen des gesteigerten Interesses etwa der Medien an der Unternehmenstätigkeit).[32]

Proaktives Stakeholder Management kann zu Profitabilität und Stabilität des Unternehmens beitragen.[33] Denn Größen wie KundInnen- oder MitarbeiterInnenzufriedenheit tragen direkt oder indirekt zur Steigerung des Unternehmenswertes bei, der sich durch den Shareholder Value darstellen lässt. Dieser muss jedoch vom Stakeholder Value unterschieden werden, der Verantwortung der Profitabilität vorzieht, auf Verfolgung gemeinsamer Interessen abstellt und sich der Generierung von Nutzen für alle beteiligten Stakeholder widmet.[34]

Nicht nur die Identifikation der Stakeholder, zu der dieselben Instrumente eingesetzt werden können wie zur klassischen Umfeldanalyse, ist wichtig. Da das Unternehmen nicht jedes Stakeholderbedürfnis erfüllen kann, ist es sinnvoll, die Stakeholder nach ihrer Bedeutung für das Unternehmen zu klassifizieren und so geeignete Maßnahmen zu identifizieren. Es gibt verschiedene Möglichkeiten zur Klassifikation von Stakeholdern, von denen hier nur die zwei bekanntesten

---

[26] vgl. Freeman (1984)
[27] vgl. Gelbmann/Anastasiadis/Aschemann (2011): 58
[28] vgl. Husted/Allen (2000): 27-28
[29] vgl. Porter/Kramer (2006): 7
[30] vgl. Freeman et al. (2010):131-138
[31] vgl. Porter/Kramer (2006): 7
[32] vgl. Harrison/St. John (1996): 49
[33] vgl. Harrison/St. John (1996): 48
[34] vgl. Baumgartner et al. (2006): 23

dargestellt werden. Welches Klassifikationsschema man wählt, hängt von den Intentionen und Zielen der jeweiligen CSR-Strategie ab.

- Interne Stakeholder sind vor allem MitarbeiterInnen, EigentümerInnen und das Management. Zu den externen Stakeholdern gehören KundInnen, LieferantInnen, MitbewerberInnen, Anrainer und Nachbarn, die lokale Gemeinschaft (z.B. Gemeinde), aber auch Politik und Behörden, Medien, Schulen und Forschungseinrichtungen, Kirchen, Non Governmental Organizations wie z.B. Greenpeace, das Rote Kreuz oder die Caritas.[35]
- Eine etwas andere Einteilung unterscheidet primäre Stakeholder, die entweder ständig direkt am Unternehmen teilnehmen oder einen wichtigen Beitrag für das langfristige Bestehen des Unternehmens leisten.[36] Dazu zählen alle internen Stakeholder, aber auch KundInnen, MitbewerberInnen oder die natürliche Umwelt. Sekundäre Stakeholder beeinflussen die Unternehmensaktivitäten oder werden von diesen beeinflusst, ohne dass sie direkt involviert oder für das Unternehmensüberleben unbedingt notwendig wären wie lokale Gemeinschaften und Verwaltungseinheiten, BürgerInneninitiativen oder NGOs.[37]

3.4 Messung und Sichtbarmachung der CSR-Performance

Die Gewinnung von Zusatznutzen aus dem CSR-Engagement gelingt nur, wenn die Bemühungen auf diesem Gebiet den Stakeholdern sichtbar gemacht werden. Dies gilt sowohl für interne wie auch für externe Stakeholder. Sichtbarkeit erfordert als erstes die Messung der Auswirkungen der Unternehmenstätigkeit auf die Gesellschaft und die natürliche Umwelt. Diese CSR-bezogene Performance wird auch als Corporate Social Performance (CSP) bezeichnet.[38] Gemessen wird dabei in erster Linie die Wirksamkeit der CSR Aktivitäten.[39] Eine große Vielzahl von Ansätzen zur Messung einzelner Aspekte und der Gesamt CSP des Unternehmens wurden entwickelt.[40] In aller Regel messen diese Ansätze einzelne Faktoren der CSP in den Bereichen Input (wie etwa Einsparungen an Material und Energie, eine ethisch korrekte Supply chain oder ähnliches), unternehmensinternes Verhalten und Prozesse (z.B. Integration von Frauen auf Führungsebene oder KundInnenbeziehungen) sowie Output und externer Einfluss (z.B. Beziehungen zum lokalen Umfeld) [41)] und verzichten auf die Verdichtung zu einer einzigen oder auch nur wenigen Kennzahlen. An der Aufzählung der Beispiele allein wird deutlich, dass die Verbindung zwischen Corporate Social und Corporate Financial Performance über die Betrachtung von Stakeholder Bedürfnissen führt.[42]

---

[35] vgl. Harrison/John (1996): 47ff.
[36] vgl. Madsen/Ulhøi (2001)
[37] vgl. Post/Frederick/Lawrence/Weber (1996); Gelbmann/Anastasiadis/Aschemann/ (2011): 58
[38] vgl. Sangle (2010): 211
[39] vgl. Wood (1991): 711 und die dort genannten Beispiele
[40] vgl. Wood (2010): 62ff.
[41] vgl. Clarkson (1995): 114ff.; Waddock/Graves (1998): 304
[42] vgl. Freeman (2010): 245

Damit das Engagement im CSR Bereich und damit die Qualität der CSP für Stakeholder sichtbar wird, muss das Unternehmen dieses Engagement nach außen kommunizieren. Dazu dienen verschiedene Formen so genannter Nachhaltigkeitsberichte, in denen das Unternehmen selbst externen Stakeholdern über die Nachhaltigkeitsperformance des Unternehmens berichtet (first-party certification) und die Ordnungsmäßigkeit dieser Berichterstattung eventuell von dritter Seite bestätigen lässt (etwa durch die Global Reporting Initiative). Vertrauenswürdiger, weil von unabhängiger Seite geprüft, sind so genannte Visibility Signals wie staatliche oder von NGOs vergebene Güte- oder Umweltzeichen (z.B. das Europäische Umweltzeichen oder das Fairtrade Logo) oder Zertifizierungen z.B. nach ISO 14001, die bestätigen, dass das Unternehmen in den jeweilig zertifizierten Bereichen verantwortungsvoll handelt.[43]

3.5 Commitment zu CSR und Wandel

Commitment bedeutet im Deutschen „Bekenntnis zu" aber auch „echtes Engagement für" und „Hingabe an eine Sache". Damit ist Commitment zu CSR definiert als Bereitschaft, der gesellschaftlichen Verantwortung im Unternehmen eine wichtige Rolle zuzuschreiben und dafür auch zeitliche, personelle und finanzielle Ressourcen zur Verfügung zu stellen. Ohne das Commitment der Schlüsselpersonen sind alle CSR-Überlegungen von Vornherein zum Scheitern verurteilt.[44] Zu den Schlüsselpersonen gehören in jedem Fall das Top Management oder im Falle von KMU die Eigentümer-ManagerInnen, denen soziale und ökologische Verantwortung selbst ein Anliegen sein muss, um von MitarbeiterInnen und externen Stakeholdern ernst genommen zu werden.[45] Sie sind zugleich die Initiatoren und die Umsetzenden von unternehmerischen Wertevorstellungen. Letztere spiegeln wiederum die persönlichen Werte der MangerInnen wider.[46]

Die Eigentümer-ManagerInnen sind in der Regel auch die TreiberInnen des (nachhaltigen) Wandels in ihren Unternehmen. Strategische CSR bietet Unternehmen die Chance, aus den Projekten zu lernen, in die sie investieren. Wandel und Lernen erfolgen jedoch nicht kurzfristig, sondern vollziehen sich über einen längeren Zeitraum und erhöhen so kontinuierlich die Fähigkeit des Unternehmens, die näheren Umstände und das Zusammenspiel der Stakeholderbedürfnisse zu erkennen. Dieses neu gefundene Wissen erweitert die Kernkompetenzen des Unternehmens und stiftet auch gesellschaftlichen oder ökologischen Nutzen.[47] Aus diesem Grund muss sich das Management sowohl der Zusammenhänge als auch der Erwartungen, die CSR-Aktivitäten auslösen, bewusst sein. Insbesondere muss den ManagerInnen klar sein, dass ihr eigenes Handeln Zug um Zug die Umwelt beeinflusst. Engagement im Bereich der CSR kann daher zu vielerlei positiven

---

[43] vgl. Gelbmann (2010b): 38
[44] vgl. Pedersen (2006): 155
[45] vgl. Jenkins (2009): 28
[46] vgl. Baumgartner (2009): 107
[47] vgl. Heaslin/Ochoa (2008): 129

Entwicklungen, aber auch zu (teilweise unerwünschten) Rückkoppelungen im und in das Unternehmensumfeld führen.[48]

4 Ableitung einer CSR-Strategie

Ist die strategische Entscheidung getroffen, gesellschaftliche Verantwortung zu einem integralen Bestandteil der Unternehmensstrategie zu machen, kann mit der Entwicklung einer CSR-bezogenen Strategie begonnen werden. Neben der grundsätzlichen Ausrichtung CSR aktiv wahrzunehmen müssen nun die konkreten CSR-Ziele und eine CSR-Strategie abgeleitet werden. Grundsätzlich besteht bei diesen Aufgaben kein Unterschied zwischen Großunternehmen und KMU; da bei letzteren in der Regel die Entscheidungsstrukturen weniger komplex und die Kommunikationskanäle kürzer sind, kann der Planungs- und Entscheidungsprozess aber nach Möglichkeit schneller durchlaufen werden.

4.1 Ableitung der Ziele der CSR

CSR kann umso mehr zur Wertschöpfung beitragen, je direkter sie mit dem Unternehmen verbunden ist. Daher müssen zuerst die wichtigsten Ziele und Prioritäten des Unternehmens identifiziert werden, die durch die CSR-Strategie unterstützt werden sollen. Diese Aufgabe erfordert die genaue Auseinandersetzung mit den eigenen Kernkompetenzen und den Kernzielen des Unternehmens ebenso wie mit den Gegebenheiten am Markt bzw. mit den wesentlichen Stakeholdern. Neben der Berücksichtigung interner Chancen und Risiken sowie sich am Markt bietender Chancen ist es auch zielführend, quasi aus der Zukunft zurück auf die Gegenwart zu planen: Bei der Methode des Backcasting legt man zunächst einen erwünschten zukünftigen Zustand fest und leitet daraus die entsprechenden Maßnahmen und Zwischenziele ab, mit deren Hilfe man ihn erreichen will. Wegen des normativen Zugangs ist diese Methode für die Integration von Nachhaltigkeitsaspekten besonders geeignet.[49]

CSR-Bestrebungen werden nur dann erfolgreich sein, wenn sie nicht willkürlich „angeflanscht" werden, sondern dort integriert werden, wo das Unternehmen auch die Hauptquelle seiner Wettbewerbsvorteile sieht.[50] Mittlerweile gibt es auch empirische Belege dafür, dass Unternehmen mit ihren CSR Strategien erfolgreicher sind, wenn es ihnen gelingt, diese unter Einbeziehung der relevanten Stakeholder mit anderen funktionalen Strategien zu integrieren.[51] Die Ziele der CSR sind daher primär gleichzusetzen den Kernzielen des Unternehmens und erst in zweiter Linie umzulegen auf einzelne CSR Bereiche. Wesentlich ist, dass hier konkrete, umsetzbare und erreichbare Ziele gewählt werden, nicht wenig-opera-

---

[48] vgl. Maon/Lindgren/Swaen (2009): 72
[49] vgl. Baumgartner (2010): 151
[50] vgl. Porter/Kramer (2006)
[51] vgl. McElhany (2009): 32

tionale Ziele wie etwa „Wachstum". Beispielsweise könnte ein wichtiges Ziel im Rahmen des Kerngeschäftes die Gewährleistung exzellenter Produktqualität sein, die hohes Engagement der MitarbeiterInnen voraussetzt. Die geeignete CSR-Konsequenz könnte dann etwa in der Hebung der MitarbeiterInnenmotivation und -zufriedenheit bestehen. Hängt das Ziel „hohe Produktqualität" in besonderem Maße von der Wahl der Einsatzstoffe ab und haben diese eine internationale Supply Chain wie manche Textilien oder Lebensmittel, so können hier spezielle CSR-Maßnahmen gesetzt werden wie Kooperationen mit Kleinproduzentinnen in Entwicklungsländern.

Aus diesen Beispielen wird wiederum deutlich, dass Stakeholderbedürfnisse bei der Definition von CSR-Zielen von großer Bedeutung sind. CSR fragt nach den Verantwortlichkeiten des Unternehmens gegenüber der Gesellschaft und Umwelt, Stakeholder Management hat die Adressaten dieser Verantwortung und ihre Bedürfnisse zum Ziel, die in neuen Verantwortlichkeiten münden, in den hier gewählten Beispielen gegenüber MitarbeiterInnen oder KleinproduzentInnen. Die Bedeutung des einzelnen Stakeholders und damit die Wichtigkeit, die ihm bei der Setzung von CSR Zielen beigemessen wird, hängen dabei ab[52]

- vom Ausmaß seines Beitrags zur Unsicherheit, mit der das Unternehmen konfrontiert ist,
- von seiner Fähigkeit zur Reduktion dieser Unsicherheit sowie
- von der Fähigkeit des Unternehmens, strategische Alternativen zu ergreifen.

4.2 „Normstrategien" der CSR

Aus den operational definierten Zielen der CSR muss eine CSR Strategie abgeleitet werden, die zu deren Erreichung beiträgt. Viele der klassischen Management-Konzeptionen erlauben auf der Basis der gesetzten Zielsetzung und vor allem der Unternehmens- und Umfeldanalyse die Ableitung von Normstrategien, etwa die Produkt-Markt-Strategien von Ansoff, die Kosten- versus Qualitätsführerschaft bei Porter oder die Normstrategien der diversen Portfolien.[53] Es gibt auch Normempfehlungen zum Umgang mit einzelnen Stakeholdergruppen, ähnlich den Portfolien. Freeman selbst teilt Stakeholder nach dem Grad der Bedrohung ein, die von ihnen ausgeht, und ihrer Bereitschaft mit dem Unternehmen zu kooperieren:[54]

- „Swing Stakeholder" mit hohem Kooperations- und Bedrohungspotenzial. Ihnen ist das größte Augenmerk zu widmen, denn von ihnen gehen Gefahren ebenso aus wie Chancen.
- Defensive oder opponierende Stakeholder mit niedrigem Kooperations-, aber hohem Bedrohungspotenzial. Sie können ein Projekt scheitern lassen, ohne zum Erfolg beitragen zu können oder wollen. Sie sind die gefährlichsten Stakeholder.

---

[52] vgl. Harrison/John (1996): 51
[53] vgl. Gelbmann/Vorbach (2007): 166ff.
[54] vgl. Freeman (1984): 142 ff.; vgl. auch Savage et al. (1991): 65

- Offensive oder unterstützende Stakeholder mit hohem Kooperations- und niedrigem Bedrohungspotenzial. Von ihnen ist erheblicher Nutzen, aber wenig Gefahr zu erwarten.
- „Hold" oder marginale Stakeholder mit niedrigem Kooperations- und Bedrohungspotenzial. Sie verhalten sich der Organisation gegenüber eher passiv.

Hat man erkannt, welche Einstellung die Stakeholder dem Unternehmen gegenüber verfolgen, kann man hier erste Normempfehlungen festlegen. Harrison und St. John schlagen bei niedriger, durch einen einzelnen Stakeholder verursachter Unsicherheit vor, zu bekannten Instrumenten wie Kundenservice-, Beschaffungs- und Rechtsabteilungen, Public Relations oder Innovationsorientierung zu greifen. Bei hoher stakeholderinduzierter Unsicherheit raten sie zu „Stakeholder Partnering Tactics" in Form von gemeinsamen Entwicklungsteams mit KundInnen oder Lieferanten, Joint Ventures oder direktem gesellschaftlichem Engagement in den Standortgemeinden.[55] Entsprechend setzt man bei Swing-Stakeholdern auf Kooperation, bei defensiven Stakeholdern sind Absicherungs- bzw. Verteidigungsstrategien erforderlich, offensive Stakeholder sollte man jedenfalls in die Strategiebemühungen einbinden und marginale Stakeholder müssen zwar beobachtet werden, erfordern aber wenig aktives Engagement.[56]

Die Stakeholderstrategien nehmen unmittelbar Bezug auf die CSR Strategien, die teilweise insgesamt für das ganze Unternehmen gelten, teilweise jedoch auch auf die einzelnen Stakeholder zugeschnitten sein können:[57]

- Reaktive CSR setzt auf die Ableugnung von Verantwortung und leistet damit weniger Beiträge als von den Stakeholdern erwartet.
- Defensive CSR gibt zwar ein gewisses Maß an Verantwortung zu, will sich dieser aber nach Möglichkeit entziehen und erfüllt nur die absolut nötigen Mindestanforderungen
- Adaptive CSR akzeptiert gesellschaftliche Verantwortung und erfüllt alle gestellten Anforderungen
- Proaktive CSR sucht aktiv nach Verantwortungsbereichen und nimmt Anforderungen vorweg, indem sie mehr tut als von den Stakeholdern verlangt.

Wendet man eine enge Definition von CSR an, ist genaugenommen nur die proaktive CSR „echte" CSR, da nur sie „freiwillig" geleistet wird. Bei den proaktiven Strategien lassen sich mehrere konkrete Strategievarianten für CSR unterscheiden. Eine CSR-Strategie kann demnach sein:[58]

- introvertiert, unter Einhaltung von Gesetzen und anderen Standards im Hinblick auf ökologische und ökonomische Aspekte, um Risiken für das Unternehmen zu verhindern oder vermindern. Nachhaltigkeitsaspekte stehen dabei

---

[55] vgl. Harrison/St. John (1996): 51
[56] vgl. Freeman (1984): 142 ff.; vgl. auch Savage et al. (1991): 65
[57] vgl. Clarkson (1995): 108f.
[58] vgl. Baumgartner/Ebner (2010): 78

eher im Hintergrund (diese Variante entspricht einer defensiven bis maximal adaptiven CSR-Variante).

- extrovertiert, gerichtet auf Transparenz und Legitimierung des unternehmerischen Handelns durch die KundInnen und die Öffentlichkeit. Die konventionelle extrovertierte Strategie stellt dabei den PR-Aspekt von CSR-Aktivitäten in den Vordergrund, um das eigene Image zu erhöhen. Die Gefahr des so genannten Greenwashing ist hier gegeben. Die transformative Strategie ähnelt der konventionellen, legt aber mehr Wert auf die tatsächliche Umsetzung von CSR-/Nachhaltigkeitsaspekten,
- konservativ, als Effizienzstrategie mit dem Fokus auf Ökoeffizienz und integriertem technischen Umweltschutz. Die Betonung liegt hier auf dem Kostenaspekt bzw. der Prozessoptimierung bzw. auf ökologischen Aspekten, sowie auf der Gesundheit und Sicherheit der Mitarbeiter. Gesellschaftsbezogene soziale Aspekte stehen eher im Hintergrund.
- visionär im Sinne einer ganzheitlichem Nachhaltigkeitsstrategie, die in allen Unternehmensbereichen und -aktivitäten aktiv nach Nachhaltigkeitsaspekten sucht, um aus Differenzierung und Innovation Wettbewerbsvorteile zu ziehen. Eine konventionell visionäre Strategie hat dabei vor allem den Erfolg auf dem Markt im Sinn, während eine systemisch visionäre Strategie auf stetigem Streben nach mehr Nachhaltigkeit im Unternehmen beruht. So wird die bereits in 3 dargestellte breite dynamische und auf ständige Verbesserung gerichtete Sichtweise von CSR verwirklicht.

Hat man die strategische Ausrichtung, die Ziele der CSR sowie den jeweiligen Strategietyp definiert, kann man zur Entwicklung von Maßnahmenplänen zur Zielerreichung schreiten.[59] Diesen Maßnahmenplänen müssen entsprechende Ressourcen und verantwortliche Personen zugewiesen werden. Wie bereits oben erwähnt, bedarf strategische Planung der permanenten strategischen Überwachung bzw. Evaluierung und der regelmäßigen Rückkoppelung, um aus dem Erreichen bzw. aus eventuellen Fehlern für die weitere Entwicklung lernen zu können.[60]

5 Fazit

Die Integration von ökologischen und sozialen Aspekten in die Unternehmensführung stellt eine strategische Managementaufgabe dar. Daher wurden in diesem Beitrag die dafür relevanten Erkenntnisse der relevanten Managementliteratur dargestellt, um eine Übersicht über die Zusammenhänge zwischen CSR, Strategie und Stakeholder zu geben und unterschiedliche CSR Strategien vorzustellen.

---

[59] zur Entwicklung von Nachhaltigkeitsstrategien vgl. z.B. Baumgartner (2010): 153ff.
[60] vgl. Baumgartner (2010): 156

6 Literatur

Baumgartner, R.J.; Biedermann, H.; Klügl, F.; Schneeberger, T.; Strohmeier, G.; Zielowski, C. (2006): Generic Management: Unternehmensführung in einem komplexen und dynamischen Umfeld, Wiesbaden: Gabler DUV

Baumgartner, R.J. (2009): Organizational Culture and Leadership: Preconditions for the Development of a Sustainable Corporation. In: Sustainable Development, Vol. 17, 102–113.

Baumgartner, R.J. (2010): Nachhaltigkeitsorientierte Unternehmensführung: Modell, Strategien und Managementinstrumente. München und Mering: Rainer Hampp Verlag.

Baumgartner, R.J./Ebner, D. (2010): Corporate Sustainability Strategies: Sustainability Profiles and Maturity Levels. In: Sustainable Development, Vol. 18, 76-89.

Bea, F.X./Haas, J. (2009): Strategisches Management. 5. Aufl. Stuttgart: Lucius & Lucius.

Burke, L./Logsdon, J. M. (1996): How Corporate Social Responsibility Pays Off. In: Long Range Planning, Vol. 29, Nr. 4, S. 495–502.

Clarkson, M.B.E. (1995): A stakeholder framework for analysing and evaluating corporate social performance. In: Academy of Management Review, Vol. 20, S. 92–117.

Dresewski, F. (2007): Verantwortliche Unternehmensführung. Corporate Social Responsibility (CSR) im Mittelstand. Berlin: UPJ.

European Commission (2003): Mapping Instruments for Corporate Social Responsibility, EC: Luxembourg.

Freeman, R. E. (1984): Strategic management: A stakeholder approach, Boston: Pitman.

Freeman, R.E. et al. (2010): Stakeholder Theory. The State of the Art. Cabridge, UK: Cambridge University Press.

Gelbmann, U. (2010a): Establishing Strategic CSR: An Austrian CSR Quality Seal to Substantiate the Strategic CSR Performance of SMEs. In: Sustainable Development, Vol. 18, S. 90-98.

Gelbmann, U. (2010b): Comparative Analysis of Innovative CSR-Tools For SMEs. In: International Journal of Innovation and Sustainable Development. 5. Jg., Nr. 1, S. 35-50.

Gelbmann, U./Anastasiadis, M./Aschemann, R. (2011): Sustainability Reporting in ECO-WISES. In: Biedermann, H./Zwainz, M./Baumgartner, R.J. (Hrsg.): Umweltverträgliche Produktion und nachhaltiger Erfolg. Chancen, Benchmarks & Entwicklungslinien. München und Mering: Rainer Hampp Verlag, S. 55-66.

Gelbmann, U./Vorbach, S. (2007): Das Innovationssystem. In: Strebel, H. (Hrsg.): Innovations- und Technologiemanagment. 2., erweiterte und überarbeitete Aufl. Wien: Facultas, S. 95-155.

Hansen, U./Schrader, U. (2005): Corporate Social Responsibility als aktuelles Thema der Betriebswirtschaftslehre. In: DBW, Vol. 65, Nr. 4, 373-395.

Harrison, J.S./St. John, C.H. (1996): Managing and partnering with external stakeholders. In: Academy of Management Executive, Vol. 10, Nr. 2, S. 46-60.

Heaslin, P.A./Ochoa, J.D. (2008). Understanding and developing strategic corporate social responsibility. In: Organizational Dynamics, Vol. 37, Nr. 2, S. 125–144.

Husted, B.W./Allen, D.B. (2000): Is It Ethical to Use Ethics as Strategy? In: Journal of Business Ethics, Vol. 2, S. 21–31.

Husted, B.W./Allen, D.B. (2009): Strategic Corporate Social Responsibility and Value Creation. A Study of Multinational Enterprises in Mexico. In: Management International review, Vol. 49, S. 781-799.

Jenkins, H. (2009): A 'business opportunity' model of corporate social responsibility for small- and medium-sized enterprises. In: Business Ethics: A European Review, Vol. 18, Nr 1, S. 21-36.

Jokinen, P./Malaska, P./Kaivooja, J. (1998): The environment in an 'Information Society': a transition stage towards more sustainable development? In: Futures, Vol. 30, S. 485–498.

Köppl, P./Neureiter, M. (2004): Anleitungen zur Umsetzung von CSR: ein Management-Leitfaden für Unternehmen. In: Köppl, P./Neureiter, M. (Hrsg.): Corporate Social Responsibility. Leitlinien und Konzepte im Management der gesellschaftlichen Verantwortung von Unternehmen. Wien: Linde, S. 293-313.

MacGregor, S.P./Fontrodona, J. (2008): Exploring the Fit between CSR and Innovation. WP-759. Navarra: University of Navarra.

Macharzina, K. (2008): Unternehmensführung. Das internationale Managementwissen. Konzepte – Methoden – Praxis. 6. Aufl. Wiesbaden: Gabler.

Maon, F./Lindgren, A./Swaen, V. (2009): Designing and Implementing Corporate Social Responsibility: An Integrative Framework Grounded in Theory and Practice. In: Journal of Business Ethics. Vol. 87, S. 71–89.

McElhaney, K. (2007): Strategic CSR. In: Sustainable Enterprise Quaterly. Vol. 4, Nr. 1, S. 1-3.

McElhaney, K. (2009): A Strategic Approach to Corporate Social Responsibility. In: Leader to Leader. Vol. 2009, Nr. 52, S. 30–36.

Mitchell, R.K./Agle, B.R./Wood, D.J. (1997): Towards a theory of stakeholder identification and salience. Defining the principles of who and what really counts. Academy of Management Review. 4. Jg. Nr. 22, S. 853-886.

Pedersen, E.R. (2006): Making Corporate Social Responsibility (CSR) Operable: How Companies Translate Stakeholder Dialogue into Practice. In: Business and Society Review, Vol. 111, Nr. 2, S. 137–163.

Porter, M.E. (1999): Wettbewerbsvorteile. Spitzenleistungen erbringen und behaupten. 5. Aufl. Frankfurt a.M.: Campus.

Porter, M.E./Kramer, M. (2006): Strategy and society: the link between competitive advantage and corporate social responsibility. In: Harvard Business Review, December, 78–92.

Post, J.E./Frederick, W.C./Lawrence, A.T./Weber, J. (1996): Business and society: corporate strategy, public policy, ethics. 8, New York: McGraw-Hill.

Prahalad, C.K./Hamel, G. (1990): The Core Competence of the Corporation. In: Harvard Business Review. Vol. 68, Nr. 3, S. 79-91.

Sangle, S. (2010): Critical Success Factors for Corporate Social Responsibility. A Public Sector Perspective. In: Corporate Social Responsibility and Environmental Management. Vol. 17, S. 205–214.

Savage, G.T. et al. (1991): Strategies for Assessing and Managing Organizational Stakeholders. In: Academy of Management Executive. Vol. 5, Nr. 2, S. 61-75.

Schumpeter, J. A. (1934): The Theory of Economic Development. Cambridge, MA: Harvard University Press.

Syska, A. (2006): Produktionsmanagement. Das A — Z wichtiger Methoden und Konzepte für die Produktion von heute. Wiesbaden: Gabler.

Wirtschaftskammer Österreich – Stabsabteilung Wirtschaftspolitik und respACT (2009): CSR Leitfaden für Ein-Personen-Unternehmen Erfolgsfaktor FAIRantwortung Wien.

Wood, D.J. (1991): Wood, D. 1991. Corporate social performance revisited. In: Academy of Management Review, Vol. 16, S. 691-718.

Wood, D.J. (2010): Measuring Corporate Social Performance: A Review. In: Measuring Corporate Social Performance: A Review.

Vom integrierten zum integrativen CSR-Managementansatz

Bettina Lorentschitsch und Thomas Walker

1 Einleitung

Corporate Social Responsibility entwickelt sich in den letzten Jahren vom reinen „Gut-Menschentum oder Gut-Menschen-Tun" hin zu einem Managementansatz. Dies ist auch notwendig. Denn wie eine Umfrage der Wirtschaftskammer Salzburg im Jahr 2009[1] zeigt, leben und betreiben die Mehrzahl der kleinen und mittleren Unternehmen gesellschaftliche Verantwortung, doch mit noch zu wenig System, was wiederum dazu führt, dass der Nutzen der Übernahme von gesellschaftlicher Verantwortung nicht oder zu wenig sichtbar wird. Ebenso wird damit verhindert, dass CSR ein fixer Bestandteil der unternehmerischen Abläufe wird, was den sicht- und messbaren Erfolg von verantwortungsvollem Wirtschaften jedoch ausmacht.

In unserer jahrelangen Praxis der Implementierung von CSR in KMUs konnten wir erkennen, dass einige Projekte außergewöhnlich gut verliefen und überdurchschnittliche Ergebnisse messbar wurden. Dies machte uns neugierig und wir begannen zu forschen, wo bei diesen außergewöhnlich guten Projekten der Faktor lag, der den Unterschied ausmachte. Die Erkenntnisse aus diesen Forschungen führten zur Entwicklung eines „integrativen" Managementsystems für Corporate Social Responsibility. Dabei gilt es die bestehenden und zukünftigen Managementansätze und die Menschen in der Organisation zu verbinden. In der weiteren Forschung begleitete uns eine zentrale Frage: Wie können wir diese Erkenntnisse in einen Rahmen bringen, der wiederholbar und nachvollziehbar ist? Es war rasch klar, dass wir dazu auf die Erkenntnisse der wirtschaftswissenschaftlichen, philosophischen, kybernetischen, metaphysischen, systemischen und dialogischen Wissenschaften zurückgreifen müssen. Ziel war es, Modelle zu entwickeln, die in der Praxis funktionieren. CSR muss als humaner Managementansatz neben der ganzheitlichen Wirkung auf den klassischen normativen, strategischen und operativen Ebenen (welche auf der Struktur-, Verhaltens- und Aktivitätenebene sichtbar werden) auch noch ethischen Fragestellungen erkennbar und behandelbar machen. In Organisationen brauchen wir Bedingungen, die den Menschen helfen, auf ethische Fragestellungen, welche in vielen kleinen chaotischen und selbstorganisierten Systemen entstehen, sinnvolle Antworten zu finden. Dieses stetige Finden von Antworten ist der zentrale Bestandteil zur Förderung einer Verantwortungskultur.

---

[1] vgl. Voithofer/Dorr/Hölzl (2009)

Des weiteren mussten wir in unserer Praxis erkennen, dass auch in großen Unternehmen die Integration von gesellschaftlicher Verantwortung in ein bestehendes Managementsystem nicht oder nicht durchgängig vollzogen ist. Im Gegenteil, CSR findet sich primär in Projekten oder als Kapitel im Geschäftsbericht, aber nicht in Prozessen und Abläufen. Gerade aber die Einbindung von Handlungsfeldern der gesellschaftlichen Verantwortung von Unternehmen in standardisierte Abläufe würde eine Menge an Chancen eröffnen und Risiken minimieren, abgesehen von der Innovationskraft, die ein erweitertes Denk-und Handlungsfeld mit sich bringt.

Die nachfolgenden Abschnitte sollen daher einen Überblick über integriertes Management und die wesentlichen bekannten Modelle schaffen und Möglichkeiten der Integration von CSR in ein Managementsystem am Weg zum integrativen Managementsystem aufzeigen.

2 Definitionen

2.1 Managementsysteme

Das St. Gallener Managementkonzept definiert Managementsysteme als Diagnose-, Planungs- und Kontrollsysteme, welche der Formulierung strategischer Konzepte und der Kontrolle ihres operativen Vollzuges dienen.[2] Demnach ist die Funktion eines Managementsystems die Analyse bzw. Diagnose einer Ausgangssituation und die Darstellung einer zukünftigen Situation, die Planung und Erarbeitung der dafür notwendigen strategischen Schritte sowie die laufende Kontrolle der Systeme. Vor der Konstruktion eines Managementsystems im Unternehmen steht jedoch die Definition der Ziele, die durch das Managementsystem operationalisiert werden müssen.[3]

Diese Definition geht über die häufig verwendete, dass unter einem Managementsystem im Allgemeinen die Gesamtheit aller organisatorischen Maßnahmen, die zur Erreichung der Unternehmensziele notwendig sind, verstanden wird[4], hinaus, denn durch Diagnose- und Kontrollsysteme wird ein zirkuläres System geschaffen, das auch den Anforderungen betreffend die kontinuierliche Verbesserung einiger objektorientierter Managementsysteme, wie ein Qualitätsmanagementsystem, Rechnung trägt.

Die ISO selbst definiert ein Managementsystem wie folgt: **"Management system"** refers to the organization's structure for managing its processes – or activities – that transform inputs of resources into a product or service which meet the organization's objectives, such as satisfying the customer's quality requirements, complying to regulations, or meeting environmental objectives.[5]

---

[2]   Bleicher (2004): 362
[3]   Bleicher (2004): 362
[4]   vgl. Zink (2004): 205
[5]   www.iso.org/iso/iso_catalogue/management_and_leadership_standards/management_system_basics

Aus diesen unterschiedlichen Definitionen lässt sich ableiten, dass es im Unternehmen mehrere Managementsysteme bzw. Managementsubsysteme geben kann, zwischen denen sowohl Überlappungen als auch Wechselwirkungen bestehen.[6]

Managementsysteme gibt es immer und überall. Sie müssen nicht zwingend dokumentiert sein oder über eine Dokumentation nach bestimmten Anforderungen verfügen; häufig sind nur wenige schriftliche Belege für ein systematisiertes Vorgehen vorhanden. Aber ohne Management (-system) würde Chaos im Unternehmen herrschen. Daher gilt auch, dass eine Mindestdokumentation Unternehmen erfolgreicher macht.

Häufig in Unternehmen gemeinsam anzutreffende Managementsystem sind ein Qualitätsmanagementsystem, ein Umweltmanagementsystem, ein Kundenbeziehungsmanagementsystem oder ein Sicherheitsmanagementsystem und einige andere mehr. Im CSR-Leitfaden des Österreichischen Normungsinstitutes wird von einem Managementsystem der gesellschaftlichen Verantwortung gesprochen, d.h. auch für die Umsetzung von CSR im Unternehmen ist ein eigenes Managementsystem denkbar.

Eine Verknüpfung dieser unterschiedlichen Managementsysteme bzw. die Integration der einzelnen in ein Metamanagementsystem ist notwendig, um Ziel- und Organisationskonflikte zu vermeiden.

2.2 ISO 9001 und ISO 14001

Von den standardisierten Managementsystemen sind die ISO 9001 und 14001 weltweit am häufigsten anzutreffen. Die ISO (International Organization for Standardization) gibt auf ihrer Website (www.iso.org) an, dass derzeit mehr als eine Million Unternehmen nach ISO 9001 zertifiziert sind und mehr als 200.000 nach ISO 14001. Nicht erfasst von diesen Zahlen sind Unternehmen, deren Managementsystem auf einer dieser beiden Normen basiert, die aber keinerlei Zertifizierung haben.

Das ISO 9001-Qualitätsmanagementsystem ist daher das derzeit weltweit am meisten verwendete Managementsystem. Und diese ISO 9001 war es auch, die mit ihrer vollständigen Überarbeitung seit dem Jahr 2000 die Möglichkeit der Integration von Aspekten aus anderen Managementsystemen bietet und damit den Grundstein für integrierte Managementsysteme gelegt hat. Grund dafür war und ist die Prozessorientierung, d.h. die Darstellung und Erfassung des Unternehmens in seinen Abläufen. Seither sind im Wesentlichen alle relevanten Managementsystemnormen und -darstellungen prozesshaft, wodurch der Weg zu einem einheitlichen integrierten Managementsystem frei ist.

Dies ist auch notwendig, wie eine der wenigen verfügbaren Zahlen zu diesem Zusammenhang zeigt. Viele Unternehmen, die ein Umweltmanagementsystem (nach ISO 14001) betreiben, verfügen auch über ein Qualitätsmanagementsystem – konkret waren es 2004 86 % der nach ISO 14001 zertifizierten deutschen Unternehmungen, die ebenfalls über ein zertifiziertes Qualitätsmanagementsystem

---

[6] Bleicher (2004): 381

nach ISO 9001 verfügen.[7] Durch die Erweiterung der relevanten Normen- und Managementsystemfamilien um Aspekte wie Arbeitnehmerschutz, Risikomanagement etc. wird es für Unternehmen immer notwendiger, ein einheitliches integriertes System zu haben.

2.3 Integrierte Managementsysteme

Derzeit existiert keine genormte Definition dafür, was unter einem integrierten Managementsystem zu verstehen ist. Im Allgemeinen werden integrierte Managementsysteme als eine Zusammenführung der unterschiedlichsten Anforderungen, die an eine Organisation gestellt werden, in eine Struktur,[8] bezeichnet. Diese Anforderungen können aus den unterschiedlichsten Bereichen, wie Qualitäts-, Umwelt-, Sicherheits-, Gesundheits- oder Hygienemanagementsystemen, kommen. Durch die Zusammenführung kommt es á la longue zur Nutzung von Synergien, aber auch zu einer Vereinfachung der Abläufe, da mit einer Beschreibung mehrere wesentliche Aspekte abgebildet sind. Durch diese Bündelung der unterschiedlichen Anforderungen in ein System werden zudem Ressourcen gespart und die Wahrscheinlichkeit, ein einheitliches „schlankes" Managementsystem zu haben, steigt.

Auch Zielkonflikte lassen sich durch ein integriertes Managementsystem früher und wahrscheinlicher erkennen als durch mehrere parallel geführte und oft von unterschiedlichen Personen betreute Systeme.

Metamanagement versus integrierte Managementsysteme: In der Literatur und leider auch manchmal in der Praxis stößt man auf Metamanagementsysteme. Diese sind nichts anderes als ein Managementsystem, das die anderen im Unternehmen implementierten Managementsysteme managen soll. Dass dadurch das Ziel einer schlanken Organisation kaum erreichbar ist, liegt auf der Hand. Ebenso sei die Wirtschaftlichkeit eines solchen Meta-Managementsystems dahingestellt.

Da es, wie ausgeführt, keine einheitliche Definition von integrierten Managementsystemen gibt, hier zwei Varianten, die als Modelle für integriertes Management gesehen werden.

2.4 Varianten von integrierten Managementsystemen

2.4.1 St. Galler Konzept des integrierten Managements

Grundsätzlich basiert das St. Galler Management-Modell auf folgenden drei Ebenen: der normativen, die die Leitsätze definiert, der strategischen, die die Umsetzung der Leitlinien der normativen Ebene festlegt, und der operativen Ebene, die die in der strategischen Ebene entwickelten Vorgaben umsetzt. Dieses Modell wird laufend weiterentwickelt und bindet bei dem derzeitigen Entwicklungsstand auch die Stakeholder, die Unternehmensumwelt sowie die für das Unternehmen relevanten Wechselwirkungen der Interaktion mit den Anspruchsgruppen ein. Das von

---

[7] ISO 140001 in Deutschland, Erfahrungsbericht zum Forschungsprojekt des deutschen Umweltministeriums (2004): 36
[8] http://de.wikipedia.org/wiki/Integriertes_Managementsystem

Professor Knut Bleicher entwickelte Konzept eines integrierten Managements versteht unter einem integrierten Managementsystem das ganzheitliche, verbundene und zirkuläre Management der horizontalen Dimension (normatives, strategisches und operatives Management) und der vertikalen Dimension (diese besteht aus Aktivitäten, Strukturen und Verhalten der Organisation).

Im Sinne von CSR müssen wir dieses zweidimensionale St. Galler System noch um die dritte Dimension und eine zusätzliche Ebene erweitern. Die dritte Dimension stellt die ethische Ebene dar, womit der erste Schritt in Richtung eines integrativen Managementansatzes gemacht ist. Die zusätzliche Ebene ist die Sinnebene, welche das menschliche Handeln steuert und die Selbstverantwortung / Verantwortungskultur fördert.

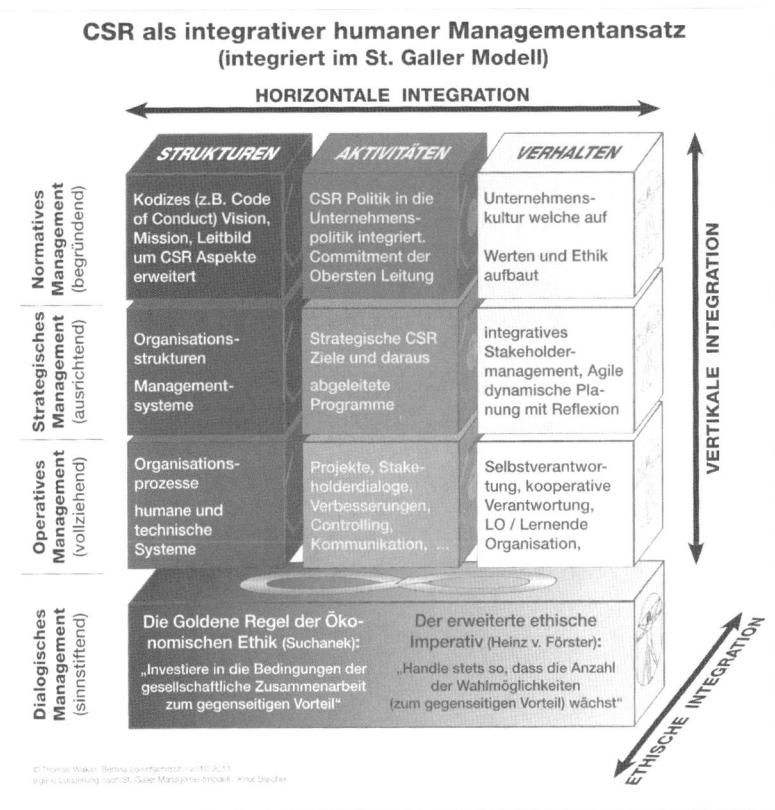

Abb. 1: Das um CSR erweiterte St. Galler Modell

2.4.2 Total Quality Management – EFQM-Modell

Total Quality Management (=TQM) ist ein Ansatz, der zum Ziel hat, verschiedene Konzeptionen zu einer umfassenden Qualitätsstrategie zu verbinden, und der keine isolierten Problemlösungen anstrebt, sondern das gesamte Unternehmensfeld einbeziehende Qualitäts- und Produktivitätssteigerungen zielgerichtet verfolgt.[9] TQM ist daher entsprechend der gängigen Definition ein Managementsystem, das durch die Mitwirkung aller Mitglieder einer Organisation die Qualität in den Fokus stellt und durch die Zufriedenstellung der Kunden auf langfristigen Geschäftserfolg sowie auf den Nutzen für die Mitglieder der Organisation und für die Gesellschaft zielt.[10] Diese Definition zeigt bereits die Stakeholderorientierung im TQM.

Für TQM an sich gibt es keine Normen, doch hat sich durch nationale und internationale Qualitätspreise ein gewisser Grundkonsens darüber, was darunter zu verstehen ist, ergeben. Der erste Preis für umfassendes Qualitätsmanagement wurde bereits 1951 in Japan vergeben und ist nach W. Edwards Deming als Anerkennung für seine Dienste um die japanische Wirtschaft benannt.

1987 zogen die Vereinigten Staaten von Amerika nach und der Kongress führte per Gesetz den Malcolm Baldrige National Quality Award ein, um durch Qualitätsverbesserungen bei Produkten und Dienstleistungen die Wettbewerbsfähigkeit der amerikanischen Wirtschaft zu fördern. Die Bedeutung dieses Awards wird durch die Verleihung durch den Präsidenten der Vereinigten Staaten zum Ausdruck gebracht. Im Gegensatz zum Deming-Preis liegt dem Malcolm Baldrige National Quality Award ein Bewertungsmodell zu Grunde.

Ein solches Bewertungsmodell liegt auch dem 1992 erstmalig verliehenen „Europäischen Qualitätspreis" (European Quality Award) zu Grunde. Dieser Preis wird von der 1988 gegründeten European Foundation for Quality Management organisiert, die auch das EFQM-Modell für Business Excellence entwickelt hat und nach wie vor ständig weiterentwickelt.

Das EFQM-Modell für Business Excellence besteht aus neun Kriterien zur Bewertung, wobei diese Kriterien unterschiedlich gewichtet werden. Die Kriterien lauten: Führung, Politik und Strategie, Mitarbeiter, Partnerschaft und Ressourcen, Prozesse, kundenbezogene Ergebnisse, mitarbeiterbezogene Ergebnisse, gesellschaftsbezogene Ergebnisse und Schlüsselergebnisse. Bereits aus dieser Aufzählung der Kriterien ist ersichtlich, dass das EFQM-Modell den Auswirkungen des Tuns einer Organisation auf die Gesellschaft einen größeren Anteil beimisst, als die andere Modelle, Preise oder Standards tun. Betrachtet man die Kriterien sowie die dazugehörigen Erläuterungen nun im Detail, so stellt man fest, dass CSR-relevante Kriterien Bestandteile des EFQM-Modells sind. Zink schreibt dazu in seinem Buch „TQM als integratives Managementkonzept", dass diese Höhergewichtung der Auswirkung auf die Gesellschaft im EFQM-Modell auch der aktuellen Diskussion um Corporate Social Responsibility gerecht wird.[11]

Derzeit orientieren sich allerdings nur wenige Organisationen am EFQM-Excellence-Award und auch der wirtschaftliche Nutzen des Arbeitens nach diesen Modellen ist bis dato nicht nachgewiesen,[12] auch wenn dieses Modell eine Chance für eine gelungene Integration von CSR in Unternehmen als umfassendes integriertes Managementsystem böte. Der wesentliche Nachteil dieser Systeme

---

[9] Gucanin (2003): 13
[10] ISO 8402 in Zink (2004): 55
[11] Zink (2004): 71
[12] Gucanin (2003): 15

ist die Fokussierung auf ein bestimmtes Thema – Qualität – und die teilweise Vernachlässigung anderer relevanter Aufgabenstellungen, wie Umwelt, Risiko und eben CSR/Nachhaltigkeit. Dabei wird jedoch auch eine wichtige Frage außer Acht gelassen: Ist das Managen dieser anderen Gebiete nicht grundsätzlich eine Voraussetzung für das Erzeugen von Qualität?

3 CSR und Managementsysteme

Betrachtet man die weithin anerkannten Handlungsfelder und ihre Inhalte von CSR, liegt es auf der Hand, dass CSR in seiner Grundkonzeption bereits alle Voraussetzungen enthält, um die Basis, den Ausgangspunkt für ein integriertes Managementsystem darzustellen. Gleichzeitig ist die Integration von CSR-Aspekten in ein bestehendes Managementsystem und seine darin enthaltenen Prozesse problemlos möglich.

3.1 Integration in ein bestehendes Managementsystem

Die Integration von CSR in ein bestehendes prozessorientiertes Managementsystem erfolgt im Wesentlichen durch die Einbindung der für das Unternehmen relevanten, d.h. mit dem Kerngeschäft in Verbindung stehenden Aspekte von CSR. Dies sollte auf allen Ebenen des Managementsystems erfolgen, sowohl auf der normativen – Unternehmenspolitik – und der strategischen – Unternehmensstrukturen – als auch auf der operativen in den Prozessen. Inwieweit ein Unternehmen einen eigenen CSR-Prozess definiert, hängt sowohl von der jeweiligen Organisation als auch von der herrschenden Unternehmenskultur ab. Um jedoch die wirklich durchgängige Integration von CSR in das Managementsystem zu gewährleisten, ist ein eigener Prozess – CSR-Management – sinnvoll. Im CSR-Management ist wie in allen anderen Managementsystemen: Das Commitment der obersten Leitung ist unumgänglich und die Ausgangsbasis für die Umsetzung im Unternehmen. Ebenso ist eine Analyse der bestehenden Prozesse sowie der gesamten Dokumentation auf Aspekte der gesellschaftlichen Verantwortung die Voraussetzung für eine erfolgreiche Integration. Die Analyse der gesamten Dokumentation umfasst nicht nur die explizit für das Managementsystem relevanten Unterlagen, sondern darüber hinaus auch nach innen und außen kommunizierte Berichte, Leitbilder und dergleichen. Anhaltspunkte für die einzelnen zu integrierenden Handlungsfelder und Aspekte von CSR finden sich in diversen Publikationen, ausgehend von den Inhalten des klassischen Triple Bottom Line-Ansatzes bis hin und detailliert beschrieben in der ISO 26000.

Die von der Organisation als relevant für das eigene verantwortungsvolle Unternehmertum ermittelten bestehenden Aspekte und Zukunftsthemen sollten, um ihre Umsetzung zu gewährleisten, einzelnen im Unternehmen bereits vorhandenen Prozessen zugeordnet werden. Eine Möglichkeit dafür ist die Erstellung einer kombinierten Prozess- und Verantwortungsmatrix:

Aspekte/ Prozesse	Werte	Arbeitszeit- modelle	Abfall- management	Stakeholder	Menschenrechte
Führung	x	x	x	x	x
Personal	x	x		x	x
Verkauf	x			x	x
Produktion	x		x	x	x
Einkauf	x		x	x	x
F & E	x		x	x	x

Abb. 2: Verantwortungsmatrix

Diese Matrix gibt ein klares Bild davon, welche Aspekte in welche Prozesse und damit wo in der Dokumentation als auch in der Umsetzung einfließen müssen. Sie dient als für jedes Unternehmen individuell gestaltbare Arbeitsunterlage und eignet sich natürlich auch für die Zusammenführung bereits bestehender anderer Managementsysteme.

3.2 CSR als Basis für ein integriertes Managementsystem

CSR wird häufig als eine Auflistung von Aktivitäten für „verantwortungsvolles Wirtschaften" oder verantwortungsvolles Unternehmertum gesehen. Dabei wird jedoch übersehen, dass sich CSR als Basis für ein integriertes Managementsystem geradezu anbietet. Gesellschaftliche Verantwortung von Unternehmen setzt voraus, die Auswirkungen von unternehmerischem Handeln auf die Anspruchsgruppen zu ermitteln sowie die Anliegen der Anspruchsgruppen gebührend zu berücksichtigen. Diese Anforderung umfasst: Qualitätsansprüche an das Produkt und die Dienstleistungen, Gesundheitsanforderungen der Mitarbeiter, aber auch der Kunden, alle notwendigen Sicherheitsvorkehrungen sowohl nach innen als auch nach außen, der Schutz der Umwelt sowie die Minimierung von Risiken. Zudem ist ein wesentliches Merkmal von CSR-Aktivitäten, dass diese über die gesetzlichen Anforderungen an das Unternehmen hinaus gehen, d.h. dass vor Umsetzung der CSR-Prozesse und -Aktivitäten die rechtlichen Grundlagen, Vorschriften in Gesetzen und Bescheiden etc. zu ermitteln sind und in weiterer Folge deren Einhaltung zu gewährleisten ist. Für diese Sicherstellung der Einhaltung böten sich natürlich die diversen entsprechenden Managementsysteme an, ein einziges auf CSR basierendes eröffnet aber die Chance auf ein schlankes und übersichtliches System. Da die bereits angesprochene ISO 26000 nicht zu Zertifizierungszwecken dient, erarbeiten derzeit in vielen Staaten Standardisierungsorganisationen Regelwerke, die einerseits teilweise Grundlage für eine Zertifizierung darstellen sollen, aber andererseits auch konkrete Umsetzungshilfen für das Managen von CSR in Organisationen bieten, mit anderen Worten Regelwerke, die Anleitung für die Umsetzung von CSR als Managementsystem bieten und von der Struktur her allen anderen relevanten

Managementsystemnormen gleichen. Auch dadurch werden die Wege für CSR als Ausgangssystem geebnet. Die praktische Umsetzung unterscheidet sich von der oben beschriebenen nur wenig, außer dass hier eben in die einzelnen CSR-Umsetzungsprozesse Aspekte aus beispielsweise dem Qualitäts-, Umwelt- oder Risikomanagement eingearbeitet werden.

4 CSR als integratives Managementsystem

4.1 Mit Hirn, Herz und Rückgrat – die drei Wirkungsebenen

Alle vorangegangenen Ausführungen zeigen die technische Integration von CSR und ihren Besonderheiten in bestehende oder neu zu bildende Managementsysteme. Völlig außer Acht wird dabei gelassen, dass es gerade im Bereich der gesellschaftlichen Verantwortung um mehr geht. Dieses Mehr hat seinen Ausgangspunkt in der Ethik und findet die Fortführung in der Unternehmenskultur und damit in den im Unternehmen vorherrschenden Werten und Wertegerüsten. Begreift man zudem den Zusammenhang zwischen CSR und Nachhaltigkeit, so gelangt man zu folgender CSR-Definition, die als Ausgangsbasis für CSR als integratives Managementsystem dient.

CSR ist ein humaner Managementansatz,
- *welcher auf Werten basiert,*
- *sich an den **Kernkompetenzen** der Organisation ausrichtet,*
- *eine **Balance** zwischen Wirtschaft, Gesellschaft/Sozialem und Umwelt fördert,*
- *auf die relevanten Interessens- und **Anspruchsgruppen** und den **Einflussbereich** Rücksicht nimmt*
- *und strategisch die generationenübergreifenden Themen behandelt.*

*Ziel dieses Managementansatzes ist es, nachhaltiges Wirtschaften zu fördern, welches darauf achtet, dass die Bedürfnisse der heutigen Generation befriedigt werden, ohne die **Chancen künftiger Generationen** zu beeinträchtigen.*

Abb. 3: CSR als humaner Managementansatz[13]

Aus dieser Definition geht eindeutig hervor, dass ein CSR-Managementsystem nicht nur die technischen Anforderungen des Umgangs mit CSR-Aspekten im Unternehmen umfasst, sondern darüber hinaus auch Werte umfasst und damit auf das System Unternehmen und die darin herrschende Kultur abzielt. Daraus ergibt sich, dass die Übernahme von gesellschaftlicher Verantwortung ihren ersten Ausdruck in der Managementphilosophie eines Unternehmens findet. Oder um es an das St. Galler Konzept integrierten Managements anzupassen, das Management gesellschaftlicher Verantwortung umfasst nicht nur die normative, strategische und operative Ebene, sondern ebenso die Struktur-, Verhaltens- und Aktivitätenebene. Mehr noch, der systematische Umgang mit Verantwortung von und in Unternehmen hat seinen Ausgang in der Bewusstseinsebene. Die Schlussfolgerung daraus

---

[13] Walker/Lorentschitsch (2011): 130

ist, dass CSR-Management als integratives Konzept ethische Fragestellungen erkennen und behandeln muss.

Diese Schlussfolgerung lässt sich indirekt auch aus der ISO 26000 ableiten, die es als Prinzip definiert, dass eine Organisation sich „ethisch" verhalten soll. Nur – was ist ethisches Verhalten bzw. Ethik generell? Da es die Ethik an sich nicht gibt, sondern Ethik sich in unserem Kulturkreis als philosophisch-theoretische Reflexion auf Moral versteht[14] und Moral wiederum das Abbild der in einem System geltenden Sitten, Normen und Werte ist, muss ein integratives CSR-Managementsystem auf Menschen abzielen, denn diese prägen und formen Sitten, Normen und Werte. Das heißt mit anderen Worten, ein integratives CSR-Managementsystem ist ein moralisches System. Ein moralisches System muss die Einbindung des Menschen gewährleisten.

Dies beinhaltet neben fachlichen und technischen Fragen auch immer moralische und ethische Fragen wie: „Was ist der Sinn unseres Tuns?" „Was sind die Auswirkungen unseres Tuns?" – Um auf diese Fragen Antworten finden zu können, muss ein ethischer Leuchtturm[15] geschaffen werden, damit CSR in seiner Ganzheitlichkeit wirken und der gegenseitige Vorteil für die Organisation, Gesellschaft und Umwelt entstehen kann.

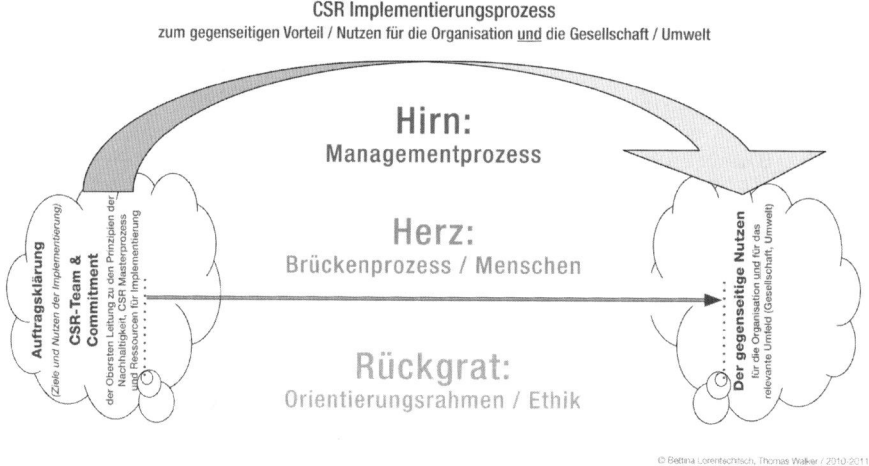

Abb. 4: Die Wirkungsebenen von einem integrativen Managementprozess

So bedarf es, wie in Abb. 4 zu sehen ist, folgender drei Wirkungsebenen:

- **Hirn** – der systematische und kontinuierliche **Managementprozess**, welcher die Aktivitäten bündelt, plant, misst, steuert, verbessert, in bestehende Abläufe integriert, Projekte initiiert, die Dialoge mit den relevanten Stakeholdern ma-

---

[14] vgl. Düwel (2006): 2

[15] z.B. mit der Goldenen Regel der Ökonomischen Ethik: „Investiere in die Bedingungen der gesellschaftlichen Zusammenarbeit zum gegenseitigen Vorteil"; siehe Suchanek (2001): 12

nagt, Innovationen fördert, Risiken vorbeugt und CSR in der Organisation am Leben erhält. Dabei ist es Aufgabe dieses Managementprozesses, eine Balance zwischen ökonomischen, ökologischen und gesellschaftlichen/sozialen Themen zu finden. Primäres Ziel ist es, den gegenseitigen Nutzen für die Organisation, Gesellschaft und Umwelt zu fördern.

- **Herz** – die **Brücke** zwischen **Management und Mensch**. Hierbei gilt es die richtigen Interventionen zu finden, damit die beteiligten Menschen in die Lage kommen, gemeinsam eine dynamisch agile Entwicklung zu gestalten. Ziel ist es, neben den Verbesserungszielen aus dem Managementprozess die Handlungskompetenz der Menschen zu fördern, Wissen zu teilen, ein persönliches und organisatorisches Lernen und kreative Lösungen (mit ethischen Aspekten) zu ermöglichen.

- **Rückgrat** – der **ethische Orientierungsrahmen**, der den Menschen hilft, die richtigen Fragen und Antworten zu finden. Dabei geht es nicht darum, die Menschen in ein moralisches Korsett zu pressen, sondern deren Rückgrat zu stärken, damit ein selbstverantwortliches und ethisches Handeln möglich wird. Hier reflektieren wir auf einer Metaebene die Rahmenbedingungen und entscheiden, was investiert werden muss, damit Menschen in die Lage kommen, den gegenseitigen Nutzen für die Organisation, Gesellschaft und Umwelt möglich werden zu lassen.

4.2 Der integrative Managementprozess (das Hirn)

Der CSR-Managementprozess hat die Aufgabe, *CSR/Nachhaltigkeit* in der Organisation am Leben zu erhalten. Dieser unterscheidet sich daher vom Grundablauf her nicht wesentlich vom klassischen Prozessmanagement (wie sich auch aus den laufenden Normungsverfahren ablesen lässt[16]). Sieht man ein Unternehmen als fortwährenden Prozess an, so ist klar, dass auch die CSR-Aktivitäten Bestandteil des gesamten betrieblichen Ablaufs sind.

Daher ist es die Aufgabe des CSR-Managementprozesses (CSR-Masterprozesses), einerseits einen strukturierten Ablauf der CSR-Aktivitäten eines Unternehmens zu gewährleisten und andererseits die Integration dieser Aktivitäten in den fortwährenden Prozess, also in die Unternehmenstätigkeit, zu ermöglichen. Prozessmanagement dient klassisch der Optimierung von Prozessen, dies ist auch beim CSR-Masterprozess der Fall, allerdings unter anderen Gesichtspunkten, nämlich der nachhaltigen Ausrichtung des Unternehmens in gesellschaftlicher, wirtschaftlicher und ökologischer Hinsicht. Erst so kann der gegenseitige Nutzen für Unternehmen, Gesellschaft und Umwelt möglich werden.

Die acht zentralen Prozessschritte im CSR-Masterprozess setzen sich wie folgt zusammen:

---

[16] z.B. die sich in Entwurf befindende Österreichische ON-Regel 192500 (2011). Hier wurde der Weg eines klassischen Managementansatzes (auf Basis des Drafts ISO DGUIDE 83 für Managementsysteme) gewählt, dieser um relevante CSR Themen erweitert und in einem Multistakeholderprozess länderrelevante Aspekte identifiziert.

- **Strategische Ausrichtung, Prinzipien / Grundsätze der Nachhaltigkeit, Werte:**
  CSR ist freiwillig, jedoch nicht beliebig. In der ISO 26.000 finden wir Grundsätze/Prinzipien[17], die eine Organisation akzeptieren muss, wenn sie es mit CSR ernst meint. Diese Grundsätze, die Vision, die Mission, die Strategien und die Werte leiten die Handlungen der Organisation. Diese Leitpflöcke müssen auf einander abgestimmt werden, damit ein gegenseitiger Nutzen für die Organisation, Gesellschaft und Umwelt entstehen kann.

- **Kernkompetenzen, Kernprozesse, Kerngeschäft:**
  Da CSR der zweiten und dritten Generation in das Kerngeschäft und in alle Unternehmensabläufe integriert werden muss, gilt es diese zu identifizieren und die Schnittstellen für Verbesserungen in Richtung Nachhaltigkeit zu ermitteln. Nur so kann ein verstetigtes System den entsprechenden Nutzen bringen.

- **IST-Analyse und Kennzahlenbasis:**
  Eine fundierte IST-Analyse in allen Kernbereichen von CSR/Nachhaltigkeit ist die Basis für die weiteren Verbesserungen, aber auch für eine Kommunikation. KPIs (Key Performance Indicators) und Kennzahlen in den Bereichen Ökonomie, Ökologie und Gesellschaft/Soziales bieten die Basis für die weitere Steuerung des kontinuierlichen Verbesserungsprozesses.

- **Anspruchsgruppen, Einflussbereich, Dialogstrategien:**
  Zentraler Bestandteil von CSR ist das Management der relevanten Interessens- und Anspruchsgruppen (Stakeholder). Dabei gilt es diese zu identifizieren, zu bewerten und entsprechende Dialogstrategien für die Zukunft abzuleiten und diese umzusetzen. Des weiteren gilt es den direkten und indirekten Einfluss der Organisation (sphere of influence) zu ermitteln, den diese auf andere Organisationen hat.

- **Ermittlung von Zukunftsthemen:**
  CSR ist dem Prinzip der Nachhaltigkeit folgend dazu da, die Zukunftsfähigkeit der Organisation, aber auch der Gesellschaft zu fördern. Oder frei nach Albert Einstein: *" Mehr als die Vergangenheit interessiert mich die Zukunft, denn in ihr gedenke ich zu leben."* Dieses Zitat gibt ein sehr gutes Bild von der Bedeutung von CSR-Management, das seinen Fokus auf Zukunft und zukünftige Generationen ausrichtet. Diese relevanten Zukunftsthemen gilt es zu ermitteln und in die strategische Ausrichtung und Zielfindung rückzuführen.

- **Planung der Maßnahmen und dynamische/agile Umsetzung:**
  Da CSR nicht nur in der Organisation, sondern auch im Umfeld der Organisation (Lieferkette, Gesellschaft, Umwelt) wirkt, kann eine Umsetzung der Maßnahmen nur dialogisch und dynamisch/agil erfolgen. Dabei sind in die Planung die relevanten Anspruchsgruppen einzubinden und entsprechend der Relevanz

---

[17] siehe ISO 26.000 (2011): Kapitel 4, die sieben Grundsätze / Prinzipien lauten: Rechenschaftspflicht / Verantwortlichkeit, Transparenz, ethisches Verhalten, Achtung der Interessens- und Anspruchsgruppen, Achtung der Rechtstaatlichkeit, Achtung internationaler Verhaltensstandards und Achtung der Menschenrechte.

Prioritäten zu setzen, um sich schrittweise der geplanten Zielerreichung nähern zu können.

- **Controlling, Review, KVP, Lernen:**
  Entsprechend den KPIs und den Kennzahlen gilt es die stetige Entwicklung zu steuern, Wissen zu sichern, dieses in der Organisation teilbar zu machen und basierend auf dieser Wissensbasis die kontinuierliche Verbesserung in Richtung Nachhaltigkeit sicherzustellen.

- **Berichterstattung und Kommunikation:**
  Sich am Grundsatz/Prinzip der Transparenz orientierend gilt es über die Entwicklungen im Bereich CSR/Nachhaltigkeit zu berichten / kommunizieren. Dies kann entweder intern und/oder auch extern erfolgen.

Wie die Abbildung fünf zeigt, ist der CSR-Managementprozess der Ordnungsrahmen für das systematische Vorgehen. Dem integrativen Gedanken folgend steht im Mittelpunkt aller CSR Aktivitäten einer Organisation der Mensch.

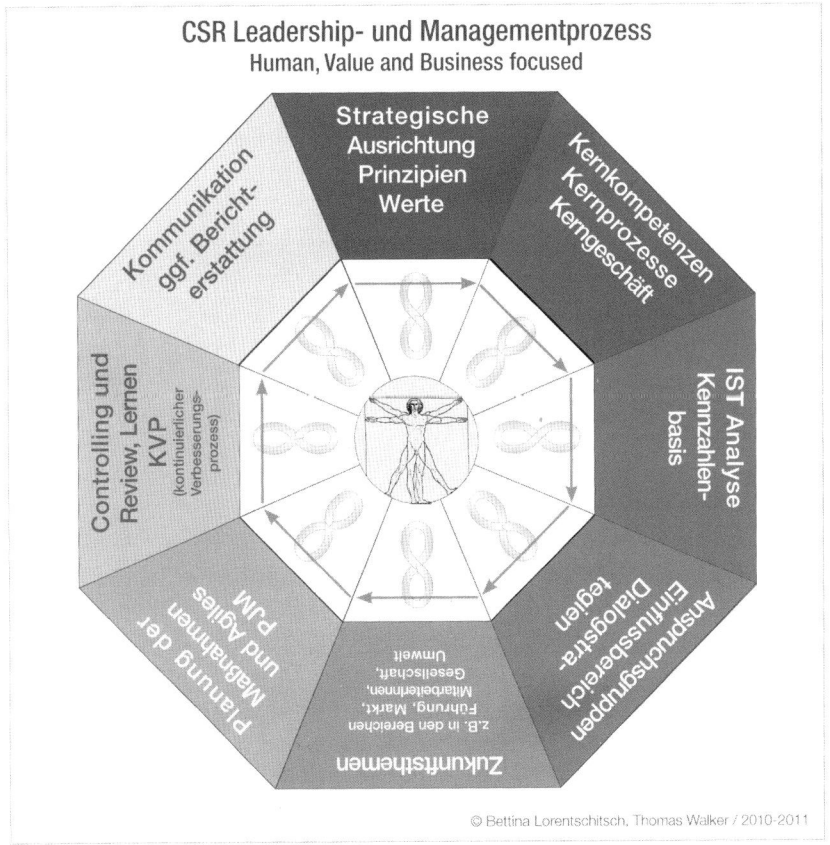

Abb 5: Die zentralen Schritte im CSR Managementsystem mit dem Menschen im Fokus der Aktivitäten

In Unternehmen handelt es sich nun nicht um einen einzelnen Menschen oder um ein einzelnes System, sondern um eine Vielzahl an Systemen und Subsystemen. Als System wird eine Ansammlung von Elementen und ihren Eigenschaften sowie deren Wechselwirkungen bezeichnet. Unternehmen sind offene Systeme, da zumindest ein Element eine Beziehung/Wechselwirkung zur Umwelt aufrechterhält. Im Unternehmen treffen nun Sachebene – Ordnungsrahmen oder CSR-Masterprozess – und Beziehungsebene – menschliche Systeme aufeinander. Der Kern des integrativen CSR-Managementsystems ist es nun, diese beiden Ebene miteinander zu verbinden. Für diese Verbindung ist ein Brückenprozess nötig

4.3 Der CSR Brückenprozess (das Herz)

Wenn wir diese Verbindung zwischen systematischem Managementprozess (das Hirn) und dem Menschen im Mittelpunkt nun auflösen und im Detail betrachten, so ergibt sich folgende Darstellung:

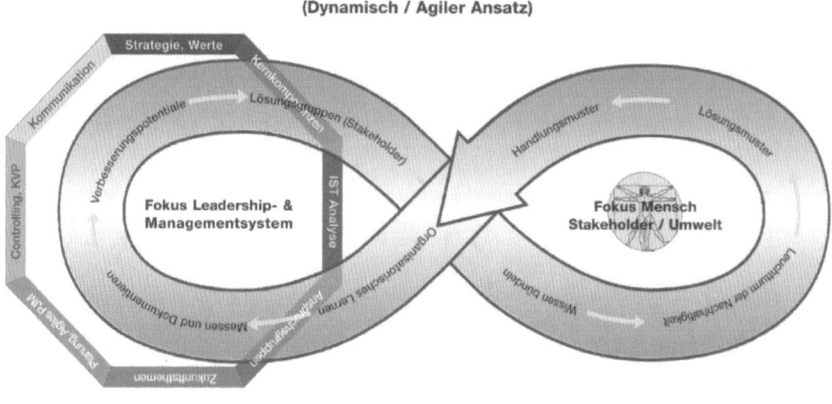

Abb 6: Der Brückenprozess der Management und die Menschen (Verantwortungsträger) verbindet

Durch diese Auflösung ergibt sich auf der einen Seite der systematische Managementansatz und auf der anderen Seite ein System von Menschen, die zur Umsetzung der Verbesserung notwendig sind. Der Brückenprozess (die Schleife) baut eine Brücke zwischen diesen beiden Welten. Nun stellt sich die Frage, wo die grundlegenden Unterschiede zwischen diesen beiden Welten liegen und warum eine „Brücke" zwischen Management und Mensch unabdingbar ist.

Ein Managementsystem bildet durch seinen linearen und standardisierten Ablauf einen Ordnungsrahmen. Dieser Ordnungsrahmen gibt Menschen Halt und Sicherheit. Durch diesen Ordnungsrahmen kommen wir in die Lage, systematisch Entscheidungen zu finden, zu dokumentieren, Handlungen zu generieren, Wissen teilbar zu machen und zu dokumentieren.

Auf der anderen Seite haben wir die Menschen welche von ihrer Natur aus „nicht linear"[18] veranlagt. Damit ist gemeint, dass scheinbar gleiche Situationen zu unterschiedlichen Reaktionen und Handlungen führen. Somit entsteht bei menschlichen Systemen immer eine Art von „Chaos". Interessanterweise bildet sich nach und nach aus diesem Chaos eine Form der Ordnung. In diesem Fall sprechen wir dann von Selbstorganisation (Autopoiese[19]). Im Zuge dieser Selbstorganisation, welche mit Selbstverantwortung einhergeht, wird die Verantwortungskultur in der Organisation gefördert.

Um Nachhaltigkeit zu ermöglichen, muss ein Managementsystem, welches einen Ordnungsrahmen bildet, mit einem System aus Menschen, welches ein selbstorganisierendes Chaossystem bildet, verbunden werden. Nur so kann CSR im Unternehmen zum Leben kommen und gegenseitiger Nutzen für Unternehmen, Gesellschaft und Umwelt entstehen.

4.3.1 Die Schritte des CSR-Brückenprozesses

Beim CSR-Brückenprozess sind auf der einen Seite jene Teile, die am Ordnungsrahmen des CSR-Masterprozesses (Managementprozesses) anknüpfen. Auf der anderen Seite finden sich jene Schritte, welche hilfreich sind, in einem chaotischen humanen System Lösungen zu finden und Handlungskompetenzen zu fördern.

Dabei werden im chaotischen menschlichen System vorerst nur einmal jene Punkte behandelt, welche am wesentlichsten sind. Es erfolgt sozusagen eine schrittweise Umsetzung der im Masterprozess identifizierten CSR-Aspekte. Nur so kann auf Veränderungen und Erkenntnisse aus den Stakeholderdialogen entsprechend agil und dynamisch reagiert werden.

Dieses schrittweise Vorgehen fördert die Selbstverantwortung der Menschen in der Organisation. Da die Komplexität der Aufgaben reduziert wird, wird der Transfer der strategisch geplanten Verbesserungen in den jeweiligen Handlungs- und Verantwortungskontext ermöglicht. Diese Reduktion auf das Wesentliche widerspricht der aktuellen Entwicklung in der Wirtschaft und Gesellschaft, in der alles schneller und komplexer geworden ist. Wenn man diese Entwicklungen mit Abstand betrachtet, kann man erkennen, dass die Quantität der Lösungen erhöht wurde, jedoch nicht die Qualität. Im Bereich der Nachhaltigkeit benötigt man jedoch qualitätsvolle Lösungen, welche langfristig wirken und Sinn haben.

Diese Reduktion auf das Wesentliche ist einer der schwierigsten Schritte für Menschen in den Organisationen. Paradoxerweise kommt durch diese Reduktion auf das Wesentliche der Ethische Imperativ[20] zum Tragen. Wenn die Komplexität zu hoch ist, fällt es Menschen schwer, Entscheidungen zu treffen. Durch die Reduktion der Komplexität erhöht sich die Wahlmöglichkeit und durch die Grundausrichtung auf den CSR-Masterprozess fördert dieser Antworten, welche zum gegenseitigen Vorteil für Unternehmen und Gesellschaft sind.

---

[18] Heinz von Förster (1993) spricht immer wieder von „nicht linear" bzw. „nicht trivial" in Zusammenhang mit menschlichen Systemen

[19] Maturana/Francisco (1984)

[20] von Förster (1993); Ergänzung von Walker (2011): „Handle stets so, dass die Anzahl der Wahlmöglichkeiten (zum gegenseitigen Vorteil) wächst (und diese wirksam werden)"

Somit sind die ethischen Prinzipien in diesem Brückenprozess bereits „eingewebt". Dabei bauen die Schritte aufeinander auf und sind voneinander abhängig (in Relation zueinander). Dazu nun das Grundmuster der Schritte im Detail:

Fokus Management:
- **Verbesserungspotentiale:** Ziele, welche sich auf der Basis des systematischen Managementprozesses ergeben. Diese Ziele dienen der Verbesserung der Bedingungen gesellschaftlicher Zusammenarbeit zum gegenseitigen Vorteil auf den Ebenen der Ökonomie, Ökologie und Gesellschaft[21].
- **Lösungsgruppen:** Identifikation der relevanten Stakeholder, die zur Realisierung bzw. Umsetzung dieser Verbesserung notwendig sind. Diese Identifikation sollte im Kern- bzw. Projektteam erfolgen und ist der Schlüssel für die Qualität der weiteren Lösungen.

Fokus Mensch:
- **Wissen bündeln:** Aufbau einer ethischen Spannung zwischen den Stakeholdern, welche die unterschiedlichen Sichtweisen zum Thema aufzeigt und nutzbar macht. Hier bedarf es eines Klimas der Wertschätzung, damit in der weiteren Folge eine sinnstiftende gemeinsame Wirklichkeit entstehen kann. Dabei gilt es die Emotionen der Menschen mit dem kognitiven Wissen zu verbinden. Indem die „stories behind" sichtbar gemacht werden, können alle Stakeholder am individuellen Wissen anknüpfen, wodurch die Lösungskompetenz erhöht wird.
- **Leuchtturm der Nachhaltigkeit:** Erweiterung der gemeinsamen Wirklichkeit um die Ziele der Nachhaltigkeit der Organisation. – Dabei wird das entstandene Wissen mit den strategischen Zielen der Nachhaltigkeit bzw. mit den sieben Prinzipien der ISO 26.000[22] verbunden. – Diese Themen bilden einen Leuchtturm, der den Menschen hilft, Prioritäten zu finden. Gepaart mit der Goldenen Regel der Ökonomischen Ethik können somit Wahlmöglichkeiten geschaffen werden.
- **Lösungsmuster finden:** Nachhaltige Lösungen in einer Organisation können erst dann entstehen, wenn sich das Verhalten der Menschen ändert. Verhalten beruht immer auf Mustern. Menschen zeigen in ähnlichen Kontexten immer wieder gleiche Muster. Dieses Musterverhalten beruht auf den organisatorischen und auf den menschlichen Werten der beteiligten Akteure. Um vom Problem zur Lösung gelangen zu können, muss das Problem in einen Kontext

---

[21] je nach Fortschritt im CSR-Prozess können die Bereiche Ökonomie, Ökologie und Gesellschaft/ Soziales noch feiner unterteilt werden. Das österreichische Leitbild „Erfolg mit Verantwortung" bietet fünf Themenfelder (Führung und Gestaltung, Markt, MitarbeiterInnen, Umwelt, Gesellschaft) und die ISO 26.000 sieben mögliche Handlungsfelder (Organisationsführung, Menschenrechte, Arbeitspraktiken, faire Betriebs- und Geschäftspraktiken, Konsumentenbelange, Umwelt, regionale Einbindung und Entwicklung des Umfelds)

[22] ISO 26.000 (2011): Kapitel 4 „Grundsätze der Gesellschaftlichen Verantwortung" – hier werden folgenden Prinzipien spezifiziert: Rechenschaftspflicht / Verantwortlichkeit, Transparenz, ethisches Verhalten, Achtung der Interessens- und Anspruchsgruppen, Achtung der Rechtsstaatlichkeit, Achtung der internationalen Verhaltensstandards, Achtung der Menschenrechte

gebracht werden und die dahinter liegenden Problemmuster sichtbar gemacht werden, um dann Lösungsmuster für zukünftige Handlungen identifizieren zu können. – Mit diesem Schritt muss die Komplexität verringert werden, um die Handlungskompetenzen fördern zu können.

- **Handlungsmuster ableiten:** Auf Basis dieser Lösungsmuster können dann Handlungen für die Verbesserung (welche ja zum gegenseitigen Vorteil für Organisation und Gesellschaft sind) abgeleitet werden. Sinn und Ethik sind durch die Integration der Werte im CSR-Masterprozess impliziter Bestandteil der Lösung.

Fokus Management:

- **Organisatorisches Lernen:** Die Reflexion der Handlungen generiert neue Erkenntnis, wodurch Wissen entsteht, welches für weitere Handlungen (die weiteren Brücken-Durchläufe) genutzt werden kann und muss. Dieses Wissen ist personenbezogen. Nun gilt es dieses Wissen (nach und nach) so aufzubereiten, dass es innerhalb der Organisation zwischen mehreren Personen geteilt werden kann. Dieser Schritt bildet sehr oft einen Eckpfeiler für eine Lernende Organisation.
- **Messen und Dokumentieren:** Zur Steuerung der Verbesserungen gilt es die Veränderungen zu messen und zu dokumentieren. Solange die gewünschten Verbesserungen noch nicht erreicht sind, wird der Brückenprozess wiederholt, wobei in den wiederholenden Iterationen die einzelnen Schritte des Brückenprozesses miteinander mehr und mehr verschmelzen. Das entstandene Wissen aus den einzelnen Iterationen (Durchläufen) hilft den Menschen, sich auf das Wesentliche zu konzentrieren und die Lösung zu erreichen.

4.4 Die ethischen Rahmenbedingungen (das Rückgrat)

CSR ist nicht nur ein Managementansatz, sondern auch eine „Geisteshaltung", die menschliche Reife braucht. Damit dieses Reife wachsen kann, bedarf es eines Klimas der Wertschätzung und des Respekts, aber auch Freiräume (Lücken) und Orientierungshilfen, um diese Lücken überwinden zu können. Ausdruck dieses Reifeprozesses sind immer wieder Augenblicke des Glücks.

Dabei ist ethische Reflexion „harte Arbeit". Für Menschen ist es ein Leichtes, den Zeigefinger zu heben und zu sagen „Du sollst …" bzw. „Du sollst nicht …". Aber genau das ist Ethik nicht und fördert auch nicht das höhere Ziel von CSR als humanem Managementansatz. Es braucht eine Verantwortungskultur, in der die Menschen zu einer Haltung kommen, wo sie eigenverantwortlich sagen können „Ich soll …" und „Ich soll nicht …". Es gilt sozusagen die „Handlungskompetenz" der Organisation und der Menschen in der Organisation zu fördern, damit ein Tun möglich wird, das gegenseitigen Sinn stiftet und Sinn hat.

CSR – als Ganzes der vielen kleinen kontinuierlichen Verbesserungsschritte – braucht eine Reflexionsebene, welche in der Zirkularität der Kybernetik II. Ordnung eine Lernebene darstellt. Nur so können entsprechende Antworten mit einem „Ich soll …" und „Ich soll nicht …" möglich werden. Dieses schrittweise

Vorgehen fördert die Verantwortungskultur in der Organisation, aber auch im Umfeld der Organisation.

Auf diesem Weg müssen Menschen, um dem Leuchtturm (den Zielen) der Nachhaltigkeit näher kommen zu können, Antworten auf prinzipiell unentscheidbare Fragen der Zukunft finden. Dies bedeutet, dass sie Mut benötigen, da sie im Vorhinein nicht in vollem Umfang feststellen können, welche Auswirkungen ihr Tun haben wird. Somit brauchen wir neben den ganzen strategischen und interventionstechnischen Hilfsmitteln vor allem eine Kultur, welche den Mut zur Lücke fördert.

Womit wir nun abschließend bei der wesentlichsten Frage angelangt sind: Kann die gesellschaftliche Verantwortung von Unternehmen überhaupt anders als durch ein integratives Managementsystem umgesetzt werden, um den Ansprüchen an sie selbst gerecht zu werden?

5 Literatur

Bleicher, K. (2004): Das Konzept Integriertes Management, Visionen – Missionen – Programme, St. Galler Management-Konzept, 7. Auflage, Frankfurt/Main.

Düwell, M. u.a. (2006): Handbuch Ethik, 2. Auflage 2006, Metzler, Stuttgart.

Gucanin, A. (2003): Total Quality Management mit dem EFMQ-Modell, Verbesserungspotentiale erkennen und für den Unternehmenserfolg nutzen, Berlin.

International Organization for Standardization (2011): ISO 26.000.

Maturana, H./Francisco, J. V. (1984): Der Baum der Erkenntnis.

Suchanek, A. (2007): Ökonomische Ethik, 2. Auflage, Mohr Siebeck / UTB.

von Foerster, H. (1993) KybernEthik, Merve Verlag, Berlin.

Voithofer, P./Dorr, A./Hölzl, K. (2009): Salzburgs Wirtschaft trägt Verantwortung. Wissenschaftliche

Schriftenreihe der Wirtschaftskammer Salzburg, LIT-Verlag, Wien.

Walker, T./Lorentschitsch, B. (2011): CSR – konkret: in Sedmak/Kapferer/Oberholzer: Marktwirtschaft für Menschen, Salzburg.

Zink, K.J. (2004): TQM als integratives Managementkonzept. Das EFQM-Modell und seine Umsetzung, 2., vollst. überarb. und erw. Auflage, München und Wien.

Ethische Interventionen zur Förderung einer Verantwortungskultur

Thomas Walker

1 Einleitung

Im vorangegangen Kapitel wurde CSR als integrativer Managementansatz betrachtet. Dieser basiert auf drei Wirkungsebenen: Hirn, Herz und Rückgrat. Dabei stellt das Hirn den systematischen Managementansatz, das Herz die Integration der Menschen im CSR- Prozess und das Rückgrat die Behandlung ethischer Fragestellungen dar. Dabei gilt es zu beachten, dass die ethischen Fragestellungen bereits im Vorfeld einer CSR- Implementierung bestehen. Somit ist die Ethik integrativer Bestandteil der Auftragsklärung und der Prüfung der Machbarkeit. Im Zuge der Umsetzung ist die Ethik durch den CSR-Brückenprozess[1] integrativer Teil der Aktivitäten, Projekte und Prozesse. Darüber hinaus kommt es im Zuge der Umsetzung zu zusätzlichen ethischen Fragestellungen, auf welche Menschen Antworten finden müssen.

Es müssen Rahmenbedingungen geschaffen werden, durch welche die am Prozess beteiligten Menschen in die Lage kommen, ethische Antworten zu finden. Der Begriff „Ver-<u>Antwortung</u>" impliziert das (Er-)Finden dieser Antworten. Dieses (Er-)Finden von Antworten basiert auf einem „Können", „Müssen", „Dürfen" und „Wollen"[2]. Am „Können" und „Müssen" fehlt es in den wenigsten Organisationen. Die praktischen Probleme sind beim „Dürfen" (systemisches Umfeld) und beim „Wollen" (Sinnfrage) angesiedelt. Essentiell dabei ist es, das Spiel der Verantwortungsvermeidung[3] zu durchbrechen, um eine nachhaltige Verantwortungskultur möglich werden zu lassen. Aus diesem Grund müssen begleitende Maßnahmen angeboten werden, die das Antworten -Finden „Dürfen" und „Wollen" fördern.

---

[1] siehe vorangegangen Beitrag in diesem Buch „Vom integrierten zum integrativen CSR-Managementsystem" Lorentschitsch/Walker (2012)
[2] Schmid/Messmer (2004): 44
[3] von Förster/Pörksen (1998): 94

Diese Maßnahmen beruhen auf den folgenden zwei ethischen Regeln:

A. Die Goldene Regel der Ökonomischen Ethik[4]
„Investiere in die Bedingungen der gesellschaftlichen Zusammenarbeit zum gegenseitigen Vorteil"

B. Der erweiterte Ethische Imperativ von Heinz von Förster[5]:
„Handle stets so, dass die Anzahl der Wahlmöglichkeiten (zum gegenseitigen Vorteil) wächst (und diese wirksam werden)[6]"

Dabei öffnet uns die Goldene Regel der Ökonomischen Ethik das Tor zum Management. Sie hilft uns, auf der normativen, strategischen und operativen Ebene die richtigen Entscheidungen zu treffen. Diese Regel bildet sozusagen den Leuchtturm für Investitionen in Rahmenbedingungen, damit ein gegenseitiger Vorteil für das Unternehmen, die Gesellschaft und die Umwelt wirklich wird. Dieser Ethische Imperativ ist der Anknüpfungspunkt zu den Menschen. Dabei geht es darum, Wahlmöglichkeiten zu schaffen, damit Menschen sinnvolle Antworten finden können, welche wert sind umgesetzt zu werden.

Dieser Beitrag bietet Lösungsmöglichkeiten für folgende Ebenen an:

- Die ethischen Fragen **im Vorfeld** einer CSR-Implementierung
  „Die Ausrichtung der CSR-Aktivitäten"
- Ethische Fragen im Bezug zu den relevanten **Stakeholdern**
  „Ethical Inquiry"
- Fragen der im CSR-Prozess engagierten Menschen
  (Förderung der **Verantwortungskultur**)
  „Ethical Stand Up Meetings"

2 Die Ausrichtung der CSR-Aktivitäten

2.1 Einleitung

Die Auftragsklärung(en) bildet das Fundament für den weiteren CSR- bzw. Nachhaltigkeitsprozess. Um dieses Fundament bauen zu können, müssen wir auf die Unternehmenswerte, die Geschichte, die Zukunft, das relevante Umfeld, die Anspruchsgruppen, die Kompetenzen, die Ressourcen und die Menschen achten.

Erste Ansprechpartner für den Rohentwurf des gesamten Gebildes sind die Eigentümer (bzw. die Eigentümervertreter) und die Geschäftsführung. Die

---

[4] Suchanek (2001): 12
[5] von Förster (1993)
[6] der ethische Imperativ wurde hier um die Faktoren (zum gegenseitigen Vorteil) und (und diese wirksam werden) erweitert; durch diese Erweiterung wird dieser kompatibel zur der Golden Regel der Ökonomischen Ethik

Grundentscheidung über die Ausrichtung und den Rahmen liegt in deren Verantwortung.

Dieser Rohentwurf (Basisdesign) ermöglicht die Prüfung in Hinsicht auf die Machbarkeit von CSR. Ist dieses Design technisch, fachlich, rechtlich, wirtschaftlich, zeitlich, aber auch ethisch umsetzbar? Und falls ja, wen und was brauchen wir dazu und bis wann ist was umgesetzt? Und was ist dann der gegenseitige Vorteil für das Unternehmen, die Gesellschaft und die Umwelt?

Fragen, auf die es gilt Antworten zu finden. Die Intervention der Auftragsklärung muss so gestaltet sein (und hier befinden wir uns in der Kybernetik[7] II. Ordnung), dass die Verantwortlichen in die Lage kommen, tragfähige und sinnvolle Antworten zu finden, welche zukunftsfähige Entscheidungen ermöglichen. Einige dieser Entscheidungen kann der Verantwortliche alleine fällen, andere wiederum brauchen einen breiteren Konsens. Daher kann es sinnvoll sein, die Auftragsklärung in mehreren Phasen durchzuführen, bis ein tragfähiges Rohdesign vorhanden ist.

2.2 Interventionsmuster für die Auftragsklärung(en)

Eine Auftragsklärung (im systemischen Sinne) ist eine Intervention zwischen mehreren Menschen, um ein Beratungssystem zu gestalten, welches eine definierte Zielrichtung hat. In unserem Fall bietet die ÖNORM S2502[8] Anhaltspunkte für diese Zielrichtung. Die zentralen Punkte, auf die es Antworten zu finden gilt, sind:

- Beurteilung der Machbarkeit und Erstellung eines Lasten-Pflichtenheftes
  - Grundsatzverständnis der gesellschaftlichen Verantwortung der Organisation
  - Bekenntnis und Bereitschaft der Organisation
  - Ziel- und Arbeitsvereinbarungen (Pflichtenheft)

Um diese Zielsetzung erreichen zu können, kann folgendes Interventionsmuster verwendet werden:

- „Ankoppeln": Wie ist es zu diesem Auftragsklärungsgespräch gekommen und was muss in diesem Gespräch (heute und hier) passieren?
- „Einschwingen": Abgleich der Haltungen und des gemeinsamen CSR-Verständnisses. Dies ist eine wichtige Phase in der es in kompakter Form um einen Abgleich von Wertehaltungen geht. Diese Phase hat Auswirkung auf die Prüfung der ethischen Machbarkeit. Folgende Punkte sollten dabei mindestens behandelt werden: CSR betrifft die ganze Organisation, CSR orientiert sich an den Kernkompetenzen, CSR ist kein Einmalprojekt, sondern ein Entwick-

---

[7] 1947 hat Norbert Wiener im Zuge der Macy-Konferenzen den Begriff Kybernetik vom griechischen kybernétes („Steuermann") abgeleitet. Kybernetik ist die Wissenschaft der Steuerung und Regelung von Maschinen, lebenden Organismen und sozialen Organisationen. Heinz von Förster definierte später den Begriff der I. und II. Ordnung der Kybernetik, wobei die erste Ordnung die steuernde Ebene selbst und die zweite Ordnung die rekursive Ebene dieser darstellt.

[8] vgl. Austrian Standards (2009)

lungs- bzw. Veränderungsprozess, CSR fördert eine lernende Organisation[9], die Anspruchsgruppen sind dialogisch einzubinden, die Auswirkungen im Einflussbereich (sphere of influence) sind zu berücksichtigen, Transparenz, …

- **„Der Blick in die Zukunft"**: Es geht darum, herauszufinden, was nach der Implementierung bzw. bei fortgeschrittenen Unternehmen der Verstetigung von CSR in den Bereichen Ökonomie, Ökologie und Gesellschaft anders sein soll. Die Ergebnisse dieser Intervention bestimmen wesentlich die Ausrichtung des weiteren CSR-Prozesses und sollen dem gegenseitigen Vorteil für Unternehmen, Gesellschaft und Umwelt dienlich sein.
- **„Commitment"**: Können die Verantwortlichen zu all diesen Punkten ja sagen und sind sie bereit, die entsprechenden Ressourcen zur Verfügung zu stellen? Sind sie bereit, sich selbst in den Prozessen zu engagieren und zu lernen? Sind sie bereit, mit den Anspruchsgruppen in den Dialog zu treten? Und sind sie vor allem bereit, CSR in der weiteren Folge zu verstetigen? …
- **„Nächste Schritte"**: Auf diesen Erkenntnissen kann ein Rohdesign für die Implementierung bzw. Verstetigung eines CSR-Prozesses erstellt werden, welches dann in der weiteren Folge mit den relevanten Anspruchsgruppen (in diesem Fall in der Regel einem CSR-Team) zu verfeinern ist. – Daher muss in der Auftragsklärung bereits ein Entwurf für die Zusammensetzung eines CSR-Teams erfolgen.

Mit diesem CSR-Team ist eine weitere Auftragsklärung durchzuführen, wobei die bestehenden Erkenntnisse die Basis hierfür bieten. Wichtig ist es, ein gemeinsames Verständnis zu finden, wo die Reise der ersten Implementierung hingehen soll. Des weiteren muss auch hier ein Commitment geschaffen werden, dass es sich bei CSR nicht um ein Einmalprojekt handelt. Ziel ist es, einen kontinuierlichen Verbesserungsprozess zu verstetigen. Die weiteren Ziele (nach der Implementierung) sind dann Teil des Reviews dieses Verstetigungsprozesses.

3   Interventionen auf der Stakeholderebene

3.1 Einleitung

Der Stakeholderansatz ist zentraler Bestandteil von CSR und Nachhaltigkeit. Wenn wir in die diversen Dokumente (z.B. Normen, Leitfäden u.a.) blicken, so sind folgende Elemente zu berücksichtigen:

- Identifikation der Anspruchsgruppen
- Ermittlung derer Interessen und Ansprüche bzw. Erwartungen
- Transparente Kommunikation zu den Anspruchsgruppen

---

[9] def. Lernende Organisation: Anpassungsfähige, auf äußere und innere Reize reagierende Organisation – Eine lernende Organisation erkennt dynamisch den Veränderungs- bzw. Entwicklungsbedarf und entwickelt kontinuierlich und selbstverantwortlich Lösungen und Innovationen

- Ermittlung des Einflussbereichs (sphere of influence) der Organisation (entlang der Stakeholderkette und Wertschöpfungskette)
- Sensibilisierung der relevanten Anspruchsgruppen für das Thema CSR
- Dialogische Einbindung in die Prozesse, Projekte und bei Entscheidungsfindungen
- Prüfung der Auswirkungen der Entscheidungen (Anspruchsgruppen, Gesellschaft, Umwelt)

In der Praxis hat sich gezeigt, dass es sinnvoll ist, die Anspruchsgruppen bereits zu einem sehr frühen Zeitpunkt einzubinden, wobei nicht alle Anspruchsgruppen im gleichen Umfang eingebunden werden können. Neben der Einbindung beim Implementierungs- und Verstetigungsprozess von CSR der zweiten Generation gibt es noch die Möglichkeit (und Notwendigkeit), „Multistakeholderdialoge" zu initiieren.

Multistakeholderdialoge sind Interventionen mit Vertretern aller relevanten Anspruchsgruppen. Die Themenwahl kann sehr unterschiedlich sein. In der Praxis hat sich gezeigt, dass einerseits Multistakeholderdialoge initiiert wurden, die ein ganz konkretes Thema hatten, anderseits gab es Veranstaltungen, welche eher allgemein gehalten waren. – Beides hat seine Berechtigung und kann Sinn haben, aber nur dann, wenn ein Dialog zwischen den Anspruchsgruppen ermöglicht wird, wobei hier das Wort Dialog in seiner ursprünglichen Bedeutung gesehen werden muss: „Dia Logos" – durch Worte Sinn erzeugen – eine Form der Intervention, die Menschen eine Plattform bietet, um gemeinsam etwas Sinnvolles zu (er)finden.

Des weiteren unterscheidet man in der nachhaltigen Organisationsentwicklung zwischen Entwicklungs- und Veränderungsprozessen. – Beim CSR-Brückenprozess[10] handelt es sich um einen Veränderungsprozess, der ein definiteres Veränderungs- bzw. Verbesserungsziel hat. Bei Multistakeholderprozessen geht es in der Regel nicht um konkrete Verbesserungsziele, sondern um die Ermittlung von Richtungen, an denen sich die zukünftige Entwicklung ausrichten kann. Somit zählt man diese in die Kategorie der Entwicklungsprozesse, wobei Entwicklungsprozesse immer im Ausgang offen sind und oftmals Überraschungen bieten.

Eine Form einer Multistakeholderintervention für Entwicklungsprozesse ist das „Ethical Inquiry" bzw. „Ethische Erkunden". Diese Intervention leitet sich von „Appreciative Inquiry" ab, welche Mitte der 1980-er Jahre von David Cooperrider erfunden und von Kathleen Dannemiller[11] und anderen weiterentwickelt wurde. Diese Grundinterventionsmethode bietet sich förmlich an, da sie bereits in den 1990-er Jahren den dialogischen Stakeholderansatz integriert hatte.

Aus der Praxis weiß man, dass Großgruppeninterventionen nur bedingt steuerbar sind. Aus diesem Grund ist eine professionelle Vor- und Nachbereitung unumgänglich, da ansonsten leicht die gewünschte Wirkung ins Gegenteil verkehrt werden kann. Falls die Intervention gelingt, dann fördert dies in einem hohen

---

[10] siehe vorangegangen Beitrag in diesem Buch „Vom integrierten zum integrativen CSR-Managementsystem" Lorentschitsch/Walker (2012)
[11] Dannemiller Tyson Associates (2000)

Maß das Antwortenfinden „Wollen" bei den beteiligten Menschen und somit in weiterer Folge die Steigerung der Selbstverantwortung, jedoch nur dann, wenn eine entsprechende Nachbetreuung geboten wird.

Ein zentraler Ansatzpunkt im gesamten Prozess sind die Prinzipien von selbstorganisierten Systemen[12]. Solche Systeme benötigen Rahmenbedingen, in denen sie sich entwickeln und entfalten können. Dabei ist darauf zu achten, dass es zu keinem „Kulturschock" in der Organisation kommt. Falls in der Organisation oder bei einem Großteil ihrer Stakeholder eher eine hierarchische Kultur vorherrscht, so muss gut geprüft werden, ob diese Form der Intervention sinnvoll ist. Nicht dass die Hauptintervention nicht gelinge könnte, jedoch ist in diesem Fall die Wahrscheinlichkeit hoch, dass sich der gegenseitige Nutzen (in den Handlungen) nicht einstellen wird.

Der Faktor, der den Unterschied ausmacht, ist, dass beim „Ethical Inquiry" zusätzlich zur Idee von „Appreciative Inquiry" der gesellschaftliche Fokus zum organisationsinternen Fokus hinzugefügt wird. So entsteht im gesamten Prozess eine „ethische Spannung", welche Lösungen ermöglicht, die zum gegenseitigen Vorteil für Unternehmen, Gesellschaft und Umwelt sind.

3.2 Ethical Inquiry

3.2.1 Die Vorbereitungen

Als erstes stellt sich immer die Frage des „um zu …" – Was soll mit dem Multistakeholderdialog erreicht werden bzw. was soll nachher anders sein?

Damit dies klarer wird, ein Beispiel aus der Praxis. Eine große Organisation wollte ihre Aus- und Weiterbildungsstrategie überarbeiten und die neuesten Erkenntnisse aus der Wissenschaft mit den Erfahrungen und Anforderungen der Praxis verknüpfen. Ziel war es, eine zukünftige Ausbildungsstrategie zu entwickeln, welche zum Vorteil für das Unternehmen, aber auch für die Gesellschaft sein sollte. Nach langen Diskussionen mit den Verantwortlichen, einer umfassenden Stakeholderanalyse und einer ca. halbjährigen Vorbereitungsphase wurde in diesem Fall ein „Ethical Inquiry" durchgeführt. Das „Ethical Inquiry" dauert einen Tag und es nahmen 80 Personen aus allen relevanten Stakeholdergruppen daran teil. Die Ergebnisse daraus revolutionierten das gesamte Aus- und Weiterbildungskonzept der Organisation, und bereits bei der Veranstaltung wurde von der Geschäftsführung beschlossen, diesen neuen Weg einzuschlagen. Da im Zuge der Vorbereitung bereits Ressourcen für eine Nachbetreuung geplant wurden, konnten die Ergebnisse entsprechend und Schritt für Schritt (dem agilen und dynamischen Ansatz entsprechend) in Lösungen und Handlungen transferiert werden. – Vier Jahre nach dieser Intervention kann rückblickend festsetllt werden, dass diese Intervention die richtige Entscheidung war und sich der gewünschte Vorteil nach und nach einstellt.

Womit wir schon bei einem wesentlichen Punkt sind, nämlich der Geduld. Oftmals liest man in der Literatur, dass Großgruppeninterventionen ideal für ei-

---

[12] Bateson (1979) sowie Maturana/Varela (1984)

nen raschen Wandel sind. Ich kann diese Erfahrung nicht teilen und sehe es als Teil meiner Verantwortung, die Organisation bereits in der Vorbereitungsphase auf diesen Umstand hinzuweisen. Werte wie Geduld und Mut sind für ein „Ethical Inquiry" unumgänglich.

Damit ein „Ethical Inquiry" funktionieren kann, müssen im Vorfeld Antworten auf folgende Fragenbereiche gefunden werden:

1. **Fragen nach dem Ziel der Intervention:** Z.B. zu den gewünschten Veränderungen in der Organisation, entlang der value und supply chain, der Gesellschaft und der Umwelt. Besonderes Augenmerk gilt es vor allem auf die von diesen Veränderungen betroffenen Werte zu legen.
2. **Fragen nach dem relevanten Umfeld:** Z.B. zu den betroffenen, notwendigen, verborgenen Stakeholdern, deren Werten und komplementären Werten.
3. **Fragen zu der Investition in die Rahmenbedingungen:** Z.B. zu Ressourcen, Umfang, Freiheiten, Nachbetreuung, Werten etc.
4. **Fragen zur Gestaltung der Fragen:** Z.B. Passen sie zu den Zielen, dem Umfeld, den Rahmenbedingungen. Daher müssen die Fragen für folgende Phasen detailliert erarbeitet werden:

- „Sunrise"-Phase
- „Discovery"-Phase
- „Sustainable Dream"-Phase
- „Dialogue"-Phase
- „Design"-Phase und
- „Destiny"-Phase

Eine professionelle Vorbereitung ist für das Gelingen der Intervention unumgänglich.

3.2.2 Die Hauptphase: Die Großgruppenintervention „Ethical Inquiry"

Ein gutes „Ethical Inquiry" beginnt mit einer wertschätzenden Einladung der relevanten Stakeholder. Es hat sich gezeigt, dass die wichtigen Anspruchsgruppen persönlich und „face to face" angesprochen werden müssen. Durch diesen vorbereiteten Dialog bekommt das Vorbereitungsteam weitere Inputs für die eigentliche Intervention. Essentiell bei diesen Vorbereitungsgesprächen ist es, Sicherheit zu erzeugen. Speziell in einer Zeit wie der heutigen, in der es einen raschen Wandel und viele Unsicherheiten gibt, ist dieser Schritt unumgänglich.

Bei der Großgruppenintervention selbst (Dauer einen halben bis einen ganzen Tag) hat sich folgende Agenda bewährt.

- **„Sunrise":** – Im ersten Schritt gilt es den Teilnehmerinnen und Teilnehmern eine Richtung zu zeigen, wo die Reise der Intervention hingehen soll. Viele Teilnehmer setzen sich zum ersten Mal mit den Themen bzw. Zielen der Veranstaltung auseinander. Mögliche Formen eines „Sunrise" sind: Vorträge, Diskussionsrunden, Erfahrungsberichte, Darstellung von Visionen, Ergebnisse von Studien bzw. Befragungen u.v.m. Bereits in dieser Phase muss eine ethische

Spannung (ein gegenseitiger Vorteil für Unternehmen und Gesellschaft) sichtbar werden.

- **„Discovery":** – Basierend auf dieser ersten ethischen Spannung gilt es die Teilnehmer in die Entdeckungsphase zu führen. Dazu interviewen sich die Teilnehmer mit Hilfe eines vorbereiteten Fragenkatalogs gegenseitig. Zentraler Punkt in der Erforschungsphase ist, dass der Interviewer nicht mit dem Interviewten diskutiert, sondern nur zuhört. Dieses „Nur Zuhören" ist eine der schwierigsten Aufgaben für Menschen. Wichtig in dieser Phase ist nicht das, was die Menschen sagen, sondern die Tatsache, dass durch die richtigen Fragen Suchprozesse im Unterbewusstsein der Menschen angeregt werden. Daher müssen die Fragen entsprechend gestaltet sein, damit diese Suchprozesse möglich werden. Grundlegende Regel bei der Ausarbeitung der Fragen ist die Lösungsfokussierung[13] („Talk about problems and you create problems, talk about solutions and you create solutions")

- **„Sustainable Dream":** – In Gruppen zu 6–10 Personen wird entsprechend zu den Fragestellungen für die Zukunft an mindesten zwei Lösungsbildern gearbeitet. In der Praxis hat sich gezeigt, dass Menschen entsprechend ihrer Begabung unterschiedliche Darstellungsweisen für Lösungsbilder bevorzugen. Daher soll die Darstellungsform der Lösungsbilder offen bleiben (z.B. folgende Darstellungen: Bilder zeichnen, ein Gedicht schreiben, ein Theaterstück inszenieren, eine Metapher erfinden, Pantomime etc.). Wichtig ist, dass die Darstellung der Lösungsbilder wiederholbar ist. Zwei Lösungsbilder sind notwendig, da wir mit den Fragen einmal den Fokus auf die Organisation und einmal den Fokus auf die Gesellschaft bzw. Umwelt legen.

- **„Ethical Dialogue":** – Diese zwei bzw. drei (Gesellschaft bzw. Umwelt geteilt) Lösungsbilder bilden die Basis für den Dialog. In diesem wird die Gruppe angeleitet, das „Verbindende" und das „Trennende" sichtbar zu machen. In einer zweiten Runde geht es dann um das „Bewahrenswerte" und das „Veränderbare". Anschließend werden die Ergebnisse präsentiert.

- **„Design":** – In der Design-Phase geht es darum, was passieren muss, um das Veränderbare in Lösungen und Strategien überzuleiten. Dabei gibt es die Möglichkeit, unterschiedliche Wirkungsebenen zu betrachten (von der personellen Ebene, Teamebene, Abteilungsebene, Organisationsebene bis hin zur Stakeholderebene, Region …) bzw. alle möglichen Mischformen dieser Ebenen. Wichtige strategische Entscheidungen sind sofort zu treffen (daher ist eine Teilnahme der Geschäftsführung bzw. Vorstand unumgänglich). Diese strategischen Entscheidungen ermöglichen den nächsten Schritt …

- **„Destiny":** – Der nächste kleine Schritt. Jede Veränderung beginnt mit dem ersten Schritt. Daher benötigen wir von jeder Teilnehmerin / jedem Teilnehmer eine Idee, was der nächste kleine Schritt in Richtung Lösung bzw. Strategie sein kann. Jeden dieser Schritte gilt es wertzuschätzen und zu würdigen.

---

[13] de Shazer (1991 und 1996)

- „the next generation sunrise": – Abschließend gilt es das entstandene Wissen zu sichern. Hilfreich dabei ist es, die Einladung auszusprechen, Erkenntnisse des Dialogs in einen persönlichen Koffer zu packen, um die nächsten Schritte in Richtung Zukunft (nächste Generationen) gelingen zu lassen.

Bei dieser Form der Großgruppenintervention sind die Pausen so zu gestalten, dass sich die Teilnehmer wohl fühlen. Gemeinsames Essen und Trinken verbindet Menschen. Die wesentlichen Ergebnisse sollten bereits während der Veranstaltung protokolliert werden und möglichst rasch den Teilnehmern zur Verfügung gestellt werden.

3.2.3 Die Nachbetreuung

Bei der Nachbetreuung gilt es Rahmenbedingungen zu schaffen, welche die Selbstorganisation fördern. Nach einem „Ethical Inquiry" sind in der Regel neben den in der Gruppe abgestimmten Entscheidungen Ideen vorhanden, welche wert sind umgesetzt zu werden.

Die Erfahrung in der Praxis zeigte, dass es sinnvoll ist, diese Ideen in den CSR-bzw. Nachhaltigkeitsprozess rückzuführen, um die Verstetigung der Umsetzung sicherstellen zu können. Jedoch gilt es zu bedenken, dass nicht alle Ideen sofort in Worte gefasst werden können. Diese Ideen „keimen" sozusagen im nicht sichtbaren Bereich. Damit aus diesen „Keimen" auch zarte Pflänzchen werden können, bedarf es der Rahmenbedingungen, welche ein Wachstum an nachhaltigen Lösungen fördern.

Einen idealen Nährboden für die Förderung von nachhaltigen Ideen bilden die „Patterns" (Lösungsmuster) aus dem Buch „Fearless Change"[14]. Dieses Buch und die darin enthaltenen Lösungsmuster bieten einen Anhaltspunkt, wie neue Ideen in Organisationen implementiert werden können. Dabei gibt es unterschiedliche Möglichkeiten, wie Menschen in Organisationen bei der Umsetzung neuer und nachhaltiger Ideen begleitet werden können. Bewährt hat sich ein begleitendes Coaching, welches Hilfe zur Selbsthilfe gibt. Wenn diese Coachings um ethische und nachhaltige Aspekte erweitert werden (z.B. „Ethical stand up meetings"), bleiben die Fragen aus dem „Ethical Inquiry" im Fokus und die Ideen gehen nicht verloren.

4 Förderung der Verantwortungskultur

4.1 Einleitung

In der Praxis konnten wir erkennen, dass die Menschen in den Organisationen sehr motiviert an das Thema CSR herangehen. Durch die Förderung der Selbstverantwortung und der Handlungskompetenz entstehen im Zuge des Tuns neue Fragen und Herausforderungen. Auf einige dieser neuen Fragen können die enga-

---

[14] Rising/Manns (2005)

gierten Menschen rasch Antworten finden, bei anderen tun sie sich schwer. Damit die Motivation nicht verloren geht, bedarf es für diese scheinbar „nichtbeantwortbaren" Fragen eines Dialogforums.

Dabei haben wir der Erfahrung gemacht, dass dieses Forum einen straffen Ablauf benötigt, da sich sonst die Menschen in Diskussionen verlieren und somit noch mehr „nichtbeantwortbare" Fragen entstehen. Damit würde ein „Teufelskreis" eröffnet werden, der sehr viel Zeit verschwenden würde, ohne der Zielerreichung dienlich zu sein. Die Zeit ist eine knappe Ressource und wir müssen, auch mit Bedacht auf das Wohlbefinden der Menschen, sehr behutsam damit umgehen. Daher braucht es eine begleitende Intervention, welche einerseits der Zielerreichung dienlich ist, aber anderseits sparsam mit der Ressource Zeit umgeht. Dafür bietet sich das „Ethical stand up Meeting" an.

4.2 Das „Ethical Stand Up Meeting"

Das "Ethical stand up Meeting" leitet sich aus dem Agilen Projektmanagement[15] ab. Hier wurde eine Methode entwickelt, welche in kurzer Zeit eine Reflexion des Tuns und die Ableitung der nächsten sinnvollen Schritte ermöglicht. Für den CSR-Prozess der zweiten Generation haben wir diese Methode adaptiert und den ethischen Anforderungen angepasst.

Damit dieses Forum funktionieren kann, müssen folgende Spielregeln sichtbar gemacht werden und von allen Teilnehmern eingehalten werden:

*   Primäres Ziel ist es, Antworten zu finden, die dem gegenseitigen Vorteil für das Unternehmen, der Gesellschaft und der Umwelt dienlich sind.
*   Das Meeting findet immer an einem fixen Tag und zu einer fixen Uhrzeit an einem definierten Platz statt
*   Jeder, der kommt, ist der Richtige
*   Das Meeting findet im Stehen statt
*   Das Meeting hat eine fixe Dauer
*   Das Meeting hat eine fixe Agenda
*   Das Meeting hat einen Moderator, der auf den Ablauf und die Zeit achtet
*   Jede Frage und Antwort ist legitim und wird wertgeschätzt

Wenn alle Teilnehmer zu dieser Agenda ja gesagt haben, dann hat das „Ethical stand up Meeting" folgenden Ablauf:

*   **„Inquiry"**: Mit dem Fokus auf CSR und Nachhaltigkeit (Ökonomie, Ökologie, Gesellschaft und Soziales): „Welche drei wesentlichen Dinge haben sich seit dem letzten Mal verändert?"

*   **„Appreciation"**: Nachdem jeder der Teilnehmer in kurzen Worten die wesentlichen Veränderungen dargestellt hat, können in Bezug auf diese Wertschätzungen ausgesprochen werden: „Ich schätze Dich für …"

---

[15] Davies/Sedley (2009)

- „puzzles me": Der erste Teilnehmer zieht die Karte mit der Aufschrift: „puzzles me" und kann nun diesen **einen Punkt** in kurzen Worten formulieren. Die Frage auf der Karte dazu lautet „In Bezug auf die nachhaltigen Entwicklungen und die Ziele der Nachhaltigkeit (Leuchtturm der Nachhaltigkeit), was beschäftigt Sie aktuell am meisten?" – Die anderen Teilnehmer hören zu und geben unmittelbar darauf Rückmeldungen mit folgenden Blickwinkeln…

- „**Reflecting Team**": Die anderen Teilnehmer ziehen jeweils eine Karte (bei weniger als vier Teilnehmern auch mehre Karten hintereinander) und beantworten die Frage auf der Karte:
  - **Chancen:** Wenn ich das Gesagte höre, dann kann ich darin folgende Chancen entdecken …
  - **Risiken:** Wenn ich das Gesagte höre, dann kann ich darin folgende Risiken entdecken …
  - **Vorteil für die Organisation:** Wenn ich das Gesagte höre, dann kann ich darin folgenden Vorteil für die Organisation entdecken …
  - **Vorteil für die Gesellschaft und Umwelt:** Wenn ich das Gesagte höre, dann kann ich darin folgenden Vorteil für die Gesellschaft und Umwelt entdecken …

- „**say thanks**": Der erste Teilnehmer (der die Karte „puzzles me" gezogen hatte) bedankt sich bei den anderen Teilnehmern, ohne aber deren Aussagen zu kommentieren! – Dann bekommt die nächste Teilnehmerin / der nächste Teilnehmer die „puzzles Karte". Dies wiederholt sich, bis alle Teilnehmer ihr Anliegen artikuliert und reflektiert haben.

- „**notice ideas**": Am Ende kann sich jeder Teilnehmer (im Stillen ohne Diskussion) jene Erkenntnisse notieren, welche wert sind, in die tägliche Arbeit mitgenommen zu werden.

Bei diesen Meetings hat sich gezeigt, dass es Sinn hat, am Anfang Starthilfe zu geben. Nach einem Zeitraum von ein bis zwei Monaten organisieren sich diese Meetings selbst. Wichtig ist, dass es transparent bleibt, wo und wann diese Treffen stattfinden (in der Regel gibt es dazu eine Liste im Intranet). Jeder in der Organisation muss daran teilnehmen können und wertgeschätzt werden.

In einigen Organisationen konnten wir auch beobachten, dass sich Stand up Meetings untereinander zu vernetzen und voneinander zu profitieren begannen. Des weiteren kam es immer wieder vor, dass an diesen Meetings auch Kunden und Lieferanten teilnahmen, speziell dann, wenn es eine enge Bindung zur Organisation gab.

5 Abschließende Bemerkungen

In diesem Buchbeitrag wurde nur ein kleiner Teil an möglichen Interventionen beleuchtet. In der praktischen Umsetzung ergeben sich viele weitere Interventionsmöglichkeiten und Facetten ethischer Instrumente. Dies ist unumgänglich und beruht auf dem Umstand der Unterschiedlichkeit der Menschen, Unternehmen und Stakeholder. Die Idee der kontinuierlichen Verbesserung beruht auf dem Umstand, dass immer wieder neue Fragen sichtbar gemacht werden, auf die es Antworten zu finden gilt. Diese kontinuierliche Verbesserung begleitet nicht nur den CSR-Prozess im Unternehmen, sondern auch den CSR-Gedanken selbst. Daher ist die Idee von CSR im Fluss und muss im Fluss bleiben, sonst verliert sich diese Idee im ethischen Nichts.

6 Literatur

Bertelsmann Stiftung (2008): Mit Verantwortung handeln. Ein CSR-Handbuch für Unternehmer, Gabler.

Bateson, G. (1979): Geist und Natur. Eine notwendige Einheit, Suhrkamp Taschenbuch Wissenschaft.

Bohm, D. (1996): Der Dialog. Das offene Gespräch am Ende der Diskussion, Klett-Cotta.

Dannemiller Tyson Associates; (2000): Whole Scale Change – Unleashing the Magic in Organizations, Berrett-Koehler Publisher.

Davies, R.; Sedley L. (2009): Agile Coaching – The Pragmatic Programmes.

de Shazer, S. (1996): Worte waren ursprünglich Zauber. Lösungsorientierte Therapie in Theorie und Praxis, verlag modernes lernen, Dortmund.

de Shazer, S. (1994): Das Spiel mit den Unterschieden. Wie therapeutische Lösungen funktionieren, Carl Auer Verlag.

Glasl, F. (1980): Konfliktmanagement – Ein Handbuch für Führungskräfte, Beraterinnen und Berater, Haupt-Verlag Freies Geistleben.

Kerth, N.L. (2001): Project Retrospectives – A Handbook for Team Reviews, Dorset House Publishing.

Manns, M.L./Rising, L. (2005): Fearless Change – Patterns for Introducing New Ideas, Addison-Wesley.

Maturana, H./Francisco, J. V. (1984): Der Baum der Erkenntnis. Die biologischen Wurzeln menschlichen Erkennens, Goldmann.

Maturana, H./Pörksen, B. (2002): Vom Sein zum Tun. Die Ursprünge der Biologie des Erkennens, Carl-Auer-Systeme Verlag.

Schmid, B./Messmer A. (2004): Zeitschrift für systemisches Management und Organisation LO No. 18 – Artikel: Auf dem Weg zur einer Verantwortungskultur im Unternehmen, Institut für systemisches Coaching und Training.

Sedmak, C./Kapferer, E./Oberholzer, K. (Hg) (2011): Marktwirtschaft für Menschen, LIT-Verlag.

Suchanek, A. (2007): Ökonomische Ethik, 2. Auflage, Mohr Siebeck / UTB.

von Foerster, H. (1993): KybernEthik, Merve Verlag, Berlin.

von Förster, H./Pörksen, B. (1998): Die Wahrheit ist die Erfindung eines Lügners. Gespräche für Skeptiker, Carl Auer Verlag.

von Foerster, H. (2003): Zeitschrift für systemisches Management und Organisation – LO No. 19 – Artikel: Zirkuläre Kausalität – Die Anfänge einer Episemologie der Verantwortung, Institut für systemisches Coaching und Training.

Integration von CSR in die Unternehmensbereiche

Strategische Einbettung von CSR in das Unternehmen

Anja Schwerk

1 Einleitung

Corporate (Social) Responsibility (CSR) ist seit Jahrzehnten ein viel diskutiertes Konzept. Mittlerweile hat sich der Begriff mindestens bei den großen und/oder global tätigen Unternehmen etabliert. Während zu Beginn die Person, also der Unternehmer oder Manager, stark im Fokus der Überlegungen stand, steht heute das gesamte Unternehmen stärker im Blickpunkt.[1] Die theoretische und praktische Auseinandersetzung mit CSR umfasst daher die Strategie, die Struktur, die Unternehmensleitung, Mitarbeiter und sämtliche Beziehungen zum Umfeld. In Unternehmenspräsentationen zum Thema wird wiederholt der strategische Charakter von CSR betont. So schreibt z. B. BASF: „Für uns ist Corporate Social Responsibility, kurz CSR, seit langem Teil unserer Strategie"[2], die Industrie- und Handelskammer beschreibt CSR als „strategisches Steuerungsinstrument"[3]. Ebenso wird in wissenschaftlichen Publikationen von *strategischer* CSR gesprochen[4] und der Notwendigkeit, sie in die Unternehmensstrategie und –struktur zu integrieren[5]. Die Implementierung von CSR und die Integration in die Unternehmensprozesse sind bislang jedoch wenig erforscht.[6] Auch wenn CSR mittlerweile für viele Unternehmen ein wichtiger Bestandteil ihrer Werte und Kommunikation ist, hat eine Integration in die Unternehmensstrategie, -struktur und das operative Geschäft häufig noch nicht stattgefunden; ebensowenig verbreitet ist die Messung des Erfolgs von CSR-Aktivitäten.[7]

Der vorliegende Beitrag gibt einen Überblick über das (strategische) Management in Theorie und Praxis und widmet sich den Fragen, was strategische CSR bedeutet, wie ein idealtypischer strategischer Managementprozess aussehen könnte, welche strategischen Tools bzw. Messinstrumente zur Integration und Steuerung

---

[1] nicht zuletzt aufgrund der Verfehlungen einzelner Manager findet jedoch seit einiger Zeit eine Rückbesinnung auf die Personen bzw. Entscheidungsträger statt, z. B. erlebt die Diskussion um den *Ehrbaren Kaufmann* eine Renaissance; vgl. z. B. Schwalbach/Fandel (2007) bzw. Beitrag von Schwalbach/Klink (2012) in diesem Buch

[2] BASF (o. J.)

[3] IHK (Industrie- und Handelskammer) (o. J.)

[4] siehe z. B. Lantos (2001) und Porter/Kramer (2006)

[5] vgl. z. B: Galbreath (2009)

[6] Dentchev bemerkte diesen Tatbestand bereits 2005; Dentchev (2005): 2, die Anzahl an Publikationen zu dem Thema hat sich seitdem jedoch nicht wesentlich erhöht.

[7] vgl. Mirvis/Kinnicutt (2008): 3

von CSR in der Praxis vorhanden sind und welche Herausforderungen und Erfolgsfaktoren mit der Messung von CSR verbunden sind.

Es wird die These vertreten, dass die Messung von CSR ein wichtiges Steuerungsinstrument und damit eine wichtige Komponente für eine erfolgreiche Implementierung von CSR darstellt. Die Basis für diese These liefert der Managementleitsatz „You cannot manage what you do not measure". Denn die Messung setzt klare Ziele der CSR-Strategie voraus, was wiederum für ein gutes Management unabdingbar ist. Es geht daher nicht um das Messen des Messens wegen, sondern um eine CSR-Strategie mit klaren, überprüfbaren Zielen und geeigneten Managementtools zur Umsetzung und Anpassung der Strategie.

Der Beitrag ist folgendermaßen gegliedert: Zunächst wird darauf eingegangen, was unter einer strategischen CSR und einer CSR-Strategie verstanden wird. Am Beispiel von Coca-Cola in Deutschland werden ein idealtypischer strategischer Managementprozess und die Integration von CSR in einzelne Unternehmensbereiche verdeutlicht. Im Anschluss wird auf die Gründe für eine Messung und unterschiedliche Methoden der Messung eingegangen. Es folgt ein empirischer Überblick über den Stand der Messung in der Unternehmenspraxis anhand einer Befragung von 72 Unternehmen. Im letzten Abschnitt werden Herausforderungen und Erfolgsfaktoren der Messung bzw. Steuerung von CSR diskutiert.

2   Integration von CSR in das Unternehmen

2.1 *Strategische* CSR

Unter CSR wird in diesem Beitrag Folgendes verstanden:[8] „Corporate Social Responsibility bezeichnet ein integriertes nachhaltiges und dynamisches Unternehmenskonzept, das alle freiwilligen sozialen, ökologischen und ökonomischen Beiträge eines Unternehmens zur Lösung gegenwärtiger und zukünftiger gesellschaftlicher Herausforderungen beinhaltet. CSR steht für verantwortliches unternehmerisches Handeln im eigentlichen Kerngeschäft und beinhaltet eine strategische Komponente, die sowohl die aktive Nutzung sich bietender Chancen als auch die Minimierung auftretender Risiken in diesen drei Bereichen einschließt."[9] CSR wird damit als ein ganzheitliches Unternehmenskonzept aufgefasst, das die drei Dimensionen der Nachhaltigkeit – Ökonomie, Ökologie und Soziales – umfasst. CSR-Strategie und Nachhaltigkeitsstrategie werden daher als Synonyme verwendet.

Der Begriff der *strategischen* CSR wird in der Literatur häufig verwendet. Unternehmen betreiben nach Lantos CSR strategisch, wenn sowohl das Unternehmen als auch die Gesellschaft profitieren (*win-win*).[10] Für Porter und

---

[8]   eine ähnliche Definition findet sich bei der Europäischen Kommission (2001)
[9]   vgl. Bielka/Schwerk (2011): 151
[10] vgl. Lantos (2001): 618

Kramer geht die strategische CSR über die Vermeidung negativer externer Effekte hinaus. Sie verbinden mit strategischer CSR eine signifikante Wirkung auf die Gesellschaft und den größtmöglichen Vorteil für das Unternehmen, entweder durch Innovationen, die aus den einzelnen Aktivitäten der Wertkette resultieren, oder durch Verbesserung des Wettbewerbsumfelds.[11] In Anlehnung an die Literatur zum *strategic issue management*[12] beinhaltet strategische CSR für Galbreath und Benjamin die Berücksichtigung von fünf Aspekten: gesellschaftliche Themen (*social issues*), strategische Themen (*strategic issues*), Industriekontext, Themenpriorisierung und strategische Handlungen.[13] Maas und Boons betonen die *new value creation* durch strategische CSR, entweder durch eine Verbesserung der Effizienz bei der Durchführung bestimmter Aktivitäten oder durch Produkt- oder Serviceinnovationen.[14] Neben der strategischen CSR werden auch andere Formen unterschieden, z. B. ökonomische, legale, ethische und philanthropische Verantwortung[15], altruistische und ethische CSR,[16] relationale/operative und reaktive/taktische CSR[17]. Meyer und Waßmann grenzen z. B. die ethische und altruistische CSR von der strategischen CSR durch den fehlenden Bezug zum Geschäftsmodell ab und bezeichnen die strategische CSR als instrumentellen Ansatz, da sie neben dem gesellschaftlichen Vorteil auch einen Vorteil für das Unternehmen generiert.[18] Husted und Salazar unterscheiden zwischen einer altruistischen moralisch bedingten CSR, einer durch (angedrohte) Regulierung oder externen Druck erzeugten CSR und einer strategischen CSR, welche mit einem Vorteil für das Unternehmen verbunden wird.[19] Mithilfe einer mikroökonomischen Analyse zeigen die Autoren, dass der Nutzen im Falle der strategischen CSR sowohl für das Unternehmen als auch die Gesellschaft höher ist als bei durch externen Druck induzierter CSR.[20]

Im Gegensatz zu der klassischen Definition von Chandler, der Strategie als ein planbares Bündel von Maßnahmen zur Erreichung von vorbestimmten Zielen sieht, resultieren Strategien für Mintzberg nicht nur aus Plänen, sondern sind zusätzlich „ein Muster in einem Strom von Entscheidungen".[21] Werden CSR-Aktivitäten oder sog. CSR-Strategien in der Unternehmenspraxis beobachtet, kann in den meisten Fällen nur von einem Bündel von Entscheidungen gesprochen werden, ein Muster ist dagegen häufig nicht zu erkennen. Soll CSR dem Unternehmen und der Gesellschaft jedoch einen Nutzen verschaffen oder wird CSR als Mittel

---

[11] vgl. Porter/Kramer (2006): 10
[12] vgl. Mahon/Waddock (1992)
[13] vgl. Galbreath/Benjamin (2010): 13
[14] vgl. Maas/Boons (2010): 157
[15] vgl. Carroll (1979)
[16] vgl. Lantos (2001)
[17] vgl. Schwerk (2008): 178
[18] vgl. Meyer/Waßmann (2011): 15f.
[19] vgl. Husted/Jesus Salazar (2006)
[20] vgl. Husted/Jesus Salazar (2006): 15
[21] vgl. Chandler (1962); Mintzberg (1987)

zur Erlangung von Wettbewerbsvorteilen gesehen[22], müssen klare messbare Ziele definiert werden und die CSR-Aktivitäten in die relevanten Unternehmensbereiche und -prozesse integriert werden.

Unter einer Strategie wird in diesem Beitrag ein Mittel zur Zielerreichung verstanden. Eine Strategie zeichnet sich nicht nur dadurch aus, Dinge besser zu tun als der Wettbewerber, sondern Dinge auch anders zu tun.[23] Nur so kann ein Unternehmen Wettbewerbsvorteile erlangen, die auch von gewisser Dauer sind. Im Rahmen eines idealtypischen Strategieprozesses werden das interne und externe Umfeld des Unternehmens analysiert und es werden die entsprechenden Ressourcen verteilt.[24] Die allgemeine Strategiedefinition kann auf eine CSR-Strategie übertragen werden: Eine CSR-Strategie umfasst alle Aktivitäten eines Unternehmens, die einerseits zu einem oder mehreren Ziel(en) im Zusammenhang mit einer gesellschaftlichen Herausforderung beitragen, andererseits einen Beitrag zum Unternehmensziel leisten. Galbreath und Benjamin sprechen in Bezug auf die gesellschaftlichen Herausforderungen wie Kinderarbeit, Klimawandel, demographischer Wandel, Tierschutz, Chancengleichheit usw. von sog. *social issues*, die zu *strategic issues* werden, sobald sie die Zielerreichung des Unternehmens beeinflussen.[25] Je nach Unternehmen und Industrie sind daher nicht alle gesellschaftlichen Probleme ein *strategic issue*, in der Lebensmittelindustrie ist Fettleibigkeit ein strategisches Thema, während für Online-Jobbörsen der Datenschutz im Vordergrund steht. Daher gibt es keinen „one-size-fits-all"-Ansatz für CSR.[26] Das bedeutet auch, dass nicht alle Unternehmen gleichermaßen von CSR profitieren können.

In der Praxis sind daher CSR-Strategien mit unterschiedlichen Schwerpunkten zu beobachten. Gminder et al. differenzieren zwischen fünf Strategietypen: *sicher* (Risikomanagement), *glaubwürdig* (Reputationsverbesserung), *effizient* (Produktivität- und Effizienzverbesserung), *innovativ* (Differenzierung) und *transformativ* (Marktentwicklung).[27] Galbreath und Benjamin unterscheiden z. B. marktbasierte, auf Regulierung oder Standards basierende und operationale Strategien.[28] Die Entwicklung eines Hybridfahrzeugs von Toyota oder die Produktion von Naturkosmetikprodukten von Aveda sind demnach Beispiele für marktbasierte Aktionen. Eine standardbasierte Strategie ist die Initiative von Unilever und dem WWF für nachhaltige Fischerei, die schließlich zur Gründung des Marine

---

[22] vgl. z. B. Porter/Kramer (2006); Schwerk (2008). Porter und Kramer grenzen in ihrem kürzlich erschienenen Aufsatz „Creating Shared Value" den Begriff *CSR* von *shared value* ab. CSR bedeute lediglich, Gutes zu tun, während *shared value* ein Konzept zur Schaffung von ökonomischen und gesellschaftlichen Vorteilen relativ zu den verursachten Kosten sei; vgl. Porter/Kramer (2011): 16. Allerdings ist das nicht unbedingt eine neue Idee, sondern lediglich eine neue Terminologie für CSR. Das Verständnis von CSR als *shared value* oder auch Win-Win-Situation findet sich in unzähligen Publikationen (vgl. z. B. Burke/Logsdon (1996): 496; Galbreath (2006): 178; Freeman et al. (2007): 99).

[23] vgl. Porter (1996): 62

[24] vgl. Grant (2010): 10

[25] vgl. Galbreath/Benjamin (2010): 15

[26] vgl. World Business Council for Sustainable Development (WBCSD) (2000)

[27] vgl. Gminder et al. (2002): 109ff.

[28] vgl. Galbreath/Benjamin (2010): 33

Stewardship Council und der namensgleichen Zertifizierung führte. Der Einsatz von Recyclingmaterial und ein schadstoffoptimierter Fuhrpark bei Coca-Cola sind Beispiele für eine operationale Strategie. Unabhängig davon, welche Schwerpunkte ein Unternehmen in seiner CSR-Strategie setzt, sind Mess- bzw. Steuerungsinstrumente eine wichtige Voraussetzung für den Erfolg.

Viele Unternehmen stehen in Bezug auf das Verständnis, die Implementierung und die Integration von CSR noch ganz am Anfang. Es lassen sich daher Entwicklungsphasen in Richtung eines strategischen Verständnisses von CSR und einer vollständigen Integration in das Unternehmen sowie einer Win-Win-Situation unterscheiden. Mirvis und Googins haben auf der Basis empirischer Beobachtungen ein Phasenmodell entwickelt.[29] Fünf Phasen (*elementary*, *engaged*, *innovative*, *integrated*, *transforming*) werden anhand der Ausprägung von sieben Dimensionen, wie z. B. Bekenntnis und Engagement der Unternehmensführung, strukturelle Einbettung, Beziehung zu den Stakeholdern und Transparenz, voneinander abgegrenzt. Unternehmen können sich je nach Dimension in unterschiedlichen Phasen befinden. Da die Managementkomplexität von der ersten bis zur fünften Phase ansteigt, ist davon auszugehen, dass auch die Bedeutung von Mess- und Steuerungsinstrumenten zunimmt. Das Modell könnte dementsprechend um die Dimension der Messung erweitert werden.

2.2 Strategieprozess und Einbettung von CSR in das Unternehmen

Bevor detailliert auf die Bedeutung des Messens für die erfolgreiche Umsetzung einer CSR-Strategie eingegangen wird, werden anhand des Beispiels von Coca-Cola in Deutschland der Strategieprozess und die Operationalisierung von CSR in die Funktionsbereiche des Unternehmens dargestellt. Coca-Cola wurde aus zwei Gründen als Beispiel gewählt: Das Unternehmen und seine Produkte haben einen hohen Bekanntheitsgrad. Die CSR- bzw. Nachhaltigkeitsstrategie[30] lässt sich anhand der sieben von Coca-Cola gewählten Handlungsfelder sehr gut darstellen. Die Informationen und Daten zu Coca-Cola und seiner CSR- bzw. Nachhaltigkeitsstrategie basieren auf dem 2010 veröffentlichten Nachhaltigkeitsbericht von Coca-Cola in Deutschland sowie der deutschen Internetseite.[31]

Die Coca-Cola Company wurde 1892 gegründet und ist mit ca. 92.000 Mitarbeitern, davon knapp 12.000 in Deutschland, der weltweit bekannteste und größte Hersteller von alkoholfreien Getränken.[32] In Deutschland ist The Coca-Cola Company mit ihrer 100%igen Tochter, der Coca-Cola GmbH, vertreten, die für die Produkt- und Verpackungsentwicklung, das nationale Marketing und die

---

[29] vgl. Mirvis/Googins (2006)

[30] Die Begriffe CSR und Nachhaltigkeit werden in Theorie und Praxis häufig synonym verwendet. Coca-Cola nutzt zwar überwiegend den Begriff Nachhaltigkeit, die Aktivitäten im Rahmen der Nachhaltigkeitsstrategie von Coca-Cola entsprechen jedoch der dem Beitrag zugrunde liegenden CSR-Definition

[31] siehe Coca-Cola GmbH (2010a) und Coca-Cola GmbH (2010b) sowie die deutsche Internetseite von Coca-Cola: www.coca-cola-gmbh.de/nachhaltigkeit/index.html

[32] zu Coca-Cola in Deutschland vgl. zu diesen und folgenden Ausführungen Coca-Cola GmbH (2009)

Unternehmenskommunikation zuständig ist. Für die Produktion bzw. Abfüllung, den Vertrieb und die Betreuung von Handels- und Gastronomiekunden sowie das vertriebsbezogene Marketing ist die Coca-Cola Erfrischungsgetränke AG zuständig. Sie hat wie die Coca-Cola GmbH ihren Sitz in Berlin und ist der einzige Konzessionär der The Coca-Cola Company in Deutschland. Deutschland ist für Coca-Cola der wichtigste europäische Markt. Die bekanntesten Produktmarken in Deutschland sind: Coca-Cola, Coca-Cola Zero und light, Fanta, Sprite, Bonaqa, Mezzo Mix, Powerade, Nestea, Lift, The Spirit of Georgia, Apollinaris und ViO. Es gibt über 60 Standorte bundesweit, davon 24 Produktionsbetriebe. Fast 100% der in Deutschland verkauften Produkte werden in Deutschland hergestellt. Auch 90% der Produktionsfaktoren werden national eingekauft. Als eine der wertvollsten Marken der Welt steht Coca-Cola im Blickpunkt der Öffentlichkeit. Die Beschäftigung mit gesellschaftlicher Verantwortung ist daher sowohl aus Gründen des Risikomanagements als auch der Chancengenerierung sehr wichtig.

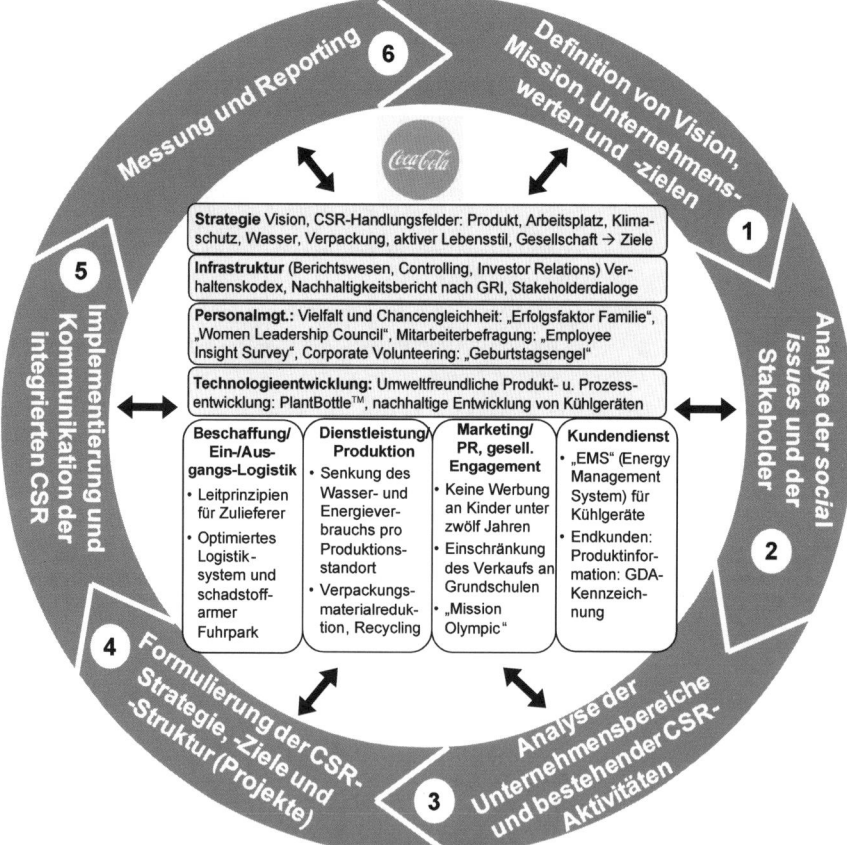

Abb. 1: Prozess der Integration der CSR-Strategie am Beispiel von Coca-Cola in Deutschland

Der äußere Kreis in Abb. 1 stellt einen idealtypischen Prozess der CSR-Integration in die Unternehmensstrategie dar. In der Realität können einzelne Schritte des Prozesses überlappen oder übersprungen werden. Außerdem werden die Schritte wiederholt (in Reaktion auf das Ergebnis der vorherigen Phasen und die entsprechenden Messergebnisse bzw. Bestandsaufnahmen), da Anpassungsprozesse stattfinden.

Mit der *Vision 2020* definiert Coca-Cola sechs Erfolgsfaktoren für sein langfristiges Geschäft (*erster Schritt*): „…begeisterte Mitarbeiter, ein ausgewogenes und vielfältiges Portfolio, Schutz der Umwelt, eine hohe Effizienz, langfristige Wirtschaftlichkeit und die enge Zusammenarbeit mit den Partnern."[33] Um die Kernthemen im Rahmen der CSR-Strategie zu definieren und zu priorisieren und sie auf die Unternehmensziele abstimmen zu können und gleichzeitig die industriespezifischen gesellschaftlichen Herausforderungen zu bestimmen, hat Coca-Cola eine sog. *Materialitätsanalyse* durchgeführt (*zweiter Schritt*).[34] Hierzu wurden Interviews mit externen Stakeholdern und Mitarbeitern geführt. In einer Matrix wurden anschließend die Erwartungen der Stakeholder in Bezug auf 22 Top-Themen bzw. Herausforderungen (*social issues*) zur Bedeutung für das Unternehmen in Beziehung gesetzt. Als wichtigste Themen ergaben sich: Reduktion des Energiekonsums und damit der CO_2- Emissionen, die Berücksichtigung der Trinkwasserknappheit, das Qualitätsmanagement sowie der faire Umgang mit Geschäftspartnern. Im *dritten Schritt* des Strategieprozesses werden die Wertkette des Unternehmens und bereits bestehende CSR-Aktivitäten analysiert. Auf dieser Basis wird im fünften Schritt eine CSR-Strategie abgeleitet. Die CSR-Strategie trägt bei Coca-Cola das Motto „*Lebe die Zukunft*" und soll zu den im ersten Schritt des Strategieprozesses definierten Zielen der Unternehmensstrategie und den -werten beitragen. Es wurden sieben Handlungsfelder definiert: Produkt, Arbeitsplatz, Klimaschutz, Wasser, Verpackung, aktiver Lebensstil und Gesellschaft. Für alle Handlungsfelder wurden laut Coca-Cola konkrete Ziele festgelegt. Die strukturelle Einbettung von CSR ist einerseits durch den Leiter der Abteilung Unternehmensverantwortung und Nachhaltigkeit erfolgt, andererseits durch eine Steuerungsgruppe mit Vertretern der relevanten Geschäftsbereiche der Coca-Cola GmbH und der Coca-Cola Erfrischungsgetränke AG. Die Steuerungsgruppe erarbeitet Vorschläge für konkrete Projekte und Maßnahmen und sorgt für die Einbindung in die operativen Prozesse.

Der *fünfte Schritt* des Strategieprozesses beinhaltet die Implementierung und Kommunikation der CSR-Strategie und -Aktivitäten. Grundsätzlich richtet sich die Kommunikation sowohl nach innen an die Mitarbeiter als auch nach außen an die restlichen Stakeholder. Ein wesentliches Kommunikationsinstrument ist der erstmalig 2009 erstellte Nachhaltigkeitsbericht für Deutschland. Er orientiert sich an den Richtlinien der Global Reporting Initiative (GRI)[35]. Zusätzlich steht Coca-

---

[33] Coca-Cola GmbH (2010b): 10
[34] die Materialitätsanalyse wird auch als *issue management* bezeichnet; vgl. zum issue management z. B. Buchholtz/Carroll (2009): 193
[35] siehe Global Reporting Initiative (GRI) (2011)

Cola laut eigenen Angaben „…bereits mit vielen Akteuren auf unterschiedlichen Ebenen im Dialog".[36]

Die Implementierung der CSR-Strategie bzw. der sieben Handlungsfelder wird in Abb.1 anhand der einzelnen Bereiche der Wertkette dargestellt.[37] Einige Beispiele seien genannt: Im Rahmen des Handlungsfeldes *Verpackung* arbeitet Coca-Cola im Bereich Technologieentwicklung an dem Pilotprojekt der Entwicklung der PlantBottle™. Es handelt sich um eine Flasche, die teilweise aus Pflanzen besteht. Ziel ist es, durch die Entwicklung von erneuerbaren Materialien eine Alternative zu den in Kunststoffen eingesetzten fossilen Ressourcen wie Erdöl zu schaffen. Der Schutz und die Einsparung von Wasser ist ein weiteres Handlungsfeld, da Wasser der wichtigste Inhaltsstoff der Produkte ist und die Flaschen und Tanks mit Wasser gereinigt werden müssen. Gemeinsam mit dem WWF arbeitet Coca-Cola an der Reduzierung des Wasserverbrauchs in der Produktion. Im Bereich Marketing/ Werbung verzichtet Coca-Cola freiwillig darauf, Werbung an Kinder unter zwölf Jahren zu richten. Der Verkauf an Schulen findet jedoch, wenn auch eingeschränkt, statt. In Kooperation mit dem Olympischen Sportbund engagiert sich Coca-Cola mit dem bundesweiten Programm *Mission Olympic* für einen gesunden Lebensstil. Mit dem von Coca-Cola eigens entwickelten Steuerungsgerät *Energy Management System* (EMS) können Kühlgeräte und Verkaufsautomaten die Kühlleistungen dem jeweiligen Bedarf anpassen. Mit dieser Maßnahme soll der CO_2-Fußabdruck von Coca-Cola und seinen Kunden verringert werden. Für mehr Transparenz gegenüber dem Endkunden im Handlungsfeld *Produkt* versieht Coca-Cola alle seine Produkte (außer Wasser) freiwillig mit der GDA-Kennzeichnung (Guideline Daily Amount). Auf der Verpackung stehen dementsprechend die Richtwerte für die empfohlene Tageszufuhr von Nährstoffen wie z. B. Zucker und Fett.[38]

Die Beispiele zeigen, wie die Handlungsfelder der CSR-Strategie in die Unternehmensbereiche integriert werden können. Ob die CSR-Strategie tatsächlich erfolgreich integriert und implementiert wird, hängt wesentlich von der Bereitschaft ab, sich im Rahmen der CSR-Strategie Ziele zu setzen und diese mithilfe von strategischen Tools zu messen.[39] Im folgenden Abschnitt wird ausführlich auf die Messung von CSR eingegangen.

3 Messung von CSR

Die Frage der Messung von CSR beschäftigt Wissenschaft und Praxis bereits fast so lange wie die CSR-Thematik selbst. In der Wissenschaft steht dabei der allgemeine Zusammenhang zwischen CSR und Unternehmensperformance im Vordergrund.

---

[36] Coca-Cola GmbH (2010b): 13

[37] zur Anwendung der Wertkette auf CSR vgl. z. B. Porter/Kramer (2006): 5 Galbreath/Benjamin (2010): 18 und Meyer/Waßmann (2011): 20

[38] die GDA-Kennzeichnung ist jedoch nicht unumstritten (vgl. z. B. Deutsche Gesellschaft für Ernährung e. V. (2007)

[39] es gibt noch eine Reihe weiterer Erfolgsfaktoren zur erfolgreichen Integration von CSR, siehe z. B. Burke/Logsdon (1996): 496ff. und Mirvis/Googins (2006): 13ff.

Eine Fülle von Autoren hat versucht, den Zusammenhang zwischen CSR und der Unternehmensperformance in quantitativen Studien zu untersuchen.[40] Die Operationalisierung der Variablen und die Messmodelle unterscheiden sich in den Studien wesentlich. Auch wenn die Mehrheit der Studien zu dem Ergebnis kommt, dass ein positiver oder zumindest kein negativer Zusammenhang zwischen CSR und Unternehmensperformance vorliegt, ist das Bild sehr uneinheitlich und die Studien müssen mit Vorsicht interpretiert werden.[41] Für den universellen *business case* gibt es bislang keinen Beweis.[42] Die uneinheitliche Definition von CSR, die schlechte Datenlage und die Notwendigkeit der Kontrolle verschiedener Einflussfaktoren wie Industriecharakteristika (z. B. F+E-Ausgaben, Werbeausgaben, Ausmaß der Produktdifferenzierung, Einkommensniveau der Konsumenten[43]) und unternehmensspezifische Charakteristika (z. B. Unternehmensgröße, Grad der Diversifizierung, Unternehmenshistorie, Unternehmensleitung) lassen es fraglich erscheinen, ob ein Beweis in groß angelegten quantitativen Studien je erbracht werden kann. Vielversprechender erscheint im Rahmen der empirischen Forschung die Analyse von CSR anhand von Fallstudien, da dadurch auch detaillierte Hinweise für ein erfolgreiches Management gewonnen werden können.[44]

Es ist grundsätzlich nicht die Intention des vorliegenden Beitrags, den allgemeinen Zusammenhang zwischen CSR und Unternehmensperformance zu analysieren. Vielmehr soll die Bedeutung von Mess- und Steuerungsgrößen für ein erfolgreiches strategisches Management von CSR analysiert werden.

Es existiert bereits eine große Anzahl von Institutionen, speziell Ratingagenturen (z. B. führen KLD Research & Analytics Inc. für den FTSE4Good oder SAM für den DJSI Analysen der Nachhaltigkeitsleistungen von Unternehmen durch), Standards (z. B. der Umwelt- und Managementstandard ISO 14000), Richtlinien (z. B. ISO 26000), Gütesiegel (z. B. das Siegel des Internationalen Herstellerverbandes gegen Tierversuche in der Kosmetik) und Zertifizierungen (z. B. das Fairtrade-Zertifikat), die den Grad von CSR eines Unternehmens messen, bei der Erstellung von Nachhaltigkeitsberichten Unterstützung leisten (z. B. GRI) oder die Qualität der Nachhaltigkeitsberichte beurteilen (z. B. das Ranking von IÖW-future e.V.).[45] Externe Ratings, Preisverleihungen und Standards haben einen wesentlichen Teil dazu beigetragen, das Thema CSR populär zu machen. Mittlerweile werden Unternehmen jedoch häufig mit Anfragen und Ratingfragebögen überflutet und der praktische Nutzen, besonders für kleinere Unternehmen, die nicht über die entsprechenden Ressourcen verfügen, ist fraglich. Da viele extern entwickelten Maße die Sicht bestimmter Interessengruppen vertreten, messen sie gegebenenfalls nicht

---

[40] vgl. z. B. die Meta-Studien von Preston/O'Bannon (1997); Roman et al. (1999); Margolis/Walsh (2003) und Orlitzky et al. (2003)

[41] vgl. Schreck (2009): 25 und Smith (2003): 65

[42] vgl. z. B. Vogel (2006): 45; Schreck (2011): 951

[43] vgl. McWilliams/Siegel (2001): 125

[44] in verschiedenen Publikationen werden die Möglichkeiten der Wertgenerierung durch CSR sehr anschaulich anhand von Fallstudien dargestellt; vgl. z. B. Boston Center for Corporate Citizenship (BCCCC) (2009) oder Bononi et al. (2009)

[45] für einen kritischen Überblick über einige der genannten Messmethoden vgl. Chatterji/Levine (2006) und speziell zu Ratings vgl. Chatterji et al. (2009)

immer das, was gesellschaftlich und auch aus Unternehmensperspektive wichtig ist.[46] Die extern entwickelten Messinstrumente sind daher oft wenig hilfreich für das praktische Management, denn es wird selten die Wirkung von CSR auf die Gesellschaft oder auf den individuellen Unternehmenserfolg unter den gegebenen branchen- und unternehmensspezifischen Rahmenbedingungen gemessen.

Neben dem business case wird die positive Wirkung von CSR auf die Gesellschaft als *social case* bezeichnet. Der social case beschreibt dementsprechend die Auswirkungen einer CSR-Aktivität oder eines CSR-Projekts auf eine oder mehrere Stakeholdergruppen und/oder die Umwelt. Idealtypisch lässt sich auch der social case in Maßzahlen ausdrücken. Der business case hat verschiedene Ausprägungen.[47] Er beschreibt die positiven Auswirkungen für den langfristigen Wert des Unternehmens durch CSR. Der business case umfasst sowohl Kosteneinsparungen durch eine energieeffizientere Produktion, Abfallvermeidung oder Vermeidung von Risiken als auch z. B. höhere Gewinne durch nachhaltige Produkte und Innovationen, die eine gesellschaftliche Herausforderung adressieren.

3.1 Gründe für die Messung von CSR im Unternehmen

Folgende Gründe lassen sich u. a. für eine interne Messung von CSR anführen:

* Zielkontrolle und kontinuierliche Verbesserung (wird das Richtige (Effektivität) richtig getan (Effizienz)?),
* Verständnis entwickeln für Auswirkungen der Aktivitäten sowie Kosten-Nutzenabgleich,
* Fokussierung des Managements auf die wichtigsten Stakeholdererwartungen,
* Benchmarking gegenüber anderen Akteuren (Wettbewerbern) und Standards sowie Verringerung der Kosten für die Erfüllung externer Standards (wie GRI) oder Ratings (z. B. für DJSI oder FTSE4Good),
* Verbesserung der Kommunikation (gegenüber Kollegen, Vorgesetzten, Partnern und externen Stakeholdern),
* Beurteilung von potenziellen Kooperationspartnern (zivilgesellschaftliche Institutionen, Regierungsinstitutionen).

Die Gründe lassen sich noch einmal aus der Perspektive unterschiedlicher Stakeholdererwartungen präzisieren. Aus dem Blickwinkel des *Unternehmens* sind die wenigsten Unternehmen dazu in der Lage, eine Aussage darüber zu treffen, wie und wann Umsatz und Gewinn aufgrund von CSR-Maßnahmen steigen und welcher Wert hinter der Vermeidung von spezifischen Risiken steht. Vor allem die *CSR-Verantwortlichen* in einem Unternehmen sollten in der Lage sein, messbare Ergebnisse zu präsentieren, damit sie nicht unter Rechtfertigungs- und Budgetdruck geraten. Besonders in Zeiten des sog. *war for talents* kann ein Unternehmen durch mess-

---

[46] vgl. Chatterji/Levine (2006): 2
[47] vgl. z. B. Zadek (2007): 90ff.

bare Aussagen zur CSR-Strategie Transparenz und Glaubhaftigkeit signalisieren und sich gegenüber *Bewerbern* und im Vergleich zu Wettbewerbern als attraktiver Arbeitgeber empfehlen. *Non-governmental organizations (NGOs)* oder Gemeindevertreter am Standort stellen immer häufiger die Frage, welche negativen externen Effekte Unternehmen verursachen und mahnen die *social accountability* an. Einige Unternehmen haben reagiert; z. B. haben sich zunächst sechs Unternehmen (dm-drogerie markt, FRoSTA, Henkel, Tchibo, T-Home und Tetra Pak) unterschiedlicher Branchen im Jahre 2008 an dem Pilotprojekt *Product Carbon Footprint (PCF)* beteiligt.[48] Ein Konsortium aus WWF, Öko-Institut, Potsdam-Institut für Klimafolgenforschung und THEMA1 bot den Unternehmen die Möglichkeit, CO_2 und Treibhausgase für ausgewählte Produkte zu ermitteln. Ziel war es, die Emissionsreduktionspotenziale entlang der Wertschöpfungskette zu erkennen und einen Beitrag für eine Harmonisierung der Erfassungsmethodik von Emissionen zu leisten. Auch die Puma AG geht durch die Erstellung einer Gewinn- und Verlustrechnung, in der die Umweltschäden entlang der gesamten Wertschöpfungskette erfasst werden, einen ähnlichen Weg.[49] Auch eine Teilmenge der *Konsumenten* ist verstärkt an verbindlichen Informationen zur Nachhaltigkeit des Unternehmens und seiner Produkte interessiert.[50] Klare Maßzahlen erleichtern dem Konsumenten den Vergleich zwischen Unternehmen und Produkten und tragen zu einer Verringerung der Informationskosten bei. Schließlich ist die Stakeholdergruppe der *Investoren und Finanzanalysten* am besten von einer CSR-Strategie zu überzeugen, wenn ihnen die positive Wirkung in *ihrer* monetären *Sprache* wiedergegeben wird.[51] Nur wenn die Unternehmen in der Lage sind, den Investoren und Analysten den Zusammenhang zwischen CSR-Strategie und Chancen und Risiken für das Unternehmen zu vermitteln, sind die Investoren bereit, die CSR-Aktivitäten in ihre Unternehmensbewertungen mit einzubeziehen.

3.2 Messmethoden und -modelle

Es gibt bereits eine Reihe von Messmodellen und -methoden zur Erfassung der Wirkung von CSR. Ohne im Detail auf die einzelnen Methoden eingehen zu können, bietet die folgende Tabelle einen Überblick über die aus Autorensicht wichtigsten Methoden. Die Methoden werden kurz inhaltlich beschrieben und der Fokus – vor allem im Hinblick auf die umfassende Anwendung einzelner oder aller Bereiche der Triple Bottom Line (ÖkoNomie (N), ÖkoLogie (L), Soziales (S)) – gekennzeichnet. Die Bewertung beinhaltet auch Verbreitung und Relevanz der einzelnen Methoden. Die elf Messmethoden befassen sich überwiegend mit ökologi-

---

[48] vgl. WWF Deutschland (2008) und Plattform Klimaverträglicher Konsum Deutschland (PKKD) (2011)

[49] vgl. Puma AG (2011)

[50] häufig wird der Begriff des ethischen Konsumenten herangezogen. Die Frage ist jedoch, was einen ethischen Konsumenten charakterisiert. Grundsätzlich ist die Bereitschaft, eine Prämie für nachhaltige Produktcharakteristika zu zahlen, von verschiedenen Faktoren abhängig und häufig geringer als propagiert; vgl. z. B. Devinney et al. (2010)

[51] vgl. Epstein/Roy (2001): 586

schen und ökonomischen Maßen (jeweils 7). Soziale Aspekte werden nur in vier der Messmethoden analysiert und alle drei Bereiche der Triple Bottom Line in nur zwei Methoden (GRI und Umwelt-Balanced Scorecard).

Tab. 1: Intention und Methoden der Messung von CSR

Methode	Beschreibung	Bewertung	Fokus
KPIs der Global Reporting Initiative (GRI)	Global einheitliche Richtlinien mit konsistenter Terminologie und Metrik zur Beurteilung der Nachhaltigkeit von Organisationen jeder Größe, Region oder Art. Die Leistungsindikatoren umfassen alle drei Bereiche der Triple Bottom Line sowie eine integrierte Leistung (zur Beurteilung einer koordinierten Veränderung über mehrere Leistungsmaße hinweg). Eine externe Bestätigung der Daten ist zur Steigerung der Glaubwürdigkeit möglich und vorgesehen. G3.1 ist die aktuellste Version (März 2011) und umfasst 122 Indikatoren. Spezifische Ergänzungen für 15 individuelle Branchen existieren zusätzlich.	Der weltweit am weitesten verbreitete Standard für Nachhaltigkeits-Berichterstattung. 1.397 GRI-Berichte wurden 2009 erstellt und in die GRI-Berichtsliste aufgenommen.[52] GRI fördern zunächst die interne Auseinandersetzung mit CSR. Da nicht für jede Branche sog. *supplements* (spezifische Kriterien) bestehen, sind nicht alle Kriterien für jedes Unternehmen relevant. Unternehmen können nach GRI berichten, das heißt jedoch nicht automatisch, dass dadurch auch eine strategische Steuerung stattfindet.	N,L,S
Modell der London Benchmark Group (basiert auf iooi-Methode) (ähnlich: iooi-Leitfaden, vgl. Bertelsmann Stiftung (2010))	Messung der Wirkung des Community Involvements auf die Gesellschaft und das Unternehmen über Input, Output und Impact.[53] Motive und Ziele: • Entwicklung eines globalen Mess-Standards für freiwilliges Corporate Community Investment (CCI), • Entwicklung besserer Maße für die Beiträge von Unternehmen zum Nutzen des Gemeinwohls, • verbesserte Kommunikation und Reporting des unternehmerischen Engagements in der Community, • Verbesserung der internen Abläufe, • besseres Benchmarking zwischen den Unternehmen.	Eignet sich vorrangig für Bewertung von konkreten CSR-Projekten. Ist einfach und klar strukturiert. Zuordnung bzw. Einordnung in die iooi-Systematik kompliziert, speziell die Bewertung von Outcome und Impact ist schwierig. Es erfolgt keine konsequente Monetarisierung von Daten. Für seriöse Messung der gesellschaftlichen Wirkung ist ein hoher Aufwand erforderlich. Die Methode lohnt sich daher nur für bedeutende CSR-Projekte.	S
Carbon Disclosure Project (CDP)	Agiert im Auftrag von 551 institutionellen Investoren und rund 60 Einkaufsorganisationen. Unternehmen legen ihr Treibhausgas-Management mit entsprechenden Kennzahlen (dem *Carbon Disclosure Score* und dem *Carbon Performance Score*) für die Finanzwelt dar. Score ist ein Koeffizient aus Punkten für vom Unternehmen selbst beantwortete Fragen. Das CDP wird durch Wirtschaftsprüfer begleitet.	Hohe Response Rate (82% der Global 500 beantworten den Fragebogen). Quantifizierung des CO_2-Ausstoßes sowie der geplanten Verbesserungen der Antwortenden möglich. Siemens weltweiter Leader vor Deutscher Post, BASF und Bayer.[54] Bestes ausländisches Unternehmen ist Samsung. Der Product Carbon Footprint (PCF) kann thematisch dem Carbon Disclosure Project zugeordnet werden.	L

---

[52] vgl. Global Reporting Initiative (GRI) (2010). Im 14 Personen umfassenden Management Board der GRI ist kein Deutscher vertreten und im 50 Personen umfassenden Stakeholder Council nur ein deutscher Vertreter, im technischen Beraterkreis ebenfalls kein Deutscher. In den gleichen Gremien gibt es dagegen z.B. fünf südafrikanische Vertreter.

[53] im klassischen iooi-Ansatz wird zusätzlich noch der outcome erhoben; vgl. Clark et al. (2004)

[54] vgl. Carbon Disclosure Project (2010): 15

Tab. 1: *Fortsetzung*

Greenhouse Gas Protocol (GHG)	Accounting-Tool, um Treibhausgas-Emissionen zu ermitteln, zu quantifizieren und zu managen. Es wurde im Rahmen einer 1998 geschlossenen Kooperation zwischen dem World Business Council for Sustainable Development (WBCSD) und dem World Resources Institute (WRI) entwickelt.[55] Ziel ist die Harmonisierung der entsprechenden Accounting-Standards weltweit. Viele Initiativen und Programme geben die GHG-Logik als Berichtstool für ihre Teilnehmer vor (z. B. die US-Umweltbehörde, aber auch Emissionszertifikats-Handelsbörsen).	Das GHG ist das international am weitesten verbreitete Accounting-Tool für Treibhausgase.	L
Social Return on Investment (SROI) (nutzt die IOOI-Methode)	Messung des monetären Wertes des Nutzens eines CR-Projekts relativ zu den damit verbundenen Kosten. Erweiterung der klassischen finanziellen Bewertungsmethode ROI um umwelt- und sozialökonomische Faktoren. Messung des Ertrags sozialer Investitionen. Wie bei der LBG wird der Impact der Aktivitäten quantitativ und möglichst finanziell bewertet. SROI grenzt sich von der Kosten-Nutzen-Analyse durch die Berücksichtigung aller, also auch mittelbarer Stakeholdereffekte ab.	Sehr aufwendiges Verfahren, das sich nur für größere langfristige Projekte lohnt.[56] Durch Erstellung einer Wirkungsmatrix erlangt das Unternehmen ein gutes Verständnis von Kosten- und Nutzen verschiedener Stakeholder. Da die Wirkungen (Outcomes und Impacts) größtenteils auf Schätzungen beruhen, sind SROI-Werte unterschiedlicher Unternehmen kaum vergleichbar. Der Sustainable Value Ansatz[57] ist in seinem Grundverständnis des Returns auf ein Investment (bzw. einen Ressourceneinsatz) durchaus im Bereich der SROI anzusetzen, kann daher auch als ein Derivat angesehen werden.	N, S
Ökoprofit	„ÖKOlogisches PROjekt Für Integrierte UmweltTechnik": Kooperationsprojekt zwischen regionaler Wirtschaft, Verwaltung und externen Experten (PPP), um betriebliche Emissionen zu reduzieren, natürliche Ressourcen zu schonen und gleichzeitig die betrieblichen Kosten zu senken. Betriebe werden mithilfe eines modular aufgebauten Beratungs- und Qualifizierungsprogramms bei der Einführung eines Umweltmanagementsystems unterstützt und anhand eines Kriterienkatalogs geprüft. Die ersten Schritte sind mit EMAS identisch, jedoch ist Ökoprofit in den Konsequenzen weniger dirigistisch.	Ökoprofit ist besonders in Österreich verbreitet, da es dort auch entwickelt wurde. Laut der offiziellen Ökoprofit-Internetseite wurden in 10 Jahren weltweit bereits mehr als €600 Mio. an Einsparungen erzielt werden.[58]	L, N
Kosten-Nutzen-Analyse (KNA)	KNA ist ein Instrument des Investitionsmanagements und dient der Bestimmung der Vorteilhaftigkeit und Durchführenswürdigkeit von Investitionen und/oder Projekten. Der Begriff umfasst ein breites Spektrum primär finanzorientierter Analysen mit enger, quantitativ ausgerichteter Zielsetzung, die in finanziellen Kennzahlen münden. Es werden nur unmittelbare monetär darstellbare Effekte berücksichtigt.	Ein Anwendungsbeispiel zeigt das BMFSFJ in einem Report zu betriebswirtschaftlichen Effekten familienfreundlicher Maßnahmen.[59] Der SROI basiert auf der KNA, berücksichtigt darüber hinaus jedoch mittelbare Stakeholder-Effekte und ist damit besser geeignet im Rahmen der Messung von CSR.	N

[55] vgl. World Business Council for Sustainable Development (WBCSD)/Institute (2001) sowie die Internetseite des GHG http://www.ghgprotocol.org/

[56] interessante und quantitativ ausführliche Beispiele zur SROI-Bewertung finden sich bei Keen (2008), Nicholls et al. (2009) und CabinetOffice (2009)

[57] vgl. Hahn et al. (2007)

[58] vgl. http://www.oekoprofit.com/about/whatis.php, Zugangsdatum: 11.07.2011

[59] vgl. Bundesministerium für Familie (2005)

Tab. 1: *Fortsetzung*

Umwelt-kostenrechnung	Die Kosten betrieblicher Umwelteinwirkungen (direkt und indirekt, wo möglich) werden in der Struktur der klassischen Kostenrechnung ermittelt, so dass mögliche Kostensenkungspotenziale sichtbar werden. Das Unternehmen kann hierdurch Öko-Effektivität und/oder Öko-Effizienz erhöhen, allerdings nur unter Berücksichtigung der in Kosten abbildbaren Effekte.[60]	Ähnliche Probleme wie bei der klassischen Kostenrechnung: vergangenheitsbezogen, schwierige Zuordnung der Gemeinkosten zu Kostenstellen und Kostenträgern. Spezifisch für Umweltkostenrechnung ist die oft fehlende Berücksichtigung externer Kosten.	L, N
Lebenszyklus-analyse (Life Cycle Assessment, LCA)	Durch die Lebenszyklusanalyse können die Einflüsse, die Produkte, Materialien, Prozesse oder Dienstleistungen auf die Stakeholder und/oder die Umwelt im Verlauf der Existenz oder Dauer (von der Beschaffung bis zur Entsorgung) haben, systematisch verfolgt und analysiert werden.[61]	Die LCA-Methode wird global angewendet, z. B. bei Unternehmen wie Procter & Gamble und Henkel. Da die Methode möglichst ganzheitlich angewendet werden soll, werden bestimmte Spezifika (z. B. in Bezug auf das Produkt, den Prozess oder die Region), dynamische Aspekte und bestimmte Umweltwirkungen teilweise nicht berücksichtigt.[62] Allerdings wird die Methode in der Praxis in unterschiedlicher Art und Weise angepasst. BASF entwickelte z. B. die Ökoeffizienz-Analyse, die sowohl ökologische als auch ökonomische Effekte für Produkte oder Prozesse ermittelt. Unter dem Namen Seebalance® ermittelt BASF neuerdings auch soziale Wirkungen eines Produktes.[63]	N (L, S)
Umwelt-management-systeme	Umweltmanagementsysteme basieren gewöhnlich auf EMAS (Eco Management and Audit Scheme), dem europäischen Umwelt-Audit, nach dem sich Unternehmen zertifizieren lassen können und das aus sieben Schritten besteht (Umweltprüfung, Umweltpolitik, Umweltprogramm, Umweltmanagementsystem, Umweltbericht, Prüfung und Registrierung). Die Erweiterung EMASplus berücksichtigt zusätzlich ökonomische und soziale Faktoren und besteht quasi aus Zertifizierung des Qualitätsmanagements nach ISO 9001 und des Umweltmanagements nach ISO 14001. EMASIII (2008) arbeitet mit Kernindikatoren für Energie- und Materialeffizienz, Wasserverbrauch, Abfallaufkommen, biologischer Vielfalt und Emissionen.	Das Umweltbundesamt führt 129.031 ISO 14001-zertifizierte Betriebsstätten weltweit im Jahr 2007 auf.[64] EMASIII soll KMU durch die Verlängerung der Gültigkeit der Umwelterklärung die Teilnahme erleichtern, bedingt aber immer noch hohen administrativen Aufwand.	L (N, S)
(Umwelt-/ Sustainable-) Balanced Scorecard (SBSC)	Strategisches Managementkonzept zur Erweiterung der rein finanzwirtschaftlichen Kennzahlen der Unternehmenssteuerung um weitere relevante Kennzahlen aus den Bereichen „Interne Geschäftsprozesse", „Lernen und Entwicklung" oder „Mitarbeiter" sowie „Kunden", die eine umfassendere zielgerichtete Steuerung durch operative Vorgaben und Maßnahmen ermöglichen.[65]	Die Integration von sozialen und Umweltaspekten kann in drei möglichen Formen erfolgen: Integration jeweils in alle vier Dimensionen, als separate fünfte Dimension, als separate Umwelt-Scorecard.[66] Für Unternehmen, die bereits BSC nutzen, ist die Erweiterung um Nachhaltigkeitsziele und Kennzahlen relativ unproblematisch. Grundsätzlich ist mit der Einführung einer BSC ein gewisser Aufwand verbunden.	L, N, S

[60] es lassen sich verschiedene Methoden der Umweltkostenrechnung unterscheiden. Ein Überblick findet sich bei Loew et al. (2003)

[61] hiervon abgegrenzt ist die Analyse des Produktlebenszyklusses zu sehen. Diese wird im Marketing und Portfoliomanagement durchgeführt, um eine profitable Kontinuität des Produktangebots am Markt sicherzustellen.

[62] vgl. de Haes et al. (2004)

[63] vgl. BASF SE (o. J.)

[64] vgl. Umweltbundesamt (2010)

[65] vgl. Epstein/Wisner (2001)

[66] vgl. Figge et al. (2001) und Schaltegger/Dyllick (2002): 56ff.

4 Status Quo der Messung von CSR in der Unternehmenspraxis

4.1 Methodik und Beschreibung der Stichprobe

Über die Nutzung von Messinstrumenten und Methoden in der Unternehmenspraxis ist wenig bekannt. Gemeinsam mit der auf Corporate Responsibility spezialisierten Beratungsgesellschaft Schlange & Co. führte das Institut für Management an der Humboldt-Universität zu Berlin von März bis Juni 2010 eine nicht-repräsentative Online-Befragung von 338 in Deutschland tätigen Unternehmen aus unterschiedlichen Branchen durch. Es handelte sich bei den antwortenden Unternehmen zu 80 % um größere Unternehmen mit mehr als 1.000 Mitarbeitern und bei 56% der Unternehmen sogar mit mehr als 5.000 Mitarbeitern. Gut 70% der antwortenden Unternehmen haben einen Umsatz von über 500 Millionen Euro. Die Stichprobe enthielt alle DAX 30 Unternehmen. Von allen Unternehmen, die angeschrieben wurden, war bekannt, dass sie bereits im Bereich CSR aktiv sind. Damit war die Wahrscheinlichkeit höher, dass sich die befragten Unternehmen bereits mit dem Thema Mess- und Steuerungsinstrumente auseinandergesetzt haben. Die Rücklaufquote betrug mit 75 antwortenden Unternehmen 22%.

Zunächst wurden die Unternehmen gefragt, welchen Begriff sie für ihre verantwortliche Unternehmensführung am häufigsten verwendeten und auf welche Bereiche sich ihre CSR-Aktivitäten konzentrierten. Bei der Möglichkeit von Mehrfachnennungen wurden die Begriffe *Nachhaltigkeit* bzw. *Sustainability* (60%), *CSR* (45%) und *Corporate Responsibility* (40%) am häufigsten genannt. Als *Verantwortung* bzw. *Responsibility* bezeichneten 24% ihre verantwortliche Unternehmensführung. Der im angelsächsischen Raum populäre Begriff *Corporate Citizenship* wurde dagegen nur von 19% der Unternehmen genannt. Der Trend, auf das *social* in CSR zu verzichten, scheint sich dementsprechend weiter fortzusetzen. Gründe dafür könnten in der Überbetonung von *sozial* gegenüber ökonomischen und Umweltaspekten liegen[67]. Die Begriffe CR und Nachhaltigkeit vermitteln dagegen klarer die Berücksichtigung aller drei Aspekte der *Triple Bottom Line*. In Bezug auf die Konzentration der CSR-Aktivitäten auf bestimmte Bereiche stachen der betriebliche Umweltschutz (89%), Bekämpfung der Korruption (Compliance und Risikomanagement) und gesellschaftliches Engagement (Community Involvement), beides mit jeweils 85%, besonders hervor. Aber auch die Themen Mitarbeiter (84%), Klimaschutz (80%) und Produktverantwortung (79%) wurden angegeben. Verantwortliches Lieferkettenmanagement wurde mit 60% etwas seltener genannt. Das kann jedoch daran liegen, dass mindestens 13% der befragten Unternehmen aus der Dienstleistungsbranche stammen, wo das Thema nachhaltiges Lieferkettenmanagement nicht so relevant ist. Die Unternehmen hatten auch die Möglichkeit, weitere CSR-Tätigkeitsschwerpunkte zu nennen. Beispiele waren Menschenrechte, *Grüne Chemie*, Sicherheit, Gesundheit, Arbeitsschutz,

---

[67] vgl. z.B. Dierkes (1974): 21

Ernährung, wirtschaftliche Entwicklung und Stakeholder-Dialoge. Datenschutz und -sicherheit wurden interessanterweise nicht genannt.

An der institutionellen Verankerung von CSR im Unternehmen wird erkennbar, dass die meisten Unternehmen das Thema CSR bereits intensiver betreiben. 51% der Unternehmen gaben an, über eine Stabsabteilung zu verfügen, die direkt an den Vorstand berichtet.[68] Bei 32% der Unternehmen liegt eine bereichsübergreifende Zuständigkeit für CSR vor, 20% haben einen CSR-Beauftragten. Insgesamt 19 Unternehmen (25%) gaben an, dass CSR im Bereich Kommunikation und PR angesiedelt ist. Nur jeweils drei Unternehmen nannten die Bereiche Marketing und Forschung und Entwicklung. Die Verankerung von CSR im Personalbereich und im Einkauf war mit zwei bzw. einer Nennung ebenfalls gering. Die große Variabilität in Bezug auf die strukturelle Einbettung von CSR in das Unternehmen zeigt die Tatsache, dass 19 Unternehmen bzw. 25% angaben, andere Modelle zu verfolgen als die im Fragebogen vorgegebenen. Genannt wurden z. B. Konzernentwicklung, Arbeit(s-) und Umwelt (-schutz), Qualitätsmanagement/Managementsystem, Chief Compliance Officer, Rechtsabteilung oder Legal (Ethics und Compliance), Investor Relations oder auch Geschäftsleitung. Hier besteht noch ein wesentlicher Forschungsbedarf.[69] Die relativ starke Anbindung von CSR an die Kommunikationsabteilung kann unterschiedlich interpretiert werden: Einerseits könnte geschlussfolgert werden, dass CSR im Unternehmen tendenziell einen geringen Stellenwert hat, da es nicht in den wertschöpfungsnahen Bereichen des Unternehmens verankert ist und stattdessen lediglich der Unterstützung der positiven Unternehmenskommunikation dient. Andererseits ist sowohl die interne als auch die externe Kommunikation von CSR ein wesentlicher Erfolgsfaktor einer CSR-Strategie. Die Angliederung an die Kommunikationsabteilung kann vor diesem Hintergrund auch positiv interpretiert werden.[70]

4.2 Ergebnisse zur Messung und Steuerung von CSR

Um sich ein Bild über die Messung und Bewertung von CSR in den befragten Unternehmen zu machen, wurde zunächst gefragt, ob die Unternehmen *Kennzahlen* zur Messung und Bewertung von CSR einsetzen. 68% der befragten Unternehmen bejahten diese Frage. Die Mehrzahl der Unternehmen (45 Unternehmen, 60%) erfasst bzw. berichtet jährlich. 13 Unternehmen (17%) berichten quartalsweise. Die Mehrheit der befragten Unternehmen erhebt 21-50 CSR-Kennzahlen (24 Unternehmen bzw. 32%). 21 Unternehmen (28%) gaben an, 1-20 CSR-Kennzahlen zu erheben. Die restlichen Unternehmen antworteten folgendermaßen: 11 Unternehmen (rund 15%) erheben 101-250 CSR-Kennzahlen, 8 Unternehmen (rund 11%) 51-100 und 3 Unternehmen (4%) mehr als 250. Im Vergleich dazu: In der GRI (Version G3.1) werden 122 Indikatoren (42 allgemeine und 80 bereichsbezogene Indika-

---

[68] Mehrfachnennungen waren möglich

[69] eine der wenigen Studien, die auf der Basis einer Befragung fünf Modelle der strukturellen Einbettung von CSR in das Unternehmen unterscheidet, ist die von Mirvis/Kinnicutt (2008)

[70] zumal das in der vorliegenden Studie durch die Mehrfachnennungen eine bereichsübergreifende CSR-Koordination nicht ausschließt

toren) abgefragt, was einen relativ hohen Aufwand bedeutet. Um eine sehr hohe Anzahl von (CSR-) Kennzahlen als Steuerungsinstrument einzusetzen, bedarf es eines hohen Aggregationsgrades. Dass die meisten Unternehmen nicht alle erfassten CSR-Kennzahlen zur Steuerung nutzen, lässt sich aus der Frage nach der Anzahl der Kernindikatoren bzw. Key Performance Indikatoren (KPIs) ableiten. Nur 8 Unternehmen (rund 11%) nutzen mehr als 20 der erhobenen CSR-Kennzahlen als Kernindikatoren. Die Mehrheit der Unternehmen nutzt 6-10 (21 bzw. 28%) bzw. 11-20 (16 Unternehmen, knapp 21%) der CSR-Kennzahlen als KPIs. 11 Unternehmen (rund 15%) nutzen nur 1-5 als KPIs und 10 Unternehmen gaben an, keine der CSR-Kennzahlen als Kernindikatoren zu nutzen.

Nach der Frage, ob und wie viele Kennzahlen genutzt werden, wurde nach den Gründen der Nutzung von CSR-Kennzahlen gefragt (siehe Abb. 2).

Abb. 2: Gründe für die Erhebung von CSR-Kennzahlen (Mehrfachnennungen möglich)

Am häufigsten wurde die Möglichkeit genannt, durch die Messung von CSR glaubwürdig und transparent gegenüber den Stakeholdern berichten zu können. Hierin zeigt sich deutlich, dass Unternehmen nicht länger dem Vorwurf des *window dressing* ausgesetzt sein möchten. Stakeholder sind ihrerseits nicht mehr nur mit qualitativen, bebilderten Berichten zufrieden zu stellen, sondern verlangen klare nachvollziehbare Beweise der CSR-Performance. Die an zweiter und dritter Stelle am häufigsten genannten Gründe, ein besseres Management von CSR zu ermöglichen und die Wirksamkeit der CSR-Strategie zu überprüfen, sprechen für die Ernsthaftigkeit, mit der die befragten Unternehmen CSR betreiben. Auch das Risikomanagement, repräsentiert durch die letzten beiden Antwortkategorien in der Abb. 2, nimmt einen großen Stellenwert ein. Neben der Vermeidung des Drucks bestimmter kritischer Stakeholdergruppen wie NGOs könnte hinter diesem Antwortverhalten auch die wachsende Bedeutung von CSR aus der Perspektive der Analysten und Investoren stehen. Dass nur eine relativ geringe Anzahl von 15 Unternehmen den Grund für das Messen darin sieht, nur CSR-Maßnahmen durchzuführen, die eine positive Wirkung auf die Gesellschaft haben, könnte in der Schwierigkeit liegen, die Wirkung von CSR in der Gesellschaft tatsächlich zu messen. Einige Unternehmen nutzten die Möglichkeit, weitere Gründe für die Messung von CSR zu nennen. Genannt wurden z. B. die Verbesserung der Motivation und Orientierung der Mitarbeiter, das Aufzeigen der zeitlichen Entwicklung der Performance und die Erkennung von Handlungspotenzialen und das Erreichen bzw. Halten eines internationalen Niveaus.

Abb. 3 zeigt, wie verbreitet ausgewählte CSR-Mess- und Steuerungsinstrumente sowie Standards in der Unternehmenspraxis sind. 59 Unternehmen (79%) gaben an, Umweltmanagementsysteme zu nutzen. Da die meisten Unternehmen ihre CSR-Maßnahmen u. a. auf den Umweltbereich konzentrieren und der Umweltschutz in Deutschland schon seit Jahren ein wichtiges Thema ist, verwundert das Ergebnis nicht. Auch der GRI-Leitfaden ist sehr verbreitet (46 Unternehmen, 61%). Hierin spiegelt sich die Tatsache wider, dass es sich bei der Stichprobe um Unternehmen mit einem hohen CSR-Aktivitätsgrad handelt, aber auch international aktive Unternehmen, da offensichtlich viele ihre Maßnahmen anhand eines Nachhaltigkeits- oder CSR-Berichts kommunizieren, der zusätzlich internationalen Standards genügen soll.

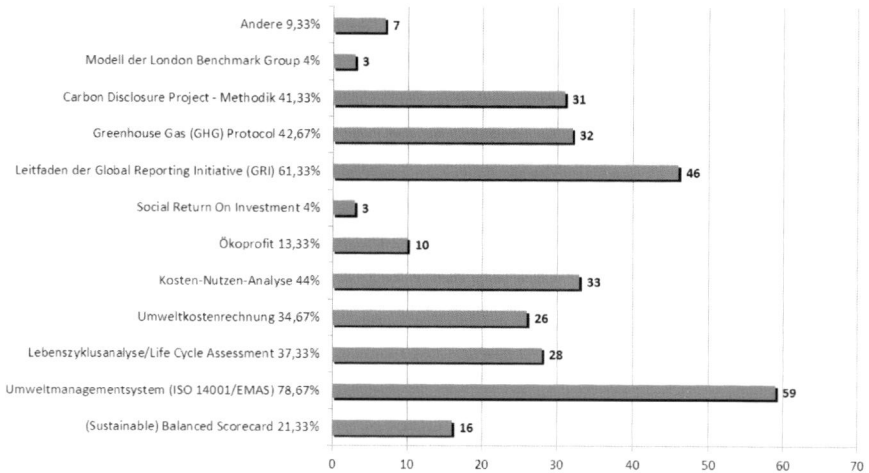

Abb. 3: CSR-Messinstrumente, -Methoden und -Standards (Mehrfachnennungen möglich)

Über 60% der Unternehmen plädieren dafür, das CSR-Controlling ausschließlich oder u. a. in der CSR-Abteilung zu verankern.[71] Dagegen sprachen sich nur rund

---

[71] genannt wurden außerdem Unternehmensstrategie (29 Unternehmen bzw. 39%), Umweltabteilung (24, 32%), PR/Kommunikation (17, 23%), Complianceabteilung (16, 21%) und Risikomanagement (14, 19%)

35% für eine Verankerung im zentralen Unternehmenscontrolling aus. Schließlich wurde gefragt, ob das Vergütungs- oder Anreizsystem mit den Ergebnissen des CSR-Controllings bzw. der CSR-Leistung verknüpft ist. Bei 39 Unternehmen war das nicht der Fall. Ansonsten ergab sich ein uneinheitliches Bild. Bei nur fünf Unternehmen ist CSR für alle Mitarbeiter mit dem Vergütungssystem verknüpft. Bei sieben Unternehmen wird nur die Top-Management-Vergütung durch CSR-Leistungen beeinflusst. Zwölf Unternehmen kommentierten die Frage: So sind bei einigen Unternehmen nur bestimmte CSR-Kennzahlen relevant für die Vergütung, in anderen Unternehmen ist nur die Vergütung der Mitarbeiter der CSR-Abteilung an die CSR-Kennzahlen gebunden. Bei wieder anderen ist die Entscheidung projektabhängig oder betrifft nur Mitarbeiter aus bestimmten Geschäftsbereichen.

5 Herausforderungen und Erfolgsfaktoren für eine Messung von CSR

Die Messung des *social* und des *bussiness case* stellt Unternehmen vor neue Herausforderungen. Die Ergebnisse der empirischen Studie zeigen, dass *nur* 68% der antwortenden Unternehmen Kennzahlen zu CSR erheben. Bei über 50% sind die Kennzahlen nicht mit Anreizsystemen im Unternehmen verbunden. Da es sich bei der Stichprobe um Unternehmen handelte, die bereits mehr oder weniger aktiv CSR betreiben, ist für die Allgemeinheit davon auszugehen, dass eine große Anzahl von Unternehmen auf die Messung der Wirkung ihrer CSR-Maßnahmen verzichtet. Die Gründe dafür sind vielfältig:

- Keine Strategie und/oder keine klaren Ziele und Meilensteine,
- CSR hat keine Relevanz für das Top-Management,
- Effekte sind qualitativer Natur, wirken nur indirekt und langfristig und sind daher schwer messbar,
- Probleme, CSR-Maße und -Indikatoren mit dem finanziellen Erfolg zu verbinden,
- Fehlen von (standardisierten) Messmethoden und -modellen,
- verantwortliche Manager sind mit der Messung durch Kennzahlen und sog. harte finanzielle Daten nicht vertraut,
- Fehlen von Ressourcen und Angst vor hohem Messaufwand.

Die Studie hat außerdem gezeigt, dass die Messung von umweltrelevanten Variablen relativ weit verbreitet ist. Dagegen stellt die Messung von sozialen Effekten und die Monetarisierung von Wirkungen allgemein eine größere Herausforderung dar. Ein Grund dafür ist, dass eine Wirkung der meisten CSR-Maßnahmen erst langfristig eintritt und häufig schwer von anderen Wirkungsfaktoren isolierbar ist. Das wird z. B. an der iooi-Methode deutlich, welche u. a. die Basis für den SROI und die Methode der London Benchmark Group bildet. Ein Problem liegt in der Definition und Messung von Inputs, Outputs, Outcomes und Impacts. Der Input, also die Ressourcen, die eingesetzt werden, um CSR-Aktivitäten/-Projekte auszuführen

(z. B. Zeit, Arbeitskraft, Betriebsanlagen und Ausrüstung) und der Output, also direkt messbare Variablen, Produktionseinheiten bzw. Ergebnisse, die aus CSR-Aktivitäten/-Projekten hervorgehen, sind relativ einfach zu messen. Schwieriger ist die Messung von Outcomes und Impacts. Outcomes sind die Veränderungen, die CSR-Aktivitäten/-Projekte hervorrufen bzw. ihre direkten und indirekten Auswirkungen für Kunden, bestimmte Gruppen, das Unternehmen und die Gesellschaft. Der Teil des Outcomes, der tatsächlich auf das Unternehmen zurückzuführen ist bzw. Effekte von CSR-Programmen, die nicht ohnehin eingetreten wären, wird als Impacts bezeichnet.[72] Coca-Cola setzt sich z. B. mit dem Projekt *Mission Olympic* in Partnerschaft mit dem Deutschen Sportbund für einen gesunden Lebensstil und mehr Bewegung ein. Mission Olympic ist ein Städtewettbewerb, der möglichst viele Menschen zu mehr Bewegung motivieren soll. Der Input wäre in diesem Fall eine Fördersumme von 100.000 Euro sowie die Manntage, die Coca-Cola durch Mitarbeiter für die Organisation bereitstellt. Auch der Output ist leicht bestimmbar in Form der Anzahl der organisierten Veranstaltungen, Anzahl der beteiligten Städte und Initiativen. Die Bestimmung des Outcome für die Gesellschaft und das Unternehmen ist schwieriger zu bestimmen. Für Coca-Cola könnte dies der Bekanntheitsgrad vor Ort, eine stärkere Vernetzung mit örtlichen Entscheidungsträgern, eine langfristig verbesserte Reputation oder ein gestiegenes Bewusstsein bei den Mitarbeitern für gesellschaftsrelevante Themen sein. Für die Gesellschaft ist der Outcome z. B. eine stärkere Vernetzung zwischen Schulen und Sportvereinen, ein höheres Bewusstsein für die Bedeutung von Sport und Bewegung, höhere Mitgliedszahlen in Sportvereinen und langfristig eine geringere Zahl Übergewichtiger. Da der Sportbund ebenfalls beteiligt war und das Projekt eventuell mit einem anderen Partner oder allein durchgeführt hätte, ist es so gut wie unmöglich, den Impact für die Gesellschaft zu bestimmen bzw. quantitativ zu messen. Noch problematischer ist eine Monetarisierung der Effekte, da diese nur mithilfe von Annahmen und teilweise geschätzten Hilfsgrößen möglich ist.[73]

Ein Beispiel für die Monetarisierung von Wirkungen ist die Puma AG. Kürzlich hat das Unternehmen bekannt gegeben, künftig seine negativen externen Effekte auf die Umwelt in einer ökologischen Gewinn- und Verlustrechnung zu monetarisieren. Laut des scheidenden Puma-Vorstandsvorsitzenden Jochen Zeitz haben Puma und seine Zulieferer durch Treibhausgase und Wasserverbrauch negative Umweltauswirkungen im Wert von 94 Millionen Euro verursacht.[74] Eine der größten Herausforderungen stellte die Bewertung der Umweltschäden, also z. B. des CO_2-Ausstosses in Euro, dar.[75] Da es noch kein Unternehmen gibt, das eine vergleichbare Berechnung anstellt, gibt es keinen Benchmarkwert. Puma hat daher

---

[72] die Bertelsmann Stiftung definiert den Impact als „…Wirkungen, die längerfristig … für gesellschaftliche Belange erzielt werden"; Bertelsmann Stiftung (2010): 20

[73] der Versuch einer Monetarisierung sozialer Wirkungen wurde bei der Berechnung der sog. *Stadtrendite* des Berliner kommunalen Wohnungsunternehmens, der degewo, durchgeführt; vgl. Schwalbach et al. (2009) und Bielka/Schwerk (2011)

[74] vgl. Frankfurter Rundschau (2011)

[75] vgl. Utopia (2011)

nur die Möglichkeit, den Wert von 94 Millionen Euro als Basiswert zu verwenden und über die Zeit zu interpretieren und zu verbessern.

Was zeichnet eine erfolgreiche Messung von CSR aus? Neben den grundsätzlichen Anforderungen an gute Messmodelle wie *Validität* (misst das Modell tatsächlich das, was gemessen werden soll, und zeigt es mir den Hebel für Veränderungsmaßnahmen), *Reliabilität* (gewährleistet das Modell eine Vergleichbarkeit der Ergebnisse bei Messung zu unterschiedlichen Zeitpunkten) und *Vollständigkeit* (werden alle relevanten Daten erhoben) sind die folgenden Erfolgsfaktoren zu nennen:

Zielorientierung: Festlegung von Zielen und Meilensteinen bzw. die Erstellung eines strategischen Plans, denn nur dann ist ein Verbesserungsbedarf ableitbar bzw. die Entwicklung des Projekterfolges ermittelbar.

Vergleichbarkeit: Auch wenn jedes Unternehmen seinen individuellen strategischen Prozess entwickeln muss, wäre es wünschenswert, wenn eine gewisse Standardisierung der Messmethoden und Modelle stattfände. Nur so ist ein Vergleich durch ein Benchmarking möglich und Verbesserungspotenziale lassen sich klarer erkennen. Ist keine Benchmark verfügbar, kann eine Kennzahl nur über die Zeit betrachtet, interpretiert und entsprechend verbessert werden.

Angemessenheit und *Integrationsfähigkeit*: Die Kennzahl oder das Maß muss mit angemessenem Aufwand erhebbar und interpretierbar sein, damit es für die Verantwortlichen eine Steuerungsfunktion haben kann und der Nutzen die Zeit und Kosten der Messung rechtfertigt. Es empfiehlt sich daher die Integration in vorhandene Mess- und Kontrollsysteme.

Glaubwürdigkeit, Verständlichkeit und *Akzeptanz*: Maße müssen sowohl für interne als auch für externe Adressaten glaubwürdig sein. Wenn die Messung nicht die notwendige Akzeptanz (z. B. der Unternehmensleitung, aber auch der Mitarbeiter) hat, wird sie keine Steuerungsfunktion ausüben.

Im Fallbeispiel von Coca-Cola wurden in allen sieben Handlungsfeldern Ziele gesetzt. Beispielsweise sollte der Energiebedarf im Produktionsprozess für einen Liter Getränk 2010 bei 0,407 Megajoule pro Liter liegen. Den CO_2-Fußabdruck misst Coca-Cola mithilfe des Greenhouse Gas Protocols. 2010 wurden außerdem Nachhaltigkeitskennzahlen in die Businesspläne aufgenommen und die Zielerreichung überprüft. Die Einführung einer Nachhaltigkeits-Scorecard für alle Geschäftsbereiche ist in Planung.[76] Zusätzlich wird die Leistung der Führungskräfte nach dem Erfüllungsgrad der Nachhaltigkeitsziele gemessen. Persönliche Zielvereinbarungen zur Nachhaltigkeit werden für die höchsten Leitungsorgane vereinbart und in die Anreiz- und Vergütungssysteme integriert.[77]

Auch wenn das Unternehmen Coca-Cola noch nicht am Ziel ist und die Integration und Steuerung von CSR durch die Einführung einer Balanced-Scorecard noch verbessert werden kann, zeigt das Fallbeispiel, wie komplex und vielschichtig die Messung von CSR im Unternehmen ist.

---

[76] vgl. Coca-Cola GmbH (2010a)
[77] vgl. Coca-Cola GmbH (2010b): 138

6 Schlussbemerkung

Der vorliegende Beitrag sollte verdeutlichen, was unter strategischer CSR und CSR-Strategie verstanden wird und welche Bedeutung die Messung für die Integration und Steuerung im Unternehmen hat. Am Fallbeispiel Coca-Cola wurden der idealtypische strategische Managementprozess und die Integration einzelner CSR-Maßnahmen in die Funktionsbereiche des Unternehmens dargestellt. Es wurde deutlich, dass die Unternehmensstrategie und die CSR-Strategie untrennbar verbunden sind und daher genau aufeinander abgestimmt sein müssen. Eine erfolgreiche Integration und eine glaubwürdige CSR-Strategie sind nur durch klare Ziele und deren Überprüfung gewährleistet. Der Prozess der Integration bringt eine Reihe von Veränderungsprozessen im Unternehmen mit sich und kann nicht von heute auf morgen realisiert werden. Es gibt bereits eine Vielzahl von Messinstrumenten und -methoden. Bislang herrscht in der Forschung ein Defizit in Bezug auf eine Abstimmung verschiedener Messmethoden und -instrumente, die Monetarisierung von Wirkungen und die Integration in bestehende Messinstrumente. Bei allen positiven Effekten, die das Messen für die Steuerung von Prozessen haben kann, muss betont werden, dass ein Mehr an Messen nicht immer zu mehr Erkenntnis oder einem besseren Management führt. Jedes Unternehmen muss daher selbst das optimale Maß des Messens von CSR finden.

7 Literatur

BASF (o. J.): Corporate Social Responsibility. www.basf.com/group/corporate/de/sustainability/dialogue/in-dialogue-with-politics/corporate-social-responsibility, Zugangsdatum: 20.06.2011.

BASF SE (o. J.): Ökoeffizienz-Analyse. www.basf.com/group/corporate/de/sustainability/eco-efficiency-analysis/index, Zugangsdatum: 11.07.2011.

Bertelsmann Stiftung (2010): Corporate Citizenship planen und messen mit der iooi-Methode. Gütersloh.

Bielka, F./Schwerk, A. (2011): Fünf Thesen zur strategische Einbettung von CSR in das Unternehmen am Beispiel der degewo. In: Sandberg, B./Lederer, K. H. (2011) (Hrsg.): Corporate Social Responsibility in kommunalen Unternehmen – Wirtschaftliche Betätigung zwischen öffentlichem Auftrag und gesellschaftlicher Verantwortung. Wiesbaden: VS Verlag. S. 149-169.

Bononi, S./Koller, T.M./Mirvis, P.H. (2009): Valuing social responsibility programs. In: McKinsey on Finance, Vol. 32, Nr. S. 11-18.

Boston Center for Corporate Citizenship (BCCCC) (2009): How virtue creates value for business and society. Chustnut Hill, MA.

Buchholtz, A.K./Carroll, A.B. (2009): Business and Society: Ethics and Steakholder Management.

Bundesministerium für Familie, Senioren, Frauen und Jugend (BMFSFJ) (2005): Betriebswirtschaftliche Effekte familienfreundlicher Maßnahmen – Kosten-Nutzen-Analyse.

Burke, L./Logsdon, J.N. (1996): How corporate social responsibility pays off. In: Long Range Planning, Vol. 29, Nr. 4, S. 495-502.

CabinetOffice (2009): A guide to Social Return on Investment. http://www.neweconomics.org/sites/neweconomics.org/files/A_guide_to_Social_Return_on_Investment_1.pdf, Zugangsdatum: 11.07.2011.

Carbon Disclosure Project (2010): Carbon Disclosure Project 2010. Deutschland 200 Bericht. Bericht verfasst für das Carbon Disclosure Project von der West LB.

Carroll, A.B. (1979): A Three-dimensional Conceptual Model of Corporate Social Performance. In: Academy of Management Review, Vol. 4, Nr. 4, S. 497-505.

Chandler, A.D. (1962): Strategy and structure: chapters in the history of the industrial enterprise. Cambridge/Mass.. Cambridge/Mass. :

Chatterji, A./Levine, D. (2006): Breaking Down the Wall of Codes: Evaluating Non-Financial Performance Measurement. In: California Management Review, Vol. 48, Nr. 2, S. 1-23.

Chatterji, A.K./Levine, D.I./Toffel, M.W. (2009): How well do social ratings actually measure corporate social responsibility? In: Journal of Economics and Management Strategy, Vol. 18, Nr. 1, S. 125-169.

Clark, C./Rosenzweig, W./Long, D./Olsen, S. (2004): Double Bottom Line Project Report – Assessing Social Impact in Double Bottom Line Ventures – Methods Catalog. University of California Berkeley, Center for Responsible Business. Working Paper Series No. 13, January 2004.

Coca-Cola GmbH (2009): Auf einen Blick: Coca-Cola in Deutschland. http://www.coca-cola-gmbh.de/pdf/fakten/Factsheet_a_Coca-Cola_in_D.pdf, Zugangsdatum:

Coca-Cola GmbH (2010a): Coca-Cola in Deutschland. Web-Update zur Nachhaltigkeit 2010. Unternehmens- und Nachhaltigkeitsstrategie. http://nachhaltigkeitsbericht.coca-cola.de/downloads/Web-Update-Nachhaltigkeit-2010-Strategie.pdf, Zugangsdatum: 01.07.2011.

Coca-Cola GmbH (2010b): Nachhaltigkeitsbericht von Coca-Cola in Deutschland 2009. http://nachhaltigkeitsbericht.coca-cola.de/downloads/coca-cola_nachhaltigkeitsbericht_2009.pdf, Zugangsdatum: 01.07.2011.

de Haes, Helias A. Udo/Heijungs, R./Suh, S./Huppes, G. (2004): Three strategies to overcome the limitations of Life-Cycle Assessment. In: Journal of Industrial Ecology, Vol. 8, Nr. 3, S. 19-32.

Dentchev, N.A. (2005): Integrating corporate social responsibility in business models. Working Papers of Faculty of Economics and Business Administration, Ghent University, Belgium.

Deutsche Gesellschaft für Ernährung e. V. (2007): Stellungnahme der Deutschen Gesellschaft für Ernährung e. V. zur Anwendung von "Guideline Daily Amounts" (GDA) in der freiwilligen Kennzeichnung von verarbeiteten Lebensmitteln. http://www.dge.de/pdf/ws/DGE-Stellungnahme-GDA.pdf, Zugangsdatum: 20.06.2011.

Devinney, T. M./Auger, P./Eckhardt, G.M. (2010): The myth of the ethical consumer. Cambridge University Press.

Dierkes, M. (1974): Die Sozialbilanz. Ein gesellschaftsbezogenes Informations- und Rechnungssystem. Frankfurt, New York. Frankfurt, New York:

Epstein, M.J./Wisner, P.S. (2001): Using a balanced scorecard to implement sustainability. In: Enviromental Quality Management, Vol. Winter, Nr. S. 1-10.

Epstein, M.J./Roy, M.-J. (2001): Sustainability in Action: Identifying and Measuring the Key Performance Drivers. In: Long Range Planning, Vol. 34, Nr. S. 585-604.

Europäische Kommission (2001): Europäische Rahmenbedingungen für die soziale Verantwortung der Unternehmen, Grünbuch.

Figge, F./Hahn, T./Schaltegger, S./Wagner, M. (2001): Sustainability Balanced Scorecard. Wertorientiertes Nachhaltigkeitsmanagement mit der Balanced Scorecard. Lehrstuhl für Umweltmanagement. Universität Lüneburg. Lüneburg.

Frankfurter Rundschau (2011): Wir wollen Vorreiter sein. Interview vom 22.06.2011 mit Jochen Zeitz, Vorstandsvorsitzender der Puma AG. http://www.fr-online.de/wirtschaft/-wir-wollen-vorreiter-sein-/-/1472780/8583462/-/, Zugangsdatum: 05.07.2011.

Freeman, R. E./Harrison, J.S./Wicks, A. C. (2007): Managing for Stakeholders. New Haven, London.

Galbreath, J. (2006): Corporate social responsibility strategy: strategic options, global considerations. In: Coporate Govenance, Vol. 6, Nr. 2, S. 175-187.

Galbreath, J. (2009): Building Corporate Social Responsibility into strategy. In: European Business Review, Vol. 21, Nr. 2, S. 109-127.

Galbreath, J./Kim, B. (2010): An action-based approach for linking CSR with strategy. In: Louche, C./Idowu, S. O./Leal Filho, W. (2010) (Hrsg.): Innovative CSR. Sheffield: Greenleaf Publishing. S. 12-36.

Global Reporting Initiative (GRI) (2010): Year in review 2009/10. http://www.globalreporting.org/NR/rdonlyres/9F9C6F28-44CA-42E6-940F-C5223543EC74/0/GRIYearInReview2010.pdf, Zugangsdatum: 01.07.2011.

Global Reporting Initiative (GRI) (2011): Sustainability Reporting Guidelines, Version 3.1. http://www.globalreporting.org/NR/rdonlyres/5783BD65-D844-4097-8F31-6133272874EA/0/G31Highlights.pdf, Zugangsdatum: 02.07.2011.

Gminder, C.U./Bieker, T./Dyllick, T./Hockerts, K. (2002): Nachhaltigkeitsstrategien umsetzen mit einer Balanced Scorecard. In: Schaltegger, S./Dyllick, T. (2002) (Hrsg.): Nachhaltig managen mit der Balanced Scorecard. Wiesbaden: Gabler. S. 95-147.

Grant, R.M. (2010): Contemporary strategy analysis and cases: Text and cases. 7. Aufl., John Wiley & Sons.

Hahn, T./Liesen, A./Figge, F./Barkemeyer, R. (2007): NeW – Nachhaltig erfolgreich Wirtschaften. Eine Untersuchung der Nachhaltigkeitsleistungen deutscher Unternehmen mit dem Sustainable-Value-Ansatz. http://www.new-projekt.de/studie/download/index.html, Zugangsdatum: 12.05.2007.

Husted, B.W./Jesus Salazar, José de (2006): Taking Friedman seriously: Maximizing profits and social performance In: Journal of Management Studies, Vol. 43, Nr. 1, S.

IHK (Industrie- und Handelskammer) (o. J.): Standortpolitik. Corporate Social Responsibility als strategisches Steuerungselement. http://www.ihk-ber-lin.de/standortpolitik/Wirtschaft_und_Gesellschaft/Corporate_Social_Responsibility_%28CSR%29/818906/Corporate_Social_Responsibility_als_strategisches_Steuerungsinst.html, Zugangsdatum: 20.06.2011.

Keen, S. (2008): Valuing potential. An SROI analysis on Columba 1400. New Philanthropy Capital. London.

Lantos, G.P. (2001): The Boundaries of Strategic Corporate Social Responsibility. In: Journal of Consumer Marketing, Vol. 18, Nr. 7, S. 595-630.

Loew, T./Fichter, K./Müller, U./Schulz, W.F./Strobel, M. (2003): Ansätze der Umweltkostenrechnung im Vergleich. Umweltforschungsplan des Bundesministeriums für Umwelt, Naturschutz und Reaktorsicherheit, Forschungsbericht 299 15 156, Texte 78/2003.

Maas, K./Boons, F. (2010): CSR as a strategic activity. In: Louche, C./Idowu, S. O./Leal Filho, W. (2010) (Hrsg.): Innovative CSR. Sheffield: Greenleaf Publishing. S. 154-172.

Mahon, J.F./Waddock, S.A. (1992): Strategic issues management: An integration of issue life cycle perspectives. In: Business and Society, Vol. 31, Nr. 1, S. 19-32.

Margolis, J.D./Walsh, J.P. (2003): Misery Loves Companies: Rethinking of Social Initiatives by Business. In: Administrative Science Quarterly, Vol. 48, Nr. 3, S. 268-305.

McWilliams, A./Siegel, D.S. (2001): Corporate Social Responsibility: A Theory of the Firm Perspective. In: Academy of Management Review, Vol. 26, Nr. 1, S. 117-127.

Meyer, M./Waßmann, J. (2011): Strategische Corporate Social Responsibility. Research Papers on Marketing Strategy, Lehrstuhl für BWL und Marketing. Würzburg.

Mintzberg, H. (1987): Crafting strategy. In: Harvard Business Review, Vol. July-August, Nr. S. 66-75.

Mirvis, P.H./Kinnicutt, S. (2008): Structure and strategies profile of the practice 2008: Managing corporate citizenship. Boston College Center for Corporate Citizenship. Boston, MA.

Nicholls, J./Mackenzie, S./Somers, A. (2009): Measuring real value: a DIY guide to Social Return on Investment. nef (the new economics foundation). London, UK.

Orlitzky, M./Schmidt, F.L./Rynes, S.L. (2003): Corporate Social and Financial Performance: A Meta-analysis. In: Organization Studies, Vol. 24, Nr. 3, S. 403-441.

Plattform Klimaverträglicher Konsum Deutschland (PKKD) (2011): Perspektiven eines klimaverträglichen Konsums jenseits von Konsumverzicht. http://www.pcf-projekt.de/files/1307354666/pkkd2011_perspektiven-klimavertraeglicher-konsum.pdf, Zugangsdatum: 30.06.2011.

Porter, M.E. (1996): What is strategy. In: Harvard Business Review, Vol. November-December, Nr. S. 61-78.

Porter, M.E./Kramer, M.R. (2006): Strategy and society – The link between competitive advantage and corporate social responsibility. In: Harvard Business Review, Vol. December, Nr. S. 1-16.

Porter, M.E./Kramer, M.R. (2011): Creating shared value. In: Harvard Business Manager, Vol. January-February, Nr. S. 1-17.

Preston, L./O'Bannon, D. (1997): The Corporate Social-financial Performance Relationship. In: Business and Society, Vol. 36, Nr. 4, S. 419-429.

Puma AG (2011): PUMA announces results of unprecedented environmental profit & loss. http://safe.puma.com/us/en/category/key-performance-indicators/, Zugangsdatum: 01.07.2011.

Roman, R./Hayibor, S./Agle, B.R. (1999): The Relationship Between Social and Financial Performance. In: Business and Society, Vol. 38, Nr. 1, S. 109-125.

Schaltegger, S./Dyllick, T. (2002) (Hrsg.): Nachhaltig managen mit der Balanced Scorecard – Konzepte und Fallstudien. Wiesbaden: Gabler.

Schreck, P. (2009): The business case for corporate social responsibility. Heidelberg. Heidelberg: Physica-Verlag.

Schreck, P. (2011): Reviewing the business case for corporate social responsibility: New evidence and analysis. In: Journal of Business Ethics, Vol. 7, Nr. 12, S. 951-959.

Schwalbach, J./Fandel, G. (Hrsg.) (2007): Der Ehrbare Kaufmann: Modernes Leitbild für Unternehmer? Zeitschrift für Betriebswirtschaft, Special Issue 1/2007.

Schwalbach, J./Schwerk, A./Smuda, D. (2009): Stadtrendite – Der gesellschaftliche Nutzen von Wohnungsunternehmen. In: Haug, P./Rosenfeld, M. T. W. (2009) (Hrsg.): Neue Grenzen städtischer Wirtschaftstätigkeit: Ausweitung versus Abbau? Schriften des Instituts für Wirtschaftsforschung. Band 30. Nomos Verlag. S. 137-148.

Schwerk, Anja (2008): Strategisches gesellschaftliches Engagement und gute Corporate Governance. In: Backhaus-Maul, H./Biedermann, C./Polterauer, J./Nährlich, S. (2008) (Hrsg.): Corporate Citizenship in Deutschland. Berlin: VS Verlag. S. 121-145.

Smith, N. C. (2003): Corporate Social Responsibility: Whether or how? In: California Management Review, Vol. 45, Nr. 4, S. 52-76.

Umweltbundesamt (2010): Umweltökonomie und Umweltmanagement. Umweltmanagementsysteme weltweit. http://www.umweltbundesamt.de/umweltoekonomie/ums-welt.htm, Zugangsdatum: 11.07.2011.

Utopia (2011): Wird ein grünes Startup das nächste Google? Interview vom 5.7.2011 mit Jochen Zeitz, Vorstandsvorsitzender der Puma AG. http://www.utopia.de/magazin/puma-chef-jochen-zeitz-im-interview-wird-ein-gruenes-startup-das-naechste-google, Zugangsdatum: 05.07.2011.

Vogel, D. (2006): The Market for Virtue. Washington D.C. Paperback Edition, Washington D.C.: Brookings Institution Press.

World Business Council for Sustainable Development (WBCSD) (2000): Corporate Social Responsibility: Making Good Business Sense. Geneva, Switzerland.

World Business Council for Sustainable Development (WBCSD)/Institute, World Resources (2001): The Greenhouse Gas Protocol. A corporate accounting and reporting standard. Switzerland.

WWF Deutschland (2008): Sechs Unternehmen starten Product Carbon Footprint-Pilotprojekt in Deutschland. http://www.wwf.de/presse/details/news/sechs_unternehmen_starten_product_carbon_footprint_pilotprojekt_in_deutschland/, Zugangsdatum: 01.07.2011.

Zadek, S. (2007): The civil corporation. London, Sterling.

CSR und Rechnungslegung

Edeltraud Günther

1 Verantwortung für die Gesellschaft

Das Rechnungswesen kann einen wesentlichen Beitrag dazu leisten, CSR – also die Übernahme von Verantwortung für die Gesellschaft durch Unternehmen – in betriebliche Entscheidungen zu integrieren, indem die Entscheidungsträger „use its expertise in the area of data accumulation and data presentation to aid society in its attempt to internalize economic externalities".[1] Die Europäische Kommission definiert Corporate Social Responsibility (CSR) als „ein Konzept, das den Unternehmen als Grundlage dient, um auf freiwilliger Basis soziale und ökologische Belange in ihre Unternehmenstätigkeit und in ihre Beziehungen zu den Stakeholdern zu integrieren."[2] CSR ist dabei Teil der „Europa 2020 Strategie für intelligentes, nachhaltiges und integratives Wachstum" und gilt als Beitrag zur Gestaltung des von Europa gewünschten Wettbewerbsmodells.[3]

Aus der Vielfalt der wissenschaftlichen Literatur seien einige wesentliche Definitionen von CSR genannt: Bowen (1953) definierte CSR als „the obligations of businessmen to pursue those policies, to make those decisions, or to follow those lines of action which are desirable in terms of the objectives and values of our society."[4] Carroll, der 1999 einen Literaturüberblick über CSR-Definitionen verfasste,[5] definierte 1979 "The social responsibility of business encompasses the economic, legal, ethical, and discretionary expectations that society has of organizations at a given point in time"[6] und spricht dabei drei Dimensionen an: (1) Was beinhaltet CSR, d.h. geht sie über rechtlich und wirtschaftlich motivierte Bereiche hinaus? (2) Welche sozialen Herausforderungen (z.B. Diskriminierung, Produktsicherheit, Umweltfragen) greift ein Unternehmen auf? (3) Welche soziale Verantwortung übernimmt ein Unternehmen, d.h. geht es die Themen eher reaktiv oder proaktiv an?

Ehe einzelne Instrumente im Hinblick auf ihren Beitrag zu einer gesellschaftlich verantwortlichen Unternehmenssteuerung vorgestellt werden, gilt es, die der Definition zugrundeliegenden mächtigen Begriffe „Verantwortung" und „Gesellschaft" im Kontext der Analyse abzugrenzen.

---

[1] Whittington (1977): 34
[2] Europäische Kommission (2001): 8
[3] zur umfassenden Darstellung der Aktivitäten der Europäischen Union vgl. http://ec.europa.eu/enterprise/policies/sustainable-business/corporate-social-responsibility/index_de.htm
[4] Bowen (1953): 6
[5] vgl. Carroll (1999)
[6] Carroll (1979): 500

1.1 Verantwortung

Unternehmen bestimmen durch ihre Entscheidungen, in welchem Umfang sie Verantwortung für die Folgen ihres Handelns übernehmen. Als Verantwortung werden die zielorientierte Gestaltung sowie die Zurechnung von bestimmten Ergebnissen zu handelnden Personen gegenüber einer bestimmten Instanz verstanden.[7] Für Unternehmen bedeutet Verantwortung im weiteren Sinne die Forderung von Antworten durch die Stakeholder. Denn Unternehmen können nicht isoliert handeln, vielmehr sind wirtschaftliche Prozesse in ein Wirkungsgefüge eingebunden, das sowohl ökologische, ökonomische und technische als auch gesellschaftliche und politische bzw. rechtliche Aspekte vereint. Langfristig können Unternehmen nur dann ihre Existenz sichern, wenn sie den Erwartungen des engeren und weiteren Unternehmensumfeldes gerecht werden, d.h. ihm Rede und Antwort stehen können und so ihre Legitimation sichern. Juristisch wird Verantwortung im engeren Sinne durch den Begriff der Haftung, d.h. eines Einstehenmüssens, und im Strafrecht durch Schuld konkretisiert. Hieraus können Ersatzpflichten für andere zugefügte Schäden abgeleitet werden. Dieser erforderlichen Wahrnehmung von Verantwortung steht die individuelle Freiheit – ein strukturprägendes Element einer marktwirtschaftlichen Wirtschaftsordnung – der Handlungsakteure gegenüber. „Verantwortung ohne Freiheit ist ein innerer Widerspruch."[8] Die Übernahme von angemessener gesellschaftlicher Verantwortung muss demzufolge über Vorschriften hinausgehen. Doch dies setzt neben Wertvorstellungen das Erkennen von Zusammenhängen zwischen unternehmerischen Handlungen und den entsprechenden Wirkungen voraus. Die Entscheidungsfindung und die Umsetzung von CSR werden somit durch die *Erkenntnis von Ursachen und die Übernahme von Verantwortung* geprägt (vgl. Abb. 1). Ausgehend vom 1. Quadranten (CSR-Status Quo), in dem klassische Unternehmensführung einzuordnen ist (Unternehmen verursachen Wirkungen auf die Gesellschaft und tragen bereits heute die Verantwortung dafür, z.B. indem sie Ressourcen nutzen und für diese bezahlen), lassen sich zwei Pfade der Konkretisierung von CSR unterscheiden: Der naheliegende Schritt ist die freiwillige Übernahme von Verantwortung für Folgen unternehmerischen Handelns, wie z.B. die freiwillige Rücknahme von Altgeräten, um die sachgerechte Entsorgung sicherzustellen und Schäden für die Gesellschaft zu vermeiden, oder die Einsparung von Ressourcen, um die Rohstoffreichweiten zu erhöhen und auch nachfolgenden Generationen eine Entwicklungsgrundlage zu erhalten (CSR-Pfad 1). Wenn Unternehmen Verantwortung in Bereichen übernehmen, die nicht im Zusammenhang mit ihrer Unternehmenstätigkeit stehen und in denen sie deshalb auch nicht Verursacher sind, aber für den sie sich als corporate citizen verantwortlich sehen (CSR-Pfad 2), erweitern sie ihren Aufgabenbereich ebenfalls freiwillig. Hierzu zählt beispielsweise die Unterstützung von Sozialprojekten in der Gemeinde vor Ort, aber auch die Vermittlung von Wissen an Schüler und Studenten. Häufig gründen Unternehmen Stiftungen, um solche Aufgaben wahrzunehmen.

---

[7] vgl. Wuttke (2000): 34
[8] Girgenti (2000): 111

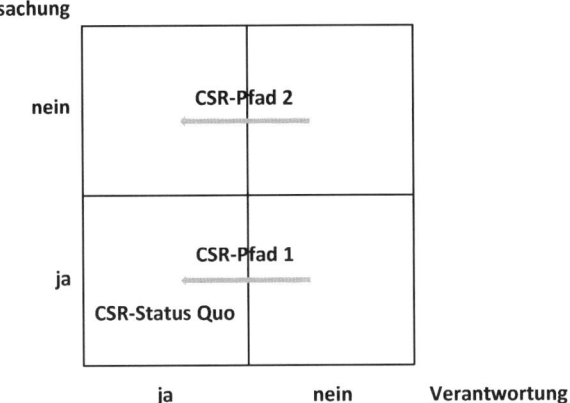

Abb. 1: Erkenntnis von Ursachen und die Übernahme von Verantwortung

Die Herausforderung des Rechnungswesens besteht darin, diese Pfade zu unterstützen, aber auch für den CSR-Status Quo eine differenzierte Betrachtung zu ermöglichen.

1.2 Gesellschaft

Unter Gesellschaft soll in diesem Beitrag die Menschheit als Ganzes verstanden werden. Da die Menschen in Wechselwirkung zur Umwelt leben, bedeutet eine Verantwortung für die Gesellschaft allerdings nicht nur eine direkte Orientierung auf soziale Aspekte, sondern auch indirekt eine Berücksichtigung ökologischer Aspekte. Für die Konkretisierung der Verantwortung ist eine Unterscheidung in die heute lebende Menschheit (intragenerationale Betrachtung) und die zukünftigen Generationen (intergenerationale Betrachtung) vorzunehmen. Artikel 20a des Deutschen Grundgesetzes formuliert „Der Staat schützt <u>auch</u> in Verantwortung für die künftigen Generationen die natürlichen Lebensgrundlagen und die Tiere im Rahmen der verfassungsmäßigen Ordnung durch die Gesetzgebung und nach Maßgabe von Gesetz und Recht durch die vollziehende Gewalt und die Rechtsprechung."

Als Subjekte der Gesellschaft werden Unternehmen wie Bürger gesehen (corporate citizen), die sich wie jeder Einzelne der Verantwortung gegenüber der Gesellschaft stellen müssen. Um zu bestimmen, für welche Teile der Gesellschaft ein Unternehmen Verantwortung übernimmt, sind die gesellschaftlichen Gruppen, mit denen das Unternehmen im Austausch steht, also die Stakeholder, zu betrachten. Stakeholder sind „... any group or individual who can affect or is affected by the achievement of a corporation`s objectives"[9], sie können konkrete Anforderungen an das Unternehmen stellen, z.B. Lieferanten, Kunden und Wettbewerber, Anteilseigner und Kreditgeber sowie Mitarbeiter, Staat und Öffentlichkeit.

---

[9] Freeman (1984): 46

Den Ausgangspunkt der Argumentation, Teile der Gesellschaft in der Unternehmensführung zu berücksichtigen, legte die Koalitionstheorie[10], die der Theorie
der Unternehmung[11] zugrunde liegt. Sie bildet den Grundstein für die Anreiz-
Beitrags-Theorie, nach der sich die Beteiligten für oder gegen eine Organisation
sowie für oder gegen das Leisten eines Beitrags entscheiden können. Die Koali-
tionsteilnehmer wirken dabei als einzelne Anreizspender auf das Unternehmen, indem bestimmte Verhaltensweisen des Unternehmens unterstützt (positive Anreize)
und andere bestraft werden (negative Anreize). Durch die Weiterentwicklung der
an die Unternehmen gestellten Anforderungen wurde die Betrachtung auf externe
Teilnehmer, d.h. auf alle Stakeholder erweitert. Über die Stakeholder hinaus können
ökologische, ökonomische, technologische, gesellschaftliche und politische bzw.
rechtliche Rahmenbedingungen zur Übernahme von Unternehmensverantwortung
für die Gesellschaft motivieren.

Corporate Social Responsibility umfasst danach das Bekenntnis des Managements, Verantwortung für Menschen und Umwelt zu übernehmen. Die Verantwortung bezieht sich dabei auf die gesamte Wertschöpfungskette des Unternehmens.

2 Corporate Social Responsibility im Rechnungswesen

Aufgabe des Rechnungswesens ist es, leistungswirtschaftliche Vorgänge monetär
abzubilden. Soll nun die Verantwortung für die Gesellschaft abgebildet werden,
stellt sich die Frage, wie dies erfolgen kann.

Das vorhandene Rechnungswesen berücksichtigt Aspekte der Gesellschaft
immer dann, wenn sie einen wirtschaftlichen Wert haben, einzeln veräußerbar
sind und selbstständig bewertet werden können. Dies ist der Fall für alle in der
Bilanz erfassten Vermögensgegenstände sowie das Eigen- und Fremdkapital und
die in der Gewinn- und Verlustrechnung erfassten Aufwendungen und Erträge.
Hierzu zählen Rohstoffe, menschliche Arbeit, aber auch Verschmutzungsrechte
und Spenden. Insofern wird die Interaktion mit der Gesellschaft bereits heute teilweise im Rechnungswesen abgebildet, doch wie kann eine vollständige Abbildung
erfolgen?[12]

2.1 Idealform: Erhaltung des gesamtgesellschaftlichen Kapitals

Blickt man historisch auf die Entwicklung des Rechnungswesens, so wurde das
von Luca Pacioli bereits vor über 500 Jahren entwickelte Rechnungswesen, wie
wir es noch heute als Finanzbuchhaltung nutzen, stets aufgrund gesellschaftlicher
und wirtschaftlicher Entwicklungssprünge überarbeitet und ergänzt.[13] Die Finanz-

---

[10] vgl. Barnard (1938)
[11] vgl. Cyert/March (1963): 26 ff.
[12] die in diesem Abschnitt dargestellten Inhalte fassen einen ausführlichen Aufsatz der Autorin zusammen: Günther/Günther (2003)
[13] einen Überblick über Instrumente des Green Controlling geben Günther und Stechemesser; vgl.
Günther/Stechemesser (2011)

buchhaltung folgt dem Bilanzkonzept der *Nominalkapitalerhaltung*, daher entsteht Gewinn (= Jahresüberschuss) dann, wenn der monetäre, nominale Wert des Nettovermögens (= Eigenkapitals) steigt. Die industrielle Entwicklung im 18. und 19. Jahrhundert führte durch die damalige Knappheit der Produktionsmittel zum Rückzug auf den Produktionsbereich und zur Substanzwertorientierung. Die damit entstandene Kosten- und Leistungsrechnung, ergänzt durch Substanzerhaltungsrechnungen in späteren Jahrzehnten, ist Ausdruck der *Realkapitalerhaltung*. Gewinn (= Betriebsergebnis) entsteht dann, wenn das (reale) Nettovermögen erhalten wird, d.h. Verantwortung wird für die Erhaltung der Basis des Wirtschaftens übernommen. Bereits beginnend mit bilanztheoretischen Überlegungen in den 60-er Jahren, aber vor allem angetrieben durch die zunehmende Ausbreitung der Ausrichtung am Unternehmenswert (Shareholder Value-Konzept) erfolgte eine Ausrichtung am Grundsatz der *Erfolgskapitalerhaltung*. Gewinn, verstanden als ökonomischer Gewinn, ergibt sich als Differenz der Zukunftserfolgswerte (= Unternehmenswerte). Erfolg, verstanden als Wertschaffung, findet erst statt, wenn der Gewinn über den Kapitalkosten auf das investierte Kapital liegt. Verantwortung richtet sich hier auf die Erhaltung des Wertschaffungspotentials für die Anteilseigner.

Zur Berücksichtigung der Interessen der Gesellschaft, d.h. der heute lebenden Menschheit und nachfolgender Generationen, könnte nun das Bilanzverständnis in einer vierten Stufe zu einer *nachhaltigen Kapitalerhaltung* erweitert werden, die die Verantwortung für die Gesellschaft widerspiegelt. Dabei werden alle Ressourcen der Gesellschaft, d.h. neben den materiellen und finanziellen auch die immateriellen und die ökologischen Ressourcen einbezogen. Nachhaltige Kapitalerhaltung liegt vor, wenn alle gesellschaftlichen Ressourcen durch das unternehmerische Wirtschaften in ihrem Kapitalstock für zukünftiges Wirtschaften erhalten bleiben. Gewinn, ausgedrückt als Wertschaffung (Integrated Value Added), entsteht erst dann, wenn die Kapitalkosten der vier Kapitalstöcke bedient sind, sodass das materielle, das finanzielle, das immaterielle und das ökologische Potential der Gesellschaft erhalten bleibt. Das Konzept der unsichtbaren Bilanz von Sveiby[14] ermöglicht eine Umsetzung dieses Gedankens im Rechnungswesen. Die nachhaltige Kapitalerhaltungsrechnung wäre damit in der Lage, bilanzähnliche Inventurlisten wie Ökobilanzen[15] (für ökologische Ressourcen) und Wissensbilanzen oder das Intellectual Property Statement[16] (für immaterielle Ressourcen) zu inkorporieren. Da das Rechnungswesen nach heutigem Verständnis eine eindeutige Identifizierbarkeit und Separierbarkeit einzelner Ressourcen fordert, stößt dieses Idealmodell heute noch an Grenzen. So sind insbesondere Wirkungen auf unsere Umwelt vernetzt und komplex, zum Teil auch noch unerforscht. Hinzu kommen teilweise fehlende Eigentumsrechte und somit fehlende Marktpreise, wie z.B. bei der Biodiversität. Dies bedeutet, die Übernahme von Verantwortung für die Gesellschaft kann durch diese Idealform des Rechnungswesens zwar unterstützt werden, sie stößt jedoch noch an praktische Grenzen.

---

[14] vgl. Sveiby (1997): 11
[15] vgl. DIN EN ISO 14040 (2006)
[16] vgl. z.B. Edvinsson/Malone (1997)

2.2 Realform: Stufenmodell

Wenn nun ein integrierter Ansatz zur Abbildung der Verantwortung für die Gesellschaft im Rechungswesen zum heutigen Zeitpunkt nicht möglich scheint, stellt sich die Frage, wie eine second-best-Lösung aussehen könnte. Hierfür bietet sich ein dreistufiges Realmodell an:

Stufe 1: Differentiated Value Added

Im bereits in den Unternehmen bestehenden internen und externen Rechnungswesen kann in einer ersten Stufe die Übernahme von Verantwortung für die Gesellschaft *differenziert* ausgewiesen werden, um Entscheidungen entsprechend zu unterstützen. So kann eine Umweltkostenrechnung die Wechselwirkungen mit der natürlichen Umwelt durch eine stärkere Differenzierung der Kostenarten-, Kostenstellen- oder Kostenträgerrechnung abbilden. Hierbei kann auf bereits erarbeitete Strukturierungen von Umweltkosten wie z. B. nach der VDI-Richtlinie 3800[17] zurückgegriffen werden. Eine Wertschöpfungsrechnung[18] kann durch eine Analyse der Wertschöpfungsanteile der Arbeitnehmer deren Beitrag detailliert analysieren helfen. Die Ausgestaltung ist dabei den in den jeweiligen Unternehmen gegebenen Fragestellungen im Sinne der Entscheidungsorientierung zweckorientiert anzupassen.

Da die traditionelle Rechnungslegung bei dieser Vorgehensweise nicht hinterfragt wird, werden auch nur die Aspekte erfasst, die den heute geltenden Regeln (wirtschaftlicher Wert, einzeln veräußerbar, selbständig bewertbar) entsprechen. Die Messung beschränkt sich daher auf monetär messbare Größen. Ausgewählte Beispiele werden im nachfolgenden Abschnitt 3 vorgestellt.

Stufe 2: Adjusted Value Added

Aufgrund des teilweise öffentlichen Charakters von gesellschaftlichen Ressourcen und der hierdurch bedingten beschränkten Exklusivität und Bewertbarkeit nutzen Unternehmen derartige Ressourcen (Verursachung: ja in Abbildung 1), ohne der Allgemeinheit die entstehenden Kosten zu ersetzen bzw. Nutzen in Rechnung zu stellen (Verantwortung: nein). Als Erweiterung zur ersten Stufe können somit fiktive Kosten und Erlöse in Entscheidungsrechnungen integriert werden. Eine systematische Integration in das traditionelle Rechnungswesen ist nicht direkt notwendig und würde dieses zudem erheblich verzerren. Diese fiktiven Kosten und Erlöse stellen quasi Raten für ungeschriebene Leasing- und Mietverträge dar, indem z. B. die Bildungsleistung von Universitäten oder die Trägerfunktion der Luft und Gewässer zur Aufnahme von Emissionen genutzt wird.

Für Entscheidungsrechnungen könnten nun diese kostenlosen Nutzungen bepreist werden, wodurch auch eventuell anstehende Änderungen im Unternehmensumfeld wie z. B. die Einführung und der Handel mit Verschmutzungsrechten si-

---

[17] vgl. VEREIN DEUTSCHER INGENIEURE (Hrsg.) (2000)
[18] vgl. Haller (1996)

muliert werden können, um der Tatsache Ausdruck zu verleihen, dass unsichtbares Vermögen als Investment genutzt und in seiner Substanz erhalten wird.

Für derartige Entscheidungen ist ein Nettoeffekt der Handlungsalternativen zu berechnen (vgl. Abb. 2). Die Kosten einer Handlungsalternative, aktiv Verantwortung für die Gesellschaft zu übernehmen (Aktionskosten), die evtl. zum Teil auf Dritte übergewälzt werden können (überwälzbare Kosten), sind mit den Handlungsalternativen, z.B. Konsequenzen einer Reaktion Dritter, zu vergleichen (Sanktionskosten). So können z.B. die Kosten für die Klimaschutzsanierung eines Gebäudes (Aktionskosten) evtl. prospektiv an die Mieter (durch Mietzinserhöhungen) oder den Staat (durch Subventionen) übergewälzt werden. Sanktionskosten sind in diesem Fall die entgangenen Energiekosteneinsparungen, aber auch die schlechtere Vermietbarkeit einer Wohnung oder der Wertverlust im Fall des Verkaufs der Immobilie. Durch eine solche angepasste Wertbeitragsrechnung (Adjusted Value Added), die auch Opportunitätskosten und externe Effekte berücksichtigt, können Fehlentscheidungen vermieden werden. Ähnlich ist der Aufbau des Human Resource Costing and Accounting, bei dem die Kosten von Entlassungen bzw. Fluktuation den Kosten für das Halten der Mitarbeiter z.B. in Krisenzeiten im Sinne von Opportunitätskosten gegenübergestellt werden.[19]

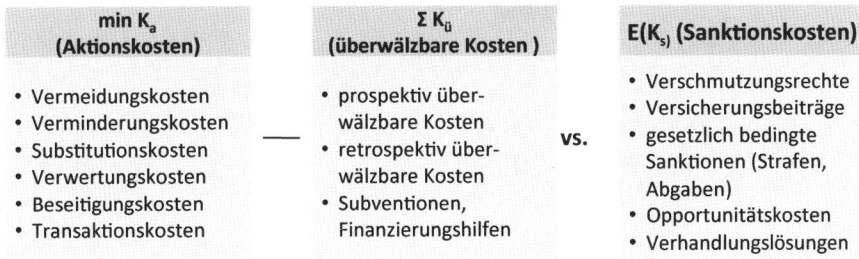

Abb. 2: Ökonomisch-ökologischer Nettoeffekt (in Anlehnung an Günther, E. (1994), S. 170)

Stufe 3: Extended Value Added

Die Berücksichtigung im Rahmen des Adjusted Value Added setzt eine monetäre Bewertbarkeit voraus. Doch nicht jede Übernahme von Verantwortung für die Gesellschaft kann in Geldeinheiten dargestellt werden. Somit besteht die letzte Stufe in der nicht-monetären, aber wenn möglich quantitativen Darstellung, z.B. über Indikatoren.

---

[19] vgl. Flamholtz (1974); Gröjer/Johanson (1996)

Um aussagekräftig zu sein, sind folgende Anforderungen zu erfüllen:

- Ursache-Wirkungs-Zusammenhang mit den Zielgrößen des Unternehmens, um die Wechselwirkung mit der Gesellschaft abbilden zu können.[20]
- Unterscheidung zwischen operativen Indikatoren (z.B. Emissionen oder Verbräuche), strategischen Indikatoren (z.B. Schulungen) und Zustandsindikatoren, die den Zustand der Umwelt außerhalb des Unternehmens messen (z.B. Biodiversität).
- Grundsätze der Validität (Wird gemessen, was gemessen werden soll?), Reliabilität (Ist die Messung zuverlässig oder mit Zufälligkeiten behaftet?), Objektivität (Kommen Dritte zum selben Messergebnis?) und Effizienz (Lohnt sich der Aufwand der Messung?)[21]

Zahlreiche Initiativen zum Aufbau integrierter Kennzahlensysteme bestätigen, dass Stufe 3 von verschiedener Seite als machbar und erfolgversprechend eingeschätzt wird.[22]

3 Instrumente zur Steuerung und Rechnungslegung von CSR

Nach der Vorstellung der Logik eines gesellschaftlich verantwortlichen Rechnungswesens sollen nun Instrumente vorgestellt werden, um den Charakter des Handbuchs als Nachschlagewerk zu unterstützen. Nachfolgende Tabelle (vgl. Tab. 1) gibt einen Überblick über eine Auswahl an Instrumenten, die den drei Kategorien „Differentiated Value Added", „Adjusted Value Added" und „Extended Value Added" zuzuordnen sind.

---

[20] vgl. Lev (2001):164
[21] vgl. z.B. Gleich (2001) sowie Grüning (2002)
[22] vgl. Global Reporting Initiative (GRI) (2006); United Nations Conference on Trade and Development (2008); Deutsche Vereinigung für Finanzanalyse und Asset Management (DVFA) (2010); Eccles/Cheng/Saltzman (Hrsg.) (2010); FEE (2011); International Integrated Reporting Committee (IIRC) (2011); Österreichische Vereinigung für Finanzanalyse und Asset Management (ÖVFA) (2011)

Tab. 1: Auswahl an Instrumenten

Kategorie	Instrumente (alphabetisch sortiert)
Differentiated Value Added	Flusskostenrechnung Gesundheitskostenrechnung Human Ressource Cost Accounting Human Ressource Value Accounting Least Cost Planning Life Cycle Costing Materialflusskostenrechnung DIN EN ISO 14051 Prozesskostenrechnung Ressourcenkostenrechnung Reststoffkostenrechnung Social and Environmental Accounting Stakeholder Value Added Target Costing Wertschöpfungsrechnung
Adjusted Value Added	Contingent Valuation Method Lebenszyklusbezogenes Target Costing Schadenskostenansatz Social Value Supply Chain Management Vermeidungskostenansatz Zahlungsbereitschaftsansatz
Extended Value Added	ABC-Analyse Balanced Scorecard Eco-Indicator Kritische Volumina Kumulierter Energieaufwand Integrated Reporting Materialinput pro Serviceeinheit Methode der Wirkungsindikatoren Nutzwertanalyse Ökobilanzierung DIN EN ISO 14040 Ökologische Buchhaltung Ökologischer Fußabdruck Product Carbon Footprint ISO 14067 Public Value Scorecard Social Impact Assessment Social Impact Factor Social Shareholder Value Matrix Umweltbelastungspunkte Umweltbudgetrechnung Umweltmanagementsystem DIN EN ISO 14001 Virtual Water Wasserfußabdruck

Abschließend sollen für jede Kategorie ein bis zwei Instrumente für die Schwerpunkte Ökologie und Soziales vorgestellt werden.

3.1 Instrumente des Differentiated Value Added

Ziel der Instrumente des Differentiated Value Added ist eine differenzierte Aufbereitung der bereits im Unternehmen vorhandenen Daten des Rechnungswesens, um den Unternehmen ihre Verantwortung für die Gesellschaft zu verdeutlichen. Als Beispiel für eine ökologieorientierte Differenzierung soll die im Herbst 2011 in einer ISO-Norm geregelte Materialflusskostenrechnung vorgestellt werden.

Materialflusskostenrechnung

Ziel der Materialflusskostenrechnung ist es, „Materialflüsse [einschließlich Energie] und -bestände in Prozessen oder Fertigungslinien sowohl in physikalischen als auch in monetären Einheiten"[23] zu erfassen. So sollen Unternehmen durch eine differenzierte Aufbereitung der Material- und Energieflüsse in die Lage versetzt werden, die ökologischen, monetär bewerteten Auswirkungen ihrer Energie- und Materialverbräuche auf die Gesellschaft zu steuern. Hierfür werden sogenannte Mengenstellen eingerichtet, um die anfallenden Materialflüsse, einschließlich Energieverbräuche, zunächst in physikalischen Einheiten, d.h. alle In- und Outputs, zu erfassen und daraufhin monetär nach Material-, Energie-, Abfallmanagement- und Systemkosten zu bewerten. Im Unterschied zum traditionellen Kostenrechnungssystem werden zur Differenzierung der monetären Größen zunächst die physikalischen Größen erfasst, wobei der Fokus auf den Materialverlusten liegt. Denn die Material- und Prozesskosten werden nicht ausschließlich dem Produkt zugerechnet, sondern auch dem (zweiten) Kostenträger Materialverlust. Die Materialflusskostenrechnung kann durch die differenzierte Darstellung der durch die Materialverluste bedingten Kosten im Rahmen von Projekten zur Identifikation von Schwachstellen genutzt werden.

3.2 Instrumente des Adjusted Value Added

Ziel der Instrumente des Adjusted Value Added ist eine Erweiterung der bereits im Unternehmen vorhandenen Daten des Rechnungswesens um die Betrachtung externer Effekte. Als Beispiel für eine Erweiterung um ökologische oder soziale externe Effekte soll das lebenszyklusbezogene Target Costing vorgestellt werden.

Lebenszyklusbezogenes Target Costing

Das lebenszyklusbezogene Target Costing unterstützt Unternehmen darin, einerseits den Anforderungen des Marktes gerecht zu werden und andererseits eine angemessene Rendite zu erzielen. Das Instrument ist vorwiegend in der Planungsphase einzusetzen, da hier über die Kostenfestlegung entschieden wird. Werden nun ökologische und soziale Aspekte, z.B. für Bio- oder Fair Trade-Produkte, in die Kostenplanung einbezogen, erhöhen sich die geplanten Produktkosten (drifting costs). Nun ist zu ermitteln, ob die Zahlungsbereitschaft der Kunden diese Kostenerhöhung ausgleicht, ob die Unternehmen Gewinnverzicht üben müssen, wenn

---

[23] DIN EN ISO 14051 (2010)

sie Verantwortung für die Gesellschaft übernehmen, oder ob eine Senkung der Produktkosten (z.B. durch einfachere Produktzusammensetzungen) den Ausgleich schaffen kann. Nachfolgende Abbildung (vgl. Abb. 3) stellt die verschiedenen Erweiterungsmöglichkeiten des Target Costing vor.[24]

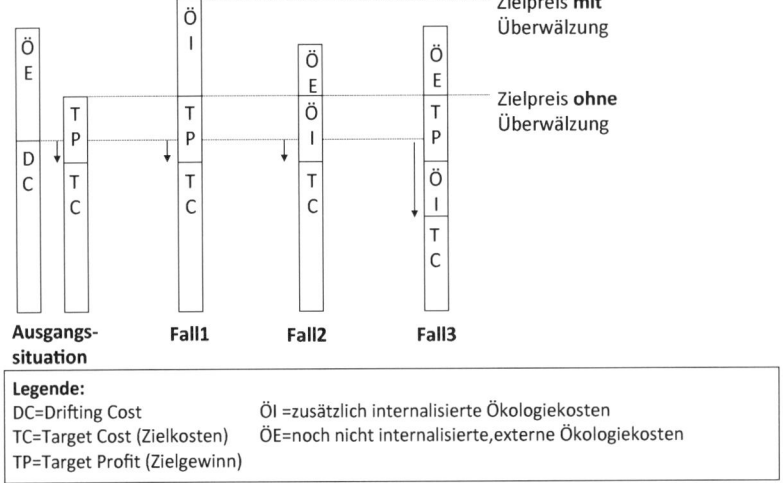

Abb. 3: Erweiterungsmöglichkeiten des Target Costing

3.3 Instrumente des Extended Value Added

Immer dann, wenn die monetäre Bewertung unternehmensrelevante Vorgänge nicht hinreichend detailliert abbildet, kann eine Erweiterung um nichtmonetäre Informationen das Bild des Unternehmens abrunden.

Integrierte Berichterstattung
Für eine sog. Integrierte Berichterstattung liegen mittlerweile verschiedene Vorschläge vor.[25] Ziel ist es in allen Fällen, monetär bewertbare leistungswirtschaftliche Vorgänge um Informationen zu ergänzen, die die Wechselwirkungen des Unternehmens mit der Gesellschaft widerspiegeln und so den Entscheidungsträgern intern wie den Stakeholdern extern eine Informationsgrundlage für Entscheidungen geben.[26] Das 2011 erscheinende Integrated Reporting Framework des International Integrated Reporting Committee zeigt, wie Unternehmen ihre Verantwortung für die Gesellschaft darstellen und ausbalancieren können (vgl. Abb. 4).

---

[24] Coenenberg u.a. (1999): 186
[25] vgl. Global Reporting Initiative (GRI) (2006); United Nations Conference on Trade and Development (2008); Deutsche Vereinigung für Finanzanalyse und Asset Management (DVFA) (2010); Eccles/Cheng/Saltzman (Hrsg.) (2010); Federation of European Accountants (FEE) (2011); International Integrated Reporting Committee (IIRC) (2011); Österreichische Vereinigung für Finanzanalyse und Asset Management (ÖVFA) (2011)
[26] vgl. Übersicht in Federation of European Accountants (FEE) (2011)

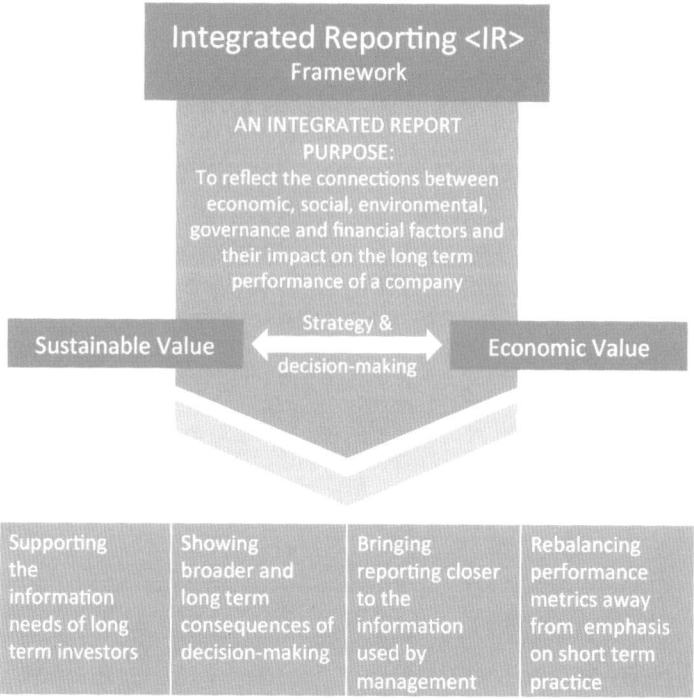

Abb. 4: Integrated Reporting Framework (Quelle: International Integrated Reporting Committee)

4 Informiert entscheiden

Das Rechnungswesen kann den beteiligten Akteuren Informationen bereitstellen, die für interne Zielgruppen die Grundlage für Entscheidungen liefern und für externe Zielgruppen die Basis eines informierten Stakeholderdialogs schaffen. Doch letztendlich muss jedes Unternehmen für sich entscheiden, ob und wie es in der Gesellschaft Verantwortung übernimmt.

5 Literatur

Barnard, C. I. (1938): The Functions of the Executive. Cambridge: Harvard University Press.

Bowen, H. R. (1953): Social Responsibilities of the Businessman. New York: Harper & Row.

Carroll, A. B. (1979): A Three-Dimensional Conceptual Model of Corporate Performance. In: Academy of Management Review, Vol. 4, Nr. 4, S. 497-505.

Carroll, A. B. (1999): Corporate Social Responsibility. In: Business & Society, Vol. 38, Nr. 3, S. 268-295.

Coenenberg, A. G. u.a. (1999): Target Costing. In: Baum, H.-G. (Hrsg.): Betriebliche Umweltökonomie in Fällen. Band 1, München: Oldenbourg, S. 166-196.

Cyert, R. M./March, J. G. (1963): A behavioral theory of the firm. Englewood Cliffs: Prentice-Hall.

Deutsche Vereinigung für Finanzanalyse und Asset Management (DVFA) (2010): KPI for ESG: A Guideline for the Integration of ESG into Financial Analysis and Corporate Evaluation. Frankfurt.

Deutsches Institut für Normung (2006) (Hrsg.): DIN EN ISO 14040:2006: Umweltmanagement – Ökobilanz – Grundsätze und Rahmenbedingungen.

Deutsches Institut für Normung (2010) (Hrsg.): DIN EN ISO 14051:2010: Umweltmanagement – Materialflusskostenrechnung – Allgemeine Rahmenbedingungen. (Entwurf)

Eccles, R. G./Cheng, B./Saltzman, D. (Hrsg.) (2010): The Landscape of Integrated Reporting, Reflections and next steps. Cambridge.

Edvinsson, L./Malone, M. S. (1997): Intellectual capital: realizing your company's true value by finding its hidden brainpower. New York: HarperCollins.

Federation of European Accountants (FEE) (2011): Environmental, Social and Governance (ESG) indicators in annual reports – An introduction to current frameworks. Brüssel.

Flamholtz, E. G. (1974): Human Resource Accounting: A Review of Theory and Research. In: Journal of Management Studies, Vol. 11, Nr. 1, S. 44-61.

Freeman, R. E. (1984): Strategic Management: A Stakeholder Approach. Boston: Pitman.

Girgenti, G. (2000): Der Begriff der Verantwortung in der Welt der Antike und des Christentums. In: Götz, K./Seifert, J. (Hrsg.): Verantwortung in Wirtschaft und Gesellschaft. München: Hampp, S. 111-116.

Gleich, R. (2001): Das System des Performance Measurement: theoretisches Grundkonzept, Entwicklungs- und Anwendungsstand. München: Vahlen.

Global Reporting Initiative (GRI) (2006): Leitfaden zur Nachhaltigkeitsberichterstattung. Online im Internet: http://www.globalreporting.org/NR/rdonlyres/17D902C9-E3D1-422A-8D61-BE210D7D823E/0/G3_Leitfaden.pdf, Stand: 2006.

Gröjer, J.-E./Johanson, U. (1996): Human Resource Costing and Accounting. 2. Aufl., Stockholm.

Grüning, M. (2002): Performance Measurement Systeme als Managementwerkzeug. Wiesbaden: Deutscher Universitätsverlag.

Günther, E./Günther, T. (2003): Zur adäquaten Berücksichtigung von immateriellen und ökologischen Ressourcen im Rechnungswesen. In: Controlling – Zeitschrift für erfolgsorientierte Unternehmensführung, Vol. 15, Nr. 3/4, S. 191-199.

Günther, E./Stechemesser, K. (2011): Instrumente des Green Controlling: ein Blick zurück, ein Blick nach vorn. In: Controlling – Zeitschrift für erfolgsorientierte Unternehmensführung, Vol. 23, Nr. 8/9, S. 419-425.

International Integrated Reporting Committee (IIRC) (2011): Discussion Paper on Integrated Reporting, New York.

Haller, A. (1997): Wertschöpfungsrechnung – Ein Instrument zur Steigerung der Aussagefähigkeit von Unternehmensabschlüssen im internationalen Kontext. Stuttgart: Schäffer-Poeschel.

Lev, B. (2001): Intangibles: Management, Measurement, and Reporting. Washington D. C.: Brookings Institution Press.

Österreichische Vereinigung für Finanzanalyse und Asset Management (ÖVFA) (2011): Economic Responsibility 3.0 – An Update on General ESG Responsibility. Wien: Österreichische Vereinigung für Finanzanalyse und Asset Management (ÖVFA).

Sveiby, K. E. (1997): The New Organizational Wealth: Managing and Measuring Knowledge-Based Assets. San Francisco: Berrett-Koehler.

United Nations Conference on Trade and Development (2008): Guidance on Corporate Responsibility Indicators in Annual Reports. New York und Geneva.

Verein Deutscher Ingenieure (Hrsg.) (2000): Richtlinie VDI 3800 Entwurf: Ermittlung der Aufwendungen für Maßnahmen zum betrieblichen Umweltschutz. Berlin.

Whittington, R. (1977): Social Accounting and the Tragedy of the Commons. In: Management Accounting, April, S. 32-34.

Wuttke, S. (2000): Verantwortung und Controlling. Controlling zur Förderung verantwortlichen Handelns. Frankfurt am Main: Peter Lang.

CSR als Hebel für ganzheitliche Innovation

Eva Grieshuber

1 Es geht um die Zukunft: CSR und Innovation

„A perfect storm of threats" – so fasst Bob Willard die Treiber für Nachhaltigkeit in Unternehmen zusammen.[1] Zunehmend fordernde Anspruchsgruppen und globale Kräfte für Veränderung wirken zusammen und können so massive Auswirkungen auf Unternehmen haben. Das Aufgreifen sogenannter „Mega-Issues" durch zunehmend kritische, oftmals gut organisierte Anspruchsgruppen lässt neuartige Risiken, aber auch Chancen entstehen. Klimawandel, Energie- und Ressourcenfragen, die Bedrohungen von Umweltverschmutzung für Gesundheit, soziale Sicherheit sowie wirtschaftliche Aktivität werden über kurz oder lang zu Veränderungen der regulativen Rahmenbedingungen, Änderungen der relativen Preise, aber auch des Nachfrageverhaltens führen. Nachhaltige Unternehmensführung bzw. CSR kann wesentlich beeinflussen, wie (gut) Organisationen damit umgehen. CSR, verstanden als ganzheitlicher strategischer Managementansatz zur Sicherung des Fortbestandes und der Entwicklung des Unternehmens durch konsequente Berücksichtigung der wirtschaftlichen, ökologischen und sozialen Dimensionen, ist vom Grundkonzept nicht neu. UnternehmerInnen, die mehr als nur in wirtschaftlicher Hinsicht Verantwortung übernahmen, gab es in der Geschichte immer schon, und auch in der wissenschaftlichen Auseinandersetzung sind diese Ansätze nicht neu.[2] Allerdings: Fraglich ist, ob mit den derzeitigen Ansätzen die skizzierten Herausforderungen zu meistern sind. Neuartige Herausforderungen erfordern auch neuartige Zugänge und Ansätze, etwa wie Organisationen geführt werden oder auch welche Leistungen sie in welcher Form anbieten. Anders formuliert: Innovation scheint notwendig. Unter Innovation versteht man neue technologische, wirtschaftliche, organisatorische oder soziale Ansätze oder Problemlösungen. Es geht also um neue Ideen, und zwar vom Entstehen bis zu Anwendung, Umsetzung – oder im Fall von Produkt- bzw. Geschäftsinnovation – bis zum Markteintritt.[3]

---

[1] vgl. dazu und zum folgenden Willard (2005)

[2] so ist etwa in der Betriebswirtschaft in den 1980er-Jahren eine intensive Auseinandersetzung v. a. im Überschneidungsfeld zwischen Ökonomie und Ökologie zu beobachten. Als Vertreter für die betriebliche Umweltökonomie beispielhaft anzuführen sind etwa Seidel/Strebel (1991 sowie 1993), die in zwei Herausgeber-Bänden einen breiten Überblick zum damaligen Stand der wissenschaftlichen Auseinandersetzung leisten. Im zweiten Band wird auch bereits der Konnex von Innovation und Umweltschutz untersucht. Ein weiteres Beispiel stellt etwa Winter (1997) dar, wo unter dem Titel „Ökologische Unternehmensentwicklung" einige Kernprinzipien von CSR zu finden sind.

[3] auch wenn sich die Definitionen von Innovation immer wieder unterscheiden, so ist doch der Umsetzungsaspekt bei allen wesentlich. Weiterführend dazu etwa: Hauschildt/Salomo (2010)

Denn die zentralen Herausforderungen der Zukunft – Stichwort: Klimawandel & Co – sind klar. Wie kommt es dann eigentlich, dass auf politischer, aber auch betrieblicher Ebene noch immer relativ wenig konsequentes Handeln zu beobachten ist? Wieso werden CSR-Konzepte oder Nachhaltigkeitsberichte erarbeitet, bleiben aber „in der Schublade liegen"? Wie kommt es, das CSR-Teams bestellt und CSR-Ziele formuliert werden, diese aber letztlich zur Pflichtübung verkommen? Dazu zum Einstieg einige Hypothesen:

1) Die Komplexität von Nachhaltigkeit wirkt als Barriere für Auseinandersetzung.

Komplexität entsteht durch die Vielfalt der relevanten Themen und den nicht immer einfachen Zusammenhängen zwischen den einzelnen Themen. Komplexität entsteht außerdem, weil Nachhaltigkeit Organisationen innen und außen betrifft. Und nicht zuletzt: Nachhaltigkeit spielt sich auf verschiedenen Ebenen ab: auf der operativen, auf der strategischen und auf der Werteebene. Die Herausforderung besteht darin, mit Nachhaltigkeit nicht zu simplifizieren, aber auch nicht in der Komplexität zu versinken. Denn letzteres kann als starke Barriere wirken, einfach mit einer ersten Auseinandersetzung zu starten.

2) Die „klassischen Stolpersteine" von Strategie- und Innovationsarbeit wirken auch bei der Auseinandersetzung mit Nachhaltigkeit/CSR.

Wenn es nicht gelingt, ein Mindestmaß an organisatorischer Verankerung und Breite zu schaffen, bleibt alles dem Engagement einzelner Personen überlassen. Bereits in einer frühen Phase der Auseinandersetzung mit dem Thema kann durch das Prozessdesign – d. h. etwa die Frage, wer, wann und in welcher Form beteiligt ist – Bewusstseinsbildung und erste Veränderung erfolgen. Energie und Zugkraft entsteht aber auch durch den Inhalt selbst: Der Wunsch etwa, gemeinsam ein Stück weit zu einer „besseren Welt" beizutragen, etwas Neues, Attraktives zu gestalten, kann viel bewegen – im Gegensatz zu rein rationalem Kalkül vor dem Hintergrund „etwas tun zu müssen".

3) Die fundamentalen Prinzipien von Nachhaltigkeit/CSR werden nicht ausreichend beachtet.

Damit nachhaltige Unternehmensführung/CSR als Hebel für Innovation tatsächlich wirksam werden kann, sind vor allem folgende drei Prinzipien bedeutend und zu beachten:

- Positive Wechselwirkungen in Wirtschaft, Umwelt und Gesellschaft nutzen
- Geschäft mit Gesellschaft und Umwelt verbinden
- Den eigenen normativen Anspruch definieren

2 Prinzipien für ganzheitliche Innovation durch CSR

Die Relevanz von Nachhaltigkeit für die eigene Organisation erkunden

Um in der Komplexität der Fragen und Themen, die möglicherweise relevant sein können, einen ersten Überblick zu erhalten, ist zunächst eine kompakte Standortbestimmung zu den wesentlichen Dimensionen von Nachhaltigkeit empfehlenswert. Es geht um erstes Erkunden, welche Themen relevant sein können und wer die wesentlichen Anspruchsgruppen sind. Was bedeutet CSR / Nachhaltigkeit in unserem Kontext, in unserer Branche? Welche Herausforderungen gibt es? Erkunden heißt auch Lernen: Was tut sich in diesem Feld? Welche Ansätze und Themen gibt es?

Die eigene Ambition schärfen

Mindestens genauso wichtig, wie Überblick zu erhalten, ist der nächste Schritt: Im Umgang mit Komplexität hilft es, sich über den eigenen Standpunkt klar zu werden. Der zweite Schritt sollte daher in Richtung Ambitionsklärung gehen. Hier gilt: Jede Organisation muss eine eigene Interpretation von CSR und eine eigene Übersetzung von Nachhaltigkeit erarbeiten. Es geht um die ernsthafte Auseinandersetzung mit der eigenen Ausgangssituation, mit den eigenen nachhaltigkeitsbezogenen Werten und Zielen und der aktuellen Einschätzung der Machbarkeit. Es gibt keinen absoluten Anspruch und damit auch kein „Richtig oder falsch": Der Rahmen reicht von der Wahrnehmung der wirtschaftliche Grundverantwortung (etwa Verantwortung für Produkte und Arbeitsplätze) über Berücksichtigung darüber hinausgehender sozialer und ökologischer Aspekte bis hin zur Nutzung unternehmerischer Möglichkeiten zur Überwindung sozialer oder ökologischer Probleme. Wichtig ist, dies als einen ersten Ausgangspunkt zu sehen, der sich mit der tieferen Auseinandersetzung mit dem Thema weiterentwickeln kann. Zu einer ersten Einordnung kann folgende Unterscheidung dienen:

Tab. 1: CSR-Kalkül und korrespondierender strategischer Fokus (eigene Darstellung)

Prinzip:	**Betriebswirtschaftliches Kalkül**		**CSR als ethisch-normative Ambition**	
Strategischer Fokus:	-	CSR als Ansatz zur Ressourceneffizienz und Risikominimierung	Wahrnehmung und Nutzen strategischer Chancen	CSR als Teil des Wertesystems der Organisation und der Schlüsselpersonen
Schaffung von Legitimität und Glaubwürdigkeit durch:	Handeln (erst) bei entsprechendem Druck durch Anspruchsgruppen	Profitorientiertes Agieren im Rahmen der existierenden bzw. als bald wahrscheinlich erachteten Regeln, Gesetze, gesellschaftlichen Erwartungen	Nachhaltigkeit als strategische Chance für Wettbewerbsvorteile und attraktive Positionierung, z. B. durch innovative, nachhaltige Dienstleistungen/ Produkte oder Geschäftsmodelle	Co-Creation: Gemeinsam mit Anspruchsgruppen zukunftsfähige Formen des Lebens und Wirtschaftens entwickeln und (mit-) gestalten, z. B. in Form von innovativen nachhaltigen Geschäftssysteminnovationen

Das Bewusstsein der eigenen Ausgangssituation und der Ziele macht Lernen und Entwicklung erst möglich. Vor allem aber bildet es die Basis für Authentizität und Glaubwürdigkeit. Wesentlich sind:

- ein offener Umgang mit noch bestehenden Herausforderungen oder sogar Rückschlägen,
- eine glaubhafte Perspektive für Entwicklung hin zu den selbst definierten Zielen und
- konkrete Anstrengungen zur Verbesserung.

Den eigenen Ansatz definieren

„Where profit meets the common good": So kann das Grundprinzip der Triple Bottom Line[4] zusammengefasst werden. Als Aufforderung formuliert, heißt das: Werde dort tätig, wo Interessen von Unternehmen und Gesellschaft zusammentreffen. Dazu ist es zentral, positive Wechselwirkungen in Wirtschaft, Umwelt und Gesellschaft zu erkennen und zu nutzen. Verbesserungen in der Umwelt- oder Sozialperformance, also etwa Reduktion der Umweltbelastung oder Verbesserung der Arbeitsbedingungen, wirken sich auch auf die wirtschaftliche Performance positiv aus und umgekehrt.

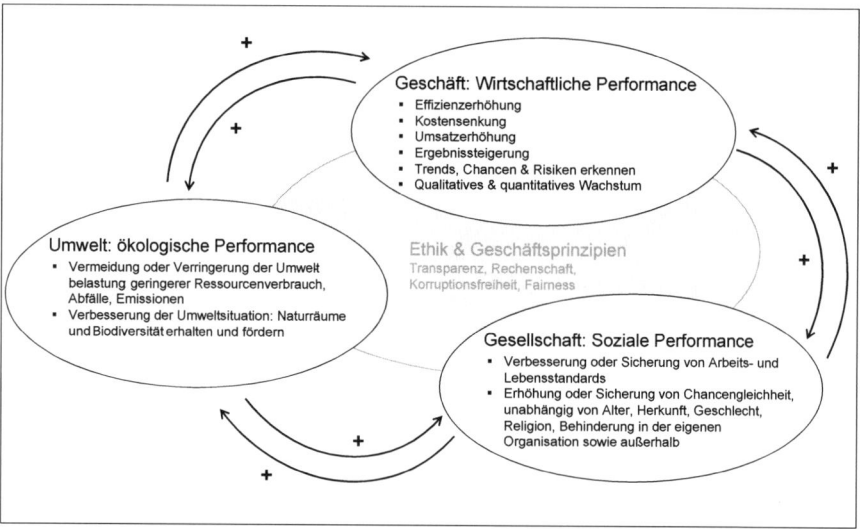

Abb. 1: Positive selbstverstärkende Wechselwirkungen in der Nachhaltigkeitsperformance (eigene Darstellung)

Die gleiche Aussage etwas anders formuliert: Alle Entscheidungen – Geschäft/ Ökologie/Soziales – werden nach dem Prinzip des „Gemeinsamen Mehrwerts", des „Shared Value" getroffen.[5] Das heißt, Entscheidungen müssen für alle Seiten

---

[4] vgl. dazu Savitz/Weber (2006)

[5] vgl. dazu Porter/Kramer (2007) bzw. aktuellen Beitrag von Porter/Kramer in diesem Buch

gut sein. Wesentlich ist dabei, direkt am Geschäft anzuknüpfen. Wie Porter/Kramer illustrieren, hilft die Betrachtung der eigenen Wertschöpfungskette bei der Identifikation von Anhaltspunkten. In Zusammenschau mit dem Wettbewerbsumfeld bzw. der Branchenstruktur sowie allgemeinen gesellschaftlichen Entwicklungen können jene Handlungsfelder identifiziert werden, die auch tatsächlich nachhaltig strategisch relevant sind.

Es gilt also, jene Berührungspunkte bzw. Handlungsfelder zu finden, wo sich die Geschäftsinteressen mit den Interessen von Anspruchsgruppen decken. Savitz und Weber nennen dies „Sustainability Sweet Spot", hier sind die Ansatzpunkte für CSR-Innovationen zu finden (vgl. Abb. 2). Münden kann dies in organisationsbezogenen Innovationen, innovativen Prozessen, aber auch neuen Produkten oder Dienstleistungen. Ebenfalls anzuführen ist das Entdecken oder sogar Entwickeln neuer Märkte oder neuer Geschäftsmodelle.

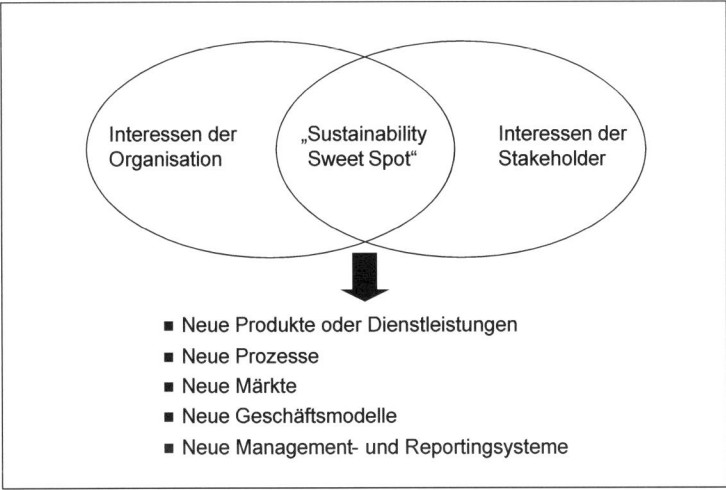

Abb. 2: Der „Sustainability Sweet Spot" als Quelle von Innovation, aus Savitz/Weber (2006)

So betrachtet, ist bei einer ernsthaften Beschäftigung mit Nachhaltigkeit und CSR das Entstehen von Innovation fast ein „unvermeidbar". Nachhaltigkeit und CSR sind vom Grundprinzip her entwicklungs-, lern- und innovationsorientierte Ansätze. Die Auseinandersetzung mit der Organisation selbst, den Anforderungen der Anspruchsgruppen, die Suche nach Verbesserungen für Umwelt und Gesellschaft bringen Impulse für Veränderung und Innovation. Innovation heißt, wie einleitend dargestellt, Neues zu entwickeln und umzusetzen – sei es intern, wenn es sich um organisatorische Veränderungsvorhaben handelt, oder auch am Markt, wenn es sich etwa um eine Produkt- oder Geschäftsinnovation handelt. So geschieht es, dass Unternehmen „in ihrer eigenen Selbstbeobachtung, Selbstbeschreibung, Selbstbefragung und Selbstveränderung Nachhaltigkeit als positive unternehmerische Vision

entdecken [und auf diese Weise] ... quasi zwangsläufig neue Geschäftsfelder und
Märkte ... identifizieren"[6]

Dazu kommt, dass Nachhaltigkeit und CSR inter- und multidisziplinäres Herangehen erfordern. Eine Auseinandersetzung mit Nachhaltigkeit kann nicht durch
einzelne, spezialisierte Funktionen oder Stabstellen erfolgen, sondern muss über
Abteilungs- oder sogar Organisationsgrenzen und funktionale Einheiten hinweg
bzw. zwischen den verschiedenen Einheiten stattfinden. Solche inter- und multidisziplinären Zugänge wiederum sind für Innovation und Kreativität hilfreich:
Nachhaltigkeit und CSR fördern und erfordern, über den gewohnten Rahmen hinaus zu denken.

3 Ausprägungen von Innovation durch CSR

CSR und Nachhaltigkeit sind vielfältig. Dies ergibt sich aus der Vielfalt der Themen
und der nicht immer einfachen Zusammenhänge. Nachhaltigkeit ist ein Thema, das
Fragen nach dem Ganzen und seinen Teilen, dem (jeweils relevanten) System und
seinen Grenzen, nach dem Innen und dem Außen aufwirft. Gerade auch aus der
Sicht einzelner Organisationen bringt die vielleicht ungewohnt intensive Auseinandersetzung mit dem Innen und dem Außen neue Herausforderungen, aber auch
neue Perspektiven und Ideen.

Dazu kommt, dass sich CSR / Nachhaltigkeit auf verschiedenen Ebenen abspielt: auf der operativen, der strategischen und der Werteebene. Auf allen Ebenen
gibt es Ansatzpunkte für Innovation. Die Vielfalt, die das Thema bietet, schlägt
sich auch auf mögliche Ausprägungen von Innovation durch CSR durch. Im
Folgenden werden die wesentlichen Formen hinsichtlich ihres primären Ziel- bzw.
Nutzenbeitrags sowie möglicher Gestaltungsformen beschrieben.

3.1 Effizienzsteigerung und Kostensenkung: Prozessinnovationen

Nicht zufällig stehen Kostensenkung und Effizienzsteigerung am Beginn dieses Abschnitts. Für nicht wenige Unternehmen erfolgt der Einstieg in das Thema oftmals
über Kostensenkung und Effizienzsteigerungen. Dies gilt insbesondere für ressourcenintensive Branchen, wo Prozessinnovationen – vor allem in den Kernprozessen
der Leistungserstellung – oftmals gleichzeitig zu Verringerung der Umweltbelastung, höherer Effizienz und geringen Kosten führen. Diesbezügliche Ansätze, wie
etwa die Pros und Contras von integrierten Umweltschutztechnologien versus Endof-the-pipe-Technologien oder auch der Nutzen von Umweltmanagementsystemen,
wurden in Wissenschaft und Praxis in den 1990er-Jahren ausführlich diskutiert.[7]
Die Grundlinien sind nach wie vor hochaktuell, denn es steht immer eine Frage
im Mittelpunkt: Welche Wege sind denkbar, um umweltbelastende und damit auch
zunehmend teure Lösungen durch umweltschonende, in zunehmendem Ausmaß

---

[6] Pfriem (2002): 123
[7] vgl. dazu etwa die oben erwähnten Reader von Seidel/Strebel (1991 sowie 1993)

relativ kostengünstige Alternativen zu ersetzen? Diese Frage ist relevant, da davon auszugehen ist, dass umwelt- und wirtschaftspolitische Steuerung in Zukunft vermutlich häufig in Form monetärer Instrumente erfolgt. Es ist zu erwarten, dass durch Umweltbelastung für die Allgemeinheit anfallende Kosten (negative externe Effekte) künftig in stärkerem Ausmaß internalisiert, d. h. in das betriebswirtschaftliche Kalkül der verursachenden Unternehmen integriert werden. Diese Veränderung der relativen Preise (also etwa das Verhältnis der Kosten nicht erneuerbarer zu denen erneuerbarer Energieträger) kann auf verschiedenen Wegen erfolgen. Naturgemäß nicht der Idealfall sind Sanktionen oder Schadenersatz- und Strafgelder als Konsequenz von Unfällen wie etwa der Ölkatastrophe im Golf von Mexiko. Diese entfalten im besten Fall dann steuernde Wirkung, wenn die Kosten in Form monetärer Risikoanalysen Eingang finden. Als Mittel der Wahl zur umwelt- und wirtschaftspolitischen Steuerung gelten zumeist Gebühren für Entsorgung, Steuern auf Energie- und Rohstoffverbrauch oder auch Emissionen (soweit rechnerisch und administrativ umsetzbar), die Förderung alternativer Energieträger oder generell ressourcensenkender Maßnahmen. Zunehmend in die Praxis umgesetzt wird der Handel mit Verschmutzungsrechten, die über zunehmende Verknappung zu höheren Preisen und damit Anreizen zur Reduktion von Emissionen (insbesondere CO_2 und andere Treibhausgase) führen sollen.

Unter entsprechenden Voraussetzungen funktioniert der Preismechanismus als Indikator für Knappheit und wird damit zum Impuls für Veränderung und Innovation. Wenn es um eine bessere Gestaltung der Input-Output-Relation geht, kommt Öko-Effizienz ins Spiel. Öko-Effizienz bedeutet, die Menge der Ressourcen, die für Produktion, Nutzung, Nachnutzung und Entsorgung von Produkten oder Dienstleistungen bzw. im Prozess der Leistungserstellung benötigt werden, zu reduzieren – bei gleichem oder höherem Nutzen und Wert.[8] Die Effekte sind doppelt positiv: eine Verminderung der Umweltbelastung (höhere Umweltperformance) und eine Erhöhung des betriebswirtschaftlichen Ergebnisses (höhere wirtschaftliche Performance). Die zugrunde liegende Logik kommt im englischen Wort „Waste" wunderbar zum Ausdruck: „Waste" wird für Abfall oder Abwasser verwendet, aber auch generell im Sinne von „Verschwendung" oder „Vergeudung". Wofür für etwas zahlen, das weggeworfen oder nicht genutzt wird?

Die Beispiele aus der Umweltökonomie, die Suche nach neuen Wegen, um die Abhängigkeit von knappen Ressourcen zu verringern oder auch die Suche nach neuen Lösungen zur Emissionsreduktion durch Prozessinnovation stellen die eine Seite dar. Aber auch im Bereich „Soziales" kann die Preis-Logik zur Anwendung kommen: Wenn Sozialperformance von Unternehmen seitens (potenzieller) MitarbeiterInnen als gering wahrgenommen wird, kann dies zu steigenden Kosten für Rekrutierung und Halten von MitarbeiterInnen führen.

---

[8] vgl. etwa Liedtke (2004): 124ff., die Öko-Effizienz und Dematerialisierung für einen wichtigen Impetus für nachhaltige Entwicklung hält, jedoch auch darauf hinweist, die Öko-Effektivität, also die Frage der Ziele und Strategien in einer umfassenden Sichtweise, nicht zu vergessen

3.2 Beteiligung und Diversität: Sozialinnovationen

Die Kosteneffekte wurden bereits erwähnt: Nachhaltige Unternehmensführung kann durch eine gute Sozialperformance die Kosten für Rekrutierung und auch das Halten von guten MitarbeiterInnen deutlich senken. Eine klare Positionierung, basierend auf einem attraktiven Wertesystem, wirkt im wahrsten Sinne des Wortes als Attraktionspunkt: Menschen, die ein ähnliches Wertegefüge haben, suchen sich ArbeitgeberInnen mit einem kompatiblen Wertegefüge und bleiben (länger) dort. So ist zum Beispiel durchaus denkbar, dass ein finanziell attraktives Stellenangebot abgelehnt wird, weil die potenzielle Arbeitgeberorganisation kein hinreichend klares Bekenntnis zu relevanten ethischen Fragen hat oder sogar in Verdacht steht, ethische Grundsätze zu missachten. Ein Beispiel wäre etwa bei eigenen Zulieferbetrieben nicht den Verzicht auf Kinderarbeit zu fordern, durchzusetzen und zu kontrollieren. Ein ausdrückliches Bekenntnis zu bestimmten ethischen Grundsätzen (sei es ökologischer oder sozialer Natur) hingegen kann ausschlaggebend für eine Initiativbewerbung oder Annahme eines Stellenangebotes sein. Allerdings, das Bekenntnis alleine reicht nicht. Werte müssen konkretisiert werden – auch und vor allem in Organisation und Personalwesen. Das Ergebnis sind nachhaltigkeitsinduzierte und wiederum nachhaltig wirkende organisatorische Innovationen. Einige zentrale Prinzipien können mit einem Wort zusammengefasst werden: Partizipation. Damit ist nicht ein undifferenziertes Verständnis von Basisdemokratie gemeint, sondern die grundsätzliche Möglichkeit aller Menschen, in der Organisation in einem für sie passenden Rahmen – der an der Persönlichkeit, der Funktion oder konkreten Themen auszurichten sein wird – beteiligt zu sein bzw. Anteil nehmen zu können. Zu unterscheiden ist zwischen zwei Ebenen: der kulturellen Ebene einerseits und der Ebene der Strategien und Programme andererseits. Mit der kulturellen Ebenen ist der Kontext gemeint, in dem Menschen in einer Organisation agieren: bewusste Förderung einer Kultur der Vielfalt, des Systemdenkens und des Lernens sind hier zentrale Elemente. Mit der Ebene der Strategien und Programme ist gemeint, Beteiligung strukturell-institutionell oder auch in Form von temporären Organisationsformen wie Projekten zu fördern und zu sichern. Der Zweck dieser Unterscheidung besteht vor allem darin, auf die unterschiedlichen Möglichkeiten der Intervention und Bearbeitung hinzuweisen.

„Beteiligt sein" und „Anteil nehmen" hat einen wichtigen innovationsfördernden Effekt: Es erlaubt ein besseres Verständnis der eigenen Organisation. Wenn man versteht, wie die Rädchen zusammenspielen, was der eigene Beitrag dazu ist und wozu das alles geschieht, entstehen neue Perspektiven. Die Konsequenzen des eigenen Handelns auf das „System Organisation" können besser abgeschätzt werden, neue Ideen entstehen. Dies ist nicht nur ein entscheidender Faktor für Motivation oder sogar Begeisterung, sondern auch ein erfolgskritischer Faktor bei der Umsetzung ökologischer oder sozialer Prinzipien. Optimierung in einzelnen Bereichen kann in der Gesamtsicht zu sub-optimalen Ergebnissen führen. Einsparungen bei Material oder Energie in einem Bereich kann zu höherem Ausschuss – und damit Umweltbelastung – in einem anderen Bereich führen. Die Kenntnis des Gesamtsystems, verbunden mit einem Bekenntnis zum Gesamtoptimum unter Inkaufnahme von Suboptima, ist dafür bedeutend. Für Einbindung und Beteiligung von MitarbeiterInnen (sowie KundInnen und anderen Anspruchsgruppen) gibt es viele Möglichkeiten, die in Abhängigkeit des jeweiligen organisatorischen Kontextes zu entwickeln sind.

Quellen organisatorischer Innovationen durch CSR können auch im Gender Mainstreaming oder Diversity Management liegen. Es geht darum, Unterschiede im sozialen Kontext, die durch bestimmte Merkmale (wie Alter, Hautfarbe, Herkunft, Geschlecht, Religion, Ausbildung, der Stellung in der Hierarchie u. a. m.) bedingt sind, zu würdigen, deren Konsequenzen auf die Möglichkeit der Teilhabe zu prüfen und zu gestalten sowie als Beitrag zur Vielfalt zu nutzen.

Hier überlappen sich übrigens Sozialperformance und wirtschaftliche Performance:[9] Vielfalt in Gruppen oder Organisationen bringt mehr Kreativität und höhere Problemlösungskompetenz. Das Arbeitsklima wird als angenehmer empfunden und fördert Offenheit. Im Zusammenhang mit Diversity Management wird jedoch auch vermehrt auf externe Wirkungen hingewiesen: Interkulturelle oder andere spezifische Kompetenzen im Unternehmen erlauben auch, auf externe Faktoren und Herausforderungen besser eingehen zu können, sei es höhere Kompetenz im Umgang mit spezifischen Zielgruppen (z. B. Ältere, Angehörige bestimmter Religionen, Nationen oder Kulturräume u. v. m.), aber auch zum Beispiel in bestimmten Phasen der Unternehmensentwicklung wie etwa im Zuge eines Internationalisierungsprozesses. Unter diesem Aspekt ist Diversity zugleich Innovationsobjekt, d. h. Gegenstand und Ergebnis einer organisatorischen Innovation, aber auch Element eines innovationsstimulierenden Kontextes.

3.3 Marktattraktivität sichern: Innovation im Leistungsangebot

Sei es die ökologische oder soziale Dimension der Nachhaltigkeit: Zunehmend fließen Nachhaltigkeitskriterien in die Kaufentscheidung ein. Dies gilt vor allem für die zunehmende Gruppe der sensiblen KundInnen bzw. KonsumentInnen: „Green Consumers" stehen dabei als Synonym für KonsumentInnen, die ökologische und soziale Kriterien in ihrer Kaufentscheidung berücksichtigen. In diesem Zusammenhang ebenfalls erwähnenswert: Die stark wachsende LOHAS-Zielgruppe. LOHAS (als Akronym für „Lifestyles of Health and Sustainability") wird auf lohas.com als Marktsegment für Menschen definiert, denen Gesundheit, Fitness, persönliche Entwicklung, Umwelt und soziale Gerechtigkeit wichtig sind. Je nach Quelle differieren die Schätzungen für Marktvolumen in den verschiedenen Marktsegmenten, wie etwa ökologisches und sozialverträgliches Bauen und Wohnen, Ernährung, Kleidung oder Reisen. Tatsache ist, dass die Wachstumsraten hoch sind[10]. Relevant ist Nachhaltigkeit als kaufentscheidender Faktor jedoch nicht nur gegenüber privaten KonsumentInnen. Auch bei Konsum- oder Investitionsentscheidungen durch Un-

[9]   für Effekte von Gender Mainstreaming auf wirtschaftliche Performance ist beispielhaft die Catalyst-Studie anzuführen, in der der Zusammenhang zwischen Frauen in obersten Führungspositionen und einigen Schlüsselindikatoren für wirtschaftliche Performance empirisch nachgewiesen ist. Vgl. Joy/Carter/Wagner/Narayanan (2007)
[10]   beispielhaft für einen aktuellen Marktüberblick anzuführen: Ranalli/Reitbauer/Ziegler (2010)

ternehmen oder die öffentliche Hand finden zunehmend ökologische und soziale Aspekte Eingang in die Liste der Beschaffungskriterien.[11] Hier ist also der market-pull der ausschlaggebende Faktor, das Leistungsangebot „grüner" zu gestalten. Strategische Innovationen mit und durch CSR verbinden interne Ansatzpunkte mit wettbewerbsrelevanten Umfeldfaktoren.[12] Die Möglichkeiten, mit neuen oder neu-gestalteten Leistungen sowohl Nutzen für die Umwelt oder Gesellschaft als auch Nutzen für KundInnen zu schaffen, sind vielfältig.

Nachhaltige Produktinnovation

Fast schon Klassiker für grüne Produktinnovationen sind Bio-Nahrungsmittel oder Bio-Naturkosmetik. In den letzten Jahren konnte sich hier eine Reihe von Anbietern gut etablieren. Ein Anzeichen für die Branchenreife sind zunehmende Spezialisie-rungen wie etwa Bio-Supermärkte, spezifische Angebote im Bereich nachhaltiger Tourismus oder im Bereich der Elektronik. Green Electronics, also elektronische Geräte mit geringer toxischer Belastung in Produktion, Gebrauch und Entsorgung sowie mit geringem Energieverbrauch, haben hohes Marktpotenzial. Ein weiteres Beispiel ist grüner Strom. Hier konnten sich in den letzten Jahren ebenfalls einige Anbieter etablieren, die ausschließlich oder zu einem großen Teil Strom aus erneu-erbaren Energiequellen vertreiben. Nachhaltige Produktinnovationen gibt es auch zunehmend im Finanzbereich, „grünes", ethisches oder an CSR-Kriterien orientier-tes Investment wird zunehmend bedeutend.[13]

3.4 Nachhaltige Geschäftsmodell-Innovation

Über Produktneuausrichtung oder Produktinnovationen hinaus gehen jene For-men strategischer CSR, wo neue Geschäftsmodelle entstehen. Dabei ändern sich oft nicht nur Positionierung, Zielgruppen und Nutzenversprechen, sondern auch Wertschöpfungsaktivitäten, Ertragsmechanik oder Kooperationsbeziehungen.[14] Vor allem im Kontext von nachhaltigen Geschäftsmodellinnovationen stößt man im-mer wieder auf eine besondere Ausprägung: Produkt/Dienstleistungs-Systeme.[15] Grundüberlegung dabei ist, dass der Kundennutzen nicht durch das Produkt selbst, sondern durch die Befriedigung des Grundbedürfnisses entsteht. Die Innovation liegt darin, den Grundnutzen auf völlig andere Art und Weise herzustellen. So muss etwa der Grundnutzen Mobilität nicht unbedingt durch ein eigenes Auto oder der Grundnutzen Raumwärme nicht unbedingt durch eine eigene Heizanlage befrie-digt werden. Die Innovation im Geschäftssystem liegt darin, vom „klassischen

---

[11] für einen Überblick zu Nachhaltigkeitsmanagement in der öffentlichen Verwaltung vgl. etwa Schal-tegger (2009)

[12] vgl. Porter/Kramer (2007): 7 ff.

[13] vgl. dazu etwa Schäfer (2009) oder Renneboog/Horst/Zhang (2008)

[14] vgl. zu einer Darstellung der einzelnen Schlüsselelemente von Geschäftsmodellen sowie zur Ge-schäftsmodellinnovation und -generierung Osterwalder/Pigneur (2010)

[15] vgl. zu diesem Thema beispielsweise Sakao/Lindahl (2009); als Vorreiter dieser Ideen können Weizsäcker/Lovins/Lovins (1996) gesehen werden, die bereits mit „Faktor 4" verschiedene Mög-lichkeiten, darunter auch Produkt-Dienstleistungssysteme für nachhaltige Innovationen, aufzeig-ten; vgl. auch Weizsäcker/Hargroves/Smith (2010) zum „Faktor 5"

Modell: Erzeugung – Verkauf – Serviceleistung" auf innovative Dienstleistungssysteme umzustellen: Statt den Gegenstand, die Maschine oder das Material zu verkaufen, werden Dienstleistungseinheiten verkauft. Der Fokus besteht darin, Nutzungsmöglichkeit bereitzustellen oder den Nutzen zu gewährleisten. Elemente dieser Dienstleistungs- und Systeminnovation sind materielle Komponenten, häufig Maschinen bzw. Anlagen (jedoch in anderen Eigentumsverhältnissen als gewöhnlich), die Dienstleistung zur Nutzung, aber auch unterstützende Infrastruktur, die die Möglichkeiten gibt, die Dienstleistungseinheiten zu konsumieren, zu messen und abzurechnen. Die Vorteile sind vielfältig. Sie können etwa darin liegen, dass über eine intensive Auseinandersetzung mit KundInnen und dem Grundnutzen neue Ansatzpunkte erkannt werden, um den Bedürfnissen der KundInnen sehr zielgerichtet entgegenzukommen. Ein weiterer Aspekt ist eine bessere Nachhaltigkeitsperformance. Diese kann sich daraus ergeben, dass schlicht weniger Ressourcenverbrauch erfolgt, vor allem bei Pooling- oder Sharing-Modellen wie etwa Car-Sharing. Ein weiterer Vorteil kann sein, dass die DienstleisterInnen – da oftmals EigentümerInnen der Anlagen, Maschinen oder Materialien – ein hohes Interesse an langer Lebensdauer und hoher Effizienz haben. Verbunden mit einem hohen Spezialisierungsgrad und Kompetenz für Instandhaltung und Betrieb kann dies die Umweltperformance deutlich erhöhen – die passende Implementierungsstrategie sowie Umsetzung des Modells vorausgesetzt. Eine andere interessante Herangehensweise heißt „Cradle to Cradle". Unter dem Titel, Öko-Effizienz zu subsumieren, geht dieses Prinzip deutlich über Innovation im Produktionsprozess hinaus. Dem Kreislaufprinzip folgend wird bereits das Produktdesign so ausgelegt, dass alle Komponenten vollständig wiederverwendet oder natürlich abgebaut werden: Neben den positiven ökologischen Effekten bietet diese Strategie auch echtes Potenzial für einen Positionierungsvorteil, erfordert aber auch ein Mindestmaß an Infrastruktur, etwa für Sammlung der nicht genutzten Produkte, um sie der stoffliche Wiederverwertung zuzuführen.

Radikale nachhaltige Geschäftssystem-Innovation

CSR/Nachhaltigkeit ist komplex – dies gilt nicht nur für einzelne Unternehmen bzw. Organisationen, die sich damit auseinandersetzen, sondern generell für Politik, Gesellschaft und Wirtschaft. Die globalen Herausforderungen wie der Klimawandel machen deutlich, dass inkrementelle Veränderung nicht ausreicht. Die nur mäßigen Fortschritte im Umgang mit der Klima-Thematik zeigen, dass der gängige Modus von Veränderung auf politischer, gesellschaftlicher und wirtschaftlicher Ebene kaum oder vermutlich zu langsam greift. Radikale Innovation oder, um mit Peter Senge zu sprechen, eine Revolution ist notwendig.[16] Revolutionen lassen sich nicht politisch verordnen, aushandeln oder zentral planen. Es sind, wie Peter Senge ausführt, viele Einzelinitiativen mit ähnlichen Zielsetzungen, die irgendwann den „tipping point", die kritische Masse erreichen. Und es braucht grundsätzlich innovative Ansätze, neuartige Systeme. Nur einzelne Elemente im System zu verän-

---

[16] The necessary revolution – so auch die gleichlautende Publikation von Senge u. a. (2008)

dern, wirkt nicht oder nicht nachhaltig.[17] Dies zeigt etwa das Thema Elektromobilität. Einzelne Elemente wie Fahrzeuge und Akkumulatoren, auch wenn sie noch so innovativ und technologisch ausgereift sind, bringen noch keine Veränderung. Sie bleiben letztlich Invention, d. h. technologisch mehr oder weniger gut ausgereifte Erfindungen, werden aber nicht zu Innovation, wenn die Voraussetzungen für radikale Innovationen noch nicht geschaffen sind oder die Barrieren der Veränderung zu stark wirken. Doch was ist notwendig für die Revolution, für nachhaltige System-Innovation?

Ohne Frage, das hinreichende, aber nicht unbedingt notwendige Element für radikal nachhaltige Geschäftssystem-Innovation liegt meist in technologischen Innovationen – wie etwa derzeit im Bereich der erneuerbaren Energien. Notwendig ist, dass sich erste Prototypen bewährt haben, so wie es etwa derzeit im Bereich der bereits erwähnten Elektromobilität der Fall ist. Hier erregen neben bekannten Anbietern wie Toyota auch neue, wie z. B. Tesla, Aufmerksamkeit. Gerade bei Elektromobilität zeigt sich auch, dass für radikale Innovationen ein langer Atem erforderlich ist. Es gilt, neben den eigenen Produkten oder Leistungen auch komplementäre, d. h. solche, die zur Nutzung des eigenen Produktes unbedingt notwendig sind, verfügbar zu machen. Elektromobile sind ohne Speicherlösungen und entsprechende Infrastruktur keine echte Alternative zum aktuellen System. Doch auch komplementäre Produkte und Infrastruktur reichen oftmals noch nicht. Systeminnovation heißt Veränderung – und zwar nicht nur für die scheinbar unmittelbar Betroffenen. Es gilt daher, tatsächlich das gesamte relevante System zu erkennen, Zusammenhänge zu erforschen und auch der Frage nachzugehen, welche Interessen in welcher Form von Veränderung betroffen würden. „Get the system into the room" lautet hier die Handlungsmaxime von Senge. Es gilt, die Perspektiven aller Betroffenen, Mächtigen und Wissenden abzuholen, neue Formen organisationsgrenzüberschreitender Kooperationen, aber auch neue Rollen im System, in einem breit verstandenen Wertschöpfungsprozess, zu vereinbaren. In Israel entsteht derzeit mit „better place" ein E-Mobilitätssystem, bestehend aus mietbaren Fahrzeugen und einer dichten Batterietausch-Infrastruktur. Abgerechnet wird auf Basis der gefahrenen Kilometer. Solche Modelle funktionieren nur, wenn Partnerschaften gelingen – mit Herstellern, der öffentlichen Hand sowie zentralen Akteuren bestehender und/oder künftiger Geschäftssysteme – wie am Beispiel Israel – mit Energieversorgern. Gerade bei den Energieversorgern kann durch nachhaltige Innovationen eine spannende Rollenveränderung stattfinden. Statt Stromproduktion oder Vertrieb werden neue Leistungen angeboten: intelligente Speicher-, Verteilungs- oder auch Mess- und Abrechnungssysteme.

Radikale Innovationen sind nicht mit einfachen Zugängen zu managen. Globale Herausforderungen wie Klimawandel oder Armut können nicht von einzelnen Akteuren, sondern nur in Partnerschaften ernsthaft angegangen werden, was die Komplexität nicht verringert. Je höher die Komplexität in innovativen Geschäftsmodellen bzw. neuen Geschäftssystemen, umso wichtiger ist Orientierung – über starke Zukunftsbilder, eine gemeinsame Mission und eine ge-

---

[17] vgl. dazu und zum Folgenden ebenfalls Senge u. a. (2008) sowie Johnson/Suskewicz (2009)

meinsame Roadmap für den Weg. Wenn es gelingt, ein visionäres Bild zu schaffen, es mit anderen – Betroffenen, Beteiligten, PartnerInnen – gemeinsam zu entwickeln oder durch hohe Attraktionskraft zu einem gemeinsamen Bild zu machen, ist vieles möglich. Dann werden zunehmend auch radikale Innovationen für und durch Nachhaltigkeit und CSR Wirklichkeit.

4 Literatur

Braungart, M./McDonough, W. (2009): Cradle to cradle: Re-making the way we make things. London: Random House.

Hauschildt, J./Salomo, S. (2010): Innovationsmanagement, 5., überarbeitete, ergänzte und aktualisierte Auflage, München: Vahlen.

Johnson, M./Suskewicz, J. (2009): So haben grüne Geschäftsmodelle Erfolg. In: Harvard Business Manager. Nr. 12, S. 29-38.

Joy, L./Carter, N./Wagner, H./Narayanan, S. (2007): The bottom line: Corporate performance and women's representation on board. New York: Catalyst.

Liedtke, C. (2004): Towards sustainable products and services, In: Seiler-Hausmann, J./Liedtke, C./Weizsäcker, E.U. (Hrsg.): Eco-efficiency and beyond: Towards the sustainable enterprise. Sheffield: Greenleaf Publishing Limited. S. 123-129.

Osterwalder, A./Pigneur, Y. (2010): Business Model Generation: A handbook for Visionaries, Game Changers, and Challengers. New Jersey: John Wiley & Sons.

Pfriem, R. u. a. (2006) (Hrsg): Innovationen für eine nachhaltige Entwicklung. Wiesbaden: Deutscher Universitäts-Verlag.

Pfriem, R. (2002): Die Frontscheibe, der Außenspiegel und was dann immer noch fehlt … – Zur möglichen Rolle von externer Beratung bei der Konfrontation der Unternehmen mit der Gesellschaft. In: Mohe, M.; Heinecke, H.J.; Pfriem, R. (Hrsg.): Consulting: Problemlösung als Geschäftsmodell: Theorie, Praxis, Markt. Stuttgart: Klett-Cotta, S. 115-127.

Porter, M./Kramer, M. (2007): Corporate Social Responsibility. Wohltaten mit System. In: Harvard Business Manager. Nr. 1, S. 2-16.

Ranalli, S./Reitbauer, S./Ziegler, D. (2010): TrendReport Grün. München: Seven One Media.

Renneboog, L/Horst, J./Zhang, C. (2008): Socially responsible investments: Institutional aspects, performance, and investment behavior, in: Journal of Banking and Finance, Vol. 32, S. 1723-1742.

Sakao, T./Lindahl, M. (2009) (eds.): Introduction to Product/Service-System Design. London: Springer.

Savitz, A./Weber, K. (2006): The Triple Bottom Line: How today's best-run companies are achieving economic, social and environmental success – and how you can too. San Francisco: Jossey-Bass.

Schäfer, H. (2009): Verantwortliches Investieren: Zur wachsenden ökonomischen Relevanz von Corporate Social Responsibility auf den internationalen Finanzmärkten, in: Uhlshöfer, G./Bonnet, G. (Hrsg.): Corporate Social Responsibility auf dem Finanzmarkt: nachhaltiges Investment; politische Strategien; ethische Grundlagen. Wiesbaden: VS Verlag für Sozialwissenschaften, S. 64-80.

Schaltegger, S. u. a. (2009): Nachhaltigkeitsmanagement in der öffentlichen Verwaltung: Herausforderungen, Handlungsfelder, Methoden. Kompendium erstellt im Auftrag des

Rates für Nachhaltige Entwicklung (RNE). Lüneburg: Leuphana Universität, Centre for Sustainability Management.

Seidel, E./Strebel, H. (1991) (Hrsg.): Umwelt und Ökonomie. Reader zur ökologieorientierten Betriebswirtschaftslehre. Wiesbaden: Gabler.

Seidel, E./Strebel, H. (1993) (Hrsg.): Betriebliche Umweltökonomie: Reader zur ökologieorientierten Betriebswirtschaftslehre (1988-1991). Wiesbaden: Gabler.

Senge, P./Smith, B./Kruschwitz, N./Laur, J./Schley, S. (2008): The Necessary Revolution: how Individuals and Organizations are working together to create a sustainable World. New York: Doubleday.

Weizsäcker, E. U./Lovins, A./Lovins, L.H. (1996): Faktor vier: Doppelter Wohlstand – halbierter Naturverbrauch. München: Droemer Knaur.

Weizsäcker, E.U./Hargroves, K./Smith, M. (2010): Faktor Fünf: Die Formel für nachhaltiges Wachstum. München: Droemer Knaur.

Winter, G. (1997) (Hrsg): Ökologische Unternehmensentwicklung: Management im dynamischen Umfeld. Berlin: Springer.

Willard, B. (2005): The next sustainability wave: Building boardroom buy-in. Gabriola Island: New Society Publishers.

CSR und Wissensmanagement

Wolfgang Müller

1 Einleitung

Das rasante Wachstum der naturwissenschaftlichen Erkenntnisse, ihre Umsetzung in technischen Fortschritt, aber auch die Intensivierung des Handels, das Wachstum der Weltbevölkerung und die damit einhergehende Verknappung der natürlichen Ressourcen haben im ausgehenden 20. Jahrhundert zunehmend die Frage in den Fokus gerückt, wie Sicherheit und Wohlstand dauerhaft und für alle Menschen gesichert und gesteigert werden können.

Mit dem Wechsel von der Agar- über die Industrie- zur Dienstleistungsgesellschaft hat sich ein Wandel vollzogen, der die Bedeutung der Ressource Wissen verändert hat. Während in der Frühzeit das Wissen um Naturphänomene wie Wechsel der Jahreszeiten, Fruchtfolge, Sicherung von Ernten oder Jagderfolg dominierte, steht heute in viel größerem Umfang das Wissen über Produkte, Produktionsprozesse und Märkte im Fokus. Parallel dazu haben Globalisierung und der Siegeszug des Internets zu einer dramatischen Beschleunigung von Veränderungsprozessen geführt, die ebenfalls den Weg in die Wissensgesellschaft ebnen.[1]

Obwohl also 'Vorsprung durch Wissen' eine Maxime ist, die den Menschen seit alters her begleitet, ist doch die gezielte und methodische Auseinandersetzung mit dem Erwerb, der Nutzung und der Entwicklung von Wissen ein recht junges Phänomen. Der 1959 von Peter Drucker geprägte Begriff des „knowledge workers"[2] markiert den Beginn der ausdrücklichen Beschäftigung mit dem Phänomen „Wissen" und der Frage, wie dieses vom Management zu betrachten ist.

Disparitäten in der demographischen und wirtschaftlichen Entwicklung von Gesellschaften, die durch Globalisierungsprozesse enger als je zuvor vernetzt sind, werfen neue Fragen auf, die u.a. den Zugang zu Wissen und den verantwortungsvollen Umgang auch mit dieser Ressource betreffen. Welches Wissen ist erforderlich und wie kann, wie soll es genutzt werden, um auch nachhaltige Produktionsprozesse wirtschaftlich zu gestalten?

Der nachfolgende Beitrag betrachtet das Thema Wissensmanagement aus der Perspektive einer gesellschaftlichen Unternehmensverantwortung als Teil der Unternehmensführung und schlägt die Brücke zu organisationalen Lernprozessen.

---

[1] vgl. Willke (2007): 20/21
[2] vgl. Drucker (1959)

2   Wissensmanagement

2.1 Wissen in Organisationen

Wissensmanagement ist ein integrierter Managementansatz, der sich mit dem effizienten Einsatz des Produktionsfaktors Wissen beschäftigt. Folgt man der weithin akzeptierten Definition von Probst, so ist Wissen die Gesamtheit der Kenntnisse und Fähigkeiten, die Individuen zur Lösung von Problemen einsetzen. Es basiert auf Daten und Informationen, ist aber im Gegensatz zu diesen immer an den Menschen gebunden.[3] Wegen dieser herausragenden Bedeutung des Menschen beim Schaffen und Nutzen von Wissen spielen Fragen aus dem Human Resource Management, der Soziologie und Psychologie eine tragende Rolle im Wissensmanagement. Weil der Einsatz von Wissen in Unternehmen betrachtet wird, sind weiterhin Prozesse und Strukturen zu untersuchen. Da Daten und Informationen die Grundlage bilden, ist nicht zuletzt zu klären, welche Rolle Informationssysteme zur Unterstützung von Wissensmanagement spielen können.

Typische Fragestellungen für das Wissensmanagement lauten:[4]

* Wie gut ist das (relevante) Wissen dokumentiert?
* In welcher Form und wo ist das Wissen gespeichert?
* Wer darf wie auf das Wissen zugreifen, wie kann es geändert werden?
* Wer benötigt/erzeugt wann welches Wissen?
* Woher kommt das Wissen?
* Wissen die Organisationsmitglieder, wie sie das Wissen effizient nutzen können?

Diese Fragen können sich auf alle Formen von Wissen beziehen, damit auch auf Wissen, das für CSR relevant ist. Hier rücken lediglich andere Fragestellungen in den Fokus.

Als Managementdisziplin verfolgt Wissensmanagement das Ziel, Wissen und Fähigkeiten im Unternehmen so zu nutzen und zu entwickeln, dass die betrieblichen Ziele bestmöglich erreicht werden. Probst spricht in diesem Zusammenhang von der Gestaltung der organisationalen Wissensbasis und rückt Wissensmanagement eng an das Konzept des Organisationalen Lernens (vgl. Kap. Organisationales Lernen) heran.[5] Ergänzend sieht North die Steigerung des Unternehmenswertes und damit verbunden die Vermehrung des Wissenskapitals (vgl. Kap. Bewertung von Organisationalem Wissen) als Ziel des Wissensmanagements und betont den unternehmensübergreifenden Charakter, der Kunden, Lieferanten und andere externe Wissensträger einbezieht.[6]

---

[3]   vgl. Probst/Raub/Romhardt (2006): 22
[4]   vgl. Lehner (2000): 259/260
[5]   vgl. Probst/Raub/Romhardt (2006): 15
[6]   vgl. North (2005): 3

2.2 Werkzeuge für das Wissensmanagement

Auch wenn Wissen an den Menschen gebunden ist, benötigt man zur Unterstützung Werkzeuge, die es dem Menschen erleichtern, Wissen zu finden, zu erwerben, zu verteilen und zu speichern. Hierbei bewegt man sich immer an der Grenze zwischen Wissen und Information, die Grundlage für Wissen ist.

Implizites, verborgenes und damit sprachlich nur schwer ausdrückbares Wissen (‚know how') wird sich auf Dauer der Abbildung in IT-Systemen entziehen. Jedoch können ggf. die relevanten Wissensträger erfasst und die Vernetzung durch Systeme wie ‚gelbe Seiten' unterstützt werden. Nicht verwunderlich ist vor dem Hintergrund der Erfolg sozialer Netzwerke, die u.a. eben solche Vernetzung leisten, ohne mit dem Anspruch anzutreten, Wissensmanagement-Werkzeuge zu sein.

Einfacher gestaltet sich die Unterstützung für sogenanntes explizites Wissen, das stärker faktengebunden, formalisierbar und damit übertragbar ist. Einige Autoren sprechen von ‚explizierbarem' Wissen[7] , um deutlich zu machen, dass es nicht auf die tatsächliche Explikation ankommt. In diesem Fall tritt eine Umwandlung von Wissen in Information ein, d.h. das Wissen wird aus dem individuellen Kontext des Individuums herausgelöst und auf den Informationsgehalt reduziert. Diese Information kann in IT-Systemen gespeichert, transportiert und mit anderen Informationen vernetzt werden.

Die beiden skizzierten Facetten zeigen, dass es nicht „das" Werkzeug für Wissensmanagement gibt, sondern eine breite Palette an IT-Lösungen zur Verfügung steht, die unterschiedlich gut für einzelne Aufgaben des Wissensmanagements eingesetzt werden können. Folgt man den Überlegungen von Hüttenegger, so gibt es drei Kategorien von IT-Systemen, die für das Wissensmanagement relevant sind:[8]

• Groupware-Systeme
• Content Management-Systeme
• Document Management-Systeme

Erstaunlicherweise berücksichtigt Hüttenegger das Gebiet des E-Learning nicht und führt konsequenterweise auch keine Lernumgebungen und E-Learning-Plattformen auf. Tatsächlich kommt diesem Bereich aber eine wachsende Bedeutung im Wissenserwerb und der Wissensentwicklung innerhalb von Unternehmen zu. Neben dem Erwerb von Faktenwissen gewinnt zunehmend auch der Einsatz von (interaktiven) Fallstudien und Rollenspielen an Bedeutung. Simulationen können die kontextbezogene Anwendung von Grundlagenwissen vermitteln und trainieren. Moderne Lösungen erlauben die Kollaboration und vermitteln auch das im Zusammenspiel von Teammitgliedern entstehende kollektive Wissen.

Die Auswahl eines Werkzeugs dürfte jedoch – wie allgemein im Wissensmanagement – eine untergeordnete Rolle spielen. Es muss sich an den individuellen Anforderungen, der vorhandenen IT-Infrastruktur und den Wissensprozessen

---

[7] z.B. Dittmar/Gabriel (2004)
[8] vgl. Hüttenegger (2006): 27

orientieren. Auch wenn die Auswahl des geeigneten Werkzeugs kein unwichtiger Schritt ist – ohne eine klare Beschreibung der Wissensprozesse, der Inhalte (des zu verwaltenden Wissens) und der Benutzer wird kein Erfolg zu erreichen sein.

2.3 Wissensmanagement und CSR

Wie bereits angedeutet, stellt Wissen, das für die Aufgaben des CSR angewendet werden soll, einen Ausschnitt aus dem gesamten im Unternehmen einzusetzenden Wissen dar und ist als solches nicht besonders exponiert. Hier soll der Versuch unternommen werden, dem Leser einen Einblick in die speziellen Fragestellungen zu geben, um deutlich zu machen, welche Vorteile es haben mag, CSR-Aktivitäten durch Wissensmanagement zu unterstützen.

In der klassischen Interpretation handelt es sich hier um die Definition von Wissenszielen (abgeleitet in diesem Fall aus der CSR-Strategie) und den Versuch der Identifikation von Wissenslücken.[9]

Typische Fragen, die bei der Definition von Wissenszielen auftauchen, wenn sich das Unternehmen seiner gesellschaftlichen Verantwortung stellen will und dies konsequent umsetzen und darstellen möchte, sind:[10]

Kenne ich …

… die Bedingungen, unter denen die von mir benötigten Rohstoffe und Vorprodukte hergestellt werden?

… die Auswirkungen, die der Herstellungsprozess meiner Produkte auf die Umwelt hat?

… die relevanten gesetzlichen Standards?

… die Bedeutung meines Unternehmens für die Menschen an den Unternehmensstandorten?

… die Wahrnehmung meines Unternehmens durch meine Mitarbeiter?

Alleine die Formulierung „*Kenne ich …*" weist darauf hin, dass hier auch die Frage gestellt werden könnte „*Besitze ich das Wissen über …?*". Aus der Art der Antwort lassen sich die erforderlichen Handlungsalternativen ableiten:

• Gibt es das erforderliche Wissen bereits im Unternehmen, so ist dieses zu verankern. Erfahrene Mitarbeiter sind möglichst im Unternehmen zu halten, das Wissen sollte möglichst auf eine Reihe von Personen verteilt und – wo möglich – dokumentiert werden.

• Ist das Wissen im Unternehmen nicht vorhanden, aber am Markt verfügbar, so sollte es eingekauft werden. Welcher Weg hier der wirtschaftlichste ist, hängt von den Randbedingungen ab. Neben dem Einsatz von Beratern steht das Anwerben von qualifizierten neuen Mitarbeitern und die Aus- und Weiterbildung der vorhandenen Mitarbeiter.

---

[9] vgl. Probst/Raub/Romhardt (2006): 87
[10] vgl. Halfmann (2011): 4

- Ist das erforderliche Wissen auch am Markt nicht erhältlich, so muss dieses über Forschung und Entwicklung aufgebaut werden.

Diese Überlegungen sind kompatibel mit dem Ansatz des *„Strategic CSR Learning and Knowledge Management"* der INLECOM Ltd., in dem ein Rahmen vorgestellt wird, in dem vorhandenes Wissen bewahrt, in Trainings weiterentwickelt und um Feedback von Kunden und aus Prozessen ergänzt wird.[11]
Interessant – und bisher nicht näher untersucht – sind Fragen wie:

- Wie lernt die Organisation am effektivsten, was CSR für sie bedeutet und wie es entwickelt werden kann?
- Welche Lerninhalte müssen für CSR zur Verfügung gestellt werden?
- Wie kann das „Lernen für CSR" motiviert werden?
- Gibt es spezielle Werkzeuge, die im Bereich CSR besonders gut geeignet sind?

Die Werkzeugunterstützung für diese Fragestellungen kann nicht allgemeingültig beantwortet werden. So können z.B. gesetzliche Regelungen aus Datenbanken übernommen werden, jedoch müssen die Mitarbeiter in der Benutzung der Datenbanken geschult sein. Studien über Umweltwirkungen von Produktionsprozessen können extern eingekauft und als Dokumente im Intranet zur Verfügung gestellt werden. Hier gilt es dann, Prozesse zu etablieren, die den Zugriff auf diese Dokumente zu einem integralen Bestandteil der täglichen Arbeit machen. Der Austausch über Erfahrungen mit ethischen Standards und der Darstellung der Haltung des Unternehmens gegenüber seinen Stakeholdern kann z. B. auch in Foren erfolgen.

3   Organisationales Lernen

3.1 Lernen in Organisationen

Das Konzept der Lernenden Organisation bzw. des Organisationalen Lernens hat das der Organisationsentwicklung weitgehend abgelöst. Betriebswirtschaftlich und organisationspsychologisch begründete Arbeiten zum Organisationalen Lernen befassen sich mit Möglichkeiten, wie Organisationen sich in komplexen und dynamischen Kontexten schneller und besser anpassen können, wie sie diese Kontexte aktiv (mit)gestalten können und welche Organisationsstruktur und -kultur sich dafür als besonders günstig erweist.[12]
Organisationales Lernen ist also die Antwort von Unternehmen auf Veränderungen in ihrer Umgebung. Eine geschlossene, ganzheitliche Theorie des Organisationalen Lernens gibt es bisher nicht.

---

[11] vgl. INLECOM Ltd (2005): 5
[12] vgl. Schiersmann/Thiel (2000): 37

Eine zentrale Frage ist die nach den Trägern der Lernprozesse. Hier konkurrieren unterschiedliche Sichtweisen, die sich zwei Hauptrichtungen zuordnen lassen:[13]

- Für die Stellvertreter der ersten Hauptrichtung sind die Mitglieder der Organisation Träger des Lernprozesses. Diese Sicht knüpft direkt an die Aussage an, dass Wissen an den Menschen gebunden ist.
- Die Stellvertreter der zweiten Richtung versuchen Prozesse und Wissensspeicher zu identifizieren, die es ermöglichen, Lernen von Organisationen jenseits der Personifizierung zu erklären.

Beide Richtungen lassen sich jedoch zu einem Gesamtbild zusammenführen, das individuelles Lernen in den Mittelpunkt stellt, jedoch anerkennt, dass komplexe sozio-technische Systeme mehr sind als die Summe ihrer Bestandteile und dass es in diesen Systemen Prozesse und Artefakte gibt, die kollektives Wissen unabhängig von den Individuen speichern.

Fasst man beide Sichtweisen zusammen, so kann man Organisationales Lernen als Veränderung der Organisationalen Wissensbasis beschreiben (Abb. 1). In dieser Sichtweise lernt die Organisation sowohl durch individuelles Lernen ihrer Mitglieder als auch durch das Entwickeln von organisatorischen Fähigkeiten und das Fixieren von Abläufen und Erkenntnissen in Dokumenten und Prozessen.

Abb. 1: Lernen als Erweiterung der Organisationalen Wissensbasis[14]

---

[13] vgl. Probst/Büchel (1998): 63
[14] in Anlehnung an Probst/Raub/Romhardt (2006): 15

Manifestieren sich die Ergebnisse in (veränderten) Prozessen, werden sie in Richtlinien dokumentiert und ggf. nach außen kommuniziert (z.B. als Bericht über „CSR
compliance"), so wächst auch der Individuen-unabhängige Teil der Organisationalen Wissensbasis.

3.2 Bewertung von Organisationalem Wissen

Soll Organisationales Lernen zielorientiert implementiert werden und der Erfolg
der Maßnahmen gemessen werden, so ist es erforderlich, zu klären, was denn eigentlich das (relevante) Wissen ist und wie es bewertet werden kann. Gelingt dies,
so kann sowohl nach innen der Erfolg (oder Misserfolg) von Maßnahmen konkretisiert werden als auch nach außen die (z.B. den Wettbewerbsvorteil sichernde)
Entwicklung von Wissen dokumentiert werden. Zur Beschreibung des Organisationalen Wissens als Ressource zur Sicherung des Unternehmenserfolgs wird in
Anlehnung an traditionelle Konzepte der Begriff des „intellektuellen Kapitals"
verwendet.

Für das intellektuelle Kapital wird oft auf eine Gliederung zurückgegriffen,
die in der Grundidee auf die Arbeiten von Edvinsson[15] bei der schwedischen
Versicherung Skandia in den 1990er Jahren zurückgeht. In Anlehnung daran kann
das intellektuelle Kapital wie folgt gegliedert werden:[16]

- Humankapital (Kompetenzen, Fertigkeiten, Motivation der Mitarbeiter),
- Strukturkapital (IT-Infrastruktur, Geschäftsprozesse) sowie
- Beziehungskapital (Beziehungen zu Kunden, Lieferanten, sonstigen Partnern).

Für das Thema CSR sind vor allem das Human- und das Beziehungskapital von
Interesse. Ethisches Handeln, Moralvorstellungen, gemeinsame Werte sind Grun-
delemente des Wissens der Mitarbeiter, sie bestimmen ihr Handeln. In erheblichem
Umfang ist dieses Wissen implizit und durch Erziehung, persönlichen Werdegang
und gesellschaftliche Rahmenbedingungen geprägt. Auf diesem Humankapital, das
durch die Auswahl der Mitarbeiter bestimmt wird, gilt es aufzubauen und dieses
konform zu den gesellschaftlichen Zielen des Unternehmens zu entwickeln. Mit
wem in welcher Form geschäftliche Verbindungen eingegangen werden, schlägt
sich im Beziehungskapital nieder. Einer verantwortlichen Auswahl von Zulieferern, aber *auch* der Frage nach den Abnehmern der Produkte kommt in Zeiten
globaler Wertschöpfungsketten eine steigende Bedeutung zu.

---

[15] Edvinsson/Malone (1997)
[16] vgl. Bornemann/Reinhardt (2008): 86/87

Abb. 2: Einbettung des intellektuellen Kapitals[17]

Soll das immaterielle Vermögen sowie seine Veränderung dokumentiert werden, so spricht man von Wissensbilanzen. Diese sind keine Bilanzen im finanziellen Sinn, sie erweitern oder verlängern die klassische Sicht auf die Vermögenswerte des Unternehmens. Dabei sind zwei Zielrichtungen zu unterscheiden:

*   Darstellung nach außen (Unternehmenswert als Kenngröße für Stakeholder wie Investoren, Kreditgeber, Geschäftspartner)
*   Darstellung nach innen (Messung des Wertes und der Veränderung als Mittel der Unternehmensführung)

Während bisher jedoch der Fokus auf der Entwicklung des Unternehmenswertes liegt, sollten diese Werkzeuge ausgebaut werden, um auch über diesen Wert hinausgehende Wertschöpfung aufzeigen zu können. Dabei kann die Idee der Wissensbilanz nahtlos mit den Grundgedanken des CSR verknüpft werden. In beiden Fällen gilt es, der Umwelt Facetten des Unternehmens transparent zu machen, die traditionelle Berichtssysteme nicht abdecken. Die beiden Sichtweisen sind auch kompatibel zu den Überlegungen von Porter zur Nutzung der *„social opportunities'*.[18] Bei der Darstellung nach außen sind die gesellschaftlichen oder sozialen Wirkungen der Wertschöpfungskette zu adressieren und mögliche negative Auswirkungen frühzeitig zu identifizieren und zu beseitigen. Bei der Darstellung nach innen sind einerseits die Fortschritte bei der Wissensentwicklung (Mehrung des intellektuellen Kapitals), andererseits aber auch die Auswirkungen der gesellschaftlichen Rahmenbedingungen offenzulegen.

---

[17] angelehnt an Alwert/Bornemann/Will (2008): 3
[18] vgl. Porter/Kramer (2006): 82

So könnte die Betrachtung des Humankapitals nicht nur den Zuwachs an Fähigkeiten der Mitarbeiter beschreiben, sondern z.B. auch erfassen, in welchem Umfang ein Unternehmen durch Ausbilden über Bedarf zum Wachstum des Humankapitals eines Landes beigetragen hat.

Unternehmen, die viele Nachwuchskräfte selbst ausbilden und dies evtl. über den eigenen Bedarf hinaus tun, leisten einen erheblichen Beitrag zur Entwicklung einer Gesellschaft. Diesen zu dokumentieren und zu quantifizieren fällt heute jedoch oft schwer. Umgekehrt profitieren Unternehmen ohne eigene Aus- und Weiterbildung von diesen Leistungen, ebenso wie sie von den gesamtgesellschaftlichen Leistungen im Bildungswesen profitieren.

Beziehungskapital ist nicht die einfache Quantifizierung der Geschäftspartner, sondern versucht auszudrücken, von welcher Qualität diese Beziehungen sind. Hier kann im Sinne des CSR eine erweiterte Betrachtung vorgenommen werden, die vor allem auf den Qualitätsbegriff Einfluss nimmt. Das Beziehungskapital wäre dann besonders hoch, wenn Beziehungsmanagement unter gesellschaftlich verantwortlichen Gesichtspunkten entwickelt würde. Umgekehrt ist eine „Abwertung" des Beziehungskapitals denkbar, wenn Geschäftsbeziehungen unter Korruptionsverdacht stehen, mit nicht-demokratischen Ländern geknüpft werden oder die Geschäftspartner z.B. überdurchschnittlich umweltschädliches Verhalten zeigen.

3.3 Organisationales Lernen und CSR

Die Kompetenzen, die dazu dienen, die Grundsätze und Strategien für CSR umzusetzen, müssen entwickelt, regelmäßig überprüft und an die veränderten Rahmenbedingungen angepasst werden. Der Prozess des Erwerbs dieser Kompetenzen ist ein typischer Lernprozess, dessen Eigenheiten es zu verstehen gilt und der sowohl mit den anderen Lernprozessen im Unternehmen als auch mit den Geschäftsprozessen eng verknüpft ist.

Überträgt man die im vorangegangenen Kapitel besprochenen Überlegungen auf die Fragestellung der gesellschaftlichen Verantwortung und kombiniert diese noch mit den Disziplinen des Organisationalen Lernens nach Senge[19], so entsteht die folgende Betrachtung:

- Den Gesamtrahmen bildet die *gemeinschaftliche Vision* („shared vison'), wie das Unternehmen sich ausrichten und wie es in seiner Umwelt wahrgenommen werden will.
- Innerhalb dieses Rahmens findet *individuelles Lernen* über Verantwortung gegenüber der Gesellschaft, über Ethik & Moral statt. Jedes Mitglied der Organisation entwickelt seine eigenen Kenntnisse und Fähigkeiten weiter.
- Die zugrundeliegenden *mentalen Modelle* bestimmen, welche Informationen aufgenommen und wie diese verarbeitet werden.
- Innerhalb des Unternehmens, aber auch an seinen Schnittstellen findet Lernen in Gruppen und Teams statt. Dies ist *kollektives Schaffen* von Ideen, das von

---

[19] Senge/Klostermann (2006)

der Unternehmenskultur und damit dem Konzept der gesellschaftlichen Verantwortung geprägt wird.

- Entsteht dabei ein Verständnis des Unternehmens als Bestandteil seiner Umwelt und werden die Beziehungen erkannt, die es mit dieser Umwelt verknüpfen, so findet *Systemdenken* statt und es wird ein ganzheitlichen Verständnis u.a. für die Wirkungen von unternehmensbezogenem Handeln entwickelt.

Die Organisation „lernt" die Praktiken der unternehmerischen Sozialverantwortung, erfährt die Folgen ihres Handelns in der Gesellschaft und passt sich zielorientiert an.

Dabei ist eine enge Verknüpfung mit den verschiedenen Interessengruppen („stakeholder") gegeben. Diese können einerseits zum Lernen beitragen, indem sie eigenes Wissen über verantwortliches Handeln mit dem Unternehmen austauschen (vgl. Kap. 4) oder indem sie dem Unternehmen (positive wie negative) Rückmeldung über die Konsequenzen seines Handelns geben. Die hierbei gelernten Lektionen („*lessons learned*") muss das Unternehmen verstehen, speichern und in den Lernprozess einfließen lassen.

Lernfelder für CSR, d.h. Gebiete, auf denen das Unternehmen Fähigkeiten und Kenntnisse erwerben sollte, um den Gedanken der gesellschaftlichen Verantwortung zu verankern und zu entwickeln, sind z.B.:[20]

- Management des Ansehens / der Reputation,
- soziales Marketing (Aufbau eines ethischen Markenimages, Fair Trade),
- aktives Management des *sozialen Kapitals* (Kunden, Lieferanten, NGOs, ...) und
- soziale Innovationen.

Der hier verwendete Begriff des sozialen Kapitals ist kompatibel mit dem im vorigen Kapitel eingeführten Beziehungskapital und der dort besprochenen Bewertung gesellschaftlich verantwortlicher Beziehungen. Soziale Innovationen können z.B. im Bereich des Diversity Management, der Familienfreundlichkeit oder der Demographic Fitness erfolgen.

Gesellschaftliche Verantwortung muss ebenso wie das Wissensmanagement als Element der Unternehmensstrategie betrachtet und in die Unternehmenskultur eingebettet werden. Nur die richtigen Rahmenbedingungen und eine überzeugende Unterstützung durch die Unternehmensführung machen Erfolge auf diesen Gebieten möglich. Das Unternehmen lernt auch in dieser Hinsicht – werden die falschen Anreize gesetzt, so lernen z.B. die Mitarbeiter, dass sich verantwortungsvoller Umgang mit Ressourcen nicht lohnt. Nur wenn deutlich wird, welchen Mehrwert das Unternehmen, seine Mitarbeiter und die Gesellschaft haben, sind die Strategien langfristig erfolgversprechend.

---

[20] vgl. INLECOM Ltd. (2005): 9

4 Lernen über CSR

Bisher sind die operativen Aspekte des Wissensmanagements sowie die strategische Betrachtung des Organisationalen Lernens aus innerbetrieblicher Sicht im Vordergrund der Betrachtungen gestanden, beginnend mit dem Aufbau über die Entwicklung und Verteilung bis zur Speicherung des Wissens – immer mit dem Ziel, langfristig und eingebettet in einen strategischen Rahmen (Organisationales Lernen) den Unternehmenserfolg zu sichern und Wettbewerbsvorteile zu erhalten oder zu erzielen.

Über die rein kompetitive Sichtweise hinaus hat sich aber in den vergangenen Jahrzehnten die Erkenntnis durchgesetzt, dass durch Zusammenarbeit und Austausch mit anderen Unternehmen und durch gemeinsames Fortentwickeln von Lösungen ein Mehrwert entsteht, von dem alle Beteiligten profitieren können. Hier wird nicht dem Preisgeben von Unternehmensgeheimnissen das Wort geredet, sondern dem Austausch über Verfahren und Kennzahlen. Durch Benchmarking, z.B. innerhalb von Unternehmensverbänden, kann die relative Wettbewerbsposition bestimmt werden, durch den Austausch von *„best practices"* können gemeinsame Vorteile erzielt werden. Ein eindrucksvolles Beispiel liefert der seit rund 20 Jahren von der European Foundation for Quality Management (EFQM)[21] verliehene European Quality Award. Die Preisträger verpflichten sich, ihre auszeichnungswürdigen Anstrengungen im Qualitätsmanagement offen zu legen, damit andere davon lernen können.

Gleiches wäre mittel- bis langfristig auch für CSR denkbar. Ebenso wie bei der EFQM könnte eine Reihe von engagierten Unternehmen, evtl. im europäischen Raum und zumindest in der Anfangsphase von der EU gefördert, eine Plattform schaffen, die zur Entwicklung von Standards, zum Austausch über Vorgehensweisen (‚best practices') und zum Lernen über gesellschaftlich verantwortliches Handeln dient. Für einen Austausch innerhalb der (entstehenden) Gemeinschaft (‚community') können strukturierte Fallstudien verwendet werden, die dem Grundmuster der MikroArtikel von Willke folgen.[22]

Leitlinie und Strukturierungsmittel könnten die in der ISO 26000 formulierten Kernthemen der gesellschaftlichen Verantwortung sein, insbesondere die Themen Menschenrechte, Arbeitspraktiken, Umwelt, Betriebs- und Geschäftspraktiken, Konsumentenanliegen sowie Einbindung und Entwicklung der Gesellschaft. Das Thema Organisationsführung nimmt hier – wie auch in der ISO 26000 betont – eine Sonderrolle ein und ist weniger für einen übergreifenden Austausch geeignet.

Unternehmen, die auf dem Gebiet CSR besondere Erfolge erzielen, könnten mit einer vergleichbaren Auszeichnung (‚Corporate Social Responsibility Award') belohnt werden, die wiederum als Qualitätssiegel z.B. in der Außendarstellung eingesetzt werden könnte. Offen bleibt die Frage, wer diese Plattform ins Leben rufen kann und ob die Motivation ähnlich wie bei Qualitätsmanagement gegeben wäre.

---

[21] www.efqm.org
[22] vgl. Willke (2007): 85 ff.

Die entstehenden Netzwerke und der Austausch von Erfahrungen sind Wissensmanagement par excellence.

5 Fazit

Gesellschaftliche Verantwortung ist eine Facette in der Unternehmensführung, die bei den sich rasant verändernden Märkten des beginnenden 21. Jahrhunderts eine wachsende Bedeutung erhält. Unternehmen müssen lernen, wie sie den Herausforderungen begegnen können, müssen Verhaltensweisen (Prozesse), Kenntnisse und Fähigkeiten entwickeln um den eigenen, aber auch den externen Zielen gerecht zu werden. Der Lernprozess, der Wissen bei den Mitarbeitern aufbaut und in der Organisation verankert, sollte sich an den Erkenntnissen zum Organisationalen Lernen ausrichten.

CSR und Organisationales Lernen sind strategische Ansätze, die miteinander verknüpft und in der Gesamtstrategie verankert werden müssen. Das Management von Wissen als operativer Teil des Organisationalen Lernens muss den Menschen im Zentrum der Aktivitäten sehen und ihn bestmöglich durch Prozesse und Werkzeuge unterstützen.

Wissensmanagement nur für CSR einzuführen ist keine gute Idee. Zu komplex ist die Aufgabenstellung, die primär eine strategische ist. Existiert noch kein Wissensmanagement, gibt es noch keine Vorstellungen über organisationales Lernen, ist die Kultur noch nicht auf das Teilen von Wissen vorbereitet, dann sollten zunächst diese Themen adressiert werden. Erst wenn diese grundsätzlich verankert sind, kann das spezielle Teilgebiet CSR erfolgversprechend in Angriff genommen werden. Dann können CSR-spezifische Lerninhalte adressiert werden, die Vernetzung der Mitarbeiter untereinander und mit den Stakeholdern zielorientiert aufgebaut und der Fortschritt beim Aufbau von Wissen über gesellschaftliche Verantwortung gemessen und bewertet werden.

Funktioniert das Ganze auch ohne Wissensmanagement? Sicher, denn Mitarbeiter und Unternehmen lernen in jedem Fall. Aber ohne ein dediziertes Wissensmanagement wird dies dem Zufall überlassen – und wer möchte den Erfolg seines Unternehmens zufallsabhängig wissen?

6 Literatur

Alwert, K./Bornemann, M./Will, M.(2008): Wissensbilanz – Made in Germany. Dokumentation Nr. 574, Bundesministerium für Wirtschaft und Technologie (BMWi), 2008.

Bornemann, M./Reinhardt, R. (2008): Handbuch Wissensbilanz: Umsetzung und Fallstudien. Berlin: Verlag E. Schmidt 2008.

Dittmar, C./Gabriel, R. (2004): Knowledge Warehouse. Ein integrativer Ansatz des Organisationsgedächtnisses und die computergestützte Umsetzung auf Basis des Data Warehouse-Konzepts. Wiesbaden: Dt. Universitäts-Verlag 2004.

Drucker, P. F. (1959): Landmarks of Tomorrow. New York: Harper 1959.

Edvinsson, L./Malone, M. S. (1997): Intellectual Capital: Realizing Your Company's True Value by Finding Its Hidden Brainpower. New York: Harper Business 1997.

Halfmann, A. (2011): Unternehmen Verantwortung: Was die Gesellschaft erwartet und wie Unternehmen reagieren. Hückeswagen: CSR NEWS GmbH 2011.

Hüttenegger, G. (2006): Open Source Knowledge Management. Berlin, Heidelberg: Springer Verlag 2006.

INLECOM Ltd (2005): Total CSR. Strategic CSR Learning and Knowledge Management. Rotherfield (UK) 2005. http://www.inlecom.com/uploadfiles/Strategic CSR Learning and Knowledge Masnagement.pdf

Lehner, F. (2000): Organizational Memory. Konzepte und Systeme für das organisatorische Lernen und das Wissensmanagement. München: Hanser Verlag 2000.

North, K. (2005): Wissensorientierte Unternehmensführung. Wertschöpfung durch Wissen. 4. Aufl. Wiesbaden: Gabler Verlag 2005.

Porter, M. E./Kramer, M. R. (2006): Strategy & Society. The Link Between Competitive Advantage and Corporate Social Responsibility. In: Harvard Business Review, Dec 2006, S. 78 – 92.

Probst, G./Büchel, B. (1998): Organisationales Lernen. Wettbewerbsvorteil der Zukunft. 2. Aufl. Wiesbaden: Gabler Verlag 1998.

Probst, G./Raub, St./Romhardt, K. (2006): Wissen managen. Wie Unternehmen ihre wertvollste Ressource optimal nutzen. 5. Aufl. Wiesbaden: Gabler Verlag 2006.

Schiersmann, Ch./Thiel, H.-U. (2000): Projektmanagement als organisationales Lernen. Opladen: Leske + Budrich 2000.

Senge, P. M./Klostermann, M. (2006): Die fünfte Disziplin. Kunst und Praxis der lernenden Organisation. 10. Aufl. Stuttgart: Klett-Cotta 2006.

Willke, H. (2007): Einführung in das systemische Wissensmanagement. 2. Aufl. Heidelberg: Carl-Auer Verlag 2007.

CSR und Human Resource Management

Georg Suso Sutter

1 CSR ohne HR ist PR[1] – Der Mensch macht den Unterschied

„Unternehmen, die „Corporate Social Responsibility" in ihre Unternehmensstrategie aufgenommen haben und den daran geknüpften Anspruch glaubhaft leben, sind
attraktiver für hochqualifizierte Mitarbeiter und wettbewerbsfähiger am Markt." [2]
Angesichts solcher Befunde ist es nicht weiter erstaunlich, dass sich zunehmend
mehr Unternehmen weit über gesetzliche Pflichten hinaus für Arbeitsbedingungen,
Gesellschaft und Umwelt einsetzen.

Nach der Definition der Europäischen Kommission im Grünbuch, das die
europäischen Rahmenbedingungen für soziale Verantwortung der Unternehmen
definiert, ist CSR ein nachhaltiges Handlungskonzept auf freiwilliger Basis, welches im Einklang mit den Unternehmenswerten gesellschaftliche und ökologische Aspekte in die Unternehmensstrategie und in das tägliche unternehmerische
Handeln integriert und dabei auf den nachhaltigen Unternehmenserfolg abzielt.[3]

Wenn man von einem solchen Verständnis von CSR ausgeht, dann sind damit eine Reihe von Ansprüchen verbunden, die eingelöst sein wollen, soll ein
Unternehmen nicht das wertvollste Gut, nämlich die Glaubwürdigkeit, verlieren und CSR zu einem reinen Public-Relation-Aktionismus verkommen. Das
Bekenntnis zu CSR erfordert die aktive Verantwortungsübernahme für den Kontext
der unternehmerischen Tätigkeit – nach innen und außen.

Es sind letztlich das interne Führungsverständnis, die internen Kommunikationsprinzipien, das Fähigkeits- und Wissenspotential, die Kernwerte des Unternehmens, die Unternehmenskultur, die die mit CSR einhergehenden Prinzipien
der Nachhaltigkeit, der Verantwortung, der Berechenbarkeit und der Transparenz
sicherstellen.

Damit rückt zwangsläufig der Mensch in den Mittelpunkt der Betrachtungen.
Denn wer sonst soll diese Prinzipien im unternehmerischen Kontext gestalten? Es
sind die Mitarbeiter, die das Geschäft am Laufen halten; es sind deren Werte und
Sinnstiftungen, es ist deren Motivation, die letztlich über die Wirksamkeit des mit
CSR verbundenen Gedankengutes entscheidet, es ist schließlich deren Wissen,
das die organisationale Leistungsfähigkeit ausmacht. Kein anderer Stakeholder in-
und außerhalb eines Unternehmen würde von den Aktivitäten des Unternehmens

---

[1] in diesem Artikel wird für Corporate Social Responsibility überwiegend die Abkürzung CSR
   verwendet. HR steht im weiteren für Human Resources. PR für Public Relations.
[2] Schmitt (2008)
[3] Kommission der Europäischen Gemeinschaften (2001)

optimal profitieren, würden die Mitarbeiter, jeder an seinem Platz, sich nicht mit einer hohen inneren Verpflichtung für die Ziele des Unternehmens einsetzen. Die Mitarbeiter entscheiden darüber, inwieweit Anspruch und Wirklichkeit von CSR-Konzepten zu einer glaubwürdigen Synthese wachsen. [4]

Soll CSR nicht von vornherein zu einer reinen PR-Aktion verkommen, so ist es naheliegend, dass der Funktionsbereich Human Resources, der sich um die Mitarbeiter kümmert, nicht außen vor bleiben kann. HR ist die kritische Funktion, die dafür sorgen kann, dass die Mitarbeiter ihr Engagement auf CSR ausrichten, oder noch deutlicher: HR ist der Schlüsselpartner im Unternehmen, der dafür sorgt, dass CSR zu einem Erfolgsfaktor bei der Erreichung der Unternehmensziele wird.

Von daher kann man in der Diskussion um die Verknüpfung von HR und CSR gedanklich noch einen Schritt weitergehen: Wenn HR mit seiner Professionalität den Anspruch verbindet, entscheidend bei der Umsetzung der Unternehmensstrategien mitzuwirken, wenn HR also mehr sein will als reiner Kostenfaktor und vielmehr aktiv gestaltend die Wertschöpfung des Unternehmens vorantreiben will, dann geht es bei der Frage nach der Bedeutung von HR für eine nachhaltige Wirkung von CSR auch um die Zukunftsfähigkeit von HR selbst. Es geht also im Folgenden in gleichem Maße um die Bedeutung von CSR für eine wirksame Rolle von HR im Unternehmen.

2 Die strategische Bedeutung von HR für CSR – eine wertschöpfende Partnerschaft

Welche „guten" Gründe sprechen dafür, dass HR bei der Implementierung von CSR den Lead übernehmen muss und dass erst mit ihren Aktivitäten eine entscheidende Voraussetzung dafür geschaffen wird, dass CSR zu einem Erfolgsfaktor für Unternehmen wird?

Weltweite Studien[5] zeigen, dass Unternehmen, die sich für das Gemeinwesen engagieren und CSR ernsthaft in ihren Business-Alltag integrieren, Mitarbeiterbindung und Mitarbeiterzufriedenheit signifikant erhöhen. Darüber hinaus gelingt es ihnen besser, engagierte und loyale Mitarbeiter zu rekrutieren. So fühlen 87% der Beschäftigten in Europa stärkere Loyalität zu sozial engagierten Unternehmen. Bei Mitarbeitern von Unternehmen, die sich gesellschaftlich engagieren, wurde ein Zuwachs von Motivation und Leistungsbereitschaft um 30 Prozent festgestellt. In einer weiteren Studie gaben 42 Prozent der Befragten an, dass das soziale Engagement eines Unternehmens sie in ihrer Entscheidung positiv beeinflusst habe, gerade dort einen Job anzunehmen.[6]

Wenn man gesellschaftliche Diskussionen, insbesondere aber auch die Umfragen unter jüngeren Menschen verfolgt, so können diese exemplarisch aufge-

---

[4] vgl. Strandberg (2009): 4
[5] vgl. Dresewski (2008)
[6] weitere weltweit ermittelte Ergebnisse weisen ähnliche deutliche Zusammenhänge aus; vgl. bei Elad Levinson (2011)

führten Befragungsergebnisse eigentlich nicht weiter überraschen. Denn letztlich treffen die mit CSR verbundenen Themen der Nachhaltigkeit in sozialer und ökologischer Hinsicht auf Kernpunkte im Wertegerüst von immer mehr gerade jungen Menschen. Die heranwachsende „Facebook"-Generation sucht nach Unternehmen, deren Werte mit ihren eigenen Werten in Einklang stehen und die es den Menschen ermöglichen, in dem, was sie tun, Sinn zu erfahren. Sie bevorzugen es, für denjenigen zu arbeiten, der einen Unterschied macht[7] – und nur eine werteorientierte Unternehmensführung, getragen von einer CSR-Strategie, garantiert diesen Unterschied. Entsprechend bewältigen Mitarbeiter dann besonders engagiert ihre Aufgaben, wenn sie sich mit den Werten ihrer Führungskräfte und des Unternehmens identifizieren können. Von daher ist es naheliegend, dass die ernsthafte Beschäftigung mit CSR einen erheblichen positiven Einfluss auf die Kosten der Rekrutierung und der Mitarbeiterbindung hat.[8]

Wer aber rekrutiert die Menschen? Wer sorgt für die geeigneten Qualifizierungsmaßnahmen? Wer sorgt dafür, dass die Mitarbeiter gerecht bezahlt werden? Wer steuert die Prozesse, wenn es um Performance Management und berufliche Entwicklung geht? Wer „überwacht", dass die Prinzipien von „Diversity" Teil der Unternehmenskultur werden? Wer hat Einfluss darauf, dass mit Mitarbeitern im Falle des Arbeitsplatzverlustes menschenwürdig umgegangen wird? Und schließlich: Wer hat die Sensibilität und das Know-how dafür, dass die Menschen in einer Organisation mit ihren individuellen Wert- und Sinnkategorien in einen transparenten Diskussionsprozess um die Werte des Unternehmens eingebunden werden?

Die HR-Verantwortlichen haben den Schlüssel in der Hand, wenn es um die Entwicklung hin zu einem sozial und ökologisch verantwortlichen Unternehmen geht, wenn es darum geht, die Menschen für die soziale Verantwortung des Unternehmens zu gewinnen. Die Überzeugung der eigenen Mitarbeiter von der CSR-Strategie des Unternehmens sowie den damit verbundenen CSR–Aktivitäten ist mitentscheidend dafür, wie glaubwürdig das Unternehmen in seiner Wirkung gegenüber den Stakeholdern außerhalb des Unternehmens auftreten kann. [9]

Und es kommt noch eine weitere Entwicklung hinzu. Es sind zunehmend die Shareholder selbst, die zum Treiber einer stärkeren Verknüpfung von HR und CSR werden. Sie drängen immer öfter darauf, dass z.B. „Compensation Packages" an die Nachhaltigkeit der Unternehmenserfolge geknüpft werden. Die Bedeutung der Menschen für das Gelingen einer nachhaltigen Unternehmensführung rückt auch in der Perspektive der Shareholder in den Mittelpunkt des Interesses. Gerade institutionelle Investoren mit einem längerfristigen Anlagehorizont machen das in ihren Kontakten mit dem Management zu einem Thema.[10]

Damit HR diesen Rollenerwartungen gerecht werden kann und ihr wertschöpfendes Potential im Unternehmen nutzt, braucht es innerhalb der HR-Community Professionals mit einem unternehmerischen Anspruch, reife Persönlichkeiten, die ihren Anspruch klar formulieren und sich deutlich positionieren, wenn unterneh-

[7]   Strandberg (2009): 7
[8]   siehe Ergebnisse diverser Studien aufgeführt bei: Strandberg (2009): 6-10
[9]   vgl. Sharma/Sharma/Devi (2009).
[10] siehe zur Verknüpfung von CSR-Zielen und Compensation Packages bei Strandberg (2009): 8

mensinterne Entwicklungen in die falsche Richtung laufen. HR sollte sich also das Mandat holen, die für die Implementierung einer CSR-Strategie notwendigen Veränderungen in der Organisation, im Verhalten, letztlich in der Kultur des Unternehmens zu managen.

So einleuchtend die Notwendigkeit eines Zusammenwirkens zwischen HR und CSR ist, so sehr weltweit führende HR-Manager von der enormen Kraft von CSR überzeugt sind, so sehr ist auch offensichtlich, dass nach wie vor ein enorme Lücke zwischen Anspruch und Wirklichkeit besteht.[11] In der Literatur wird immer wieder darauf hingewiesen, dass die zuständigen HR-Verantwortlichen ihre Wirkungsmöglichkeiten bei weitem nicht in dem Maße nutzen, wie es geboten und wie es aufgrund der Rolle von HR und der damit verbundenen spezifischen Expertise möglich wäre.[12]

Je besser HR-Professionals ihre Hebelwirkung bzgl. CSR verstehen, desto mehr eröffnet CSR den HR-Verantwortlichen die Chance, den eigenen strategischen Anspruch zu konkretisieren und sich in der Rolle als Businesspartner zu bewähren. Sie müssen sich allerdings öffentlich zu dieser strategischen Rolle bekennen. Sie müssen sich in der eigenen Ausrichtung, in der eigenen Organisation und in der eigenen Haltung neu legitimieren. In dem Maße, in dem CSR zum handlungsleitenden Konzept im Unternehmen werden soll, muss sich HR als verantwortliche Instanz für die Veränderung und Weiterentwicklung der Menschen, der Organisationen, der Kultur eines Unternehmens behaupten. Es geht also um viel, wenn CSR auf HR trifft – es geht um die Rolle und das Selbstverständnis der HR-Verantwortlichen und deren Bedeutung innerhalb des Unternehmens.

3 Nachhaltiges HR-Management – Monitoring Shared Value

Die Herausforderung besteht für das HR-Management darin, sich letztlich selbst an den Kriterien von CSR messen lassen zu müssen. Denn nur ein nachhaltiges Human Resource- Management kann einen glaubwürdigen Beitrag im Hinblick auf die Implementierung von CSR im Unternehmen und letztlich zu einer nachhaltigen Unternehmensentwicklung leisten.

In der Vergangenheit sah sich die Personalarbeit immer wieder der Kritik ausgesetzt, als reine Administrationsfunktion nur Kostenfaktor ohne direkten Bezug zur Wertschöpfung des Unternehmens zu sein. Selbst dort, wo Personalentwicklungsaktivitäten das Profil einer HR-Funktion bestimmten, standen ihre Vertreter unter massivem Rechtfertigungsdruck. Nun hat sich in dieser Hinsicht in vielen Unternehmen schon Gewaltiges getan. Mit dem Schritt hin zu einer aus der Unternehmensstrategie abgeleiteten HR-Arbeit konnte aufgezeigt werden, welch enormer Hebel in einem zukunftsgerichteten HR-Management modernen Zuschnitts für die Wertschöpfungsprozesse liegt. Allerdings muss auch ganz nüchtern festgestellt werden, dass in vielen HR-Funktionen damit eine Entwicklung

---

[11] Strandberg (2009): 6
[12] vgl. u.a. bei Glane (2008); Sharma/Sharma/Devi (2009): 207f; Böcker (2010); Cohen (2010): 2

weg vom Menschen hin zu „Instrumenten" einherging. Zum einen haben sich viele dieser Ansätze wie Potentialanalyse, Stellenbewertungs- und Beurteilungssysteme etc. als geeigneter Weg zur Stützung der eigenen Legitimation erwiesen. Zum anderen sind solche Instrumente von Führungskräften nur zu gerne angenommen worden, suggerieren sie doch, dass Führung „machbar" sei und man „etwas" so schwer Kontrollierbares wie den Menschen im Griff haben könne. Was damit aber geschieht, ist quasi eine Ent-Fokussierung des Mitarbeiters als Mensch in seinem persönlichen Erleben der Unternehmenswirklichkeit. Und das widerspricht dem CSR- Gedanken fundamental.

HR wird also ihre neue Aufgabe als CSR-Treiber nur dann glaubwürdig vertreten können, wenn sie die übermächtige Bedeutung der von ihr initiierten Methoden und Instrumente sowie ihre eigene damit einhergehende Haltung gegenüber den Menschen kritisch reflektiert. Das erfolgreiche Zusammenwirken von HR und CSR entscheidet sich letztlich an der Haltungsfrage und damit an den in und mit der Organisation geteilten Werten.

Nachhaltiges HR-Management im Zeichen von CSR hat dann auch Konsequenzen für die erforderliche Qualifikation der HR-Verantwortlichen selbst. Denn die Erwartungen an die Rollenträger sind vielfältig. Um erfolgreich zu sein, muss HR strategischer Partner des Managements, gleichsam Anwalt der Mitarbeiter und zugleich Treiber von Veränderungsprozessen sein – und dies alles mit dem Blick darauf, dass das Unternehmensgeschehen den Ansprüchen des entschiedenen CSR-Konzepts entspricht. Gerade dann, wenn selbst gesetzte Standards bezogen auf Werte, ethische Grundsätze, Führungsleitlinien usw. verletzt werden, ist ein gutes Standing gefordert. HR-Professionals brauchen insofern eine klare Haltung mit einem hohen Maß an Selbstreflektion, um bestehen zu können. Bei der Besetzung von HR-Funktionen wird es dementsprechend künftig u.a. um folgende Fragen gehen: Hat ein Kandidat den Mut, aufzustehen und gehört zu werden? Hat er die Kraft, das System zu fordern, ggf. auch zu irritieren und dann auch zu gestalten? Spürt ein Bewerber eine innere Verpflichtung für das CSR-Anliegen und für das Wachsen und die Entwicklung der Mitarbeiter sowie eine Leidenschaft für das jeweilige Business und seine sozialen und ökologischen Anliegen?

Für die Wirksamkeit eines HR-Verantwortlichen bezogen auf CSR wird es des Weiteren wichtig sein, wie gut es ihm gelingt, andere Stakeholder vom Nutzen gemeinsamer CSR-Werte zu überzeugen. HR-Verantwortliche sollten lernen, noch mehr aus deren Perspektive zu denken und mit diesen (auch externen) Stakeholdern in einen Dialog zu treten. Bezogen auf die Mitarbeiter geht es sogar um eine grundsätzliche Verschiebung des Blickwinkels. Es geht nicht nur um den Einfluss, den CSR auf verschiedene HR-Dimensionen hat, die die Mitarbeiter betreffen. Vielmehr geht es darum, dass die Mitarbeiter selbst einen erheblichen Einfluss auf das Geschehen innerhalb und außerhalb des Unternehmens haben. Das ist vielleicht die eigentliche Veränderung, die eigentliche Revolution im Selbstverständnis der HR-Verantwortlichen.[13]

---

[13] zur Vertiefung der Rolle von HR ist das Buch von Cohen (2010) zu empfehlen; vgl. dort u.a. 258–263

Bei all dem bleibt zu bedenken: Die Bemühungen zur Unterstützung der Integration von CSR in die Geschäftsprozesse werden nur dann erfolgreich sein, wenn sie von einem starken Commitment der Geschäftsleitung und des obersten Managements getragen werden. HR kann nicht ohne diesen Schulterschluss handeln. Als Businesspartner kann sie unterstützen und ihre Expertise einbringen. Aber sie kann nicht die Richtung für CSR vorgeben. Das kann nur der CEO bzw. die Geschäftsführung. Es muss der politische Wille vorhanden sein, CSR über alle Funktionsbereiche hinweg als strategisches Konzept zu implementieren.

4 Schlüsselthemen für ein gelingendes Zusammenwirken von HR und CSR

Inhaltlich berührt CSR fast alle Bereiche der Personalarbeit. Die im Folgenden ausgewählten Handlungsfelder des HR-Managements sind Schlüsselthemen mit einem enormen Gestaltungspotential für ein fruchtbares Zusammenwirken von CSR und HR:

Weiterentwickeln der Unternehmenskultur – Die HR-Schlüsselinitiative
Eine der wichtigsten Initiativen des HR-Managements in Bezug auf die Verankerung des CSR-Konzepts in der Unternehmenskultur ist das Herausarbeiten der Kernwerte des Unternehmens sowie der darauf aufbauenden Vision und Mission des Unternehmens. Es geht darum, sicherzustellen, dass diese mit den im CSR-Konzept verankerten Werten, mit den ethischen Grundprinzipien des Unternehmens vereinbar sind. Dies ist eine Grundvoraussetzung für eine glaubwürdige HR-CSR-Politik. Nur ein in sich stimmiges, integriertes Wertegerüst kann zum Maßstab für das konkrete, alltägliche Handeln werden und die Voraussetzungen dafür schaffen, dass die Mitarbeiter eine entsprechende innere Haltung entwickeln können. Von dieser Haltung hängt letztlich ab, inwieweit die Beschäftigten sich nicht nur äußerlich, sondern auch mit einer gewissen Überzeugung für die CSR-Ziele engagieren.

Gewinnen von Mitarbeitern – CSR als großartiges Rekrutierungs-Tool
Der Wert nachhaltiger Unternehmensführung für die Gewinnung von Mitarbeitern kann nicht hoch genug eingeschätzt werden.[14] Eine klare Wertorientierung verbunden mit einem schlüssigen CSR-Konzept hat ein enormes Potential für das Employer Branding. Gerade in Zeiten, in denen sich der Arbeitsmarkt für qualifizierte Mitarbeiter dreht (Fachkräftemangel), erweist eine auf Nachhaltigkeit angelegte Unternehmenskultur eine besondere Anziehungskraft auf potentielle Mitarbeiter. Das CSR-Wertegefüge sollte dann konsequenterweise auch als Maßstab für die Auswahl neuer Mitarbeiter herangezogen werden. Dies ermöglicht zum einen eine klare Kommunikation und erhöht zum anderen die Transparenz gegenüber Kandi-

---

[14] vgl. entsprechende Untersuchungsergebnisse www.grin.com/e-book/119160/csr-wanted#inside; sowie Koch (2008)

daten. Umgekehrt sind die Folgekosten von Fehlentscheidungen bei der Neueinstellung von Mitarbeitern infolge nicht kompatibler Werte enorm.

Aber die CSR-Implikationen für die Gewinnung neuer Mitarbeitern sind noch weitreichender: Wie geht das Unternehmen mit dem Trend um, dass immer mehr junge Menschen Jobs suchen, über die sie einen sinnvollen Beitrag für ein größeres Ganzes leisten können? Wie wird sichergestellt, dass die Rekrutierungsprozesse fair und respektvoll ablaufen? Wird bewusst versucht, die Vielfalt in der Gesellschaft auch im Unternehmen abzubilden? Wie werden die Voraussetzungen dafür geschaffen, dass die zu gewinnenden Mitarbeiter gerade in diesem Unternehmen arbeiten wollen?

Insgesamt: es geht künftig weniger um das Suchen und mehr um das Finden. „Finden" ist im Gegensatz zu „Suchen" ein zweiseitiger Prozess. Die Konsequenzen eines solchen Umdenkens für Personalmarketing und Auswahlprozesse sind gravierend.

Binden von Mitarbeitern – gelebte Employability
Mitarbeiterbindung in enger Anlehnung an die CSR-Strategie des Unternehmens heißt weit mehr, als nur dafür zu sorgen, dass die richtigen Mitarbeiter zum richtigen Zeitpunkt zur Verfügung stehen. Es geht um verantwortete Arbeitsbedingungen: Sicherstellen der Wahrung der Rechte der Arbeitnehmer[15], für eine transparente und faire Entlohnung sorgen, Rahmenbedingungen für die Entfaltung der Potentiale und für eine gesunde Leistungsfähigkeit schaffen usw.[16] Die gängigen Instrumente der Potentialsteuerung, der Gehaltsfindung, der Arbeitszeit- und Familienpolitik sind danach zu hinterfragen, inwieweit diese wirklich von der Gleichrangigkeit der Interessen ausgehen, inwieweit sie den Menschen im Blick behalten oder ob sie nur formalen Ansprüchen genügen. Dass hier die Instrumentenflut in den letzten Jahren mehr die Distanz zwischen den Beteiligten als ein produktives Miteinander gefördert hat, ist sicherlich keine Entwicklung, die zur Glaubwürdigkeit wohlformulierter CSR-Konzepte beigetragen hat. Gerade beim Thema „berufliche Entwicklung" ist ein Umdenken angemahnt. Will man hier die Mitarbeiter in ihren Interessen ernst nehmen, dann sollten Karriere und berufliche Förderung in einem partnerschaftlichen Zusammenwirken zwischen Beschäftigten und ihren Führungskräften besprochen werden.

Die Führungskräfte spielen grundsätzlich die Schlüsselrolle für das „Wohlbefinden" der Mitarbeiter und damit für deren Engagement und Bindung an das Unternehmen. Eine klare, wertorientierte Haltung der Führungskräfte, das heißt eine u.a. auf Glaubwürdigkeit, Verlässlichkeit und Vertrauen aufbauende Beziehung, ist hierfür die Basis. Dass hierzu ein glaubwürdiges Vertreten des CSR-Gedankens gehört, ist naheliegend.

Allerdings: Es kann auch unter CSR-Gesichtspunkten nicht darum gehen, einem Mitarbeiter eine Garantie für eine „lebenslange" Beschäftigung zu geben. Was aber gemacht werden kann, ist die Zusage, dass die Menschen durch ihr

---

[15] vgl. Sharma/Sharma/Devi (2009): 210
[16] vgl. Cohen (2010): 26-39

Mitwirken im Unternehmen ihre Beschäftigungsfähigkeit deutlich erhöhen, sei es durch immer wieder neue Herausforderungen, sei es durch gezielte Qualifizierung. [17] Auf der anderen Seite gewinnt das Unternehmen einen Mehrwert durch das besondere Engagement der Mitarbeiter sowie durch die Aktualität ihres Know-Hows für das tägliche Geschäft – ganz abgesehen davon, dass dieses Investment einen Imagevorteil für das Unternehmen gerade in dem Fall mit sich bringt, in dem die Mitarbeiter das Unternehmen verlassen.

Work Life Balance und Burn out/Bore out fokussieren – Eine Schlüsselinvestition

Work Life Balance und Burn out/Bore out-Prophylaxe sind bei weitem noch nicht so in die betrieblichen Abläufe und in die Arbeitsbeziehungen integriert, wie es angesichts der zunehmenden Anforderungen, die an Mitarbeiter gestellt werden, notwendig wäre.

Es liegt im ureigensten Interesse des Unternehmens, dass ihre Führungskräfte ihren Umgang mit den Mitarbeitern selbstkritisch reflektieren. Da dies in vielen Unternehmen nicht selbstverständlich ist, hat HR die Aufgabe, auf einen sozial verantwortlichen Umgang mit den Mitarbeitern hinzuwirken. Das beginnt bei der Art und Weise, wie im Alltag miteinander gesprochen wird, bezieht sich im Weiteren auf angemessene Rahmenbedingungen, unter denen die Arbeit zu leisten ist, bindet den Mitarbeiter in der Vielfalt seiner beruflichen und privaten Rollen in die Überlegungen mit ein und beachtet dann vor allem, dass weder Unterforderung noch Überforderung und schon gar nicht Mobbing zum Alltag gehören. Gerade der Komplex der psychischen Belastung der Mitarbeiter wird von den meisten Führungskräften noch immer unterschätzt oder ausgeblendet. Das Schweigen und Wegesehen bei Burnout-Symptomen ist aber in keiner Weise mit der Haltung, CSR zu einem Leitkonzept der Unternehmensführung zu machen, vereinbar.

Es ist die ureigenste Aufgabe, ja Verpflichtung für HR-Verantwortliche, dieses Thema zum Kern ihrer Monitoring- und Unterstützungsfunktion zu machen. HR muss sich das Recht erstreiten, immer dann intervenieren zu dürfen, wenn auch nur die leisesten Anzeichen für Fehlentwicklungen offensichtlich werden. Ansonsten werden auf Hochglanzbroschüren präsentierte CSR-Konzepte sehr schnell kontraproduktiv und die Glaubwürdigkeit des gesamten CSR-Konzepts steht auf dem Spiel. An der Qualität der Führungskräfte-Mitarbeiterbeziehung erweist es sich letztlich, inwieweit HR seiner CSR-Rolle gerecht wird.

Diversität[18] managen– Das Potential der Vielfalt nutzen

Die Implementierung einer CSR-Strategie ohne gelebtes Diversity-Management bliebe unglaubwürdig. Allerdings muss das Verständnis über die gängigen Dimensionen der Arbeitsplatz-Diversity-Diskussion hinausgehen: Diskriminierungen

---

[17] Elaine Cohen beschreibt zur Frage „Employability" interessante Ansatzpunkte in Bezug auf die Handlungsmöglichkeiten von HR in: Cohen (2010): 160-162

[18] vgl. Beitrag von Hanappi-Egger in diesem Buch

aufgrund von Alter, ethnischem Hintergrund, Geschlecht, physischen Qualitäten, sexueller Orientierung, Bildungshintergrund, Religion, Familienstatus, Lebensstil usw. müssen von HR selbstverständlich mit hoher Aufmerksamkeit verfolgt werden. Die Herausforderungen unter CSR-Gesichtspunkten liegen darüber hinaus darin, die Unterschiedlichkeit der Menschen und damit die Vielfalt an Ideen, Erfahrungen und Blickwinkeln auf die Arbeit zu nutzen. Das geht nicht von alleine, sondern ist zu managen: angefangen von der Transparenz der Unterschiedlichkeit bis dahin, sie in ihrer Relevanz für die Aufgaben im Unternehmen wertzuschätzen. Unternehmen werden sich auch in dieser Fähigkeit unterscheiden und ggf. dem Risiko unterliegen, wertvolle Mitarbeiter an den Wettbewerb zu verlieren.

Glaubwürdig kommunizieren – Die Macht der Transparenz
Transparenz ist eines der Kernmerkmale von CSR und gleichzeitig ist CSR selbst eines der sensibelsten Themen in der öffentlichen Wahrnehmung. Der Unterschied zu früher ist der, dass Transparenz inzwischen aktiv von allen Stakeholdern eingefordert wird. Unternehmen sind kaum noch in der Lage, die Informationshoheit für sich zu beanspruchen. Informationen erreichen immer schneller eine relativ große Zuhörerschaft. Von daher sollte ein Unternehmen heutzutage ein großes Interesse daran haben, dass ein großer Teil der Belegschaft sich in Bezug auf Kommunikation engagiert. Voraussetzung dafür ist, dass eine möglichst große Übereinstimmung zwischen externer und interner Kommunikation gewährleistet wird.

Diese Bemühungen verpuffen, wenn es an einer glaubwürdigen Kommunikation durch das oberste Management fehlt oder wenn Diskrepanzen zwischen „Sonntagsreden" und dem konkreten Handeln im Alltag offensichtlich werden. Im Außen leidet darunter in erheblichem Maße die Reputation des Unternehmens. Durch die gewaltige Macht der neuen sozialen Netzwerke können die Folgen dramatisch sein. Genauso problematisch ist es, wenn sich die Mitarbeiter (zumindest innerlich) abwenden und sich ihre Unzufriedenheit letztlich in der Arbeitsleistung und Qualität widerspiegelt.

Selbstverständlich ließe sich die Aufzählung dieser CSR-Schlüsselthemen noch erweitern. Zu denken ist z.B. gerade im Kontext von CSR an einen gelebten Umweltschutz. Letztlich wird jeder Human Resources-Manager mit dem Anspruch, nachhaltiges Human Resources-Management zu leben, in enger Abstimmung mit der Unternehmensleitung sorgfältig prüfen müssen, welche Schlüsselthemen er als strategisch relevant vorantreiben will.

5 Bausteine einer HR-CSR-Roadmap

Es ist zu empfehlen, das HR-CSR-Konzept schrittweise über ein Phasenkonzept anzugehen.[19] Im Folgenden werden beispielhaft mögliche Bausteine einer solchen HR-CSR-Roadmap vorgestellt. Eine Roadmap ist hilfreich, weil damit die Unter-

---

[19] vgl. dazu einen entsprechenden Vorschlag bei Strandberg (2009): 10-11

nehmensleitung Klarheit und „Sicherheit" in Bezug auf den von HR eingeschlagenen Kurs gewinnt. Genauso wichtig ist es, dass damit für die Mitarbeiter des Unternehmens ein höchstmögliches Maß an Transparenz geschaffen wird. Schließlich wird durch eine solche Roadmap HR in ihrer Leistungsfähigkeit für alle Stakeholder greifbarer.

Baustein 1: Systematische Analyse der Stakeholder

Die Analyse sämtlicher Stakeholder und ihrer Interessen bildet die Grundlage des HR- CSR-Konzepts. Es geht um die systematische Analyse aller direkten und indirekten Stakeholder, die von HR und CSR in irgendeiner Form tangiert sein werden, mit dem Ziel, zu erkennen, was sie von HR benötigen, wie sie die HR-Prozesse beeinflussen, aber auch was HR von ihnen braucht.[20] Diese Transparenz ist wichtig, weil HR nur durch die Einbindung aller relevanten Gruppen sicherstellen kann, dass CSR das ganze Unternehmen durchdringt und dass das Unternehmen auch im Außen in seinen Bemühungen wahrgenommen sowie in seinen Vorhaben unterstützt wird.

Baustein 2: Weiterentwicklung der Unternehmenskultur

Es ist die ureigenste, nicht delegierbare Aufgabe des obersten Managements, sich zu einem klaren Wertegerüst zu bekennen. HR kann hierbei eine starke Rolle einnehmen, indem sie den Prozess der Entwicklung von Vision, Mission, Werten und CSR-Strategie initiiert, ihn moderiert und im Hinblick auf seine Implikationen für die Mitarbeiter kritisch prüft: Welche Wertvorstellungen haben die unterschiedlichen Stakeholder des Unternehmens? Wie wird sichergestellt, dass im Topmanagement ein einheitliches Bild im Hinblick auf CSR besteht? Besteht ein gemeinsames Verständnis darüber, wie die CSR-Strategie mit der Kernstrategie des Unternehmens, aber auch mit den Kernprozessen des HR-Bereichs verbunden ist?

Die Beantwortung dieser Fragen ist so fundamental, dass zu empfehlen ist, im Zusammenhang mit der Einführung von CSR einen Kulturentwicklungsprozess zu starten. Im Rahmen eines solchen Prozesses ist dann auch das gemeinsame Führungsverständnis zu thematisieren. Denn die Art und Weise, wie geführt wird, hat einen entscheidenden Einfluss darauf, wie die Mitarbeiter des Unternehmens sich auf ein CSR-Konzept einlassen bzw. dieses verinnerlichen. Des Weiteren gehört zu dieser grundlegenden Klärung ein gemeinsames Verständnis von „beruflicher Entwicklung". Es ist im Sinne einer transparenten Organisation sinnvoll, zu klären, welche Möglichkeiten und Voraussetzungen für die berufliche Entfaltung der Mitarbeiter gegeben sind.

Baustein 3: Erstellen eines „Employee Codes of Conduct"

Aufbauend auf einem klaren Wertegerüst gilt es, die Maßstäbe festzulegen, an denen sich jeder in seinem Geschäftsverhalten messen lassen muss, unabhängig

---

[20] siehe dazu die Übersicht über mögliche Stakeholder von HR und die entsprechenden Wirkmechanismen bei Cohen (2010): 280-282

von Funktion und Hierarchie. Ein solcher "Employee Code of Conduct"[21] kann bei entsprechend sorgfältiger Einführung und Kommunikation eine erhebliche Auswirkung auf das Verantwortungsbewusstsein der Menschen haben. Um hier kein Missverständnis zu erzeugen: HR ist nicht verantwortlich dafür, wie das Unternehmen z.b. mit Vertriebsaktivitäten nach außen auftritt. HR sollte sich aber darum kümmern, wie die Mitarbeiter mit Widersprüchen umgehen können, wie diese im Unternehmen besprochen werden, inwieweit Konsequenzen gezogen und der Umgang mit Widersprüchen produktiv genutzt werden.[22] Weitere wichtige Fragen sind: Werden die Mitarbeiter mit Anstand und Respekt vor der Würde des Einzelnen geführt? Werden die sozialen oder auch anderen Rechte der Arbeitnehmer respektiert? Sorgt das Unternehmen dafür, dass die Mitarbeiter über ihre Rechte informiert sind?

Baustein 4: Employer-Branding und Recruiting neu ausrichten
CSR-geführte Unternehmen integrieren ihre CSR-Philosophie in das Personalmarketing. Gerade Personalmarketingveranstaltungen an Schulen und Universtäten eignen sich besonders, die Bedürfnisse der Interessenten nach Wertorientierung mit den CSR-Werten anzusprechen. Glaubwürdig vertreten kann man dies dadurch, dass das Unternehmen z.B. Schüler oder Studenten in CSR-Projekte einbindet oder spezielle CSR-Programme für Absolventen einrichtet. Aus den Wertmaßstäben des Unternehmens ergeben sich dann auch die Kriterien, die bei der Entscheidung über die Einstellung von Mitarbeitern herangezogen werden. Grundsätzlich ist darauf zu achten, dass der Rekrutierungsprozess ethisch einwandfrei, glaubwürdig und breit angelegt ist. Es sollte zudem im Sinne von Diversity gerade auf solche Kandidaten zugegangen werden, die die Vielfalt im Sinne der jeweiligen CSR-Philosophie repräsentieren.

Baustein 5: Förderung von Diversity im HR-Bereich
Unternehmen tun gut daran, Diversity schon bei der Rekrutierung der HR-Mitarbeiter selbst zu berücksichtigen. Die Vielfalt der Kandidaten ist eine Bereicherung. Die Unterschiedlichkeit der Erfahrungshintergründe in der Sozialisation, in der Ausbildung, in der Herkunft, im Alter usw. erhöht deutlich die Wirksamkeit der HR-Arbeit und im Zuge von CSR auch die Glaubwürdigkeit.

Baustein 6: Nachhaltiges Talent-, Kompetenz- und Performance-Management
HR sorgt dafür, dass die Integration neuer Mitarbeiter sowie das Halten der vorhandenen Talente, aber auch die Trennung von denjenigen, die in ihren Wert- und Leistungsvorstellungen nicht in das Unternehmen passen, nicht dem Zufall überlassen bleibt. Stattdessen setzt HR das Know-how dafür ein, dass analog zum strategischen Planungszyklus eine systematische Auseinandersetzung mit der Entwicklung und Förderung der Talente stattfindet (z.B. Mitarbeitergespräch – Potentialermitt-

---

[21] Strandberg (2009): 13
[22] vgl. allgemein zu „Human Rights – Employee Rights" bei Cohen (2010): 60-78

lung – Jahresgespräch zur Managementsituation – Fördermaßnahmen – Prozess der Stellenbesetzung), und zwar immer gespiegelt an den Grundsätzen der durch das CSR-Konzept beschriebenen Prinzipien und Wertmaßstäbe.

Zur „Risikovorsorge" gehört eine systematische Analyse der Frage, welche Potentiale zur Sicherstellung der Zukunftsfähigkeit des Unternehmens benötigt werden, die Erhebung des Fähigkeitspotentials sowie die Schaffung einer möglichst hohen Transparenz bzgl. der Leistungsfähigkeit der Mitarbeiter und letztlich der gesamten Organisation. Es geht darum, die Entwicklung der Fähigkeiten der Organisation so auszurichten, dass CSR-Wissen in seiner Relevanz für den Unternehmenserfolg zum selbstverständlichen Baustein des kollektiven Leistungsbewusstseins wird.

Baustein 7: Förderung von Wohlbefinden und Work Life Balance

Wie sehr werden Mitarbeiter ermutigt, ihre Verpflichtungen am Arbeitsplatz mit den notwendigen Aktivitäten im Privatbereich ins Gleichgewicht zu bringen? Sind die Führungskräfte dafür sensibilisiert und greifen sie ein, wenn Mitarbeiter Burnout-Symptome zeigen?

Selbstverständlich ist es so, dass jeder Einzelne selbstverantwortlich die Rollen wählt, die er in Beruf und auch in seinem sozialen Umfeld meistern will. Dennoch kann im Sinne geteilter Verantwortung schon im Vorfeld darauf eingewirkt werden, dass das Gleichgewicht dieser Rollen nicht durch einseitige Belastungen gestört wird. Davon profitieren alle: das Unternehmen unter Performance-Gesichtspunkten, der Einzelne in seinem Wohlbefinden, die Organisation als Kulturraum.

Die HR-Verantwortlichen können aufgrund ihrer Rolle und Expertise alle Maßnahmen zukunftsgerichteter Personalarbeit kritisch in Bezug auf deren Verträglichkeit mit den Grundprinzipien des Work Life Balance überprüfen. In der Regel geht es dabei weniger um das „Was" als vielmehr um eine kritische Bestandsaufnahme der Art und Weise, „wie" die Themen in der Praxis gelebt werden: Flexible Arbeitsvereinbarungen (u.a. Arbeitszeiten, Jobsharing, Heimarbeitsplätze, Sabbaticals), Unterstützung der Familien (u.a. Kindergartenplätze, Pflegeurlaub, Unterstützung bei der schulischen Ausbildung der Kinder), Hilfe bei der Erledigung privater Verpflichtungen, Gesundheitsprogramme, Unterstützung beim Selbstmanagement sind Beispiele für konkrete Ansatzpunkte. [23]

Baustein 8: Gesundheitsschutz mit Weitblick

Welchen Stellenwert haben Arbeitssicherung und Gesundheitsvorsorge im Unternehmen? Wie ernst werden entsprechende Qualifizierungen und Trainings genommen? Wie sind die physischen Arbeitsbedingungen? Wie werden Mitarbeiter ermutigt und unterstützt, auf ihre eigene Gesundheit zu achten? Wie entschieden wird „Mobbing" nachgegangen?

Angesichts der Risiken einer zunehmenden Belastung der Belegschaft ist „Gesundheitsschutz" eines der strategischen Aktionsfelder für die Zukunftsfähigkeit der Unternehmen. Es geht um Gesundheit im umfassenderen Sinne des

---

[23] siehe eine ausführliche Vorschlagsliste bei: Cohen (2010): 106-109

Wohlbefindens der Menschen und um die Hebelwirkung, die diese Grundverfassung der Mitarbeiter auf die Produktivität hat. [24]

Baustein 9: Bereitstellen von „Lernräumen"

Um die Argumentationslinien zwischen der Unternehmensstrategie und der CSR-Strategie greifbar werden zu lassen, braucht es „Lernräume". Wichtig wäre es, dass HR dazu Plattformen entwickelt, auf denen ernstgemeinte Auseinandersetzungen mit Führungskräften des Unternehmens oder auch mit anderen Stakeholdern stattfinden können. Lernen bekommt damit eine andere Bedeutung. Nicht Wissensvermittlung ist gefragt, sondern anknüpfend an die Betroffenheit der Mitarbeiter geht es um die Ausbreitung von Erfahrungsfeldern und die Entdeckung neuer Lernpotentiale. Aus solchen Plattformen können dann diejenigen Initiativen entstehen, die CSR zu gelebter Wirklichkeit werden lassen.

Eine weitere sehr gute Möglichkeit der Sensibilisierung für die eigene soziale Verantwortung ist die gezielte Verbindung von Einsätzen im sozialen Feld mit der Personalentwicklung. Einzeln oder in Teams verlassen Mitarbeiter die „Komfortzone" und tauchen in fremde Lebenswelten ein. Fast einhellig berichten Teilnehmer solcher Programme, dass die unmittelbare Erfahrung anderer sozialer Realitäten zu einer bewussteren Wahrnehmung der Menschen in der eigenen Organisation führte und auch einen erheblichen Einfluss auf ihr künftiges Führungsverhalten hatte.[25]

Baustein 10: Angemessene „Compensation and Benefits"

Zahlt das Unternehmen die Mindestlöhne, leistet es darüber hinaus oder tut es alles, selbst Mindeststandards zu umgehen? Reichen diese Mindestlöhne für einen unserer Gesellschaft angemessenen Wohlstand? Wie angemessen sind die Relationen zwischen den Gehältern unterschiedlicher Funktionsgruppen und Rollenträger?

Selbstverständlich ist es Sache der obersten Geschäftsleitung, die „Compensation & Benefits"-Strategie festzulegen. Wenn aber HR als Business Partner agiert, wird sie einen großen Einfluss auf die Festlegung und auf das Monitoring der Standards haben, an denen Leistung und im Weiteren dann auch Vergütung gemessen wird. Die meisten Unternehmen konzentrieren sich in ihrer Vergütungspolitik noch immer auf finanzielle Erfolgskennziffern und vernachlässigen Nachhaltigkeitsgesichtspunkte. Hier ist HR aufgefordert, zu unterstützen. Es ist zwingend, die ganze Palette der Entlohnungsinstrumente mit den Werten des Unternehmens im Allgemeinen und den CSR-Werten im Besonderen in Verbindung zu setzten. Konkret bedeutet das, mit CSR verbundene Prinzipien wie Glaubwürdigkeit, Innovationsfähigkeit oder ökologische Nachhaltigkeit als Ziele in entsprechenden Vereinbarungen zu operationalisieren.

---

[24] es gibt dazu schon zahlreiche gute Ansätze; die Firma da:nova bietet z.B. Unternehmen entsprechende Programme für ein ganzheitliches und systemisches Gesundheits- und Leistungsmanagement an. U.a. stellt sie eine Gesundheitsbilanz auf, aus der die Wirkung für den unternehmerischen Erfolg unmittelbar deutlich wird; vgl. www.danova.de

[25] vgl. entsprechende Initiativen z.B. unter dem Stichwort „Seitenwechsel" im Internet, z.B. www.seitenwechsel.com

Darüber hinaus wird es wichtig sein, Grundsätze festzulegen wie z.B. „Wir beschäftigen Menschen unter fairen, nachvollziehbaren und wettbewerbsgerechten Bedingungen." Denn Mitarbeiter brauchen Maßstäbe, auf die sie sich berufen können. Die meiste Unzufriedenheit in Bezug auf Gehälter entsteht, wenn aus Sicht der Mitarbeiter Intransparenz und Ungerechtigkeit eine Rolle spielen.

Baustein 11: Freiwilliges gesellschaftliches Engagement

Es ist immer mehr Menschen ein grundlegendes Bedürfnis, sich über die eigene Arbeitswelt hinaus freiwillig gesellschaftlich zu engagieren. Unternehmen sollten ein Interesse daran haben, dieses Engagement zu unterstützen. Die Unternehmen werden dadurch die Mitarbeiter „neu entdecken" und andere Fähigkeiten wahrnehmen, die auch für sie selbst wertvoll sind. Die Investition könnte z.B. darin liegen, dass Mitarbeiter für ein bestimmtes Kontingent an privat investierter Zeit einen Bruchteil als Zeitausgleich bekommen. Oder das Unternehmen unterstützt finanziell konkrete Projekte, die von Mitarbeiterinitiativen ins Leben gerufen werden. Sicher ist, dass die Verknüpfung von freiwilligem Engagement und Firmenunterstützung weit wirksamer ist als das klassische Sponsoring. HR kann hier wiederum als Treiber entsprechender Programme den CSR-Gedanken ganz praktisch umsetzen. Der positive Einfluss auf die Zufriedenheit der Mitarbeiter, auf die Attraktivität als Arbeitgeber und auch auf die Ausbildung neuer Fertigkeiten und Fähigkeiten ist offensichtlich.

Baustein 12: Mitarbeiter als CSR-Botschafter

Jeder Mitarbeiter ist Teil eines umfangreichen sozialen Netzes. HR sollte mit den Mitarbeitern Möglichkeiten erarbeiten, im Interesse des Unternehmens auf das persönliche „Stakeholder-Netzwerk" einzuwirken. Dieser Ansatz hat eine große Hebelwirkung im Hinblick auf das gesellschaftliche Potential der CSR-Strategie. Die Mitarbeiter selbst gewinnen dadurch noch mehr die Überzeugung, dass sie einen Beitrag im Sinne der Nachhaltigkeit leisten.

HR sollte also noch mehr Aufmerksamkeit auf das aktive Engagement der Mitarbeiter in internen und externen „Communities" legen. Intern kann HR für die Rahmenbedingungen sorgen, die notwendig sind, dass sich z.B. gemischte Erfahrungsgruppen organisieren. Ein vielversprechender Ansatz ist die Bildung von „Green Teams", wie sie von Elaine Cohen vorgeschlagen werden.[26] Diese können in unterschiedlichen Abteilungen mit der Aufgabe eingerichtet werden, CSR-Gedankengut und das entsprechende Verhalten direkt vor Ort vorzuleben und zu fördern. Extern wird ein Unternehmen noch mehr darauf achten müssen, die Erfahrungen, die Mitarbeiter aus ihren Netzwerken gewinnen, auch betrieblich zu nutzen.

Baustein 13: Verfassen der HR-CSR-Politik

Erste Erfolge aus den beschriebenen Aktivitäten stärken die Glaubwürdigkeit einer ausgewiesenen HR-CSR-Politik. In einem zweiten Schritt geht es darum, die

---

[26] Cohen (2010): 238-240

verschiedensten Aktivitäten in einem Konzept zusammenzufassen und dieses als politischen Anspruch im Unternehmen transparent zu kommunizieren. Das erhöht die Hebelwirkung der HR-CSR-Politik erheblich. In einem solchen Rahmen können die verschiedensten Aktivitäten mit Leichtigkeit begründet werden. Und vor allem: Es wird für den einzelnen Mitarbeiter, aber letztlich auch für die betriebliche Öffentlichkeit ohne weiteres nachvollziehbar, welchen Stellenwert die Aktivitäten im Rahmen des unternehmerischen Auftrages haben.

Baustein 14: Kommunikation gegenüber den Mitarbeitern

Jede CSR-Strategie braucht die Implementierung einer Kommunikationsstrategie mit besonderem Fokus auf die Mitarbeiter. Die Formen der Kommunikation sind vielfältig: Meetings, Open Space-Veranstaltungen, Intranet, Print und elektronische Newsletters, Video-Clips, Internet mit Blogs, „social networks" usw. Zweifellos haben bei CSR-Themen die sogenannten „social medias" eine besondere Katalysatorfunktion. HR sollte dafür sorgen, dass das Nutzen dieser Medien Teil der Unternehmenskultur wird. Dies ist schon deshalb geboten, weil das Verschmelzen von interner und externer Kommunikation durch das Internet zur Normalität geworden ist. Mitarbeiter sind als Empfänger mit einer Vielschichtigkeit an Botschaften konfrontiert; zugleich sind sie als Content-Geber Botschafter des Unternehmens.

Bei all den Bemühungen um die Nutzung modernster Kommunikationskanäle darf die direkte Kommunikation der Mitglieder des Topmanagements im Hinblick auf Glaubwürdigkeit und Wirkungskraft nicht unterschätzt werden. Auch hier sind die Formen vielfältig – wobei sich „managing by walking around" gerade da, wo es um Werte geht, noch immer bewährt. Das gilt für HR im Besonderen, hat sie doch als Frühwarnzentrale die oft nicht leichte Aufgabe, auch auf die leisesten Hinweise auf Diskrepanzen aufmerksam zu machen. Gefragt ist Präsenz und Zuhören auf allen Ebenen. Hilfreich ist hier sicherlich die Einrichtung von Reflexionsräumen, in denen sich die Mitabeiter offen besprechen können, oder auch die Stelle eines Ombudsmannes/frau für CSR, um der Sensibilität für Fehlentwicklungen einen formalen Rahmen zu geben.

Baustein 15: „Messen" der Wirksamkeit im Dialog

Wie soll die Wirkung von CSR letztlich beurteilt werden? Die Beantwortung dieser Frage ist wichtig, will man der Gefahr vorbeugen, dass CSR nicht nur ein Gerüst von Annahmen und Versprechungen bleibt.

Bei aller Problematik der Messbarkeit qualitativer Wirksamkeit gibt es genügend Möglichkeiten, zumindest im Sinne eindeutiger Indikatoren zu konkreten Aussagen zu gelangen. Neuere Ansätze der „Human Capital-Forschung" arbeiten Indikatoren-gestützt.[27] Analog zu den Versuchen, eine Human Capital-Bilanz oder eine Gesundheitsbilanz zu erstellen, könnten dann z.B. HR-CSR-Bilanzen aufgebaut werden. Praktikabel wäre auch, die CSR-Aktivitäten auf der Grundlage einer Balance Score Card einer Bewertung zu unterziehen. Gerade die Wirksamkeit des

---

[27] vgl. Wucknitz (2009); Kock (2010)

Beitrages zu den strategischen Zielen des Unternehmens könnte auf diese Weise angemessen beurteilt werden.

Ein gängiges Tool ist die Mitarbeiterbefragung. Im Kontext von CSR könnte der Schwerpunkt darauf gelegt werden, ob aus Sicht der Mitarbeiter die Unternehmenswerte mit dem tatsächlich gezeigten Verhalten übereinstimmen, inwieweit die Mitarbeiter sich tatsächlich mit den CSR-Zielen identifizieren können oder inwieweit die Mitarbeiter den Eindruck haben, dass z.B. Fairness, Diversity, das Wohlbefinden der Mitarbeiter oder ethische Standards dem Unternehmen wirklich ein Anliegen sind.[28] Ergänzend dazu könnten direkte Erfahrungsberichte unterschiedlicher Stakeholder die Glaubwürdigkeit einer nachhaltigen HR-Politik untermauern.

Egal wie vorgegangen wird: Entscheidend ist, dass die gewonnenen Erkenntnisse in einem kritischen Dialog mit der Unternehmensleitung und anderen wichtigen Stakeholdern besprochen werden. Um diesen Dialog zu institutionalisieren, wäre die Einrichtung eines HR-CSR-Beirates zu prüfen, in dem die wichtigsten Stakeholder von HR vertreten sind. Über die prominente Besetzung eines solchen Gremiums kann die Akzeptanz der Aktivitäten an sich sichergestellt werden. Ein solches Gremium wird aber auch dafür sorgen, dass Effektivität und Effizienz der beschriebenen Bausteine und Maßnahmen dem kritischen Blick der Betroffenen und der Öffentlichkeit standhalten.

6 Nachhaltiges Human Resource-Management – eine Investition in den Kern von CSR

Immer mehr Unternehmen begreifen, dass sie im Interesse ihrer eigenen Zukunftsfähigkeit Prinzipien der nachhaltigen Unternehmensführung fest in ihrer Unternehmensführung verankern müssen. CSR als unternehmerisches Konzept wird dann gelingen, wenn CSR in die Wirkungsmechanismen der Wertschöpfungsprozesse des Unternehmens integriert wird. Entscheidend für diese Implementierung sind die Mitarbeiter eines Unternehmens und deren Werte. HR kann aufgrund seiner Querschnittfunktion und seiner Fokussierung auf den Menschen bei der Integration von CSR-Konzepten in die Unternehmen eine Schlüsselrolle übernehmen. Die HR-Verantwortlichen können dafür sorgen, dass die mit CSR verfolgten Ziele fest im Bewusstsein der Belegschaft verankert, sozial verantwortliches Handeln auf den Weg gebracht und Haltungen dahingehend verändert werden. Als Partner der Führungskräfte kann HR diesen helfen, die aus CSR erwachsenden Anforderungen in das Alltagsgeschäft zu übersetzen. HR verfügt über die Instrumente, die geeignet sind, CSR zur Wirksamkeit zu verhelfen. Voraussetzung dafür ist aber, dass HR sich als Partner auf Augenhöhe positioniert. HR muss sich zu diesen Aufgaben bekennen und die Verantwortung dafür übernehmen, eine eigenständige HR-CSR-Politik zu formulieren.

---

[28] vgl. relevante CSR-Fragen im Rahmen einer Mitarbeiterbefragung bei Cohen (2010): 49-50

Von daher ist es höchste Zeit, dass Unternehmen die Gestaltungskraft ihrer HR-Funktion voll ausschöpfen. Das Bekenntnis der Unternehmensleitung zu HR als strategischem Partner sowie die Professionalität, mit der HR über ihre Instrumente und Konzepte CSR ins Bewusstsein bringt, wird letztlich auch zum Maßstab für die Ernsthaftigkeit von CSR selbst. Die Schlüssel nachhaltigen Wirtschaftens sind Transparenz, Glaubwürdigkeit und Verlässlichkeit. Diese Werte zu erreichen ist schwierig, sie zu „verlieren" leicht. Nachhaltiges Human Resources-Management zahlt letztlich auf diesen Kern von CSR ein.

7 Literatur

Böcker, M. (2010): Just the Next Big Thing: CSR und HR, HR-PR Blog, www.hr-pr.de/blog/12/csr-hr/

Cohen, E. (2010): CSR für HR, Greenleaf Publishing.

Dresewski, F. (2008): Corporate Citizenship, Ein Leitfaden für das soziale Engagement mittelständischer Unternehmen, Berlin entnommen aus: Schmitt, C (2008): www.haufe.de/personal/personalmagazin/ Personalmagazin, Heft 06/2008: Für alle und fürs Kerngeschäft, einführender Text zum Schwerpunktthema Heft 06/2008.

Glane, B. (2008): Human Resources, CSR and Business Sustainability – HR´s Leadership, in New Zealand Management, Oct.1, 2008.

Koch, S. (2008): CSR WANTED?, Corporate Social Responsibility als Auswahlkriterium bei zukünftigen Arbeitnehmern, Diplomarbeit im Fach Wirtschafts- und Sozialpsychologie, Köln.

Kock, M. (2010): Human Capital Management: Anwendbarkeit und Nutzen einer monetären Human Capital Bewertung mit der 'Saarbrücker Formel' nach Scholz, Stein & Bechtel, München.

Kommission der Europäischen Gemeinschaften, Grünbuch Europäische Rahmenbedingungen für die soziale Verantwortung der Unternehmen, Brüssel 2001.

Levinson, E. (2008), „Authentic CSR Creates Higher Employee Engagement", Interaction Associates, www.interactionassociates.com/ideas/authentic-csr-creates-higher-employee-engagement, aufgerufen Juni 2011.

Schmitt, K. (2008): www.haufe.de/personal/personalmagazin/, Personalmagazin, Heft 06/2008: Für alle und fürs Kerngeschäft, einführender Text zum Schwerpunktthema Heft 06/2008.

Sharma, S./Sharma, J./Devi, A. (2009): Corporate Social Responsibility: The Key Role of Human Resource, Management Business Intelligence Journal – January, 2009 Vol. 2 No.1 210 Business Intelligence Journal January.

Strandberg, C. (2009), The Role of Human Resource Management in Corporate Social Responsibility, Issue Brief and Roadmap, www.corostrandberg.com.

Wucknitz, U. D. (2009): Handbuch Personalbewertung: Messgrößen, Anwendungsfelder, Fallstudien für das Human Capital Management, 2. überarbeitete und erweiterte Auflage.

CSR – ein integraler Bestandteil der Management- und Managerausbildung

Michaela Haase und Hans-Georg Lilge

1 Einleitung

Ziel des Beitrags ist es, ein Konzept einer integrativen CSR-Managementausbildung vorzustellen, das sich an eine breit definierte Zielgruppe von Managementstudierenden an den Hochschulen richtet. Bei diesen Studierenden kann es sich um Personen mit und ohne Berufspraxis handeln und, soweit Berufspraxis vorhanden ist, kann sie auch außerhalb des Managements erworben worden sein. Wir gehen davon aus, dass die CSR-Managementausbildung an Wirtschaftsfakultäten stattfindet. Es ist jedoch zu beachten, dass auch Absolventen anderer Fakultäten für Unternehmen oder in Organisationen tätig sind und dort auch Führungsaufgaben übernehmen. Diese Gruppen bleiben in diesem Beitrag außen vor. Grundsätzlich wäre es jedoch sinnvoll, Studierende auch jenseits der Wirtschaftswissenschaften mit CSR vertraut zu machen. So könnte z. B. ethische Führungskräfteausbildung auch in den Politischen Wissenschaften oder Naturwissenschaften angeboten werden.

Der Beitrag geht vom CSR-Konzept von Caroll aus,[1] das wir, soweit nötig, auch um unternehmens- und wirtschaftsethische Inhalte erweitern.[2,3] Der für das CSR-Konzept maßgebliche Verantwortungsbegriff verweist (neben der Philanthropie) auf die Ethik, Ökonomik und Rechtswissenschaft. Caroll betont, dass das CSR-Konzept nicht nur eine grundlegende Definition des Begriffs der sozialen Verantwortung und eine Aufzählung der „issues" der Verantwortung beinhalte, sondern auch eine „philosophy of response".[4] Mittels „social responsiveness" wird thematisiert, ob und wie eine Unternehmung die CSR-Anforderungen wahrnimmt und wie sie darauf reagiert:

„The literal act of responding, or of achieving a generally responsive posture, to society is the focus. (…) One searches the organization for mechanisms, proce-

---

[1] Caroll (1979), (1991), (1998), (1999)

[2] die Unternehmens- und Wirtschaftsethik ist aus der Perspektive der Ethik eine Bereichsethik und eine Angewandte Ethik; unabhängig davon haben sich im deutschsprachigen Raum bestimmte Ansätze und Schulen entwickelt. Vgl. z. B. Ulrich (2006); Aßländer (2011): 71 ff.

[3] die Verantwortungsdimensionen des CSR-Konzepts werden häufig noch um die in der „triple bottom line" genannte ökologische Dimension (neben der sozialen und ökonomischen) ergänzt; darauf gehen wir in diesem Beitrag aus Platzgründen nicht ein

[4] vgl. Caroll (1979): 499; Caroll subsumiert alle drei Komponenten – die Definition des Begriffs der sozialen Verantwortung, die Aufzählung der Bereiche, die darunter fallen, und die Spezifikation der „philosophy of response" – unter den Begriff der Corporate Social Performance

dures, arrangements, and behavioural patterns that, taken collectively, would mark the organization as more or less capable of responding to social pressures".[5]

Diese Überlegungen lassen sich mit Bezug auf die CSR-Ausbildung auch auf die Hochschulen übertragen: Integriert ist CSR dann in die *Hochschule*, wenn sie auch Bestandteil von Philosophie und Politik der Hochschule und insofern für diese Identität stiftend ist. Davon ist Integration von CSR in die Managementausbildung nur ein Teil.

Ferner gehen wir von einem „competence-based view" und wissenssoziologischen Ansätzen aus.[6] Damit werden sowohl die Kompetenzen der Hochschulen als auch die der künftigen Manager sowie verschiedene Arten des Wissens thematisiert. Vor diesem Hintergrund wird die integrative CSR-Managementausbildung in drei Schritten umrissen: Erstens, ein integraler Bestandteil der Managementausbildung ist kein „add on", kein „nice-to-have", das man bei Änderung der Verhältnisse schnell wieder entfernen kann. Integriert ist CSR dann in die *Managementausbildung*, wenn sie die Art und Weise, wie Wissen an der Hochschule vermittelt (oder entwickelt) wird, so verändert hat, dass CSR selbstverständlicher Bestandteil der Managementausbildung ist. Zweitens, die CSR-Managementausbildung befasst sich mit der Herausbildung verschiedener Arten von Kompetenzen und Fähigkeiten der Studierenden, die unterschiedliche Voraussetzungen haben und bei der Entwicklung der Kompetenzen der *Hochschule*[7] berücksichtigt werden müssen. Zu den maßgeblichen Kompetenzen von zukünftigen Managern gehören insbesondere die Fähigkeit zur Generierung und Anwendung von Wissen, Lernfähigkeit, Entscheidungs-, Kommunikations- und Reflexionsfähigkeit. Wie unten noch deutlich wird, nehmen wir eine Deweysche Perspektive[8] auf das Lernen ein, die die reflektive Praxis in den Vordergrund stellt. Drittens, eine Konzeption der CSR-Managementausbildung ist eine Stakeholderkonzeption. Sie kann sich nicht nur auf dasjenige beziehen, was die Ausbildung für die Auszubildenden erreichen soll, sondern muss auch die Beziehungen zwischen der Ausbildungsstätte und den anderen (relevanten) Stakeholdern im Blick haben.

Die Konzipierung und Durchführung einer CSR-Managementausbildung wird als Antwort der Hochschulen auf die Verantwortungszuschreibungen aufgefasst, die die Gesellschaft in Bezug auf sie vorgenommen hat – also als eine Form der „social response" im Sinne des CSR-Begriffs. Die Hintergründe und Inhalte dieser Verantwortungszuschreibung sind hinlänglich bekannt. Die Unternehmensskandale der letzten Jahrzehnte, die Finanzkrise, die Kritik an bestimmten Handlungen von Managern etc. haben dazu beigetragen, dass sich der Blick auch auf die Ausbildungsinhalte und damit auch auf die Ausbildungsstätten derjenigen Personen richtet, die in Unternehmen die Entscheidungen treffen

---

[5]   Caroll (1979): 501 bezieht sich hier auf Frederick (1978): 6
[6]   Hülsmann/Martini-Müller (2008); Gibbons et al. (1994)
[7]   vgl. Haase (2008): 250
[8]   Dewey (1959)

oder die Führung wahrnehmen.[9] Das Konzept der „social response" von Caroll umfasst ein Kontinuum von Aktionen und Reaktionen, wobei die Enden des Kontinuums mit „pro-action" und „no response" betitelt sind. Hochschulen müssen auf Veränderungen der Stakeholdererwartungen reagieren. Allerdings gehen wir nicht davon aus, dass die Hochschulen jegliche Veränderungen in Gesellschaft oder Umwelt unmittelbar in Änderungen der Curricula zu übersetzen haben: Je mehr „identity" eine Hochschule ausgebildet hat, desto „proaktiver" kann sie auf Stakeholdererwartungen reagieren bzw. wird sie in der Lage sein, ihren eigenen Weg zu finden. Damit eine Hochschule ihre Verantwortung im Sinn einer „social response" wahrnehmen kann, muss sie die an sie gerichteten Anforderungen der Gesellschaft bzw. der verschiedenen Stakeholdergruppen identifizieren und im Rahmen ihrer Handlungsmöglichkeiten in Aktivitäten umsetzen.

Der Beitrag ist wie folgt aufgebaut: Im nächsten Abschnitt erläutern wir die integrative Sichtweise der CSR-Managementausbildung im Hinblick auf Ziele und Zielgruppen und unterscheiden zwischen schwachen und starken Formen der „social response". Im dritten Abschnitt werden die Bausteine der CSR-Managementausbildung skizziert. Dabei werden keine Vorschläge für konkrete Curricula gemacht, sondern Eckpunkte und Probleme benannt, an denen sich die Entwicklung von Curricula orientieren kann. Der vierte Abschnitt befasst sich mit Besonderheiten der CSR-Ausbildung von Managern (Executive Education). Der Beitrag endet mit der Schlussfolgerung, dass eine integrative CSR-Managementausbildung nicht nur über die Gestaltung der Curricula erreicht werden kann, sondern auch eines relevanten Bereichs von „shared values" der Hochschulangehörigen bedarf.

2 Die integrative Sichtweise der CSR-Managementausbildung

CSR soll dann als „integrativer Bestandteil" der Managementausbildung *einer Hochschule* bezeichnet werden, wenn er in allen zur Managementausbildung zählenden Studiengängen einer Hochschule in systematischer (regelmäßiger) Weise vorkommt. Davon sollen Fälle unterschieden werden, in denen eine CSR-Managementausbildung an einer Hochschule nicht in allen maßgeblichen Studiengängen vorkommt, d. h., wenn sie z. B. nur in Form eines Stand-Alone-Kurses oder eines speziellen Studiengangs erfolgt. In diesem Fall wird die überwiegende Mehrzahl der Studiengänge in unveränderter Form durchgeführt.

Die obige Unterscheidung bezieht sich auf den Umfang der CSR-Integration. Die nachfolgende Differenzierung lenkt den Blick auf die *Art und Weise* der CSR-Integration: Sie zielt darauf ab, dass ökonomische, rechtliche und ethische Verantwortung in allen Spezialgebieten der Managementausbildung thematisiert

---

[9] so findet sich in den Principles for Responsible Management Education die Formulierung: „Any meaningful and lasting change in the conduct of corporations toward societal responsibility and sustainability must involve the institutions that most directly act as drivers of business behavior, especially academia"

werden können. So lassen sich z. B. Ziele, Strategie und Aufgabenzusammenhänge (Operationen) mit Blick auf die soziale Verantwortung betrachten. Dies kann dazu beitragen, dass das Thema CSR bei den Auszubildenden akzeptiert bzw. als relevanter Inhalt angesehen wird.

Ist CSR nur auf ein Modul oder auf wenige Module beschränkt bzw. wird es nur als Wahlfach angeboten, so erhalten nicht alle Studierenden eine CSR-Ausbildung. Eine solche Form der CSR-Ausbildung soll hier nicht als „integrativer Bestandteil", sondern als ein *Teilgebiet* der Managementausbildung bezeichnet werden. Eine Hochschule kann daher in dem CSR-Teilgebiet „top" sein, ohne eine integrierte CSR-Managementausbildung anzubieten. Allerdings kann mit dieser Form ein Beginn gemacht werden, der auch ein Ausgangspunkt der weiteren Entwicklung in Richtung integrative CSR-Ausbildung sein kann. Damit eine solche Entwicklung einen Anfang nehmen kann, ist es hilfreich, wenn eine Vorstellung darüber besteht, was es heißen könnte, dass sich die Hochschule in den relevanten Dimensionen und mit Bezug auf die relevanten Stakeholdergruppen um „social response" bemüht. Im Folgenden soll von dieser Situation ausgegangen und zuerst überlegt werden, welche Ziele mit einer CSR-Ausbildung verfolgt werden können.

2.1 Ziele der CSR-Managementausbildung

Die Ziele der CSR-Managementausbildung bestehen, allgemein formuliert, in der Vermittlung (oder Entwicklung) von Wissen, Kompetenzen und Fähigkeiten, die für die Identifikation oder das Verständnis der CSR-Anforderungen an eine Unternehmung (oder, allgemeiner formuliert, Organisation) und die Formulierung einer adäquaten „response" erforderlich sind. Für beides, die Identifikation der Anforderungen und die „response", muss die Hochschule entsprechende Kompetenzen aufbauen.

Das relevante Wissen stammt sowohl aus der Ethik wie aus der Managementwissenschaft. Würde die CSR-Ausbildung von den fachspezifischen Inhalten der Managementausbildung abgekoppelt, beträfe die Wissensdimension nur die Ethik (Moralphilosophie) oder die Unternehmens- und Wirtschaftsethik (zumeist als Bereichsethik oder angewandte Ethik aufgefasst). In diesem Fall sind Entscheidungen darüber zu treffen, welche Inhalte (bzw. Richtungen) der Ethik und welche der Unternehmens- und Wirtschaftsethik eine Rolle spielen sollen. Geht die Betrachtung der Wissensdimension über diese enge Perspektive hinaus und bezieht fachspezifisches Managementwissen mit ein, dann können die im CSR-Konzept genannten Verantwortungsdimensionen mit den Gegenständen und Inhalten der Managementausbildung verschränkt werden. Das heißt, dass z. B. die Managementziele, -strategie und -operationen mit Blick auf ökonomische Verantwortung behandelt werden. Darüber hinaus können die Verantwortungsdimensionen untereinander verschränkt und z. B. ökonomische und ethische Verantwortung in Bezug auf mögliche Ziele des Managementhandelns betrachtet werden. Wie oben bemerkt, zeichnet sich die integrative CSR-Managementausbildung dadurch aus, dass die möglichen Bereiche der Verantwortung nach dem CSR-Konzept und die fachspezifischen Inhalte der Managementlehre systematisch verbunden werden.[10]

Dazu ist es erforderlich, einen Verantwortungsbegriff zugrunde zu legen. Für die Managementausbildung sind solche Konzeptionen hilfreich, die den Verantwortungsbegriff als relationalen und formalen Begriff[11] auffassen, der inhaltlich u. a. durch Spezifikation ökonomischer und ethischer Prinzipien zu konkretisieren ist.[12] An dieser Stelle wird deutlich, dass eine CSR-Ausbildung auf die Ethik als Wissensgrundlage nicht verzichten kann. Es ist unvermeidlich, grundlegendes Wissen über ethische Theorien, Ansatzpunkte oder Prinzipien zu vermitteln. Ohne diese Voraussetzung ist eine ethische Reflexion über das Managementhandeln, das ihm zugrunde liegende Wissen sowie die Werte, die es zum Ausdruck bringt, nicht möglich. In Bezug auf die Werte ist „management education" auch „values education".[13]

Die Befähigung zu *ethischem* Handeln ist ein wichtiges Ziel der CSR-Managementausbildung. Ethisches Handeln soll von moralischem Handeln insofern unterschieden werden, als dass es eine ethische Reflexion voraussetzt. Damit wird auf die Unterscheidung zwischen Ethik und Moral Bezug genommen, die in „Moral" eher eine soziologische Kategorie sieht[14] bzw. moralisches Handeln nicht mit ethisch reflektiertem Handeln gleichsetzt. Moralisches Handeln spiegelt die Werte und Institutionen (Konventionen, Normen, Routinen etc.) einer Gesellschaft wider. Die Handlungsabsichten, die moralischem Handeln vorausgehen, sind keiner explizit ethischen Reflexion unterzogen worden.

Die Befähigung zur ethischen Reflexion beruht auf der Vernunftfähigkeit und Autonomie des Menschen.[15] Zwischen der Ethik und der Ökonomik besteht diesbezüglich eine wichtige Übereinstimmung, da beide grundsätzlich von der Möglichkeit vernunftbegabten oder rationalen Handelns ausgehen.[16] Diese Annahme wird in der Managementlehre (und darüber hinaus) nicht durchwegs geteilt. Ein wichtiges Ziel der CSR-Ausbildung ist es daher, die den Ausbildungsinhalten oder Theorien zugrunde liegenden Annahmen oder Prinzipien explizit zu machen und zu problematisieren. Dazu gehört auch, Annahmen im Licht von Werten und Bewertungen zu sehen. Der Shareholderansatz oder das Gewinnmaximierungsprinzip sind bekannte Beispiele, die mit dem Stakeholderansatz oder der Idee des finanziellen Feedbacks[17] verglichen werden können. Aber nicht nur implizite Werte und Bewertungen sollen identifiziert werden können. Wie die Principles of Responsible

---

[10] vgl. dazu die Ausführungen zur allgemeinen ethischen Kompetenz und zur Fachethik bei Berendes et al. (2009): 10

[11] Werner (2006): 543

[12] wir gehen an dieser Stelle davon aus, dass die Ökonomik die wichtigste fachliche Grundlage der Managementwissenschaft bildet; grundsätzlich können die Prinzipien auch aus anderen Disziplinen (jenseits von Ethik und Ökonomik) stammen

[13] Harland/Pickering (2010)

[14] Birnbacher (2007)

[15] Capaldi (2003): 110; Albach (2005)

[16] Ulrich (2001); Nida-Rümelin (2002): 115 ff.; kritisch dazu: Hayek (1983)

[17] Lusch/Vargo (2006): 90

Management Education betonen, geht es auch darum, die Managementziele und -aktivitäten vor dem Hintergrund von CSR und Sustainability zu bewerten.[18]

Es ist zum gegenwärtigen Zeitpunkt schwierig, Aussagen darüber zu treffen, ob und inwiefern eine akademische Ausbildung Menschen dazu anregen kann, von ihrer Vernunft so Gebrauch zu machen, dass sie tatsächlich ethisch handeln. Ein möglicher Schritt in diese Richtung könnte sein, das Ethos der Managementstudenten nicht nur in Bezug auf die fachlichen Voraussetzungen, sondern auch in Bezug auf das Berufsethos zu entwickeln (Managementethos[19]).

Eine CSR-Managementausbildung kann sich aber nicht nur auf die kognitive Dimension bzw. auf die Wissensgrundlagen (begrenzt) rationalen Entscheidens beziehen. Moralisches Handeln (oder die Aufforderung zu solchem z. B. durch Bilder, auf denen Missstände zu sehen sind) ist häufig begleitet oder beeinflusst von Emotionen oder Gefühlen; es gibt auch ethische Theorien, die dort ansetzen (der Emotivismus).[20] Vermutlich spielen bei Entscheidungen sowohl rationale als auch emotionale Aspekte (bzw. deren Interaktion) eine Rolle. Im Hinblick auf die Ausbildung ist die emotionale Komponente auch unter Berücksichtigung der Gewinnung von Aufmerksamkeit für Situationen mit ethischem Handlungsbedarf oder die Motivation des ethischen Handelns von Bedeutung. Beides kann z. B. durch die Beteiligung an Praxis-Projekten, Exkursionen, oder Service Learning[21] gefördert werden.

2.2 Zielgruppen der CSR-Managementausbildung

Die Managementausbildung ist nicht mit einer Führungskräfteausbildung gleichzusetzen. Führungskräfteausbildung (Leadership Education) ist aber ein Teil der Managementausbildung.[22] Eine integrative CSR-Managementausbildung hat zu berücksichtigen, dass in Organisationen Menschen nicht nur in Führungspositionen tätig sind. Zum einen gibt es häufig mehrere Führungsebenen, zum anderen wird in Teams gearbeitet. Auch wenn zu Recht die Bedeutung der Führungskräfte für die Umsetzung von CSR betont wird, ist zu bedenken, dass CSR in Organisationen auf höhere Akzeptanz stößt bzw. die Umsetzung leichter gelingt, wenn auch die Mitarbeiter mit dem Thema vertraut sind und CSR als selbstverständlichen Teil der Unternehmensaufgabe wahrnehmen.

Vor diesem Hintergrund kann festgestellt werden, dass CSR ein integrativer Bestandteil der Bachelorausbildung sein sollte. Dort sind die Grundlagen zu legen, auf denen eine konsekutive Masterausbildung – mit ihren Schwerpunkten in z. B. Marketing, Finance, Accounting – aufsetzen kann. In der konsekutiven Masterausbildung kann eine CSR-Managementausbildung vertiefend oder speziali-

---

[18] so beginnt „Principle 2" mit "We will incorporate into our academic activities and curricula the values of global social responsibility (…)"

[19] vgl. z.B. Capaldi (2003); Berendes et al. (2009) : 9 ff.; Stiftung Weltethos (2009)

[20] vgl. Morscher (2006): 43

[21] Kreikebaum (2011)

[22] zum Thema Responsible Leadership gibt es eine seit Jahren anwachsende Literatur; vgl. z.B. Maak/ Pless (2006)

sierend sein. Für nicht-konsekutive Master-Programme gilt, dass die Studierenden keinen ersten akademischen Abschluss in einem wirtschaftswissenschaftlichen Fach mitbringen müssen. Hier sind dann sowohl die Grundlagen zu legen (dafür bieten sich Stand-Alone-Module an) als auch die Spezialgebiete zu berücksichtigen (dafür bieten sich die fachethischen Kurse oder „embedded courses" an). In den Grundlagenkursen können bereits die Anknüpfungspunkte zu den Spezialgebieten herausgearbeitet werden, die in den fachspezifischen Kursen wieder aufgenommen werden können. Die grundlegende Struktur in einer Masterausbildung mit Marketingschwerpunkt in einem nicht-konsekutiven Studiengang könnte wie folgt aussehen:

- Stand-Alone-Kurs in Unternehmens- und Wirtschaftsethik (einschließlich ethischer Grundlagentheorien)
- fachspezifische Kurse, die auch ethische Aspekte berücksichtigen, Anknüpfungspunkte zur Ethik deutlich machen und selbst-reflexiv sind
- vertiefendes Modul speziell zur Marketingethik

2.3 Starke und schwache Formen der Response

Es ist sicher nicht möglich und auch nicht unsere Absicht, Mängel in der Wahrnehmung von Verantwortung durch Manager direkt den Ausbildungsinhalten zuzuschreiben. Es gibt nur wenige Informationen darüber, ob und inwiefern die Managementausbildung das tatsächliche Verhalten der einstigen Studierenden beeinflusst. Es fällt allerdings auf, dass – wir beschränken diese Aussage auf den deutschsprachigen Raum – die Probleme, die in Verbindung mit CSR thematisiert werden, in den Hochschulen bzw. von der Managementausbildung noch zu wenig als Teil der Managementausbildung aufgefasst werden. Die integrative CSR-Managementausbildung, so wie sie in diesem Beitrag skizziert wird, ist eine starke Form der Response. Sie kann sich zudem für die meisten Hochschulen gar nicht in der kurzen Form ergeben, denn sie ist mit einem Entwicklungsweg verbunden, der nicht nur durch die Institutionen, sondern auch durch „die Köpfe" der jeweiligen Hochschullehrer gehen muss. Sie sind es schließlich, die die oben skizzierten Formen der CSR-Integration in Bezug auf die Fachethik realisieren müssen.

Die Vielzahl einzelner Veranstaltungsangebote, um die sich die Hochschulen in den letzten Jahren bemüht haben, sind daher positiv einzuschätzen. Diese sind beispielsweise die Einrichtung von Juniorprofessuren mit den Themenschwerpunkten CSR und Sustainability (häufig allerdings nicht mit der Aussicht auf Tenure verbunden), das „outsourcing" des Angebots an andere Hochschulen, oder die Durchführung von Seminaren aus Studiengebühren. Dennoch: Alle diese Maßnahmen sind zumeist nicht Struktur bildend und insofern nicht die stärkste Form von „response".

Jede Form von „response" setzt die Identifikation von Stakeholdererwartungen voraus. Wie können die Hochschulen Kenntnis von den Erwartungen der Stakeholder erlangen (oder auch: Erwartungen über die Erwartungen bilden)? Sofern eine Hochschule in Kontakt mit verschiedenen Gruppen der Gesellschaft

(Stakeholdern) steht, wird sie über Informationen über die Stakeholdererwartungen verfügen. Weitere Informationsquellen sind NGOs oder die Vereinten Nationen. Letztere (UNESCO, Global Compact) haben die eine Dekade für nachhaltige Bildung (endet 2014) und die Principles for Responsible Management Education (PRME, 2007) ins Leben gerufen. Die PRME sind Richtlinien, die die Beziehungen zwischen der Hochschule und ihren Stakeholdern thematisieren. Die PRME können von Hochschulen, aber auch von Fakultäten und Instituten gezeichnet werden. Sie geben keine konkreten Inhalte vor, können aber von der jeweiligen Hochschule zur Orientierung genutzt werden.[23] Eine wichtige Quelle für die Orientierung von Organisationen an „best practices" ist der ISO 26 000 Leitfaden.[24]

Weder die Vorschläge der Vereinten Nationen noch die Kommunikation von NGOs führen direkt zu den Erwartungen der Stakeholder einer Hochschule. Diesbezüglich sind die Vorschläge eher sekundäre oder implizite Informationsquellen und ein Bezugspunkt der Selbstpositionierung der Hochschulen. Sie unterstützen eine Form des „self commitment" der Hochschulen, verbunden mit der Möglichkeit des „signaling"[25]. Darunter versteht man in der Informationsökonomik eine Form des Abbaus von Informationsasymmetrien, indem ein Marktteilnehmer (hier: die Hochschule) „dem Markt" (hier: den Stakeholdern) das Vorhandensein bestimmter Leistungsmerkmale (hier: z. B. die Möglichkeit, integratives CSR-Management zu studieren) signalisiert.[26]

Die Berichtpflichten halten bislang noch viele Hochschulen davon ab, sich den oben genannten Initiativen auch formal anzuschließen. Die relativ geringe Zahl von Unterzeichnern aus dem deutschsprachigen Raum[27] spiegelt daher nicht das tatsächliche Interesse an CSR und Sustainability wider, sondern eher das Bemühen, zusätzliche Bürokratie zu vermeiden. Diese Berichte sind allerdings nicht nur lästige Pflicht, sondern auch ein Ansatzpunkt zur Selbstreflexion und insofern ein Instrument des „identity building" für die Hochschulen. Dies dokumentieren die beiden Sätze, die den PRME voran- und nachgestellt sind: „We are voluntarily committed to engaging in a continous process of improvement" und „We understand that our own organizational practices should serve as example of the values and attitudes we convey to our students".

3 Die Bausteine der CSR-Managementausbildung

Die CSR-Managementausbildung kann nicht in Isolation von der Managementausbildung generell gesehen werden. Sie ist daher auch tangiert von den Diskussionen der vergangenen Jahrzehnte über Inhalte, Ziele und Form der Managementaus-

---

[23] vgl. Rasche (2011)
[24] www.iso.org/iso/social_responsibility (Zugriff am 30.6.2011); siehe auch Beitrag von Schmiedeknecht / Wieland in diesem Buch
[25] Kaas (1991)
[26] Brown (2011): 77
[27] www.unprme.org/participants/index.php (Zugriff am 29.6.2011)

bildung.[28] Dabei wurden auch die theoretischen Grundlagen (insbesondere in der Ökonomik) und ihr Einfluss auf das Denken und Handeln der zukünftigen Manager und das Theorie-Praxis-Verhältnis thematisiert. Managementwissenschaftler haben sowohl die grundsätzliche Bedeutung der theoretischen Ausbildung hinterfragt (Mintzberg/Gosling 2002; Mintzberg/Lampel 2001) als auch behauptet, dass bestimmte theoretische Ansätze sich über Mechanismen von „self fulfilling prophecy"[29] negativ auf das Managerhandeln auswirken bzw. „bad for practice" sind. Das ethische Handeln ist hier ausdrücklich eingeschlossen.

Die erste Richtung spricht dem theoretischen Wissen die Relevanz ab; die zweite Richtung bemängelt die ihrer Ansicht nach „falsche" Wissensgrundlage. Beide Arten der Kritik spielen für die integrative CSR-Ausbildung eine Rolle, denn sie betreffen das „Wie" der Managementausbildung und den Umgang mit den Theorien aus der Wirtschaftswissenschaft und den weiteren Disziplinen (insbesondere Soziologie und Psychologie), die die wissenschaftliche Grundlage der Managementausbildung bilden.

3.1 Die disziplinären Wissensgrundlagen

Das für die CSR-Ausbildung maßgebliche Wissen stammt (innerhalb des für diesen Beitrag gesetzten Rahmens) sowohl aus der Managementwissenschaft wie aus der Ethik: Es bezieht sich auf den Gegenstandsbereich der Managementwissenschaft, die verschiedenen Ansätze seiner Analyse und auf die Moralphilosophie.

In Bezug auf die fachspezifischen Inhalte hat die integrative CSR-Ausbildung die Entscheidungen von Hochschullehrern zugunsten bestimmter Ansätze zum Ausgangspunkt. In Bezug auf die Ethik ist die Kenntnis verschiedener ethischer Ansätze erforderlich, um bestimmte Problemsituationen aus ihrer jeweiligen Perspektive beleuchten zu können. Pluralität befördert daher die CSR-Ausbildung (und vice versa): Sind verschiedene theoretische Perspektiven an einer Hochschule vertreten, so ist dies günstig für den Vergleich dieser Ansätze und eine Reflexion der Gründe, die für oder gegen den einen oder anderen Ansatz sprechen. Es erscheint dann relativ einfach, auch noch die CSR-relevante Wertedimensionen in solche Vergleiche mit einzubeziehen. Da die CSR-Ausbildung auch die Reflexionsfähigkeit verlangt, und diese begünstigt wird, wenn verschiedene Perspektiven eingenommen werden können, gilt auch das Umgekehrte.

Alles, was mit Unterrichten zu tun hat, ist wertbeladen: die Auswahl der Theorien bzw. die Inhalte ebenso wie die Unterrichtsform. Unterrichtsinhalte und -form informieren über die Werte von Hochschule und Hochschullehrern.[30] Eine integrative CSR-Managementausbildung verlangt nicht, dass die Ausbildung bestimmte Theorien oder Ansätze aus- oder einschließen muss. Sie verlangt eine Reflexion der Annahmen und der Werte, die diese explizit wie implizit verkörpern.

---

[28] Plinke (2008)
[29] Ghoshal/Moran (1996); Ghoshal (2005)
[30] Harland/Pickering (2010)

Im Folgenden wird auf die Unterschiede in den Wissensarten eingegangen, soweit sie für die CSR-Managementausbildung relevant sind. Dabei unterscheiden wir zunächst zwischen Mode-1- und Mode-2-Wissen.[31]

3.2 Die Wissensformen

Mode-1-Wissen spielt in der CSR-Managementausbildung in doppelter Weise eine Rolle: Als disziplinäre Basis der Managementlehre und der Ethik. Mode-1-Wissen entspricht in etwa dem Wissen, das eine wissenschaftliche Gemeinschaft nach Kuhn[32] in der normalwissenschaftlichen Phase bildet. Es ist in wissenschaftlichen Theorien verkörpert, die den Ausgangspunkt für die Identifikation und Lösung von Problemen bilden. Im Studium erlernen die Studierenden die etablierten Theorien im Fachgebiet, deren Sichtweise und Vokabular. Dies trifft auch auf die Ethik zu. Sofern die Unternehmens- und Wirtschaftsethik auf ethische Prinzipien zurückgeführt wird, beruht sie auf der Anwendung der Ethik auf Probleme der Wirtschaft. Studierende, die wirtschaftliche Probleme unter Bezugnahme auf ethische Prinzipien lösen wollen, müssen daher eine Verbindung herstellen können zwischen einer Problembeschreibung aus wirtschaftswissenschaftlicher Perspektive einerseits und ethischer Perspektive andererseits. Es ist daher unerlässlich, dass ethische Theorien, Ansätze oder Sichtweisen auch im Mode-1-Kontext vermittelt werden.[33]

Die Generierung von Mode-1-Wissen wird von der Generierung von Mode-2-Wissen begleitet. Im Vergleich mit Mode-1-Wissen ist Mode-2-Wissen charakterisiert durch die

- Anwendungsorientierung
- Wissensgenerierung für spezielle Anwendungen
- Behandlung von Problemen jenseits disziplinärer Grenzen
- Interaktion zwischen Grundlagen und Anwendung
- Wissensproduktion auch außerhalb der Universität
- Sozial verantwortliche Wissensproduktion
- Erweiterung der Kriterien für eine Qualitätskontrolle
- Wissensproduktion in Übereinstimmung mit den kognitiven und sozialen Normen der Wissensproduzenten[34]

Außerhalb von Universitäten wird Mode-2-Wissen z. B. in Forschungsinstituten, Think Tanks und R&D-Abteilungen von Unternehmen produziert. Es spiegelt wider, dass das Erzielen von Problemlösungen zunehmend das Überschreiten disziplinärer Ansätze bzw. transdisziplinäre Ansätze erfordert. Während die Ethik als Teilgebiet der Moralphilosophie Mode-1-Wissen „produziert", ist das im Kontext der Unternehmens- und Wirtschaftsethik entstehende Wissen eher anwendungs-

---

[31] Gibbons et al. (1994)
[32] Kuhn (1962)
[33] vgl. dazu die Ausführungen von Berendes et al. (2009): 8 zur allgemeinen ethischen Kompetenz
[34] Gibbons et al. (1994): 6; Haase (2008): 237

orientiert, aber auch durch häufigen Rückbezug auf die ethischen wie ökonomischen (oder Management-) Grundlagen gekennzeichnet. CSR-Managementwissen ist Mode-2-Wissen. Soweit die Unternehmens- und Wirtschaftsethik eigene – transdisziplinäre – Grundlagen ausbildet, wären diese ebenfalls dem Mode-2-Wissen zuzurechnen.[35]

In Bezug auf die vorangehende Unterscheidung ist zu beachten, dass bisher nur – wenn auch unterschiedliche Formen – der akademischen Wissensproduktion betrachtet wurden. Beide, Mode-1- und Mode-2-Wissen, werden von Wissenschaftlern produziert. Nun wenden auch Unternehmen Wissen an bzw. produzieren selbst Wissen; sie lernen im Verlauf des Marktprozesses.[36] Das akademische Studium der Managementwissenschaft beruht darauf, dass das an der Hochschule erworbene Wissen auch für die Unternehmenspraxis eingesetzt wird. Dieses Wissen wird vermutlich aufgrund der Erfahrungen im Rahmen von Lernprozessen verändert oder weiter entwickelt (vgl. 3.3), so dass neben akademischem Mode-2- auch Praxis basiertes Mode-2-Wissen entsteht (non-scholarly mode-2 knowledge[37]).

3.3 Theorieanwendung in der Entscheidungssituation

Wer sich die Curricula an den Hochschulen ansieht, wird feststellen, dass die Vermittlung von Wissen als Hauptaufgabe angesehen wird. Diese Wissensvermittlung besteht im Kern darin, dass sich die Studierenden die Fachsprache eines Fachgebiets aneignen und die Fähigkeit ausbilden, die „Welt" aus der Perspektive der jeweiligen Theorie zu sehen. Die Probleme, die sich für die Studierenden vor dem Hintergrund des Lehrbuchwissens stellen, sind dann auch diejenigen, die die Theorie als maßgeblich ansieht. Entsprechend enthalten die meisten Lehrbücher dann auch eine „Weltbeschreibung", eine Liste „typischer Probleme" sowie die dazu gehörigen Problemlösungen. Die Bereitschaft zur Wissensaneignung sowie die Entwicklung analytischer und methodischer Fähigkeiten sind die wichtigsten Voraussetzungen, um Probleme im Lehrbuchformat zu bearbeiten.

Der mangelnde Praxisbezug wird in Verbindung mit der Managementausbildung häufig beklagt; es wird jedoch selten thematisiert, worin dieser eigentlich besteht und worauf er beruht. Ein Aspekt ist sicherlich, dass die in der Managementpraxis auftretenden Probleme denen der Lehrbücher nicht ausreichend ähnlich sind bzw. vielleicht sogar ganz anderer Art sein können. Im günstigsten Fall entsprechen die Probleme der Praxis denen der Lehrbücher (Theorie) einigermaßen. Probleme identifizieren sich jedoch nicht selbst; die Frage ist, ob es Praxisprobleme gibt, die den theoretischen Problemen hinreichend ähnlich sind, so dass eine Anwendung der Theorie möglich ist. Diese Frage wird jedoch im Studium zu wenig thematisiert; dies gilt auch für die Frage, wie eine Theorieanwendung erfolgt und wann sie als erfolgreich anzusehen ist.

---

[35] Nowotny et al. (2005): 117; Haase (2008): 235
[36] z.B. Hayek (1969)
[37] vgl. Haase (2008): 238

Sofern sich die CSR-Ausbildung auf theoretische Grundlagen beruft, sind ihre Erfolgsaussichten (oder Praxisrelevanz) damit verknüpft, welche Probleme aus Sicht der Theorien identifiziert und wie sie gelöst werden können. Im Fall einer integrativen CSR-Ausbildung tritt das zusätzliche Problem auf, dass Wissensgrundlagen aus verschiedenen Theorien in Verbindung gebracht werden müssen (die der Managementwissenschaft und die der praktischen Philosophie). Die oben erwähnte Produktion von „scholarly mode-2 knowledge" bringt die geordnete Lehrbuch-Welt in Unordnung, denn es kann die Situation entstehen, dass verschiedene Theorien verschiedene Lösungen anbieten. Dies kann am Beispiel des Verantwortungsbegriffs erläutert werden, der eine Variable P für das begründende – ethische oder ökonomische – Prinzip enthält. In Entscheidungssituationen können ethische und ökonomische Prinzipien bzw. Ziele im Konflikt stehen (so können sich das Ziel der Gewinnmaximierung und ökologische Ziele ausschließen), aber auch nur ökonomische Ziele (z. B. Effizienz und Effektivität) oder nur ethische Ziele (z. B. Ziele, die auf Prinzipien der teleologischen und deontologischen Ethik zurückgeführt werden können). In Bezug auf die Entscheidungsfähigkeit sollte die CSR-Ausbildung daher dazu beitragen, Entscheidungen treffen zu können – unter der Maßgabe, dass es die einzig richtige Entscheidung zumeist nicht gibt. In der Entscheidungssituation wird daher nicht nur Wissen benötigt, sondern auch Urteilskraft.

3.4 Theorie und Praxis

Es ist hinlänglich bekannt, dass Theorie und Praxis in der Regel nicht deckungsgleich sind bzw. Theorien Sichtweisen anbieten, welche für die Praxis irrelevant sind oder Lösungen für Probleme anbieten, die nicht die der Praxis sind. Davon ausgehend, dass grundlegende Fähigkeiten (Fachkompetenz), Fertigkeiten (Methodenkompetenz) und soziales Denk- und Handlungsvermögen (Sozialkompetenz) in der Hochschule vermittelt werden bzw. erlernbar sind, wollen wir das Wechselspiel von Theorie und Praxis kurz betrachten.

Der Übergang vom Studierenden zum Anwendenden erfolgt häufig parallel zur kognitiven Verarbeitung alter und neuer Regeln, Strukturen und habitueller Eigenheiten, kurz: „Kulturschock" genannt. Das internalisierte Ordnungssystem gerät durcheinander und der persönliche Kompass wird neu „genordet". Die an der Hochschule erlernte Praxis hat häufig nur bedingt etwas mit der Realität zu tun, wie sie der Hochschulabgänger erlebt und wie sie für ihn handlungsrelevant ist.

Mode-1-Wissen ist Theorie geleitet und spezifiziert bestimmte theoretische Welten, die mit der Praxis der Unternehmen nur sehr indirekt in Verbindung stehen können. Die Studierenden in den Bachelor- und konsekutiven Masterprogrammen (also jene, die meist keine Berufspraxis haben) können auf der Basis dieses Wissens analytische und reflexive Fähigkeiten trainieren. Besondere Kenntnisse der späteren Berufpraxis der Studierenden sind für die Dozenten daher nicht erforderlich: Sie benötigen keine intime Kenntnis der ausschnitthaften Wirklichkeiten, mit denen die Absolventen später im Berufsleben konfrontiert werden. Die Studierenden in den Bachelor- und konsekutiven Masterprogrammen sind eine weitgehend wohldefinierte Gruppe mit nur graduellen Wissens- und Erfahrungsunterschieden. Anders dagegen sieht es bei den Weiterbildungsprogrammen für postgraduale Studenten aus (MBA, Executive Education). Hier kann ein fundiertes praktisches Wissen vorausgesetzt werden, welches die Dozenten bei der Vermittlung oder gemeinsamen Erarbeitung von neuen Inhalten wie CSR vor besondere Herausforderungen stellt. Dies ist z. B. der Fall, wenn Moralphilosophie im Mode-1-Format gelehrt wird. In den Weiterbildungsprogrammen sind häufig sowohl Dozent und Studierende in einer neuen Situation: Der Dozent hat es mit Menschen zu tun, die im Berufsleben eigene Erfahrungen gemacht haben – aber zumeist gerade nicht mit CSR. Die Studierenden sind wieder zurück geworfen in eine Situation, die sie aus früheren Lebensphasen zu kennen glauben, – die aber doch anders ist, da sie zumeist berufsbegleitend studieren. Zudem wünschen sie häufig nicht auf Mode-1-Wissen zurückzugehen, sondern direkt auf Non-scholarly-mode-2-Wissen zu stoßen. Das erfordert jene intime Kenntnis der praktischen Wirklichkeiten, wie sie oben erwähnt wurde.

Der Wissenstransfer von der Hochschule in die Praxis und umgekehrt erscheint dringlicher denn je. Ausgesuchte Fallstudien namhafter Großunternehmen (MNU) spiegeln nur 1% der Unternehmenslandschaft wider – 99% der Unternehmen in Deutschland sind Mittel- und Kleinunternehmen (SME). Hinsichtlich der CSR ist dieses eine Prozent allerdings eindeutig Trendsetter. Sofern CSR lediglich eine Alibifunktion hat, liefern große Unternehmen mit ihren Aktionen, ihren Reports und anderen PR-Aktionen wertvolle Blaupausen. „Copy & Paste" versagen jedoch dort, wo Eigeninitiative gefragt ist und die Kreativität unter Einbeziehung wirtschaftlichen Handelns gefragt ist. Hier kann die Hochschule wertvolle Grundlagen legen.

Es bleibt zu hoffen, dass sich sowohl die Hochschule wie auch die wirtschaftliche Praxis aufeinander zu bewegen, um einen aktiven und reziproken Wissenstransfer zu gewährleisten. Ansätze dazu gibt es viele, aber immer noch zu wenig.

3.5 Soziale und persönliche Kompetenzen

Es wurden bereits die drei grundlegenden Kompetenzen angesprochen, von denen die „soziale Intelligenz" als weiterentwickelte soziale Kompetenz zunehmend an Bedeutung gewinnt. Diese ist allerdings schwer zu vermitteln; sie entwickelt sich vielmehr bei entsprechender persönlicher Disposition mittels Anstößen, Hinweisen bzw. des persönlichen Auftritts und der Vorbildfunktion des Dozenten (Imitationslernen).

Hinsichtlich der gelebten CSR bedarf es eines persönlichen Bewusstseins (Werte -> Einstellungen -> Normen), welches zu jedem Zeitpunkt reflektiert werden kann: Wer bin ich? Wo bin ich? Wo will ich hin? Oder anders gefragt: Was ist meine Position in der gegenwärtigen Situation und wie werde ich darin wahrgenommen? Vor welcher Entscheidung stehe ich und welchen Herausforderungen werde ich begegnen? Was ist mein Ziel und wie komme ich dorthin? Der Beitrag folgt einer Deweyschen Perspektive auf das Lernen bzw. auch dem Ideal des „reflective practitioner: learning occurs only through a process of reflective inquiry".[38] Es ist zu bedenken, dass die Studierenden nicht nur auf eine reflexive Praxis nach dem Studium vorbereitet werden, sondern diese Fähigkeit bereits aktiv während des Studiums entwickeln können.[39]

Ein zur Selbstreflexion ausgebildeter Studierender wird situativ in der Lage sein, zwischen Sach- und Beziehungsebene zu differenzieren: Daten, Fakten, Tatsachen versus Interessen und Bedürfnisse, Einstellungen und Gefühle, Vermutungen und Ängste. Diese klare Standortbestimmung wird den Studierenden in seinem Urteilvermögen stärken und ihn situativ richtig handeln lassen. CSR ist in erster Linie Bewusstsein, aus dem sich Handeln ableitet.

4 Executive Education

Werthaltungen, ähnlich jener der CSR, wurden an den internationalen Hochschulen von jeher periodisch thematisiert. Nachdem in Deutschland gegen Ende der siebziger Jahre ausführlich über „Wertewandel und gesellschaftlichen Wandel" diskutiert wurde[40], setzte in den achtziger Jahren das Stakeholder-Konzept neue Schwerpunkte. Die amerikanische Börsenaufsicht setzte nach dem Crash großer US-Unternehmen (Enron, Worldcom) neue Akzente und stellte Anforderungen an eine „geordnete Geschäftsführung" mit dem Ziel der Erhöhung der Transparenz zum Wohle der Anleger. Der „Code of Conduct" einzelner Unternehmen wurde zum Maßstab unternehmerisch korrekten Handelns und seiner Außendarstellung.

Die Manager waren darauf nicht vorbereitet, weder praktisch noch mental. Sofern das bestimmende Verhaltensmuster das eines „homo oeconomicus" war, fiel es ihnen noch schwerer, sich kognitiv darauf einzustellen. Sie waren nicht darin vorgebildet und empfanden den „mind switch" als „brain wash".

Wäre es heute anders? Wir behaupten: ja. Obwohl von integrativer CSR-Managerausbildung, wie in diesem Beitrag spezifiziert, noch kaum die Rede sein kann, hat sich doch schon viel getan: Die zertifizierten Programme anerkannter Business Schools vermitteln modular oder ganzheitlich die Grundlagen und Inhalte von Governance, Code of Conduct, Corporate Responsibility oder Responsible Management. Auch die Hochschulen bieten vielerorts weiterbildende post-graduierte Voll- und/oder Teilzeitprogramme an, die CSR als Lehrstoff beinhalten.

Das Umdenken stellt erhebliche Anforderungen an das kognitive Potential der Manager. Sofern das finanzielle Ergebnis Maß aller Dinge ist, können wirtschaftlicher Erfolg und CSR auch in Konflikt geraten. Wirtschaftliches Handeln unter Unsicherheit beinhaltet, dass die Handlungsfolgen auch anders als erwartet ausfallen können. Es ist eine Herausforderung für die Führungskräfte, vor diesem Hintergrund die Stakeholdererwartungen zu identifizieren und die „social response" zu formulieren.: Was bedeutet CSR für uns und unser wirtschaftliches Handeln? Welche Kosten entstehen? Welchen Profit können wir generieren? Was

---

[38] Dewey (1959); Golding (2011): 181
[39] vgl. Bovill/Cook-Sather/Felten (2011)
[40] vgl. stellvertretend den Sammelband von Klages/Kmieciak (1979)

sind die Erwartungen an uns? Wie und was sollen wir kommunizieren? Wie sieht unser Plan (Roadmap) aus?

Universelle Antworten können auch hier durch eine noch so überzeugende Executive Ausbildung nicht gegeben werden. Die vermittelten Inhalte ziehen sich vom strategischen Ansatz der CSR über das Reporting, dem Verhältnis zu bzw. den Umgang mit Stakeholdern bis hin zu CSR und Risiko Management. Auch Moral und Ethik stehen als Lehrinhalte auf der Agenda. Die Frage bleibt, ob eine von uns vorgeschlagene verbindliche CSR-Ausbildung im Rahmen des Bachelorstudiums wirkungsvoller ist als eine post-graduale Weiterbildung im Rahmen eines Executive Programms, gemäß der Volksweisheit: Was Hänschen nicht lernt, lernt Hans nimmermehr. Aber man kann auch beides tun: Sind die Mode-1-Grundlagen bereits im Bachelorstudium gelegt, kann sich die Executive Education eher auf die Anwendungsbezüge konzentrieren und somit eher den Erwartungen dieser Stakeholder entsprechen, ohne die Qualität der Ausbildung zu reduzieren.

5 Schlussfolgerungen

Die integrative CSR-Managementausbildung ist eine „response" der Hochschulen gegenüber den durch den Ausdruck „CSR" symbolisierten Anforderungen der Gesellschaft. Eine integrative CSR-Ausbildung verändert die Hochschulen, denn sie müssen diese Symbole für sich entschlüsseln bzw. mit Bedeutung versehen. So werden sie selbst zum sozial verantwortlichen Akteur in der Hochschullandschaft. Relativiert auf ihre Möglichkeiten und ihre Rolle, kann das auch von den Auszubildenden gesagt werden. Eine integrative CSR-Ausbildung bietet keine „tool kits", sondern eine akademische Ausbildung, die die eigenen Werte – in Bezug auf Inhalt wie Methoden – reflektiert. Sie kann nur erfolgreich sein, wenn die Ausbildenden einige dieser Werte teilen: wissenschaftliches Management, die oben erwähnten sozialen und persönlichen Kompetenzen und die Fähigkeit und Bereitschaft zur Übernahme von Verantwortung.

6 Literatur

Albach, H. (2005): Betriebswirtschaftslehre ohne Unternehmensethik! In: Zeitschrift für Betriebswirtschaft, Vol. 75, Nr. 9, S. 809-831.

Aßländer, M. (Hrsg.) (2011): Handbuch Wirtschaftsethik. Stuttgart und Weimar: Metzler.

Berendes, J./Mildenberger, G./Steiner, M./Trübswetter, M. (2009): Ethik als Schlüsselqualifikation. Das Projekt „Verantwortung wahrnehmen" an den Universitäten Tübingen und Freiburg. In: Fehling, J. (Hrsg.): Ethik als Schlüsselkompetenz in Bachelor-Studiengängen: Konzeptionen, Materialien, Literatur. Tübingen: IZEW, S. 5-24.

Birnbacher, D. (2007): Analytische Einführung in die Ethik, 2. Auflage. Berlin, New York: Walter De Gruyter.

Bovill, C./Cook-Sather, A./Felten, P. (2011): Students as Co-Creators of Teaching Approaches, Course Design, and Curricula: Implications for Academic Developers. In: International Journal for Academic Development, Vol. 16, Nr. 2, S. 133-145.

Brown, Giles H. (2011): The Academy and the Market Place. In: Perspectives: Policy and Practice in Higher Education, Vol. 15, Nr. 3, S. 77-78.

Capaldi, N. (2003): Viewpoint: Foundations for a global management ethos. In: Corporate Governance, Vol. 3, Nr. 3, S. 101-113.

Caroll, A. B. (1999): Corporate Social Responsibility: Evolution of a Definitional Construct. In: Business & Society, Vol. 38, Nr. 3, S. 268-295.

Caroll, A. B. (1998): The Four Faces of Corporate Citizenship. In: Business and Society Review, Vol. 100/101, S. 1-7.

Caroll, A. B. (1991): The Pyramid of Corporate Social Responsibility: Toward the Moral Management of Organizational Stakeholders. In: Business Horizons, Vol. 34, S. 39-48.

Caroll, A. B. (1979): A Three-Dimensional Conceptual Model of Corporate Performance. In: Academy of Management Review, Vol. 4, Nr. 4, S. 497-505.

Dewey, J. (1959): Moral Principles in Education. New York: Philosophical Library.

Ghoshal, S./Moran, P. (1996): Bad for Practice: A Critique of the Transaction Cost Theory. In: The Academy of Management Review, Vol. 21, Nr. 1., S. 13-47.

Ghoshal, S. (2005): Bad Management Theories Are Destroying Good Management Practices. In: Academy of Management Learning & Education, Vol. 4, Nr. 1, S. 75-91.

Gibbons, M./Limoges, C./Nowotny, H./Schwartzmann, S./Scott, P./Trow, M. (1994): The New Production of Knowledge: The Dynamics of Science and Research in Contemporary Societies. London et al.: Sage.

Golding, C. (2011): Book Review (Values in higher education teaching, by Tony Harland and Neil Pickering). In: International Journal for Academic Development, Vol. 16, Nr. 2, S. 179-181.

Haase, M. (2008): Knowledge, Education, and Management Practice: On the Role of Business Ethics for Management Education at Business Schools or Universities. In: Cowton, C./Haase, M. (Hrsg.): Trends in Business and Economic Ethics. Heidelberg et al.: Springer Verlag, S. 229-261.

Harland, T./Pickering, N. (2010): Values in Higher Education Teaching. New York: Routledge.

Hayek F. A. von (1969): Der Wettbewerb als Entdeckungsverfahren. In: Hayek, F. A. von (1969): Freiburger Studien. Tübingen: Mohr Siebeck.

Hayek, F. A. von (1983): Die überschätzte Vernunft. In: Riedel, R. I.; Kreuzer, F. (Hrsg.): Evolution und Menschenbild. Hamburg: Meiner, S. 164-192.

Hülsmann, M./Martini-Müller, M. (2008): Eignung und Erweiterungsoptionen des „Homo agens" als ebenenübergreifendes Handlungsmodell kompetenzbasierter Forschung. In: Freiling, J./Rasche, C./Wilkens, U. (Hrsg.): Wirkungsbeziehungen zwischen individuellen Fähigkeiten und kollektiver Kompetenz. Jahrbuch Strategisches Kompetenz-Management. München und Mering: Rainer Hampp, S. 131-163.

Kaas, K. P. (1991): Marktinformationen: Screening und Signaling unter Partnern und Rivalen. Zeitschrift für Betriebswirtschaft, Vol. 61, S. 357-370.

Klages, H./Kmieciak, P. (1979): Wertewandel und gesellschaftlicher Wandel. Frankfurt et al.: Campus Verlag.

Kuhn, Thomas S. (1962): The Structure of Scientific Revolutions. Chicago: Chicago University Press.

Kreikebaum, M. (2011): Die Erfahrung macht den Sprung: Service Learning eröffnet neue Perspektiven für die Ausbildung sozialer Verantwortung. In: Haase, M./Mirkoviv, S./ Schumann, O. J. (Hrsg.): Ethics Education: Unternehmens- und Wirtschaftsethik in der wirtschaftswissenschaftlichen Ausbildung. München und Mering: Rainer Hampp, S. 155-169.

Lusch, R. F./Vargo, S. L. (2008): The Service-Dominant Mindset. In: Hefley, B./Murphy, W. (Hrsg.): Service Science, Management and Engineering. Berlin et al., S. 89-96.

Mintzberg, H.; Gosling, J. (2002): Educating Managers Beyond Borders. In: Academy of Management Learning & Education, Vol. 1, Nr. 1, S. 64-76.

Mintzberg, H./Lampel, J. (2001): Do MBAs Make better CEOs? Sorry, Dubya, it Ain't Necessarily so. In: Fortune, Vol. 143, Nr. 4, S. 244-244.

Morscher, E. (2006): Kognitivismus/Nonkognitivismus. In: Düwell, M./Hübenthal, C./ Werner, H. (Hrsg.): Handbuch Ethik, 2. aktualisierte Auflage. Stuttgart und Weimar: Metzler, S. 36-48.

Nida-Rümelin, J. (2002): Ethische Essays. Frankfurt am Main: Suhrkamp.

Nowotny, H./Scott, P./Gibbons, M. (2005): Wissenschaft neu denken: Wissen und Öffentlichkeit in einem Zeitalter der Ungewissheit. Weilerswist: Velbrück.

Maak, T./Pless, N. M. (Hrsg.) (2006): Responsible Leadership. London und New York: Routledge.

Plinke, W. (2008): Theorie cum praxi – Bemerkungen zur Entwicklung der Managementausbildung. In: Zeitschrift für betriebswirtschaftliche Forschung, Vol. 60, Nr. 12, S. 846-863.

Rasche, A. (2011): The Principles for Responsible Management Education (PRME) – A `Call for Action for German Universities. In: Haase, M./Mirkoviv, S./Schumann, O. J. (Hrsg.): Ethics Education: Unternehmens- und Wirtschaftsethik in der wirtschaftswissenschaftlichen Ausbildung. München und Mering: Rainer Hampp, S. 119-135.

Stiftung Weltethos (Hrsg.) (2009): Globales Weltethos: Konsequenzen für die Weltwirtschaft. http://www.weltethos.org/1-pdf/00-aktuell/deu/we-manifest-GER.pdf (Zugriff am 29.6.2011).

Ulrich, P. (2006): Wirtschaftsethik. In: S. Düwell, M./Hübenthal, C./Werner, H. (Hrsg.): Handbuch Ethik, 2. aktualisierte Auflage. Stuttgart und Weimar: Metzler, S. 297-302.

Werner, M. (2006): Verantwortung. In: S. Düwell, M./Hübenthal, C./Werner, H. (Hrsg.): Handbuch Ethik, 2. aktualisierte Auflage. Stuttgart und Weimar: Metzler, S. 541-548.

CSR und Unternehmensnachfolge

Hans A. Strauß

1 Unternehmensnachfolge

Familienunternehmen bilden den dominierenden Unternehmenstyp in Europa.[1] Sie sind die Kraft für Wachstum, Beschäftigung sowie strukturellen Wandel und haben somit eine wesentliche volkswirtschaftliche Bedeutung. Es kann davon ausgegangen werden, dass sich etwa 70% der Unternehmen in Europa in Familienbesitz oder unter maßgeblichem Einfluss der Eigentümerfamilien befinden.

Nach Berechnungen des IfM Bonn sind 95,3% aller deutschen Unternehmen Familienunternehmen, in denen mit 61,2% aller sozialversicherten Beschäftigten, mehr als 41% aller Umsätze erwirtschaftet werden.[2] Im Zeitraum von 2010 bis 2014 steht bei ca. 3% aller Familienunternehmen, das sind etwa 110.000 Betriebe in Deutschland, die Unternehmensübergabe an.[3]

Eine Schätzung der KMU FORSCHUNG AUSTRIA zeigt, dass in der Dekade 2011 bis 2020 in Österreich rund 57.000 kleine und mittleren Unternehmen mit insgesamt rd. 501.000 selbstständig und unselbstständig Beschäftigten vor der Herausforderung der Unternehmensnachfolge stehen. Dies entspricht in etwa einem Fünftel der Unternehmen bzw. zwei Drittel der Arbeitsplätze der Gewerblichen Wirtschaft.[4]

Die bevorzugte Nachfolgeregelung der Familienunternehmen fand traditionell innerhalb der Familie statt. Etwa zwei Drittel der potenziellen Übergabefälle können als langfristig erfolgreich angesehen werden. In der dritten Generation gelingt eine Weiterführung der Unternehmen nur noch zu einem Drittel.

Als maßgeblichste Gründe für das Scheitern nachhaltiger Unternehmensübertragungen sind Spannungen im Verhältnis zwischen Übergeber und Nachfolger, die Nichteinbeziehung des Nachfolgers in die Nachfolgeplanung sowie die mangelnde Einbeziehung externer Unterstützung zu nennen.[5] Kolportierten Schätzungen zufolge, wird jede zehnte Insolvenz auf Fehler in der Unternehmensnachfolge zurückgeführt.

Generell kann wohl davon ausgegangen werden, dass es gerade in Familienbetrieben ausgeprägt ist, unternehmerisch zu denken und zu handeln. Dies einerseits als Verpflichtung gegenüber der Familie, andererseits als soziale Verantwortung gegenüber den Mitarbeitern.

---

[1] vgl. IfM (2007): 5
[2] vgl. Haunschild/Wolters (2010): 13
[3] vgl. Hauser/ Kay/Boerger (2010): 198
[4] vgl. Voithhofer (2011)
[5] vgl. Mandl/Dörflinger/Gavac (2008): 7

Diese Verantwortung gegenüber Mitarbeitern beruht nicht auf unternehmerischem Interesse an Humankapital, sondern auf einer tiefen Verwurzelung der
Unternehmerfamilie mit ihrem gesellschaftlichen Umfeld. Es geht auch um ihre
Glaubwürdigkeit in der Öffentlichkeit, da den Unternehmern eine wichtige Funktion im lokalen Kontext zugeschrieben wird.

So erwartet das gesellschaftliche Umfeld vom Unternehmer das Verhalten eines Good Corporate Citizen[6], ob in Form von Spenden, der Möglichkeit für Arbeit-
nehmerengagement während der Arbeitszeit oder Partnerschaften mit gemeinnützigen Organisationen. Zumindest im regionalen Umfeld hat das Unternehmen ein
Gesicht, das es zu wahren gilt. Es wird in der Gemeinschaft sozial erzeugt und als
Selbstwertschätzung aufrecht erhalten, indem den Erwartungen nachgekommen
wird.

2 Nachfolgeregelung und CSR

Ein nachhaltiger Generationswechsel[7] ist vor dem Hintergrund der regionalen Auswirkungen, der gesellschaftlichen Verantwortung sowie der volkswirtschaftlichen
Bedeutung zu sehen. Ein verantwortungsbewusster Unternehmer muss die Auswirkungen seines unternehmerischen Handelns auf eine positive gesellschaftliche
Entwicklung hin somit nicht nur während seiner aktiven Zeit verfolgen, sondern
die gleiche Sorgfalt für die Planung und Durchführung der Übergabe seines Unternehmens, an die nächste Generation aufbringen.

In der Literatur zum Thema CSR[8] und den inzwischen hierzu erschienen
Regelwerken, wird bisher nicht oder nur im Rahmen einer möglichen Interpretation
der Handlungsfelder, auf das Thema der Unternehmensnachfolge eingegangen.
Doch eine nachhaltige Unternehmensübergabe steht vor dem Hintergrund ihrer
volkswirtschaftlichen Tragweite in einer engen Beziehung mit der in CSR verankerten gesellschaftlichen Verantwortung.

Aus volkswirtschaftlicher Sicht stellt das Scheitern einer nachhaltigen Unternehmensnachfolge ein Risiko dar, das den Übergeber und seinen Nachfolger
ebenso betrifft, wie auch die internen Stakeholder – insb. die Mitarbeiter, aber
auch Zulieferer etc. Eine nachhaltig gelungene Nachfolge kann nicht nur Arbeitsplätze sichern, sondern gerade auch durch andere Sichtweisen und Ideen der neuen
Führung, mögliche Chancen einer Neuausrichtung nutzen. Chancen und Risiken
der betrieblichen Tätigkeit sind an dieser Stelle zu identifizieren und zu bewerten, um die im Rahmen der Übernahme, sowie die danach möglicherweise zu
erwartenden Risiken, begrenzen zu können. Das Thema Risikomanagement mit
den Zielen Existenzsicherung, Sicherung des zukünftigen Erfolgs, Vermeidung

---

[6] EU-Kommission (2001): 28
[7] es erfolgt in den Betrachtungen keine Differenzierung zwischen Unternehmensnachfolge, Gene-
    rationswechsel, Führungswechsel etc., sondern bezieht alle Formen von Unternehmensübertra-
    gungen, wie familienintern an Kinder, Ehepartner oder Verwandte, familienextern an Mitarbeiter
    oder fremde Personen ein, wobei damit im Regelfall eine Eigentumsübertragung verbunden ist
[8] vgl. EU-Kommission (2011)

bzw. Senkung von Risikokosten und Wertsteigerung des Unternehmens[9] ist im Sinne einer wertorientierten Unternehmensführung sowie im Rahmen einer nachhaltigen Betriebsübergabe in den Aufgabenstellungen mit zu berücksichtigen. Zur Ausgewogenheit eines Chancen-Risikoprofils im Lebenszyklus eines Familienunternehmens, gehört damit auch ein transparentes Wertemanagement.

In der 2009 zum Thema Risikomanagement veröffentlichten internationalen Norm ISO 31000 sowie der zur „Umsetzung der ISO 31000 in die Praxis" veröffentlichten ON Regel ONR 49000 ff, wird das Thema Unternehmensnachfolge nicht dezidiert angesprochen, jedoch als Grundsatz betont, dass Risikomanagement ein integrierter Teil aller Projekte und Veränderungsprozesse ist, Werte zu schützen und dabei Human- sowie Kulturfaktoren berücksichtigt.[10]

Weiters wird in der ÖNORM S 2410 zum Chancen- und Risikomanagement, ein Handlungsrahmen für eine nachhaltige und wertorientierte Weiterentwicklung eines Unternehmens beschrieben.[11]

Mit der Zielsetzung einer nachhaltigen Unternehmensübergabe verbunden, sind die unternehmensinternen und unternehmensexternen interessierten Kreise.

Zu diesen sog. Stakeholdern gehören alle Gruppen oder Personen, die auf die Geschäftstätigkeit des Unternehmens Einfluss haben oder von dieser beeinflusst werden.[12]

In der nachfolgenden Abbildung wird ein Schema gezeigt, mit dem das Beziehungsgeflecht möglicher Stakeholder eines Unternehmens verdeutlicht werden soll.

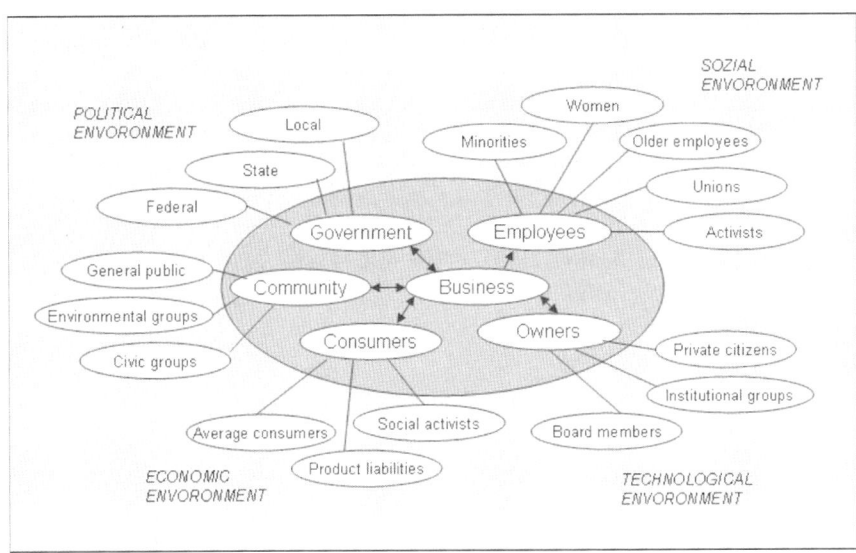

Abb.: 1: The Stakeholder View of the Firm[13]

---

[9]   vgl. Dietrichs (2003): 14ff.
[10] vgl. ISO 31000 (2009): 13; ONR 49002-1 (2010): 6
[11] vgl. ÖNORM S 2410 (2010): 8
[12] vgl. Europäischen Kommission (2001)
[13] vgl. Carroll (1989)

Der Generationswechsel darf nicht als altersbedingtes Schicksal, sondern muss vor dem Hintergrund sozialer Verantwortung, als Zukunftsinvestition für die Familie und die Gesellschaft gesehen werden.

Der europäische Arbeitgeberverband Business Europe[14] (vormals UNICE) betont in seinem Positionspapier dass sich europäische Unternehmen als ein integraler Bestandteil der Gesellschaft betrachten, die sozial verantwortlich handeln und eine langfristige Strategie bei unternehmerischen Entscheidungen verfolgen.[15] Die mit einer Unternehmensnachfolge verbundene gesellschaftliche Verantwortung wird zwar auch in diesem Regelwerk nicht explizit betont, sie ist jedoch Teil sozialer Verantwortung und damit mehr, als nur der Übergang von Eigentum und Führung auf die nachfolgende Generation zur Sicherung des Familienvermögens. Aus betriebswirtschaftlicher Sicht ist Nachhaltigkeit die kontinuierliche Entwicklung im Sinne eines langfristigen Werte schaffenden Wachstums, Verhinderung von Phasen starker Ertragseinbrüche sowie Vermeidung zyklischer Diskontinuitäten und existenzgefährdender Krisen.[16]

Die Unternehmensnachfolge innerhalb der Familie kann als Idealfall angesehen werden. Doch häufig wird aufgrund der Tabuisierung, dass die im Familienunternehmen leitende Führungspersönlichkeit eine Endlichkeit hat, die Nachfolge nicht rechtzeitig geplant. Im Extremfall kann das Unternehmen auf keine bestehenden Führungsressourcen zurückgreifen und befindet sich in der Gefahr, in eine existenzielle Krise zu geraten.[17] Auch bei traditionsreichen Unternehmen kann das zwangsweise Zusammenhalten der Familie nach dem Motto „Was heute gut ist, ist auch morgen gut, weil es gestern gut war"[18] zu Problemen oder zur Symptombildung führen.

In einem Modell von Carroll/Schwartz (Abb. 2) ist ein zusammenfassender Orientierungsrahmen für CSR dargestellt, in dessen übergeordneten Feldern auch die mit einer nachhaltigen Unternehmensnachfolge verbundene, unternehmerische Verantwortung Platz findet. Keines der drei Felder kann dabei isoliert betrachtet werden.

Das Ziel einer nachhaltigen Unternehmensnachfolge ist nicht auf den Zeitpunkt der Unternehmensübergabe beschränkt, sondern wirkt, vor dem Hintergrund der gezeigten Dimensionen, langfristig darüber hinaus und bildet die Basis für die zukünftige Unternehmensentwicklung.

---

[14] BUSINESSEUROPE ist ein europäischer Arbeitgeberverband mit Sitz in Brüssel. Ihm gehören im Jahre 2009 40 Mitgliedsverbände aus 34 Ländern an.

[15] vgl. UNICE (2000)

[16] vgl. Wildemann (2003): 2 ff.

[17] vgl. Wimmer/Gebauer (2004): 68

[18] vgl. Simon (1993): 378

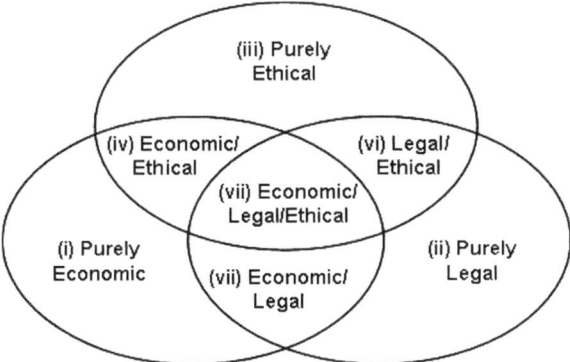

Abb.: 2: The Three Domain Model of Corporate Social Responsibility[19]

In der als Leitlinie zur gesellschaftlichen Verantwortung erschienen ISO 26000 wird darauf hingewiesen, dass die Entwicklung sozialer und ökologischer Anliegen dynamisch ist und sich weitere Handlungsfelder für die Zukunft ergeben können.[20] Damit werden Handlungen und Erwartungen angesprochen, die gegenwärtigen Bedürfnisse der Organisation und ihrer Anspruchsgruppen, mit den Bedürfnissen zukünftiger Generationen, abzuwägen.[21] Betont wird dabei die Forderung, dass die bekannten und wahrscheinlichen Auswirkungen von Entscheidungen und Tätigkeiten auf die Anspruchsgruppen, die Gesellschaft und die Umwelt transparent sein sollen[22]. Durch die Interpretation der Anforderungen spiegeln sich die Erwartungen der Gesellschaft an Unternehmen bezüglich allgemeiner Interessen wider.

Von der Organisation AccountAbility[23] wurde in einem umfassenden Multi-Stakeholder-Prozess die Grundlage für Nachhaltigkeitsprüfungen entwickelt, die Einfluss auf die wirtschaftliche, ökologische, soziale und längerfristige finanzielle Performance eines Unternehmens haben. Auch hier lassen sich Handlungsfelder für eine nachhaltige Unternehmensnachfolge interpretieren.

Interessant sind publizierte Untersuchungsergebnisse kausaler Zusammenhänge von Nachhaltigkeit und Unternehmenserfolg. Zu den Erfolgsfaktoren wird die sog. vorökonomische Erfolgswirkung gezählt. Hierzu gehören Reputationsaufbau und Reputationssicherung mit den entsprechenden Auswirkungen auf das Unternehmen, wie Kundenbindung und Mitarbeitermotivation.[24] Ein nach außen hin sichtbarer und als nachhaltig empfundener Übergabeprozess, wird also nicht nur an zukunftsorientierten Lösungen im Familiensystem arbeiten, sondern auch das Vertrauen der Stakeholder in das Unternehmen stärken.

---

[19] vgl. Carroll/Schwartz (2003): 509
[20] vgl. ISO 26000 (2009): 32, Abschnitt 6.1
[21] vgl. ISO 26000 (2009): 35, Abschnitt 6.2.3.2
[22] vgl. ISO 26000 (2009): 22, Abschnitt 4.3
[23] vgl. AccountAbility (2008)
[24] vgl. Friesl (2008): 80ff.

Die gemeinsame Herausforderung des Nachfolgemanagements liegt darin, Unternehmens- und Familienstrategie in einem bewussten Klärungsprozess aufeinander abzustimmen.[25] Hierfür sollte neben der meist fachübergreifenden Zusammenarbeit von Steuerberatern und Anwälten, auch ein Experte für die oft für den Erfolg entscheidenden persönlichen und emotionalen Aspekte mit herangezogen werden. Die von diesem Experten zur Unterstützung eines Nachfolgeprozesses anwendbaren Methoden, werden in den nachfolgenden Ausführungen, ausgehend von den systemtheoretischen Grundlagen, näher beschrieben.

3 Systemtheorie und Wirklichkeitskonstruktion im Beratungsprozess

Den Ansatz systemisch konstruktivistischen Denkens, haben wesentlich die Österreicher Heinz von Foerster, Ernst von Glaserfeld und Paul Watzlawick, sowie international Humberto Maturana, Francisco Varela und Niklas Luhmann mit ihren Arbeiten zur Systemtheorie begründet.[26]

Die Systemtheorie beschäftigt sich mit der Beschreibung von Systemen und Beziehungen. Systeme sind dabei Konstrukte, die es uns ermöglichen, beobachtete Phänomene einfacher zu beschreiben. Soziale Systeme, wie z.B. das System Familie, sind dadurch geprägt, dass sie durch den Unterschied des Systems mit der Umwelt definiert werden. Dies bedeutet, dass das Familiensystem nicht durch die Anzahl ihrer Mitglieder, sondern der Abgrenzung zur Umwelt geprägt wird. Die Systemelemente untereinander führen Transaktionen aus, die Veränderungen hervorrufen. In sozialen Systemen, wie in Familien, in Organisationen oder der Gesellschaft, entstehen die Grenzen dieser Systeme durch die Systemelemente selbst. Diese Grenzen entscheiden, wer zum System gehört und wer nicht. Das kleinste Element in einem sozialen System, wie es Luhmann definiert, ist dabei die Kommunikation. Lebende und damit dynamische Systeme besitzen, gegenüber nicht lebenden Systemen, ein unerschöpfliches Reservoir an Verhaltensoptionen, die wiederum höchste Komplexität erzeugen. Sie sind autopoietisch, das bedeutet, sie sind prinzipiell autonom, sie erzeugen, regulieren und erhalten sich selbst. Sie sind selbstreferentiell, beziehen sich also auf sich selbst und halten ihre Selbstorganisation ständig aufrecht und sie sind strukturdeterminiert, d.h. die aktuelle eigene Struktur determiniert die mögliche Entwicklung sowie die Veränderung. Autopoietisch heißt „selbstgestaltend" und bewirkt mit diesen Kriterien die Selbstgestaltung der Organisation eines individuellen Lebewesens auf dem Weg seiner Lebensgeschichte.[27] Obwohl das Verhalten lebender Systeme nicht vorhersehbar ist, entwickeln sie doch Verhaltensmuster, die sie berechenbar machen.

---

[25] vgl. Mueller-Harju, D. (2002): 127

[26] vgl. dazu die Arbeiten von Foerster (1982); von Glaserfeld (1996); Watzlawick (1976); Maturana (1987); Varela (1980); Luhmann (1990)

[27] vgl. Maturana (1997)

Mit der Regelung und Steuerung derartiger komplexer Systeme beschäftigt sich auch die Kybernetik. Aussagen zum System, auf dem Niveau der Ereignisse, wie dessen Grenzen, seiner Regeln, existierender Subsysteme etc., werden als Kybernetik 1. Ordnung bezeichnet. Es ist ein Denken in Begriffen, wie der Kontrolle, der Regelung oder der Steuerung.

In der Kybernetik 2. Ordnung hingegen, werden die kybernetischen Beziehungen auf die Kybernetik selbst bezogen. Es geht um die Frage, wie menschliches Verhalten kybernetisch organisiert ist. Man geht davon aus, dass ein außerhalb eines Systems stehender Beobachter, die Systembestandteile beschreiben und darauf aufbauend, die transaktionalen Prozesse, die anhand ihrer Regeln und ihres Verhaltens von ihm, als Beobachter erkannt werden, steuern kann. Der Beobachter und seine Erkenntnismöglichkeiten sind Teil des Kontextes, den er beobachtet. Er sieht dabei nur, was von seiner Beobachterposition aus möglich ist und das, was er in seiner Beobachtung, auch unter Beeinflussung durch seine momentane psychische Verfassung, sucht. Es gibt also keine Beobachtung ohne den Beobachter.

Die reale Wirklichkeit gibt es somit nicht. Sie ist, im semiotischen Sinn, unsere eigene Konstruktion, die aufgrund unseres Wissens und unserer Erfahrungen, erzeugt wird. Der Aufbau einer objektiven Welt, in der wir uns bewegen, geschieht durch das Erleben der anderen Menschen, die wiederum den Beobachter mit seinen Verhaltens- sowie Handlungsweisen erleben. Der Beobachter wird Teil seiner Beobachtung. Das System selbst, wird somit durch die Beobachtung des Beobachters wiederum beeinflusst bzw. verändert. Der Ansatz von Steve de Shazer ist, dass es das Problem an sich nicht gibt, sondern nur hinderliche Verhaltensweisen, die in der Wirklichkeitskonstruktion problemhafte Realitäten erzeugen.[28]

Die Systeme, über die wir hier sprechen, sind soziale Systeme, also alle Arten von Gruppen mit Menschen, die immer gekennzeichnet sind durch die Beziehungen zwischen den Mitgliedern des Systems, also z.B. den Familienmitgliedern eines Familienunternehmens sowie weiterer Stakeholdern. In ihnen gibt es Beziehungs-, Handlungs- und Kommunikationsmuster sowie Regeln, die für das jeweilige System zum Zeitpunkt der Beobachtung gelten und unverwechselbar sind. Damit entstehen aufgrund von Beobachtungen, Bewertungen oder Erwartungen, spezifische Handlungsmuster. In der Alltagswelt erfahren wir, zu welchen Systemen wir gehören und zu welchen nicht.

So ist jede Ausgangssituation für die Regelung der Unternehmensnachfolge individuell in einem komplexen, dynamischen Kräftefeld positioniert. In einem Veränderungsprozess, der im Rahmen einer Unternehmensnachfolge alle beteiligten Parteien betrifft, geht es nun darum, von einem Status quo zu einem neuen Status quo zu gelangen. Zum Verlassen des Status quo ist der Zustand einer Instabilität zu erzeugen, der durch (behutsame) Verstörungen hervorgerufen werden kann. Die Phase der Verunsicherung, in der vom System neue Attraktoren gesucht werden, ermöglicht es nun den Personen, neue Sichtweisen und neue Muster zu entwickeln.

---

[28] vgl. Shazer (1992)

Die Verstörungen werden durch Interventionen erzeugt, mit denen selbstbe-stimmte Veränderungen herbeigeführt werden, sofern sie zum gegebenen, momen-tanen Zustand des Systems passen.[29] Interventionen vermögen nur Impulse und Anregungen zu geben, sie verursachen keine kausalen Wirkungen. Der Kunde im System entscheidet selbst, welche Impulse er aufnimmt und welche nicht. Die Anwendung systemischer Interventionen entspricht einer zielgerichteten Kom-munikation, mit der eine bestimmte Wirkung beim Kommunikationspartner ein-kalkuliert wird[30]. Kommunikation wird in sozialen Systemen dabei als Synthese von Information, Mitteilung und Verstehen definiert.

Im Beratungskontext wird somit versucht, diese ständig subjektimmanente Beobachterposition, dem Kunden bewusst greifbar zu machen, um ihn dann als Beobachter zweiter Ordnung seines Systems zu etablieren[31], den Kunden also in die Position des Beobachters zweiter Ordnung zu führen. In dieser Position wird es für ihn möglich, sich und seine Umwelt zu betrachten und neu entwickelte Sichtweisen mit dem Berater zu reflektieren. Bisherige Handlungsweisen werden sich dann verändern bzw. neue Handlungsweisen entwickeln, wenn der Kunde da-rin einen Sinn für sich erkennt. Systemische Beratung zielt also auf Wirkungen in-nerhalb von Strukturen, Mustern und Handlungen ab. Es sollen durch den Berater Reflexionsprozesse angeregt werden mit dem Ziel, die Reflexionsschleife ständig zu durchlaufen.

Wichtig ist zu verstehen, dass nicht die Personen, mit denen der Berater ar-beitet, im Focus stehen, sondern der Zusammenhang von Handlungs- und Erwar-tungsstrukturen in das Bewusstsein der Handelnden gebracht werden. Die Kunden sollen in ihrem System durch Beobachtung, Wahrnehmung und Reflexion Verän-derungsmöglichkeiten erkennen und Handlungen selbst einleiten.

Wichtig ist an dieser Stelle darauf hinzuweisen, dass es sich hierbei nicht um eine Fachberatung handelt, bei der vom Berater Ratschläge, Lösungsmöglichkeiten und Expertisen aufgrund seines Wissens und seiner objektiven Urteilskraft ein-gebracht werden. In der systemischen Beratung ist es das Ziel, die Lösung im Kundensystem durch Interventionen vom Kunden selbst erarbeiten sowie bewer-ten zu lassen. Der Berater verhält sich als „Anwalt der Ambivalenz" und bringt keine Fachexpertise ein.

4 Systemisch (-konstruktivistische) Methoden

Viele Probleme und Konflikte bei Unternehmensübergaben resultieren daraus, dass die beteiligten Personen nicht wissen, wie sie mit den damit verbundenen zwi-schenmenschlichen und sozialen Situationen umgehen sollen. Da die Beteiligten, gerade im Fall von Familienunternehmen, ihre Beziehungen auch danach meist fortsetzen wollen oder müssen, kann der Übergabeprozess mit geeigneten Metho-

---

[29] vgl. Ludewig (1987): 187 ff.
[30] vgl. Willke (1987): 333
[31] vgl. von Foerster (1982)

den und dem Einsatz eines externen Experten, erfolgreich und nachhaltig unterstützt werden. Viele mit einer Nachfolgeregelung verbundenen Themen, können im direkten Gespräch der Beteiligten erfahrungsgemäß oft nicht behandelt werden. Heinz von Foerster sagt „In jedem Augenblick kann ich entscheiden, wer ich bin"[32].

Im Rahmen dieses Beitrages sollen drei systemisch (-konstruktivistische) Methoden angesprochen werden, die in der systemischen Beratung eingesetzt werden:

- Systemisches Coaching,
- Systemische Organisations-/Strukturaufstellungen und
- Systemische Mediation.

Die betrachteten Methoden haben sich aus den theoretischen Grundlagen des Radikalen Konstruktivismus und der Ontogenese des systemischen Ansatzes der Psychotherapie, wie u.a. von Steve de Shazer[33] beschrieben, bedient. Sie werden, auf den beruflichen Kontext übertragen, in der systemischen Beratung erfolgreich eingesetzt.

Der Grundgedanke bei der Anwendung der systemischen Werkzeuge baut auf den bereits beschriebenen erkenntnistheoretischen und kybernetischen Modellen auf, dass Menschen in sozialen Systemen leben, sich darin bewegen und ihren Platz finden müssen. Systemisches Know-How in der Beratung ist eine wesentliche Voraussetzung, um nicht nur Symptome kurieren, sondern Ursachen lösungsorientiert mit dem Kunden bearbeiten zu können.

„Willst du erkennen, dann lerne zu handeln.[34]

Aufgrund immer wieder festzustellender Vorbehalte gegenüber systemischen Beratungsansätzen, erscheint es wichtig, auf die Abgrenzung zwischen den hier betrachteten Werkzeugen zur Psychotherapie hinzuweisen. Die Psychotherapie ist, im Gegensatz zur systemischen Beratung im beruflichen Kontext, eine Behandlung psychischer und psychisch bedingter Störungen, die als Krankheit anerkannt sind. Sie ist darauf ausgelegt, seelische Erkrankungen und deren Auswirkungen bei Personen zu behandeln, deren Selbstregulationsfähigkeit aufgrund der Krankheit eingeschränkt oder gering ist.

Beim Einsatz systemischer Methoden, wie sie hier beschrieben werden, handelt es sich im beruflichen Kontext um das gemeinsame, zeitlich begrenzte, lösungsorientierte Arbeiten, nicht-therapeutischen Charakters, von Experten in einem Beratungssystem. Der Kunde ist der Experte seines spezifischen Kontextes bzw. Anliegens. Der Berater ist der Experte für die Anwendung ziel- und lösungsorientierter Methoden. Die Grundvoraussetzung, um ein hypothetisches Lösungsumfeld konstruieren zu können, besteht darin, dass von der Kompetenz und Kundigkeit des Kunden ausgegangen wird. „Kundigkeit verstehen wir als konstruierendes Merkmal lösungsorientierter Arbeit".[35]

---

[32] vgl. von Foerster (1993): 71
[33] vgl. Shazer (1992)
[34] vgl. von Foerster (1981): 60
[35] vgl. Hargens/Grau (1996): 227

Die Modelle gehen bei ihrer Anwendung im systemisch-konstruktivistischen Sinn von folgenden Gemeinsamkeiten aus:

- Systemisches Denken und Handeln ist nicht ursachen- und vergangenheitsorientiert, sondern ziel- und lösungsorientiert.
- Menschen denken und handeln aufgrund ihrer Erfahrungen, in ihren gewohnten, ureigenen Sichtweisen und Mustern.
- Es wird mit der Aufgaben- bzw. Problemdefinition des Kunden gearbeitet.
- Es werden beim Arbeiten mit dem Kunden die Grundsätze wertschätzen, respektieren und kooperieren beachtet.
- Der Kunde wird unterstützt, seine ihm wichtigen Ziele zu verfolgen.
- Die Arbeit wird auf den Kompetenzen und Ressourcen des Kunden aufgebaut.
- Die Wirklichkeitskonstruktion des Kunden wird in Form eines zukunfts- sowie lösungsorientierten Prozesses durch Interventions- und Fragetechniken behutsam verstört (keine Ratschläge und nicht provokativ).
- Die Interventionen bzw. Fragen werden konstruktivistisch sowie konjunktivistisch formuliert.
- Neue Sichtweisen werden vom Kunden selbst entwickelt, die ihn zu Veränderungen in seinem Handeln führen.
- Bestehende/mögliche Probleme werden durch Externalisieren[36] von den damit verbundenen Personen getrennt

Bei der Beratung mit systemischen Methoden kommen vielfältige Techniken zum Einsatz, auf die in dieser Arbeit jedoch nicht detailliert eingegangen werden soll. Zum Verständnis sind nachfolgend jedoch einige Techniken zur Lösungsfindung, wie sie verwendet werden, genannt:

- Fragen zur Erklärung des Anliegens bzw. Problems
- Zirkuläres, konstruktives Fragen
- Suche nach Ausnahmen oder störungsfreien Situationen
- Was hat sich durch welche Aktivitäten geändert
- Reframing, also Umdeuten des Motivs oder des Verhaltens
- Operationalisieren von Phänomenen
- Externalisieren der Situation/des Problems
- Internalisieren der Ressourcen des Kunden
- Fragen, die die Zeitperspektive in die Zukunft oder Vergangenheit verschieben
- Metaphern hinterfragen oder für neue Geschichten nutzen.
- Fragen zu Hypothesen bzw. konjunktivistisches Fragen (was wäre wenn)
- Konstruktivistische Fragen zu umgesetzten oder geplanten Maßnahmen
- Verschlimmerungsfragen zur Erweiterung von Sichtweisen durch Paradoxien
- Einbindung des Beziehungsbrettes zur Visualisierung von Situationen, Problemen und Beziehungen durch den Kunden
- Verschreiben von Symptomen
- Einbringen von Ritualisierungen

---

[36] vgl. White/Epson (1994): 55

Die nun nachfolgende kurze Darstellung der systemischen Methoden, wie sie bei der Beratung im beruflichen Kontext verwendet werden, sollen einen Überblick geben, wo die beschriebenen Techniken eingesetzt werden und wie sie für den Kunden hilfreich wirken.

4.1 Systemisches Coaching

Das Systemische Coaching geht einerseits von der Systemtheorie, andererseits vom Radikalen Konstruktivismus aus. Es werden die Prinzipien der Autopoiese sowie der Selbstorganisation zugrunde gelegt und die Wirklichkeitskonstruktion des Kunden in Frage gestellt. Es wird also versucht, die subjektive Wirklichkeit des Kunden zu relativieren und ihn durch Interventionen sowie Verstörungen anzuregen, seine Sichtweisen zu verändern sowie neue Wirklichkeiten zu konstruieren. Es handelt sich um einen interaktiven, personenzentrierten Beratungsprozess. Der Kunde selbst trifft eigene Entscheidungen, die letztlich nicht vorhersehbar sind.

Der Kommunikationsprozess mit dem Kunden ist dabei nicht auf Eindeutigkeit ausgerichtet, sondern auf Diversität. Der Hörer, nicht der Sprecher bestimmt die Bedeutung einer Aussage[37]. Durch Interventionen, systemisch-konstruktivistisch-konjunktivistische Fragestellungen, also Impulse, werden beim Kunden Reize ausgelöst, die Assoziationen hervorrufen und einen Denkprozess anregen. Es wird dabei versucht, den Kunden auf den Standpunkt des Beobachters zweiter Ordnung (Kybernetik 2. Ordnung) zu führen. Auf diesem Standpunkt wird es ihm möglich, seine Umwelt und sich selbst reflexiv zu beobachten und mit dem Berater zu reflektieren. Die Aufgabe des Beraters ist es somit, den Kunden durch Einbringen von Interventionen zu unterstützen, Standpunkte sowie Sichtweisen zu ändern und für sein Planen und Handeln mehr Möglichkeiten mit neuen Freiheitsgraden, also alternative Handlungsweisen, zu entdecken. Auch Einstellungen, wie „Es wird von mir erwartet, dass …", „Es wurde schon immer so gehandhabt und kann nicht einfach geändert werden", oder festgefahrene Situationen, sollen entspannt und anders betrachtet werden.

Es geht nicht darum, schnelle Lösungen zu schaffen, sondern durch einen dynamischen Beratungsprozess eine evolutionäre Anpassung und eine nachhaltige Entwicklung zu begleiten. Die Erfahrung des Reflektierens in der Beratungssitzung fördert die Bereitschaft, alternative Sichtweisen zu erproben und Veränderungen im Berufsalltag zu initiieren[38].

Erforderlich für dieses zukunfts- und lösungsorientierte Denken und Vorgehen ist ein Umdenken, das Jürgen Hargens so beschreibt: „Lösungsorientiertes Vorgehen macht ein Umdenken erforderlich. Statt „mehr desselben" wird ein „mehr des anderen" gefordert. Statt mehr Problemen, mehr „Ursachenerkundung und mehr Problemanalyse" werden „mehr Lösungen, mehr hypothetische Lösungen und mehr Bilder einer erfreulicheren Zukunft" entworfen[39].

---

[37] vgl. Bock (1977)
[38] vgl. Grau/Möller (1990)
[39] vgl. Hargens (1996)

Kunde heißt nicht, dass nur einzeln mit einem Kunden gearbeitet wird. Es kann zur Lösungsfindung hilfreich sein, auch mit anderen Beteiligten in einer gemeinsamen Gruppe zu arbeiten. Dies ist gerade bei Unternehmensnachfolgen vor dem Hintergrund des Familiensystems zu empfehlen. Systemisches Coaching, wie es z.B. im Kieler Beratungsmodell[40] angewandt wird, kann in allen Phasen eines Übergabeprozesses eingesetzt werden, von der Planung bis zur Umsetzung sowie auch bei der Implementierung von Lösungen, die im Rahmen von Strukturaufstellungen erarbeitet worden sind.

4.2 Systemische Strukturaufstellungen

Systemische Organisations- bzw. Strukturaufstellungen wurden von den durch Bert Hellinger entwickelten Familienaufstellungen auf den Wirtschafts- und Organisationskontext übertragen. Die Prämissen wurden dabei übernommen und dem jeweiligen Kontext angepasst. Die verschiedenen Arten Systemischer Aufstellungen sind durch Grundannahmen und Metaprinzipien miteinander verbunden. Jede Aufstellungsart betont einen anderen Aspekt. Sie hat jeweils spezifische Lösungsbilder und unterschiedliche Vorgehensweisen. Die Systemische Strukturaufstellung wurde von Matthias Varga von Kibéd und Insa Sparrer[41] entwickelt und grenzt sich von der Familienaufstellung deutlich ab.

Es wird von der Überlegung ausgegangen, dass Organisationen, ebenso wie Familien, ganzheitliche soziale Systeme sind, in denen sich die Mitglieder in einer ununterbrochenen Wechselwirkung z.B. durch Kommunikation befinden. Das Zusammenspiel wird dabei von der Zugehörigkeit, der Rangordnung und dem systemischen Ausgleich von Geben und Nehmen, nach bestimmten Regeln bestimmt. Störungen im System treten dann auf, wenn die Bedingungen oder Regeln verletzt werden.

Man kann soziale Systeme auf verschiedene Arten visualisieren. Einerseits z.B. mit Hilfe von Symbolen, wie Spielfiguren oder Klötzchen auf dem System-/ Beziehungsbrett, mit den real im System der Familie bzw. der Organisation agierenden Personen, aber auch mit Personen, die diesem System nicht angehören, jedoch für die realen Personen als Stellvertreter die Rollen einnehmen.

Systemische Strukturaufstellungen verwenden außer diesen Repräsentanten, auch weitere Symbole mit anderen Eigenschaften, wie z.B. Zeitaspekte, das Unternehmen oder die Familie. Durch das Arbeiten mit abstrakten Kriterien, wie „die Nachfolge", „die zukünftige Aufgabe", „das, worum es geht", wird ein Strukturebenenwechsel von einem System (z.B. Familie) in ein anderes System (z.B. Unternehmen) ermöglicht, um zukunftsfähige Lösungen zu finden. Diese Art im Kundensystem zu arbeiten ist auch verdeckt möglich, was gerade bei Aufstellungen in Organisationen oder Familiensystemen im Rahmen einer Nachfolgeregelung zum Schutz von Beteiligten hilfreich sein kann.

---

[40] das Kieler Beratungsmodell wurde in den 80er Jahren von Prof. Uwe Grau als systemisches Coachingmodell für den Leistungssport entwickelt und dann auf den Wirtschaftsbereich übertragen
[41] vgl. Sparrer/von Kibéd (2000)

In allen Fällen werden vom Berater nur wenige Informationen über das Kundensystem benötigt. Nachdem die zu analysierende Situation vom Kunden kurz geschildert und das soziale System definiert worden ist, wird festgelegt, welches Symbol oder welche Person welche Rolle im System übernehmen wird. Bei realen Personen, die nicht zum wirklichen System gehören, werden diese Stellvertreterpersonen nicht in die Rolle der realen Personen und deren Verhalten im System, die sie stellvertretend darstellen, eingeführt.

Es wird davon ausgegangen, dass die aufgestellten Repräsentanten, die Gefühle ihrer Rollen wahrnehmen. „Der Körper der Repräsentanten wird zu einem Wahrnehmungsorgan, mit dem Empfindungen, Haltungen, Emotionen und Kognitionen bezüglich der Mitglieder des fremden Systems wahrgenommen werden können"[42]. Es wird von repräsentierenden Wahrnehmungen gesprochen, die beim Betreten des Raumes einsetzen und neue Wahrnehmungsmöglichkeiten im Prozess ergeben.

Der Kunde wird unter Anleitung des Beraters die einzelnen Mitglieder des (Familien-) Systems eigenständig intuitiv räumlich anordnen sowie zueinander in Beziehung aufstellen und zwar so, wie es seinem emotionalen Bild entspricht. Dabei können sich Betroffene in eine Metaposition versetzen und sich selbst in Interaktion zum System erleben.

Eine wichtige Rolle spielen dabei Distanz, Orientierung, Körperhaltung sowie Blickrichtung der Symbole oder Personen in der Aufstellung. Das dabei entstehende Bild stellt die emotionale Visualisierung, also die Vorstellung des Kunden über sein System räumlich dar. Er erhält damit einen anderen Zugang zu seinem System und den darin gegebenen Wechselwirkungen. Was die Positionierung im Einzelnen in der Situation des Kunden bedeutet, das kann nur der Kunde wissen.

Durch Befragung, Interventionen des Beraters und Veränderung der Positionen, können dann Veränderungsmöglichkeiten aufgezeigt und Lösungen erarbeitet werden. Situationen werden visualisiert. Der Berater muss dabei nicht alle Einzelheiten der Situation kennen. Um zu Lösungen für den Kunden zu kommen, reicht es, an der vom Kunden aufgestellten Struktur Veränderungen vorzunehmen. Beim Arbeiten mit Personen führt der Berater dann auch den Kunden anhand des räumlichen Bildes in das System, um herauszufinden, wo er seine eigene Position sieht und wie er sich an dieser Stelle fühlt. Durch das eigene Erleben ergibt sich für den Kunden eine wesentlich tiefere Wirkung, um Lösungsbilder sowie Handlungsalternativen entwickeln zu können. Die Wirkung der Lösungsmöglichkeiten im Kundensystem kann dann nachhaltig in die Zukunft ausgerichtet werden.

Strukturaufstellungen eignen sich für die Bearbeitung aller Situationen, vor allem auch dann, wenn mögliche Konflikte im Untergrund schwelen und sogar die Konfliktparteien die eigentlichen Ursachen nicht genau beschreiben können. Diese Situationen findet man häufig in Organisationen, in denen Veränderungsprozesse geplant oder in Umsetzung sind. So auch in Familienunternehmen, in denen eine Nachfolgeregelung ansteht. Die Systemische Strukturaufstellung kann damit be-

---

[42] vgl. Sparrer (2004)

reits bei der Planung des Nachfolgeprozesses hilfreich sein, um im Vorfeld herauszufinden, was bei der Umsetzung zu beachten ist.

4.3 Systemische Mediation

Konflikte sind ganz natürliche und in Veränderungsprozessen sogar notwendige
Begleiterscheinungen. So werden damit auch bei Unternehmensnachfolgen Span-
nungszustände zwischen den Beteiligten erkennbar, die den Unterschied von Erwartungen oder den verfolgten Zielen sichtbar machen[43]. Konflikte sind selbster-
haltende Systeme, die nicht über die Frage von Schuld oder Unschuld lösbar sind.
Sie werden durch alle Beteiligten aufrecht erhalten, solange sie hierzu ihren Beitrag
leisten. Damit können Konflikte nur von den daran Beteiligten kausal gelöst werden.

Menschen bewegen sich ständig auf zwei Ebenen, einer Sach- und einer Beziehungsebene. Die Beziehungs- oder Gefühlsebene, auf der es um sachunabhän-
gige Faktoren, wie Gefühle und zwischenmenschliche Emotionen geht, dominiert
dabei gegenüber der Sachebene (Eisbergmodell).

Viele Probleme resultieren aus einer Verknüpfung von Beobachtung und Bewertung, die wir im Rahmen unserer alltäglichen Kommunikation, meist unbe-
wusst, verwenden. Wenn wir die Beobachtung mit einer Bewertung verknüpfen,
vermindern wir die Wahrscheinlichkeit, dass andere das hören, was wir sagen wollen[44]. Konflikte entstehen bereits dann, wenn sie nur von einem der Beteiligten
festgestellt oder als solche benannt werden. Sind Probleme erst einmal existent
oder eskaliert, können sie durch Systemische Mediation unter Einbindung eines
externen, von allen Beteiligten akzeptierten Mediators, der die Vertraulichkeit
wahrt und kein eigenes Interesse am Konfliktausgang hat, lösungsorientiert bearbeitet werden.

Häufig geht der Mediationswunsch nur von einer Partei aus. So gehört es zur
wesentlichen Aufgabe des Mediators in der Vorphase, die beteiligten Konfliktparteien an einen Tisch zu bekommen. Sehr hilfreich ist es natürlich, wenn die beteiligten Parteien an einer gemeinsamen Problemlösung interessiert sind und von
sich aus den Wunsch äußern, an einer Mediation teilzunehmen.

Im Gegensatz zu anderen Verfahren, bei denen Konflikte mit oder ohne Beteiligung der Betroffenen gelöst werden, ist Mediation ein Verfahren, das als Ziel
verfolgt, dass die am Konflikt Beteiligten gemeinsam und freiwillig eine tragfähige
Lösung für die Zukunft entwickeln, die den Interessen und Bedürfnissen beider
Seiten entspricht. Die Erarbeitung einer für die Zukunft tragfähigen Lösung wird
durch einen strukturierten Prozess und einer Änderung der Kommunikationsmuster
zwischen den Konfliktparteien erreicht. Diese Lösung kann auch dann erreicht
werden, wenn die Beteiligten in einer Sackgasse stecken und selbst nicht mehr
weiter kommen oder sogar nicht mehr miteinander reden.

---

[43] vgl. Terberger (1998)
[44] vgl. Rosenberg (2007): 45

Mediation ist nicht nur zur Lösung von Konflikten, sondern auch als präventives Verfahren zur Vorbeugung von Konflikten anwendbar.

Grundannahmen für Mediationsverfahren sind nach CH. Besemer[45] :

- Das Mediationsverfahren hat neutralen, vertrauensvollen, nicht-therapeutischen Charakter, die Teilnahme ist freiwillig.
- Konflikte sind für Veränderungen notwendig, aber ungelöste Konflikte sind gefährlich.
- Oft entstehen Konflikte, wenn die Parteien nicht wissen, wie sie ein Problem lösen sollen, obwohl sie es wollen.
- Die an einem Konflikt Beteiligten können eine für sie bessere Lösung treffen, als außen stehende Autoritäten.
- Wenn Personen Gefühle, die durch Konflikte entstanden sind, bewusst wahrnehmen und in die Entscheidung einbringen können, werden bessere und nachhaltigere Entscheidungen getroffen.
- Die Beteiligten einer Übereinkunft halten sich eher daran, wenn sie selbst für diese Übereinkunft mit verantwortlich sind.

Der Ablauf eines Mediationsverfahrens erfolgt als Prozess und wird üblicherweise in eine Vorphase, die eigentliche Mediationsarbeit und die abschließende Umsetzungsphase eingeteilt. Die Mediationsarbeit als zentraler Teil des Mediationsverfahrens erfolgt unter Anwendung von Interventions- und Moderationstechniken in mehreren Stufen und wird auch zeitlich gesehen in mehreren Schritten durchgeführt, deren Abstand vom Ergebnis der einzelnen Termine abhängig ist.

Nachdem die Konfliktparteien eine gemeinsame Lösung erarbeitet, diese vertraglich vereinbart und umgesetzt haben, wird üblicherweise nach einer gewissen Zeit nochmals Kontakt durch den Mediator aufgenommen. Ziel ist zu klären, ob durch die getroffene Übereinkunft die Probleme gelöst worden sind oder ob noch weitergearbeitet werden sollte.

5 Zusammenfassung

Viele Familienunternehmen haben die mit einer Nachfolgeregelung verbundene Herausforderung erkannt und beschäftigen sich mit diesem Thema. Aus den Leitlinien zu Corporate Social Responsibility lassen sich Handlungsfelder zur sozialen und gesellschaftlichen Verantwortung ableiten, die im Rahmen einer nachhaltigen Unternehmensnachfolge gegenüber Familienmitgliedern, Stakeholdern und der Gesellschaft berücksichtigt werden sollten.

Bei der Planung und Umsetzung des Übergabeprozesses geht es um eine Herausforderung, die nicht nur unternehmerische Fragen, sondern auch persönliche und emotionale Themen stark berührt. Nach Heinz von Foerster „steht es uns immer frei, entsprechend jener Zukunft zu handeln, die wir uns schaffen wollen".

---

[45] vgl. Besemer (2000)

Diese Zukunft im Rahmen der Nachfolgeregelung eines Familienunternehmens gesellschaftlich verantwortungsvoll zu gestalten, sollte unter Einbindung von externen Experten erfolgen und zwar nicht nur zu rechtlichen und steuerlichen Fragestellungen, sondern auch zur Bearbeitung der persönlichen und emotionalen Themen des Familiensystems. Gerade diese Themen sind sehr entscheidend für den Erfolg einer gelungenen und nachhaltigen Unternehmensübergabe.

Die im Beitrag beschriebenen systemischen Methoden, sind als lösungsorientierte Werkzeuge zu verstehen, die im beruflichen und familiären Kontext eingesetzt werden können, zukunftsfähige Lösungen zu erarbeiten und auch vor dem Hintergrund gesellschaftlicher Verantwortung, einen nachhaltigen Übergabeprozess in einem Familienunternehmen zu gestalten.

6 Literatur

AccountAbility (2008): AA1000 Assurance Standard 2008, www.accoutability.org

Besemer, CH. (2000): Mediation, Stiftung Gewaltfreies Leben.

Bock, N. (1997): Tanz mit der Welt. Gespräch mit Heinz von Foerster, in Konstruktivismus und Kognitionswissenschaft.

Caroll, A.B. (1989): Business & Society. Ethics & Stakeholder Management, Cincinatti.

Carroll, A.B./Schwartz, M.S. (2003): Corporate Social Responsibility: A three domain approach. In: Business Ethics Quarterly 13/03.

Dietrichs, B. (2003): Risikomanagement und Risikocontrolling, Dortmund.

EU-Kommission (2001): Grünbuch der Europäischen Kommission http://eur-lex.europa.eu/LexUriServ/site/de/com/2001/ com2001_0366de01.pdf

EU-Kommission (2011): Nachhaltiges und verantwortungsbewusstes Unternehmertum, Soziale Verantwortung der Unternehmen, http://ec.europa.eu/enterprise/policies/ sustainable-business/corporate-social-responsibility/index_de.htm

Foerster, H. von (1981): Das Konstruieren einer Wirklichkeit. In Watzlawick (Hrsg.): Die erfundene Wirklichkeit, München.

Foerster, H. von (1982): Observing Systems. Seaside.

Foerster, H. von (1993): Kybernetik einer Erkenntnistheorie.

Friesl, C. (2008): Erfolg und Verantwortung – Die strategische Kraft von Corporate Social Responsibility, Fakultas, Wien.

Glaserfeld, E. von (1996): Radikaler Konstruktivismus.

Grau, U./Möller, J. (1992): Was wäre wenn? – Problem(auf)lösen durch kornstruktive Konversation. In Königswieser R./C. Lutz (Hrsg.): Das systemisch-evolutionäre Management. Wien.

Hargens, J./Grau, U. (1996): Sprache: Sprechen, versprechen, versprochen. In: Eberling W./ Hargens J. (Hrsg.): Einfach kurz und gut, Dortmund.

Haunschuld, L./Wolters H.-J. (2010): Volkswirtschaftliche Bedeutung von Familienunternehmen, IfM Materialien Nr. 199, Bonn.

Hauser, H.-E./Kay, R./Boerger, S. (2010): Unternehmensnachfolgen in Deutschland 2010 bis 2014, Schätzung mit weiterentwickeltem Verfahren, IfM Nr. 198, Bonn.

IfM (2007): Die Volkswirtschaftliche Bedeutung von Familienunternehmen, IfM Materialien Nr. 172, Bonn.

ISO 26000 (2009): Leitfaden gesellschaftlicher Verantwortung.

ISO 31000 (2009): Risk management – Principles and guidelines.

Ludewig, K. (1997): 19+1 Leitsatz bzw. Leitfragen. In: Zeitschrift für systemische Therapie, 5/1997.

Luhmann, N. (1990): Die Wirtschaft der Gesellschaft.

Mandl, I./Dörflinger, C./Gavac, K. (2008): Unternehmensübergaben und -nachfolgen in Kleinen und Mittleren Unternehmen (KMU) der Gewerblichen Wirtschaft Österreichs, Wien.

Maturana, H.R. (1997): Was ist erkennen?; München, 2. Auflage.

Maturana, H.R./Varela F.J. (1987): Der Baum der Erkenntnis. Die biologischen Wurzeln des menschlichen Erkennens, München

Mueller-Harju, D. (2002): Generationswechsel in Familienunternehmen, Gabler Verlag Wiesbaden.

ÖNORM S 2410 (2010): Chancen- und Risikomanagement – Analyse und Maßnahmen zur Sicherung der Ziele von Organisationen.

ONR 49002-1 (2010): Risikomanagement für Organisationen und Systeme, Teil 1: Leitfaden für die Einbettung des Risikomanagements ins Managementsystem, Umsetzung von ISO 31000 in die Praxis.

Rosenberg, M. B. (2007): Gewaltfreie Kommunikation, Junvermann Paderborn.

Shazer, S. de (1992): Das Spiel mit den Unterschieden, Heidelberg.

Simon, Fritz B. (1993): Seite 378, Unterschiede, die Unterschiede machen, Suhrkamp Verlag Frankfurt, 1. Auflage.

Sparrer, I. (2000): Vom Familien-Stellen zur Organisationsaufstellung. Zur Anwendung systemischer Strukturaufstellungen im Organisationsbereich. In: Weber, G. (Hrsg.): Praxis der Organisationsaufstellungen. Grundlagen, Prinzipien, Arbeitsbereiche. Heidelberg, Carl-Auer-Systeme.

Sparrer, I. (2004): Wunder, Lösungen und System. Lösungsfokussierte Systemische Strukturaufstellungen für Therapie und Organisationsberatung, Heidelberg.

Terberger, D. (1998): Konfliktmanagement in Familienunternehmen – Ein eigenorientiertes Konzept zur professionellen Konfliktbewältigung in Familienunternehmen, St. Gallen.

UNICE (2000): Releasing Europe's employment potential: Companies' views on European Social Policy beyond 2000. http://www.businesseurope.eu/content/default. asp?PageID =609

Varela, F. (1980): Autopoiesis and Cognition.

Varga von Kibéd, M. (2000): Unterschiede und tiefere Gemeinsamkeiten der Aufstellungsarbeit mit Organisationen und systemischen Familienaufstellungen. In: Weber, G. (Hrsg.): Praxis der Organisationsaufstellungen. Grundlagen, Prinzipien, Arbeitsbereiche. Heidelberg, Carl-Auer-Systeme.

Voithofer, P. (2011): KMU Forschung Austria, Pressemitteilung v. 28.03.2011.

Watzlawick, P. (1976): Wie wirklich ist die Wirklichkeit?

White, M./Epson, D. (1994): Die Zähmung des Monsters, Heidelberg.

Wildemann, H. (2003): Unternehmensentwicklung – Methoden für eine nachhaltige Unternehmensführung. In: TCW Standpunkt I/2003.

Willke, H. (1987): Strategien der Intervention in autonome Systeme. In: Backer D./ Markowitz J., Theorie als Passion, Surkamp Verlag, Frankfurt.

Wimmer, R./Gebauer A. (2004): Die Nachfolge in Familienunternehmen. In: Zeitschrift für Führung und Organisation, Heft 5/2004.

CSR und Marketing

Walter Schiebel

1 Die Wertschöpfungskette

CSR-Engagement auf der Ebene des Marktplatzes meint verantwortungsvolles Handeln im unmittelbaren Geschäftsfeld des Unternehmens und beinhaltet somit insbesondere die Auseinandersetzung mit den primären Stakeholdern des Unternehmens, die unmittelbaren Einfluss auf den Unternehmenserfolg haben: Kunden, Lieferanten, Eigentümer bzw. Shareholder. Diese Auseinandersetzung macht im Grunde genommen die Berücksichtigung von ethischen Kriterien über die gesamte Wertschöpfungskette hinweg erforderlich. Davon betroffen sind Fragen des Beschaffung- und des Absatzmarketings, insbesondere der Gestaltung von Produkten und Dienstleistungen, z.B. hinsichtlich Qualität, Sicherheit, Umweltwirkung (intrinsische wie extrinsische Merkmale). Eine wichtige Komponente ist dabei auch die Transparenz und Fairness der Unternehmenspolitik.[1]

1.1 Supply Chain Management

Um dem internationalen Wettbewerb standhalten zu können, haben multinationale Konzerne starke Wertschöpfungsketten aufgebaut, durch die sie ihren Zulieferern und ihren eigenen Niederlassungen Verhaltensregeln auferlegen können[2]. Diese Vorgehensweise führt jedoch zu einer enormen Komplexität der Wertschöpfungsketten, die große Anforderungen an das CSR-Management dieser Konzerne stellt.[3]

Um die Einhaltung ethischer Standards auch in Zulieferbetrieben zu gewährleisten, wie das häufig von der kritischen Öffentlichkeit verlangt wird, reichen jedoch strenge Verhaltenskodizes und Managementsysteme nicht immer aus. Veränderungen in der Wertschöpfungskette oder bei einzelnen Zulieferern durchzusetzen, setzt einen hohen Ressourcenaufwand, viel Dialogbereitschaft und generelles strategisches Umdenken voraus.

Beispiel: Dokumentarfilm „A decent Factory"
Dokumentarfilmer begleiteten die CSR-Beauftragte von Nokia bei der Überprüfung von Arbeitsstandards einer Zulieferfirma in China, wo sie einige Mängel aufdeckte; z.B. im Hinblick auf Arbeitszeiten, Löhne, Frauenrechte. Der Film

---

[1] Jones et al. (2005): 48ff.
[2] Rondinelli/Berry (2000): 72
[3] vgl. Teuscher et al. (2006); Jones et al. (2005); Prieto-Carrón (2006)

(„A decent Factory" 2004) eignet sich gut, um den CSR-Diskurs zu fördern und die Problematik des Wertschöpfungskettenmanagements zu thematisieren.

1.2 Dialogbereitschaft mit Interessensgruppen

Die Verantwortung, die ein Unternehmen für seine Produkte und die unmittelbaren Auswirkungen seiner Geschäftsfeldaktivitäten übernimmt, erfordert auch Dialogbereitschaft. Dies kann die Auseinandersetzung mit jenen Stakeholdern bedeuten, die unmittelbar von den Unternehmensaktivitäten betroffen sind (z.B. Nachbarn) bzw. mit jenen, die für den Unternehmenserfolg ausschlaggebend sind, insbesondere also Shareholder, Kunden oder Lieferanten.

Beispiel: Gentechnikfreies Soja für die Schweiz
Auf Druck von Schweizer Konsumentenschutzorganisationen wurden Beschaffungswege für gentechnikfreies Soja für den heimischen Markt erarbeitet. Der erfolgreiche, aber komplizierte Prozess, der von der Unternehmensberatung BSD begleitet wurde, erforderte auch Dialoge mit Vertretern aller Stufen der Lebensmittelindustrie. Wichtige Umsetzungsimpulse lieferten auch anerkannte Standards und Plattformen wie z.B. SA8000[4] oder die Fairtrade-Initiative.[5]

1.3 Regionale Geschäftsfeldaktivitäten

Die Auswirkungen der Geschäftstätigkeit multinationaler Konzerne auf die Lebensbedingungen der lokalen Bevölkerung sind zuweilen heftiger Kritik ausgesetzt. Dies trifft insbesondere auf die Situation in Entwicklungsländern zu.[6] Demgegenüber ist festzuhalten, dass diese Unternehmen wichtige Investoren sind und ihre Geschäftstätigkeit zum Wirtschaftsaufschwung der Region beitragen kann. Strategien und Aktivitäten, die positive Impulse auf die Entwicklung haben und gleichzeitig neue Märkte für die Unternehmen eröffnen, umfassen z.B. Preisstrategien, Infrastrukturaufbau, Mikrokreditvergabe, Schulungen, Technologietransfer, Benefit Sharing.

Beispiel: CSR-Infrastrukturprojekt von ABB in Tanzania „Access to Electricity"
Der Elektro- und Anlagenbaukonzern ABB[7] trat an den WWF[8] heran, um gemeinsam ein Projekt zur Stromversorgung der ländlichen Bevölkerung in Tanzania zu erarbeiten. Durch das Pilotprojekt wurde in einem abgelegenen Dorf eine Infrastruktur aufgebaut, deren Betrieb von den Einwohnern langfristig selbst aufrechterhalten werden kann. Die gewonnenen Projekterfahrungen dienen als Basis für die Übertragung auf andere ländliche Gebiete.[9]

---

[4]   www.sa-intl.org
[5]   Teuscher et al. (2006)
[6]   vgl. z.B. Zalik (2004); Scott (2003); Hills/Welford (2005); ChristianAid (2001)
[7]   www.abb.com
[8]   World Wide Fund for Nature, www.wwf.org
[9]   Egels (2005)

2 Qualitätssignale und Qualitätserwartungen

Nicht nur extrinsische Qualitätssignale, wie der Preis, können im Rahmen von Marketing-Maßnahmen angepasst werden, sondern auch intrinsische Signale werden unter Berücksichtigung der Verbraucherwahrnehmung gestaltet. Neue Produkte werden so konzipiert, dass die zugehörigen Qualitätssignale dem Verbraucher die gewünschten Eigenschaften vermitteln.

Durch diese Informationen, die dem Verbraucher vor dem eigentlichen Konsum zur Verfügung stehen, bilden sich Qualitätserwartungen, mit denen wirkliche Produkterfahrungen modifiziert werden können.

2.1 Qualitätssignale

Qualitätssignale werden auf Grund ihrer Indikatoren in innere (intrinsische) und äußere (extrinsische) unterschieden. Intrinsische Qualitätssignale sind Teil des Produkts, sie können nur verändert werden, wenn das Erzeugnis selbst abgewandelt wird (zum Beispiel durch eine andere Farbe oder einen höheren sichtbaren Fettanteil bei Fleischprodukten). Extrinsische Qualitätssignale stehen zwar in Beziehung zum Produkt, sind diesem aber nicht immanent.

Während es sich bei intrinsischen Indikatoren vor allem um prozessbedingte Indikatoren handelt, wird die Ausprägung extrinsischer Indikatoren in erster Linie durch das Produktmarketing bestimmt (zum Beispiel durch die Preis- bzw. Markenpolitik). Weiters zählen auch Hinweise auf das Herkunftsland („country-of-origin" Effekt) oder die Einkaufsstätte zu den äußeren Qualitätssignalen. Äußere Indikatoren kommen oft nur dann zur Anwendung, wenn die vorhandenen inneren Indikatoren wegen eines niedrigen Vorhersagewertes und/oder Vertrauenswertes an Bedeutung verlieren.

In Abhängigkeit vom Verbraucher und dessen Vorwissen zeigen Herbert Gierl und Michaela Satzinger,[10] dass gerade bei Käufen ohne großes Vorwissen – also zum Beispiel bei Erstkäufen – anbieterdominierte, extrinsische Signale einen großen Einfluss auf die Qualitätsbeurteilung nehmen.

2.2 Qualitätserwartung

Durch Informationen, die dem Verbraucher vor dem eigentlichen Konsum zur Verfügung stehen, bilden sich Qualitätserwartungen aus und diese können die wirkliche Produkterfahrung modifizieren.

Wir kennen dies unter dem Phänomen der Irradiation (ein Effekt, der bei der Beurteilung von Wahrnehmungsobjekten auftritt). Die Einschätzung einer Eigenschaft oder eines Signals strahlt auf andere Eigenschaften oder Signale aus): z.B. die Farbe, der Geruch, die Produktionsweise, die Verpackung, der Fettgehalt, der Markenname auf die Produkterwartung.

---

[10] vgl. Gierl/Satzinger (2000)

Selbst wenn das Erzeugnis dann seinen Erwartungen nicht gerecht wird, kann das Produkt durch eine entsprechende Wahrnehmungsverschiebung beim Verbraucher deutlich besser abschneiden. Je nach Produkt werden diese Effekte oftmals durch wiederholte Konsumerfahrungen abgeschwächt oder aufgehoben. Insbesondere die Produzenten und Verarbeiter versuchen diese Informationseffekte zu nutzen. Die Auswirkungen dieser Wahrnehmensverschiebung fallen jedoch deutlich geringer aus, wenn Verbraucher auf Grund ihrer Produkterfahrungen bereits feste Qualitätserwartungen besitzen.

Der heutige Verbraucher hat ein deutliches Qualitätsbewusstsein entwickelt. Zudem verändert sich sein Verständnis von Qualität, so dass von einem erweiterten Qualitätsbewusstsein gesprochen wird, weil nicht nur der Geschmack und andere produktimmanente Merkmale in die Kaufentscheidung einfließen.

Extrinsische Merkmale wie ökologische und gesellschaftliche Effekte der Produktion („Corporate Ethics" bzw. „Corporate Social Responsibility") gewinnen an Bedeutung.[11]

3 Reputationsaufbau und Folgeeffekte

Als wichtigste vorökonomische Erfolgswirkung von CSR gilt der Reputationsaufbau bzw. der Imagegewinn.[12] Konsumentenbefragungen belegen, dass Unternehmen ihre Reputation verbessern können, wenn sie als besonders verantwortlich wahrgenommen werden.[13]

Gleichzeitig zeigen Unternehmensbefragungen, dass Entscheider diese Wirkung auch wahrnehmen bzw. erwarten und deshalb als einen zentralen Grund für ihr CSR-Engagement angeben.[14] Die Reputationsforschung stellt dabei ein positives Beispiel für die Anschlussfähigkeit der CSR-Forschung an den Mainstream der BWL dar, denn entsprechende Analysen werden vielfach von Wissenschaftlern mit übergeordneter Fragestellung gemacht, die den CSR-Aspekt nicht isoliert, sondern als einen Erfolgsfaktor neben anderen betrachten.

Bei weiteren vorökonomischen Wirkungen handelt es sich vor allem um positive Folgeeffekte der Reputation. Untersuchungen zeigen, dass eine hohe Reputation positiven Einfluss hat auf die Beziehungen einer Unternehmung zu ihren Stakeholdern.[15] So stärkt die Reputation das Kundenvertrauen und trägt damit zur Vertiefung der Kundenbindung bei.[16]

---

[11] Schiebel/Pöchtrager (2003)
[12] vgl. Fombrun (1997); Fombrun/Gardberg/Barnett (2000); Marsden/Andriof (1998): 340; Westebbe/Logan (1995): 12; Waddock (2000)
[13] vgl. King. D./Mackinnon, A. (2001); Schwaiger M. (2004); Walsh, G.; Wiedmann, K-.P. (2004)
[14] vgl. Maaß/Clemens (2002): 81ff. sowie Schulz u. a. (2002)
[15] vgl. generell zu CSR als Schlüssel zu verbesserten Stakeholderbeziehungen Fombrun/Gardberg/Barnett (2000); Maignan/Ferrell (2004); Fombrun/Gardberg/Barnett (2000); Maignan/Ferrell (2004)
[16] vgl. z.B. Cowe/Wiliams (2000); Maignan/Ferrell/Hult (1999); Mohr/Webb/Harris (2001); Sen/Bhattacharya (2001) zitiert nach Hansen/Schröder (2005)

3.1 Kundenvertrauen

Konsumenten berücksichtigen bei ihren Kaufentscheidungen immer stärker die Geschäftspraktiken und wahrgenommenen Werte eines Unternehmens. Mehrere Unternehmen, die in den Medien und von den Konsumenten typischerweise mit wertbezogenen Geschäftspraktiken in Verbindung gebracht werden, führen ihre kommerziellen Erfolge großteils auf die Markentreue der Konsumenten zurück, die die Werte und/oder Mission des Unternehmens unterstützen.

In einer 1996 von Bozell Worldwide, The Wall Street Journal International Edition und der japanischen Wirtschaftszeitung Nihon Keizai Shimbun durchgeführten Umfrage wurde festgestellt, dass bei einem Vergleich mit neun „extrem wichtigen" allgemeinen Unternehmenskategorien oder -aktivitäten „Ethik und Werte" bei Konsumenten in den Vereinigten Staaten und Europa den höchsten und in Japan den dritthöchsten Stellenwert einnahmen.

3.2 Kunden-/Stakeholderbindung

Eine von der Foundation for the Malcolm Baldridge National Quality, einer amerikanischen Organisation, im Jahr 1998 durchgeführte Umfrage unter CEOs ergab, dass 50 Prozent der befragten CEOs der Meinung sind, dass sie und ihre Kollegen die Fähigkeit, mit verschiedenen Interessensgruppen gut zusammenzuarbeiten noch verbessern müssen.

Die meisten Sozialprüfungen verbessern das Verständnis der Interessensgruppen für die Ziele und Tätigkeiten des Unternehmens. Unternehmen, die Prüfungen durchführen, können auf das Bedürfnis der Interessensgruppen nach mehr Transparenz und Offenlegung eingehen und verbessern dabei ihre Beziehungen zu den Interessensgruppen, einschließlich Kunden, Lieferanten, Gemeinden, Aktivisten, Medien und Behörden.

4 Wie gesellschaftliche Verantwortung zur Verbesserung von Marktstellung und Kundenbindung beitragen kann

„Aus Marketing ist „Societing" geworden. Aus der Beobachtung des „Marktes" wird die Beobachtung der „Gesellschaft". Heute orientiert sich das Marketing an gesellschaftlichen Themen, auch dann, wenn diese auf den ersten Blick gar nicht gut zur Vermarktung taugen. Ein Beispiel hiefür ist die sehr erfolgreiche „Dove" Kampagne zu den Schönheitsidealen der gegenwärtigen Gesellschaft.

Aber in den Gesellschaften der nördlichen Hemisphäre tauchen plötzlich ganz neue Fragen im Produktbereich auf, die diese beantworten müssen. Nico Stehr hat diese Entwicklung in seinem Buch „ Die Moralisierung der Märkte" aufgegriffen.[17] Der Markt, bzw. die Marktbeziehungen richten sich demnach nicht mehr nur

---

[17] Stehr (2007)

nach einem ökonomischen Wert von Waren oder Dienstleistungen, sondern zunehmend nach moralischen Maximen.

Die Kundengruppe LOHAS (Lifestyle of Health and Sustainability) z.B. ist
einem gesellschaftlichen Leitmilieu zuzurechnen und hat damit deutlich mehr
Einfluss auf andere gesellschaftliche Gruppen als andere Milieus. Dies zeigt sich
in allen relevanten Untersuchungen zur Verantwortung von Unternehmen der
jüngeren Zeit. Von Unternehmen wird verlangt oder gar vorausgesetzt, dass sie
ihre Verantwortung wahrnehmen und dass sie eine Führungsrolle hinsichtlich der
zentralen gesellschaftlichen Themen übernehmen, an dieser Stelle ist der Umweltschutz zu nennen.

Jochen Krisch und Andreas Haderlein vom Zukunftsinstitut Kelkheim haben
in ihrer Untersuchung: Social Commerce – Verkaufen im Community-Zeitalter[18]
darauf hingewiesen, dass die Avantgarde des elektronischen Marktgeschehens auf
Austausch, Zusammenarbeit und auf Dialog setzt. In den letzten Jahren haben
sich im Internet Plattformen gebildet, die neben der reinen Verkaufsanbahnung
auch dazu dienen, zu kommunzieren. Die Trennung zwischen Verkaufsportalen
und dialogorientierten Austauschplattformen wird aufgehoben. Jochen Krisch und
Andreas Haderlein sehen vier Stufen und Arten der Interaktion:

- Suchen und Vergleichen: Produktsuchmaschinen, Preisvergleichsportale wie
  guenstiger.de, billiger.de, preisvergleich.de
- Bewerten und kommentieren: Consumer Communities, Review Sites wie Ciao,
  Dooyoo
- Entdecken und empfehlen: Social-Bookmarking-Dienste wie Wists, Kaboodle,
  Stylehive
- Präsentieren und Verdienen: Social-Commerce-Plattformen wie ThisNext, Fa-
  voriteThingz, Zlio.

Die daraus ableitbaren Interaktions-Kundengruppen entwickeln, je besser es ihnen
materiell geht, „Wünsche zweiter Ordnung"[19] und Unternehmen müssen sich kom-
munikationspolitisch auf neue Kundengruppentypologien einstellen."[20]

5 Die strategische Triade Unternehmen, Kooperation und Branding

Die generelle Strategie dazu, um den Marktauftritt zu verbessern, fokussiert auf
einer Handlungstriade aus Unternehmen, Kooperation und Branding (im Sinne der
Schaffung einer gemeinsamen Marke). Sie basiert auf der Prämisse der „Coopetition", d.h. kooperativ konkurrieren mithilfe von Komplementatoren im Wertenetz
aus Kunden, Lieferanten und Konkurrenten. Es gilt außerdem einen gemeinsamen

---

[18] Kelkheim (2008)
[19] vgl. Harry Frankfurt: „second order desires"
[20] zitiert nach Knörzer: 7-9

Wert (z.B. Rückverfolgbarkeit, Herkunftssicherung, ökosoziale Verantwortung) zu schaffen, der mit einer Wertschöpfungskette assoziiert wird.

5.1 Unternehmen

Entscheidende Faktoren in den Unternehmen sind die Persönlichkeitseigenschaften der UnternehmerIn – „UnternehmerInnen statt UnterlasserInnen" sind gefragt. Unternehmer bzw. Unternehmerinnen und ihre unselbständig selbständigen MitarbeiterInnen können hinsichtlich deren Selbstverantwortlichkeit getestet und trainiert werden. Eigene Studien, die österreichweit im Jahr 1995 und 2005 durchgeführt wurden, haben gezeigt, dass der Grad der Selbstverantwortlichkeit durch ein gezieltes Training massiv gesteigert, sogar verdoppelt werden kann.

Von großer Bedeutung im Unternehmen ist ein gutes Innovationsklima – in den einzelnen Teams des Unternehmens und in der Region. Es ist wichtig, die gewohnte Umgebung verlassen zu können und dies auch zuzulassen, um ein neues Innovationsklima im Unternehmen zu schaffen[21] Reinhard K. Sprenger erwähnt hier den „Aufstand des Individuums".[22] Dazu sind die Bereitschaft zur Innovation durch Motivation, Werte, Einstellungen der Mitarbeiter als auch durch die Unternehmenskultur sowie die Fähigkeit zu Innovation durch Kreativität und Kompetenz erforderlich. Speziell um ein neues Produkt zu planen, braucht ein Planungsteam ein Innovationsklima, das Visionen zulässt[23] und fördert und/ oder eine internationale Produktdatenbank[24], die die Analyse weltweit erfasster Neuprodukte ermöglicht, um das Aufspüren von Innovationen zu unterstützen. In Skandinavien arbeiten Mitarbeiter von Produktentwicklungsteams zeitweise in Non-Profit-Organisationen, um ihre Kreativität anzuregen (vgl. Corporate Volunteering).

5.2 Kooperation

Als zweiter bedeutender Punkt der Strategie sind Kooperationen zu nennen. In Bezug auf Kooperationen ist die Evolution von Kooperationen von Bedeutung, ein auf der Spieltheorie basierendes Phänomen nach Robert Axelrod, worunter die (wechselseitige) Beachtung und Verfolgung der Ziele des Kooperationspartners mit dem Ziel einer daraus abgeleiteten langfristigen Optimierung der Partnerschaft verstanden wird.[25] D.h. es werden nicht vorrangig die eigenen Ziele verfolgt, sondern vorrangig die Ziele des Kooperationspartners unter der Nebenbedingung der eigenen Ziele.

Die dadurch dem Kooperationspartner entgegengebrachte Wertschätzung wird von diesem als neuer Wert der Kooperation empfunden, „festigt" die Partnerschaft

---

[21] vgl. Pilotprojekt der Universität Bamberg unter www.pressebox.de/pressemeldungen/.../ boxid-301322.html
[22] vgl. Sprenger (2000)
[23] vgl. Haas/Meixner/Pöchtrager (2009)
[24] www.productscan.com
[25] vgl. Axelrod (2009)

und führt zu vermindertem Risiko in Entscheidungssituationen bei gleichzeitig steigendem Vertrauen. Dies kann am Beispiel des immer bedeutsamer werdenden „Shelf Ready Packaging" (SRP) veranschaulicht werden. SRP beschäftigt sich mit der Definition von Anforderungen an Einwegtransportvepackungen, die einen sicheren Transport des Produkts, ein schnelles Verräumen in der Filiale und eine ansprechende Platzierung im Regal ermöglichen. Die Verpackung muss damit verschiedene Funktionen erfüllen und den unterschiedlichen Anforderungen von Lieferanten, Herstellern, Handel und Konsumenten gerecht werden.[26]

SPR lässt die Hersteller die Platzierungsziele des Handels verfolgen (unter Beachtung ihrer Verpackungsschutzfunktionsziele) und führt somit zu einem Zusatznutzen beim Hersteller aus der Sicht des Handels und damit zu seiner Vorziehenswürdigkeit.

Die Steigerung der Attraktivität von Kooperationen ist ebenfalls von Bedeutung: Eine europaweite Studie hat ergeben, dass eine Steigerung der Attraktivität von Kooperationen aus der Sicht ihrer Kunden durch ihre Qualität der Beschaffungspolitik, ihr Know-how des Managements und ihre Homogenität der Ziele der Mitglieder erreicht werden kann. Wenn demzufolge alle Mitglieder „an einem Strang ziehen", die Geschäftsführung über professionelles Know-how verfügt und die Rückverfolgbarkeit gewährleistet ist, wird die Kooperation aus der Sicht der Kunden attraktiver (=vorziehenswürdiger) eingestuft, als wenn diese Merkmale nicht oder nicht in diesem Ausmaß zutreffen. Weiters hat eine ECR-Studie in Deutschland „gegenseitiges Vertrauen" (= der o.a. neue Wert in der Partnerschaft) als den Erfolgsfaktor für Kooperationen ausgewiesen.[27]

Besonders wichtig ist die Kreation eines unternehmerischen Handlungs- und Wirtschaftsraumes, der geprägt ist durch „Coopetition", also das kooperative Konkurrenzieren. Unter Coopetition kann man eine Zusammenarbeit verstehen, wenn es um das Backen des Kuchens geht und Wettbewerb, wenn es um die Aufteilung des Kuchens geht (vgl. Adam M. Brandenburger, Barry J. Nalebuff, Co-opetition, 1997). Zwei im Wettbewerb stehende Hersteller entwickeln gemeinsam ein neues Produkt, das sie mit geringfügiger Modifikation getrennt auf dem Markt bringen (Forschungs- und Entwicklungskosten können dadurch reduziert und Know-how synergetisch genützt werden).

5.3 Branding

Als dritte Säule einer generellen Strategie, um österreichische Unternehmen erfolgreich auf (neuen) Märkten zu positionieren, ist das Branding der „Value Chain" (der Wertschöpfungskette) zu nennen. Unter Branding versteht man die Schaffung einer für die Partner der Wertschöpfungskette gemeinsamen Marke. Diese Marke kann für Konsumenten und Kunden der Wertschöpfungskette (business-to-business & business-to-consumer) geschaffen werden, aber auch nur für die Kunden (business-to-business) der Wertschöpfungskette.

---

[26] vgl. ECR-Europe and Accenture (2006), http://www.ecrnet.org
[27] vgl. Lietke (2009)

Bei diesem gemeinsamen Wert stehen die konsumenten-/kundenorientierte Produktentwicklung – Schlüsselbegriffe sind „Prosuming" (das Einbeziehen der Konsumenten in den Produktionsprozess) und Social Networks – und das nachhaltige C2C (cradle-to-cradle, d.h. von der Wiege bis zur Wiege unter Berücksichtigung der Corporate Social Responsibility) im Vordergrund.

Am Beispiel der Firma Frosta soll die Methode des Prosuming unter Verwendung von Social Networks als Mittel zur konsumenten-/kundenorientierten Produktentwicklung näher erläutert werden: Die Firma hat einen Web-Blog eingerichtet, mit dem sie sich die Kreativität ihrer Kunden zu Nutzen macht[28]. Auf die im Blog gestellte Frage, wie Frosta zum Beispiel sein Reinheitsgebot besser an Konsumentinnen und Konsumenten kommunizieren könnte (auf der Packung, in der Werbung, im Internet), wird von einem User als eine mögliche Lösung via Kommentar im Blog vorgeschlagen, die heutige Zutatenliste noch größer zu machen.

Ein weiteres Beispiel zu Prosuming und Social Networks liefert Acecook[29], ein japanischer Produzent von Instand Noodles, in dem er zur gemeinsamen Entwicklung neuer Geschmacksrichtungen für die in Japan so beliebten Fertigprodukte aufrief. Über 4.000 User beteiligten sich an diesem Aufruf. Neben dem neuen Rezept durften sie auch Marketingslogans und das Verpackungsdesign mitbestimmen („Prosuming"). Umgesetzt wurde das Projekt über „Mixi"[30], dem größten japanischen Social Network mit 19 Millionen Usern.

Eine Positionierung von Wertschöpfungsketten wird zukünftig auch über das Cradle-to-Cradle Konzept von Michael Braungart und William McDonough[31] und die Corporate Social Responsibility[32] erfolgen. Das heißt, dass Produkte vermehrt so konzipiert sein sollten, dass sie nach ihrer Nutzung als biologische Nährstoffe Verwendung finden können. Lebensmittel z.B. verteilen sich typischerweise während ihrer Konsumation in die Umwelt. Sie können so konzipiert werden, dass ihre Abbauprodukte die biologischen Systeme unterstützen: Als biologisch angelegte Nährstoffe werden sie von Ökosystemen aufgenommen und ernähren andere Organismen.[33]

Eine weitere interessante Erfolgsgeschichte handelt von einem österreichischen Betrieb, der Gutschermühle in Traismauer. Die Firma produziert Müsliriegel für England. Es wurden fruchtgefüllte Müsliriegel für Kinder entwickelt, die den modernsten Ernährungsempfehlungen entsprechen und die speziell auf den englischen Markt zugeschnitten sind. In ihrem Mission Statement (Leitbild) findet sich ein interessantes Beispiel für die möglichst frühzeitige Einbeziehung / Einbindung von Kunden (business-to-business) in den Neuproduktplanungsprozess beim Produzenten: …We need to be able to work on innovations, but will also manage

---

[28] www.frostablog.de

[29] www.acecook.co.jp

[30] www.mixi.jp

[31] www.epea.com

[32] „ökosoziale Verantwortung von Unternehmen" siehe Anleitungen und Beispiele dazu unter www.respact.at/content/site/projekte/article/2326.html

[33] www.epea.com

the supply role introducing the product on their markets... – ...Direct link to R&D via Polycom Video-Conference Systems.

Dies kann als eine Vorstufe des Prosuming gesehen werden (producer & customer) bzw. bietet eine interessante Erweiterung des Prosuming-Gedankens hin zu zwei Co-producer: Customer und Consumer. Sollte die Gutschermühle also auch noch ein Social Network für Kids einbeziehen, wäre dies eine sehr innovative Vorgehensweise.

6 4 Ps for 3 Ps

Product, Price, Place, Promotion, die klassischen Marketinginstrumente werden auf die Nutzenerwartungen von People, Planet und Profit focusiert.

Das von Dassault Systemes entwickelte Online-Spiel „4 Ps for 3 Ps" für nachhaltiges Marketing ist ein interaktives 3D-Marketing-Tool für Marketing-Manager. Es soll deutlich machen, dass (sozio-)ökologische Kriterien beim Einkauf relevant sind und diese Kriterien auf Grund der Fülle von Informationen klar kommuniziert werden müssen".[34]

In Finnland hat Borealis gemeinsam mit lokalen Schulbehörden und dem örtlichen Wasserinstitut ein webbasiertes Lernportal erstellt, das Schülern ökologische Werte vermitteln und aufzeigen soll, welchen Beitrag jeder Einzelne zu einer nachhaltigen Wasser- und Abwasserversorgung leisten kann[35]. Auf Grund des positiven Echos auf diese Initiative hat Borealis sich entschlossen, diese Website nun auch in weiteren Ländern und Sprachen umzusetzen.[36]

6.1 Neue Märkte für/durch LOHAS

Dem CSR Europe Ratgeber für nachhaltiges Marketing entnommen sind die folgenden Beispiele für *neue Märkte*, die *durch Wertebündel-Typologien bei LOHAS* entstanden sind.

Danone hat ein Projekt gestartet, das neben der Gesundheit auch der Umwelt dient und dank höherer Produktivität höhere Milchpreise verhindert. Der Focus liegt auf der Verbesserung der Milchqualität durch Einsatz von Flachs im Tierfutter. Danone kooperiert mit Bleu Blanc Coeur, einer europäischen Interessengemeinschaft zur Förderung von Bio-Landwirtschaft[37].

Flachszusatz im Futter erhöht die Milchproduktion der Kühe um durchschnittlich 10%. Er verringert den Methanausstoß von Kühen (die mit Flachszusatz gefütterten Kühe produzieren im Durchschnitt 20% weniger vom Treibhausgas Methan). Außerdem verbessert Flachs im Futter die Qualität des Milchfetts und erhöht den Anteil an Omega-3-Fettsäuren in der Milch.

---

[34] www.csreurope.org/sustainablemarketing, zitiert nach N.N. (2011): 16
[35] vgl. auch „Water for the World", www.borealisgroup.com/about/corporate-citizenship/global-challenges/water-and-sanitation/
[36] Fembek (2009): 119
[37] www.bleu-blanc-coeur.com/

Procter & Gamble's „Cool Clean"-Technologie des Produktes Ariel erzielt auch bei niedrigen Temperaturen gleich gute Waschergebnisse wie bei höheren. Die niedrigen Energiekosten sind ein gutes Marketingargument („reason why"), das Procter & Gamble gemeinsam mit dem Energy Saver Trust, ADEME, Consodurable, Enel u.a. vorantreibt. Marktforscher bestätigen, dass heute 17% der britischen Haushalte (2% in 2002) inzwischen bei niedrigen Temperaturen waschen.

Sony Playstation hat mit Pli Design[38] einen Partner gefunden, der aus ausgedienten PS2-Konsolen Stühle herstellt (http://www.engatech.com/pdfs/CS_ Sustainable.pdf).

Der Marktanteil von Canons „grünem Taschenrechner"[39] lag kurz nach der Markteinführung bei 25% im Segment der nicht-druckenden Rechner. Er besteht aus recyceltem Kunststoff von ausgedienten Canon-Produkten. Design und Stromversorgung (Solarzelle und auswechselbare Batterie) sind so konzipiert, dass die Lebensdauer erhöht werden konnte. Verpackung und Bedienungsanleitung sind auf Recyclingpapier gedruckt.[40]

6.2 Der Greening-Effekt durch Stakeholder-Bewertungen

Im Laufe des vergangenen Jahrzehnts hat eine wachsende Zahl von Unternehmen die wirtschaftlichen Vorteile sozialer Verantwortung und der entsprechenden Verhaltensformen und Praktiken im Unternehmen erkannt. Diese Erfahrungen werden durch eine steigende Zahl empirischer Studien untermauert, die zeigen, dass soziale Verantwortung von Unternehmen positive Auswirkungen auf die wirtschaftliche Leistungsfähigkeit hat und den Shareholder Value nicht beeinträchtigt.

Es gibt sechs Schlüsselgebiete oder –dimensionen der sozialen Verantwortung von Unternehmen: Kunden, Mitarbeiter, Geschäftspartner, Umwelt, gesellschaftliche Gruppen und Anleger. Bei der sozialen Verantwortung von Unternehmen geht es nun um die Gestaltung des eigenen Verhaltens auf diesen sechs Gebieten.

Unternehmen, die einen solchen neuen, wertebasierten Ansatz anwenden, erleben, dass sich dadurch eine Verbesserung der Ertragsfähigkeit, höhere Motivation und Einsatzfreudigkeit am Arbeitsplatz bei den Mitarbeitern sowie mehr Kundentreue und ein verbesserter Ruf des Unternehmens erzielen lassen.

Der „Ökosoziale Unternehmenstest"[41] wurde unter Bezugnahme auf den theoretischen Hintergrund der Unternehmensethik erstellt und kann die Auswirkungen der sozialen Verantwortung von Unternehmen erklären und operiert mit Hilfe einiger abhängiger Größen wie

---

[38] www.plidesign.co.uk/
[39] www.dooyoo.de/taschenrechner/canon-mp-120-mg/
[40] weiterführende Beispiele mit Bezug zu Österreich werden unter http://www.respact.at/ praxisbeispiele angeboten.
[41] Copyright by Walter Schiebel und Siegfried Pöchtrager vom Institut für Marketing & Innovation der Universität für Bodenkultur Wien (BOKU Wien)

- Ertragsfähigkeit,
- Einsatz und Motivation der Mitarbeiter,
- Kundentreue,
- Risiko,
- Betriebskosten,
- Markenprofil und Ruf,
- Höhere Bonität, geringere Betriebskosten.

Die Messung der Auswirkungen von verantwortungsvollem Wirtschaften in Unternehmen bringt zusätzliche Vorteile: bessere Beziehungen zu Interessensgruppen, höhere Bonität gegenüber Anlegern, geringere interne Betriebskosten, bessere interne Koordination, das Erkennen nicht-finanzieller Aspekte, besser definierte Prioritäten, bessere Einhaltung von Vorschriften und Erkennen potenzieller Verpflichtungen.[42]

Der „BOKU-Ansatz" definiert die unabhängigen Variablen für das Modell „verantwortliches Wirtschaften von Unternehmen" und zeigt, wie die unabhängigen Variablen durch ein Audit gemessen werden können[43].

Vgl. dazu auch

- die Forschungsergebnisse zu „Defining the Content of Corporate Responsibility in Food Chain" des MTT Agrifood Research Finland, des National Consumer Research Centre, Finland sowie der University of Jyvaskyla, Finland von Pasi Haikkurinen u.a. sowie
- die Studie von Maurice Stanszus über „Konsumentenfreundliche CSR Bewertungen"[44].
- das Kapitel „Evaluierungsansätze" in der Magisterarbeit von Doris Thanner über Corporate Responsibility, das einen sehr guten Überblick zu Evaluierungsinstrumenten, kreislauf- und nichtkreislaufbasierten Bewertungsverfahren zur Messung von CSR gibt und die Vor- und Nachteile gegeneinander abwägt, die Magisterarbeit von Johannes Brandner über den Zusammenhang von CSR und Corporate Image sowie die Magisterarbeit von Anna Katharina Poetz über eine vergleichende Bewertung von CSR-Standards im Agribusiness.

7 Zusammenfassung

The European Foundation for the improvement of Living and Working Conditions research into CSR identified the following main motive for acting in a socially responsible way.[45]

---

[42] Hui-Hsuan (2009); Jaud (2009)

[43] vgl. www.boku.ac.at/mi

[44] vgl. http://wegreen.de/uploads/media_items/konsumentenfreundliche-csr-bewertungen.original. pdf) und die daraus hervorgegangene Suchmaschine WeGreen, „die Transparenzmaschine für mehr Nachhaltigkeit" sowie http://csr-strategie.de/csr-kommunikation/wegreen-die-transparenz-maschine-fur-mehr-nachhaltigkeit/

[45] vgl. Bronchain (2003): 16

Developing new products and markets: four different cases have been specially identified.

- First, CSR can result in the launch of a new product or service.
- Second, CSR can lead to the improvement of an existing product or service.
- Third, CSR can contribute to the creation of a new market for products or services.
- Fourth, CSR can be used by companies as a "learning laboratory" for innovations. This can take the form of partnership like "co-opetitions" or "social networks".

8 Literatur

Axelrod, R. (2009): Die Evolution der Kooperation. Oldenbourg, München.

Brandenburger, A. M./Nalebuff, B. J. (1997): Co-opetition. Harvard.

Brandner, J. (2011): Credibility of Corporate Social Responsibility Initiatives and the Inference on the Corporate Image. Image Measurement of Selected Food Companies. Master thesis, Institute of Marketing & Innovation, University of Natural Resources and Life Sciences, Vienna.

Bronchain, Ph. (2003): Towards a Sustainable Corporate Social Responsibility. European Foundation fort he Improvement of Living and Working Conditions, Dublin.

ChristianAid (2001): Behind the mask. The real face of corporate social responsibility, http://www.christianaid.co.uk/indepth/0401csr/index.htm

Cowe, R./Williams, S. (2000): Who are the ethical consumers? Manchester 2000.

ECR-Europe and Accenture (2006): Shell Ready Packaging (Retail Ready Packaging) Adressing the challenge: a comprehensive guide for a collaborative approach, http://www.ecrnet.org

Egels, N. (2005): CSR in Electrification of Rural Africa: The Case of ABB in Tanzania. In: The Journal of Corporate Citizenship. 18: 75-85

Fombrun, C. J. (1997): Three Pillars of Corporate Citizenship: Ethics, Social Benefit, Profitability. In: Tichy, N.M./McGill, A.R./Lynda, S.C. (Hrsg.): Corporate Global Citizenship: Doing Business in the Public Eye. San Francisco 1997, S. 27–42.

Fombrun, C. J./Gardberg, N. A./Barnett, M. (2000): Opportunity Platforms and Safety Nets: Corporate Citizenship and Reputational Risk. In: Business and Society Review, Vol. 105 (2000), S. 85–106.

Gierl, H./Satzinger, M. (2000), Die Nutzung extrinsischer und intrinsischer Qualitätssignale in Abhängigkeit vom vorwissen. Jahrbuch der Absatz- und Verbrauchsforschung 46, 260-279.

Hansen, U./Schrader U., Corporate Social Responsibility als aktuelles Thema der Betriebswirtschaftslehre, in: DBW 65 (2005) 4, 383-384

Hills, J./Welford, R. (2005): Coca-Cola and water in India. In: Corporate Social Responsibility and Environmental Management. 12(3): 168–177

Hui-Hsuan, K. (2009): Corporate Social Responsibility als Marketingstrategie zur Positionierung von Unternehmen. Diplomarbeit, Hochschule für Wirtschaft und Recht, Berlin

Jaud, Chr. (2009): Corporate Social Responsibility als Erfolgsfaktor für das Marketing von Unternehmen. Diplomarbeit, Universität Augsburg.

Jones. P. et al. (2005): Concentration and Corporate Social Responsibility: A Case Study of European Food Retailers. In: Management Research News. 28(6): 42-54

King, D./Mackinnon, A. (2001): Who Cares? Community Perceptions in the Marketing of Corporate Citizenship. In: The Journal of Corporate Citizenship, Vol. 3 (2001), S. 37–53.

Knörzer, G.(o.J.): Ethik-Macht-Unterscheidbar. CSR: Wie gesellschaftliche Verantwortung zur Verbesserung von Marktstellung und Kundenbindung beitragen kann. http://www.competencesite.de/downloads/ff/1a/i_file_11029/CSR_Knoerzer_Ethik_Macht_Unterscheidbar.pdf

Lietke, B. (2009): Das ECR-Kooperationskonzept. Gabler.

Maaß, F./Clemens, R. (2002): Corporate Citizenship: Das Unternehmen als »guter Bürger«. Wiesbaden.

Maignan, I./Ferrell, O. C. (2004): Corporate Social Responsibility and Marketing: An Integrative Framework. In: Journal of the Academy of Marketing Science, Vol. 32 (2004), No. 1, S. 3–19.

Maignan, I./Ferrell, O. C./Hult, G. T. M. (1999): Corporate Citizenship: Cultural Antecedents and Business Benefits. In: Journal of the Academy of Marketing Science, Vol. 27 (1999), S. 455–469.

Marsden, C./Andriof, J. (1998): Towards an Understanding of Corporate Citizenship and How to Influence It. In: Citizenship Studies, Vol. 2 (1998), S. 329–352.

Mohr, L.A./Webb, D. J./Harris, K. E. (2001): Do Consumers Expect Companies to be Socially Responsible? The Impact of Corporate Social Responsibility on Buying Behavior. In: The Journal of Consumer Affairs, Vol. 35 (2001), S. 45–72.

N, N. (2011): CSR Europe Ratgeber Nachhaltiges Marketing, CSR Europe.

Fembek, M. (2011b): CSR Corporate Social Responsibility, Jahrbuch für unternehmerische Verantwortung. KGV Verlag, Wien.

Poetz, A. K. (2010): Comparative Evaluation of CSR Standards and Guidelines with Focus on Agribusiness. Master thesis, Institute of Marketing & Innovation, University of Natural Resources and Life Sciences, Vienna.

Prieto-Carrón, M.: (2006) Corporate Social Responsibility in Latin America: Chiquita, Women Banana Workers and Structural Inequalities. In: The Journal of Corporate Citizenship. Spring 2006(21): 85-94

Rainer H./Meixner, O./Pöchtrager, S. (2009): Was wir morgen essen werden, Facultas 2009

Rondinelli, D. A./Berry, M. A. (2000): Environmental Citizenship in Multinational Corporations: Social Responsibility and Sustainable Development. In: European Management Journal. 18(1): 70-84.

Schiebel, W./Pöchtrager, S. (2003): Corporate ethics as a factor for success – the measurement instrument of the University of Agricultural Sciences (BOKU), Vienna. Supply Chain Management. An International Journal 8/2, 116-121.

Schulz, W.F./Gutterer, B./Geßner, C./Sprenger, R.-U./Rave, T. (2002): Nachhaltiges Wirtschaften in Deutschland: Erfahrungen, Trends und Potenziale. Gemeinsame Studie von DKNW und ifo. Witten u. a. 2002.

Schwaiger, M. (2004): Components and Parameters of Corporate Reputation: An empirical study. In: Schmalenbach Business Review, Vol. 56 (2004), S. 46–71.

Scott, R.L. (2003): Bio-Conservation or Bio-Exploitation: An Analysis of the active Ingredients discovery Agreement between the Brazilian Institution Bioamazonia and the Swiss Pharmaceutical Company Novartis. In: The George Washington International Law Review. 35(4): 977-1000

Sen, S./Bhattacharya, C. B. (2001): Does Doing Good Always Lead to Doing Better? Consumer Reactions to Corporate Social Responsibility. In: Journal of Marketing Research, Vol. 38 (2001), S. 225–243.

Sprenger, R. K. (2000): Aufstand des Individuums, Campus Verlag.

Stehr, N. (2007): Die Moralisierung der Märkte. Frankfurt/Main, Suhrkamp Verlag.

Teuscher, P. et al. (2006): Risk management in sustainable supply chain management (SSCM): lessons learnt from the case of GMO-free soybeans. In: Corporate Social Responsibility and Environmental Management. 13(1): 1-10

Thanner, D. (2010): Corporate Responsibility, Magisterarbeit, Universität für Bodenkultur, Wien, Institut für Marketing & Innovation.

Waddock, S. (2000): The Multiple Bottom Lines of Corporate Citizenship: Social Investing, Reputation, and Responsibility Audits. In: Business and Society Review, Vol. 105 (2000), S. 323–345.

Walsh, G./Wiedmann, K.-P. (2004): A Conceptualization of Corporate Reputation in Germany: An Evaluation and Extension of the RQ. In: Corporate Reputation Review, Vol. 6 (2004), S. 304–312.

Westebbe, A./Logan, D. (1995): Corporate Citizenship: Unternehmen im gesellschaftlichen Dialog. Wiesbaden 1995.

Zalik, A. (2004): The Niger delta: ‚petro violence' and ‚partnership development'. In: Review of African Political Economy. 31(101): 401ff.

Strategische CSR und Kommunikation

Thomas H. Osburg

1 Einleitung

Corporate Social Responsibility (CSR) wird meistens als das strategische gesellschaftliche Engagement eines Unternehmens definiert, das übergeordnete Unternehmensziele unterstützt und gesellschaftliche Probleme mithilft zu lösen. Die Kommunikation von Corporate Social Responsibility kann aus diesem Grund auch nicht isoliert von anderen Kommunikationsinstrumenten betrachtet werden, sondern ist holistisch in die gesamte Kommunikationsstrategie eines Unternehmens integriert.[1] Besonders bei einer strategischen Ausrichtung von Corporate Social Responsibility auf die Kernkompetenz des Unternehmens[2] bieten sich Ansatzpunkte für die ganzheitliche und integrierte Kommunikation, die über die isolierte Darstellung der einzelnen CSR Aktivitäten oder CSR Programme hinausgeht.[3]

Die unternehmerische Kommunikationsarbeit dokumentiert dabei den Wandel von traditioneller Philanthropie zu modernen Corporate Social Responsibility Konzepten. Die Ausrichtung eines Unternehmens als Corporate Citizen verlangt inzwischen die aktive Kommunikation mit allen Anspruchsgruppen. Für Schrader ist „Informationsoffenheit … nicht nur eine Maßnahme zur Kommunikation von Corporate Social Responsibility-Aktivitäten, sondern selbst Teil des Corporate Social Responsibility",[4] denn gesamtwirtschaftlich stärkt die Kommunikation von CSR und CC auch deren Verbreitung in der Gesellschaft.[5]

Während vor einigen Jahren Corporate Social Responsibility Aktivitäten in Deutschland und Österreich noch relativ zögerlich kommuniziert wurden und für viele Unternehmen die traditionelle Auffassung *Mehr sein als scheinen* galt,[6][7] ist CSR inzwischen aktiver Teil der Unternehmenskommunikation, vor allem bei Großunternehmen.[8][9] Dieser Beitrag stellt zuerst die Herausforderungen an die

---

[1] Schrader (2003): 125; Aumayr (2008): 414
[2] Porter/Kramer (2006)
[3] Schrader (2003): 127-128
[4] Schrader (2003): 130
[5] Aumayr (2008): 145
[6] Mutz/Korfmacher (2003): 50
[7] Gazdar/Kirchhoff (2003): 83
[8] von den 30 deutschen Unternehmen, die am 23.01.2008 im deutschen Börsenindex DAX notiert waren, gab es bei 11 Unternehmen (36,6%) direkt auf der Homepage einen Link zu CC oder CSR, bei weiteren 13 (43,3%) wurde auf der darunterliegenden Ebene (1-Klick) auf die entsprechenden Aktivitäten verwiesen. Lediglich bei 6 Unternehmen (20%) waren zwei Klicks nötig, um Themen zu CC bzw. CSR zu finden (eigene Recherche)
[9] CSR Europe (Hrsg.) (2003): 12

Kommunikation von Corporate Social Responsibility dar und skizziert anschließend mögliche Kommunikationsstrategien der bürgerschaftlichen Unternehmensverantwortung.[10]

2 Herausforderungen an die Kommunikation

Die unternehmerische Kommunikation im Rahmen von CSR oder Corporate Citzenship (CC) sieht sich besonderen Herausforderungen gegenübergestellt: Eine immer kritischere Öffentlichkeit erwartet von den Unternehmen eine korrekte, nachvollziehbare und zielgruppenadäquate Kommunikation ihrer CSR Aktivitäten, die komplexen Stakeholderbeziehungen verlangen individuelle Kommunikationsbotschaften und differenzierte Kommunikationskanäle und die zunehmende Vielfalt der Themenbereiche innerhalb von CSR impliziert ebenfalls eine Ausrichtung an den Bedürfnissen der einzelnen Anspruchsgruppen.

2.1 Kritische Öffentlichkeit

Entsprechend dem Postulat der Informationsoffenheit einer unternehmerischen CSR Ausrichtung erwartet die Öffentlichkeit von den Unternehmen eine aktive Kommunikation ihres Engagements. Trotz der Anstrengungen der Unternehmen wurden diese Erwartungen in der Vergangenheit nur unzureichend erfüllt: Im Jahr 1993 fühlten sich 54% der Bundesbürger über die sozialen und ökologischen Aktivitäten der Unternehmen schlecht informiert,[11] im Jahr 2003 gaben sogar 74% der Bevölkerung an, nicht ausreichend Informationen über CSR und CC Aktivitäten der Unternehmen zu erhalten.[12] Unternehmen scheinen daher gefordert zu sein, verstärkt kommunikative Anstrengungen zu unternehmen. Diese zunehmende Informationslücke bedeutet jedoch nicht zwingend, dass die Unternehmen weniger kommunizieren. Es erscheint ebenfalls plausibel, dass die Erwartungen der Kunden schneller als die Kommunikation der Unternehmen gestiegen sind.

Dabei ist allerdings zu beachten, dass im Falle einer zu offensiven Kommunikation der Wahrnehmung gesellschaftlicher Verantwortung durch die Unternehmen negative Effekte für den Kommunikationsnutzen möglich und denkbar sind.[13] Besonders in Deutschland wurde die offensive Kommunikation eines sozialen unternehmerischen Engagements von der Öffentlichkeit bisher eher kritisch gesehen,[14] hieran hat sich bis heute nur wenig geändert.[15]

Neben den wahrgenommenen Informationsdefiziten werden aber auch die bereits vorhandenen Informationsquellen nur unzureichend genutzt, denn 54% der Bürger haben noch nie in die von den Unternehmen bereitgestellten Berichte zu

---

[10] Osburg (2010): 64
[11] Hansen/Schoenheit (1993): 74
[12] Universität St. Gallen (Hrsg.) (2003): 28
[13] Morsing/Schultz (2006): 323
[14] Rudolph (2001): 4-5
[15] Stelzer (2009)

Themen der Nachhaltigkeit, der sozialen oder ökologischen Verantwortung oder dem gesellschaftlichen Engagement von Unternehmen geschaut.[16] Hier ist die Wahl der Kommunikationskanäle durchaus zu hinterfragen. Ein CSR-Bericht kann möglicherweise die notwendige Basisdokumentation des Unternehmens darstellen, als zentraler Teil der Kommunikation erscheint er dagegen nicht ausreichend.

2.2 Komplexität der Stakeholderbeziehungen

Unternehmen ist es bisher also nur teilweise gelungen, ihre Kommunikationsanstrengungen erfolgreich darzustellen. Ein Grund hierfür ist in der Komplexität der Stakeholderbeziehungen im Rahmen von CSR zu sehen, d.h. in der Schwierigkeit, explizit die verschiedensten Interessenlagen der Anspruchsgruppen zu berücksichtigen.[17]

Kunden, Mitarbeiter und Shareholder stellen allgemein die wichtigsten Stakeholder einer unternehmerischen CSR Strategie dar,[18] wobei die Mitarbeiter und Investoren auch als indirekte Adressaten einer möglichen konsumentenorientierten CSR Kommunikation gesehen werden können. Die unternehmerische kommunikative Zielsetzung einer konsumenterorientierten CSR Kommunikation liegt vor allem in der Verbesserung der Reputation, in der Differenzierung von Konkurrenten sowie in der Risikovermeidung.[19] Bei anderen Stakeholdern (z.B. Medien oder lokalen Verwaltungen) stehen möglicherweise andere Ziele im Vordergrund, so dass aufgrund der unterschiedlichen Bedürfnisse der Anspruchsgruppen identische Kommunikationsbotschaften und –kanäle für alle Stakeholder gleichermaßen nicht sinnvoll erscheinen.

2.3 Zunehmende Transparenz der Unternehmensaktivitäten und Komplexität der Kommunikationsthemen

Aufgrund einer zunehmend kritischeren Gesellschaft werden immer mehr Felder unternehmerischer Aktivitäten einer kritischen Beleuchtung durch die Öffentlichkeit unterzogen, wie z.B. die Arbeitsbedingungen in Produktionsländern, die Verwendung von gesundheitsgefährdenden Roh- oder Produktionsstoffen oder die Behandlung von Lebensmitteln. Zusätzlich werden diese Aktivitäten und Verhaltensweisen in verschiedensten Rankings evaluiert und mit anderen Unternehmen verglichen.[20] Die Kommunikation gesellschaftlicher Verantwortung bezieht sich damit auf so konträre Themenblöcke wie Umwelt-und Sozialberichte, Volunteering und Sicherheit, Produktionsmethoden und Handelsbeziehungen, usw. Unternehmen stehen daher vor der Herausforderung, komplexe Themenblöcke sinnvoll und holistisch als übergreifende CSR Ausrichtung zu kommunizieren.

---

[16] Universität St. Gallen (Hrsg.) (2003): 29
[17] Kiefer/Biedermann (2008): 124
[18] Bertelsmann Stiftung (Hrsg.) (2005): 7
[19] Schrader/Halbes/Hansen (2005): 19
[20] Morsing/Schultz (2006): 323

2.4 Implikationen für die Gestaltung der Kommunikation

Die oben genannten spezifischen Herausforderungen an eine CSR Kommunikation definieren den Rahmen für weitergehende Überlegungen zur Gestaltung der kommunikativen Maßnahmen.[21]

- Von einem Großteil der Bevölkerung wird ein Mangel an Informationen beklagt, bestehende Informationsmöglichkeiten werden aber nur von etwa der Hälfte der Bürger wahrgenommen. Der dargestellte wahrgenommene Informationsmangel könnte auf eine gewisse Problematik bei der Wahl der *Kommunikationskanäle* durch die Unternehmen hindeuten.
- Die *Intensität* der unternehmerischen CSR Kommunikation erfordert eine exakte Analyse der jeweiligen Erwartungen einzelner Anspruchsgruppen, da besonders bei der Kommunikation gesellschaftlicher Verantwortung die gewünschten positiven Effekte leicht ins Gegenteil umschlagen und zu Reaktanz bei den Stakeholdern führen können.
- Die Kommunikationsstrategie eines Unternehmens sollte der Themenvielfalt und Relevanz für einzelne Stakeholder Rechnung tragen, d.h. die Zielgruppenaffinität der *Kommunikationsbotschaften* sollte verstärkt berücksichtigt werden. Berichte zur Arbeitssicherheit sind vor allem für Mitarbeiter und Investoren interessant, Berichte über Umweltthemen für die Öffentlichkeit, die lokale Verwaltung und Investoren.

3 Gestaltung der Kommunikation

Aufbauend auf der klassischen Charakterisierung von Modellen der Public Relations von Grunig und Hunt[22] entwerfen Morsing und Schultz einen CSR Kommunikationsansatz, der im Folgenden für die weitere Strukturierung der Ausführungen zur Kommunikation als theoretische Grundlage Verwendung finden soll.[23] Dabei kommt der Thematik der normativen Kommunikationsoffenheit im Rahmen der CSR eine tragende Rolle zu.

3.1 Kommunikation als Informationsübermittlung

Bei dem Kommunikationsmodell der Informationsübermittlung geht es um die Verbreitung von Unternehmensinformationen an relevante Stakeholder und Zielgruppen,[24] die Kommunikation hat eine Dokumentarfunktion für eine vollständige und zusammenhängende Darstellung der Unternehmensaktivitäten.[25] Stakeholder haben lediglich eine passive Rolle als Empfänger der einseitigen Kom-

---

[21] Osburg (2010): 64
[22] Grunig/Hunt (1984)
[23] Morsing/Schultz (2006)
[24] Morsing/Schultz (2006): 326
[25] Wermter/Gazdar (2008): 195

munikation, deren Inhalte sie akzeptieren oder ablehnen können. Im Zentrum der Kommunikationsaktivitäten steht demnach das *Stakeholder Influencing*.

Da es sich um Unternehmensinformationen über CSR und CC Aktivitäten handelt, ist eine Integration und Unterstützung von Dritten (z.B. NGO's) in die Kommunikation nicht unbedingt notwendig. Die Gefahr besteht jedoch, dass die einseitige Kommunikation dann als ausreichend angesehen wird, wenn das Unternehmen überzeugt ist, mit seinen CSR Maßnahmen das Richtige zu tun und daher die Darstellung dieser Aktivitäten in geeigneten Kommunikationskanälen als ausreichend ansieht.[26] Die Kommunikationsaufgabe wird hier lediglich in der Erstellung einer überzeugenden Kommunikationsbotschaft gesehen.

Bei den Formen der einseitigen Kommunikation dominieren auch bei der CSR Berichterstattung die traditionellen Massenmedien. Die Wahrnehmung der unternehmerischen sozialen Verantwortung durch die Bevölkerung wird zu 83% von Tageszeitungen, zu 78% durch das Fernsehen und zu 61% durch das Radio geprägt.[27]

Auch für die Zukunft sind für 60% der befragten Bürger Tageszeitungen, Fernsehen und Zeitschriften bevorzugte Informationsmedien für die unternehmerische Kommunikation von gesellschaftlicher Verantwortung.[28] Dies könnte sich dadurch erklären, dass sich die meist über Internet verbreiteten Unternehmensberichte oft nicht vorrangig an die Allgemeinheit, sondern an selektierte Stakeholder (z.B. Shareholder oder Mitarbeiter) und Opinion Leader wenden.[29] Des Weiteren billigt die Bevölkerung den Massenmedien aufgrund ihrer vermeintlichen Neutralität eine größere Objektivität im Vergleich zu Unternehmensberichten zu.[30]

3.2 Dialogorientierte Kommunikation

Dialogorientierte Kommunikation kann abhängig vom Grad der Involviertheit der Kommunikationsempfänger als asymmetrisch oder symmetrisch aufgefasst werden.[31]

3.2.1 Asymmetrische Kommunikationsstrategie

Bei der asymmetrischen Kommunikationsstrategie (oder auch *Stakeholder Response Strategy*) handelt es sich um eine zweiseitige Kommunikation mit den verschiedenen Stakeholdern. Diese Kommunikation ist vom Unternehmen initiiert und hat zum Ziel, ähnlich wie bei der Kommunikationsstrategie der Informationsübermittlung, die Anspruchsgruppen über die unternehmerischen CSR Aktivitäten zu informieren. Zusätzlich werden bei der asymmetrischen Strategie die Meinungen und Einstellungen der Stakeholder berücksichtigt. Morsing/Schultz konstatieren jedoch: „The stakeholder response strategy is a predominantly one-sided approach, as the company has the sole intention of convincing its stakeholders of

---

[26] Morsing/Schultz (2006): 327
[27] Universität St. Gallen (Hrsg.) (2003): 19
[28] Universität St. Gallen (Hrsg.) (2003): 15
[29] Gazdar (2008): 191
[30] Hansen/Lübke/Schoenheit (1993): 589 sowie Universität St. Gallen (Hrsg.) (2003): 15
[31] Morsing/Schultz (2006)

its attractiveness".[32] Die aktive Rolle der Anspruchsgruppen beschränkt sich damit auf Reaktionen bzw. Antworten auf unternehmensseitig initiierte Kommunikation. Die Identifikation der relevanten Stakeholder für die Kommunikation stellt bei der asymmetrischen Kommunikationsstrategie die Hauptaufgabe dar.[33] Im Gegensatz zur einseitig ausgerichteten Kommunikation erlaubt der asymmetrische Ansatz aufgrund der erhaltenen Rückmeldungen allerdings eine kritische Selbstreflexion und führt möglicherweise zu neuen Denkmustern.[34]

3.2.2 Symmetrische Kommunikationsstrategie

Ein echter Dialog, der als „...*verständigungsorientierte Commitment-Strategie* von Unternehmen gegenüber der Gesellschaft"[35] verstanden werden kann, kommt erst im Rahmen einer symmetrischen Kommunikationsstrategie (bzw. *Stakeholder Involvement Strategy*) vor. Dabei handelt es sich um einen ergebnisoffenen interaktiven Prozess, bei dem die Inhalte der Kommunikation sowohl vom Unternehmen als auch von den Stakeholdern beeinflusst und festgelegt werden.[36] Unternehmen akzeptieren mit dieser Strategie den Einfluss der Stakeholder auf die eigenen CSR oder Corporate Social Responsibility Aktivitäten und lassen sich auf die gesellschaftliche Zuweisung von Verantwortung durch die Anspruchsgruppen ein.[37]

Die Hauptaufgabe der Kommunikation besteht hier im Aufbau und in der Pflege von Beziehungen zu den komplexen Stakeholdergruppen, die in die CSR Kommunikation aktiv eingebunden werden. Damit ergeben sich für Unternehmen vor allem positive Wirkungen in den Bereichen des Informationszuwachses, der verbesserten Risikowahrnehmung sowie einer langfristigen Erhöhung der Kundenzufriedenheit[38] und damit Kundenloyalität.[39] Dem können aber auch negative Auswirkungen gegenüberstehen, wie z.B. ein ungewisser Ausgang des Dialogs, die öffentliche Beachtung der durch das Unternehmen verursachten Probleme oder teilweise das Risiko einer verstärkten Verunsicherung der Mitarbeiter,[40] so dass besonders in der dialogisch orientierten symmetrischen Kommunikation ein professionelles Management der Beziehungen gefragt ist.

3.2.3 Einbindung von Partnern

Bei der symmetrischen Kommunikation ist die Einbindung von Partnern im Sinne eines *multi-step-flow of communication*[41] sehr wichtig.[42] So kann ein möglicher

---

[32] Morsing/Schultz (2006): 327
[33] Morsing/Schultz (2006): 326
[34] Gazdar (2008): 195
[35] Hansen (1996): 39
[36] Morsing/Schultz (2006): 328
[37] Hansen (1996): 39
[38] Hansen (1996): 47-48
[39] Wiedmann/Langner/Siecinski (2007): 106
[40] Hansen (1996): 49-51
[41] der Informationsfluss von Medien zu Meinungsführern und letztendlich zu den Followern wird als *Two-Step-Flow of Communication* bezeichnet; wenn jedoch viele verschiedene Partner gleichzeitig in die Kommunikationspolitik eingebaut werden, so spricht man vom *Multi-Step-Flow of Communication*; vgl. hierzu Katz/Lazarsfeld (1955)
[42] Schrader (2003): 130

Imagegewinn durch die Kommunikation von CSR Aktivitäten durch die strategische Einbindung von selektierten NGO's positiv beeinflusst werden, wenn diese bei der Bevölkerung mehr Glaubwürdigkeit genießen, als Unternehmen oder politische Parteien.[43] Vor allem die Einbindung von Universitäten in die CSR Kommunikation würde bei 91% der Bevölkerung zu einem größeren Vertrauen gegenüber dem kommunizierenden Unternehmen führen.[44]

Bei der Kommunikation von CSR Aktivitäten sind bei der Zielgruppe der Konsumenten auch unabhängige Verbraucherinstitute für die Unternehmen relevant, da die Informationsangebote dieser Institutionen von den Kunden allgemein wesentlich positiver und glaubwürdiger beurteilt werden, als direkte Unternehmensnachrichten.[45] Durch das Engagement der Verbraucherinstitute soll der Kunde in die Lage versetzt werden, „… im Rahmen seiner Produktentscheidungen auch ein Stück gesellschaftlicher Verantwortung …"[46] zu kaufen. Hierbei ist allerdings zu berücksichtigen, dass sich CSR Aktivitäten wesentlich stärker auf das Unternehmen als Ganzes auswirken, als auf einzelne Produkte.[47]

3.2.4 Möglichkeiten neuer Medien

Bei der symmetrischen Kommunikation stehen nicht die Massenmedien im Vordergrund, sondern Dialoginstrumente, die auf die Bedürfnisse der unterschiedlichen Stakeholder individuell eingehen und den Dialog fördern.[48] Gerade das Internet bietet seit einigen Jahren eine geeignete Möglichkeit für eine stärkere dialogorientierte und symmetrische Kommunikation zwischen Unternehmen und Stakeholdern. Bei entsprechender Gestaltung der gesamten Online-Beziehungen sind dabei erwiesenermaßen auch positive Wirkungen auf die gesamte Kundenzufriedenheit festzustellen, die vor allem durch Teilzufriedenheiten (wie z.B. der Kommunikationsmöglichkeit über die unternehmerische Verantwortung) die Gesamtzufriedenheit determiniert und damit einen positiven Einfluss auf die Loyalität der Anspruchsgruppen hat.[49]

Unternehmen nutzten und nutzen ihre Internetpräsenz vor allem zur Informationsübermittlung, die durch die Möglichkeit der Kreation von speziellen Portalen[50] auch zielgruppenorientiert durchgeführt werden kann. Dabei werden aber die Bezugsgruppen meist als Empfänger von Informationen angesprochen.[51] Diese Umsetzung einer einseitigen oder asymmetrischen Kommunikation schöpft die Möglichkeiten des potenziell dialogorientierten Mediums Internet nicht aus. Erste Ansätze für eine stärkere zweiseitige Kommunikation sind inzwischen sichtbar:

---

[43] Logan (1998): 67-68 sowie Universität St. Gallen (Hrsg.) (2003): 30
[44] Universität St. Gallen (Hrsg.) (2003): 30
[45] Hansen/Schoenheit (1993): 74
[46] Hansen (1988): 719
[47] Brown/Dacin (1997): 81
[48] Wiedmann/Langner/Siecinski (2007):17-22sowie Moon/Crane/Matten (2003): 16
[49] Wiedmann/Langner/Siecinski (2007): 106
[50] z.B. für Investoren oder Mitarbeiter
[51] Pleil (2008): 200

Social Software,[52] d.h. Internetanwendungen, die es jedem Teilnehmer erlauben, zum Anbieter von Informationen zu werden, verändern den Dialog rapide, Weblogs bzw. Blogs und Wikis gehören zu den wichtigsten Instrumenten des *Web 2.0.*[53] Die Bedeutung von Social Software für die Kommunikation von CSR liegt in der konstanten und ganzheitlichen Beobachtung der externen Kommunikation über das Unternehmen sowie die Möglichkeit für das Unternehmen, hier auch gestaltend aktiv zu werden.[54] Gerade Blogs können aktiv von Unternehmen als dialogisches Kommunikationsinstrument eingerichtet und verfolgt werden, denn sie werden oft von klassischen Massenmedien wahrgenommen und bieten so ebenfalls Ansatzpunkte für die Kommunikation an eine breite Öffentlichkeit.[55]

Neben den Corporate Websites bieten vor allem konsumentenseitig initiierte Informationsmöglichkeiten im Internet sowie durch verbraucherpolitische Organisationen kontrollierte Inhalte optimale Möglichkeiten für einen offenen und symmetrischen Dialog der Unternehmen mit ihren Stakeholdern.[56]

Diese neuen technologischen Möglichkeiten stellen einerseits für die Unternehmen neue, sehr zielgruppenspezifische Möglichkeiten der dialogorientierten Kommunikation mit den Stakeholdern dar, andererseits können sie auch negative Entwicklungen und kritische Kommentare sehr schnell verbreiten und damit zu einer Gefahr für das Unternehmen werden.[57] Hier sind vor allem Transparenz und Schnelligkeit als Anforderungen an die unternehmerische Kommunikationspolitik zu nennen.[58]

3.3 CSR als Marke

CSR oder Bürgerschaftliches Engagement wird oft als Differenzierungskriterium zu anderen Unternehmen gesehen. Dabei ist aber zu berücksichtigen, dass manche Programme eines Engagements relativ leicht kopiert werden können, während Marken prinzipiell stärkeren Schutz vor Konkurrenzaktivitäten bieten und auch aktiver gemanagt werden können. CSR kann auch als ein strategisches Unternehmensinstrument in kommunikativer Hinsicht verstanden werden, das weitergehende Wettbewerbsvorteile verschaffen kann.[59] Es könnte daher sinnvoll sein, das gesellschaftliche Engagement des Unternehmens (d.h. einen der Differenzierungsfaktoren zu anderen Unternehmen) nicht nur im Rahmen der kommunikativen

---

[52] Social Software sind Software Systeme, die allgemein der Kommunikation und Interaktion dienen; oft werden Gemeinschaften und *User-Communities* zu bestimmten Themen aufgebaut

[53] Pleil (2008): 200-201

[54] Pleil (2008): 201-202

[55] Pleil (2008): 203

[56] Hansen/Bornemann/Rezabakhsh (2004): 276-279

[57] besonders die sog. Watch-Blogs, d.h. die Weblogs, die das unternehmerische Handeln kritisch begleiten, können zu einer potenziellen Gefahr für das Unternehmen werden, offerieren aber auch einzigartige Möglichkeiten einer starken positiven Kommunikationswirkung, wenn sie vom Unternehmen professionell begleitet werden; vgl. hierzu Pleil (2008): 203

[58] Pleil (2008): 203

[59] Fahy/Farrelly/ Quester (2004): 1014

Aktivitäten darzustellen, sondern diese CSR Maßnahmen selber als eigenständige Marke zu etablieren.[60]

Die Vorteile, die sich aus der Etablierung einer CSR Marke ergeben lehnen sich an die bekannten Markencharakteristika an:[61]

- So ist vor allem die *Differenzierung* des eigenen Angebots vom Wettbewerb auch im Rahmen der CSR Projekte eines Unternehmens von entscheidender Bedeutung. Inzwischen ist die Anzahl der Aktivitäten im Zuge der unternehmerischen Wahrnehmung bürgerschaftlicher Verantwortung fast unüberschaubar, es ist für den Konsumenten zunehmend schwieriger, hier eine Orientierung zu finden. CSR Marken könnten hier eine wichtige Hilfe sein.
- Starke CSR Marken können auch einen positiven *Rückkopplungseffekt* auf die gesamte Unternehmensmarke haben und damit helfen, den Unternehmenswert zu steigern.
- Des Weiteren bieten Marken die Möglichkeit der *Ausweitung* für neue unternehmerische Angebote, um nicht nur kommunikative Wirkungen zu realisieren, sondern die gesellschaftlich positiven Wirkungen zu verstärken. Starke CSR Marken könnten so auch einen stärkeren, strategischen und positiven Einfluss auf gesellschaftliche Entwicklungen haben.
- Mit dem Aufbau starker Marken ist auch eine gewisse *Nachhaltigkeit* des unternehmerischen Engagements verbunden, da hier eine langfristige Investition in die Gesellschaft geplant und umgesetzt wird. CSR Marken könnten so die Nachhaltigkeit der Projekte erhöhen.

Im Sinne der immer stärkeren strategischen Ausrichtung von CSR ist zu erwarten, dass Unternehmen verstärkt diese Möglichkeit der langfristigen Verankerung ihres Engagements durch Markenbildung in Betracht ziehen werden.

In der Praxis sind CSR-Marken noch nicht sehr verbreitet, einige Unternehmen (z.B. Henkel, Intel oder Procter&Gamble) sind aber bereits dazu übergegangen, die Programme ihrer CSR Aktivitäten im gesamten Bildungsbereich unter einem eigenen Namen darzustellen und zu bündeln.

4 Ausblick

Dieser Beitrag hat die bisherigen kommunikativen Ansätze der Unternehmen zu strukturieren versucht und dabei auf die z.T. großen Herausforderungen hingewiesen. Dabei handelt es sich nicht so sehr um die sog. Neuen Medien und das Web 2.0. Dazu gibt es bereits zahlreiche Ansätze und die Aufrufe zur Beschäftigung mit den Kunden über Facebook, Twitter oder andere Kanäle sind zahlreich. Es geht in Zukunft vielmehr um die Integration von CSR in sämtliche Unternehmensprozesse (z.B. Marketing, Lieferantenkette, Investment, Personal, usw.) und

---

[60] Aaker (2004): 78
[61] Esch (2005): 25

die adäquate Kommunikation. Dabei stellt sich immer mehr die Frage, ob und wie dieses Engagement kommuniziert werden sollte, denn es handelt sich ja verstärkt um unternehmerische Kernprozesse. Hierzu gibt es weder in der Forschung noch in der Praxis bisher zufriedenstellende Antworten. Die kommunikative Darstellung der Übernahme gesellschaftlicher Verantwortung von Unternehmen wird einer der Forschungsschwerpunkte der nächsten Jahre bleiben.

5 Literatur

Aaker, D.A. (2004): Sichtbar anders: Verbraucher achten heute mehr auf den Preis als auf die Marken. Wie Unternehmen sich trotzdem von der Konkurrenz abheben können, in: Wirtschaftswoche, Nr. 16/2004, 08.04.2004, S. 78-81.

Aumayr, C. (2008): Corporate Citizenship in den Medien, in: Habisch, A./Schmidpeter, R./Neureiter, M. (Hrsg.) (2008): Handbuch Corporate Citizenship. Corporate Social Responsibility für Manager, Berlin, Heidelberg 2008, S. 413-418.

Bertelsmann Stiftung (Hrsg.) (2005): Die gesellschaftliche Verantwortung von Unternehmen. Detailauswertung. Dokumentation der Ergebnisse einer Unternehmensbefragung der Bertelsmann Stiftung, Gütersloh 2005.

Brown, T.J./Dacin, P.A. (1997): The company and the product: Corporate associations and consumer product responses, in: Journal of Marketing, Vol. 61 Issue 1, Jan. 1997, S. 68-85.

CSR Europe (Hrsg.) (2003) : Communicating Corporate Social Responsibility. Transparency, Reporting, Accountability. PDF-Datei, www.csreurope.org/pubserve/default.asp , abgerufen am 26.08.2003.

Esch, F.-R. (2005): Strategie und Technik der Markenführung, 3., überarbeitete und erweiterte Auflage, München.

Fahy, J./Farrelly, F./Quester, P.(2004): Competitive Advantage Through Sponsorship, in: European Journal of Marketing, Vol. 38, No. 8/2004, S. 1013-1030.

Gazdar, K./Kirchhoff, K. R. (2003): Unternehmerische Wohltaten: Last oder Lust? Von Stakeholder Value, Corporate Citizenship und Sustainable Development bis Sponsoring, München/Unterschleißheim.

Grunig, J.E./Hunt, T. (1984): Managing Public Relations, Fort Worth.

Hansen, U./Bornemann, D./Rezabakhsh, B. (2004): Markttransparenz als Problemstellung der Verbraucherpolitik im Zeitalter des Internet, in: Wiedmann, K.-P. (Hrsg.) (2004): Fundierung des Marketing. Verhaltenswissenschaftliche Erkenntnisse als Grundlage einer angewandten Marketingforschung, Wiesbaden, S. 269-292.

Hansen, U. (1996): Marketing im gesellschaftlichen Dialog, in: Hansen, U. (Hrsg.) (1996): Marketing im gesellschaftlichen Dialog, Frankfurt/Main; New York , S. 33-53.

Hansen, U. (1988): Marketing und soziale Verantwortung, in: Die Betriebswirtschaft, 48. Jahrgang, Heft 6, Seite 711-721.

Hansen, U./Lübke, V./Schoenheit, I. (1993): Der Unternehmenstest als Informationsinstrument für ein sozial-ökologisch verantwortliches Wirtschaften, in: Zeitschrift für Betriebswirtschaft (ZfB), Heft 6/93, 63. Jg., S. 587-611.

Hansen, U./Schoenheit, I. (1993): Was belohnen Konsumenten? Unternehmen und gesellschaftliche Verantwortung, in: absatzwirtschaft, Heft 12/93, S. 70-74.

Kiefer, R./Biedermann, C. (2008): Public Relations (PR), in: Habisch, A./Schmidpeter, R./Neureiter, M. (Hrsg.) (2008): Handbuch Corporate Citizenship. Corporate Social Responsibility für Manager, Berlin, Heidelberg 2008, S. 117-131.

Logan, D. (1998): Corporate citizenship in a global age, in: RSA Journal, Vol. CXLVI, No. 5486, 3/4 1998, London 1998, S. 64-71.

Morsing, M./Schultz, M. (2006): Corporate social responsibility communication: stakeholder information, response and involvement strategies, in: Business Ethics: A European Review, Vol. 15, Number 4, October 2006, S. 323-338.

Mutz, G./Korfmacher, S. (2003): Sozialwissenschaftliche Dimensionen von Corporate Citizenship in Deutschland, in: Backhaus-Maul, H./Brühl, H. (Hrsg.) (2003): Bürgergesellschaft und Wirtschaft – zur neuen Rolle von Unternehmen, Deutsches Institut für Urbanistik, Berlin 2003, S. 45-62.

Osburg, Th. (2010): Hochschulsponsoring als Corporate Citizenship. Ziele, Strategien und Handlungsempfehlungen für Unternehmen unter Berücksichtigung von Entwicklungen in Deutschland und den USA, Berlin.

Pleil, T. (2008): Internetkommunikation, in: Habisch, A./Schmidpeter, R./Neureiter, M. (Hrsg.) (2008): Handbuch Corporate Citizenship. Corporate Social Responsibility für Manager, Berlin, Heidelberg 2008, S. 199-205.

Porter, M. E./Kramer, M. R. (2002): The Competitive Advantage of Corporate Philanthropy, in: Harvard Business Review on Corporate Responsibility, Harvard Business Review Paperback Series, Boston, S. 27-64.

Rudolph, B. (2001): Ein Gewinn für beide Seiten und für die Gesellschaft: Erste empirische Fallstudien zum bürgerschaftlichen Engagement deutscher Unternehmen, http://www.socialscience.de/look/pdf/Blaetter_Wohlfahrtspflege.pdf, abgerufen am 13.04.2004.

Schrader, U. (2003): Corporate Citizenship: Die Unternehmung als guter Bürger? Berlin 2003.

Schrader, U./Halbes, S./Hansen, U. (2005): Konsumentenorientierte Kommunikation über Corporate Social Responsibility (CSR). Erkenntnisse aus Experteninterviews in Deutschland. Lehr- und Forschungsbericht Nr. 54 des Lehrstuhls Marketing und Konsum der Universität Hannover, Hannover.

Stelzer, T. (2009): Corporate Social Responsibility in der Berichterstattung deutscher Tageszeitungen, Berlin/München/Brüssel.

Universität St. Gallen (Hrsg.) (2003): Soziale Unternehmensverantwortung aus Bürgersicht. Eine Anregung zur Diskussion im Auftrag der Philip Morris GmbH, Institut für Wirtschaftsethik der Universität St. Gallen. http://www.iwe.unisg.ch/org/iwe/web.nsf/wwwPubService/8926B92CBD2E5DAAC1256D50006DF4EA, abgerufen am 02.08.2004

Wermter, V. (2008): Marketing, in: Habisch, A./Schmidpeter, R./Neureiter, M. (Hrsg.) (2008): Handbuch Corporate Citizenship. Corporate Social Responsibility für Manager, Berlin, Heidelberg 2008, S. 133-144.

Wiedmann, K.-P./Langner, S./Siecinski, J.(2007): Kundenzufriedenheit in Online-Beziehungen – Ergebnisse einer empirischen Studie. Schriftenreihe Marketing & Management der Universität Hannover, Hannover.

CSR und Kommunikation – Praktische Zugänge

Gabriele Faber-Wiener

1 Einleitung

Das Wechselspiel zwischen Corporate Social Responsibility (CSR) und Public Relations (PR) ist nicht einfach: Beide Disziplinen sind noch sehr jung und bewegen sich oft auf Neuland, beide entwickeln sich sehr rasch, und beide polarisieren. Dies hat zur Folge, dass derzeit PR entweder häufig falsch (z.B. in Form von Greenwashing[1]) oder gar nicht eingesetzt wird. Die zentrale Rolle der Kommunikation in der CSR wird dabei übersehen bzw. unterschätzt, mit dem Ergebnis, dass Unternehmen das Potential von CSR nicht ausschöpfen oder aber ins Schussfeld einer – oft zu Recht – immer skeptischeren Öffentlichkeit geraten.

Der Schlüssel zum Erfolg liegt – wie so oft – in der professionellen Herangehensweise – sowohl im CSR-Management als auch in der Kommunikation. Wird beides richtig verstanden, dann kann es auch richtig angewandt werden.

In diesem Kapitel geht es darum, den Status Quo aufzuzeigen, die verschiedenen Ebenen der Kommunikation im CSR-Prozess zu analysieren und Möglichkeiten und Zugänge für die praktische Umsetzung anzubieten, um das Maximum für strategisch angewandte CSR herauszuholen.

Basis dafür ist ein modernes CSR-Verständnis, nämlich CSR am Unternehmenskern, verbunden mit aktivem Ethikmanagement, d.h. CSR als Corporate Social Rectitude und nicht im Sinne von Corporate Philantrophy[2], wie es noch sehr oft betrieben und verstanden wird.

Derzeit herrschen bei Unternehmen vier Hauptmotive vor, CSR zu betreiben: Moralische Verpflichtung, Nachhaltigkeit, unternehmerische Betriebslizenz und Reputation[3]. Der stärkste treibende Faktor ist dabei eindeutig die Reputation des Unternehmens. Durch CSR-Maßnahmen erhöhte Reputation stärkt nicht nur Kundenbindung, Image und Marke; sie kann direkt oder indirekt zu einer Steigerung des Unternehmenswertes führen.

---

[1] Greenwashing ist eine kritische Bezeichnung für PR-Methoden, die darauf zielen, einem Unternehmen in der Öffentlichkeit ein umweltfreundliches und verantwortungsvolles Image zu verleihen. (Definition aus Wikipedia)

[2] mit Corporate Social Rectitude (CSR3) bezeichnet man die Einbindung ethischer Aspekte in Unternehmensentscheidungen, das Konzept geht auf Frederick zurück und stammt aus den 1990er Jahren Corporate Philantrophy umfasst unternehmerische Wohltaten wie Spenden, Sponsoring, pro-bono-Aktivitäten oder Corporate Volunteering und wird bisweilen als Bestandteil von Corporate Citizenship gesehen

[3] Porter/Kramer (2006)

Voraussetzung dafür ist eine umfassende, adäquate und strategisch geplante Kommunikation, die nicht erst mit der Umsetzung der Maßnahmen beginnt, sondern bereits beim Beginn des CSR-Prozesses ansetzt.

CSR-Kommunikation wird derzeit zumeist auf drei Aspekte beschränkt: die Kommunikation von (Social) Philantrophy-Maßnahmen, Stakeholder-Management und CSR-Reporting, d.h. die Berichterstattung von CSR-Maßnahmen. Die interne und externe Kommunikation von CSR-Maßnahmen im Unternehmenskern wie z.B. Mitarbeitermaßnahmen, die Entwicklung von CSR-Produkten oder internen Prozessen wird sehr oft vernachlässigt, wohl auch aus dem Hintergrund der größeren Komplexität und Mangel an Know-how bzw. Angst vor negativem Feedback von kritischen Bevölkerungsgruppen. Dies hat zur Folge, dass nicht nur das Bild der CSR-Maßnahmen von Unternehmen ein einseitiges ist, sondern dass das generelle Bild der CSR-Entwicklung und damit das CSR-Verständnis sowohl bei Unternehmen als auch bei vielen Stakeholdern wie NGOs und Vertretern des öffentlichen Sektors häufig auf unzureichender Kenntnis des gesamten Umfangs der CSR-Aktivitäten beruht.

Hinzu kommt, dass derzeit CSR-Kommunikation von einer Vielzahl von Agenturen, Beratern etc. durchgeführt wird, die das hohe Entwicklungs- und Auftragspotential von CSR für die Kommunikationsbranche erkannt haben[4], aber zumeist auf „Trial und Error"-Basis bzw. mit den gleichen Mechanismen und der gleichen Sprache wie in der bisherigen PR bzw. Werbung arbeiten. Das führt dann oft zu Misserfolgen und negativem Echo bzw. öffentlichen Vorwürfen des Greenwashings (s.o.) oder „Blue Washings"[5].

Dabei verfolgen PR und CSR im Grunde genommen ähnliche Ziele, wenn man die ursprünglichen, grundsätzlichen Ansätze von PR als Basis nimmt, nämlich die Beziehung zu Stakeholdern zu verbessern und gesellschaftlichen Mehrwert zu erzeugen.[6]

CSR-Kommunikation spielt somit nicht nur eine zentrale Rolle im gesamten CSR-Prozess, sie hat auch das Potential, die PR-Branche wieder zurück an ihre Wurzeln zu führen: weg von oberflächlicher Image-PR hin zu einem offenen (selbst-)kritischen Spiegel.

---

[4]   CSR gehört zu den fünf wichtigsten Kommunikationsdisziplinen im Kommunikationsmanagement und ist neben der internen Kommunikation die am stärksten wachsende Disziplin von Corporate Communication. Vgl. Zerfass et al (2008)

[5]   „Blue Washing" bezeichnet Unternehmen, die nur dem Anschein nach nachhaltig wirtschaften und das Logo des UN Global Compact nur zu Reputationszwecken verwenden. Vgl. www.derehrbarekaufmann.de

[6]   „Public Relations and CSR have similar objectives: both disciplines are seeking to enhance the quality of the relationship of organization among key stakeholder groups: Both disciplines recognize that to do so makes good business sense" Clark (2000): 363-380

2 Warum ist fundierte CSR-Kommunikation so wichtig?

Die äußeren Rahmenbedingungen für CSR-Kommunikation sind in den vergangenen Jahren einem starken Wandel unterworfen gewesen und bilden einen umfangreichen Kreis an Einflussfaktoren (s. Abb. 1):

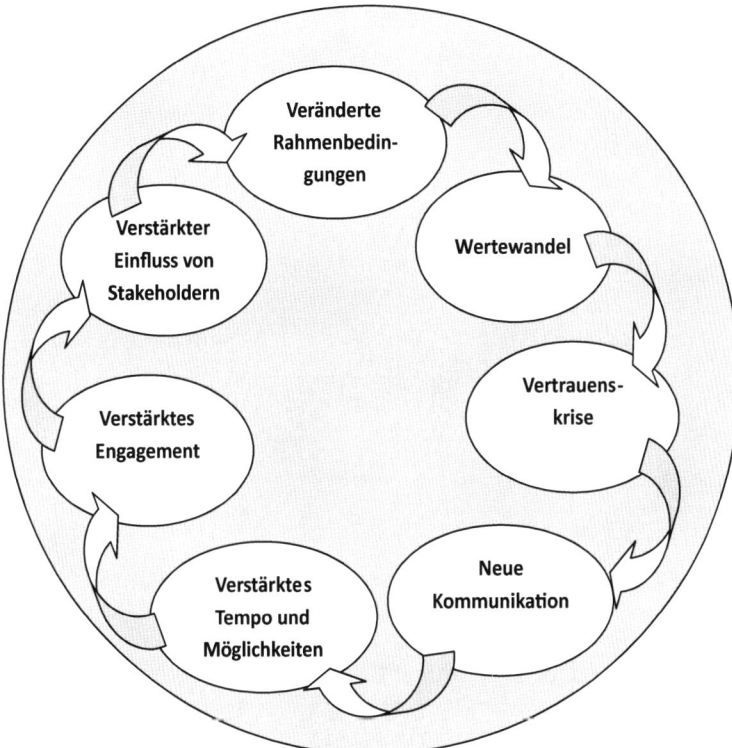

Abb.1: Einflussfaktoren für CSR-Kommunikation

Eine immer weitere Einkommensschere aus Finanzvermögen und Vermögen aus Arbeit, verbunden mit der durch die globale Entwicklung immer größer werdenden Macht und somit auch Verantwortung der Unternehmen führte zu einem Wertewandel in der Gesellschaft. Faktoren wie Transparenz und Ehrlichkeit werden dabei immer wichtiger, ein langsames Abgehen vom „Homo Oeconomicus" als Nutzenmaximierer ist spürbar.[7] Dies hat – verstärkt und bestätigt durch die Finanz- und Wirtschaftskrise – zu einer starken Vertrauenskrise der Bevölkerung in Politik wie auch Unternehmen geführt.[8]

Diese Entwicklung geht Hand in Hand mit einem verstärkten Kommunikationstempo und „neuer" Transparenz und Dynamik durch neue Medien: Vor allem

---

[7] Public Opinion Poll on Values and Ethics (2009) sowie Franz (2004)

[8] Edelman Trust Barometer (2009), www.edelman.co.uk/files/trust-barometer-2009.pdf

die Entwicklung der „Social Networks" hat die Möglichkeiten für Mobilisierung und Druck von außen auf Unternehmen und Institutionen verstärkt – sowohl Druck von Non-Profit-Organisationen[9] als auch seitens der Öffentlichkeit. Dieses Phänomen ist vor allem im Konsumverhalten spürbar, wo der Anteil an kritischen und bewussten Konsumenten immer stärker ansteigt und wo sich immer mehr meinungsbildende Plattformen bzw. Möglichkeit zur Kritik / Bewertung von Produkten und/oder Dienstleistungen auftun.

Letztendlich führt dieser Kreis an Rahmenbedingungen zu einem verstärkten Einfluss von Stakeholdern, dem sich Unternehmen nicht mehr entziehen können und dem nicht zuletzt mit aktiver und professioneller Kommunikation zu begegnen ist.

All diese Einflussfaktoren legen den Unternehmen nahe, nicht nur aktives CSR-Management zu betreiben und hinterher durch PR-Aktivitäten darüber zu berichten, sondern insgesamt zu einer anderen Form der Kommunikation zu kommen: nämlich zu einer fundierten, offenen, diskurs-basierten Kommunikation auf allen Ebenen (siehe Abschnitt 3). Die Grundfrage dabei lautet: Wo hört CSR auf und wo fängt Kommunikation an? Dies lässt sich nicht trennen, da ernst gemeinte CSR de facto Kommunikation ist, d.h. Diskurs auf allen Ebenen. Nicht zu kommunizieren wäre daher gerade in Sachen Verantwortungsmanagement per se unverantwortlich, da Diskurs Basis von CSR ist.

Vorteile:

Fundierte CSR-Kommunikation:

- macht gelebte Verantwortung sichtbar:
  „Man kann nicht nicht kommunizieren"[10] gilt auch hier: Nur durch adäquate Kommunikationsmaßnahmen kann der CSR-Prozess gesteuert bzw. können die Hintergründe und Ergebnisse von CSR-Maßnahmen mit den entsprechenden Stakeholdern erarbeitet bzw. an sie weitergegeben werden. Wenn Unternehmen nicht selbst versuchen, ein richtiges Bild von sich zu prägen, dann tun andere es für sie.

- ermöglicht aktive Themensteuerung:
  „An issue ignored is a crisis invited"[11] Proaktives Themenmanagement ist ein zentraler Bestandteil der CSR-Kommunikation. Es schafft eine solide Basis und den nötigen Vertrauensvorschuss, der gerade für Krisensituationen von großer Bedeutung ist.

- erhöht Motivation und Loyalität der Mitarbeiter:
  Echte, ernst gemeinte CSR mit offener interner Kommunikation und aktivem Stakeholdermanagement wirkt sich positiv auf Engagement und Verbleibdauer der Mitarbeiter im Unternehmen aus.

---

[9] Non-Profit Organisationen (NPO), z.B. Greenpeace, WWF u.a.
[10] Zitat von Paul Watzlawick, Kommunikationswissenschaftler und Psychotherapeut, www.paulwatzlawick.de/axiome.html
[11] Zitat von Henry Kissinger, Ex-US-Außenminister

- hilft im „War for Talents":
  Gerade in Branchen mit einem starken Run nach qualifizierten Mitarbeitern spielen Faktoren wie Transparenz und Reputation eine zunehmend große Rolle.

- stärkt Unternehmens- und Markenwert:
  Die direkte Verbindung zwischen Markenwert und CSR ist vor allem bei bekannten Marken stark spürbar.[12] Dies wird auch in Konsumentenumfragen bestätigt: Eine immer breitere Mehrheit der Konsumenten zieht verantwortungsvoll handelnde Markenanbieter bei gleichem Qualitäts- und Preisniveau vor – und ist grundsätzlich zu einem Markenwechsel bereit, wenn Unternehmen in ihrer Verantwortung negativ auffallen.

- erhöht Image und Reputation:
  Sowohl das individuelle, affektiv geprägte Bild eines Unternehmens (Image) als auch das kollektive, wahrgenommene und überwiegend kognitiv geprägte Bild (Reputation) eines Unternehmens wird durch glaubwürdig transportierte CSR-Maßnahmen deutlich verbessert. Diese Korrelation zwischen CSR und Reputation ist in zahlreichen Untersuchungen und Umfragen bestätigt.[13]

- stärkt Loyalität der Stakeholder:
  Vor allem die Kundenbindung wird durch CSR-Maßnahmen erhöht, vorausgesetzt die Maßnahmen werden glaubwürdig kommuniziert und als echt und authentisch wahrgenommen.

- Öffnet neue Märkte:
  „USP durch CSR": Vor allem in saturierten Märkten und bei kritischen Bevölkerungsgruppen kann offene CSR-Kommunikation den Ausschlag für Kaufmotivationen geben.[14]

- Unterstützt Lobbying:
  Aktive und transparente CSR-Kommunikation stärkt Beziehungen zu Politik und Meinungsbildnern, vor allem wenn sie mit fundierter Medienarbeit unterstützt wird.

- Stärkt Investor Relations:
  Richtig kommunizierte CSR-Maßnahmen erhöhen nicht nur das Vertrauen der allgemeinen Stakeholdergruppen, sie schaffen damit auch einen breiteren Zugang zu Kapitalmärkten und leisten einen Beitrag zur Sicherung der finanziellen Basis des Unternehmens.

---

[12] Silverman (2007)

[13] vgl. z.B. Lundquist (2009): 44 % der Befragten bezeichneten die Auswirkungen von CSR auf Reputation mit fundamental, 46 % als ziemlich wichtig

[14] z.B. bei der Gruppe der sogenannten LOHAs (Lifestyle of Health and Sustainability), die über ein überdurchschnittlich hohes Einkommen und große Sensibilität gegenüber Nachhaltigkeit und Verantwortungsbewusstsein verfügen, das sich im Kaufverhalten niederschlägt

3 Schlüssel zum Erfolg: Integrierte CSR-Kommunikation auf drei Ebenen

Eine moderne, fundierte und integrierte CSR-Kommunikation steht auf drei Säulen[15]:

1. Wertebasierter Kommunikationsstil
2. Kommunikation als zentrale Funktion und integrierter Bestandteil des CSR-Prozesses
3. Außenkommunikation der CSR-Aktivitäten und -Produkte

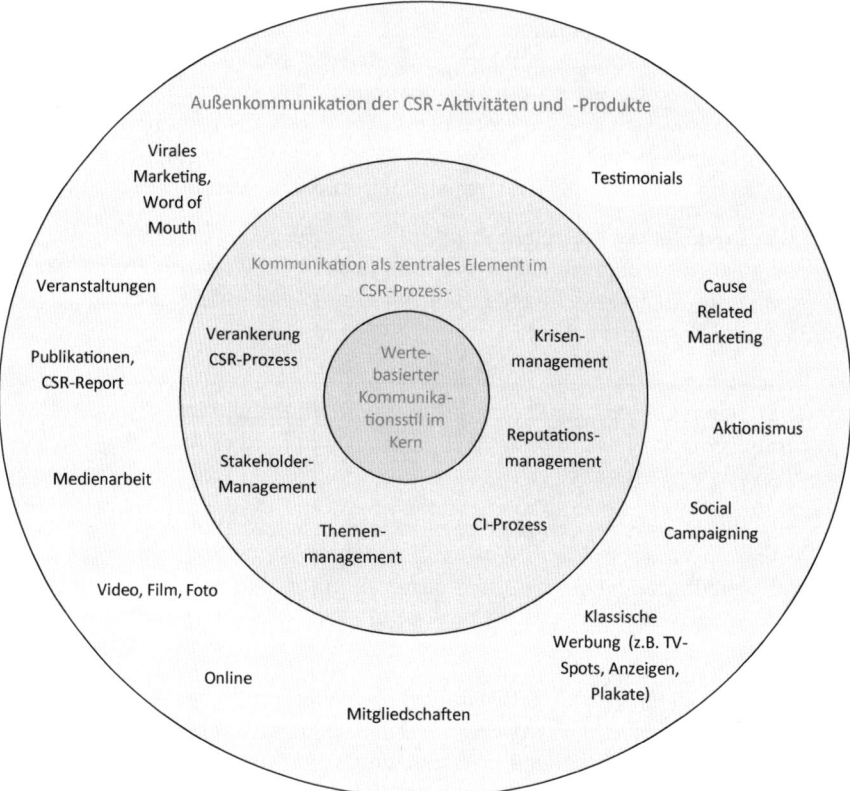

Abb. 2: Der CSR-Kommunikationskreis: Integrierte CSR-Kommunikation auf 3 Ebenen (eigene Darstellung)

---

[15] derzeit primärer Fokus auf Säule 3 (Kommunikation/PR über CSR-Aktivitäten, -Produkte und -Maßnahmen)

3.1 Der Kern: ein wertebasierter Kommunikationsstil

„Walk the talk"

Die Form der Kommunikation in einem Unternehmen bzw. einer Organisation ist oft ein Spiegelbild ihrer Haltung zu Corporate Social Responsibility, d.h. je offener und progressiver CSR angewandt wird, je mehr der Fokus auf Werte wie Fairness und Transparenz gelegt wird, desto offener ist im Normalfall auch die Kommunikation zu gestalten. Dieser offene Kommunikationsstil umfasst eine Reihe von Elementen: Ziel ist es, mit Mitarbeitern und anderen Stakeholdern ergebnisoffene Diskurse zu führen. Dieser Diskurs kostet zwar kurzfristig Zeit und Energie, ist aber auf lange Sicht gewinnbringend, denn oft scheitern Projekte nicht am Inhalt, sondern am Wie: an der Art, wie sie geführt, diskutiert – und letztendlich nicht verstanden werden.

Dieses Scheitern kann in vielen Fällen durch entsprechende Kommunikation verhindert werden, setzt aber voraus, dass sich Führungskräfte darauf einlassen. Eine große Hilfestellung dabei bieten die Lehren von Dialektik, Hermeneutik und Logik und einige Management-Instrumente daraus.

Managementinstrumente für wertebasierte Kommunikation:

3.1.1 Dialektik

Dialektik ist die Kunst, andere zu überzeugen und kommunikativ Probleme zu lösen. Durch Wissen und Beachtung bestimmter Regeln und Prinzipien gelingt es, Probleme in Diskussionen fair und effektiv zu lösen. Diese – für Manager sehr hilfreichen – Regeln sind u.a.:

- die Beachtung einer alterozentrischen Orientierung statt wie üblicherweise der egozentrischen. Das bedeutet: von sich absehen und in das Gegenüber hineinversetzen,
- der souveräne Umgang mit Emotionalität und der Abbau von eigenen Widerständen (u.a. Antipathiewiderstände). Das bedeutet: alles ist negativ, was von anderen kommt, rationale und Emotionswiderstände sowie
- die Beachtung der kommunikativen Intention, d.h. das Wissen darüber, was das Gegenüber will: Informationen aussenden, Kontakte, Selbstdarstellung oder völlig andere, versteckte Appelle aussenden.

3.1.2 Hermeneutik

Verstehen und Zuhören ist eine Kunst für sich: Hermeneutik ist die Wissenschaft vom Verstehen unter ethischen Regeln. Ziel ist es, verschiedene Bedeutungen des Verstehens (für Sprecher und Hörer) wie auch Formen des Missverstehens wie z.B. selektives oder projektives Zuhören auseinanderhalten zu lernen sowie analytisches Zuhören zu lernen. Ein richtiges Einordnen des Gegenübers bzw. des Gesagten ist gerade für Personen in Führungspositionen ausschlaggebend für den Erfolg: Dies wird durch die Lehre der Hermeneutik möglich bzw. erleichtert.

3.1.3 Logik

Logik, die Lehre des vernünftigen (Schluss-)Folgerns, wird für Manager immer wichtiger, vor allem wenn es um Stakeholder-Management und den direkten Umgang mit Mitarbeitern geht. Oft scheitern Diskussionen nicht am Inhalt, sondern am Wie: an der Art, wie sie geführt werden. Das Wissen über Elemente und Zusammenhänge der Logik ermöglicht es Führungskräften, Verhaltensmuster zu erkennen und Diskurse zu führen, die nicht auf einseitigen Methoden aufbauen, sowie Dilemmata zu lösen, vor denen sie unweigerlich stehen.

Wichtige und hilfreiche Elemente der Logik sind u.a.

- Argumente statt Behauptungen:
  Argumente, d.h. Aussagen mit Begründungen, vermitteln einem Gegenüber ein ganz anderes Signal als unbegründete Behauptungen, da sie durch die darin enthaltene Begründung die Tür für Gegenargumente öffnen. Argumente sind allerdings nur dann glaubwürdig, wenn sie formal und inhaltlich als richtig und fair erkannt und angenommen werden.

- Die Anführung von Beweisen:
  Die Beweislast, d.h. die Verpflichtung zu einer stichhaltigen Begründung von Behauptungen, liegt immer bei dem Gesprächspartner, der in die Offensive geht. Ist ein Gesprächspartner in der Defensivstrategie, kann er eine Verteidigungsstrategie wählen. Man unterscheidet dabei zwischen induktiven Beweisen, d.h. das Schließen von akzeptierten Fällen auf weitere und deduktive Beweise, d.h. das Schließen von Prämissen auf Sachverhalte.

- Dilemmata-Management:
  Durch eine klare Vorgangsweise bei Dilemmata ist es möglich, endlose Diskussionen zu vermeiden und zu Lösungen zu kommen. Diese Vorgangsweise beinhaltet u.a. die Schaffung eines Dilemmata-Verständnisses durch strukturierte Beschreibung des Dilemmas mit Ergebnissen und Zielsetzung, die Aufgliederung der zwei Argumentationsstränge, das Suchen von Gemeinsamkeiten (Schnittmenge) und letztendlich die Entscheidung zwischen den einzelnen Handlungen

- Vermeiden von gängigen Verhaltensmustern wie z.B.:
  - Stringenzverletzung (Verallgemeinerungen etc.)
  - Begründungsverweigerung (z.B. nur Behauptungswiederholung)
  - Wahrheitsvorspiegelung
  - Verantwortlichkeitsverschiebung (Sündenböcke, widrige Umstände)
  - Konsistenzvorspiegelung (Ausnahmen aufstellen, so tun als ob)
  - Sinnentstellung (übertreiben, Pauschalurteile)
  - Unerfüllbarkeit (von anderen verlangen, was unmöglich ist)
  - Diskreditieren (lächerlich machen)
  - Feindlichkeit (Provokationen etc.)
  - Beteiligungsbehinderung (Killerphrasen, Vernebelung, tabuisieren, Fremdwörter etc.)
  - Abbruch (verschieben, ablenken)

• Wissen, wann Schluss ist:
  Der Diskurs ist dann beendet, wenn allgemeine Zustimmung herrscht, d.h. wenn Konsens erreicht ist. Dies muss nicht unbedingt die Wahrheit sein!

3.2 Kommunikation als zentrale Funktion und integrierter Bestandteil des CSR-Prozesses

„Der Weg ist das Ziel"

Derzeit werden CSR-Prozesse großteils von Unternehmen allein bzw. gemeinsam mit Unternehmensberatern aufgesetzt und durchgeführt. Die Relevanz der Kommunikation im Prozess bzw. zwischen den einzelnen Prozesselementen wird dabei unterschätzt, was zur Verlangsamung oder sogar zum Scheitern von CSR-Prozessen führen kann.

Die Kommunikation als zentrale Funktion und integrierter Bestandteil des gesamten CSR-Prozesses fußt auf sechs parallellaufenden Prozessen:[16] der Verankerung des CSR-Prozesses im gesamten Unternehmen, aktivem und auf alterozentrischer Sicht basierendem Stakeholder-Management, systematischem Themenmanagement, Management eines Corporate Identity-Prozesses sowie Reputations- und damit verbunden aktivem Krisenmanagement. Diese Prozesse ergänzen einander, sind aber auch untereinander direkt miteinander verknüpft.

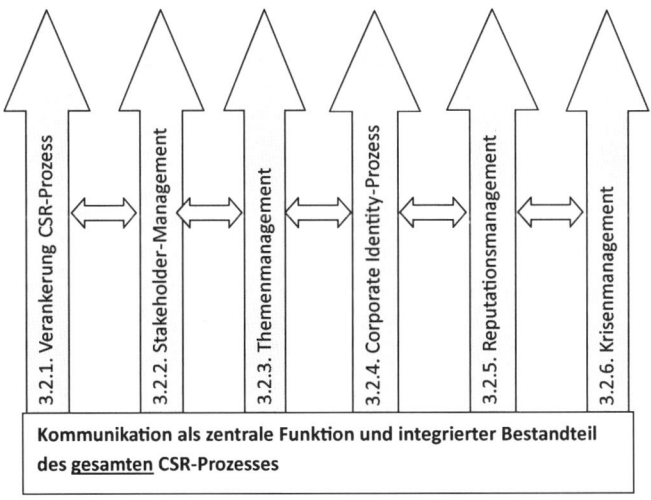

Abb. 3: Parallellaufende Kommunikationsprozesse im CSR-Management (eigene Darstellung)

---

[16] siehe Abbildung 3

Kommunikationsrelevante Maßnahmen im CSR-Prozess:

3.2.1 Verankerung des CSR-Prozesses im Unternehmen

durch

* Persönliche Kommunikation
  z.B. Meetings, Coaching, Peer Education, Mentoring, Konferenzen, Open Space-Methode, World Café-Methode, Events, Hotlines, Training-Tools wie z.B. Assessments, Team-Building-Maßnahmen, Rollenspiele etc.
* Massenkommunikation
  z.B. Mitarbeitermagazine, Intranet, Newsletter, Give Aways (z.B. Mousepads, Broschüren, Flyer, Poster, Filme), Social Web Tools wie Foren, Wikis, Communities, Q+A[17] etc.

3.2.2 Stakeholder-Management

Stakeholder sind Menschen oder Institutionen, die einen „Stake", also ein Interesse oder einen Anspruch an ein Unternehmen haben. Ziel von Stakeholder-Management ist es, diese Anspruchsgruppen ernst zu nehmen, ihnen zuzuhören und mit ihnen gemeinsam Lösungen zu erarbeiten, mit dem Ziel einer „Win-win-Situation".

Erfolgreiches Stakeholder-Management bietet eine Vielzahl an Vorteilen: von Konfliktprävention, Themenbeobachtung bis hin zur gemeinsamen Schaffung einer Basis für Innovationen. Schlüssel dabei ist die im vorigen Kapitel formulierte Grundhaltung des Unternehmens, d.h. ein offener, wertebasierter Kommunikationsstil als Basis, auf den die einzelnen Phasen des Stakeholder-Managements aufgesetzt werden. Diese Grundhaltung beinhaltet die Ansicht, den Umgang mit Stakeholdern als Bereicherung für das Unternehmen zu sehen und nicht als lästiges Übel zur Erreichung seiner Ziele.

Ein Kernstück im Stakeholder-Management ist die Auswahl und Einteilung der Stakeholder bzw. die Kriterien zu ihrer Gewichtung. Wichtig dabei ist, diese Gewichtung nicht nur aus der Innensicht des Unternehmens vorzunehmen. Eine der gängigsten Modelle zur Einteilung der Stakeholder ist das Modell von Mitchell et al,[18] das Stakeholder nach drei Eigenschaften gewichtet: nach ihrer Macht, nach der Legitimation ihrer Forderungen und nach deren Dringlichkeit. Diese „Clusterung" der Stakeholder kann immer nur punktuell bzw. für einen bestimmten Zeitpunkt erfolgen und muss permanent neu definiert werden. Von besonderer Sensibilität ist dabei vor allem die Legitimation der Stakeholder bzw. deren Forderungen.

Für die Formen des Stakeholder-Dialogs existiert eine Reihe von Formaten. Prinzipiell ist es aber wichtig, nicht die Form den Inhalten bzw. Prinzipien voranzustellen, d.h. in vielen Fällen sind direkte Einzelgespräche mit offenem Ausgang zielführender und kulturell passender als die im anglo-amerikanischen Raum üb-

---

[17] Q+As sind Informationsblätter in einfacher Sprache mit den gängigsten Fragen und Antworten, auch als „Frequently Asked Questions" (FAQ) bezeichnet
[18] Mitchell/Agle/Sonnenfeld (1999)

liche Form der umfangreichen, strukturierten Stakeholder-Workshops. Wichtig sind: Zuhören, Verstehen-Wollen, Transparenz, Ergebnis-Offenheit und direkte Kommunikation auf Augenhöhe. Wer nicht mit vorgefassten Meinungen in ein Stakeholder-Gespräch hineingeht, sondern die Möglichkeit offenlässt, gemeinsam Lösungen zu finden, ist auf dem besten Weg. Werden Stakeholder nur zur Absegnung von vorgefassten Konzepten verwendet, kann der Schuss leicht nach hinten losgehen und zu mehr Unmut statt Transparenz führen.

Eine Stakeholdergruppe ist dabei besonders hervorzuheben: Mitarbeiter. Sie sind nicht nur aus Kommunikationssicht die wichtigsten und vertrauenswürdigsten Botschafter und somit Haupt-Ressource für verantwortliche Unternehmensführung. Ihr Involvement ist in vielen Fällen ausschlaggebend für den Erfolg des gesamten CSR-Prozesses.

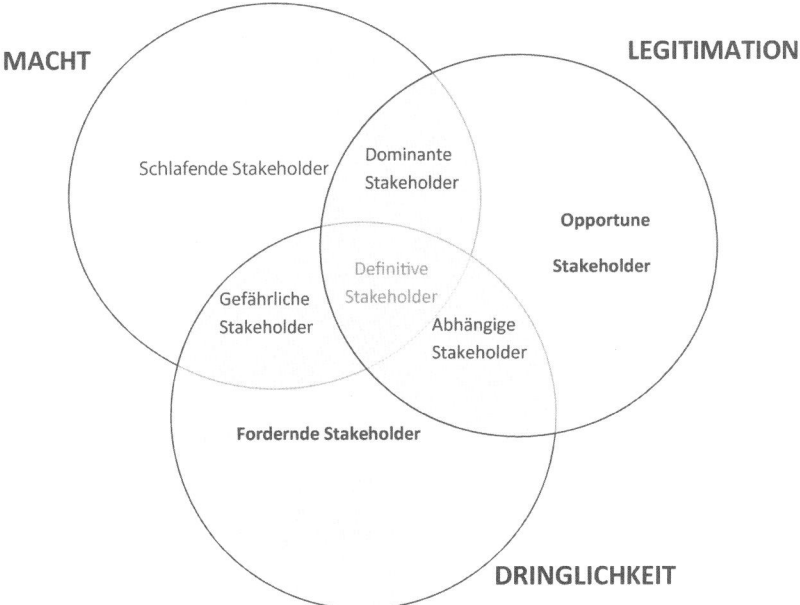

Abb. 4: Stakeholder-Typologie (nach Mitchell et al, 1997)

3.2.3 Themenmanagement

Themenmanagement ist „das systematische und strukturierte Verfahren, unternehmensrelevante Themen frühzeitig und proaktiv zu finden, zu selektieren, zu priorisieren und zeitnah Maßnahmen abzuleiten sowie diese hinsichtlich ihrer Wirksamkeit zu evaluieren."[19]

Die Relevanz von Themenmanagement liegt auf der Hand: Es ist wichtig, ein Themenradar zu haben, um Gelegenheiten und Chancen zu erkennen sowie um auf etwaige Veränderungen und Krisen vorbereitet zu sein – frei nach Henry Kissinger: „An issue ignored is a crisis invited". Aus diesem Grund besteht

---

[19] Ingenhoff (2004)

eine enge Verknüpfung zwischen Themenmanagement, Krisenmanagement und Stakeholder-Management.

Erster und zentraler Schritt im Themenmanagement ist die Auswahl und Gewichtung der Themen. Dazu gibt es eine Reihe von Modellen und Möglichkeiten:

- Das sogenannte „Civil Learning Tool" nach Zadek[20] (siehe Fig. 5) unterscheidet nach fünf unterschiedlichen Stufen, wie man mit Themen umgeht: defensiv (defensive), konform (compliant), leitend (managerial), strategisch (strategic) und gesellschaftlich führend (civil). Ziel dabei ist eine Einschätzung, wie Unternehmen mit welchen Themen umgehen, um die Chancen und Gefahren daraus zu erkennen.

- Porter und Kramer basieren ihr Modell auf „Shared Value" und haben zum Ziel, eine Corporate Social Agenda zu erstellen, auf deren Basis CSR-Maßnahmen aufgesetzt werden – entweder entlang der Wertschöpfungskette (Inside-out-Linkages) oder der Wettbewerbsfaktoren, die das Unternehmen von außen beeinflussen (Outside-in-Linkages)[21].

- Röttger wiederum unterscheidet nach folgenden Indikatoren: Öffentliches Interesse, Konfliktpotential, Einfluss auf das Unternehmen und ihre „licence to operate[22]" sowie die Anzahl der Anknüpfungspunkte, die z.B. durch Monitoring, Interviews, Stakeholder-Meinungen etc. gegeben sind.[23]

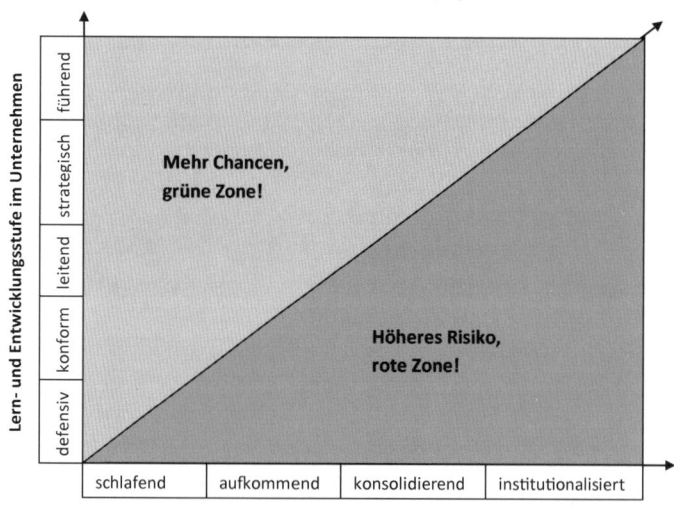

Abb. 5: Instrument zum Themenmanagement: Civil Learning Tool nach Simon Zadek

---

[20] Zadek (2004)
[21] für eine detaillierte Darstellung dieses Modells siehe Beitrag von Porter/Kramer in diesem Buch
[22] als „licence to operate" oder auch gesellschaftliche Betriebslizenz wird die von der Gesellschaft benötigte „Handlungsvollmacht" eines Unternehmens verstanden
[23] nach Röttger (2001)

3.2.4 CSR-CI-Prozess

Nachhaltige Veränderung im Unternehmen setzt eine Veränderung der Unternehmenskultur und -identität voraus. Zentraler Bestandteil davon ist ein fundierter Corporate Identity-Prozess. Er ist ein wichtiger Faktor für die Akzeptanz der neuen Wege, denn Veränderungen in Unternehmen können nur mit den Mitarbeitern geschehen.

Wichtige Elemente daraus sind:

- Schaffung von CSR-Strukturen (Task Force, Vorstand etc.)
- Involvement aller Managementebenen
- Erstellung von Vision, Leitbildern und Mission Statements
- Erstellung von Codes of Conduct (Verhaltensprinzipien) inklusive Vorgaben zur Umsetzung – d.h. ein Code of Conduct ist ein Tool, mit dem gearbeitet werden soll, keine schöne Leitlinie für den CSR-Report
- Erstellung von Aktionsplänen
- Schaffung von Incentives für Mitarbeiter
- Trainings für Mitarbeiter (siehe auch 3.2.1.)

3.2.5 Reputationsmanagement

Die Bedeutung der Unternehmensreputation für den gesellschaftlichen und somit auch wirtschaftlichen Erfolg wird immer größer. Als wesentliche Einflussfaktoren auf die Unternehmensreputation gelten das Verhalten der Mitarbeiter und des CEOs sowie die soziale und ökologische Verantwortung des Unternehmens.

Reputationsmanagement umfasst alle systematischen Unternehmensaktivitäten, die dem Aufbau, der Erhaltung und Verbesserung einer positiven Unternehmensreputation dienen. Ziel ist es, damit den Unternehmenswert nachhaltig zu steigern. Reputationsmanagement ist eine Verpflichtung zu einer verantwortungsvollen Kommunikation mit allen Interessensgruppen und reflektiert die Unternehmenskultur; es ist kein opportunistisches Lippenbekenntnis.

Die wichtigsten Methoden des Reputation Managements sind einerseits Marken- und Unternehmensanalysen und Online Tracking sowie als Konsequenz daraus die gezielte Optimierung der Onlinepräsenz sowie der Präsenz in der Öffentlichkeit. Gerade bei letzterem ist die Grenze hin zur Manipulation der öffentlichen Meinung eine sehr dünne.

Vor allem seit der Verstärkung von interaktiven Methoden zur Bewertung von Unternehmen im Internet ist die Gefahr für Unternehmen groß, dass ein jahrelang mühevoll aufgebauter Ruf innerhalb kürzester Zeit zunichte gemacht werden kann. Online Reputation Management beschäftigt sich daher mit der regelmäßigen Überprüfung des Internets zu auftauchenden Kritiken und Meinungen zum Unternehmen, zu Produkten, Dienstleistungen und Mitarbeitern und, wenn notwendig, der gezielten Beeinflussung oder Entgegenwirkung. Gerade diese Beeinflussung ist ethisch problematisch und muss genau überlegt werden.

Basis für Reputationsmanagement sollte daher das Prinzip der „Earned Reputation" sein, d.h. von der Tatsache ausgehen, dass man sich Reputation erst verdienen muss. Als Maxime sollte dabei die Integrität der Geschäftstätigkeit stehen, d.h. die Akzeptanz des Primats der Moral vor dem „Business Case", die wiederum die nachhaltige Unterstützung der Stakeholder sichert.[24]

3.2.6 Krisenmanagement

Krisenmanagement bezeichnet den systematischen Umgang mit Krisensituationen. Dies beinhaltet sowohl die Identifikation und Analyse von Krisensituationen und die Entwicklung von Strategien zur Bewältigung einer Krise als auch die Einleitung und Verfolgung von Gegenmaßnahmen.

Die beste Krise ist diejenige, die gar nicht erst entsteht. Deshalb ist aufbauendes Themenmanagement gerade bei CSR-Themen und im Rahmen von CSR-Prozessen besonders wichtig (siehe 3.2.3.).

Ist erst einmal eine Krisensituation eingetreten, herrschen Zeit- und Handlungsdruck. Diese werden durch die plötzliche Aufmerksamkeit der Medien noch verstärkt. Ein geeignetes Krisenmanagement inklusive einer Krisenorganisation kann diese Druck- und Stressfaktoren reduzieren.

Diese Krisenorganisation umfasst z.B. Notfall- und Krisenpläne, die grundlegende Abläufe festlegen, die im Krisenfall zum Einsatz kommen. Sie helfen, wichtige Zeit zu sparen, und ermöglichen somit mehr Handlungsoptionen. Das Kernelement des Krisenmanagements ist ein funktionierender Krisenstab mit dazugehöriger Krisenorganisation.

Für CSR-Prozesse sind derartige Pläne von besonderer Bedeutung, vor allem die Entwicklung von Worst-Case-Szenarien und die Analyse entsprechender Handlungsoptionen daraus.

3.3 Außenkommunikation der CSR-Aktivitäten und -Produkte

Die Kommunikation von CSR-Aktivitäten nach außen steht im Mittelpunkt dieses Abschnitts. Kernaufgabe dabei ist es, die komplexen Inhalte und Prozesse auf verständliche Art und Weise an einen breiteren Personenkreis zu kommunizieren.

Dies ist generell die Aufgabe von Public Relations. Bei der Kommunikation von CSR-Aktivitäten kommt jedoch hinzu: Es sind nicht nur die Inhalte besonders sensibel, sondern es muss auch die Verpackung, d.h. die Form der Kommunikation ethisch korrekt sein, damit die CSR-Bemühungen nicht von vornherein von den einzelnen Dialoggruppen abgelehnt oder als unglaubwürdig bezeichnet werden. Basis für diese Außenkommunikation ist der in Abschnitt 3.1. beschriebene wertebasierte Kommunikationsstil, der nicht nur im direkten Umgang mit allen Stakeholdern, bei Meetings etc. angewandt wird, sondern auch in der Außenkommunikation seinen Niederschlag finden muss, d.h. die Beachtung von ethischen Prinzipien in PR, Werbung und allen anderen Kommunikationsrichtungen und –kanälen (s.u.)

Dieser Zugang verlangt sowohl Offenheit als auch die Erkenntnis, dass Kritik und Diskurs wichtig sind und man sich mit kritischen Menschen umgeben soll. Dies gilt besonders für PR-Abteilungen sowie für die Auswahl von Beratern, die ein kritisches Spiegelbild des Unternehmens geben sollten.

---

[24] Elkington (2008)

Generell ist auch bei der Außenkommunikation Zwei-Weg-Kommunikation vorzuziehen, d.h. keine reine Information nach dem Prinzip Sender-Empfänger (so wie sie nach wie vor primär gehandhabt wird), sondern das Involvement von Stakeholdern in Form von Dialog und Diskurs. Letzteres erhöht nicht nur die Glaubwürdigkeit in der Bevölkerung und bei den Medien, sie reduziert auch die Gefahr von einseitigem Selbstlob, das wiederum sehr leicht als Image-PR abgetan werden könnte.

Prinzipien der Kommunikation:

- glaubwürdig
- offen
- ehrlich
- transparent
- authentisch
- berechenbar
- seriös
- vertrauenswürdig

Die Wichtigkeit der Einhaltung dieser Prinzipien wird durch zahlreiche Untersuchungen und Umfragen belegt. So antworten z.B. 91 % der Befragten in einer Untersuchung aus dem Jahr 2009, dass „regelmäßige und ehrliche Kommunikation" ausschlaggebend für die Reputation eines Unternehmens sei.[25]

Der Aufbau der Außenkommunikation erfolgt nach den Schritten eines PR-Konzepts:

Situationsanalyse $\Longrightarrow$ Zielsetzung $\Longrightarrow$ Bestimmung der Dialoggruppen $\Longrightarrow$ Positionierung $\Longrightarrow$ Kernbotschaften $\Longrightarrow$ Strategie $\Longrightarrow$ Maßnahmen $\Longrightarrow$ Zeitplan+Budget $\Longrightarrow$ Evaluierung

Wichtig dabei: Klare Formulierung des Ziels und der Zielgruppen und erst danach die Festlegung der Kommunikationsmaßnahmen. In der Realität wird oft zuerst der Kommunikationskanal bzw. die Kommunikationsmaßnahme festgelegt, ohne zu überlegen, was eigentlich erreicht werden soll. So ist z.B. bei der Dialoggruppe Jugendliche Medienarbeit nicht immer adäquat, bei der Dialoggruppe Opinion Leader sehr wohl.

Aus dem großen Konzert der Kommunikationskanäle und -maßnahmen sind eine Reihe für CSR-Kommunikation besonders gut geeignet (primäre Kommunikationsmaßnahmen), andere wiederum aus verschiedenen Gründen weniger (sekundäre Kommunikationsmaßnahmen).

---

[25] vgl. www.edelman.co.uk/files/trust-barometer-2009.pdf

3.3.1 Primäre Kommunikationsmaßnahmen

Maßnahme	Anmerkungen / Beispiele / relevante Punkte
Virales Marketing, Word of Mouth	• Wichtigste Form der CSR-Kommunikation • Persönliche Kommunikation statt indirekter Kanäle • Fremdlob statt Selbstlob • Zentral dabei: eigene Mitarbeiter • („CSR and CSR Communication begins at home")
Veranstaltungen[26]	• Symposien, Dialogforen, Roadshows, Messen, Konferenzen, Tag der offenen Tür, Foren, Seminare, Vorlesungen, Vorträge • Wichtig: direkter Dialog bzw. Diskurs • Voraussetzung: Know-how und „echte" CSR-Maßnahmen
Publikationen, v.a. CSR Report (Nachhaltigkeits-bericht):[27]	• Ziel: Stakeholder-Information, • Derzeit (noch) auf freiwilliger Basis, in manchen Ländern bereits ein Muss (z.B. Großbritannien, Frankreich, Dänemark, Argentinien, Neuseeland etc.) • Wichtig für manche Stakeholder-Gruppen, z.B. Regierungen, Shareholder, Medien • Trend geht zu integriertem Reporting, d.h. integriert in Geschäftsbericht • CSR-Berichte sollten state of the art-Kriterien erfüllen, v.a. GRI-Kriterien (Global Reporting Initiative, gibt nur Rahmen vor, keine Sanktionen), SA 8000 (Social Accountability Standard), v.a. für Rechte der Arbeitnehmer etc. • Kernfrage des externen Auditings: jedenfalls empfehlenswert, in Europa noch nicht verpflichtend (im Gegensatz zu USA) • Inhalt soll im Mittelpunkt stehen, nicht Verpackung! Wichtig ist Strategie und der zurückgelegte Weg – auch hier gelten allgemeine Prinzipien der Kommunikation • Vergleichbarkeit mit anderen sollte möglich sein (ohne direkte Vergleiche anzustellen) • Wichtig: klare KPI (Key Performance Indicators) • Achtung: CSR-Report ist kein Ersatz für mangelnde interne Kommunikation, sondern ein Kommunikationstool nach außen! • Auch hier: der Weg ist das Ziel, d.h. idealerweise Stakeholder in CSR-Report integrieren
Medienarbeit (Pressearbeit)	• Prinzipien in der Medienarbeit: Transparenz, Integrität und Vertrauenswürdigkeit • Basis: Professionalität sowie Kenntnis v. Nachrichtenfaktoren und Medienlandschaft • Wichtig: klare Grenzen u. Prinzipien gegenüber Medien • Feedback – Schlüssel zu Erfolg und Vertrauen von Journalisten • Zwei Formen der Medienarbeit: Allgemeine Medienarbeit: Pressekonferenzen, Presseaussendungen, Versand von Fotos, Filmmaterial etc. Individuelle Medienarbeit: Exklusivberichte, Exklusivinterviews, Einzelgespräche, Medienreisen, Exkursionen, Redaktionsbesuche, Individuelle E-Mails und Telefonate
Video, Film, Foto	• Produktion von Film- und Fotomaterial für Eigenpublikationen (v.a. Web) • Ideal: Bewirken externer Fotos und Videos (youtube etc.) • Wichtig: offener, nicht beschönigender Fotostil („Reportage statt Fotoshop")
Online:	• Website: wichtig zur Präsentation der CSR-Aktivitäten • Social Media: • Weblogs: relativ hohe Vertrauenswürdigkeit[28], Themenblogs, Corporate Blogs, Fan blogs etc.), Foren, Wikis, YouTube, Facebook etc.), • Vorteil: billig, aktuell, personalisiert, interaktiv • Nachteil: immer schwerer überschaubar, nicht kontrollierbar
Mitgliedschaften in Vereinen und Dachverbänden	• in Österreich z.B. respACT austria • in Deutschland z.B. econsense

---

[26] Maßnahmen besonders relevant im Stakeholder-Management
[27] Details siehe auch den Beitrag von Jasch in diesem Buch
[28] vgl. Nielsen (2007): Vertrauenswürdigkeit von Weblogs, weltweiter Durchschnitt 61 %

3.3.2 Sekundäre Kommunikationsmaßnahmen – eher mit Bedacht anzuwenden

Maßnahme	Anmerkungen / Beispiele / relevante Punkte
Klassische Werbung (z.B. TV-Spots, Anzeigen, Plakate):	Für CSR-Kommunikation nur bedingt geeignet. Nachteile: Kosten-Nutzen-Relation, Negativ-Reaktionen von kritischen Stakeholdern, v.a. Konsumenten, Gefahr von Selbstlob und Manipulation von KonsumentInnen
Social Campaigning	Marketing-Kampagnen für soziale Themen (sehr sensibel, muss mit Bedacht gewählt werden, Gefahr des Greenwashings)[29]
Aktionismus	v.a. Soft Actions, Foto-Events, Flashmobs etc
Cause Related Marketing	Marketing Tool, das als Ergänzung zu CSR-Maßnahmen wirken kann, allerdings nicht anstelle von echten CSR-Maßnahmen am Unternehmenskern stehen sollte. Ziel: Verkauf eines bestimmten Produkts, dessen Erlös zu ein bestimmten Anteil einem guten Zweck zukommt, Prinzip wird vor allem im angloamerikanischen Raum angewendet und ist nicht unumstritten (Gefahr von Greenwashing und Reputationsverlust)
„Advertorials", d.h. bezahlte redaktionelle Artikel:	Sind zu vermeiden, da sie weder besonders kreativ sind noch inhaltlich zu CSR passen. Zudem Gefahr der Manipulation von Rezipienten, da diese bezahlten Anzeigen oft nicht oder nicht adäquat gekennzeichnet sind[30]. Besser Fokus auf Pressearbeit und gute Beziehungen mit Medien – CSR-Themen sind großteils spannend genug!
Prominente Testimonials	Glaubwürdigkeitsproblem – es sei denn, sie sind direkt in CSR-Maßnahmen involviert und authentisch. Imagetransfer funktioniert in beide Richtungen, d.h. Image von prominenten Testimonials kann sich auch negativ auf eigenes Image auswirken!

4 Weitere, allgemeine Maßnahmen

- Fundiertes Know-how bei PR-Leuten über CSR, Integration von CSR in PR-Ausbildung
- Eigene Ausbildung in CSR-Kommunikation (auf allen drei Ebenen, s.o.)
- Beachtung von Greenwashing-Guidelines zur Verhinderung von Greenwashing für PR-Treibende (z.B. Guide Futerra)[31] oder Greenpeace Greenwash Criteria[32]

---

[29] vgl. als Positivbeispiel: Dove Campaign for real beauty, www.campaignforrealbeauty.com
[30] müssen lt. §26 Mediengesetz mit „Anzeige","entgeltliche Einschaltung" oder „Werbung" gekennzeichnet sein
[31] Horiuchi/Schuchard/Shea/Townsend (2009)
[32] Greenpeace (2009): http://stopgreeenwash.org/criteria

5 Last not least: Sicherstellung von dauerhaften Erfolgen durch

- Laufender Stakeholder-Prozess und Stakeholder-Feedback (s. 3.2.2.)
  - Laufendes Monitoring:
    Qualitative Methoden: u.a. Befragungen, Experteninterviews, Diskussionen, Delphi-Methode, informelle Feedbacks
  - Quantitative Methoden: u.a.
    - Statistiken, z.B. über Verhaltensänderungen, Produktivitätszahlen, Müllverbrauch, Energieverbrauch,
    - Reputationsanalysen (z.B. reptrak-Modell)[33], z.B. Reputationsmodell von Prof. Manfred Schwaiger[34], z.B. integrierte Reputationsanalyse nach Dr. Diana Ingenhoff[35],
    - Benchmarking: z.B. Vergleich mit GRI-Kriterien
  - Key Performance Indicators
  - Auditing Systeme
  - Indizes (z.B. Dow Jones Sustainability Index, FTSE4Good Index Series etc.) – mit Vorsicht anzuwenden, da umstrittene Auswahl der Unternehmen, Gewichtung der drei Dimensionen der Nachhaltigkeit sowie Methodik der Erfassung
- Regelmäßige Evaluierung:
  z.B. durch DPRG/ICV Framework for Communication Controlling, das individuell adaptiert werden kann. Sehr oft wird nur Output gemessen, daher klare Unterscheidung notwendig:[36]
  - Output: z.B. Medienreichweite, Anzahl an Artikeln
  - Outcome: z.B. Wahrnehmungsänderung, Nutzung, Wissen, Meinungsänderung, Verhaltensänderung
  - Outflow: z.B. Veränderung in Konsumentenverhalten, Kaufverhalten, Einfluss auf Ressourcen und direkte Unternehmensprozesse

6 Literatur

Bogner, F. (2002): Das neue PR-Denken, Ueberreuter Verlag.

Clark, C.E. (2000): "Differences between Public Relations and Social Responsibility. An Analysis". In: Public Relations Review. Nr. 26(3), S. 363–380.

Crane A./Matten D. (2007): Business Ethics, Oxford University Press.

Edelman Trust Barometer (2009), elektronisch unter: www.edelman.co.uk/files/trust-barometer-2009.pdf

---

[33] www.reputationinstitute.com/advisory-services/reptrak
[34] www.imm.bwl.uni-muenchen.de/dateien/5_praxis/ecrs_reputationstool.pdf
[35] www.zprg.ch/files/Der_Foliensatz_von_Frau_Ingenhof2009.pdf
[36] Zerfass/Moreno/Tench/Vercic/Verhoeven (2009)

Franz, S. (2004): Grundlagen des ökonomischen Ansatzes: Das Erklärungskonzept des Homo Oeconomicus. In: Fuhrmann (Hrsg.): International economics working paper. 2004-2, Universität Potsdam.

Grunig, J. E./Hunt, T. (1984): Managing Public Relations, Harcourt Brace Jovanovich.

Horiuchi, R./Schuchard, R./Shea, L./Townsend, S. (2009): Understanding and Preventing Greenwash: A business Guide, Futerra.

Ingenhoff, D. (2004): Dimensionen des Reputation & Issues Management, Institute for Media and Communication Management, St. Gallen.

Nielsen (2007): Trust in Advertising, a global nielsen consumer report 2007, http://fi.nielsen.com/site/documents/TrustinAdvertisingOct07.pdf, Downoad: 25.8.2011

Kotler, P./Armstrong, G. (2006): Principles of Marketing, Prentice Hill.

Lundquist (Hrsg.) (2009): Towards an international model of CSR communications, CSR Online Awards Questionnaire, 23.2.2009, in: Walter, B.L. (2010): "Verantwortliche Unternehmensführung überzeugend kommunizieren", Gabler, Wiesbaden.

Mitchell, R.K./Agle, B.R./Sonnenfeld, J.A. (1999): Who matters to CEOs? An Investigation of Stakeholders Attributes and Saliance, Corporate Performance and CEO Values. The Academy of Management Journal, Ausgabe 42, No. 5, Oktober.

Phillips, R. et al (2003): "What Stakeholder Theory is Not". In: Business Ethics Quarterly. Ausgabe 13, No. 4.

Porter, M.E./Kramer, M.R. (2006): "Strategy and Society: The Link Between Competitive Advantage and Corporate Social Responsibility". In: Harvard Business Review, Ausgabe 84, Nr. 12, Dezember 2006.

Public Opinion Poll on Values and Ethics (2009): Faith and the Global Agenda: Values for the Post-Crisis Economy, World Economic Forum, Genf, in Kooperation mit der Georgetown University.

Röttger, U. (Hrsg.) (2001): Issues Management, Wiesbaden.

Silverman, G. (2007): Uncovering the Link Between CSR and Brand Value: Developing a new methodology, Interbrand Channel.

Thielemann, U. / Wettstein, F. (2008): The Case against the Business Case and the Idea of Earned Reputation, Beitrag des Instituts für Wirtschaftsethik, IWE

Thielemann, U. (2009): System Error: Warum der freie Markt zur Unfreiheit führt, Westend Verlag.

Van de Ven, B. (2008): "An Ethical Framework for the Marketing of Corporate Social Responsibility", 2008, Journal of Business Ethics, Ausgabe 82, Nr. 2.

Zadek, S. (2004): „The Path to Corporate Responsibility", Harvard Business Review, Ausgabe 82, Nr. 12.

Zerfass et al. (2008): European Communication Monitor, Trends in Communication Management and PR – Results and Implications, Universität Leipzig.

Zerfass, A./Moreno, A./Tench, R./Vercic, D./Verhoeven, P. (2009): European Communication Monitor, Trends in Communication Management and Public Relations – Results of a Survey in 34 Countries 2009, Euprera.

CSR und Berichterstattung

Christine Jasch

1 Wie kam es zu Nachhaltigkeitsberichten?

Informationsbedürfnis und Adressaten des Jahresabschlusses haben sich gewandelt. Bis Ende des 20. Jahrhunderts waren es noch primär Gläubiger- und Anlegerschutz sowie die Schaffung einer einheitlichen Steuerbemessungsgrundlage, die im Fokus der Rechnungslegungsbestimmungen standen. Zunehmend aber wurde klar, dass die vergangenheitsbezogene Darstellung der rein monetären Entwicklung den Informationsbedürfnissen einer wachsenden Interessentengruppe nicht mehr gerecht wurde. Die Shareholder als Adressaten der Rechnungslegung wurden um einige weitere Stakeholder erweitert, auch Mitarbeiter, Kunden, Behörden, Anrainer und andere Anspruchsgruppen haben Interesse an fundierten Informationen zu den wesentlichen Effekten eines Unternehmens.

Unternehmen, die glaubwürdig über die gesellschaftlichen und ökologischen Auswirkungen ihres wirtschaftlichen Handelns berichten, sichern sich nicht zuletzt damit Vertrauen bei ihren Anspruchsgruppen – eine notwendige Voraussetzung für zukünftigen Geschäftserfolg.

Eine Berichterstattung, die sich auch an Mitarbeiter, Kunden, Geschäftspartner, Behörden und gegebenenfalls an eine weitere Öffentlichkeit richtet, sichert die Akzeptanz des wirtschaftlichen Handelns in der Gesellschaft und dient zusätzlich der Imagepflege. Ebenso wichtig ist aber die durch eine kontinuierliche Berichterstattung angeregte innerbetriebliche Veränderung, die durch eine konsequente Unternehmensstrategie zur Umsetzung der gesellschaftlichen Verantwortung und den in der Folge etablierten Management- und Kennzahlensystemen etabliert wird.

Gerade auch das Interesse von Anlegern, zu wissen, was mit ihrem Geld passiert und zumindest darauf Einfluß zu nehmen, dass gewissen Aktivitäten wie z.B. Rüstung und Atomkraft von den zu finanzierenden Aktivitäten ausgeschlossen werden, führte zu vermehrten Anfragen an Unternehmen. Im Sinne der Gleichbehandlung der Aktionäre dürfen Unternehmen aber nur einheitliche Informationen über ihre Geschäftstätigkeit an alle Interessenten veröffentlichen. Es war daher im Interesse der Unternehmen und der Ratingagenturen, an der Entwicklung eines einheitlichen Standards zur Nachhaltigkeitsberichterstattung mitzuwirken.

Die Idee dazu entstand als „Off-Spring" der Verhandlungen zur ISO 14001-Norm über Umweltmanagementsysteme Anfang der 90er Jahre, da die USA und andere Länder zwar an einer Norm über Umweltmanagementsysteme mitzogen, aber im Unterschied zur europäischen EMAS-Verordnung keinerlei

Veröffentlichungsanforderungen duldeten. Dementsprechend entwickelte sich die Leitlinie der Global Reporting Initiative (GRI) außerhalb der ISO-Gremien in einem umfassenden Stakeholdereinbeziehungsverfahren unter aktiver Mitwirkung von Unternehmen, Ratingagenturen, aber auch der Wirtschaftstreuhänder, da in allen Ländern außerhalb der EU die EMAS-Verordnung irrelevant ist und die Testierung externer Berichte Kernkompetenz der Wirtschaftsprüfer ist.

2 Um welche Themen geht es?

Der Geschäftsbericht bezieht sich auf das vorangegangene Wirtschaftsjahr, im Fokus steht der Jahresabschluss mit der Bilanz, der Gewinn- und Verlustrechnung und den Erläuterungen im Lagebericht. Für die Beurteilung des strategischen Potentials eines Unternehmens, seiner Geschäftsbeziehungen, wirtschaftlichen Verflechtungen und Risiken entlang der Lieferkette sind die meist sehr knapp gefassten Aussagen im Geschäftsbericht wenig aufschlussreich.

Unternehmen werden mittlerweile für eine weit größere Systemgrenze als den Konsolidierungskreis der eigenen Gesellschaften verantwortlich gemacht. Der Imageschaden bei Vorfällen von Kinder- und Zwangsarbeit sowie Raubbau an natürlichen Ressourcen in der vorgelagerten Lieferantenkette oder Gesundheitsrisiken beim Gebrauch der Produkte durch die Konsumenten hat zwar mittelfristig auch Auswirkungen auf den monetären Wert des Unternehmens, diese Themen müssen im Detail aber nicht behandelt werden, solange keine Rechtsverfahren anhängig sind.

Verantwortung in der Lieferantenkette

Wertschöpfungskette	Umweltschutz	Menschen	Governance
Rohstoffgewinnung	Anbau- und Abbaubedingungen, Biodiversität	Menschenrechte	Korruption, regionale Verflechtung
Produktion	Saubere Produktion, Emissionen an Standorten	Arbeitnehmerschutz, Sicherheit und Gesundheit, Worklife Balance	Monopolstrukturen Gehaltsschema, Zielvereinbarungen, Faire Steuerleistung
Gebrauch	Umweltbeeinträchtigung in der Nutzungsphase, Produktentsorgung und Recycling	Konsumentenschutz	Marketingethos, Werbung für und mit Kindern, Datenschutz, etc.

Abb. 1: Verantwortung in der Lieferantenkette

Die Themenfelder kamen ursprünglich aus dem Umweltschutz und der Einhaltung der Menschenrechte und wurden sukzessive um Gesundheits- und Sicherheitsaspekte, später generell um Mitarbeiterzufriedenheit, Diskriminierung, Konsumentenschutz etc. erweitert. Erst in den letzten Jahren hat auch die sogenannte 3. Säule eine stärkere Konkretisierung erfahren. Hier geht es um Governance, Aspekte wie Korruption, Wettbewerbsrecht, Steuerflucht, variable Gehaltsbestandteile, Rechtskonformität etc., Aspekte, die teilweise auch im Österreichischen Corporate Governancekodex behandelt werden.

2.1 Stakeholderanliegen

Festgestellt wurde, dass sich der Adressatenkreis in den letzten Jahren mehr und mehr von den Eigentümern und Investoren zu einer breiten Gruppe verschiedener Anspruchsgruppen gewandelt hat. So wurde bereits 2002 zur Lageberichterstattung ausgeführt, dass nicht nur Anteilseignern, sondern auch weiteren Anspruchsgruppen Entscheidungshilfen bei der Beurteilung der wirtschaftlichen Lage und Entwicklung des Unternehmens zu geben sind.[1]

Nachhaltigkeitsberichte basieren explizit auf einer Analyse der Anliegen und Themen der unterschiedlichen Anspruchsgruppen. Dies wurde einerseits über die Stakeholdereinbindung in die Entwicklung der Leitlinie der Global Reporting Initiative oder der ISO 26000 zu gesellschaftlicher Verantwortung sichergestellt, andererseits sollten die Stakeholder und ihre Anliegen von den berichtenden Unternehmen explizit analysiert werden.

Die weltweite Normungsorganisation ISO arbeitete von 2003–2010 an einer nicht zertifizierungsfähigen Leitlinie zu Social Responsibility (ISO 26000).[2] Diese enthält auch keine Leistungskennzahlen und ist daher für die Nachhaltigkeitsberichterstattung weniger relevant. Die in ihr behandelten Themen sind alle in anderen Standards detaillierter abgedeckt und auch in den GRI-Themenfeldern enthalten.

Anleitung zur Stakeholdereinbindung liefern die 1999 erstmals von AccountAbility herausgegebenen AA1000 AccountAbility-Prinzipien, die 2003 novelliert wurden. Ergebnis war die Verpflichtung zu Inklusivität, ergänzt um die Prinzipien der Wesentlichkeit, Vollständigkeit und Reaktivität. Diese Prinzipien bilden den Kern des AA1000-Prüfungsstandards, der 2003 veröffentlicht wurde. 2005 wurde weiters der AA1000ES Stakeholder Engagement-Standard veröffentlicht.

Durch die Überarbeitung aus dem Jahr 2008 liegt der AA1000 nun in zwei Dokumenten vor: Der AccountAbility-Prinzipienstandard AA1000APS erläutert, wie die Prinzipien anzuwenden sind; der AccountAbility-Prüfungsstandard AA1000AS beschreibt dagegen die Anforderungen für den Prüfer.

---

[1] Lück (2006)
[2] siehe Beitrag von Schmiedeknecht/Wieland in diesem Buch

Folgende Fragestellungen werden mit der AA1000 Serie abgedeckt:

- Gibt es ein Verfahren zur Identifikation der Stakeholder und ihrer Anliegen?
- Beinhaltet dieses Verfahren ein effektives Stakeholder-Management?
- Wie ist es in die Nachhaltigkeitsorganisation und -strategie integriert?
- Werden die Stakeholderanliegen bei der Entwicklung der Nachhaltigkeitsthemenfelder systematisch berücksichtigt?
- Gibt es dokumentierte Prozesse und Verantwortungen für die Kommunikation mit Stakeholdern im Normal- und Krisenfall?
- Ist der Kommunikationsprozess mit den Stakeholdern leicht zugänglich und enthält er die aus Unternehmenssicht relevanten Nachhaltigkeitsthemen?

Die AA1000-Serie wird primär im UK angewendet und ist im deutschsprachigen Raum wenig verbreitet.[3]

So vielfältig wie die Geschäftätigkeit der Unternehmen sind natürlich auch die Stakeholderthemen, und dementsprechend sind Berichte, die sich nur an AA1000 orientieren, schlecht mit Kennzahlen, Zielen und Managementsystemen untermauert und schlecht vergleichbar. Die Verbesserung der Vergleichbarkeit der Leistungskennzahlen zu Nachhaltigkeitsthemen war Fokus der Leitlinie der Global Reporting Initiative (GRI). Selbstverständlich gibt es internationale Berichte, die sich sowohl an GRI als auch AA1000 orientieren.

2.2 Was genau beinhaltet die GRI-Leitlinie?

Betriebe orientieren sich bei ihren Nachhaltigkeitsberichten zunehmend am Leitfaden für Nachhaltigkeitskennzahlen und -berichte der Global Reporting Initiative.[4] Weltweit nutzen aktuell rund 5.000 Unternehmen und Organisationen aus über 60 Ländern die von GRI in einem umfangreichen Anspruchsgruppeneinbeziehungsprozess entwickelten Kriterien, die auch mit dem UN Global Compact abgestimmt sind.

Die fünf Themenfelder für Nachhaltigkeitsberichte und -kennzahlen sind:

- Ökonomie
- Umwelt
- Menschenrechte
- Arbeitsbedingungen
- Gesellschaft

Die GRI-Leitlinie in ihrer 3. Version enthält 79 Kennzahlen für die einzelnen Nachhaltigkeitsbereiche, die teilweise auch qualitativ zu beschreiben sind.[5] Die Kennzahlen sind unterteilt in sogenannte Kernkennzahlen und Zusatzkennzahlen.

---

[3] mehr Information befindet sich unter www.accountability.org
[4] www.globalreporting.org
[5] GRI (2006a) sowie GRI (2006b)

Es würde den Rahmen dieses Beitrags sprengen, diese hier im Detail anzuführen, daher sei auf die Homepage der GRI[6] verwiesen.

Ein dreistufiges Anwendungsniveau ermöglicht es allen Unternehmen, den adäquaten Einstieg zu finden. Die Beurteilung des Grades der Anwendung der G-3-Richtlinie erfolgt nach der Klassifikation in A, B und C. Für eine Einstufung in A müssen Unternehmen alle Kernkennzahlen berichten oder die Gründe für die Weglassung angeben (z. B. nicht relevant, da keine ausländischen Standorte, oder Kennzahl befindet sich im Aufbau, aber Datenqualität ist noch nicht ausreichend). Die Klassifikation nach A, B oder C kann um ein + ergänzt werden, wenn der Bericht extern überprüft wurde.

Dabei ist wichtig festzuhalten, dass GRI zwar keine ISO Norm ist, aber obwohl sie üblicherweise mit „Leitlinie" übersetzt wird, ein freiwilliges Zertifizierungssystem (nach A, B, C, je nach Umfang der veröffentlichten Kennzahlen und Angaben) beinhaltet.

Die GRI-Leitlinie deckt die aus der Sicht unterschiedlicher Anspruchsgruppen relevanten Themenbereiche ab und wird durch detaillierte Hinweise zu Datenerhebung, Systemgrenzen, Berichterstellung und branchenspezifische Empfehlungen ergänzt. Der GRI-Index, der zunehmend auf der Homepage der Unternehmen und nicht direkt im Bericht veröffentlicht wird, ermöglicht die leichtere Auffindbarkeit der Aussagen und Daten und dadurch den Vergleich der Berichte. Nachdem eine Vielzahl der GRI-Angaben über die Jahre gleich bleiben und häufig keine aktuelle Relevanz haben, da z.B. keine Rechtsverstöße vorliegen, ist diese Auslagerung der standardisierten Rechenschaftslegung auch sinnvoll.

Für eine ausgewogene und angemessene Darstellung der Leistung einer Organisation sollen auch nach GRI sowohl die Zielsetzungen und Erfahrungen der Organisation als auch die Erwartungen und Interessen der Anspruchsgruppen berücksichtigt werden. Zunächst sollten die Themen und zugehörigen Indikatoren festgelegt werden, die relevant und somit für die Berichterstattung geeignet sind. Hierbei sind die Prinzipien der

* Wesentlichkeit,
* Einbeziehung von Anspruchsgruppen,
* Nachhaltigkeitskontext sowie
* Grundsätze zur Festlegung der Berichtsgrenze

zu beachten.

Managementsysteme zum Umweltschutz (EMAS, ISO 14001), zur Arbeitssicherheit und Gesundheit (OHSAS) und zur Beschaffung unter Beachtung von Menschenrechtsaspekten (SA 8000) sind zwar keine Voraussetzung für einen GRI Bericht, allerdings muss über die Managementsysteme in den 5 Themenfeldern berichtet werden. Bei Managementsystemen steht hinsichtlich des kontinuierlichen Verbesserungsprozesses die betriebliche Leistung und organisatorische Verankerung im Mittelpunkt und weniger der externe Anspruchsgruppenbezug.

---

[6] www.globalreporting.org

Das jeweilige Managementsystem sollte in ein Programm münden, das die Ziele des Unternehmens in seinen wesentlichen nachhaltigkeitsrelevanten Handlungsfeldern anführt und Maßnahmen zu deren Erreichung festlegt. Das Programm sollte nachvollziehbar und daher mit möglichst quantitativen Zielen, die sich auf die Kennzahlen beziehen, sowie mit Terminen versehen sein. Die Berichterstattung über die Ziele und Zielerreichung ist für viele Leser einer der Kernpunkte bei der Beurteilung der Glaubwürdigkeit des Nachhaltigkeitsengagements.

Hier zeigt sich auch die Entwicklungsgeschichte der GRI-Leitlinie aus dem ISO 14001-Prozess. Häufig zertifizieren Zertifizierungsgesellschaften die Managementsysteme nach den jeweiligen Normen und gleichzeitig dem Nachhaltigkeitsbericht. Auch werden gerade im deutschsprachigen Raum viele Unternehmen gleichzeitig nach GRI und nach EMAS, der europäischen Verordnung zum Umweltmanagement, die eine Umwelterklärung fordert, von den nach EMAS zugelassenen Umweltgutachtern geprüft. Der Nachhaltigkeitsbericht ist dann gleichzeitig die EMAS-Umwelterklärung.

Nachdem die GRI-Richtlinie ja außerhalb des weltweiten ISO-Prozesses und außerhalb der EU-Rahmengesetzgebung entwickelt wurde, hat sie zwar ein Zertifizierungsschema je nach Umfang der berichteten Kennzahlen, kann aber keine Anforderungen stellen, welche Organisationen eine externe Begutachtung durchführen dürfen. Die Praxis zeigt, dass Nachhaltigkeitsberichte entweder samt den dahinterliegenden Managementsystemen von für ISO-Normen zugelassenen Zertifizierungsorganisationen oder von Wirtschaftsprüfern geprüft werden.

Die GRI-Leitlinie definiert Grundsätze und Leistungskennzahlen für die Berichterstattung zu den ökonomischen, ökologischen und gesellschaftlichen Nachhaltigkeitsaspekten. Die dritte Version, GRI G3, wurde 2006 veröffentlicht. Im Frühjahr 2011 wurde die Version GRI G 3.1 publiziert, die für die Themenfelder Menschenrechte, Auswirkungen auf lokale Gemeinschaften und Genderaspekte Konkretisierungen und Erweiterungen vornimmt. Aktuell in Entwicklung ist die Version 4 zu integrierten Geschäfts- und Nachhaltigkeitsberichten, die bis 2013 fertig gestellt werden soll.

Die Leitlinien sind ein kostenloses öffentliches Gut und für jedermann unter www.globalreporting.org abrufbar und verwendbar. Sie werden ergänzt durch branchenspezifische und nationale Anhänge. Die GRI Homepage enthält auch eine regelmäßig aktualisierte Liste aller Organisationen, die ihren Bericht nach GRI publizieren und dies bei GRI melden. Diese Liste kann nach Unternehmen, Ländern und Branchen selektiert werden.

2.3 Freiwillig oder verpflichtend?

Gemäß der Definition von Corporate Social Responsibility (CSR) oder unternehmerischer gesellschaftlicher Verantwortung der Europäischen Kommission von 2001 ist *„CSR eine freiwillige Verpflichtung der Unternehmen, auf eine bessere Gesellschaft und eine saubere Umwelt hin zu wirken. Sozial verantwortlich handeln heißt, über die bloße Gesetzeskonformität hinaus mehr zu investieren in Humankapital,* *in die Umwelt und in die Beziehungen zu anderen Anspruchsgruppen"*[7]. Die Kommission postuliert: „*Es ist generell damit zu rechnen, dass sozial verantwortlich handelnde Unternehmen überdurchschnittlich hohe Erträge erzielen, denn die Fähigkeit eines Unternehmens, Umweltprobleme und soziale Herausforderungen erfolgreich zu bewältigen, ist ein glaubwürdiger Maßstab der Managementqualität.*"[8]

Die EU unternahm in der Vergangenheit bereits mehrfach Schritte, um die Transparenz von Unternehmen betreffend Informationen über nichtfinanzielle Indikatoren zu verbessern. Ein besonderer Fokus liegt dabei auf Aspekten nachhaltiger Entwicklung.[9] Bereits in der Empfehlung vom 30. Mai 2001 wurde auf die Notwendigkeit zur Berücksichtigung von Umweltaspekten im Jahresabschluss und im Lagebericht[10] von Unternehmen hingewiesen.[11]

Zur weiteren Konkretisierung folgte 2003 die EU-Modernisierungsrichtlinie, welche Artikel 46 der Vierten Bilanzrichtlinie änderte. Die Informationen im Lagebericht sind künftig nicht auf die finanziellen Aspekte beschränkt. Dies hat gegebenenfalls zu einer Analyse ökologischer und sozialer Aspekte zu führen, die für das Verständnis des Geschäftsverlaufs, des Geschäftsergebnisses oder der Lage des Unternehmens erforderlich sind.

Modernisierungsrichtlinie/Artikel 46 der Vierten Bilanzrichtlinie lauten wie folgt:

(1) a) *Der Lagebericht stellt zumindest den Geschäftsverlauf, das Geschäftsergebnis und die Lage der Gesellschaft so dar, dass ein den tatsächlichen Verhältnissen entsprechendes Bild entsteht, und beschreibt die wesentlichen Risiken und Ungewissheiten, denen sie ausgesetzt ist. Der Lagebericht besteht in einer ausgewogenen und umfassenden Analyse des Geschäftsverlaufs, des Geschäftsergebnisses und der Lage der Gesellschaft, die dem Umfang und der Komplexität der Geschäftstätigkeit angemessen ist.*

   b) *Soweit dies für das Verständnis des Geschäftsverlaufs, des Geschäftsergebnisses oder der Lage der Gesellschaft erforderlich ist, umfasst die Analyse die wichtigsten finanziellen und – soweit angebracht – nichtfinanziellen Leistungsindikatoren, die für die betreffende Geschäftstätigkeit von Bedeutung sind, einschließlich Informationen in Bezug auf Umwelt- und Arbeitnehmerbelange.*

---

[7] Europäische Kommission (2001b): Europäische Rahmenbedingungen für die soziale Verantwortung der Unternehmen, Grünbuch, Brüssel
[8] Europäische Kommission (2001 b)
[9] Europäische Kommission (2002)
[10] Der **Lagebericht** ist ein auf gesetzlicher Basis normiertes Instrument, welches den Jahresabschluss informationsmäßig ergänzt und ihn um eine zukunftsorientierte Perspektive erweitert. Wie für den Jahresabschluss selbst, gelten auch für den Lagebericht Prüf- und Offenlegungsvorschriften. Er ist überwiegend durch knappe und prägnante Information gekennzeichnet. Im Gegensatz dazu stellt der **Geschäftsbericht** eine auf freiwilliger Basis erstellte, wichtige jährliche Informationsquelle für die breite Öffentlichkeit dar. Neben teilweise werbewirksamer Selbstdarstellung enthält er üblicherweise in einem eigenen Abschnitt auch den Jahresabschluss einschließlich Lagebericht.
[11] Europäische Kommission (2001 a)

c) *Im Rahmen der Analyse enthält der Lagebericht – soweit angebracht – auch Hinweise auf im Jahresabschluss ausgewiesene Beträge und zusätzliche Erläuterungen dazu.*

In Österreich wurde die EU-Modernisierungsrichtlinie durch das Rechnungslegungsänderungsgesetz (ReLÄG 2004) umgesetzt. Die Bestimmungen sind für Geschäftsjahre anzuwenden, die nach dem 31. Dezember 2004 beginnen. Die maßgeblichen Regelungen befinden sich in § 243 UGB für die Einzelgesellschaft und in § 267 UGB für die Konzernlageberichterstattung.

In Deutschland erfolgte die Umsetzung der EU-Modernisierungsrichtlinie mit dem Bilanzrechtsreformgesetz, welches zur Berichterstattung über Umwelt- und Arbeitnehmerbelange verpflichtet, soweit sie für das Verständnis des Geschäftsverlaufs oder der Lage von Bedeutung sind (§ 289 Abs. 3 und §315 HGB).

Obwohl die EU CSR 2001 also als freiwillige Selbstverpflichtung postuliert, wurde mit der Modernisierungsrichtlinie 2004 ein deutliches Signal gesetzt, wonach die Veröffentlichungsvorschrift im Lagebericht eine teilweise Abkehr vom Prinzip der Freiwilligkeit bedeutet.

Eingeschränkt wird die Veröffentlichungsanforderung im Lagebericht einerseits durch das Prinzip der Wesentlichkeit (sowohl aus ökonomischer als auch nachhaltigkeitsrelevanter Perspektive) und andererseits durch den geforderten Einfluss auf den Geschäftserfolg. Für die Veröffentlichung im Lagebericht kommen also nur jene Nachhaltigkeitsthemen und -kennzahlen in Frage, die einen relevanten Einfluss auf den Geschäftserfolg und die wirtschaftliche Lage haben. Das werden im Allgemeinen deutlich weniger Kennzahlen und Themenbereiche als in einem Nachhaltigkeitsbericht nach GRI sein. Um letztendlich im Lagebericht die wesentlichen Nachhaltigkeitsaspekte komprimiert darstellen zu können, müsste de facto vorher eine Auseinandersetzung mit Themenbereichen und Inhalten bestehender Standards wie GRI oder ISO 26000 erfolgen (IÖW 2006).

In Österreich sind rund 850 große Kapitalgesellschaften und Konzerne seit Inkrafttreten des Rechnungslegungsänderungsgesetzes (ReLÄG 2004) am 1.1.2005 verpflichtet, u.a. auch Informationen über Umwelt- und ArbeitnehmerInnenbelange in den Lagebericht aufzunehmen.

Ein Auswertung der Sustainability Working Party der FEE Federation des Experts Comptables in Brüssel erlaubt die Feststellung, dass die Anforderungen der Modernisierungsrichtlinie EU-weit zwar formal in die Unternehmensgesetzbücher Eingang gefunden haben, in den Lageberichten der Unternehmen die Informationen jedoch nur spärlich zu finden sind.[12] Österreich stellt dabei keine Ausnahme dar. Im internationalen Vergleich zeichnet sich Österreich durch eine außergewöhnlich hohe Zahl an Klein- und Mittelbetrieben aus, die sehr engagierte Nachhaltigkeitsberichte veröffentlichen, während die börsennotierten Unternehmen im europäischen Vergleich nur unterdurchschnittlich berichten und auch die Angaben im Lagebericht spärlich sind.

---

[12] FEE (2007) sowie FEE (2008)

2.4 Integrierte Geschäfts- und Nachhaltigkeitsberichte

Vor allem kleine Aktiengesellschaften, bei denen das Kerngeschäft unmittelbar mit Nachhaltigkeitsthemen in Zusammenhang steht, sind die Pioniere der integrierten Geschäfts- und Nachhaltigkeitsberichte, z.B. die oekostrom AG, das Bankhaus Schelhammer & Schattera und die VBV-Vorsorgekasse. Es gibt aber gerade in Österreich auch integrierte EMAS- Umwelterklärungen und Nachhaltigkeitsberichte, z.B. von der 1. Obermurtaler Brauereigen., der Kontrollbank AG und der Kommunalkredit AG.

Generell ist die Integration der Berichterstattung eher kleinen Organisationen zu empfehlen. Der Lagebericht und der Nachhaltigkeitsbericht unterscheiden sich stark in ihren Zielgruppen und ihrer Sprache. Während der Lagebericht durch spärliche Textierung, rechtliche Absicherung und die Fokussierung auf ökonomische Wesentlichkeit geprägt ist, soll der Nachhaltigkeitsbericht über Themenvielfalt und die Darstellung von Einzelinitiativen ein glaubwürdiges und anschauliches Bild des Unternehmens und seiner wahrgenommenen Verantwortung vermitteln.

Insofern sind die gemeinsame abgestimmte Veröffentlichung eines Geschäftsberichts und eines Nachhaltigkeitsberichts gerade bei großen Organisationen der Komplexität der beiden Materien angemessen und kommunikationstechnisch besser zu bewerkstelligen. Gute österreichische Beispiele dafür bieten die Palfinger AG, die Kontrollbank, die Verbundgesellschaft, die OMV AG, die Wiener Stadtwerke und die EVN AG.

Bei integrierten Geschäfts- und Nachhaltigkeitsberichten sollte der „Nachhaltigkeitsteil" nicht wie ein Folder als separates Kapitel wie ein Fremdkörper im Bericht erscheinen. Wirklich integriert ist die Berichterstattung nur, wenn auch die dahinterliegenden Prozesse integriert sind, sonst handelt es sich eher um ein inkludiertes Nachhaltigkeitskapitel. Integration bedeutet die Analyse der Unternehmensprozesse auf Nachhaltigkeitsaspekte, integrierte Systeme der Datenerhebung für idente Systemgrenzen und eine Nachhaltigkeitsstrategie mit Verknüpfung zum Kerngeschäft und den operativen Unternehmensaktivitäten.

Idealerweise enthält der Nachhaltigkeitsbericht eine Struktur nach wesentlichen Nachhaltigkeitsthemen sowie eine Zusammenfassung der ökonomischen Daten, während umgekehrt der Lage- oder Geschäftsbericht eine Zusammenfassung der wesentlichen Nachhaltigkeitsaspekte enthält. Ein gutes Beispiel dafür ist die Berichterstattung der Verbund AG.

Die Zukunft wird zeigen, welche Bedeutung die integrierte Berichterstattung haben wird. Im August 2010 gründeten GRI und The Prince´s Accounting for Sustainability Project (A4S) das International Integrated Reporting Committee (IIRC). Sein Ziel ist die Entwicklung eines Rahmens für integrierte Berichterstattung, in der Informationen über ökonomische, ökologische, gesellschaftliche und Governanceaspekte in einer komprimierten, konsistenten und vergleichbaren Form dargestellt werden.[13] Dazu wird GRI die Version G 4 bis 2013 in einem umfangreichen Stakeholdereinbindungsverfahren entwickeln. Der erste Entwurf

---

[13] siehe www.accountingforsustainability.org und www.theiirc.org

soll bis Sommer 2011 vorliegen. Bereits verfügbar ist ein prinzipienbasiertes Diskussionspapier zu integrierter Berichterstattung in Südafrika.[14]

2.5 Der Austrian Sustainability Reporting Award (ASRA)

Mit dem ASRA zeichnet der Nachhaltigkeitsausschuss der Kammer der Wirtschaftstreuhänder in Österreich seit 2000 jene Unternehmen aus, die im vergangenen Geschäftsjahr die Forderung, nachhaltig zu wirtschaften, vorbildlich umgesetzt und in ihrem Nachhaltigkeitsbericht transparent dargestellt haben. Die Auszeichnung wird von der Kammer der Wirtschaftstreuhänder in Zusammenarbeit mit dem Lebensministerium, dem Umweltbundesamt, der Industriellenvereinigung und der Wirtschaftskammer Österreich, respACT und der ÖGUT in vier Kategorien vergeben:

- Integrierter Geschäfts- und Nachhaltigkeitsbericht
- Nachhaltigkeitsbericht großer Unternehmen
- Nachhaltigkeitsbericht von KMUs
- Nachhaltigkeitsbericht öffentlicher und privater nicht gewinnorientierter Organisationen (z.B. Interessensvertretungen, Gemeinden, Bildungs- und Forschungseinrichtungen)

Ziel des ASRA ist es, den Trend zu einer Nachhaltigkeitsberichterstattung auf internationalem Niveau in Österreich zu fördern und auf innovative Berichte aufmerksam zu machen. Deshalb ist das Bewertungsschema auch öffentlich zugänglich.[15]

Seit 1994 bewerten das Institut für ökologische Wirtschaftsforschung (IÖW) und „Future – verantwortung unternehmen" die gesellschaftsbezogene Berichterstattung deutscher Unternehmen und erstellen eine Rangfolge der besten Berichterstatter. Das IÖW/future-Ranking basiert auf einem umfassenden Kriterienset, das dazu beiträgt, die inhaltlichen Standards für aussagekräftige und glaubwürdige Nachhaltigkeitsberichterstattung von Unternehmen zu setzen und kontinuierlich weiterzuentwickeln. Seit 2009 gibt es zwei getrennte Wettbewerbe für die 150 größten deutschen Unternehmen sowie kleine und mittlere Unternehmen (KMU). Im Jahr 2011 findet das Ranking in der achten Auflage mit Unterstützung des Bundesministeriums für Arbeit und Soziales und vom Rat für Nachhaltige Entwicklung statt.[16]

Der Öbu-Preis beurteilt seit 1999 alle zwei Jahre die Qualität der Nachhaltigkeitsberichte von Schweizer Unternehmen. Der Preis würdigt die Anstrengungen der Betriebe, die in diesen wichtigen Bereichen offen über ihre Ziele und Leistungen – und auch ihre Schwierigkeiten – berichten.[17]

---

[14] IRC (2011)
[15] unter www.indoek.noe-lak.at/evanab/; weitere Informationen, die Einreichunterlagen und Pressemeldungen der Vorjahre befinden sich unter www.kwt.or.at, Rubrik „Spezialgebiete"
[16] mehr Information dazu unter www.ranking-nachhaltigkeitsberichte.de
[17] mehr Information dazu unter www.oebu.ch

3 Wie nachhaltig sind Unternehmen mit Nachhaltigkeitsbericht?

Genau so, wie die Erstellung eines Jahresabschlusses nicht automatisch bedeutet, dass ein Unternehmen Gewinn macht, bedeutet ein Nachhaltigkeitsbericht nicht, dass ein Unternehmen nachhaltig ist. Aber genau so, wie gerade jene Unternehmen, die Verluste machen, für sich selbst, ihre Eigentümer und ihre Gläubiger erhöhte Rechenschaftspflichten haben, so gehören Unternehmen in Branchen mit kritischen Umwelt- und Menschenrechtsaspekten zu den Vorreitern der Nachhaltigkeitsberichterstattung.

Es ist kein Zufall, dass GRI als erstes die branchenspezifischen Zusatzanforderungen für Energieversorger und Finanzdienstleister veröffentlicht hat. Auch in Österreich kommen die meisten Berichte aus diesen Branchen.

Zusammenfassend könnte gesagt werden, Unternehmen mit Nachhaltigkeitsbericht sind transparent, aber nicht notwendigerweise „nachhaltig", ein Begriff, der für eine einzelne Organisation ohnedies schwer zu definieren ist, da es sich hier eher um den Entwicklungspfad von Gesellschaften handelt. Es ist daher auch zu empfehlen, sparsam mit diesem Begriff umzugehen. Es gibt Berichte, die sich lesen, als wäre jemand mit einem Salzfass über den Text gegangen und habe den Begriff „nachhaltig" pro Seite mehrfach undefiniert und unpassend eingestreut. Ebenso unglaubwürdig wirkt es, wenn der Begriff im Geschäftsbericht in anderer Weise verwendet wird, z.B im Zusammenhang mit Gewinnmaximierung.

Was also braucht ein ausgezeichneter Bericht? Die Empfehlung lautet:

- Glaubwürdigkeit und Transparenz
- Nachvollziehbarkeit (auditierungsfähige Aussagen)
- Ausgewogene Darstellung aller relevanten Nachhaltigkeitsbereiche
- Managementsysteme
- Kennzahlen
- Quantitative Ziele
- Einen roten Faden zwischen den wesentlichen Themen, den Kennzahlen und den Zielen

4 Literatur

Accountability (2005): AA1000ES Stakeholder Engagement Standard, www.accountability. org

Accountability (2008a): AA1000APS Prinzipienstandard, www.accountability.org

Accountability (2008b): AA1000AS Prüfstandard, www.accountability.org

Europäische Kommission (2001a): Empfehlung der Kommission vom 30. Mai 2001 zur Berücksichtigung von Umweltaspekten in Jahresabschluss und Lagebericht von Unternehmen: Ausweis, Bewertung und Offenlegung.

Europäische Kommission (2001b): Europäische Rahmenbedingungen für die soziale Verantwortung der Unternehmen, Grünbuch, Brüssel.

Europäische Kommission (2002): Mitteilung der Kommission betreffend die soziale Verantwortung der Unternehmen: ein Unternehmensbeitrag zur nachhaltigen Entwicklung.

Europäische Kommission (2001): EMAS VO, Verordnung (EG) Nr. 761/2001 des Europäischen Parlaments und des Rates über die freiwillige Beteiligung von Organisationen an einem Gemeinschaftssystem für das Umweltmanagement und die Umweltbetriebsprüfung (EMAS).

Europäische Kommission (2003): Modernisierungsrichtlinie (RL 2003/51/EG): Richtlinie des Europäischen Parlaments und des Rates vom 18.6.2003 zur Modernisierung und Aktualisierung der Rechnungslegungsvorschriften.

FEE – Federation des Experts Comptables (2007): Survey on the implementation in Member States of the Amendmends of Article 46 of the European Union Modernisation Directive in the Member States, Questionnaire, Brussels.

FEE – Federation des Experts Comptables (2008): Discussion Paper: Sustainability Information in annual reports – building on the implementation of the Modernization Directive, Brussels.

GRI – Global Reporting Initiative (2006a): Leitfaden zur Nachhaltigkeitsberichterstattung, GRI G3, Amsterdam. www.globalreporting.org

GRI – Global Reporting Initiative (2006b): GRI Anwendungsebenen und Indikatorenprotokollsätze, GRI G3, Amsterdam. www.globalreporting.org

IRC – Integrated Reporting Committee of South Africa (2011): Framework for integrated reporting and the integrated report, discussion paper, www.sustainabilitysa.org

IÖW – Institut für Ökologische Wirtschaftsforschung (Hg.) (2008): Brom, M./Frey, B./Jasch, C.: Leitlinie zu wesentlichen nichtfinanziellen Leistungsindikatoren, insbesondere zu Umwelt- und ArbeitnehmerInnenbelangen, im Lagebericht, Wien.

ISO (1995): ISO 14001, Environmental Management – Environmental Management Systems, – Specification, International Standardization Organisation, Genf.

ISO (2010): ISO 26000, Guidance on social responsibility, International Standardization Organization, Genf.

Jasch, C. (2007): TRIGOS CSR rechnet sich, Berichte aus Energie- und Umweltforschung 10/2007, BMVIT, Wien. www.fabrikderzukunft.at

Lück, W. (2006): Handbuch der Rechnungslegung – Einzelabschluss, Kommentar zur Bilanzierung und Prüfung. 5. Auflage, Loseblattsammlung, 2. Ergänzungslieferung, Stuttgart. November 2006.

Österreichischer Arbeitskreis für Corporate Governance (2002): Österreichischer Corporate Governance Codex, Wien.

OHSAS 18001: Occupational Health and Safety Assessment Series. www.bsi-global.com/en/Assessment-and-certification-services/management-systems/Standards-and-Schemes/BSOHSAS-18001/

Rechnungslegungsänderungsgesetz (ReLÄG 2004): Bundesgesetz, mit dem das Handelsgesetzbuch, das Bankwesengesetz und das Versicherungsaufsichtsgesetz an die IAS-Verordnung angepasst und die Modernisierungs- sowie die Schwellenwertrichtlinie umgesetzt werden.

SA 8000, Social Accountability International, (2001): Standard for Social Accountability. www.sa-intl.org/index.cfm?fuseaction=Page.viewPage&pageId=473

CSR aus der Praxis

CSR – Unternehmen und Gesellschaft im Wechselspiel am Beispiel der BMW Group

Maximilian Schöberl

Die BMW Group knüpft ihr strategisches CSR-Engagement eng an das Kerngeschäft und überprüft es auf seine Wirksamkeit

Die BMW Group gehört zu den Unternehmen, die Nachhaltigkeitskriterien in allen Unternehmensbereichen und entlang ihrer gesamten Wertschöpfungskette verankert haben. Das global agierende Unternehmen engagiert sich in diesem Rahmen auch – schon seit Jahrzehnten – auf wichtigen sozialen und kulturellen Feldern, um so einen Beitrag zur Lösung gesellschaftlicher Herausforderungen zu leisten. Dabei gilt: Kein reines Sponsoring, sondern strategisch angelegtes, initiatives Engagement. Die Projekte sollen sich dabei stets an den Kernkompetenzen des Unternehmens orientieren, das Know How des Konzerns soll jeweils einfließen. Darüber hinaus misst das Unternehmen, wie wirksam seine Aktivitäten tatsächlich sind. Künftig sollen die Mitarbeiter noch stärker in die Projekte einbezogen werden.

1 CSR als fester Bestandteil der Nachhaltigkeitsstrategie bei der BMW Group

Unternehmen haben einen erheblichen Einfluss auf die Gesellschaft. Durch ihr Handeln sind eine Vielzahl von Personen, Gesellschaften und Umfeldern betroffen, die direkt oder indirekt von ihnen abhängen oder beeinflusst werden. Das gilt umso mehr für große Unternehmen wie die BMW Group, die weltweit agieren. Mit rund 95.500 Beschäftigten ist sie in 150 Ländern aktiv.

Unternehmen sind Teil der globalen Entwicklung

Die BMW Group ist sich der Verantwortung, die sich daraus ergibt, bewusst. Angesichts globaler Herausforderungen wie dem Klimawandel, der Verschärfung der Energieverfügbarkeit, einem ungleichen Zugang zu Ressourcen und einem wachsenden Unterschied zwischen Arm und Reich, die eine globale nachhaltige Entwicklung erfordern, wird diese Verantwortung umso wichtiger.

Politik und Gesellschaft erwarten, dass auch Unternehmen verantwortungsbewusst agieren und nachhaltig wirtschaften.

Die BMW Group übernimmt Verantwortung auch aus eigenem Interesse: Politisch stabile, demokratische Strukturen sind die Voraussetzung für erfolgreiches Wirtschaften. Das Unternehmen ist daher bereit, dort, wo es wirkt, seinen Teil für die Lösung der jeweiligen gesellschaftlichen Aufgabenstellungen beizutragen.

Die BMW Group in der Verantwortung

Nachhaltige Entwicklung und nachhaltiges Wirtschaften sind gerade für die BMW Group als Konzern, der im Bereich der individuellen Mobilität tätig ist, als Themen von Bedeutung. Wir bauen Fahrzeuge, die Menschen transportieren und weltweit individuelle Mobilität ermöglichen. Unsere Produkte bringen Menschen zueinander, fördern wirtschaftliche Entwicklung, Austausch und Verständigung. Doch die motorisierte, auf fossilen Brennstoffen basierte und inzwischen extrem globalisierte Mobilität stellt den Konzern auch vor enorme Herausforderungen.

Verschiedene Trends berühren das Kerngeschäft: Die Rohstoffverknappung zwingt uns und mittelfristig die gesamte weltweite Wirtschaft zu Nachhaltigkeit im Handeln und in den Produkten. Peak Oil, das Fördermaximum für den Treibstoff Erdöl, ist bereits überschritten, sagen viele Wissenschaftler. Allein aus diesem Grund braucht die Gesellschaft dringend neue Kraftstoffe bzw. alternative Antriebsmodelle oder auch alternative Verkehrskonzepte. Doch auch der Klimawandel und seine Folgen sind zu einem Teil von rund 20 Prozent dem Verkehrssektor zuzuschreiben. Dies hat für uns zur Folge, dass wir noch schneller umdenken müssen. Gesetzesverschärfungen verstärken diesen Trend. Auch soziale Entwicklungen haben ihre Auswirkungen auf die BMW Group und ihr Kerngeschäft. Bevölkerungswachstum und der Trend zur Verstädterung bzw. zu Megacities generieren neue Ausprägungen von Mobilität und stellen neue Anforderungen. Gleichzeitig entwickelt sich nachhaltige Mobilität im Zuge eines umgreifenden Wertewandels zu einem Teil eines modernen urbanen Lebensstils.

Nachhaltiges Wirtschaften – das verdeutlicht die obenstehende Ausführung – entscheidet letztendlich nicht nur über die globale Entwicklung, sondern auch über unsere Zukunftsfähigkeit als Konzern. Die BMW Group hat in ihrer übergeordneten Unternehmensstrategie „Number ONE" das Ziel festgeschrieben, der führende Anbieter für Premium Produkte und Premium Dienstleistungen für individuelle Mobilität zu sein. Dies bedeutet in Konsequenz für uns nachhaltiges Wirtschaften und Handeln. Auf dieser Grundlage basiert die Nachhaltigkeitsstrategie der BMW Group. Sie ist dem Ziel untergeordnet, dass der Konzern „das weltweit nachhaltigste Automobilunternehmen" sein will.

Nachhaltigkeit bedeutet aber auch, dass wir einen dauerhaften Beitrag zum wirtschaftlichen Erfolg des Unternehmens leisten, denn dieser ist die Voraussetzung, um ökologische und soziale Verantwortung zu übernehmen. Dabei gilt der Grundsatz, dass die BMW Group die Zukunft aktiv mitgestaltet, neue Lösungen entwickelt und dabei vorausdenkt. Damit soll ein Mehrwert sowohl für das Unternehmen als auch für die Gesellschaft geschaffen werden. Wir glauben, dass dies am effektivsten dann geschehen kann, wenn wir in Bereichen aktiv werden, die unser Kerngeschäft tangieren.

Die Nachhaltigkeitsstrategie der BMW Group definiert sich entlang der drei Säulen Ökonomie, Ökologie und Soziales. Letztere umfasst die Corporate Social Responsibility (CSR) des Konzerns.

Gesellschaftliches Engagement bei der BMW Group

CSR bedeutet für die BMW Group, dass wir unsere gesellschaftliche Verantwortung bewusst wahrnehmen. Sie ist Teil unseres unternehmerischen Selbstverständnisses und bindet auch die Mitarbeiter zunehmend ein.

CSR umfasst bei der BMW Group strategisches Engagement im sozialen und kulturellen Bereich. Umweltprojekte haben wir aus unseren CSR-Aktivitäten ganz bewusst ausgeklammert, da der Umweltschutz integraler Bestandteil des täglichen Kerngeschäfts ist. Dort setzt der Konzern ehrgeizige ökologische Ziele um. Die Unterstützung von externen Umweltprojekten ohne direkten Bezug zum Kerngeschäft ist für die BMW Group keine Option. Die BMW Group orientiert sich bei ihren CSR-Aktivitäten an verschiedenen Leitlinien: Wir setzen unsere Ziele beständig und glaubhaft um, so dass es uns auf lange Sicht möglich ist, unsere strategische Ausrichtung auf die führende Position als Premiumanbieter beizubehalten.

Neben der oben dargestellten Prämisse, dass alle Projekte einen engen Bezug zum Kerngeschäft des Unternehmens und zu seinen Kompetenzen und Aktivitäten haben müssen, orientiert sich unser Engagement an einer weiteren Leitlinie: Aktive Partizipation. Wir streben an, nicht nur Sponsor, sondern Initiator von langfristigen Projekten zu sein. Denn Sponsoring ist kein soziales Engagement, sondern aus unserer Sicht eher ein Marketinginstrument. Das heißt, wir wollen unsere Erfahrung einbringen, nicht nur finanzielle Mittel. In Bereichen, die unser Kerngeschäft berühren, in denen uns aber die nötige Expertise fehlt, arbeiten wir mit ausgewiesenen Experten zusammen.

Unsere CSR-Aktivitäten unterliegen dabei der Prämisse, Hilfe zur Selbsthilfe zu leisten und so unternehmerische Fähigkeiten zu fördern. Dabei ist uns auch immer ein lokaler Bezug wichtig, gemäß dem Motto „Global denken, lokal handeln".

Neben den von der BMW Group direkt initiierten Projekten nimmt der Konzern gesellschaftliches Engagement auch durch zwei Unternehmensstiftungen wahr, die BMW Stiftung Herbert Quandt und die Eberhard von Kuenheim Stiftung. Die BMW Stiftung Herbert Quandt sieht ihren Auftrag darin, die Entwicklung transsektoraler Kompetenzen und Erfahrungen zu fördern und fokussiert ihre Arbeit dabei vor allem auf den internationalen Dialog mit jungen Führungskräften aus allen Sektoren. Die Eberhard von Kuenheim Stiftung hat es sich zur Aufgabe gemacht, unternehmerisches Denken und Handeln über den wirtschaftlichen Kontext hinaus durch eigene Projekte mit Kooperationspartnern zu unterstützen. Beide Stiftungen sind unabhängig vom Unternehmen – dies ist unabdingliche Voraussetzung für ihre Glaubwürdigkeit als gemeinnützige gesellschaftspolitische Akteure. Dort wo es im gesellschaftlichen Sinne nützlich ist, aber die Stiftungsunabhängigkeit nicht berührt wird, bündeln die BMW Group, die BMW Stiftung Herbert Quandt und die Eberhard von Kuenheim Stiftung ihre Kapazitäten.

Die hier folgenden Ausführungen konzentrieren sich auf die Aktivitäten, die direkt durch das Unternehmen initiiert wurden.

2 CSR: Konzentration auf langfristige Projekte mit hohem Engagement seitens der BMW Group

Langfristig erfolgreiche Unternehmen brauchen gute verlässliche Rahmenbedingungen: eine effiziente Volkswirtschaft, eine gebildete, gesunde Bevölkerung sowie demokratische, lebendige, kulturell offene und veränderungsbereite politische Strukturen. Vice versa braucht die Gesellschaft Unternehmen, die ihrer Verantwortung für eine nachhaltige Entwicklung im umfassenden Sinne nachkommen. Mit der Finanz- und Wirtschaftskrise sind die Anforderungen und Erwartungen an Unternehmen noch mehr gewachsen.

Angesichts dessen konzentriert unser Unternehmen einen hohen Anteil seines gesellschaftlichen Engagements auf die Bereiche Bildung, Interkulturelle Verständigung, Verkehrssicherheit und Gesundheitsförderung sowie Kulturförderung. Im Folgenden werden unsere Aktivitäten in den genannten Bereichen vorgestellt.

2.1 Bildung: Investition in die Zukunft der BMW Group

Bildung ist die Ressource, aus denen die Ideen für unsere Autos entstehen und aus der unsere Mitarbeiter schöpfen, um für die BMW Group aktiv zu sein. Bildung steht aber nicht nur in unserem Unternehmen, sondern auch in unseren Gesellschaften ganz oben auf der Agenda: Vom Grad des Bildungsstandes werden unter anderem das wirtschaftliche und soziale Niveau der einzelnen Länder abhängen. Bildung umfasst heute dabei weit mehr als gute Kenntnisse im jeweiligen Fachgebiet. In einer Zeit, in der die Interdependenz der wirtschaftlichen, politischen und gesellschaftlichen Entwicklungen enorm hoch ist, erlangt die Fähigkeit, generalisierend, analytisch und verknüpfend denken und handeln zu können, immer größeres Gewicht. Gefragt sind Spezialisten mit der Fähigkeit zum Generalisten sowie Menschen mit einem breiten Horizont und der Bereitschaft, Erkenntnisse anderer Sachgebiete in die eigene Arbeit einfließen zu lassen. Dazu gehört auch, die intellektuelle Leistung anderer Kulturen wahrzunehmen. Dies alles bedingt eine hohe soziale Kompetenz.

Investitionen in die Bildung lohnen sich in mehrfacher Weise, denn es profitieren alle davon: der Einzelne, das Unternehmen und die Gesellschaft. Deshalb engagiert sich die BMW Group mit breit angelegten Bildungsinitiativen in diesem Bereich. Wir brauchen Nachwuchskräfte für unser Unternehmen, die technisch und naturwissenschaftlich, aber auch sozial und kulturell kompetent sind. Diese Fähigkeiten zu fordern und sie zu fördern, sind für uns zwei Seiten derselben Medaille. Die BMW Group führt daher eine Reihe von Projekten und Programmen im Bildungsbereich durch – nicht nur im eigenen Unternehmen, sondern auch in Zusammenarbeit mit Schulen und Hochschulen im Umfeld ihrer Werke, Tochter- und Vertriebsgesellschaften und Niederlassungen. Teil davon ist auch die unternehmenseigene Bildungsakademie. Die BMW Group lässt mit ihr nicht nur ihren Auszubildenden eine umfassende Aus- und Weiterbildung zukommen, sondern hilft auch Bewerbern, die noch nicht die volle Ausbildungsreife besitzen und bisher keinen Ausbildungsplatz gefunden haben. Das Unternehmen bietet ihnen die Möglichkeit, ihre jeweiligen „Defizite" zu beheben. Diese Einstiegsqualifizierung wird von der Bundesagentur für Arbeit gefördert.

Unsere Bildungsprojekte umfassen ein breites Spektrum: Mit dem Projekt „Junior Campus" führt der Konzern fünf- bis 13-Jährige an die Themen nachhaltige Produktion und alternative Antriebstechniken heran, während wir mit dem Aufbau des „Institute for Advanced Studies on Sustainability" im Bereich Nachhaltigkeit Forschungsunterstützung auf Universitätsniveau leisten. Das sind nur wenige Beispiele aus unserem Engagement im Bereich Bildung in Deutschland.

Auch in den ausländischen Tochtergesellschaften der BMW Group gibt es vielfältige Projekte, mit denen sich das Unternehmen – jeweils entsprechend der spezifischen politischen und kulturellen Anforderungen der Länder – dafür einsetzt, das Bildungsniveau zu erhöhen. In Detroit (USA) zum Beispiel startete das Unternehmen zusammen mit den BMW Händlern im Frühjahr 2010 das Projekt „Eko-Tek". Es stellt benachteiligten Schülergruppen an drei Schulen über drei Jahre hinweg Laborexperimente, Trainings und Exkursionen zur wissenschaftlichen Beschäftigung mit dem Thema Nachhaltigkeit zur Verfügung. Mit dem „BMW Korea Future Fund" fördert die BMW Group (gemeinsam mit ihren Kunden und Händlern) in Südkorea vor allem Initiativen zur zeitgemäßen Mobilität. In Indien hingegen bietet das Projekt „Magic Bus" Kindern die Chance, spielerisch ihre Potenziale zu entdecken. So wollen wir benachteiligten Kindern Zugang zum indischen Schulsystem ermöglichen und damit einen Beitrag zur Entwicklung des Landes leisten.

Dass sich diese Investitionen in die Bildung tatsächlich lohnen, zeigt sehr deutlich eines unserer Projekte in Südafrika. Das „Excellence Project for the Advancement of Science, Mathematics and Technology" der BMW Group unterstützt Schüler an 28 Schulen dabei, naturwissenschaftliche Kenntnisse zu erwerben und sie in der Praxis anzuwenden. Bei Tests liegen diese Schüler 22 Prozent über dem Landesdurchschnitt.

2.2 Interkulturelle Verständigung

Die Globalisierung ist nach wie vor der bestimmende Trend unserer Zeit. Doch eine globalisierte Welt bedeutet nicht nur, dass die Handelsströme zwischen den Staaten immer mehr zunehmen. Globalisierung bedeutet auch eine verstärkte Mobilität, das heißt zunehmend, dass wir in unserer Arbeit und im Alltag mit Menschen anderer Kulturkreise konfrontiert sind.

Die BMW Group ist international präsent. Sie ist ein globaler Bürger, der sich der Herausforderung der interkulturellen Begegnung stellen muss. Durch ihre internationalen Aktivitäten ist zusammen mit dem Gesamtkonzern aber auch jeder einzelne Mitarbeiter in diesem Gebiet gefordert – genauso wie die Gesellschaften, in denen das Unternehmen tätig ist.

Multikulturalität ist vielerorts schon selbstverständlich. Doch gibt es in vielen Regionen unverändert noch Defizite. Die interkulturelle Verständigung bleibt daher eine gesellschaftspolitische Herausforderung für ein funktionierendes Gemeinwesen.

Interkulturelles Verständnis beinhaltet dabei, die Sicht- und Verhaltensweisen anderer Kulturen kennen und begreifen zu lernen. Diese Fähigkeit bietet die Chance, den eigenen Horizont zu erweitern, Neues zu lernen und Dinge mit anderen Augen zu sehen. Wir verstehen dies als Teil einer umfassenden modernen Bildung.

Deshalb engagiert sich die BMW Group auch global verstärkt in der interkulturellen Verständigung. So erstellt das Unternehmen in Zusammenarbeit mit Wissenschaftlern und Pädagogen Lehrmaterialien für interkulturelles Lernen. Besonders wichtig ist uns der „BMW Group Award für Interkulturelles Engagement". Mit ihm zeichnet das Unternehmen Menschen und Initiativen aus, die Brücken zwischen unterschiedlichen kulturellen Lebenswelten errichten und somit einen nachhaltigen Beitrag zum gleichberechtigten Miteinander in multikulturellen Gesellschaften leisten. Die BMW Group unterstützt die Vorhaben der Gewinner nicht nur mit dem ausgelobten Preisgeld finanziell. Vor allem wird ein Wissenstransfer mit Fachleuten des Unternehmens initiiert: Wie mache ich die Marke der Organisation bekannt? Wie erreichen und halten wir unsere Zielgruppen? Wie arbeiten wir inhaltlich und ökonomisch effizient? Ein Jahr lang profitieren die Preisträger so von den Erfahrungen des Konzerns.

Jährlich wählt die interdisziplinär besetzte und unabhängige Jury die Preisträger aus hunderten Bewerbungen weltweit aus. 2010 zählte zum Beispiel das Projekt „Belieforama" der belgischen Organisation „CEJI – A Jewish Contribution to an Inclusive Europe" zu den Gewinnern, ein Programm, das kulturell und religiös bedingte Spannungen in multikulturellen Organisationen abbauen möchte. Das Ziel des Projektes ist es, Pädagogen weltweit zum Thema religiöse Vielfalt und Anti-Diskriminierung zu schulen.

Andere Preisträger der vergangenen Jahre waren unter anderem eine deutsch-tschechische Fußballschule, ein integriertes israelisch-arabisches Schulprojekt und ein Nachbarschaftsprojekt zu interkultureller Stadtplanung.

Derzeit sind wir dabei eine Kooperation mit der Alliance of Civilizations, einer Initiative des Generalsekretärs der Vereinten Nationen, aufzubauen und den Award gemeinsam auszuschreiben. Damit werden wir unser interkulturelles Engagement weltweit noch ausweiten und intensivieren können.

Exkurs: Mitarbeiterengagement

Es ist uns wichtig, unsere Beschäftigten direkt in gesellschaftliche Initiativen einzubringen. BMW Kanada ermutigt seine Mitarbeiter schon seit einigen Jahren zu diesem Engagement. Das Unternehmen stellt sie jeweils einen Tag im Jahr für ehrenamtliche Tätigkeiten frei: Fast die Hälfte der dortigen Belegschaft hat 2010 von diesem Angebot Gebrauch gemacht. In Zukunft wollen wir diesen Aspekt unseres Engagements, das Corporate Volunteering (CV), noch stärker ausbauen. Nur so können wir erreichen, dass sich unsere Mitarbeiterinnen und Mitarbeiter intensiv mit den externen Projekten identifizieren können. Zudem stellen wir auf diese Weise sicher, dass das Know How des Unternehmens umfassend in diese einfließen kann.

CV hat auch einen Win-Win-Effekt: Nicht nur die Gesellschaft, sondern auch die einzelnen Mitarbeiter, die sich in sozialen und kulturellen Projekten zusammen mit Kollegen engagieren, profitieren. Letztere werden bei ihrem Einsatz in ihren sozialen Fähigkeiten gefordert und sammeln dadurch Erfahrungen, die ihr berufliches Umfeld ihnen nicht in diesem Umfang bietet: Die Übernahme sozialer Verantwortung, Selbsterfahrung in einem fremden Kontext sowie der Erwerb von soft skills. All dies trägt zu einer Weiterentwicklung der Persönlichkeit, vor allem hinsichtlich sozialer Kompetenzen bei, die letztendlich auch dem Unternehmen zugutekommen.

Seit 2010 gehört die soziale Teamarbeit auch zum festen Bestandteil des Traineeprogramms. Fünf bis sieben Arbeitstage investiert jeder Trainee in ein soziales Projekt. Für diese Initiative wurde die BMW Group 2011 im Rahmen des „Generali European Employee Award", der unter anderem von der Europäischen Kommission gefördert wird, ausgezeichnet.

2.3 Für mehr Sicherheit im Straßenverkehr weltweit

Mobilität heißt Verantwortung: Die BMW Group investiert nicht nur einen erheblichen Teil ihrer Ausgaben für Forschung und Entwicklung in sichere Fahrzeuge, sondern auch in einen sicheren Straßenverkehr zum Schutz aller Verkehrsteilnehmer. Der Konzern ist sich bewusst, dass die weltweit stark steigende Motorisierung – besonders in den Metropolen Asiens, Lateinamerikas und Afrikas – auch negative Folgen mit sich bringt. Um die Reduktion von Schadstoffen und Treibhausgasen kümmert sich das Unternehmen tagtäglich bei der Entwicklung seiner Fahrzeuge. Indem sich das Unternehmen um verschiedene Facetten der Verkehrssicherheit kümmert, übernimmt es darüber hinaus eine umfassende Verantwortung für seine Produkte.

Die gesellschaftlichen Aktivitäten auf diesem Gebiet steuert das Kompetenzcenter CSR, das eng mit internen und externen Experten aus dem Bereich Verkehrssicherheit sowie Medizinern und Polizisten zusammen arbeitet. Gemeinsam mit 130 Münchener und 226 Berliner Schulen und unseren Partnern in der Verkehrssicherheit wollen wir auch Schulwege sicherer machen. So konnten wir in den vergangenen Jahren die Zahl der Unfälle auf Schulwegen senken. Auch in China ist die BMW Group an einem umfangreichen Programm zur Sicherheit von jungen Verkehrsteilnehmern beteiligt. Von 2005 bis 2010 konnten in China mithilfe von Lehrbüchern und Trainings über 320.000 Kinder erreicht und das Bewusstsein für Verkehrssicherheit spürbar verbessert werden. In den USA informiert die „Teen Driving School" Fahranfänger über sicheres Fahren und warnt in den Medien vor Ablenkung am Steuer.

2.4 Gesundheitsförderung heißt auch Kampf gegen Aids

Als Konzern, der auch in Ländern aktiv ist, die mit schweren gesundheitlichen Problemen der Bevölkerung konfrontiert sind, engagiert sich die BMW Group in der Gesundheitsförderung. Ihr Engagement in diesem Bereich ist stark auf die Bekämpfung von Krankheiten fokussiert, die gesamte Gesellschaften und somit auch deren Wirtschaft bedrohen, so wie dies in starkem Maße bei HIV/AIDS der Fall ist. In Südafrika, wo das Unternehmen schon seit 1975 produziert, ist heute jeder fünfte Einwohner mit dem HI-Virus infiziert. Wir sind damit am Standort direkt konfrontiert, verlieren wir doch immer wieder Kollegen und mit ihnen auch deren Expertise. Die Pandemie ist somit nicht nur eine große menschliche Tragödie, sondern auch eine wirtschaftliche. Neben einem Workplace-Programm für betroffene Mitarbeiter engagiert sich das Unternehmen auch für deren Familien und die Gemeinden.

Seit 2001 werden die Beschäftigten und deren Angehörige im BMW Werk Rosslyn (Südafrika) medizinisch betreut, beraten und bei der HIV-Prävention unterstützt. Erkrankte Mitarbeiter, die Mitglied der betrieblichen Krankenversicherung sind, versorgt das Unternehmen kostenlos mit Medikamenten und hilft ihnen mit Therapie- und Wiedereingliederungsmaßnahmen.

Die BMW Group ist Mitglied in der Global Business Coalition on HIV/AIDS, Tuberculosis and Malaria, einer internationalen Initiative von Unternehmen und der South African Business Coalition on HIV/AIDS (SABCOHA), die sie auch sehr aktiv unterstützt. 2010 unter anderem förderten wir ein Ersatzprogramm für Schulunterricht, als während der Fußball-Weltmeisterschaft Schulen geschlossen wurden. In Tagescamps wurden sportliche Aktivitäten, aber auch Workshops zum Erwerb von Sozial- und Lebenskompetenzen sowie Aids-Aufklärung angeboten.

Auch in Thailand engagiert sich die BMW Group gegen Aids. Beispielsweise wird das Kinderdorf „Baan Gerda" unterstützt, das HIV-infizierten Waisen ein Zuhause bietet.

Ebenso erfährt die Forschung auf diesem Gebiet unsere Unterstützung: Seit Jahren sind wir Partner des Universitätsinstituts San Raffaele, eines der bedeutendsten biotechnologischen Forschungszentren.

2.5 Kulturelles Engagement

Neben den klassischen CSR-Programmen ist auch die Kulturförderung für uns von großer Bedeutung. Kunst und Kultur werden oft als Luxusgüter gesehen. Für viele Menschen sind sie Bereiche der Gesellschaft, die nur dann eine Berechtigung haben, wenn für alles andere gesorgt ist. Zudem setzt sich leider vermehrt die Überzeugung durch, dass nur derjenige Kunst verstehen kann, der entsprechend gebildet ist. Wir sind jedoch der Meinung, dass die Kunst essentiell für gesellschaftlichen Reichtum ist und unabhängig von sozialer Herkunft rezipiert werden kann. Kunst und Kultur sollten für jeden zugänglich sein – dies gilt sowohl für Künstler als auch für das Publikum.

Die kulturelle Entwicklung zeigt, wie hoch entwickelt eine Gesellschaft tatsächlich ist. Vom kulturellen Niveau der Gesellschaft profitiert indirekt auch ein Unternehmen wie die BMW Group. Deshalb unterstützt sie Projekte aus den Bereichen moderner und zeitgenössischen Kunst, klassischer Musik und Jazz sowie Architektur und Design. Dabei sieht sie sich auch hier nicht als Sponsor, sondern als verlässlicher Partner und langfristiger Förderer, weil sie das jeweilige kulturelle Potenzial auf Dauer entwickeln will. Unsere Partner behalten dabei ihre kuratorische Integrität und die Freiheit ihres kreativen Potenzials – wir geben ihnen Planungssicherheit. So hat die BMW Group in den letzten 40 Jahren insgesamt über 100 Kulturprojekte gefördert, zu denen auch lokale kulturelle Formate zählen, die an einzelnen Standorten entwickelt werden.

Ein Beispiel ist der „Preis der Nationalgalerie für junge Kunst", den vor elf Jahren der Berliner „Verein der Freunde der Nationalgalerie" ins Leben gerufen hat und den die BMW Group fördert. Inzwischen gilt der Preis, der mit 50.000 Euro dotiert ist und alle zwei Jahre verliehen wird, als eine maßgebliche Ehrung für zeitgenössische Künstler.

2009 rief das Unternehmen den BMW Welt Jazz Award ins Leben, der jedes Jahr unter wechselnden Mottos ausgeschrieben wird. Außerdem unterstützen wir verschiedene Jazz-Festivals in Europa, Südamerika und Afrika. Mit der „Oper für alle", einer eintrittsfreien Freiluftveranstaltung auf öffentlichen Plätzen, soll in lockerer Atmosphäre Oper auch Menschen nahegebracht werden, die bisher dazu keinen Zugang hatten.

Im Bereich des kulturellen Engagements hat die BMW Group auch ihre eigene Branche im Blick: Schon seit 1975 gibt es die „BMW Art Cars", von namhaften Künstlern gestaltete BMW-Modelle. Mittlerweile gibt es 17 solcher Exponate, die unter anderem von Andy Warhol, Roy Lichtenstein und Jeff Koons geschaffen wurden.

3 Kriterien für erfolgreiches Engagement – Wirksamkeit und Messbarkeit

Das Engagement der BMW Group ist, wie gezeigt, strategisch ausgerichtet und eng mit unseren Kernkompetenzen verzahnt. Wie aber können wir sicherstellen, dass die Projekte tatsächlich sowohl für die Gesellschaft als auch für das Unternehmen erfolgreich sind?

Um diese Frage beantworten zu können, haben wir, initiiert von der Bertelsmann Stiftung und gemeinsam mit einigen anderen Unternehmen, bei der Entwicklung der sogenannten iooi-Methode mitgearbeitet. Sie dient der Erfolgsmessung von Projekten im Bereich des gesellschaftlichen Engagements von Unternehmen. iooi steht für Impact, Outcome, Output und Input. Diese vier Elemente sind Gegenstand der Evaluation von CSR-Maßnahmen. Konkret bedeutet dies, dass der Effekt der CSR-Aktivitäten auf die Gesellschaft, das heißt eine Verbesserung oder Veränderung der Situation (Impact) und die Wirkung der Maßnahmen in der Zielgruppe (Outcome) gemessen werden und in Relation zur Art und Anzahl der durchgeführten Aktivitäten (Output) und den dafür aufgewendeten finanziellen und personellen Ressourcen (Input) gesetzt wird.

So wird eine klassische Evaluation möglich, wie sie schon lange in der Unternehmenspraxis üblich ist, nicht jedoch für das gesellschaftliche Engagement eingesetzt wird. Damit können die CSR-Aktivitäten eines Unternehmens messbar und vergleichbar gemacht werden. Denn sowohl Unternehmen als auch die kritische Öffentlichkeit interessieren sich verstärkt dafür, worin der Mehrwert des unternehmerischen externen Engagements besteht. Über allem steht dabei stets die Frage nach Transparenz und Glaubwürdigkeit sowie nach der Wirksamkeit.

Eine wichtige Voraussetzung für die Messbarkeit der Wirkung des Engagements ist dabei das Setzen von konkreten Zielen. Zusammen mit der neu aufgesetzten Evaluierungsmethode bildet dies die Grundlage für ein faktenbasiertes Engagement und eine faktenbasierte Kommunikation im CSR-Bereich, wie sie die kritische Öffentlichkeit heute erwartet.

Methoden wie iooi helfen der BMW Group bei der Planung ihrer Projekte. In einer Matrix kann dargestellt werden, ob Aufwand und Ergebnis bei den Projekten in einem effizienten Verhältnis stehen. So wurden zum Beispiel bei der Auswertung der Aktivitäten im Bereich Schulwegepläne für ABC-Schützen in München Indikatoren (z.B. Anzahl der Kinder, die den Schulweg gehen, Verringerung der Anzahl der Schulwegeunfälle, Ressourcenaufwand etc.) und Messinstrumente (z.B. Anzahl von Rückmeldungen bei Kooperationspartnern, Verkehrssicherheitsstatistiken, aufgewendete Arbeitsstunden, etc.) zueinander in Beziehung gesetzt. Künftig wird das neue Evaluationsinstrument bereits bei der Konzeption der Projekte berücksichtigt.

Die Arbeit an der iooi-Methode ist noch nicht abgeschlossen: Es müssen weiter valide Indikatoren entwickelt und die Methode verfeinert werden. Die BMW Group wird dadurch in Zukunft für sich und ihre Stakeholder belastbarere Daten und Fakten liefern können, um zu zeigen, welchen Beitrag der Konzern in der Gesellschaft leistet um diesen auch ständig zu verbessern. Dadurch wird es der BMW Group ermöglicht, ihre CSR-Aktivitäten zielgerichteter zu planen und einzusetzen sowie ihre Wirksamkeit zu überprüfen. Ziel dabei ist die kontinuierliche Verbesserung unseres Engagements.

Tab. 1: Engagementbeispiel: Schulwegpläne für ABC Schützen – Verkehrssicherheit und Community Engagement am Standort München

Ziele des Engagements: Steigerung der Verkehrssicherheit für Münchner Schulkinder und Verringerung des Verkehrsaufkommens an Münchner Schulen durch die Vergabe von Wegplänen, die jedem Schulanfänger den sichersten Fußweg zur Schule zeigen.

	Engagementsstrategie	Indikatoren	Messinstrumente	Externe Faktoren
impact	Folgewirkung des Engagements Gesellschaft: • Mehr Verkehrssicherheit von Schulkindern am Standort München, weniger Verkehrsaufkommen. • Erhöhte Aufmerksamkeit in der Bevölkerung zu Verkehrssicherheitsthemen. • Nachahmerprojekte in anderen Großstädten. Unternehmen: Die Übernahme gesellschaftlicher Verantwortung zu klar definierten Themen (z. B. Verkehrssicherheit) ist Bestandteil der Unternehmens- und Nachhaltigkeitsstrategie der BMW Group. Die öffentliche Wahrnehmung dieses Engagements trägt u.a. zur Glaubwürdigkeit als verantwortlich und nachhaltig handelnder Automobilhersteller bei.	• Verringerung der Anzahl der Schulwegunfälle • Rückmeldung der Projektpartner und Eltern • Berichterstattung	• Anzahl von Rückmeldungen • Umfragen bei den Kooperationspartnern (insbesondere Schulen und Eltern) • Anzahl von Berichten über die Schulwegpläne	• Andere Aktivitäten der Partner und erhöhte Präventionsmaßnahmen.
outcome	Unmittelbare Wirkungen des Engagements Gesellschaft: • Eltern üben den Schulweg mit den Kindern. Mehr Kinder laufen in die Schule. • Höhere Schulwegsicherheit: Kein tödlicher Schulwegunfall bei den teilnehmenden Schulen seit Herausgabe der Pläne und nur ein verletztes Kind. Unternehmen: Beitrag mit Substanz. Wahrnehmung als Automobilhersteller, der sich neben der aktiven und passiven Sicherheit seiner Fahrzeuge auch glaubwürdig für die Sicherheit der jüngsten Verkehrsteilnehmer einsetzt und ein verantwortlicher Corporate Citizen ist.	Tatsächliche Schulwegunfälle (vor Erscheinen der Pläne gab es im Jahr im Schnitt zehn – zum Teil tödliche – Unfälle pro Jahr). Anzahl der Kinder, die den Schulweg gehen.	• Verkehrssicherheitsstatistiken • Umfragen bei den Eltern	• Individuelles menschliches Verhalten im Straßenverkehr • verbesserte Aufklärungsarbeit • vermehrter Einsatz der Verkehrspolizei
output	Ergebnisse/Aktivitäten: 12.000 Schulanfänger erhalten pro Jahr einen eigenen Schulwegplan.	Produzierte Pläne, Teilnehmer an der Übergabeveranstaltung, Schuleinschreibungen		
input	In Kooperation mit der Stadt München, der Verkehrswacht, der Verkehrspolizei und den Schulen gibt die BMW Group seit 1984 schulindividualisierte Wegpläne an alle Münchner Schulanfänger heraus. Die Übergabe der Pläne an die Schulen erfolgt im Rahmen einer Veranstaltung zum Thema „Verkehrssicherheit". Ressourceneinsatz für das Engagement: • Finanzielle Ressourcen für die Erstellung und Übergabe der Pläne • Personelle Ressourcen und materielle Ressourcen	Ressourcen: 70.000 Euro pro Schuljahr, Räumlichkeiten für die Übergabe der Pläne (Saal für 300 Personen für einen halben Tag) Projektmanagement (15 Arbeitstage)	• Etatplanung • Aufgewendete Arbeitsstunden	

CSR als Baustein für dauerhaften Unternehmenserfolg am Beispiel der Nanogate AG

Ralf Zastrau

1 Der Wunsch ein Spitzenunternehmen zu werden

Als die Nanogate AG im Jahre 1999 operativ mit vier Mitarbeitern in kleinsten und sehr bescheidenen Räumlichkeiten startete, war aller Anfang schwer. Das Unternehmen wurde zwar seinerzeit mit einer Start-up Finanzierung für die nächsten Monate und begeisternden wissenschaftlichen Ideen ausgestattet, verfügte aber weder über erste Kunden noch über vermarktbare Produkte, industrielle Fertigungsumgebungen, grundlegende Entwicklungskapazitäten oder etwa eine brauchbare Organisation. Von einer nachhaltigen Erfolgsbasis mit übergreifender gesellschaftlicher Verantwortung konnte also noch keine Rede sein. Vielmehr waren viele schlaflose Nächte von unendlich scheinenden Herausforderungen und einer negativen Liquiditätsentwicklung geprägt.

Dennoch: Wir wollten es ganz nach vorne schaffen und in dem neuen, extrem dynamischen Marktumfeld der Nanotechnologie mit seinerzeit noch unbekannten Geschäftsmodellen bestehen. Neben der operativen Basisarbeit galt es, die harten Fakten sowie die tagtäglichen Realitäten klar im Auge zu behalten, permanent zu überprüfen, wo wir dauerhaft wirklich eine besondere Marktposition erreichen könnten, und zu entscheiden, was wir nicht leisten könnten oder leisten wollten. Uns beschäftigte also die Kernfrage: Wie werden und bleiben wir ein besonders erfolgreiches Unternehmen?

Unser zentrales strategisches Ziel hierbei war es, eine erfolgreiche Marktpositionierung von Nanogate als führender Umsetzungspartner mit dem Fokus auf Oberflächensystemen zu erreichen. Diese elementare Ausrichtung wurde mit Start des Unternehmens definiert und in den vergangen Jahren konsequent verfolgt. Heute, nach weit mehr als hundert erfolgreichen Problemlösungen im Markt, internationalen Erfolgen in vielen Ländern, einer durchschnittlichen Wachstumsrate von mehr als dreißig Prozent pro Jahr, dem vollzogenen Gang an die Börse, sowie mit aktuell mehr als 300 Menschen, die für Nanogate arbeiten, ist diese Kern-Positionierung unverändert relevant

Bereits 1999 wurde uns jedoch bei der Ausrichtung des Unternehmens ebenso bewusst, dass unser zentrales Unternehmensziel, als bestmöglicher Partner für Nanooberflächen wahrgenommen zu werden, nicht nur davon abhängen würde, ob wir im Markt als besonders kompetenter und verlässlicher Spieler gelten.

Vielmehr waren und sind wir davon überzeugt, dass eine ganz besondere unternehmerische Chance darin liegt, als ein Unternehmen gesehen zu werden, welches glaubhaft auch übergreifende Verantwortung übernimmt, Respekt und Integrität in den Mittelpunkt stellt, zu besonderer Sorgfalt bereit ist und ebenso einen aktiven Beitrag in der von Anfang an erwarteten Diskussion um Technologiefolgen sowie Nachhaltigkeitsaspekte der Nanotechnologie leistet.

Grundsätzlich geht es also nach unserem Verständnis im Hinblick auf unseren Unternehmenserfolg nicht nur darum, verantwortungsvolles Wirken und Handeln in den Kernbereichen des Unternehmens dauerhaft unter Beweis zu stellen, sondern ebenso darum, durch übergreifendes Engagement zusätzliche wichtige strategische Erfolgsfaktoren sowie eine breite Vertrauensbasis für eine unternehmerische Zukunft zu schaffen.

2 Zentrale Werte und glaubwürdige Umsetzung

Als Unternehmen nachhaltig zu bestehen, ist – auch in Anlehnung an die Gedanken von Andreas Suchanek – ohne die Schaffung und Pflege von belastbaren Vertrauensverhältnissen zu jeweiligen Kooperationspartnern nicht möglich. So wird der Erfolg der Nanogate AG zwingend von ihrem Vertrauensverhältnis zu Kunden, Investoren, Mitarbeitern, Technologiepartnern, Zulieferern, Behörden, Verbänden und auch zur Zivilgesellschaft abhängen. Schlüsselfragen für ein Unternehmen wie die Nanogate AG bestehen daher darin, wie das eigene Rollenverständnis zur Bildung der wichtigen „Erfolgswährung" Vertrauen in zentrale Unternehmenswerte dauerhaft zu verankern und umzusetzen ist.

Sich dynamisch verändernde Wettbewerbsbedingungen, regelmäßiger Ertrags- oder Kostendruck und die damit potentiell einhergehenden Entscheidungskonflikte machen jedoch die Umsetzung anspruchsvoller Wertesysteme in der Unternehmenspraxis zu einer regelmäßigen Herausforderung. Zudem hat in der Vergangenheit ein erheblicher genereller Vertrauensverlust gegenüber der Wirtschaft stattgefunden, nicht zuletzt, da einzelne (Groß-)Unternehmen zwar in vielfältigsten kommunikativen Konzepten in großem Maße um Vertrauen geworben haben, die geweckten Erwartungen aber leider in der Praxis enttäuscht haben. An den vielfältigen „Krisendiskussionen" der letzen Jahre lässt sich dieses Bild und die entstandenen Vertrauensverluste regelmäßig ablesen, und so stehen Unternehmen heute bei wichtigen Stakeholdern unter Generalverdacht, primär kurzfristig sowie zu Lasten der Gesellschaft zu agieren.

Insgesamt bewegen wir uns also in einem Umfeld, in welchem eine breite Vertrauensbildung in die Kernprozesse und Wertschöpfung eines Unternehmens sowie in übergreifende gesellschaftliche Aktivitäten kaum einfach zu etablieren ist. Auch für die Nanogate AG ist diese Ausgangslage seit ihrer Gründung tagtägliche Realität und ihr muss mit einem sehr überschaubaren Budget, aber hoher Glaubwürdigkeit begegnet werden – typisch für ein mittelständisches Unternehmen in Deutschland.

Nanogate verfolgt daher seit ihrem operativen Start den Grundgedanken, Erwartungen von Kooperationspartnern übertreffen zu wollen sowie Vertrauen durch besonderes Engagement systematisch und vor allem langfristig aufzubauen. Dieses Handlungsmuster galt es bestmöglich und so früh wie möglich in unserer individuellen „Unternehmens-DNA" zu verankern.

Daher mussten regelmäßig konkrete Projekte sowie Themen gefunden werden, welche das Etablieren des Wertes „Vertrauensbildung" mit konkreten operativen bzw. strategischen Unternehmenszielen und dem notwendigen Zusatzengagement sinnvoll verbinden.

Möglichkeiten hierzu lassen sich jedoch in der Praxis auch immer identifizieren: Bereits unmittelbar in der Start-up-Phase konnte Nanogate AG bespielsweise eine solche besondere Chance nutzen. So hat das Unternehmen bereits in seinem ersten Geschäftsjahr (1999) mit „Nanosafe" das seinerzeit EU-weit größte Programm zur Technologiefolgenabschätzung mitinitiiert und dann in der Folge über mehrere Jahre intensiv begleitet. Hierbei stand im Mittelpunkt, europaweit eine sichere Produktion und Verwendung von Nanomaterialien zu erreichen[1]. Eine umfassende Verpflichtung, welche aufgrund der damaligen brisanten wirtschaftlichen Situation des Unternehmens alles andere als selbstverständlich war.

Im Hinblick auf dieses frühe intensive Engagement waren allerdings auch innerhalb unseres Aufsichtsrates flankierende Diskussionen notwendig und Vorschlägen, eine solche Thematik doch großen Konzernen zu überlassen, die eigenen Ressourcen zu schonen und sich daher zurückzuhalten, musste argumentativ begegnet werden. Der notwendige Konsens konnte jedoch letztendlich „erarbeitet" werden, um dieses erste CSR-Projekt der Nanogate AG erfolgreich starten und umsetzen zu können.

Die hierbei erreichten Erfolge und Vorteile bedeuteten in diesem Zusammenhang für die Nanogate AG – neben dem wichtigen Beitrag von „Nanosafe" rund um die damalige Nanotechnologie-Diskussion – insbesondere eine erhebliche Steigerung der Glaubwürdigkeit des Unternehmens, Reputationsgewinn gegenüber nahezu allen Typen von Kooperationspartnern, den Aufbau von wichtigen internationalen Unternehmensnetzwerken und nicht zuletzt den Gewinn von wertvollem Wissen für die zukünftige Produktentwicklungsstrategie des Unternehmens. Aber auch unternehmensintern konnte nun deutlich besser verstanden werden, dass ein gewünschtes übergreifendes Unternehmensengagement nicht als Lippenbekenntnis formuliert, sondern auch unter schwierigen Bedingungen realisiert wird. Denn besonders in herausfordernden Konstellationen lässt sich nach unserer Erfahrung ein besonders hohes Maß an Glaubwürdigkeit im Unternehmen erarbeiten, die Kooperationsfähigkeit mit unterschiedlichen Partnern exzellent trainieren sowie interne Managementprozesse verbessern.

In den folgenden Jahren hat die Nanogate AG nicht zuletzt aufgrund gemachter positiver Erfahrungen ihr CSR-Verständnis, gesellschaftliche Verantwortung mit Kernfragen des Unternehmens unmittelbar zu verbinden, weiterentwickelt und in verschiedenste Gebiete der Unternehmensführung systematisch einfließen lassen.

---

[1] mehr Informationen unter: http://nanosafe.org

3 Messbare Unternehmenspraxis

Nach unserem Verständnis kann CSR auf drei zentralen Ebenen erfolgen; Nanogate hat sich von Anfang an entschieden, in allen diesen drei Ebenen regelmäßiges Engagement zu zeigen:

1. In den operativen und strategischen Kernprozessen eines Unternehmens, wie etwa Produktentwicklung, Supply-Management, Mitarbeiter, Produktion oder Marktbearbeitung.
2. In vernetzten Projekten mit dem Unternehmen, der Zivilgesellschaft sowie der Politik/Verwaltung, beispielsweise in regionalen Verantwortungspartnerschaften und übergreifenden Projekten.
3. In Aktivitäten, welche das generelle gesellschaftliche sowie politische Handlungsumfeld eines Unternehmens gestalten. Hierbei sind Themen wie die Mitwirkung bei regulatorischen Fragestellungen oder Beiträge bei der Mitwirkung einer übergreifenden Standortentwicklung zu nennen.

Um der ersten Ebene gerecht zu werden, hat die Nanogate AG wiederum sehr früh, damals noch als sehr kleines und zudem erstes Nanotechnologie-unternehmen in Europa, im Jahr 2000 ein umfassendes Qualitätsmanagementsystem nach internationalen Maßstäben eingeführt, extern auditieren und weiterentwickeln lassen. In den kommenden Jahren folgte als nächster Schritt die Einführung eines integrierten zertifizierten Umweltmanagementsystems – ebenfalls als „Nano-Pionier" in Europa. Es entstanden also erfolgreiche Werkzeuge, welche bis heute wichtige Beiträge bei der Optimierung unserer Wertschöpfungsketten sowie unserer Beziehungen zu externen Partnern und Lieferanten leisten.

In unseren frühen Jahren der Unternehmensentwicklung wurde aber auch bereits Engagement im zweiten Bereich von CSR, etwa in regionalen Projekten, gezeigt, wie dem Umweltpakt Saar, der ehrenamtlichen Mitarbeit in vielen Unternehmensorganisationen[2] oder bei der übergreifenden Kooperation mit Bildungsträgern bei der Vermittlung von Technologieverständnis. Besonders im Bildungsbereich ist die Nanogate AG bis heute besonders engagiert. Das lässt sich nicht nur an einer hohen Ausbildungsquote, umfassenden Praktikumsplätzen und Unterstützung bei Diplomarbeiten sowie Mitwirkung bei Forschungsprojekten ablesen, sondern auch an spannenden regionalen und überregionalen Sonderprojekten, bei dem viele Mitarbeiter des Unternehmens aktiv eingebunden sind, etwa an der Umsetzung von „Schüler-Nanocamps" im Unternehmen sowie Schnuppertagen mit zum Teil sehr jungen Menschen, einer aktiven Begleitung von Schülerfirmen, Mitgestaltung eines Wissenschaftssommers, Einbringung in ein regionales „Lernfestival", der Mitgestaltung des Seminarfachs „Nanotechnologie" in der Oberstufe sowie der Förderung von Weiterbildungsveranstaltungen, Ausstellungen und Kon-

---

[2]   als Beispiel sei hier auf „Nanobionet e.V." verwiesen: www.nanobionet.de

gressen rund um die zukünftige Schlüsseltechnologie Nanotechnologie. Hierzu gehört ebenso die Initiative „Saarland Empowering Nano".[3]

Im Hinblick auf den dritten Bereich von CSR ist es nach unserem Unternehmensverständnis von zentraler Bedeutung, Nanotechnologie als strategische Kompetenz in unserer Heimatregion, dem Saarland, dauerhaft zu verankern sowie den Strukturwandel der Region aktiv und nachhaltig zu unterstützen. Aktive Beiträge hierzu in unterschiedlichen vernetzten Projekten zu leisten versteht die Nanogate AG daher auch als besonders wichtiges Thema unter dem Schlagwort „CSR". In diesem Kontext fällt etwa unsere Initiierung und Begleitung des Netzwerkes „Verantwortungspartner Saarland"[4], in welcher Unternehmen, Akteure aus der Zivilgesellschaft und auch die öffentliche Hand in gemeinsamen Anstrengungen bei der Standortentwicklung zusammenwirken. Zwischenzeitlich sind viele Mitstreiter hierbei gewonnen und wundervolle Einzelprojekte umgesetzt worden. Überdies sind umfassende, belastbare Netzwerke und vertrauensvolle Partnerschaften entstanden. Es handelt sich hierbei also auch um eine unmittelbare Investition in das „Sozialkapital" der Nanogate AG. Und wie wir sind auch viele andere mitwirkende saarländische Unternehmen überzeugt, dass sich die geleistete Arbeit unmittelbar positiv etwa bei der Formung einer belastbaren Unternehmenskultur, bei der Ausbildung von Führungskräften sowie im verbesserten Risiko- und Chancenmanagement eines Unternehmens auswirken wird.

Nanogate baut sein CSR-Engagement daher in der zweiten und dritten Ebene von CSR – also in vernetzten Projekten und bei der Gestaltung von übergreifenden Rahmenbedingungen – weiter aus. Aktuelle Beispiele von solch regionalem und überregionalem Engagement finden sich etwa in einer aktiven Mitarbeit bei der Formulierung der Innovations- und landesweiten CSR-Strategie des Saarlandes auf Initiative der Landesregierung, beim bundesweiten Engagement der Bertelsmann Stiftung „Unternehmen für die Region"[5] oder etwa als aktives Mitglied der Nanokommission der Bundesregierung.[6]

Ein weiteres Beispiel für Engagement in der dritten Ebene von CSR ist auch die Unterstützung des Öko-Instituts bei der einheitlichen Bewertung von Nano-Nachhaltigkeitspotenzialen. So konnten wir in diesem Jahr bei dem vom Umweltbundesamt sowie Bundesumweltministerium geförderten und vom Öko-Institut neu entwickelten Instrument „Nano-Nachhaltigkeits-Check"[7] mitwirken. Hierbei handelt es sich um einen neuen Analyseraster, welcher darauf abzielt, Umweltbe- oder -entlastungen sowie Risiken und Herausforderungen für die Markteinführung von Produkten und Nanomaterialien bereits sehr früh zu identifizieren.

Neben einer bereits aufgezeigten Bedeutung für das Kerngeschäft eines Unternehmens bei einem übergreifenden gesellschaftlichen Engagement ergeben sich also besonders in der dritten Ebene von CSR interessante Mitgestaltungsräume

---

[3] mehr Informationen unter: www.empower-nano.com
[4] mehr Informationen unter: www.verantwortungspartner-saarland.de
[5] mehr Informationen unter: www.unternehmen-fuer-die-region.de
[6] mehr Informationen unter: www.bmu.de/nanokommission
[7] mehr Informationen unter: www.nachhaltigkeits-check.de

für Unternehmen bei immer wichtiger werdendem so genannten „Soft Law" oder etwa im Umfeld des „Responsible Lobbying".

Grundlage für jedes Engagement eines Unternehmens im Bereich CSR ist aber nach unserer Überzeugung eine Verankerung von CSR in den Kernprozessen eines Unternehmens. Diese erste Ebene ist von fundamentaler Bedeutung für alle weiteren Überlegungen und bildet immer die natürliche Ausgangslage für alle CSR-Anstrengungen. Gelebte CSR zeigt sich daher insbesondere bei der Formulierung und Umsetzung nachhaltiger Produktstrategien.

Angefangen bei dem Einsatz von besonders verträglichen Ausgangsstoffen, setzt so die Nanogate AG ihren klaren Entwicklungsfokus darauf, Produkte zu ermöglichen, welche die Umwelt weniger als klassische Lösungen belasten. Hierzu gehören bessere und umweltschonendere Produktionsprozesse zu ermöglichen oder Konzepte bereitzustellen, welche Lebensdauern erhöhen oder zu einer effizienteren Ressourcennutzung beitragen. Diese generellen Möglichkeiten werden aktuell auch unter dem Stichwort „Green Nano" in der öffentlichen Diskussion behandelt. Nanogate konnte solche Grundgedanken hierbei jedoch in den vergangenen Jahren bereits vielfach in die Praxis überführen und mit kommerziellen Erfolgen verbinden. Als Beispiele seien Oberflächensysteme für Druckmaschinen namhafter Hersteller genannt, welche die industriellen Reinigungsprozesse signifikant erleichtern, gleichzeitig Kosten sparen und einen Verzicht auf aggressive Reinigungsmedien ermöglichen. Weiterhin wurden innovative Gebäudeoberflächen realisiert (etwa im längsten Stadttunnel Europas in Stockholm), welche auch hier aggressive Anschmutzungen minimieren und eine einfache Reinigung ohne umweltbelastende Stoffe sicherstellen. Zudem wurden Wartungsintervalle deutlich verlängert und dadurch ebenfalls Kosten gespart sowie Umweltbeiträge erreicht. Weitere Beispiele von CSR-geprägten Entwicklungen finden sich heute bei Nanogate-Produkten, welche verbesserte Verbrennungsprozesse von Dieselmotoren unterstützt und reduzierte Emissionen ermöglichen.

Sehr aktuell ist überdies unsere erfolgreiche Entwicklung der vergangenen Jahre im Bereich so genannter „Energieeffizienzschichten". Hierbei geht es darum, den Wirkungsgrad und die Energieeffizienz von klassischen und zukünftigen Heizungen und Heizsystemen zu verbessern und gleichzeitig Wartungskosten zu minimieren. Dies ist nicht nur vor dem Hintergrund der aktuellen CO_2-Diskussion ein besonderes Thema, sondern bietet zudem äußerst attraktive Geschäftspotenziale für ein Technologieunternehmen wie die Nanogate AG. Das innovative Konzept einer „Energieeffizienzschicht" wurde zwischenzeitlich mit namhaften Industriepartnern industriell umgesetzt. Unsere derzeitige Markteinführung und die bereits in operativer Industriepraxis erzielten Ergebnisse dienen heute innerhalb der Nanogate AG als besonders glaubwürdiges Beispiel, welches zeigt, wie CSR in den Kernbereichen unseres Unternehmens messbare Beiträge leistet.[8]

---

[8] mehr Informationen unter: www.nanogate.de

4 Vorteile neu definierter Verantwortung

Unabhängig von der Nanogate AG sind wir davon überzeugt, dass glaubwürdig wahrgenommene gesellschaftliche Verantwortung von Unternehmen zukünftig zum Schlüsselfaktor für Unternehmenserfolg und Unternehmensentwicklung wird. Auch die Grenzen dieser geforderten Verantwortung werden aktuell neu definiert und traditionelle Sichtweisen hierbei verändert.

Insbesondere vorherrschende Mega-Trends führen zwangsläufig zu dieser Diskussion sowie zu der darauf basierenden Neudefinition notwendiger Unternehmensverantwortung:

a) globale Wertschöpfungsprozesse mit ungeahnten Freiheitsgraden für Unternehmen, individuelle Ertragspotentiale zu optimieren;
b) neue Dimensionen von transnationalen (und systemrelevanten) Unternehmensbeziehungen, welche nur eingeschränkte Eingriffsmechanismen von Politik und Zivilgesellschaft zulassen;
c) grundlegende umwälzende gesellschaftliche Herausforderungen wie etwa Klimawandel, demographische Entwicklung oder eine unverantwortliche öffentliche Verschuldung

Tagtäglich findet also bereits diese Diskussion statt und Themen über die zukünftige Rolle und Leistungsfähigkeit des Staates sowie veränderte gesellschaftliche Erwartungen sind allgegenwärtig. In diesem Zusammenhang wird die kommende Interpretation des Begriffes „Corporate Social Responsibility" das Verständnis für eine zukünftig „richtige" Umgangsweise mit Verantwortung nachhaltig prägen. Es ist aber bereits absehbar, dass für Unternehmen eine deutliche Erweiterung des bisher gelebten Begriffes „Management" um das Thema „Verantwortungsmanagement" erforderlich ist.

Unternehmen aber, die diese sich abzeichnenden Veränderungen und entstehenden (Markt-)bedürfnisse schneller und besser als andere begreifen, können die jetzt entstehenden Chancen nutzen und Wettbewerbsvorteile erzielen. Nicht zuletzt vor diesem Hintergrund ist es die Überzeugung der Nanogate AG, dass die glaubwürdige Umsetzung einer präzisen CSR-Strategie auf der Basis von geschaffenem Vertrauen zur allen Kooperationspartnern unmittelbar mit einem zukünftigen Unternehmenserfolg verknüpft ist.

CSR funktioniert jedoch nur dann, wenn konkrete, messbare Vorteile für die Gesellschaft und auch das jeweilige Unternehmen entstehen. Und dies ist bei richtig verstandener CSR auch regelmäßig der Fall: So kann beispielsweise besonderes Engagement in der jeweiligen Region zu unmittelbar verbesserter Reputation, größerer Mitarbeiterzufriedenheit und -bindung sowie verbesserten lokalen Standortbedingungen führen. Weiterhin führt verstärkter Einsatz für direkte Mitarbeiterbedürfnisse wie etwa Gesundheit, Work-Life-Balance oder Weiterbildung regelmäßig zu reduzierten Fehlzeiten, höherer Unternehmensidentifikation und besseren Erfolgen bei der Gewinnung neuer Fach- und Führungskräfte. Auch die Nanogate konnte die Bedeutung von CSR und messbare Resultate beispielsweise in anonymen Mitarbeiterbefragungen klar nachweisen. Aber auch Umweltengagement im Hinblick auf etwa Energiekonsum, aktiven Klimaschutz oder erneuerbare Energien leistet unmittelbar messbare Beiträge zur Reduktion von Ressourceneinsatz, Kostensenkung, Produktinnovationen und Markenbildung von Unternehmen. Nicht zuletzt bietet CSR im aktiven Absatz- und Beschaffungsmarkt von Unternehmen messbare Effekte bei höherer Kundenzufriedenheit, effizienteren Produktionsprozessen und erfolgreicherer Erschließung neuer Marktsegmente. CSR-Themen, die es hierbei zu adressieren gilt, sind besonderes Augenmerk und Sorgfalt bei Produktqualität und -verantwortung, aktives und verantwortliches Supply-Managment oder sensitives Kundenmanagement.

Insgesamt geht es bei CSR also darum, auf einer breiten Basis für eine neue Kultur der Verantwortung einzutreten und dies glaubwürdig im Tagesgeschäft zu untermauern. Wirtschaftlichkeit und Ethik sind hierbei auch kein Widerspruch, sondern bedingen einander. Die Überlegungen von Liz Mohn als bedeutender Familienunternehmerin aufgreifend weiß jeder kluge Unternehmer, dass unternehmerische Tätigkeit und Engagement für die Gesellschaft zwei Seiten derselben Medaille sind.

Insbesondere in diesem Grundverständnis wirken seit jeher vor allem kleine und mittelständische Unternehmen als klares Vorbild für glaubwürdige gesellschaftliche Verantwortung und bilden nicht zuletzt in diesem Zusammenhang das Rückgrat unserer Gesellschaft. Auch die Nanogate AG definiert ihr Selbstverständnis im Kontext einfach als „verantwortungsvoller Mittelstand".

Ohne mittelständische Wirtschaft ist der Erfolg unseres Landes nicht vorstellbar. Das wird gelegentlich auch von der breiten Öffentlichkeit verstanden, aber von Politik und Medien viel zu selten aufgegriffen. Die Fakten für diese Aussage sind zwar eindeutig, deren breite Verankerung in unserer Gesellschaft ist jedoch nicht ausreichend. So gehören 99 Prozent aller Unternehmen zum Mittelstand, welcher mehr als 70 Prozent aller Beschäftigten und über 80 Prozent aller Auszubildenden stellt. Der Mittelstand ist dynamisch, veränderungsbereit und innovativ. Neben der Wirtschaft ist ohne ihn auch der Erfolg unserer Gesellschaft nicht vorstellbar, denn der Mittelstand ist auch Angelpunkt gesellschaftlicher Veränderungen. Eine aktuelle Umfrage hat ergeben, dass für mittelständische Unternehmer gesellschaftliches und ökologisches Verständnis im Normalfall zum Selbstverständnis gehören. Die im Rahmen der Bertelsmann-Initiative „Unternehmen für die Region" entstandene europaweit größte Landkarte mittelständischen Engagements zeigt mit über 1.300 Beispielen eindrucksvoll, was der Mittelstand im Umfeld von CSR seit Jahren zu leisten vermag – meistens bescheiden und unbeobachtet.

So ist der Mittelstand oftmals in vielfältiger Weise und nachhaltigen Projekten in seiner Region aktiv, zahlt hier regelmäßig Steuern, ist „seiner" Region in besonderer Weise persönlich verbunden, denkt in langen Zeiträumen und optimiert äußerst selten rein opportunistisch seine Wertschöpfungskette. Auch ist sein Engagement primär von dem Bedürfnis, anzupacken, wo Praxisbedarf ist, geprägt und nicht vor dem Hintergrund „marketing-gestalteter" CSR-Kommunikationskampagnen.

In Summe liegt also explizit im Mittelstand das für CSR zwingend benötigte Vertrauen von gesellschaftlichen Partnern bereits in sehr natürlicher Weise vor und ist in vielfältigen Netzwerken über Jahre untermauert worden. Der Mittelstand bietet daher in der nun gewünschten Praxisrealisierung und breiten Umsetzung von CSR in Deutschland die zentrale Basis für Glaubwürdigkeit. Er verfügt gewissermaßen in der gesellschaftlichen Diskussion und Definition unternehmerischer Verantwortung über ein Alleinstellungsmerkmal im Vergleich zu anderen Unternehmenstypen. Dieses gilt es nun in erweiterten Anstrengungen des Mittelstandes besser zu nutzen und zum gegenseitigen Vorteil einzubringen. Besonders gut gelingt dies in vernetzten regionalen Strukturen und Projekten.

5 Erfolgreich neue Wege gehen

Die Nanogate AG ist seit Gründung der Initiative „Unternehmen für die Region" im Jahr 2007 als Mitglied des bundesweiten Initiativkreises engagiert und versteht diese Tätigkeit als ergänzende Arbeit bei der Umsetzung ihrer CSR-Strategie.

Im Rahmen von „Unternehmen für die Region" steht der Grundgedanke im Vordergrund, partnerschaftliches Wirken von insbesondere Mittelstand und Familienunternehmen in der Region zu unterstützen, erfolgreiche Projekte sichtbar zu machen und neue Partnerschaften zu fördern.

So wird neben der bereits genannten „Landkarte des Engagements" auch die von dem professionellen CSR-Beratungsunternehmen ,:response' begleitete „Verantwortungspartner-Methode" vorangetrieben und in immer mehr Regionen etabliert. Als eine erste Pilotregion hierbei wurde das Saarland ausgewählt und die Nanogate AG wirkte als Koordinator eines lokalen Initiativkreises sowie als regionaler Sprecher.

Unter der Marke „Verantwortungspartner Saarland" konnte ein Methodenkonzept umgesetzt werden, welches ein strukturiertes, vernetztes und gebündeltes Engagement zwischen Wirtschaft, Zivilgesellschaft und Verwaltung/Politik in der Region etabliert. Ziel ist es, den Nutzen für die Region in Verbindung mit dem Nutzen für die beteiligten Unternehmen zu maximieren. Hierbei galt es, den im Saarland besonders stark ausgeprägten Mittelstand als Basis für Verantwortungspartnerschaft zu gewinnen und das traditionell bereits vorhandene intensive gesellschaftliche Engagement aktiv einzubeziehen.

Die Umsetzung bestand jedoch auch darin, dass bei einem vernetzten und gebündelten Engagement in koordinierten Einzelprojekten nicht nur Geld und Sachmittel eingebracht werden, sondern mit Bezug zum jeweiligen Kerngeschäft des beteiligten Unternehmens insbesondere auch Kontakte, unternehmerisches Know-how, Personal und Netzwerke. Auch zielen die gemeinsamen und vernetzten Aktivitäten auf strukturelle Veränderungen am Standort und sind langfristig ausgelegt.

In der Pilotregion Saarland bestand die zentrale Motivation aller Beteiligten daher auch darin, den Wandel zum Technologiestandort zu begleiten, die Jugend partnerschaftlich zu fördern und so die Zukunft der Region auch aktiv mitzu-verantworten. Konkrete Ziele wurden hieraus abgeleitet, um durch gemeinsame Projekte beispielsweise den Zusammenhalt in der Region zu fördern, das viel-fältige Engagement saarländischer Unternehmer in der Region aufzuzeigen, die Identifikation der jungen Generation mit dem Saarland zu stärken, langfristige und erfolgreiche Partnerschaften aufzubauen sowie andere zum Nachahmen anzure-gen.

Alle Themen wurden unter dem Leitbegriff „Jugend, Technik und Beruf" zu-sammengefasst und in sechs Arbeitsgruppen für Zielprojekte im Kindergarten, von der Grundschule bis zu weiterführenden Schulen, für Benachteiligte sowie beson-dere Talente strukturiert.

Bereits im Pilotjahr wurden alle ursprünglich gesetzten Erwartungen deut-lich übertroffen, über 80 Verantwortungspartner gewonnen, mehr als 25 kon-krete Projekte umgesetzt und zudem alle wichtigen Verbände und Institutionen des Saarlandes eingebunden. Auch die Nanogate AG hat sich in ihren konkreten vernetzten Partnerschaften engagiert – vorzugsweise in Bezug auf das Kernthema Nanotechnologie.

In Summe wird im Umfeld der Verantwortungspartner im Saarland ein für alle Akteure der Region wichtiges Sozialkapital gebildet. Und wie Nanogate sind alle mittelständischen Mitstreiter überzeugt, die getätigten „Investitionen" in dieses Sozialkapital langfristig in zentrale Beiträge für das Unternehmen umzuwandeln und den Standort Saarland damit auch lebenswerter, attraktiver, wettbewerbs- und innovationsfähiger zu machen.

Seit 2010 wurde die „Pilotregion" Saarland zur „Verantwortungsregion" wei-terentwickelt und das Modell von Verantwortungspartnerschaften ausgebaut so-wie verstetigt. Auch wurde das Konzept einer konkreten Zusammenarbeit auch für kleinste Unternehmen weiterentwickelt und die Nutzung bereits vorhandener Ideen/Erfahrungen durch ein so genanntes Baukastenmodell skalierbar gemacht. Weiterhin ist der Zugang zu Kontakten, Informationen und Dokumentationen durch ein internetgestütztes Verantwortungsportal optimiert und stark verein-facht. Nicht zuletzt wurde eine feste Koordinierungsstelle etabliert und die Verantwortungsregion Saarland durch aktive Öffentlichkeitsarbeit flankiert; ebenso sind Aktivitäten im Saarland zwischenzeitlich bundesweit vernetzt und in übergreifende CSR-Aktivitäten eingebunden worden.

Für die Nanogate hat sich das CSR-Projekt „Verantwortungspartner Saarland" von der „Ebene 2" – also vom vernetzten Engagement – zu einer „Ebene 3" wei-terentwickelt. Es ist quasi eine transformative Aktivität geworden, die den gene-rellen Handlungsrahmen eines Unternehmens in einer Region beeinflussen kann – auch unmittelbar für die Nanogate AG.

Die Weiterentwicklung zu einem strategischen „Standort-Hebel" wird etwa im Zuge einer verstärkten Einbringung in politische Diskussionen möglich. Seit dem Jahr 2011 finden beispielsweise die bisherigen Aktivitäten und Netzwerke der Verantwortungspartner Saarland auch in der landesweiten CSR-Strategie des Saarlandes Beachtung. Auch ist das Saarland bei der Erarbeitung seiner CSR-Strategie auf Landesebene derzeit bundesweiter Vorreiter. Kernanliegen hierbei ist es wiederum, Unternehmen, Politik und Zivilgesellschaft in konkre-ten, landesweiten und übergreifenden Fragestellungen zusammenzuführen und dann in Einzelprojekten zu vernetzen. Ziel ist es, die zukünftigen politischen und gesellschaftlichen Rahmenbedingungen und Schlüsselfragen des Saarlandes als Zukunftsstandort gemeinsam zu gestalten. Für die Nanogate AG ist die Mitwirkung bei einem solchen systemübergreifenden CSR-Projekt eine besondere Verantwortung.

6 CSR ist wirkungsvoll

Zusammenfassend hat die Nanogate AG seit ihrer Gründung CSR als Werkzeug zur nachhaltigen Unternehmensentwicklung verstanden und hierbei intensive Lern-prozesse durchlaufen. Wir sind heute mehr denn je davon überzeugt, dass CSR bei der Beantwortung der Kernfrage „Wie werden und bleiben wir ein besonders erfolgreiches Unternehmen?" bedeutende Beiträge leistet. Auch sehen wir die ak-tuelle Debatte um die gesellschaftliche Verantwortung von Unternehmen als eine echte Chance für eine dringend notwendige, verbesserte Zusammenarbeit zwischen Politik, Wirtschaft und Zivilgesellschaft. Hierbei bieten sich insbesondere für den vernetzten Mittelstand in regional gebündelten Projekten einzigartige Potentiale, welche sich zudem unmittelbar in individuelle Wettbewerbsvorteile umwandeln lassen.

Ein regelmäßig dargestelltes Verständnis von CSR eines „ehrbaren Kauf-manns" ist hierbei zwar elementar aber nach unserer Auffassung nicht ausrei-chend. Bisherige Erfolge der Nanogate AG, bei der Umsetzung von CSR in allen Unternehmensbereichen haben uns ermutigt, den eingeschlagenen Weg aktiv fort-zusetzen und ihn als integrierten Kernbereich unserer wertebasierten Unterneh-menstätigkeit zu verstehen.

Change Prozess der Simacek Facility Management Group in Richtung CSR / Nachhaltigkeit

Ursula Simacek und Ina Pfneiszl[1]

1 Zum Unternehmen

Die Simacek Facility Management Group ist eine im Jahr 1942 gegründete Dienstleistungsgruppe in österreichischem Familienbesitz. Mit über 6.500 MitarbeiterInnen in Österreich, Tschechien und der Slowakei und einem Konzernumsatz von 160 Mio. Euro ist sie nach der EU-Definition als Großunternehmen zu klassifizieren. Die Firmenleitung haben Mag. Ursula Simacek (die Enkelin des Firmengründers) und Mag. Gerald Maier-Sauerzapf inne.

Die Kernkompetenzen des Unternehmens liegen in folgenden Bereichen:

- Unterhaltsreinigung – Reinigungsdienstleistungen in Büro- und Verwaltungsgebäuden, Industrieanlagen, Hotel- und Gastronomiebetrieben, Schulungseinrichtungen, Freizeitzentren, Thermenlandschaften oder Hallenbädern, Kliniken und Seniorenresidenzen
- Klinikhygiene – Bereitstellung von hochqualifiziertem Personal im OP-Bereich sowie bakteriologische Abklatschuntersuchungen
- Verpflegung und Catering – Verpflegung und Catering von Großbetrieben, Krankenhäusern, Seniorenresidenzen, Kindergärten, Schulen und von Veranstaltungen jeglicher Art
- Sonderreinigung und andere Dienstleistungen – Reinigung von Denkmälern, Fassaden, Möbeln, Verkehrsmitteln und Dienstleistungen wie Wäscheservice, Taubenabwehr, Schädlingsbekämpfung, Abfallentsorgung, Mailservice, Personalbereitstellung und Hauswartservice
- Sicherheit und Bewachung – Portierdienst, Werkschutz, Veranstaltungssecurity, Rezeptionsdienst, Baustellenüberwachung, Bankensicherheit, Revierstreifendienst, Brandwache, Objektschutz, Werttransportbegleitung, Alarmeinsatz und Sonderdienste

Mit dieser Angebotspalette zählt die Firma Simacek zu den Keyplayern im Bereich des Facility Managements in Österreich. Durch ein integriertes Qualitäts- und Umweltmanagementsystem wird sichergestellt, dass die Kunden innovative Dienstleis-

---

[1] im Text sind zum Teil Auszüge aus der Diplomarbeit von Fr. Mag. Katharina Padalek (2010) enthalten. Titel „CSR in der Wirtschaft", Wirtschaftsuniversität Wien

tungen bekommen, welche dem Stand der Technik entsprechen. Durch die hohe Qualität kann der Werterhalt der Immobilien sichergestellt werden.

Entsprechend dem CSR-Stufenmodell[2] werden im folgenden die Aktivitäten und Maßnahmen der Firma Simacek dargestellt. Dabei teilen sich die Generationen von CSR wie folgt:

- erste Generation – unkoordiniertes CSR
- zweite Generation – strategisches CSR mit einem humanen Managementansatz, Integration ins Kerngeschäft, Identifikation und Engagement der relevanten Stakeholder, Berücksichtigung des Einflussbereich und Integration in die bestehende Prozesslandschaft.
- dritte Generation – kooperative CSR – Bündelung von Kräften und gemeinsame Maßnahmen mit anderen Organisationen.

2 CSR der ersten Generation

Den Werten entsprechend engagierte sich das Unternehmen Simacek bereits seit seiner Gründung mit sozialen und gesellschaftlichen Aspekten. Dies entspricht der in Österreich gelebten Tradition der Sozialen Marktwirtschaft. So gab es und gibt es im MitarbeiterInnenbereich etliche freiwillige Sozialleistungen und im Sponsoringbereich Aktivitäten.

Bereits in den 90er Jahren begann die Firma Simacek im Bereich der Umwelt ihre Tätigkeiten zu professionalisieren. Parallel dazu kam es zu kontinuierlichen Verbesserungen im Bereich der Unternehmenssteuerung und der internen Prozesse. Im Zuge dieser Professionalisierungsmaßnahmen wurden folgende Managementsysteme eingeführt und aufrechterhalten:

- ISO 9001:2008
- OHSAS 18001:2007
- ISO 14001:2004
- EMAS-VO II (für die SIMACEK Facility Management Group GmbH)

Dies führte dazu, dass im Jahr 2010 beschlossen wurde, diese Systeme um nachhaltige Aspekte zu erweitern. Dazu wurde eine CSR-Nachhaltigkeitsverantwortliche bestellt und mit den entsprechenden Ressourcen und Kompetenzen ausgestattet.

Alle Aktivitäten orientieren sich an den aktuellen Normen und Standards (z.B. ISO 26000, ONR 192500:2011, ON 2502:2009, …)

---

[2] siehe Beitrag Reifegradmodell von Schneider in diesem Buch

3 CSR der zweiten Generation

3.1 Der CSR Change Prozess

Zu Beginn der koordinierten CSR- und Nachhaltigkeitsaktivitäten wurde ein CSR-Team ins Leben gerufen, welches aus folgenden Personen besteht:

- Geschäftsführung: Mag. Ursula Simacek
- CSR- und Nachhaltigkeitsverantwortliche: Ina Pfneiszl
- Abteilung „Personal / Human Ressources": eine VertreterIn
- Jugend: Ein Student des Studienganges Facility Management, der den Blick für die Jugend repräsentieren soll
- Audit-Verantwortlicher: Peter Fitz
- Ein Verantwortlicher für Prozessmanagement und Experte des Managementsystems

Bei der strategischen Veränderung von Simacek in Richtung nachhaltige Entwicklung geht es um eine Neugestaltung der Organisation, eine Stärkung der Kernkompetenzen und eine strategische und kulturelle Neuentwicklung (Verantwortungskultur). Das Unternehmen durchleuchtet und bearbeitet dabei all seine Prozesse und strebt an, das Bild, welches es nach außen vermittelt, maßgeblich zu verändern.

Auf dieser Basis wurde ein strategischer Implementierungsprozess von CSR / Nachhaltigkeit eingeleitet. Dieser baute auf den schon seit längerem bestehenden Qualitäts-, Prozess- und Umweltmanagementsystemen auf und führte zu einer erneuten Betrachtung derer. Im Zuge dieser Betrachtung konnten Synergien erkannt werden und die Prozesse wurden entsprechend der nachhaltige Aspekte erweitertet.

Diese Aspekte fanden auch Eingang in das Leitbild der Firma Simacek. Die ersten abgeleiteten Maßnahmen wurden für den Wiener Standort definiert und betrafen damit rund 1.500 MitarbeiterInnen.

Bei diesem Implementierungsprozess war und ist das von Lorentschitsch / Walker entwickelte Modell eines „humanen Managementansatzes für CSR der zweiten Generation"[3] die Basis für das strategische Vorgehen. Innerhalb des CSR-Teams wurde und wird dieser Managementansatz liebevoll das LOWA-Modell genannt.

Beim CSR Change Prozess selbst wurde in folgenden Schritten vorgegangen:

- Ist-Analyse
- Planung
- Eingliederung der Strategie in sämtliche Prozesse
- Kontrolle, Adjustierung und Reporting

---

[3] siehe Beitrag von Bettina Lorentschitsch und Thomas Walker in diesem Buch bzw. CSR-Lehrgang „FAIRantwortung für Industrie und Wirtschaft": Lehrgangsunterlagen und Formulare für die begleitende Prozessdokumentation

Die IST-Analyse

Entsprechend dem LOWA-Modell wurde bei den Werten begonnen. Die Planungsphase folgte erst nach einer gründlichen Identifikation der Stakeholder. Es stellte
sich heraus, dass die Erarbeitung eines Leitbildes notwendig war. Auf Basis der
Zieldefinitionen wurden in der taktischen Planungsphase einzelne Projekte abgeleitet. Diese Planungsphase darf jedoch, entsprechend dem LOWA-Modell, nicht
als etwas Starres betrachtet werden. Vielmehr wird eine agile Planung angestrebt,
bei der einmal die (grobe) Richtung vorgegeben wird und sich erst im ständigen
Dialog mit den Stakeholdern die kleinen Schritte in Richtung Umsetzung ergeben.

Zur Durchführung der Ist-Analyse wurden Arbeitsgruppen mit Teilen der
MitarbeiterInnen gebildet. Diese erarbeiteten besonders Verbesserungspotenziale
in ökonomischer und sozialer Hinsicht, da das Unternehmen im Bereich ökologischer Nachhaltigkeit schon sehr weit fortgeschritten war.

Die Planung und Ziele

Dem strategischen Nachhaltigkeitsziel folgend, wurden im Planungsprozess folgende Ziele abgeleitet:

Ökologie:

Im Zuge der Implementierung der Nachhaltigkeitsstrategie werden folgende aus
der Umwelterklärung abgeleitete ökologische Ziele verfolgt:

- Sparen von Energie
- Vermeidung von Emissionen
- Sparsame Verwendung umweltschonender Betriebsmittel
- Reduktion von Abfall

Als größter Fortschritt im Bereich ökologische Nachhaltigkeit wird die freiwillige Ermittlung des ökologischen Fußabdruckes betrachtet, dessen Überprüfbar-
keit durch unabhängige Gutachter gewährleistet wird. Die Simacek Facility Management Group fühlt sich dem Umweltschutzgedanken schon lange verpflichtet,
weshalb die ökologischen Maßnahmen bei Simacek stark ausgeprägt sind. Seit
der Beschäftigung mit nachhaltiger Entwicklung wird versucht, eine gute Balance
herzustellen und sich mit ökonomischen, ökologischen und sozialen Zielen auseinanderzusetzen.

Dabei wird die Meinung vertreten, dass sich die Beschäftigung mit Nachhaltigkeit positiv auf den finanziellen Geschäftserfolg auswirkt, denn: Zufriedene
MitarbeiterInnen und KundInnen in einer sauberen Umwelt garantieren langfristige Stabilität und wachsende Wertschöpfung. Die guten Stakeholderbeziehungen
werden als einer der bedeutsamsten Gründe dafür erachtet, dass das Unternehmen
am Markt so erfolgreich ist.

Ökonomie / Wirtschaft:

Ökonomische Ziele des Unternehmens sind z.B.:

- Sicherung der Wachstumsraten durch Erweiterung der Dienstleistungspalette
und große Kundenstreuung

- Sicherstellung langfristiger Stabilität
- Sicherung der Unabhängigkeit von Großkunden
- Fortschreitende Expansion im Ausland

Um den Marktanforderungen gerecht zu werden, wird kontinuierliches Lernen aktiv gefördert und das Unternehmen bedient sich eines passenden Prozessmodells. Um Risiken frühzeitig zu erkennen und ihnen entgegenwirken zu können, verfügt Simacek über ein institutionalisiertes Risikomanagement, das einen Teil des integrierten Managementsystems darstellt.

Gesellschaft / Soziales:
Trotz der beachtlichen Unternehmensgröße ist der Firma Simacek der verantwortungsbewusste und vertraute Umgang mit den MitarbeiterInnen, KundInnen und Partnern geblieben, welcher für das Unternehmen seit jeher typisch ist. Dabei verfolgt Simacek u.a. folgende soziale Ziele:

- Chancengleichheit und Gleichbehandlung
- Frauenförderung
- MitarbeiterInnengesundheitsschutz und –vorsorge
- Integrationsförderung
- Weiterbildung und Imagepflege des Berufsstandes
- Mitarbeiterbindung

Die derzeitigen Schwerpunkte der Firma Simacek im Bereich soziale Nachhaltigkeit liegen auf Integrations- und Migrationsprojekten. Als größter Fortschritt im sozialen Bereich wird die hohe Teilnehmerzahl bei den Deutschkursen gewertet. Das Simacek-CSR-Sprachenprojekt wurde 2011 für den Österreichischen Integrationspreis nominiert.

Die Aktivitäten im Bereich soziale Nachhaltigkeit sind jedoch nicht nur interne Maßnahmen, sondern haben auch Außenwirkung. Bei der Integration nachhaltiger Entwicklung im Kerngeschäft werden z.B. auch bewusst bestimmte Vereine oder NPOs gefördert, indem ihnen vergünstigte oder sogar kostenfreie Reinigung angeboten wird oder Einkaufsvorteile der Firma Simacek direkt an diese Kunden weitergegeben werden.

Eingliederung der Strategie in sämtliche Prozesse
Aktuell befindet sich die Firma Simacek in der Phase der Prozessintegration. Dabei wurden alle Kern- und Begleitprozesse auf Potentiale beleuchtet, die der strategischen Erreichung der Nachhaltigkeitsziele dienlich sind.

Eine spezielle Rolle kommt hierbei dem Thema Diversity Management zu, welches in der Firma Simacek als Teil der gesellschaftlichen Säule von CSR / Nachhaltigkeit gesehen wird.

Des Weiteren werden laufend die Dialoge mit den relevanten Anspruchsgruppen gepflegt und die Ergebnisse dokumentiert. Diese werden im Zug der rollierenden Planung und der agilen Umsetzung entsprechend berücksichtigt.

Abb. 1: CSR bei Simacek

Kontrolle, Adjustierung und Reporting

Ein wichtiger Meilenstein wird der für Ende 2011 geplante erste Simacek-Nach-haltigkeitsbericht sein. Dieser soll mit der bereits bestehenden Umwelterklärung verschmelzen.

Das Reporting und die Datenerfassung erfolgen laufend. – Für das Jahr 2012 wurde ebenso eine „Sustainable Retrospective" angedacht, um das entstandene Wissen sichern und neue Maßnahmen ableiten zu können.

3.2 Die CSR-Projekte 2010 / 2011

Neben der Prozessintegration wurden folgende Projekte gestartet, die der strategi-schen Erreichung der Nachhaltigkeitsziele der Firma Simacek dienlich sind.

Alle Projekte des Programms haben sowohl ökologische als auch ökonomische und soziale Ziele, deren Erreichung in regelmäßigen Abständen evaluiert wird. Diese Überprüfungen fließen jedes Quartal in das Management-Review ein. In den Verantwortungsbereich der einzelnen Projektmanager fällt auch die Identifikation von Förderungsmöglichkeiten für das eigene Projekt.

Leitbilderstellung und Veröffentlichung

Das CSR-Leitbild transportiert die Unternehmenswerte und die Haltung in puncto Ethik und Ethnie im gesamten Wirkungskreis des Unternehmens. Ziel des im April 2010 intern abgeschlossenen Projekts war neben der Erstellung des Leitbildes auch dessen Verbreitung.

Dabei wurde das Leitbild nicht nur auf die Homepage des Unternehmens hochgeladen, sondern auch in alle Darstellungs- und Präsentationsunterlagen von Simacek integriert.

Rollout EMAS auf weiteren Standorten

Zu einem wichtigen CSR-Ziel der Firma Simacek zählt auch, ihre Umweltverantwortung noch weiter auszubauen. Das andiskutierte Projekt könnte unter anderem dazu dienen, dass mittels Audits noch weiteren Standorten der Firma eine EMAS-Zertifizierung bzw. das Umweltzeichen verliehen wird.

Sprachenprojekt: Förderung des Sprachenhauses Habibi vom Österreichischen Integrationsfond

Mehr als 80 Prozent von Simaceks MitarbeiterInnen sind Menschen mit Migrationshintergrund. Simacek vertritt die Meinung, dass der Schlüssel zur Integration dieser MitarbeiterInnen die deutsche Sprache darstellt. Aus diesem Grund übernimmt Simacek die Kosten für deren Sprachkurse. Ziel ist es, neben einer Verbesserung der Deutschkenntnisse der Teilnehmer auch deren Arbeitsplatzsicherheit und Karrierechancen zu erhöhen sowie sprachlichen Missverständnissen entgegenzuwirken. Simacek erhofft sich weiters, das Ansehen und das soziale Prestige der MitarbeiterInnen mit Migrationshintergrund zu steigern. Dabei verfolgt Simacek keine rein unternehmensinternen Ziele, sondern unterstützt die Initiative des österreichischen Staates zur besseren Integration von Menschen mit Migrationshintergrund.

Der erste Durchgang der Sprachkurse wurde Herbst 2010 gestartet.

Die Sprachkurse wurden in Kooperation mit den Kunden in deren Räumlichkeiten abgehalten. Ziel dabei war es, die Akzeptanz der MitarbeiterInnen für die Qualifizierungsmaßnahmen zu erhöhen, da die Trainings gleich nach der Arbeit und direkt am Arbeitsplatz stattfinden

An dem als Drei-Jahres-Programm ausgelegten Paket nahmen im ersten Durchgang etwa 80 Personen teil. Das Endziel ist, dass jenes Drittel der Belegschaft, welches noch Defizite in der deutschen Sprache aufweist, Deutsch in drei Jahren in vielen Situationen des täglichen Lebens und auch im vertrauten beruflichen Umfeld einsetzen kann (Sprachniveau B1 nach der internationalen Skala des Europarates).

Durch die Umsetzung des Sprachenprojekts wird auch das Sprachenhaus Habibi gefördert.

Dieses ist ein sich selbst finanzierender und auf Integration ausgerichteter Verein mit langjähriger Erfahrung im Umgang mit Menschen unterschiedlichster Kulturen. Durch die Beschäftigung zweier Habibi-Sprachenlehrer an vier Simacek-Standorten wird das Integrationsprojekt „Habibi Haus" unterstützt.

Jugendprojekt Diversity

Das Jugendprojekt Diversity dient dazu, in der gesamten Branche das Ansehen und das Selbstwertgefühl der Lehrlinge zu heben und dem Beruf des Denkmal-, Fassaden- und Gebäudereinigers ein Idealbild zu geben. Simacek hat es sich zum Ziel gesetzt, Lehrlinge stärker in verschiedenste Prozesse des Unternehmens zu integrieren. Während der Lehrlingsausbildung vermitteln Simacek-Fachexperten vielfältiges Wissen, das über das in der Berufsschule vermittelte hinausgeht.

So profitieren Simacek-Lehrlinge z.B. vom Know-How der Kommunikationstechnik- oder der Betriebsmanagement-Experten. Für diese Maßnahmen hat Simacek eigene Ausbildungspläne entwickelt und prüft regelmäßig, was die Lehrlinge dazugelernt haben. Durch die Erweitung des Ausbildungsspektrums versucht Simacek höher qualifiziertes Personal auszubilden, das nach dem Lehrabschluss gerne seine berufliche Karriere in der Firma fortsetzt.

B2B Diversity Day & Night

Simacek startete ein Wirtschaftsnetzwerkprojekt zum Thema CSR mit dem Fokus Diversity, bei dem Best-Practice-Beispiele aus Industrie, Handel und Dienstleistungen aufgezeigt und einem breiten Wirtschaftspublikum zugänglich gemacht wurden.

Die erste Veranstaltung fand am 22.Juni 2011 zum Thema Diversity Management statt und wurde in der Form einer Best-Practice-Berichterstattung abgehalten. Dabei bekamen neben der Firma Simacek 16 Kunden, Partner und Lieferanten von Simacek und weitere Institutionen die Möglichkeit, über ihre erfolgreichsten Diversity-Projekte vor einem großen Wirtschaftspublikum zu berichten. Die Teilnehmerzahl bei der Tagesveranstaltung lag bei rund 300 Personen. Geladen waren unter anderem Executives aus Wirtschaft, Politik und Kultur, Interessensvertretungen, Wirtschaftslobbyisten sowie CSR- und Diversity-Spezialisten.

Vor dem B2B Diversity Day 2011 fand die Diversity Night 2011 statt, eine Galanacht mit Kunst- und Kultur-Highlights, die reichlich Möglichkeiten zum Kennenlernen und Erfahrungsaustausch bieten sollte. Hier konnte Simacek mehr als 300 V.I.P.S aus Politik, Wirtschaft und Kultur begrüßen. Der Reinerlös vom B2B Diversity Day und der Diversity Night kam in Summe sieben Vereinsprojekten zum Thema Wirtschaft & Diversity zugute. Die Best-Practice-Beispiele vom Day wurden in einem Booklet zusammengefasst, das in einer Auflagenzahl von 10.000 Stück an Unternehmen und NGOs verteilt wurde. Die Schirmherrschaft dafür übernahm die Wirtschaftskammer Wien und Bundesminister Rudolf Hundstorfer.[4]

4 CSR der dritten Generation

Da die Firma Simacek bei ihren Aktivitäten im Bereich von CSR der zweiten Generation den Weg eines integrativen Managementansatzes wählte, kam es im Zuge der Projekte zu Dialogen mit allen relevanten Stakeholdergruppen.

Im Zuge dieser Dialoge entwickelten sich nach und nach die vorhin vorgestellten Projekte. Sehr spannend ist nun die Beobachtung, dass sich einige Projekte in Richtung CSR der dritten Generation weiterentwickelten.

So werden nun im zweiten Durchlauf die Sprachschulungen für die Simacek MitarbeiterInnen (welche am Arbeitsplatz beim Objekt des Kundens angeboten werden) auch für MitarbeiterInnen des Kunden geöffnet. Einige der KundInnen

---

[4]   das Best Practice Booklet 2011 zum freien Download unter: www.b2bdiversityday.at

wurden durch die vorangegangenen Schulungen für das Thema Integration und Sprache sensibilisiert und nutzen nun das gemeinsame Angebot.

Mit dem B2B Diversity Day hat die Firma Simacek eine starke Kooperationsplattform für am Thema interessierte Organisationen geschaffen. Im Zuge der Vorbereitungen der Präsentationen der Best Practice wurden gemeinsame Workshops angeboten, in denen der gegenseitige Wissenstransfer gefördert wurde. Auf Basis dieser Workshops kam es bereits zu neuen Vernetzungen zwischen diesen Betrieben und ersten gemeinsamen Maßnahmen.

Aber auch der Stakeholderdialog B2B Diversity Day 2011 selbst bot an die 300 Unternehmen die Möglichkeit, sich untereinander zu vernetzen. Im Speziellen wurden hierzu 23 Best-Practise- Beispiele von Unternehmen und Institutionen für Unternehmen mit Projektdetails evaluiert, alle Präsentationen wurden mit dem Angebot des fortführenden Dialoges abgeschlossen. Hier boten namhafte Organisationen wie Bawag, PSK, ÖBB Postbus, Kapsch, BMASK die Möglichkeit der gemeinsamen Weiterentwicklung an. Das bedeutet, dass Unternehmen über ihr Kerngeschäft hinaus, eine gemeinsame Weiterentwicklung der CSR und Diversity-Thematik verbindet und konkrete Kooperationsmöglichkeiten dazu angeboten wurden.

5 Ausblick in die Zukunft

Die erforderlichen Beteiligung von Partnern vorausgesetzt, wird auch 2012 ein B2B Diversity Day & Night angeboten werden. Dabei ist geplant, den Dialog untereinander und die Weiterführung von gemeinsamen Aktivitäten zu fördern. In weiteren Dimensionen sollen verstärkt Thematiken wie Alter, Gender und Behinderung Platz finden.

Firmenintern werden im Zuge der Professionalisierung der CSR- und Nachhaltigkeitsaktivitäten für 2012 folgende Schwerpunkte gesetzt werden:

- Rollout des CSR-Managementsystems auf alle Firmenbereiche der Simacek Facility Group
- Angedacht sind auch:
  - eine Zertifizierung der Aktivitäten auf Basis der kommenden ONR (ÖNORM Regel) 192500:2011
  - Start eines CSR / Diversity Projektes für Menschen mit Behinderung
  - Setzung neuer Maßstäbe im Umweltbereich (wie „Chemical free cleaning" und andere)
  - Förderung von NGO-Projekten im Bereich CSR / Diversity und
  - Förderung der Vernetzungen
  - Weitere Stakeholderdialoge

Nachhaltigkeit / CSR in der Bankenwirtschaft: Ein Investment in die Zukunft

Heidrun Kopp

1 Einleitung

Nachhaltigkeit, also das Bekenntnis zur Integration von sozialen und ökologischen Überlegungen in ökonomische Entscheidungen, spielt bei Unternehmen eine zunehmend größere Rolle. Dies gilt besonders auch für Bankunternehmen aufgrund ihrer volkswirtschaftlichen Sonderstellung.[1] Verantwortungsvolle Unternehmensführung stellt dabei nur einen Aspekt in dieser Branche dar. Banken haben durch die Gewährung und Verwaltung finanzieller Mittel einen großen Hebel, aktiv eine nachhaltige und zukunftsfähige Entwicklung zu gestalten. Voraussetzung dafür ist es, ökologische und gesellschaftliche Standards und Kriterien im Kerngeschäft zu berücksichtigen.

Die Globalisierung veränderte die Weltwirtschaft, sodass heute die Rollen zwischen Politik, Wirtschaft und Gesellschaft nicht mehr so klar getrennt werden können. Unternehmen müssen daher zunehmend übergreifende Verantwortung für das gesellschaftliche Wohl auf regionaler und globaler Ebene übernehmen.

Der vorliegende Beitrag setzt sich mit der Bedeutung von Nachhaltigkeit und gesellschaftlicher Verantwortung von Bankunternehmen sowohl als Unternehmen als auch in ihrer Funktion als Finanzierungspartner und Anbieter von Anlageprodukten auseinander. Weiters wird die Bedeutung von Nachhaltigkeitsbanken als wichtige Nischenanbieter besprochen. Abschließend werden interessante Beispiele zitiert, die trotz der Notwendigkeit kontinuierlicher Verbesserungen und Weiterentwicklung auch auf diesem Gebiet zeigen, dass die Bankenwirtschaft bereits zahlreiche zukunftsweisende Nachhaltigkeitsaktivitäten vorweist.

2 Nachhaltigkeit im Kerngeschäft von Banken

In den beiden zentralen Elementen im Kerngeschäft einer Bank, der Kreditvergabe und der Entwicklung von Anlageprodukten, werden heute von zahlreichen Banken ökologische und gesellschaftliche Aspekte berücksichtigt.

---

[1] vgl. Priewasser (2001)

Eine große Herausforderung dabei ist inhaltlicher Natur. Seit Ende 2010 ist die ISO 26000 in Kraft und bietet eine detaillierte Übersicht über wesentliche Begriffe, Kernthemen und Handlungsfelder sowie Hinweise, wie gesellschaftlich verantwortliche Maßnahmen in Unternehmen integriert werden können. Dennoch gibt es für die konkrete Implementierung keine einheitliche allgemein akzeptierte Übersicht über Leistungsindikatoren und Bewertungskriterien zur Beurteilung der unternehmerischen Nachhaltigkeitsleistung, sodass sich die Auswahl entsprechender Untersuchungskriterien schwierig gestaltet. Banken und Finanzdienstleister[2] stehen vor der Herausforderung, ihre eigenen Qualitätskriterien zu entwickeln. Die meisten Banken entwickeln ihren Kriterienkatalog gemeinsam mit einem Ethikbeirat und/oder einer Nachhaltigkeits-Ratingagentur. Diese liefern inhaltlichen und wissenschaftlichen Input zu methodischen und kriterienspezifischen Angelegenheiten. Die Untersuchungskriterien sind vielfach an international gültige Konventionen, Protokolle, Richtlinien und Standards angelehnt, wie z.B.

- ILO-Kernarbeitsnormen
- OECD-Richtlinien für multinationale Organisationen
- Kyoto Protocol
- ISO 26000-Leitfaden für gesellschaftliche Verantwortung
- UN-Menschenrechtserklärung
- GRI 3 (v.a. Financial Service Sector Supplement)
- UN Global Compact

2.1 Nachhaltigkeit im Kreditgeschäft

Für eine Bank stellt sich hier die Frage: Welche Geschäfte oder Projekte werden finanziert? Ziel ist es, ökologische und gesellschaftliche Einflüsse des potenziellen Kreditnehmers oder des zu finanzierenden Projektes zu identifizieren und gegebenenfalls zu vermeiden, zu reduzieren oder abzuschwächen.

Banken haben dabei die Möglichkeit, bestimmte – über die gesetzlichen Vorschriften hinausgehende – Geschäftsfelder aus ihrem Kreditportfolio auszuschließen, wenn sie diese für die Umwelt oder die Gesellschaft für nachhaltig problematisch erachten. Zusätzlich können Kredite (z.B. ab einer bestimmten Höhe) anhand von vorab definierten ökologischen, gesellschaftlichen und ethischen Kriterien detaillierter geprüft werden. Orientierung dabei bieten die Equator Principles. Sie bilden einen umfassenden Rahmen für eine nachhaltige Projektfinanzierung und gelten als international akzeptierter Standard.

Equator Principles

Die „Equator Principles" stellen ein freiwilliges Regelwerk von Banken zur Einhaltung von Umwelt- und Sozialstandards im Bereich der Projektfinanzierung dar. Sie umfassen detaillierte Anforderungen zu den Themen Umwelt, Gesundheit und Sicherheit im Betrieb und Gemeinwesen sowie zum Bau oder zur Außer-

---

[2] vgl. Bankwesengesetz (BWG), Abschnitt I, §1

betriebnahme beispielsweise von Industrieanlagen. Die teilnehmenden Banken verpflichten sich, nur solche Projekte zu finanzieren, bei denen die Kreditnehmer mit dem Projekt ökologische und soziale internationale Mindestkriterien erfüllen. Die Equator Principles finden ihre Anwendung in allen neuen Projektfinanzierungen mit einem Volumen ab 10 Millionen US-Dollar in sämtlichen Industriebereichen weltweit. Mit Mai 2011 wenden 72 Finanzinstitute weltweit diese Prinzipien in ihrem Kreditgeschäft an.

Einer der Unterzeichner der Equator Principles ist die niederländische **Rabobank**[3]. Diese Bankengruppe ist nach genossenschaftlichen Grundsätzen organisiert und zählt mit ihrem internationalen Netzwerk in 45 Ländern und mit über 60.000 Mitarbeitern zu einem der weltweit größten Finanzpartner im Bereich Landwirtschaft und Lebensmittelindustrie. Die umfangreiche Produktpalette für nachhaltige Finanzierungen entspricht der Unternehmenspolitik der nachhaltigen Entwicklung. Das volumsmäßig größte Produkt, die „Green Loans", steht für nahezu die Hälfte des nachhaltigen Ausleihungsportfolios. Sowohl der absolute als auch der relative Anteil am gesamten Ausleihungsgeschäft ist mit 1,6% für 2009 im Privatkundenbereich gering, weist aber eine kontinuierlich steigende Tendenz auf.[4] Die **HSBC Holdings**[5] hat sich 2004 zur Einhaltung der Equator Principles verpflichtet und verfügt darüber hinaus über Richtlinien, die die Kreditvergabe in sensiblen Bereichen wie z.B. Bergbau, Energiewirtschaft oder Palmöl regeln.[6]

2.2 Nachhaltige Anlageprodukte (SRI)

Für eine wachsende Anzahl von Investoren spielt das Verhalten von Unternehmen gegenüber Umwelt und Gesellschaft eine wichtige Rolle für ihre Anlageentscheidung. Sie wollen bei ihren Investments neben der Rendite auch Kriterien wie soziale Lebensqualität, Umweltbewusstsein, Transparenz, Ehrlichkeit, Gemeinsinn und Sicherheit berücksichtigt sehen.

Auch wenn zahlreiche Investoren noch immer skeptisch gegenüber Anlagen sind, die etwa nach Kriterien wie Umweltschutz, Soziales und gute Unternehmensführung (engl: Environment, Social, Governance, kurz ESG) verwaltet werden, belegen zahlreiche Studien[7] den positiven Zusammenhang zwischen nachhaltigen Investments (SRI) und der finanziellen Performance von Unternehmen.

---

[3] www.rabobank.com
[4] vgl. Rabobank (2009): 2
[5] www.hsbc.com
[6] vgl. unter: www.hsbc.com/1/2/sustainability
[7] vgl. Mercer/UNEP 2007; Mercer (2009)

Monatlich von 30.12.2002 bis 31.03.2011; Total Return indexiert brutto in EUR

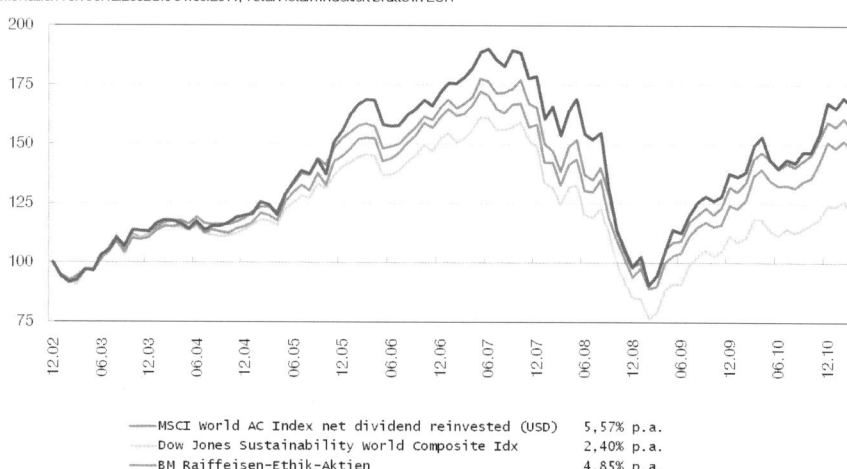

——MSCI World AC Index net dividend reinvested (USD)	5,57% p.a.
······ Dow Jones Sustainability World Composite Idx	2,40% p.a.
——BM Raiffeisen-Ethik-Aktien	4,85% p.a.
——Ethik-Aktien (R) A	6,35% p.a.

Abb. 1: Langfristige Wertentwicklung von nachhaltigen Anlagenprodukten[8]

Eine allgemeingültige Definition für „nachhaltige Anlageprodukte/Investments" anzugeben ist bis dato schwierig. Grundsätzlich umfasst der Begriff *„any area of the financial sector where the social, environmental and ethical principles of the investor (whether an individual or institution) influence which organisation or venture they choose to place their money with. It also encompasses how an investor might use their power as a shareholder to encourage better environmental and social behaviour from the companies they invest in"*[9]. In der Praxis werden zahlreiche Begriffe unter „socially responsible investments" (SRI) subsumiert. Die Verwendung reicht von „nachhaltige Veranlagung" über „grünes Geld" bis hin zu „ethisch-ökologischem Investment" und „ethischem Investment".

Eine klare Abgrenzung von ethischem und nicht ethischem Investment existiert bisher nicht. Ähnlich wie bei der Kreditvergabe wendet daher fast jeder Anbieter seine ganz individuellen Standards und Untersuchungskriterien an, sodass man unter den SRI im deutschsprachigen Raum Produkte von „hellgrün bis dunkelgrün" findet. Eine Untersuchung des Öko-Test im April 2011 zeigt,[10] dass nur 5 von 73 untersuchten Fonds Anlegern ein wirklich dunkelgrünes Depot bieten und auch in der Praxis mit einer ethisch-ökologisch einwandfreien Anlagepolitik überzeugen.

---

[8]   Quelle: Raiffeisen KAG, Datawarehouse, Stichtag 31.03.2011
    Wertentwicklung in EUR; Wertentwicklung Ethik-Aktien-Fonds brutto vor Kosten; Wertentwicklung DJ Sustainability World ohne Berücksichtigung von Dividendenzahlungen
[9]   Kammerer/Kortmoeller (2008): 2
[10]   vgl. http://emedien.oekotest.de/cgi/index.cgi?artnr=97440;bernr=21

Nachhaltige Investments weltweit

Aufgrund der fehlenden einheitlichen Definition von nachhaltigem Investment sowie unterschiedlicher Erhebungszeitpunkte ist bisher nur eine Schätzung des Gesamtvolumens der unter nachhaltigen Gesichtspunkten veranlagten Gelder möglich. Auf Grundlage der vorhandenen Daten schätzt oekom research das Gesamtvolumen der nachhaltigen Kapitalanlagen global auf rund 7.785 Mrd. €. Wie die nachfolgende Tabelle zeigt, werden bei weitem die meisten Investitionen in nachhaltige Anlageprodukte in Europa getätigt.

Tab. 1: Volumen von nachhaltigen Anlageprodukten[11]

Region	Bezugsdatum	Volumen
EU	2009	5.000 Mrd.
USA	2010	2.310 Mrd.
Kanada	2008	386 Mrd.
Asien	2007	21 Mrd.
Australien	2010	68 Mrd.
Global		**ca. 7.785 Mrd.**

Nachhaltige Investments in Europa

Gemäß einer aktuellen Studie von Eurosif, dem europäischen Dachverband für nachhaltiges Investment, lag das Gesamtvolumen der nachhaltigen Kapitalanlagen in Europa mit Ende des Jahres 2007 bei insgesamt rund 2,7 Milliarden Euro[12]. Der Löwenanteil dieser Anlagen erfolgte durch institutionelle Investoren. Der Anteil der nachhaltigen Kapitalanlagen am Gesamtmarkt erreichte rund 17,6%, was bedeutet, dass mehr als jeder sechste Euro zu diesem Zeitpunkt unter Berücksichtigung sozialer und/oder ökologischer Kriterien angelegt wurde.

Betrachtet man ausschließlich nachhaltige Publikumsfonds, hat sich die Zahl derer in den vergangenen Jahren deutlich erhöht. Per Stand mit Juni 2010 waren laut einer Untersuchung der Nachhaltigkeits-Ratingagentur Vigeo[13] insgesamt 897 entsprechende Fonds zum Vertrieb zugelassen, ihr Volumen lag bei insgesamt 75,3 Milliarden Euro.

„Gemessen an der Zahl der im Land beheimateten Fonds liegen Frankreich (150 Fonds) und Belgien (143) an der Spitze. Es folgen Großbritannien (98), die Schweiz (65) sowie Deutschland und Schweden (61). Deutschland zeigt gemäß der Statistik von Vigeo im Jahresvergleich das stärkste Wachstum (+56%), gefolgt von Frankreich (+43%), Österreich (+38%) und Belgien (+36%)."[14]

---

[11] Quelle: oekom research (2011): 14
[12] vgl. Eurosif (2008)
[13] vgl. oekom research (2011): 11
[14] oekom research (2010): 10

Nachhaltige Investments im deutschsprachigen Raum

Gemäß den Informationen des Sustainable Business Institute waren per März 2011 357 nachhaltige Publikumsfonds im deutschsprachigen Raum (Deutschland, Österreich und der Schweiz) zum Vertrieb zugelassen. Ihr Volumen lag bei insgesamt rund 34,4 Milliarden Euro.[15]

Insgesamt liegen die deutschsprachigen Länder beim nachhaltigen Investment noch weit hinter anderen europäischen Ländern zurück. So werden nach Schätzungen des Forums Nachhaltige Geldanlagen in Österreich und Deutschland nur 0,7%, in der Schweiz 2,8% des gesamten Anlagevolumens unter Einbezug von Nachhaltigkeitskriterien getätigt. Zum Vergleich dazu erreichen in Belgien nachhaltige Anlagen einen Marktanteil von 20%, in den Niederlanden sogar 40%.[16]

In Österreich hat die Entwicklung von SRI im Vergleich zu anderen europäischen Ländern erst Ende der 1990er Jahre begonnen, wobei das Wachstum seither als dynamisch bezeichnet werden kann. Nach Rückgängen in den Jahren 2007 und 2008 konnte im Jahr 2009 mit einem Volumen von 2 Milliarden Euro ein neuer Höchststand erreicht werden. Seit dem Jahr 2008 haben sich die nachhaltigen Assets verdreifacht.[17] Dennoch entspricht dieser Wert nur einem sehr geringen Wert des Volumens des gesamten österreichischen Wertpapiermarktes.

Laut dem Research Team von „Finance and Ethics"[18] waren in Österreich per Jahresende 2010 insgesamt 202 nachhaltige Finanzprodukte zugelassen. Die Raiffeisen Capital Management bietet für nachhaltige Investments zurzeit die Fonds Raiffeisen-Österreich-Rent und Raiffeisen-Ethik-Aktien an. Diese Produkte unterliegen strengen Kriterien, deren Einhaltung durch einen Ethikbeirat sichergestellt wird. Für den Raiffeisen-Ethik-Aktienfonds werden Investitionsentscheidungen auf Basis von Bewertungskriterien von oekom research getätigt.

3 Nachhaltigkeitsbanken versus Geschäftsbanken mit Nachhaltigkeitsanspruch

Mit den Nachhaltigkeitsbanken haben sich Nischenanbieter etabliert, deren Geschäftsmodell auf nachhaltigen, ethisch-ökologischen Grundsätzen beruht und bei denen die Gewinnabsicht einen gleichberechtigten Stellenwert mit allen anderen Bereichen einnimmt. Beispielhaft werden zwei wesentliche Anbieter zitiert.[19] Die deutsche **GLS Bank**[20], gegründet 1961, bezeichnet sich selbst als erste sozialökologische Universalbank. Die Unternehmensphilosophie zielt dabei auf einen dreifachen Gewinn ab, nämlich eine angemessene wirtschaftliche Rendite mit den menschlichen Bedürfnissen, der Umwelt sowie zukünftigen Entwicklungschancen

---

[15] v. Flotow/Sustainble Business Institute (2011)
[16] vgl. oekom research (2010): 8
[17] vgl. FNG (2010): 25
[18] vgl. www.software-systems.at
[19] vgl. Nemack, Matthias (2011)
[20] www.gls.de

in Einklang zu bringen. Finanziert werden Projekte mit ökonomischer Perspektive, die aber gleichzeitig einen kulturellen oder ökologischen Beitrag für die Gesellschaft leisten. Die Bandbreite reicht dabei von erneuerbaren Energien und ökologischer Landwirtschaft bis zu Projekten von Schulen und Betreuungseinrichtungen und umfasst für 2010 ein Ausleihungsvolumen von 877 Mio. €.[21] Ein vergleichbares Geschäftsmodell verfolgt die Anfang der 1980er Jahre gegründete niederländische **Triodos Bank**[22]. Die Triodos Bank ist mittlerweile neben den Niederlanden in vier weiteren europäischen Ländern geschäftstätig und verfügt mit Jahresende 2010 über eine Bilanzsumme von 3,6 Mrd. €.[23]

Gemessen an der Bilanzsumme, dem Ausleihungs- und Anlagevolumen und den betreuten Kunden (Triodos Bank rd. 230.000; GLS Bank rd. 91.000 Kunden) nehmen Nachhaltigkeitsbanken im Gegensatz zu Großbanken, die aufgrund der Hebelwirkung einen unvergleichlich höheren Wirkungsgrad bei Umsetzung ihrer Nachhaltigkeitsmaßnahmen erreichen, keine dominierende Stellung ein. Trotzdem nehmen Nachhaltigkeitsbanken einen hohen Stellenwert als Innovatoren in der Weiterentwicklung des nachhaltigen Produktangebots ein und bilden einen wesentlichen Eckpfeiler in der Schaffung und Ausbildung der Kundennachfrage.

Als weitere Kategorie von Banken, die für die Weiterentwicklung von Nachhaltigkeit einen hohen Stellenwert in der Bankenwirtschaft aufweisen, sind Genossenschaftsbanken bzw. Banken, die nach genossenschaftlichem Modell errichtet sind, zu nennen. Neben der bereits erwähnten Rabobank in den Niederlanden wurde die **Raiffeisen Bankengruppe Österreich** vor 125 Jahren ebenfalls nach genossenschaftlichen Prinzipien errichtet. „Nachhaltiges Wirtschaften à la Raiffeisen" wurde ein Unternehmensmotto und in einem Wertekatalog, den fünf Raiffeisen-Prinzipien, zeitgemäß interpretiert. Sie ist die größte Bankengruppe in Österreich. Das Kommerzgeschäft und die Auslandsaktivitäten werden über die börsennotierte Raiffeisen Bank International AG[24], eine der größten ausländischen Banken in Zentral- und Osteuropa, abgewickelt. Tradierte Unternehmenswerte in einem kapitalmarktorientierten, globalisierten Umfeld zu leben stellt als Geschäftsmodell zwar eine gewisse Herausforderung dar, hat sich aber insbesondere in der Finanz- und Wirtschaftskrise nach dem Konkurs der amerikanischen Investmentbank Lehman Brothers als stabil und krisenresistent erwiesen. Das Bekenntnis zur Nachhaltigkeit ist bereits im Raiffeisen-Gründungsauftrag festgelegt. Als konkrete Maßnahme ist einerseits die Einführung eines gruppenweit verpflichtenden Verhaltenskatalogs, des Code of Conduct, der u.a. den Umgang mit sensiblen Geschäftsfeldern regelt, zu nennen. Dieses Dokument ist in zahlreiche Sprachen übersetzt auf der Unternehmenswebsite der jeweiligen Netzwerkbanken in Zentral- und Osteuropa verfügbar. Andererseits gilt spezielles Augenmerk betriebsökologischen Maßnahmen, die im Rahmen eines Umweltmanagementsystems umgesetzt werden und von der Beschaffung von CO_2-neutralem Papier bis zur Errichtung von

---

[21] vgl. GLS Bank (2011)
[22] www.triodos.com
[23] vgl. Triodos (2010)
[24] www.rbinternational.com

Solar- und Photovoltaikanlagen am Hauptstandort in Wien reichen. Besonderes Augenmerk wird auf einen proaktiven Dialog mit den Stakeholdern der Bank gelegt; hiefür wurde ein eigenes Gremium, das Stakeholder Council, geschaffen. Die Maßnahmen werden im RZB Group Corporate Responsibility Report dokumentiert.[25]

4 Verbesserungsbedarf im Kerngeschäft der Banken

Laut einer Studie von 2009, bei der 65 Geschäftsbanken untersucht wurden, ortet die Münchner oekom research nach wie vor Verbesserungsbedarf im Bereich der Nachhaltigkeit.[26] Kritisiert wird dabei eine unzureichende Beratung sowohl der Privat- als auch der Firmenkunden, aber auch, dass im Ausleihungsgeschäft die ökologischen und sozialen Auswirkungen zu wenig überprüft werden. Gleichzeitig stellt die Studie fest, dass sich das Angebot und die Ausgestaltung von nachhaltigen Anlageprodukten – wenn auch auf niedrigem Niveau – in die richtige Richtung bewegt. Das Kreditgeschäft als zentraler Hebel zur Förderung von nachhaltigem Wirtschaften wird hier besonders hervorgehoben. Diese Erkenntnisse in Verbindung mit der Nennung konkreter Branchenleader stellen eine wichtige Maßnahme für die Weiterentwicklung der Bankenbranche dar.

5 Zusammenfassung und Ausblick

Die vergangenen Jahrzehnte waren geprägt von der Liberalisierung der Kapitalmärkte und der Globalisierung der Bankgeschäfte, aber auch von dem Bewusstsein, dass die Umwelt und soziale Maßnahmen wesentliche Bestandteile für nachhaltiges Wirtschaften darstellen. Das wird durch Kommunikationsmöglichkeiten unterstrichen, die nahezu in Echtzeit ökologische Unfälle und soziale Missstände weltweit zugänglich machen. Parallel dazu bildet sich eine durch Non-profit-Organisationen unterstützte kritische Zivilgesellschaft und neue Kundenschichten heraus. Es entspricht daher nicht nur dem werteorientierten Unternehmensbild einer Bank, sondern auch konkreten risikopolitischen und wirtschaftlichen Interessen, Nachhaltigkeitsaspekte aktiv weiterzuentwickeln und verstärkt in die Ausleihungspolitik zu integrieren. Auch die Finanz- und Wirtschaftskrise 2008 hat verstärkt zu einem Umdenken geführt. Die Stabilität des Bankensystems und deren nachhaltige Sicherung durch entsprechende Eigenkapital- und Liquiditätsvorgaben gewinnen dabei einen noch höheren Stellenwert. Experten sind sich daher einig, dass der Markt für **nachhaltiges Investment** auch in den nächsten Jahren an Volumen zunehmen wird. Ganz wesentlich für die Entwicklung des nachhaltigen Anlagemarktes wird aus Sicht der Anbieter eine entsprechende Nachfrage der institutionellen Investoren sein. Als bedeutend schätzen sie auch die Wirkung von internationalen

---

[25] vgl. RZB Group (2010)
[26] vgl. oekom research (2011)

Initiativen und den Druck, den Medien, Nichtregierungsorganisationen oder Gewerkschaften ausüben können, ein.[27]

Zusammenfassend ist daher festzuhalten, dass Nachhaltigkeit in einem Bankunternehmen kein Ziel an sich darstellt, sondern einen Prozess, in dem ökologische,
ethisch-soziale und kulturelle Elemente in die ökonomische Entscheidungsfindung
einfließen und damit den nachhaltigen wirtschaftlichen Erfolg der Bank sicherstellen.

6 Literatur

Priewasser, Erich(2001): Bankbetriebslehre, 7. Auflage, München/Wien

Gesetze
Bankwesengesetz (BWG), Abschnitt I, §1

Internetquellen
eMedien Ökotest: http://emedien.oekotest.de/cgi/index.cgi?artnr=97440;bernr=21
Eurosif: European SRI study (2008); online auf: http://www.eurosif.org/research/eurosif-sri-
study/2008
GLS Bank: www.gls.de
    GLS Bank in Zahlen: http://www.gls.de/unsere-transparenz/gls-bank-in-zahlen.html
HSBC: www.hsbc.com
    HSBC′s Sustainability: www.hsbc.com/1/2/sustainability
FNG: Marktbericht Nachhaltige Geldanlagen 2010, S. 23, 25; online auf: http://www.
boersenag.de/dms/images/investments/Nachhaltige-Investments/Publikationen/status-
bericht_fng_2010_72dpi/statusbericht_fng_2010_72dpi.pdf
Kammerer/Kortmoeller (2008): What role does the financial sector play in the development
of CSR, University of Geneva, S. 2; online auf: http://www.corporateresponsibility.
ch/modules/corporate/researchSubscribe/research/simpleText/0/content_files/file1/
Thesis08_Kortmoeller.pdf
Mercer Study (2009) online auf: http://www.mercer.com/press-releases/1364225
Mercer/UNEP FI Study (2007) online auf: http://www.mercer.com/press-releases/1364225
Nemack, M. (o.A.): Nachhaltigkeitsbanken – Verbraucher suchen Zuverlässigkeit im Bankengeschäft; online auf: http://www.arbeitsgemeinschaft-finanzen.de/bank/banken-mit-
nachhaltigkeit.php
oekom research (2010): Corporate Responsibility Review 2010; online auf: http://www.
oekom-research.com/index.php?content=studien
oekom research (2011): Corporate Responsibility Review 2011; online auf: http://www.
oekom-research.com/index.php?content=studien
oekom research (o.A.): Ethik im Bankgeschäft: Banken zeigen zuwenig Engagement; online auf: http://www.oekom-research.com/index.php?content=news_20090619094458
Rabobank: www.rabobank.com
Rabobank (2009): Annual Report 2009, key figures, S. 2; online auf: http://www.rabobank.
com/content/investor_relations/reports/Archive/

---

[27] vgl. FNG (2010): 23

Raiffeisen Bank International AG: www.rbinternational.com

Raiffeisen Zentralbank Österreich AG: www.rzb.at

RZB Group (2010): Corporate Responsibility Report 2010; online auf: www.rzb.at/corporateresponsibility/DE

Triodos Bank: www.triodos.com

Triodos Bank (2010): Annual Report 2010, S. 71; online auf: http://report.triodos.com/en/2010/servicepages/download.html

v. Flotow, P./ Sustainable Business Institute (2011): Marktentwicklung nachhaltiges Investment im ersten Halbjahr 2010; online auf: www.nachhaltiges-investment.org/News/Marktberichte-(Archiv)/Marktentwicklung-nachhaltiges-Investment--1--Quart.aspx

Alle angegebenen Internetseiten wurden am 1. August 2011 auf ihre Aktualität überprüft.

CSR und nachhaltiger Tourismus

Dagmar Lund-Durlacher

1 Tourismus und nachhaltige Entwicklung

Seit Mitte der achtziger Jahre entwickelt sich die globale Reisetätigkeit in einem rasanten Tempo. Damit verbunden sind nicht nur positive ökonomische und sozio-kulturelle Effekte wie die sozio-ökonomische Entwicklung ländlicher Regionen, die Armutsbekämpfung oder ein besseres Verständnis für andere Kulturen. Vielmehr hat der Tourismusboom der letzten Jahrzehnte viele negative ökologische und soziale Folgen mit sich gebracht, wie ein Ansteigen des Energieverbrauchs und der damit verbundenen Schadstoffemissionen, vermehrte Belastungen durch Müll und Abwasserentsorgung, Flächenverbrauch und Verlust an Biodiversität. Auch negative soziale Auswirkungen wie Werteverlust und Akkulturationseffekte sowie eine finanzielle und sexuelle Ausbeutung der gastgebenden Bevölkerung sind festzustellen.

Nachhaltige Tourismusentwicklung bedeutet den negativen ökologischen und sozialen Folgen des in den letzten Jahrzehnten verstärkten Reiseaufkommens entgegenzuwirken. Für einen prosperierenden Tourismus gilt es die Kernelemente des touristischen Angebots, nämlich eine intakte Natur und schöne Landschaften, das kulturelle Erbe, fremde Kulturen und eine gute Infrastrukturausstattung in seiner Ursprünglichkeit und Qualität zu erhalten. Daraus ergibt sich die Notwendigkeit touristische Angebote nachhaltig zu gestalten und eine Präferenz für diese nachhaltigen Leistungen bei den Reisenden zu schaffen.[1]

Die Tourism Sustainability Group, die im Jahre 2004 von der Europäischen Kommission eingesetzt wurde um die nachhaltige Tourismusentwicklung in Europa voranzutreiben, legte in ihrem Bericht an die Kommission acht Kernaufgaben zur Sicherung einer nachhaltigen Tourismusentwicklung fest. Diese umfassen folgende Bereiche:[2]

- Reduzierung der Saisonalität der touristischen Nachfrage
- Berücksichtigung der Auswirkungen des touristischen Verkehrs
- Verbesserung der Qualität touristischer Arbeitsplätze
- Erhöhung der gesellschaftlichen Wohlfahrt und Lebensqualität, auch angesichts drohender Veränderungen
- Minimierung des Resourcenverbrauchs und der Abfallproduktion
- Erhalt und Inwertsetzung des Natur- und Kulturerbes

---

[1] vgl. Lund-Durlacher (2007)
[2] vgl. Tourism Sustainablity Group (2007)

- Gewährleistung eines „Urlaubs für Alle"
- Instrumentalisierung des Tourismus für ein globale nachhaltige Entwicklung.

Diese acht Kernaufgaben bieten den Tourismusunternehmen ein breites Spektrum an Handlungsfeldern.

2 CSR im Tourismus

Corporate Social Responsibility (CSR) im Tourismus bedeutet den negativen ökologischen und sozialen Folgen des in den letzten Jahrzehnten verstärkten Reiseaufkommens mit Strategien der unternehmerischen Verantwortung entgegenzuwirken. Dabei wird Corporate Social Responsibility (CSR) verstanden als *„Soziale Verantwortung der Unternehmen, das den Unternehmen als Grundlage dient, um auf freiwilliger Basis soziale und ökologische Belange in ihre Unternehmenstätigkeit und ihre Beziehungen zu den Stakeholdern zu integrieren."*[3] Das heißt CSR wird als Multi-Stakeholder-Konzept gesehen und der Dialog zwischen den Stakeholdern ist eine wichtige Komponente dieses Konzeptes. Unternehmen die ökologisch und sozial verantwortlich handeln, erachten dieses Handeln nicht nur für die eigene Geschäftstätigkeit als wichtig, sondern auch in der Interaktion mit deren Umwelt. Stakeholder sind in diesem Kontext nicht nur wichtige Adressaten sondern auch Partner für CSR-Maßnahmen eines Unternehmens. Wichtige Stakeholder für Tourismusunternehmen sind die lokale Bevölkerung und lokale Unternehmen in der Region, touristische Leistungsträger in der Reisekette, Behörden und öffentliche Einrichtungen, Medien, Interessensvertretungen und Bürgerinitiativen, die eigenen MitarbeiterInnen sowie Gäste bzw. Kunden der Unternehmen (Abbildung 1).

CSR-Maßnahmen können gemeinsam mit diesen Stakeholdern initiiert und umgesetzt werden. Wichtig dabei ist anzumerken, dass CSR-Maßnahmen freiwillige Maßnahmen der Unternehmen sind, die über die Einhaltung der geltenden Gesetze (wie z.B. Umweltauflagen oder Arbeitnehmerrechte) hinausgehen. Für die Implementierung von CSR-Konzepten in touristischen Unternehmen gibt es einige grundlegende internationale und europäische Strategiepapiere, die Beachtung finden sollten. Hier sei der *„Global Code of Ethics for Tourism"* genannt, der im Jahr 1999 von der UNWTO als Referenzrahmen für eine verantwortungsvolle und nachhaltige Tourismusentwicklung erstellt wurde (UNWTO 1999). Ein weiteres wichtiges Thema stellt der Kinderschutz im Tourismus dar. Hier hat die UNWTO eine Aktionsplattform eingerichtet, die sich als Netzwerk von öffentlichen Institutionen, Tourismusunternehmen und NGOs um Kinderschutz und Schutz vor sexueller Ausbeutung von Kindern durch Touristen bemüht. Dieses Thema wird auch von der internationalen Kinderrechtsorganisation ECPAT aufgegriffen, die dafür einen *„Verhaltenskodex zum Schutz der Kinder vor sexueller Ausbeutung"* entwickelt hat, der mittlerweile von vielen Tourismusunternehmen

---

[3] vgl. http://ec.europa.eu/enterprise/policies/sustainable-business/corporate-social-responsibility/
    index_de.htm

unterzeichnet wurde.[4] Weitere wichtige Initiativen im Zusammenhang mit CSR im Tourismus sind die Initiative „Climate Change and Tourism" mit der Erklärung von Davos,[5] die Strategien auf die Herausforderungen des Klimawandels an die Tourismuswirtschaft enthält sowie die Tour Operators' Initiative for Sustainable Tourism Development (TOI), die im Jahr 2000 als Verband von Reiseveranstaltern gegründet wurde mit dem Ziel eine nachhaltige Tourismusentwicklung voranzutreiben.[6]

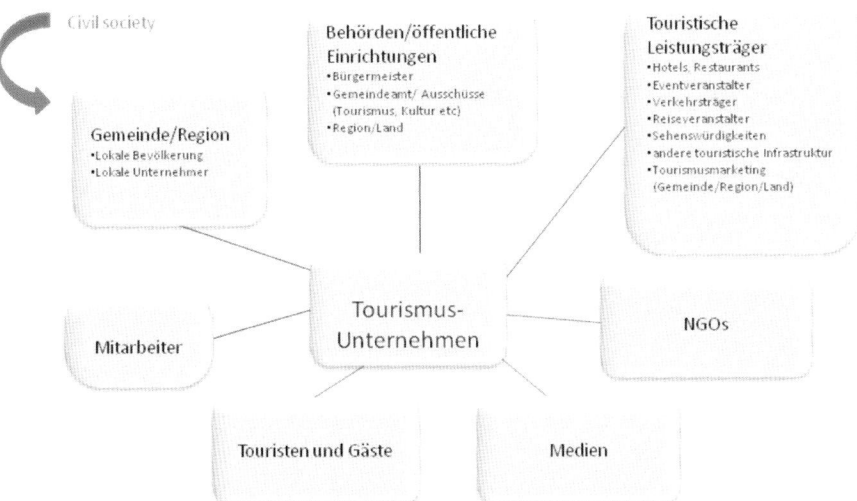

Abb. 1: Wichtige Stakeholder für Tourismusbetriebe; angelehnt an Swarbrooke (2005)

CSR-Maßnahmen von Tourismusunternehmen beziehen sich nicht nur auf den verantwortungsvollen Umgang mit natürlichen Resourcen, Mitarbeitern, Zulieferbetrieben und Gästen, sie können darüber hinaus die sozioökonomische Entwicklung einer Region oder Gemeinde durch Unterstützung einzelner sozialer oder ökologischer Projekte positiv beeinflussen und somit zur Verbesserung der Lebensqualität der lokalen Bevölkerung beitragen.

3 Integration von CSR im Tourismusunternehmen

Corporate Social Responsibility (CSR) wurde vor allem von der internationalen Kettenhotellerie in den späten 1990er Jahren und Beginn 2000 als Thema aufgegriffen und viele internationale Hotelkonzerne implementierten CSR-Maßnahmen wie z.B. Marriott International mit dem Programm „*Spirit to Serve Our Communities*", oder „*Street Children*" von NH Hoteles.Viele Hotelketten veröffentlichen in

---

[4] vgl. www.thecode.org
[5] vgl. www.unwto.org/climate/index.php
[6] vgl. www.toinitiative.org

der Zwischenzeit ihre CSR-Aktivitäten häufig auch sehr ausführlich mittels jährlichen CSR-Berichten auf ihren Unternehmenswebseiten (u.a. Accor, Hilton Hotel
Corporation, Inter Continental Hotels, NH Hotels, Banyan Tree, Club Méditerranée
etc.). Für die Integration eines CSR-Konzeptes im Unternehmen ist das Bekenntnis der Unternehmensführung zu einer ökologischen und sozial verantwortlichen
Unternehmensführung unumgänglich. Das bedeutet, dass der CSR-Ansatz im Leitbild des Unternehmens intgeriert sein muss und von allen MitarbeiterInnen des
Unternehmens getragen werden muss. Dies ist die Grundlage CSR in das Unter-
nehmenskonzept zu integrieren. Es gibt eine Reihe von Instrumentarien, die die
Implementierung eines CSR-Konzeptes unterstützen und Orientierung bieten.[7]
Diese reichen von der eben genannten Verankerung der CSR im Unternehmens-
leitbild, über CSR-Programme und Codes of Conduct, wie z.B. das Earth Guest-
Program der Accor Hotels,[8] das im Jahr 2010 vom World Travel and Tourism
Council mit dem Tourism for Tomorrow Award ausgezeichnet wurde, bis zu um-
welt- und sozialverträglichen Wettbewerben, wie z.B. die „*EcoTrophea*" – die
Internationale DRV-Umweltauszeichnung, die seit 1987 jährlich vom Deutschen
Reisebüroverband (DRV) für vorbildliche Umweltschutzprojekte vergeben wird,[9]
der „*TO DO! – Preis*", der jährlich auf der ITB (Internationale Tourismus Börse)
Berlin verliehen wird –[10] ein internationaler Wettbewerb für sozialverantwortli-
chen Tourismus der seit 1995 vom Studienkreis für Tourismus und Entwicklung
e.V., Ammerland veranstaltet wird und tourismusrelevante Projekte auszeichnet,
bei deren Planung und Realisierung die Einbeziehung unterschiedlicher Interessen
und Bedürfnisse der ortsansässigen Bevölkerung durch Partizipation auf breiter
Basis sichergestellt ist – oder der „*Tourism for Tomorrow Award*", der jährlich vom
World Travel and Tourism Council (WTTC) in vier Kategorien vergeben wird.[11]
Formalere Ansätze finden sich in Umwelt- und CSR-Managementsystemen wie
z.B. dem Standard für Umweltmanagement in Betrieben (ISO 14001), im seit 2010
in Kraft gesetzten Standard für gesellschaftliche Verantwortung (ISO 26000) sowie
in Eco-Management and Audit Scheme (EMAS) bis hin zu Zertifizierungssystemen und Gütesiegel für umwelt- und sozialverantwortliche touristische Angebote
(vgl. Bendell/Font 2004). Ihnen allen ist gemeinsam, dass die Implementierung auf
private Initiativen und freiwillig geschieht, Zertifizierungssysteme und Gütesiegel
jedoch wesentlich formalere Kriterien zur Anwendung bringen. Die Funktionen
von Zertifizierungssystemen und Gütesiegeln sind vielfältig. Zertifizierungssysteme dienen dem touristischen Leistungträger als Leitfaden zur Implementierung
und ständigen Verbesserung von umwelt- und sozialverträglichen Maßnahmen im
Unternehmen. Für den Reisenden bieten Zertifizierungssysteme und Gütesiegel
eine Art Sicherheit bzw. Garantie, dass zertifizierte Produkte oder Anbieter bestimmten Nachhaltigkeitsstandards entsprechen. Für Reiseveranstalter bieten Zer-

---

[7]   vgl. Toth (2002); Font (2002); Honey/Stewart (2004)
[8]   vgl. www.accor.com/en
[9]   vgl. www.drv.de/fachthemen/nachhaltigkeit/ecotrophea.html
[10] vgl. www.to-do-contest.org
[11] vgl. www.tourismfortomorrow.com

tifizierungssysteme im Rahmen eines nachhaltigen Supply Chain Managements eine Orientierung bei der Auswahl der Vertragspartner. Zertifizierungssysteme und Gütesiegel werden auch als Marketinginstrument gesehen.[12]

Grundsätzlich existieren zwei Typen von Zertifizierungssystemen: dynamische, prozessorientierte, die eine kontinuierliche Verbesserung der Nachhaltigkeitsperformance eines Unternehmens zum Ziel haben, ohne konkrete Zielwerte vorzugeben, und statische, ergebnisorientierte Zertifizierungssysteme, die die Erreichung vorgegebener Indikatoren messen.[13] In jüngster Zeit findet man häufig Mischformen beider Typen vor.

Die Situation der Zertifizierungssysteme und Gütesiegel für nachhaltige Tourismusangebote ist von einer großen Vielfalt, aber auch Unübersichtlichkeit geprägt. Einer Studie der UNWTO (WTO 2002) zufolge konnten mehr als 100 Ökolabels weltweit identifiziert und analysiert werden, der Großteil davon ist in Europa angesiedelt. 68% der Siegel richten sich an Beherbergungsbetriebe, 18% an touristische Zielgebiete, 7% an Reiseveranstalter, 5% an Sport- und Freizeiteinrichtungen und 2% an den Transportsektor.[14] Die Vormachtstellung der nachhaltigen Zertifizierungssysteme und Umweltgütesiegel in der Beherbergungsbranche gründet auf der einfacheren Entwicklung und Implementierung von nachhaltigen Kriterien und die unmittelbar durch die umgesetzten Umweltstandards zu erreichenden Kosteneinsparungen. Im Vordergrund stehen bei diesen Programmen meist Energie- und Wassersparmaßnahmen und Maßnahmen zur Abfallbeseitigung. Sozioökonomische Kriterien nehmen in den meisten Zertifizierungssystemen eine Nebenrolle ein.

Es gibt zahlreiche Studien zur Messung des Nutzens von Zertifizierungssystemen für Unternehmen. So hat die Implementierung eines Zertifizierungssystems hohe Kosteneinsparungen in der Energie- und Wasserversorgung zur Folge, die die Zertifizierungskosten bei weitem übertreffen. Ein weiterer positiver Aspekt ist der Capacity Building-Prozess. Während des Zertifizierungsprozesses erhalten Unternehmer und deren MitarbeiterInnen wichtige Informationen und Hilfestellungen zur Implementierung von CSR-Instrumenten und erhalten so ein differenziertes Problembewusstsein sowie Kenntnisse und Fähigkeiten zur Förderung und Umsetzung eines nachhaltigen Tourismus. Unternehmen verbessern durch den Zertifizierungsprozess und die Einhaltung bestimmter vorgegebener Kriterien ihre Standards hinsichtlich Qualität und hinsichtlich ihrer ökologischen und sozialen Verantwortung. Auch Verbesserungen im Management und in den Betriebsabläufen konnten festgestellt werden. Als effektive Marketinginstrumente konnten sich Zertifizierungssysteme jedoch nicht etablieren. Gegenwärtig ist die Nachfrage nach zertifizierten nachhaltigen touristischen Angeboten gering, obwohl international zahlreiche Studien hohes und stetig wachsendes Interesse und eine positive Einstellung nach nachhaltigen touristischen Angeboten zeigen.[15]

---

[12] vgl. Lund-Durlacher (2007)
[13] vgl. Freyer/Dreyer (2004)
[14] vgl. Maccarone-Eaglen/Font (2002)
[15] vgl. GfK (2009)

Zur Umsetzung von CSR-Maßnahmen im Betrieb gilt es immer wieder Handlungsbarrieren zu überwinden. Sehr häufig sehen Unternehmen in dem mit der Implementierung von CSR-Maßnahmen verbundenen hohen Zeitaufwand, den hohen Investitionskosten sowie den hohen operativen Kosten Hinderungsgründe. Aber auch Wissensmängel und Informationsdefizite über das Thema CSR in den Unternehmen sowie die meist geringen Förderungsmöglichkeiten durch die öffentliche Hand stellen häufig Barrieren dar. Auf der anderen Seite sehen Tourismusmanager durchaus auch Vorteile im Zusammenhang mit der Einführung des CSR-Konzeptes in das Unternehmen, vor allem dann wenn damit Kosteneinsparungen im operativen Betrieb oder Wettbewerbsvorteile erreicht werden können.

4 CSR und die touristische Nachfrage

Zahlreiche Studien zu sozial und ökologisch verantwortungsvollem Tourismus in den USA, Europa, Costa Rica und Australien zeigen ein hohes und stetig wachsendes Interesse an CSR bei touristischen Angeboten. Auch in Deutschland wächst das CSR-Bewusstsein bei den Reisenden. So zeigt eine Studie von GfK,[16] dass rund 20% der deutschen Haushalte CSR-interessiert sind. Etwa drei Viertel der deutschen Urlauber halten den schonenden Umgang mit der Umwelt, die Sicherheit bei der Anreise und dem Aufenthalt sowie die Wahrung der Menschenrechte für wichtig oder sehr wichtig. Auch die soziale Gerechtigkeit und humane Arbeitsbedingungen im Urlaubsland sind für zwei Drittel der Touristen wichtig oder sehr wichtig.[17] Doch ist die Haltung der Konsumenten bezüglich CSR-Maßnahmen als sehr passiv einzuschätzen. Obwohl für viele Touristen ökologische, soziale und ethische Aspekte der Urlaubsreise und des Zielgebietes bei der Reisevorbereitung einen hohen Stellenwert haben, werden nur selten aktiv Informationen über umwelt- und sozialverantwortliche Aspekte der Reise, z.B. durch die Frage nach einem Ökolabel, eingeholt.[18] Die wesentlichen Kaufentscheidungskriterien für Urlaubsreisen sind nach wie vor der Preis, die Qualität des Angebotes, die Erreichbarkeit des Urlaubsortes, Sicherheitsaspekte und Klimaverhältnisse.

Reisende schreiben die CSR-Verantwortung vorwiegend den touristischen Leistungserbringern zu.[19] Reiseveranstalter haben diesen Trend längst erkannt und zeigen vermehrt Interesse an zertifizierten Produkten und Dienstleistungen für die Gestaltung ihrer nachhaltigen Pauschalreisen.[20]

Eine im Auftrag von Earth Guest Research im Jahr 2010 durchgeführte internationale Studie zu CSR-Einstellungen und Erwartungen von Hotelgästen zeigt, dass Hotelgäste vor allem in einer effizienten Nutzung der Energie- und Wasserressourcen und in der Minimierung der Abfallproduktion wichtige CSR-

[16] ibid
[17] ibid
[18] vgl. Chafe/Honey(2005)
[19] vgl. GfK (2009)
[20] vgl. Chafe/Honey (2005)

Maßnahmen sehen. Auch sehen sie im Kinderschutz eine der CSR-Prioritäten.[21] Anders als in der GfK-Studie sehen Hotelgäste die Verantwortung für eine nachhaltige Entwicklung vor allem bei der öffentlichen Hand sowie bei den Konsumenten selbst.

5 CSR im Hotel- und Gastgewerbe

In Hotel- und Gastgewerbe ist umwelt- und sozialverträgliches Handeln in den folgenden Unternehmensbereichen anzusiedeln: Projektentwicklung inklusive Standortwahl, Architektur und Bauphysiologie, Energie- und Wasserversorgung, Abfallwirtschaftssystem, Housekeeping, F & B-Bereich, An- und Abreise der Gäste, Kommunikation und Marketing sowie Kundenbetreuung (Reservierung, Check-in). Eine europaweit angelegte Studie zeigte, dass rund 85% der Hoteliers in Europa sich in irgend einer Form an umweltorientierten CSR-Maßnahmen beteiligten,[22] wobei die Hauptaktivitäten in Energie- und Wassereinsparungen sowie verbesserter Abfallwirtschaft lagen – all jene sind Maßnahmen, die zu signifikanten Kosteneinsparungen führten. Dabei ist das Engagement für CSR-Maßnahmen in der Kettenhotellerie höher als in unabhängigen Betrieben. CSR-Maßnahmen im Hotel- und Gastgewerbe lassen sich umsetzen im Energie- und Wassermanagement, Abwasser- und Abfallmanagement, im Einsatz von Chemikalien, dem Beitrag zur Erhaltung der Biodiversität und Naturschutz und dem Beitrag zur regionalen Entwicklung sowie den Bedingungen am Arbeitsplatz.

Eine der effektivsten CSR-Maßnahmen im Hotel- und Gastgewerbe stellt ein effizientes Energiemanagement dar, das den Energieverbrauch minimiert und den Einsatz erneuerbarer Energien forcieren soll. Hotels sind aufrund ihrer notwendigen Infrastruktur wie Schwimmbäder, Saunen, Heizung, Klimaanlagen etc. häufig sehr energieintensiv. Nach Schätzungen stößt ein Hotel im Durchschnitt jährlich zwischen 160 und 200 kg CO_2 pro m² Zimmerfläche aus.[23] Als effizienteste Maßnahme zur Energieeinsparung hat sich dabei der Ersatz von alten, energieintensiven Geräten durch energieeffiziente moderne Geräte erwiesen (z.B. Heizung, Klimaanlagen, Küchengeräte). Energiesparende Beleuchtung, Sensoren und Zeitschaltungen zur Steuerung der Beleuchtung sind weitere Maßnahmen. Information und Training kann MitarbeiterInnen sowie Gäste zu einem energiesparenden Verhalten anregen. Gebäudedämmung und Umstieg auf erneuerbare Energien, die den Co2- Ausstoß reduzieren sind weitere umweltschonende CSR-Maßnahmen.

Sehr hoch ist auch der Wasserverbrauch im Hotel- und Gastgewerbe (in den Sanitärbereichen der Zimmer, Küche, Wäscherei, Schwimmbad, Wellnessbereich etc.). Die Reduzierung des Wasserverbrauchs und der Erhalt der Wasserqualität sind weitere wichtige Umweltschutzmaßnahmen im Hotel- und Gastronomiegewerbe.

---

[21] vgl. Earth Guest Research (2011)
[22] vgl. Bohdanowicz (2005)
[23] vgl. Bohdanowicz (2005)

Es gibt eine Reihe von Maßnahmen zur Wassereinsparung wie Wasserstops bei Toiletten, wassersparende Duschköpfe und Armaturen, Einsatz von aufbereitetem Wasser, Training von Personal und Gästen zu wassersparendem Verhalten und das regelmäßige Service, sowie des Weiteren die Reparatur von beschädigten Geräten und Anlagen. Die Eindämmung des Wasserbrauchs reduziert auch das Abwasseraufkommen, das einen weiteren Bereich für Umweltschutzmaßnahmen im Hotel- und Gastgewerbe darstellt. Verunreinigtes Abwasser kann das Grund- und Oberflächenwasser verunreinigen, wenn keine geeignete Abwasserreinigung erfolgt. Mögliche Maßnahmen zur Verbesserung der Abwasserqualität sind Fett- oder Ölabscheider, der Einsatz ökologisch abbaubarer Wasch- und Reinigungmittel oder die Poolreinigung mit Aktivsauerstoff. Aufbereites Abwasser kann dann wieder für die Toilettenspülung oder Grünflächenbewässerung zum Einsatz kommen.

Abfallmanagement ist ein weiterer wichtiger CSR-Bereich. Oberstes Ziel ist die Abfallvermeidung, gefolgt von einem geeigneten Abfallmanagement. Ein effektives Abfallmanagementsystem baut auf drei Säulen auf: Reduzierung, Wiederverwendung und Wiederaufbereitung. Maßnahmen in diesem Bereich sind die Anschaffung von Produkten mit weniger Verpackungsmaterial sowie das Sammeln, Trennen und Wiederverwerten von Abfall.

CSR-Maßnahmen mit sozialem Fokus beziehen sich hauptsächlich auf Beiträge des Unternehmens zur Hebung der Lebensqualität in den Kommunen, in denen die Betriebe angesiedelt sind sowie auf die Verbesserung der Arbeitsbedingungen und des Wohlbefindens der eigenen MitarbeiterInnen. CSR-Maßnahmen von Betrieben des Hotel- und Gastgewerbes können einen großen Einfluß auf die sozioökonomische Entwicklung einer Kommune ausüben. CSR-Maßnahmen in diesem Bereich sind die Beschäftigung lokaler Arbeitskräfte, faire und sichere Arbeitsbedingungen, Trainings- und Ausbildungsprogamme zur Ausbildung lokaler Arbeitskräfte, Einkauf lokaler Produkte, sowie Engagement und Unterstützung lokaler sozialer Projekte zur Hebung des Gemeinwohles. Als eines der vielen positiven Beispiele sei hier das Earth Guest Programm von Accor Hotels genannt.[24] Neben dem ökologischen Fokus im Rahmen des ECO-Programmes, welches den Erhalt der natürlichen Ressourcen zum Ziel hat, hat Accor auch eine sehr starke soziale Komponente (EGO) im Programm integriert, das der Verbesserung des Allgemeinwohles der Bevölkerung dienen soll. EGO besteht aus vier Säulen: die Unterstützung der lokalen wirtschaftlichen Entwicklung durch langfristige Partnerschaften und durch die Förderung von Fair Trade-Praktiken bei allen Einkäufen, Kinderschutz durch Training von MitarbeiterInnen und Bewusstseinsbildung bei den Gästen, Vorbeugen und Kampf gegen Epidemien, vor allem gegen Aids und Malaria sowie Beitrag zu einer gesünderen Ernährung der Hotelgäste und damit Vorbeugen von Adipositas. Diese vier Säulen werden durch eine Reihe von Einzelmaßnahmen getragen, wie z.B. dem Kampf gegen sexuelle Ausbeutung von Kindern in Kooperation mit ECPAT oder dem Angebot von Fair Trade Produkten in Accor Hotels.

---

[24] vgl. www.accor.com/en/sustainable-development.html

Auch die eigenen MitarbeiterInnen stehen im Zentrum von CSR-Maßnahmen. So liegt hier der Schwerpunkt im Bereich der Einhaltung der Menschenrechte, die sich vor allem auf faire Arbeitsbedingungen konzentrieren wie Verbot von Kinderarbeit und sexueller Belästigung, oder die Gleichbehandlung von Frauen und benachteiligten Personen inklusive der Bezahlung gleicher Löhne an alle MitarbeiterInnen. Der Bereich Personalmanagement bietet ebenfalls Ansatzpunkte. Einige arbeitsplatzbezogene Besonderheiten des Hotel- und Gastgewerbes sind weitgehend bekannt. Die Branche ist bekannt für hohe Personalfluktuation und flache hierarchische Strukturen. Somit sind Aufstiegsmöglichkeiten und Job-Rotationen begrenzt, was wiederum für den längerfristigen Verbleib der MitarbeiterInnen im Betrieb, sowie für die Identifikation der MitarbeiterIn mit dem Unternehmen nicht förderlich ist. Die Motivation der MitarbeiterInnen stellt deshalb eine hohe Herausforderung für das Personalmangement dar. Hier können CSR-Maßnahmen förderlich sein. So gibt es durchaus sehr positive Beispiele von Unternehmen, bei denen die Beziehung zu den MitarbeiterInnen groß geschrieben wird, z.B. das Hotel Hochschober auf der Turracher Höhe in Österreich. Hier werden mit den MitarbeiterInnen gemeinsame Studienreisen unternommen und vielfältige Weiterbildungsmöglichkeiten angeboten. Die seit 2003 bestehende Mitarbeiterakademie bündelt und koordiniert das umfassende Schulungs- und Weiterbildungsangebot, bei dem jährlich über 100 Kurse zur Auswahl stehen. Teambildung und das Beziehungsmanagement untereinander sowie zwischen MitarbeiterInnen und Gästen, kreative Freizeitgestaltung und gesundheitsfördernde Maßnahmen sind weitere Säulen, die das Leben der MitarbeiterInnen bereichern sollen.[25] Ein ebenfalls sehr positives Beispiel ist der Schindlerhof in Nürnberg, der MitarbeiterInnentraining, Zufriedenheit und Servicequalität in optimaler Weise verbindet. Auch hier steht den MitarbeiterInnen ein umfassendes Seminarangebot in der Schindlerhof-Akademie zur Verfügung.[26]

6 CSR und Reiseveranstalter

Reiseveranstalter sehen zunehmend die Notwendigkeit, Nachhaltigkeitsaspekte in die Unternehmenspolitik aufzunehmen. So gaben schon im Jahr 2001 nahezu 50% der britischen Reiseveranstalter an, Aspekte eines nachhaltigen Tourismus im Unternehmen implementiert zu haben, sei es in Form von einfachen Unternehmensgrundsätzen oder Verhaltensrichtlinien für die Kunden.[27] Viele nachhaltige Reiseveranstalter sehen im umwelt- und sozialverträglichen Tourismus auch eine Möglichkeit zur Positionierung ihres Angebots und eine Zertifizierung wird als geeignetes Mittel gesehen, sich mit den zertifizierten Angeboten klar zu positionieren und Wettbewerbsvorteile zu erreichen. Obwohl eine Zertifizierung eine klare Produktpositionierung unterstützt, braucht es eine lange Zeit bis Zertifikate und

---

[25] vgl. www.hochschober.com
[26] vgl. www.schindlerhof.de
[27] vgl. Chafe/Honey(2005)

Gütesiegel in das Bewusstsein der Konsumenten dringen und die Nachfrage darauf reagiert, d.h. es sind große Investitionen in die Zertifizierung notwendig, bevor die Nachfrage überhaupt darauf reagiert. Gründe dafür sind u.a. in einem sehr ambivalenten Reiseverhalten auch CSR-affiner Konsumenten zu sehen. So reisen nachhaltig Reisende häufig auch „nicht nachhaltig", beispielsweise wird im Sommer eine Fahrradtour mit Zuganreise und Übernachtung in CSR-zertifizierten Betrieben gemacht und im Herbst wird zu einem Shopping Weekend in New York geflogen. Eine vor einigen Jahren durchgeführte Studie von Öko-affinen Konsumenten die auch häufig über ein hohes Einkommen verfügen, hat ergeben, dass diese Gruppe sehr häufig unnachhaltig reist, da sie auch viele Fernreisen unternimmt, die bekanntlich aufgrund des Fluges nicht unbedingt nachhaltig sind.[28]

Im Jahr 2009 wurde „CSR-Tourism-certified", eine Auszeichnung für Nachhaltigkeit und Unternehmensverantwortung im Tourismus eingeführt, die zeigt, wie nachhaltig und sozial verantwortlich Reiseveranstalter wirtschaften. TourCert, eine gemeinnützige Zertifizierungsgesellschaft, die gemeinsam mit dem Zertifizierungsrat die Auszeichnungen vergibt, hat bisher rund 40 Reiseveranstalter im deutschsprachigen Raum ausgezeichnet. Die CSR-Berichtsstandards wurden gemeinsam mit dem Unternehmensverband forumandersreisen entwickelt und werden vom Zertifizierungsrat überwacht und ständig weiter entwickelt.

ReiseveranstalterInnen mit diesem Siegel haben ökologische und soziale Kriterien im eigenen Unternehmen aber auch in der gesamten Reisekette quantitativ und qualitativ gemessen und ausgewertet. Zu den unternehmensbezogenen Daten gehören Kennzahlen wie Finanzdaten, Beschäftigte im Unternehmen, Leitbild, Wasser-, Strom-, Wärmeverbräuche, Zufriedenheit der Mitarbeitenden, Qualifizierungsmaßnahmen u.a. Nachhaltigkeitsaspekte der vorgelagerten touristischen Leistungsträger umfassen die regionale Wertschöpfung am Reiseziel, den Einbezug regionaler Arbeitnehmer und Produkte in die Reiseprodukterstellung, die ökologische und soziale Verantwortung der Leistungsträger vor Ort u.a.

Entsprechend den Standards von TourCert müssen als Elemente eines CSR-Managementsystems wie ein CSR-Leitbild, ein CSR-Beauftragte(r) und ein CSR-Verbesserungsprogramm betrieblich verankert werden. Das Unternehmen muss auch einen Nachhaltigkeitsbericht, der Teil des Geschäftsberichts sein kann, veröffentlichen sowie das Verbesserungsprogramm jährlich aktualisieren. Der Nachhaltigkeitsbericht muss beim ersten Mal nach zwei Jahren und anschließend alle drei Jahre aktualisiert werden.[29]

7 Schlussbemerkung

Corporate Social Responsibility ist auch im internationalen Tourismus ein zentraler Begriff für eine neue Ausrichtung von Unternehmenstrategien geworden. Die Förderung von Umweltschutz, das Bereitstellen guter Arbeitsbedingungen und Bei-

---

[28] vgl. Nusser (2006)
[29] vgl. www.tourcert.org

träge zur sozioökonomischen Entwicklung der Kommunen sind fester Bestandteil in den Strategiepapieren internationaler Tourismuskonzerne. Tourismusbetriebe sind eng mit der Region, in der sie tätig sind und ihre Produkte verkaufen, verbunden und somit können sie auch einen großen Einfluß auf die sozioökonomische Entwicklung in diesen Regionen nehmen. Für Kunden, aber auch für MitarbeiterInnen eines Unternehmens wird die Integration einer klaren CSR-Strategie im Betrieb immer wichtiger. Deshalb wird der zukünftige Erfolg eines Tourismusunternehmens auch davon abhängen, wie Corporate Social Responsibility Strategien langfristig implementiert und umgesetzt werden.

8 Literatur

Accor Hotels. Sustainable Development. Earth Guest. http://www.accor.com/en/sustainable-development.html, , abgerufen am 26.6.2011.

Bendell, J./Font, X. (2004): Which Tourism Rules? Green Standards and GATS. In: *Annals of Tourism Research, Vol. 31, No. 1*, 139-156.

Bohdanowicz, P. (2005): European Hotelier's Environmental Attitudes: Greening the Business. *Cornell Hotel and Restaurant Administration Quarterly, 46*, 188-204.

Bohdanowicz, P./ Zientara, P. (2009): Hotel companies' contribution to improving the quality of life of local communities and the well-being of their employees. *Tourism and Hospitality Research (2009) 9*, 147 – 158.

Chafe, Z./Honey, M.(Hrsg.) (2005): Consumer Demand and Operator Support for Socially and Environmentally Responsible Tourism. CESD/TIES Working Paper No. 104, Revised April 2005, Washington, D.C.

DRV (2011): DRV Ecotrophea, http://www.drv.de/fachthemen/nachhaltigkeit/ecotrophea.html, abgerufen am 24.6.2011.

Earth Guest Research (2011): Sustainable hospitality: ready to check in? – the first international tracking study on guest expectations regarding sustainable development in the hospitality industry. http://www.accor.com/fileadmin/user_upload/Contenus_Accor/Developpement_Durable/pdf/earth_guest_research/20110618_Accor_HospitalidadeSustentavel_EN.pdf, abgerufen am 26.6.2011.

Europäische Kommission (o.A.): Soziale Verantwortung der Unternehmen (CSR), http://ec.europa.eu/enterprise/policies/sustainable-business/corporate-social-responsibility/index_en.htm, abgerufen am 24.6.2011.

Europäische Kommission (2007): Action for more Sustainable European Tourism, Report of the Tourism Sustainability Group, http://ec.europa.eu/enterprise/sectors/tourism/files/docs/tsg/tsg_final_report_en.pdf, abgerufen am 24.6.2011.

Font, X. (2002): Environmental certification in tourism and hospitality: progress, process and prospects. *Tourism Management, 23 (4)*, 197-205.

Font, X./Buckley, R. (Hrsg.) (2001): Tourism ecolabelling: certification and promotion of sustainable management, CABI, Wallingford.

Font, X./Harris, C. (2004): Rethinking standards from green to sustainable. *Annals of Tourism Research 31(4)*, 986-1007.

Font, X./ Epler Wood, M. (2007): Sustainable Tourism Certification Marketing and its Contribution to SME Market Access. In Black, R./Crabtree, A. (Eds.), Quality Assurance and Certification in Ecotourism, Ecotourism Series, No. 5, CABI, Wallingford 2007.

Freyer, W./Dreyer, A. (2004): Qualitätszeichen im Tourismus – Begriffe und Typen, in: Weiermair, K./Pikkemaat, B. (Hrsg.) (2004): Qualitätszeichen im Tourismus – Vermarktung und Wahrnehmung von Leistungen, ESV, Berlin 2004, S. 63 – 92.

GfK Panelservices Deutschland. (2009): Corporate Social Responsibility: Erwartungen und Verhalten von Verbrauchern im Tourismussektor. www.GfK-TravelScope.com, abgerufen am 12.3.2009.

Honey, M. (Hrsg.) (2002): Setting Standards: The Greening of the Tourism Industry, New York: Island Press.

Honey, M./Stewart, E. (2004): The Evolution of Green Standards for Tourism. In: Ecotourism & Certification: Setting Standards in Practice, Washington: Island Press, S. 33–72.

Maccarone-Eaglen, A./Font, X. (2002): Ecotourism Certification and Accreditation. Some effects on the private sector, Centre de Biodiversitat, Andorra.Lund-Durlacher, D. (2007): Instrumentarien zur Förderung einer nachhaltigen Tourismusentwicklung: Zertifizierungssysteme und Gütesiegel – Entwicklungstrends und Zukunftsperspektiven. In: Egger, R./Herdin, T. (Hg.). Tourismus: Herausforderung: Zukunft. Wien, LIT Verlag.

Marriott (2007): Spirit to Serve Our Communities. Social Responsibility Report. http://www.marriott.com/hotelwebsites/us/c/caieg/caieg_pdf/Spirit%20to%20serve%20our%20communities%20-%20social%20responsibility.pdf, abgerufen am 26.6.2011.

NH Hoteles (o.A.). Street Children. http://www.nh-hoteles.es/nh/es/sala_de_prensa/211.html, abgerufen am 26.6.2011.

Nusser, B. (2006): Bewusst Konsumierende" auf Reisen. Potentielle Trendsetter(innen) für nachhaltige touristische Angebote?, Masterarbeit an der Fachhochschule Eberswalde, 2006

Swarbrooke, J.(2005): Sustainable Tourism Management, Wallingford: CABI Publishing.

Sweeting, James A.N., Sweeting, Amy Rosenfeld (o.A.): *A practical Guide to Good Practice. Managing Environmental and Social Issues in the Accomodation Sector.* http://www.toinitiative.org/fileadmin/docs/publications/HotelGuideEnglish.pdf, abgerufen am 11.9.2009.

Toth, R. (2002): Exploring the Concepts Underlying Certification. In: Ecotourism & Certification: Setting Standards in Practice, Washington: Island Press, S. 73 – 102.

UNEP, IHRA, EUHOFA (2001): *Sowing the Seeds of Change: An Environmental Teaching Pack fort he Hospitality Industry,* Paris: EUHOFA, IHRA, UNEP. http://www.unep.org/publications/search/pub_details_s.asp?ID=437, abgerufen am 14.9.2009.

UNEP, GTZ (2003): *A Manual for Water and Waste Management: What the tourism Industry Can Do to Improve Its Performance,* Paris: UNEP. http://www.unep.fr/shared/publications/pdf/WEBx0015xPA-WaterWaste.pdf, abgerufen am 14.9.2009.

UNEP (2006): Tourism Certification as a Sustainability Tool: Assessment and Prospects, UNEP.

UNWTO (1999): Global Code of Ethics for Tourism, http://www.unwto.org/ethics/full_text/en/pdf/CODIGO_PASAPORTE_ING.pdf, abgerufen am 22.6.2011.

UNWTO (2009): From Davos to Copenhagen and beyond: advancing tourism's response to climate change, http://www.unwto.org/pdf/From_Davos_to%20Copenhagen_beyondUNWTO Paper_ElectronicVersion.pdf , abgerufen am 22.6.2011.

UNWTO (2011): Task Force for the Protection of Children in Tourism, http://www.unwto.org/protect_children/index.php, abgerufen am 22.6.2011.

WTO (2002): Voluntary Initiatives for Sustainable Tourism: worldwide inventory and comparative analysis of 104 eco-labels, awards and self-commitments, Madrid, World Tourism Organization.

CSR in der Agrar- und Ernährungswirtschaft

Oliver Meixner, Anna Schwarzbauer und Siegfried Pöchtrager

1 Einleitung

Die Agrar- und Ernährungswirtschaft zählt zu den wichtigsten Branchen unseres Wirtschaftssystems, sowohl was die Wertschöpfung insgesamt als auch deren Bedeutung für die Befriedigung von Grundbedürfnissen in der Bevölkerung betrifft. Da die Produkte und Dienstleistungen der Branche immer auch mit den Themenkomplexen Lebensmittelsicherheit und Lebensmittelqualität verknüpft sind, ist davon auszugehen, dass die soziale, ökologische und ökonomische Verantwortung der Unternehmen der Wertschöpfungskette „Lebensmittel" enorm groß ist, womit im allgemeinen Sprachgebrauch die „Corporate Social Responsibility" der Unternehmen angesprochen wird.

Im Folgenden wird ein Einblick in die Aktivitäten und Schwerpunkte der CSR-Strategien der österreichischen Lebensmittelwirtschaft geboten, wobei der Kommunikationspolitik, der CSR-relevanten Informationsweitergabe an Stakeholder, besondere Aufmerksamkeit geschenkt wird. Naturgemäß kann nur ein Ausschnitt der CSR-Realität der Lebensmittelwirtschaft abgebildet werden. Es lassen sich aber eindeutige Schwerpunkte in der CSR-Kommunikation und damit in den CSR-Aktivitäten der österreichischen Lebensmittelwirtschaft identifizieren. Es kann auch gezeigt werden, dass die Inhalte und Aktivitäten und die Intensität, mit denen sich das jeweilige Unternehmen mit CSR auseinandersetzt, immer auch unternehmensabhängig sind und eindeutig von der strategischen Grundorientierung der Unternehmen abhängen dürften. Auch wenn aus einschlägigen Public Relations-Studien wie dem „European Communication Monitior"[1] auf die Bedeutung der CSR als eine wachsende Disziplin der Public Realtions (PR) hingewiesen wird, muss aufgrund der vorliegenden Erkenntnisse für die Lebensmittelwirtschaft davon ausgegangen werden, dass diese Bedeutungszunahme noch nicht allen Unternehmen vollständig bewusst ist.

2 CSR-Kommunikation in der Agar- und Ernährungswirtschaft

Für die CSR-Kommunikation der Unternehmen der österreichischen Agrar- und Ernährungswirtschaft lassen sich einige wesentliche Kernaussagen ableiten, wobei

---

[1] N.N. (2010): 65

die Unternehmen mit folgenden Realitäten konfrontiert sind und durch entsprechende CSR-Aktivitäten reagieren müssen:[2]

- Die Unternehmen sind einem starken öffentlichen Druck ausgesetzt, vor allem
  wegen der Produkteigenschaften und der Komplexität der mit Lebensmitteln
  im Zusammenhang stehenden Produktionsprozesse. Die jüngsten Anlassfälle
  in der Wertschöpfungskette haben eindrucksvoll gezeigt, wie gravierend die
  Auswirkungen für die gesamte Wertschöpfungskette sind, sobald Probleme mit
  der Lebensmittelsicherheit bzw. -qualität festgestellt wurden.
- Konsumenten sind im Zusammenhang mit Lebensmitteln unter anderem an
  den folgenden Themen interessiert: Qualität der Lebensmittel und Transparenz
  in der Lebensmittelproduktion, Informationen zur Tierhaltung, Regionalität/
  Herkunft und biologische Landwirtschaft. Von Unternehmen, NGOs und der
  öffentlichen Verwaltung wird erwartet, dass entsprechende Informationen über
  diese Themen zur Verfügung gestellt werden.
- Unternehmen gestehen dem CSR-Konzept wesentliches Konfliktlösungspoten-
  zial zu, der öffentliche Druck auf die Unternehmen kann dadurch gemindert
  werden. Für die überwiegende Mehrheit der in einer CSR-Studie befragten
  Unternehmen wird daher die Außendarstellung des Unternehmens zunehmend
  wichtiger. CSR-Maßnahmen wurden in ihre Marketingstrategie übernommen.[3]

Diese Erkenntnisse sind ein Beleg dafür, wie wichtig die soziale und ökologische
Verantwortung der Unternehmen gegenüber den Stakeholdern (Kunden, Mitarbeiter, Gesellschaft) gerade in der Wertschöpfungskette „Lebensmittel" geworden ist,
wobei auch die Shareholder eine wesentliche Zielgruppe der CSR-Aktivitäten der
Unternehmen sind. Befragt nach der Wichtigkeit der jeweiligen Anspruchsgruppen
gaben 500 Geschäftsführer an, dass nach den Kunden und Mitarbeitern die Gruppe
der Shareholder die wichtigste Zielgruppe für ihre CSR-Aktivitäten darstellt, mit
deutlichem Abstand zur Gesellschaft insgesamt, den Zulieferern, dem Standort und
der Regierung.[4]

2.1 Themenschwerpunkte der CSR-Kommunikation

Im Hinblick auf die inhaltlichen Erwartungen an die Berichterstattung im Zusammenhang mit CSR wurde 2003 eine Studie publiziert, deren Ergebnisse auf einer
weltweiten Befragung von Stakeholdern zum Thema Non-financial Reporting beruhen.[5] Die wichtigsten Inhalte, die von den Stakeholdern erwartet werden, beziehen sich laut dieser Studie auf Umweltthemen (Energieeffizienz, Klimaschutz,
Umweltstandards etc.), den sozialen Bereich vor allem im Hinblick auf Mitar-
beiterschutz und Menschenrechte sowie den ökonomischen Bereich (Corporate
Governance etc.).

---

[2] Heyder/Theuvsen (2008): 177
[3] Heyder (2008)
[4] Riess/Peters (2005): 7
[5] Klein et al. (2003)

Ein einfaches Beispiel, das aktuell im Lebensmittelbereich kontrovers diskutiert wird und hohe Aktualität genießt, soll dies verdeutlichen: Übertragen auf den Lebensmittelbereich hieße die Erkenntnis zur hohen Bedeutung des Themenkomplexes Ökologie für das CSR-Konzept, dass beispielsweise eine aussagekräftige Produktkennzeichnung für klimarelevante Auswirkungen des Kaufs der Produkte verfügbar sein müsste. Über diese Produktkennzeichnung können sich Kunden darüber informieren, mit welchen negativen externen Klimaeffekten der Kauf eines Produktes verbunden ist. Allein diese einfache Produktkennzeichnung zeigt aber auch die Schwierigkeiten auf, mit denen die Lebensmittelhersteller und der Handel konfrontiert sind. Derzeit ist kein allgemein gültiges Modell zur Messung der Klimarelevanz von Lebensmitteln (wie auch anderer Produkte) verfügbar. Zwar gibt es eine Vielzahl entsprechender Initiativen, die sog. CO_2-Labels bzw. Carbon Footprints zur Verfügung stellen. Problematisch ist aber, dass auf keine allgemein anerkannten Standards, Regeln und Vorgaben zu den Berechnungsweisen zurückgegriffen werden kann, wie die Klimarelevanz von Lebensmitteln valide gemessen werden kann, bzw. dass die bestehenden Standards zu vage sind, um einheitliche Ergebnisse zu erbringen. Weder internationale Standards wie ISO 14040 oder PAS 2050[6] noch privatwirtschaftliche Initiativen wie der französische L'indice Carbone[7] sind hier eindeutig und auch wissenschaftlich in den Berechnungsmethoden gesichert. Ein österreichisches Pionierunternehmen aus dem Handelsbereich ist hier interessanterweise der größte österreichische Hard-Diskonter, der alle Produkte der Bio-Eigenmarke mit einem CO_2-Äquivalenz-Zeichen auszeichnet (Treibhausgasemissionen des biologischen im Vergleich zum konventionellen Produkt). Die Berechnungen sind hier sehr umfassend und werden über die Webpage transparent gemacht. Insgesamt muss in diesem Zusammenhang aber festgehalten werden, dass Kunden durch unterschiedliche Angaben seitens der Hersteller und des Handels wohl eher verunsichert werden. Klare Standards und Vorgaben sind daher unumgänglich.

Insgesamt betrachtet werden die CSR-Aktivitäten in ihrer Außenwirkung nur von einem Teil der Unternehmen der Agrar- und Ernährungswirtschaft ausreichend dargestellt und kommuniziert. Für die Beurteilung der CSR-Aktivitäten der österreichischen Agrar- und Ernährungswirtschaft ist es sinnvoll, die Außenwirkung der diesbezüglichen kommunikationspolitischen Inhalte eingehend zu analysieren. Einen guten Ansatzpunkt bieten hier die Webauftritte der Marktteilnehmer der Lebensmittelwirtschaft in Österreich. Diese wurden im Rahmen einer Studie an der Universität für Bodenkultur 2010 mit dem Fokus auf CSR analysiert, wobei hierfür die Webseiten der größten Marktteilnehmer aus der Wertschöpfungskette „Lebensmittel" (Verarbeitung, Groß-und Einzelhandel) analysiert wurden.[8]

---

[6] Burger et al. (2010): 37
[7] Burger et al. (2010): 75
[8] Thanner (2010); die Studie stellt eine strukturierte Analyse der Webseiten der größten österreichischen Unternehmen der Agrar- und Ernährungswirtschaft dar. Die dabei analysierten Unternehmen umfassen die größten österreichischen Unternehmen der Lebensmittelwirtschaft (gemäß dem Ranking des Fachverbands der Nahrungs- und Genussmittelindustrie: Verarbeitung, Groß- und Einzelhandel). Die strukturierte Analyse der Webauftritte wurde 2010 abgeschlossen, weshalb die inhaltliche Analyse zum jetzigen Zeitpunkt geringfügig modifizierte Erkenntnisse erbringen könnte (da sich auch die Webauftritte vieler Unternehmen permanent ändern)

In der Literatur sind zahlreiche Verfahren zur Beurteilung der CSR-Aktivitäten von Unternehmen verfügbar, z.B. der CSR-Index nach Kuhlen[9], der Beurteilungskreislauf nach Weber[10], die bekannte Balanced Scorecard (BSC)[11], Key Performance Driver[12], die Verbindung BSC und GRI Performance-Indikatoren (Global Reporting Initiative)[13] usw. Allerdings stellt die Quantifizierung vieler in diesen Modellen enthaltenen Indikatoren eine z.T. nicht zu überbrückende Hürde für den effizienten Einsatz dieser Modelle dar. Die strukturierte Analyse der Kommunikationsinhalte, die Verdichtung und Verallgemeinerung der daraus gewonnenen Erkenntnisse ist demgegenüber relativ einfach zu realisieren.[14]

Die damit im Zusammenhang stehenden Erkenntnisse stellen daher eine Bestandsaufnahme der Kommunikation der CSR-Aktivitäten der Unternehmen der Agar- und Ernährungswirtschaft dar. Die kommunizierten CSR-Maßnahmen wurden dabei strukturiert den Dimensionen Ökonomie, Ökologie und Soziales sowie den Anspruchsgruppen (Stakeholdern) Kunden, Mitarbeitern, Shareholdern, Gesellschaft insgesamt, Zulieferern, Regierung usw. zugeordnet. Exemplarisch wird dies anhand der folgenden Tabelle (Tab. 1) verdeutlicht:[15]

Tab. 1: Exemplarische Struktur der CSR-Aktivitäten eines Unternehmens

Dimension / Stakeholder	Ökonomie	Ökologie	Soziales
Kunden	Kundenservice	Carbon Footprint auf Produkten	Gesunde Ernährung, Verbraucherinformationen
Mitarbeiter	Aufstiegsmöglichkeiten, Entlohnungssystem		Gleichbehandlung, Sozialleistungen
Shareholder	Shareholder Informationen, strategische Ziele, Unternehmenswachstum	ökologische Kennzahlen nach GRI	
Gesellschaft insgesamt		Recycling, effizienter Energieeinsatz	behindertengerechte Betriebsanlagen
Zulieferer	langfristige Lieferantenbeziehungen		
Regierung	Rechtskonformität	Einhaltung gesetzlicher Auflagen	Betriebsinterne Regelungen bzgl. Arbeitnehmerschutz
...	...	...	...

9 Kuhlen (2005)
10 Weber (2008)
11 Kaplan/Norton (1996)
12 Epstein/Roy (2001)
13 Panayiotou et al. (2009)
14 mit der Analyse der kommunikationspolitischen CSR-Aktivitäten ist keine Ist-Analyse der tatsächlichen Aktivitäten der betroffenen Unternehmen verbunden. Nur tatsächlich kommunizierte Inhalte gehen in die Analyse ein (andernfalls wäre ein Blick in die betroffenen Organisationen unabdingbar). Auch musste festgestellt werden, dass die CSR-Kommunikation noch weitgehend unerforschtes Terrain darstellt, weshalb ein exploratives Forschungsdesign gewählt wurde, um allgemeine Erkenntnisse über dieses Gebiet zu erhalten; Aaker et al. (2007): 79. Es ist aber davon auszugehen, dass zwischen den Aktivitäten, die von den Unternehmen kommuniziert werden und den tatsächlich durchgeführten Maßnahmen eine hohe Korrelation besteht.
15 in Anlehnung an Thanner (2010): 64

Grundsätzlich konnte festgestellt werden, dass zwar die Mehrzahl der Unternehmen (rund 65%) Angaben zu ihren CSR-Aktivitäten machen, allerdings nur rund 15% die CSR-Aktivitäten in strukturierter Form aufbereiten und den Stakeholdern über die Webseite zugänglich machen. Das bedeutet natürlich nicht, dass nur diese über ein entsprechendes Bewusstsein für die Bedeutung der CSR-Aktivitäten und vor allem auch deren Kommunikation nach außen verfügen. Es erscheint aber durchaus plausibel anzunehmen, dass das CSR-Konzept vor allem in den Unternehmen Fuß gefasst hat, in denen auch entsprechend darüber berichtet wird. Auch konnten branchenspezifisch deutliche Unterschiede festgestellt werden: Der Lebensmittel-einzelhandel und -großhandel, die Getränkeindustrie und die Süßwarenindustrie sind im Zusammenhang mit CSR deutlich aktiver im Vergleich zur Milchverarbeitung oder der Backwarenindustrie.[16] Eine Verallgemeinerung ist hier allerdings schwierig, es hängt von den einzelnen Unternehmen ab, ob und in welchem Ausmaß CSR-Aktivitäten kommuniziert werden. Interessanterweise zeigt die Analyse der Webauftritte eine Dominanz der Dimensionen Ökonomie und Soziales, die ökologische Komponente ist demgegenüber deutlich unterrepräsentiert, es werden hierzu deutlich weniger Informationen kommuniziert (siehe Abb. 1).[17]

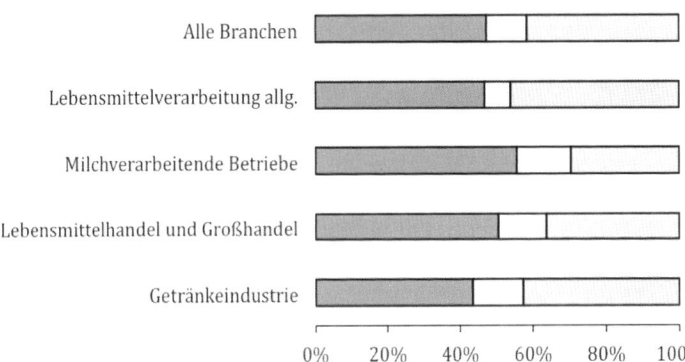

Abb. 1: Schwerpunkte der CSR-Kommunikation

Eine umfassende Integration der CSR-relevanten Aktivitäten in die Kommunikationsstrategie eines Unternehmens bedeutet, dass sämtliche damit im Zusammenhang stehenden Aktivitäten im Bereich Ökonomie (Shareholderinformationen, Mitarbeiterentlohnsystem etc.), Ökologie (energieeffiziente Bürogebäude, Wasser- und Abfallmanagement etc.) und Soziales (Kultur- und Sportsponsoring, Sicherheit

---

[16] Thanner (2010): 66

[17] Thanner (2010): 75; zu beachten ist hierbei, dass in dieser Studie nur analysiert wurde, ob und wie häufig die genannten Bereiche auf den Webseiten der Unternehmen 2010 angesprochen wurden. Auf die inhaltliche Qualität und Tiefe der Informationen wird darin nicht eingegangen. Die Zuordnung nach Branchen erfolgte gemäß dem Ranking des Fachverbands der Nahrungs- und Genussmittelindustrie. Aufgrund zu geringer Fallzahlen sind Süßwaren, Backwaren und Gastronomie nicht ausgewiesen

am Arbeitsplatz, Firmenkindergarten etc.) über die dafür geeigneten Kommunikationskanäle in strukturierter Form aufbereitet und veröffentlicht werden. Hierbei stellt mittlerweile das Internet wohl die am besten geeignete Plattform dar, da die Inhalte auch entsprechend aktualisiert werden können und über Verlinkungen und ein adäquates Content Management System auch leicht zugänglich gemacht werden können. Unternehmen, die eine starke internationale Orientierung aufweisen (oder einem global tätigen Konzern unterstehen bzw. eine entsprechende Unternehmensgröße aufweisen), bieten durchgängig derart aufbereitete CSR-relevante Informationen, deutlich mehr als solche, die sehr stark auf den nationalen Markt fokussiert sind.[18] Diese Erkenntnis ist wenig überraschend, da die Kommunikation CSR-relevanter Informationen im internationalen Kontext unbedingt erforderlich sein dürfte. Große, finanzstarke Unternehmen wie Unilever, Master Foods, die Agrana oder die großen österreichischen Handelsketten haben es naturgemäß leichter, öffentlichkeitswirksame Akzente zu setzen im Vergleich zu eher mittelständischen Unternehmen, die zahlenmäßig die österreichische Wertschöpfungskette „Lebensmittel" dominieren. Allerdings nutzen auch die großen Unternehmen nur zum Teil alle Möglichkeiten und Vorteile, die mit dem CSR-Konzept verbunden sind. So konnte festgestellt werden, dass rund ¾ der Handelsunternehmen (Groß- und Einzelhandel) den Konsumenten produktbezogene Informationen zur Auszeichnung der Lebensmittel zur Verfügung stellen, aber nur rund ¼ der Lebensmittelhersteller. Auch z.T. namhafte, große Unternehmen finden sich unter denjenigen, die keine CSR-relevanten, produktbezogenen Informationen zur Verfügung stellen, eine doch einigermaßen überraschende Erkenntnis. Im Hinblick auf Zertifizierung und Shareholder-Informationen stellen die meisten Unternehmen Informationen zur Verfügung. Informationen, die speziell für Mitarbeiter aufbereitet wurden, sind dagegen weitaus seltener zu finden (mit Ausnahme der Weiterbildung im Unternehmen, dies wird sehr häufig angesprochen). Des Weiteren werden sehr häufig allgemeine Verbraucherinformationen und Fragen zu gesunder Ernährung kommuniziert. Insgesamt weisen die Unternehmen der österreichischen Agrar- und Ernährungswirtschaft ein sehr heterogenes Bild in ihren CSR-Aktivitäten auf. Pioniere mit sehr umfassenden Zugängen konnten ebenso identifiziert werden wie Unternehmen, die sich diesem Thema bisher noch eher verschließen. Im Allgemeinen ist aber davon auszugehen, dass das Thema CSR in der Agrar- und Ernährungswirtschaft in den letzten Jahren eine deutlich höhere Priorität erlangt hat – nicht zuletzt aufgrund regelmäßig wiederkehrender Einschnitte (Lebensmittelskandale und damit einhergehende negative Berichterstattung), die die Wertschöpfungskette insgesamt vor große Herausforderungen stellt.

2.2 CSR-Kommunikation des österreichischen Lebensmitteleinzelhandels

In die gleiche Richtung deuten Erkenntnisse, die aus einer kürzlich fertiggestellten (allerdings noch nicht publizierten) Studie zur CSR-Kommunikationspolitik des

---

[18] Meixner (2008): 13ff.

Lebensmitteleinzelhandels (LEH) durchgeführt wurde.[19] Inhaltliche Schwerpunkte werden für den LEH vor allem in den Themen Regionalität, Saisonalität, Natürlichkeit und Gesundheit gesehen. Bei sozialen Themen werden dagegen z.T. Defizite identifiziert, wobei festgehalten wird, dass im LEH sehr wohl Mitarbeitermaßnahmen gesetzt werden, diese aber nur eingeschränkt nach außen kommuniziert werden. Dies ist doch einigermaßen überraschend, da durch ein positives Bild in der Öffentlichkeit auch das Mitarbeiterrecruiting unterstützt und die Identifikation der Mitarbeiter mit dem Unternehmen und ihre Loyalität gefördert wird.

Als Grund wird angeführt, dass die Kommunikation dieser Maßnahmen keinen sichtbaren kurz- bis mittelfristigen Nutzen aufweist. Seitens des LEH wurden als soziale, kommunizierte Maßnahmen insbesondere Kultursponsoring sowie Spendenaktionen genannt. Die befragten Experten betonten, dass CSR vom österreichischen LEH weder umfassend umgesetzt noch umfassend kommuniziert wird. Der Teilaspekt Ökologie wird im Besonderen über klassische Kommunikationskanäle wie Fernsehwerbungen und Inserate in Zeitungen kommuniziert, Flugzettel stellen in diesem Zusammenhang aufgrund der Reichweite einen bedeutenden Kommunikationskanal für den LEH dar. Diese klassischen Kommunikationskanäle zeichnen sich durch ihre große Reichweite aus, beschränken sich jedoch auf reine Produktinformationen, in denen zwar der Teilaspekt Ökologie als Produktinformation mit transportiert wird, jedoch nicht als Kernelement. Die Bedeutung von Kommunikationskanälen wie Broschüren, Filialradiosender und Stammkundenclubinformationen direkt am Point of Sale (POS) wird laut den befragten Experten in Zukunft weiter steigen. Besondere Bedeutung kommt dabei dem Produkt als eigener Kommunikationskanal am POS zu. Auch hier zeigt sich, dass vorwiegend der Teilaspekt Ökologie kommuniziert wird. Mitarbeiter werden dagegen noch nicht als Kommunikationskanal genutzt, dies birgt jedoch ein großes Potential am POS, da Mitarbeiter als Multiplikatoren anzusehen sind. Abseits des POS könnten Stakeholderdiskurse als neues, vielversprechendes Kommunikationsmittel eingesetzt werden. Der Unterschied zu Stakeholderdialogen ist, dass Diskurse ergebnisoffener sind. Nach Ansicht der befragten Experten werden hierfür Social Media Plattformen wie Facebook und Twitter noch deutlich an Bedeutung gewinnen. Als besondere Anforderungen an die CSR-Kommunikation wurden Glaubwürdigkeit, Transparenz und Belegbarkeit angeführt. In Hinblick auf „Greenwashing", d.h. der Versuch, ein Unternehmen in der Öffentlichkeit als umweltorientiert darzustellen, kann festgehalten werden, dass dafür alle Kommunikationskanäle eingesetzt werden können, vor allem jedoch klassische Kommunikationskanäle wie Fernsehwerbung, Inserate in Zeitungen und Flugzettel. Als Grund wird von den befragten Experten der Mangel

---

[19] im Zuge dieser Studie wurde mittels qualitativer Expertengespräche die CSR-Kommunikation im österreichischen LEH analysiert (die wichtigste Schnittstelle zwischen der Lebensmittelproduktion und den Konsumenten). Dessen CSR-Aktivitäten sind von besonderer Bedeutung, da Konsumenten über die Vertriebskanäle des Handels unmittelbar mit den Produkten und den damit verbundenen Attributen in Kontakt kommen. Die Expertengespräche zur CSR-Kommunikation im österreichischen Lebensmitteleinzelhandel wurden Mitte 2011 geführt

an Transparenz und Belegbarkeit angeführt. Erschwert wird Greenwashing in Social Media Plattformen wegen der zeitnahen Interaktion mit den Stakeholdern.

Im LEH wird zum jetzigen Zeitpunkt kaum nach Zielgruppen segmentiert, da Lebensmittel im Gegensatz zu Luxusgütern täglich benötigt werden, um Grundbedürfnisse zu befriedigen. Die Ergebnisse zeigen, dass die Zielgruppensegmentierung für die CSR-Kommunikation in Zukunft an Bedeutung gewinnen wird. Vor allem nennen die befragten Experten die Zielgruppe „Lifestyle of Health and Sustainability" (LOHAS).[20] Personen, die dieser Zielgruppe zugeordnet werden können und die sich verstärkt für CSR im LEH interessieren, müssen Informationen explizit einfordern bzw. danach suchen, da detaillierte Informationen kaum über die klassischen Kommunikationskanäle wie Fernsehen und Inserate in Zeitungen kommuniziert werden. Dies verdeutlicht die Bedeutung z.B. der Webauftritte der Unternehmen, da sich hier die interessierte Öffentlichkeit leicht und umfassend mit entsprechenden Informationen versorgen kann, vorausgesetzt, ein entsprechendes Informationsangebot ist auch vorhanden. Sowohl Nachhaltigkeitsberichte als auch Social Media Plattformen werden von kritisch eingestellten Zielgruppen zur Informationssuche verwendet. Derartige Zielgruppen, die aktiv in einen Dialog mit den Unternehmen eintreten, möchten Antworten auf ihre Fragen. Wenn diese nicht beantwortet werden oder kritische Inhalte ausgelassen werden, wird dies negativ bewertet. Ein Beispiel hierfür ist die Ausklammerung der Marktdominanz des LEH im zurzeit einzigen verfügbaren österreichischen LEH-Nachhaltigkeitsbericht. Zeitnahe und kompetente Antworten sowie die Möglichkeit der Interaktion festigen die Glaubwürdigkeit, die Transparenz und das Vertrauen in das Unternehmen besonders seitens dieser kritischen Zielgruppe. Allerdings sind diese Zielgruppen in sich heterogen und unterscheiden sich z.B. hinsichtlich Bildungsgrad und Einkommen.[21] Die Zugehörigkeit ergibt sich aus einer bestimmten Werthaltung der Konsumenten und weniger auf Basis sozio-demographischer Variablen, was eine Identifikation der Zugehörigkeit einer Person zur Zielgruppe naturgemäß erschwert.

Diese Erkenntnisse machen deutlich, dass der österreichische LEH derzeit noch nicht ausreichend über dessen CSR-Aktivitäten informiert und hier ein bedeutendes ungenutztes Potential für die Unternehmen bestehen dürfte. Vor allem die Mitarbeiter könnten weitaus stärker in die kommunikationspolitischen Strategien des Handels eingebunden werden. Alternative Medien wie Social Media Plattformen könnten zusätzlich zu den klassischen Kommunikationskanälen noch deutlich stärker bedient werden, was entsprechendes Know-how und damit Humanressourcen im Unternehmen bedingt.

---

[20] Wenzel et al. (2007): 51ff.
[21] Wenzel et al. (2007): 16; Ernst&Young (2007): 19

3 Fazit

Insbesondere für die Darstellung komplexer Fragestellungen (wie der Berechnung des Carbon Footprint) und zur Interaktion mit Zielgruppen sind klassische Kommunikationskanäle nicht geeignet, aber auch am POS sind hier die Möglichkeiten eingeschränkt, solange die Mitarbeiter nicht stärker in die CSR-Strategie des Unternehmens eingebunden werden. Einen Überblick hierzu bietet Tab. 2. Dies gilt in besonderem Maße für den LEH, da hier ein unmittelbarer Kundenkontakt zum Endverbraucher gegeben ist. Darüber hinaus sind diese Erkenntnisse mit Einschränkungen auch auf andere Unternehmen der Agrar- und Ernährungswirtschaft übertragbar. Auch hier konnten Defizite in der Kommunikation mit den Stakeholdern festgestellt werden. Auf Basis der dargestellten Erkenntnisse können daher folgende Handlungsempfehlungen für die CSR-Aktivitäten in der Agrar- und Ernährungswirtschaft und deren Kommunikation gegeben werden:

- Das Kommunikationskonzept muss Kommunikationskanäle forcieren, die die Interaktion zwischen Stakeholdern und die Darstellung von komplexen Themen ermöglichen, um den Anforderungen Glaubwürdigkeit, Transparenz und Belegbarkeit gerecht zu werden. Die Erfüllung dieser Anforderungen wird von kritischen Zielgruppen in Zukunft in noch viel stärkerem Maße eingefordert werden. Hierzu ist es enorm hilfreich, die CSR-relevanten Informationen in adäquater, strukturierter Weise aufzubereiten und der Öffentlichkeit zur Verfügung zu stellen.
- Die Mitarbeiter sollten stärker in die CSR-Strategie und in die daraus abgeleiteten Maßnahmen integriert werden. Die Veröffentlichung von Negativbeispielen in Bezug auf Mitarbeiterbehandlung haben in der Vergangenheit deutlich gezeigt, wie massiv das Image eines Unternehmens leiden kann, wenn die Bedürfnisse und Anforderungen der Mitarbeiter nur unzureichend berücksichtigt und nach außen kommuniziert werden.
- In Zukunft wird es aufgrund des Drucks seitens der Konsumenten notwendig sein, Inhalte zu kommunizieren, die zwar keinen direkten Bezug zu Produkten aufweisen, jedoch in Zusammenhang mit dem Kerngeschäft stehen. Dazu zählen vor allem auch soziale Maßnahmen. Unternehmen müssen sich in noch weit stärkerem Maße als verantwortungsvoller Teil der Gesellschaft präsentieren, sie müssen zeigen, dass sie sich der ihnen übertragenen Verantwortung in ökologischer, sozialer und ökonomischer Hinsicht bewusst sind.

Tab. 2: Klassifikation der Kommunikationskanäle anhand Reichweite, Möglichkeit komplexer Themendarstellung und der Interaktionsmöglichkeit

	Klassische Kommunikationskanäle	Kommunikationskanäle am POS	Interaktive Kommunikationskanäle
Reichweite	Sehr hoch	Hoch	Gering
Darstellung komplexer Themen	Nicht möglich	Schwer möglich	Möglich
Interaktion	Nicht möglich	Großteils nicht möglich, derzeit keine Interaktion am POS (Mitarbeiter wären dafür geeignet)	Möglich
Beispiele	Fernsehwerbung, Inserate in Zeitungen, Flugblätter	Broschüren, Radiosender, Mitarbeiter	Facebook, Twitter, Blogs, WWW

Letztlich kann sich ein Unternehmen auch in sensiblen Branchen wie der Wertschöpfungskette „Lebensmittel" als verantwortungsbewusstes, glaubwürdiges und mit einem positiven Image ausgestattetes Unternehmen positionieren, was durchaus auch mit Wettbewerbsvorteilen verknüpft ist. Damit dies auch in der Öffentlichkeit wahrgenommen wird, ist es mittlerweile unumgänglich geworden, das gesamte zur Verfügung stehende kommunikationspolitische Instrumentarium und eine Vielzahl an Kommunikationskanälen (siehe Tab. 2) zu bedienen. Die dafür notwendigen Humanressourcen dürften derzeit in vielen Unternehmen noch nicht in ausreichendem Maße vorhanden sein, sowohl was das CSR-Konzept als auch dessen Umsetzung insbesondere in den interaktiven Kommunikationskanälen betrifft.

Auf Basis der präsentierten Erkenntnisse kann zusammenfassend festgehalten werden: Das CSR-Konzept hat in der Agrar- und Ernährungswirtschaft einen weitaus höheren Stellenwert erlangt als noch vor wenigen Jahren. Dies trifft allerdings nicht auf alle Unternehmen der Agrar- und Ernährungswirtschaft gleichermaßen zu.

4 Literatur

Aaker, D.A./Kumar, V./Day, G.S. (2007): Marketing Research. 9. Aufl., Hoboken, NJ: Wiley.

Burger, E./Meixner, O./Pöchtrager, S. (2010): Carbon Footprint bei Lebensmitteln. Inhaltsanalytische Ermittlung relevanter Berechnungskriterien. Schriftenreihe des Instituts für Marketing & Innovation, Band 5, Wien: Universität für Bodenkultur Wien.

Eppstein, M.J./Roy, M.-J. (2001): Sustainibility in Action: Identifying and Measuring the Key Performance Drivers. Longe Range Planning, Vol. 34/5, S. 585-604.

Ernst & Young (2007): LOHAS. Lifestyle of Health and Sustainability.

Heyder, M./Theuvsen, L. (2008): Legitimating Business Acitivities Using Corporte Social Responsibility: Is there a Need for CSR in Agribusiness?. Göttingen: Georg-August-Universität Göttingen.

Heyder, M. (2008): Corporate Social Responsibility: die Ernährungswirtschaft im Schein-werferlicht der Öffentlichkeit. Tagungsunterlagen, Göttingen: Georg-August-Universität Göttingen.

Kaplan, R.S./Norton, D.P. (1996): The Balanced Scorecard: Translating Strategy into Action. Boston, MA: Harvard Business School Press.

Klein, A./Le Jeune, M./Fleischmann, R./Funke, S./Noble,L./Steinert, A./Wedel, J./Zangl, J. (2003): Global Stakeholder Report 2003. Geteilte Werte?: Die erste weltweite Stake-holder-Befragung zum Non-financial Reporting. Bonn, London: ECC Kothes Klewes GmbH, Fishburn Hedges Ltd.

Kuhlen, B. (2005): Corporate Social Responsibility: Leitlinien und Konzepte im Manage-ment der gesellschaftlichen Verantwortung von Unternehmen. Wien: Linde Verlag, S. 13-41.

Meixner, O. (2008): Corporate Social Responsibility in der Supply Chain Lebensmittel (Reader zum Seminar Agrarmarketing Sommersemester 2008). Wien: Universität für Bodenkultur Wien.

N.N. (2010): European Communication Monitor. Trends in Communication Management and Public Relations – Results and Findings.

Panayiotou, N.A./Aravossis, K.G./Moschou, P. (2009): A New Methodology Approach for Measuring Corporate Social Responsibility Performance. Water, Air and Soil Pollution. Focus, Vol. 9, S. 129-138.

Riess, B./Peters, A. (Hrsg.) (2005): Die gesellschaftliche Verantwortung von Unternehmen: Dokumentation der Ergebnisse einer Unternehmensbefragung der Bertelsmann Stiftung. Gütersloh: Bertelsmann Stiftung.

Thanner, D. (2010): Corporate Social Responsibility. Eine Bestandsaufnahme der Corporate Social Responsibility Aktivitäten von Unternehmen in der Nahrungs- und Genuss-mittelindustrie in Österreich. Wien: Universität für Bodenkultur Wien.

Weber, M. (2008): The business case for corporate social responsibility: A company level measurement approach for CSR. European Management Journal, Vol. 26, S. 247-261.

Wenzel, E./Kirig, A./Rauch, C. (2007): Zielgruppe LOHAS. Wie der grüne Lifestyle die Märkte erobert. Kerkheim: Zukunftsinstitut.

CSR aus der KMU-Perspektive: die etwas andere Annäherung

Andreas Schneider

1 Gesellschaftliche Verantwortung – eine unternehmerische Selbstverständlichkeit für Klein- und Mittelunternehmen (KMU)

Klein- und Mittelbetriebe (KMU)[1] übernehmen seit Jahrhunderten gesellschaftliche Verantwortung im unternehmerischen Umfeld, in dem sie tätig sind. Wirtschaftlicher Erfolg, der Schutz der Umwelt und soziale Aktivitäten stellen für sie keinen Gegensatz dar. Diese Aktivitäten entstanden nicht nach Vorgabe eines Managementkonzepts oder einer Norm, sondern instinktiv und intuitiv. Das Denken in Generationen und die daraus logisch folgende nachhaltige bestandserhaltende Wirtschaftsweise, die Einbindung von heute mit „Stakeholder" bezeichneten Menschen im und um das Unternehmen herum zum Zwecke des nachhaltigen Erfolgs und Bestands eines Unternehmens sind entscheidende Maximen für viele – wenn auch nicht für alle – KMU. Wie zahlreiche Studien[2] belegen, heben sich diesbezüglich insbesondere eigentümergeführte und Familienunternehmen positiv von anderen Unternehmen ab.

KMU haben eine natürliche Nähe zu ihren Stakeholdern. KMU sind vor Ort, in den Regionen, nah an der Bevölkerung; sie wissen daher ganz genau, welche Probleme und Bedürfnisse die Gesellschaft hat, und tragen unproblematisch und unbürokratisch zur Lösung von gesellschaftlichen Problemen bei. Zumeist ist es selbstverständlich, dass sie ihre Kunden und Mitarbeiter fair behandeln, die Umwelt schonen und sich in ihrer lokalen Gemeinschaft engagieren. Für die meisten KMU ist genau dieses Verhalten ganz normal und gehört zur alltäglichen Arbeitspraxis, doch vielfach sind sich diese Unternehmen nicht bewusst, dass sie damit in Ansätzen unter CSR subsumierbare Aktivitäten und Maßnahmen tätigen.

---

[1] gem. Definition der Europäischen Kommission: Unternehmen mit weniger als 250 Mitarbeitern bzw. einem Jahresumsatz von weniger als 50 Mio. € bzw. einer Bilanzsumme von weniger als 43 Mio. €

[2] wie beispielsweise jene der KMU Forschung Austria, des TÜV Rheinland, der wissenschaftlichen Evaluierung der CSR KMU Projekte in Salzburg durch die KMU Forschung Austria bzw. in Oberösterreich durch die Fachhochschule Wels und der Bertelsmann Stiftung (2006) sowie eine Studie im Auftrag der Wirtschaftskammer Österreich vom August 2011; siehe dazu Beitrag von Haber/Gregoritsch in diesem Buch

Viele Klein- und Mittelbetriebe leben und verwirklichen tagtäglich soziale, ökologische und ökonomische Verantwortung, Vielfalt und Chancengleichheit, ohne dies publik zu machen. Gesellschaftliche Verantwortung ist bei dieser Betriebsgröße eigentlich logisch und selbstverständlich, allein schon da die Verbindung des Unternehmers und Eigentümers zu den Mitarbeitern, Zulieferern und Konsumenten eine sehr enge und nahe ist und das Unternehmen eng mit dem regionalen gesellschaftlichen Umfeld verbunden ist. Im Gegensatz zu Großunternehmen führen Inhaber von KMU häufig ihre Mitarbeiter als wichtigste Anspruchsgruppe an. KM-Unternehmer sind in der Regel mit den persönlichen Lebensumständen ihrer Mitarbeiter vertraut und fühlen sich verantwortlich für das Auskommen ihrer Angestellten.

Neben der moralischen und gesellschaftlichen Nähe zu ihren Stakeholdern agieren KMU seit Jahrhunderten vielfach nach dem Prinzip Nachhaltigkeit, bedingt durch Prinzipien wie die Fortführung einer Familientradition, das Denken in Generationen anstatt in Quartalen, die Sicherung des eigenen Lebensunterhaltes durch das Unternehmen etc. KMU treten daher häufig als Gewinnoptimierer, weniger als Gewinnmaximierer auf.[3]

1.1 Gesellschaftliche Verantwortung ist nichts Neues für KMU – CSR sehr wohl

Auch wenn gesellschaftliche Verantwortung und CSR-Maßnahmen für KMU nichts Neues sind, CSR als Managementkonzept, als gesteuerte, systematisierte und ganzheitliche gesellschaftliche Verantwortung ist KMU weitgehend neu. Damit kommt der Nutzen der Übernahme von gesellschaftlicher Verantwortung nicht in vollem Umfang zur Geltung bzw. wird verhindert, dass CSR ein fixer Bestandteil der unternehmerischen Abläufe und ganzheitlichen Strategie wird. CSR findet sich in Projekten, in Geldspenden, aber nicht in unternehmenseigenen Prozessen und Abläufen.

Auch eine professionelle Planung und schriftliche Strategie, Mission und Vision eines Unternehmens, ein Unternehmensleitbild etc. wird man in KMU selten finden – was nicht bedeutet, dass dies alles nicht vorhanden ist, sondern dass es als wohlgehütetes Geheimnis im Kopf des Unternehmers aufbewahrt wird. Ein CSR-Managementkonzept könnte hierbei die Innovationskraft eines Unternehmens auf eine breitere Basis stellen sowie helfen, Risiken zu minimieren und neue Chancen zu eröffnen.

KMU können bzw. könnten gerade im Bereich CSR-Implementierung alle ihre oben genannten Stärken wie Flexibilität und Schnelligkeit in der Stakeholderinteraktion, die Nähe und der direktere Zugang zu allen Stakeholdern etc. ausspielen und nutzen. Ebenso eröffnet das Zusammenfallen von Geschäftsführung und Inhaberschaft einen viel größeren Handlungsspielraum und Einfluss auf eine rasche und unkomplizierte Implementierung von CSR.

---

[3] vgl. Schmidpeter/Spence (2004)

1.2 Der etwas andere Zugang von KMU zu CSR

KMU drücken ihre gesellschaftliche Verantwortung jedoch anders aus, als man dies von Großunternehmen her kennt. Auch für die Kommunikation dieses sozialen und verantwortlichen Verhaltens beschreiten Klein- und Mittelbetriebe aufgrund von Zeit- oder auch Ressourcenmangel andere Wege. So wäre es beispielsweise ein grober Fehlschluss, gesellschaftliche Aktivitäten anhand von CSR und Nachhaltigkeitsberichten aufzuziehen. Vielfach wissen KMU nicht, dass viele ihrer Aktivitäten unter den Begriff CSR subsumiert werden, da der Begriff bzw. das Akronym CSR nicht bekannt ist und die oft gebrauchte deutsche Übersetzung „soziale Verantwortung" falsche Vorstellungen auslöst. Darüber hinaus gilt es auch regionale Unterschiede bezüglich der Dominanz und Bedeutung der Begrifflichkeiten „Nachhaltigkeit", „CSR", „verantwortungsvolles Wirtschaften" oder „gesellschaftliche Verantwortung von Unternehmen" zu beachten.[4]

Für KMU sind „Nachhaltigkeit", „Ganzheitlichkeit" und „CSR" in erster Linie auch eine Geisteshaltung, eine Einstellungssache und eine Werthaltung. Das Managementkonzept und die drei Säulen von CSR sind der breiten Masse an KMU weitgehend unbekannt. Begrifflichkeiten wie „Verantwortung", „Handschlagqualität", „Werte", „ethisches Wirtschaften", „Humankapital" etc. sind einleuchtender und selbsterklärender als die sperrigen und erläuterungsbedürftigen Begriffe „Nachhaltigkeit" und „CSR".

1.3 Barrieren für CSR in KMU

Es stellt sich nun die Frage, warum KMU vielfach ihre gesellschaftliche Verantwortung nicht durch ein CSR-Managementkonzept professionalisieren und systematisieren. Aus Studien und den Erfahrungen in den KMU-Projekten der Wirtschaftskammer Österreich mangelt es KMU in erster Linie an personellen, finanziellen und zeitlichen Ressourcen. Die Eigentümer von KMU haben – unter Zeitdruck – keinen freien Kopf für „gemanagte gesellschaftliche Verantwortung". KMU sind auch in den seltensten Fällen mit Managementkonzepten vertraut bzw. stehen diesen skeptisch gegenüber.

Das gesellschaftliche Engagement ist zudem stark von den persönlichen Interessen und Werteorientierungen des Unternehmers geprägt, weniger von strategischen oder marketingbezogenen Überlegungen.

KM-Unternehmer fürchten auch oft die Kosten eines CSR-Prozesses. Vielfach wird der wirtschaftliche und strategische Nutzen einer proaktiven CSR-Strategie verkannt, der die Wettbewerbsfähigkeit von KMU entscheidend verbessern sowie Veränderungsprozesse besser bewältigen könnte.

Das Potential und die Breite von CSR als Managementkonzept wird von KMU nicht erkannt. CSR wird als gesellschaftliches Engagement gesehen, welches sich zumeist in „social sponsoring"-Aktivitäten, die streng genommen keine CSR-

---

[4] vgl. Beitrag von Schneider in Teil 1 des Buches

Maßnahmen sind,[5] erschöpfen. Eine innerbetriebliche CSR, eine Stärkung der Wettbewerbsfähigkeit, die Steigerung der betrieblichen Effizienz und Effektivität, die bessere strategische Ausrichtung etc. wird CSR nicht zugeschrieben. Eine strategische Ermittlung oder Reflexion der Auswirkungen des unternehmerischen Handelns auf die Anspruchsgruppen, das Eintreten in einen Dialog sowie die Berücksichtigung dieser Anliegen etc. unterbleibt und bietet einen Nährboden für Missverständnisse und Risiken für das KMU.

Das Engagement von KMU gestaltet sich vielfach spontan und projektbezogen. Die Unternehmerpersönlichkeit allein entscheidet intuitiv, nicht strategisch und nicht ganzheitlich, welche gesellschaftlichen Einzelaktivitäten realisiert werden und welche nicht. Nur in den wenigsten Fällen gibt es langfristige und strategisch angelegte Kooperationen mit anderen Unternehmen, NGOs oder gemeinnützigen Einrichtungen.

KMU sind existentiell verwundbarer als Großunternehmen, daher werden Neuerungen wie CSR und damit auch Zukunftsthemen viel eher auf die lange Bank geschoben. Auch internationale Themen bzw. Trends spielen für KMU eine viel kleinere Rolle als für große Unternehmen.

Vielfach sind auch die Konzepte und Beratungsinstrumente zur Implementierung und Umsetzung von CSR in KMU zu wenig auf die Anforderungen und Bedürfnisse von KMU zugeschnitten, sondern oftmals nur abgespeckte CSR-Programme für Großunternehmen. Viele KMU scheuen daher einen CSR-Implementierungsprozess, sobald die Breite und Fülle an CSR-Maßnahmen von Beratern dargelegt wird. KMU benötigen einfache, unbürokratische CSR-Instrumente, die eine CSR-Unternehmensstrategie, die auf das Kerngeschäft des KMU fokussiert, als Ergebnis generiert und positiv zu einem kontinuierlichen Verbesserungsprozess anregt.

KMU bzw. KM-Unternehmer unterliegen vielfach der trügerischen Annahme, alle ihre Stakeholder zu kennen – was sicherlich in einem hohen Maße gegeben ist. Eine proaktive Stakeholder- und Umfeldanalyse bringt hier erstaunlichen Erkenntnisgewinn, da Stakeholder nicht nur mit historischen, geschäftlichen, persönlichen Parametern gesehen und beurteilt werden, sondern unter strategischen und in die Zukunft, nicht in die Vergangenheit gerichteten Gesichtspunkten beurteilt werden. Auch werden Stakeholdergruppen in das Bewusstsein des KMU gerückt, welche sich zuvor nicht im Radar des Unternehmensblickfeldes befanden, und damit wichtige neue Erkenntnisse gewonnen. Nicht nur durch die Identifikation, sondern auch durch die Klassifikation der Stakeholder kommt es zu erstaunlichen Erkenntnisgewinnen für KM-Unternehmer. Zahlreiche „blinde Flecken" – was Stakeholder und deren Anliegen betrifft – werden entdeckt, neue Standpunkte und neue Erkenntnisse machen das KMU wettbewerbsfähiger und innovativer[6].

---

[5] vgl. ebenda
[6] vgl. Beitrag von Grieshuber in diesem Buch

1.4 Begrifflichkeit „CSR" für KMU – ein sperriger Begriff

Wenn KMU, wie soeben erläutert, CSR betreiben, dies aber nicht so bezeichnen, so liegt es wahrscheinlich auch an der kryptischen Abkürzung „CSR". Daher sollte versucht werden, für Einpersonenunternehmen und KMU einen passenden Begriff zu finden, der weniger sperrig ist und der Sprache der Unternehmen entspricht. „CSR" als Begrifflichkeit soll dadurch nicht ersetzt, sondern vielmehr ergänzt werden.

Vielfach wird CSR auch falsch als „soziale Verantwortung" übersetzt, weil das englische Wort „social" nicht korrekt mit „sozial" übersetzt und gleichgesetzt wird und nicht richtigerweise mit dem Begriff „gesellschaftlich". Damit entsteht der Eindruck, dass hier nur die „sozialen" Belange – d.h. nur eine der drei Säulen der Nachhaltigkeit – von Bedeutung seien.[7]

Der Begriff „Nachhaltigkeit" wird von Unternehmen wiederum ausschließlich auf die ökologische Nachhaltigkeit reduziert und nicht mit allen drei Säulen der Nachhaltigkeit konnotiert.[8]

Um die Begrifflichkeit „CSR" zu hinterfragen und eine entsprechende deutsche Bezeichnung dafür zu finden, wurde 2008 eine Arbeitsgruppe aus Werbefachleuten, Unternehmensvertretern sowie Marketing- und CSR-Experten zu einem Brainstorming ins Leben gerufen. Eines der Ergebnisse war der Titel des Best-Practice-Buches[9] „Werte leben. Mehr Wert schaffen". In weiterer Folge habe ich die Bezeichnung „FAIRantwortung" bzw. „FAIRanwortungsvolle Unternehmensführung"[10] als CSR-Synonym kreiert. Dennoch ist die Klärung und Bekanntheit der Begrifflichkeit CSR bis heute nicht zufriedenstellend und nach wie vor eine Hürde in der weiteren Verbreitung des Konzeptes.

2 Wirtschaftspolitischer Fokus von CSR in KMU – eine Konsequenz der Wirtschaftsstruktur

„Mehr als die Hälfte der erwerbstätigen Bevölkerung (rund 62 %) hat ihren Arbeitsplatz in einem KMU. Der überwiegende Großteil (99,6 %) aller Unternehmen sind KMU, also Unternehmen mit weniger als 250 Mitarbeitern. Das sind in Österreich derzeit rund 299.000 kleine und mittlere Unternehmen. Davon entfallen rund 90 % auf Kleinstbetriebe mit weniger als 10 MitarbeiterInnen. Rund 10,4 % (31.000) aller KMU sind Kleinbetriebe mit 10 bis 49 MitarbeiterInnen. Rund 1,6 % (4.800) aller KMU sind Mittelbetriebe mit 50 bis 249 MitarbeiterInnen.[11] Mehr als die Hälfte der österreichischen Unternehmen sind Einpersonenunternehmen. 60 % der Wirtschaftsleistung kommen von KMU. Sie sind die „local heroes" in

---

[7] vgl. Beitrag von Schneider in Teil 1 des Buches
[8] ebenda
[9] siehe dazu Abschnitt 3.6
[10] die KMU Beratungsprojekte in den Bundesländern trugen die Bezeichnung „Erfolg mit FAIRantwortung"; Details siehe Abschnitt 3.9
[11] Eder/Langthaler/Payer (2010): 8

der Region: Arbeitgeber, Auftraggeber, Ausbildende, Steuerzahler und Innovationstreiber. Darüber hinaus werden jährlich über 70 Prozent aller Lehrlinge in KMU ausgebildet. Unter den insgesamt 300.000 Unternehmen in Österreich finden sich lediglich knapp mehr als eintausend Großbetriebe mit mehr als 250 Beschäftigten und 50 Mio. € Jahresumsatz.

Der Schwerpunkt der CSR-Aktivitäten der Wirtschaftskammer Österreich auf Klein- und Mittelunternehmen, neuerdings auch auf Einpersonenunternehmen (EPU), ist einerseits eine logische Konsequenz dieser österreichischen Wirtschaftsstruktur. Soll strategische ganzheitliche CSR kein Minderheitenprogramm für einen Bruchteil der Wirtschaft – 0,4 Prozent der österreichischen bzw. europäischen Wirtschaft – bleiben, muss dieses Potential auch von KMU genützt werden. KMU sind die tragenden Säulen von Wirtschaft und Gesellschaft. Es liegt auf der Hand, dass die Wirtschaftskammer auf KMU und neuerdings auch auf Einpersonenunternehmen setzt, um eine kritische Masse an CSR-Leitbetrieben zu schaffen.

Da die meisten Großbetriebe CSR schon als Thema erkannt haben und auch Erfahrungen im Umgang mit Managementsystemen haben, sind in solchen Unternehmen keine breite Bewusstseinsbildung und Informationen mehr notwendig, wohingegen KMU zwar einen viel originäreren und authentischeren Zugang zum Thema „Werte" und „gesellschaftliche Verantwortung" haben, aber einem Großteil der KMU „CSR" fremd ist und damit das wirtschaftspolitische Bewusstsein sowie die Verbindung zum Managementkonzept verbesserungswürdig ist.

Aus zuvor genannten Gründen bündelt die Wirtschaftskammer ihre gesellschaftspolitischen Aktivitäten im Bereich der kleinen und mittleren Unternehmen, von Handwerksbetrieben und Handel bis hin zu Consulting-Unternehmen. Weiterhin gibt es innerhalb der WKÖ – ausgehend vom Fachverband der Unternehmensberater und Consultants – eine CSR Expertsgroup, die ein österreichweites Netz unterhält.

3 Erfahrungsberichte bei der Implementierung von CSR in KMU in Österreich

Im Folgenden sollen kurz die aktuellen Aktivitäten der Wirtschaftskammer Österreich im Bereich CSR und KMU dargestellt werden. Die nachstehenden Punkte stellen einen geschichtlichen und evolutionären Abriss der Implementierung von CSR in österreichischen Klein- und Mittelunternehmen dar.

3.1 Phase der Bewusstseinsbildung

Wir als WKÖ wollen insbesondere Klein- und Mittelunternehmen von der Sinnhaftigkeit von CSR-Maßnahmen und deren Nutzen für das Unternehmen und auch für die Gesellschaft überzeugen. Das heißt, wir sind in der Phase der Bewusstseinswerdung für Unternehmen. Vieles an CSR- und Nachhaltigkeitsmaßnahmen ist in den

Unternehmen schon seit Generationen vorhanden, jedoch fehlt es an einer klaren Struktur und Strategie für CSR sowie am Bewusstsein, dass CSR ein ganzheitliches Managementkonzept ist.

3.2 Gründung einer Unternehmerplattform 2002

Ende 2002 wurde auf Initiative des Wirtschaftsministeriums, der Industriellenvereinigung und der Wirtschaftskammer die Unternehmerplattform „CSR Austria" gegründet, welche seit 2005 „respACT" – als Abkürzung für „responsible Action" – heißt. respACT hat derzeit rund 200 direkte, aktive und zahlende Unternehmen als Mitglieder, wovon rund die Hälfte KMU sind.

Ziel der Plattform ist es, das Bewusstsein für gesellschaftliche Verantwortung in Unternehmen zu steigern und den Dialog zwischen Wirtschaft und Gesellschaft bzw. öffentlichen Behörden zu entwickeln. respACT befindet sich als Mitglied von CSR Europe nicht nur in der Tradition des CSR-Gedankens, sondern auch in der Tradition der Nachhaltigkeitsidee und ist mit seinem früheren Teilverein, dem Austrian Business Council for Sustainable Development, auch Mitglied des World Business Council for Sustainable Development (WBCSD). Als Unternehmerplattform ist respACT erster Ansprechpartner und Drehscheibe für alle CSR-Belange der Unternehmer.

Gefördert wird respACT – neben Wirtschaftskammer und Industriellenvereinigung – auch von drei Ministerien, dem Bundesministerium für Wirtschaft, Familie und Jugend, dem Lebensministerium und dem Bundesministerium für Arbeit und Soziales und Konsumentenschutz.

3.3 Unternehmerpreis „TRIGOS" – Vermittlung und Auszeichnung von Best-Practices

Der TRIGOS wurde im Jahr 2003 gemeinsam von Vertretern der Wirtschaft, u. a. von der Wirtschaftskammer Österreich, der Industriellenvereinigung und Sozial- und Umwelt-NGOs, ins Leben gerufen. Als Träger fungieren die Caritas, die Diakonie Österreich, das Österreichische Rote Kreuz, das SOS-Kinderdorf, der Umweltdachverband, die Industriellenvereinigung, die Wirtschaftskammer Österreich sowie seit 2006 auch die Zeitung „Die Presse" und seit 2008 die Unternehmerplattform respACT. Kooperationspartner des TRIGOS sind die drei Ministerien für Wirtschaft, Familie und Jugend, für Arbeit, Soziales und Konsumentenschutz und das Lebensministerium.

Insgesamt werden je vier Preise in den Kategorien Arbeitsplatz, Markt, Gesellschaft und Ökologie sowie ein Sonderpreis in Anlehnung an das Europäische Jahr verliehen.

Mit dem TRIGOS als Symbol für die drei Dimensionen von CSR existiert in Österreich eine Auszeichnung, die neben großen Unternehmen auch das CSR-Engagement von KMU gezielt vor den Vorhang holen möchte. Bis zum Jahr 2008 gab es innerhalb der Kategorien jeweils eigene Preise für kleine Unternehmen (unter 25 Mitarbeiter), mittlere Unternehmen (zwischen 25 und 250 Mitarbeiter) und große Unternehmen. Diese Unterscheidung wurde aber aufgegeben, da Klein- und Mittelunternehmen in ihrem gesellschaftlichen Engagement nicht nur mit großen Unternehmen mithalten können, sondern auch vielfach diese, in Relation gesetzt, bei Weitem übertreffen.

Die Gewinner des TRIGOS sind gleichzeitig Botschafter für den CSR-Gedanken und wertvolle Multiplikatoren für gesellschaftliche Verantwortung in Unternehmen.

Die bislang über 950 eingereichten Projekte und Strategien behandeln u. a. Bereiche, die auch dazu beitragen, die Lebensqualität in den Bereichen und Kategorien Arbeitsplatz, Markt und Wirtschaft, Ökologie und Umwelt sowie Gesellschaft zu steigern.

3.4 WKÖ Branchenleitfäden

In der ersten Phase der Bewusstseinswerdung für CSR in KMU haben wir seitens der Wirtschaftskammer zunächst eine branchenweise Aufarbeitung des Themas gewählt. Als Wirtschaftskammer war es uns ein großes Anliegen, das breite CSR-Spektrum auch auf Branchenebene herunterzubrechen. Jede Branche hat jeweilige Schwerpunkte und Zugänge zum Thema sowie spezifische Herausforderungen und Problemfelder.

In einer kurzen Informationsbroschüre mit insgesamt vier Seiten wurden Engagement, Potential und Tätigkeitsfeld einer Branche gemeinsam mit Unternehmen und Funktionären der jeweiligen Fachvertretungen aufgearbeitet.

Seit 2006 entstanden insgesamt 11 Branchenleitfäden in folgenden Bereichen:

- Holz, Einrichtungen und Baustoffe
- Hotel- und Gastgewerbe
- Transport und Verkehr
- Papier, Drucker und Buchbinder
- Lebensmittel
- Textil und Schuhe
- Bauwirtschaft
- Juwelen- und Schmuckbranche
- Lacke und Farben
- Werbung und Marktkommunikation
- Sport und Spielwarenhandel

Der fachliche Input der Branchenvertreter war wichtig, um die Bedürfnisse und Herausforderungen der Branche anzusprechen. Des Weiteren wurden die Leitfäden von den Fachverbänden der Wirtschaftskammer an 140.000 Unternehmen, fast die Hälfte der österreichischen Unternehmen, versandt.

Bei allem Erfolg muss auch gesagt werden, dass es auch Branchen gab, die dem Projekt ablehnend und negativ gegenüberstanden. In manchen Branchen und Regionen ist das Thema noch nicht angekommen oder zumindest noch nicht als

Chance für die Wirtschaft verstanden worden. Die Gründe dafür sind dieselben wie auch auf Unternehmensebene. Einerseits ist CSR oft von den handelnden Personen und der Unternehmenskultur abhängig. Andererseits wird das Thema CSR in manchen Branchen nicht als Chance, sondern als Bedrohung empfunden, wenn neue Auflagen und Verpflichtungen über die Freiwilligkeit verankert werden. Teilweise sind auch Arbeitnehmerorganisationen ein negativer Treiber dieser Angst, weil über Normen und Zertifizierungen für CSR-Maßnahmen die Freiwilligkeit übergangen wird. Weiters sind einige Branchen, die sehr stark auf nationaler und europäischer Ebene reguliert wurden, wie beispielsweise die Chemie-Branche, dem Thema CSR gegenüber nicht derart aufgeschlossen wie junge Branchen im Bereich Informationstechnologie etc.

In einer anschließenden Evaluierung wurden Unternehmen stichprobenartig befragt, ob sie den Leitfaden bewusst wahrgenommen und auch gelesen hätten. Das Ergebnis war erwartungsgemäß gering. Zwar wurde von Unternehmen, die die Broschüre gelesen hatten, der Inhalt als sehr nützlich beschrieben, ein Großteil der Unternehmer hatte die Zusendung jedoch gar nicht bewusst zur Kenntnis genommen. Das heißt, allein eine Broschüre auszusenden ist zu wenig, um ein Bewusstsein zu schaffen. Aus diesem Grund erfolgte in Folge eine Vertiefung durch die Beratungsprojekte in den Regionen (siehe Punkt 3.9.)

3.5 In 7 Schritten zur CSR-Strategie – ein Do-it-yourself-Ratgeber

Als Ergänzung zu diesen einführenden und bewusst einfach gehaltenen Branchenleitfäden wurde 2007 ein weiterführender CSR-Ratgeber[12] vorgestellt. Eine Umsetzung von CSR wird konkret und einfach in sieben Arbeitsschritten dargestellt:

1. Was macht Ihr Kerngeschäft aus, was wollen Sie erreichen?
2. Welche Informationen (Unternehmenskennzahlen) haben Sie über Ihr Unternehmen?
3. Anspruchsgruppen: Wen beeinflusst Ihr unternehmerisches Handeln und wie ist der Kontakt zu diesen Gruppen?
4. Risiken: Wird Kritik am Unternehmen geübt?
5. Maßnahmen herausfiltern, die gesetzt werden müssen, ebenso wie Grenzen
6. Kommunikation über die gemachte „unternehmerische Verantwortung"
7. Informationen zu einer Gesamtstrategie verknüpfen, es entsteht ein Gesamtbild der unternehmerischen Verantwortung im Einklang mit dem Kerngeschäft.

Der CSR-Ratgeber für KMU ist eine Art Hilfe zur Selbsthilfe und soll Unternehmen zeigen, in welchen Bereichen es „unternehmerische Verantwortung" trägt und welches Nutzenpotential in dieser liegt. Es geht hier nicht um Ratschläge, sondern Betriebe werden stufenweise an der Hand geführt und können sich damit ihren individuellen CSR-Strategieprozess erarbeiten.

---

[12] vgl. Wirtschaftskammer Österreich und respACT Austria (2007): 3-9

3.6 Best-Practice-Handbuch – Werte leben. Mehr Wert schaffen

Als WKÖ versuchen wir eine Umsetzung und Verwirklichung von sozialer Verantwortung und Chancengleichheit in Unternehmen auch durch das Vorstellen von „Best Practices" voranzutreiben. Im Mai 2008 haben wir in einem Best-Practice-Handbuch[13] CSR-Aktivitäten von 30 kreativen und innovativen Unternehmen mittels der Story-Telling-Methode dargestellt.

Die 30 Vorzeigeunternehmen aus allen sieben Bundessparten und allen neun Bundesländern dienen als Beispiel dafür, wie gesellschaftliche Verantwortung und Unternehmenswerte gelebt werden können und dass es sich lohnt. So kann es sich beispielsweise ein Teppichreiniger leisten, eine arbeitsintensivere Reinigungsmethode anzuwenden, da sie ökologisch um Klassen besser ist. Einem Drucker ist es möglich, einen vollökologischen Betrieb zu führen, der mittlerweile 80 Mitarbeiter umfasst. Einer Installateurin ist es möglich, nur im Bereich erneuerbarer Energien tätig zu sein.

CSR-Politik wird so von Unternehmer zu Unternehmer über die Praxis weitergetragen und wirkt wesentlich authentischer, als wenn CSR-Theorie von Seiten der WKÖ bzw. von Experten frontal und von oben herab gepredigt wird.

3.7 Wissensplattform www.fairantwortung.at

Die **Internetplattform** Fairantwortung.at wurde als Ergänzung, aber auch als Plattform für die bisherigen Aktivitäten und Projekte geschaffen. Die Internetseite versteht sich als Wissens- und Informationsportal für gesellschaftliche Verantwortung von Unternehmen. In einer einfachen, verständlichen und praxisnahen Sprache sollen Fachinformationen und Spezialthemen der unternehmerischen FAIRantwortung für Unternehmen und die Unternehmensleitung zur Verfügung gestellt werden, um das Konzept der „gesellschaftlichen Fairantwortung" (CSR) verstehen und umsetzen zu können.

Das Internetportal bietet den Unternehmern die Möglichkeit, sich aus erster Hand zu aktuellen Fragestellungen, Lösungsansätzen und Strategien im Bereich der gesellschaftlichen FAIRantwortung und Nachhaltigkeit von Unternehmen zu informieren. Diese Seite soll Unternehmen helfen, das Thema gesellschaftliche FAIRantwortung fruchtbar für das eigene Handeln zu machen und einen intensiveren Austausch zwischen Unternehmen und Experten ermöglichen.

In 10 W-Punkten gegliedert bekommen sie Antworten auf Fragen:

* WARUM gesellschaftliche FAIRantwortung wichtig ist,
* WIE sie umgesetzt werden kann,
* WELCHE Themen eine Rolle spielen,
* für WEN sie relevant ist,
* WAS in einzelnen Unternehmensbereichen geschieht,
* WELCHE Branchen auf gesellschaftliche FAIRantwortung setzen und

---

[13] vgl. Wirtschaftskammer Österreich (Hg) Leimüller/Langthaler (2008)

- WO sie gelebt wird,
- WANN sie sich einbringen können,
- WEN sie fragen können und
- was sie darüber hinaus im WEB dazu finden können.

3.8 Neues CSR-Leitbild von und für österreichische Unternehmen

Das neue CSR-Leitbild der österreichischen Wirtschaft mit dem Titel „*Erfolg mit Verantwortung*"[14], das am 23. September 2009 vorgestellt wurde, richtet sich an alle österreichischen Unternehmen unabhängig von ihrer Größe und Organisationsform, auch an Unternehmen, denen die Auseinandersetzung mit ihrer gesellschaftlichen Verantwortung noch neu ist. Diese können das Leitbild ebenso nutzen wie jene, die als Pioniere und Vorreiter bei diesem Thema gelten.

Das Leitbild versteht sich nicht als Forderungskatalog, sondern eher als Menüplan und soll eine Hilfestellung für Unternehmen sein, wenn diese CSR umsetzen wollen. Das Leitbild soll Unternehmen bei der Umsetzung ihrer gesellschaftlichen Verantwortung unterstützen, z. B. als Anregung für die Erstellung eines unternehmenseigenen Leitbildes, um eventuelle Schwächen und Problemfelder im Unternehmen zu hinterfragen etc. Die Möglichkeiten der Nutzung reichen von der Übernahme in das eigene Leitbild über eine schrittweise Umsetzung bis zur systematischen Dokumentation bestehender Maßnahmen entlang der Leitbildstruktur.

3.8.1 Kernfragen des Leitbilds
Nach einer Einführung und einer Darstellung der Prinzipien von nachhaltigem und verantwortungsvollem Wirtschaften gibt das Leitbild mögliche Antworten auf folgende vier Kernfragen:

- Warum müssen sich Unternehmen überhaupt mit den Auswirkungen ihres Wirtschaftens befassen?
- Wie definiert sich ihre Rolle in der Gesellschaft?
- Welche Erfolgschancen und Vorteile bietet verantwortungsbewusste Unternehmensgestaltung?
- Und wie lässt sich diese konkret umsetzen?

3.8.2 Fünf Handlungsfelder
Der Hauptteil des Leitbildes ist in fünf Handlungsfelder gegliedert:

- Führung und Gestaltung,
- Markt,
- MitarbeiterInnen,
- Umwelt,
- Gesellschaft.

---

[14] vgl. respACT (2009)

Zu jedem Handlungsfeld beschreibt das Leitbild vier konkrete Anwendungsgebiete jeweils mit einer kurzen Einleitung und einer Aufzählung konkreter, besonders zu beachtender Ziele. Nach diesen Ausführungen kann jedes Unternehmen relevante Themen für nachhaltiges Wirtschaften identifizieren oder eigene Maßnahmen planen und dokumentieren.

3.8.3 Prozess des neuen Leitbildes

Im Oktober 2008 wurde mit einem CSR-Zukunftsdialog als eine Art Stakeholder-Dialog begonnen. Seit März 2009 wurde gemeinsam mit Vertretern interessierter Unternehmen intensiv an den Inhalten und Schwerpunkten des österreichischen Leitbildes zu CSR und Nachhaltigkeit gearbeitet.

Das Leitbild wurde bewusst in einem offenen und transparenten Prozess von Vertretern von Unternehmen erstellt. Die Inhalte wurden davor ausführlich mit den Stakeholdern[15] in fünf Arbeitskreisen erarbeitet. Den Höhepunkt der Leitbilderstellung stellte ein breit angelegter Interessendialog im Juni 2009 dar: Rund 70 Teilnehmer diskutierten einen ganzen Tag über die einzelnen Themenbereiche. In die Vorarbeiten zu diesem Leitbild flossen sowohl nationale als auch internationale Referenzdokumente ein: neben dem alten CSR-Leitbild „Erfolgreich Wirtschaften. Verantwortungsvoll Handeln."[16] aus dem Jahr 2003 auch das österreichische Außenwirtschaftsleitbild und die Publikationen zu CSR des österreichischen Normungsinstitutes sowie die ISO 26000 Guidance on Social Responsibility, ein Leitfaden für gesellschaftliche Verantwortung, die OECD-Leitsätze für multinationale Unternehmen und das UN Framework on Business and Human Rights.

3.9 Regionalisierung von CSR in Österreich

Wie oben erwähnt, haben die Evaluierungen der CSR-Informationen für KMU[17] ergeben, dass eine passive Information wie die Zusendung von CSR-Branchenleitfäden oder CSR-Ratgebern nicht ausreicht, weshalb ab November 2007 ein aktives Beratungsprojekt im Bundesland Oberösterreich gestartet wurde.

Mittels geförderter Individualberatungen im Ausmaß von zwei bis drei Beratungstagen in jedem Unternehmen vor Ort sowie eines ganztägigen Basis- und Zwischenworkshops erhalten KMU eine professionelle Unterstützung bei der Implementierung von CSR in ihre Unternehmensstrategie. Eine individuelle maßgeschneiderte CSR-Strategie für jedes Unternehmen, aber auch ein gemeinsames Verständnis für FAIRantwortung und CSR werden dadurch erarbeitet. Die jeweiligen Stärken und Schwächen sowie Risiken und Chancen im Unternehmen und im Unternehmensumfeld werden erhoben und strategisch verortet.

---

[15] 90 Teilnehmer unterschiedlicher Stakeholder, unter Einbindung von 40 Unternehmen.
[16] vgl. Wirtschaftskammer Österreich, Industriellenvereinigung und BMWA (2003/2007)
[17] CSR-Informationen bestehend aus 11 branchenspezifischen Leitfäden sowie dem 7 Schritte-Ratgeber

Basis aller Beratungen sind selbstverständlich auch die bisher entstandenen Informationsmaterialien wie die 11 Branchenleitfäden, die gemeinsam mit den Fachverbänden der WKÖ erarbeitet wurden, oder der Do-it-yourself-Ratgeber „In 7 Schritten zur CSR-Strategie"[18] sowie der EPU-Leitfaden[19].

Ein weiteres Ziel dieser Regionalisierungsprojekte ist die langfristige Vernetzung und der aktive unternehmerische Austausch. Die daraus entstandenen regionalen Netzwerke sind mittlerweile stark gewachsen.

In einem noch tiefer gehenden Projekt im Jahr 2010 in Niederösterreich mit insgesamt 30 Unternehmen – mit insgesamt 5 Beratungstagen im Unternehmen vor Ort – wurden CSR und Nachhaltigkeitsberichterstattung für jedes Unternehmen individuell maßgeschneidert. Nach einem Basisworkshop zum Thema CSR-Strategie folgten zwei Beratungstage in jedem Unternehmen vor Ort. Nach einem Gruppenworkshop zum Thema Nachhaltigkeitsberichterstattung wurden drei Beratungstage in jedem Unternehmen für die Nachhaltigkeitsberichterstattung aufgebracht. Im September 2010 wurden die Ergebnisse des Projektes in einer Abschlussveranstaltung präsentiert. Ebenso wie in allen anderen drei Bundesländern wird auch eine Projektnachlese mit den Erfahrungen und Beiträgen aller teilnehmenden Unternehmen erstellt. Alle Projekte finden sich auch auf der Homepage www.fairantworung.at.

3.10 CSR auch für Einpersonenunternehmen

Das neueste Werk der Wirtschaftskammer gemeinsam mit respACT und dem Unternehmen Amway wurde im Herbst 2009 vorgestellt. Vor dem Hintergrund, dass mehr als die Hälfte aller gewerblichen Unternehmen in Österreich Einpersonenunternehmen sind, wäre es meiner Ansicht nach ein Fehler, das gesellschaftliche Engagement von 205.276 Frauen und Männern zu vernachlässigen.

Recherchen zufolge bietet der weltweit erste CSR-Leitfaden für Einpersonenunternehmer[20] auf 24 Seiten praktische Schritt-für-Schritt Anleitungen und konzentriert sich dabei auf die Chancen gelebter CSR: z. B. verbesserte Geschäftsbeziehungen, Informationsvorteile durch mehr Nähe zu Markt und Kunden, höhere Konflikt- und Krisenresistenz, innovativere Produkte und Dienstleistungen sowie Wettbewerbsvorteile.

Mit dem EPU-Leitfaden wollen wir zeigen, dass es nicht um zusätzliche Projekte geht, sondern um die Art, wie man seinen Geschäften nachgeht. Dabei können „Kleine" wie „Große" ihre Verantwortung wahrnehmen. Der Leitfaden bietet CSR-Hintergrundwissen, Orientierung und praktische Hilfe, letztere etwa in Form von Checklisten oder mit einem Selbsttest zu den Auswirkungen der unternehmerischen Tätigkeit auf Umwelt, Markt und Gesellschaft.

---

[18] vgl. Wirtschaftskammer Österreich und respACT (2007)
[19] vgl. Wirtschaftskammer (2009)
[20] vgl. Wirtschaftskammer (2009)

3.11 CSR in der Aussenwirtschaft

Die rezenteste Aktivität der Wirtschaftskammer Österreich ist eine Informationsbroschüre für CSR in der Aussenwirtschaft. Als kleine offene Volkswirtschaft spielt der Export und Import für Österreich eine große Rolle. CSR kann in der Aussenwirtschaft ein wichtiger Baustein für den Erfolg eines Unternehmens sein. Diese Broschüre soll Bewusstsein für ein nachhaltiges, soziales Engagement von heimischen Unternehmen und seinen Mitarbeitern im Ausland wecken und auch die besonderen Bedürfnisse und CSR-Aspekte – Verantwortungs-Grundsätze entlang der Wertschöpfungskette, internationale Arbeits- und Menschenrechte etc. – den Unternehmen näher bringen. CSR ist auch ein zentraler Teil der österreichischen Außenwirtschaftsstrategie und als solcher auch entsprechend im Außenwirtschaftsleitbild verankert.

Studien zum Thema CSR[21] sowie zahlreiche Veranstaltungen zu CSR, darunter die jährlich abgehaltenen „Reichersberger Nachhaltigkeitsgespräche", die Wissenschaft, Politik und Wirtschaft zu Beginn der Adventzeit für zwei Tage in einen Dialog treten lassen, sowie Kooperationen mit dem Zentrum für humane Marktwirtschaft und dem Dialogforum Oberösterreich runden das Angebot der Wirtschaftskammer Österreich ab.

4 Schlussbemerkung

Wie mit oben genannten Maßnahmen, Projekten und Informationsmaterialien gezeigt wurde, gestaltet sich der Zugang zum Thema „CSR" und „Nachhaltigkeit" bei KMU bedeutend anders als bei großen Unternehmen. Durch die Nähe und Unmittelbarkeit zu den Stakeholdern, tradierte Unternehmenswerte und Unternehmensphilosophien sowie Regionalität und Heimat- und Naturverbundenheit, Handschlagsqualität, gesellschaftspolitisches Engagement, die Unterstützung von Freiwilligenarbeit im Unternehmen etc. sind in KMU viele CSR-Bausteine vorhanden und diesen Unternehmen vertraut. Diese vorhandenen CSR-Bausteine – die im Rahmen der IST-Analyse erhoben werden können – können durch die oben unter Punkt 3 genannten Maßnahmen – insb. die Individualberatungen und den 7-Schritte-Ratgeber – zu einem individuellen ganzheitlichen CSR-Managementkonzept für KMU verknüpft werden.

Durch die Implementierung von CSR als Managementinstrument wird hier mit einfachen Methoden und Instrumenten eine Systematisierung vorgenommen, die gleichzeitig das Unternehmen überschaubarer und wettbewerbsfähiger macht. Aus zufälligen Aktionen werden systematische Prozesse, die auch selbstreflektierend evaluiert werden können. Das hilft der Unternehmensführung, bisher blinde Flecken aufzuspüren und abzudecken.

Mit dem in den bislang vier Regionalprojekten verwendeten Slogan „Erfolg mit FAIRantwortung" versuchen wir den wirtschaftlichen Erfolg durch Übernahme

---

[21] vgl. Studie bzw. Beitrag von Haber/Gregorits in diesem Buch

von Verantwortung und Fairness gegenüber den Stakeholdern zu betonen. Als Wirtschaftskammer wollen wir aufzeigen und ein Bewusstsein schaffen, dass verantwortungsvolles Handeln auch unternehmerisch sinnvoll und nutzbringend sein kann.

Als Wirtschaftskammer Österreich und Interessensvertreter aller österreichischen Unternehmen wollen wir aufzeigen, dass CSR nichts Neues und damit nichts Beängstigendes, keine Belastung oder Bürde ist, sondern ein Teil dessen, was ein vernünftiger und verantwortungsbewusster Unternehmer seit Jahrhunderten leistet. Wir wollen dieses Engagement einerseits hervorheben, aber andererseits auch systematisieren und verstärken, zum Nutzen für die Gesellschaft, Umwelt und für das Unternehmen. Eine Win-Win-Win-Situation durch eine Balance der drei Säulen der Nachhaltigkeit ist unser wirtschafts- und gesellschaftspolitisches Ziel, das wir vor Augen haben. Will CSR und mit ihm ein Wirtschaftsstandort reüssieren, so muss das CSR-Potential eines Großteils der Wirtschaft – und somit das CSR-Potential von KMU – gehoben werden. CSR muss Mainstream werden.

5 Literatur

Bader, N./Bauernfeind, R./Giese, C. (2007): Corporate Social Responsibility bei kleinen und mittelständischen Unternehmen in Berlin, Studie der TÜV Rheinland Bildung und Consulting GmbH in Kooperation mit der outermedia GmbH, Berlin.

Bertelsmann Stiftung (Hrsg.) (2006): Die gesellschaftliche Verantwortung von Unternehmen. Detailauswertung. Dokumentation der Ergebnisse einer Unternehmensbefragung der Bertelsmann Stiftung. (Broschüre). Gütersloh.

Eyett, D. (2008): Evaluierung des CSR-KMU-Projektes durch die Fachhochschule Wels, Wels.

Eder, G./Langthaler, H./ Payer, H. (2010): Erfolgsfaktor Region – Wie KMU ihr Regionalkapital optimal nutzen! Studie im Auftrag des Bundesministeriums für Wirtschaft, Familie und Jugend. Wien.

European Commission, Communication from the Commission to the Council and the European Parliament – A renewed EU strategy 2011-2014 for Corporate Social Responsibility. Brüssel, Oktober 2011.

Mandl, I./Dorr, A./El-Chichakli, B. (2007): CSR and Competitiveness – European SMEs' Good Practice. National Report Austria. Wien/Brüssel: KMU-FORSCHUNG AUSTRIA/Europäische Kommission.

Jasch, C. /Grasl, R. (2007): TRIGOS – CSR rechnet sich. Ein Projektbericht im Rahmen der Programmlinie FABRIK der Zukunft. Impulsprogramm Nachhaltig Wirtschaften (Berichte aus Energie- und Umweltforschung 10/2007), Wien, (Zugriff:8.11.2010) www.ioew.at/ioew/download/TRIGOS-CSR-rechnet%20sich-Endbericht.pdf

respACT – austrian business council for sustainable development (Hg.) (2009): Erfolg mit Verantwortung. Ein Leitbild für zukunftsfähiges Wirtschaften, (Zugriff: 28.07.2011) http://www.respact.at/csrleitbild

Schmidpeter, R./Spence, L. (2004): SMEs, Social Capital and Civic Engagement in Bavaria and West London. In: Spence, L./Habisch, A./Schmidpeter, R. (Eds.): Responsibility and Social Capital – The World of SMEs. Hampshire: Palgrave. S. 59-76.

Voithofer, P./Dorr, A./Hölzl, K. (2009): Salzburgs Wirtschaft trägt Verantwortung. Wissenschaftliche Schriftenreihe der Wirtschaftskammer Salzburg, Wien: LIT-Verlag.

Wirtschaftskammer Österreich (Hg.) (2009): CSR Leitfaden für Ein-Personen-Unternehmen. Erfolgsfaktor FAIRantwortung, Wien. (Zugriff: 28.07.2011)
www.fairantwortung.at

Wirtschaftskammer Österreich, Industriellenvereinigung und BMWA (Hg.) (2003/2007):
Erfolgreich wirtschaften. Verantwortungsvoll handeln. Das CSR-Leitbild der österreichischen Wirtschaft, 1. Auflage 2003. Wien.

Wirtschaftskammer Österreich, (Hg.) Leimüller, G./Langthaler, M. (2008): Werte leben –
Mehr Wert schaffen. 30 Vorzeigeunternehmen für gesellschaftliches Engagement, Wien
www.fairantwortung.at

Wirtschaftskammer Österreich und respACT Austria (2007): Unternehmen mit Verantwortung. CSR-Ratgeber – In 7 Schritten zu einer CSR-Strategie, (Zugriff: 28.07.2011)
www.fairantwortung.at

Politische Rahmenbedingungen und gesellschaftliches Umfeld für CSR

Unternehmerische Freiheit und gesellschaftliche Verantwortung[1]

Harald Mahrer und Marisa Mühlböck

1 Einleitung

Andere Länder, andere Sitten. Diese Binsenweisheit trifft auch auf die gesellschaftliche Unternehmensverantwortung zu. Besonders anschaulich werden diese Unterschiede, wenn man genauer betrachtet, wie dominant ein Nationalstaat gesellschaftliche Belange gesetzlich zu regulieren versucht und in diesem Zusammenhang wirtschaftspolitischen Einfluss nimmt.

Ein anschauliches Beispiel: Starbucks übernimmt in den USA für alle mehr als 20 Tage im Monat beschäftigten Mitarbeiter und Franchisenehmer eine Basiskrankenversicherung. In Deutschland und Österreich ist diese Leistung durch einen verpflichtenden Arbeitgeberbeitrag zur Krankenversicherung gesetzlich geregelt. Wie ist diese Leistung, die in beiden Fällen über die unmittelbare unternehmerische Kerntätigkeit hinaus geht, nun zu beurteilen? Ist der US-amerikanische Arbeitgeber der „ehrbarere Kaufmann", weil er seinen Beitrag freiwillig erbringt? Oder sollte man nicht viel eher allen deutschen und österreichischen Unternehmen gratulieren, weil sie Monat für Monat ihrer Pflicht nachkommen und fleißig die festgesetzten Arbeitgeberbeiträge abliefern? Eine schwierige moralphilosophische Frage, auf die es wohl keine eindeutige Antwort gibt. Jedenfalls zeigt dieser Vergleich eines: Unterschiedliche Wirtschaftsordnungen lassen Unternehmen mehr oder weniger Entscheidungsspielräume. Regulatorische Eingriffe der Politik sind jedoch nur ein Aspekt, der die unternehmerische Freiheit begrenzt.

Dieser Beitrag verdeutlicht anhand eines Ländervergleichs zwischen Deutschland, Österreich und den USA, welche nationalstaatlichen Institutionen neben dem System Politik Einfluss auf die ansässigen Unternehmen nehmen und dabei die Ausprägung ihrer gesellschaftlichen Unternehmensverantwortung determinieren (Abschnitt 2). Ausgehend von dieser Analyse und gestützt auf Ergebnisse aktueller empirischer Untersuchungen in Österreich (Abschnitt 3) skizziert die Schlussbetrachtung jene Herausforderungen, denen sich sowohl nationale wie auch internationale Akteure zukünftig zu stellen haben (Abschnitt 4).

---

[1] Abschnitt 2 und 3 dieses Beitrags entsprechen einer leicht adaptierten bzw. gekürzten Version aus Mühlböck (2011)

2 Die Bedeutung des nationalen Wirtschaftssystems

Für einen wissenschaftlichen Vergleich der Nationalstaaten analog zum oben beschriebenen Unterschied zwischen freiwilligem und verpflichtendem Engagement
bietet sich das Konzept von Dirk Matten und Jeremy Moon mit einer dualen Sichtweise auf CSR an. Dabei wird zwischen „explicit CSR" und „implicit CSR" unterschieden. „Explicit CSR" zeichnet sich durch Freiwilligkeit der Maßnahmen aus.
Das Engagement erfolgt im Eigeninteresse des Unternehmens – aber im Rahmen
der unternehmerischen Freiheit. Im Gegensatz dazu handelt es sich bei „implicit
CSR" um verpflichtende Gesetze oder Regeln, die den Unternehmen im gesellschaftlichen Interesse auferlegt werden[2] – die Freiheit des Unternehmens also beschränken. Was zu „explicit" oder zu „implicit" CSR gezählt werden darf, variiert
von Land zu Land. Denn der Rahmen, der vorgibt, wo Verpflichtung aufhört und
wo Freiwilligkeit anfängt, wird definiert durch das nationale Wirtschaftssystem
oder, wie es Matten und Moon in Anlehnung an Whitley bezeichnen: „[…] every
country has a specific, historically grown institutional framework which shapes and
constitutes what they call a ‚national business system'".[3] Der dieses Wirtschaftssystem bestimmende institutionelle Rahmen wird wiederum festgelegt durch das
politische System, das Finanzsystem, das Beschäftigungs-, Bildungs- und Kon-
trollsystem sowie das kulturelle System. Mit diesem Ansatz lassen sich länderspe-
zifische Unterschiede veranschaulichen. Die folgenden Abschnitte versuchen dies
konkret an einem Ländervergleich zwischen Deutschland, Österreich und den USA
darzustellen.

2.1 Das kulturelle System

Das kulturelle System beinhaltet nach Whitley Normen und Werte, welche die Ver-
trauens- und Herrschaftsbeziehungen regulieren. Diese sind wesentlich, da sie die
Austauschbeziehungen zwischen Geschäftspartnern und zwischen Arbeitgebern
und Arbeitnehmern strukturieren. Ist dieses Vertrauensniveau eher schwach ausgeprägt, zählen in einem größeren Ausmaß persönliche Beziehungen, die bereits
von Vertrauen geprägt sind.[4] Gleichzeitig lassen sich daraus Erklärungsansätze in
Bezug auf die Bereitschaft zu gesellschaftlichem Engagement oder auf die Legitimität politischer Rahmensetzung ableiten. Die historisch gewachsene Kultur ist ein
wichtiger Einflussfaktor für Entscheidungen und Handlungen der jeweiligen Akteure. Der folgende kulturelle Vergleich bezieht sich vor allem auf die eng mit dem
gesellschaftlichen Engagement verbundenen Werte Freiheit und Verantwortung.

Trotz einer Vielzahl kultureller Gemeinsamkeiten werden zwischen den USA
und Kontinentaleuropa wesentliche Unterschiede deutlich. Leipold formuliert
diesen Umstand treffend: Eine „ideologisch gebundene amerikanische Bürgergesellschaft" steht einer „rechtlich gebundenen deutschen Sozialstaatsgesellschaft"

---

[2] Matten/Moon (2005): 341f.
[3] Matten/Moon (2005): 348
[4] Whitley (1999): 51f.

gegenüber.[5] Beispielhaft veranschaulicht dies auch das jeweilige Verständnis von der Absicherung des Wertes Freiheit. Dabei steht die Staatsskepsis der Amerikaner dem ausgeprägten Staatsvertrauen der deutschen und österreichischen Bürger gegenüber. Versteht man im angloamerikanischen Raum Freiheit als „Abwesenheit von willkürlichem staatlichen Zwang", ist es in Deutschland gerade der Staat, der die Freiheit durch Recht absichert.[6] Die amerikanische Ideologie drückt sich vor allem im Bekenntnis zu den Werten individuelle Freiheit, Chancengleichheit, konstitutionelle Demokratie sowie Privateigentum, Wettbewerb und Unternehmertum aus, basiert auf den Gründungsvertrag der europäischen Pilgerväter von 1620[7] und findet ein Fundament in der Unabhängigkeitserklärung von 1776. Dieser Werterahmen wurde zum bestimmenden Element für Politik und öffentliches Leben. Anders als in den USA blicken weder Deutschland noch Österreich auf eine kulturell gewachsene Ideologie, die auf Eigeninitiative und Verantwortungsbewusstsein abzielt, zurück. Vielmehr vertraut man auf staatliche Allmacht zur Regulierung sozialstaatlicher Belange.[8] Nichtsdestotrotz ist sowohl in der deutschen als auch in der österreichischen Unternehmenskultur ein freiwilliges Verantwortungsbewusstsein verankert, welches vor allem bei Klein- und Mittelbetrieben, und besonders bei Familienunternehmen, tief mit kulturellen Traditionen und Werten verbunden ist.[9] Der Unterschied beim Verantwortungsbewusstsein dürfte vor allem darin liegen, dass in den USA dem Wert der Freiheit – in der Form von Abwesenheit von Staatszwang – ein so hoher Stellenwert zukommt, dass Verantwortung den logischen Gegenpol zur Erhaltung des fragilen Gleichgewichts bildet. In Deutschland und Österreich hingegen gründet diese Verantwortung in einem vor allem lokal entstehenden Legitimationsdruck. Es geht um Anerkennung, um Reputation und damit um die „Ehre" am Unternehmensstandort.

Für die gesellschaftliche Unternehmensverantwortung bedeutet dies: In den USA wird auf einer bestimmten Ebene Unternehmensverantwortung gesellschaftlich gefordert, wo in Europa sozial-, arbeits- und umweltrechtliche Standards durch formelle Regulierungen in den betrieblichen Alltagsprozess bereits integriert sind. Das US-amerikanische Engagement ist damit Ausdruck des Selbstverständnisses und der Verantwortung der Unternehmen. Neben staatlich „erzwungenem" verantwortungsbewusstem Unternehmertum gibt es schließlich aber auch in Europa „ein freiwilliges, selbstverständliches und im jeweiligen unternehmerischen Eigeninteresse begründetes gesellschaftliches Engagement von Unternehmen, das über die unmittelbare Sphäre des Wirtschaftens hinausgeht".[10] In der Tat konstatieren jüngere Analysen, dass Europa die Vereinigten Staaten sogar zu überholen scheint, vor allem im Hinblick auf die strategische Implementierung von CSR im Unternehmen. So bemerkt etwa Steurer: „As several analyses suggest, CSR practices are now more popular among businesses and governments from countries

---

[5] Leipold (2000): 32
[6] Leipold (2000): 44
[7] Leipold (2000): 22
[8] Mahrer (2009): 23ff.
[9] Mahrer. u.a. (2009): 47f.
[10] Backhaus-Maul u.a.(2008): 22

with comparatively stringent social and environmental regulations than among the more neo-liberal ones".[11]

2.2 Das politische System

Die Wirtschaftssysteme der drei Länder beruhen auf den Mechanismen der Marktwirtschaft bzw. des Kapitalismus. Die konkreten Ausprägungen unterscheiden sich allerdings in nicht unbedeutenden Eckpfeilern, welche in der wissenschaftlichen Analyse gerne im Konzept der „Varieties of Capitalism" (VoC) dargestellt werden.[12] Grundsätzlich wird beim VoC-Ansatz zwischen zwei Grundtypen – den Liberal Market Economies (LMEs), dazu gehören die angelsächsischen Länder, und den Coordinated Market Economies (CMEs) – unterschieden. Letzterer Typos wird nochmals unterteilt in den „Rheinischen Kapitalismus" (vorherrschend in Deutschland, den Niederlanden und Belgien), den für Frankreich und Italien typischen „Etatistischen Kapitalismus" und den „Sozialdemokratischen Kapitalismus" der skandinavischen Nationalstaaten. Der Kapitalismus in Österreich kann in diesem Schema keinem Modell eindeutig zugeordnet werden, sondern stellt eine Mischform aus dem Rheinischen und dem Sozialdemokratischen Modell dar.[13] Hinsichtlich des etablierten Sozialversicherungssystems ähnelt Österreich dem deutschen Modell, bei der volkswirtschaftlichen Bedeutung von Vollbeschäftigung und in Bezug auf die besondere Stärke der Sozialpartnerschaft besteht aber eher eine Nähe zum Sozialdemokratischen Modell Skandinaviens.[14]

Für den österreichischen und deutschen Sozialstaat typisch ist der Korporatismus, also die Einbeziehung privater Organisationen in staatliche Entscheidungsprozesse. So nehmen Unternehmen einerseits indirekt, durch die sie vertretenden Verbände, am politischen Entscheidungs- und Gesetzgebungsprozess teil und verpflichten sich andererseits neben der Begleichung von gesetzlich vorgeschriebenen Steuern und Abgaben zu Beitragszahlungen an Sozialversicherungen, zur Einhaltung arbeits-, sozial- und umweltrechtlicher Regelungen und zur Beteiligung im dualen Ausbildungssystem.[15] Ein zweites Charakteristikum ist der Föderalismus, der den Ländern in einem hohen Ausmaß ökonomische Ressourcen und inhaltliche Kompetenzen zugesteht. Die Soziale Marktwirtschaft baut auf diesem föderalen System auf. Sie fördert den freien Wettbewerb, bezieht aber gleichzeitig die lange Tradition der Selbsthilfe und Selbstorganisation innerhalb der Wirtschaft mit ein – etwa durch das regional verbreitete Bankensystem (Landesbanken) sowie durch das enge Netz der Industrie- und Handelskammern oder der Verbände und Gewerkschaften. Das wirtschaftliche Risiko liegt klar und alleine beim Unternehmen. Allerdings kümmert sich der Staat um stabile wirtschaftliche Rahmenbedingungen durch eine entsprechende Gesetzgebung.[16] Er garantiert die

---

[11] Steurer (2009): 65
[12] Whitley (1999): 3ff.; Hoffmann (2005): 79ff.; Soskice (1999): 201ff.
[13] Hoffmann (2005): 81
[14] Schmid (2005): 52; Leiber (2005): 35
[15] Braun/Backhaus-Maul (2010): 27ff.
[16] Lane(1992): 66

„Freiheit zu wirtschaftlicher Betätigung" und gewährleistet diese „durch gesetzliche Regelungen, Formen der institutionellen Beteiligung im Politik- und Gesetzgebungsprozess und den massiven Einsatz öffentlicher Mittel und Subventionen".[17] Die Dominanz des Staates über die Wirtschaft ist in Deutschland und Österreich jedenfalls verhältnismäßig höher einzustufen als im liberalen US-amerikanischen Kapitalismusmodell. Die deutschen und österreichischen Staatsinterventionen bestehen grosso modo im Setzen von ordnungspolitischen Rahmenbedingungen.

Die Tendenz des Staates, unabhängige Organisationen neben Unternehmen, öffentlichen Institutionen und Arbeitnehmern bzw. Verbrauchern zuzulassen bzw. zu fördern, kann für Deutschland und Österreich als hoch bewertet werden. Anders ist die Situation in den USA gelagert. Deregulierte Arbeitsmärkte erschweren wirksame Arbeitnehmervertretungen in den Gremien der Unternehmen. Die Gewerkschaften sind wenig durchsetzungsstark und der Unternehmensführung obliegt die uneingeschränkte Kontrolle über den Arbeitsplatz.[18] Gewerkschaften sind nicht in den Prozess der Politikformulierung und Implementierung eingebunden und es findet keine Koordinierung des Tarifsystems statt.

In Bezug auf den Grad der institutionellen Regeln zeigen sich die Unterschiede zwischen USA und Kontinentaleuropa beim Umgang mit dem Wert der individuellen Freiheit als wesentlicher Faktor für Unternehmen in einer Marktwirtschaft. Im rechtsstaatlich fixierten deutschen und österreichischen Konsensualstaat geht es in erster Linie um Sachlichkeit und fachliche Kompetenz. Dies drückt sich auch in den institutionellen Regeln aus. So wird die individuelle Freiheit durch das allgemeine, von Experten ausgearbeitete Gesetz gewährleistet. Darin werden auch inhaltliche Sachverhalte berücksichtigt und bewertet. Bei der Kontrolle von Verwaltungsentscheidungen durch die Gerichte wird diesem Umstand bereits Rechnung getragen. Im Gegensatz dazu wird individuelle Freiheit in den USA durch eine Rahmengesetzgebung gesichert. Nicht der Inhalt der Entscheidung, sondern lediglich die Fairness des Verfahrens ist Gegenstand gerichtlicher Kontrolle. Empirische Evidenz und praktische Effizienz stehen im Vordergrund. Die institutionellen Regeln sind auf Chancengleichheit und Öffentlichkeit ausgerichtet und Wettbewerb muss unter allen Umständen sichergestellt werden.[19]

2.3 Das Finanzsystem

Bei der Analyse des Finanzsystems geht es in erster Linie um diejenigen Prozesse, durch die Kapital zur Verfügung gestellt und preislich bewertet wird. Dabei stellt sich die Frage, ob es sich um ein mehrheitlich kapitalmarktdominiertes oder um ein mehrheitlich auf Krediten basierendes System handelt. In den Vereinigten Staaten findet man ein kapitalmarktdominiertes Finanzsystem vor. Das bedeutet, dass mobiles Kapital in liquiden Märkten zu Marktpreisen gehandelt wird. Der zeitliche Horizont der Investment- und Fondsmanager ist tendenziell kurzfristig und nur

---

[17] Braun/Backhaus-Maul (2010): 31
[18] Soskice(1999): 208
[19] Münch (2000):16ff.

im geringen Ausmaß am Wachstum der zugrundeliegenden Investitionsobjekte und an der Langfristigkeit der Investition selbst ausgerichtet. Die Eigentumsrechte an Unternehmen sind einfach zu handeln, was ein geringes Interesse der Eigentümer bedingt, bei guten anderweitigen Renditechancen, die Aktien zu halten. Das viel stärker auf Krediten basierende Finanzsystem in Deutschland und Österreich fokussiert sich im Gegensatz dazu mehr auf die Unternehmensfinanzierung durch Kredite. Dies geht zurück auf eine relativ späte Industrialisierung, in der Kapital traditionell knapp war und einfacher durch das Bankensystem mobilisiert werden konnte. Dieses von Banken statt Kapitalmärkten dominierte Finanzsystem bedingte auch eine größere Einflusssphäre auf ökonomische Entwicklungen durch den Staat.[20] Auch wenn ein Trend in Richtung verstärkten kapitalmarktorientierten Elementen zu bemerken ist, besitzen Banken nach wie vor große Beteiligungen an mittelständischen Unternehmen. Auf lokaler Ebene sind die Banken oft stark vernetzt, was gleichzeitig auch ihre Überwachung begünstigt.[21] Braun und Backhaus-Maul, die deutsche Situation analysierend, orten allerdings bereits einen Übergang von einer „von Managern geführten und national verankerten Deutschland AG" zu einem globalen Finanzmarktkapitalismus, im Zuge dessen sich die gesellschaftlichen Rollen von Unternehmen verändern und betriebswirtschaftliche Ziele Vorrang vor gesellschaftlichen Anliegen haben.[22]

2.4 Das System der Aus- und Weiterbildung und Kontrolle des Arbeitsmarkts

Beim Aus- und Weiterbildungssystem beleuchtet Whitley die Stärke des öffentlichen Systems in Bezug auf die Integration von Theorie und Praxis sowie auf die Zusammenarbeit von Staat, Arbeitgeber- und Arbeitnehmerseite bei der Entwicklung der Ausbildung. Der Grad der Kontrolle über den Arbeitsmarkt definiert sich im NBS-Modell über das System der industriellen Beziehungen.[23] In Deutschland und Österreich dominiert dabei der konsensuale Interessensausgleich zwischen Arbeitgeber- und Arbeitnehmerseite, moderiert von einem „unterstützenden Interventionsstaat". Es findet damit eine „Inkorporierung" bestimmter Interessenvertretungen – in der österreichischen Sozialpartnerschaft durch Wirtschafts- und Landwirtschaftskammer, Österreichischen Gewerkschaftsbund (ÖGB) und Bundesarbeiterkammer, in Deutschland durch die Bundesvereinigung der Deutschen Arbeitgeberverbände (BDA) und den Deutschen Gewerkschaftsbund (DGB) – in den politischen Entscheidungsprozess statt. Die Mitgestaltung der Sozialpartner am politischen Prozess ist vielfältig und reicht etwa in Österreich von der 1957 gegründeten Paritätischen Kommission für Lohn- und Preisfragen über die informelle Zusammenarbeit zwischen Sozialpartnern und Politik oder im Rahmen von gemeinsamen Arbeitsgruppen und Ausschüssen bis zu einem formellen Be-

---

[20] Whitley (1999): 53
[21] Soskice (1999): 205
[22] Braun/Backhaus-Maul (2010): 43f.
[23] Whitley (1999): 50f.

gutachtungsrecht bei allen Gesetzesentwürfen. Seit dem Regierungswechsel 2000 ist allerdings in Österreich ein Bedeutungsverlust des Einflusses der Sozialpartner zu bemerken, der mit der großen Koalition nach 2007 jedoch wieder angestiegen ist. Nach wie vor haben die Sozialpartner jedoch im Zuge der Tarifverhandlungen Bedeutung.[24] Ganz anders stellt sich die Situation in den USA dar: Die Gewerkschaften sind schwach ausgeprägt und haben kaum Einfluss auf politische Gestaltungsprozesse. Ihre stärkste Zeit erlebten die „labor unions" in den 50er und 60er Jahren der Nachkriegszeit, wo sie rund ein Viertel der amerikanischen Arbeiter repräsentierten.[25]

Die Ausbildungssysteme in Deutschland und in Österreich sind von einem Modell der dualen Berufsausbildung geprägt, das sich durch eine theoretische Qualifizierung in Berufsschulen und einer in den Betrieben stattfindenden, praktischen Ausbildung zusammensetzt. Arbeitgeberverbände und Unternehmen verfügen über Regelungskompetenzen wie die Beteiligung an der Festlegung von Standards sowie deren Überwachung. Das System zielt auf eine Win-Win-Win-Situation ab: Die Unternehmen erhalten gut ausgebildete Fachkräfte, die öffentliche Hand teilt sich Verantwortung und finanzielle Mittel mit dem privaten Sektor und die Arbeitnehmer können mit einer kompetenten, an den Arbeitsmarkt angepassten Ausbildung rechnen. Mit dem Wandel von der Industrie- zur Wissensgesellschaft muss sich jedoch auch dieses System der Berufsausbildung die Frage der Zeitgemäßheit stellen.[26] In den USA hat das System der Aus- und Weiterbildung seinen Schwerpunkt außerhalb des Betriebes. Die Institution der Lehre ist kaum üblich. Nach der High School oder dem College folgt meist ein „training on the job". Die Ausbildung der Ingenieure erfolgt in erster Linie auf theoretischer Basis und findet oft an den Universitäten statt. Die Wissensvermittlung ist im Vergleich zu Deutschland und Österreich weniger spezialisiert, sondern breiter angelegt, um einen Wechsel zwischen unterschiedlichen Tätigkeitsfeldern zu ermöglichen.[27]

In Deutschland und Österreich sind Regeln und Institutionen somit gesetzlich verankert, die Arbeitnehmern Rechte sichern, die ihre Pendants in den USA nur durch freiwillige Zugeständnisse der Arbeitgeber erhalten. In Bezug auf Entlohnung, Arbeitsschutz und Investitionen in berufliche Aus- und Weiterbildung ist somit in Deutschland und Österreich folglich ein höheres Level an „implicit CSR" gegeben. Darüber hinaus stellt die öffentliche Hand eine breite Palette an Leistungen zur Verfügung, die nur auf Basis hoher Steuereinnahmen realisiert werden können. Da Unternehmen in Deutschland und Österreich von den öffentlichen Händen auch vergleichsweise stärker zur Kassa gebeten werden als Betriebe in den USA, sehen viele damit bereits ihre Verantwortung gegenüber der Gesellschaft als erfüllt. Nichtsdestotrotz ist aber auch in Europa eine verstärkte Tendenz zu mehr „explicit CSR" zu bemerken[28].

[24] Leiber (2005): 91f.
[25] Bellah u.a. (1991): 54
[26] Braun/Backhaus-Maul (2010): 39f.
[27] Soskice (1999): 208f.
[28] Matten/Moon (2005): 343f; Backhaus-Maul (2008): 22

Einen zusammenfassenden Überblick über die länderspezifischen Unterschiede der nationalen Wirtschaftssysteme bietet Tabelle 1.

Tab. 1: Institutioneller Ländervergleich in Anlehnung an Whitley.

Institutionen	USA	D	Ö	Bemerkung
Das kulturelle System				
Grad des Vertrauens in den Staat	niedrig	hoch	hoch	allerdings auch in D und Ö sinkend
Grad des Vertrauens in Unternehmen	hoch	niedrig	niedrig	
Grad der bürgerlichen Eigeninitiative	hoch	mittel	mittel	Traditionelles Engagement der dt. und österr. Familien-betriebe/KMUs
Das politische System				
Dominanz des Nationalstaats	niedrig	mittel	mittel	
Förderung der Existenz unabhängiger Verbände	niedrig	hoch	hoch	
Institutionelle Regeln des Policy Prozesses am Beispiel der Sicherung der Freiheit	Rahmengesetz-gebung; gerichtliche Kontrolle bezieht sich auf Fairness des Verfahrens	allgemeines Gesetz; gerichtliche Kontrolle gilt auch dem Inhalt	allgemeines Gesetz; gerichtliche Kontrolle gilt auch dem Inhalt	
Finanzsystem				
Kapitalmarktdominiert oder auf Krediten basierend	Kapitalmarkt	Kredit	Kredit	Zunehmende Tendenz in Richtung Kapitalmarkt in D/Ö
Das System der Aus- und Weiterbildung und Kontrolle des Arbeitsmarkts				
System der industriellen Beziehungen				
Stärke der unabhängigen Gewerkschaften	niedrig	hoch	hoch	
Stärke der Mitarbeiterorganisation auf Unternehmensebene	niedrig	hoch	hoch	
Nationale Homogenität der Tarifabschlüsse	niedrig	hoch	hoch	
Berufliche Aus- und Weiterbildung				
Stärke des kollaborativen öffentlichen Ausbildungssystems	niedrig	hoch	hoch	Kritische Stimmen zum dualen Ausbildungssystem in D und Ö im Steigen
Grad von "intrinsic CSR"	**niedrig**	**hoch**	**hoch**	

3 Empirische Ergebnisse aus einer qualitativen Expertenbefragung

Die Analyse im vorangegangenen Abschnitt hat gezeigt: Die individuelle Entscheidung eines Unternehmens für oder gegen verantwortungsbewusstes Verhalten – im Rahmen der unternehmerischen Freiheit – kann nicht losgelöst von den institutionellen Rahmenbedingungen betrachtet werden. Im Zuge einer aktuellen Expertenbefragung unter österreichischen Unternehmen wurde diesen entscheidungsrelevanten Faktoren explizit Beachtung geschenkt. Die Unternehmensführung wurde jeweils nach ihren Entscheidungsmöglichkeiten vor dem Hintergrund ihres Entscheidungsspielraums befragt. Konkret wurde also nach jenen Faktoren gesucht, die ihre unternehmerischen Entscheidungen beschränken. Dabei wurde deutlich, dass der Entscheidungsspielraum einerseits allgemein gültigen Einschränkungen unterliegt, und auf der anderen Seite bestimmte branchen- und unternehmensgrößenspezifische Ausprägungen die jeweiligen Betriebe beeinflussen. Es konnten vor allem Aspekte politischer, gesellschaftlicher und wirtschaftlicher Natur sowie Aspekte, die im unmittelbaren Zusammenhang mit dem jeweiligen Verantwortungsbewusstsein stehen, eruiert werden. Die Kategorie „Politische Aspekte" umfasst dabei die von der Politik gesetzten rechtlichen Schranken. Bei den „Gesellschaftlichen Aspekten" geht es um den Einfluss privater Akteure, vor allem der Konsumenten sowie um gesellschaftliche Entwicklungen und Trends. Die „Wirtschaftlichen Aspekte" beziehen sich auf die Begrenzungen, die sich aus den mikroökonomischen Rahmenbedingungen innerhalb des Betriebs ergeben. Die „Verantwortungs-Aspekte" zielen schließlich auf Einstellungen, Leitlinien und Werthaltungen der Akteure ab, die Entscheidungen im Sinne eines verantwortungsbewussten Unternehmers begünstigen.

3.1 Politische Aspekte

Allgemeine Erkenntnisse: Selbst wenn ein Großteil der befragten Unternehmen die wirtschaftspolitischen Regulierungen sehr wohl als einschränkend und als zusätzliche Belastung empfindet, haben grundsätzlich alle ihren Weg gefunden, um unter den in Österreich herrschenden regulativen Bedingungen erfolgreich zu wirtschaften. Kritik gibt es am Föderalismus und der damit einher gehenden Überbürokratisierung. Beispielsweise sei es unnötig und wenig zielführend zehn Regelungen für Menschen mit Behinderungen – ein Bundes- und neun Landesgesetze, die auch die berufliche Eingliederung betreffen – zu erlassen. Ein weiterer Kritikpunkt allgemeiner Natur betrifft Gesetze, die Unternehmen aus ihrer Sicht sogar abhalten, ihrer gesellschaftlichen Verantwortung nachzukommen. So könne man etwa keine Asylwerber anstellen, selbst wenn man dies gerne tun würde und die rechtliche Unmöglichkeit als inhuman erachte. Jedenfalls wünscht man sich so weit als möglich mittel- und langfristige Planbarkeit. Willkürliche staatliche Verordnungen, vor allem solche, die die budgetäre Situation des Unternehmens plötzlich verändern, gelten als Schreckensszenario. Verlässliche Rahmenbedingungen seitens der Politik seien unabdingbar. Darüber hinaus bemerkt man im Zusammenhang mit politischen Regulierungen, dass ein Großteil der Gesetzgebung bereits durch die Europäische Union erfolge – ein Aspekt, den man nicht außer Acht lassen dürfe. Unternehmen mit unsicherem Geschäftserfolg bzw. knappen Budgets – dies betrifft oftmals kleinere Betriebe bzw. Start-ups – hadern mit dem besonderen Kündigungsschutz einiger Gruppen am Arbeitsmarkt. Selbst wenn beispielsweise eine behinderte Person für einen Job in Frage käme, wäre dies in der unsicheren finanziellen Situation ein zu hohes Risiko – in diesem Fall kehrt sich der bevorzugende und schützende Charakter der Regelung leider ins Gegenteil um und wirkt folglich prohibitiv. Der Kündigungsschutz verbessert nicht, sondern verschlechtert die Chance der betroffenen Person, den Arbeitsplatz zu ergattern.

Branchenspezifische Erkenntnisse: Eine Regulierungszunahme seit der Wirtschaftskrise verspürt vor allem der Finanzsektor. Aufgrund der besonderen Rolle von Banken in einer Volkswirtschaft seien diese Regulierungen bis zu einem gewissem Grad gerechtfertigt. Derzeit würden die Bestrebungen von Teilen der Politik jedoch übertrieben verfolgt werden, das Pendel bewege sich zu sehr in Richtung des anderen Extrems – der totalen Überregulierung, meinen die Experten. Eine Gefahr sei die derzeitige Situation vor allem für KMUs, die auf die Kreditvergabe durch die Finanzinstitute angewiesen sind. Man dürfe hier nicht alle Akteure über einen Kamm scheren. Regulativ mehr tun könne man hingegen bei den wesentlichen Krisenverursachern, den Investmentbanken. Als besonders einschränkend empfindet man die neu eingeführte Bankensteuer, die sicherlich den finanziellen Spielraum – und damit den Handlungsspielraum der Finanzinstitute per se – enorm beschränken werde.

Vergabegesetze, Ausschreibungsbedingungen und -regeln sind vor allem ein wichtiges Thema im B2B-Bereich. Ob Bauindustrie oder Facility Management, die Vorgaben der öffentlichen Hand haben wesentliche Auswirkungen auf den Spielraum dieser Unternehmen. Immerhin werden über diesen Sektor beträchtliche Summen bewegt.

Im Bereich der Nahrungsmittelindustrie stellen vor allem Gesetze rund um die Zulassung und Auslobung von Lebensmitteln strenge Auflagen dar. In der Glücksspielbranche gibt das Glücksspielgesetz einen spezifischen Rahmen vor. Hier nimmt im Besonderen das Thema Responsible Gaming einen hohen Stellenwert ein. In der Hotellerie werden einige arbeitsrechtliche Bestimmungen als sehr einschränkend empfunden. Beispielsweise ließen es die Vorgaben zum Durchrechnungszeitraum nicht zu, individuellen Wünschen der Angestellten nach Urlaub und Freizeit nachzukommen. Die chemische Industrie hingegen ist stark von Vorgaben in Sachen Registrierungen betroffen. Die EU Chemieverordnung REACH[29] erfordert eine genaue Einhaltung eines festgesetzten Prozesses.

Überdies reklamieren KMUs, für sie sei es manchmal schwierig, die für die gesamte Branche erstellten Kollektivvertragsregelungen umzusetzen. Diese seien oftmals für die großen Unternehmen gemacht, kleinere Betrieben fühlen sich dabei benachteiligt.

3.2 Gesellschaftliche Aspekte

Unter den befragten Experten gibt es einen Konsens dahingehend, dass man von einem steigenden gesellschaftlichen Druck auf die politischen und wirtschaftlichen Akteure ausgeht. Vor allem ausgelöst durch die Wirtschaftskrise fordere die verunsicherte Gesellschaft einen stärken Fokus auf eine langfristige und nachhaltige Orientierung und weniger auf rein kurzfristiges Gewinnstreben. Das Vertrauen in die Stabilität der Wirtschaft wurde in den Jahren 2008 und 2009 substantiell erschüttert. Inwieweit sich diese veränderte Grundeinstellung gegenüber der Wirtschaft in ein neues Konsumentenverhalten gewandelt hat oder die Erkenntnis in den Unternehmen über den Vertrauensverlust bereits in konkreten Folgehandlungen mündet, darüber ist man sich uneinig.

Im Bankensektor habe die Krise gezeigt, wie fragil die Systeme sind. Die Schlangen der Menschen vor den Bankschaltern, die ihr Erspartes plötzlich wie-

---

[29] steht für Registrierung, Evaluierung und Autorisierung von Chemikalien

der real in Händen halten wollten, waren ein Abbild des sofort einsetzenden Vertrauensverlustes in krisengeschüttelte Institutionen der Finanzwirtschaft.

In der Textil- und Bekleidungsindustrie oder auch in der chemischen Industrie wiederum ortet man Lücken im Bewusstsein der Konsumenten für die Bedeutung der gesamten Wertschöpfungskette. Auf Konsumentenseite fehlt das Erkennen der Bedeutung einer durchgängig fairen und biologischen Produktions- und Wertschöpfungskette.

Den Themen Umwelt und Energie wird besonders im Energieversorgungsbereich eine hohe gesellschaftliche Relevanz beigemessen, wo Energieerzeugung einen Eingriff in den Lebensraum darstelle, der begründungspflichtig sei. Ähnlich stelle sich dies für die chemische Industrie dar. Vor allem bei Produktionen im dicht besiedelten Gebiet sei die gesellschaftliche Akzeptanz ein enorm wichtiges Thema. Umweltschutz, Ressourceneinsatz, aber auch Arbeitsschutz spielen eine wesentliche Rolle in der gesellschaftlichen Verantwortung.

In der Tourismusbranche stellt man ebenfalls ein starkes Bewusstsein, ja teilweise sogar Bedürfnis der Gäste fest, selbst etwas zum Energiesparen und zum Umweltschutz beizutragen zu können. Hier ist durchaus von einem anhaltenden Trend in diese Richtung zu sprechen.

3.3 Wirtschaftliche Aspekte

Im Themenfeld der mikroökonomischen Faktoren spielt die Gesellschaftsform des Unternehmens eine wesentliche Rolle. Börsennotierte Aktiengesellschaften haben offenbar eindeutig weniger Spielraum, wenn es darum geht, langfristige und nachhaltige Entscheidungen zu treffen. Aufgrund der Erwartungshaltung der Shareholder steht die Unternehmensführung unter permanentem Druck, Gewinne zu maximieren. Kurzfristiges Denken und Kalkulieren hat somit Vorrang vor langfristiger Planung. Doch alleine die Führung eines Unternehmens in Form einer Aktiengesellschaft oder die Notierung an der Börse müssen noch lange nicht dafür ausschlaggebend sein, dass verantwortungsbewusstes Unternehmertum und Engagement für die Gesellschaft keine Rolle spielen. Die Analyse der Expertengespräche zeigt, dass folgende Faktoren ein solches Verhalten sogar begünstigen können.

- **Die Zusammensetzung der Eigentümerstruktur** und die Verteilung der Aktien können bei der Entscheidung für oder gegen gesellschaftliches Engagement bestimmend sein. So berichtet beispielsweise ein Vorstandsmitglied einer nicht-börsennotierten Aktiengesellschaft: „Wir nehmen unseren gesellschaftspolitischen Auftrag sehr ernst. Das wird auch von den Eigentümern mitgetragen. Es geht nicht um Gewinnmaximierung, sondern um den optimalen Ertrag neben gesellschaftspolitischen Anliegen." Wenn große Beteiligungen der Gesellschaft im Besitz von Personen oder auch Stiftungen liegen, die auch eine längerfristige Performance im Auge haben, hat auch das gesellschaftliche Unternehmensengagement gute Chancen.
- **Etablierung als „Must-Have" in der Branche:** Vorreiter haben es immer schwerer. Das Engagement für und eine damit verbundene Investition in die

Gesellschaft ist solange eine ungewisse betriebliche Investition und damit kostenseitig ein Wettbewerbsnachteil, bis die Öffentlichkeit positiv darauf reagiert. Sobald Nachahmer auftreten und das Engagement zum „State-of-the-Art" wird, verändert sich das Spiel: Alle, die noch nicht auf den Zug aufgesprungen sind, haben jetzt den Nachteil gegenüber der Konkurrenz. In Österreich könnte die Gründung der Erste Stiftung im Bankensektor beispielsweise für die Etablierung in der Branche eine nicht unbedeutende Rolle gespielt haben. Die „Auslagerung" bestimmter gesellschaftspolitischer Belange in eine Sphäre, die nicht unmittelbar mit dem Börsengeschäft der Bankengruppe in Verbindung steht, schuf den notwendigen Freiraum für ein gesellschaftliches Engagement, das aber dennoch gemeinhin mit der börsennotierten Erste Group Bank AG assoziiert wird. Mittlerweile gibt es kaum eine bedeutende Bank in Österreich, die nicht auf irgendeine Art und Weise versucht, sich als verantwortungsbewusstes Unternehmen zu positionieren.

- **Verantwortungsbewusstes Verhalten als wichtiges Unternehmensasset:** Vertrauen ist für so ziemlich jedes Unternehmen ein wichtiges Unternehmensasset. Ohne Vertrauen gibt es keine langfristigen Geschäftsbeziehungen, weder nach innen, noch nach außen. Die Begriffe Verantwortung und Vertrauen sind untrennbar miteinander verbunden. Verantwortungbewusstes Verhalten stärkt Vertrauen, verantwortungsloses Verhalten schwächt es. In bestimmten Branchen scheint Vertrauen jedoch ein besonders wichtiger Unternehmenswert zu sein. So sei es etwa fatal, wenn ein Glücksspielunternehmen das Vertrauen der Spieler verliere. Mindestens eine genauso wichtige Rolle spielt Vertrauen bei der Geldanlage. Für beide Branchen sei daher ein Fokus auf gesellschaftliche Unternehmensverantwortung essentiell. Ebenso begünstige eine verantwortungsvolle Haltung einen erfolgreichen Umgang mit Risiko. Gerade im Bankgeschäft müssen tagtäglich Entscheidungen für mehr oder weniger Risiko getroffen werden. Verantwortungsbewusste Mitarbeiter seien hier ein wichtiger Schlüssel für den Erfolg. Ihnen müsse man diese Haltung aber vorleben und als prioritären Wert immer wieder vermitteln.

3.4 Verantwortungs-Aspekte

„Neben Beschränkungen aus dem politischen Bereich und aus der Unternehmensform heraus sind die Grenzen, die man sich setzt, schon das eigene Wertgerüst." Diese Aussage steht stellvertretend für viele andere Experten-Kommentare, die die Bedeutung von Werten und Leitbildern bei der Entscheidungsfindung betonen. Wichtiger Ankerpunkt und Orientierungshilfe seien Werte vor allem auch bei unternehmerischer Tätigkeit im Ausland, wenn man sich auf unbekanntem Terrain bewegt. In den Bereichen Umwelt- und Arbeitsschutz setzt ein Großteil der befragten Unternehmen mittlerweile einen Standard als Maßstab, der in jedem Land ohne Ausnahme auf die gleiche Art und Weise gilt. Dies sei nicht verhandelbar, keine Branche und kein Land würden hier Abweichungen rechtfertigen: „Mitarbeiterzufriedenheit und Umweltschutz sind nicht branchenspezifisch, das muss bei allen Unternehmen Thema sein." Anpassungen gibt es im Bereich der Löhne und

Gehälter. Hier gelte es Verantwortung zu tragen, man müsse sich aber an den Bedingungen des Marktes orientieren. Jedenfalls gehe es bei der Entscheidungsfindung immer stark um Eigenverantwortung und diese werde wieder definiert von den eigenen ethischen, moralischen und kulturellen Werten.

4 Fazit: Mehr Unternehmensengagement ist eine Herausforderung für alle Akteure

Whitleys Modell macht deutlich, dass die jeweiligen im Nationalstaat vorhandenen Institutionen das Wirtschaftssystem bestimmen, welches schließlich die Entscheidungen und das Verhalten der Akteure beeinflusst. Diese Institutionen bestimmen damit auch den Rahmen und den Spielraum für unternehmerische Freiheit und unternehmerische Verantwortung. Dies stellt eine wichtige Erkenntnis für internationale Akteure dar, die sich um ein globales Standardniveau in Sachen gesellschaftliche Unternehmensverantwortung bemühen. Andererseits leiten sich daraus auch Herausforderungen für nationale Akteure ab, die jeweils einer individuellen nationalstaatlichen Betrachtung bedürfen. Die empirische Untersuchung unter österreichischen Unternehmen hat einige dieser nationalen Aspekte beleuchtet und vor allem die Bedeutung von branchen- und unternehmensgrößenspezifischen Bedürfnissen hervorgehoben. Gleichzeitig werden auch Kausalzusammenhänge sichtbar, die nicht nur für die gesellschaftliche Unternehmensverantwortung in Österreich Geltung haben. Die folgenden Abschnitte zeigen abschließend allgemeingültige Handlungsfelder und Herausforderungen auf, die es, abgeleitet aus den vorangegangenen Analysen, hinsichtlich einer verstärkten Aktivierung des unternehmerischen Potenzials für das Gemeinwohl zu bearbeiten gilt.

4.1 Nationale Herausforderungen

Neu-Definition der Rolle der Akteure: Die Gesellschaft in den dargestellten Ländern wird zunehmend geprägt von Pluralismus und Polyzentrismus – eine Herausforderung, die es im Lichte der jeweiligen institutionellen Rahmenbedingungen zu meistern gilt. Selbst in „staatsgläubigen" Ländern wie Deutschland oder Österreich verliert der Staat an Steuerungsdominanz und kann Leistungsversprechen nicht aufrechterhalten.[30] Ohne die Bereitschaft der anderen Akteure, Verantwortung zu übernehmen und Eigeninitiative zu zeigen, scheint dies jedoch, aufgrund der Vielfalt der Herausforderungen, ein beinahe unmögliches Unterfangen zu sein. Aktives Engagement und das Bekenntnis von Unternehmen und Bürgern sich als lösungsorientierte Akteure in den gesellschaftspolitischen Diskurs einzubringen, sind daher überall auf der Welt das Gebot der Stunde. Gerade die Fähigkeit der Unternehmen zur strategischen und effizienten Problemlösung ist hier vielversprechend. Bürgerliches Engagement im informellen Sektor verdient Aufmerksamkeit, Res-

---

[30] Mahrer (2009): 26

pekt und Wertschätzung,[31] und vor allem auch, wo nötig, unterstützende Rahmenbedingungen (Stichwort Pflegediskussion). Gefragt ist aber auch der Konsument –
dies betrifft jeden Bürger in seinen privaten Konsumentscheidungen, aber auch
die Politik, die beträchtliche Geldvolumina im Rahmen ihres Beschaffungs- und
Vergabewesens bewegt. Politische Aufgabe könnte dabei die Bildung eines neuen
strategischen Daches sein, das die Neudefinition dieser Rollen leitet, moderiert und
koordiniert.[32] Dies entspricht dem von Katzmair und Mahrer propagierten Macht-
Modell eines neuen integrierten Gestaltungszugangs, der ein Nebeneinander unterschiedlicher Lösungsstrategien von Staat, Markt und Gesellschaft fördert, die sich
bislang im ideologischem Wettstreit miteinander befunden haben. Gekennzeichnet
durch eine auf Resilienz ausgerichtete Ordnungspolitik des „sowohl/als auch" statt
des „entweder/oder".[33] Der Entscheidungs- und Verantwortungsspielraum der Akteure könnte in einem solchen Prozess vollkommen neu definiert werden.

Förderung der Vertrauenskultur: Vertrauen hält Gesellschaften zusammen.
An die Forderung nach einer neuen Rollendefinition anschließend, zeigt die ge-
genständliche Analyse einmal mehr die Bedeutung einer tief verankerten Vertrauenskultur. Es gilt daher, einerseits vorhandenes Vertrauen in den Staat insofern
zu bewahren, dass ihm eine zentrale Steuerungsrolle in einem neuen Dialog- und
Austauschprozess zwischen den Akteuren möglich ist: Man muss ihm zutrauen
können, eine optimale Rollenverteilung im Sinne des Gemeinwohls anzustreben
und auch umsetzen zu können. Auf der anderen Seite muss das Vertrauen der Unternehmen in sich selbst gestärkt werden: In ihre Fähigkeiten, sich aktiv und zum
Vorteil für das eigene Unternehmen am gesellschaftspolitischen Prozess zu beteiligen. Drittens – und dies ist ein sehr wichtiger Punkt – geht es darum, das Vertrauen
der Bevölkerung in die Unternehmen und damit die Wirtschaft zu festigen. Es gilt,
aufzuzeigen, dass schwarze Schafe nicht das Verhalten und die Intentionen eines
ganzen Sektors repräsentieren. Dabei kommt der aktiven Kommunikation von
Best-Practice Beispielen – wie bereits dargestellt leben vor allem Familienbetriebe
und KMUs eine ausgeprägte Verantwortungskultur – wesentliche Bedeutung zu.[34]
Gleichzeitig haben die Ergebnisse aus den Experteninterviews gezeigt, welchen
Einfluss Aspekte der Verantwortung auf Entscheidungsprozesse haben können.

Institutionalisierung von gesellschaftlich erwünschtem Verhalten: Das
Darstellen von Vorzeigebeispielen ist nur eine Möglichkeit, erwünschtes Ver-
halten in einer Gesellschaft zu verankern. In Anlehnung an die Schule des Neo-
Institutionalismus argumentieren Matten und Moon, dass Strukturen und Pro-
zesse in Organisationen – und damit auch das Bekenntnis zur gesellschaftlichen
Unternehmensverantwortung – dann institutionalisiert werden, wenn sie als le-
gitim erachtet werden.[35] Es ist somit Aufgabe jeder Kultur bzw. jedes einzelnen
Landes zu eruieren, welche Mechanismen und Instrumente im eigenen institutio-

---

[31] das Europäische Jahr der Freiwilligentätigkeit 2011 versucht beispielsweise aktuell diesem
Anspruch gerecht zu werden
[32] Mühlböck (2011): S. 234f.
[33] Katzmair/ Mahrer (2011): 161ff.
[34] Mühlböck (2011): 121f.
[35] Matten/Moon (2005): 350f.

nellen Umfeld wirken und welche nicht.[36] In diesem Zusammenhang ist auch die Berücksichtigung unternehmensspezifischer Unterschiede in Bezug auf Branche und Unternehmensgröße von Bedeutung.

Eigentümer bei ihrer Verantwortung nehmen: Die in Abschnitt 3 diskutierten empirischen Untersuchungsergebnisse machen eines deutlich: Die Unternehmenseigentümer verfügen über große Entscheidungsmacht. Den Eigentümern sollte dabei die Tragweite ihrer Entscheidungen, über die betriebswirtschaftliche Ebene und damit über mikroökonomische Aspekte hinaus, bewusst sein – dies gilt für Kleinaktionäre genauso wie für Eigentümer großer Unternehmensanteile. Verantwortungsbewusste Eigentümer treffen eher Entscheidungen im Sinne des Gemeinwohls. Dieses Verantwortungsbewusstsein gilt es als wesentlichen Teil der „Shareholder Responsibility" zu verankern.

4.2 Internationale Herausforderungen

Zielformulierung: Die Betrachtung unterschiedlicher länderspezifischer Institutionen zeigt: Es gibt keine standardisierte gesellschaftliche Unternehmensverantwortung „aus der Packung". Auf welche Weise und vor allem wie stark sie sich entwickelt, hängt von unterschiedlichen Aspekten ab. Auf internationaler Ebene kann es daher nicht ein einheitliches Kochrezept gespickt mit konkreten Zutaten und Maßnahmen geben. Wichtig wäre hingegen eine Vision und eine Zieldefinition, die die Frage beantworten, wohin die Reise hingehen soll. Damit verbunden ist die Fragestellung, welchen Standard wir uns international von unternehmerischer Verantwortung erwarten und welchen Prinzipien sich ein derartiger Standard verpflichtet fühlt. Eine ernsthafte Fortführung dieses Dialogs, unterstützt beispielsweise durch Beratungsangebote und Best Practice als Orientierung, sollte auch auf internationaler Ebene noch stärker vorangetrieben werden.

Diskussion über den Umgang mit „schwarzen Schafen": Unumgänglich im internationalen Diskurs ist trotz aller Zulässigkeit von Individualität die Frage nach dem Umgang mit „schwarzen Schafen". Wenn die Folgen unternehmerischer Entscheidungen international definierte und anerkannte Grenzen überschreiten, dann muss es Konsequenzen geben, die vorab klar kommuniziert wurden und die auch exekutierbar sind – eine Herausforderung, deren Umsetzung im internationalen Wettbewerb eine besondere Bedeutung zukommt.

4.3 Schlusspunkt

Zusammenfassend kann auf Basis der Analysen festgehalten werden: Für die Entscheidungen von Unternehmen im Rahmen ihrer unternehmerischen Freiheit, die bewusst mit Bezug auf ihre gesellschaftliche Verantwortung getroffen werden, kann kein einheitlicher Wirkungsmechanismus bestimmt werden. Die Erfolgsmodelle in unterschiedlichen Ländern bieten sich als Orientierungshilfe an. Der

---

[36] für eine Einschätzung österreichischer Unternehmen zu vorhandenen und potenziellen Steuerungsinstrumenten vergleiche Mühlböck (2011): 251ff.

Einfluss regionaler bzw. nationaler Rahmenbedingungen sowie die individuellen Unternehmenscharakteristika der einzelnen Unternehmen verhindern aber die Definition allgemeingültiger Erfolgsfaktoren, die unmittelbar von einem Wirtschaftsraum in den anderen übertragbar wären. Für die individuelle Ausformung gepaart mit einer erfolgreichen Umsetzung ist letztlich jeder Wirtschaftsraum bzw. jedes Land selbst verantwortlich. Nicht fehlen darf in diesem Zusammenhang jedoch die konkrete übergeordnete Zielformulierung zu der ein Konsens der Akteure bestehen muss. Gefordert sind dabei alle Akteure – Staat, Wirtschaft und Gesellschaft. Abschließend bleibt zu bemerken, dass dies nicht nur für die Betrachtung innerhalb eines Landes gilt, sondern auch für Staaten- und Wirtschaftsbünde bzw. für den gesamten internationalen Kontext. Eine globalisierte Welt muss sich auch in dieser Causa einer globalen Diskussion stellen. Daran führt letztlich kein Weg vorbei.

5 Literatur

Backhaus-Maul, H. (2008): Traditionspfad mit Entwicklungspotenzial. In: Aus Politik und Zeitgeschichte, Vol. 31, S. 14-20.

Backhaus-Maul, H. u.a. (2008): Corporate Citizenship in Deutschland. Bilanz und Perspektiven. Wiesbaden: VS Verlag für Sozialwissenschaften.

Backhaus-Maul, H. u.a. (2008): Corporate Citizenship in Deutschland. Die überraschende Konjunktur einer verspäteten Debatte. In: Backhaus-Maul, H. u.a. (Hrsg.): Corporate Citizenship in Deutschland. Bilanz und Perspektiven. Wiesbaden: VS Verlag für Sozialwissenschaften, S. 13-42.

Bellah, R. N. u.a. (1991): The Good Society, New York: Alfred A. Knopf.

Braun, S./Backhaus-Maul, H. (2010): Gesellschaftliches Engagement von Unternehmen in Deutschland. Eine sozialwissenschaftliche Sekundäranalyse, Wiesbaden: VS Verlag für Sozialwissenschaften.

Färber, G./Schupp, J. (2005): Der Sozialstaat im 21. Jahrhundert. Ökonomische Anforderungen, europäische Perspektiven, nationaler Entscheidungsbedarf; ein Werkstattbericht, Münster: Waxmann.

Gerhards, J. (2000): Die Vermessung kultureller Unterschiede. USA und Deutschland im Vergleich, Wiesbaden: Westdeutscher Verlag.

Hoffmann, J. (2005): Institutionelle Muster konkurrierender Marktwirtschaften im 21. Jahrhundert. In: Färber, G.; Schupp, J. (Hrsg.): Der Sozialstaat im 21. Jahrhundert. Ökonomische Anforderungen, europäische Perspektiven, nationaler Entscheidungsbedarf; ein Werkstattbericht. Münster: Waxmann, S. 79-89.

Katzmair, H./Mahrer; H. (2011): Die Formel der Macht, Salzburg: Ecowin.

Lane, C. (1992): European Business Systems: Britain and Germany Compared. In: Whitley, R. (Hrsg.): European Business Systems. Firms and Markets in der National Contexts. London: Sage, S. 64-97.

Leiber, S. (2005): Europäische Sozialpolitik und nationale Sozialpartnerschaft, Frankfurt: Campus Verlag.

Leipold, H. (2000): Die kulturelle Einbettung der Wirschaftsordnungen: Bürgergesellschaft versus Sozialstaatsgesellschaft. In: Wentzel, B.; Wentzel, D. (Hrsg.): Wirtschaftlicher Systemvergleich Deutschland/USA. Stuttgart: Lucius & Lucius, S. 1-52.

Mahrer, H. (2009): Mehr Freiheit. Mehr Verantwortung. Von der Vertrauensgesellschaft und wie wir uns von der Lüge des Vollkaskostaates befreien, Neckenmann: novum pro.

Mahrer, H., u.a. (2009): Neues Vertrauen für die Wirtschaft. Verantwortungsbewusstes Unternehmertum als Antwort auf die Krise – Status und Potenzial von Corporate Citizenship in Österreich. Wien.

Matten, D./Moon, J. (2005): A Conceptual Framework for Understanding CSR. In: Habisch, A. u.a. (Hrsg.): Corporate Social Responsibility Across Europe. Berlin: Springer. S. 335-356.

Mühlböck, M. (2011): Wirtschaftspolitik und Corporate Citizenship in Österreich. Das Potenzial von gesellschaftlichem Unternehmensengagement für mehr soziale Gerechtigkeit. Alpen-Adria-Universität Klagenfurt.

Münch, R. (2000): Politische Kultur, Demokratie und politische Regulierung: Deutschland und USA im Vergleich. In: Gerhards, J. (Hrsg.): Die Vermessung kultureller Unterschiede. USA und Deutschland im Vergleich. Wiesbaden: Westdeutscher Verlag, S. 15-31.

Schmid, J. (2005): Sozialstaatsmodelle in der EU – Vielfalt und Wandel. In: Färber, G.; Schupp, J. (Hrsg.): Der Sozialstaat im 21. Jahrhundert. Ökonomische Anforderungen, europäische Perspektiven, nationaler Entscheidungsbedarf; ein Werkstattbericht. Münster: Waxmann, S. 47-56.

Soskice, D. (1999). Globalisierung und institutionelle Divergenz: Die USA und Deutschland im Vergleich. In: Geschichte und Gesellschaft, Vol. 2, S. 201-225.

Steurer, R. (2009): The role of governments in corporate social responsibility: characterizing public policies on CSR in Europe. In: Policy Sciences, Vol. 43, S. 49-72.

Wentzel, B./Wentzel, D. (2000): Wirtschaftlicher Systemvergleich Deutschland/USA, Stuttgart: Lucius & Lucius.

Whitley, R. (1992a): European Business Systems. Firms and Markets in their National Contexts, London: Sage.

Whitley, R. (1992b): Societies, Firms and Markets: the Social Structuring of Business Systems. In: Whitley, R. (Hrsg.): European Business Systems. Firms and Markets in their National Contexts. London: Sage, 5-45.

Whitley, R. (1999): Divergent Capitalisms, Oxford, Oxford University Press.

CSR und Wettbewerbsfähigkeit

André Martinuzzi

1 Einleitung

„Freiwilliges Engagement für Umwelt und Menschen erhöht die Wettbewerbsfähigkeit eines Unternehmens" – dieses Argument wird häufig präsentiert. CSR-Berater versuchen damit ihre Beratungsleistungen zu verkaufen, auf CSR spezialisierte Wissenschaftler wollen damit Fördermittel lukrieren und die von ihnen entwickelten Ansätze verbreiten, politische Entscheidungsträger hoffen, dass CSR-Politiken, die auf freiwilligem Engagement basieren, auf mehr Akzeptanz stoßen als Ge- und Verbote. Gibt es für den erhofften Zusammenhang von CSR[1] und Wettbewerbsfähigkeit auch wissenschaftliche Belege oder handelt es sich um Motivationsliteratur, die versucht, die bittere Pille der gesellschaftlichen Verantwortung mit dem Zuckerguss des erhofften Wettbewerbsvorteils schmackhafter zu gestalten? Die vorliegenden Befunde sind leider nicht eindeutig. Raghubir et al. sind auf Basis einer wissenschaftlichen Meta-Analyse zu folgendem Schluss gekommen: *„After 36 years, 167 studies, and 16 reviews of the relationship between CSR and financial performance, the answer to the debate about whether CSR is profitable is unambiguously clear: it depends!"* [2] Doch wovon hängt es ab, ob CSR zu gesteigerter Wettbewerbsfähigkeit führt? Dieser Beitrag trägt dazu Überlegungen und empirische Ergebnisse aus mehreren EU-weiten Forschungsprojekten zusammen und fokussiert auf drei zentrale Einflussfaktoren: die von CSR-Politiken gesetzten Rahmenbedingungen, die Wettbewerbssituation in der jeweiligen Branche und das Verständnis von CSR im einzelnen Unternehmen. Auf Basis dieser Befunde werden drei Schlussfolgerungen gezogen: (1) CSR als Wettbewerbsvorteil setzt entsprechende Rahmenbedingungen und CSR-Politiken voraus, um Marktkräfte so einzusetzen, dass engagierten Unternehmen auch Wettbewerbsvorteile erwachsen, (2) branchenspezifische CSR-Initiativen sind erforderlich, um die für die jeweilige Branche typischen Erfolgsfaktoren von CSR zu adressieren, und (3) wird CSR von Unternehmen als Innovationsprogramm verstanden, so ändert sich deren strategische Wettbewerbsposition.

---

[1] In diesem Kapitel wird CSR als „freiwilliges betriebliches Engagement für Umwelt und Gesellschaft" verstanden, wobei sich Überlappungen mit den Begriffen *Corporate Responsibility*, *Corporate Sustainability*, *Corporate Citizenship*, *Corporate Governance*, *Business Ethics* etc. ergeben. Der Autor ist sich der verschiedenen Bedeutungen und Diskurse bewusst, verzichtet hier aber aus Platzgründen auf eine detaillierte Darstellung. Weiterführend siehe Carroll (1991); Garriga/ Melé (2004); Schaltegger/Müller (2007); Matten/Moon (2008)

[2] Raghubir/Roberts/Lemon/Winer (2010): 69

2 Hintergrund

Wettbewerbsfähigkeit ist ein in Politik, Wirtschaft und Wissenschaft häufig verwendeter und zumeist positiv besetzter Begriff. Bevor genauer auf die Verbindungen von CSR und Wettbewerbsfähigkeit eingegangen wird, beleuchtet das nachfolgende Kapitel den wirtschaftspolitischen und wissenschaftlichen Hintergrund dieses vielfältig verwendeten Begriffs.

2.1 Wettbewerbsfähigkeit in einer globalisierten Wirtschaft

Wettbewerb ist ein zentrales Charakteristikum der Marktwirtschaft – egal, ob es sich um freie Marktwirtschaft neoliberaler Prägung oder um (öko)soziale Marktwirtschaft handelt. In jedem Fall soll der Wettbewerb zwischen Unternehmen zu höherer Effizienz und optimaler Allokation knapper Mittel führen sowie verhindern, dass ein einzelnes Unternehmen so viel Macht entwickelt, dass es den Markt dominieren und daraus ungerechtfertigte Gewinne lukrieren kann („Monopolrente").

Die letzten Jahrzehnte waren durch eine kontinuierliche Zunahme des Wettbewerbs gekennzeichnet: Zum einen wurden in ganz Europa staatsnahe Sektoren privatisiert und staatliche Monopole abgeschafft, zum anderen haben der Abbau von Handelshemmnissen und die ständig fallenden Transportkosten zu einer Globalisierung der Wirtschaft geführt. Dies hat zur Folge, dass Unternehmen in Wettbewerbsbeziehungen treten, die unter höchst unterschiedlichen Rahmenbedingungen produzieren: Während in Europa hohe Sozial- und Umweltstandards einzuhalten sind und entsprechende Herstellkosten anfielen, kann in Ländern außerhalb Europas zu deutlich niedrigeren Kosten produziert werden. Dies ist nicht nur auf ein geringeres Lohnniveau zurückzuführen, sondern auch auf deutlich niedrigere Anforderungen an den Schutz von Umwelt, Beschäftigen und Anrainern. So wurden beispielsweise in den letzten Jahren europäische Hersteller von Spielwaren, Textilien und Einrichtungsgegenstände zunehmend von Billigimporten verdrängt.

In diesem Verdrängungswettbewerb wurde CSR vielfach als Chance für die europäische Wirtschaft verstanden und kommuniziert, um langfristige Wettbewerbsvorteile zu erzielen. Diese Annahme ist auf den ersten Blick widersprüchlich, denn die Einhaltung der hohen Sozial- und Umweltstandards in Europa führt zu höheren Produktionskosten und damit zu Nachteilen im Preiswettbewerb. Auf den zweiten Blick zeigen sich zwei Argumentationslinien, die eine Stärkung der Wettbewerbsposition durch CSR begründen:

- Setzen europäische Unternehmen verstärkt auf Qualität (anstatt auf geringe Preise), so kann CSR als Zusatzqualität im Hochpreissegment zu höheren Verkaufspreisen, höherer Glaubwürdigkeit und damit zu einer stärkeren Kundenbindung führen. Diese Strategie findet sich beispielsweise bei Bio-Lebensmitteln und im Hochpreissegment von Textilien.
- Die zweite Verbindung geht davon aus, dass durch höhere Sozial- und Umweltstandards Innovationen ausgelöst werden, die wiederum die Wettbewerbs-

fähigkeit der betroffenen Unternehmen langfristig stärken.[3] Auslöser können dabei sowohl Ge- und Verbote als auch freiwillige Maßnahmen sein, die unter CSR zu subsumieren sind. Ein aktuelles Beispiel dafür sind die Aktivitäten der Automobilindustrie im Bereich E-Mobilität, die diesen Unternehmen zu einer Technologieführerschaft verhelfen könnten.

Diesen Argumentationslinien folgt auch der „European Competitiveness Report 2008"[4], der folgende Wettbewerbsvorteile von CSR hervorhebt:

- bessere Human Resources und in der Folge gesteigerte Arbeitsproduktivität, höhere Innovationskraft und bessere Attraktivität des Unternehmens für High-Potentials
- geringe Kosten für Energie und Rohstoffe sowie durch vermiedene Rechtsstreitigkeiten
- bessere Kundenbeziehungen in hochqualitativen Marktsegmenten, bei Beschaffungsvorgängen der öffentlichen Hand und in industriellen Wertschöpfungsketten
- Innovationsvorsprung durch die Einbindung von Anspruchsgruppen in Innovationsprozesse und durch den Bezug auf gesellschaftliche Bedürfnisse
- Image- und Risikomanagement, v.a. durch die rasche Breitenwirkung neuer Medien und eine bei CSR-Themen kritische Öffentlichkeit
- Finanzmärkte, wobei eingeschränkt wird, dass die Kausalität der Wechselwirkungen von gesellschaftlicher und finanzieller Performance eines Unternehmens nicht geklärt ist.

Einschränkend ist festzuhalten, dass viele derartige Aussagen programmatischen Charakter haben oder nur für ganz spezifische Marktnischen, Branchen oder Wettbewerbsstrategien gelten. Es stellt sich daher die Frage, ob es einen wissenschaftlichen Nachweis gibt, dass CSR zu gesteigerter Wettbewerbsfähigkeit führt.

2.2 Wettbewerbsfähigkeit in Betriebswirtschaftslehre und Managementforschung

Die Betriebswirtschaftslehre bietet ein breites Spektrum an wissenschaftlich fundiertem Handwerkszeug zur erfolgreichen Führung von Unternehmen. Als angewandte Wissenschaft folgt sie den Problemen der Praxis und bietet eine Vielzahl von empirischen Erkenntnissen, normativen Aussagen und praktischen Handreichungen. So gesehen behandelt die gesamte Betriebswirtschaftslehre das Thema Wettbewerbsfähigkeit. Da auch wissenschaftliche Erkenntnisse einer Markt- und Verwertungslogik unterliegen, finden sich die Begriffe „Erfolgsfaktor" und „Wettbewerbsfähigkeit" quasi als Ausrufungszeichen hinter einer enormen Vielfalt von Erkenntnissen, Methoden und Instrumenten. Beispielsweise ergibt eine einfache

---

[3] vgl. Porter/Kramer 2006 bzw. den Beitrag von Porter/Kramer in diesem Buch
[4] vgl. European Commission (2008): 106-121

Suche im österreichischen Bibliothekenverbund fast 1000 Werke mit den Worten „Erfolgsfaktor" oder „Wettbewerbsfaktor" im Titel. Das Spektrum der Themen reicht von Standort, Unternehmenskultur, Kommunikation, Qualitätssicherung und Kundenzufriedenheit bis zu Chancengleichheit, Ethik und Intuition. Eine allgemeine Theorie der Wettbewerbsfähigkeit von Unternehmen ist aufgrund dieser hohen Ausdifferenzierung bisher nicht etabliert. Im strategischen Management, jener Teildisziplin, die sich besonders mit dem Aufbau und der Absicherung von sogenannten strategischen Erfolgsfaktoren beschäftigt, sind drei verschiedene Sichtweisen zu finden.

Im *market based view* geht es um die Fähigkeit eines Unternehmens, gegenüber seinen Kunden eine einzigartige Position zu erreichen und Barrieren gegenüber Mitbewerbern aufzubauen.[5] Dies kann durch Preisführerschaft (basierend auf niedrigen Produktionskosten), durch Qualitätsführerschaft (basierend auf Technologie, Reputation und Marken) oder durch das Besetzen von Marktnischen erreicht werden. Etablierten Unternehmen kann es damit gelingen, einen (Teil-)Markt zu beherrschen und fast wie ein Monopolist zu agieren. CSR als Wettbewerbsvorteil unter dem Market Based View wird häufig als Strategie der Qualitätsführerschaft oder als Nischenstrategie umgesetzt, da freiwillige Leistungen für Umwelt und Gesellschaft kaum mit einer Niedrigpreisstrategie vereinbar sind.

Im *resource based view* erlangt ein Unternehmen dann entscheidende Wettbewerbsvorteile, wenn es ihm gelingt, einen exklusiven Zugang zu Ressourcen zu gewinnen, worunter finanzielle, physische, Human- und organisationale Ressourcen zu verstehen sind.[6] Fokussiert wird dabei auf jene Ressourcen, die einen entscheidenden „Added Value" für das jeweilige Unternehmen erbringen, einzigartig, vom Mitbewerber schwer imitierbar und nicht ersetzbar sind. CSR als Wettbewerbsvorteil unter dem Resource Based View kann als Sicherung und Schutz der Versorgung eines Unternehmens mit physischen Ressourcen verstanden werden (z.B. preisstabile Versorgung mit Rohstoffen und Energie), in Bezug auf Human Resources (z.B. gut ausgebildete und motivierte Mitarbeiter), als Technologievorsprung oder als gesicherte finanzielle Ressourcen (z.B. im Segment von Socially Responsible Investment).

Der *relational view* erweitert den vorigen Ansatz und betrachtet das Unternehmen eingebettet in seine Netzwerke und Beziehungen.[7] Gelingt es einem Unternehmen, diese Beziehungen zu seinem Nutzen besser zu gestalten als seine Mitbewerber, resultiert daraus ein strategischer Vorteil. CSR unter diesem Ansatz kann als optimales Stakeholder-Management angesehen werden, wobei die Komplexität und Widersprüchlichkeit der Anforderungen verschiedener Stakeholder eine besondere Herausforderung an die Dialog- und Lernfähigkeit von Unternehmen darstellt.[8]

Wie bereits in der Einleitung erwähnt, sind die empirischen Befunde zu CSR und Wettbewerbsfähigkeit vielfältig. Dies liegt u.a. darin begründet, dass die

---

[5] vgl. Caves/Porter (1977); Porter (1980); Porter (1985)
[6] vgl. Pfeffer/Salancik (1978); Wernerfelt (1984); Barney (1991); Grant (1991); Peteraf (1993)
[7] vgl. Dyer/Singh (1998); Morgan/Hunt (1999); Prior (2006)
[8] weiterführend Steurer/Langer/Konrad/Martinuzzi (2005); Martinuzzi/Zwirner (2010)

beiden Begriffe in den verschiedenen Studien unterschiedlich operationalisiert werden: So können die Umwelt, die Mitarbeiter, die Anspruchsgruppen oder die Wertschöpfungsketten im Vordergrund stehen. Unter CSR kann eine einzelne Maßnahme, ein Programm, eine Strategie, ein Managementsystem, eine Vision oder ein gesamtes Business Model subsumiert werden. Zudem wandeln sich Verständnis und die Implementierung von CSR in jedem Unternehmen, so dass auch die Wirkungen auf die Wettbewerbsfähigkeit im Zeitverlauf zu betrachten wären. Auf der anderen Seite kann auch Wettbewerbsfähigkeit nur im jeweiligen zeitlichen und institutionellen Kontext evaluiert werden: Gerade in einem dynamischen wirtschaftlichen und politischen Umfeld können sich Wettbewerbskonstellationen und damit die wettbewerbsstrategische Bedeutung von CSR rasch ändern.[9] Meta-Analysen kommt daher eine herausragende Bedeutung zu, da sie eine Vielzahl von Einzelstudien vergleichen und zusammenführen, um daraus ein stabil(er)es Gesamtbild zu erarbeiten:

Orlitzky/Schmidt/Rynes haben 2003 in einer Meta-Analyse von 52 Studien den Zusammenhang zwischen gesellschaftlicher und finanzieller Performance von Unternehmen untersucht. Sie kommen zum Ergebnis, dass es einen positiven Zusammenhang gibt, wobei dem Aufbau von Reputation gegenüber Kunden und von Goodwill gegenüber Stakeholdern eine größere Bedeutung zukommt als der Steigerung von Effizienz und organisationalem Wissen. Die Autoren kommen zudem zu dem Schluss, dass es eine wechselseitige, sich gegenseitig verstärkende Beziehung von sozialem Engagement und finanziellem Erfolg gibt. Im Jahr 2011 haben Endrikat/Günther/Hoppe die Ergebnisse einer Meta-Analyse von 119 Studien präsentiert in der sie den Zusammenhang zwischen Corporate Environmental Performance (CEP) und Corporate Financial Performance (CFP) untersuchten. Sie kommen zum Ergebnis, dass es einen eindeutigen, positiven und wechselseitigen Zusammenhang zwischen betrieblichem Engagement in Umweltfragen und finanziellem Erfolg gibt. Beides zusammen führt zu einem wechselseitigen positiven Rückkopplungskreislauf, der Wettbewerbsvorteile von pro-aktiven Unternehmen erklären kann. Während diese bisher größte Meta-Analyse auf Umweltaspekte und die finanzielle Performance fokussiert, wird im nachfolgenden Kapitel unter CSR auch Engagement in sozialen und gesellschaftlichen Belangen verstanden und auf die kontextuellen Faktoren und strategischen Entscheidungen von Unternehmen näher eingegangen.

3 Einflussfaktoren auf die Verbindung von CSR und Wettbewerbsfähigkeit

Das nachfolgende Kapitel präsentiert und verbindet die Ergebnisse aus mehreren europaweiten Forschungsprojekten. Manche dieser Projekte sind bereits abge-

---

[9] z.B. der Unfall der Deepwater Horizon und der daraus resultierende finanzielle und Image-Schaden für BP oder der aus der Fukushima-Katastrophe resultierende (Wieder)ausstieg Deutschlands aus der Atomkraft und der daraus resultierende Wegfall eines wichtigen Marktes für die Nuklearindustrie

schlossen, so dass ausführlichere Publikationen vorliegen,[10] manche sind derzeit noch im Laufen, so dass in nächster Zeit weitere Ergebnisse zu erwarten sind.[11]

3.1 CSR-Politiken – Wettbewerbsvorteile hängen von den wirtschaftspolitischen Rahmenbedingungen ab

In den Jahren 2006 bis 2008 wurde eine Serie von Studien zum Thema „Public CSR Policies in Europe" durchgeführt.[12] Im Auftrag der EU-Generaldirektion Beschäftigung, Soziales und Integration wurden 138 Telefoninterviews durchgeführt, 202 CSR-Initiativen aus ganz Europa erhoben und 6 detaillierte Fallstudien analysiert. Dabei wurden die grundsätzlichen Gestaltungsmöglichkeiten von CSR-Politiken dargestellt:

- *Instrumente des Rechtsrahmens*, wenn beispielsweise bei der öffentlichen Beschaffung (z.b. in den Niederlanden) oder bei der Veranlagung staatlicher Pensionsfonds (z.b. in Schweden) CSR-Kriterien berücksichtigt werden; wenn börsennotierte Unternehmen verpflichtet sind, einen CSR-Report zu veröffentlichen (z.B. in Frankreich).
- *Ökonomische und finanzielle Instrumente* umfassen Förderungen (z.B. Förderung von erneuerbaren Energien in Österreich), Steuererleichterungen und Preise für besondere CSR-Leistungen (z.B. Innovationspreis für Klima und Umweltschutz in Deutschland).
- *Informationsorientierte Instrumente* umfassen Kampagnen und Websites (z.B. Websites zum CO2-Fußabdruck in Frankreich und Dänemark), Leitfäden und Broschüren (z.B. die Best-Practice Eco-Innovation-Serie in Finnland), Beratung und Weiterbildung (z.B. das klima:aktiv Programm in Österreich), die Entwicklung von Indikatoren (z.B. in den Niederlanden) und die Veröffentlichungen von Nachhaltigkeitsberichten durch Ministerien und andere Gebietskörperschaften (z.B. der Nachhaltigkeitsbericht des österreichischen Lebensministeriums).
- An *partnerschaftlichen Instrumenten* sind Unternehmen und die öffentliche Hand gleichberechtigt beteiligt, z.B. an Netzwerken (z.B. die Klima-Partnerschaft in Polen), Stakeholder-Dialogen (z.B. der CSR-Zukunftsdialog in Österreich) und an freiwilligen Vereinbarungen (z.B. die Umweltpakte und -allianzen in den meisten deutschen Bundesländern).
- *Hybride Instrumente*, die Elemente der anderen vier Instrumente kombinieren, wie beispielsweise in CSR-Strategien (z.B. in Deutschland, Belgien, Bulgarien und Litauen) und Aktionsplänen (z.B. in Dänemark), aber auch in angrenzenden Feldern wie Klimaschutz (in Tschechien, Finnland, Ungarn, Portugal, Rumänien, Spanien und Schweden).

---

[10] vgl. Steurer (2010); Steurer/Martinuzzi/Margula (2011)
[11] siehe www.CSR-IMPACT.eu
[12] weitere Studien zu CSR-Politiken: Fox/Ward/Howard (2002); de la Cuesta-Gonzales/Valor-Martínez (2004); Albareda/Lozano/Perrini (2006); Albareda/Lozano/Ysa (2007); Welzel/Peters/Höcker/Scholz (2007); Albareda/Lozano/Tencati/Midttun/Perrini (2008); Knopf et al (2011)

Die wettbewerbsstrategische Bedeutung dieser CSR-Politiken kann aus ihrer Eingriffstiefe erklärt werden: Werden schwache Instrumente (z.B. Informationskampagnen, Bildungsarbeit) eingesetzt, so sind Eingriffstiefe und wettbewerbsstrategische Bedeutung gering. Werden Ge- und Verbote eingesetzt, so können sie jenen Unternehmen, die eine gewisse Praxis bereits einsetzen, zu Wettbewerbsvorteilen verhelfen (wenn alle anderen Unternehmen auf diesen Stand „nachrüsten" müssen), führen jedoch langfristig zu einer Nivellierung der Wettbewerbssituation. Die stärkste Anreizwirkung ist von jenen Instrumenten zu erwarten, die Marktkräfte einsetzen, um Unternehmen, die sich für CSR engagieren, zu stabilen und signifikanten Wettbewerbsvorteilen zu verhelfen. Beispiele für derartige starke marktorientierte CSR-Politiken sind die Niederlande (durch Berücksichtigung von CSR in der öffentlichen Beschaffung), Schweden (durch Integration von CSR bei Veranlagungen öffentlicher Pensionsfonds) und Italien (durch reduzierte Umsatzsteuer für Unternehmen, die ein Umweltmanagementsystem implementiert haben).

Eine quantitative Analyse der 202 erhobenen CSR-Politiken und Initiativen aus ganz Europa hat gezeigt, dass informationsorientierte und hybride Instrumente am häufigsten anzutreffen sind, partnerschaftliche Instrumente unerwartet selten zu finden sind und Instrumente des Rechtsrahmens häufig eingesetzt werden, um Marktkräfte zu stimulieren. In Süd- und Osteuropa sind deutlich weniger CSR-Politiken und Initiativen anzutreffen als in Skandinavien, im angelsächsischen Raum und in Zentraleuropa. In den neuen EU-Mitgliedsstaaten sind vor allem internationale Konzerne die treibende Kraft für CSR auf betrieblicher und politischer Ebene.

Zusammenfassend kann festgehalten werden, dass die Verbindung von CSR und Wettbewerbsfähigkeit entscheidend von den (politisch gesetzten) Rahmenbedingungen und den dabei eingesetzten Instrumenten abhängt. "Starke" CSR-Politiken nützen die Kräfte der Marktwirtschaft und eröffnen Wettbewerbsvorteile für jene Unternehmen, die sich pro-aktiv mit dem Thema CSR auseinandersetzen. CSR als Wettbewerbsvorteil setzt daher entsprechende politisch gesetzte Rahmenbedingungen voraus.

3.2 Branchenspezifische CSR – in welchen Bereichen gesellschaftliche Verantwortung zum Erfolg führt

In den Jahren 2008 bis 2010 fand das Forschungsprojekt „Responsible Competitiveness" im Auftrag der EU-Generaldirektion Unternehmen und Industrie statt, das sich den Verbindungen von CSR und Wettbewerbsfähigkeit in drei ausgewählten Branchen (Chemie, Bauwirtschaft, Textil) widmete.[13] Im Rahmen dieses Projekts wurden 45 Expertengespräche mit Industrieverbänden aus ganz Europa durchgeführt und drei sektorale Projekte über den Zeitraum von 18 Monaten wissenschaftlich begleitet. Parallel dazu fand mit Fördermitteln der österreichischen Nationalbank eine Delphi-Studie statt, die einzelne Themen durch eine Onlinebefragung

---

[13] weitere Studien zu Responsible Competitiveness: Swift/Zadek (2002); Zadek (2006); Draper (2006)

von Vertretern aus Wirtschaft, Wissenschaft und Beratung weiter vertieft hat. [14] Die Ergebnisse zeigen, dass die Verbindung von CSR und Wettbewerbsfähigkeit stark von der Wettbewerbssituation in der jeweiligen Branche geprägt wird:

Chemische Industrie

In der chemischen Industrie sind Innovation und die Verfügbarkeit kostengünstiger Rohstoffe und Energie von wettbewerbsstrategisch zentraler Bedeutung. Der Wettbewerb findet vor allem innerhalb Europas statt. Da nur 11% der hergestellten Produkte Konsumgüter sind, haben Konsumgewohnheiten privater Haushalte nur eine geringe Bedeutung. Die wichtigsten gesellschaftlichen Anliegen sind Gesundheit, Sicherheit und Umweltschutz, da in der chemischen Industrie gefährliche Substanzen und Produktionsprozesse anzutreffen sind. Nach einigen dramatischen Unfällen in den 1980er Jahren war es eine zentrale Herausforderung für die chemische Industrie, das Vertrauen in der breiten Bevölkerung und die gesellschaftliche Akzeptanz des Sektors wieder aufzubauen. Die Verbindung von CSR und Wettbewerbsfähigkeit bietet in der chemischen Industrie ein hohes Potenzial, da Innovation, Verfügbarkeit von Ressourcen, gesellschaftliches Vertrauen und die „license to operate" zentrale Einflussfaktoren auf ökonomischen Erfolg und Wettbewerbsfähigkeit haben:

* *Innovationen* erfordern finanzielle und Human-Ressourcen und führen zu effizienteren Technologien, die das Potenzial haben, Umweltschutz und Wettbewerbsfähigkeit in der chemischen Industrie zu verbinden.
* Im so genannten *„Life Cycle Approach"* werden die Wertschöpfungsketten optimiert, Produkt- und Service-Innovationen angestrebt und damit die Verfügbarkeit von kostengünstigen Ressourcen sichergestellt.
* *Gesundheit, Sicherheit und Umweltschutz* sind zentrale Elemente des Risk-Managements von Unternehmen der chemischen Industrie geworden, um die Existenz des Unternehmens und seine Legitimität zu sichern.

CSR-Politiken in diesem Sektor sollten daher zum einen auf Innovation und Öko-Effizienz fokussieren, zum anderen sicherstellen, dass hohe Standards für Gesundheit, Sicherheit und Umweltschutz an allen Standorten eines Unternehmens (in Europa und darüber hinaus) umgesetzt werden.

Bauwirtschaft

Die Bauwirtschaft ist dadurch gekennzeichnet, dass Bauprojekte die zeitlich befristete Zusammenarbeit einer Vielzahl und Vielfalt von Unternehmen erfordern, die hergestellten Gebäude aber eine sehr hohe Lebensdauer (und damit lang andauernde ökonomische, ökologische und soziale Effekte) haben. Die Branche wird durch einen massiven Preiswettbewerb, hohe Arbeitsintensität (mit kurzfristigen Arbeitsverträgen und Saisonarbeit), durch einen hohen Anteil von Klein- und Mittelbetrieben und vor allem regionale Wettbewerbsbeziehungen geprägt. Drei

---

[14] vgl. Martinuzzi/Gisch-Boie/Wiman (2010); Martinuzzi (2010); Martinuzzi (2011)

Akteure spielen eine zentrale Rolle, wenn es um die CSR und die daraus resultierenden Kostenstrukturen geht: Immobilienentwickler, Bauträger und Eigentümer. Wenn zumindest einer dieser drei Akteure CSR fordert, werden Sozial- und Umweltmaßnahmen beachtet – andernfalls stehen geringe Kosten im Vordergrund. Dies zeigt sich in jenen Bereichen, wo CSR die höchste Wettbewerbsrelevanz aufweist:

• Solange *nachhaltiges Bauen* (Null-Energie-Häuser, Barrierefreiheit, Berücksichtigung der Lebenszykluskosten) nicht allgemeiner Standard ist, bieten derartige Zusatzqualitäten Wettbewerbsvorteile durch Differenzierung in einem Hochpreis-Segment.
• CSR im Bereich *Arbeitssicherheit und Gesundheitsschutz* verhindert Arbeitsunterbrechungen, trägt dazu bei, Termine einzuhalten, und steigert damit die Effizienz von Unternehmen der Bauwirtschaft.
• Maßnahmen zur *Korruptionsbekämpfung* verbessern das Unternehmensimage, verhindern einen Ausschluss von Ausschreibungen und erhöhen die Effizienz durch Kostentransparenz.

Gerade in der Bauwirtschaft spielt die öffentliche Beschaffung eine zentrale Rolle, indem bei der Errichtung öffentlicher Gebäude die höchsten Sozial- und Umweltstandards eingehalten werden. Weitere sektorspezifische CSR-Politiken bestehen in der Etablierung von Standards (z.B. für Energieverbrauch von Gebäuden), Information (z.B. durch den Energieausweis von Gebäuden) und den effektiven Vollzug bestehender Normen (z.B. Arbeitssicherheit, Korruptionsbekämpfung.

Textilbranche
Die Textilbranche kam durch Importe aus Asien massiv unter Druck. In nahezu allen europäischen Staaten wurden produzierende Unternehmen geschlossen und Arbeitsplätze in diesem Sektor gingen verloren, so dass die Textilindustrie in Europa nur noch eine untergeordnete Bedeutung hat. Aufgrund hoher Sozial- und Umweltstandards in Europa war ein Preiskampf mit Billig-Anbietern außerhalb Europas aussichtslos. Zwei Marktnischen sind daher für europäische Hersteller in der Textilbranche attraktiv geblieben: technische Textilien (z.B. für Flugzeug-, Automobil-, Boots- und Schiffbau sowie für die Bauindustrie) und Markenartikelhersteller der Bekleidungsindustrie.

• Bei der *Herstellung technischer Textilien* sind ähnliche Synergien von CSR und Wettbewerbsfähigkeit wie in der chemischen Industrie anzutreffen: Innovation, Energie- und Ressourcen-Effizienz, Recycling, Einsatz nachwachsender Rohstoffe und die Berücksichtigung des gesamten Lebenszyklus (Cradle-to-Cradle Konzepte). Um Wettbewerbsvorteile durch CSR zu erlangen, sind Investitionen und Human-Ressourcen erforderlich, die sich durch geringere Produktionskosten und höhere Produktqualität amortisieren können. CSR Politiken in diesem Bereich sollten daher Innovationen stimulieren.
• Bei *hochpreisigen Mode-Markenartikeln* gewinnt CSR als zusätzliche Produktqualiät an Bedeutung. Hier kommt es auf die Glaubwürdigkeit in den

Augen der Konsumenten an (z.b. ob Bekleidung garantiert ohne Kinderarbeit hergestellt wurde, ob die eingesetzte Baumwolle mehr oder weniger umweltschädlich hergestellt wurde). Für Aufbau und Absicherung von Wettbewerbsvorteilen in Marktnischen spielen Öko- und CSR-Labels sowie an CSR orientierte Produktlinien eine wichtige Rolle. CSR-Politiken in diesem Marktsegment sollten daher auf Glaubwürdigkeit und Qualitätssicherung fokussieren.

Zusammenfassend kann festgestellt werden, dass die Verbindung von CSR und Wettbewerbsfähigkeit entscheidend von der jeweiligen Branche und den darin geltenden Wettbewerbsbedingungen geprägt wird. Branchenspezifische CSR-Politiken, Initiativen und Forschungsarbeiten sind daher erforderlich, um von allgemeiner Rhetorik zu jenen Bereichen vorzudringen, in denen freiwilliges Engagement für Umwelt und Gesellschaft den tatsächlichen Wettbewerbsbedingungen der jeweiligen Branche entspricht. Für das einzelne Unternehmen ergeben sich die größten wettbewerbsstrategischen Effekte, wenn CSR mit den zentralen Herausforderungen der Branche und der eigenen Wettbewerbsposition verbunden wird. Der Frage, wie CSR ins Kerngeschäft integriert werden kann, widmet sich das folgende Kapitel.

3.3 CSR als Innovationschance – Rethink your business

In den Jahren 2010 bis 2013 findet das europaweit größte Forschungsprojekt zum Thema CSR statt, in dem die Wirkungen von CSR auf Umwelt, Arbeitsplätze und Wettbewerbsfähigkeit gemessen werden. Im Winter 2011/ 2012 wird eine umfassende Delphi-Studie mit über 2.500 Experten aus Unternehmen, Fachverbänden, Beratung, Wissenschaft und NGOs stattfinden. In Vorbereitung dieser Arbeiten wurden drei Zugänge zu CSR identifiziert, die sich in Hinblick auf ihre Wettbewerbsrelevanz deutlich unterscheiden.

Projektorientierte CSR: Viele Unternehmen widmen sich dem Thema CSR das erste Mal, indem sie Sozial- und Umweltprojekte starten. Sie investieren in Preise, Spenden und Kooperationen mit Sozial- und Umweltorganisationen, übernehmen Patenschaften in Entwicklungsländern, bauen Solaranlagen und Windräder, setzen freiwillige Sozialleistungen wie Rückentraining oder Burnout-Prävention um und vieles mehr. Die initiierten CSR-Projekte sind klar abgegrenzt und daher leicht zu managen. Andererseits erwecken derartige Projekte manchmal den Eindruck von Randständigkeit, da sie mit dem Kerngeschäft des jeweiligen Unternehmens kaum verbunden sind. Der Nutzen dieser Initiativen für Umwelt und Gesellschaft ist eindeutig und kann leicht kommuniziert werden („Tue Gutes und rede darüber"). Der zentrale Wettbewerbsvorteil besteht vor allem im positiven Image und den daraus resultierenden Effekten (z.B. Kundenbindung, Mitarbeitermotivation). Manche Projekte amortisieren sich durch Einsparungen (z.B. bei erneuerbarer Energie), andere bieten keine direkten monetären Vorteile. Da projektorientierte CSR häufig in die Nähe von Philanthropie kommt, wird CSR bei diesem Zugang gerade in Krisenzeiten leicht in Frage gestellt bzw. eingestellt. Projektorientierte

CSR ist daher stets ein erster Schritt, dem weitere folgen müssen, um durch CSR auch erfolgreich zu werden.

Qualitätsorientierte CSR: Im Zentrum dieses Zugangs stehen die systematische Sicherung einer hohen Qualität, die Reduktion von Risiken und daraus resultierend das Vermeiden von Imageschäden. Wenn einem Unternehmen nachgewiesen wird, dass seine Produkte in Kinderarbeit hergestellt wurden, dass es dramatisch zur Umweltzerstörung beiträgt oder demokratische Grundrechte ignoriert, ist die Loyalität seiner Kunden rasch verspielt. Viele Unternehmen versuchen daher sicherzustellen, dass sie in allen Bereichen gesetzeskonform und darüber hinaus gesellschaftlich verantwortlich handeln. Richtlinien, Normen und Standards (z.B. ISO 26000, die ISO 14000, SA 8000, ILO-Standards) bieten dazu Orientierung, sichern Vollständigkeit und Glaubwürdigkeit. Durch diesen Zugang werden die Wirkungen eines Unternehmens auf Umwelt und Gesellschaft systematisch erfasst und wenn möglich reduziert, wobei die Verflechtung durch globale Wertschöpfungsketten und die unterschiedlichen Kulturen eine besondere Herausforderung darstellt. Während multinationale Unternehmen hier eine besondere Verantwortung tragen, fühlen sich Klein- und Mittelbetriebe vom Anspruch globaler Verantwortung leicht überfordert. Im Gegensatz zu emotional positiv besetzen Einzelprojekten kann ein an Qualität orientierter Zugang zu CSR (bei dem es darum geht, „Böses" zu vermeiden) viel schwerer in der Öffentlichkeitsarbeit kommuniziert werden. Zudem tendieren checklistenorientierte Managementsysteme dazu, als lästige Pflichtaufgabe wahrgenommen zu werden, aus deren Erfüllung kaum Innovationspotenziale resultieren. Qualitätsorientierte CSR sichert daher eine systematische Vorgangsweise, bedarf aber noch eines weiteren darauf aufbauenden Schrittes.

Strategische CSR: Strategische CSR bedeutet, bei allen strategischen Entscheidungen auch an Umwelt und Gesellschaft zu denken und daraus Innovationspotenziale zu erschließen. Damit wird CSR ins Kerngeschäft integriert und bei den vier zentralen betrieblichen Entscheidungen berücksichtigt, was, wo, wie und für wen produziert wird. Damit werden neue Geschäftsmodelle ermöglicht und betriebliche Innovationskapazitäten dorthin gelenkt werden, wo gesellschaftliche Probleme auf ihre Lösung warten. Damit werden Wettbewerbsvorteile im Kerngeschäft eines Unternehmens erlangt und eventuell sogar die Wettbewerbsbedingungen einer gesamten Branche transformiert. Beispiele für strategische CSR sind vielfältig und beeindruckend:

- Die von Friedensnobelpreisträger Muhammad Yunus in den 1970er Jahren in Bangladesh initiierten Mikro-Kredite der Grameen Bank haben mittlerweile ein weltweites Volumen von über 60 Mrd. US-Dollar erreicht. Kredite an Kleingewerbetreibende in der Höhe von bis zu 1.000 US-Dollar ermöglichen in Entwicklungsländern den Aufbau von wirtschaftlich eigenständigen Existenzen und tragen zur Armutsreduktion bei.
- betapharm hat als Hersteller von Generika seinen Geschäftszweck erweitert und bietet chronisch kranken Kindern und ihren Familien ein breites Betreuungsangebot. Anstatt in die Entwicklung neuer Medikamente oder in die Ver-

schreibgewohnheiten von Ärzten zu investieren, hat betapharm damit umfassendes Wissen über die Lebenssituation kranker Kinder erarbeitet und einen wettbewerbsrelevanten Wissensvorsprung gewonnen.

- Einige Softwarehersteller haben Autisten als Sofware-Tester eingesetzt, da sie Fehler fünfmal schneller als andere IT-Experten finden. Anstatt sie als Behinderte zu behandeln und in Randbereichen zu integrieren, wurden spezialisierte, hochwertige und bestens bezahlte Arbeitsplätze geschaffen, die den Stärken und Bedürfnissen von Autisten entsprechen.

Zusammenfassend hängt der Zusammenhang von CSR und Wettbewerbsfähigkeit davon ab, ob CSR in das Kerngeschäft des jeweiligen Unternehmens integriert wird. So lange CSR durch randständige Projekte oder umfangreiche Checklisten angestrebt wird, werden Innovationschancen und daraus resultierende Wettbewerbsvorteile vergeben. Nur wenn Umwelt und Gesellschaft bei den grundsätzlichen Unternehmensentscheidungen berücksichtigt werden, kann CSR als Beitrag der Wirtschaft zur nachhaltigen Entwicklung verstanden werden, woraus langfristige Wettbewerbsvorteile für das jeweilige Unternehmen und geteilte Werte für Wirtschaft und Gesellschaft entstehen („Shared Value").

4 Ausblick

Der vorliegende Beitrag hat drei Aspekte von CSR und Wettbewerbsfähigkeit aufgezeigt: die Wettbewerbsrelevanz von CSR-Politiken, die branchenspezifischen Wettbewerbsbedingungen und die Wettbewerbswirkung der Integration von CSR ins Kerngeschäft.[15] Zum Abschluss soll das Thema CSR und Wettbewerbsfähigkeit noch einmal kritisch diskutiert werden: Wettbewerbsfähigkeit ist ein relativer Begriff, der von zwei Bezugspunkten ausgeht: (a) dem Fokus der jeweiligen Betrachtung und (b) dem jeweils relevanten Wettbewerber. Diese Relativität erfordert eine klare Perspektive: Geht es um den Wettbewerbsvorteil eines einzelnen Unternehmens, das sich für CSR engagiert, oder geht es um ganze Industriebranchen (z.B. die chemische Industrie in Europa)? Die Wahrnehmung, wer relevanter Wettbewerber ist, wird einerseits von subjektiver Wahrnehmung geprägt (so mag zum Beispiel ein auf eine Marktnische spezialisiertes Unternehmen einen in derselben Branche tätigen Mischkonzern nicht als Wettbewerber wahrnehmen) und kann sich andererseits im Zeitverlauf ändern (z.B. durch den Markteintritt eines neuen Mitbewerbers oder die Ablöse einer branchenprägenden Technologie). Ein Wettbewerbsvorteil ist daher nichts Absolutes und Stabiles, sondern etwas Relatives und Zeitbezogenes. Eine grundsätzliche Schwierigkeit zeigt sich, wenn man die hinter den Begriffen CSR und Wettbewerbsfähigkeit liegenden Orientierungen berücksichtigt: Wettbewerbsfähigkeit hat stets etwas damit zu tun, einen bestimm-

---

[15] weitere Zusammenhänge von CSR und Wettbewerbsfähigkeit (z.B. abhängig von der Unternehmensgröße, der Eigentümerschaft, der Einbettung in Netzwerke und Cluster) konnten hier aufgrund des begrenzten Umfangs eines Buchkapitels nicht weiter behandelt werden

ten Faktor (z.B. Technologie, Marktzugang, Ressource, Netzwerke) verfügbar zu haben, über den der jeweilige Mitbewerber nicht verfügt. Das hinter CSR stehende politische Konzept „Nachhaltige Entwicklung" kann hingegen als Reform-Agenda verstanden werden, um die Zukunftsfähigkeit der Menschheit sicherzustellen und die dafür nötigen Technologien und Praktiken möglichst rasch zu verbreiten. Damit zielt CSR auf Diffusion, während Wettbewerbsfähigkeit auf Monopolisierung ausgerichtet sein muss. Dieser grundsätzliche Gegensatz legt es nach Ansicht des Autors des vorliegenden Kapitels daher nahe, künftig stärker Konzepte wie „Business Excellence", „organisationale Lernfähigkeit" oder „Shared Value"[16] in den Vordergrund zu stellen, wenn es darum geht, den wirtschaftlichen Nutzen von CSR zu kommunizieren.

5 Literatur

Albareda L./Lozano, J.M./Tencati, A./Midttun, A./Perrini, F. (2008): The changing role of governments in corporate social responsibility: Drivers and responses. In: Business Ethics: A European Review 17, S. 347-363.

Albareda, L./Lozano, J.M./Perrini, F. (2006): The government's role in promoting corporate responsibility: A comparative analysis of Italy and UK from the relational state perspective. In: Corporate Governance: The International Journal of Business in Society 6(4), S. 386-400.

Albareda, L./Lozano, J.M./Ysa, T. (2007): Public policies on corporate social responsibility: the role of governments in Europe. Journal of Business Ethics, Vol. 74, S. 391-407.

Barney, J.B. (1991): Firm Resources and Sustained Competitive Advantage. In: Journal of Management, vol. 17 (1), S. 99-120.

Carroll, A.B. (1991): The pyramid of corporate social responsibility: Toward the moral management of organizational stakeholders. In: Business Horizons, Vol. 34, No. 4, S. 39-48.

Caves, R./Porter, M. (1977): From entry barriers to mobility barriers: conjectural decisions and contrived deterrence to new competition. In: Quarterly Journal of Economics, 91, S. 241-262.

de la Cuesta-Gonzales, M./Valor-Martínez, C. (2004): Fostering corporate social responsibility through public initiative: From the EU to the Spanish case. In: Journal of Business Ethics 55, S. 275-293.

Draper, S. (2006): Key models for delivering sector-level corporate responsibility, in: Corporate Governance, Vol. 6 No. 4, S. 409-418.

Dyer, J.H./Singh, H. (1998): The relational view: Cooperative strategy and sources of inter-organisational competitive advantage. In: Academy of Management Review, vol. 23(4), S. 660-679.

Endrikat, J./Günther, E./Hoppe, H. (2011): Accumulated Evidence on the Corporate Environmental and Financial Performance Nexus – A Meta-Analysis. Vortrag bei der 73. Wissenschaftlichen Jahrestagung des Verbandes der Hochschullehrer für Betriebswirtschaft e.V., TU Kaiserslautern, 16.-18. Juni 2011.

---

[16] vgl. Porter/Kramer (2011)

European Commission (2008): European Competitiveness Report 2008, Communication from the Commission COM(2008) 774 final and Commission staff working document SEC(2008)2853.

Fox, T./Ward, H./Howard, B. (2002): Public Sector Roles in strengthening Corporate Social Responsibility: A Baseline Study. World Bank: Washington.

Garriga, E./Melé, D. (2004): Corporate Social Responsibility Theories: Mapping the Territory. In: Journal of Business Ethics, Vol. 53, S. 51-71.

Grant, R. M. (1991). The resource-based theory of competitive advantage: Implications for strategy. In: California Management Review, 22, S. 114-135.

Knopf, J./Kahlenborn, W./Hajduk, T./Weiss, D./Feil, M./Fiedler, R./Klein, J. (2011): Corporate Social Responsibility – National Public Policies in the European Union. Final report to the European Commission, Directorate-General for Employment, Social Affairs and Inclusion, Brussels.

Martinuzzi, A. (2010): EU public policies on CSR and their impacts on enterprises. Vortrag bei der International Conference on Exploring the link between Competitiveness and CSR der Universität Pisa. 29. April 2010, Pisa (Italien).

Martinuzzi, A. (2011): Responsible Competitiveness – Linking CSR and Competitive Advantage in three European Industrial Sectors. Vortrag bei der 73. Jahrestagung des Verbandes der Hochschullehrer für Betriebswirtschaft e.V., 16.-18. Juni 2011, Kaiserslautern (Deutschland).

Martinuzzi, A./Gisch-Boie, S./Wiman, A. (2010): Does Corporate Responsibility Pay Off? Exploring the links between CSR and competitiveness in Europe's industrial sectors, Final Report to the European Commission, Directorate-General for Enterprise and Industry. Wien, 2010.

Martinuzzi, A./Zwirner, W. (2010): Transformational CSR – Dialog-, Lern- und Innovationsfähigkeit im Zentrum nachhaltigen Wirtschaftens . in: Prammer, H. (Hrsg.): Corporate Sustainability, Wiesbaden: Gabler Verlag, S. 155-174

Matten, D./Moon, J. (2008): ‚Implicit' and ‚Explicit' CSR: A Conceptual Framework for a Comparative Understanding of Corporate Social Responsibility. In: Academy of Management Review Vol. 33, No. 2, S. 404-424.

Morgan, R. M./Hunt, S. (1999): Relationship-Based Competitive Advantage: The Role of Relationship Marketing in Marketing Strategy. In: Journal of Business Research, Vol. 46, S. 281-290.

Orlitzky, M./Schmidt, F.L./Rynes, S.L. (2003): Corporate social and financial performance: A meta-analysis. In: Organization studies, Vol. 24, No. 3, S. 403-441.

Peteraf, M. A. (1993): The cornerstones of competitive advantage: a resource-based view. In: Strategic Management Journal, Vol. 14, No. 3, S. 179-191.

Pfeffer, J./Salancik, G. (1978): The external control of organizations: a resource dependence perspective. New York: Harper & Row.

Porter, M. (1985): Competitive Advantage: Creating and Sustaining Superior Performance, New York 1985.

Porter, M./Kramer, M. (2006): Strategy and Society. The Link Between Competitive Advantage and Corporate Social Responsibility. In: Harvard Business Review, Vol. 84, No. 12, S. 78-92.

Porter, M./Kramer, M. (2011): Creating Shared Value. In: Harvard Business Review Jan/ Feb 2011, S. 62-77.

Porter, M.E. (1980): Competitive Strategy. Techniques for Analyzing Industries and Competitors, New York.

Prior, D. (2006): Integrating stakeholder management and relationship management: contributions from the relational view of the firm, in: Journal of General Management, Vol. 32, Issue 2, S. 17-30.

Raghubir, P./Roberts, J./Lemon, K./Winer, R. (2010): Why, When, and How Should the Effect of Marketing Be Measured? A Stakeholder Perspective for Corporate Social Responsibility Metrics. In: Journal of Public Policy & Marketing, Vol. 29 (1) Spring 2010, S. 66-77.

Schaltegger, S./Müller, M. (2007): CSR zwischen unternehmerischer Vergangenheitsbewältigung und Zukunftsgestaltung. In: Müller, M/Schalteggger, S. (Hrsg.): Corporate Social Responsibility. Neuere Wege und Ansätze, München: Oekom, S. 17-38.

Steurer, R. (2010): The Role of Governments in Corporate Social Responsibility: Characterising Public Policies on CSR in Europe. In: Policy Sciences, 43/1, S. 49-72.

Steurer, R./Langer, M. E./Konrad, A./Martinuzzi, A. (2005): Corporations, Stakeholders and Sustainable Development: A Theoretical Exploration of Business-Society Relations. In: Journal of Business Ethics; Volume 61, Number 3, October 2005, S. 263-281

Steurer, R./Martinuzzi, A./Margula, S. (2011): Public policies on CSR in Europe: Themes, instruments, and regional differences. In: Corporate Social Responsibility and Environmental Management (accepted, forthcoming).

Swift, T./Zadek, S. (2002): Corporate Responsibility and the Competitive Advantage of Nations, Londen: AccountAbility / The Copenhagen Centre.

Welzel, C./Peters, A./Höcker, U./Scholz, V. (2007): The CSR navigator. Public policies in Africa, the Americas, Asia and Europe. Bertelsmann Stiftung/GTZ.

Wernerfelt, B. (1984): A resource-based view of the firm. In: Strategic Management Journal, Vol.5, S. 171-180.

Zadek, S. (2006): Responsible competitiveness: reshaping global markets through responsible business practices, in: Corporate Governance, Vol. 6 No. 4, S. 334-348.

Finanzmarkt und CSR

Annett Baumast

1 Vorbemerkungen

In diesem Kapitel wird Corporate Social Responsibility (CSR) als Maßnahmenbündel verstanden, das jene Unternehmensaktivitäten enthält, die zur Wahrnehmung einer gesellschaftlichen Verantwortung durch Unternehmen beitragen. Dazu können einerseits rein philanthropische Bemühungen zählen, andererseits aber auch der achtsame Umgang mit natürlichen Ressourcen, das Sicherstellen menschenwürdiger Arbeitsbedingungen und das Anstreben wirtschaftlicher Stabilität. Gemeinsam sind diesen Aktivitäten der *freiwillige* Charakter sowie die *aktive* Übernahme von Verantwortung durch Unternehmen, häufig als Reaktion auf die Anliegen interner und/oder externer Stakeholder.[1] Auch wenn CSR-Massnahmen einen Beitrag zu einer nachhaltigen Entwicklung leisten *können*, ist dies – im Gegensatz zu Unternehmensaktivitäten, die bewusst auf die positive Beeinflussung einer nachhaltigen Entwicklung ausgerichtet sind – kein zwingendes Kriterium.[2]

Der Finanzmarkt bzw. die Finanzmärkte sollen hier als „Märkte, an denen Kreditbeziehungen zwischen Anbietern von Finanzierungsmitteln (Gläubigern) und Nachfragern nach Finanzierungsmitteln (Schuldnern) entstehen" definiert werden.[3] Im Zentrum der Betrachtung steht der Kapitalmarkt, der für das Thema CSR die höchste Relevanz besitzt. Sowohl der Wertpapier- als auch der Kreditmarkt werden in diesem Kontext näher beleuchtet.

2 Einleitung – CSR und Finanzmarkt: kein Griff nach den Sternen

In einer – aus CSR-Sicht – idealen Welt, trägt der Finanzmarkt als wichtig(st)er Wirtschaftsmotor wesentlich dazu bei, dass Unternehmen als Akteure auf diesem Markt sich ihrer gesellschaftlichen Verantwortung bewusst sind und entsprechend handeln. Finanzmarkttransaktionen berücksichtigen standardmäßig CSR-Kriterien und Akteure, welche diese nicht erfüllen, sind bezüglich des Zugangs zu Finanzie-

---

[1] die Kommission der Europäischen Gemeinschaften hat dies in ihrem Grünbuch Europäische Rahmenbedingungen für die soziale Verantwortung der Unternehmen wie folgt formuliert: „Die soziale Verantwortung der Unternehmen ist im Wesentlichen eine freiwillige Verpflichtung der Unternehmen, auf eine bessere Gesellschaft und eine sauberere Umwelt hinzuwirken." vgl. Kommission der Europäischen Gemeinschaften (2001): 8

[2] vgl. z.B. Ulshöfer/Bonnet (2009): 10

[3] vgl. Vennhoff, M. u.a. (Hrsg.) (2004): 202

rungsmöglichkeiten automatisch schlechter gestellt. Unverantwortliches Handeln
– auf Seiten der Schuldner wie auch auf Seiten der Gläubiger – wird früh erkannt
und abgestraft, Finanzprodukte ohne CSR-Kriterien sind auf dem Markt nicht mehr
erhältlich. Kurzum: Alles Handeln auf dem Finanzmarkt ist auf die Stärkung der
CSR-Performance derjenigen Unternehmen ausgerichtet, die sich an diesem Markt
beteiligen. Dass diese Utopie nicht nur weit entfernt, sondern auch unerreichbar ist,
versteht sich von selbst. Dass es aber bereits heute Initiativen gibt, die eine Annäherung an diese Utopie ermöglichen und dass Finanzmarktakteure existieren, die
sich der unternehmerischen Verantwortung stellen, soll im Folgenden aufgezeigt
werden. Faktum ist, dass sich der Finanzmarkt nicht erst seit heute mit dem Thema
Verantwortung bzw. Corporate Social Responsibility (CSR) auseinandersetzt, jedoch eher selten mit einer positiven Konnotation in Zusammenhang damit genannt
wird. Dass Verantwortung übernommen werden muss, sollte nicht erst seit der letzten Finanzkrise unumstritten sein, denn es „zeigen Arbeiten über die internationale
Schuldenkrise oder die Insiderproblematik an den Börsenmärkten, dass die einzelnen Marktteilnehmer sowie die Finanzinstitutionen durchaus auch als handelnde
Akteure verstanden werden müssen, die für die Entwicklung und das Schicksal von
Anlegern, von einzelnen Unternehmen, von ganzen Wirtschaftszweigen oder sogar
von einzelnen Ländern oder ganzen Weltregionen Verantwortung tragen."[4]

In einem ersten Schritt wird daher das CSR-Engagement von Unternehmen auf
dem Finanzmarkt beleuchtet: Welche Massnahmen existieren und sind bereits umgesetzt? Bestehen Selbstverpflichtungsmöglichkeiten und wenn ja, werden diese
von den Akteuren am Finanzmarkt angenommen? Der zweite Schritt lenkt den
Fokus auf die Produkte am Finanzmarkt: Welche Finanzprodukte sind heute am
Markt, die bereits CSR-Kriterien berücksichtigen? Wie wird das Thema CSR in
diese Produkte integriert? Welche Wirkungsmechanismen sorgen dafür, dass diese
Produkte einen Einfluss auf die Finanzmarkt-Akteure hin zu „mehr" CSR entfalten? Abschließend wird die Frage gestellt inwieweit diese Produkte aus CSR-Sicht
tatsächlich zukunftsfähig sind.[5]

3   Finanzdienstleister[6] und Corporate Social Responsibility

3.1 CSR-Massnahmen: nicht nur im eigenen Unternehmen aktiv

Bezüglich ihrer CSR-Aktivitäten unterscheiden sich Finanzdienstleister von der
betrieblichen und organisatorischen Seite her nur wenig von anderen Dienstleistungsunternehmen. Neben der Reduktion des Energieverbrauchs auf der ökologischen Seite, Stakeholder-Engagement als soziale Aktivität oder der Vermeidung

---

[4]   Rudolph (1999): 277
[5]   das Hauptaugenmerk der Ausführungen liegt auf dem deutschen Sprachraum, es werden jedoch
       auch internationale Studien und Beispiele herangezogen
[6]   da dieser Beitrag die *unternehmerische* Verantwortung abdeckt, soll hier vor allem auf die Unter-
       nehmen unter den Finanzmarktakteuren eingegangen werden, die unter dem Begriff Finanz-
       dienstleister zusammengefasst werden

von Doppelmandaten als Maßnahme für eine gute Governance, um nur ein paar Beispiele zu nennen, bieten die allgemeinen Berichterstattungs-Richtlinien der weltweit anerkannten *Global Reporting Initiative* (GRI) einen guten Anhaltspunkt für entsprechende Kennzahlen und daraus abzuleitende Maßnahmen.[7] Diese werden ergänzt durch das für die Finanzdienstleistungsindustrie entworfene *Sector Supplement*, das weitere, branchenspezifische Indikatoren aus den Bereichen Ökonomie, Ökologie und Soziales sowie zu den Auswirkungen von Produkten und Dienstleistungen enthält.[8] Tabelle 1 gibt einige der produkt- und dienstleistungsbezogenen Kriterien wieder.

Die Kriterien der GRI, die sich mittlerweile als Standard für die Berichterstattung zu Nachhaltigkeits- und CSR-Aktivitäten durchgesetzt haben, machen deutlich, wo der Schwerpunkt für Unternehmen, die auf den Finanzmärkten agieren, liegt: Neben Richtlinien, Abläufen und Prozessen für die Einbindung ökologischer und sozialer Aspekte in das Finanzgeschäft kommt es auch auf den Umfang und Anteil entsprechender Dienstleistungen und Produkte am Gesamtgeschäft an.

Tab. 1: Auswahl GRI-Kriterien für Finanzdienstleister[9]

Financial Services Sector-Specific Product and Service Impact Disclosure on Management Approach		
Product Portfolio	FS1	Policies with specific environmental and social components applied to business lines.
	FS2	Procedures for assessing and screening environmental and social risks in business lines.
	FS3	Processes for monitoring clients' implementation of and compliance with environmental and social requirements included in agreements and transactions.
	...	
Financial Services Sector-Specific Product and Service Impact Performance Indicators		
Product Portfolio	FS7	Monetary value of products and services designed to deliver a specific social benefit for each business line broken down by purpose.
	FS8	Monetary value of products and services designed to deliver a specific environmental benefit for each business line broken down by purpose.
	...	
Active Ownership	FS10	Percentage and number of companies held in the institution's portfolio with which the reporting organization has interacted on environmental or social issues.
	...	

Verwendet ein Finanzdienstleister diese Kennzahlen tatsächlich für die Berichterstattung – denn die Anwendung der GRI-Richtlinien ist freiwillig – wird schnell deutlich, ob ein umfassend am Thema Nachhaltigkeit orientierter Ansatz hinter den Geschäftstätigkeiten steht (wenn z. B. ein deutlicher Ausbau des Anteils nachhaltiger *Assets under Management* sichtbar wird) oder ob lediglich ein paar Alibi-Produkte das grüne und soziale Mäntelchen über die restlichen Tätigkeiten breiten sollen. Setzt sich ein Finanzdienstleister ernsthaft mit CSR und Nachhaltigkeit auseinander, lässt sich dies am Produktportfolio ablesen.

---

[7] vgl. www.globalreporting.org
[8] vgl. Global Reporting Initiative (2008)
[9] nach Global Reporting Initiative (2008): 2f.

Vor allem in ihrer Funktion als Kapitalgeber verfügen Finanzdienstleister über eine sich von anderen Branchen deutlich abhebende Macht, die Prozesse auf den Finanzmärkten zu gestalten. Dies gilt auch für das Vorantreiben einer nachhaltigen Entwicklung, indem die Finanzströme unter Berücksichtigung ethischer, sozialer und ökologischer Kriterien entsprechend gelenkt werden. Der wichtigste Ansatzpunkt ist somit im Bereich von Finanzdienstleistungen und -produkten zu finden, mit denen sich auch auf andere Marktteilnehmende im Sinne einer CSR einwirken lässt.

3.2 Brancheninitiativen – CSR als gemeinsames Ziel

Um die Auseinandersetzung der Finanzmarktakteure bei der Integration von CSR in ihre Aktivitäten zu unterstützen, sind in den letzten Jahren verschiedene finanzmarktspezifische Initiativen gestartet worden, die im Folgenden kurz vorgestellt werden. Da es sich bei CSR – wie eingangs erläutert – um *freiwillige* Maßnahmen handelt, werden bestehende gesetzliche Forderungen nicht betrachtet.[10]

Im Vorfeld des so genannten „Erdgipfels" von Rio de Janeiro 1992 begannen die ersten Finanzdienstleier ihre Auseinandersetzung mit dem Thema Nachhaltigkeit und unterzeichneten die *UNEP-Erklärung der Finanzinstitute zur Umwelt und zur nachhaltigen Entwicklung.*[11] In ihr ist unter anderem festgehalten,

- dass nachhaltige Entwicklung als „wesentliche Komponente erfolgreicher Unternehmensführung" betrachtet wird,
- dass die „nachhaltige Entwicklung eine entscheidende unternehmerische Verpflichtung sowie einen wesentlichen Bestandteil der gesellschaftspolitischen Verantwortung eines jeden Unternehmens" darstellt
- und dass „die Identifizierung und Quantifizierung von Umweltrisiken Bestandteil der üblichen Risikobeurteilungs- und Risikomanagementverfahren im In- und Auslandsgeschäft bilden müssen."[12]

Das Fundament für die heutige Auseinandersetzung mit CSR-Aktivitäten auf dem Finanzmarkt wurde somit bereits vor fast zwei Jahrzehnten gelegt und in der Folge um weitere Initiativen ergänzt, bei denen internationale Organisationen wie die Vereinten Nationen und die Weltbank unter den maßgeblich treibenden Kräften zu finden sind.

Die 2006 lancierten *Principles for Responsible Investment* (PRI) sind eine Initiative des UN Global Compact[13] und der *United Nations Environment Program Financial Initiative* (UNEP FI).[14] Sie stellen eine Selbstverpflichtung institutioneller Investierender dar, welche die Integration umwelt-, sozial- und governan-

---

[10] für einen Überblick zu bestehenden und geforderten gesetzlichen Maßnahmen vgl. z. B. Reckers (2009); Scheel (2009); Zimmermann/Schäfer (2010)
[11] vgl. www.unepfi.org/fileadmin/statements/fi/fi_statement_de.pdf (Zugriff am 30.06.2011)
[12] vgl. ebenda: 1
[13] www.unglobalcompact.org
[14] www.unepfi.org

cebezogener Aspekte in den gesamten Anlageprozess anstreben. Bis Ende Juni 2011 hatten über 900 Organisationen die PRI unterzeichnet, 66 davon stammten aus dem deutschsprachigen Raum: mit 17 Unterzeichnenden in Deutschland, 2 in Österreich und 47 in der Schweiz kommen somit nur gut 7 % aus diesen drei Ländern. Die sechs Prinzipien sind in Tabelle 2 dargestellt.

Tab. 2: Principles for Responsible Investment[15]

1	We will incorporate ESG[16] issues into investment analysis and decision-making processes.
2	We will be active owners and incorporate ESG issues into our ownership policies and practices.
3	We will seek appropriate disclosure on ESG issues by the entities in which we invest.
4	We will promote acceptance and implementation of the Principles within the investment industry.
5	We will work together to enhance our effectiveness in implementing the Principles.
6	We will each report on our activities and progress towards implementing the Principles.

Zusätzlich werden von den PRI konkrete Massnahmen vorgeschlagen, um die Prinzipien umzusetzen. Von allen Mitgliedern wird eine jährliche Berichterstattung zu den umgesetzten Maßnahmen verlangt, um sicher zu stellen, dass die Unterzeichnenden tatsächlich aktiv werden.

Bereits früher, im Jahr 2003, wurden die *Equator Principles* veröffentlicht, die von verschiedenen Finanzdienstleistern in Zusammenarbeit mit der *International Finance Corporation* (IFC) entwickelt wurden. Sie beziehen sich auf die Projektfinanzierung und geben den teilnehmenden Organisationen ein Instrumentarium für die Berücksichtigung von Sozial- und Umweltrisiken an die Hand. Die Equator Principles, die wie die PRI regelmässig überarbeitet und aktuellen Entwicklungen angepasst werden, deckten laut einer Schätzung der Schweizer Credit Suisse bereits 2005 ungefähr 75 % des Weltmarkts im Bereich Projektfinanzierung ab.[17] Von damals 28 Banken in 14 Ländern ist bis Ende Juni 2011 die Zahl der Unterzeichnenden auf 72 Institute in 29 Ländern gestiegen, so dass von einer deutlich höheren Abdeckung des Weltmarkts ausgegangen werden kann. Auch die Equator Principles verlangen von ihren Mitgliedern einen jährlichen Bericht über ihre Aktivitäten.

Die grundlegende Erkenntnis, dass unternehmerische Verantwortung essentiell für Akteure der Finanzindustrie ist, wie auch die entsprechenden Initiativen und Instrumentarien stehen somit seit einiger Zeit zur Verfügung. Doch inwieweit werden sie von der Finanzindustrie anerkannt und wahrgenommen? Integrieren Finanzdienstleister CSR-Aspekte in alle ihre Tätigkeiten? Und beeinflussen sie tatsächlich den Finanzmarkt im Hinblick auf eine nachhaltige Entwicklung? Der folgende Abschnitt gibt einen Überblick über die produktbezogenen Aktivitäten von Unternehmen am Finanzmarkt und beantwortet diese Fragen.

---

[15] www.unpri.org/principles (Zugriff am 30.06.2011)

[16] ESG steht für „environmental, social, governance" und wird im folgenden Teil des Kapitels näher erläutert.

[17] vgl. http://tinyurl.com/5wzehn4 (Zugriff am 30.06.2011)

4   Finanzmarktprodukte als Treiber von CSR-Aktivitäten

4.1   CSR, SRI und MFI – ein Überblick

Die derzeit vielleicht offensichtlichste Auseinandersetzung des Finanzmarkts mit CSR findet im Bereich der nachhaltigen Anlagen statt, die Englisch als *Socially Responsible Investments* (SRI)[18] bezeichnet werden. Für das Thema „CSR auf den Finanzmärkten" bezeichnet Ulshöfer SRI als „Kernelement".[19] Im Zusammenhang mit CSR können nachhaltige Anlagen als ein Instrument betrachtet werden, mit dessen Hilfe der Grad der gesellschaftlichen Verantwortung eines Unternehmens bewertet und als ein Produktkriterium in den Finanzmarkt eingespeist wird. Als relevante Finanzmarktakteure treten Anbieter von nachhaltigen Investments auf, zu denen heute neben spezialisierten Häusern auch die meisten konventionellen Anbieter von Anlageprodukten zählen, ebenso Researchanbieter, die entweder inhouse arbeiten oder als Ratingagenturen in Erscheinung treten, sowie private und institutionelle Kundinnen und Kunden, die an ihre Anlagemöglichkeiten Ansprüche im Hinblick auf ökologische, soziale und ethische Kriterien erheben.[20]

Neben den auf den Kapitalmarkt bezogenen nachhaltigen Anlagen lassen sich auch auf dem Kreditmarkt Anzeichen für die Integration nachhaltiger Aspekte finden. Während die ökologische Kreditwürdigkeitsprüfung schon länger Gegenstand von Kreditbewilligungsverfahren ist, haben Kredite, für die bei der freiwilligen Erfüllung von Nachhaltigkeitskriterien bessere Konditionen gewährt werden, als Finanzmarktprodukte in den letzten Jahren an Bedeutung gewonnen. Sie stellen jedoch nach wie vor einen Nischenbereich dar. Wesentlich stärker im Vordergrund stehen so genannte Mikrokredite, die von Mikrofinanzinstituten (MFI) vergeben werden und mit der Verleihung des Friedensnobelpreises 2006 an die Grameen Bank[21] und ihren damaligen Geschäftsführer Muhammad Yunus einer größeren Öffentlichkeit bekannt geworden sind.

4.2   SRI – Ethik und Verantwortung als Kriterien im Anlagegeschäft

Nachhaltige Anlagen bzw. ihre Vorläufer sind keine neue Erfindung. Bereits in den 1920er Jahren haben sich vor allem religiöse Gruppen, und hier allen voran die nordamerikanischen Quäker, mit ethischem Investment beschäftigt, indem sie bestimmte Themen und Tätigkeiten (Sklaverei und Waffenproduktion) von ihren Investments ausschlossen.[22] Bis heute stellen diese so genannten *Ausschluss-* oder

---

[18] neben Nachhaltigen Anlagen/Investments und SRI werden auch der Begriff des ethischen Investments sowie weitere Termini verwendet; in diesem Kapitel werden diese Begriffe als synonym betrachtet, auch wenn sie unterschiedliche Schwerpunkte hervorheben (können); zu einer detaillierten Begriffsdefinition siehe z. B. Scholand (2004): 66ff. sowie Schumacher (2005): 79ff.

[19] Ulshöfer (2009): 36

[20] die englische Übersetzung „environmental, social, governance" hat dazu geführt, dass diese Art von Kriterien auch mit ESG abgekürzt wird, was sich im deutschen Sprachraum jedoch eher bei institutionalisierten Akteuren als bei privaten Anlegenden manifestiert

[21] www.grameen-info.org

[22] vgl. Schumacher (2005): 98ff.

Negativkriterien einen wichtigen Zweig nachhaltiger Anlagen dar und bieten einer Vielzahl von privaten und institutionellen Anlegenden die Möglichkeit, eigene ethische, ökologische und/soziale Ausschlusskriterien ihren Investments zugrunde zu legen und somit das Thema CSR zu stärken. Die Kriterien reichen dabei von Alkohol- oder Tabakproduktion über die Gewinnung und den Vertrieb fossiler Energieträger bis hin zu Kinderarbeit. Die Anwendung von Ausschlusskriterien im Rahmen eines Auswahlverfahrens für nachhaltige Anlageprodukte wird auch als *negatives Screening* bezeichnet und stellt damit eine Ergänzung zum so genannten *positiven Screening* dar. Dieses auch *best-in-class-* oder *Branchenleaderansatz* genannte Vorgehen wird vor allem auf börsennotierte Unternehmen angewandt und dazu eingesetzt, den oder die aus Nachhaltigkeits- oder CSR-Sicht Branchenbesten zu ermitteln und für nachhaltige Anlageprodukte auszuwählen. Ein mehr oder weniger umfassendes Set von ESG-Kriterien wird für jedes untersuchte Unternehmen überprüft und bewertet, so dass anhand der Resultate ein gewisser Prozentsatz einer Branche in das Anlageuniversum für nachhaltige Produkte aufgenommen werden kann. Je nach Anbieter von Nachhaltigkeitsresesearch bzw. von nachhaltigen Anlageprodukten können die vorgestellten Elemente stark variieren.

Das Ausmaß der Berücksichtigung unternehmerischer CSR-Aktivitäten durch nachhaltige Anlageprodukte ist somit höchst unterschiedlich und kann vom Ausschluss eines wie auch immer definierten unethischen Unternehmensgebarens bis hin zu einem Katalog von mehreren Dutzend auf CSR bezogene Kriterien im Rahmen eines positiven Screenings reichen. Diese Vielfalt zeigt auch auf, wie diffizil sich für Unternehmen die Ableitung eigener CSR-Maßnahmen aus diesen Indikatoren gestaltet, zumal häufig die Bewertungskriterien von Researchanbietern nicht öffentlich verfügbar sind. Zudem besteht das Problem der Vergleichbarkeit, da das gleiche Unternehmen von unterschiedlichen Researchanbietern häufig unterschiedlich bewertet wird. Somit stellt sich die Frage, welche Möglichkeiten nachhaltige Anlagen auf der Basis von Screening tatsächlich bieten, wenn es um die positive Einflussnahme des Kapitalmarkts auf unternehmerische CSR-Aktivitäten geht. Um der vorhandenen Research- und Rating-Vielfalt einen einheitlichen Rahmen zu geben und damit Vergleichbarkeit und Wirkung zu erhöhen, wurde im Juni 2011 die *Global Initative for Sustainability Ratings* (GISR) ins Leben gerufen, die sich analog der bereits erwähnten Global Reporting Iniative (GRI) die Entwicklung eines Standards für die einheitliche Messung unternehmerischer Nachhaltigkeitsperformance zum Ziel gesetzt hat.[23] Erreicht die Initiative ihr Ziel, wird dies dazu führen, dass auf positivem Screening basierende nachhaltige Anlagevolumina weltweit standardisiert und gebündelt werden, was ihnen einen deutlich höheren indirekten Einfluss auf börsennotierte Unternehmen und deren CSR-Aktivitäten ermöglichen wird.

---

[23] zu den Gründungsmitgliedern zählen die bereits für die Gründung der GRI verantwortlich zeichnenden U.S.-amerikanischen Organisationen Ceres und Tellus Institute sowie neben weiteren bekannten Investoren und Unternehmen die kalifornische Pensionskasse TIAA-CREF, der nachhaltige Investor Calvert Group und der Finanzdienstleister Bloomberg; vgl. http://tinyurl.com/66zderd (Zugriff am 29.06.2011)

Doch eine direkte Einflussnahme auf die CSR-Aktivitäten von Unternehmen durch Kapitalgeber bzw. Investoren ist bereits heute möglich und wird praktiziert und zwar über das so genannte *Engagement*, einem weiteren Ansatz nachhaltiger Anlagen.[24] Folgende Bereiche lassen sich dem Engagement zuordnen:

- Management-Dialog
- Aktive Ausübung von Stimmrechten
- Einbringen von Aktionärsanträgen

Vor allem große Pensionskassen in den USA, aber auch in anderen nicht-deutschsprachigen Ländern wie den Niederlanden oder Norwegen versuchen mit Hilfe des *Management-Dialogs*, Unternehmen, deren Aktionäre sie sind, im Hinblick auf ethische, ökologische und/oder soziale Fragestellungen zu beeinflussen.[25] Dabei wird der Kontakt mit den entsprechenden Unternehmen gesucht und zu einem Dialog aufgerufen. Reagieren die Unternehmen nicht bzw. weigern sie sich, einen Dialog zu führen, droht ihnen die Desinvestition seitens der Pensionskasse. Da das Verhalten großer Pensionskassen in Bezug auf nachhaltige Aspekte häufig Nachahmer findet, verstärkt sich der Effekt und kann für das betreffende Unternehmen zu einem spürbaren Kursverlust führen. Unter entsprechenden Voraussetzungen, d.h. einem ausreichend hohen Investitionsvolumen, ist es somit Finanzmarktakteuren auf direktem Wege möglich, die CSR-Aktivitäten von Unternehmen zu beeinflussen und in eine Richtung zu lenken, die eine nachhaltige Entwicklung fördern kann. Auch die aktive *Ausübung von Stimmrechten* im Sinne von CSR und/oder einer nachhaltigen Entwicklung findet sich eher im anglo-amerikanischen Raum als in den deutschsprachigen Ländern. Dort haben sich entsprechend professionelle Anbieter entwickelt, auf die Investoren ihre Stimmrechte übertragen können. Zu den wahrscheinlich bekanntesten zählt die *RiskMetrics Group*, die 2010 mit dem Finanzdienstleister *Morgan Stanley Capital International* (MSCI) fusionierte. Durch das *Einbringen von Aktionärsanträgen* zu Themen, welche CSR bzw. Nachhaltigkeit betreffen, ist im deutschen Sprachraum die schweizerische Stiftung ethos bekannt geworden, die unter anderem die personelle Trennung von CEO und Verwaltungsratspräsident[26] fordert und für die Abstimmung von Aktionärsversammlungen über Management-Vergütungen eintritt. Der wachsende Erfolg der Stiftung, die Ende Juni 2011 ein Vermögen von CHF 1.9 Mrd. verwaltete, zeigt, dass es mit gebündelten Kräften auch über den Weg der Aktionärsversammlung möglich ist, auf CSR-Aktivitäten von Unternehmen einzuwirken.

Ein dritter und letzter Strang, der sich nachhaltigen Anlagen zuordnen lässt, ist das so genannte *Mainstreaming*. Dieser Ansatz ist der wohl umfassendste und bedeutet die Aufnahme von ESG-Kriterien in die konventionelle Finanzanalyse, so dass ethische, ökologische, soziale und governance-bezogene Aspekte über-

---

[24] zu Engagement vgl. z. B. McLaren (2004)
[25] vgl. Schumacher (2005): 167ff.
[26] der Verwaltungsrat einer Schweizer Aktiengesellschaft entspricht nur bedingt dem deutschen Aufsichtsrat, da dem Verwaltungsrat die „Oberleitung" der Gesellschaft obliegt, die er nicht übertragen kann (Art. 716a Abs. 1 Ziff. 1 OR)

prüft und in die Bewertung mit einbezogen, also eingepreist werden. Trotz intensiver Bemühungen von UNEP FI,[27] des UN Global Compact[28] und der *Enhanced
Analytics Iniative* (EAI)[29] sowie der Betonung seiner Wichtigkeit durch verschiedene Akteure auf dem Finanzmarkt steht Mainstreaming nach wie vor an den
Anfängen bzw. wie Riedel es ausdrückt (2009): „Es ist ein Prozess. Dieser Prozess
hat bereits begonnen, ist aber noch lange nicht beendet."[30,31]

Auf Basis der vorgestellten Ansätze nachhaltiger Anlagen werden privaten und
institutionellen Anlegenden verschiedenste Finanzprodukte angeboten, die von
Best-in-Class-Fonds über nachhaltige Zertifikate bis hin zu Themenfonds (Erneuerbare Energien, Klimawandel etc.) reichen. In welchen Ausmaß diese Produkte
und die dahinterstehenden Aktivitäten möglicherweise dazu beitragen können, Unternehmen in Bezug auf das Thema CSR zu beeinflussen, wurde eingangs dieses
Abschnitts erörtert. Zentral für diese Betrachtung sind außerdem die Volumina, die
nach diesen Ansätzen angelegt werden. Einen Überblick zu SRI in Europa gibt die
zweijährlich durchgeführte Studie des *European Sustainable Investment Forum*
(Eurosif), einem europäischen Netzwerk, das sich der Förderung von Nachhaltigkeit auf den Finanzmärkten verschrieben hat.[32,33]

In seiner Studie unterscheidet Eurosif nach *Core SRI* und *Broad SRI*, um die
verschiedenen Ansätze nachhaltiger Investments entsprechend abbilden zu können. Beide Definitionen nach Eurosif sind in Abbildung 1 dargestellt.

Abb. 1: Core SRI und Broad SRI nach Eurosif[34]

---

[27] vgl. UNEP Finance Initiative (2004)

[28] vgl. The Global Compact (2004)

[29] die Mitgliedsorganisationen der Enhanced Analytics Initiative (Asset Manager, Pensionskassen
etc.) verpflichteten sich, 5 % der eingenommenen Kommissionen an Broker zu verteilen, die finanziell nicht messbare Grössen besonders gut in ihr Research integrieren; 2008 ist die EAI in den
bereits erwähnten Principles for Responsible Investment (PRI) aufgegangen

[30] Riedel (2009): 144

[31] vgl. ebenda: 133ff. für weitere Ausführungen zum Thema Mainstreaming

[32] vgl. Eurosif (2010)

[33] 2010 umfasste die Studie die folgenden Länder: Belgien, Dänemark, Deutschland, Finnland, Frankreich, Italien, Österreich, Niederlande, Norwegen, Schweden, Schweiz, Spanien und das Vereinigte
Königreich; außerdem wurden die Baltischen Staaten, Griechenland, Polen und Zypern 2010 erstmals berücksichtigt

[34] Quelle: Eurosif (2010): 8f.

Die seit 2002 in diesen Kategorien als *Assets under Management* (AuM) erfassten nachhaltigen Anlagen in Europa sind bis Ende 2009 auf insgesamt 5.000 Mrd. € angewachsen, wobei die Zuwächse nicht allein auf die Aufnahme weiterer Länder in die Untersuchung zurückzuführen sind. 1,2 Bio. € sind der Kategorie Core SRI zuzurechnen, während 3,8 Bio. € nach Broad SRI-Ansätzen investiert waren (vgl. Abb. 2).

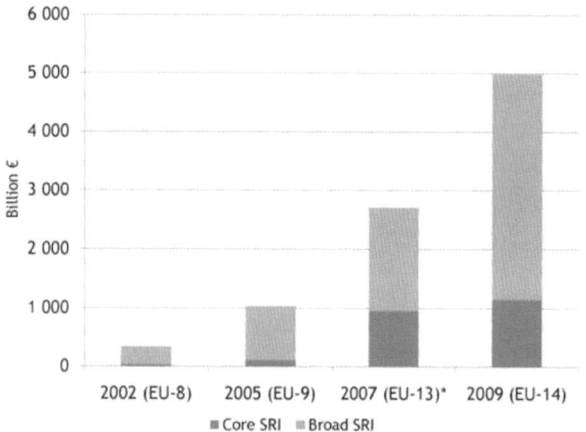

Abb. 2: Core und Broad SRI in Europa, 2002-2009[35]

Laut Eurosif-Studie sind es vor allem institutionell Investierende, die vermehrt einfache Ausschlusskriterien verwenden und so die Summe und den Anteil von Anlagen nach Broad SRI deutlich vergrößert haben. Ein Anteil von 30 % des Gesamtvolumens (1,5 Bio. €) ist dem Engagement zuzurechnen, wobei das Vereinigte Königreich, die Niederlande und die nordischen Länder den größten Anteil verzeichnen.[36] In diesem Kontext ist interessant, wie sich die Aufteilung nach Broad und Core SRI je Land gestaltet (vgl. Abb. 3).

Es fällt auf, dass in den deutschsprachigen Ländern sowie Norwegen Core SRI-Strategien – also mehrfache Ausschlusskriterien, Best-in-Class- und Themenfonds – eindeutig im Vordergrund stehen, während Broad SRI-Strategien (einfache Screens, Engagement, Mainstreaming) so gut wie keine Rolle spielen. Geht man davon aus, dass es gerade Strategien wie das Engagement sind, die einen potenziell hohen Einfluss auf Unternehmen und ihre CSR-Aktivitäten haben können, besteht in der D-A-CH-Region somit noch ein deutlicher Nachholbedarf.

---

[35] Quelle: Eurosif (2010): 11
[36] Quelle: Eurosif (2010): 11 und 15

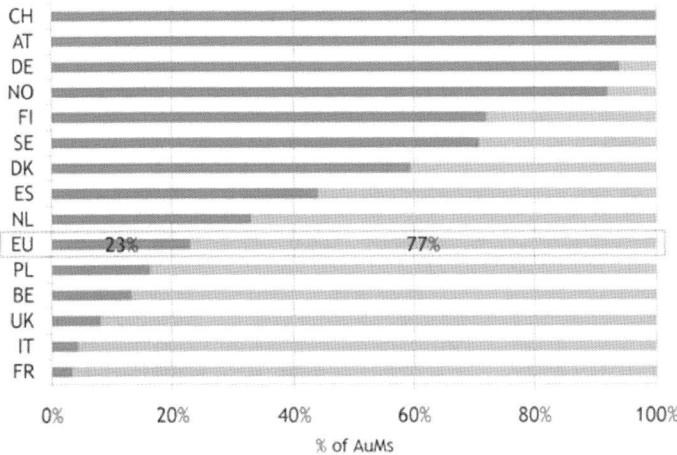

Abb. 3: Core und Broad SRI in Europa, Assets under Management (AuM) nach Ländern[37]

4.3 Kreditmarkt und CSR: Kreditvergabe mit gutem Gewissen

Führt man sich den Ausgangspunkt der letzten Finanzkrise – die Vergabe von Hypotheken an Schuldner mit zunehmend geringer Bonität in den USA – vor Augen, stellt sich unmittelbar die Frage nach der Berücksichtigung nachhaltigkeitsbezogener Aspekte bei der Kreditbewilligung. Die Vernachlässigung ökonomischer Kriterien, wie sie im Falle der „Subprime-Kredite" offenbar wurde, führte 2007 zum Platzen der US-Immobilienblase, was den Ausbruch der Finanzkrise mit den bekannten Folgen nach sich zog.[38]

Neben der konsequenten Beachtung und Bewertung ökonomischer Risiken stehen seit einigen Jahren – je nach Ausganglage – auch ökologische Risiken bei der Kreditvergabe, vor allem bei Hypotheken, auf der Agenda. Umweltaltlasten müssen ausgeschlossen oder korrekt eingeschätzt, eventuelle Umwelthaftungsansprüche berücksichtigt werden. Letzteres lässt sich – gemeinsam mit der Vermeidung anderer *Reputationsrisiken* – auch unter dem Begriff einer *ethischen* Kreditwürdigkeitsprüfung zusammenfassen. Ähnliche Kriterien lassen sich für soziale Aspekte aufstellen und in die Kreditwürdigkeitsprüfung integrieren. Die bereits erwähnten und für größere Projektfinanzierungen ausgelegten *Equator Principles*[39] verweisen bezüglich Umwelt- und Sozialstandards auf die folgenden *Performance Standards* der *International Finance Corporation* (IFC), die je nach Kreditart und -größe Anwendung finden:

---

[37] Quelle: Eurosif (2010): 12

[38] für einen detaillierten Überblick über die Geschehnisse im Zuge der Finanzkrise von 2007 vgl. z.B. Zimmermann/Schäfer (2010)

[39] www.equator-principles.com

Tab. 3: IFC Performance Standards[40]

Performance Standard 1:	Social and Environmental Assessment and Management Systems
Performance Standard 2:	Labor and Working Conditions
Performance Standard 3:	Pollution Precention and Abatement
Performance Standard 4:	Community Health, Safety and Security
Performance Standard 5:	Land Acquisition and Involuntary Resettlement
Performance Standard 6:	Biodiversity Conservation and Sustainable Natural Resource Management
Performance Standard 7:	Indigenous Peoples
Performance Standard 8:	Cultural Heritage

Neben der Forderung nach der Erfüllung wirtschaftlicher, ökologischer und sozialer Kriterien bei der konventionellen Kreditvergabe machen Finanzdienstleister ihrerseits Angebote, wenn Kreditnehmende freiwillig nachhaltigkeitsorientierte Kriterien erfüllen. So verbessern sich die Konditionen für eine Hypothek, wenn beispielsweise ein Haus nach Umweltstandards wie dem Schweizer MINERGIE®-Standard[41] renoviert oder gebaut wird (z. B. das Umweltdarlehen der Zürcher Kantonalbank[42]), oder es gibt spezielle Kredite für ökologischen Landbau (z.B. durch die Landwirtschaftliche Rentenbank[43] in Deutschland). Auch auf diesem Weg kann also das Verhalten der Kreditnehmenden beeinflusst werden.

Ein mit den Themen Nachhaltigkeit und CSR eng verknüpfter Spezialfall auf dem Kreditmarkt sind die so genannten *Mikrokredite*. Sie zählen neben Mikroversicherungen und Mikrosparen zu den Mikrofinanzdienstleistungen und werden zumeist von Mikrofinanzinstituten (MFI) in sich entwickelnden Ländern vergeben. Hinter der Vergabe von Mikrokrediten steht der Gedanke der Hilfe zur Selbsthilfe. Ohne dass klassische Sicherheiten vorhanden sind, wird eine im Vergleich zu konventionellen Krediten sehr geringe Kreditsumme an die Kreditnehmenden vergeben. Dies können Einzelpersonen oder auch Gruppen sein, die gemeinsam einen Mikrokredit in Anspruch nehmen. Ihnen wird dadurch die Aufnahme oder Weiterführung einer geschäftlichen Tätigkeit (z. B. durch den Kauf von Saatgut oder einer Nähmaschine) ermöglicht, so dass nicht nur die eigene Existenz gesichert, sondern auch der Kredit zurückgezahlt und gegebenenfalls ein Folgekredit in Anspruch genommen werden kann.

Mikrokredite finden vor allem in sich entwickelnden Ländern Anwendung, verbreiten sich aber auch immer mehr in Industriestaaten. Wirtschaftlich Benachteiligten ohne Sicherheiten, die sonst keinen Zugang zu entsprechenden Finanzdienstleistungen erhalten würden, wird so der Aufbau einer eigenen wirtschaftlichen Existenz ermöglicht. Zu den Anbietern von Mikrokrediten im deutschsprachigen Raum zählen der Mikrokreditfonds[44] in Deutschland, der mit

---

[40] vgl. www.ifc.org/ifcext/sustainability.nsf/Content/PerformanceStandards, letzter Aufruf: 28.06.2011.

[41] www.minergie.ch

[42] www.zkb.ch/de/startseite/privatkunden/hypotheken_und_kredite/hypotheken/ umweltdarlehen/details.html (Zugriff am 28.06.2011)

[43] www.rentenbank.de/cms/beitrag/10012823/289983 (Zugriff am 28.06.2011)

[44] www.mikrokreditfonds.de

verschiedenen MFIs wie z. B. der GLS Gemeinschaftsbank zusammenarbeitet, die Initiative „Der Mikrokredit"[45] des österreichischen Sozialministeriums in Zusammenarbeit mit der Ersten Bank oder der Verein „GO! Ziel selbständig" im Schweizer Kanton Zürich, der u.a. von der Zürcher Kantonalbank unterstützt wird. Die im gesamten deutschen Sprachraum tätige Oikocredit[46] stellt weltweit Finanzmittel für MFIs und Genossenschaften zur Verfügung sowie direkt Kredite für kleine und mittlere Unternehmen. Während man in sich entwickelnden Ländern bei Mikrokrediten von Kreditgrößen bis zu 100 US\$ ausgeht, werden in europäischen Ländern auch noch Kredite bis zu 25'000 € als Mikrokredite bezeichnet.[47]

Seitens der Vereinten Nationen werden Mikrofinanzdienstleistungen im Allgemeinen und Mikrokredite im Besonderen als wichtiges Element der Entwicklungshilfe verstanden, was u.a. dazu geführt hat, dass 2005 das Internationale Jahr des Mikrokredits ausgerufen wurde.[48] Mikrokredite werden als Instrument für die Erreichung der UN Millenniumsziele[49] gesehen, für die sich auch verschiedene Unternehmen im Rahmen ihrer CSR-Aktivitäten einsetzen.[50] Für Finanzdienstleister sind Mikrokredite somit eine Möglichkeit, CSR-Aktivitäten in ihr Produktportfolio zu integrieren. Trotzdem sind Mikrokredite nicht unumstritten. Kritisiert werden vor allem die hohen Zinsen, die in sich entwickelnden Ländern jährlich bis zu 80 % betragen können.[51] Anbieter von Mikrokrediten und Organisationen, die MFIs refinanzieren, verweisen diesbezüglich auf die hohen Kosten, die aufgrund der dezentralisierten Strukturen im Mikrofinanzbereich anfallen, und auf die hohen Rückzahlungsquoten von über 90 %, die in keinem anderen Kreditbereich zu finden sind. Ebenfalls in der Diskussion stehen profitorientierte Mikrofinanzinstitute wie auch die Gefahr einer Überschuldung von Mikrokreditnehmenden.[52]

5 CSR aus Sicht des Kapitalmarktes – Ethisches Investment als Modell der Zukunft?!

Die Ausführungen haben gezeigt, dass CSR-Aktivitäten auf den Finanzmärkten im Allgemeinen und dem Kapitalmarkt im Besonderen bereits existieren. Die hohe Zahl an Nachhaltigkeits- und/oder CSR-Berichten aus der Finanzindustrie illustriert zudem, dass seitens der Finanzdienstleister nicht nur gehandelt, sondern auch

---

[45] www.dermikrokredit.at

[46] www.oikocredit.org

[47] vgl. z. B. die Europäische Kommission unter http://ec.europa.eu/enterprise/policies/ finance/borrowing/microcredit/index_de.htm (Zugriff am 28.06.2011)

[48] www.yearofmicrocredit.org

[49] www.un.org/millenniumgoals

[50] vgl. hierzu Stijn/Feijen (2006)

[51] vgl. z. B. Fernando (2006)

[52] für weitere Diskussionen von Mikrokrediten und Mikrofinanz siehe z. B. Felder-Kuzu (2005); Jayo Carboni et al. (2010) sowie Morduch (1999)

darüber geredet wird.[53] Die Tatsache, dass man heute jedoch (noch) nicht viel von nachhaltigen Finanzmärkten hört, sondern dass nach wie vor ethische Fehlleistungen der Finanzindustrie im Vordergrund der Diskussion stehen, veranschaulicht, wie weit bzw. wie tief die CSR-Maßnahmen bislang reichen. Will der Finanzmarkt einen ernsthaften Beitrag für eine nachhaltige Entwicklung leisten, so ist es unumgänglich, die vorhandenen Ansätze umzusetzen und weiterzuentwickeln, und zwar in einem deutlich größeren Ausmaß als dies bis heute der Fall ist. Ethisches Investment ist dabei im wörtlichen wie auch – denkt man an Mikrokredite – übertragenen Sinn der Schlüssel und das Kerninstrument, mit dem die Finanzmarktakteure über den Kapitalmarkt Forderungen nach CSR-Aktivitäten von Unternehmen fördern und fordern können. Sie müssen sich in noch stärkerem Maße ihrer eigenen unternehmerischen Verantwortung bewusst werden und dem ethischen Investment aus seinem heutigen Nischendasein heraushelfen. Und zwar kann und sollte der Antrieb nicht aus reinem Gutmenschentum heraus entstehen, sondern muss im Eigeninteresse der Finanzindustrie liegen. Denn nur, wenn neben den wirtschaftlichen Faktoren auch ethische, ökologische und soziale Aspekte in die Finanzmarkttransaktionen eingebunden werden, können alle Risiken und alle Chancen berücksichtigt und gemessen werden. Hierzu meinen Schmidheiny und Zorraquín, die bereits 1996 einen Kurswechsel der Finanzindustrie forderten: „abschließend müssen auch wir einen kühnen Schritt tun und behaupten, daß Nachhaltigkeit ein Kriterium für Entscheidungen auf den Finanzmärkten werden muß – in dem Maße, als die Gesellschaft die Nachhaltigkeit höher bewertet und es offensichtlicher wird, daß die Zivilisation sie erfordert."[54]

6 Literatur

Eurosif (2010): European SRI Study. Revised Edition. Paris: Eurosif. http://tinyurl.com/ 6aovjqd (Zugriff am 30.06.2011).

Felder-Kuzu, N. (2005): Making Sense: Mikrofinanz und Mikrofinanzinvestitionen. Hamburg: Murmann.

Fernando, N. A. (2006): Understanding and Dealing with High Interest Rates on Microcredit. Manila: Asian Development Bank.

Global Reporting Initiative (2008): RG & FSSS. Sustainability Reporting Guidelines & Financial Services Sector Supplement. Amsterdam: Global Reporting Initiative. http:// tinyurl.com/6f4ahlo (Zugriff am 30.06.2011).

Jayo Carboni, B. et al. (Hrsg.) (2010): Handbook of Microcredit in Europe: Social Inclusion Through Microenterprise Development. Cheltenham: Edward Elgar.

Kommission der Europäischen Gemeinschaften (2001): Grünbuch – Europäische Rahmenbedingungen für die soziale Verantwortung der Unternehmen. http://tinyurl.com/3cuyf4l (Zugriff am 27.05.2011).

---

[53] Ende Juni 2011 stammten 87 der 486 für das erste Halbjahr 2011 durch die GRI registrierten Nachhaltigkeitsberichte von Finanzdienstleistern. Vgl. http://www.globalreporting. org/ReportServices/GRIReportsList/ (Zugriff am 30.06.2011)

[54] Schmidheiny/Zorraquín (1996): 256

McLaren, D. (2004): Global Stakeholders: corporate accountability and investor engagement. In: Corporate Governance: An International Review. Volume 12, Issue 2, S. 191-201.

Morduch, J. (1999): The Microfinance Promise. In: Journal of Economic Literature, Vol. XXXVII (Dezember 1999), S. 1569-1614.

Reckers, H. (2009): Die Herausforderungen der Finanzkrise. Überlegungen zur künftigen Regulierung von Finanzmärlten. In: Dabrowski, M./Wolf, F./Abmeier, K. (Hrsg.): Globalisierung und Globale Gerechtigkeit. Paderborn etc.: Ferdinand Schöningh. S. 85-88.

Riedel, S. (2009): Die Integration von Nachhaltigkeitsratings in konventionelle Ratings: Wie gelingt das Mainstreaming? In: Ulshöfer, G./Bonnet, G. (Hrsg.): Corporate Social Responsibility auf dem Finanzmarkt. Nachhaltiges Investment – politische Strategien – ethische Grundlagen. Wiesbaden: Verlag für Sozialwissenschaften, S. 133-147.

Rudolph, B. (1999): Finanzmärkte. In: Korff, W. (Hrsg.): Handbuch der Wirtschaftsethik , Bd. 3: Ethik des wirtschaftlichen Handelns. Gütersloh: Gütersloher Verlagsgesellschaft, S. 274-292.

Scheel, C. (2009): Wer zähmt das Monster? Die Rolle der Politik bei der Strukturierung der nationalen und internationalen Finanzmärkte. In: Ulshöfer, G./Bonnet, G. (Hrsg.): Corporate Social Responsibility auf dem Finanzmarkt. Nachhaltiges Investment – politische Strategien – ethische Grundlagen. Wiesbaden: Verlag für Sozialwissenschaften, S. 114-125.

Schmidheiny, S./Zorraquín, F. (1996): Finanzierung des Kurswechsels. Die Finanzmärkte als Schrittmacher der Ökoeffizienz. Zürich: Best Business Books.

Scholand, M. (2004): Triple Bottom Line Investing und Behavioural Finance. Investorenverhalten als Determinanten der Entwicklung nachhaltiger Anlageprodukte. Frankfurt, London: IKO-Verlag.

Schumacher, I. (2005): Socially Responsible Investments. Pensionskassen als aktive Aktionäre. Wiesbaden: Deutschen Universitätsverlag.

Stijn, C./Feijen, E. (2006): Financial Sector Development and the Millennium Development Goals. Worldbank Working Paper No. 89. Washington, D.C.: The World Bank.

The Global Compact (2004): Who Cares Wins. Connecting Financial Markets to a Changing World. O.O.: United Nations Department of Public Information.

Ulshöfer, G. (2009): Corporate Social Responsibility auf den Finanzmärkten: Ebenen der Verantwortung. In: Ulshöfer, G./Bonnet, G. (Hrsg.): Corporate Social Responsibility auf dem Finanzmarkt. Nachhaltiges Investment – politische Strategien – ethische Grundlagen. Wiesbaden: Verlag für Sozialwissenschaften, S. 27-44.

Ulshöfer, G./Bonnet, G. (2009): Finanzmärkte und gesellschaftliche Verantwortung – eine Einführung. In: Ulshöfer, G./Bonnet, G. (Hrsg.): Corporate Social Responsibility auf dem Finanzmarkt. Nachhaltiges Investment – politische Strategien – ethische Grundlagen. Wiesbaden: Verlag für Sozialwissenschaften, S. 9-24.

UNEP Finance Initiative (2004): The Materiality of Social, Environmental and Corporate Governance Issues to Equity Pricing. Genf: UNEP Finance Initiative.

Venhoff, M./Gräber-Seißinger, U./Brocks, M. (Hrsg.) (2004): Der Brockhaus Wirtschaft. Betriebs- und Volkswirtschaft, Börse, Finanzen, Versicherungen und Steuern. Mannheim: F.A. Brockhaus.

Zimmermann, K. F./Schäfer, D. (2010): Finanzmärkte nach dem Flächenbrand. Warum es dazu kam und was wir daraus lernen müssen. Wiesbaden: Gabler.

Nachhaltigkeitsindizes

Henry Schäfer

1 Spezifika von Nachhaltigkeitsindizes im Markt für nachhaltige Geldanlagen

Im Frühjahr 2011 wurden laut Statistik der World Federation of Exchanges weltweit fast 46.000 Unternehmen an den in diesem Verband organisierten Börsen notiert.[1] Sie bilden die Grundlage für ein Universum von Aktienindizes, deren Zahl in keiner Statistik erfasst ist. Während der erste Aktienindex der Welt, der Dow Jones Industrial Average 1886 erstmals aufgelegt wurde, brauchte es gut 100 Jahre, bis der erste Nachhaltigkeitsindex, der amerikanische Domini Social Index (DSI) des in Boston ansässigen Research Anbieters Kinder, Lydenberg, Domini (KLD) im Jahr 1990 lanciert wurde. Inzwischen existiert eine Vielzahl verschiedener Nachhaltigkeitsindizes, die sich u.a. in der Schwerpunktsetzung der Sozial-, Umwelt- und Governance-Filter sowie in der Art der Titelauswahl unterscheiden. Zwar dürfte die Entwicklung neuer Nachhaltigkeitsindizes nicht so stürmisch verlaufen wie bei konventionellen Aktienindizes, wo seit Jahren ein Wachstum im zweistelligen Bereich zu beobachten ist, aber die Dynamik der Anzahl und Vielfalt von Nachhaltigkeitsindizes ist unübersehbar. So gibt es mittlerweile zahlreiche Spezialindizes, die sich schwerpunktmäßig mit besonderen Aspekten der Nachhaltigkeit beschäftigen. Beispiele hierfür sind Indizes wie der DAXglobal Alternative Energy Index (DAEX) oder der Photon Photovoltaik Aktien Index (PPVX), die ihr Aktienuniversum auf den Bereich der erneuerbaren Energien fokussieren. Daneben sind Indizes vorhanden, die spezifische Nachhaltigkeitsthemen wie Anlagen in Mikrofinanzierung (z.B. Symbiotics Microfinance Index, SMX), Sharia konforme, also an islamischen Glaubensgrundsätzen ausgerichtete Anlagenstile (z.B. DJ-Islamic-Market-Titans100) oder an den Grundsätzen der katholischen Glaubensrichtung orientierte christliche Werte zur Grundlage haben (z.B. Stoxx-Europe-Christian-Index) u.v.m.

Nachhaltigkeitsindizes sind überwiegend auf Aktien hin konstruiert. Sie erfassen üblicherweise eine repräsentative Aktienauswahl z.B. eines nationalen Aktienmarktes und aggregieren auf diese Weise die Wertentwicklung der zugrunde gelegten Aktien zu einer Gesamtheit. Eine solche „Vermischung" von Aktien mit unterschiedlichen Eigenschaften (z.B. Branchen, Marktkapitalisierungen) kann zu Informationsverlusten führen, weshalb oft aus einem umfangreichen (Gesamt-) Index Teilmengen verschiedener Marktsegmente gebildet werden. Fasst man mehrere solcher Subindizes wiederum zu einer Gruppe zusammen, so erhält man eine

---

[1] www.world-exchanges.org/statistics/key-market-figures

Indexfamilie. Im Nachhaltigkeitsbereich besteht z.B. für den noch vorzustellen-
den Dow Jones Sustainability Index eine solche Familie, indem Gruppierungen
nach vielfältigen Kriterien z.B. nach Ausschlusskriterien (z.B. DJSI STOXX ex
Alcohol, Tobacco, Gambling, Armaments & Firearms) oder Regionen (z.B. DJSI
North America) gebildet wurden. Im Folgenden wird ausschließlich auf aktien-
basierte Nachhaltigkeitsindizes abgestellt.

2 Nachhaltigkeitsindizes im Portfoliomanagement

Grundsätzlich befriedigt ein Wertpapierindex eine Vielzahl von Informationsbedürfnissen der Kapitalmarktakteure. So ermöglicht die Dokumentation und Präsentation einer Kurszeitreihe zusammen mit einem Index eine schnelle Beurteilung
über die Wertentwicklung einer Kapitalanlage, wobei die Zusammenstellung des
Index wie auch der Grad seiner Repräsentanz ausschlaggebend sind (vgl. Abb. 1).
Neben dieser deskriptiven Funktion werden Indizes dazu verwendet, Terminkon-
trakte oder Wertpapierportfolios darauf abzubilden. Von einem Index wird dabei
erwartet, dass seine Aussagekraft, d.h. komprimierte Beschreibung des relevanten
Kapitalmarktsegments, hoch ist, aber auch gleichzeitig die operativen Anforderungen zur Abbildung von derivativen Finanztiteln ermöglicht werden (z.B. zur
Bildung eines Index-Futures)[2]. Da sich diese Anforderungen zueinander diametral
verhalten können, werden die gängigen Indizes (wie z.B. der Deutsche Aktienindex, DAX) sowohl als reine Kurszeitreihe berechnet, als auch als Performanceindi-
zes veröffentlicht (also erweitert um die aus dem Index-Portfolio erzielten Erträge).
Die Konstruktion eines solchen Index erfordert entsprechende Researchleistungen
und eine umfangreiche Datenverarbeitungskapazität des Indexanbieters.

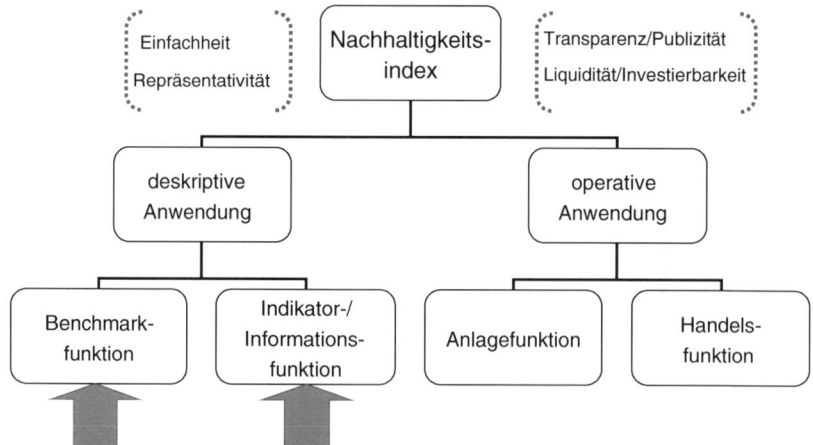

Abb. 1: Anwendungsmöglichkeiten von Nachhaltigkeitsindizes

---

[2] Richard (1992): 20-26

Aktienindizes erfüllen grundsätzlich also vielfältige Funktionen, die in deskriptive und operative Anwendungsbereiche unterschieden werden. Für die Beurteilung der Vorteilhaftigkeit einer Aktienanlage eines als nachhaltig beurteilten Unternehmens dominiert derzeit noch die deskriptive Indexanwendung. Die Auswahl der Indexaktientitel kann grundsätzlich nach quantitativen Kriterien wie beispielsweise Marktkapitalisierung oder Umsatz, aber auch durch eine qualitative Abgrenzung erfolgen – nach Branche, Länderzugehörigkeit oder auch Kriterien der Umwelt-, Sozial- und Governance-Leistungen eines Unternehmens. Dabei werden an „gute" Aktienindizes bestimmte Anforderungen wie Einfachheit, Repräsentativität, Transparenz und Publizität sowie Liquidität und Investierbarkeit gestellt[3].

Für Nachhaltigkeitsindizes ist im Vergleich zu konventionellen Aktienindizes ihre Benchmarkfunktion von relativ größerer Bedeutung. Eine solche Funktion erfüllen Nachhaltigkeitsindizes für Strategien der nachhaltigen Geldanlagen[4], indem sie als Vergleichsmaßstab für die Performance eines nach Sozial-, Umwelt- und/oder Governance-Kriterien strukturierten Aktienportfolios eingesetzt werden. Die Benchmarkfunktion ist zudem für die empirische Kapitalmarktforschung von Relevanz. So liegen mittlerweile etliche empirische Studien vor, in denen u.a. der Frage nachgegangen wird, ob Aktienindizes des Nachhaltigkeitsbereichs gegenüber vergleichbaren Aktienindizes ohne ESG-Filter eine abweichende oder vergleichbare Performance erzielen[5]. Da in einem Aktienindex keine Spezifika des aktiven Portfoliomanagements eingehen (also kein Alpha-Einfluss existiert), vermögen solche Analysen eine in dieser Hinsicht objektive Vergleichsbasis für Performancevergleiche herzustellen[6].

Die Anlagefunktion von Aktienindizes dürfte heute die wichtigste Motivation für Indexanbieter sein, die Indexentwicklung zu forcieren. So zielen die Indexkonstrukte der weltweit führenden Indexanbieter, MSCI, Dow Jones, Stoxx, Standard & Poor's vor allem auf die steigende Zahl von Anlageinstrumenten wie börsennotierte Indexfonds, sog. Exchange Traded Funds (ETFs), aber auch Zertifikate und Derivate ab, die in wachsendem Maße für Anlage- und Risikomanagementstrategien eingesetzt werden. Aktienindizes haben daher heute immer mehr den ursprünglichen Zweck der Marktrepräsentanz verloren und dienen in sehr differenzierter Form als sog. Strategieindizes der Asset Allocation von vor allem institutionellen Anlegern. Im Prinzip ist diese Entwicklung auch bei Nachhaltigkeitsindizes im Gange, allerdings mit geringerer Dynamik. Der Grund hierfür ist, dass passive Anlagestrategien wie z.B. Index-Tracking im Portfoliomanagement für Nachhaltigkeits-Investmentfonds nur ausnahmsweise eingesetzt werden. Dies liegt zum erheblichen Teil daran, dass Investmentfonds mit dem Anspruch einer nachhaltigen Geldanlage meist ein aktives Portfoliomanagement erfordern, um die für diese Asset-Klasse typischen speziellen Branchen-, Länder- und Größentilts in den Griff zu bekommen[7]. Die Handelsfunktion spielt bei Nachhaltigkeitsindizes

---

[3] Bacher/Bühler (2002): 19
[4] Schäfer/Lindenmayer (2007): 1082-1088
[5] Schäfer/Stederoth (2002): 101-114
[6] Schäfer/Schröder (2009)
[7] Schäfer/Lindenmayer (a.a.O.): (Fn. 4)

eine zunehmende Rolle, da immer mehr strukturierte Anlageprodukte wie Index-
zertifikate, ETFs oder Index-Optionsscheine auch im Markt für nachhaltige Geldanlagen angeboten werden.

Während also einige der herkömmlichen Funktionen von Aktienindizes für die
nachhaltige Geldanlage kaum Bedeutung haben, fallen andere Aspekte stärker ins
Gewicht. Zudem stellen Nachhaltigkeitsindizes neben Investoren auch für andere
Stakeholder z.B. Nicht-Regierungsorganisationen eine Informationsquelle dar. Die
Indexanbieter Financial Times und London Stock Exchange (FTSE) beispielsweise fassen die Verwendungsmöglichkeiten der von ihnen angebotenen Nachhaltigkeitsindizes wie in Abb. 2 dargestellt zusammen.

Investoren	Unternehmen	Nicht-Regierungs-Organisationen
➢ Benchmark für nachhaltige Fonds ➢ Basis für Indexfonds ➢ Orientierung für aktiv gemanagte Fonds ➢ Basis für strukturierte Produkte ➢ Einsatz für Engagement-Strategien	➢ Orientierungsrahmen für nachhaltige Unternehmensführung ➢ Qualitätsmerkmal im Hinblick auf Stakeholder-Beziehungen ➢ Zugang zu Kapital von ethisch und sozial motivierten Investoren	➢ Hilfsmittel zur Identifizierung von potenziellen Partnern und Sponsoren ➢ Instrument zur Durchsetzung von verantwortungsvoller und nachhaltiger Unternehmensführung ➢ für eigene Investments

Abb. 2: Möglichkeiten der Nutzung von Nachhaltigkeitsindizes[8]

3 Konstruktionsspezifika von Nachhaltigkeitsindizes

Die Grundlage für die Titelauswahl bei Aktienindizes des Nachhaltigkeitsbereiches
bildet ein Basisindex, welcher aus einem herkömmlichen, bereits existierenden Aktienindex besteht. Bei verschiedenen Indizes lassen sich Unterschiede zwischen
der Anzahl der Aktientitel im Indexuniversum und der tatsächlichen Anzahl der
Titel im Nachhaltigkeitsindex feststellen. Während z.B. der deutsche Natur-Ak-
tien-Index (NAI) 30 Unternehmen enthält, die aus allen weltweit börsennotierten Unternehmen ausgewählt werden, besitzt der 322 Unternehmen umfassende
FTSE4Good Europe Index mit 1958 Unternehmen aus dem Basisindex FTSE All
World Developed Index, d.h. 16%, eine deutlich höhere Auswahlquote (Stand
05/2011). Abb. 3 verdeutlicht den Auswahlprozess ergänzend für den Dow Jones
Sustainability World Index. So lassen sich mit Hilfe der Auswahlquote erste Rück-
schlüsse auf die Höhe der Anforderungen einer Aufnahme in einen Index treffen.
Für Unternehmen ist die Chance, in einen Nachhaltigkeitsindex mit einer hohen
Auswahlquote aufgenommen zu werden, deutlich höher als die Aufnahme in einen
Index mit sehr großem Basisindex und geringer Anzahl von Aktientiteln, welche
die Anforderungen an Nachhaltigkeit erfüllen.

---

[8] FTSE4Good (2010a): 6

Abb. 3: Gestaltung des DJSI World[9]

Das als Basis definierte Aktienuniversum wird anschließend vom jeweiligen Indexbetreiber mit Hilfe spezieller Analyseverfahren zur Erfassung der sozialen und ökologischen, teilweise auch ökonomischen Leistungen beurteilt. Dies geschieht i.d.R. in Form eines sog. Ratings der Unternehmensnachhaltigkeit oder der Corporate Social Responsibility. Abb. 4 fasst die hierbei vorgenommenen einzelnen Prozessschritte überblicksartig zusammen.

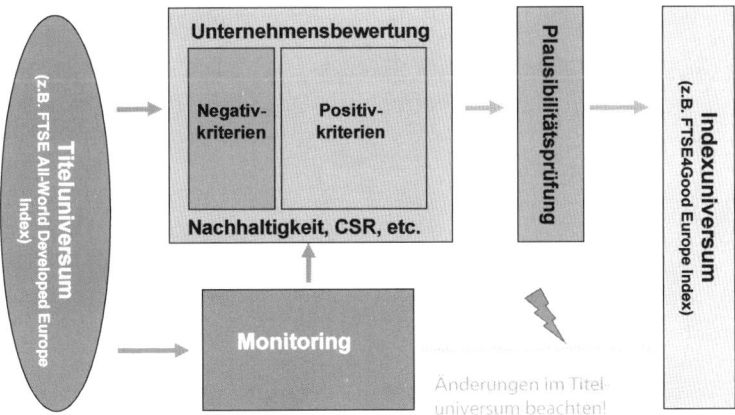

Abb. 4: Vom Titeluniversum zum Nachhaltigkeitsindex

---

[9]   Dow Jones/SAM (2010): 10

Als Methode zur Titelauswahl und -analyse kann zwischen der Auswahl nach Positivkriterien, Negativkriterien und dem Best-in-Class-Ansatz unterschieden werden. Auch Kombinationen dieser Ansätze sind möglich und werden von den Indexanbietern angewendet[10]:

- Beim Auswahlverfahren mittels Negativkriterien i. S. von Ausschlusskriterien werden von vornherein Unternehmen oder ganze Branchen ausgeschlossen, die bestimmte vom Indexbetreiber unerwünschte Merkmale aufweisen. Grundlage können kritische Geschäftsfelder (z.B. Rüstungsproduktion) oder unerwünschte Geschäftsaktivitäten (z.B. Korruption) sein. Häufig in der Praxis verwendete Ausschlusskriterien sind Verwicklungen von Unternehmen in Kinderarbeit oder die Produktion von Rüstungsgütern, bzw. Besitz von Anteilen an solchen Unternehmen. Bei Verwendung nicht unternehmensspezifischer Ausschlusskriterien besteht die Gefahr, dass Unternehmen von vornherein ignoriert werden. Damit bleiben alle positiven Sozial-, Umwelt- und Governance-Leistungen eines Unternehmens unberücksichtigt. Aus portfolio-technischer Sicht besteht die Gefahr, dass finanziell wertsteigernde Unternehmen und deren positiven Beiträge zur Performance des Index unberücksichtigt bleiben.
- Eine weniger restriktive Variante der Negativkriterien operiert nicht mit Ausschlüssen. Sie belegt bei Vorlage von z.B. vorgenannten Merkmalen die betroffenen Unternehmen, resp. Aktien mit einem negativen Punktewert, schließt aber von vornherein keine Unternehmen aus.
- Mit positivem Vorzeichen können Unternehmen dagegen im Verfahren der Positivkriterien in Sachen Nachhaltigkeit punkten. Hierbei führt die Erfüllung der zuvor vom Indexbetreiber gesetzten Merkmale zu einem „Guthabenkonto", das bei Übersteigen bestimmter Mindestpunktwerte, die ein Unternehmen seitens des Indexbetreibers erfüllen muss, zur Aufnahme in den Index führt.

Bei Verwendung von Positivkriterien haben Unternehmen einen Anreiz, sich in bestimmten Bereichen ihrer Nachhaltigkeitsleistung zu verbessern und so eine Indexaufnahme zu erreichen bzw. eine Mitgliedschaft im Index zu erhalten.

- Eine Kombination aus dem Einsatz von Positiv- und Negativkriterien stellt der Best-in-Class-Ansatz dar. Hierbei werden Unternehmen entsprechend ihrer Zugehörigkeit zu einer Branche oder Industriegruppe zuerst vorstrukturiert. Für eine Indexaufnahme kommen nur solche Unternehmen in Betracht, die in ihrer Branche überdurchschnittlich zum Branchendurchschnitt (oder einem anderen Referenzpunkt) Nachhaltigkeitspunkte sammeln konnten. Oft wird der Best-in-Class-Ansatz auch in Kombination mit Ausschlusskriterien verwendet.

---

[10] Schäfer (2009): 455

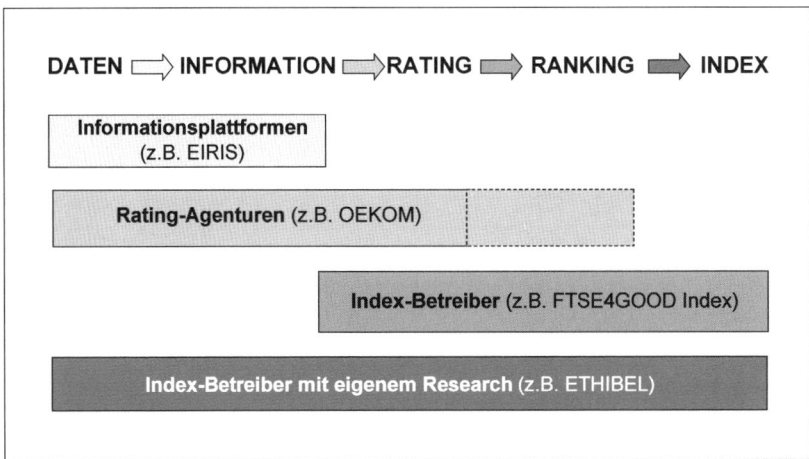

Abb. 5: Einordnung von Indexbetreibern in die Wertschöpfungskette der Informationsproduktion zur Nachhaltigkeit

Die Analyse von Unternehmen hinsichtlich ihres Beitrags zur Nachhaltigkeit und damit ihre Qualifizierung für einen Nachhaltigkeitsindex stellt eine komplexe und anspruchsvolle Research-Aufgabe dar (vgl. Abb. 5). Betreiber von Nachhaltigkeitsindizes unterhalten entweder eigene Research-Abteilungen oder haben enge Kooperationen mit einer spezialisierten Rating-Organisation. Die dabei eingesetzten Rating-Technologien, -Kriterien und –Prozesse unterscheiden sich teilweise erheblich[11].

Nachhaltigkeitsindizes ist im Gegensatz zu konventionellen Aktienindizes zu Eigen, dass sie keine vollständig passiv gemangten Portfolios repräsentieren, da ihre Zusammensetzung durch die regelmäßige Überprüfung der Unternehmen auf ihre Nachhaltigkeitsleistungen zur Aufnahme und Herausnahme aus einem Nachhaltigkeitsindex zu Veränderungen führen.

4 Indexgestaltung am Beispiel des FTSE4Good

Nachfolgend wird anhand des Verfahrens für die britische FTSE4Good-Index-Familie exemplarisch der Prozess der Indexgestaltung demonstriert. Für die Erstellung der Indizes arbeitet FTSE mit dem Londoner Researchinstitut Ethical Investment Research Services (EIRiS) zusammen, welches die Daten für das Nachhaltigkeitsrating liefert. Damit erst kann die Identifikation der Nachhaltigkeitsleistung eines Unternehmens erfolgen und seine Eignung für den Nachhaltigkeitsindex festgestellt werden[12]. Die Auswahl und Aktualisierung der Indextitel ist in

---

[11] Schäfer/Engelhard (2008)
[12] Schäfer/Beer/Fernandes/Zenker (2006) (Fn. 10)

vier Stufen gegliedert und erfolgt zweimal jährlich. Nachfolgende Abb. 6 zeigt den Ablauf im Überblick.

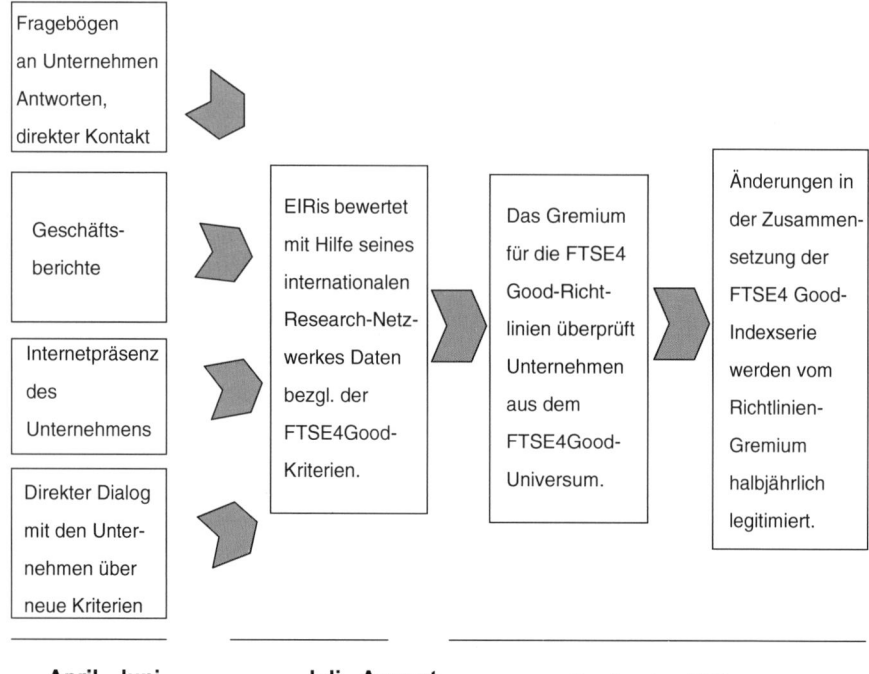

|April - Juni|Juli - August|September/ März|
|Oktober - Dezember|Januar - Februar||

Abb. 6: FTSE4Good Unternehmens-Auswahlprozess[13]

Zum Auswahlprozess im Einzelnen. Er beginnt mit der Selektion der in Frage kommenden Unternehmen, die in dem zugehörigen Indexuniversum gelistet sein müssen. Der FTSE4Good Europe benutzt als Basisindex den FTSE All-World Developed Europe Index. Darauf aufbauend erfolgt im Rahmen eines Negativ-Screenings der Ausschluss von Unternehmen aus den Bereichen „Produktion von Tabakwaren", „Fertigung von Kernteilen oder Plattformen für Nuklearwaffen", „Herstellung von kompletten Waffensystemen", „Besitz oder Betrieb von Kernkraftwerken", „Anreicherung oder Gewinnung von Uran." Verbleibende Unternehmen sind grundsätzlich für die Aufnahme in den FTSE4Good-Index geeignet, wenn sie Positivkriterien aus fünf folgenden Bereichen erfüllen: „Ökologie", „Soziales und Stakeholder", „Einhaltung und Achtung der Menschenrechte", „Standards in der Lieferantenkette", „Bekämpfung und Verhinderung von Bestechung". Die Aufnahme eines Unternehmens in den Index wird anhand von Indikatoren und Kriterien dieser Bereiche geprüft. Sie werden in Abb. 7 vorgestellt.

---

[13] FTSE (2010 b): 2

Abb. 7: Komponenten des FTSE4Good Unternehmens-Auswahlprozesses[14]

Aus Abb. 7 geht hervor, dass die Behandlung der einzelnen Prüfbereiche und Prüfindikatoren sehr differenziert erfolgt. Anhand des Bereichs „Umwelt" soll dies exemplarisch erläutert werden. Um die potenzielle Auswirkung eines Unternehmens, aber auch dessen Branche auf die Umwelt angemessen berücksichtigen zu können, werden die Unternehmen nach Branchenzugehörigkeit in drei Sektoren eingeteilt. Unternehmen, die in den sog. High-Impact Sektor fallen (z.B. Unternehmen im Bereich des Rohstoffabbaus), müssen aufgrund ihrer vergleichsweise größeren Gefährdung der Umwelt mehr Kriterien erfüllen als Unternehmen, die in den Medium- oder Low-Impact Sektor einzuordnen sind (z.B. Banken).

Die ökologische Performance der Unternehmen wird in den drei Bereichen „Richtlinien", „Management" und „Berichtswesen" untersucht. Je nach Sektoreinstufung müssen Unternehmen in den Bereichen Richtlinien und Berichtswesen eine unterschiedliche Anzahl von Kern- oder Nebenindikatoren erfüllen. Abb. 8 verdeutlicht die Komplexität der Kriterien und Indikatoren für den Bereich „Umwelt".

In vergleichbarer Weise aber mit deutlich weniger Kriterien werden die übrigen Analysebereiche wie sie in Abb. 7 aufgeführt sind durchlaufen. Wenngleich sich die Verfahrensweisen in anderen Nachhaltigkeitsindizes von dem hier vorgestellten in durchaus wesentlichen Punkten unterscheiden können, repräsentiert

---

[14] FTSE (a.a.O.): (Fn. 13)

der skizzierte Verfahrensprozess in weiten Teilen Elemente, die auch bei anderen Nachhaltigkeitsindizes zum Tragen kommen.

	High Impact Unternehmen	Medium Impact Unternehmen	Low Impact Unternehmen
Richtlinien	Richtlinien müssen gesamten Konzern umfassen und: • alle 5 Kernindikatoren und einen Nebenindikator erfüllen • oder 4 Kern- und 2 Nebenindikatoren erfüllen	Richtlinien müssen den gesamten Konzern umfassen und 4 Indikatoren erfüllen, wovon mindestens 3 Kernindikatoren sind	Unternehmen müssen ein Bericht über ihre Richtlinien veröffentlichen, der einen Verpflichtungsindikator enthält
	Kernindikatoren • Richtlinien umfassen alle relevanten Themen • Verantwortung für die Richtlinien liegt auf Vorstandebene • Verpflichtung zur Verwendung von Zielen • Verpflichtung zur Überwachung / Überprüfung der Zielerreichung • Verpflichtung zur Veröffentlichung von Berichten	**Nebenindikatoren** • Weltweite Mindest-Unternehmensnormen • Verpflichtung zur Einbeziehung von Stakeholdern • Richtlinien sprechen ökologische Auswirkungen der Produkte und Dienstleistungen an • Strategische Schritte zu höherer Nachhaltigkeit	
Management	Das Umweltmanagementsystem (UMS) deckt zwischen einem und zwei Dritteln der Unternehmensaktivitäten ab: Erfüllung aller 6 Indikatoren, Ziele müssen quantifiziert werden. Das UMS wir für mehr als zwei Drittel der Unternehmensaktivitäten angewendet: 5 Indikatoren müssen erfüllt werden. Einer dieser Indikatoren muss Ziele in allen Schlüsselbereichen definieren Bei Unternehmen mit ISO 14001 Zertifizierung oder EMAS Registrierung gelten alle 6 Indikatoren erfüllt	Das UMS muss ein Drittel des Unternehmens abdecken und 4 Indikatoren erfüllen Wenn das UMS weniger als ein Drittel der Unternehmensaktivitäten abdeckt, muss das Unternehmen 6 Indikatoren erfüllen, inklusive der Definition von quantitativen Zielen. Bei Unternehmen mit ISO 14001 Zertifizierung oder EMAS Registrierung gelten alle 6 Indikatoren erfüllt	Keine Anforderungen
	Indikatoren • Verfolgen einer Umweltpolitik • Identifikation von signifikanten Auswirkungen auf die Umwelt • Dokumentation von Zielen in Schlüsselbereichen • Vorhandenseins einer Übersicht zu Prozessen, Verantwortungen, Handbüchern und Aktionsplänen • Interne Revision des UMS über die gesetzlichen Bestimmungen hinaus • Internes Berichtswesen und Management-Prüfung		
Berichtswesen	Der Umweltbericht muss innerhalb der letzten 3 Jahre veröffentlicht sein, den gesamten Konzern abdecken und 3 Kernindikatoren erfüllen. Falls ein Umweltbericht nicht den gesamten Konzern einschließt, müssen alle 4 Kernindikatoren oder 3 Kernindikatoren und 2 Nebenindikatoren erfüllt werden.	Keine Anforderungen	Keine Anforderungen
	Kernindikatoren • Niedergeschriebene Umweltrichtlinien • Beschreibung der Hauptauswirkungen der Unternehmenstätigkeit auf die Umwelt • Quantitative Daten • Überprüfung der Zielerreichung	**Nebenindikatoren** • Übersicht über das UMS • Offenlegung von Strafverfolgung, Geldbußen und Unfällen • Unabhängige Prüfung des Reports • Dialog mit den Stakeholdern • Abdeckung von nachhaltigen Themengebieten	

Abb. 8: Umweltkriterien im FTSE4Good[15]

5 Fazit

Die Bildung und Unterhaltung eines Nachhaltigkeitsindex stellt besondere Anforderungen an die Erfassung, Auswertung und Kommunikation der einer Unternehmensnachhaltigkeit vom Indexbetreiber zugrunde gelegten Sozial-, Umwelt- und Governance-Kriterien. Für die Akzeptanz eines Nachhaltigkeitsindex von großer Bedeutung sind die Transparenz der verwendeten Nachhaltigkeitskriterien und das Auswahlverfahren.

Zu berücksichtigen ist, ob ein Nachhaltigkeitsindex rein an Verfahren und Richtlinien ausgerichtet ist (z.B. Veröffentlichungen der Unternehmen nach der Global Reporting Initiative) oder ergänzend auch eigenständig die von den Unternehmen gelieferten Daten überprüft. Vor allem die Verwendung vieler Selbst-

---

[15] FTSE (a.a.O.) (Fn. 13): 3

verpflichtungsindikatoren, die von der für den Indexbetreiber die Analysen durchführenden Rating-Organisationen meist kaum umfassend überprüft werden können, birgt die Gefahr, dass das tatsächliche Verhalten der Unternehmen von den berichteten Selbstverpflichtungen abweicht. Dies schadet dann nicht nur der Glaubwürdigkeit der Unternehmen, sondern letztendlich auch dem Index.

Nachhaltigkeitsindizes weisen gegenüber herkömmlichen Indizes an Kapitalmärkten die Besonderheit auf, dass sie Aktien von solchen Unternehmen enthalten sollen, die besonders herausragende Leistungen im Sozial-, Governance- und Umweltbereich durch ihre Wertschöpfung erbringen. Die Einschränkung in seiner Leistungsfähigkeit ist, dass ein Index als Zeitreihe und (ökonomisch-finanzieller) Performance im Dienste der Nachhaltigkeit kaum Aufschluss gibt über das erzielte Ausmaß an sozialen und ökologischen Verbesserungen durch ein Unternehmen, da es den Impact der nachhaltigen Geldanlage hinsichtlich der Wertschöpfung eines Unternehmens und seiner externen Effekte nicht misst.

6 Literatur

Bacher, U./Bühler, M. (2002): Investmentvergleich von indexorientierten Aktienanlagen – Toprendite durch passives Management. 1. Aufl., Konstanz: Hartung-Gorre.

Dow Jones/SAM (2010): Dow Jones Sustainability Indices, Jahresrückblick 2010, Präsentation vom 17. November 2010, Unterlagen erhältlich unter URL: www.sustainability-index.com/07_htmle/publications/presentations.html, Zugriff am 17. Mai. 2011.

FTSE (2010 a): Halbjährige Index Revisionen, März und September 2011, erhätlich unter URL: www.ftse.com/Indices/FTSE4Good_Index_Series/Index_Reviews.jsp, Zugriff am 17. Mai. 2011.

FTSE (2010 b): Inclusion Criteria FTSE4Good Index Series, Dokument erhätlich unter URL: www.ftse.com/Indices/FTSE4Good_Index_Series/F4G_Download_Page.jsp, Zugriff am 17. Mai. 2011.

Richard, H.-J. (1992): Aktienindizes – Grundlagen ihrer Konstruktion und Verwendungsmöglichkeiten unter besonderer Berücksichtigung des Deutschen Aktienindex – DAX. Bergisch Gladbach: Eul.

Schäfer, H. (2009): Corporate Social Responsibility Rating. In: Aras, G./Crowther, D. (Eds.), A Handbook of Corporate Governance and Corporate Social Responsibility, 2009, Surrey: Gower, S. 449-465.

Schäfer, H./Engelhardt, M. (2008): ESG-Aktienindizes – Integration von Sozial-, Umwelt- und Governance-Kriterien in die Kapitalmärkte. In: Betriebswirtschaftliche Blätter, H. 9, 57. Jg., September/Oktober 2008, S. 506-513.

Schäfer, H./Stederoth, R. (2002): Performance von Screened Portfolios – Stand der empirischen Ergebnisse in der Kapitalmarktforschung. In: Kredit und Kapital, 35. Jg., H. 1, S. 101-14.

Schäfer, H./Hauser-Ditz, A./Preller, E. (2004): Transparenzstudie zur Beschreibung ausgewählter international verbreiteter Rating-Systeme zur Erfassung von Unternehmensnachhaltigkeit bzw. Corporate Social Responsibility. Forschungsbericht, Gütersloh: Bertelsmann Stiftung.

Schäfer, H./Beer, J./Fernandes, P./Zenker, J. (2006): Who is who in Corporate Social Responsibility Rating. A survey of internationally established rating systems that measure Corporate Social Responsibility. Forschungsbericht, Gütersloh: Bertelsmann Stiftung.

Schäfer, H./Lindenmayer, P. (2007): Nachhaltige Kapitalanlagen (II). In: WISU, Das Wirtschaftsstudium, H. 8-9, S. 1082 – 1088.

Schäfer, H./Schröder, M. (2009), Nachhaltige Kapitalanlagen für Stiftungen: Aktuelle Entwicklungen und Bewertung, Baden-Baden: Nomos.

Verantwortungsvoller Konsum – ein Problem asymmetrisch verteilter Information?

Gerhard Koths und Florian Holl

1 Konsumentensouveränität als Ausgangspunkt

Als Grundgedanke der Marktwirtschaft basiert die Idee der Konsumentensouveränität auf der Annahme, dass die Verbraucher das Handeln der Produzenten durch ihre Konsumwahl steuern.[1] Somit wird der Verbraucher durch die Konsumentensouveränität zum Souverän bzw. Herrscher des Wirtschaftssystems erhoben.[2] Aus dieser Position erwächst dem Verbraucher einerseits Macht, aber andererseits auch Verantwortung. Das Wissen, mithilfe der individuellen Kaufentscheidung die auf dem Markt angebotenen Produkte sowie deren Wirkung zu verantworten, nimmt den Verbraucher in die Pflicht, die sozialen, ökologischen und gesellschaftlichen Begleiterscheinungen der eigenen Konsumhandlung zu berücksichtigen.[3]

Verantwortlicher Konsum bezeichnet also die Einbeziehung naturwissenschaftlich nicht belegbarer Unterschiede am Produkt wie z.B. einer sozialverträglichen Produktion in die Kaufentscheidungen. Dies erscheint nur auf den ersten Blick irrational, denn wenngleich dem Verbraucher hinsichtlich der Qualität des Produktes durch die Beachtung sozialer und ökologischer Kriterien kein unmittelbar messbarer Vorteil entsteht, erwächst ihm doch aus dem Wissen über den verantwortungsvollen Konsum ein Mehrwert. Diesen bezeichnet Schoenheit als Selbstachtungsnutzen.[4]

Dass der Wunsch, verantwortlich zu konsumieren, in Deutschland stark ausgeprägt ist, zeigt die Studie *„Consumers' Choice"* aus dem Jahre 2009. Im Rahmen dieser Erhebung befragten die Gesellschaft für Konsumforschung (GfK) sowie Roland Berger Strategy Consultants 20.000 deutsche Haushalte und kamen zu dem Ergebnis, dass immerhin 19,5% der Deutschen sogenannte „kritische Verbraucher" sind. „Kritische Verbraucher" zeichnen sich dadurch aus, dass sie ihre Kaufentscheidungen nicht nur an Qualitäts-, sondern auch an ethischen Aspekten ausrichten und im Extremfall dazu bereit wären, solche Produkte und Unternehmen zu boykottieren. Sogar 21,1% der Verbraucher können als „verantwortungsbewusst Engagierte" bezeichnet werden. Diese Gruppe ist sich wie die „kritischen Verbraucher" ihrer sozialen und ökologischen Verantwortung hinsichtlich des persönlichen Konsums bewusst. Darüber hinaus setzen sich die „verant-

---

[1] Jeschke (1975): 15
[2] Binder (1996): 142
[3] Srnka/Schweitzer (2000)
[4] Schoenheit (2005): 74f.

wortungsbewusst Engagierten" aktiv für eine Verbesserung der sozialen und öko-logischen Situation ein.[5] Auch die repräsentative Studie *„Umweltbewusstsein und Umweltverhalten der sozialen Milieus in Deutschland"* des Umweltbundesamtes aus dem Jahre 2008 kommt zu dem Ergebnis, dass die Nachhaltigkeitsthematik in großen Teilen der Bevölkerung einen starken Zuspruch erfährt. So stimmen bei-spielsweise knapp 49% der Gesamtbevölkerung der Aussage zu, dass nicht mehr Ressourcen verbraucht werden sollten, als nachwachsen, und immerhin 44% er-achten fairen Handel als wichtig.[6] In einer 2011 veröffentlichten Untersuchung von Coca Cola artikulieren sogar 65% der Befragten den Wunsch, verantwor-tungsvolles Handeln von Unternehmen zukünftig grundsätzlich stärker in der Kaufentscheidung zu berücksichtigen.[7]

Trotz eines bei Verbrauchern offensichtlich stark ausgeprägten Bewusstseins für Nachhaltigkeitsthemen divergieren in der Realität des Marktes Anspruch und Wirklichkeit hinsichtlich verantwortungsvollen Konsums. Verbraucher er-achten soziale und ökologische Eigenschaften zwar als wichtig, orientieren ihre tatsächliche Kaufhandlung jedoch häufig nicht an diesen Kriterien. Die Accenture-Klimaschutzstudie *„Endkonsumenten"* aus dem Jahre 2008 belegt diese Beobachtung. Im Rahmen dieser Studie wurden die erklärte Wechselabsicht und der tatsächlich durchgeführte Wechsel von klimaschädlichen zu klimafreund-lichen Anbietern von Produkten und Dienstleistungen analysiert. Dabei wurde aufgedeckt, dass zwar der größte Anteil der Verbraucher den Willen artikulierte, zu wechseln, in den letzten 12 Monaten allerdings nur ein kleiner Prozentsatz tat-sächlich gewechselt hatte. So erachteten es z.B. 32% der Konsumenten als sicher und immerhin 55% als wahrscheinlich, zu Herstellern zu wechseln, die ihre CO_2-Bilanz verbessern. Dem eigenen Anspruch gerecht werdend hatten jedoch nur 11% der Befragten faktisch zu einem klimafreundlicheren Unternehmen gewechselt.[8] Fraglich ist, wie sich diese Lücke zwischen Anspruch und Wirklichkeit – das sog. Attitude-Behaviour-Gap" – im Hinblick auf verantwortungsvollen Konsum erklä-ren lässt.

2 Informationsasymmetrie als mögliche Erklärung

Eine mögliche Erklärung bietet die asymmetrische Informationsverteilung. Der Nobelpreisträger George A. Akerlof beschreibt in *„The Market for Lemons[9]"* die Erkenntnis, dass auf dem Markt für Gebrauchtwagen im Durchschnitt schlechtere Autos gehandelt werden, als die tatsächliche Qualität der entsprechenden vorhan-denen Gebrauchtwägen vermuten lassen würde.[10] Die Begründung hierfür ist, dass der Verkäufer in der Regel mehr über die Qualitätsmerkmale des zu verkaufen-

[5]   GfK Panel Services Deutschland et al. (2009)
[6]   Umweltbundesamt (2008): 26
[7]   Coca Cola (2011)
[8]   Accenture (2008)
[9]   als „Lemon" wird in Amerika ein mangelhafter Gebrauchtwagen bezeichnet
[10]   Akerlof (1970)

den Wagens weiß als der Käufer und eher bereit ist, ein mangelhaftes als ein ein-
wandfreies Fahrzeug abzugeben. Gegenüber dem Käufer verschweigt der Anbieter
jedoch aus opportunistischen Gründen die tatsächliche Qualität des fehlerhaften
Gebrauchtwagens und versucht seine „Lemon" bestmöglich zu vermarkten. Neben
den Anbietern von „Lemons" existieren auf dem Markt auch Anbieter hochwertiger Gebrauchtwägen, sog. „Peaches". Auch sie versuchen ihre Wägen bestmöglich zu verkaufen. Aufgrund der asymmetrischen Informationsverteilung erschließt
sich dem Käufer die Qualität des Gebrauchtwagens vor dem Kauf jedoch nicht so
leicht wie dem Anbieter. Er ist somit nicht in der Lage, „Lemons" von „Peaches"[11]
zu unterscheiden, antizipiert eine durchschnittliche (mangelhafte) Qualität und ist
folglich nur bereit, für diese zu bezahlen. Eine Preisdifferenzierung hinsichtlich
tatsächlicher Qualitätsmerkmale findet nicht statt. Verkäufer von „Peaches" können aufgrund der asymmetrischen Informationsverteilung die Käufer nicht von
der überlegenen Qualität ihres Angebots überzeugen und sind dementsprechend
nicht bereit, ihren hochwertigen Gebrauchtwagen unter Wert zu verkaufen. Obwohl
Angebot und Nachfrage für beide Produktqualitäten bestehen, existiert als Resultat in der Realität nur ein Markt für mangelhafte Qualitäten. Trotz vorhandener
Zahlungsbereitschaft kann sich daher kein Markt für hochwertige Gebrauchtwagen
entwickeln. Die in diesem Beispiel beschriebene Folge der asymmetrischen Informationsverteilung wird als adverse Selektion bezeichnet.[12] Die folgende Abbildung
verdeutlicht die durch asymmetrische Informationsverteilung hervorgerufene Ab-
wärtsspirale.

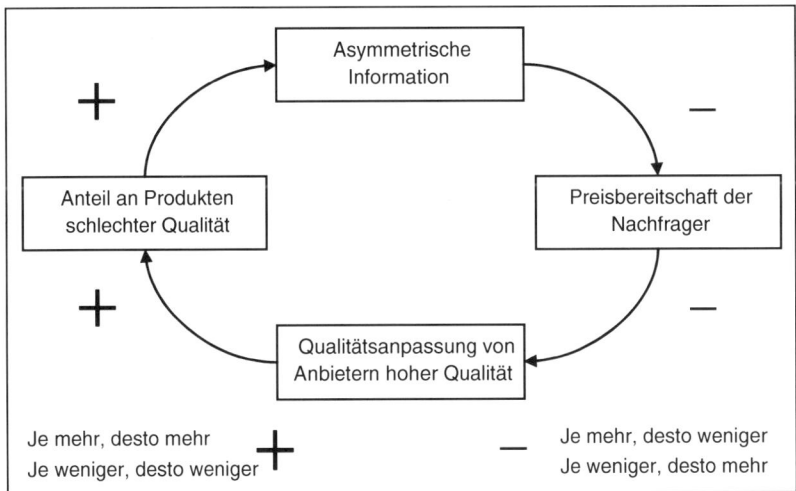

Abb. 1: Asymmetrische Informationsverteilung[13]

---

[11] als „Peach" wird im Gegensatz zu „Lemon" ein hochwertiger Gebrauchtwagen bezeichnet
[12] Akerlof (1970)
[13] in Anlehnung an Imug Institut (2009): 17

Adverse Selektion führt auch dazu, dass Unternehmen motiviert werden, in Produktäußerlichkeiten anstatt in Produktqualität zu investieren. Die Begründung hierfür liegt darin, dass Konsumenten, welche die relevanten Produktmerkmale nicht beurteilen können, dazu neigen, Äußerlichkeiten wie Schönheit als Kaufkriterium überzubewerten.[14] Informationsasymmetrie führt in diesem Falle zu einer Fehlallokation knapper Ressourcen. Das folgende Beispiel verdeutlicht diesen Sachverhalt.

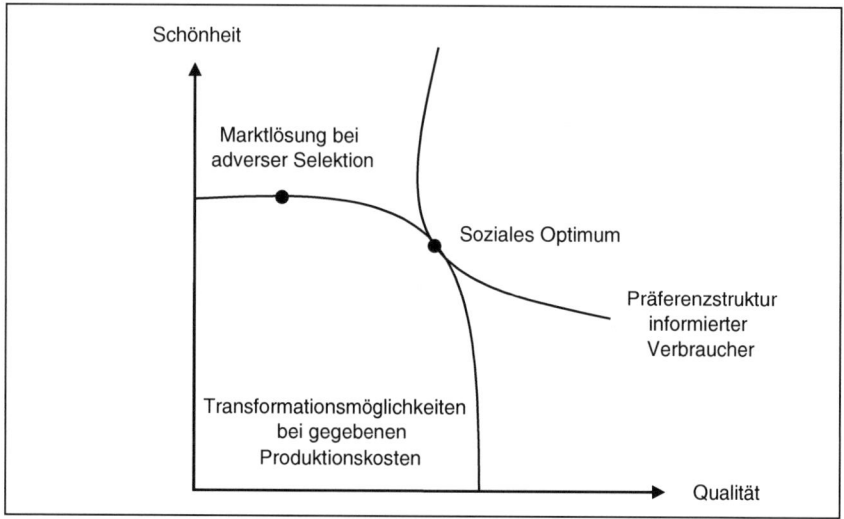

Abb. 2: Ressourcenfehlallokation durch adverse Selektion[15]

Anbieter besitzen im Rahmen der gegebenen Produktionskosten Transformationsmöglichkeiten hinsichtlich der Produkteigenschaften „Schönheit" und „Qualität" eines Produktes. Die Präferenzstruktur vollständig informierter Verbraucher definiert das soziale Optimum. Unter vollkommener Information müssten die Anbieter die Gewichtung der Produkteigenschaften „Schönheit" und „Qualität" an den Präferenzen der Verbraucher orientieren. Durch die asymmetrische Informationsverteilung sind die Konsumenten jedoch nicht in der Lage, das Kriterium „Qualität" hinreichend zu beurteilen und werden daher die für sie nachprüfbare Eigenschaft „Schönheit" überbewerten. Anbieter sind sich dieser Tatsache bewusst und investieren in die „Schönheit" des Produktes. Die Marktlösung spiegelt nicht die tatsächlichen Präferenzen der Nachfrager wider.

Die von der adversen Selektion ausgehende Gefahr ist nicht unmittelbar erkennbar. Tatsächlich aber hat sie weitreichende Auswirkungen auf das tägliche Leben aller Verbraucher, da die adverse Selektion bewirkt, dass die Qualität der meisten Güter weit unter dem möglichen Niveau bleibt. Wässriges Obst, hormonell belastetes Fleisch, aber auch rostende Kühlschränke, schnell durchscheuernde Kleidung

---

[14] Sinn (1988)
[15] in Anlehnung an Sinn (1988): 83

und schnell verglimmende Glühbirnen sind ebenso Resultate adverser Selektion wie Langzeitautos, die auf dem Reißbrett bleiben und nie in Produktion gehen. Bis auf Ausnahmen, wie z.B. den Dioxinskandal auf deutschen Bauernhöfen Anfang 2011, kann man adverser Selektion rechtlich nicht beikommen.[16]

Grundsätzlich sind Informationsasymmetrie und deren Folgen bei allen Gütermärkten vorstellbar. Tatsächlich existieren jedoch Unterschiede zwischen dem Ausmaß und den Auswirkungen von Informationsasymmetrie hinsichtlich verschiedener Produktkategorien. Primäres Unterscheidungsmerkmal zwischen den Gütern ist in diesem Zusammenhang die Fähigkeit der Konsumenten, die Produktqualität ex ante oder ex post des Kaufes beurteilen zu können.[17] Produkte können daher in Such-, Erfahrungs- und Vertrauensgüter klassifiziert werden.[18] Für die relevanten Charakteristika von Suchgütern sind ausreichend viele Informationen vorhanden. Entsprechend können diese vor dem Kauf durch Nachforschen erkundet werden und Konsumenten können sich ein ausführliches Bild über das zu erwerbende Produkt machen. In die Gruppe der Erfahrungsgüter fallen Produkte, deren Merkmale sich erst durch die Nutzung erschließen lassen, d.h. nach dem Kauf. Bei Vertrauensgütern verschließt sich die Beurteilung der Produktqualität den Konsumenten sowohl vor als auch nach dem Kauf gänzlich. Die Begründung hierfür ist u.a. die Komplexität dieser Güter bzw. deren Wirkungsweise. Ohne Unterstützung bzw. Information lässt sich z.B. nicht beurteilen, ob Fleisch biologisch oder konventionell produziert wurde.[19] Asymmetrische Informationsverteilung tritt insbesondere bei Erfahrungs- und Vertrauensgütern auf, da bei diesen eine ex ante-Qualitätsbeurteilung durch Informationssuche nicht möglich ist. In diesem Zusammenhang muss darauf hingewiesen werden, dass Güter in der Regel nicht eindeutig nur einer Güterart zugeordnet werden können. Tatsächlich können Teile eines Gutes z.B. durch Erfahrungseigenschaften gekennzeichnet sein, während andere Teile Sucheigenschaften beinhalten.[20]

Erfahrungs- und Vertrauensgüter haben in jüngster Zeit an Relevanz gewonnen, da Konsumenten sich vermehrt für soziale und ökologische Produktmerkmale interessieren. Hierbei handelt es sich z.B. um Produktionsbedingungen bei Zulieferfirmen, artgerechte Tierzucht oder ökologische Stromerzeugung. Entsprechende Eigenschaften sind jedoch in der Regel nicht sichtbar bzw. vorab erkennbar und die eigenständige Beurteilung dieser Informationen ist für den einzelnen Konsumenten schwierig bis unmöglich. Der Verbraucher muss daher auf die Information verzichten oder dem Bereitsteller der Information glauben.[21] Als Gründe für diese Verschiebung hin zu den Erfahrungs- und Vertrauensinformationen nennt Krol *„Internationalisierung und Globalisierung, [...] bio- und gentechnologischen Fortschritt und [...] Informations- und Kommunikationstechnologien [...]".*[22]

---

[16] Sinn (1988): 92 sowie Sinn (2003): 282f.
[17] Mitropolous 1997: 331
[18] Nelson (1970) sowie Darby/Karni (1973)
[19] Hauser (1979) sowie Kuhlmann (1990): 48
[20] Mitropolous (1997): 332f.
[21] Schoenheit (2004): 50
[22] Krol (2003): 93

Eine Studie des imug-Instituts im Bereich Lebensmittel aus dem Jahre 2003 bestätigt, dass Konsumenten soziale und ökologische Produktinformationen zunehmend als konsumrelevant erachten und diese gerne als Grundlage für ihre Kaufentscheidung verwenden würden. Im Rahmen dieser Erhebung forderten beispielsweise 71% der Befragten Informationen bezüglich der Einhaltung von Sozialstandards und 73% der Teilnehmer sahen Informationsbedarf hinsichtlich der Art der Tierhaltung.[23]

Tabelle 1 charakterisiert anhand der Beispiele Lebensmittel, Textilien und PKW sichtbare und verborgene Produkteigenschaften und zeigt, dass insbesondere soziale und ökologische Produkteigenschaften den Vertrauenseigenschaften zuzurechnen sind.

Tab. 1: Informationsökonomische Güterklassifikation[24]

	Sucheigenschaften	Erfahrungseigenschaften	Vertrauenseigenschaften
Lebensmittel	– Preis – Aussehen – Frische	– Geschmack – Verarbeitung – Lagerfähigkeit	– Inhaltsstoffe (Gentechnologie) – Art der Tierhaltung – ökologische Produktion
Textilien	– Preis – Stil / Mode – Passform	– Pflegeeigenschaft – Verarbeitung – Haltbarkeit	– Gesundheit / allergische Reaktion – umwelt- und sozialverträgliche Herstellung
PKW	– Preis – Farbe / Design – Platzangebot	– Kraftstoffverbrauch – Reparaturanfälligkeit – Fahrleistung	– Schadstoffemissionen – Flottenverbrauch – umwelt- und sozialverträgliche Herstellung

Die Divergenz zwischen Anspruch und Wirklichkeit bei verantwortungsvollem Konsum in Verbindung mit dem auffälligen Informationsbedürfnis für soziale und ökologische Informationen deutet auf asymmetrisch verteilte Informationen sowie adverse Selektion hin. Da es sich bei sozialen und ökologischen Produktmerkmalen meist um Vertrauenseigenschaften handelt, könnte die Begründung hierfür sein, dass Verbraucher häufig schlichtweg nicht beurteilen können, ob ein Produkt die von ihnen als relevant empfundenen Nachhaltigkeitskriterien erfüllt oder nicht. Aus dieser Unwissenheit heraus antizipieren sie eine schlechte „Nachhaltigkeitsqualität" und sind entsprechend nur bereit, für diese zu bezahlen. Dadurch kann sich ein adäquater Markt für sozial und ökologisch verträgliche Produkte trotz vorhandener Zahlungsbereitschaft am Markt nicht durchsetzen.

Tatsächlich ist die Konsumrealität bei sozialen und ökologischen Fragen noch mehr als in anderen Bereichen von einer strukturellen Informationsasymmetrie zu Ungunsten der Verbraucher gekennzeichnet. Eine Begründung hierfür liegt in der u.a. durch die Globalisierung sowie einen Anstieg der Gütervielfalt hervorgerufenen großen Fülle und weltweiten Verteilung der relevanten Informationen. Kürzer werdende Produktlebenszyklen sowie sich häufig ändernde Produktionsverfahren verstärken diesen Effekt. Schließlich sind besonders ökologische Informationen

---

[23] Schoenheit (2005): 74
[24] nach Schoenheit (2004): 51

häufig komplexer Natur und daher für den Großteil der Bevölkerung unverständlich.[25]

3 Überwindung von Informationsasymmetrien

Im vorangegangenen Kapitel wurde deutlich, dass die Divergenz zwischen Anspruch und Wirklichkeit bei verantwortungsvollem Konsum auf das Informationsdefizit der Verbraucher hinsichtlich sozialer und ökologischer Produkteigenschaften zurückgeführt werden kann. Um dieser adversen Selektion entgegenzuwirken, muss die Informationsasymmetrie zwischen Verbrauchern und Unternehmen überwunden werden. Die Maßnahmen zur Überwindung von Informationsasymmetrien können im Wesentlichen anhand des Ausgangspunktes der Initiative zur Schließung des Informationsdefizits differenziert werden. Versucht die uniformierte Seite, durch Informationsaktivitäten die eigene Informationslage zu verbessern, spricht man vom „Screening". Beim „Signaling" hebt die informierte Seite das Informationsniveau der Gegenseite durch die Bereitstellung von Informationen.[26]

Produzenten verfügen häufig durch ihren über einen Informationsvorsprung. Sinn spricht davon, dass Produktinformationen ein Komplement des Produktes sind.[27] Insofern ist es in der Regel für den Anbieter leichter, durch „Signaling" die Informationsasymmetrie zum Verbraucher zu überwinden, als für den Konsumenten, durch eigene Suche sein Informationsdefizit zu verringern. Im Folgenden wird daher das Instrument der Marktsignalisierung intensiver betrachtet.

Ein Marktsignal ist als Information zu betrachten, welche vom Unternehmen mit dem Ziel ausgesendet wird, die nicht informierte Seite dabei zu unterstützen, Rückschlüsse über die signalisierte produktspezifische Eigenschaft zu erlangen. Anbieter hochwertiger Produkte versuchen sich dadurch von Konkurrenten, die minderwertige Güter anbieten, abzuheben.[28] Die Anbieter hoher Qualitäten haben ein gesteigertes Interesse daran, die Konsumenten mit Hilfe von Marktsignalen von der Qualität der eigenen Produkte und des eigenen Unternehmens zu überzeugen, um eine auf Informationsasymmetrie basierende adverse Selektion zu verhindern.[29] Entscheidend für die Wirksamkeit der Signalisierung ist die Glaubwürdigkeit der übermittelten Information. Glaubwürdigkeit ist dabei als die vom Empfänger einer Information angenommene Wahrheit und nicht zwangsläufig als die Richtigkeit dieser Information anzusehen. Insofern hängt die Glaubwürdigkeit stark vom Vertrauen ab, welches der Empfänger einer Information dem Sender entgegenbringt.[30] Eine glaubwürdige Abgrenzung des eigenen Unternehmens bzw. Produktes von anderen u.U. minderwertigeren Konkurrenzprodukten muss daher im Mittelpunkt stehen, um wirkungsvoll Informationsasymmetrien abzubauen.

---

[25] Belz/Bilharz (2007): 37 sowie Eckert et al. (2007): 54f.
[26] Kaas (1995): 974
[27] Sinn (1988): 85
[28] Spence (1973) sowie und Kaas (1995): 975f.
[29] Mitropolous (1997): 338
[30] Gräfe (2005): 26f.

„In markets with imperfect and asymmetric information, the information conveyed [...] will not create any value unless it is credible"[31]

Mit Hilfe der Marktsignalisierung versuchen Unternehmen, Glaubwürdigkeit zu vermitteln. Es können dabei zwei Ansätze abgegrenzt werden. Bei exogen teuren Signalen differenzieren sich Unternehmen durch die Investition in bestimmte, relevante Signale, die sich nur bei wahrheitsgemäßer Information lohnen. Bedingte Verträge beziehen sich auf eine Selbstbindung des Anbieters hinsichtlich der Wahrheit der von ihm verbreiteten Informationen[32]

Ein Beispiel für ein exogen teures Signal ist die Zertifizierung bestimmter Produkteigenschaften. Im Rahmen einer Zertifizierung werden nicht erkennbare Qualitätsmerkmale[33] für uniformierte Nachfrager durch ein Kennzeichnungssystem veranschaulicht und vereinfachend zusammengefasst. Gewissermaßen werden durch die Zertifizierung Vertrauenseigenschaften zu Sucheigenschaften. Aus Glaubwürdigkeitsgründen erfolgt die Zertifizierung häufig durch externe Dritte. Allerdings setzt eine Verringerung von Informationsasymmetrie durch Zertifizierungen eine Kenntnis der entsprechenden Zertifizierungssysteme respektive der Siegel und deren Aussage voraus. Gerade in diesem Bereich existieren in der Realität Defizite bei den Konsumenten.[34] Eine solche Unkenntnis bzgl. der Zertifizierung kann dieselben Folgen wie die ursprüngliche Informationsasymmetrie mit sich bringen.

Ein klassisches Beispiel für erfolgreiche Verringerung von Informationsasymmetrie hinsichtlich sozialer und ökologischer Kriterien ist das Bio-Siegel. Im Mittelpunkt dieses Kennzeichnungssystems steht ein günstiges und konsumentenfreundliches Label.[35] Tatsächlich existiert in Deutschland eine Vielzahl biologischer Siegel.[36] U.a. entwickelte sich durch die wirksame Verringerung des Informationsdefizits der Konsumenten hinsichtlich ökologischer Produktionsweisen dieser Markt in Deutschland rasant. Im Jahr 2010 betrug der Umsatz für ökologische Lebensmittel mit ca. 5,9 Mrd. € knapp dreimal so viel wie im Jahre 2000.[37] Aber auch die Offenlegung sozialer und ökologischer Leistungen in Form eines Nachhaltigkeitsberichtes stellt ein Signaling dar. Die Global Reporting Initiative entwickelte mit den G3 einen global anwendbaren Rahmen sowie Leitlinien für die Nachhaltigkeitsberichterstattung. Bis zur Mitte des Jahres 2011 veröffentlichten in Deutschland 37 Unternehmen entsprechende Berichte nach GRI.[38]

Bei bedingten Verträgen signalisiert der Anbieter durch eine Selbstbindungsmaßnahme die Wahrheit der von ihm kommunizierten Informationen. Geht die

---

[31] Erdem/Swait (1998): 152
[32] Spence (1976) sowie Kaas (1995): 976f.
[33] meist Vertrauenseigenschaften
[34] Scheer (2003)
[35] Hadfield/Thomson (1998)
[36] vgl. hierzu www.label-online.de
[37] Landwirtschaftskammer Nordrhein-Westfalen 2011
[38] vgl. www.gri.org

individuelle Selbstbindung des Anbieters dabei über das gesetzlich geforderte Niveau hinaus, signalisiert er dem Konsumenten eine hohe Qualität, da die Einhaltung der Selbstbindung für Hersteller minderwertiger Qualität zu teuer wäre.[39] Garantien und Haftungsregeln sind Beispiele für bedingte Verträge.[40] Auch die Ermöglichung von Tests und Vergleichen durch Abtretung von Verfügungsrechten des Anbieters an Dritte ist eine Form der Selbstbindung.[41] Beispiele für eine Selbstbindung hinsichtlich ökologischer und sozialer Merkmale sind die Kooperation im Rahmen von Unternehmensnetzwerken bzw. die Mitgliedschaft in Initiativen. Das Ziel von Unternehmensnetzwerken besteht darin, als externe Plattform Informationen über das soziale und ökologische Engagement der Mitglieder an die relevanten Stakeholder zu übermitteln. Der Zusammenschluss „econsense – Forum Nachhaltige Entwicklung der Deutschen Wirtschaft e. V." vertritt beispielsweise 32 namhafte global agierende Unternehmen und versteht sich als Think Tank und Dialogplattform.[42] Als Mitglied von Initiativen wie z.B. dem United Nations Global Compact verpflichten sich Unternehmen, bestimmte soziale und ökologische Kriterien einzuhalten.[43]

Eine weitere Möglichkeit, über den Markt zu signalisieren, ist Reputation bzw. Markenbildung. Ein Anbieter erwirbt bei Nachfragern eine gute Reputation bzw. baut eine starke Marke auf, wenn er die Konsumenten über einen längeren Zeitraum durch eine überzeugende Leistung positiv beeindruckt. Nachfrager, die bei mehrfachem Kauf mit den Produkten eines Unternehmens zufrieden sind, antizipieren auch bei zukünftigen Käufen eine hohe Produktqualität. Das Riskieren der Reputation oder Marke durch z.B. eine Verschlechterung der Qualität oder imageschädlicher Aktivitäten stellt eine große wirtschaftliche Gefahr für Unternehmen dar, denn der Verlust von Reputation verläuft im Vergleich zu deren kostspieligem und langsamem Aufbau sehr schnell.[44]

Die Überwindung von Informationsasymmetrien durch Marktsignalisierung ist jedoch mit Kosten verbunden. Diese Kosten werden als Transaktionskosten bezeichnet und umfassen die Aufwendungen, die notwendig sind, um die Unvollkommenheit des Marktes, die Informationsasymmetrie, zu überwinden.[45] So ist z.B. eine Zertifizierung mit Transaktionskosten verbunden. Wie Abbildung 3 verdeutlicht, müssen diese Transaktionskosten von den Marktteilnehmern zusätzlich zu den Produktionskosten des Gutes getragen werden. Zu hohe Kosten können daher eine Zertifizierung verhindern.[46]

---

[39] Kaas (1995): 976f.
[40] Vahrenkamp (1991): 70
[41] Habisch (2010)
[42] Econsense (2011)
[43] United Nations Global Compact (2011)
[44] Vahrenkamp (1991): 43; van den Bergh/Lehmann (1992) sowie Habisch (2010)
[45] Coase (1937) sowie Erlei et al. (2007): 66f.
[46] Auriol/Schilizzi (2003)

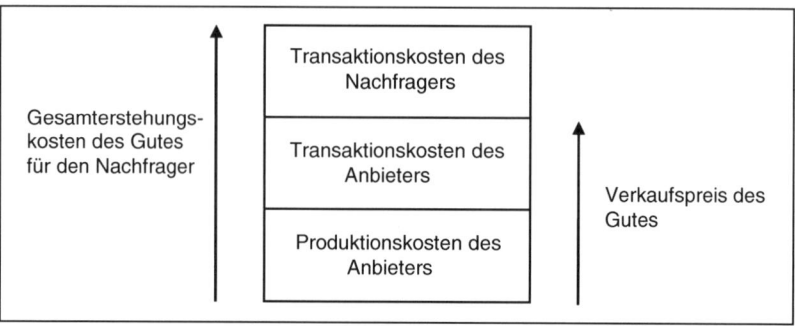

Abb. 3: Produkt- und Transaktionskosten[47]

Problematisch wird der Versuch einer durchaus teuren Signalisierungsstrategie für soziale und ökologische Produkteigenschaften, wenn Kommunikation und tatsächliches Unternehmenshandeln voneinander abweichen; d.h. den Konsumenten werden gewisse Eigenschaften signalisiert, denen die Unternehmensleistung in der Realität nicht gerecht wird. Dieses scheinbar verantwortliche Handeln wird als „Green-" oder „Bluewashing" bezeichnet[48] und kann wie Informationsasymmetrie zu adverser Selektion führen.[49] Unternehmen, die Greenwashing betreiben, verhindern somit verantwortungsvollen Konsum und schädigen ehrliche Anbieter.

4 Lösungsansatz von Verso zur Überwindung von Informationsasymmetrien

Wie in Abschnitt 3 dargestellt wurde, beeinflussen die Glaubwürdigkeit der zur Verfügung gestellten Informationen sowie die Höhe der bei der Informationsgenerierung, -aufbereitung und -kommunikation anfallenden Transaktionskosten entscheidend den Erfolg einer unternehmerischen Signalingstrategie. Eine von Accenture durchgeführte Studie bestätigt diesen Sachverhalt. In der Untersuchung aus dem Jahre 2007 erklären sich beispielsweise 80% der Befragten unzufrieden mit der nachhaltigkeitsbezogenen Kommunikation von Energieversorgern. Als größtes Hindernis wird in diesem Zusammenhang die Glaubwürdigkeit der von den Unternehmen zur Verfügung gestellten Informationen gesehen. Daher fordern 73% der Teilnehmer mehr Klarheit und Transparenz bei der Berichterstattung und immerhin 40% sehen zusätzlichen Informationsbedarf.[50] Als primäre Voraussetzung für verantwortungsvollen Konsum nannten in einer Untersuchung von Coca Cola 97% der Befragten verständliche Informationen und 93% einen unkomplizierten Zugang zu Informationen – also niedrige individuelle Transaktionskosten.[51]

---

[47] in Anlehnung an Ernst (1990): 34
[48] Meffert et al. (2010) sowie Walter (2010): 43
[49] Spremann (1990) sowie Halbes (2003): 26
[50] Accenture (2007)
[51] Coca Cola (2011)

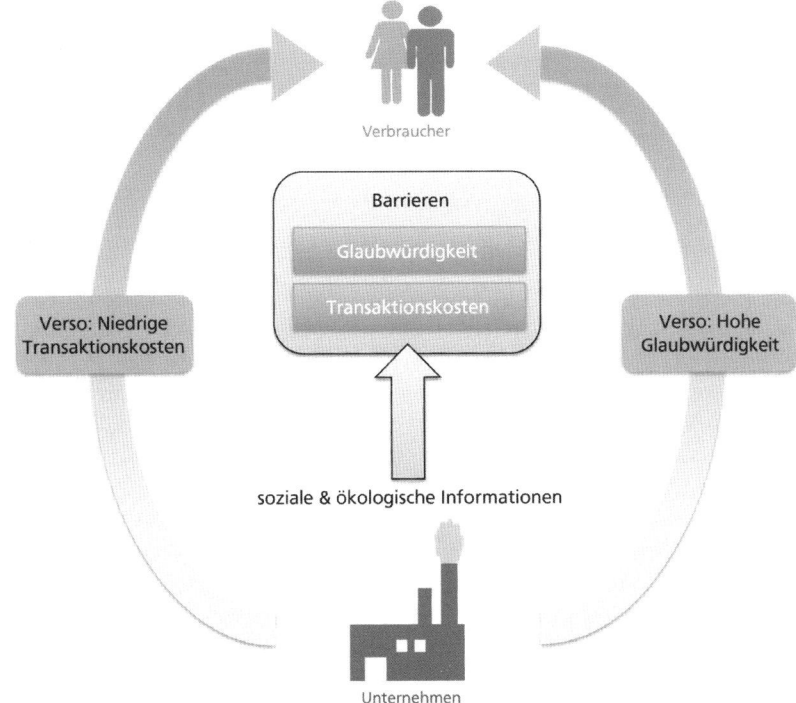

Abb. 4: Überwindung von Informationsasymmetrien

Abbildung 4 verdeutlicht, dass die Glaubwürdigkeit der übermittelten Informationen sowie die Höhe der Transaktionskosten Barrieren bei der Überwindung sozialer und ökologischer Informationsasymmetrien zwischen Unternehmen und Verbrauchern darstellen.

Der Lösungsansatz von Verso unterstützt Unternehmen bei der erfolgreichen Überwindung dieser Barrieren. Im Fokus des Konzepts steht daher die Begrenzung der Transaktionskosten bei der gleichzeitigen Erzeugung einer hohen Glaubwürdigkeit der Informationen.

4.1 Begrenzung der Transaktionskosten

Der Prozess der Marktsignalisierung kann in drei Abschnitte unterteilt werden. Zuerst müssen die entsprechenden sozialen und ökologischen Informationen innerhalb des Unternehmens ermittelt werden (Informationsgenerierung). Im Anschluss erfolgt eine Strukturierung und Aufbereitung dieser Rohdaten, um sie verständlich und dadurch den Konsumenten zugänglich zu machen (Profilerstellung). Schließlich werden diese Informationen an die relevanten Empfänger kommuniziert (Kommunikation). Abbildung 5 illustriert diesen Sachverhalt.

Abb. 5: Prozess der Marktsignalisierung

Das Konzept von Verso zielt auf eine wesentliche Senkung der Transaktionskosten ab, um die Bekämpfung der Informationsdefizite bezüglich sozialer und ökologischer Informationen nicht am Aufwand der Ermittlung und Kommunikation dieser Daten scheitern zu lassen. Der Schlüssel zur Minimierung der Transaktionskosten ist der konsequente Einsatz modernster Informations- und Kommunikationstechnologien im gesamten Prozess der Marktsignalisierung.

Im Rahmen der Informationsgenerierung werden bei Verso mit Hilfe eines IT-basierten Fragenkataloges soziale und ökologische Informationen erhoben und systematisiert. Diese Fragen wurden insbesondere vom finnischen Umweltinstitut SYKE, der Turku School of Business and Economics, der Aalto University Helsinki und den Mitarbeitern von Verso entwickelt und umfassen die Bereiche Personal, Umwelt, Kunde und Gesellschaft. Das Fundament dieser Fragestellungen bilden die von internationalen Organisationen aufgestellten Richtlinien und Standards zu verantwortlichem Handeln (u.a. GRI, EMAS). Ziel dieser Entwicklung war die Erschaffung eines ressourcenfreundlichen, auch auf die Bedürfnisse von KMU zugeschnittenen und branchenübergreifenden Rahmenwerks für die Berichterstattung über soziale und ökologische Belange. Der Fragenkatalog stellt somit ein niederschwelliges Reportingsystem für den Einstieg in die CSR – Thematik dar.

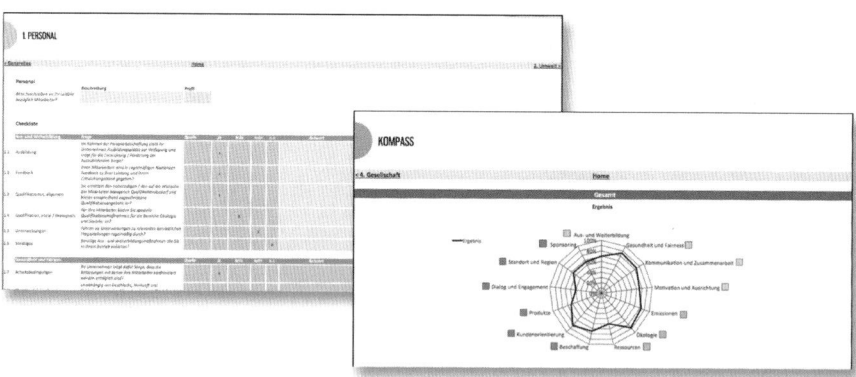

Abb. 6: Reportingsystem

Die Profilerstellung umfasst die informationstechnologische Aufbereitung der bei der Informationsgenerierung gewonnenen Daten. Die primären Ziele der Profilerstellung sind zum einen die strukturierte und übersichtliche Darstellung der relevanten Informationen und zum anderen eine möglichst umfangreiche Datenverwendung. Denn anders als bei herkömmlichen, meist statischen Nachhaltigkeitsberichten ermöglicht ein Verso-Profil die vielseitige Nutzung der sozialen und ökologischen Informationen im Rahmen der unternehmerischen Kommunikation. Das Fundament der Kommunikation bildet das Verso-Profil.

Abb. 7: Verso-Profil

Das Verso-Profil kann als sog. „Iframe" in die Webseiten des jeweiligen Unternehmens eingebunden werden. Auch eine Integration in anderweitige Kommunikationskanäle wie z.B. einen Facebookauftritt ist möglich. Die Weiterempfehlung eines Profils wird u.a. durch die Vernetzung mit den bekanntesten Social Media Plattformen gefördert und ist die Basis für virale Effekte. Schließlich kann auch direkt am Point of Sale mittels eines QR-Codes bzw. Barcodescannings mithilfe sog. Smartphones jederzeit und ortsungebunden auf die relevanten Informationen

zugegriffen werden. Als Ergänzung werden auf der zentralen Plattform www.verso.
info die Profile aller bei Verso vertretenen Unternehmen gespeichert. Verbraucher
können auf dieser Webseite nach für sie konsumrelevanten Informationen suchen,
diese vergleichen und interaktiv mit Anbietern in den Dialog treten.

Abb. 8: Barcodescanning

4.2 Hohe Glaubwürdigkeit

Neben der Senkung von Transaktionskosten ist eine hohe Glaubwürdigkeit der
zweite wichtige Einflussfaktor bei der Überwindung von Informationsasymmetrie.
Als unabhängiger und neutraler Intermediär bietet Verso sowohl Unternehmen als
auch Verbrauchern eine , um sich zu informieren und in den Dialog zu treten. Neben dieser Vermittlerrolle ist weitreichende Transparenz das Mittel, mit dem Verso
Glaubwürdigkeit erzeugt. Die Prozesse und Kriterien, die zu einer Profilerstellung
auf verso.info führen, werden ebenso offengelegt wie die Resultate des Fragenkataloges. Durch die Einbeziehung von Social Media Funktionalitäten wird den Verbrauchern zudem ermöglicht, öffentlich zu sozialer bzw. ökologischer Performance
von Produkten und Unternehmen Stellung zu nehmen und diese zu kommentieren.
Schließlich wird mithilfe eines interdisziplinär besetzten Beirats eine Art Redak-
tion geschaffen, die in kritischen Fällen darüber entscheidet, ob ein Unternehmen
auf verso.info präsent sein darf.

5 Zusammenfassung

In der Realität des Marktes existiert eine Divergenz zwischen Anspruch und Wirklichkeit bei verantwortungsvollem Konsum. Zwar artikulieren Verbraucher den
Wunsch, soziale und ökologische Produktmerkmale zu berücksichtigen, orientieren ihre tatsächliche Kaufentscheidung jedoch häufig nicht an diesen Kriterien.
Eine mögliche Erklärung liefert die asymmetrische Informationsverteilung sowie
die adverse Selektion. Die für einen verantwortungsvollen Konsum relevanten
Informationen liegen nicht vor bzw. sind nicht glaubwürdig. Dadurch kann sich
trotz vorhandener Zahlungsbereitschaft kein adäquater Markt für entsprechende
Produkte entwickeln. Auf Seiten der Unternehmen bietet „Signaling" einen Aus-
weg. Erfolgskritische Faktoren sind in diesem Zusammenhang die Höhe der beim

„Signaling" anfallenden Transaktionskosten sowie die Glaubwürdigkeit der über-mittelten Informationen. Verso unterstützt als unabhängiger Intermediär Unterneh-men beim „Signaling" durch die Bereitstellung einer transaktionskostensenkenden Infrastruktur sowie die Erzeugung von Glaubwürdigkeit. Somit bildet Verso eine Brücke für die Überwindung von Informationsasymmetrien bezüglich sozialer und ökologischer Produkt- und Unternehmensmerkmale und hilft, adverse Selektion zu verhindern.

6 Literatur

Accenture (2008): Umfrage zum Klimawandel, Teil I: Endkunden. Ein neues Kunden-bewusstsein – Herausforderung und Eröffnung neuer Marktchancen.

Accenture (2007): Accenture-Studie: Für den Klimaschutz würden Verbraucher ihren Ener-gieversorger wechseln. [online]. http://www.accenture.com/de-de/company/newsroom-germany/Pages/klimawandel-verbraucher-studie.aspx [Zugriff: 09.07.2010]

Akerlof, G. (1970): The Market for Lemons: Quality Uncertainty and the Market Mecha-nism. In: The Quarterly Journal of Economics. 488-500. Bd. 84, No. 3.

Auriol, E./Schilizzi, S. (2003): Quality Signaling through Certification. Theory and an Application to Agricultural Seed Market. IDEI Working Paper No. 165.

Belz, F.-M. / Bilharz, M. (2007): Nachhaltiger Konsum, geteilte Verantwortung und Ver-braucherpolitik: Grundlagen. In: Belz, F.-M./Karg, G./Witt, D. Nachhaltiger Konsum und Verbraucherpolitik im 21. Jahrhundert. 21-48. Marburg: Metropolis Verlag.

Binder, S. (1996): Die Idee der Konsumentensouveränität in der Wettbewerbstheorie. Telologische vs. Nomokratische Auffassung. Frankfurt am Main: Peter Lang.

Coase, R. (1937): The Nature of the Firm. In: Economica, New Series. 386-405. Bd. 4, No. 16.

Darby, M.R./Karni, E. (1973): Free Competition and the optimal Amount of Fraud. In: Journal of Law and Economics. 67-88. Bd. 16, No. 1.

Eckert, S./Karg, G./Zangler, T. (2007): Nachhaltiger Konsum aus Sicht der Verbraucher. In: Belz, F.-M./Karg, G./Witt, D. Nachhaltiger Konsum und Verbraucherpolitik im 21. Jahrhundert. Marburg: Metropolis Verlag.

Econsense (2011): Forum Nachhaltige Entwicklung der Deutschen Wirtschaft. [online]. www.econsense.de [Zugriff: 10.07.2010]

Erlei, M./Leschke, M./Sauerland, D. (2007): Neue Institutionenökonomik. 2. Auflage. Stuttgart: Schäffer-Poeschel Verlag.

Ernst, M. (1990): Neue Informations- und Kommunikationstechnologien und marktwirt-schaftliche Allokation. München: Verlag V. Florentz GmbH.

GfK Panel Services Deutschland/Roland Berger Strategy Consultants GmbH/ Bundesvereinigung der Deutschen Ernährungsindustrie e.V., BVE (2009): Consumers' Choice 09. [online]. *www.bve-online.de/download/consumer_choice09.* [Zugriff: 10.07.2011].

GRI – Global Reporting Initative (2011): GRI Report List. [online]. http://www.globalre-porting.org/ReportServices/GRIReportsList/ [Zugriff: 10.07.2011].

Habisch, A. (2010): Selbstheilungskräfte des Marktes? Ökonomische Theorie des Markt-versagens und ihre Relevanz für die Bewältigung der Krise. In: M. Heimbach-Steins (Hg.) Jahrbuch für Christliche Sozialwissenschaften. 97-118. Bd. 51.

Halbes, S. (2003): Der vergleichende Warentest zur Unterstützung des nachhaltigen Konsums. Markt und Konsum. Universität Hannover. [online]. Lehrstuhl http://www.m1.uni-hannover.de/fileadmin/muk/free_downloads/ LF_52.pdf [Zugriff: 11.07.2011].

Hadfield, G./Thomson, D. (1998): An Information-Based Approach to Labeling Biotechnology Consumer Products. In: Journal of Consumer Policy. 551–578. Bd. 21.

Hauser, H. (1979): Qualitätsinformationen und Marktstrukturen. In: Kyklos. 739-763. Bd. 32, No. 4.

Imug Institut (2009): Kennzeichnung generationengerechter Produkte und Dienstleistungen. Autoren: Gerlach, A./Schoenheit, I. Imug Arbeitspapier 18 / 2009. [online] http://www.imug.de/pdfs/verbraucher/imug_Arbeitspapier_18_ Kennzeichnung_ generationengerecht.pdf [Zugriff: 09.07.2011].

Jeschke, D. (1975): Konsumentensouveränität in der Marktwirtschaft. Berlin: Duncker & Humblot.

Kaas, K. P. (1995): Informationsökonomik. In: Tietz, B./Köhler, R./Zentes, J. Handwörterbuch des Marketing. 971-981. Stuttgart: Schäffer-Poeschel.

Krol, G. K. (2003): Leitbilder und Verbraucherpolitik. In: May, H. Handbuch zur ökonomischen Bildung. 77-95. München: Oldenbourg Wissenschaftsverlag GmbH.

Kuhlmann, E. (1990): Verbraucherpolitik. München: Verlag Franz Vahlen GmbH.

Landwirtschaftskammer Nordrhein-Westfalen (2011): Bio ist eine Erfolgsgeschichte. [online]. Agrarmarkt Informations-Gesellschaft mbH http://www.oekolandbau.nrw.de/aktuelles/aktuelles_2011/quartal_1_2011/pmami_biomarkt-bilanz_24-03-2011.php [Zugriff: 07.07.2011].

Meffert, H./Rauch, C./Lepp, H. L. (2010): Sustainable Branding – mehr als nur ein Schlagwort?! In: Marketing Review St. Gallen. 28-35. Bd. 27, No. 5.

Mitropoulos, S. (1997): Verbraucherpolitik in der Marktwirtschaft. Berlin: Duncker & Humblot GmbH.

Nelson, P. (1970): Information and Consumer Behaviour. In: The Journal of Political Economy. 311-329. Bd. 78, No. 2.

Scheer, D. (2003): Produkte mit offenem Visier. In: Ökologisches Wirtschaften. 18-19. No. 3 / 2003.

Schoenheit, I. (2005): Was Verbraucher wissen wollen – Ergebnisse einer empirischen Studie zum Informationsbedarf der Verbraucher. In: Verbraucherzentrale Bundesverband e.V. Wirtschaftsfaktor Verbraucherinformation. 65-150. Berlin: Berliner Wissenschafts-Verlag.

Schoenheit, I. (2004): Die volkswirtschaftliche Bedeutung der Verbraucherinformation. In: Verbraucherzentrale Bundesverband e.V. Politikfeld Verbraucherschutz. 47-64. Landeszentrale für politische Bildung: Potsdam, Berlin.

Sinn, H.W. (2003): Verbraucherschutz als Staatsaufgabe. In: Perspektiven der Wirtschaftspolitik. 281-294. No. 2 / 2003

Sinn, H.W. (1988): Verbraucherschutz als Problem asymmetrischer Informationskosten. In: Ott, C./Schäfer, H.B.: „Allokationseffizienz in der Rechtsordnung". 81-90. Berlin, Heidelberg, New York: Springer Verlag.

Spence, M. (1976): International Aspects of Market Structure: An Introduction In: The Quarterly Journal of Economics. 591-597. Bd. 90, No. 4.

Spremann, K (1990): Asymmetrische Information. In: Zeitschrift für Betriebswirtschaft. 561-586. Bd. 60, No. 5.

Srnka, K. J./Schweiter F. M. (2000): Macht, Verantwortung und Information: Der Konsument als Souverän? In: zfwu. 192-205. No. 1 / 2000.

Umweltbundesamt (2008): Umweltbewusstsein und Umweltverhalten der sozialen Milieus in Deutschland. Dessau-Roßlau: Umweltbundesamt.

United Nations Global Compact (2011): United Nations Global Compact. [online]. www. unglobalcompact.org [Zugriff: 09.07.2011].

Vahrenkamp, K. (1991): Verbraucherschutz bei asymmetrischer Information. Informationsökonomische Analysen verbraucherpolitischer Maßnahmen. München: Verlag V. Florentz GmbH.

Valor (2008): Can Consumers Buy Resonsible? Analysis and Solutions for Market Failures. In: Journal of Consumer Policy. 315-326. No. 3 / 2008.

Van den Bergh, R./Lehmann, M. (1992): Informationsökonomie und Verbraucherschutz im Wettbewerbs- und Warenzeichenrecht. In: GRUR International. 588-599. No. 8-9 / 1992.

Walter, B. L. (2010): Verantwortliche Unternehmensführung überzeugend kommunizieren. Wiesbaden: Gabler Verlag.

Yates, L. (2008): Sustainable Consumption: the Consumer Perspective. Consumer Policy Review. 96-99. No. 4 /2008.

Gesellschaftliches Engagement von Unternehmen als Beitrag zur Regionalentwicklung

Christiane Kleine-König und René Schmidpeter

1 Unternehmen als „Bürger" ihrer Region

Ausgewählte Studien zeigen, dass ein Großteil der Unternehmer den eigenen Betrieb und sein ökonomisches Handeln als Teil eines lokalen und regionalen Beziehungs- und Wirkungsgeflechts aus weiteren privatwirtschaftlichen, zivilgesellschaftlichen und öffentlichen Akteuren sieht.[1] Nicht selten deckt sich der Unternehmensstandort mit dem Wohnsitz der Beschäftigten, dem Standort der Zulieferer oder dem Absatzmarkt. So stehen unternehmerisches Handeln und damit verbundene Entscheidungen in direkter Wechselwirkung mit ökonomischen, ökologischen und sozialen Entwicklungen in der Region. Eine vom räumlichen Umfeld und seinen gesellschaftlichen, institutionellen und ordnungspolitischen Akteuren losgelöste Betrachtung von Unternehmen ist daher kaum möglich.

In Anbetracht dieses Verhältnisses von Unternehmen und ihrem Standort erscheint es logisch und konsequent, die Potenziale, Motive, Strategien und Projekte von Unternehmen als „Corporate Citizen" und Mitgestalter regionaler Entwicklungen und Rahmenbedingungen näher zu beleuchten. Dabei sind vor allem jene Aktivitäten interessant, bei denen sowohl private als auch öffentliche Akteure aus den Bereichen Wirtschaft, Politik/Verwaltung und Zivilgesellschaft netzwerkartig miteinander kooperieren.

Trotz dieses offensichtlichen Forschungsbedarfs hat der besagte Nexus zwischen dem gesellschaftlichen Engagement von Unternehmen und der Regionalentwicklung konzeptionell bisher noch wenig Beachtung gefunden. Während der Nutzen für die ausführenden Unternehmen und ihre Kooperationspartner bereits ausführlich wissenschaftlich Beachtung fand,[2] liegen bisher nur wenige Erkenntnisse aus Wissenschaft oder Praxis vor, die Aufschluss über die Bedeutung oder den Mehrwert von lokalen und regionalen Netzwerken des Engagements sowie der Zusammenarbeit von Unternehmen und gemeinnützigen Organisationen für die regionale Entwicklung geben.

Die folgenden Ausführungen sollen daher erste konzeptionelle Perspektiven zur Verortung von gesellschaftlichem Unternehmensengagement im regionalwissen-

---

[1] Bertelsmann Stiftung (2006); Braun (2008); Fischer (2007)
[2] Habisch (2006); Blanke/Lang (2010)

schaftlichen Diskurs aufzeigen und Impulse für eine Erweiterung und Vertiefung der CSR-Diskussion aus der Perspektive der Regionalentwicklung liefern.[3]

Ausgangspunkt dafür sind die aktuellen Rahmenbedingungen und Trends, vor deren Hintergrund sich die heutige Regionalentwicklung gestaltet (Abschnitt 2). Im zweiten Schritt folgt eine kurze Erörterung des bisherigen regionalen Engagements von Unternehmen (Abschnitt 3), an die sich eine Darstellung möglicher Überschneidungspunkte und Synergien von unternehmerischem Engagement und Zielen eines nachhaltigen Regionalentwicklungsmanagements anschließt (Abschnitt 4).

2 Ausgewählte Trends der gegenwärtigen Regionalentwicklung

Regionalentwicklung gestaltet sich derzeit vor der Kulisse tiefgreifender gesellschaftlicher, wirtschaftlicher, politischer und letztlich institutioneller Veränderungen.[4] So haben der wirtschaftliche und demografische Strukturwandel wie auch die Globalisierung von Wirtschafts-, Finanz- und Kommunikationsbeziehungen zu stark veränderten Rahmenbedingungen geführt, innerhalb derer sich die Planung und das Management von Regionalentwicklung vollzieht. Die größten Herausforderungen ergeben sich aus der wachsenden Komplexität der zu erfüllenden Aufgaben, der Finanzknappheit der öffentlichen Haushalte, der Integration von Bürgern mit Migrationshintergrund, den Umbrüchen auf dem Arbeitsmarkt und dem verschärften Standortwettbewerb.[5] Dieses äußert sich in einer Konkurrenzsituation von Ländern, Regionen und Kommunen um knappe oder begrenzte Ressourcen wie z. B. hochqualifizierte Arbeitskräfte, mobiles Kapital und technisches Wissen.

Unter diesen Vorzeichen ändern sich nicht zuletzt die Zuständigkeiten und Machtverhältnisse privater und öffentlicher Akteure, wie sie mit den Stichworten „Gewährleistungsstaat", „Kooperativer Staat", „aktivierender Staat" oder „unternehmerische Stadt bzw. Region" beschrieben werden. Diese Faktoren bestärken auch die Diskussion zur Verantwortung von Unternehmen. Die wichtigsten Wandlungsprozesse und Erklärungsansätze in der Regionalentwicklung, die auch auf das Unternehmenshandeln Einfluss haben, werden im Folgenden näher erläutert.

2.1 Bedeutungsgewinn der regionalen Ebene

Im andauernden Prozess der Globalisierung wachsen die weltweiten Verflechtungen in Politik und Wirtschaft. Insbesondere traditionelle Standortbindungen lösen sich auf; es ist von einem „beschleunigten Prozess in Richtung auf eine globale

---

[3] vgl. auch Schmidpeter/Kleine-König (2010b)
[4] Hohn u. a. (2006): 5-6
[5] Sinning (2006): 403; Häußermann u. a. (2008): 268

Ökonomie"[6], einer „‚Verflüssigung' von Produktionsstrukturen und einer allgemeinen Enträumlichung von Lebensformen"[7] die Rede.

So scheint es zunächst verwunderlich und paradox, dass die regionale Maßstabsebene[8] an Bedeutung gewinnt. Doch in der Tat sind wirtschaftliche, sozioökonomische und politische Entwicklungen zu verzeichnen, die die räumliche Ebene der Region in den Fokus rücken und mit dem Begriff „Regionalisierung" umschrieben werden.

Auf Seiten der Wirtschaft ist insofern von der „Renaissance des Regionalen als ökonomisch relevante Größe"[9] die Rede, als dass lokal gebundene und auf räumliche Nähe ausgelegte Standortfaktoren als Wettbewerbsvorteile gesehen werden, wie sie z. B. durch Wirtschaftscluster, Netzwerke, Interaktion und institutionelle Nähe entstehen.[10]

Auch auf Seiten der Bevölkerung gestalten sich die Aktionsräume zunehmend weiträumiger und differenzierter. Die Bedeutung des lokalen Umfeldes als territoriale Bezugseinheit der eigenen Aktivitäten schwindet.[11] Alltägliche Abläufe wie die Fahrt zur Arbeit, das Einkaufen oder die Freizeitgestaltung sind zunehmend durch regionale Mobilität gekennzeichnet.

Für die Politik und öffentliche Verwaltung bieten kommunale Zusammenarbeiten und intraregionale Kooperationen die Möglichkeit, komplexen und zunehmend überlokalen Aufgaben gerecht zu werden[12] sowie sich trotz finanzieller Engpässe im Wettbewerb zu positionieren. Regionale Wirtschaftsförderungen, regionale Tourismuskonzepte oder regionale Bündnissen zur Sicherung der öffentlichen Daseinsvorsorge sind Ausdruck derartiger Ambitionen.[13] „Koopkurrenz" ist hier das Stichwort, um wettbewerbsfähig zu bleiben: Es bedeutet Kooperation trotz Konkurrenz.[14] Hier liegt eine Parallele im Denken, wie sie auch in der aktuellen CSR-Diskussion immer öfter zum Vorschein kommt.

Lösungsorientiertes Regionalmanagement stellt dabei einen Weg dar, um Prozesse und Projekte zur Regionalentwicklung zu gestalten. Es initiiert Kooperationen und vereint regionale Akteure, deren Motivation und Bereitschaft zur Mitarbeit in einer gemeinsamen Problemlage oder Betroffenheit begründet liegen.[15]

---

[6] Trinczek (1999): 56
[7] Häußermann u. a. (2008): 167
[8] „Allgemein versteht man unter einer Region einen aufgrund bestimmter Merkmale abgrenzbaren, zusammenhängenden Teilraum mittlerer Größenordnung in einem Gesamtraum. In der Alltagssprache wird der Begriff ‚Region' oder das Attribut ‚regional' meist dann verwendet, wenn Gegebenheiten oder Vorgänge bezeichnet werden sollen, die mehr als den örtlichen Zusammenhang betreffen, aber unterhalb der staatlichen Ebene angesiedelt sind." vgl. Sinz (2005): 919
[9] Trinczek (1999): 68
[10] Porter (1999): 63
[11] Weichhart (2000): 549
[12] Löb (2005): 945
[13] Bundesamt für Bauwesen und Raumordnung (2005): 46; Sinning (2006): 409
[14] Weichhart (2000): 553
[15] Löb (2005): 944

2.2 Regionalentwicklung durch endogene Potenziale

Neuere Theorieansätze betonen die Bedeutung von endogenen Entwicklungspotenzialen für die Regionalentwicklung. Demnach hängt die sozioökonomische Entwicklung einer Region neben exogenen Wachstumsimpulsen stark davon ab, welche intraregionalen Ressourcen vorhanden sind und inwiefern es den regionalen Akteuren gelingt, diese zu aktivieren und zu nutzen.[16] Dabei kann es sich um „Kapital-, Arbeitskräfte-, Infrastruktur-, Flächen-, Umwelt-, Markt-, Entscheidungs- sowie sozio-kulturelles Potenzial"[17] handeln. Zu den endogenen Ressourcen zählen nicht zuletzt auch das „Humankapital", das durch die Menschen bzw. Arbeitskräfte vor Ort gebildet wird, und das „Sozialkapital",[18] das sich durch kooperative Beziehungen zwischen Akteuren verschiedener Bereiche wie Staat, Wirtschaft und Zivilgesellschaft ergibt. Das Sozialkapital ist „der Zusatznutzen, der entsteht, wenn sich ein soziales Kollektiv entwickelt, das mehr leistet als die Summe seiner Teile"[19]. Es entwickelt sich aus Vertrauen auf persönlicher Ebene, „wirkt aber darüber hinaus als generalisiertes Vertrauen auch positiv in größere soziale Einheiten zurück"[20].

Aus Unternehmensperspektive betrachtet, stellen endogene Potenziale Standortfaktoren dar. Ausschlaggebend für die Standortqualität einer Region ist dabei das Zusammenspiel von harten und weichen Standortfaktoren.[21] Harte Faktoren zeichnen sich dadurch aus, dass sie tendenziell gut quantifizierbar und faktenbasiert sind, dass sie sich direkt auf die Unternehmenstätigkeit auswirken und dass sie für die „Grundausstattung für einen potenziellen Standort"[22] von Bedeutung sind. Weiche Faktoren hingegen lassen sich nur schlecht quantifizieren, sind von subjektiven Einschätzungen abhängig und haben oftmals indirekte Relevanz für die Unternehmenstätigkeit. Grabow u. a. haben die Bedeutung von weichen Standortfaktoren untersucht und halten zur näheren Differenzierung zunächst fest:

„Es lassen sich grundsätzlich zwei Typen weicher Standortfaktoren beschreiben, die auch bei der Einschätzung ihrer Bedeutung für die Städte unterschieden werden sollten:

- Weiche unternehmensbezogene Faktoren: Sie sind von unmittelbarer Wirksamkeit für die Unternehmens- oder Betriebstätigkeit. Dazu gehört beispielsweise das Verhalten der öffentlichen Verwaltung oder politischer Entscheidungsträger.
- Weiche personenbezogene Faktoren: Dazu gehören die persönlichen Präferenzen der Unternehmer, also subjektive Einschätzungen der Lebens- und Arbeits-

---

[16] Schätzl (2003): 155
[17] Hahne (1985): 60, zitiert nach Schätzl (2001): 156
[18] für weitere Ausführungen zum Konzept des Sozialkapitals siehe auch den Beitrag von Habisch/
Schwarz in dieser Publikation sowie Schmidpeter/Spence (2004)
[19] Badura u. a. (2008): 8
[20] Zimmer/Hallmann (2006): 88
[21] Schmidpeter/Zdrowomyslaw (2010)
[22] Haas/Neumair (2007): 16

bedingungen am Standort. Das betrifft beispielsweise Freizeit- und Erlebnis-qualitäten oder das Bildungs- und Kulturangebot."[23]

Letztlich sind sowohl harte als auch weiche Standortfaktoren in einem Kontinuum vor einer regionalen Kulisse zu sehen und ihre Abgrenzung ist fließend sowie stark vom jeweiligen Betrachtungszusammenhang abhängig.[24] Grabow u. a. sind zu dem Ergebnis gekommen, dass harte Standortfaktoren zwar die wichtigsten sind, dass aber weiche Standortfaktoren an Bedeutung gewonnen haben und sogar Mängel bei harten Standortfaktoren überspielen können. Diese Tendenz liegt vor allem da-rin begründet, dass harte Standortfaktoren in den Industrieländern nahezu überall gleichermaßen gut vorhanden sind. Im Wettbewerb befindliche Regionen können und müssen sich entsprechend über weiche Faktoren profilieren. Von ihnen hängt in großem Maße ab, wie attraktiv eine Region für Unternehmen und potenzielle Einwohner und Arbeitskräfte ist.

In zunehmendem Maße spielen auch soziokulturelle, sogenannte „ultra-wei-che" Faktoren eine Rolle, wie z. B. „sozial-mentale Nähe, Einbettung in ein ge-meinsames kulturelles Milieu sowie den daraus resultierenden netzwerkartigen Wissensaustausch."[25] Der in den 1980er Jahren entstandene Ansatz des innovati-ven bzw. kreativen Milieus fokussiert genau diese Verflechtung von Unternehmen mit ihrem Umfeld.[26] Betont werden dabei Lernprozesse und Potenziale, die sich nicht nur aus der räumlichen Nähe vereinzelter Betriebe, sondern vor allem aus Kooperationen, einer gemeinsamen Vertrauensbasis und Verbindungen zu Institutionen (z. B. Industrie- und Handelskammer, Wirtschaftsförderungen, Ver-bände, Forschungseinrichtungen) ergeben, welche wiederum Türöffner zu Netz-werken, Know-how und Fördermöglichkeiten sein können. „Innovation ist somit das Ergebnis gemeinsamen Handelns von Akteuren, die in ein enges Beziehungs-geflecht – insbesondere mit regionalen Akteuren – eingebunden sind."[27]

Für ein erfolgreiches Regionalmanagement ist damit auch der Grad der „social embeddedness" der Akteure relevant, sprich das Zusammengehörigkeitsgefühl, die Geschlossenheit, der mentale Zusammenhalt, die kollektive Problemwahrnehmung und die gemeinsame Strategie der Akteure.[28] Diese Faktoren spielen ebenso für die Diskussion um die Übernahme von gesellschaftlicher Verantwortung von Unter-nehmen eine zentrale Rolle.

2.3 Neue Akteurskonstellationen und Steuerungsmuster

Auch in Belangen der Regionalentwicklung schlägt sich ein neues, gewandel-tes Rollenverständnis des Staates – vom „Versorgungsstaat" hin zum „Gewähr-

---

[23] Grabow u. a. (1995): 14
[24] Grabow u. a. (1995): 64
[25] Haas/Neumair (2007): 95
[26] der Ansatz wurde durch die französische Forschergruppe GREMI geprägt; siehe hierzu Maillat (1998)
[27] Bathelt/Glückler (2003): 191
[28] Haas/Neumair (2007): 104

leistungsstaat" oder „kooperativen Staat" – nieder. In diesem Modell sichert der Staat zwar die Leistungen der Daseinsvorsorge und des Gemeinwohls, doch er erbringt sie nicht ausschließlich selbst. Es kommt ihm die Aufgabe zu, nichtstaatliche Akteure zu aktivieren, sie einzubinden und mit ihnen zu kooperieren (vgl. Abb. 1). Er nutzt die Potenziale, die aus der Pluralität der Akteure erwachsen, indem er die spezifischen Ressourcen und Interessen koordiniert, indem er verhandelt und moderiert. Seine Rolle wandelt sich vom „Herrschaftsmonopolisten" zum „Herrschaftsmanager"[29].

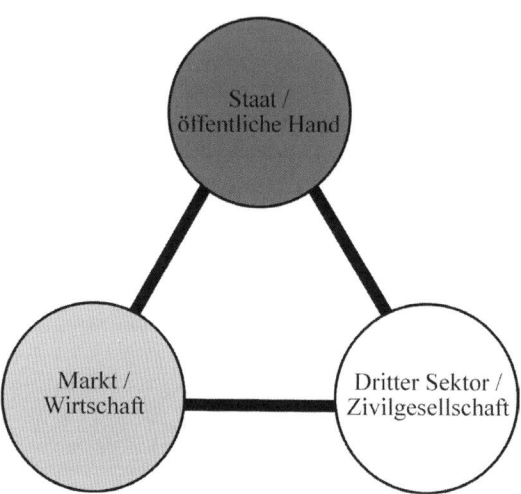

Abb. 1: Akteursspektrum im „kooperativen Staat"[30]

In diesem Wandel von Staatlichkeit, der auch mit dem „Governance"-Begriff umschrieben wird,[31] bedarf es neuer Organisationsmodelle und Steuerungsmuster, mithilfe derer Partizipation, ein höheres Maß an Eigeninitiative und eine Übernahme von Verantwortung durch Vertreter der Wirtschaft und der Zivilgesellschaft möglich sind.[32] „Governance" bedeutet „das Gesamt aller nebeneinander bestehenden Formen der kollektiven Regelung gesellschaftlicher Sachverhalte: von der institutionalisierten zivilgesellschaftlichen Selbstregelung über verschiedene Formen des Zusammenwirkens staatlicher und privater Akteure bis hin zu hoheitlichem Handeln staatlicher Akteure"[33]. Das heißt, es gewinnen informelle Lösungsansätze und Strategien an Bedeutung, die möglichst viele verschiedene Akteure einbeziehen und von diesen möglichst selbst initiiert und durchgeführt werden. Es wird auf die Problemlösungskapazität der Betroffenen gesetzt, welche als „Fachleute" anerkannt werden.

---

[29] Genschel/Zangl (2007): 16
[30] eigene Darstellung
[31] vgl. dazu auch den Beitrag von Steurer (2012) in dieser Publikation
[32] Häußermann u. a. (2008): 276; Hohn u. a. (2006): 10; Mayntz (2004)
[33] Mayntz (2004)

Abhängig von der Maßstabsebene lassen sich unterschiedliche Ausprägungen von Governance unterscheiden, wie. z. B. Local Governance[34], Urban Governance[35] oder Regional Governance[36]. Fürst und Benz fassen zusammen, dass „Regional Governance" die eingangs genannten Governance-Merkmale auf die regionale Ebene übersetzt, d. h. auf regionale Akteure, netzwerkartige Kooperationsformen und Aufgaben der Regionalentwicklung.[37] Dabei ist auch eine Verschiebung oder ein Wandel in der Auswahl der Instrumente der Regionalentwicklung zu verzeichnen – und zwar von gesetzlich verfassten und institutionalisierten (z. B. Raumordnungs- und Bauleitpläne, Genehmigungsverfahren) hin zu weichen, kommunikativen und kooperativen (z. B. Regionalkonferenzen, Städtenetze, Mediationsverfahren).[38]

Es können ein funktionaler sowie ein territorialer Ansatz der Regional Governance unterschieden werden. Beim ersteren definieren die Mitglieder der Kooperationsnetzwerke sich bzw. ihre Gemeinsamkeiten über eine gemeinsame Themen- oder Problemstellung oder ein Projekt, während sie sich beim letzteren über die räumliche Zugehörigkeit und Verankerung in einer Region definieren.[39]

Eine besondere Form der Governance, die speziell um das Leitbild der Nachhaltigkeit erweitert ist, wird im normativen Verständnis als „Good Governance" bezeichnet. Sie umfasst die oben skizzierten Organisations- und Handlungsmuster und betont dabei das explizite Ziel, zur „innovativen Bewältigung gesellschaftlicher Probleme und zur Schaffung von zukunftsweisenden und nachhaltigen Entwicklungsmöglichkeiten und –chancen für alle Beteiligten"[40] beizutragen.

Einen Überblick von Themen und Kooperationsmöglichkeiten im Überschneidungsbereich öffentlicher und privater Akteure auf kommunaler Ebene gibt Abb. 2. Mit Blick auf die Rolle von Unternehmen lässt sich festhalten, dass sie einerseits seit mehreren Jahrzehnten in der Konstellation von Public-Private-Partnerships als Geschäftspartner der öffentlichen Verwaltung auftreten und andererseits sich zunehmend über ihre originäre Geschäftstätigkeit hinaus in sozialen, ökologischen und kulturellen Belangen für ihren Standort und die Gesellschaft engagieren. Auf diese Weise nehmen sie bürgerschaftliche Aufgaben wahr und werden mehr und mehr zum Mitgestalter, zum „Corporate Citizen". Vor diesem Hintergrund sei CSR die „notwendige Folge für Unternehmensstrategien, wenn diese Akteure in einer veränderten Gesellschaft […] Gestalter und nicht Gestaltete sein wollen"[41].

---

[34] Holtkamp (2007)
[35] Hohn/Neuer (2006)
[36] Fürst (2007)
[37] Fürst (2001); Benz (2001)
[38] Bieker u.a. (2004): 38-39
[39] Fürst (2003): 442
[40] Löffler (2001): 212
[41] Hummel (2010): 222

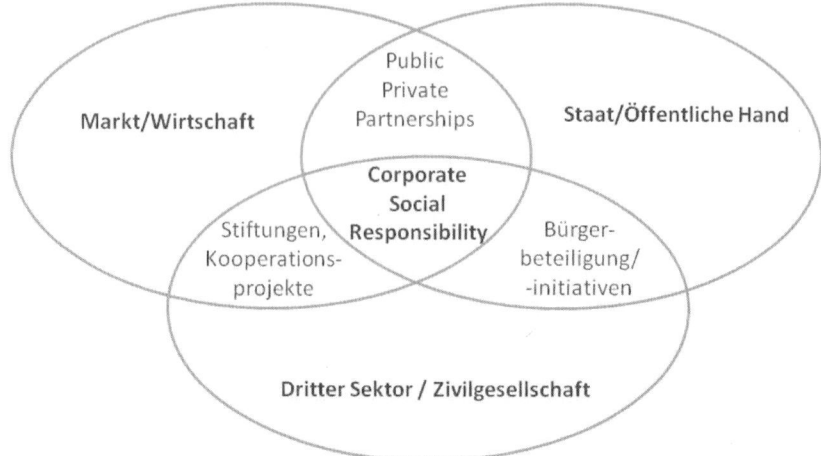

Abb. 2: CSR im Schnittfeld von Markt, Staat und Zivilgesellschaft[42]

3 Engagement von Unternehmen in der Region

Sowohl historisch gesehen als auch aktuell ist unternehmerisches Engagement stark mit dem Unternehmensstandort verbunden. In Zeiten der industriellen Revolution und Gründerzeit waren es zum Beispiel einflussreiche Industrielle, die durch den Wohnungs- oder Krankenhausbau oder durch ihre Aktivitäten als Mäzene die Lebensbedingungen sowie die Entwicklung am Unternehmensstandort beeinflussten. Im Folgenden wird zusammengefasst, welche spezifischen Merkmale sowie verschiedenen Formen des Engagements mit unterschiedlichen Tragweiten in der heutigen Diskussion um gesellschaftliches Engagement von Unternehmen (Corporate Social Responsibility und Corporate Citizenship) zu verzeichnen sind.

3.1 Merkmale des Engagements

Untersuchungen[43] zeigen, dass sich Unternehmen überwiegend in ihrem lokalen bzw. regionalen Umfeld gesellschaftlich einbringen (siehe Tab. 1).[44] Abhängig vom Ausmaß und der Form dieses Engagements können in ihm Potenziale für die Regionalentwicklung liegen, zumal es sich bei der Hälfte der Unternehmen um ein beständiges Engagement von mehr als 30 Jahren[45] handelt. Derzeit zeichnet sich

---

[42] eigene Darstellung, weiterentwickelt nach Becker (2008): 120

[43] Braun (2008): 6-14; Fischer (2007)

[44] eine Vielzahl von Praxisbeispielen enthält die „Landkarte des Engagements" der Bertelsmann Stiftung. Hier sind deutschlandweit über 1.200 Projekte gelistet. Weitere Informationen mit praktischem Anwendungsbezug finden sich unter www.unternehmen-fuer-die-region.de sowie www.verantwortungspartner.de

[45] Bertelsmann Stiftung (2006): 18

das gesellschaftliche Engagement von Unternehmen allerdings hauptsächlich dadurch aus, dass es punktuell, kurzfristig, reaktiv und vom Mäzenatentum geprägt anstatt strategisch geplant ist. Es findet vor allem in philanthropischen Aktivitäten wie Spenden und Sponsoring – verstärkt in den Bereichen Soziales, Kultur und Sport – seinen Ausdruck.[46]

Tab. 1: Reichweite des Engagements der gesellschaftlich engagierten Unternehmen (nach Anzahl der Beschäftigten; in Prozent; Mehrfachantworten, N=501)[47]

Reichweite des gesellschaftlichen Engagements	insgesamt	< 50	50-499	> 500
lokal/regional im Umfeld des Unternehmenssitzes	73,8	79,5	64,4	57,9
lokal/regional im Umfeld der Betriebsstandorte	24,3	17,8	32,5	57,9
national	14,5	11,4	19,4	26,3
international	13,6	8,4	22,0	21,1

Sofern im Rahmen von CSR-Aktivitäten eine Zusammenarbeit mit Partnern gegeben ist, gestaltet sich diese überwiegend mit Vereinen vor Ort. Etwa jede dritte Kooperation kommt mit einer Kommunalverwaltung und jede zehnte mit einer Bezirks- oder Landesregierung zustande[48], was hinsichtlich einer strategischen Ausrichtung mit daraus erwachsenen Potenzialen für die Regionalentwicklung ausbaufähig ist. Anders gestaltet sich dies in der Kooperation mit wissenschaftlichen Einrichtungen und Hochschulen, an denen sich jedes zweite bis dritte engagierte Unternehmen beteiligt. Überdurchschnittlich aktiv sind in diesem Bereich jene Unternehmen, die eine starke Standortorientierung aufweisen.[49]

Eine besondere Rolle hinsichtlich des Engagements im lokalen oder regionalen Umfeld spielen die kleinen und mittleren Unternehmen (KMU), die sich auf dieser Ebene am stärksten beteiligen. Ihre Affinität für sozialräumlich bezogenes Engagement mag einerseits mit einer persönlichen oder ethischen Motivation einhergehen, doch begründet sie sich vor allem in einem speziellen Verständnis von rationalem CSR-Engagement. „Rationales CSR-Engagement ist für KMU nämlich nicht firmeninternes strategisches Management im Rahmen eines Geschäftsmodells, sondern die Vernetzung eigener Ressourcen mit firmenexternen anderen Akteuren im Rahmen eines Standortmodells."[50]

---

[46] Fischer (2007): 25; Bertelsmann Stiftung (2006): 21 und 32; Braun (2008): 10
[47] verändert nach Braun (2008): 10. Es wurden 501 privatgewerbliche Unternehmen in Deutschland mit einem Jahresumsatz ab 1 Mio. Euro und mind. zehn Mitarbeitern befragt (Zufallsstichprobe).
[48] Braun (2008): 11
[49] Bertelsmann Stiftung (2006): 23
[50] Wieland/Schmiedeknecht (2010): 13

Insgesamt lässt sich zusammenfassen, dass proaktives und damit strategisches Engagement, das für alle Beteiligten ein Maximum an Nutzen herzustellen versucht oder Belange der Regionalentwicklung mitdenkt, noch die Ausnahme darstellt. Bisherige Bezüge zur Quartiers-, Stadt- oder Regionalentwicklung finden sich z. B. in der Bestands- und Flächentwicklung[51], dem Branding des Unternehmenssitzes bzw. der Region[52] oder in Ansätzen der wissensorientierten Stadt- und Regionalentwicklung.

3.2 Unterschiedliche Formen des Engagements und ihre Tragweite

Entsprechend strategischer, inhaltlicher und zeitlicher Merkmale der jeweiligen Aktivitäten können unterschiedliche Formen des Engagements festgehalten werden, die hinsichtlich ihrer räumlichen Ausprägung und ihres potenziellen Nutzens für die Regionalentwicklung unterschiedliche Dimensionen aufweisen.

Heblich und Gold gehen davon aus, dass das unternehmerische Engagement ein Ausdruck der Investitionsstrategie in den Standort ist, und unterscheiden dabei drei Stufen, die indirekt auch einen Rückschluss auf das Selbstverständnis des Unternehmens und seinen Bezug zum Standort zulassen.[53] In der ersten Stufe sieht sich das Unternehmen primär in der Rolle des wirtschaftlichen Akteurs in der Gemeinde, z. B. als Steuerzahler oder Arbeitgeber. In der zweiten Stufe sieht sich das Unternehmen in einer Wechselbeziehung mit der Gemeinde, sprich als Unternehmensbürger („Corporate Citizen"), und drückt dies durch ein Engagement in Form von Spenden, Sponsoring oder Freiwilligenarbeit aus. In der dritten Stufe sieht sich das Unternehmen in einem engen Beziehungsgeflecht mit unterschiedlichen Akteursgruppen in der Gemeinde, sprich als „guter Unternehmensbürger", und bringt sich und seine Ressourcen im Rahmen einer gezielten CSR-Strategie aktiv in dieses Netzwerk ein.

Die Bertelsmann Stiftung geht einen Schritt weiter und nimmt eine Differenzierung des Engagements in Relation zum Mehrwert für die Region vor. In Anlehnung an die Verantwortungspartner-Methode[54] unterscheidet sie das „Basisengagement", das „strategische Engagement" sowie das „vernetzte und gebündelte Engagement" (siehe Abb. 3).

---

[51] mit dem Begriff der Stadtrendite wird der Gewinn bezeichnet, der sich durch Leistungen der Wohnungs- oder Immobilienunternehmen direkt oder indirekt für die Kommune einstellt, siehe hierzu Schwalbach u. a. (2006); Spars/Heinze (2009)

[52] im Ruhrgebiet wurde im Jahr 2010 vom Unternehmensnetzwerk „Initiativkreis Ruhr" in Kooperation mit dem Land Nordrhein-Westfalen der Wettbewerb „InnovationCity Ruhr" ausgelobt, den die Stadt Bottrop gewann. Sie bzw. ein ausgewählter Stadtteil soll in den nächsten 10 Jahren zur „Klimastadt der Zukunft" umgebaut werden. Nähere Informationen unter www.i-r.de oder auch www.innovationcityruhr.de

[53] Heblich/Gold (2010): 341

[54] nähere Informationen zur Verantwortungspartner-Initiative finden sich in Bertelsmann Stiftung (2010); Schmidpeter/Kleine-König (2010a); Riess/Schmidpeter (2010) sowie online unter www.verantwortungspartner.de

Abb. 3: Formen des Engagements und die Stärke ihres Nutzens[55]

Wie Tab. 2 zu entnehmen ist, sieht das „Basisengagement" punktuelles Engagement vor, das sich z. B. in Form von Spenden widerspiegelt. Dem gegenüber sieht das „strategische Engagement" die Bearbeitung einer konkreten Problemlage vor, zu deren Ziel sich das engagierte Unternehmen in Form von Projekten mit entsprechenden Partnern aus den Sektoren Zivilgesellschaft und Staat (Verwaltung und Politik) zusammenschließt. Mögliche Vorhaben können z. B. Kinderbetreuungsprojekte zwecks besserer Vereinbarkeit von Familie und Beruf sein. Der größte potenzielle Nutzen für die Region kann entstehen, wenn sich eine Vielzahl von Akteuren aus den drei besagten Sektoren in einem Netzwerk vereint und ein gemeinsames Leitbild für die zukünftige Entwicklung der Region entwirft, welches dann Umsetzung in einer Auswahl kleinteiliger Projekte findet. „Der Hebel für die Bewältigung gesellschaftlicher Herausforderungen wird so um ein Vielfaches größer als bei einem Einzelengagement und kann so zu einer zukunftsorientierten Regionalentwicklung beitragen."[56] Mögliche Themen können z. B. die Gestaltung des Strukturwandels, der Umgang mit dem Fachkräftemangel oder das Leitbild der ökologischen Nachhaltigkeit sein.[57]

---

[55] Bertelsmann Stiftung (2010): 15
[56] Riess/Schmidpeter (2010): 31
[57] Bertelsmann Stiftung (2010): 14-15

Tab. 2: Formen des unternehmerischen Engagements[58]

	Basisengagement	Strategisches Engagement	Vernetztes und gebündeltes Engagement
Ressourcen	Sachmittel Geld	Sachmittel Geld Know-how Kontakte Personal	Sachmittel Geld Know-how Kontakte Personal Netzwerke
Dauer	einmalig, kurzfristig	wiederkehrend, kurz- bis langfristig	wiederkehrend, langfristig
Wirkung	punktuell	projektbezogen	strukturell
Strategie	kaum vorhanden	stark ausgeprägt (Ziele und Kooperations- bedingungen sind definiert, der Erfolg wird bemessen)	stark ausgeprägt
Bezug zum Kerngeschäft	wenig bis gar nicht	mittel bis stark	mittel bis stark
Kooperations- partner	Vertreter der Zivil- gesellschaft	Vertreter der Zivilgesell- schaft und Kommune, weitere Institutionen	Vertreter der Zivilgesell- schaft und Kommune, weitere Institutionen, weitere Unternehmen
Problemlösungs- kapazität	gering bis gar nicht	gering bis hoch	sehr hoch

Zwar ist letzteres Vernetzungsmodell noch nicht gängige Praxis,[59] doch ist es vor allem unter lokal/regional engagierten KMU verbreitet und wird von Wieland und Schmiedeknecht als „CSR in dynamischen Netzwerken"[60] bezeichnet: Es erweise sich speziell für KMU als dienlich, da durch die Vernetzung Ressourcen und Kompetenzen gebündelt würden, die selbst kleineren Unternehmen ein effektives und wirksames Engagement ermöglichten. Wieland und Schmiedeknecht gehen in ihren Ausführungen sogar so weit, dass „Netzwerk-Governance die Organisationsform von CSR schlechthin ist, weil sie im besonderen Maße geeignet ist, die gleichberechtigte Integration von gesellschaftlichen und wirtschaftlichen Interessen, nämlich Legitimation und Ökonomisierung, zu gewährleisten".[61]

Wie dargestellt, verspricht das vernetzte und gebündelte Engagement vor Ort den größten Mehrwert für die Region. Es soll daher als Vorbild dienen, wenn im Folgenden mögliche Beiträge des unternehmerischen Engagements für die Regionalentwicklung aufgezeigt werden.

---

[58] verändert nach Bertelsmann Stiftung (2010): 16
[59] Fischer (2007): 118
[60] Wieland/Schmiedeknecht (2010): 13
[61] Wieland/Schmiedeknecht (2010): 14

4 Beiträge unternehmerischen Engagements zur Regionalentwicklung

Es kann festgehalten werden, dass sich unternehmerisches Engagement in der Region – also regionales Engagement – nicht nur durch eine Standortorientierung, sondern auch durch eine multi-sektorale Vernetzung der Akteure ausdrückt. Es bedeutet „im Hinblick auf die Wahrnehmung gesellschaftlicher Verantwortung nicht lediglich eine gezielte geographische Begrenzung (Gemeinde, Stadt, Region etc.), sondern zugleich die immer schon bestehende Vernetzung der KMU in einem bestimmten Raum untereinander und zugleich mit anderen, etwa politischen (z. B. Vertretern der Gemeinde) oder zivilgesellschaftlichen (z. B. Bürgerinitiativen) Akteuren".[62]

Hinsichtlich des konkreten Nutzens sowie regionaler Ausprägungen oder Auswirkungen des Engagements gibt es bisher nur wenige empirische Erkenntnisse. Dieser Tatbestand liegt nicht zuletzt darin begründet, dass die Problematik der Messbarkeit gesellschaftlichen Engagements noch nicht abschließend geklärt werden konnte. Im Folgenden werden daher theoretisch-konzeptionelle Bezüge aus Sicht der Regionalentwicklung hergestellt und abgeleitet.

Aus den Schilderungen der vorangegangenen Kapitel und in Anlehnung an Untersuchungen zu CSR und Corporate Citizenship-Aktivitäten in der Rhein-Main-Region[63] ergeben sich zwei grundlegende Nutzendimensionen: zum einen Sozialkapital durch Netzwerkbildung und zum anderen kollektive sowie öffentliche Güter durch Projektarbeit.

4.1 Sozialkapital durch Netzwerkbildung

Indem sich Unternehmen im Rahmen von regionalem Engagement betätigen, können neue Beziehungen und Netzwerke aufgebaut werden, die sich nicht nur auf Mitglieder aus der Wirtschaft, sondern auch aus Politik und Verwaltung oder der Zivilgesellschaft erstrecken. Technisch gesprochen lässt sich dieses Prinzip wie folgt darstellen: Kooperiert ein Unternehmen mit anderen Unternehmen derselben oder ähnlichen Branche, ähneln sich ihre Teilnetzwerke und ihr Erfahrungswissen möglicherweise sehr. Stellt es allerdings Beziehungen zu Kommunalverwaltungen oder lokalen Vereinen her, kann es sein Teilnetzwerk mit dem des Partners verknüpfen, schließt dabei „strukturelle Löcher" im regionalen Akteursgeflecht und eröffnet sich möglicherweise neue Handlungsräume (siehe Abb. 4). Dabei gilt es zu bedenken, dass „diese Mikronetze der Gesellschaft [...] emergente Phänomene [sind], die also keineswegs aus dem geplanten Vorgang einer Netzwerkgründung

---

[62] Wieland/Schmiedeknecht (2010): 15. Obgleich dieses Netzwerkmodell speziell KMU anzusprechen scheint, ist es diesen nicht vorbehalten. Auch Großunternehmen können und sollen in regionalen Netzwerken aktiv sein.

[63] siehe hierzu Fischer (2007)

entstehen, sondern spontan aus der realen Kooperation der involvierten Akteure zur Erreichung eines bestimmten Zieles"[64].

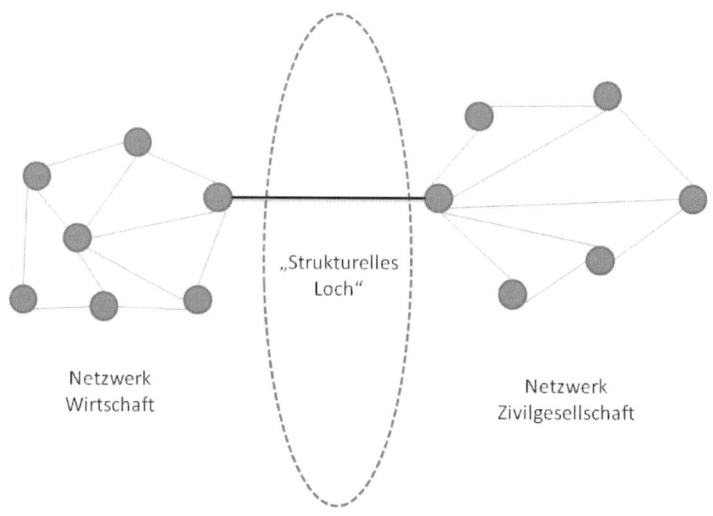

Abb. 4: Überbrückung eines „strukturellen Lochs" durch zwei Kooperationspartner[65]

Auf diese Weise entstehen Kontakträume und Plattformen für einen weiteren Dialog und Erfahrungsaustausch. Sei es für das eigene Geschäft oder für das gemeinsame Engagement – das wechselseitige Lernen der Akteure schafft Vertrauen und kann ein Mehr an Kontakten, Wissen und wertvollen Erfahrungen generieren. Dadurch wächst das Sozialkapital[66], das nicht nur nach innen in das Netzwerk wirkt und einen Mehrwert für seine Mitglieder generiert, sondern das auch nach außen wirkt, indem es „gesellschaftliches Gestaltungswissen"[67] generiert, aus dem Innovationen und Lösungen für gesellschaftliche Aufgaben in der Region gewonnen werden können (vgl. endogenes Potenzial). Heblich und Gold fassen diese Netzwerkeffekte in dreierlei Funktionen zusammen, die das Netzwerk für seine Mitglieder erfüllt: zum einen eine Vertrauensfunktion durch gemeinsame gesellschaftliche Normen, zum anderen eine Informationsfunktion durch Wissens- und Informationsflüsse und des Weiteren eine Versicherungsfunktion durch ‚Nachbarschaftshilfe' im Sinne von Risikomanagement.[68]

Darüber hinaus können derartige Netzwerke einer gemeinsamen Identitätsfindung, einem Zugehörigkeitsgefühl und einer geteilten Problemwahrnehmung

---

[64] Wieland/Schmiedeknecht (2010): 15-16

[65] eigene Darstellung nach Fischer (2007): 114, in Anlehnung an Burt (1995); Bathelt/Glückler (2003): 169

[66] Sozialkapital kann aus der weiteren Vernetzung innerhalb eines Netzwerkes entstehen („bonding capital") sowie aus der Vernetzung zwischen unterschiedlichen Netzwerken („bridging capital").

[67] Wieland/Schmiedeknecht (2010): 16

[68] Heblich/Gold (2010): 342

dienlich sein (vgl. „social embeddedness"). Im Sinne des Ansatzes der innovativen oder kreativen Milieus kann hieraus mit positiven Impulsen für die Regionalentwicklung gerechnet werden.

Eine positive Regionalentwicklung und damit verbunden die Wettbewerbsfähigkeit einer Region hängen somit nicht zuletzt von der Kooperationsfähigkeit der regionalen Akteure und ihrer Netzwerkbildung ab.[69]

4.2 Öffentliche Güter durch Netzwerkarbeit

Das regionale Engagement findet in der Regel seinen Ausdruck in konkreten Projekten vor Ort, die im Idealfall einer abgestimmten Strategie folgen. Sie richten sich an eine bestimmte Zielgruppe und arbeiten auf ein Ziel hin, das in den meisten Fällen weniger dem eigenen Geschäftsinteresse, sondern vielmehr dem Gemeinwohl oder sogar der Bewältigung öffentlicher Aufgaben dienlich ist. Damit schaffen sie einen Mehrwert oder Nutzen, der vielen Personen oder der Allgemeinheit zur Verfügung steht. Sie produzieren auf diese Weise sogenannte „öffentliche Güter". Wie Abb. 5 aufzeigt, sind diese von „kollektiven Gütern", die einer ausgewählten Gruppe von Nutzern (z. B. einer Eigentümergemeinschaft) zur Verfügung stehen, und „privaten Gütern", die lediglich einem Nutzer – dem Besitzer oder Eigentümer – zugänglich sind, zu unterscheiden.[70] Fischer argumentiert, dass es sich selbst dann um die „Herstellung, Sicherung oder Reproduktion von öffentlichen Gütern" handelt, wenn eine bestimmte Zielgruppe wie z. B. Kinder und Jugendliche im Fokus des Engagements stehen. Gleichermaßen wird öffentliches Gut produziert, wenn im Rahmen des Engagements eine bessere Versorgung mit Kinderbetreuungsplätzen oder ein breiteres Kulturangebot gewährleistet und Themen des gesellschaftlichen Zusammenhalts oder der Integration gefördert werden.

Pechlaner u. a. setzen sich mit Fragen des Standortmanagements und der Lebensqualität auseinander und betonen dabei, dass unternehmerische Investitionen in den Standort positive externe Effekte wie z. B. eine höhere Lebensqualität zur Folge haben können und damit sowohl dem Unternehmen, der öffentlichen Hand, aber auch den Bewohnern an diesem Standort zugute kommen, ohne dass diesen letzteren Gruppen selbst Kosten entstehen würden.[71] Beispielhaft seien hier Investitionen in eine Grünfläche oder Freizeitanlage für die Mitarbeiter genannt, die auch von externen Personen genutzt werden kann. Aber auch Investitionen in Gruppen oder Einrichtungen aus den Bereichen Bildung, Kunst & Kultur, Sport, Gesundheit oder Sicherheit können derartige positive externe Effekte erzeugen, die letztlich zur „Optimierung der Region als Arbeits-, Wohn- und Lebensraum"[72] beitragen.

---

[69] Riess/Schmidpeter (2010): 42
[70] Fischer (2007): 42
[71] Pechlaner (2010)
[72] Pechlaner (2010): 22

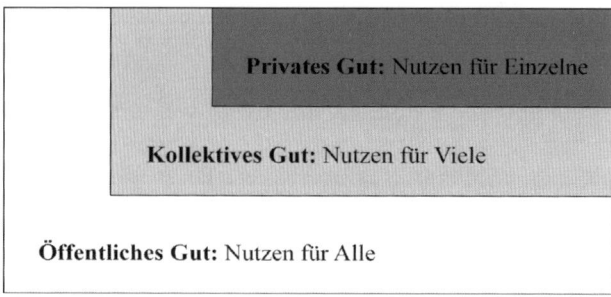

Abb. 5: Privates, kollektives und öffentliches Gut[73]

Es wird deutlich, dass regionales Engagement Möglichkeiten zur Partizipation und Selbstorganisation bieten kann, durch die Unternehmen nicht nur ihr geschäftliches, sondern auch ihr gesellschaftliches Umfeld mitgestalten können. Das heißt auch, dass sie in bestimmtem Maße die Verfügbarkeit und die Qualität insbesondere weicher Standortfaktoren beeinflussen können. Diese Annahme wird von den Ergebnissen der Untersuchung im Rhein-Main-Gebiet bestätigt.[74] Auf diese Weise eröffnet sich den Akteuren die Option der Rolle als „Koproduzent" von staatlichen Leistungen oder öffentlichen Aufgaben, wenngleich es sich dabei um keinen Ersatz von Staatlichkeit handeln darf. Für die Regionalentwicklung bieten sich hier Chancen im Sinne einer gesteigerten Attraktivität und Wettbewerbsfähigkeit der Region.

„Wenn beim herkömmlichen CSR / Corporate Citizenship von einer Win-Win-Situation für das Unternehmen und den Kooperationspartner gesprochen werden kann, entsteht im regionalen Engagement eine „Win-Win-Win-Situation", die die Region als weitere nutznießende Instanz beinhaltet.[75]"

5 Fazit und Ausblick

Nach den vorliegenden Ausführungen bleibt festzuhalten, dass sich die Mehrheit der Unternehmen in Deutschland, Österreich und der Schweiz gesellschaftlich engagiert, wobei es sich zumeist um ein kurzfristiges Engagement in Form von Geld- und Sachspenden am Standort handelt, das in seiner Dauer und Ausrichtung durchaus intensiviert werden könnte. Ausgewählte Beispiele zeugen von unternehmerischen Aktivitäten, die proaktiv, strategisch und langfristig ausgerichtet sind, was für alle Beteiligten besonders lohnenswert sein kann. Unternehmen bietet sich auf diese Weise die Möglichkeit, aktiv als „Corporate Citizen" oder als „Bürger ihrer Region" sowohl ihr unternehmerisches als auch gesellschaftliches Umfeld mitzugestalten. Besondere Potenziale bietet das regionale Engagement, mit dem die Autoren dieses Buchbeitrages die regionalen, vernetzten und gebündelten Akti-

---

[73] verändert nach Fischer (2007): 43
[74] Fischer (2007): 111
[75] Fischer (2007): 115

vitäten für ein gemeinsames Ziel bezeichnen, z. B. in Form von trisektoralen Netz-werken mit Vertretern aus den Bereichen der Öffentlichen Hand, der Wirtschaft und der Zivilgesellschaft.

Bisher liegen wenige Erkenntnisse aus Wissenschaft oder Praxis vor, die Auskunft über den Mehrwert dieses Engagements für die Regionalentwicklung so-wie seine regionalen Ausprägungen oder Auswirkungen geben. Erste Erkenntnisse sehen den Nutzen vor allem in der Netzwerkbildung und –arbeit, die Sozialkapital generiert und damit nicht nur nach innen in das Netzwerk, sondern auch nach au-ßen in die Gesellschaft und die Region wirkt. Darüber hinaus ist das unternehme-rische Engagement in der Regel dem Gemeinwohl oder sogar der Bewältigung öffentlicher Aufgaben dienlich. In letzter Instanz kann dies sowohl für die Region als auch die Unternehmen verbesserte Rahmenbedingungen im Wettbewerb um Menschen, Kapital und Wissen bedeuten.

Aktuelle Entwicklungen in der Regionalentwicklung deuten darauf hin, dass zukünftig verstärkt regionale Lösungsansätze von Bedeutung sein werden, die nach innovativen Wegen suchen, private Akteure zu aktivieren sowie die Zusammenarbeit zwischen Öffentlichen und Privaten zu intensivieren, um die Problemlösungskompetenz in der Region zu erhöhen. Gesellschaftliches Engage-ment von Unternehmen kann dabei einen Handlungs- oder Organisationsrahmen darstellen, innerhalb dessen neue Kooperations- und Kommunikationsstrukturen entstehen und sich Unternehmen zur weiteren Verantwortungsübernahme für Be-lange der Regionalentwicklung bereit erklären.

Regionales Engagement von Unternehmen stellt sich als ein mögliches Instru-ment für ein problembezogenes, netzwerkbasiertes und partizipatives Management von Regionalentwicklung dar, das an die endogenen Potenziale einer Region anknüpft, diese aktiviert sowie mehrt und für die beteiligten Akteure Win-Win-Effekte bereithält. Das gesellschaftliche Engagement von Unternehmen weist damit theoretisch-konzeptionelle Bezüge und Überschneidungen zu Aspekten eines kooperativen Staatsverständnisses, der Partizipation, der Netzwerkarbeit und der Standortgestaltung auf.

6 Literatur

Badura, B./Behr, M./Greiner, W./Rixgens, P./Ueberle, M. (2008): Sozialkapital. Grundlagen von Gesundheit und Unternehmenserfolg. Berlin: Springer.

Bathelt H./Glückler, J. (2003): Wirtschaftsgeographie. Ökonomische Beziehungen in räum-licher Perspektive. 2., korrigierte Aufl., Stuttgart: Eugen Ulmer.

Becker, E. (2008): Alle reden über Zivilgesellschaft. Differenzierung eines gesellschaftli-chen Phänomens in der Stadtentwicklung. In: RaumPlanung, H. 138/139, S. 119-123.

Benz, A. (2001): Vom Stadt-Umland-Verband zu „regional governance" in Stadtregionen. In: Deutsche Zeitschrift für Kommunalwissenschaften 40, H. 2, S. 55-71.

Bertelsmann Stiftung (Hrsg.) (2006): Die gesellschaftliche Verantwortung von Unternehmen. Detailauswertung. Dokumentation der Ergebnisse einer Unternehmensbefragung der Bertelsmann Stiftung. (Broschüre). Gütersloh.

Bertelsmann Stiftung (Hrsg.) (2010): Verantwortungspartner. Unternehmen. Gestalten. Region. Ein Leitfaden zur Förderung und Vernetzung des gesellschaftlichen Engagements von Unternehmen in der Region. (Broschüre). Gütersloh.

Bieker, S./Knieling, J./Othengrafen, F./Sinning, H. (2004): Kooperative Stadt-Region 2030. Forschungsergebnisse. (Bericht). Braunschweig (= Beiträge zu STADT+UM+LAND 2030 Region Braunschweig, 13).

Blanke, M./Lang, R. (2010): Soziales Engagement von Unternehmen als strategische Investition in das Gemeinwesen. In: Hardtke, A./Kleinfeld, A. (Hrsg.): Gesellschaftliche Verantwortung von Unternehmen. Von der Idee der Corporate Social Responsibility zur erfolgreichen Umsetzung. Wiesbaden: Gabler, S. 242-272.

Braun, S. (2008): Gesellschaftliches Engagement von Unternehmen in Deutschland. In: Aus Politik und Zeitgeschichte, H. 31, S. 6-14.

Bundesamt für Bauwesen und Raumordnung (Hrsg.) (2005): Raumordnungsbericht 2005. Bonn: Selbstverlag des Bundesamtes für Bauwesen und Raumordnung (= Berichte, Bd. 21).

Burt, R. (1995): Structural Holes: The Social Structure of Competition. Cambridge (MA), London: Harvard University Press.

Fischer, R. (2007): Regionales Corporate Citizenship: Gesellschaftlich engagierte Unternehmen in der Metropolregion Frankfurt-Rhein-Main. Frankfurt: Selbstverlag "Rhein-Mainische Forschung" des Instituts für Humangeographie der Johann-Wolfgang-Goethe-Univ. (= Rhein-Mainische Forschungen, Bd. 127).

Fürst, D. (2007): Regional Governance. In: Benz, A./Lütz, S./Schimank, U./Georg, S. (Hrsg.): Handbuch Governance – Theoretische Grundlagen und empirische Anwendungsfelder. Wiesbaden: VS Verlag für Sozialwissenschaften / GWV Fachverlage GmbH, S. 353-365.

Fürst, D. (2003): Steuerung auf regionaler Ebene versus Regional Governance. In: Informationen zur Raumentwicklung, H. 8/9, S. 441-450.

Fürst, D. (2001): Regional Governance – ein neues Paradigma der Regionalwissenschaften? In: Raumforschung und Raumordnung, H. 5/6, S. 441-450.

Genschel, P./Zangl, B. (2007): Die Zerfaserung von Staatlichkeit und die Zentralität des Staates. In: Aus Politik und Zeitgeschichte, B 20-21, S. 10-16.

Gesellschaft für Sozialforschung und statistische Analysen mbH (forsa) (2005): Corporate Social Responsibility in Deutschland. Studie der Gesellschaft für Sozialforschung und statistische Analysen im Auftrag der Initiative Neue Soziale Marktwirtschaft (INSM) (Studie). Berlin.

Grabow, B./Henckel, D./Hollbach-Grömig, B. (1995): Weiche Standortfaktoren. Stuttgart: Kohlhammer / Deutscher Gemeindeverlag (= Schriften des Deutschen Instituts für Urbanistik, Bd. 89).

Haas, H.-D./Neumair, S.-M. (2007): Wirtschaftsgeographie. Darmstadt: Wissenschaftliche Buchgesellschaft.

Habisch, A. (2006): Gesellschaftliches Engagement als Win-Win-Szenario. In: Gazdar, K./ Habisch, A./Kirchhoff, K. R./Vaseghi, S. (Hrsg.): Erfolgsfaktor Verantwortung. Corporate Social Responsibility professionell managen. Berlin, Heidelberg: Springer-Verlag Berlin Heidelberg, S. 81-97.

Hahne, U. (1985): Regionalentwicklung durch Aktivierung intraregionaler Potenziale. Zu den Chancen „endogener" Entwicklungsstrategien. München: V. Florentz (= Schriften des Instituts für Regionalforschung der Universität Kiel, Bd. 8).

Häußermann, H./Läpple, D./Siebel, W. (2008): Stadtpolitik. Frankfurt am Main: Suhrkamp.

Heblich, S./Gold, R. (2010): Corporate Social Responsibility: Eine Win-Win Strategie für Unternehmen und Regionen. In: Pechlaner, H./Bachinger, M. (Hrsg.): Lebensqualität und Standortattraktivität. Kultur, Mobilität und regionale Marken als Erfolgsfaktoren. Berlin: Erich Schmidt Verlag: 333-358.

Hohn, U./Lötscher, L./Wiegandt, C.-C. (2006): Governance – ein Erklärungsansatz für Stadtentwicklungsprozesse. In: Berichte zur deutschen Landeskunde, Bd. 80, H. 1, S. 5-15.

Hohn, U./Neuer, B. (2006): New Urban Governance: Institutional Change and Consequences for Urban Development. In: European Planning Studies, Vol. 14, No. 3, S. 291-298.

Holtkamp, L. (2007): Local Governance. In: Benz, A./Lütz, S./Schimank, U./Georg, S. (Hrsg.): Handbuch Governance – Theoretische Grundlagen und empirische Anwendungsfelder. Wiesbaden: VS Verlag für Sozialwissenschaften / GWV Fachverlage GmbH, S. 366-377.

Hummel, K. (2010): Unternehmensengagement – Spielerei, Selbstverständlichkeit oder Notwendigkeit? Zur aktuellen Bundespolitik, Bucherscheinungen und Forschung des vhw. In: Forum Wohnen und Stadtentwicklung, H. 4, S. 221-222.

Löb, S. (2005): Regionalmanagement. In: Akademie für Raumforschung und Landesplanung (Hrsg.): Handwörterbuch der Raumordnung. 4., neu bearb. Aufl., Hannover: ARL, S. 942-949.

Löffler, E. (2001): Governance – die neue Generation von Staats- und Verwaltungsmodernisierung. In: Verwaltung und Management, H. 4, S. 212-215.

Maaß, F. (2009): Kooperative Ansätze im Corporate Citizenship. Erfolgsfaktoren gemeinschaftlichen Bürgerengagements von Unternehmen im deutschen Mittelstand. München: Hampp (= Organisationsökonomie humaner Dienstleistungen, Bd. 22).

Maillat, D. (1998): Vom „Industrial District" zum innovativen Milieu: ein Beitrag zur Analyse der lokalisierten Produktionssysteme. In: Geographische Zeitschrift 86, S. 1-15.

Mayntz, R. (2004): Governance Theory als fortentwickelte Steuerungstheorie? Max Planck Institut für Gesellschaftsforschung Working Paper 04/1, <www.mpi-fg-koeln.mpg.de/pu/workpap/wp04-1/wp04-1.html>, [20.03.2011].

Pechlaner, H./Innerhofer, E./Bachinger, M. (2010): Standortmanagement und Lebensqualität. In: Pechlaner, H. /Bachinger, M. (Hrsg.): Lebensqualität und Standortattraktivität. Kultur, Mobilität und regionale Marken als Erfolgsfaktoren. Berlin: Erich Schmidt Verlag: S. 13-34.

Porter, M. E. (1999): Unternehmen können von regionaler Vernetzung profitieren. In: Harvard Business Manager, H. 3, S. 51-63.

Riess, B./Schmidpeter, R. (2010): Verantwortungspartnerschaften als Investition in die Region. In: Wieland, J. (Hrsg.): Die Praxis gesellschaftlicher Verantwortung im Mittelstand. Regionale CSR-Strategien und Praxis der Vernetzung in KMU. Marburg: Metropolis (= Studien zur Governanceethik, Bd. 9), S. 27-44.

Schätzl, L. (2003): Wirtschaftsgeographie 1. Theorie. 9. Aufl., Paderborn: Ferdinand Schöningh.

Schmidpeter, R./Kleine-König, C. (2010a): Neuer Schub für die regionale Standortentwicklung durch Verantwortungspartnerschaften. Wie können Kommunen gesellschaftliches Engagement von Unternehmen initiieren und steuern? In: Handbuch Kommunalpolitik, H. 1, S. J4 1-24.

Schmidpeter, R./Kleine-König, C. (2010b): Regionen gemeinsam gestalten – Gesellschaftliches Engagement von Unternehmen als Investition in die Zukunft. In: Rauner, A. (Hrsg.): Soziale Sicherung. Gesellschaft & Politik, Zeitschrift für soziales und wirtschaftliches Engagement. 2/10. 46. Jahrgang, S. 23-27.

Schmidpeter, R./Spence, L. (2004): SMEs, Social Capital and Civic Engagement in Bavaria and West London. In: Spence, L./Habisch, A./Schmidpeter, R. (Hrsg.): Responsibility and Social Capital – The World of SMEs. Hampshire: Palgrave, S. 59-76.

Schmidpeter, R./Zdrowomyslaw, N. (2010): Regionalentwicklung gestalten. In: Der Betriebswirt, Management in Wissenschaft und Praxis. 3/2010. 51 Jahrgang, S. 27-33.

Schwalbach, J./Schwerk, A./Smuda, D. (2006): Stadtrendite – der Wert eines Unternehmens für die Stadt. In: Forum Wohnen und Stadtentwicklung, H. 6, S. 381-386.

Sinning, H. (2006): In Zukunft: Stadtmanagement? Neuorientierungen in Stadtplanung und Stadtentwicklung. In: Selle, K./Zalas, L. (Hrsg.): Zur räumlichen Entwicklung beitragen. Konzepte. Theorien. Impulse, Bd. 1. Dortmund: Rohn, S. 400-414.

Sinz, M. (2005): Region. In: Akademie für Raumforschung und Landesplanung (Hrsg.): Handwörterbuch der Raumordnung. 4., neu bearb. Aufl., Hannover: ARL, S. 919-923.

Spars, G./Heinze, M. (2009): Stadtrendite durch kommunale Wohnungsunternehmen – Chancen und Potenziale für die Stadtentwicklung. In: Forum Wohnen und Stadtentwicklung, H. 2, S. 69-74.

Trinczek, R. (1999): „Es gibt sie, es gibt sie nicht, es gibt sie, es …" – Die Globalisierung der Wirtschaft im aktuellen sozialwissenschaftlichen Diskurs. In: Schmidt, G./Trinczek, R. (Hrsg.): Globalisierung. Ökonomische und soziale Herausforderungen am Ende des zwanzigsten Jahrhunderts. Baden-Baden: Nomos (= Soziale Welt, Sonderband 13), S. 55-75.

Weichhart, P. (2000): Designerregionen – Antworten auf die Herausforderungen des globalen Standortwettbewerbs? In: Informationen zur Raumentwicklung, H. 9/10, S. 549-566.

Wieland, J./Schmiedeknecht, M. (2010): Die gesellschaftliche Verantwortung im Mittelstand – Die regionale Vernetzung von CSR-Aktivitäten. In: Wieland, J. (Hrsg.): Die Praxis gesellschaftlicher Verantwortung im Mittelstand. Regionale CSR-Strategien und Praxis der Vernetzung in KMU. Marburg: Metropolis (= Studien zur Governanceethik, Bd. 9), S. 11-26.

Zimmer, A./Hallmann, T. (2006): Nonprofit-Sektor, Zivilgesellschaft und Sozialkapital. Drei Perspektiven auf den sozialen Raum zwischen Staat, Markt und Privatsphäre. In: Hatzfeld, U./Pesch, F. (Hrsg.): Stadt und Bürger. Darmstadt: Rohn, S. 86-89.

Konkrete Ansätze zur Förderung einer regionalen CSR

Kurt Oberholzer

1 Einleitung

CSR in der Region konkret zu fördern, verlangt einen dreifachen Ansatz. Zum einen ist grundsätzlich festzustellen, ob das Thema „Corporate Social Responsibility" (CSR) überhaupt schon die Sphäre der Management-Fachpublikationen und Konzernzentralen verlassen hat und in den Regionen, d. h. bei den Betrieben, angekommen ist. Diese sind, der dominierenden Wirtschaftsstruktur Österreichs entsprechend, in der Regel kleine und mittlere Unternehmen (KMU). Um Ansatzpunkte für die Förderung von CSR zu finden, ist also danach zu fragen, in welcher Qualität „Corporate Responsibility" – unternehmerische Verantwortung gegenüber MitarbeiterInnen, Umwelt und Gesellschaft – in den KMU gelebt wird und welchen Stellenwert es in der jeweiligen Unternehmenspolitik genießt. Zweitens ist danach zu fragen, wie den KMU ein relativ abstraktes Konzept zugänglich gemacht werden kann – eine Thematik, die jedenfalls weiterentwickelt werden muss. Drittens stellt sich die Frage nach einer institutionellen Verankerung der Förderung von CSR. Allen drei Fragestellungen hat sich die Wirtschaftskammer Salzburg unterzogen und für eine regionale gesetzliche Interessenvertretung Österreichs dafür auch konkrete Antworten gefunden, die sukzessive praktisch umgesetzt werden.

Um das Ergebnis für Punkt 3 vorwegzunehmen: Die Wirtschaftskammer Salzburg sieht in der Förderung von CSR – generell auch im Sinne von gesamthafter Nachhaltigkeit – eine zusätzliche Aufgabe für Interessenvertretungen, neben der klassischen Interessenvertretung, dem Rechts- und Beratungsservice für Unternehmen und dem Betreiben von Bildungseinrichtungen. CSR wird in diesem Zusammenhang als zusätzliche Vermittlungsaufgabe erfasst und im Sinne eines „Wissensmanagements" für die Betriebe bereitgehalten bzw. aktiv mittels verschiedener Instrumente vermittelt. Zur inhaltlichen und institutionellen Verankerung dieser vermittelnden Aufgabe war wiederum eine ergänzende Ausprägung der Organisationsleitlinien notwendig.

Die Bestrebungen der Wirtschaftskammer Salzburg – angestoßen durch ein eigenes Themenjahr „Wirtschaft trägt Verantwortung" – gipfelten folgerichtig in einer umfassenden programmatischen Erklärung („Salzburger Erklärung"), die Verantwortung und Nachhaltigkeit als konstituierend für eine erweiterte, eine „humane" Marktwirtschaft betrachtet – ein bisher einzigartiger konzeptiver Ansatz für eine (in Österreich gesetzliche organisierte) Interessenvertretung der Wirtschaft, die sich folgerichtig als Treiber und Transmissionsriemen für eine „Kultur der Verantwortung in Wirtschaft, Gesellschaft und Politik" sieht.[1]

2 „Sie nennen es nicht CSR, sie tun es!"

Auf diesen Nenner brachte Wirtschaftskammerpräsident Julius Schmalz, wesentlicher Impulsgeber für den Themenschwerpunkt 2009 „Wirtschaft trägt Verantwortung", eine Untersuchung der Forschungsgesellschaft KMU Forschung Austria im Auftrag der WK Salzburg. Dabei ging es erstmals um die Klärung der Frage, in welchen Bereichen und mit welcher Intensität sich Salzburgs Unternehmen (mit Schwerpunkt KMU) „verantwortlich" fühlen bzw. ihre Aktivitäten mit den Konzept „CSR" – aufgefasst als verantwortungsvolles unternehmerisches Handeln in seinen Aspekten MitarbeiterInnen, Gesellschaft und Umwelt – identifizieren.

Aus diesem Grund beauftragte die Wirtschaftskammer Salzburg die Forschungsgesellschaft KMU Forschung Austria (Wien), Salzburgs Unternehmen in Sachen CSR zu befragen. Mit rd. 800 zurückgesandten Fragebögen ließ sich ein repräsentatives, empirisch sehr gut abgesichertes Bild zeichnen, das, quer zu den üblichen Unternehmer-Klischees, eine sehr belebte Szenerie eines alltäglichen Engagements zeigt, allerdings auch mit klarem Verbesserungspotenzial, was Wirksamkeit, Verstetigung und Signalwirkung der Aktivitäten betrifft.[2]

Es wird sehr aufschlussreich sein, die Ergebnisse des Jahres 2009 mit einer Studie, die im Herbst 2011 abgeschlossen wurde, zu vergleichen. Die Wirtschaftskammer Salzburg legte in Fortsetzung ihrer Untersuchungen aus dem Jahr 2009 im Jahr 2011 eine Art „Verantwortungs-Barometer" vor, um empirisch Veränderungen auf dem postulierten Weg zu einer „Wirtschaftskultur der Verantwortung" feststellen zu können, auch um selbst eine Feinadjustierung ihrer geplanten weiteren Maßnahmen vornehmen zu können. Die Ergebnisse waren vor Redaktionsschluss noch nicht bekannt.

2.1 „Verantwortung" empirisch belegt: die wichtigsten Ergebnisse

Wie also wird „Verantwortung" (CSR) wahrgenommen und wie wird sie in der Unternehmenspraxis betrieben? Das Ergebnis lautet: CSR als Begriff und Methode ist wenig bekannt, Teileelemente aber sind alltäglich und auch Ergebnis der engen Vernetztheit vieler UnternehmerInnen in den lokalen und regionalen Strukturen. Damit ergibt sich folgendes Bild: Die Salzburger Unternehmen fühlen sich in erster Linie für ihre Mitarbeiterinnen und Mitarbeiter verantwortlich, was bedeutet, dass der Verantwortungs-Schwerpunkt auf dem eigenen Unternehmen und seiner Belegschaft liegt. Erst in zweiter Linie rücken die Stakeholder, also das lokale und regionale Umfeld, die KundInnen und die Umwelt in das betriebliche CSR-Radar der KMU:

---

[1] vgl. Wirtschaftskammer Salzburg (2009): 7
[2] vgl. Voithofer/Dorr/Hölzl (2009)

- 99,8 % der befragten Unternehmen engagieren sich – natürlich in unterschiedlicher Ausprägung – für ihre Mitarbeiterinnen und Mitarbeiter – zum Beispiel durch freiwillige Sozialleistungen oder finanzielle Zusatzleistungen, die über gesetzliche Verpflichtungen hinausgehen.
- 87 % der Unternehmen sind in relativ vielfältiger Weise sozial engagiert, wobei die Gemeinde bzw. Region Priorität genießen.
- 83 % der Unternehmen sind am regionalen/österreichischen Markt tätig und erwarten dort bzw. setzen hohe ethische und qualitative Standards.
- 68 % der Unternehmen engagieren sich, über die gesetzlichen Vorschriften hinaus, für die Umwelt, vor allem im Hinblick auf die Senkung von Abfällen und Emissionen und des Energie- und Rohstoffverbrauchs – ein Feld mit Verbesserungspotenzial.

Entscheidend für die Bewertung ist das Ausmaß des Engagements:

- In rund 60 % der Fälle ist die innerbetriebliche Zuständigkeit für Verantwortungs-Aktivitäten nicht explizit geregelt, sondern wird je nach Anlassfall vergeben.
- Wo die Zuständigkeit geregelt ist, nehmen zu 86 % die Eigentümer/Geschäftsführer die Agenden wahr.
- 63 % der Unternehmen, die verschiedene Maßnahmen setzen, planen diese nicht systematisch. 29 % setzen sie spontan. Nur 8 % planen ihre Unterstützungsaktivitäten in strategischer Form.
- Angesichts der eher punktuell veranlassten Aktivitäten bezeichnen die Betriebe ihr „Verantwortungshandeln" wenig überraschend kaum als „Corporate Social Responsibility" oder „Corporate Citizenship". 36 % der befragten Firmen ist der Begriff CSR allerdings bekannt.
- Nur 6 %, die mit CSR vertraut sind, verfügen über ein systematisches Instrument zur Beobachtung der Kosten und Nutzen ihres CSR-Engagements.
- Wohl auch aus diesem Grund veröffentlichen nur rd. 10 % der Firmen, denen CSR bekannt ist, Informationen über ihre einschlägigen Aktivitäten.

2.2 Daraus ergeben sich einige Ansatzpunkte für die konkrete Unterstützung von CSR-Entwicklung in den KMU

- Der Wirkungsradius von „Verantwortung" wird vor allem innerbetrieblich und regional gesehen. Inwieweit Unternehmer ihr Verantwortungsbewusstsein auch auf den generellen Aspekt von Nachhaltigkeit hin ausrichten, also etwa globale Probleme wie den Klimawandel oder die Ressourcenproblematik im Visier haben, müsste einer weiteren Untersuchung unterzogen werden. Die Annahme liegt aber nahe, dass dieses CSR-Themenfeld noch nicht ausreichend Aufmerksamkeit genießt und folglich zum Thema gemacht werden sollte.
- Im Sinne eines postulierten Ziels einer neuen Verantwortungskultur in der Wirtschaft wird es weiters darum gehen, zu einem auch nur punktuellen Engagement zu ermutigen, um das Bewusstsein über die Notwendigkeit gesell-

schaftlicher Verantwortung – generell Nachhaltigkeit – zu verbreitern. In weiterer Folge sollte das Verständnis dafür geweckt werden, diese „Hin-und-wieder-CSR" zu verstetigen.

- Daraus ergibt sich die Aufgabe, CSR als Managementkonzept für die KMU aufzuschließen, d. h. in diesem Gebiet planvolles Handeln zu empfehlen, und als Informations- und Beratungsangebot anzubieten und zu verbreiten. Hier müssen Ansätze verfolgt werden, CSR-Konzepte an die betrieblichen Bewältigungskapazitäten der KMU anzupassen.
- Ebenso gilt es, den direkten und indirekten Nutzen von CSR – etwa für betriebliche Innovationen und Personalmanagement, Imagepflege und Akzeptanz – zu verdeutlichen.

Letztlich ist aber auch entscheidend, von der Theorie-Ebene zur Praxis zu kommen, also Instrumente und Beratungsleistung in den inhaltlichen Aspekten von CSR – Gesellschaft, Belegschaft, Umwelt – anzubieten, wozu sich intermediäre Institutionen wie die Wirtschaftskammern mit ihren vielfältigen Leistungsportfolios geradezu aufdrängen.

Dazu braucht es Instrumente und Kristallisationspunkte des Handelns, wie sie am Beispiel der Wirtschaftskammer Salzburg dargestellt werden sollen.

3 Konkrete Ansätze: ein Rückblick auf das WKS-Schwerpunktjahr 2009 – mit Ausblick auf die Zukunft

Ausgehend von der Wirtschafts- und Finanzkrise kristallisierte sich schon Mitte 2008 heraus, dass die Wirtschaftskammer Salzburg ihr Schwerpunktthema 2009 nicht einem wirtschafts- und standortpolitischen Standardthema widmen würde, sondern, in Erkenntnis der tieferen Auslöser die Finanzkrise, entschieden auf die ethischen Defizite der Finanzmärkte – Gier, Verantwortungslosigkeit, Hybris der Spekulation – hinweisen würde. Notwendig war es und ist es wohl noch heute, „die Wirtschaft" zu differenzieren, d. h. das Verhalten der Realwirtschaft abzugrenzen gegenüber einem heiß gelaufenen Spekulationsgetriebe, das im Volumen ein Vielfaches der Wirtschaftsleistung der Realwirtschaft übertrifft und letztlich zu einer massiven Vertrauenskrise der Gesamtwirtschaft führte. Die Wirtschaftskammer Salzburg folgte damit übrigens einer bereits 2002 vorgenommenen Positionierung der stimmenstärksten Fraktion in der WKS, des Wirtschaftsbundes, der in einem Dialog mit der NGO Attac für eine Finanztransaktionssteuer eintrat – eine damals pionierhafte Vorgabe, die durchaus kritisiert wurde, heute allerdings wirtschaftspolitischer Mainstream geworden ist.

„Verantwortung" wurde im Leitthema 2009 unter dem Eindruck der Finanzkrise im Umkehrschluss zu einem Kernwert erhoben, in der Realwirtschaft verortet (wie ist Verantwortung im Betriebsalltag ausgeprägt und was leisten die Betriebe monetär und ideell für die Gesellschaft?) und als Leitwert für ein Wirtschaftsmodell der Zukunftsfähigkeit erkannt.

Im Zuge des Themenjahrs wurde auf mehreren Ebenen angesetzt, die – allgemein betrachtet – durchaus ein kopierbares Aktivitätsmuster ergeben. Die WKS hat dabei mehrere Instrumente angewandt, um folgende Ziele zu erreichen:

• Im Sinne von Agenda-Setting die Platzierung des Themas in der Teilöffentlichkeit der Unternehmerschaft,
• die Aktivierung hin zu „Verantwortung" durch geeignete Methoden,
• der Ausdruck der Wertschätzung für engagierte Unternehmen,
• das Anstoßen weiteren Engagements,
• die Präsentation besonders engagierter Unternehmen in der Öffentlichkeit
• und die Grundlage für die Etablierung des Themas über das Jahr 2009 hinaus.

3.1 Veranstaltungen: CSR zum Thema machen

Unter dem thematischen und organisatorischen Dach von „Wirtschaft trägt Verantwortung" wurde zur Themenplatzierung eine Reihe von Veranstaltungen abgewickelt, die insgesamt 1.500 BesucherInnen – in der Regel Wirtschaftstreibende – mit den inhaltlichen Ausprägungen des CSR-Themas in Kontakt brachten.

Etabliert wurde außerdem eine eigene, über das Jahr 2009 hinausreichende öffentliche Gesprächsreihe („Wirtschaft weiter denken") mit Top-Vortragenden wie Michael Braungart („Cradle to cradle"), Max Schön (Desertec und Club of Rome), Pastoraltheologe Paul Zulehner und anderen.

Nicht zu unterschätzen ist im Zusammenhang der Thematisierung von CSR in den Regionen auch die mediale Unterstützung durch PR-Kampagnen. Das gesamte Jahr 2009 schaltete die WKS entsprechende Inserate, in denen engagierte Unternehmen in den Mittelpunkt gerückt wurden, begleitet von klassischer Pressearbeit.

3.2 „MUT-Cafés" (MUT = Mehr Ungewöhnliches Tun): Anregung zum Engagement

Dabei handelte es sich um eine professional begleitete Serie an „World-Cafés" in allen Bezirken Salzburgs, zu denen Unternehmen eingeladen wurden, für sich und für die Region mögliche Zukunftsthemen zu identifizieren. Diese erstmals in Salzburg in der Wirtschaft angewandte Methode brachte in Folge bemerkenswerte Resultate der Vernetzung der Unternehmer in Bezug zu einer neuen Wahrnehmung ihrer Möglichkeiten in der Region.

Deutlich wurde aber auch, wie gering oft der Zusammenhalt in einer Region selbst in einer homogenen Gruppe wie der Unternehmerschaft ist und wie wenig ausgeprägt der Grad der Vernetzung selbst in der regionalen Wirtschaft ist. Angemerkt sei, dass „die Krise" von den Teilnehmern der MUT-Cafés vielfach gar nicht als Bedrohung, sondern als Chance des Atemholens und der Klärung der unternehmerischen Position für die Zukunft betrachtet wurde.

3.3 „Verantwortungspartner in der Region"

Ähnlich ging auch das Projekt „Verantwortungspartner in der Region" vor. In Zusammenarbeit mit der Bertelsmann Stiftung, welche das Projekt methodisch begleitete, fanden sich 45 engagierte Salzburger Unternehmerinnen und Unternehmer, um allgemeine wichtige Zukunftsthemen zu klären und in Projekten umzusetzen.[3] Salzburg wurde in diesem Zusammenhang zu einer der ersten Pilotregionen des Bertelsmann-Programms „Unternehmen für die Region" außerhalb Deutschlands. Auch zwei Jahre später bearbeiten nach wie vor Unternehmerinnen und Unternehmer ihre Projekte, etwa die Gruppe „Lebensqualität für UnternehmerInnen".

3.4 „Marktplatz der guten Geschäfte"

Eines der weiteren konkreten Projekte, die aus dem „Verantwortungspartner"-Programm hervorgingen, war die Veranstaltung eines erfolgreichen „Marktplatzes der guten Geschäfte", der in Zusammenarbeit mit mehreren Partnern, unter anderem der Bertelsmann Stiftung, dem österreichischen Fundraising-Verband und der CSR-Plattform respACT, organisiert wurde. Bei einem „Marktplatz" treffen – nach einem vorgegebenen Verfahren des Austausches von Angebot und Nachfrage nach Kooperationen – Betriebe und NGOs zusammen und vereinbaren eine projektbezogene Zusammenarbeit, ohne dass Geld fließt. Allerdings werden die Kooperationen monetär bewertet. Beim ersten Salzburger Marktplatz wurden über 54 Vereinbarungen im Gegenwert von 49.000 € zwischen NGOs und Salzburger Betrieben abgeschlossen. Die Wirtschaftskammer nahm dabei die Rolle als Organisationspartner, Plattform für die Veranstaltung und Marketing-Partner wahr. Die Veranstaltung wurde allgemein als sehr positiv wahrgenommen – im September 2011 folgte der nächste „Marktplatz".

3.5 „Erfolg mit Fairantwortung": CSR in die Betriebe bringen

26 klein- und mittelständische Betriebe aus Salzburg beteiligten sich am Projekt „Erfolg mit Fairantwortung", in dem Betriebe durch professionelle CSR-Beratung zum Thema und zur konkreten betrieblichen Umsetzung geführt wurden. Mittlerweile haben auch andere österreichische Bundesländer diese Initiative von Wirtschaftskammer Österreich, WIFI, respACT und Lebensministerium genutzt.[4]

3.6 Wertschätzung für Bürger-Engagement der Unternehmen

Bei dieser erstmals 2009 eingegangenen Kooperation zwischen Wirtschaftskammer und Hilfsorganisationen (Rotes Kreuz, Feuerwehren, Rettungsorganisationen) geht es darum, besonders engagierte Unternehmen in einer öffentlichen Veranstaltung mit einem „Ehrenamt-Award" auszuzeichnen. Viele Unternehmer engagieren

---

[3] vgl. www.verantwortungspartner-salzburg.at
[4] vgl. www.fairantwortung.at

sich für Hilfsorganisationen, sei es, dass sie selbst in einer Rettungsorganisation tätig sind, ihre Mitarbeiter für Einsätze bzw. Ausbildungen freistellen oder dass sie das Ehrenamt finanziell oder durch sonstige Maßnahmen unterstützen. Die Kooperation wurde auch 2011 weitergeführt. Ein weiteres Element, um das Verantwortungsbewusstsein und das ehrenamtliche Engagement der Salzburger Unternehmen nachhaltig sichtbar zu machen, ist die Auszeichnung engagierter Ehrenamt-Unterstützer mit einer Plakette. Diese wird an Firmen verliehen, die ehrenamtliche Mitarbeiter beschäftigen bzw. das Ehrenamt bewusst unterstützen.

Der Wertschätzung für das CSR-Engagement von Firmen dient der Sonderpreis „Wirtschaft trägt Verantwortung" im Rahmen des „Salzburger Wirtschaftspreises für Unternehmensgründung und Innovation", der seit 2009 jährlich vergeben wird.

Die genannten Beispiele, CSR als Management- und Wertekonzept in der Region zu verbreiten, sollen andeuten, dass es eine Vielzahl an möglichen Impulsen gibt, eine „Verantwortungskultur" anzuregen. Hinzuweisen ist jedoch, dass Instrumente wie Kampagnen und Auszeichnungen nicht nur einen langen Atem benötigen, sondern auch den überprüfbaren Nachweis, das Thema ernst zu nehmen und das Engagement dafür zu verstetigen. Mit einem Schwerpunktjahr ist es nicht getan, das Thema muss weitergetragen werden.

4 CSR braucht Verankerung

Dieser Aufgabe entzieht sich die Wirtschaftskammer Salzburg keinesfalls. Wenn man so will, ist sie selbst dabei, ihr Engagement für CSR in den Regionen zu verstetigen, etwa durch Fortsetzung diverser Veranstaltungen und Plattformbildungen zum Thema Verantwortung. So wurde 2010 das Symposion „Marktwirtschaft für Menschen" in Zusammenarbeit mit der Salzburg Ethik Initiative, Universität Salzburg und Erzdiözese Salzburg abgehalten,[5] das 2012 seine Fortsetzung finden wird. Bundesländerübergreifend entwickeln sich die von der Wirtschaftskammer Österreich ins Leben gerufenen „Reichersberger Nachhaltigkeitsgespräche", die im November 2011 auch unter Salzburger Beteiligung wiederholt wurden.

Um das Thema CSR weiter inhaltlich und organisatorisch zu verankern, gründete die Wirtschaftskammer Salzburg im Rahmen ihrer Privatstiftung Akademie Urstein das „Zentrum für humane Marktwirtschaft", das als „Think Tank" und „Do Tank" in Sachen Verantwortung in Wirtschaft, Gesellschaft und Politik angelegt ist. Als wissenschaftliche, aber auch praxisorientierte Einrichtung wendet sich das Zentrum sowohl an die akademische als auch die unternehmerische Welt – ist also an der Schnittstelle zwischen aktueller Theorie und bewältigbarer Praxis von CSR angesiedelt.

Mit einbezogen wird dabei auch die Fachhochschule Salzburg (eine 50%ige Tochtergesellschaft der WKS), um CSR bei den Studierenden und später in der Wirtschaft arbeitenden AbsolventInnen stärker zum Thema zu machen. Das

---

[5] vgl. Sedmak/Kapferer/Oberholzer (Hrsg.) (2011)

„Zentrum für humane Marktwirtschaft" liefert ebenso die Expertise für ein weiteres Nachhaltigkeitsprojekt der WKS – die Tourismusschulen Bramberg.

Diese Schule, die im September 2011 den Betrieb aufnahm, ist einer von vier Tourismusschul-Standorten im Bundesland Salzburg, allerdings mit dem Ziel und Schwerpunkt ausgestattet, das Zukunftsfeld des „nachhaltigen Tourismus" zu vermitteln, was in Bramberg in der Nationalparkregion Hohe Tauern umso besser gelingen kann.

5 Conclusio

Förderung der CSR in der Region braucht Promotoren: Die Wirtschaftskammer Salzburg hat diese Rolle erkannt und ist gewillt, im Rahmen ihrer personellen Möglichkeiten und finanziellen Ressourcen ihre Vermittlungskapazität dafür einzusetzen. Es gibt die Vermittlungsinstrumente dafür, wie Beratung, Bildung, Öffentlichkeitsarbeit – und auch die Netzwerke und Institutionen, die um der Sache willen oft bereitwillig in Kooperationen einsteigen.

Noch nicht ausreichend – eine Aufforderung an die Wissenschaft – stehen jedoch die Werkzeuge zur Verfügung, CSR auch als für KMU bewältigbare Management- und Steuerungsmethode einzusetzen. Dies wäre allerdings schon im Hinblick auf die numerische Überlegenheit der KMU – über 99 % der Betriebe sind bekanntlich dazu zu zählen – eine überaus lohnende Aufgabe! Umso wichtiger ist es zwischenzeitlich, dass das Thema in der regionalen und mittelständischen Wirtschaft nicht aus den Augen verloren wird. Das Schicksal so mancher Management-Lehren soll nicht geteilt werden, die nach glanzvollem Aufstieg sehr schnell in Vergessenheit geraten sind. Davor mag der drängende Hintergrund bewahren, vor dem CSR heute und morgen stattfinden muss. CSR ist letztlich eine konkrete Methode, dem gesellschafts- und wirtschaftspolitischen Großprojekt einer nachhaltigen Wirtschaft zum Durchbruch zu verhelfen. Gelingt es, Engagement und Verantwortung von der fallweisen Aktivität zum planvollen unternehmerischen Handeln weiterzuführen, wäre ein wesentlicher Teil der notwendigen Zukunftsfähigkeit unserer Gesellschaft verwirklicht. Angesichts von Klimawandel und beginnender Ressourcenknappheit, von demografischer Veränderung und neuen Mustern der Globalisierung kommt der Aufgabe, CSR in den Regionen zu etablieren, daher eine gewisse Dringlichkeit zu.

6 Literatur

Sedmak, C./Kapferer,E./Oberholzer, K. (Hrsg.) (2011): Marktwirtschaft für Menschen. Wissenschaftliche Schriftenreihe der Wirtschaftskammer Salzburg, Wien: LIT-Verlag.
Voithofer, P./Dorr, A./Hölzl, K. (2009): Salzburgs Wirtschaft trägt Verantwortung. Wissenschaftliche Schriftenreihe der Wirtschaftskammer Salzburg, Wien: LIT-Verlag.
Wirtschaftskammer Salzburg (2009): Für Verantwortung in Politik, Wirtschaft und Gesellschaft. Prinzipien der Wirtschaftskammer Salzburg.

CSR aus Perspektive der Governance-Forschung

Melanie Coni-Zimmer und Lothar Rieth[1]

1 Einleitung

Die Politikwissenschaft hat sich insbesondere im letzten Jahrzehnt verstärkt dem Thema CSR und der gesellschaftlichen Verantwortung von Unternehmen zugewandt. Transnationale Unternehmen gerieten in den 1990er Jahren im Zuge der weltwirtschaftlichen Globalisierung zunächst vermehrt in die Kritik, weil sie staatlich anerkannte Grundsätze wie Menschenrechte, Arbeitnehmer- und Umweltschutz in ihrer Wertschöpfungskette verletzten.[2] Sie wurden in diesem Zusammenhang zunächst insbesondere als Problemverursacher identifiziert. Der politikwissenschaftliche Reflex richtete sich zunächst in Richtung Staaten, die jedoch nur bedingt in der Lage (und zum Teil nicht gewillt) waren, internationalen Konventionen und nationalem Recht Geltung zu verschaffen. Wegen ihrer grundsätzlichen Profitorientierung wurde Unternehmen eine große Skepsis entgegengebracht und ihnen unterstellt, dass sie der Lösung gemeinwohlorientierter Problemstellungen keine Bedeutung beimessen. Eher zögerlich wurde in der Politikwissenschaft anerkannt, dass insbesondere transnationale Unternehmen über relevante Ressourcen verfügen und durch ihr CSR-Engagement eigenständige Beiträge zur Lösung gesellschaftlicher Probleme leisten können.[3]

Die zunehmende Verbreitung von CSR bei Unternehmen und die Gründung von kollektiven Unternehmens- und Multistakeholder-Initiativen (MSIs), wie etwa die Ausrufung des UN Global Compact durch den Generalsekretär der Vereinten Nationen im Jahr 1999, fiel in der Politikwissenschaft mit der zunehmenden Beschäftigung mit Governance-Konzepten zusammen. Im Rahmen der Governance-Forschung beschäftigte sich diese zunehmend mit dem Beitrag nichtstaatlicher Akteure zur Generierung und Implementierung von Normen und Regeln sowie zur Bereitstellung öffentlicher Güter. Dies gilt sowohl innerhalb des Nationalstaats als auch auf transnationaler Ebene.[4]

---

[1]   dieser Buchbeitrag spiegelt ausschließlich die persönliche Meinung des Autors wieder
[2]   Raufflet/Mills (2009)
[3]   Wolf (2008)
[4]   vgl. Rieth (2011)

Die politikwissenschaftliche Forschung konzentriert sich bei der Untersuchung von CSR auf zwei Dimensionen: CSR umfasst sowohl (1) Standards und Aktivitäten, die das Kerngeschäft von Unternehmen betreffen als auch (2) solche, die darüber hinausgehen und diverse Stakeholder-Gruppen betreffen. Relevant sind dabei sowohl solche Standards und Aktivitäten von Unternehmen, mit denen negative Externalitäten vermieden oder minimiert werden sollen als auch solche, durch die Unternehmen einen positiven Beitrag zur gesellschaftlichen Entwicklung leisten wollen. Mit diesen verschiedenen Formen des gesellschaftlichen Engagements übernehmen Unternehmen politische Funktionen und tragen zu Governance bei.[5]

Im Mittelpunkt des folgenden, zweiten Abschnitts steht die Beschäftigung mit CSR als Beitrag zu Governance und die Einordnung von unternehmerischen CSR-Maßnahmen in verschiedene Formen von Governance, da dies den zentralen Ausgangspunkt für die politikwissenschaftliche Forschung zu CSR bildet. Darauf aufbauend werden zwei Forschungsstränge diskutiert, die in der Politikwissenschaft von besonderer Relevanz sind. Erstens gilt das Interesse der Frage, unter welchen Bedingungen Unternehmen sich gesellschaftlich engagieren bzw. zu Governance beitragen (vgl. Abschnitt 3). Dabei widmet die politikwissenschaftliche Forschung ihre Aufmerksamkeit insbesondere Faktoren des gesellschaftlichen und politischen Umfelds. Zweitens stellt sich aus politikwissenschaftlicher Perspektive die Frage, wie das unternehmerische CSR- bzw. Governance-Engagement zu beurteilen ist. Hier stellt sich insbesondere die Frage nach der Legitimität und Effektivität (vgl. Abschnitt 4). Es lässt sich zwischen stärker politikwissenschaftlich und soziologisch geprägten Legitimitätsbegriffen unterscheiden. Das Kapitel schließt mit der Zusammenfassung von vielversprechenden Forschungsfragen (vgl. Abschnitt 5).

2 CSR als unternehmerischer Beitrag zu Governance

In der Politikwissenschaft gab es bereits in den 1970er Jahren eine erste Phase der Beschäftigung mit transnationalen Beziehungen, in deren Rahmen auch der Einfluss transnationaler Unternehmen untersucht wurde.[6] Diese Entwicklung war kein Zufall, so wurden seit den 1960er Jahren auf internationaler Ebene Diskussionen über eine Neue Weltwirtschaftsordnung geführt und die Rolle von insbesondere westlichen Unternehmen in Entwicklungsländern problematisiert. Mitte der 1970er Jahre wurde in den Vereinten Nationen eine Commission on Transnational Corporations und das Centre on Transnational Corporations (UNCTC) eingerichtet, die sich mit der Entwicklung eines Verhaltenskodex für transnationale Unternehmen beschäftigten. Im Vordergrund standen jedoch weniger soziale und ökologische Fragen, sondern vielmehr die Rechte und Pflichten im Rahmen von privatwirtschaftlichen Investitionsentscheidungen im Ausland. Ein solcher Verhaltenskodex

---

[5] vergleiche etwa die Definition der Europäischen Kommission (2001) und auch den Leitfaden zur gesellschaftlichen Verantwortung von Unternehmen (ISO 26000: 2010)
[6] vgl. Nye/Keohane (1971)

kam allerdings aufgrund unterschiedlicher Positionen der an den Verhandlungen beteiligten Staaten nie zustande. Die Verhandlungen wurden schließlich Anfang der 1990er Jahre eingestellt.[7]

Seit den 1990er Jahren gibt es in der Politikwissenschaft eine neue Welle der Beschäftigung mit nichtstaatlichen Akteuren. Dies geschah vor dem Hintergrund mehrerer Entwicklungen. Zu nennen sind das Ende des Ost-West-Konflikts, die verstärkte weltwirtschaftliche Globalisierung, die Entstehung neuer bzw. veränderter Problemlagen, die über nationalstaatliche Grenzen hinausgehen, aber auch die vermehrten politischen Aktivitäten nichtstaatlicher Akteure.[8] Dabei hat sich insbesondere die Global Governance-Forschung mit den politischen Aktivitäten transnationaler Unternehmen und CSR beschäftigt. Mit der Verwendung des Governance-Konzepts verbindet sich das Aufbrechen herkömmlicher Vorstellungen über Politik und Steuerung, wo die Ausübung von Herrschaft nicht mehr nur das Ergebnis staatlichen Handelns ist. Regulierung findet nicht nur durch den Staat in einer hierarchischen Art und Weise statt, vielmehr existieren innerhalb und jenseits des Staates Steuerungsformen, in denen gesellschaftliche Akteure „absichtsvolle Beiträge zur kollektiven Regelung gesellschaftlicher Sachverhalte"[9] leisten können.

Es lassen sich in der Literatur verschiedene Typologien von Governance finden.[10] Die im Folgenden skizzierte grobe Typologie unterscheidet Governance-Formen danach, welche Akteure zusammenwirken. Danach kann Governance durch staatliche Akteure und ohne eine Beteiligung nichtstaatlicher Akteure stattfinden. Nichtstaatliche Akteure können Ergebnisse politischer Prozesse beeinflussen, wenn sie durch Konsultationsprozesse einbezogen werden. Sie können sich an Formen der Ko-Regulierung oder an Selbstregulierungsinitiativen beteiligen. Was Politikwissenschaftler als unternehmerische Beteiligung an Governance konzeptionalisieren, stellt aus unternehmerischer Perspektive nichts anderes als CSR dar, wobei Unternehmen selbst dieses Engagement nicht notwendigerweise als ein politisches definieren.

Aus politikwissenschaftlicher Perspektive sind somit nicht alle CSR-Maßnahmen von Unternehmen gleichermaßen relevant. Vielmehr stehen im Zentrum des Interesses insbesondere solche Maßnahmen, die über eine bestimmte politische Qualität verfügen, d.h. solche, durch die Unternehmen zur Norm- und Regelsetzung, zur Implementierung derselben oder zur Bereitstellung öffentlicher Güter beitragen.[11] Regelumsetzung meint das freiwillige unternehmerische Engagement zur Umsetzung von allgemeingültigen Normen, z.B. der Menschenrechte, des

---

[7] Sagafi-nejad (2008); Brewer/Young (1998)
    andere zwischenstaatliche Vereinbarungen, wie zum Beispiel die OECD-Leitsätze für multinationale Unternehmen (1976) oder die Dreigliedrige Grundsatzerklärung über multinationale Unternehmen und Sozialpolitik der ILO (1977), wurden in der politikwissenschaftlichen Forschung kaum rezipiert
[8] Brühl/Rittberger (2002); Karns/Mingst (2004); Held et al. (1999); der Begriff nichtstaatliche Akteure umfasst in der Politikwissenschaft sowohl privatwirtschaftliche Akteure (also etwa Unternehmen und deren Verbände) als auch die Zivilgesellschaft (NGOs und soziale Bewegungen)
[9] Mayntz (2008); Benz et al. (2007)
[10] für einen Überblick vgl. von Blumenthal (2005); Benz et al. (2007); Börzel/Risse (2005)
[11] Deitelhoff/Wolf (2010)

Umweltschutzes oder auch von Anti-Korruptionsmaßnahmen. Die Regelsetzung bezieht sich auf die Etablierung und Weiterentwicklung von Normen und Regeln.[12] Darüber hinaus können Unternehmen zur Bereitstellung öffentlicher Güter beitragen, die in der herkömmlichen Vorstellung in der OECD-Welt vom Staat zur Verfügung gestellt werden.

Tab. 1: Formen von Governance

Governance-Formen	(Zwischen-) Staatliches Regieren	(Zwischen-) Staatliches Regieren mit Konsultation	Ko-Regulierung	Selbstregulierung
Involvierte Akteure	Staaten	Staaten mit Unterstützung von NGOs und/oder Unternehmen	Staaten mit NGOs und Unternehmen	Unternehmen und/ oder Zivilgesellschaft
Rolle von Unternehmen	Regelungs- adressaten	Konsultation	Ko-Regulierer	Ko-Regulierer
Beispiele	OECD Leitsätze (1976)	OECD Leitsätze (2000/2011) UN Guiding Principles on Business and Human Rights	UN Global Compact Global Reporting Initiative Extractive Industries Transparency Initiative	Business Social Compliance Initiative Equator Principles

Zwischenstaatliches Regieren: Im klassischen politikwissenschaftlichen Verständnis findet Regieren ohne die direkte Einbeziehung nichtstaatlicher Akteure statt – Unternehmen sind in dieser Perspektive ausschließlich Adressaten von staatlichen Regeln. Bei der Aushandlung der OECD-Leitsätze (1976) berieten nur Staaten und ihre Juristen, Unternehmen und Wirtschaftsverbände versuchten hingegen per Lobbying-Aktivitäten auf die Staatenvertreter Einfluss zu nehmen. Solche Prozesse spielen jedoch heute im Themenfeld CSR kaum noch eine Rolle. Vielmehr werden Unternehmen in diesem Politikfeld zumeist von Staaten und internationalen Organisationen in Prozesse des Regierens einbezogen.

Zwischenstaatliches Regieren mit Konsultation nichtstaatlicher Akteure: Bei solchen Prozessen des Regierens sind Staaten weiterhin die zentralen Akteure und Entscheidungsträger. Unternehmen oder andere nichtstaatliche Akteure werden aber im Rahmen von Konsultationsprozessen einbezogen. Dies ließ sich etwa bei der letzten Überarbeitung der OECD-Leitsätze für multinationale Unternehmen (2010/2011) oder im Prozess der Entwicklung der UN Guiding Principles on Business and Human Rights beobachten, die im Juni 2011 verabschiedet wurden.

Ko-Regulierung: Als Ko-Regulierung werden solche Prozesse bezeichnet, in denen gesellschaftliche Problemlagen von staatlichen und nichtstaatlichen Akteuren gemeinsam bearbeitet werden. In der Literatur finden sich eine Reihe weiterer Begriffe wie etwa Public Private Partnerships, Multistakeholder-Initia-

---

[12] vgl. Flohr et al. (2010a)

tiven oder auch globale Politiknetzwerke. Prominente Beispiele hierfür sind etwa der UN Global Compact oder auch die Global Reporting Initiative.[13]

Selbstregulierung: Als gesellschaftliche Selbstregulierung werden solche Initiativen bezeichnet, in denen staatliche Akteure nicht beteiligt sind. Unternehmerische Instrumente der Selbstregulierung sind etwa individuelle oder kollektive Verhaltenskodizes, in denen Unternehmen sich selbst Regeln setzen, die sie im Rahmen ihrer Geschäftstätigkeit einhalten wollen.[14] Dazu zählen die Verhaltenskodizes von Großunternehmen, die diese Vorgaben auch für ihre Lieferanten verpflichtend vorschreiben. Kollektive Selbstverpflichtungen gibt es in verschiedenen Branchen, wie etwa in der Spielzeugindustrie, in der Textilindustrie oder auch im Einzelhandel.

Eine weitere relevante Unterscheidung ist die zwischen dem CSR- bzw. Governance-Engagement von Unternehmen (1) auf transnationaler Ebene (d.h. jenseits des Staates) und (2) auf nationaler und lokaler Ebene innerhalb von Staaten. Im zweiten Falle gilt das Interesse der Forschung nicht nur dem Engagement von Unternehmen in ihren Heimatstaaten, sondern gerade auch in Staaten jenseits der OECD-Welt. Dort sind Unternehmen oft in solchen Ländern tätig, in denen der Staat nicht Willens oder nicht in der Lage ist, öffentliche Güter in ausreichendem Maße bereitzustellen oder gesetzliche Regelungen durchzusetzen. Die bisherige Forschung hat gezeigt, dass Unternehmen neben ihren wirtschaftlichen Aktivitäten durch CSR-Maßnahmen in Entwicklungsländern oder auch in Staaten mit Gewaltkonflikten zur Bereitstellung öffentlicher Güter beitragen. Dies kann durch Maßnahmen des Managements der Wertschöpfungskette ebenso geschehen wie durch Community Development Programme, Maßnahmen der Gesundheitsversorgung der Bevölkerung oder Menschenrechtstrainings für Sicherheitskräfte.[15]

3 Warum Unternehmen sich engagieren?

Ein wichtiger Forschungsstrang in der Politikwissenschaft beschäftigt sich mit der Frage, unter welchen Bedingungen Unternehmen sich durch freiwillige CSR-Maßnahmen engagieren, die über rechtlich verbindliche Regulierungen hinausgehen.[16] Die Forschung beschäftigt sich insbesondere mit Faktoren des politischen und gesellschaftlichen Umfelds von Unternehmen: Welche Rolle spielen Staaten,

---

[13] Reinicke/Deng (2000); Rittberger et al. (2008)
[14] Haufler (2006)
[15] vgl. Deitelhoff/Wolf (2010); gerade in diesem Themenfeld wird in der politikwissenschaftlichen Forschung auch darauf hingewiesen, dass Unternehmen nicht notwendigerweise eine positive Rolle spielen müssen, sondern auch Problemverursacher sind. Sie können durch die Nichteinhaltung von gesetzlichen Standards oder die Ausnutzung von Regulierungslücken zur Verschärfung gesellschaftlicher Problemlagen beitragen. Darüber hinaus wird problematisiert, ob Unternehmen tatsächlich ein staatliches Engagement langfristig ersetzen können, vgl. etwa Prieto-Carrón et al. (2006); Brühl et al. (2001)
[16] Haufler (2001); Deitelhoff/Wolf (2010); Flohr et al. (2010a)

internationale Organisationen und transnationale CSR-Initiativen für das CSR-Engagement von Unternehmen? Wie wird die Art und Weise des unternehmerischen Engagements durch das Wirtschaftssystem beeinflusst und wie verhalten sich verbindliche staatliche Regulierung und freiwillige unternehmerische Selbstregulierung zueinander? Welchen Einfluss hat das gesellschaftliche Umfeld auf das unternehmerische CSR-Engagement?[17]

Die Dynamiken rund um das Themenfeld CSR stellen aus politikwissenschaftlicher Perspektive ein Mehrebenen-Phänomen („Multi-level Governance") dar. Dies bedeutet, dass sowohl Akteure, Prozesse und Strukturen auf nationaler als auch internationaler Ebene relevant sind, um das unternehmerische CSR-Engagement zu verstehen beziehungsweise zu erklären.

Ein Spezifikum der politikwissenschaftlichen Debatte, die sich mit der Erklärung von unternehmerischem CSR-Engagement beschäftigt, ist die Problematisierung von Handlungslogiken, denen Akteure unterliegen. Eine weit verbreitete Annahme in verschiedenen Disziplinen ist, dass Unternehmen rationale Akteure sind, die einer Logik der reinen Profitmaximierung folgen. Unternehmen würden sich demzufolge dann gesellschaftlich engagieren, wenn dies auch wirtschaftlich rentabel ist („Business Case").[18] Diese Annahme wird aber zunehmend problematisiert. Sofern Unternehmen sich an den Erwartungen orientieren, die von verschiedenen Stakeholdern an sie herangetragen werden, ist nicht auszuschließen, dass Unternehmen nach einer Logik der Angemessenheit handeln und ihre Politik und ihr Verhalten an gesellschaftlichen Normen ausrichten.[19] Normen sind Erwartungen angemessenen Verhaltens, die an Akteure herangetragen werden und deren Beachtung bzw. Nicht-Beachtung mit einer moralischen Bewertung verbunden ist.[20] Entsprechende Arbeiten im Themenfeld CSR versuchen zu plausibilisieren, dass es sich bei CSR um Normen handelt und Unternehmen sich nicht nur an ihrem Profitinteresse ausrichten, sondern bestimmte gesellschaftliche Verhaltenserwartungen für richtig und legitim erachten und ihr Verhalten deshalb daran ausrichten. Das Interesse gilt hier insbesondere Lernprozessen von Unternehmen und wie diese durch das gesellschaftliche und politische Umfeld beeinflusst werden.

3.1 Transnationales Umfeld: Internationale Organisationen und CSR-Initiativen

Die Politikwissenschaft hat sich klassisch insbesondere mit internationalen Organisationen beschäftigt, deren Mitglieder nur Staaten sind (z.B. die Vereinten Na-

---

[17] neben diesen Faktoren des *gesellschaftlichen und politischen Umfelds*, die im Folgenden im Mittelpunkt stehen, wird anerkannt, dass auch *Charakteristika des Unternehmens* selbst (z.B. Unternehmenskultur, Unternehmensgröße und Reputationsempfindlichkeit) und *Produkt- und Produktionscharakteristika* (z.B. Herstellung von End- oder Zwischenprodukten) einen Einfluss auf das unternehmerische Engagement haben können; Wolf et al. (2007); Campbell (2007); Shanahan/Khagram (2006)

[18] vgl. Beitrag von Schreck in diesem Buch

[19] Rieth/Zimmer (2004); Conzelmann/Wolf (2007); Flohr et al. (2010a)

[20] Deitelhoff (2006); Finnemore/Sikkink (1998)

tionen, die OECD oder auch die Welthandelsorganisation). Seit Ende der 1990er Jahren wurde jedoch die zunehmende Gründung von transnationalen Multistakeholder-Initiativen und Selbstregulierungsinitiativen beobachtet, deren Mitgliedschaft nicht nur Staaten, sondern auch Unternehmen oder NGOs umfassen kann.[21]

Internationale Organisationen haben das Thema CSR seit Ende der 1990er Jahre vermehrt aufgegriffen und fördern die Übernahme von CSR durch verschiedene Aktivitäten, wie die Entwicklung von Standards, die Veröffentlichung von Handreichungen und Studien oder auch die Organisation von Konferenzen. Dies gilt etwa für die Vereinten Nationen, die in vielen Unter- und Sonderorganisationen „Private Sector Focal Points" eingerichtet haben und das Büro des Global Compact als eigenständige Einheit im Sekretariat der Vereinten Nationen angesiedelt haben. Resolutionen der Generalversammlung der Vereinten Nationen fordern von Unternehmen die Übernahme von verantwortlichen Unternehmenspraktiken („responsible business practicies"). Aber auch die Europäische Union, die G8 und neuerdings die Afrikanische Union und die ASEAN haben sich des Themas angenommen.[22]

Verschiedene Studien haben belegt, dass netzwerkbasierte Steuerungsformen bzw. CSR-Initiativen besonders erfolgreich sind, das CSR-Engagement von Unternehmen zu aktivieren.[23] Transnationale CSR-Initiativen sind dabei einerseits Foren und andererseits eigenständige Akteure. Sie erfüllen die Funktion eines Forums, in welchen Unternehmen gleichberechtigt mit Staaten und anderen Akteuren an der Ausarbeitung und Weiterentwicklung von Standards sowie deren Implementierung arbeiten können. Die Mitarbeiter dieser Initiative treten gleichzeitig als (zumindest partiell) autonome Akteure auf, die versuchen, die Verbreitung der jeweiligen Standards zu fördern. Dies geschieht etwa durch Vorträge und Trainings, die für Unternehmen angeboten werden oder auch durch die Veröffentlichung von Handreichungen, welche Unternehmen die Implementierung von CSR-Maßnahmen erleichtern sollten (so etwa prominent im Global Compact und der GRI aber auch in vielen anderen CSR-Initiativen).

3.2 Zivilgesellschaft

Klassisch wurden in der Politikwissenschaft der Einfluss zivilgesellschaftlicher Akteure auf den Staat und Prozesse zwischenstaatlichen Regierens untersucht. Die Aktivitäten transnationaler und nationaler zivilgesellschaftlicher Akteure, insbesondere NGOs, gelten aber auch als ein wichtiger Einflussfaktor auf das CSR-Engagement von Unternehmen.[24] Wichtige Forschungsfragen sind hier unter anderem, wie weitreichend ihr Einfluss ist und unter welchen Bedingungen und durch welche Strategien NGOs Einfluss gewinnen.

---

[21] Abbott/Snidal (2009); Rittberger et al. (2008)
[22] UN Global Compact (2010); Coni-Zimmer (2011)
[23] Rieth (2009); Beisheim et al. (2008)
[24] Haufler (2001); Winston. (2002); Flohr et al. (2010a); Coni-Zimmer (2011)

Zivilgesellschaftliche Aktivitäten sind auf zwei Ebenen relevant. So werden einerseits die Aktivitäten der transnationalen Zivilgesellschaft und deren Einfluss auf Unternehmen diskutiert. Andererseits sind die Stärke und der Einfluss der lokalen bzw. nationalen Zivilgesellschaft innerhalb verschiedener Nationalstaaten bedeutsam. So gibt es in Heimat- und Gaststaaten von Unternehmen unterschiedlich starke Zivilgesellschaften, die Einfluss auf wirtschaftliche Akteure nehmen und zudem in unterschiedlichem Maße rund um CSR-Themen mobilisiert sind. Vorläufige Ergebnisse zeigen, dass zivilgesellschaftliche Aktivitäten die Übernahme von CSR durch Unternehmen begünstigen. So entwickeln etwa Unternehmen aus Industriesektoren, die in besonderem Maße von der Zivilgesellschaft beobachtet werden, früher und ausgeprägtere CSR-Politiken als Unternehmen aus anderen Sektoren. Dies gilt etwa für die Textilindustrie oder auch die Ölindustrie.[25] Der Einfluss, den zivilgesellschaftliche Organisationen auf Unternehmen ausüben können, hängt jedoch auch davon ab, welche Rolle die gesellschaftliche Akzeptanz in Form von Reputation und Image für ein Unternehmen oder eine Branche spielt (vgl. dazu Abschnitt 4).

Sowohl auf transnationaler als auch auf nationaler Ebene können zivilgesellschaftliche Akteure sowohl konfrontative als auch kooperative Strategien anwenden, um Unternehmen zu beeinflussen. In der Literatur wurde der Fokus zunächst eher auf konfrontative Strategien gelegt. Dazu gehören etwa Kampagnen, Boykotte oder auch Gerichtsverfahren. Beispiele für erfolgreiche NGO-Kampagnen sind etwa die Aktivitäten, die sich gegen verschiedene Unternehmen der Textilindustrie und Arbeitsbedingungen in deren Zulieferbetrieben richteten, die Publish What You Pay-Kampagne zur Förderung von Transparenz in der Ölindustrie oder auch die Kampagne gegen Blutdiamanten.[26] Darüber hinaus nutzen zivilgesellschaftliche Organisationen auch Gerichts- und Beschwerdeverfahren, um eine Veränderung von Unternehmensverhalten zu erreichen. Seit den 1990er Jahren wurden in den USA etwa mehr als 50 Klagen gegen Unternehmen unter dem Alien Tort Claims Act (ATCA) eingereicht, so etwa gegen Shell wegen seiner Tätigkeit in Nigeria oder auch gegen Unocal wegen seiner Operationen in Burma.[27] Die Kooperation zwischen NGOs und Unternehmen wird generell als neuerer Trend eingeschätzt.[28] Kooperative Strategien, die auf einer Zusammenarbeit zwischen NGOs und Unternehmen beruhen, sind etwa Dialogprozesse zwischen zivilgesellschaftlichen Organisationen und einzelnen Unternehmen, die Teilnahme von NGOs an Public Private Partnerships oder an Multistakeholder-Initiativen.[29] So sind NGOs an Initiativen wie dem Global Compact, der Global Reporting Initiative, der Extractive Industries Transparency Initiative oder auch dem Kimberley Process beteiligt. Hier geht es nicht darum, Unternehmen wegen ihres Fehlverhaltens zu konfrontieren, sondern eher um Prozesse der Überzeugung und des Lernens –

---

[25] Coni-Zimmer (2011); Flohr et al. (2010a)
[26] Coni-Zimmer (2011); Bieri (2010)
[27] Business & Human Rights Resource Center: www.business-humanrights.org/LegalPortal/Home (letzter Zugang: 15.06.2011)
[28] Yaziji/Doh (2009); Soule (2009)
[29] Curbach (2008); Winston (2002); Rieth/Göbel (2005)

Unternehmen sollen davon überzeugt werden, dass ein CSR-Engagement nicht nur ökonomisch nützlich („Business Case") sondern auch angemessen und moralisch richtig ist. Auch auf lokaler Ebene gibt es vielfach Kooperationsprojekte zwischen Unternehmen und NGOs, so etwa bei der Durchführung von Community Development Projekten in Entwicklungsländern.[30]

Insbesondere in der politikwissenschaftlichen Teildisziplin der Internationalen Beziehungen lässt sich eine hilfreiche Konzeptionalisierung von NGOs als Normunternehmen finden. Das Konzept der Normunternehmer („norm entrepreneurs") wurde dort ursprünglich verwendet, um deren Einfluss auf Staaten zu untersuchen. Normunternehmer nehmen eine zentrale Rolle bei der Entstehung und Verbreitung von Normen ein, indem sie durch die Generierung von Informationen und dadurch zum Agenda-Setting beitragen. Sie schaffen Interpretationsrahmen für bestimmte Themen („framing") und skandalisieren Normverletzungen.[31] Diese Idee lässt sich auch auf die Aktivitäten von NGOs gegenüber Unternehmen übertragen.

Aus politikwissenschaftlicher Perspektive nimmt die Zivilgesellschaft somit insgesamt eine zentrale Rolle im Diskurs über CSR ein. Hervorzuheben ist auch, dass sich die Zivilgesellschaft mit ihren Forderungen oft nicht nur an Unternehmen, sondern gleichzeitig auch an Staaten und internationale Organisationen wendet.[32] Damit ist der Staat als ein wichtiger Akteur in der Debatte über CSR angesprochen.

3.3 Die Rolle von Staat und Regierung

Die politikwissenschaftliche Literatur ist sich weitgehend einig, dass das staatliche Umfeld einen ganz wesentlichen Einfluss auf das CSR-Engagement von Unternehmen hat. Während eine oft wiederholte These lautet, dass Unternehmen zu freiwilligen Selbstverpflichtungen greifen, um eine verbindliche staatliche Regulierung zu vermeiden, ist die Diskussion über das Wechselspiel zwischen Staat und Unternehmen im Politikfeld CSR mittlerweile sehr viel differenzierter und komplexer geworden.

In der OECD-Welt findet CSR unter dem Schatten der staatlichen Hierarchie statt. Der Staat hätte zumindest theoretisch die Möglichkeit durch eine verbindliche Regulierung tätig zu werden. Es lässt sich jedoch feststellen, dass viele Staaten den Trend zu CSR ebenfalls aufgenommen haben. Sie setzen gerade nicht auf eine verbindliche Regulierung von Unternehmen, sondern fördern freiwillige Selbstverpflichtungen und das CSR-Engagement von Unternehmen. Dazu stehen Regierungen unterschiedlichste Strategien zur Verfügung, die von der Entwicklung von Regierungsstrategien über das Bereitstellen von Informationen bis hin zum Setzen von finanziellen Anreizen reichen.[33]

---

[30] Zimmer (2010)
[31] Nadelmann (1990); Finnemore/Sikkink (1998); Deitelhoff (2006)
[32] Soule (2009); Coni-Zimmer (2011)
[33] Bertelsmann Stiftung (2007); vgl. hierzu ausführlich den Beitrag von Steurer in diesem Buch

Eine vergleichende Beschreibung von CSR-Aktivitäten in verschiedenen Ländern[34] zeigt jedoch, dass es durchaus Varianzen im Verständnis von CSR gibt. Dies gilt selbst im Bezug auf das unternehmerische CSR-Engagement in verschiedenen OECD-Ländern. In diesem Zusammenhang wurde der Heimatstaat als ein einflussreicher Erklärungsfaktor identifiziert. Aufgrund von historischen Pfadabhängigkeiten scheinen etwa Unternehmen aus Großbritannien und Deutschland eher bereit, sich an Selbstregulierungsinitiativen zu beteiligen als amerikanische Unternehmen. Dabei ist die Ausprägung des jeweiligen Wirtschaftssystems ebenso bedeutsam, wie die historisch gewachsenen Beziehungen zwischen Regierung und Wirtschaft und die Position und Aktivitäten der Regierung zu CSR.[35] Während zunächst insbesondere die Aktivitäten westlicher Unternehmen und deren Heimatstaaten im Mittelpunkt des Interesses standen, verbreitet sich CSR zunehmend auch außerhalb der OECD-Welt. Hier gilt das Interesse insbesondere Unternehmen aus Schwellenländern, wie etwa China, Indien oder auch Brasilien. In diesen Ländern entwickeln sich ebenso wie in Ländern der OECD-Welt spezifische Diskurse und Verständnisse von CSR.[36]

Gerade in der deutschen Debatte wird in der aktuellen Forschung auch die Rolle von transnationalen Unternehmen in schwachen Staaten und Konfliktregionen diskutiert. Dort sind staatliche Institutionen oft besonders schwach ausgeprägt und ein unternehmerisches Engagement, um staatliches Versagen zu kompensieren, könnte deshalb als besonders wünschenswert erscheinen. Erste Ergebnisse zeigen aber, dass ein minimaler Schatten der Hierarchie notwendig ist, um unternehmerisches Engagement zu fördern.[37]

Zusammenfassend zeigt diese kurze Diskussion, dass Unternehmen auf transnationaler Ebene und in ihren Heimat- und Gaststaaten in ganz spezifische normative Umfelder eingebettet sind. Das zunehmende CSR-Engagement von Unternehmen in den letzten beiden Jahrzehnten wird aus politikwissenschaftlicher Perspektive erst vor diesem Hintergrund eines sich wandelnden Verhältnisses zwischen Staat, Zivilgesellschaft und Markt verständlich.

4 Legitimität und Effektivität von CSR-Maßnahmen

Neben der Untersuchung der Bedingungen für unternehmerisches CSR-Engagement beschäftigt sich ein zweiter Forschungsstrang mit dessen Bewertung. Klassische politikwissenschaftliche Bewertungskategorien sind die Legitimität von Akteuren, Institutionen und Prozessen und ihre Effektivität.

Sofern Unternehmen durch ihr CSR-Engagement zu Governance beitragen und Herrschaft ausüben, müssen diese unternehmerischen Beiträge – aus politikwissenschaftlicher Perspektive – bestimmten normativen Anforderungen genügen, um

---

[34] Habisch et al. (2005)
[35] Kollman/Prakash (2001); Flohr et al. (2010b); Gjolberg (2009); Matten/Moon (2008)
[36] vgl. Coni-Zimmer (2011)
[37] Deitelhoff/Wolf (2010); Feil (2009); Börzel/Risse (2010)

als legitim zu gelten. Das Legitimitätsverständnis in der Politikwissenschaft unterscheidet sich grundlegend von solchen, wie sie etwa in der Organisationsforschung als stark soziologisch geprägte Disziplin verwendet werden. Während in der Politikwissenschaft primär demokratietheoretische Überlegungen von Bedeutung sind, wurden vor allem in der Soziologie Legitimationsverständnisse entwickelt, die auf der Gewährung von Legitimation durch bestimmte Akteursgruppen basieren. In der Effektivitätsforschung wurde eine Vielzahl von Ansätzen entwickelt, wie die Wirkung von Akteuren und Institutionen gemessen werden kann. Startpunkt der Effektivitätsforschung in der Politikwissenschaft ist die nunmehr klassische Unterteilung in Output, Outcome und Impact.[38]

4.1 Demokratische Legitimitätsanforderungen

Die Politikwissenschaft setzt sich bereits seit ihren Anfängen mit der Frage auseinander, wie staatliche Gebilde zur Ausübung von Herrschaft idealtypisch verfasst sein sollten. Als legitim wird eine Regierungsform angesehen, wenn Herrschaft im Sinne des Allgemeinwohls (der Bürger bzw. des Volkes) ausgeübt wird. In dieser Forschungstradition wurden grundsätzliche Legitimitätsanforderungen für das Regieren innerhalb, später aber auch jenseits des Nationalstaates, d.h. auch für die Beurteilung von internationalen Organisationen (wie z.B. die Europäische Union und die Vereinten Nationen), entwickelt. Im Rahmen der politikwissenschaftlichen Debatte haben sich insbesondere Forscher, wie Klaus Dieter Wolf, Klaus Dingwerth oder Robert Keohane mit der Legitimität neuer Steuerungsformen unter Beteiligung von nichtstaatlichen Akteuren auseinandergesetzt. Startpunkt fast aller politikwissenschaftlichen Legitimitätsforschungen ist die Unterscheidung zwischen Input-, Throughput- und Output-Legitimität.[39]

Ein wesentliches Kriterium zur Bewertung der Legitimität des CSR-Engagements ist die Partizipation. Unter dem Gesichtspunkt der Selbstbestimmung wird gefragt, ob Regelungsbetroffene in einem ausreichenden Maße in den Prozess der Entscheidungsfindung einbezogen werden.[40] Entsprechend des Kriteriums der Partizipation sollten Unternehmen bei ihrem CSR-Engagement darauf achten, die von diesen Governance-Beiträgen betroffenen Akteure in Entscheidungsprozessen zu beteiligen. Kritisch diskutiert wurde etwa im Zusammenhang mit Community Development Programmen, die Unternehmen oft auf lokaler Ebene in Ländern der Nicht-OECD-Welt durchführen, inwiefern die dort betroffene Bevölkerung in ausreichendem Maße eingebunden wird.[41]

Bei der Prüfung prozeduraler Aspekte im Sinne der Throughput-Legitimität wird untersucht, wie transparent ein Regulierungsprozess abläuft und ob Unternehmen für mögliches Fehlverhalten sanktioniert werden könnten.[42] Forschungsergebnisse zeigen, dass bei vielen CSR-Initiativen ein hohes Maß an Trans-

---

[38] Easton (1965)
[39] Zürn (1998); Scharpf (1999)
[40] Wolf (2005)
[41] am Beispiel von Ölunternehmen in Nigeria, vgl. Zimmer (2010)
[42] Dingwerth (2003); Wolf (2005)

parenz vorliegt, wie beispielsweise bei der Erstellung und Überarbeitung der Richtlinien der Global Reporting Initiative zur Nachhaltigkeitsberichterstattung. Gleichzeitig zieht die Nichteinhaltung von CSR-Vorgaben durch firmeneigene Verhaltenskodizes kaum Konsequenzen nach sich. Oft ist von Vorgaben abweichendes Verhalten auf den ersten Blick nicht zu erkennen. So reicht ein Großteil der Global Compact-Mitglieder, wie laut Statuten vorgesehen, jährlich eine Fortschrittsmitteilung ein, gleichzeitig wird jedoch häufig nur einseitig über CSR-Themenfelder berichtet, in denen das Unternehmen tätig geworden ist. Letztlich führt beim Global Compact nur die Nichteinreichung einer Fortschrittsmitteilung – unabhängig von den Inhalten – zu einem Verlust der Mitgliedschaft.[43]

Die dritte Legitimitätsanforderung prüft die Frage der Output-Legitimität, d.h. werden Fragen des öffentlichen Interesses mit Bezug auf anerkannte internationale Normen verlässlich aufgegriffen oder bezieht ein Unternehmen nur betriebswirtschaftliche Aspekte in die Planung von CSR-Maßnahmen mit ein.[44] Vergleichsuntersuchungen zu individuellen und kollektiven Verhaltenskodizes im Textilsektor haben beispielsweise ergeben, dass einzelne Kodizes nur sehr selektiv die Inhalte der ILO-Kernarbeitsnormen aufnehmen. Sensible Themen wie Gewerkschaftsfreiheit oder Fragen der Nichtdiskriminierung sind nicht immer enthalten.[45] Sofern solche internationalen Normen nur sehr partiell aufgegriffen werden, ist die Output-Legitimität unternehmerischen CSR-Engagements kritisch zu beurteilen.

Jenseits der drei klassischen Legitimitätsanforderungen an unternehmerisches Handeln werden zunehmend auch die Problemlösungskapazitäten von Unternehmen als Gradmesser herangezogen. Mit Hinweis auf das Konzept der Autorität wird geprüft, ob Akteure mit besonderen Kernkompetenzen diese auch adäquat zur Lösung von gesellschaftlichen Problemen einsetzen.[46] So zeigte etwa eine Analyse der Wolfsberg Prinzipien, die das Ziel haben, Geldwäsche bei Finanzakteuren zu vermeiden, dass Finanzmarktakteure ihr Expertenwissen umfänglich eingesetzt haben, um detaillierte Regelwerke zu entwickeln.[47]

Diese drei Legitimitätsanforderungen stellen kombiniert mit dem Kriterium der Problemlösungsfähigkeit klassische politikwissenschaftliche Maßstäbe für legitimes Handeln dar. In der Literatur werden diese Anforderungen noch verfeinert und unter anderem nach dem jeweiligen Kontext, der Art der Governance-Beiträge und den Inhalten der Normen eingeteilt.[48]

---

[43] Flohr et al. (2010); Rieth (2010a)
[44] Brühl/Liese (2004); Wolf (2005)
[45] Mamic (2004); Kolk/Van Tulder (2006)
[46] Cutler et al. (1999)
[47] Flohr et al. (2010a)
[48] Flohr et al. (2010a); in der Literatur werden diese Anforderungen noch verfeinert, u.a. nach dem jeweiligen Kontext, die Art der Governance-Beiträge und den Inhalten der Normen

4.2 Der organisationssoziologische Legitimitätsansatz

Im Vordergrund steht in dieser Forschungstradition sehr viel stärker, wie verschiedene Stakeholder subjektiv das Verhalten von Unternehmen einordnen. Unternehmen streben danach, von ihren wichtigsten Stakeholdern als legitime Akteure angesehen zu werden. Diese Legitimität hat einen Einfluss auf das Image beziehungsweise die Reputation eines Unternehmens, die wiederum von vielen Managern, insbesondere, aber nicht nur bei Unternehmen mit direkten Endkundenkontakt und Markenartikeln, als betriebswirtschaftlich höchst relevant eingeschätzt wird.[49] Ein vertieftes CSR-Engagement kann aus dieser Perspektive dazu dienen, die Legitimität eines Unternehmens zu erhöhen.

Ausgehend vom Befund, dass Unternehmen politische Funktionen wahrnehmen, sind Unternehmen quasi gezwungen – auch wenn viele Unternehmen dies in der Öffentlichkeit negieren – neue Mittel und Wege zu finden, dieser neuen politischen Verantwortung gerecht zu werden. Palazzo und Scherer sprechen in diesem Zusammenhang von der Notwendigkeit der Begründung einer neuen „Theory of the firm", weil herkömmliche Betrachtungsweisen und Bewertungen von Unternehmen nicht ausreichen, um dieser politischen Rolle gerecht zu werden.[50] Die Legitimität von Unternehmen als politische Akteure kann nicht über herkömmliche demokratische Verfahrensweisen hergestellt werden. Auch volkswirtschaftliche, betriebswirtschaftliche oder institutionenökonomische Ansätze bieten keine entsprechenden Lösungsansätze an. In diesem Zusammenhang werden Anleihen in der Organisationssoziologie gemacht, die besagen, dass externe Dritte Organisationen Legitimität verleihen bzw. ihr Verhalten als legitim einstufen können.[51] Als besonders relevante Legitimitätsquelle wird die Form der moralischen Legitimität angesehen, die auch in der Politikwissenschaft zunehmend Anklang gefunden hat.[52] Diese Form der moralischen Legitimität ist wertebasiert und externe Dritte beurteilen das Verhalten von Akteuren nicht aus der egoistischen Eigenperspektive, sondern prüfen, ob soziale und Gerechtigkeitsaspekte berücksichtigt werden.[53] Diese Konstruktion über externe Dritte (als Wählerersatz) wird als demokratietheoretisches Äquivalent verwendet. Es wird postuliert, dass die Legitimität (politischer Aktivitäten) von Unternehmen von der Akzeptanz ihrer Stakeholder abhängt. CSR-Aktivitäten von Unternehmen können dazu dienen, die Legitimität von Unternehmen zu erhöhen, sofern diese bei den wichtigsten Stakeholdern, unter anderem NGOs und Gewerkschaften, als akzeptabel eingestuft werden. Diese Form der politischen und sozialen Akzeptanz durch Stakeholder („political embeddedness") kann darüber hinaus durch weitere stakeholderbezogene Maßnahmen wie regelmäßiger Dialog und verschiedene Formen der Zusammenarbeit gestärkt werden.[54]

---

[49] Alsop (2004); Barnett et al. (2006)
[50] Palazzo/Scherer (2008)
[51] Suchman (1995)
[52] Bernstein/Cashore (2007); Black (2008)
[53] Cashore (2002)
[54] Scherer/Palazzo (2007)

Verstärkte CSR-Maßnahmen von Unternehmen reichen gemäß dieses Ansatzes nicht aus, sondern es wird gleichzeitig die Forderung nach mehr Transparenz im Handeln und eine stärkere Beteiligung von Stakeholder-Gruppierungen in Form von deliberativen Verfahren geäußert. In der Empirie gibt es Anzeichen für mehr Offenheit und mehr dialogische Kommunikation auf Seiten der Unternehmen. So kommt es vermehrt zu Stakeholder-Dialogen, die oft – auch im Sinne von NGOs – informellen Charakter haben[55], jedoch wird ein Großteil der CSR-Maßnahmen nur in Form einer symbolischen (einseitigen) Kommunikation geführt.[56] So werden Interessen von Stakeholdern in Entwicklungsländern häufig gar nicht beachtet und auch vor Ort in der OECD-Welt wird überdimensionierten Werbekampagnen häufig mehr Wert beigemessen als kleinteiligeren Dialogformen und gemeinsamen Partnerschaftsprojekten, die deutlich aufwändiger in der Vorbereitung und Ausgestaltung sind.[57] Auch der freiwilligen Veröffentlichung von Nachhaltigkeitsberichten, die ein Gesamtbild über die CSR-Leistungen von Unternehmen präsentieren, wird im Vergleich zu karitativen Einzelprojekten wesentlich weniger unternehmensinterne Aufmerksamkeit beigemessen, was u.a. mit der mangelhaften Ausgestaltung der Berichte und durch die geringe Anzahl an testierten Berichten belegt wird.[58]

In der Debatte um eine neue „Theory of the Firm" wird die Frage aufgeworfen, ob und inwiefern das politische Handeln von Unternehmen auch eines Mindestmaßes an Legitimierung durch Dritte bedarf, wobei dazu bisher kaum empirische Erkenntnisse vorliegen, was nicht zuletzt daran liegt, dass solche Untersuchungen sehr aufwändige Befragungen von Wahrnehmungen der Stakeholder von Unternehmen erfordern. Zukünftige Forschungsarbeiten werden Hinweise geben, in welchem Maße politikwissenschaftliche und organisationssoziologische Legitimitätsansätze und -verständnisse kompatibel sind. Es wird sich zeigen, wie sich politikwissenschaftliche Legitimitätsanforderungen und ihr zugrundeliegender demokratietheoretischer Gedanke mit auf Wahrnehmungen gestützten Legitimitätszuschreibungen aus der Organisationssoziologie vereinbaren lassen und welchen Mehrwert die jeweiligen Ansätze in der CSR-Forschung generieren.

4.3 Effektivität

Neben der Legitimität von Akteuren und Prozessen im Themenfeld CSR stellt sich auch die Frage nach der Wirksamkeit unternehmerischer CSR-Maßnahmen.[59] Im Mittelpunkt steht die Frage, ob und in wie weit Unternehmen signifikante (Lösungs-)Beiträge bereitstellen? Zu diesem Zweck wurden in der Politikwissenschaft Kriterien entwickelt, die die Effektivität von CSR-Maßnahmen messen. Die Effek-

---

[55] Rieth (2009)
[56] Schultz/Rieth (2009)
[57] Curbach (2009)
[58] vgl. IÖW-Future e.V.-Ranking der Nachhaltigkeitsberichte, www.ranking-nachhaltigkeitsberichte.de/ (letzter Zugriff 10.05.2011)
[59] auch der Zusammenhang von beiden Legitimität und Effektivität wurde zuletzt vermehrt untersucht Beisheim/Dingwerth (2008); Rittberger et al. (2008)

tivität von CSR-Maßnahmen zeigt sich auf unterschiedlichen Analyse-Ebenen. In der politikwissenschaftlichen Forschung steht die Problemlösungseffektivität bzw. Zielerreichung auf struktureller Ebene ('Impact') im Vordergrund, diese ist aber auch am schwersten zu belegen (z.B. Einfluss von CSR-Maßnahmen auf den Klimaschutz). Einfacher ist der Nachweis von Veränderungen auf der Akteursebene. Hier wird vor allem untersucht, ob es zu messbaren Veränderungen auf Unternehmensebene ('Output' und 'Outcome') gekommen ist.[60] In der Output-Dimension handelt es sich um die Schaffung institutionalisierter Regeln und Policies im Unternehmen zur Problembearbeitung, die Outcome-Dimension bildet die messbare Verhaltensänderung von Unternehmen ab. In einer konzeptionellen Weiterentwicklung zur Bewertung der Effektivität von Unternehmen wurde darauf hingewiesen, dass es auch auf der Ebene von Ideen, Prinzipien und Werten, zum einen bezogen auf das Selbstverständnis und die Identität von Unternehmen, zum anderen bezogen auf die gesellschaftlichen Rollenerwartungen an Unternehmen durch ihr gesteigertes CSR-Engagement, zu einer Verschiebung gekommen ist. Es kommt also nicht nur zu sichtbaren Veränderungen, sondern auch die zugrundeliegenden (Selbst)-Erwartungen gegenüber Unternehmen haben sich verändert. Ein weiterer Aspekt auf der Impact-Dimension ist das Auftreten von positiven oder negativen Effekten, die im Zuge von CSR-Maßnahmen nicht beabsichtigt waren. So hat sich insbesondere in verschiedenen Partnerschaftsprojekten gezeigt, dass verschiedene CSR-Maßnahmen auch zu nicht intendierten negativen Konsequenzen führen können.[61]

Tab. 2: Effektivität von CSR-Initiativen[62]

Ebene	Output	Outcome		Impact		
Akteur	Umsetzungs-bereitschaft (commitment)	Verhaltens-änderung	Identitäts-wandel			
Struktur				Beitrag zur Zielerreichung	Beitrag zur normativen Ordnung	Nicht-intendierte Konsequenzen

Das vorläufige Fazit der Forschung zur Effektivität des CSR-Engagements von Unternehmen fällt gemischt aus. Generell ist festzuhalten, dass Unternehmen nicht unbedingt in jenen CSR-Themenfeldern am aktivsten sind, in denen der Problemdruck am höchsten ist.[63] So hat das Thema Menschenrechte erst in den letzten Jahren an Bedeutung gewonnen. Die Bereitschaft Verhaltenskodizes mit CSR-Bezug in Unternehmen einzuführen ist hoch (Output), der Wille zur Veränderung und konsequenten Umsetzung ist aber nur in begrenztem Maße vorhanden (Output), wobei Fälle der internen Sanktionierung bei Fehlverhalten zu-

---

[60] Huckel et al. (2007)
[61] Utting/Zammit (2009)
[62] vgl. Flohr et al. (2010a)
[63] Rieth (2008)

nehmen.[64] Veränderungen im Unternehmensverhalten (Outcome) lassen sich nur teilweise belegen. Unternehmerische Beiträge zur Problemlösung (Impact) sind tendenziell schwer nachzuweisen. Gleichzeitig haben sich durch CSR-Maßnahmen von Unternehmen und dem Entstehen vieler individueller und kollektiver CSR-Initiativen die Rollenerwartungen gegenüber Unternehmen stark verändert.[65]

5 Ausblick

Die Politikwissenschaft hat sich insbesondere in den letzten 10-15 Jahren mit dem Themenfeld CSR auseinandergesetzt. Die Forschung steckt dementsprechend noch in den Anfängen. Wie in diesem Beitrag gezeigt wurde, interessiert sich die Forschung insbesondere insofern für CSR als es sich hier um politische Beiträge von Unternehmen handelt.

Die besondere Stärke der politikwissenschaftlichen Forschung liegt einerseits darin, diese politischen Beiträge von Unternehmen herauszuarbeiten und andererseits darin Unternehmen als eingebettet in ein bestimmtes politisches und gesellschaftliches Umfeld zu begreifen. So hat sich einerseits der internationale politische Kontext in den letzten Jahrzehnten verändert. Das transnationale normative Umfeld formuliert zunehmend Verhaltenserwartungen, die Unternehmen in ihrer Geschäftstätigkeit einhalten sollen. Das politische und gesellschaftliche Umfeld variiert zudem je nach Heimat- und Gaststaaten. Die entsprechenden unterschiedlichen Hypothesen, die in diesem Beitrag andiskutiert wurden, bedürfen aber weiterer Differenzierung und insbesondere der systematischen empirischen Untersuchung. So sind Vergleiche durch Länder-, Branchen- und Unternehmensfallstudien, die diese Zusammenhänge prüfen, noch immer rar. Die meisten Untersuchungen beziehen sich immer wieder auf einige wenige, zentrale Beispiele.

Die Bewertung der bisher erfolgten CSR-Maßnahmen von Unternehmen als Governance-Leistungen fällt gemischt aus. Demokratietheoretische Legitimitätsanforderungen werden in Teilen eingehalten, insbesondere auf der Input-Dimension sind bei Unternehmen Fortschritte zu erkennen, hingegen gibt es noch größere Defizite auf der Throughput- und Output-Dimension. Alternative Legitimitätskonzepte aus der Organisationssoziologie weisen Stakeholdern eine noch größere Rolle bei der Bewertung von Unternehmen (Image und Reputation) zu. Wie die Wahrnehmung und Meinung, beispielsweise von NGOs, zu messen und zu bewerten sind, bleibt strittig, auch ob es generell neuer Ansätze, wie z.B. einer „New Theory of the Firm" bedarf. Die Effektivität von CSR-Maßnahmen und CSR-Aktivitäten entwickelt sich von der Stufe einer grundsätzlichen Bereitschaft, sich mit CSR-Themen auseinanderzusetzen in Richtung eigentlicher Verhaltens-

---

[64] vgl. Artikel in der Süddeutschen Zeitung, 09.06.2011, http://www.sueddeutsche.de/wirtschaft/ schmiergeldskandal-bei-siemens-zwei-festnahmen-in-kuwait-1.1107155 (letzter Zugriff am 20.06.2011)

[65] für eine vertiefte Auseinandersetzung mit den Ergebnissen empirischer Effektivitätsforschung, s. Flohr et al. (2010a)

änderung. Wenn auch dauerhafte Verhaltensänderungen noch nicht die Regel darstellen, so haben sich aber insbesondere die gesellschaftlichen Erwartungen an Unternehmen gewandelt, was wiederum auch einen Einfluss auf die Selbstwahrnehmung und Identität von Unternehmen hat. Ob Unternehmen mit vermehrtem CSR-Engagement zur Problemlösung beitragen, diese Frage lässt sich zum gegenwärtigen Zeitpunkt aufgrund der komplexen Wirkungszusammenhänge noch nicht gesichert beantworten.

Generell zeigt ein Blick auf die politikwissenschaftliche Forschung, dass es viele Überlappungen und Bezüge zur Forschung in anderen Disziplinen (z.B. Soziologie[66], Kommunikationswissenschaft[67]) gibt. Der Austausch mit diesen steht jedoch ebenfalls am Anfang und bietet, wie am Beispiel der Legitimitätsdiskussion gezeigt wurde, Raum für konzeptionell-theoretische Verknüpfungen und empirische Arbeiten, die diese Konzepte überprüfen und weiterentwickeln.

6 Literatur

Abbott, K. W./Snidal, D. (2009): The Governance Triangle: Regulatory Standard Institutions and the Shadow of the State. In: Walter Mattli und Ngaire Woods (Hrsg.). The Politics of Global Regulation. Princeton, NJ/Oxford, Princeton University Press: 44-88.

Alsop, R. J. (2004): The 18 Immutable Laws of Corporate Reputation: Creating, Protecting, and Repairing your Most Valuable Asset. Washington DC: Free Press.

Barnett, M. L./Jermier, J. M./Lafferty, B.A. (2006): Corporate Reputation: The Definitional Landscape. In: Corporate Reputation Review 9(1), 26-38.

Beisheim, M./Liese, A./Ulbert, C. (2008): Transnationale öffentlich-private Partnerschaften – Bestimmungsfaktoren für die Effektivität ihrer Governance-Leistungen. In: Schuppert, G. F./Zürn, M. (Hrsg.): Governance in einer sich wandelnden Welt, Politische Vierteljahresschrift (PVS) Sonderheft 41, 2008, 452-474.

Beisheim, M./ Dingwerth, K. (2008): Procedural Legitimacy and Private Transnational Governance. Are the Good Ones Doing Better? In: SFB-Governance Working Paper Series, Nr. 14, Research Center (SFB) 700, Berlin.

Benz, A./Lütz, S./Schimank, U./Simonis, G. (2007): Einleitung. In: Benz, A./Lütz, S./Schimank, U./Simonis, G. (Hrsg.): Handbuch Governance. Theoretische Grundlagen und empirische Anwendungsfelder. Wiesbaden, VS Verlag: 9-26.

Bernstein, S./Cashore,B. (2007): Can Non-state Global Governance be Legitimate? An Analytical Framework. In: Regulation & Governance 1(4), 347-371.

Bertelsmann Stiftung (2007) (Hrsg.): The CSR Navigator, Public Policies in Africa, the Americas, Asia and Europe. Gütersloh.

Bieri, F. (2010): From Blood Diamonds to the Kimberley Process: How NGOs Cleaned up the Global Diamond Industry. Farnham: Ashgate.

Black, J. (2008): Constructing and Contesting Legitimacy and Accountability in Polycentric Regulatory Regimes. In: Regulation & Governance 2(2), 137-164.

Blumenthal, J. v. (2005): Governance – eine kritische Zwischenbilanz. In: Zeitschrift für Politikwissenschaft 15(4), 1149-1180.

---

[66] vgl. Beitrag von Backhaus Maul in diesem Buch
[67] vgl. Beitrag von Faber-Wiener in diesem Buch

Börzel, T./Risse, T. (2005): Public-Private Partnerships. Effective and Legitimate Tools of Transnational Governance? In: Grande, E./Pauly, L. W. (Hrsg.): In Complex Sovereignty: On the Reconstitution of Political Authority in the 21st. Century. Toronto, University of Toronto Press, 195-216.

Börzel, T./Risse, T. (2010): Governance Without A State: Can It Work? In: Regulation & Governance 4(2), 113-134.

Brewer, T. L./Young, S. (1998): The Multilateral Investment System and Multinational Enterprises. Oxford: Oxford University Press.

Brozus, L./Wolf, K. D./Take, I. (2003): Vergesellschaftung des Regierens? Der Wandel nationaler und internationaler politischer Steuerung unter dem Leitbild der nachhaltigen Entwicklung. Opladen: Leske und Budrich.

Brühl, T./Debiel, T./Hamm, B./Hummel, H./Martens J. (Hrsg.) (2001): Die Privatisierung der Weltpolitik. Bonn: Dietz.

Brühl, T./Rittberger, V. (2002): From International to Global Governance: Actors, Collective Decision-Making, and the United Nations in the World of the Twenty-First Century. In: Rittberger, V. (Hrsg.): The United Nations and Global Governance. Tokyo/New York/ Paris: United Nations University Press, 1-47.

Brühl, T./ Liese, A. (2004): Grenzen der Partnerschaft. Zur Beteiligung privater Akteure an internationaler Steuerung. In: Mathias, A./ Moltmann, B./ Schoch, B. (Hrsg.): Die Entgrenzung der Politik. Internationale Beziehungen und Friedensforschung, Frankfurt/ Main: Campus, 162-190.

Campbell, J. L. (2007): Why Would Corporations Behave in Socially Responsible Ways? An Institutional Theory of Corporate Social Responsibility. In: Academy of Management Review 32(3), 946-967.

Cashore, B. (2002): Legitimacy and the Privatization of Environmental Governance: How Non-State Market-Driven (NSMD) Governance Systems Gain Rule-Making Authority. In: Governance: An International Journal of Policy, Administration, and Institution 15(4), 503-529.

Coni-Zimmer, M. (2011): Corporate Social Responsibility zwischen globaler Diffusion und Lokalisierung. Eine Studie zur Verbreitung von Corporate Social Responsibility bei transnationalen Unternehmen unter besonderer Berücksichtigung der Ölindustrie. Inauguraldissertation zur Erlangung des Doktors der Philosophie im Fachbereich Gesellschafts- und Geschichtswissenschaften an der Technischen Universität Darmstadt, April 2011.

Conzelmann, T./Wolf, K. D. (2007): Doing Good While Doing Well? Potenzial und Grenzen grenzüberschreitender privatwirtschaftlicher Selbstregulierung. In: Hasenclever, A./ Wolf, K. D./ Zürn, M. (Hrsg.). Macht und Ohnmacht internationaler Institutionen. Frankfurt a.M.: Campus, 145-175.

Curbach, J. (2008): Zwischen Boykott und CSR. Eine Beziehungsanalyse zu Unternehmen und NGOs. In: Zeitschrift für Wirtschafts- und Unternehmensethik 9(3), 368-391.

Curbach, J. (2009). Die Corporate-Social-Responsibility-Bewegung. Wiesbaden: VS Verlag.

Cutler, A. C./Haufler, V./Porter, T. (1999): The Contours and Significance of Private Authority in International Affairs. In: Cutler, A. C./ Haufler, V./Porter, T. (Hrsg.). Private Authority and International Affairs. Albany: State University of New York Press, 333-376.

Deitelhoff, N. (2006): Überzeugung in der Politik. Grundzüge einer Diskurstheorie internationalen Regierens. Frankfurt a.M.: Suhrkamp.

Deitelhoff, N./Wolf, K.D. (Hrsg.) (2010): Corporate Security Responsibility? Corporate Governance Contributions to Peace and Security in Zones of Conflict. Basingstoke: Palgrave Macmillan.

Dingwerth, K. (2003): Globale Politiknetzwerke und ihre demokratische Legitimation. In: Zeitschrift für Internationale Beziehungen 10(1), 69-109.

Easton, D. (1965): A Systems Analysis of Political Life. New York: Wiley.

Europäische Kommission (2001): Grünbuch: Europäische Rahmenbedingungen für die soziale Verantwortung der Unternehmen. Brüssel/Luxemburg: Europäische Kommission.

Feil, M. (2009): Brewing Peace? A Governance Analysis of Corporate Engagement in Conflict Zones – The Case of Beverage Producers in Rwanda and the Democratic Republic of Congo. Inauguraldissertation zur Erlangung des Doktors der Philosophie im Fachbereich Gesellschafts- und Geschichtswissenschaften an der Technischen Universität Darmstadt, Oktober 2009.

Finnemore, M./Sikkink, K.(1998): International Norm Dynamics and Political Change. In: International Organization 52(4), 887-917.

Flohr, A/Rieth, L./Schwindenhammer, S./Wolf, K. D. (2010a): The Role of Business in Global Governance. Corporations as Norm-entrepreneurs. Basingstoke: Palgrave Macmillan.

Flohr, A./Rieth, L./Schwindenhammer, S./ Wolf, K. D. (2010b): Variations in Corporate Norm-Entrepreneurship: Why the Home State Matters? In: Ougaard, M./Leander, A. (Hrsg.): Business and Global Governance. London/New York: Routledge, 235-256.

Gjolberg, M. (2009): The Origin of Corporate Social Responsibility: Global Forces or National Legacies? In: Socio-Economic Review 7(4), 605-637.

Habisch, A./Jonker, J./Wegner, M./Schmidpeter, R. (Hrsg.) (2005): Corporate Social Responsibility Across Euope. Berlin: Springer.

Haufler, V. (2001): A Public Role for the Private Sector. Industry Self-Regulation in a Global Economy. Washington, DC: Carnegie Endowment for International Peace.

Haufler, V. (2006): Global Governance and the Private Sector. In: May, C. (Hrsg.). Global Corporate Power. Boulder, CO: Lynne Rienner, 85-103.

Held, D./McGrew, A./Goldblatt, D./Perraton, J. (1999): Global Transformations. Politics, Economics and Culture. Cambridge: Cambridge University Press.

Huckel, C./ Rieth, L./ Zimmer, M. (2007): Die Effektivität von Public-Private Partnerships. In: Hasenclever, A.; Wolf, K. D.; Zürn, M. (Hrsg.): Macht und Ohnmacht internationaler Institutionen, Frankfurt/M.: Campus, 115-144.

International Organization for Standardization (ISO) (2010): Guidance on Social Responsibility, Draft 21 May 2010.

Karns, M. P./Mingst, K.A. (2004): International Organizations: The Politics and Processes of Global Governance. Boulder, CO/London: Lynne Rienner.

Kolk, A./Van Tulder, R. (2006): International Responsibility Codes. In: Epstein, M. J./ Kirk, O. Hanson (Hrsg.): The Accountable Corporation. Vol 3, Corporate Social Responsibility. Westport/London, Praeger: 3, 147-187.

Kollman, K./Prakash, A. (2001): Green by Choice? Cross-National Variations in Firms' Responses to EMS-Based Environmental Regimes. In: World Politics 53(3): 399-430.

Mamic, I./International Labour Office (2004): Implementing Codes of Conduct: How Businesses Manage Social Performance in Global Supply Chains. Sheffield/Geneva: Greenleaf.

Matten, D./Moon, J. (2008): "Implicit" and "Explicit" CSR: A Conceptual Framework for a Comparative Understanding of Corporate Social Responsibility. In: Academy of Management Review 33(2), 404-424.

Mayntz, R. (2008): Von der Steuerungstheorie zu Global Governance. In: Schuppert, G. F./ Zürn, M. (Hrsg.). Governance in einer sich wandelnden Welt. Wiesbaden, VS Verlag, 43-60.

Mayntz, R. (2004): Governance im modernen Staat. In: Benz A. (Hrsg.). Regieren in komplexen Regelsystemen. Eine Einführung. Wiesbaden: VS Verlag, 65-75.

Nadelmann, E. A. (1990): Global Prohibition Regimes: The Evolution of Norms in International Society. In: International Organization 44(4), 479-526.

Nye, J. S./Keohane, R. O. (1971): Transnational Relations and World Politics: An Introduction. In: International Organization 25(3), 329-349.

Palazzo, G./Scherer, A.G. (2008): The Future of Global Corporate Citizenship: Toward a New Theory of the Firm as a Political Actor. In: Scherer, A. G./Palazzo, G. (Hrsg.): Handbook of Research on Global Corporate Citizenship. Northampton, MA: Edward Elgar: 577-590.

Prieto-Carrón, M./Lund-Thomsen, P./Chan, A./Muro, A./Bhushan, C. (2006): Critical Perspectives on CSR and Development: What We Know, What We Don't Know, and What We Need to Know. In: International Affairs 82(5): 977-987.

Raufflet, E./Mills, A. J. (Hrsg.). (2009). The Dark Side – Critical Cases on the Downside of Business. Sheffield: Greenleaf Publishing.

Reinicke, W. H./Deng, F. (2000): Critical Choices: The United Nations, Networks, and the Future of Global Governance. Washington, D.C.: Brookings Institution Press.

Rieth, L. (2008): Deutsche Unternehmen im Global Compact: Allgemeines Bekenntnis und selektive Umsetzung. COP II-Bericht. Darmstadt.

Rieth, L. (2009): Global Governance and Corporate Social Responsibility: Welchen Einfluss haben der UN Global Compact, die Global Reporting Initiative und die OECD Leitsätze auf das CSR-Engagement deutscher Unternehmen. Opladen/Farmington Hills, MI: Budrich.

Rieth, L. (2011): CSR aus politikwissenschaftlicher Perspektive: Empirische Vorbedingungen und normative Bewertungen unternehmerischen Handelns. In: Raupp, J./Jarolimek, S./Schultz, F. (Hrsg.): Handbuch CSR. Kommunikationswissenschaftliche Grundlagen, disziplinäre Zugänge und methodische Herausforderungen. Wiesbaden: VS-Verlag, 395-418.

Rieth, L./Göbel, T. (2005): Unternehmen, gesellschaftliche Verantwortung und die Rolle von NGOs. In: Zeitschrift für Wirtschafts- und Unternehmensethik 6(2), 244-261.

Rieth, L./Zimmer, M. (2004): Transnational Corporations and Conflict Prevention: The Impact of Norms on Private Actors (Tübinger Arbeitspapiere zur internationalen Politik und Friedensforschung Nr. 43). Tübingen: Universität Tübingen.

Rittberger, V./Huckel, C./Rieth, L./Zimmer, M. (2008): Inclusive Global Institutions for a Global Political Economy. In: Rittberger, V./Nettesheim, M. (Hrsg.). Changing Patterns of Authority in the Global Political Economy. Basingstoke: Palgrave, 13-54.

Sagafi-nejad, T. (2008): The UN and Transnational Corporations. From Code of Conduct to Global Compact. Bloomington/Indianapolis: Indiana University Press.

Scharpf, F. W. (1999): Regieren in Europa: Effektiv und Demokratisch. Frankfurt a. M.: Campus.

Scherer, A./Palazzo, G. (2007): Toward a Political Conception of Corporate Responsibility: Business and Society Seen From a Habermasian Perspective. In: Academy of Management Review 32(4), 1096–1120.

Schultz, F./Rieth., L. (2009): Linking „New Theory of the Firm" and Communication Studies. Konferenzpapier präsentiert auf der EGOS-Konferenz in Barcelona, 2.-4. Juli 2009.

Shanahan, S./Khagram, S. (2006): Dynamics of Corporate Social Responsibility. In: Drori, G. S./Meyer, J. W./Hwang, H. (Hrsg.): Globalization and Organisation. World Society and Organizational Change. Oxford: Oxford University Press, 196-224.

Soule, S. A. (2009): Contention and Corporate Social Responsibility. Cambridge: Cambridge University Press.

Suchman, M. C. (1995): Managing Legitimacy: Strategic and Institutional Approaches. In: Academy of Management Review 20(3), 571-610.

UN Global Compact (2010): Coming of Age: UN-Private Sector Collaboration Since 2000. New York: United Nations Global Compact Office.

Utting, P./Zammit, A. (2009). United Nations-Business Partnerships: Good Intentions and Contradictory Agendas. In: Journal of Business Ethics, 90:39 – 56.

Winston, M. (2002): NGO Strategies for Promoting Corporate Social Responsibility. In: Ethics and International Affairs 16(1): 71-87.

Wolf, K. D. (2005): Möglichkeiten und Grenzen der Selbststeuerung als gemeinwohl-verträglicher politischer Steuerungsform. In: Zeitschrift für Wirtschafts- und Unternehmensethik 6(1), 51-68.

Wolf, K. D. (2008): Emerging Patterns of Global Governance: The New Interplay between the State, Business and Civil Society. In: Scherer, A. G./Palazzo, G. (Hrsg.): Handbook of Research on Global Corporate Citizenship. Cheltenham: Edward Elgar, 225-48.

Wolf, K. D./Deitelhoff, N./Engert, S. (2007): Corporate Security Responsibility. Towards A Conceptual Framework for A Comparative Research Agenda. In: Cooperation and Conflict 42(3), 295-321.

Yaziji, M./Doh, J. (2009): NGOs and Corporations. Conflict and Collaboration. Cambridge: Cambridge University Press.

Zimmer, M. (2010): Oil Companies in Nigeria: Emerging Good Practice or Still Fuelling Conflict? In: Deitelhoff, N./ Wolf, K. D. (Hrsg.), Corporate Security Responsibility: Corporate Governance Contributions to Peace and Security in Zones of Conflict, Houndmills: Palgrave Macmillan, 58-84.

Zürn, M. (1998): Regieren jenseits des Nationalstaates. Globalisierung und Denationali-sierung als Chance. Frankfurt a. M.: Suhrkamp.

Die Rolle der Politik im Themenfeld CSR[1]

Reinhard Steurer

1 Warum Politik zu „freiwilliger" CSR?

In diesem Kapitel wird CSR als ein Konzept verstanden, demzufolge Unternehmen soziale und umweltrelevante Gesichtspunkte sowie entsprechende Stakeholder-Interessen ohne gesetzlichen Zwang in ihrer Geschäftstätigkeit berücksichtigen.[2] Da CSR-Aktivitäten von Unternehmen zwar selten freiwillig in dem Sinne sind, dass sie ohne Druck von Anspruchsgruppen bzw. Stakeholdern gesetzt werden, per Definition aber jedenfalls über gesetzliche Standards hinausgehen, sind die Möglichkeiten für staatliche Maßnahmen zur Förderung von CSR grundsätzlich beschränkt. In einem ersten Schritt charakterisiert dieses Kapitel das „Politikfeld CSR", indem es fünf Instrumente einer unverbindlichen staatlichen Regulierung vorstellt, die in vier Themenfeldern zur Anwendung kommen. Auf der Charakterisierung des vergleichsweise neuen Politikfeldes aufbauend werden CSR und entsprechende Politiken in einem zweiten Schritt schließlich im gesamten Spektrum der Steuerung von Unternehmen zwischen harter staatlicher Regulierung einerseits und Selbstregulierung durch die Wirtschaft andererseits verortet. Auf diese Weise wird deutlich, welche Rolle CSR-Politiken bei der Steuerung von Unternehmen im Allgemeinen und im Kontext von CSR im Speziellen spielen. Das Kapitel schließt mit Überlegungen zur politischen Relevanz von CSR und von CSR-Politiken.

Bevor das Politikfeld CSR mittels Instrumenten und Themen systematisch dargestellt wird, stellen sich zunächst folgende Fragen: Warum interessieren sich Regierungen für CSR, zumal sich entsprechende Managementpraktiken jenseits von verbindlichen staatlichen Regulierungen entfalten? Mehr noch: Warum haben Regierungen quer durch Europa begonnen, weiche politische Maßnahmen zur Förderung von CSR zu setzen, zumal sie die Möglichkeit haben, von Unternehmen verursachte soziale und umweltrelevante Probleme auf traditionelle Weise durch verbindliche staatliche Regulierung zu lösen (vgl. dazu auch Abschnitt 4)? Basierend auf der wachsenden Literatur zum Verhältnis von Politik und CSR[3] sowie zu „new governance" bzw. „soft regulation"[4] lässt sich die Frage mit folgenden vier Aspekten beantworten:

- Zum Ersten wird CSR von Regierungen gefördert, weil entsprechende Managementpraktiken dazu beitragen können, politische Ziele im Bereich nach-

---

[1] dieses Kapitel ist in einer längeren Fassung auch in Englisch verfügbar; vgl. Steurer (erscheinend)
[2] Dahlsrud (2008); European Commission (2001, 2002 und 2006)
[3] vgl. z.B. Albareda et al. (2006, 2007 und 2008); Moon/Vogel (2007); Lepoutre et al. (2007); Lozano et al. (2008); Steurer (2010); Knopf et al. (2011)
[4] Rhodes (1996, 1997); Pierre (2000); Mörth (2004)

haltige Entwicklung, Umwelt- und Klimaschutz auf freiwilliger Basis zu erreichen. In diesem Sinne sind weiche CSR-Politiken eine attraktive Ergänzung zu
verbindlichen und deshalb oft umstrittenen staatlichen Regulierungen.[5]

• Zum Zweiten sind weiche Formen der Regulierung nicht nur in (neoliberalen)
   Wirtschaftskreisen beliebt, sondern gehen auch mit einem allgemeinen Trend
   konform, weg von hierarchischen Formen der Steuerung im Sinne von „com-
   mand-and-control" bzw. Bürokratie, hin zu partnerschaftlichen Formen der
   „(new) governance", in denen Netzwerke eine wichtige Rolle spielen.[6]

• Während CSR-Politiken für die Lösung sozialer und umweltrelevanter Probleme innerhalb eines Industrielandes oft attraktive Ergänzungen zu traditionellen Formen staatlicher Regulierung sind, so sind entsprechende Managementpraktiken und Politiken im globalen Kontext angesichts von Regulierungsdefi-
   ziten in Entwicklungs- und Schwellenländern sowie im internationalen Handel
   oft die einzig praktikablen Optionen der Problemlösung.

• Abgesehen davon, dass sich CSR besonders in Europa in den letzten Jahren
   aus mehreren Gründen zu einem Modethema entwickelt hat[7], das selbst von
   ursprünglich skeptischen Ländern bzw. Regierungen (wie z.B. der deutschen
   Bundesregierung) nicht mehr ignoriert werden konnte, wurde zunehmend klar,
   dass anspruchsvolle, strategisch ausgerichtete CSR nicht nur ein für Unternehmen relevantes Managementkonzept, sondern gerade auch ein politisches Konzept ist, das die Rolle der Wirtschaft in der Gesellschaft und somit auch das
   Verhältnis von Staat und Wirtschaft neu definiert.[8] Würden Regierungen das
   Thema CSR den Unternehmen und ihren nichtstaatlichen Stakeholdern überlassen, dann wären sie (wie in anderen Kontexten oft viel zu lange) Zuschauer,
   nicht jedoch aktive Gestalter dieser Veränderungen.

Regierungen haben also gute Gründe, das Thema CSR nicht nur Unternehmen und
deren nichtstaatlichen Stakeholdern zu überlassen, sondern ebenfalls zu versuchen,
die Bedeutung von CSR mitzugestalten und entsprechende Managementpraktiken
zu fördern. Vor diesem Hintergrund war die Europäische Kommission einer der
ersten politischen Akteure in Europa, die Anfang der 2000er Jahre CSR aktiv mittels weicher Instrumente zu unterstützen beabsichtigten.[9] Die CSR-Politik änderte
sich mit dem Wechsel der Kommission im Jahr 2004 jedoch markant von einem
pro-aktiven hin zu einem passiven Ansatz, der statt auf weiche staatliche Regulierung wieder mehr auf wirtschaftliche Selbstregulierung gesetzt hat.[10] Dieses politischen Schwenks ungeachtet haben sämtliche EU-Mitgliedsländer v.a. seit Mitte
der 2000er Jahre zahlreiche CSR-Politiken im Sinne einer weichen staatlichen Regulierung entwickelt. Diese Aktivitäten sollen im Folgenden in Form einer sich aus
Instrumenten und Themen gebildeten Typologie übersichtlich dargestellt werden.

---

[5] Moon (2007)
[6] Kooiman (1993, 2003); Pierre (2000); Rhodes (1997)
[7] Moon (2007)
[8] Midttun (2005); vgl. auch Abschnitt 4 in diesem Kapitel
[9] European Commission (2001, 2002)
[10] vgl. European Commission (2006); Steurer (2006); zu den Möglichkeiten von CSR-Politik, vgl.
     auch Abschnitt 4 in diesem Kapitel

2 Instrumente und Themen staatlicher CSR-Politik[11]

Politische Maßnahmen zu CSR bilden mittlerweile ein durch Unverbindlichkeit gekennzeichnetes „weiches Politikfeld", das hinsichtlich der adressierten Themen, der verwendeten politischen Instrumente und der engagierten Akteure sehr vielseitig ist. Aus diesem Grund wartet die Literatur zu CSR-Politiken nicht nur mit einer, sondern mit mehreren Typologien auf, die allesamt versuchen, das relativ junge Politikfeld mit verschiedenen analytischen Kategorien zu organisieren. So werden CSR-Politiken z.b. von Lepoutre anhand von adressierten Unsicherheiten geordnet.[12] Albareda et al. ordnen politische Maßnahmen wiederum den gesellschaftlichen Sektoren Regierung, Unternehmen und Zivilgesellschaft bzw. den Schnittstellen zwischen diesen zu.[13] Diese Typologien teilen die Schwäche, dass sie verschiedene Arten von politischen Instrumenten nicht als zentrale Kategorie staatlichen Handelns erkennen. Da sie z.T. sehr spezifische (und z.T. streitbare) Organisationslogiken verwenden, bieten sie auch keine „ungefilterten" Beschreibungen dazu, was Regierungen zu CSR tatsächlich tun. Aus diesem Grund stellt dieses Kapitel eine vom Autor auf Basis von Fox et al. erarbeitete Typologie vor, in der vier zentrale Themen der CSR-Politik unterschieden werden in denen fünf weiche politische Instrumente zur Anwendung kommen. Die hier vorgestellte Typologie diente bereits als Grundlage für die von der Europäischen Kommission veröffentlichte Zusammenschau von nationalen CSR-Politiken in EU-Mitgliedstaaten.[14] Insgesamt zeigt dieser Abschnitt, dass staatliche CSR-Initiativen zwar vielseitig, aber zugleich durchaus kohärent sind, und zwar deshalb, weil sie alle den Governance-Prinzipien der Freiwilligkeit und der Kooperation entsprechen und einen entsprechend weichen, unverbindlichen politischen Charakter haben.

2.1 Instrumente der CSR-Politik

Howlett und Ramesh zufolge sind politische Instrumente Werkzeuge bzw. Mittel der öffentlichen Governance, mit denen Regierungen ihre politischen Ziele verfolgen.[15] Traditionell setzen Regierungen die folgenden drei Typen von Instrumenten ein:[16]

a) Informatorische Instrumente (oder, metaphorisch gesprochen, „Predigten") beruhen auf Wissensressourcen und moralischen Werten. Ihr Ziel ist die (argumentative oder moralische) Überzeugung von Organisationen oder Individuen. Da sich diese Instrumente üblicherweise auf das Herausstreichen von Optionen und möglichen Konsequenzen beschränken, sind sie selbstverständlich unver-

---

[11] dieser Abschnitt basiert weitgehend auf Steurer (2010)
[12] Lepoutre et al. (2007)
[13] Albareda et al. (2006, 2007 und 2008); vgl. auch Lozano et al. (2008); für eine ähnliche, allerdings deutlich komplexere (und deshalb verwirrende) Typologie vgl. auch Bertelsmann Stiftung / GTZ (2007)
[14] Knopf et al. (2011)
[15] Howlett/Ramesh (1993): 4
[16] Howlett/Ramesh (1993); Bemelmans-Videc et al. (1997) ; Jordan et al. (2003)

bindlich. Beispiele hierfür sind Kampagnen, Schulungen, Broschüren oder Internetauftritte.

b) Fiskalisch-ökonomische Instrumente (oder „Karotten") beziehen sich v.a. auf die staatliche Ressource der Steuerhoheit. Sie zielen darauf ab, Verhalten durch finanzielle Anreize und Marktkräfte zu beeinflussen. Hier sind beispielhaft Steuern, über den Markt gehandelte Lizenzen (Permits), Steuernachlässe, Subventionen und Auszeichnungen zu nennen.

c) Rechtliche Instrumente (oder „Stöcke") schreiben Präferenzen und Verhaltensweisen vor, indem sie sich der legislativen, exekutiven und judikativen Macht des Staates, also der Governance-Mechanismen Hierarchie und Autorität bedienen. Beispiele dafür sind Gesetze, Verordnungen und Richtlinien.

Die drei genannten Instrumententypen sind auch im Kontext der CSR-Politik zu finden, allerdings mit einer wesentlichen, bereits erwähnten und hier näher auszuführenden Einschränkung: Sowohl die fiskalisch-ökonomischen als auch die rechtlichen Instrumente werden im Kontext von CSR nur in „weicher Form" verwendet. Für rechtliche Instrumente (engl. „soft law") bedeutet das zum einen, dass diese nur Empfehlungscharakter haben. Dies trifft auch dann zu, wenn z.B. CSR-Berichte per Gesetzeswortlaut zwingend vorgeschrieben, ihre Einhaltung aber weder kontrolliert noch sanktioniert wird.[17] Wenn rechtliche Regelungen verbindlich sind, d.h. wenn deren Einhaltung auch kontrolliert und sanktioniert wird, sind sie im Kontext von CSR nicht allgemein verbindlich: Die verbindlichen Regeln staatlicher Labels z.B. gelten nur für jene Unternehmen, die freiwillig ein bestimmtes Label führen wollen. Soweit fiskalisch-ökonomische Instrumente angewendet werden, handelt es sich dabei nicht um allgemein gültige, zwingend eingehobene Steuern und Gebühren, sondern vielmehr um Steuervergünstigungen (z.B. für nachhaltige Investments) und Subventionen (z.B. für die Implementation eines Umweltmanagementsystems).

Um politisch motivierten Missverständnissen und entsprechend unnötigen Debatten vorzubeugen, ist an dieser Stelle zu ergänzen, dass die Beschränkung von CSR-Politiken auf „soft law" keineswegs bedeutet, dass Themen und Aktivitäten, die im Moment als freiwillige CSR angesehen und praktiziert werden, nicht auch auf traditionelle Weise staatlich reguliert werden können, ganz im Gegenteil. Wenn ein Problem bzw. eine Aktivität wie z.B. CSR-Berichterstattung mit „harten Gesetzen" verbindlich geregelt wird, dann bedeutet dies nicht, dass das Gebot der Freiwilligkeit von CSR verletzt wird, sondern dass die regulierte Aktivität nicht mehr als freiwillige CSR, sondern als gesetzliche Verpflichtung für Unternehmen (bzw. als „corporate accountability") zu sehen ist. Vor diesem Hintergrund gehen Diskussionen zur Frage, bis zu welchem Grad verbindliche politische Regelungen im Kontext von CSR möglich sind, am Kern der Sache vorbei. Die entscheidende politische Frage ist vielmehr, wo CSR aufhört und wo „corporate accountability" beginnt – bzw. wie sich die Grenzlinien zwischen eher freiwilligen und eher zwingenden Formen der Regulierung mit der Zeit verschieben sollen (vgl. dazu auch

---

[17] vgl. z.B. Joseph (2002): 97ff.

Abbildung 1 in Abschnitt 4). Die Abgrenzung zwischen CSR und „corporate accountability" ist jedenfalls flexibel und wird sich in der Regel so verschieben, dass zunächst freiwillige Praktiken mancher Unternehmen zu verbindlichen Standards für alle werden.

Besonders im Kontext von CSR muss das oben skizzierte politische Instrumentarium um zwei Instrumente erweitert werden, und zwar um partnerschaftliche und hybride Instrumente:

d) Partnerschaftliche Instrumente (oder „Bindeglieder") bilden oft Netzwerke und bedingen, dass verschiedene Akteure an kooperativen Problemlösungen interessiert sind, z.B. um Ressourcen zu tauschen und/oder um konventionelle Vorschriften zu vermeiden.[18] Aufgrund des freiwilligen Charakters von CSR ist anzunehmen, dass CSR-Politiken in hohem Maße auf Stakeholderforen, ausgehandelte Vereinbarungen sowie „Public-Private Partnerships" setzen.

e) Der Einsatz von hybriden Instrumenten (oder „Klebstoffen") als fünfter Instrumententyp ist erforderlich, weil zahlreiche staatliche CSR-Initiativen zwei oder mehr Instrumente kombinieren.[19] Zu den wichtigsten hybriden politischen Instrumenten gehören beispielsweise von Regierungen finanzierte CSR-Plattformen bzw. Zentren (die z.B. Informationen zu CSR verbreiten und ökonomische Anreize für entsprechende Managementpraktiken anbieten) und CSR-Strategien bzw. Aktionspläne, mit denen sämtliche CSR-Politiken koordiniert werden.

Bildlich gesprochen, können Regierungen CSR also mittels „Predigten", „Stöcken" (oder eher „weichen Ruten"), „Karotten", „Bindegliedern", die verschiedene Akteure, oder „Klebstoffen", die verschiedene Instrumente zusammenhalten, betreiben.

2.2 Themen der CSR-Politik

1) Regierungen setzen die fünf beschriebenen politischen Instrumente in verschiedenen thematischen Zusammenhängen ein. Um einen sinnvoll organisierten Überblick über das Politikfeld CSR zu bekommen, werden hier die verschiedenen Themen als zweite Dimension in die Typologie von CSR-Politiken aufgenommen. Natürlich gibt es viele Möglichkeiten, die Themen von CSR-Politiken zu ordnen, speziell wenn verschiedene Auflösungsgrade verwendet werden. Basierend auf eigenen empirischen Untersuchungen[20] und einer systematischen Analyse von mehreren anderen Typologien[21] differenziere ich folgende vier Themen der CSR-Politik:

---

[18] Fox et al. (2002)
[19] eine ähnliche Verwendung dieses Instrumententyps wird auch von Rittberger & Richardson (2003) beschrieben
[20] Berger et al. (2007); Steurer et al. (2007); Steurer et al. (2008)
[21] vgl. z.B. Albareda et al. (2006, 2007 und 2008); Lozano et al. (2008); Riess/Welzel (2006); Bertelsmann Stiftung/GTZ (2007)

2) Bewusstseinsbildung und „Capacity Building" für CSR: Da sich CSR v.a. im Spannungsfeld von Unternehmen und Stakeholdern entfaltet, hängen entsprechende Managementaktivitäten im Wesentlichen von dem Stellenwert ab, den soziale und ökologische Belange in Unternehmen und bei Stakeholdern haben. Für Regierungen ist es daher wichtig, beide Gruppen für CSR zu sensibilisieren und entsprechende Kapazitäten aufzubauen (z.b. auch, indem Stakeholder-Gruppierungen gezielt finanziell unterstützt werden).

3) Verbesserung der Transparenz: Zuverlässige Informationen über das wirtschaftliche, soziale und ökologische Ergebnis eines Unternehmens sind für Investoren, Mitarbeiter, Lieferanten und Kunden (einschließlich öffentlicher Beschaffer) Voraussetzung dafür, jene Unternehmen zu bevorzugen, die CSR ernst nehmen. Regierungen können wesentlich zur Verbesserung der Qualität und der Verbreitung von CSR-Berichten beitragen.

4) Förderung sozial verantwortlicher Investitionen (engl. Socially Responsible Investment, kurz SRI): Durch Berücksichtigung von wirtschaftlichen, sozialen, ökologischen und anderen ethischen Kriterien bei Investitionsentscheidungen bringt SRI die Bedürfnisse einer Vielzahl von Stakeholdern mit Aktionärsinteressen auf einen Nenner. Die Förderung von sozial verantwortlichem Investieren unterstützt die Integration von CSR in das Wesen des Aktionärskapitalismus.[22]

5) Führung durch Vorbild (engl. "lead by example" oder „walk the talk"): Öffentliche Einrichtungen können CSR durch vorbildliches Verhalten fördern und dadurch z.B. auch ihren Einfluss auf Märkte nutzen. Dies gilt insbesondere für
   • Stärkung der Nachhaltigkeit im öffentlichen Beschaffungswesen;
   • Anwendung von SRI-Grundsätzen auf Staatsfinanzen (z.B. staatliche Rentenkassen);
   • Anwendung von CSR-Managementsystemen (wie z.B. EMAS) in öffentlichen Einrichtungen.

Diese vier Themen der CSR-Politik stellen eine umfassende Momentaufnahme des vergleichsweise jungen Politikfeldes dar, die Änderungen unterworfen sein wird. Da die Politiken zum Thema Bewusstseinsbildung und „Capacity Building" für CSR sehr zahlreich und vielfältig sind, könnten diese weiter aufgegliedert werden, z.B. in Sub-Themen wie Supply Chain Management in multinationalen Unternehmen, CSR in kleinen und mittleren Unternehmen, CSR in der Bildung usw.[23] Da jedoch zu jedem der vier oben differenzierten Themen fünf verschiedene Instrumente zu finden sind und sich alleine dadurch bereits eine komplexe Typologie mit 20 Feldern ergibt (vgl. Tabelle 1), ist es im Sinne der Übersichtlichkeit sinnvoll, die Themen hier nicht weiter aufzuschlüsseln.

---

[22] Eurosif (2006); Scholtens et al. (2008)
[23] vgl. z.B. Knopf et al. (2011)

2.3 Das Politikfeld CSR im Überblick

Die sich aus den oben vorgestellten Instrumenten und Themen ergebende Matrix, mit der das Politikfeld CSR systematisch organisiert und beschrieben werden kann, wird in Tabelle 1 zusammengefasst. Die Übersicht macht deutlich, dass Regierungen zahlreiche Möglichkeiten haben, CSR mit weichen, unverbindlichen Instrumenten mitzugestalten bzw. zu fördern. Empirische Erhebungen zeigen, dass diese Möglichkeiten von Regierungen mittlerweile in allen EU-Mitgliedstaaten, besonders von jenen in West-, Nord- und Mitteleuropa, auch intensiv genutzt werden.[24]

Natürlich passt die politische Wirklichkeit nicht immer genau in eine aus Idealtypen bestehende Typologie. Zum einen gibt es selbstverständlich Instrumente, die für mehr als eines der genannten Themen relevant sind (wobei nur manche davon in Tabelle 1 entsprechend übergreifend dargestellt werden konnten). CSR-Auszeichnungen, Management- und Reporting-Tools (wie z.B. die GRI-Richtlinien) können z.B. das Bewusstsein für CSR stärken und gleichzeitig Transparenz fördern. Das gleiche gilt für die Koordinierung von CSR-Maßnahmen mit staatlichen Strategien und Aktionsplänen: Sie sind nicht nur hybride Instrumente, die den Einsatz verschiedener anderer Instrumente koordinieren, sondern decken in der Regel auch alle Themen der CSR-Politik ab. Zum anderen lässt die Dynamik des vergleichsweise jungen Politikfeldes CSR erwarten, dass sich sowohl politische Instrumente als auch die oben skizzierten CSR-Themen in Zukunft weiter ausdifferenzieren werden. Die hier vorgestellte Typologie stellt also eine Momentaufnahme dar, die es mit der Entwicklung des Politikfeldes weiterzuentwickeln gilt.

---

[24] Steurer 2011; Steurer et al. (erscheinend); Knopf et al. (2011)

Tab. 1: Instrumente und Themen staatlicher CSR-Politik (aus Steurer 2010)

Instrumente	Themen			
	1. Bewusstseinsbildung &„Capacity Building"	2. Verbesserung der Transparenz	3. Förderung sozial verantwortlicher Investitionen (SRI)	4. Führung durch Vorbild, z.B. bei öffentlicher Beschaffung und der Anwendung von SRI
a) Rechtlich	• (Verfassungs-)Gesetze mit Bekenntnissen zu nachhaltiger Entwicklung bzw. CSR	• Gesetze zur CSR-Berichterstattung • Offenlegungsvorschriften für Rentenkassen	• Gesetzliches Verbot bestimmter Investitionen • Gesetze über SRI in Rentenkassen	• Gesetze zur Ermöglichung von nachhaltiger öffentlicher Beschaffung (SPP/GPP) • Gesetze über SRI in staatlichen Einrichtungen
b) Fiskalisch-ökonomisch	• Subventionen und Exportkredite • Steuervergünstigungen, z.B. für Spenden an NGOs	• Subventionen oder Preise für CSR-Berichte • CSR-Berichte von öffentlicher Beschaffung gefördert	• Steueranreize für Sparer und Investoren für grüne Investments • Subventionen	-
c) Informatorisch	• Forschungs- und Bildungsarbeit (u.a. Konferenzen, Seminare, Schulungen) • Informationsressourcen • Richtlinien, Verhaltensregeln • Kampagnen • Unterstützungserklärungen	• Richtlinien zur CSR-Berichterstattung • Informationen zur CSR-Berichterstattung	• Informationen über SRI (Broschüren und Internet) • SRI-Richtlinien & -Normen	• Aufklärung staatlicher Behörden über SRI & SPP • Veröffentlichung von Nachhaltigkeitsberichten durch staatliche Einrichtungen • Unterstützungserklärungen zu CSR-Initiativen
d) Partnerschaftlich	• Netzwerke, Partnerschaften, Stakeholderforen & Dialoge • Freiwillige Vereinbarungen	• CSR-Ansprechpartner • Multi-Stakeholderforen	• Netzwerke und Partnerschaften zu SRI	• Netzwerke zur Förderung von SPP unter öffentlichen Auftraggebern
e) Hybrid	• Zentren, Plattformen& Programme für CSR (Information & Partnerschaft)	• Staatliche Gütesiegel		• Aktionspläne zu SPP/GPP • Aktionspläne zu SRI in der Regierung (alle Instrumente)
	• Multi-Stakeholder-Initiativen, (Ko-)Entwicklung von Management- oder Berichtstools (ISO26000 und GRI) (Information, Partnerschaft und Anreiz) • CSR-Auszeichnungen und öffentliche Anprangerung mit schwarzen Listen (Information und Anreiz)		• Pensionskassen verwenden und fördern SRI (Partnerschaft, Information und Anreiz)	
	• Koordination von CSR-Politiken, z.B. mit Regierungsstrategien und Aktionsplänen, CSR-Zentren und Programmen (alle Instrumente)			

3 Ausgewählte Maßnahmen zur Bewusstseinsbildung[25]

Die am weitesten verbreiteten Instrumente zur Bewusstseinsbildung sind, wenig überraschend, selbsterklärende Informationsinitiativen. Zu den beliebtesten informatorischen Instrumenten gehören Informationsquellen (wie z.B. Webseiten, Berichte und Broschüren), Veranstaltungen (wie Konferenzen und Ausstellungen), Bildungsaktivitäten (wie Seminare und Workshops), Leitbilder bzw. Standards und Kampagnen (wie z.B. die dänische CSR-Kampagne "Our Common Concern").

Wirtschaftliche Anreize zur Bewusstseinsbildung für CSR bieten z.B. an CSR-Auflagen gebundene Exportzuschüsse. In Schweden werden Exportkredite und staatliche Garantien für Auslandsinvestitionen beispielsweise nur dann gewährt, wenn das Unternehmen eine Antikorruptionsvereinbarung unterzeichnet. Durch Bindung von Auslandsinvestitionen an die Einhaltung von CSR erreicht die schwedische Regierung auch Unternehmen, die dem Thema CSR normalerweise wenig Aufmerksamkeit schenken. Ein anderes ökonomisches Instrument zur Förderung von CSR ist die steuerliche Begünstigung von Spenden an zivilgesellschaftliche Interessensverbände. So führte z.B. die britische Regierung im Jahr 2000 eine Steuerregelung aus dem Jahr 1986 wieder ein, wonach Arbeitnehmer Spenden an Nichtregierungsorganisationen (NGOs) ihrer Wahl steuerlich absetzen können. Die Wiedereinführung dieses Anreizes wurde durch eine Werbekampagne begleitet. Zusätzlich verpflichtete sich die britische Regierung, die steuerabzugsfähigen Spendenbeträge zwischen 2000 und 2004 um 10% aufzustocken. Infolge dieser Maßnahme stieg das steuerbegünstigte Spendenaufkommen von 29 Millionen Pfund im Jahre 1999 auf 89 Millionen Pfund im Jahr 2007 an. Diese Steueranreize trugen dazu bei, die Rolle der zivilgesellschaftlichen Interessensverbände als unabhängige und kritische Stakeholder zu stärken und somit die gesellschaftlichen Voraussetzungen für CSR zu verbessern.[26]

Zwei partnerschaftliche Instrumente zur Bewusstseinsbildung von CSR sind zum einen Multi-Stakeholderforen, zum anderen partnerschaftliche Netzwerke. Das bedeutendste von staatlicher Seite organisierte Multi-Stakeholderforum wird von der Europäischen Kommission geführt.[27] Eine der bedeutendsten CSR-Partnerschaften in Europa ist das im März 2002 von vier Ministerien ins Leben gerufene Programm "Globalt Ansvar" in Schweden. Globalt Ansvar versucht mit Informationsmaterialien, Seminaren, Workshops und Trainings große schwedische Unternehmen für CSR zu sensibilisieren.

Die wichtigsten hybriden Instrumente sind zunehmend populärer werdende nationale CSR-Aktionspläne oder -Strategien, CSR-Zentren und größere CSR-Programme. Diesen hybriden Initiativen ist gemeinsam, dass sie mehrere staatliche Aktivitäten zu CSR bündeln und/oder koordinieren. CSR-Zentren gibt es z.B. in Dänemark und in den Niederlanden. Das dänische CSR-Zentrum verfolgt ne-

---

[25] dieser Abschnitt basiert weitgehend auf Berger et al. (2007)
[26] Christian Aid (2004): 14
[27] vgl.   http://ec.europa.eu/enterprise/policies/sustainable-business/corporate-social-responsibility/ multi-stakeholder-forum/index_en.htm

ben der Bewusstseinsbildung für CSR auch den Zweck, sämtliche staatliche CSR-Aktivitäten zu koordinieren und die Zusammenarbeit von verschiedenen Akteuren zu verbessern.[28]

Die hier aufgezählten Maßnahmen illustrieren das Politikfeld CSR für den Bereich Bewusstseinsbildung. Ähnliche Maßnahmen könnten auch für die anderen Themenfelder angeführt werden, aus Platzgründen wird hier jedoch darauf verzichtet.[29]

4 Politik zu CSR im Vergleich mit anderen Formen der Regulierung

Die oben systematisch dargestellten und selektiv illustrierten Politiken zu CSR verkörpern also einen zunehmend populären Ansatz, Unternehmen im Sinne einer nachhaltigen Entwicklung zu steuern. Dieses Ziel wird selbstverständlich nicht nur mit weichen Politiken und auch nicht nur von staatlichen Akteuren verfolgt. In diesem Abschnitt wird das gesamte Spektrum an Möglichkeiten kurz skizziert, mit dem Unternehmen reguliert bzw. gesteuert werden können. Dabei werden auch die oben dargestellten Politiken zu CSR verortet, sodass nicht nur deren Charakteristika im Vergleich mit anderen Formen der Steuerung, sondern auch deren Relevanz im Kontext von CSR klarer werden.

Ansätze zur Regulierung bzw. Steuerung von Unternehmen lassen sich anhand von zahlreichen Kriterien auf vielfältige Weise mehr oder weniger systematisch unterscheiden.[30] Hier werden verschiedene Formen der Regulierung anhand von zwei Schlüsselkriterien unterschieden, und zwar anhand

- der Akteure bzw. Akteursgruppen, die an der Entwicklung eines Regulierungsansatzes beteiligt sind und über dessen Merkmale entscheiden;
- des Grades der Verbindlichkeit bzw. Freiwilligkeit, mit der ein Regulierungsansatz oder ein entsprechendes Steuerungsinstrument Unternehmen zu beeinflussen trachtet.

Anhand dieser beiden Merkmale lassen sich fünf Ansätze zur Regulierung von Unternehmen unterscheiden, die nachfolgend kurz beschrieben werden sollen.

---

[28] vgl. www.csrgov.dk
[29] vgl. z.B. Steurer (2010) ; Knopf et al. (2011)
[30] vgl. z.B. Auld et al. 2008, die Regulierungsansätze z.T. anhand der involvierten Akteure (z.B. „individual firms", „industryassociation" oder „government traditional"), z.T. aber anhand von einzelnen Instrumenten, ohne auf die involvierten Akteure zu achten (wie z.B. „informationapproaches" oder „environmental managementsystems"), wenig systematisch differenzieren

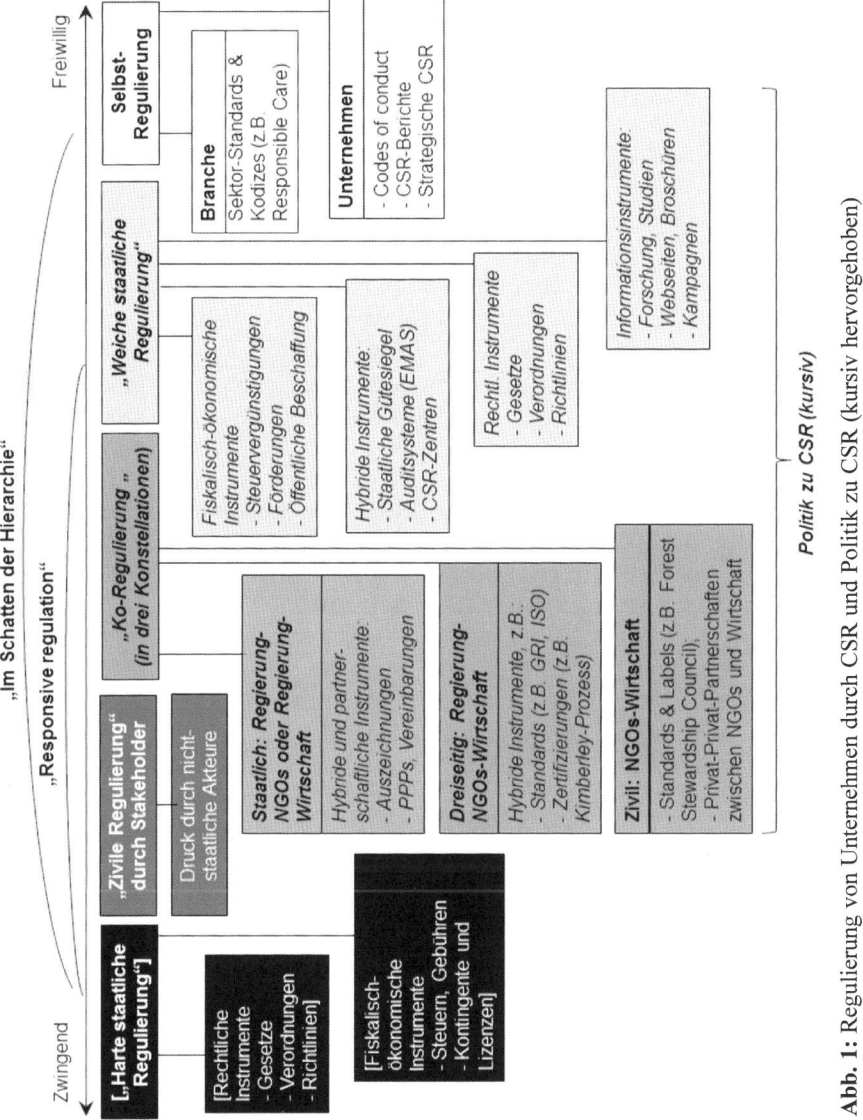

Abb. 1: Regulierung von Unternehmen durch CSR und Politik zu CSR (kursiv hervorgehoben)

Wie Abb. 1 zeigt, entfaltet sich das Spektrum der Unternehmensregulierung zwischen zwingender bzw. „harter" Regulierung durch den Staat auf der einen Seite und freiwilliger Selbstregulierung durch die Wirtschaft auf der anderen. *Harte staatliche Regulierung* kann auf rechtliche sowie fiskalisch-ökonomische Instrumente zurückgreifen, die allesamt verbindlich sind, d.h. deren Einhaltung von staatlichen Organen überprüft und sanktioniert wird. Wie oben erwähnt, kommen entsprechende Maßnahmen aufgrund ihres zwingenden Charakters zwar nicht als CSR-Politik in Frage, sind aber durchaus dazu geeignet, Problemstellungen und

Managementpraktiken, die bislang als freiwillige CSR angesehen wurden (und eventuell unbefriedigend waren), fortan verbindlich zu regeln. Im Gegensatz dazu bedeutet *Selbstregulierung*, dass sich einzelne Unternehmen oder ganze Branchen selbst, d.h. ohne direkte und explizite Einmischung durch staatliche oder zivilgesellschaftliche Akteure regulieren.[31] Bartle und Vass zufolge werden dabei Regeln selbst definiert, selbst umgesetzt und deren Umsetzung selbst überwacht.[32] Initiativen der Selbstregulierung wie z.B. unternehmensspezifische Verhaltenskodizes[33] oder das von der chemischen Industrie als Reaktion auf eine negative öffentliche Stimmung gegenüber der Branche bereits im Jahr 1989 gegründete „Responsible Care Programme"[34] sind zwar für CSR relevante Initiativen, fallen aber mangels Beteiligung des Staates nicht in das Repertoire der CSR-Politik.

Nicht nur Regierungen, sondern auch nichtstaatliche Akteure können Unternehmen mehr oder weniger unfreiwillig in Richtung CSR bewegen. Laut Simon Zadek hängen die Formen der *„zivilen Regulierung"* (engl. „civil regulation") v.a. von der Fähigkeit und der Bereitschaft der Gesellschaft ab, (kollektiven) Druck auf Unternehmen auszuüben.[35] Genauer gesagt können verschiedene Stakeholder-Gruppen (wie z.B. Investoren, Kunden, Nicht-Regierungs-Organisationen/NGOs und Medien) durch Drohungen, Kampagnen, den Abzug von Investitionen bzw. durch Boykotte beträchtlichen Druck (auch wirtschaftlicher Art) auf Unternehmen ausüben, sodass diese sich aus betriebswirtschaftlichen Überlegungen in Richtung CSR bewegen.[36] Wie zahlreiche Beispiele des Stakeholder-Aktivismus (etwa die verhinderte Versenkung der Ölplattform Brent Spar[37] oder Skandale um die Arbeitsbedingungen bei Zulieferern von Nike[38]) zeigen, gewinnen Formen der zivilen Regulierung oft ungewohnte Dynamiken und sind somit eine der wichtigsten treibenden Kräfte hinter CSR. Wenngleich sich Regierungen per Definition nicht direkt an Formen der zivilen Regulierung beteiligen, können sie sehr wohl Einfluss darauf nehmen, z.B. indem sie nichtstaatliche Stakeholder durch harte und weiche Formen der Regulierung stärken oder schwächen. So ist z.B. die oben beschriebene steuerliche Absetzbarkeit von Spenden an NGOs in Großbritannien und anderen Ländern auch als eine Stärkung ziviler Regulierung zu sehen.

Wie Abbildung 1 zeigt, entsprechen die oben beschriebenen CSR-Politiken mit Ausnahme von partnerschaftlichen Instrumenten durchwegs *weichen Formen staatlicher Regulierung*. Eine Bestandsaufnahme in Europa in den Jahren 2006-2007 hat gezeigt, dass dabei informatorische Instrumente die wichtigste Rolle spielen, gefolgt von hybriden Instrumenten.[39] Da partnerschaftliche Instrumente in der Regel von staatlichen Akteuren in Zusammenarbeit mit NGOs und/oder Unternehmen entwickelt werden, können diese dem Typ der *Ko-*

---

[31] Gunningham/Rees (1997); Sinclair (1997)
[32] Bartle/Vass (2007)
[33] Gunningham/Rees (1997); Sinclair (1997)
[34] King/Lenox (2000)
[35] Zadek (2004a, 2004b)
[36] vgl. u.a. Mitchell et al. (1998); Frooman (1999); Haufler (2001)
[37] Zyglidopoulos (2002)
[38] Zadek (2004b)
[39] Steurer (2011)

Regulierung, also jenen Steuerungsformen, die durch mehr als einen gesellschaftlichen Sektor bestimmt werden, zugeordnet werden.[40] Beispiele für Ko-Regulierung zwischen Staat und Wirtschaft sind „Public-Private Partnerships" zur Bereitstellung öffentlicher Güter oder Dienstleistungen[41] sowie Vereinbarungen, die von Regierungen und Unternehmen ausgehandelt werden.[42] Beispiele für dreiseitige Ko-Regulierung, an der neben staatlichen Vertretern und Unternehmen auch NGOs mitwirken, sind die Global Reporting Initiative/GRI[43] oder das als Kimberley-Prozess bekannte Zertifizierungssystem für Diamanten.[44] Schließlich kann CSR auch von Unternehmen gemeinsam mit zivilgesellschaftlichen Akteuren ohne staatliche Beteiligung (und damit jenseits von CSR-Politiken) ko-reguliert werden. Prominente Beispiele von „ziviler Ko-Regulierung", in denen NGOs eine Schlüsselrolle in der Formulierung und Überwachung von Produktionsstandards spielen, sind das „Marine Stewardship Council" und das „Forest Stewardship Council". Im Gegensatz zu der auf Druckausübung basierenden zivilen Regulierung stehen hier partnerschaftliche Formen der Zusammenarbeit im Vordergrund.[45]

Da es sich bei den fünf Formen der Regulierung einmal mehr um Idealtypen handelt, lassen sich diese in der politischen Realität selbstverständlich nicht immer eindeutig voneinander abgrenzen geschweige denn voneinander trennen. So sind z.B. Initiativen der Selbstregulierung nicht selten auf Druck durch Stakeholder oder auf die Androhung von harten staatlichen Regulierungen zurückzuführen. Héritier und Eckert zeigen z.B. für die europäischen PVC-und Papierindustrien, dass gerade branchenweite Selbstregulierung selten frei von staatlichem Druck, also oft „im Schatten der Hierarchie" stattfindet.[46] Insofern sind die beiden Enden des in Abbildung 1 dargestellten Spektrums funktional zwar weit voneinander entfernt, weisen in der politischen Praxis aber gerade deshalb starke Berührungspunkte auf. Auch harte und weiche Formen staatlicher Regulierung werden oft kombiniert, z.B. indem die Einführung neuer Steuern von weichen informatorischen Instrumenten begleitet wird, um das Verständnis für und die Akzeptanz von harter Regulierung zu verbessern (diese Kombination wird auch als „responsive regulation" bezeichnet).[47] Ungeachtet dieser Überlappungen und Unschärfen helfen das hier vorgestellte Spektrum der Unternehmensregulierung und die Verortung von CSR-Politiken darin, den Stellenwert verschiedener Formen der Regulierung im Kontext von CSR besser einzuschätzen. Welche Rolle spielen also CSR-Politiken für die Steuerung von Unternehmen?

---

[40] für eine ähnliche Definition siehe van Huijstee et al. (2007)
[41] vgl. z.B. Börzel/Risse (2010)
[42] Bressers et al. (2009)
[43] Brown et al. (2009)
[44] Grant & Taylor (2004)
[45] zum FSC vgl. z.B. Cashore/Vertinsky (2000)
[46] Héritier/Eckert (2008)
[47] Braithwaite (2007); Ayres/Braithwaite (1992); Braithwaite et al. (2007)

5 Fazit

Dieses Kapitel hat gezeigt, dass CSR-Politiken einem weichen Regulierungsansatz entsprechen, der eher überzeugen und ermöglichen als Druck ausüben oder gar vorschreiben will. In dem in Abbildung 1 dargestellten Spektrum an Steuerungsmöglichkeiten sind die meisten CSR-Politiken somit eher auf der freiwilligen Seite gleich neben dem Ansatz der Selbstregulierung durch die Wirtschaft zu verorten. Dessen ungeachtet und obwohl nur wenige der in Tabelle 1 organisierten Instrumente hinsichtlich ihrer Wirksamkeit evaluiert worden sind, ist eines offensichtlich: Innerhalb des weichen Politikfelds CSR gibt es deutliche Unterschiede, was den Grad der Freiwilligkeit einzelner Instrumente und wohl auch deren Wirksamkeit betrifft (wenngleich Freiwilligkeit und Wirksamkeit nicht notwendigerweise negativ korrelieren). Wie aus Abbildung 1 hervorgeht, ist die Verbindlichkeit bei staatlichen oder dreiseitigen Ko-Regulierungen (z.B. mit partnerschaftlichen Instrumenten wie ausgehandelten Vereinbarungen) potentiell höher als bei weicher staatlicher Regulierung (z.B. mit informatorischen Instrumenten). Dies gilt besonders dann, wenn Vereinbarungen, wie oft der Fall, „im Schatten der Hierarchie" zustande kommen. Was Abbildung 1 nicht darzustellen vermag, ist, dass verschiedene Instrumente und Themen des Politikfeldes CSR unterschiedlich vielversprechend sind. Weil zivile Regulierungsformen oft einen „zwingenderen" Charakter haben als so manche weiche CSR-Politik, ist anzunehmen, dass besonders jene CSR-Politiken, die Stakeholder-Aktivismus fördern (z.B. indem Transparenz sichergestellt, Stakeholder aufgeklärt oder finanziell unterstützt werden), für CSR besonders relevant sind. Auch Vorbildwirkungen (z.B. durch sozial verantwortliches Investieren staatlicher Mittel oder durch nachhaltige Beschaffung) und die damit einhergehende Instrumentalisierung von Marktkräften durch den Staat haben beträchtliches Potential, CSR den Unternehmen durch Anreize statt durch Zwang näher zu bringen. Kurzum: Das Politikfeld CSR ist trotz der vergleichsweise kurzen Historie und trotz der Beschränkung auf mehr oder weniger weiche Formen der Regulierung bereits stark ausdifferenziert und bietet große Spielräume für eine aktive oder passive Gestaltung von CSR durch Regierungen. Als Alternative zu harten staatlichen Regulierungen kommen die weichen Formen der CSR-Politik aber besonders dann nicht in Frage, wenn Probleme dringend und verlässlich gelöst werden müssen.

Welchen politischen Stellenwert kann man CSR und entsprechenden Politiken nun zumessen? Handelt es sich dabei um wirtschaftsfreundliche, neoliberale Formen der Regulierung, die wenig zur Lösung von sozialen und umweltbezogenen Problemen beitragen? Diese abschließende Frage lässt sich am einfachsten anhand der Popularität des Konzepts in verschiedenen politischen Kontexten beurteilen. Historisch gesehen hat das Konzept CSR seinen Ursprung zweifellos in Ländern und zu Zeiten, die eher von neoliberalen als von sozialstaatlichen Ideen dominiert waren, wie z.B. in den USA unter Ronald Reagan und Großbritannien unter Margaret Thatcher. Sowohl Midttun als auch Moon schlussfolgern daraus, dass CSR als neoliberales Konzept entstand, um die Eindämmung staatlicher

Regulierung zu ermöglichen.[48] Spätestens seit der Jahrtausendwende scheint sich CSR jedoch von einer philanthropischen Idee zu einem strategisch angelegten Konzept des „Triple Bottom Line"-Managements[49] weiterentwickelt zu haben (zumindest in einigen Unternehmen).[50] Dieser „Reifungsprozess" scheint auch die politische Ausrichtung des Konzepts verändert zu haben. So kommen verschiedene empirische Analysen einhellig zu dem Schluss, dass Managementpraktiken zu CSR mittlerweile in jenen Ländern besonders populär sind, in denen vergleichsweise strenge soziale und ökologische Standards vorherrschen.[51] Was Politiken zu CSR in Europa betrifft, so sind nicht nur die Regierungen von Irland und Großbritannien sehr aktiv (jene Länder also, in denen CSR eine lange Tradition hat), sondern gerade auch jene, die dem skandinavischem Sozialstaatsmodell zuzuordnen sind.[52] Diese Entwicklungen legen nahe, dass CSR nicht für eine Umkehr von regulativen Trends des 20. Jahrhunderts hin zu den im 19. Jahrhundert weit verbreiteten Formen der Selbstregulierung steht. CSR scheint aus politikwissenschaftlicher Sicht eher auf eine „Re-Regulierung" als auf eine „De-Regulierung" hinauszulaufen.[53] Dabei scheinen neue Formen der Einbettung von Unternehmen in der Gesellschaft zu entstehen, die nicht nur von staatlich anerkannten Sozialpartnern, sondern von einer Vielzahl von Akteuren aus allen Bereichen der Gesellschaft getragen werden.[54] In diesem Sinne geht es bei CSR-Politiken gerade in Ländern mit Sozialpartnerschaften (wie z.B. in Deutschland, Österreich und der Schweiz) unweigerlich auch darum, etablierte Formen des Ausgleichs zwischen Wirtschaft und Gesellschaft mit neuen Formen des Stakeholder-Aktivismus in Einklang zu bringen.

6 Dank

Die Abschnitte 2 und 3 dieses Kapitels basieren auf einer Studie zu CSR-Maßnahmen in der EU, die von der GD Beschäftigung, soziale Angelegenheiten und Chancengleichheit finanziert wurde. Die detaillierten Projektergebnisse können unter http://www.sustainability.eu/csr-policies heruntergeladen werden. Abschnitt 4 dieses Kapitels basiert teilweise auf einem Gutachten, das 2010 vom Deutschen Bundesministerium für Arbeit und Soziales in Auftrag gegeben wurde. Ich danke den AuftraggeberInnen für ihre Unterstützung und den ProjektmitarbeiterInnen am Research Institute for Managing Sustainability (RIMAS) der WU Wien für die gute Zusammenarbeit.

---

[48] Midttun (2005); Moon (2005)
[49] Elkington (1994)
[50] Halme/Laurila (2008)
[51] Midttun et al. (2006); Rubin (2008); Liston-Heyer et al. (2007); für einen Überblick zu diesen Studien vgl. Steurer (2010)
[52] Steurer et al. (erscheinend)
[53] Borraz (2007); Utting (2005)
[54] Midttun (2005); Bartle/Vass (2007), Utting (2005)

7 Literatur

Albareda, L. et al. (2006): The government's role in promoting corporate responsibility: a comparative analysis of Italy and UK from the relational state perspective. In: Corporate Governance, 6/4, 386-400.

Albareda, L./Lozano, J. M./Tencati, A./Midttun, A./Perrini, F. (2008) The changing role of governments in corporate social responsibility: drivers and responses. In: Business Ethics: A European Review, 17, 347-363.

Albareda, L./Lozano, J.M./Ysa, T. (2007): Public Policies on Corporate Social Responsibility: The Role of Governments in Europe. In: Journal of Business Ethics, 74, 391-407.

Auld, G./Bernstein, S. et al. (2008): The New Corporate Social Responsibility. In: Annual Review of Environment and Resources, 33/1, 413-435.

Ayres, I./Braithwaite J. (1992): Responsive Regulation: Transcending the Deregulation Debate. New York: Oxford University Press.

Bartle, I./Vass, P. (2007): Self-regulation within the Regulatory State: Towards a new Regulatory Paradigm?. In: Public Administration, 85/4, 885-905.

Bemelmans-Videc, M./Rist, R./Vedung, E. (1997): Carrots, sticks and sermons: policy instruments and their evaluation. New York: Transaction Publishers.

Berger, G./Steurer, R./Konrad, A./Martinuzzi, A. (2007): Raising Awareness for CSR in EU Member States: Overview of government initiatives and selected cases. Final Report to the High-Level Group on CSR; http://www.sustainability.eu/pdf/csr/CSR%20 Awareness%20Raising_final%20report_31%20May%2007.pdf

Bertelsmann Stiftung/GTZ (2007): The CSR Navigator: Public Policies in Africa, the Americas, Asia and Europe.

Borraz, O. (2007): Governing Standards: The Rise of Standardization Processes in France and in the EU. In: Governance, 20/1, 57-84.

Börzel, T. A./Risse, T. (2010): Governance without a state: Can it work? In: Regulation & Governance 4/2, 113-134.

Braithwaite, V. (2007): Responsive Regulation and Taxation: Introduction. In: Law & Policy, 29/1, 3-10.

Braithwaite, V./Murphy, K. et al. (2007): Taxation Threat, Motivational Postures, and Responsive Regulation. In: Law & Policy, 29/1, 137-158.

Bressers, H./Bruijn, T.d. et al. (2009): Environmental negotiated agreements in the Netherlands. In: Environmental Politics, 18/1, 58-77.

Brown, H. S./de Jong, M. et al. (2009): The rise of the Global Reporting Initiative: a case of institutional entrepreneurship. In: Environmental Politics, 18/2, 182.

Cashore, B./Vertinsky, I. (2000): Policy networks and firm behaviours: Governance systems and firm reponses to external demands for sustainable forest management. In: Policy Sciences, 33/1, 1-30.

Christian Aid (2004): Behind the mask: The real face of corporate social responsibility; www.globalpolicy.org/socecon/tncs/2004/0121mask.pdf

Dahlsrud, A. (2008): How Corporate Social Responsibility is Defined: An Analysis of 37 Definitions. In: Corporate Social Responsibility and Environmental Management, 15, 1-13.

Elkington, J. (1994): Towards the sustainable corporation: Win-win-win business strategies for sustainable development, California Management Review, 36/2, 90-100.

European Commission (2001): Promoting a European framework for corporate social responsibility; Green Paper; http://ec.europa.eu/employment_social/soc-dial/csr/greenpaper _en.pdf

European Commission (2002): Communication from the Commission concerning Corporate Social Responsibility: A business contribution to Sustainable Development; COM(2002) 347 final; http://europa.eu.int/comm/employment_social/soc-dial/csr/csr2002_en.pdf

European Commission (2006): Implementing the Partnership for Growth and Jobs: Making Europe a Pole of Excellence on Corporate Social Responsibility; Communication from the Commission; COM(2006) 136 final; http://eur-lex.europa.eu/LexUriServ/site/en/com/2006/com2006_0136en01.pdf

Eurosif (2006): European SRI Study 2006; http://www.eurosif.org/media/files/eurosif_sristudy_2006_complete

Fox, T./Ward H./Howard, B. (2002): Public Sector Roles in Strengthening Corporate Social Responsibility: A Baseline Study. Washington D.C.: World Bank; http://www.iied.org/pubs/pdf/full/16014IIED.pdf

Frooman, J. (1999): Stakeholder Influence Strategies. In: Academy of Management Review, 24/2, 191-205.

Grant, A. J./Taylor, I. (2004): Global governance and conflict diamonds: the Kimberley Process and the quest for clean gems. In: The Round Table: The Commonwealth Journal of International Affairs 93/375, 385-401.

Gunningham, N./Rees, J. (1997): Industry Self-Regulation: An Institutional Perspective. In: Law & Policy, 19/4, 364-414.

Halme, M./Laurila, J. (2008): Philanthropy, Integration or Innovation? Exploring the Financial and Societal Outcomes of Different Types of CSR; in: Journal of Business Ethics.

Haufler, V. (2001): A Public Role for the Private Sector: Industry Self-Regulation in a Global Economy. Washington: Brookings Institution.

Howlett, M./Ramesh, M. (1993): Patterns of policy choice. In: Policy Studies Review, 12, 3-24.

Jordan, A./Wurzel, R./Zito, A.R./Brückner, L. (2003): European Governance and the Transfer of ‚New' Environmental Policy Instruments (NEPIs) in the European Union. In: Public Administration, 81/3, 555-574.

Joseph, E. (2002): Promoting corporate social responsibility: Is marked-based regulation sufficient?. In: New Economy, 1070-2525/02/02096, 96-101.

King, A.A./Lenox, M.J. (2000): Industry Self-Regulation without sanctions: The chemical industry's responsible care program. In: Academy of Management Journal, 43/4, 698-704.

Knopf, J. et al (2010): Corporate Social Responsibility National Public Policies in the European Union. Brussels: European Commission.

Kooiman, J. (2003): Governing as Governance. London: Sage.

Kooiman, J. (ed.) (1993): Modern Governance. London: Sage.

Lepoutre, J./Dentchev, N./Heene, A. (2007): Dealing With Uncertainties When Governing CSR Policies. In: Journal of Business Ethics, 73/4, 391-408.

Liston-Heyes, C./Ceton, G.C. (2007): Corporate Social Performance and Politics. In: Journal of Corporate Citizenship, Spring 2007, 95-108.

Lozano, J.M./Albareda, L./Ysa, T. (2008): Governments and Corporate Social Responsibility: Public Policies Beyond Regulation and Voluntary Compliance. Palgrave.

McWilliams, A./Siegel, D. (2001): Corporate Social Responsibility: A Theory of the Firm Perspective. In: Academy of Management Review, 26/1, 117-127.

Midttun, A. (2005): Policy making and the role of government: Realigning business, government and civil society. In: Corporate Governance, 5, 159-174.

Midttun, A./Gautesen, K. et al. (2006): The political economy of CSR in Western Europe. In: Corporate Governance, 6/4, 369-385.

Mitchell, R.K et al. (1998): Toward a theory of Stakeholder identification and salience: Defining the principle of who and what really counts. In: Clarkson, M.B.E. (Ed.), The corporation and its stakeholders: Classic and contemporary readings, Toronto: University of Toronto Press, 275-303.

Moon, J./Vogel, D. (2007): Corporate Social Responsibility, Government and Civil Society. In: Crane, A./McWilliams, A./Matten, D./Moon, J./Siegel, D.S. (Eds), The Oxford Handbook of Corporate Social Responsibility. Oxford: Oxford University Press.

Moon, J. (2005): An Explicit Model of Business-Society Relations. In: Habisch, A./Jonker, J./ Wegner, M./Schmidpeter, R. (Eds), Corporate Social Responsibility Across Europe. Berlin: Springer, 51-66.

Moon, J. (2007): The Contribution of Corporate Social Responsibility to Sustainable Development. In: Sustainable Development, 15, 296-306.

Mörth, U. (Ed.) (2004): Soft Law in Governance and Regulation: An Interdisciplinary Analysis. Cheltenham: Edward Elgar.

Pierre, J. (Ed.) (2000): Debating Governance: Authority, Steering, and Democracy. Oxford: Oxford University Press.

Rhodes, R.A.W. (1996): The new governance: governing without government. In: Political Studies, XLIV, 652-667.

Rhodes, R.A.W. (1997): Understanding governance: Policy networks, governance, reflexivity and accountability. Buckingham and Philadelphia: Open University Press.

Riess, B./Welzel, C. (2006): Partner Staat? CSR-Politik in Europa. Gütersloh: Bertelsmann Stiftung; http://www.bertelsmann-stiftung.de/bst/de/media/xcms_bst_dms_17243_17244_2.pdf

Rittberger, B./Richardson, J. (2003): Old Wine in New Bottles: The Commission and the Use of Environmental Policy Instruments. In: Public Administration, 81/3, 575-606.

Rubin, A. (2008): Political Views and Corporate Decision Making: The Case of Corporate Social Responsibility. In: Financial Review, 43/3, 337-360.

Scholtens, B./Cerin, P. et al. (2008): Sustainable Development and Socially Responsible Finance and Investing. In: Sustainable Development, 16/3, 137-140.

Sinclair, D. (1997): Self-Regulation Versus Command and Control? Beyond False Dichotomies. In: Law & Policy, 19/4, 529-559.

Steurer, R. (erscheinend): CSR and governments. In: Rahbek, E./Pedersen, G. (eds), Corporate Social Responsibility. London: Sage.

Steurer, R. (2006): Soft, softer, am softesten: Die CSR-Politik der Europäischen Kommission verliert an Biss. In: Ökologisches Wirtschaften, 04/2006, 8-10.

Steurer, R. (2010): The Role of Governments in Corporate Social Responsibility: Characterising Public Policies on CSR in Europe; in: Policy Sciences, 43/1, 49-72.

Steurer, R. (2011): Soft instruments, few networks: How 'new governance' materialises in public policies on CSR across Europe; in: Environmental Policy and Governance, 21/4, 270–290.

Steurer, R./Margula, S./Martinuzzi, A. (2008): Socially Responsible Investment in EU Member States: Overview of government initiatives and SRI experts' expectations towards governments. Final Report to the EU High-Level Group on CSR; http://www.sustainability.at/pdf/csr/Socially%20Responsible%20Investment%20in%20EU%20Member%20States_Final%20Report.pdf.

Steurer, R./Margula, S./Martinuzzi, A. (erscheinend): Public policies on CSR in Europe: Themes, instruments, and regional differences; in: Corporate Social Responsibility and Environmental Management, forthcoming.

Utting, P. (2005): Rethinking Business Regulation: From Self-Regulation to Social Control, http://www.unrisd.org/80256B3C005BCCF9/(httpPublications)/F02AC3DB0ED406E0 C12570A10029BEC8?OpenDocument&panel=relatedinformation

vanHuijstee, M./Glasbergen, P. (2010): NGOs Moving Business: An Analysis of Contrasting Strategies. In: Business & Society, 49/4, 591-618.

Zadek, S. (2004a): On civil governance. In: Development, 47, 20-28.

Zadek, S. (2004b): The Path to Corporate Responsibility. In: Harvard Business Review, December 2004, 125-132.

Zyglidopoulos, S. C. (2002): The Social and Environmental Responsibilities of Multinationals: Evidence from the Brent Spar Case. In: Journal of Business Ethics, 36/1, 141-151.

CSR in der deutschen Politik

Jörg Trautner

Die Entwicklung von Corporate Social Responsibility (CSR) ist in Deutschland auf der politischen Ebene vor allem durch zwei charakteristische Merkmale geprägt, die sie gegenüber anderen Ländern teilweise unterscheidet: Der Gesamtprozess wurde durch eine breit angelegte Multistakeholder-Dialogphase ausführlich vorbereitet und dieser Ansatz wird in der Umsetzungsphase konsequent beibehalten. Zum Zweiten ist das Prinzip der Freiwilligkeit ein zentrales Leitmotiv im deutschen CSR-Verständnis, auf welches sich das Nationale CSR-Forum nach intensiven Beratungen geeinigt hatte.

Die Übernahme gesellschaftlicher Verantwortung durch Unternehmen besitzt in Deutschland lange Tradition und wurzelt in vielfältigen Ansätzen, beispielsweise den Handlungsprämissen der Hanse oder der Fugger, aber auch im Rheinischen Kapitalismus der aufkommenden Industrialisierung und den Prinzipien der Sozialen Marktwirtschaft im westdeutschen Wirtschaftswunder in der zweiten Hälfte des 20. Jahrhunderts.

Immer mehr Unternehmen, vor allem international tätige Konzerne, haben seit Mitte der 1990er Jahre ergänzend zu den Grundlagen von Sozialer Marktwirtschaft und Mitbestimmung unter dem CSR-Begriff eigene Konzepte einer werteorientierten Unternehmensführung entwickelt und über die gesetzlichen Anforderungen hinaus, freiwillig soziale und ökologische Belange in ihr Kerngeschäft integriert. Mag anfänglich eine gewisse Skepsis gegen das neue Konzept bestanden haben, weil vieles in Deutschland gesetzlich geregelt ist, was in anderen Ländern als freiwillige Unternehmensverantwortung und CSR ausgewiesen wird, so sehen zwischenzeitlich auch deutsche Unternehmen immer häufiger die Vorteile, welche ganzheitliche CSR-Lösungsansätze für ihre längerfristig angelegte Geschäftsstrategie beinhalten.

Vor dem Hintergrund des hohen – und nicht allein gesetzlichen – Regulierungsniveaus in Deutschland ist auch die lange Zurückhaltung der Politik zu erklären, zumal CSR als Konzept verantwortungsvoller Unternehmensführung mit freiwilligen Selbstverpflichtungen qua Definition deutlich vor der Regulierungsschwelle angesiedelt ist. Es ist daher nicht verwunderlich, wenn die Debatte in der Vergangenheit hauptsächlich aus dem angelsächsischen Raum dominiert wurde, während deutsche Unternehmen eher weniger dafür taten, die Chancen der Kommunikation und der gesellschaftlichen Gestaltung durch CSR aktiv zu nutzen.

Mit der Globalisierung haben sich die Rahmenbedingungen verändert, hat sich der weltweite Wettbewerb und dessen Auswirkungen auf die lokalen Standortbedingungen verschärft. Auch Deutschland steht vor großen Herausforderungen: Der Klimawandel, die demographische Entwicklung und eine zunehmend globalisierte Wirtschafts- und Arbeitswelt, deren Wertschöpfungsketten mit Zugriff auf die natürlichen Ressourcen, die ganze Welt umspannen, stehen beispielhaft für Veränderungsprozesse, auf die Deutschland im Rahmen seiner Handlungs-möglichkeiten reagieren muss. Allerdings ist weder die Politik noch die Wirt-schaft oder die Zivilgesellschaft in der Lage, diese globalen Herausforderungen im Alleingang zu bewältigen. Nationale Handlungskonzepte geraten dabei rasch an ihre Grenzen; die Trennung der Verantwortlichkeiten in eine ökonomische Sphäre autonomer Unternehmensentscheidungen und eine ökologisch/soziale Sphäre, deren Gestaltung von Politik und Verwaltung bestimmt wird, erweist sich immer häufiger entweder als reine Theorie oder als ungeeignet zur Lösung komplexer Probleme. Die Forderung nach gemeinsamer Verantwortung, ineinandergreifen-den Handlungsansätzen und innovativen Lösungswegen für die globalen Heraus-forderungen ist unüberhörbar. Diese Entwicklung ist Ausdruck des wachsenden Bewusstseins, dass die Bewältigung der zentralen Aufgaben unserer Zeit einer gesamtgesellschaftlichen Anstrengung bedarf. Megathemen, die wie der Klima-wandel oder die demographische Entwicklung die Zukunftsfähigkeit unserer Ge-sellschaft insgesamt bestimmen, können nur in einem breiten gesellschaftlichen Bündnis angegangen werden.

Die politische Diskussion in Deutschland um die gesellschaftliche Verant-wortung von Unternehmen und CSR muss in diesem Kontext verstanden wer-den. CSR steht für ein neues Zusammenspiel zwischen Politik, Wirtschaft und Zivilgesellschaft. Es geht im Ergebnis darum, die enorme Gestaltungsfähigkeit der Unternehmen im Sinne einer nachhaltigen Entwicklung zu nutzen und CSR zu einer treibenden Kraft für gesellschaftliche wie technische Innovationsprozesse werden zu lassen. So leistet die Nationale CSR-Strategie in Deutschland einen wichtigen Beitrag zur nachhaltigen Sicherung der wirtschaftlichen Leistungs- und Wettbewerbsfähigkeit des Landes. Denn wirtschaftlich potente Unternehmen stel-len gerade in Zeiten der Globalisierung einflussreiche Akteure in der Gestaltung gesellschaftlicher Prozesse und zur Bewältigung globaler Herausforderungen dar – sei es, indem sie ihre Mitarbeiterinnen und Mitarbeiter fördern und betei-ligen, mit natürlichen Ressourcen schonend und effizient umgehen oder in ihrer Wertschöpfungskette sozial- und umweltbewusst produzieren und innovative Lösungsansätze entwickeln.

Wichtige Impulse in diese Richtung setzte die EU-Kommission mit ihrem Grünbuch zur sozialen Verantwortung der Unternehmen 2001 sowie den Mit-teilungen der Kommission zu CSR in den Jahren 2002 und 2006 und den beglei-tenden Stakeholder-Dialogen.

In Deutschland hat der Rat für Nachhaltige Entwicklung (RNE) im Sep-tember 2006 in seinen Empfehlungen „Unternehmerische Verantwortung in ei-ner globalisierten Welt" der Bundesregierung zur Entwicklung eines nationalen CSR-Profils geraten und dabei die Politik zur Entwicklung eines eindeutigen Orientierungsrahmens aufgefordert, um den Unternehmen langfristige Investi-tionssicherheit und Perspektiven für Verfahrensumstellungen und die Entwicklung neuer Technologien und zukunftsträchtiger Produkte zu geben. Zielsetzung einer politischen CSR-Strategie sollte es sein, die Rahmenbedingungen für den Markt so zu gestalten, dass dieser das Nachhaltigkeitsengagement von Unternehmen honoriert und Kunden ein verlässliches und vergleichbares Bild der jeweiligen CSR-Leistungen ermöglicht. Zudem wurde der Bundesregierung die anspruchsvolle Aufgabe zugeschrieben, dem deutschen CSR-Profil Konturen zu verleihen, um die Wettbewerbsfähigkeit der Wirtschaft in globalen Märkten zu steigern und Vorteile im Standortwettbewerb zu realisieren.

Die Bundesregierung hat sich die Empfehlungen des RNE zu eigen gemacht und sich innerhalb der Großen Koalition auf einen Prozess zur Stärkung der gesellschaftlichen Verantwortung von Unternehmen verständigt. Die Federführung dazu übertrug das Kabinett dem Bundeministerium für Arbeit und Soziales. Auf dem G8-Gipfel in Heiligendamm 2007 wurde unter deutscher Präsidentschaft die aktive Förderung sozialer Standards und die soziale Verantwortung der Unternehmen beraten und in der Abschlusserklärung deutlich hervorgehoben. Deutschland versteht die G8-Erklärung von Heiligendamm als einen aktiven Beitrag zur sozialen Dimension der Globalisierung und als politische Selbstverpflichtung zum eigenen Handeln in Deutschland.

Im darauffolgenden Jahr 2008 wurden in der Forschungsstudie „CSR zwischen Markt und Politik" im Auftrag der Bundesregierung potentielle Grundzüge eines CSR-Konzepts für Deutschland vorgestellt und die Einrichtung eines Nationalen CSR-Forums zur Entwicklung einer CSR-Strategie unter breiter Beteiligung der gesellschaftlichen Gruppen angeregt. Die Bundesregierung hat 2008 die Empfehlungen im Rahmen einer großen Multi-Stakeholder-Konferenz aufgegriffen und zu Jahresbeginn 2009 das Nationale CSR-Forum als Plattform für den Dialog und die Verständigung mit den CSR-Akteuren einberufen.

1 Die Rolle der Politik bei CSR in Deutschland

Auch wenn CSR in erster Linie Unternehmen anspricht und auf dem Prinzip der Freiwilligkeit basiert, so kann eine aktive Politik wirksame Beiträge leisten, um die Übernahme gesellschaftlicher Verantwortung durch Unternehmen zu fördern. Dabei geht es nicht um ein Mehr an Regulierung oder Bürokratie. Aufgabe der Politik ist es stattdessen, eine positive Moderatoren- und Vermittlerrolle einzunehmen, d.h. einen gesellschaftlichen Dialog zu organisieren, um gemeinschaftlich Antworten auf CSR-relevante Fragen zu finden. Im Vordergrund des Dialogprozesses standen dabei Fragestellungen wie: Welchen gesellschaftlichen Zielen kann CSR dienen? Welche Maßnahmen tragen zur Erreichung dieser Ziele bei? Und welchen Beitrag können Wirtschaft, Zivilgesellschaft und Politik einzeln und gemeinsam in diesem Zusammenhang leisten?

Soweit Antworten auf diese Fragen gefunden und gemeinschaftlich getragen werden, bietet CSR die Chance, sowohl die Wettbewerbsfähigkeit von Unternehmen nachhaltig zu stärken als auch einen Beitrag zur sozialen und ökologischen Gestaltung der Globalisierung zu leisten. Die Beteiligung der maßgeblichen gesellschaftlichen Akteure aus Wirtschaft, Zivilgesellschaft und Politik ist dafür

zwingend. Denn CSR kann nur dann sein volles Potenzial im Sinne einer nachhaltigen Entwicklung entfalten, wenn alle Beteiligten ihren Beitrag dazu leisten. In erster Linie braucht es engagierte Unternehmen, die CSR in ihre Geschäftsstrategien
integrieren und ihr Kerngeschäft nachhaltig gestalten. Darüber hinaus bedarf es einer lebendigen Zivilgesellschaft, insbesondere Verbraucherinnen und Verbraucher,
aber auch Investoren, die CSR einfordern und honorieren. Last, but not least ist
auch eine aktive Politik erforderlich, die gesellschaftliche Ziele formuliert und die
Grundlagen schafft, damit sich CSR für Unternehmen und Gesellschaft lohnt.

In Deutschland wurde der CSR-Prozess politisch von einem Grundkonsens
getragen: Wenn alle ihrer Verantwortung gerecht werden, kann durch CSR eine
win-win-Situation entstehen, die Wirtschaft und Gesellschaft nützt. So lassen sich
wirtschaftliche, soziale und ökologische Ziele zum gegenseitigen Vorteil verbinden. Dieser Dreiklang ist die Grundidee, die hinter CSR steht.

2 CSR-Strategie für Deutschland – Der Multistakeholder-Ansatz als Erfolgsmodell

Vor dem Hintergrund einer durch die Erfahrungen der Sozialen Marktwirtschaft,
Mitbestimmung und langjährige Nachhaltigkeitsdiskussion korporatistisch geprägten Gesellschaft hat die Bundesregierung bei der Entwicklung ihrer nationalen
CSR-Strategie bewusst einen Multistakeholder-Ansatz gewählt. Das Bundesministerium für Arbeit und Soziales (BMAS) – als federführendes Ressort innerhalb
der Bundesregierung – hat daher im Januar 2009 das Nationale CSR-Forum einberufen, dem 44 CSR-Expertinnen und Experten aus Wirtschaft, Gewerkschaften,
Nichtregierungsorganisationen, Wissenschaft und Politik angehören. Aufgabe des
CSR-Forums war und ist es, die Bundesregierung bei der Entwicklung der Nationalen CSR-Strategie zu beraten und deren Umsetzung aktiv zu begleiten. Für
die Entscheidungsfindung im CSR-Forum gilt das Konsensprinzip – niemand kann
überstimmt werden. Der Vorsitz liegt beim BMAS und wird auf Staatssekretärse-
bene ausgeübt. Im Arbeits- und Sozialministerium wurde zudem eine Geschäfts-
stelle für das CSR-Forum eingerichtet, die gleichzeitig für den CSR-Aktionsplan
der Bundesregierung zuständig ist.

Der Multistakeholder-Ansatz hat sich im gesamten Verfahren als außeror-
dentlich lohnend erwiesen. Im Rahmen des sehr heterogen zusammengesetzten
CSR-Forums haben sich die gesellschaftlichen Akteure nach recht intensiven
Diskussionsprozessen erstmalig auf ein "gemeinsames Verständnis von CSR in
Deutschland" geeinigt, wonach CSR als Wahrnehmung gesellschaftlicher Verantwortung von Unternehmen über gesetzliche Anforderungen hinaus verstanden wird. Nachdem über Jahre hinweg die Auseinandersetzung um Freiwilligkeit oder Regulierung die öffentliche CSR-Debatte geprägt – und partiell auch
beschränkt – hatte, formulierte das CSR-Forum als Credo des deutschen CSR-
Ansatzes: "CSR ist freiwillig, aber nicht beliebig". Damit verdeutlichte das CSR-
Forum gleichermaßen, dass es sich bei CSR in erster Linie um ein werteorien-

tiertes Unternehmenskonzept handelt, wobei sich die Unternehmen im Interesse von Glaubwürdigkeit und Vergleichbarkeit aber an – vorwiegend international gültigen – Grundsätzen und Standards zu orientieren haben. Denkanstöße zur Einführung von CSR-Zertifikaten oder Gütesiegeln wurden hingegen verworfen, da große Bedenken besonders im Hinblick auf die Praktikabilität, Verlässlichkeit und tatsächliche Aussagekraft solcher Testate bestanden. Von Teilen des CSR-Forums wurde aber auch generell in Frage gestellt, ob dies eine wünschenswerte Entwicklungsrichtung darstellen könnte.

Der Verständigungsprozess im CSR-Forum verlief insgesamt überaus konstruktiv und konnte auf vielfältigen ausgereiften Diskussionsansätzen innerhalb der CSR-Community ebenso aufbauen, wie auf national und international tätigen Netzwerken sowie handfesten praktischen Erfahrungen vieler Unternehmen, die sich bereits systematisch der CSR-Thematik angenähert hatten. Dennoch war zu Beginn des Jahres 2009 ein derartiger Arbeitsverlauf des CSR-Forums keineswegs selbstverständlich: Angesichts weltweiter Finanz- und Umweltskandale und der Folgen der globalen Finanz- und Wirtschaftskrise war insbesondere die Glaubwürdigkeit der Managementelite schwer beschädigt und es richteten sich massive Vorwürfe gegen das Versagen der Märkte. Gespeist von der Überwälzung milliardenschwerer Folgekosten auf die öffentlichen Haushalte gab es in den politischen und zivilgesellschaftlichen Diskussionen virulente Debatten über das Verhältnis von Ökonomie und Gesellschaft sowie die Verantwortung der Unternehmen. Forderungen nach stärkeren Reglementierungen waren in dieser Phase auf nationaler und internationaler Ebene sehr gegenwärtig.

Auch im CSR-Forum nahmen Debatten um Fragen der Glaubwürdigkeit, Transparenz, Zielsteuerung und Verantwortungsübernahme breiten Raum ein. Von umso größerer Bedeutung war es, dass dem Multistakeholdergremium die Konsensbildung über Grundsatzfragen gelang, denn damit wurde eine von den verschiedenen gesellschaftlichen Gruppen gemeinsam getragene Grundlage für die weitere Arbeit im CSR-Forum entwickelt. Auf dieser Basis wurden sechs Aktionsfelder einer nationalen CSR-Strategie erarbeitet, denen in der gegenwärtigen Situation eine zentrale Bedeutung für die Festigung und Weiterentwicklung von CSR in Deutschland zukommt. Zur vertieften Beratung innerhalb der Aktionsfelder wurden anschließend im Sommer 2009 Arbeitsgruppen im CSR-Forum eingerichtet, um eine Verständigung auf gemeinsame Ziele herbeizuführen, Themen zu gewichten und Maßnahmenvorschläge zu entwickeln. Auf den Ergebnissen dieser Arbeitsgruppen aufbauend, beschloss das Nationale CSR-Forum seinen Empfehlungsbericht im Konsens und übergab ihn am 1. Juli 2010 der Bundesregierung. Dieser Bericht des CSR-Forums bildete die Grundlage für die anschließende Erarbeitung einer „Nationalen Strategie zur gesellschaftlichen Verantwortung von Unternehmern" und des Aktionsplans „CSR in Deutschland" durch die Ressorts, der dann am 6. Oktober 2010 vom Bundeskabinett verabschiedet wurde.

3 Nationale Strategie zur gesellschaftlichen Verantwortung von Unternehmern – Aktionsplan CSR in Deutschland

Mit der Nationalen Strategie und dem Aktionsplan CSR will die Bundesregierung die gesellschaftliche Verantwortung von Unternehmen in Deutschland festigen und ausbauen. Wesentliches Anliegen des Aktionsplans CSR ist es, einen Bewusstseinswandel dahingehend herbeizuführen, dass CSR sich für Unternehmen und Gesellschaft lohnt. Nach Auffassung der Bundesregierung bietet CSR für Deutschland die Chance, sowohl die internationale Wettbewerbsfähigkeit der Unternehmen nachhaltig zu stärken als auch Antworten auf gesellschaftliche Herausforderungen zu finden. Es gilt, verantwortungsbewusst handelnde Unternehmen in ihrer Vorbildrolle zu stärken, weitere Anreize zur Übernahme gesellschaftlicher Verantwortung zu schaffen sowie Hilfestellungen zur Übersetzung des CSR-Begriffs in das unternehmerische Alltagshandeln zu bieten. Wichtig dabei ist, dass der Aktionsplan auf bestehenden CSR-Initiativen und Netzwerken von Politik, Wirtschaft und Zivilgesellschaft aufbaut und auf die nationalen und internationalen Anstrengungen zur Förderung von CSR im Rahmen einer nachhaltigen Entwicklung Bezug nimmt.

Damit erhält der Aktionsplan CSR eine wichtige Schlüsselrolle innerhalb der nationalen Nachhaltigkeitsstrategie der deutschen Bundesregierung, die nachhaltiges Wirtschaften und Innovationszielsetzungen eng miteinander verbindet. Mit ihrer Nachhaltigkeitsstrategie verfolgt die Bundesregierung einen integrativen Politikansatz, der die gesamtgesellschaftlichen Herausforderungen nachhaltigen Wirtschaftens unterstreicht und die darin liegenden Chancen für Wettbewerbsfähigkeit und Arbeitsplätze betont.

Zur Vorbereitung der Nationalen Strategie und des Aktionsplans CSR wurde innerhalb der Bundesregierung ein Ressortkreis der maßgeblichen Ministerien eingerichtet, der vom BMAS koordiniert wird. Neben dem Arbeits- und Sozialministerium sind auch in anderen Ressorts vielfältige Aktivitäten angesiedelt, die der CSR-Thematik zuzuordnen sind und die Bestandteile des Aktionsplans sind. Insbesondere liegt z.B. die Zuständigkeit für die Anwendung und Überarbeitung der OECD-Leitsätze für multinationale Unternehmen sowie die nationale Kontaktstelle beim Bundesministerium für Wirtschaft und Technologie (BMWI). Das Bundesministerium für Wirtschaftliche Zusammenarbeit und Entwicklung (BMZ) fördert mit dem Programm develoPPP Entwicklungspartnerschaften mit der Wirtschaft sowie bilaterale und regionale entwicklungspolitische Vorhaben zu CSR-Themen und unterstützt internationale Initiativen wie beispielsweise den Global Compact. Das Bundesministerium für Umwelt, Naturschutz und Reaktorsicherheit (BMU) hat bereits in der Vergangenheit an der Nahtstelle zwischen Nachhaltigkeitspolitik und CSR vielfältige Aktivitäten entwickelt und zahlreiche Workshops und Studien zu CSR-Themen durchgeführt, auf welche der Aktionsplan aufsetzen konnte. Das Bundesministerium für Ernährung, Landwirtschaft und Verbraucherschutz (BMELV) setzt sich in besonderem Maße für die Verbraucherinnen und Verbraucher ein und hat dazu CSR-Leitfäden für Verbraucher sowie CSR-Unterrichtsmaterialien für Berufsschulen veröffentlicht. Weitere wichtige Aspekte liegen darüber hinaus im Bereich der Außenwirtschaftsförderung des Auswärtigen Amtes (AA) und der auf Nachhaltigkeit bezogenen Forschungsförderung des Bundesministeriums für Bildung und Forschung (BMBF).

Parallel zum Aktionsplan CSR hat das Bundeskabinett im Oktober 2010 die vom Bundesministerium für Familie, Senioren, Frauen und Jugend (BMFSFJ) vorbereitete Nationale Engagementstrategie mit der Zielsetzung beschlossen, eine besser aufeinander abgestimmte Engagementförderung zwischen Staat, Wirtschaft und Zivilgesellschaft in Deutschland zu erreichen. Als wesentliches Unterscheidungsmerkmal zwischen bürgerschaftlichem Engagement und CSR-Strategie gilt dabei, dass CSR sich in erster Linie auf das unternehmerische Kerngeschäft bezieht und es sich nicht um Philanthropie oder Mäzenatentum handelt. In der betrieblichen Praxis wird diese Grenze allerdings nicht immer so eindeutig zu ziehen sein, oder es wird sogar nicht selten zur strategischen Verbindung beider Ansätze kommen.

4 Die Umsetzung des Aktionsplans CSR in Deutschland

Dem Aktionsplan CSR zur Stärkung der gesellschaftlichen Verantwortung von Unternehmen liegen sechs übergeordnete Ziele zu Grunde. Er umfasst rund 50 Maßnahmen der einzelnen Ressorts. Bei der Umsetzung des Aktionsplans ist es der Bundesregierung wichtig, bestehende Strukturen zu nutzen, den Aufbau von Parallelstrukturen zu vermeiden und Synergien herzustellen. Dazu setzt die Bundesregierung auf eine enge Zusammenarbeit mit strategischen Partnern aus Wirtschaft und Verbänden sowie dem CSR-Forum. Eine besondere Rolle kommt dabei der Kooperation mit den Ländern zu, die bereits in der Entstehungsphase des Aktionsplans regelmäßig beteiligt waren und wichtige Beiträge zum Aufbau regionaler CSR-Strukturen leisten können.

4.1 Stärkung von CSR in Unternehmen

Ein zentraler Schwerpunkt des Aktionsplans CSR liegt bei kleinen und mittleren Unternehmen. Mit gut 99 Prozent der Unternehmen und mehr als 60 Prozent der Beschäftigten bildet der Mittelstand das Rückgrat der deutschen Wirtschaft. Will man das Thema einer werteorientierten und verantwortungsvollen Unternehmensführung tatsächlich in die Breite tragen, um Wirkung zu erzielen, dann ist ein besonderes Augenmerk für die Situation und die speziellen Anforderungen des Mittelstands angebracht und lohnend. Damit auch kleinere und mittlere Unternehmen CSR noch stärker als strategisches Konzept auffassen und ihr Kerngeschäft entsprechend gestalten, führt die Bundesregierung für diesen Unternehmenskreis ein Beratungs- und Coachingprogramm zu CSR-Themen durch.

Zentrale Maßnahme des Aktionsplans ist vor diesem Hintergrund das Förderprogramm „Gesellschaftliche Verantwortung im Mittelstand". Mit dem Programm, das mit einem Fördervolumen von 36 Mio. € ausgestattet ist, will die

Bundesregierung passgenaue Lösungsansätze anbieten, damit kleine und mittlere Unternehmen Konzepte für eine verantwortliche Unternehmensführung entsprechend den betriebsspezifischen Anforderungen nutzen können. Gefördert werden CSR-Beratungsmaßnahmen für Geschäftsführungen, Beschäftigte und BelegschaftsvertreterInnen. Das Programm ist so gestaltet, dass interessierte Unternehmen ihre Themenschwerpunkte bedarfsgerecht selbst setzen können. Entsprechend breit angelegt sind die förderbaren Maßnahmen von einer mitarbeiterorientierten Personalpolitik über Maßnahmen zur Vereinbarkeit von Beruf und Familie und der Förderung älterer Beschäftigter, um den Fachkräftebedarf sichern, bis hin zum schonenden und effizienten Umgang mit natürlichen Ressourcen oder Senkung der Energiekosten im Unternehmen.

Die Nachfrage für dieses Qualifizierungs- und Verbesserungsprogramm aus dem Kreis der mittelständischen Wirtschaft hat sämtliche Erwartungen bei Weitem übertroffen. Das ursprünglich kalkulierte Fördervolumen wurde in der Phase der Interessensbekundungen um ein Mehrfaches überzeichnet. Bis zum Ablauf der Bewerbungsfrist Ende Juni 2011 waren mehr als 300 zumeist qualitativ hochwertige Interessensbekundungen eingereicht worden, von den 76 Projekte ausgewählt wurden. Oftmals handelte es sich dabei um Netzwerkanträge, die als branchenbezogene Qualifizierungsprogramme oder regionale Ansätze auf besonders große Breitenwirkung und Nachhaltigkeit angelegt sind.

Neben der finanziellen Förderung von kleinen und mittleren Unternehmen sollen im Rahmen des Förderprogramms und darüber hinaus positive Unternehmensbeispiele zur Verbreitung von CSR genutzt werden. Dazu baut die Bundesregierung strategische Partnerschaften sowie regionale Netzwerke auf und kooperiert eng mit den Industrie- und Handelskammern sowie den Handwerkskammern, die wichtige Multiplikatoren für die Verbreitung von CSR sind.

Um positive Unternehmensbeispiele zur Verbreitung von CSR zu nutzen, wird die Bundesregierung darüber hinaus große und international tätige Unternehmen, die über längere Zeit bereits CSR-Erfahrungen gesammelt haben und Vorreiter im Bereich CSR sind, in die Umsetzung des Aktionsplans einbeziehen. Diese Firmen können mit ihren Erfahrungen eine Leuchtturmfunktion für die Ausweitung von CSR in Deutschland übernehmen.

4.2 Erhöhung von Glaubwürdigkeit und Sichtbarkeit von CSR

Eine wichtige Zielsetzung des Aktionsplans ist es, das Wissen über CSR zu erhöhen und die Sichtbarkeit der gesellschaftlichen Aktivitäten von Unternehmen in der breiten Öffentlichkeit – besonders bei Verbraucherinnen und Verbrauchern – bekannter zu machen. Dazu wird die Bundesregierung Informationen zum Thema CSR und zum Engagement einzelner Ministerien auf ihrer bestehenden Internetpräsenz zum Thema CSR (www.csr-in-deutschland.de) deutlich ausbauen. Auch der schrittweise Aufbau eines zentralen Informationsportals zu den CSR-Aktivitäten von Unternehmen wird derzeit geprüft. Dadurch soll den relevanten Zielgruppen eine bessere Orientierung gegeben werden.

Konkreter Beitrag zur öffentlichen Kommunikation war z.B. ein gemeinsamer Informationsstand zum Thema CSR und Nachhaltigkeit vom Bundesministerium für Arbeit und Soziales in Kooperation mit den Wirtschaftsverbänden UPJ und econsense bei der HANNOVER MESSE 2011, wo der Aktionsplan CSR durch die beteiligten Ministerien und zahlreiche Unternehmensbeiträge dem Fachpublikum der Messe präsentiert wurden.

Als wirkungsvolles Instrument zur Verbesserung der Transparenz und Erhöhung der Glaubwürdigkeit von CSR hat sich das Ranking der Nachhaltigkeitsberichte deutscher Unternehmen erwiesen. Alle zwei Jahre führen die Institute IÖW und Future dazu einen Wettbewerb durch und prüfen die Berichte der 150 größten deutschen Unternehmen. Seit 2009 können auf Initiative des BMAS hin auch Mittelständler ihren Bericht zur Bewertung und Teilnahme am KMU-Ranking einreichen. Unter dem Strich ist so über die Jahre hinweg eine spürbare Qualitätsverbesserung in der freiwilligen Nachhaltigkeitsberichterstattung zu verzeichnen. Das Ranking 2011 wurde vom Bundesministerium für Arbeit und Soziales erneut maßgeblich unterstützt.

Die Bundesregierung wird die öffentliche Anerkennung von CSR-Aktivitäten durch die Vergabe eines neuen CSR-Preises für besonders vorbildliche Unternehmen fördern. Der Preis bezieht sich auf die kontinuierliche Wahrnehmung von gesellschaftlicher Verantwortung im Kerngeschäft eines Unternehmens und wird erstmals für das Jahr 2012 vergeben werden. Der „CSR-Preis für gesellschaftliche Verantwortung mit Weitblick" soll in gemeinsamer Trägerschaft von BMAS und CSR-Forum gestaffelt nach drei Unternehmensgrößen ausgeschrieben und unter dem Dach einer gemeinsamen Veranstaltung „Unternehmen der Zukunft" verliehen werden.

4.3 Integration von CSR in Bildung, Qualifikation, Wissenschaft und Forschung

Zur Verbesserung der ökonomischen Kompetenzen und des Wissens über CSR in allen Lebensphasen wird die Bundesregierung durch neue und bestehende Programme und Initiativen sowohl die Vernetzung von Schule und Wirtschaft fördern als auch die Aus- und Fortbildung im Hinblick auf CSR-Fragestellungen verbessern.

Damit CSR-Themen an deutschen Hochschulen größeres Gewicht erhalten, wird die Bundesregierung Anreize für Hochschulen im Bereich CSR schaffen. Unter anderem sollen die Principles for Responsible Management Education des UN Global Compact bei Hochschulen bekannter gemacht sowie internationale Forschungsnetzwerke zum Management sozial-ökonomischer Aspekte in Unternehmen gefördert werden.

4.4 Stärkung von CSR in internationalen und entwicklungspolitischen Zusammenhängen

Um eine nachhaltige Entwicklung der Weltwirtschaft zu fördern, wird die Bundesregierung den internationalen Dialog zum CSR-Ordnungsrahmen in den maßgeblichen internationalen Foren intensivieren. In dem Zusammenhang wird sie ihre Aufklärungs- und Informationsaktivitäten verstärken, um die Kenntnis und Einhaltung international anerkannter CSR-Instrumente und -Initiativen, wie z.B. hinsichtlich der OECD-Leitsätze für multinationale Unternehmen, dem UN Global Compact und der dreigliedrigen ILO-Grundsatzerklärung über multinationale Unternehmen und Sozialpolitik, zu verbessern.

Zur Förderung von CSR im Rahmen der Entwicklungspolitik wird die Bundesregierung die Wirtschaft dabei unterstützen, sich unternehmerisch in Regionen zu engagieren, in denen sie einen Beitrag zur nachhaltigen sozialen und ökologischen Entwicklung leisten kann. Die seit 1999 unterstützten Entwicklungspartnerschaften mit der Wirtschaft (develoPPP.de) werden hierzu fortgeführt und ausgebaut. Darüber hinaus wird die Bundesregierung bilaterale und regionale Vorhaben der entwicklungspolitischen Zusammenarbeit im Bereich CSR weiterentwickeln.

Im Dezember 2011 richtete das BMAS für die Bunderegierung eine hochrangige internationale CSR-Konferenz in Berlin aus. Die Konferenz bot die Möglichkeit, den deutschen Aktionsplan CSR einem großen und internationalen Publikum vorzustellen und darüber hinaus bei der Weiterentwicklung von CSR-Themen und Fragestellungen sowohl auf europäischer Ebene als auch global gestaltend mitzuwirken. Es ging darum, Handlungsfreiheit mit aktiver Verantwortung in Einklang zu bringen. Zur Förderung eines positiven Bildes der deutschen Sozialen Marktwirtschaft im Ausland hat die Bundesregierung ein Konzept entwickelt, um den Begriff „CSR – made in Germany" international als Qualitätszeichen einzuführen und für die deutsche Wirtschaft nutzbar zu machen. Verantwortungsvolles und vorbildliches Verhalten deutscher Unternehmen soll dadurch auch im Ausland in unmittelbarer Verbindung zur bekannten Qualitätszuverlässigkeit und technologischen Leistungsfähigkeit deutscher Exportprodukte stehen.

4.5 Beitrag von CSR zur Bewältigung von gesellschaftlichen Herausforderungen

Zur verantwortungsvollen Bewältigung globaler Herausforderungen wie Klimawandel oder Rohstoffknappheit wird die Bundesregierung im Rahmen der Nationalen Nachhaltigkeitsstrategie globale Zukunftsaufgaben mit entsprechenden Handlungsschritten zur Problemlösung unterlegen sowie Nachhaltigkeitsindikatoren zur transparenten Erfolgskontrolle entwickeln.

Um für eine demografiefeste und leistungsfähige Arbeitswelt von morgen Sorge zu tragen, wird die Bundesregierungen über bestehende bzw. weiterentwickelte Programme die notwendigen Rahmenbedingungen für eine demografiesensible, lebensphasenorientierte und mitarbeiterorientierte Personalpolitik in den

Unternehmen schaffen. Darüber hinaus wird sie die gesellschaftliche Vielfalt in der Belegschaft (Diversity) von Unternehmen und die Beschäftigungsmöglichkeiten für benachteiligte Gruppen fördern.

4.6 Schaffung eines CSR-förderlichen Umfelds

Zur Nutzung der Dynamik des wachsenden Marktes für Gesellschaftlich Verantwortliches Investment (Socially Responsible Investment, SRI) wird die Bundesregierung prüfen, inwieweit neue Anreize der weiteren Entwicklung des Kapitalmarktes für nachhaltige Investments förderlich sein können.

Will der Staat seiner Vorbildfunktion für Wirtschaft und Gesellschaft gerecht werden, so muss er in der öffentlichen Beschaffung, bei Dienstleistungen und auf zentralen politischen Handlungsfeldern Nachhaltigkeitsaspekte deutlich stärker berücksichtigen als bisher. Mit einem Beschaffungsvolumen der öffentlichen Hand von ca. 13 Prozent des Bruttoinlandsproduktes liegt ein großes Marktpotenzial in den Vergabeentscheidungen. Jährlich werden von Bund, Ländern und vor allem den Kommunen öffentliche Aufträge im Umfang von mehr als 300 Mrd. € vergeben. Um das große Beschaffungsvolumen staatlicher Stellen im Sinne der Nachhaltigkeit zu nutzen, wird die Bundesregierung das Kriterium der Nachhaltigkeit in der öffentlichen Beschaffung festigen und weiterentwickeln. Das Gesetz zur Modernisierung des Vergaberechts vom April 2009 ermöglicht es öffentlichen Auftraggebern, zusätzlich soziale, umweltbezogene und innovative Anforderungen an den Auftragnehmer zu stellen und in die Wirtschaftlichkeitsrechnung auch längerfristige Bewertungen miteinzubeziehen. Damit von diesen differenzierten vergaberechtlichen Möglichkeiten auch Gebrauch gemacht wird, wird die Bundesregierung den Kompetenzaufbau bei den mit Vergabe befassten öffentlichen Stellen über Schulungen u.ä. stärken und den Informationsstand über entsprechende Internetplattformen aktualisieren und verbessern.

Im Rahmen der Nachhaltigkeitsstrategie der Bundesregierung hat der Staatssekretärsausschuss für nachhaltige Entwicklung dazu im Dezember 2010 einen weitreichenden Beschluss mit klaren Vorgaben gefasst. Um der Verantwortung für eine nachhaltige Entwicklung stärker Rechnung zu tragen, soll die öffentliche Beschaffung der Bundesressorts sowie die der nachgeordneten Behörden und Dienststellen in Zukunft deutlich nachhaltiger ausgerichtet werden und unter Beachtung des vergaberechtlichen Wirtschaftlichkeitsgrundsatzes beispielsweise nur noch Produkte der jeweils höchsten Energieeffizienzklasse beschaffen, auf Umweltzertifikate und EMAS-Standards achten, die Emissionswerte der Dienstwagenflotte bis 2015 deutlich absenken und den Gebäudebestand energetisch sanieren.

Hierzu zählt auch, dass das Bundesministerium für Arbeit und Soziales seiner Vorreiterrolle für CSR gerecht werden, und erstmals im Jahr 2011 einen eigenen CSR-Bericht vorlegen will, der nach GRI-Kriterien erstellt ist.

5 Schluss

Gewiss ist es ein Jahr nach der Beschlussfassung des Kabinetts über Nationale
Strategie zur gesellschaftlichen Verantwortung von Unternehmen und den Aktionsplan CSR zu früh, ein Fazit zu ziehen oder gar einen Vergleich zur Leistungsfähigkeit mit CSR-Konzeptionen in anderen Ländern zu wagen. Dennoch sind erste
positive Ergebnisse zu verzeichnen, ist ein gestiegenes Interesse an CSR-Themen
spürbar und werben immer mehr Unternehmen offensiv mit ihren Nachhaltigkeitsleistungen, sodass durchaus von Aufbruchsstimmung die Rede sein kann. Diese
hat mittlerweile auch Unternehmen erfasst, von denen man noch vor nicht allzu
langer Zeit nicht im Entferntesten hätte vermuten können, dass sie sich jemals
mit Fragen einer werteorientierten und nachhaltigen Unternehmenspolitik befassen
würden. Hier beleben ein gewachsenes Verbraucherinteresse und bessere Informa-
tionsgrundlagen durchaus das CSR-Geschäft auch qualitativ und gehen deutlich
über rein kommunikative Aspekte hinaus. Gerade nach der Reaktorkatastrophe in
Japan wächst die Zahl der Unternehmen, die unter dem Stichwort „Solutions for
the world" mit neuen Technologien und nachhaltigen Produkten ihre Position auf
dem Weltmarkt festigen und ausbauen. Gerade in den letzten Monaten ist hier ei-
niges in Bewegung gekommen, und dieser Prozess ist gewiss noch längst nicht
abgeschlossen.

Mit Spannung wird man aus deutscher Sicht beobachten, wohin sich die CSR-
Thematik auf europäischer Ebene bewegen wird, wenn die CSR-Mitteilung der
EU-Kommission veröffentlicht ist und erkennbar wird, in welche Richtung die
angekündigte gesetzliche Regelung einer verbindlicheren Nachhaltigkeitsberichterstattung für Unternehmen tendiert.

In Deutschland wird das CSR-Forum seine Arbeit sicher in gewohnt kon-
struktiver Weise fortsetzen, die Umsetzung des Aktionsplans aktiv begleiten und
in Form eines Monitorings aufmerksam beobachten und bewerten. Sofern es die
Situation mit sich bringen sollte, wird das Gremium sich bei Bedarf sich aber gewiss auch neuen Aufgabenstellungen nicht verschließen, sondern gegebenfalls
Positionen weiterentwickeln oder auch neue CSR-Themen aufgreifen.

Soziale Verantwortung aus Sicht des österreichischen BMASK[1]

Sylvia Bierbaumer

1 Das CSR-Konzept des Bundesministeriums für Arbeit, Soziales und Konsumentenschutz

Strikt nach seinem Wortlaut ist der Terminus „Corporate Social Responsibility" mit „sozialer Verantwortung von Unternehmen" zu übersetzen. Angesichts der Weiterentwicklungen des Konzepts in den vergangenen Jahren und Jahrzehnten ist allerdings davon auszugehen, dass der Begriff heute in einem noch viel breiteren Zusammenhang verwendet wird und nicht mehr nur die Übernahme von sozialer Verantwortung durch Unternehmen, sondern auch durch Organisationen und die Politik beschreibt.

Nach Auffassung des Bundesministeriums für Arbeit, Soziales und Konsumentenschutz (BMASK) bezieht sich der Begriff auf die freiwillige Selbstverpflichtung von Organisationen und Unternehmen, soziale Verantwortung zu übernehmen und über die gesetzlichen Mindestanforderungen hinausgehende Maßnahmen zu treffen, die soziale, ökologische und ökonomische Nachhaltigkeit fördern sollen. Gemäß seinem Kompetenzbereich legt das BMASK im Themenfeld CSR einen Fokus auf die soziale Komponente, welche wesentlich dazu beiträgt, soziale Nachhaltigkeit im Sinne von Armutsbekämpfung, sozialem Ausgleich und sozialer Sicherheit zu schaffen. Von zentraler Bedeutung sind in diesem Zusammenhang Aspekte wie die Einhaltung von Menschenrechten, der Schutz und die Förderung von ArbeitnehmerInnen, die Berücksichtigung der Interessen von KonsumentInnen, die Gewährleistung von Chancengleichheit und Nichtdiskriminierung – beispielsweise in Form von Diversität Management und Gender Mainstreaming – sowie die Entwicklung des lokalen und regionalen sozialen Umfeldes.

Als ganzheitliche und langfristige Strategie verstanden, ist CSR nur dann erfolgreich, wenn es von der Organisations- bzw. Unternehmensführung ausgehend in die Organisations- bzw. Unternehmenskultur integriert wird, sich auf das Kerngeschäft erstreckt sowie die gesamte wirtschaftliche Wertschöpfungskette und daher auch beispielsweise Subunternehmen und LieferantInnen umfasst. Sowohl bei der Planung und Gestaltung als auch bei der Umsetzung und Kontrolle von CSR-Maßnahmen kommt den relevanten Anspruchsgruppen wie ArbeitnehmerInnen und ihren Vertretungen (z.B. Betriebsrat), den Sozialpartnern, Nicht-

---

[1] Bundesministerium für Arbeit, Soziales und Konsumentenschutz

regierungsorganisationen, KonsumentInnen, InvestorInnen, LieferantInnen oder Betroffenen im lokalen und regionalen Umfeld des Betriebes eine grundlegende Rolle zu. Die aktive Einbindung von internen und externen StakeholderInnen in Form eines kontinuierlichen und intensiven Dialoges ist ein wesentlicher Bestandteil von CSR und kann daher nicht ausgespart werden. Im Sinne der Transparenz müssen Informationen über CSR-Aktivitäten von Seiten der Unternehmen und Organisationen sowohl verständlich und nachvollziehbar kommuniziert werden als auch seriös und leicht zugänglich sein.

Wie bereits anfangs ausgeführt, beschränkt sich das beschriebene CSR-Konzept nicht nur auf Unternehmen, sondern betrifft auch Organisationen im weiteren Sinn und damit ebenfalls Gebietskörperschaften und Körperschaften des öffentlichen Rechts wie das BMASK. Insbesondere Letztere sollen eine Vorreiterrolle hinsichtlich sozialer Verantwortung einnehmen. Neben Mitgliedschaften und der aktiven Mitarbeit in für den CSR-Bereich relevanten Vereinen und Gremien fördert das BMASK daher viele CSR-Projekte, die zur Weiterentwicklung beziehungsweise zur Verbreitung und Umsetzung des CSR-Konzepts dienen, und setzt auch innerhalb des eigenen Ressorts CSR-Maßnahmen um, die in erster Linie Aktivitäten umfassen, die die Vorreiterrolle des BMASK in Bezug auf die Verbesserung der Arbeitsbedingungen und die Förderung von MitarbeiterInnen des BMASK weiter ausbauen.

2 CSR und ...

Gemäß dieser Definition handelt es sich bei CSR um ein Querschnittsthema. Insbesondere in seiner sozialen Dimension berührt CSR etliche weitere, für das BMASK besonders relevante Themenbereiche, wie im Folgenden genauer erläutert wird.

2.1 ... Menschenrechte

CSR hat eine umfassende menschenrechtliche Relevanz, speziell in Bezug auf die internationale Wirtschaftstätigkeit und die globalen Versorgungsketten.[2]

Unternehmen und Organisationen haben ihre soziale Verantwortung wahrzunehmen, indem sie menschenrechtliche sowie grundlegende arbeits- und sozialrechtliche Standards entlang der gesamten Wertschöpfungskette einhalten.[3] CSR bedeutet, dass sich Unternehmen und Organisationen zur Einhaltung von Menschenrechten weltweit bekennen, die Auswirkungen ihres Handelns auf ihr soziales Umfeld analysieren, bewusstseinsbildend tätig werden und darüber hinaus überprüfen, ob ihre LieferantInnen und VertragspartnerInnen internationale Mindeststandards in diesem Bereich erfüllen. Durch die Herstellung von und den Handel mit fairen Produkten können Unternehmen und Organisationen einen Beitrag zur Armutsbekämpfung und zur Verbesserung der Arbeitsbedingungen

---

[2] vgl. Keinert (2008): 75f.; vgl. Grünbuch KOM(2001) 366 endgültig: 14
[3] Schauder (2011)

in Entwicklungsländern leisten.[4] Auf diese Weise wird etwa Zwangsarbeit, Menschenhandel zum Zwecke der Arbeitsausbeutung oder Kinderarbeit entgegengewirkt.

Der Großteil der österreichischen Unternehmen assoziiert das Thema Menschenrechte mit Ländern außerhalb der EU, weil davon ausgegangen wird, dass Menschenrechte in Österreich und der EU ohnehin eingehalten werden.[5] Doch der Themenbereich ist nicht nur für Unternehmen und Organisationen wesentlich, die in Entwicklungsländern tätig sind oder Rohstoffe und Produkte aus diesen Ländern beziehen. Auch beschränken sich CSR-Aktivitäten mit Menschenrechtsbezug nicht auf Geld- und Sachspenden an Hilfsorganisationen, Sponsoringverträge oder die Unterstützung von Sozialprojekten, sondern beinhalten ebenso Nichtdiskriminierungsmaßnahmen im Betrieb, die Förderung von Chancengleichheit und von bestimmten benachteiligten Gruppen, faire und existenzsichernde Entlohnung oder Maßnahmen bezüglich der Gesundheit und Sicherheit am Arbeitsplatz, die über die grundlegend einzuhaltenden gesetzlichen Mindestanforderungen hinausgehen. Um zu erreichen, dass Menschenrechte bewusst in CSR-Maßnahmen einfließen und diese auch als menschenrechtsrelevante Initiativen wahrgenommen werden, gilt es daher, Unternehmen und Organisationen verstärkt zu sensibilisieren.

Neben allgemeiner Bewusstseinsbildung fördert das BMASK gezielt Projekte in diesem Bereich, wie beispielsweise eine aktuelle Studie des Ludwig Boltzmann-Institutes für Menschenrechte (BIM) zu Menschenhandel zum Zwecke der Arbeitsausbeutung[6]. Weiters wurde das LARRGE-Projekt kofinanziert, welches vom BIM in Kooperation mit britischen und dänischen PartnerInnen im Rahmen des EU PROGRESS-Programms in den Jahren 2009 und 2010 umgesetzt wurde. Dabei wurden die relevantesten auf EU-Ebene angewandten CSR-Instrumente hinsichtlich deren Bedeutung für die Verwirklichung von fairen Arbeitsbedingungen sowie von sozialen und menschenrechtlichen Standards analysiert. Die Ergebnisse wurden in einem Leitfaden, dem sogenannten Labour-Rights-Responsibilities-Guide (LARRGE) zusammengefasst, der Unternehmen und Organisationen einen Überblick über die zur Verfügung stehenden Werkzeuge bieten sowie sie bei der Identifizierung des für ihre Ansprüche am besten geeigneten Instrumentes unterstützen soll und online abrufbar ist.[7]

Das BMASK unterstützt zudem Initiativen der Südwind-Agentur, wie das EU-Projekt "CSR-Prozesse in der Kaffee-, Blumen- und Bekleidungsbranche durch stärkere Partizipation von KonsumentInnen in Europa und von Süd-AkteurInnen vertiefen und ausweiten". Im Zuge dieses Projektes wurden in den Jahren 2007 bis 2009 CSR-Prozesse untersucht und Sensibilisierungsmaßnahmen gesetzt, um durch Bewusstseinsbildung bei KonsumentInnen auf europäische Unternehmen Druck auszuüben, die Arbeits- und Lebensbedingungen in ihren Produktionsstätten verstärkt zu berücksichtigen und Beiträge zu deren Verbesserung zu leisten.

---

[4] vgl. Fair Trade (2011)
[5] Lukas/Wirtenberger (2005): 13
[6] vgl. Planitzer/Sax (2011)
[7] vgl. Ludwig Boltzmann Institute of Human Rights – BIM (2011)

Ein aktuelles EU-Projekt mit dem Titel „Menschenwürdige Arbeit für menschenwürdiges Leben", das der Verein Südwind mit der finanziellen Unterstützung des BMASK umsetzt, hat die Entwicklung gemeinsamer internationaler Strategien von Gewerkschaften und Betriebsräten zum Ziel. Dadurch soll gegen den Trend angekämpft werden, dass Unternehmen ihre Produktion und Dienstleistungen aus der EU immer mehr in Billiglohnländer auslagern, in denen kaum Sozial- und Umweltstandards sowie Arbeitsrechte vorhanden sind bzw. überprüft werden. In Seminaren, Lehrgängen und Veranstaltungen können sich Gewerkschaftsmitglieder, FunktionärInnen und BetriebsrätInnen aus verschiedensten Ländern über globale Zusammenhänge und gewerkschaftliche Handlungsmöglichkeiten informieren und Erfahrungen austauschen.

2.2 ... ArbeitnehmerInnen

Unternehmen und Organisationen tragen grundlegend zum Erhalt und Ausbau der sozialen Sicherheit und Gerechtigkeit sowie zur Minderung von Armut und sozialer Ausgrenzung bei, indem sie existenzsichernde und diskriminierungsfreie Arbeits- und Ausbildungsverhältnisse schaffen. Zentral sind dabei die sozialversicherungsrechtliche Absicherung der Arbeitsplätze, der Ausbau von Beschäftigungsmöglichkeiten für Menschen aus benachteiligten Gruppen sowie diskriminierungsfreie und transparente Personalauswahlverfahren, die Gewährleistung von angemessenen Arbeitsbedingungen sowie die Auszahlung von gerechten, nachvollziehbaren Löhnen und Gehältern – insbesondere in Bezug auf Frauen und Männer[8].

Das Arbeitsrecht und die gesetzlichen Bestimmungen zum Arbeits- und Gesundheitsschutz von ArbeitnehmerInnen sind in Österreich auf sehr hohem Niveau. CSR-Aktivitäten müssen über diese gesetzlichen Verpflichtungen hinausgehen und umfassen beispielsweise die Förderung der Sicherheit und der psychischen und körperlichen Gesundheit aller Beschäftigten mittels unterschiedlicher alter(n)s- und geschlechtergerechter Maßnahmen. Ziel ist es, physische, psychische und soziale Belastungen am Arbeitsplatz zu reduzieren und die Arbeitsbedingungen zu verbessern, um gesundheitlichen Problemen vorzubeugen, Gesundheitspotenziale zu stärken und das Wohlbefinden – und damit auch die Zufriedenheit, Motivation und Effizienz – der MitarbeiterInnen zu fördern. Relevant sind hier vor allem gesundheitsfördernde Maßnahmen, die über den gesetzlichen ArbeitnehmerInnenschutz, das ArbeitnehmerInnenschutzgesetz (ASchG) hinausgehen.

Sozial verantwortliche Unternehmen und Organisationen setzen außerdem Aktivitäten zur besseren Vereinbarkeit von Beruf und Privatleben für beide Geschlechter. So ermöglichen sie allen ihren ArbeitnehmerInnen inklusive Führungskräften eine flexible Gestaltung der Arbeitszeit – etwa in Form von Gleitzeit, eines Sabbaticals, einer kurzfristigen Freistellung oder eines vorübergehenden Wechsels in Teilzeit – und passen auch interne Abläufe entsprechend an, beispielsweise indem Sitzungstermine nur in der Kernarbeitszeit angesetzt

---

[8]   vgl. Abschnitt 2.4

werden. Für ArbeitnehmerInnen mit familiärer Verantwortung ist zusätzlich die Möglichkeit einer unternehmensinternen Kinderbetreuung (z.B. Betriebskindergarten) oder von Telearbeit und Weiterbildungsangeboten während der Karenzzeit, um den Wiedereinstieg in das Berufsleben zu erleichtern, wichtig. Vereinbarkeitsmaßnahmen müssen für Frauen und Männer gleichermaßen zur Verfügung stehen und auch die Inanspruchnahme muss in Bezug auf beide Geschlechter gefördert werden. Die Vereinbarkeit von Familie und Beruf lastet überwiegend auf Frauen, entweder in ihrer Rolle als Mutter oder auch hinsichtlich der Pflege von Angehörigen. Ein „Umdenken" ist daher dringend notwendig und Angebote für Männer, wie etwa die Väterkarenz, müssen verstärkt geschaffen und unterstützt werden.[9] Hier soll einerseits Informations- und Sensibilisierungsarbeit zur verstärkten Beteiligung der Väter an der Familienarbeit geleistet werden und andererseits sollen zielgerichtete Maßnahmen erarbeitet werden, um Männer zu motivieren, Karenzurlaub in Anspruch zu nehmen.

Weiters sollten sozial verantwortungsvolle Unternehmen und Organisationen allen Beschäftigten in jedem Stadium ihrer Berufserfahrung Zugang zu relevanter beruflicher Aus- und Weiterbildung ermöglichen. Sowohl fachspezifische als auch persönlichkeitsbildende Weiterbildungsmaßnahmen – z.B. Mentoringprogramme, Coaching- und Mediationsangebote – sollen forciert werden.

Besonders wichtig ist es, ArbeitnehmerInnen und ihre Vertretungen auch hinsichtlich der Planung und Umsetzung von CSR-Maßnahmen einzubeziehen. Dieses grundlegende Merkmal von CSR stellt auch z.B. im Rahmen der Verleihung des Betrieblichen Sozialpreises einen Schwerpunkt dar, welcher vom BMASK unterstützt wird.

Der vom Verein fair-finance ins Leben gerufene Betriebliche Sozialpreis für österreichische Unternehmen wurde erstmals im Jahr 2008 vergeben. Im Rahmen des Wettbewerbs werden soziale Projekte und Maßnahmen prämiert, die auf betrieblicher Ebene organisiert werden. Wesentlich ist das partnerschaftliche Engagement von ArbeitnehmerInnen und ArbeitgeberInnen. So werden etwa Projekte ausgezeichnet, die gemeinsam vom Betriebsrat und dem/der ArbeitgeberIn initiiert werden. Besonderes Augenmerk wird außerdem auf die Nachahmbarkeit der Projekte und somit auf die Vorbildwirkung gelegt. Seit 2009 hat Bundesminister Rudolf Hundstorfer den Ehrenschutz für den Betrieblichen Sozialpreis inne, das BMASK ist außerdem in der unabhängigen, sozialpartnerschaftlich zusammengesetzten Fachjury vertreten.

2.3 ... Diversität

Einen weiteren Themenbereich, der untrennbar mit CSR verbunden ist, stellt Diversität dar. Soziale Verantwortung zu übernehmen bedeutet, Chancengleichheit für alle Teile der Gesellschaft zu fördern und dem Gedanken der Vielfalt einen besonderen Stellenwert einzuräumen. Betriebe, die sozial verantwortlich handeln,

---

[9] Glettler (2008): 155f

müssen jeglicher Art der Ungleichbehandlung durch gezielte Strategien entgegenwirken.

In seiner engsten Definition umfasst Diversität sechs Dimensionen:

- Alter,
- Behinderung,
- ethnische Zugehörigkeit,
- Geschlecht,
- Religion oder Weltanschauung und
- sexuelle Orientierung.

Diese Kerndimensionen spiegeln sich im österreichischen Recht, speziell im
Gleichbehandlungsgesetz (GlBG), im Bundes-Gleichbehandlungsgesetz (B-GlBG)
und dem Bundes-Behindertengleichstellungs- (BGStG) sowie dem Behinderteneinstellungsgesetz (BEinstG) wider, welche zum legistischen Zuständigkeitsbe-
reich des BMASK zählen. Durch selbige Gesetze wird die Gleichbehandlung ins-
besonders in Bezug auf existenzsichernde Löhne und Gehälter, Sozialleistungen,
Aufstiegschancen und Weiterbildungsmöglichkeiten für alle Teile der Gesellschaft
gesichert. Das mittelfristige Ziel des BMASK ist es, nicht nur in seinem eigenen
Wirkungsbereich, sondern ganz generell ein noch weiter gehendes gleichmäßiges
Engagement in allen sechs Diversitätsdimensionen in Unternehmen und Organisationen zu fördern. Denn analog zu ernsthaft betriebenem CSR-Management geht
Diversity Management über die rechtlichen Rahmenbedingungen zur Gleichbe-
handlung und Antidiskriminierung hinaus.[10]

Weiters unterstützt das BMASK die in unserer Gesellschaft am stärksten
von Benachteiligung betroffenen Gruppen mit speziellen Maßnahmen bei der
Integration in den Arbeitsmarkt. Als Beispiele wären der Nationale Aktionsplan
zur Gleichstellung von Frauen und Männern am Arbeitsmarkt, Beratungs-, För-
derungs- und Qualifizierungsmaßnahmen für MigrantInnen sowie Programme des
AMS und Beschäftigungskampagnen für Menschen mit Behinderung zu nennen.

In Hinblick auf die Dimension Alter hat das BMASK das Gütesiegel
NESTORGOLD auf breiter sozialpartnerschaftlicher Basis entwickelt. Ziel der
Initiative NESTORGOLD ist es, in österreichischen Organisationen und Unternehmen
das Bewusstsein für den besonderen Wert älterer MitarbeiterInnen und den
Generationendialog zu stärken sowie Alter(n)sgerechtigkeit und die Umsetzung
konkreter Maßnahmen für ältere MitarbeiterInnen zu fördern.[11]

Generationenvielfalt ist nicht nur ein „nice-to-have", sondern entwickelt sich
vielmehr zu einem „must-have". Die *Erwerbsprognosen der Statistik Austria von
2006 und 2009* zeigen eindeutig auf, dass sich die Altersverteilung am österreichischen Arbeitsmarkt bereits 2015 umdreht und die über-45-jährigen Personen
erstmals den größten Anteil der Erwerbsfähigen am Arbeitsmarkt darstellen. Ein
ähnliches Bild für die demografische Entwicklung der EU zeichnet *Eurostat*. Auch

---

[10] Liegl (2011): 59 f
[11] BMASK (2011)

die EU-25-Länder müssen mit einer starken Alterung der Bevölkerung bis 2030 und einem deutlichen anteilsmäßigen Anstieg der Bevölkerung über 55 Jahren im Vergleich zur Bevölkerung im Erwerbsalter (15-64 Jahre) rechnen. Durch ausgewogenes Alter(n)smanagement können österreichische Unternehmen und Organisationen folglich nicht nur ihre MitarbeiterInnen, sondern auch ihre eigene Zukunft absichern.

Die gezielte Förderung und Integration von Vielfalt im eigenen Betrieb kann nur ein Vorteil sein. In einer globalisierten Welt sind Gesellschaft und Alltag von Vielfalt geprägt. Die systematische Abbildung dieser Realität in der eigenen Belegschaft, der Organisation bzw. dem eigenen Unternehmen erleichtert es, auf die unterschiedlichen Bedürfnisse und Wünsche der verschiedenen Anspruchsgruppen außerhalb des Betriebes einzugehen.[12]

Daher stellt auch die Diversitätsdimension Behinderung – insbesondere die Integration von Menschen mit Behinderung – ein sehr wichtiges Thema für das BMASK dar. Unter Federführung des BMASK soll bis Ende 2011 der Nationale Aktionsplan für Behinderte erstellt werden, welcher die Leitlinien der österr. Behindertenpolitik für die Jahre 2011 bis 2020 vorgeben wird.

Die Diversitätsdimensionen ethnische Zugehörigkeit und Religion werden ebenso wie sexuelle Orientierung vom BMASK durch die Förderung von spezifischen Projekten wahrgenommen. So übernahm Bundesminister Rudolf Hundstorfer im Jahr 2009 den Ehrenschutz für die erste Verleihung des meritus-Preises und ist 2011 auch Jurymitglied für selbigen. Dieser Preis wird auf Initiative des Vereins zur Förderung homo- & bisexueller Führungskräfte, austrian gay professionals (agpro), und der Interessensgemeinschaft lesbischer Führungskräfte, Unternehmerinnen, Expertinnen und Selbstständige, Queer Business Women (QBW) vergeben. Beweggrund für die Einführung des Preises ist die wirtschaftliche Realität, in welcher es noch immer (fast) keine Anreize für Unternehmen und Organisationen gibt, Aspekte der sexuellen Orientierung in ihre Unternehmenskulturen, Leitbilder etc. zu integrieren. Doch erst in einer Arbeitsatmosphäre, die sich durch gegenseitigen Respekt, Wertschätzung und Vertrauen – auch hinsichtlich der sexuellen Orientierung – auszeichnet, können alle MitarbeiterInnen ihr Potenzial vollständig abrufen und frei entfalten.

2.4 ... Gender

Nicht trotz, sondern wegen dem Bekenntnis zur gleichrangigen Beachtung aller sechs Diversitätsdimensionen legt das BMASK besonderes Augenmerk auf Gender Mainstreaming und Gender Budgeting. Aufgrund der weiterhin unbefriedigenden Lage von Frauen hinsichtlich ihrer Gleichstellung gegenüber Männern in Österreich[13] ist spezifische Frauenförderung unerlässlich und sollte für jeden sozial verantwortlich handelnden Betrieb selbstverständlich sein. Das BMASK trägt dieser Verantwortung seit vielen Jahren durch einen engagierten und umfassenden Frauen-

---

[12] Weber/Steinkellner (2010): 32
[13] Bendl (2011): 81f

förderungsplan[14] Rechnung und erhielt weiters aufgrund vorbildlicher Maßnahmen im Bereich Vereinbarkeit von Beruf und Familie das Gütesiegel „Audit Beruf und Familie". Neben einem flexiblen Arbeitszeitmodell wird den MitarbeiterInnen unter anderem Telearbeit ermöglicht und die Inanspruchnahme der Väterkarenz aktiv unterstützt. Außerdem werden ein Mentoringprogramm für Frauen, spezifische Gesundheitsförderungsprogramme sowie Aus- und Weiterbildungsmaßnahmen initiiert, angeboten und durchgeführt.

Darüber hinaus wird der budgetäre Mitteleinsatz im BMASK durch die „Genderbrille" betrachtet. Denn Gender Budgeting spielt eine zentrale Rolle in der nachhaltigen Verminderung geschlechtsspezifischer Disparitäten. Zudem wurde, bedingt durch die Haushaltsrechtsreform (Abgang von der Kameralistik hin zu einer wirkungsorientierten Haushaltsführung), nunmehr konkret die Strategie des Gender Mainstreaming explizit in der Budgeterstellung basierend auf der verfassungsrechtlichen Vorgabe gemäß Art. 13 Abs. 3 B-VG verankert. Finanzielle Mittel werden dabei als Steuerungsinstrument eingesetzt, um Ungleichverteilungen von Frauen und Männern entgegenzuwirken.

In der Praxis bedeutet dies, dass sowohl alle internen als auch externen Projekte auf Genderaspekte überprüft werden und erst danach über die Genehmigung entschieden wird. Im Bereich der Subventionen ist etwa schon bei Antragstellung durch den/die FörderwerberIn darzulegen, welche Auswirkungen das angesuchte Projekt auf die Gleichstellung von Frauen und Männern entfaltet. Im Rahmen der öffentlichen Auftragsvergaben können Genderaspekte als Zuschlagskriterium herangezogen werden. So soll der Gedanke der Gleichstellung von Frauen und Männern nicht nur ressortintern umgesetzt, sondern auch im Sinne einer Sensibilisierung mittels spezifischer Anforderungen an Projektförderungen nach außen in Organisationen und Unternehmen getragen werden.

Nicht zuletzt hat das BMASK aber auch durch die aktive Unterstützung von ressortübergreifenden Kampagnen, wie der von der Bundesministerin für Frauenangelegenheiten und Öffentlichen Dienst, Gabriele Heinisch-Hosek, initiierten „Gleich=Fair"-Kampagne, wichtige Meilensteine in der Gleichstellungspolitik gesetzt. Unter diesem Motto konnte die mit 1.März 2011 in Kraft getretene Novelle zum Gleichbehandlungsgesetz *(GlBG)*[15] und *B-GlBG*[16] beschlossen werden, welche Unternehmen mit derzeit mehr als 1000 Beschäftigten zur Einkommenstransparenz durch Einkommensberichte verpflichtet. Im Endausbau werden ab 2014 sogar Unternehmen mit mehr als 150 ArbeitnehmerInnen in die Pflicht genommen. Dadurch wird den MitarbeiterInnen erstmals die Möglichkeit geboten, eventuelle Einkommensunterschiede zu überprüfen und gegen ungerechte Entlohnung vorzugehen. Darüber hinaus wird der österreichische Aktionsplan zur Gleichstellung von Frauen und Männern am Arbeitsmarkt[17] unter aktiver Beteiligung des BMASK durch vielfältige Maßnahmen umgesetzt.

---

[14] BGBl. II Nr. 472/2009
[15] BGBl. I Nr. 7/2011
[16] BGBl. I Nr. 6/2011
[17] Bundeskanzleramt Österreich. Bundesministerin für Frauenangelegenheiten und Öffentlichen Dienst (2010)

2.5 ... KonsumentInnen

Oftmals wird im Zusammenhang mit der Forderung an Unternehmen und Organisationen, soziale Verantwortung zu übernehmen, auch die Frage nach der Verpflichtung der KonsumentInnen, soziale Verantwortung bei ihren Konsumentscheidungen zu beweisen, gestellt. Besonders wirtschaftsliberale Stimmen bestehen darauf, dass die Nachfrage den Markt verändern kann, und unterstellen den KonsumentInnen gleichzeitig mehr oder weniger direkt, dass ihnen nur der Wille zur Übernahme von sozialer Verantwortung fehlt.

Tatsächlich zeigen Studienergebnisse, dass viele KonsumentInnen die Möglichkeit begrüßen würden, ihre Konsumentscheidungen anhand von ethischen und sozialen Kriterien zu fällen – so die Produkte auch leistbar sind – und sogar über 70 % der Unternehmen[18] eine klare und einheitliche Kennzeichnung von sozial verantwortlich hergestellten Produkten und Dienstleistungen befürworten. Die derzeit sehr stark variierenden Standards und freiwilligen Auszeichnungen auf dem diesbezüglich zu wenig regulierten Markt öffnen vielen TrittbrettfahrerInnen und der „Grünwäsche" hinsichtlich der sozialen und ökologischen Nachhaltigkeit Tür und Tor.[19] Ein CSR-Gütesiegel statt des stetig anwachsenden Dschungels an Gütesiegeln und Labels, welches auf einer seriösen Überprüfung anhand von transparenten Kriterien basiert, würde für KonsumentInnen eine wichtige Orientierungshilfe darstellen und sie mit den ProduzentInnen auf Augenhöhe bringen.[20]

Das BMASK spricht sich daher klar für die Entwicklung eines einheitlichen Kennzeichnungssystems für Produkte, die besonders unter der Achtung der Menschen- und Arbeitsrechte entlang der gesamten Wertschöpfungskette, aber auch unter ökologischen Bedingungen hergestellt wurden, aus. Und schlussendlich muss unterstrichen werden, dass die Entscheidung, soziale Verantwortung zu übernehmen, wohl nicht alleine von der Nachfrage abhängen kann, sondern eine frei gewählte Selbstverpflichtung ist.[21]

3 Rolle des BMASK bei der Förderung von CSR in Österreich

Die Politik kann die soziale Verantwortung von Unternehmen und Organisationen auf nationaler, europäischer und internationaler Ebene in vielfacher Weise unterstützen: Durch Bewusstseinsbildung und Information, die Schaffung von Anreizen und Rahmenbedingungen in Form von Gesetzen und Standards, durch Qualitätssicherung sowie die Wahrnehmung ihrer Vorbildfunktion.

Bezogen auf die drei Dimensionen der Nachhaltigkeit ist es notwendig, politische Maßnahmen im CSR-Bereich ressortübergreifend in Zusammenarbeit mit

---

[18] Raith/Ungericht/Korenjak (2009): 18
[19] vgl. Abschnitt 3.3
[20] Kollmann (2005): 5f.
[21] Corporate Watch (2006): 16

allen StakeholderInnen und unter Berücksichtigung der europäischen Ebene zu entwickeln und gemeinsam umzusetzen.

Öffentlich-rechtliche Körperschaften wie das BMASK und auch sonstige öffentliche Institutionen stellen selbst eine einflussreiche Gruppe von KonsumentInnen und InvestorInnen dar. Sie sind gefordert, nicht nur an private Unternehmen und KonsumentInnen bzw. InvestorInnen hinsichtlich ihres Konsumverhaltens zu appellieren, sondern ebenso selbst soziale Verantwortung als Kriterium bei ihren Konsum- und Investitionsentscheidungen zu berücksichtigen. Praktisch bedeutet dies die verpflichtende Berücksichtigung von sozialen, ökologischen und ökonomischen Kriterien bei der öffentlichen Beschaffung, in förderpolitischer und regionalwirtschaftlicher Hinsicht sowie in der öffentlichen Investitionspolitik.

3.1 Zusammenarbeit mit anderen AkteurInnen im CSR-Bereich

Im Sinne des sozialen Dialoges und der Auffassung folgend, dass eine erfolgreiche Stärkung der sozialen Dimension von CSR eine breite Basis braucht, legt das BMASK bei der Weiterentwicklung seiner CSR-Politik besonderen Wert auf die Einbindung aller Interessensgruppen. Neben den Sozialpartnerorganisationen stellen auf Seite der Zivilgesellschaft das „Netzwerk Soziale Verantwortung" (NeSoVe) und auf Seite der Wirtschaft die Unternehmensplattform respACT – Austrian Business Council for Sustainable Development wichtige CSR-AnsprechpartnerInnen für das BMASK dar.

NeSoVe, bei dem das BMASK außerordentliches Mitglied ist, hat sich die Förderung, Weiterentwicklung und Beobachtung der sozialen Verantwortung von Unternehmen im Sinne der von staatlicher als auch von Unternehmenspolitik betroffenen Anspruchsgruppen zum Ziel gesetzt. Es versteht soziale Verantwortung ebenfalls als einen ganzheitlichen Ansatz und fordert die Einbeziehung aller relevanten Anspruchsgruppen, wenn es um die aktive Ausgestaltung, Implementierung und Kontrolle von CSR-Maßnahmen geht. Da sich in NeSoVe etliche Interessensvertretungen von ArbeitnehmerInnen und NGOs vereinen, fungiert es außerdem als wichtige Informations- und Kommunikationsdrehscheibe der Zivilgesellschaft und stellt gewissermaßen einen wichtigen Multiplikator für neue Impulse im CSR-Bereich dar.

Als Pendant bzw. Ergänzung dazu steht seitens der österreichischen Wirtschaft *respACT*, bei dem das BMASK förderndes Mitglied ist, für „responsible action" hin zu mehr Nachhaltigkeit im unmittelbaren Handlungsfeld eines jeden Unternehmens. Zur Erreichung dieses Ziels setzt respACT auf Erfahrungsaustausch zwischen seinen Mitgliedern und mit CSR-ExpertInnen sowie der Politik, veröffentlicht Informationen über erfolgreiche CSR-Projekte und bietet Interessierten einen Pool an Konzepten und Projekten zu CSR.

Darüber hinaus bemüht sich das BMASK aber auch um eine Betonung der sozialen Komponente über Ressort- und Ländergrenzen hinweg. Als aktuelles Beispiel auf nationaler Ebene ist hier die Mitarbeit des BMASK an der Österreichischen Strategie für Nachhaltigkeit (ÖSTRAT) anzuführen. Durch die Einbringung zahlreicher eigener Fachprojekte in das überarbeitete und 2011 zu beschließende Arbeitsprogramm der ÖSTRAT konnte das BMASK die soziale Komponente noch stärker in der ÖSTRAT verankern. Weiters wurde damit der Weg für die Entwicklung eines gemeinsamen Aktionsprogramms für CSR in Österreich noch in der laufenden Legislaturperiode geebnet.

Auf europäischer Ebene wirkt das BMASK insbesondere durch die von ihm entsendeten VertreterInnen Österreichs zur High Level Group CSR der Europäischen Kommission. So ist es beispielsweise in den Entstehungsprozess einer neuen Mitteilung der Europäischen Kommission zu CSR 2011 miteinbezogen, wobei es um die verstärkte Betonung der sozialen Komponente in den Inhalten der Mitteilung bemüht ist. Gleichzeitig partizipiert das BMASK aber auch am Dialog zwischen den europäischen CSR-AkteurInnen, der speziell durch die regelmäßigen MultistakeholderInnen-Foren auf europäischer Ebene forciert wird.

Außerdem ist das BMASK im Fachnormenausschuss zu CSR des Austrian Standards Institute (Komitee ON-K 251) vertreten und hat sich aktiv an der Entwicklung des internationalen Standards zu CSR, der ISO 26000, beteiligt. Da das Niveau der ISO 26000 allerdings kaum über jenes der gesetzlichen Bestimmungen in Österreich hinausgeht – und dieses sogar teilweise unterschreitet-, wurde in dem Gremium unter Beteiligung aller StakeholderInnengruppen ein nationales normatives CSR-Dokuments in Form einer ON-Regel für CSR erarbeitet.[22]

3.2 Bewusstseinsbildung und Sensibilisierung

Auch wenn die Diskussion über CSR bereits über mehrere Jahrzehnte zurückverfolgt werden kann, so handelt es sich doch noch immer um ein relativ neues Thema auf dem politischen und wirtschaftlichen Parkett. Es ist daher nicht überraschend, dass viele – insbesondere Unternehmens- und OrganisationsvertreterInnen – mit dem Begriff CSR noch nicht vertraut sind.[23]

Deshalb setzt das BMASK auf Bewusstseinsbildung und Sensibilisierung, indem es jegliche Maßnahmen, die den Bekanntheitsgrad von CSR steigern und für die Notwendigkeit der Implementierung von CSR sensibilisieren, fördert. Teils sind dies eigene Initiativen des BMASK, wie beispielsweise das Gütesiegel NESTOR[GOLD24], teils sind dies Projekte in Zusammenarbeit mit NeSoVe oder respACT, oder es handelt sich dabei um Kofinanzierungen von Preisen, wie beispielsweise des meritus-Preises[25], des Betrieblichen Sozialpreises[26] oder des von respACT organisierten TRIGOS, der seit 2004 jährlich an Unternehmen und Organisationen vergeben wird, die sich besonders für CSR engagieren.

Die vom Verein NeSoVe, vom Institut für empirische Sozialforschung (IFES) und der Universität Graz durchgeführte und vom BMASK, Bundesministerium für Wirtschaft, Familie und Jugend (BMWFJ) und dem Land Steiermark geförderte

---

[22] ONR 192500 (2011)
[23] Raith/Ungericht/Korenjak (2009): 81
[24] vgl. Abschnitt 2.3
[25] vgl. Abschnitt 2.3
[26] vgl. Abschnitt 2.2

repräsentative Studie „CSR in Österreich"[27] legte erstmals den Umsetzungsstand in und Motive von österreichischen Unternehmen zu CSR offen. Veranstaltungen wie der in Zusammenarbeit mit respACT organisierte „Marktplatz der guten Geschäfte zur Minderung von Armut und sozialer Ausgrenzung" mit anschließendem Kamingespräch brachten mit fünfzig zwischen Unternehmen und NGOs ausgehandelten Kooperationsvereinbarungen wichtige Impulse für den CSR-Bereich.

3.3 Festlegung und Überprüfung von Normen und Standards

Wie schon eingangs festgehalten wurde, beruht der Entschluss soziale, Verantwortung zu übernehmen, auf Freiwilligkeit. Freiwilligkeit bedeutet in diesem Kontext jedoch nicht, dass die Inhalte von CSR beliebig sind und einzelne Themenbereiche ausgewählt werden dürfen, während andere außer Acht gelassen werden. Vielmehr muss CSR-Engagement bestimmte Kriterien und Mindestanforderungen erfüllen, überprüfbar sein und sich auf alle relevanten Handlungsfelder beziehen. In diesem Sinne gilt es, sich vom Dogma der absoluten Freiwilligkeit zu verabschieden, um den Begriff CSR nicht zu einer leeren Worthülse oder einem Marketinginstrument verkommen zu lassen, und stattdessen verbindliche Spielregeln zu schaffen.

Mittels einheitlicher, präzise formulierter, transparenter und überprüfbarer Normen und Standards kann ein besserer Überblick und eine verbesserte Vergleichbarkeit in Bezug auf die vielfältigen CSR-Aktivitäten erzielt, die Glaubwürdigkeit sozial engagierter Unternehmen und Organisationen gesichert und ein allgemein höheres, standardisiertes Niveau sozialer Verantwortung erreicht werden. CSR-Kriterienkataloge und ein einheitliches Zertifizierungsverfahren mit einem Gütesiegel können zu sozialen, ökologischen und wirtschaftlichen Verbesserungen führen und darüber hinaus die notwendige Transparenz für VerbraucherInnen gewährleisten, die ihren Konsum auf der Grundlage von Nachhaltigkeitskriterien gestalten wollen. Auch bieten sie der Politik die Möglichkeit, sozialen und ökologischen Kriterien in der öffentlichen Beschaffung sowie bei Investitionsentscheidungen eine gewichtigere Rolle zuzuteilen.

Einheitliche Normen und Standards sind nicht nur eine Voraussetzung für ein übersichtliches Kennzeichnungssystem für Produkte und Dienstleistungen, sondern außerdem die Basis für ein begleitendes Monitoring und die externe Evaluierung von Projekten und ein Berichtswesen für Firmen und Organisationen. In Kombination könnten einheitliche Standards in der Kennzeichnung und seriöse Kontrollmechanismen ein „Pick and Choose" sowie die allzu häufige „Grünwäsche" von Produkten und Firmen durch selbstgewählte Verhaltenskodizes oder wahllos zusammengestellte und vage gehaltene Kriterienkataloge verhindern.

Zahlreiche internationale Organisationen wie die UNO oder die OECD haben bereits CSR-Leitlinien und -Standards[28] entwickelt und, es mangelt auch nicht an nationalen Initiativen in diesem Bereich. Letztlich handelt es sich aber meist um

---

[27] Raith/Ungericht/Korenjak (2009)
[28] UN Global Compact Office (2011); OECD (2011); GRI (2011)

unverbindliche Empfehlungen, deren Einhaltung oft entweder gar nicht oder nicht effizient genug kontrolliert wird und die nicht an Sanktionen geknüpft sind.

Von Seiten der österreichischen Unternehmen werden verbindliche und sanktionierbare Regeln in Bezug auf CSR-Maßnahmen in sehr hohem Maße befürwortet. Dem Prinzip der absoluten Freiwilligkeit von CSR bzw. einer unverbindlichen Förderung strikt freiwilliger Maßnahmen wird im Gegensatz dazu eine deutliche Absage erteilt.[29]

Das BMASK setzt sich daher für die Entwicklung von anspruchsvollen und zertifizierbaren Regeln in einem demokratischen Prozess unter Einbeziehung aller Anspruchsgruppen ein. Gleichzeitig betont das BMASK aber auch, dass solche Normen und Indikatoren- bzw. Kriterienkataloge praxisnahe und leicht anwendbar sein müssen. Bei der Entwicklung ist deshalb auf Unterschiede von Unternehmen und Organisationen hinsichtlich der Tätigkeitsfelder, Branchen, Unternehmensgröße oder anderer Merkmale Rücksicht zu nehmen.

In diesem Zusammenhang finanzierte das BMASK auch die Erstellung des Kriterienkataloges „NICK – NeSoVe-Indikatoren-CSR-Katalog", der in einem umfangreichen StakeholderInnenprozess erarbeitet und danach zu einem Online-Tool[30] weiterentwickelt wurde. Kriterienkataloge wie diese sollten in der Zukunft nicht nur Richtliniencharakter haben, sondern Anforderungen darstellen. Ihre Einhaltung sollte von unabhängigen Dritten überprüft und die Ergebnisse der Überprüfung transparent gemacht werden.

3.4 Die soziale Komponente im Sozialministerium

Als in der österreichischen Bundesregierung für CSR hauptverantwortliches Ressort ist dem BMASK natürlich eine Vorbildfunktion zuzuschreiben, wenn es um die Übernahme von sozialer Verantwortung geht. In diesem Bewusstsein will das BMASK nicht nur Unternehmen und Organisationen Vorgaben machen, sondern ihnen mit teils eigens realisierten, teils von ihm geförderten Best-Practise-Beispielen den Weg vorzeichnen und die soziale Komponente von CSR akzentuieren.

So hat das BMASK als erstes Ressort CSR- und Gender Mainstreaming-Kriterien in sein Beschaffungswesen inkludiert und berücksichtigt bereits seit mehreren Jahren neben Gender auch soziale Aspekte bei der Vergabe öffentlicher Aufträge. Konkret bedeutet dies, dass im Vergabeverfahren BieterInnen in Form eines Bonussystems bessere Bewertungen erreichen können, die sich unter anderem durch kontinuierliche gleichstellungsorientierte Personalentwicklung, Gesundheitsförderung der MitarbeiterInnen, Erstellung eines Nachhaltigkeitsberichts oder den Einsatz von fair gehandelten Produkten auszeichnen.

Das BMASK versucht, durch aktives Gender- und Diversity-Management und durch ein lebensphasenorientiertes Personalmanagement die Verschiedenheit der MitarbeiterInnen mit all ihren Eigenschaften, Bedürfnissen, Fähigkeiten und Neigungen in vielen Bereichen aktiv zu fördern. Mit der Umsetzung des

---

[29] vgl. Abschnitt 2.5
[30] weitere Information unter www.nesove.at

Frauenförderplanes und von Maßnahmen zur besseren Vereinbarkeit von Beruf und Familie, einem „Productive Ageing"-Projekt und der Implementierung von Gender Mainstreaming wurde versucht, Diskriminierungen entgegenzuwirken sowie auf individuelle Unterschiede stärker einzugehen und gleichzeitig Entfaltungsmöglichkeiten für die unterschiedlichen Potenziale der MitarbeiterInnen zu bieten. Die im Laufe eines Berufslebens auftretenden alters- und lebensphasenspezifischen Ziele, Interessen, Kompetenzen und Bedürfnisse werden dabei einbezogen. Spezielle Aus- und Weiterbildungsangebote, verpflichtende Trainings für Führungskräfte, Laufbahnplanung – insbesondere auch für Frauen, mit dem Ziel, den Anteil in Führungspositionen sukzessive weiter zu erhöhen – sind in diesem Zusammenhang zu erwähnen.

Mit dem Best-Practise-Beispiel im Bereich der Mobbingprävention, einer eigens dafür partnerschaftlich erarbeiteten Präventionsstrategie, versucht das BMASK psychischen Belastungen aufgrund von Konfliktsituationen am Arbeitsplatz entgegenzuwirken. Die Mobbingpräventionsstrategie „Fair Play" stellt bereits seit 2004 eine verbindliche Vereinbarung für eine würdevolle und partnerschaftliche Zusammenarbeit dar.

4 Ausblick

Auch in der Zukunft wird CSR aus Sicht des BMASK ein wichtiges Thema bleiben. Denn nun gilt es, das bereits erwähnte CSR-Aktionsprogramm[31], welches im Rahmen der ÖSTRAT 2011 beschlossen werden soll, ressortübergreifend und unter Einbindung aller relevanten AkteurInnen noch in dieser Legislaturperiode auszuarbeiten und zu beschließen. Ziel wäre es, Österreich so auch wieder auf europäischem und internationalem Niveau im CSR-Bereich wettbewerbsfähig zu machen. Einige Mitgliedsstaaten der EU wie beispielsweise Deutschland können bereits auf eine solche nationale Strategie verweisen. Es wäre also bedauerlich, wenn Österreich, das bereits über gute Strukturen und Vorarbeiten im CSR-Bereich verfügt – man denke an den Dialog zwischen der Politik, den SozialpartnerInnen, der durch NeSoVe repräsentierten Zivilgesellschaft und der durch respACT vertretenen Unternehmensseite sowie den Prozess im Rahmen der Entwicklung der ON-Regel CSR –, sich hier nicht anschließen würde.

Gleichzeitig verfolgt das BMASK interessiert die Vorbereitungen zur neuen Mitteilung betreffend CSR in Brüssel, die sich in der Endphase befinden. Ersten Informationen nach zu urteilen könnte diese starke Impulse sowohl für die Umsetzung von CSR auf nationaler Ebene als auch zugunsten der Konvergenz der nationalen CSR-Politiken der Mitgliedstaaten setzen. So wird beispielsweise im Bereich der Berichtspflichten über verpflichtende und einheitliche Standards für die gesamte EU nachgedacht. Weiters werden Vorgaben für die Implementierung von sozialen Kriterien in der Beschaffung und Investition – insbesondere im öffentlichen Sektor – angedacht. Auch wird unter anderem aufgrund der bedeuten-

---

[31] vgl. Abschnitt 3.1

den Vorarbeiten des ehemaligen UN Special Representative John Ruggie[32] ein Schwerpunkt auf die Einbeziehung von Menschenrechten in alle Aspekte von CSR gelegt werden.

Demnach wird CSR auch weiterhin ein prioritäres Themenfeld darstellen, in welches sich das BMASK einbringen möchte und wird.

5 Literatur

Bücher:

Bendl, R. (2011): Geschlecht* und Geschlechter*verhältnisse in Organisationen. In: Pauser, N.; Wondrak, M. (Hrsg): Praxisbuch. Diversity Management. Wien: Facultas Verlags- und Buchhandels AG, S. 81-108.

Glettler, E. (2008): Corporate Social Responsibility – Herausforderung und Chance? In: Stelzer-Orthofer, C./Schmidleitner, I./Rolzhauser-Kantner, E. (Hrsg.): Zwischen Wisch-mopp und Laptop. Atypische Frauenarbeit. Wien: ÖGB Verlag, S. 151-156.

Keinert, C. (2008): Corporate Social Responsibility as an International Strategy. Heidelberg: Physica-Verlag.

Liegl, B. (2011): Exkurs: Rechtliche Mindeststandards als Grundlage für Diversity Management. In: Pauser, N./Wondrak, M. (Hrsg): Praxisbuch. Diversity Management. Wien: Facultas Verlags- und Buchhandels AG, S. 59-78.

Planitzer, J./Sax, H. (2011): Combating THB for Labour Exploitation in Austria. In: Rijken C. (Hrsg.): Combating Trafficking in Human Beings for Labour Exploitation in Austria. CB Nijmegen: Wolf Legal Publishers, S. 1-72.

Internetquellen:

BMASK (2011): Gütesiegel NESTOR[GOLD]. www.nestorgold.at – Letzter Zugriff: 06.08.2011.

Bundeskanzleramt Österreich. Bundesministerin für Frauenangelegenheiten und Öffentlichen Dienst (2010): Nationaler Aktionsplan. Gleichstellung von Frauen und Männern am Arbeitsmarkt. http://www.frauen.bka.gv.at/DocView.axd?CobId=40025 – Letzter Zugriff: 06.08.2011.

Business & Human Rights Resource Centre (2011): UN Special Representative Portal. http://www.business-humanrights.org/SpecialRepPortal/Home – Letzter Zugriff: 06.08.2011.

Corporate Watch (2006): What's wrong with corporate social responsibility? www.corporate watch.org.uk – Letzter Zugriff: 06.08.2011.

GRI (2011): Global Reporting Initiative. http://www.globalreporting.org – Letzter Zugriff: 06.08.2011.

Kollmann, K. (2005): Verbraucher und Ethik am Markt. Kurzfassung des Vortrags „Verbraucher und Ethik am Markt" in der Veranstaltungsreihe von Österreichisches Netzwerk Wirtschaftsethik, Industriellenvereinigung 6. 9. 2005. www.arbeiterkammer.at – Letzter Zugriff: 06.08.2011.

Ludwig Boltzmann Institute of Human Rights – BIM (2011): LARRGE – Labour–Rights–Responsibilities-Guide. http://www.larrge.eu – Letzter Zugriff: 06.08.2011.

---

[32] Business & Human Rights Resource Centre (2011)

Lukas, K./Wirtenberger, M. (2005): Corporate Social Responsibility und Menschenrechte – Was tut sich in Österreich? http://www.univie.ac.at/bim/php/bim/get.php?id=178 – Letzter Zugriff: 06.08.2011.

OECD (2011): OECD-Leitsätze für multinationale Unternehmen. http://www.oecd.org/document/3/0,3746,de_34968570_39907066_41979843_1_1_1_1,00.html – Letzter Zugriff: 06.08.2011.

Raith, D./Ungericht, B./Korenjak, T. (2009): Corporate Social Responsibility in Österreich. Studie im Auftrag des Netzwerks Soziale Verantwortung (NeSoVe). http://neu.netzwerksozialeverantwortung.at/media/pdf/Studie_CSR_in%20_Oestereich_final.pdf – Letzter Zugriff: 06.08.2011.

Schnauder, A. (2011): Erst das Geschäft, dann die Ethik. In: Standard, Print-Ausgabe, 4.2.2011. http://derstandard.at/1297819485757/Geld-und-Moral-Erst-das-Geschaeft-dann-die-Ethik – Letzter Zugriff: 06.08.2011.

Weber, L./Steinkellner, A. (2010): Vielfalt und Chancengleichheit als Teil einer CSR-Strategie. In: Wladasch, K./Liegl, B. (Hrsg.) (2010): Vielfalt und Chancengleichheit im Betrieb. Ein Leitfaden für den Umgang mit Vielfalt und die Herstellung von Chancengleichheit in österreichischen Unternehmen. www.chancen-gleichheit.at – Letzter Zugriff: 06.08.2011.

UN Global Compact Office (2011): UN-Global Compact. http://www.unglobalcompact.org – Letzter Zugriff: 06.08.2011.

Rechtsquellen:

BGBl. I 6/2011:Bundesgesetz, mit dem das Bundes-Gleichbehandlungsgesetz geändert wird.

BGBl. I 7/2011: Bundesgesetz, mit dem das Gleichbehandlungsgesetz, das Gesetz über die Gleichbehandlungskommission und die Gleichbehandlungsanwaltschaft, das Behinderteneinstellungsgesetz und das Bundes-Behindertengleichstellungsgesetz geändert werden.

BGBl. II Nr. 472/2009: Frauenförderungsplan des Bundesministeriums für Arbeit, Soziales und Konsumentenschutz.

Grünbuch KOM(2001) 366 endgültig: GRÜNBUCH – Europäische Rahmenbedingungen für die soziale Verantwortung der Unternehmen. http://eur-lex.europa.eu/LexUriServ/LexUriServ.do?uri=COM:2001:0366:FIN:DE:PDF – Letzter Zugriff: 06.08.2011.

Quo Vadis CSR?

Birgit Riess

1 Einleitung

Die Debatte um die gesellschaftliche Verantwortung von Unternehmen (Corporate Social Responsibility/CSR) wird seit rund 10 Jahren auch im deutschsprachigen Raum geführt. Und dennoch entsteht manchmal der Eindruck, nicht so richtig weitergekommen zu sein. Vor welchen zukünftigen Herausforderungen steht ein Konzept, das die Grundlagen der Unternehmensführung in eine neue Balance mit veränderten gesellschaftlichen Rahmenbedingungen zu bringen versucht? Der Beitrag beschreibt Dilemmata und aktuelle Entwicklungen, die für die Weiterentwicklung von CSR bedeutsam sein werden.

2 Die Politik entdeckt CSR

Die aktuelle Wirtschafts- und Finanzkrise hat die Debatte um die gesellschaftliche Verantwortung von Unternehmen enorm befeuert. Dabei wurden auch die Forderungen an die Politik nach strikteren Regulierungen in diesem Feld wieder lauter. Selbst Multistakeholder-Initiativen wie die Global Reporting Initiative (GRI), die sehr erfolgreich Standards zur Berichterstattung von CSR über private Regulierungsmechanismen gesetzt hat, fordern Regierungen auf, für mehr Verbindlichkeit im Nachhaltigkeits-Reporting zu sorgen. Hintergrund ist möglicherweise eine gewisse Frustration darüber, dass trotz steigender Zahl von Unternehmen, die nach GRI berichten, die Qualität der Berichterstattung zu den tatsächlichen Nachhaltigkeitsleistungen sich nicht im gleichen Maße entwickelt. Auch im Rahmen der Jahreskonferenz 2010 des UN Global Compact fand erstmals eine Sitzung von Regierungsvertretern aus 40 Ländern statt, die über die Rolle der Politik zur Förderung von Unternehmensverantwortung debattierten. Aufgabe der Politik sei es, hierfür förderliche Rahmenbedingungen zu schaffen.[1] Auf europäischer Ebene hat die EU-Kommission mit dem Wirtschaftsreformpaket „Europa 2020" eine Wachstumsstrategie definiert, die von CSR einen wesentlichen Beitrag für ein intelligentes, nachhaltiges und integratives Wirtschaften erwartet. Die EU betont, dass die Förderung der gesellschaftlichen Verantwortung von Unternehmen ein wichtiger Beitrag ist, um das langfristige Vertrauen bei Beschäftigten und Verbrauchern zu erneuern.[2]

---

[1] United Nations Global Compact Office (2010): 54
[2] Europäische Kommission (2010)

Welche konkreten Gestaltungsansätze Regierungen zur Förderung von Unternehmensverantwortung nutzen, untersucht eine Studie der Bertelsmann Stiftung, die in Kooperation mit dem UN Global Compact erstellt wurde. Die Studie „*The Role of Governments in Promoting Corporate Responsibility and Private Sector Engagement in Development*" beschreibt aktuelle Entwicklungen und innovative Beispiele zur Gestaltung von CSR auf internationaler Ebene.[3] Danach sind die meisten guten Politikansätze zur Förderung von gesellschaftlicher Unternehmensverantwortung in den letzten drei bis fünf Jahren entstanden. Nicht alle Politikansätze sind als explizite CSR-Initiativen aufgesetzt worden. Sie zielen aber unisono darauf ab, verantwortliches Unternehmenshandeln zu fördern, d.h. Mechanismen zu installieren, um Unternehmen wieder stärker in gesellschaftliche Prozesse einzubinden. Die Studie zeigt weiterhin, dass das Instrumentarium, das Regierungen hierfür einsetzen, vielfältig ausdifferenziert ist. Das Spektrum der Politikinstrumente reicht von „weichen" Ansätzen bis hin zur gesetzlichen Regulierung. In der Praxis finden in der Regel verschiedene dieser Instrumente gleichzeitig Anwendung. Abhängig vom jeweiligen nationalen Kontext, der stark von sozialen, ökonomischen und kulturellen Faktoren bestimmt wird, wählen Regierungen einen eigenen „Policy-Mix" an Instrumenten, um politische Ziele und unternehmerisches Engagement in Einklang zu bringen. Top-Themen auf der politischen Agenda sind hierbei Corporate Governance, Reporting und nachhaltige Berichterstattung, Engagement für das gesellschaftliche Umfeld, nachhaltiges Management und Produktion sowie verantwortungsbewusster Konsum.

Zur Zeit sind in Europa eine Reihe von Regierungen auf dem Weg, eine neue Balance zu finden zwischen einer anreizorientierten Politikgestaltung, die den freiwilligen Charakter von CSR betont und Raum lässt für innovative und flexible Unternehmensinitiativen, sowie einer stärker verpflichtenden Ausgestaltung von CSR. Dänemark setzt in dieser Hinsicht wohl den Benchmark für Europa. Der „National Action Plan for Corporate Social Responsibility" gehört zu besten ganzheitlichen Ansätzen, die in den letzten Jahren entwickelt wurden. Er wurde im Jahr 2008 offiziell verabschiedet und beinhaltet insgesamt 30 Initiativen zur Förderung von CSR sowohl in kleinen und mittelständischen als auch in großen dänischen Unternehmen.[4] „Herzstück" des Aktionsplanes ist die Verpflichtung für die größten 1.100 Unternehmen, über ihre CSR-Aktivitäten zu berichten. Der „Danish Company Accounts Act" erstreckt die Berichtspflicht auf Informationen darüber, wie und nach welchen Standards die unternehmerische Verantwortung in der täglichen Geschäftspraxis implementiert und umgesetzt wird. Zudem müssen die Berichte über die Ergebnisse der CSR-Aktivitäten Auskunft geben. Die Besonderheit des dänischen Ansatzes besteht darin, dass CSR weiterhin freiwillig bleibt. Jedes Unternehmen hat die Möglichkeit anzugeben, keine unternehmerische Verantwortung zu übernehmen. Dann entfällt auch die Berichtspflicht. Aber welches Unternehmen gibt dies schon gern öffentlich zu – zumal die CSR-Berichte zusammen mit den jährlichen Finanzberichten veröffentlicht werden müssen. Und so ist es nicht verwunderlich, dass eine erste Evaluierung des Gesetzes er-

---

[3] United Nations Global Compact/Bertelsmann Stiftung (2010)
[4] ebenda: 33 ff.

gab, dass 95 Prozent der Unternehmen über ihre CSR-Leistungen berichten. Interessant ist ebenfalls die enge Verknüpfung der Regelung zur CSR-Berichterstattung mit dem Global Compact. Für Mitgliedsunternehmen des Global Compact und Unterzeichner der Prinzipien für verantwortliches Investment ist ein Verweis auf ihre „Communication on Progress" Berichte ausreichend, um die Berichtspflicht zu erfüllen.

Die in Deutschland im Oktober 2010 von der Bundesregierung verabschiedete Nationale CSR-Strategie setzt dagegen strikt auf freiwilliges Unternehmenshandeln als handlungsleitendes Prinzip. Die im Aktionsplan CSR festgelegten Ziele und Maßnahmen sind breit angelegt und setzen Anreize für Unternehmen, sich verantwortlich zu verhalten. Dabei macht das Bundesministerium für Arbeit und Soziales als federführendes Ressort den Versuch, die vielfältigen Aktivitäten anderer Ressorts, die sich unter dem Oberbegriff CSR zusammenfassen lassen, zu koordinieren. Ob es jedoch gelingt, daraus einen integrierten, ressortübergreifenden Politikansatz zu formulieren, bleibt abzuwarten.

CSR ist ein klassisches Querschnittsthema, das vielfältige thematische Bezüge hat. Das eigentliche Potenzial von CSR liegt aber darin begründet, CSR als modernen Einbettungsmechanismus zu begreifen, der Unternehmen wieder stärker in die Gesellschaft einbezieht, indem neben ökonomischen auch ökologische und soziale Aspekte in die Unternehmensführung integriert werden. Dass ein solcher moderner Einbettungsmechanismus dringend notwendig ist, zeigt sich an den zunehmend global aufgestellten Unternehmen und der Internationalisierung der Wertschöpfungsketten, die sich nationaler Regulierung als klassischem Instrument der Einbindung von Wirtschaft in Gesellschaft entziehen. Will Politik dieses Potenzial in seiner ganzen Breite und Tiefe heben, bedarf es Steuerungsmechanismen, die möglicherweise nicht unbedingt innerhalb der tradierten politischen Strukturen und Prozesse anzutreffen sind. Damit wird CSR auch zum Lernfeld für Politik, und zwar in mehrfacher Hinsicht. Die Entwicklung der nationalen CSR-Strategie erfolgte unter Einbeziehung des CSR-Forums – eines multisektoral besetzten Beratungsgremiums. In die CSR-Strategie flossen dementsprechend die unterschiedlichen Perspektiven der Anspruchsgruppen aus Wirtschaftsverbänden, Unternehmen, Gewerkschaften, NGOs und Wissenschaft ein. Die Einsetzung des CSR-Forums an sich und die Umsetzung der gemeinsam von allen Akteuren mitgetragenen Empfehlungen in einen CSR-Aktionsplan durch die Bundesregierung kann insoweit als Form eines neuen, kooperativen und beteiligungsorientierten Politikstils gewertet werden. Dies kommt auch in den Vorbemerkungen zum CSR-Aktionsplan zum Ausdruck, wenn festgestellt wird, dass „weder Politik noch Wirtschaft oder Zivilgesellschaft in der Lage sind, die gewaltigen Herausforderungen unserer Zeit allein zu lösen".[5]

Die Rolle der Politik muss sich zukünftig viel stärker darauf konzentrieren, eine neue Form der Governance zu entwickeln, die es ermöglicht, trisektorale Kooperationen zwischen Politik, Wirtschaft und Zivilgesellschaft zu initiieren und zu steuern. Hierzu gehört auch, Mechanismen zu entwickeln, mit denen vor allem die Wirtschaft für die Lösung der großen globalen Herausforderungen engagiert werden kann. Eine aktuelle Studie der Bertelsmann Stiftung in Kooperation mit dem UN Global Compact und dem Entwicklungsprogramm der Vereinten Nationen untersucht solche Mechanismen am

---

[5] Bundesministerium für Arbeit und Soziales (Hg.) (2010)

Beispiel der Entwicklungszusammenarbeit.[6] In diesem Feld kann die Privatwirtschaft ein wichtiger Treiber einer nachhaltigen Wirtschaftsentwicklung sein. Erstmals wurden nun in der Studie „Partners in Development – How Donors Can Better Engage the Private Sector" die Strategien der wichtigsten Geberländer daraufhin analysiert, wie wirksam diese sind, um die Zusammenarbeit zwischen Politik und Wirtschaft zur Erreichung entwicklungspolitischer Ziele zu gestalten. Darüber hinaus werden Empfehlungen ausgesprochen, wie Entwicklungshilfeprogramme effektiver ausgerichtet werden können, um Anreize für vermehrtes unternehmerisches Engagement zu erreichen. Ein zentraler Punkt hierbei ist die bessere Koordination der Programme über Landesgrenzen hinweg, um eine größere Wirksamkeit zu erreichen.

3 Herausforderung Glaubwürdigkeit

Ein besonderes Dilemma in der Debatte um CSR zeigt sich in der Frage der Glaubwürdigkeit. Nicht zuletzt die Wirtschafts- und Finanzkrise hat nachdrückliche Forderungen aus Politik und Gesellschaft ausgelöst, dem Paradigma eines eher kurzfristig orientierten Unternehmenshandelns – dem „Denken in Quartalsabschlüssen" – und dem achtlosen Abwälzen negativer externer Effekte auf die Gesellschaft den Rücken zu kehren. Eine solche Wirtschaftsweise gefährdet nach Meinung vieler die Stabilität des Wirtschaftssystems und verhindert eine nachhaltige Entwicklung, die den großen Herausforderungen unserer Zeit wie Klimawandel, Ressourcenknappheit, Demografie Rechnung trägt.

Die Frage ist, wie es gelingen kann, zu einer nachhaltigen Wirtschaftsweise zu gelangen, die neben den legitimen Ansprüchen der Shareholder auch breitere gesellschaftliche Ansprüche hinsichtlich der ökologischen und sozialen Beiträge von Unternehmenshandeln einbezieht. Eine solche Wirtschaftsweise entspricht den Forderungen nach einer Neuorientierung der Sozialen Marktwirtschaft, die in ihrer heutigen Ausprägung sowohl der Komplexität internationaler Wertschöpfungsprozesse gerecht werden muss wie dem Anspruch, wirtschaftliche Dynamik mit sozialem Ausgleich zu verbinden.

Gesellschaftliche Anforderungen lassen sich nicht zwangsläufig mit den unternehmerischen Handlungslogiken in Einklang bringen, insbesondere dann nicht, wenn Aufbau und Ablauf der Unternehmensorganisation nach finanzwirtschaftlichen Gesetzmäßigkeiten geregelt sind. Nach wie vor wird der Erfolg eines Unternehmens in erster Linie nach Umsatz und Rendite beurteilt. Nach diesen Kennziffern bemessen sich beispielsweise die Finanzierungsbedingungen eines Unternehmens, nach diesen Kennziffern wird das Unternehmen gesteuert. Bisher ist es nicht wirklich gelungen, Nachhaltigkeitskennziffern in der Unternehmenssteuerung so zu verankern, dass sie gleichwertig neben den finanzwirtschaftlichen Kennziffern stehen. Ein Problem dabei ist, dass es nicht ganz so

---

[6] Bertelsmann Stiftung/United Nations Global Compact/United Nations Development Programme (2011)

einfach ist zu bestimmen, welches denn die „richtigen" Indikatoren sind, die die soziale und ökologische Performanz eines Unternehmens ausmachen. Eine ähnliche eindeutige Festlegung, wie sie bei den finanzwirtschaftlichen Kennzahlen selbstverständlich ist, gibt es bei den Nachhaltigkeitskennzahlen nicht. Zu unterschiedlich sind die Branchen, ja zu unterschiedlich sind selbst die einzelnen Unternehmen innerhalb einer Branche. Benötigt würde also eigentlich ein Konsens darüber, welche Kern-Kennzahlen Auskunft über die Nachhaltigkeits-Performanz eines Unternehmens geben sollen. Ungeklärt ist aber nach wie vor, wie das Definitionsproblem gelöst werden kann. Unter ‚Umsatz' versteht man weltweit das gleiche – aber unter ‚Nachhaltigkeit'?

In aller Regel werden solche Dilemmata durch die Veränderung der politischen Rahmenbedingungen gelöst. Angesichts der hohen Komplexität von Nachhaltigkeit wären solche Regulierungsansätze erstens nicht zielführend und zweitens kaum durchsetzbar. Gerade daher wird das Konzept der Corporate Social Responsibility als moderner Einbettungsmechanismus von Wirtschaft in Gesellschaft betrachtet: CSR setzt einen Orientierungsrahmen und lässt gleichzeitig die unternehmerische Freiheit, diesen auszufüllen, wobei der Markt Sanktionswirkung ausübt.

Der „Orientierungsrahmen" für CSR hat sich insbesondere über die Entwicklung von Berichterstattungsinstrumenten herausgebildet – als gemeinsame Initiative von Wirtschaft und Zivilgesellschaft. So können heute die Richtlinien der Global Reporting Initiative als Quasi-Standard für die Nachhaltigkeitsberichterstattung betrachtet werden. Die eher auf die ex post- Betrachtung ausgerichtete Nachhaltigkeitsberichterstattung bietet für eine andere einflussreiche Anspruchsgruppe jedoch nicht die dort benötigte Informationsgrundlage: Kapitalmarktakteure und Finanzanalysten. Vor diesem Hintergrund haben sich zunächst Ratingsysteme für nachhaltige Finanzanlagen herausgebildet. Mittlerweile sind Nachhaltigkeitsinformationen aber auch für das Mainstream-Rating relevant, und zwar vor dem Hintergrund einer adäquaten Risikoanalyse, die zunehmend auch Risiken aus dem Umwelt- und Sozialbereich einbezieht.

Allen diesen bestehenden Ansätzen ist gemein, dass sie mit einer „outside-in"-Perspektive Nachhaltigkeits- bzw. CSR-Indikatoren definieren und erfassen, unabhängig davon, ob sie für die jeweilige Unternehmenstätigkeit relevant sind oder nicht. Daher führen diese Reportingsysteme nicht zwangsläufig zu verändertem Unternehmensverhalten im Sinne einer strategischen Steuerung von Nachhaltigkeit. Es kann also nicht darum gehen, einen möglichst breiten Kanon an formalen Berichtsanforderungen zu erfüllen, sondern die Leistungsbeiträge des Unternehmens zu identifizieren, die mit der jeweiligen Unternehmenstätigkeit eng verbunden sind und daher vom Unternehmen wirkungsorientiert gesteuert werden können. Statt zahllos zu messen, muss es das Ziel sein, das zu messen, was zählt, d.h. von unternehmerischer *und* gesellschaftlicher Relevanz ist.

Eine Lösung für das skizzierte Dilemma – auf der einen Seite der legitime Anspruch nach verlässlichen und glaubwürdigen Informationen über die tatsächliche CSR-Leistung eines Unternehmens, auf der anderen Seite die Bestimmung der unternehmensrelevanten Kennzahlen zur Steuerung von CSR – ist derzeit nicht in Sicht. Die Berichterstattung zu CSR ist notwendiger denn je, aber sie wird keine umwälzenden Verhaltensänderungen in der Art und Weise, wie das Geschäft betrieben wird und welche Prioritäten dabei gesetzt werden, nach sich ziehen. Aus der gesamten Bandbreite der CSR-Informationen (outside-in-Perspektive) gilt es diejenigen herauszufiltern, die die spezifischen (positiven wie negativen) Effekte der Unternehmenstätigkeit auf die Gesellschaft und die dementsprechende Performanz des Unternehmens in dieser Hinsicht abbilden (inside-out-Perspektive). Letzterer Ansatz soll und kann die breite Berichterstattung zum Thema CSR nicht ersetzen, aber ein wirkungsvolles Pendant sein. Um die Vergleichbarkeit von CSR-Leistungen zu gewährleisten, bietet es sich an, einen Branchenansatz zu wählen und hier branchenspezifische Schlüsselindikatoren festzulegen. Sicherlich bedarf es hier noch einiger Vorarbeit von Seiten der Wissenschaft und auch aus der Praxis.

Einen möglichen ersten Ansatz in dieser Richtung hat kürzlich Puma veröffentlicht.[7] Auf dem Weg zu einer – weltweit bisher einmaligen – ökologischen Gewinn- und Verlustrechnung wurden in einem ersten Schritt der Wasserverbrauch und die Emissionen von Treibhausgasen über die gesamte Wertschöpfungskette erfasst und monetär bewertet. Im Ergebnis belaufen sich die Auswirkungen auf die Umwelt im Rahmen des operativen Geschäfts und der gesamten Beschaffungskette von Puma auf rund 94 Millionen Euro für 2010. Der Wert dieser verbrauchten Ressourcen ist laut der Wirtschaftsprüfung PWC, die das Projekt begleitet, noch nicht vollständig in den Preisen für fertige Produkte enthalten. Puma verspricht sich von diesen Daten, zukünftig die Umweltauswirkungen der Produktion und des Verkaufs von Puma-Produkten gezielt minimieren und damit Risiken des Ressourcenverbrauchs in der gesamten Produktions- und Lieferkette vorbeugen zu können. In einem weiteren Schritt sollen auch die sozialen und ökonomischen Auswirkungen aufgezeigt werden.

4 Wirksamkeit von CSR verbessern

Das Konzept der Corporate Social Responsibility wird sich zukünftig viel stärker daran messen lassen müssen, welche gesellschaftlichen Wirkungen damit erreicht werden können. Dieser Aspekt ist bereits in den vorangegangenen Punkten angeklungen, denn er zieht sich wie ein roter Faden durch die aktuelle politische und gesellschaftliche Debatte. An dieser Stelle soll ein Ansatz näher beleuchtet werden, der über die individuelle Ebene der Unternehmensverantwortung hinausgeht.

Unternehmensverantwortung ist unbestreitbar zunächst die Verantwortung für das Kerngeschäft. Aber die Mitgestaltung des gesellschaftlichen Umfeldes als „Unternehmensbürger" ist ebenfalls von hoher strategischer Bedeutung. Denn hieraus wird eine Verankerung in die Gesellschaft geschaffen, aus der wiederum Vertrauen in Unternehmenshandeln erwächst.[8]

---

[7] Puma und PPR Home veröffentlichen erste Ergebnisse der weltweit ersten ökologischen Gewinn- und Verlustrechnung: http://safe.puma.com/us/en/2011/05/puma-announces-results-of-unprecedented-environmental-profit-loss/ (Zugriff: 1.08.2011)

[8] Peters (2010): 8

Insbesondere die vielen kleinen und mittelständischen Unternehmen (KMU) sind auf gute Rahmenbedingungen für ihr wirtschaftliches Handeln angewiesen. Sie sind stark regional verwurzelt und eingebunden in gewachsene, identitätsstiftende Zusammenhänge. Diese bieten ebenso die Voraussetzung für langfristigen wirtschaftlichen Erfolg wie Qualität und Wettbewerbsfähigkeit der eigenen Produkte oder Dienstleistungen. Gute Bildung, ein stabiles Gemeinwesen, aber auch beispielsweise gute Bedingungen, Familie und Beruf miteinander in Einklang zu bringen, sind notwendig, um qualifizierte Mitarbeiter zu gewinnen und zu halten. Und so ist es wenig verwunderlich, dass sich Unternehmen auch mit Herausforderungen auseinandersetzen, die ihr gesellschaftliches Umfeld betreffen. Das kommunale und regionale Umfeld ist eng mit dem Verantwortungsbereich des Unternehmens verknüpft.[9]

Gleichzeitig sind Kommunen und Regionen auf wettbewerbsfähige und wirtschaftlich leistungsfähige Unternehmen angewiesen. Regionen stehen heute vor vielfältigen Herausforderungen und dadurch im Wettbewerb um Einwohner, Arbeitsplätze und gute Lebensbedingungen. Familienfreundlichkeit ist ebenso zum Standortfaktor geworden wie die Existenz attraktiver Arbeitsplätze. Doch angesichts der komplexen Entwicklungen wird es für Kommunen immer schwieriger, sich erfolgreich den vielfältigen Herausforderungen zu stellen. Hinzu kommt, dass die Gestaltungsmöglichkeiten vieler Kommunen aufgrund der vielerorts dramatisch angespannten öffentlichen Finanzsituation erheblich eingeengt sind.

In diesem Spannungsfeld zwischen immer engeren finanziellen Spielräumen und komplexeren Problemlagen liegt es im ureigensten Interesse aller regionalen Akteure, wichtige Gestaltungsaufgaben gemeinsam anzugehen. Hierzu gehören Themen wie Bildung, Integration, demografischer Wandel, Umwelt- und Lebensqualität sowie sozialer Zusammenhalt. Benötigt werden neue Arrangements, in denen sich Politik, Wirtschaft und zivilgesellschaftliche Akteure einbringen, neue Kooperationen finden und Kompetenzen und Ressourcen bündeln.

In einem bis dahin einmaligen Modellprojekt wurde diese Form des vernetzten Engagements erprobt. Mit dem Ziel, das Engagement von Unternehmen wirkungsvoller zu machen, wurden in sieben sogenannten Verantwortungsregionen die Kompetenzen und Ressourcen von Unternehmen gebündelt und auf eine zukunftsorientierte Regionalentwicklung ausgerichtet.[10]

Hierzu wurde eine eigens entwickelte Prozessmoderation eingesetzt, die es Unternehmen in einem strukturierten Arbeitsprozess erlaubt, Ziele zu formulieren und in konkreten Projektvorhaben umzusetzen. Integraler Bestandteil dieses Prozesses ist die Kooperation mit den regionalen Akteuren aus Politik und Zivilgesellschaft.

Hier einige ausgewählte Ergebnisse:

In der Verantwortungspartner-Region **Saarland** haben sich 2008 über 80 Unternehmen zusammengeschlossen, um den wirtschaftsstrukturellen und demografischen Wandel aktiv mitzugestalten. Ihre Projekte stehen unter dem Titel

[9] Spence/Habisch/Schmidpeter (2004)
[10] Bertelsmann Stiftung (2010)

„Jugend, Technik und Beruf" und zielen darauf ab, junge Menschen für naturwissenschaftliche und technische Themen zu begeistern. In sechs Projektteams
wurden 25 konkrete Bildungsprojekte geplant und umgesetzt, die dem drohenden
Fachkräftemangel entgegenwirken sollen.

In der Region **Heilbronn-Franken** arbeiten seit 2008 rund 100 Akteure aus
Wirtschaft, Politik und Verwaltung als Verantwortungspartner an den Themen
Demografischer Wandel und Integration. Heilbronn-Franken ist eine prosperie-
rende Region, jedoch besteht erheblicher Bedarf an arbeitnehmerfreundlichen
Kinderbetreuungsmöglichkeiten. Realisiert werden konnte hier die betrieblich unterstützte Kindertagesstätte „Kinderbunt", die qualitativ hochwertige Kinderbetreuung anbietet und sich an den Bedürfnissen der Mitarbeiter orientiert. Darüber
hinaus macht sich bereits heute ein erhöhter Fachkräftebedarf bemerkbar, dem
insbesondere durch eine bessere Integration von Jugendlichen mit Migrationshintergrund begegnet werden soll.

„Bildung – Beruf – Lebensqualität" stehen im Mittelpunkt der Verantwortungspartner **Lippe**. Seit 2009 setzen rund 70 Unternehmen Projekte um, die sich z.B.
um Beschäftigungsfähigkeit älterer Arbeitnehmer kümmern. Daneben wurde eine
Datenbank eingerichtet, die den Übergang von Schule zu Beruf erleichtert.

Die bisherigen Erfahrungen aus der Verantwortungspartner-Initiative zeigen, dass es sich hierbei um eine Engagementform handelt, die das Potenzial
hat, auch strukturbildend im Sinne einer kooperativen „regional governance"
zu wirken. Der Ansatz, das Unternehmensengagement vieler Unternehmen auf
eine zentrale regionale Herausforderung zu bündeln und die Akteure aus Wirtschaft, Politik und drittem Sektor zu vernetzen, erhöht die Reichweite und die
Wirksamkeit. So können größere Herausforderungen „gestemmt" und nachhaltig
wirkende Projekte realisiert werden. Der offene, klar strukturierte Prozess, der
der Verantwortungspartner-Methode zu Grunde liegt, gibt den Akteuren Sicherheit, ohne ihnen die Verantwortung für den Prozess aus der Hand zu nehmen.
Zudem bietet die Verantwortungspartner-Methode vielfältige Möglichkeiten, bereits bestehende Projekte zu integrieren und damit das Rad nicht immer neu zu
erfinden. Die Erfahrungen zeigen, dass die Akteure in den Modellregionen sehr
positiv auf diese Strukturierung reagieren, zum einen, weil ihnen ein kollektiv ge-
tragener Prozess sinnvoller weil wirkungsvoller erscheint, zum anderen weil die
Lösungsorientierung im Vordergrund steht. Damit schafft die Verantwortungspartner-Methode Möglichkeitsräume, die in dieser Form neuartig sind.

Verantwortungspartner-Initiativen schaffen darüber hinaus erheblichen gesellschaftlichen Mehrwert, da sie sektorübergreifendes Lernen ermöglichen und
zu langfristig tragfähigen Kooperationsbeziehungen führen. Belastbare Kooperationsbeziehungen sind voraussetzungsreich und stellen hohe Ansprüche an alle
Beteiligten. Unternehmen, Verwaltung und soziale Organisationen repräsentieren
unterschiedliche soziale Welten, zwischen denen nicht zwangsläufig über den
funktionalen Austausch Kontakte und Kooperationen bestehen. Unterschiedliche
Organisationskulturen, Entscheidungsstrukturen und Handlungslogiken verhindern
oft, dass sich die Partner auf Anhieb „verstehen" – im wahrsten Sinne des Wortes.
Daher braucht es Experimentierfelder, in denen Kooperationsfähigkeit eingeübt

werden kann und in denen die jeweiligen Akteure ihre spezifischen Kompetenzen einbringen können. Kooperationsfähigkeit wird zur Schlüsselkompetenz für eine zukunftsorientierte Regionalentwicklung.

5 Literatur

Bertelsmann Stiftung (2010): Verantwortungspartner – Unternehmen. Gestalten. Region. Ein Leitfaden zur Förderung und Vernetzung des gesellschaftlichen Engagements von Unternehmen in der Region. Gütersloh: Bertelsmann Stiftung.

Bertelsmann Stiftung/United Nations Global Compact/United Nations Development Programme (2011): Partners in Development – How Donors Can Better Engage the Private Sector for Development in LDCs. New York und Gütersloh.

Bundesministerium für Arbeit und Soziales (Hg.) (2010): Nationale Strategie zur gesellschaftlichen Verantwortung von Unternehmen (Corporate Social Responsibility – CSR) – Aktionsplan – CSR der Bundesregierung. Berlin.

Europäische Kommission (2010): Europa 2020 – Eine Strategie für intelligentes, nachhaltiges und integratives Wachstum, Mitteilung der Kommission KOM (2010) 2020 endgültig. Brüssel.

Peters, A. (2010): Wege aus der Krise – CSR als strategisches Rüstzeug für die Zukunft. Gütersloh: Bertelsmann Stiftung.

Spence, L./Habisch, A./Schmidpeter, R. (2004): Responsibility and Social Capital – The World of Small and Medium Sized Enterprises. London: Palgrave.

United Nations Global Compact Office (2010): Leaders Summit 2010, Summary Report. New York.

United Nations Global Compact/Bertelsmann Stiftung (2010): The Role of Governments in Promoting Coporate Social Responsibility and Private Sector Engagement in Development. New York und Gütersloh.

Autoren alphabetisch

Backhaus-Maul Holger

Dipl.-Soziologe, Mag. rer. publ. Holger Backhaus-Maul, Soziologe und Verwaltungswissenschaftler, wissenschaftlicher Mitarbeiter an der Martin-Luther-Universität Halle-Wittenberg, Mitglied im Vorstand von Aktive Bürgerschaft e.V. und sachverständiges Mitglied der Expertenkommission zur Erstellung des Ersten Engagementberichts der deutschen Bundesregierung.

Baumast Annett

Annett Baumast hat Wirtschaftswissenschaften, Umweltmanagement und Kulturmanagement studiert, war als IT-Beraterin und Nachhaltigkeitsanalystin einer Schweizer Bank tätig und arbeitet heute als freie Dozentin, Autorin und Nachhaltigkeitsexpertin, u.a. für Betriebe in der Finanzindustrie, im Bildungsbereich und in der Kulturindustrie. Sie setzt sich seit über 15 Jahren mit Fragen der Nachhaltigkeit auseinander, publiziert dazu und hält Vorträge und Vorlesungen.

Baumgartner Rupert J.

Univ.-Prof. Dr. Rupert J. Baumgartner studierte an der Montanuniversität Leoben Industriellen Umweltschutz, Entsorgungstechnik und Recycling und promovierte 2003 mit Auszeichnung zum Thema integrierte ökologische und ökonomische Bewertung. In seiner Habilitation (2009) entwickelte er ein Modell der nachhaltigkeitsorientierten Unternehmensführung, wobei der Schwerpunkt auf einer ganzheitlichen Integration von Nachhaltigkeit in der Unternehmenstätigkeit liegt. Nach einem Forschungsaufenthalt in Finnland ist Rupert J. Baumgartner seit September 2010 als Professor für Nachhaltigkeitsmanagement am Institut für Systemwissenschaften, Innovations- und Nachhaltigkeitsforschung der Karl-Franzens-Universität Graz tätig. Weiters ist er Subject Editor für Corporate Sustainability, CSR und Industrial Ecology des Journal of Cleaner Production und Vorstandsmitglied der International Sustainable Development Research Society.

Beschorner Thomas

Prof. Dr. Thomas Beschorner, Jg. 1970, ist Ordinarius und Direktor des Instituts für Wirtschaftsethik der Universität St.Gallen. Ausbildung zum Kaufmann im Groß- und Außenhandel, Studium der Wirtschaftswissenschaften an der Universität Kassel und der National University of Ireland; 2001 Promotion am Max-Weber-Kolleg für kultur- und sozialwissenschaftliche Studien der Universität Erfurt, anschließend Forschungs- und Lehraufenthalte in Kanada, 2002–2007 Leiter der wissenschaftlichen Nachwuchsgruppe „Gesellschaftliches Lernen und Nachhaltigkeit" (GELENA) an der Universität Oldenburg, dort 2007 habilitiert; 2004–2006 Mitglied des Nachwuchsnetzwerks am Zentrum für interdisziplinäre Forschung der Universität Bielefeld; 2005–2006 Visiting Professor an der McGill University;

2007–2009 DAAD-Professor an der Université de Montréal, seit 2009 „Professeur Associé" am CCEAE der Université de Montréal. Er ist Gründer und Mitherausgeber der „Zeitschrift für Wirtschafts- und Unternehmensethik", sowie der Buchreihe „Ethik und Ökonomie".‚von „CSR NEWS", „CSR MAGAZIN" sowie Gründer und Leiter der Consulting-Akademie Unternehmensethik und der Transatlantic Doctoral Academy on Corporate Responsibility (TADA).

Bierbaumer Sylvia

Mag.ª Sylvia Bierbaumer ist Leiterin der Abteilung V/3 im österreichischen Bundesministerium für Arbeit, Soziales und Konsumentenschutz; Arbeitsschwerpunkte: Gender Mainstreaming, Diversity, Corporate Social Responsibility soziale Nachhaltigkeit und Menschenrechtsfragen.

Coni-Zimmer Melanie

Mag. Melanie Coni-Zimmer ist wissenschaftliche Mitarbeiterin im Programmbereich „Private Akteure im transnationalen Raum" an der Hessischen Stiftung Friedens- und Konfliktforschung in Frankfurt am Main. Ihre Forschungsschwerpunkte liegen in den Bereichen nichtstaatliche Akteure und internationale Politik, Multistakeholder-Initiativen und CSR-Aktivitäten von Unternehmen in Staaten mit Gewaltkonflikten. Sie hat kürzlich ihre Dissertation zur globalen Diffusion und lokalen Adaption von CSR-Normen abgeschlossen.

Faber-Wiener Gabriele

Gabriele Faber-Wiener ist seit fünf Jahren Director der Kommunikationsberatung Grayling und dort für Planung und Umsetzung von CSR in Unternehmen und Institutionen sowie mit Ethik-Themen befasst. Derzeit absolviert sie an der Steinbeis-Universität Berlin – eine neue, in Europa führende Top-Ausbildung in Sachen Ethik- und CSR-Management den M.A. zu Responsible Management. Sie war jahrelang bei Greenpeace und hat dann bei Ärzte ohne Grenzen maßgeblich dazu beigetragen, die Organisation in Österreich zu etablieren, und vereint das Wissen und die Erfahrung von beiden Seiten – Gesellschaft und Wirtschaft.

Friedrich Rolf-Klaus

Dr. med. Rolf-Klaus Friedrich ist Facharzt für Anästhesiologie mit Zusatzqualifikationen als Arzt für Naturheilverfahren und manuelle Medizin. Jahrelange klinische Tätigkeit in der Anästhesie, Intensiv- und Notfallmedizin sowie Schmerztherapie. Seit 1989 neben freiberuflicher Tätigkeit als Anästhesist eigene Praxis für Allgemeinmedizin, Schmerztherapie und Naturheilverfahren in Meran, Südtirol. Vortragender und Seminarleiter sowie Lehrbeauftragter an verschiedenen Hochschulen, Publikation von Fachartikeln und eines Fachbuchs.

Gaggl Philipp

Mag. Philipp Gaggl, BA ist Manager des Bereichs Sustainable Business Solutions bei PwC Österreich, welchen er 2008 aufgebaut hat. Er ist erfahrener Experte im Bereich der Beratungs- und Prüfungsleistungen im Bezug zu Fragen der Nachhaltigkeit und Unternehmensverantwortung. Die Nachhaltigkeitsbewertung des Austria's Leading Companies Award (ALC) oder die jährlichen PwC CEO Workshops wurden von ihm ins Leben gerufen. Er repräsentiert PwC Österreich in der CSR-Plattform respACT, im österreichischen UN Global Compact Netzwerk und auch in der Jury des Austria Sustainability Reporting Award (ASRA) der Kammer der Wirtschaftstreuhänder. Davor war er bei DuPont Safety Ressources im Bereich der Arbeitssicherheitsberatung in Zentral- und Osteuropa sowie im Bereich CSR als Berater für die United Nations Global Mechanism tätig.

Gastinger Karin

Mag^a. Karin Gastinger, MAS ist Director und leitet seit September 2010 den Bereich Sustainable Business Solutions bei PwC Österreich. Sie ist Juristin, hat ein Post-Graduate-Studium in Public Management abgeschlossen und ist zertifizierte CSR-Managerin. Nach ihrem Studium und dem Gerichtsjahr hat sie drei Jahre in einer Rechtsanwaltskanzlei als Konzipientin gearbeitet. In den Jahren 1991 bis 2004 war sie im Umweltbereich des Amtes der Kärntner Landesregierung tätig. In der Zeit von Juni 2004 bis Jänner 2007 war sie Bundesministerin für Justiz der Republik Österreich. In den Jahren von 2007 bis 2010 war sie Geschäftsführerin und Partnerin der Beyond Consulting GmbH. Gastinger ist u.a. Mitherausgeberin des Wirtschaftsfachbuches „Prüfung des öffentlichen Sektors – Professionalität und Praxis Interner Revisionen".

Gelbmann Ulrike

Dr. Ulrike Gelbmann forscht und lehrt seit 2008 am Institut für Systemwissenschaften, Innovations- und Nachhaltigkeitsforschung der Universität Graz (zuvor am Institut für Innovations- und Umweltmanagement der Universität Graz). Von der Ausbildung her Betriebswirtin haben sich ihre Forschungsinteressen bereits früh auf inter- und massiv praxisorientierte transdisziplinäre Felder verlegt. Ihre Forschungsbereiche umfassen Abfallwirtschaft, soziale Nachhaltigkeit, CSR und Stakeholdermanagement vor allem in KMU sowie Nachhaltigkeitsberichterstattung. Ein neuerer Bereich betrifft Resilienzforschung. Sie arbeitet seit Jahren in einer Vielzahl von Forschungs- und Praxisprojekten (etwa in der Abfallwirtschaft und jüngst in sozialen Unternehmen) mit. Neben der universitären Lehrtätigkeiten engagiert sie sich in der Vermittlung von Forschungsergebnissen an PraktikerInnen.

Gregorits Petra

Petra Gregorits gründete 1995 ihr Unternehmen PGM marketing research consulting, welches im Bereich Markt-, Trend- und Zielgruppenforschung sowie Strategischem Marketing tätig ist. Forschungsschwerpunkte sind Gesellschafts- und Wirtschaftspolitik im Bereich Demographie, Entrepreneurship, Bildung, Arbeitsmarkt, Kreativwirtschaft und Innovation, CSR sowie Diversity Management mit Fokus auf ethnischen Ökonomien. Sie ist Seniorpartner von METIS – Institut für ökonomische und politische Forschung und hat langjährige internationale und nationale Erfahrung in NGO und Interessensvertretungen.

Grieshuber Eva

Dr. Eva Grieshuber, akkreditierte CSR-Consultant, ist seit 2006 als Beraterin bei ICG Integrated Consulting Group tätig. Sie begleitet Organisationen in Veränderungsprozessen mit Schwerpunkt auf integrierte Strategie- und Organisationsentwicklung. Nach ihrem Studium der Betriebswirtschaftslehre und Umweltsystemwissenschaften an der Karl-Franzens-Universität Graz war sie von 1999 bis 2005 Universitätsassistentin für Innovationsmanagement und Entrepreneurship an der Alpen-Adria-Universität Klagenfurt.

Günther Edeltraud

Prof. Dr. Edeltraud Günther promovierte zum Thema „Ökologieorientiertes Controlling" an der Universität Augsburg, war dann Projektleiterin am Bayerischen Institut für angewandte Umweltforschung und leitet seit 1996 den Lehrstuhl für Betriebliche Umweltökonomie an der TU Dresden. Seit 2005 ist sie Gastprofessorin an der University of Virginia. In der Lehre und Forschung spezialisiert sie sich auf die Bereiche Nachhaltige Unternehmensführung, Umweltleistungsmessung und Hemmnisforschung. An der TU Dresden wurde unter ihrer Leitung ein Umweltmanagementsystem nach EG-Öko-Audit-Verordnung eingeführt. Sie leitet den Arbeitskreis Nachhaltige Unternehmensführung der Schmalenbachgesellschaft www.aknu.org und ist Obfrau des DIN-Arbeitskreises zur Entwicklung der internationalen Norm DIN EN ISO 14051 „Materialflusskostenrechnung". 2008 erhielt sie den B.A.U.M.-Umweltpreis in der Kategorie Wissenschaft. Gemeinsam mit einem interdisziplinären Team erhielt sie 2011 einen Preis für ein Plusenergiehaus mit E-Mobilität.

Haase Michaela

PD Dr. Michaela Haase lehrt am Marketing Department der Freien Universität Berlin. Studium der Volkswirtschaftslehre, Politikwissenschaft und Wissenschaftstheorie an der Freien Universität Berlin (Diplom-Volkswirtin 1987, Promotion 1993, Habilitation 1999). 2000–2001 Visiting Scholar am Department of Economics der Washington University in St. Louis (Missouri). 2004–2006 Leitung eines Drittmittelprojekts an der Freien Universität Berlin (Unternehmertum in der Wissensgesellschaft). 2004 bis 2007 Mitträgerin des Graduiertenkollegs „Pfade organisatorischer Prozesse" an der Freien Universität Berlin. Seit 2007 Tätigkeit für private Hochschuleinrichtungen und Institute als Forschungsleitung bzw. in den Bereichen Studiengangsentwicklung und Akkreditierung. Aufbau des Arbeitsschwerpunkts Marketing und Ethik am Marketing Department der Freien Universität Berlin. Lehraufträge an verschiedenen Hochschulen, z.B. zu Responsible Marketing an der Steinbeis University.

Haber Gottfried

Ao. Univ.-Prof. MMag. Dr. Gottfried Haber ist seit 2006 Universitätsprofessor für Volkswirtschaftslehre und Wirtschaftspolitik an der Alpen-Adria-Universität Klagenfurt und ist im Rahmen ökonomischer Analysen für eine Vielzahl nationaler und internationaler Organisationen im öffentlichen und im privatwirtschaftlichen Bereich tätig. Eines seiner Spezialgebiete sind dabei ökonomische Impact-Analysen verschiedener Wirtschaftsbereiche und Unternehmensaktivitäten. Gottfried Haber ist wissenschaftlicher Leiter des METIS-Instituts für ökonomische und politische Analysen in Wien, Vorsitzender des Wirtschaftspolitischen Beirates der Kärntner Landesregierung, Präsident des Forum Velden sowie Mitglied in zahlreichen Kommissionen und Aufsichtsräten.

Habisch André

Prof. Dr. André Habisch ist Volkswirt und Theologe und unterrichtet Unternehmensethik an der Wirtschaftswissenschaftlichen Fakultät Ingolstadt der Katholischen Universität Eichstätt-Ingolstadt sowie an den Universitäten Wien und Bozen. Als Associate Research Director der EABIS – The European Academy of Business in Society, Brüssel – ist er in zahlreiche internationale Forschungsprojekte involviert, etwa zu „Practical Wisdom in Management from the Religious and Spiritual Traditions", „Ethical Supply Chain Management", „Social Entrepreneurship". Er ist sachverständiges Mitglied der Enquete-Kommission „Wachstum, Wohlstand, Lebensqualität" des Deutschen Bundestages und der Kommission zur Erstellung des ersten Engagementberichtes der Bundesregierung „Gesellschaftliches Engagement von Unternehmen". Prof. Habisch hat zahlreiche Publikationen im Themenfeld CSR, angewandte Unternehmensethik und Christliche Sozialethik vorgelegt.

Hanappi-Egger Edeltraud

Univ.-Prof. DI Dr. Edeltraud Hanappi-Egger ist seit 2002 Universitätsprofessorin für „Gender and Diversity in Organizations" an der Wirtschaftsuniversität Wien (WU) und war an mehreren internationalen Forschungsinstitutionen Gastwissenschaftlerin (zuletzt an der London School of Economics Senior Research Fellow). Sie hat mehr als 300 Beiträge zu den Themen Diversitätsmanagement, Gender und Technik, Organisationsstudien und Managementmythen veröffentlicht. Ihre Arbeiten wurden mehrfach ausgezeichnet. Univ.-Prof. Hanappi-Egger ist Mitglied der „Jungen Kurie" der Österreichischen Akademie der Wissenschaften, Universitätsrätin der TU Graz und war von 2006 bis 2009 Vorsitzende des Senates der WU Wien.

Holl Florian

Dipl. Betriebswirt (FH) Florian Holl, Geschäftsführer Verso Germany GmbH, schloss 2008 sein Studium an der Hochschule Neu-Ulm ab. Während seines Studiums beschäftigte er sich hauptsächlich mit internationaler Markenführung. Seine Diplomarbeit bei der BMW Group beschreibt Modelle für einen ethisch korrekten Umgang sowie faire Anreizsysteme von Dienstleistern im Niedriglohnsektor. Seit 2010 ist er Geschäftsführer der Verso Germany GmbH. Verso ist ein europaweites Projekt und entwickelt in Zusammenarbeit mit diversen Instituten ein Konzept, um die relevanten CSR-Informationen zu finden, zu strukturieren und zu kommunizieren.

Jasch Christine

Univ.-Doz. Mag^a. Dr. Christine Jasch ist Ökonomin sowie Wirtschaftstreuhände-
rin und leitet das Wiener Institut für ökologische Wirtschaftsforschung. Seit 1995
ist sie Umweltgutachterin nach der EMAS-Verordnung und ISO 14001, seit 2005
Datenauditorin nach dem Emissionszertifikategesetz und auditiert Nachhaltigkeitsberichte österreichischer, Schweizer und deutscher Unternehmen nach den Anforderungen der Global Reporting Initiative (GRI). Sie ist Delegierte der Kammer
der Wirtschaftstreuhänder in die Sustainability Group der „Fédération des Experts
Comptables Européens" (FEE) in Brüssel und leitet den Umwelt- und Nachhaltigkeitsausschuss der Kammer der Wirtschaftstreuhänder, welcher seit 1999 jährlich
die besten österreichischen Umwelt- und Nachhaltigkeitsberichte mit dem ASRA,
dem Austrian Sustainability Reporting Award, auszeichnet. Sie ist in mehreren
Umwelt- und Ethikfonds im wissenschaftlichen Beirat tätig und hat diverse Lehraufträge.

Kleine-König Christiane

M.Sc.-Geogr. Christiane Kleine-König, ist als wissenschaftliche Mitarbeiterin
am Lehrstuhl „Urban and Metropolitan Studies" des Geographischen Instituts der
Ruhr-Universität Bochum in der Lehre und Forschung tätig. Sie promoviert zum
Thema „Gesellschaftliche Verantwortung von Unternehmen im Kontext der Stadt-
und Regionalentwicklung". Zuvor war sie im Rahmen des Programms „Gesellschaftliche Verantwortung von Unternehmen" für die Bertelsmann Stiftung tätig
und konzipierte sowie organisierte die Ausstellung „ALT+jung. Stadt im demografischen Wandel" für das Stadtmuseum Düsseldorf.

Klink Daniel

Dipl.-Kfm. Daniel Klink ist Doktorand der Wirtschaftswissenschaften am Institut
für Management der Humboldt-Universität zu Berlin. Seine Diplomarbeit zur Ge-
sellschaftsgeschichte des Leitbildes des Ehrbaren Kaufmanns wurde sowohl mit
dem Humboldt-Preis 2008 als auch mit dem Europa-Preis 2009 ausgezeichnet.
Seine Forschungsschwerpunkte sind der Ehrbare Kaufmann und verantwortungsvolle Führung (responsible leadership). Er ist verantwortlich für das Informationsportal zum Leitbild des Ehrbaren Kaufmanns.

Kopp Heidrun

Dr. Heidrun Kopp schloss 1994 ihr Studium an der Universität Wien ab und ist
seither im Bankenbereich in unterschiedlichen Funktionen tätig. Beruflich liegt ihr
geographischer Fokus seit dem Jahr 2000 vor allem auf Zentral- und Osteuropa.
Sie legte berufsbegleitend den Master of Business Administration (MBA) an der
Webster University in St. Louis (USA) und den Master of Arts (MA) über „Interdisziplinäre Balkanstudien" am Institut für den Donauraum und Mitteleuropa
(IDM) in Wien ab. 2009 absolvierte sie das Harvard Executive Training on „Corporate Social Responsibility" an der Harvard Business School in Boston (USA)
und nahm am CSR-Lehrgang „Integriertes CSR-Management" bei Plenum – Ge-

sellschaft für ganzheitlich nachhaltige Entwicklung teil. Weiters promovierte sie zum Thema „Corporate Social Responsibility (CSR) in Bankunternehmen" an der Universität Wien. Seit 2010 leitet sie das RZB Group Corporate Responsibility Team der Raiffeisen Zentralbank Österreich AG, seit 2011 ist sie Vorstandsmitglied der Raiffeisen Klimaschutz-Initiative (RKI).

Koths Gerhard

Gerhard Koths, MSc. ist als Projektmanager bei der Verso Germany GmbH u.a. für die theoretische Fundierung der operativen Prozesse verantwortlich. Nach dem Erwerb des Bachelors in „International Management" an der Hochschule Deggendorf absolvierte er ein betriebswirtschaftliches Masterstudium an der Katholischen Universität Eichstätt-Ingolstadt. Seine Masterarbeit zum Thema „Verringerung von Informationsasymmetrien durch moderne IuK-Technologien" schrieb er am Lehrstuhl für christliche Sozialethik und Gesellschaftspolitik.

Kramer Mark

Mark Kramer absolvierte die Studien der Rechtswissenschaften (magna cum laude Abschluss) an der University of Pennsylvania Law School (1985), sowie den M.B.A. an der Wharton School, University of Pennsylvania (1982) und einen B.A., (summa cum laude Abschluss) an der Brandeis University (1979). Er ist Mitbegründer und Direktor von FSG, sowie Autor zahlreicher einflussreicher Publikationen zu CSR, katalytische Philanthropie-Konzepte, strategische Evaluation, gesellschaftlich wirksames Investment sowie adaptive Führung. Im Rahmen seiner Tätigkeit am FSG ist er zuständig für das operative Beratungsgeschäft und unterstützt bei der Umsetzung der Vision und die Expansion des Unternehmens. Er hat in allen Kernbereichen von FSG Beratungsprojekte geleitet, und sich insbesondere in den Themenfelder Strategieentwicklung für private und öffentliche Stiftungen, CSR, Evaluation und gesellschaftlich wirksames Investment verdient gemacht. Er leitet ebenfalls die Forschungsarbeit zahlreicher FSG Publikationen und veröffentlicht seine Ergebnisse regelmäßig im Harvard Business Review und im Stanford Social Innovation Review. Er tritt weltweit regelmäßig als Gastredner zu den Themen katalytische Philanthropie, Strategien zur kollektiven Wirksamkeit, Wege zur Generierung gemeinsamer Werte für Unternehmen, neue Zugänge zur Evaluation und gemeinsame Bewertung, gesellschaftlich wirksames Investment, soziales Unternehmertum sowie adaptive Führung auf. Vor seiner Zeit bei FSG war er 12 Jahre lang als Präsident der Kramer Capital Management, eine Beteiligungsgesellschaft, und zuvor als Partner bei der Anwaltskanzlei Ropes & Gray (Boston), sowie als Assistent zu Richter Alvin B. Rubin an einem U.S. Berufungsgericht tätig.

Kunze Martin

Martin Kunze M.A., Jg. 1981, ist Sozialwissenschaftler und wissenschaftlicher Mitarbeiter an der Martin-Luther-Universität Halle-Wittenberg. Er studierte Erziehungswissenschaft, Soziologie und Psychologie an der Friedrich-Schiller Universität Jena und an der Syddansk Universitet Odense, Dänemark.

Lilge Hans-Georg

Dr. Hans-Georg Lilge hat nach seinem betriebswirtschaftlichen Studium an der Freien Universität Berlin am Institut für Unternehmungsführung der FU gearbeitet und promoviert. In dieser Zeit veröffentlichte er zahlreiche Bücher und Aufsätze zum Thema „Führung im internationalen Kontext" (z. B. Arbeiterselbstverwaltung in Jugoslawien, Führungsvergleich BRD/DDR, Partizipative Führung, Kooperation & Konkurrenz in Organisationen, Zielkonflikte). Im Anschluss daran war er in großen internationalen Unternehmen unterschiedlicher Branchen als Personalleiter mit z.T. internationaler Verantwortung tätig, so bei Reemtsma, Mars, Toshiba, Ericsson, Deutsche Bahn Fernverkehr sowie The Nielsen Group. Seit nunmehr zwei Jahren leitet er an der Europa-Universität Viadrina Frankfurt (Oder) das „MBA for Central and Eastern Europe" als Programmdirektor und ist Partner der Personalberatung StarrConsult.

Lorentschitsch Bettina

Bettina Lorentschitsch, MSc, MBA, Jg. 1968, ist Unternehmerin und Consultant. Sie hat beide Masterarbeiten zu CSR verfasst und ist akkreditierter CSR-Consultant sowie ausgebildete CSR-Managerin. Seit 2006 hat sie die Funktion der Bundessprecherin der CSR-Consultants Expertgroup inne. Weiters ist sie Mitglied im Beirat des Forums nachhaltiges Österreich, Vorstandsmitglied von respACT, sowie Mitglied in diversen Normenausschüssen zu CSR, Landesvorsitzende von Frau in der Wirtschaft in der Wirtschaftskammer Salzburg (WKS), Obmann-Stellvertreterin der Sparte Handel WKS, Mitglied diverser Ausschüsse zum Thema CSR und Nachhaltigkeit. Lehrtätigkeit an div. Fachhochschulen und Ausbildungsinstituten, sowie im Beirat des Zentrums für humane Marktwirtschaft.

Lund-Durlacher Dagmar

Prof. Dr. Dagmar Lund-Durlacher leitet das Department of Tourism and Hospitality Management und das BBA Program in Tourism and Hospitality Management an der MODUL University Vienna. Sie studierte BWL in Graz und Wien, arbeitete mehrere Jahre als Universitätsassistentin am Institut für Tourismus und Freizeitwirtschaft an der Wirtschaftsuniversität Wien und war während dieser Zeit auch Generalsekretärin der Österreichischen Gesellschaft für angewandte Forschung in der Tourismus- und Freizeitwirtschaft (ÖGAF). Von 1995 bis 2007 war sie in Berlin in der touristischen Marktforschung tätig sowie ab 2004 Professorin für Tourismusökonomie und -marketing an der Hochschule für Nachhaltige Entwicklung Eberswalde, an der sie bis zu ihrer Rückkehr nach Wien den Masterstudiengang Nachhaltiges Tourismusmanagement leitete. Ihre Forschungsschwerpunkte liegen in den Bereichen Corporate Social Responsibility, Zertifizierungssysteme und nachhaltige Mobilität.

Mahrer Harald

Dr. Harald Mahrer ist Präsident der Julius Raab Stiftung. Der Unternehmer und politische Visionär studierte Betriebswirtschaft und promovierte an der Wirtschaftsuniversität Wien. Er zählt zu den führenden Kommunikations- und Politikstrategen Mitteleuropas, forscht aktiv im Bereich Erneuerung der Demokratie und ist Autor zahlreicher Publikationen im Themenfeld Politik- und Demokratieentwicklung. Mahrer war lange Jahre im Führungsteam Österreichs größter PR- und Lobbyingagentur Pleon Publico, gründete den Think-Tank demokratie.morgen und das METIS Institut für ökonomische und politische Forschung.

Martinuzzi André

PD Dr. André Martinuzzi ist Vorstand des Research Institute for Managing Sustainability und Associate Professor an der Wirtschaftsuniversität Wien. Er hat Betriebswirtschaft studiert und ist für die Fachgebiete Umweltmanagement und Nachhaltigkeitspolitik habilitiert. Seine Forschungsschwerpunkte sind Corporate Sustainability, Nachhaltigkeitspolitik, Evaluationsforschung und Wissensmanagement. Seit mehr als zehn Jahren ist er als Koordinator von Projekten im 5., 6. und 7. EU-Forschungsrahmenprogramm tätig, hat Forschungsarbeiten für sechs EU-Generaldirektionen, das Eurostat, das UN Development Programme, für Bundes- und Landesverwaltungen durchgeführt. Er hat das Nachhaltigkeit-Monitoring des 7. EU-Forschungsrahmenprogramms konzipiert und umgesetzt, arbeitet an Knowledge Brokerage zum Thema nachhaltiger Konsum und Wachstum und analysiert gemeinsam mit einem internationalen Team die Wirkungen von Corporate Social Responsibility in Europa.

Meixner Oliver

Ao. Univ.-Prof. Mag. Dr. Oliver Meixner ist außerordentlicher Universitätsprofessor am Institut für Marketing und Innovation, Universität für Bodenkultur Wien (BOKU). Neben seinen Hauptforschungsschwerpunkten Entscheidungstheorie, Neuproduktentwicklung und Konsumentenverhalten widmet er sich seit Jahren CSR-relevanten Themen vor allem in der Wertschöpfungskette „Lebensmittel". Er ist Gutachter für viele wissenschaftliche Zeitschriften (unter anderem IMA Journal of Management Mathematics, European Journal of Operations Research, Applied Economics, Journal on Food System Dynamics) und Institutionen und publizierte zahlreiche Beiträge in anerkannten wissenschaftlichen und populärwissenschaftlichen Journalen sowie mehrere Bücher. Neben seiner hauptberuflichen Tätigkeit an der BOKU Wien war er über mehrere Jahre hinweg als Gastprofessor an der Freien Universität Bozen tätig und hat seit vielen Jahren einen Lehrauftrag an der FH Wien. Seine akademische Ausbildung schloss er an der Wirtschaftsuniversität Wien 1998 mit dem Doktorat ab. Die Habilitation an der BOKU Wien folgte 2004.

Mühlböck Marisa

Dr. Marisa Mühlböck ist Geschäftsführerin der Julius Raab Stiftung. Sie beschäftigt sich seit ihrem Abschluss des Diplomstudiums Handelswissenschaft an der Wirtschaftsuniversität Wien mit dem Themenfeld der gesellschaftlichen Unternehmensverantwortung. Als Trainee der Industriellenvereinigung absolvierte sie unter anderem Stationen in den Bereichen Gesellschaftspolitik und Marketing & Kommunikation. Zuletzt war sie als Senior Consultant bei Österreichs führender PR- und Lobbyingagentur Pleon Publico tätig, wo sie seit 2005 auch die

CSR-Auszeichnung TRIGOS betreute. 2011 promovierte sie an der Alpen-Adria-Universität Klagenfurt zum Thema „Wirtschaftspolitik und Corporate Citizenship in Österreich. Das Potenzial von gesellschaftlicher Unternehmensverantwortung für mehr soziale Gerechtigkeit".

Müller Wolfgang

Prof. Dr.-Ing. Wolfgang Müller hat an der Technischen Universität Berlin Wirtschaftsingenieurwesen der Fachrichtung Produktionstechnik studiert. Parallel zu seiner Tätigkeit am Fraunhofer Institut für Produktionsanlagen und Konstruktionstechnik (IPK) im Bereich der Planung und Steuerung von Werkstattfertigungen hat er über das Thema Unternehmensmodellierung promoviert. Als Gruppenleiter am Fraunhofer Institut für Experimentelles Software Engineering (IESE) hat er mehrere Jahre in Industrie- und Forschungsprojekten zur wissensbasierten Software-Entwicklung gearbeitet. Seit 2001 ist es Professor für Intralogistik und Wissensmanagement an der Fachhochschule Ludwigshafen am Rhein. Im Rahmen dieser Tätigkeit betreut er regelmäßig Abschlussarbeiten in Zusammenarbeit mit Unternehmen der Metropolregion Rhein-Neckar.

Oberholzer Kurt

Dr. Kurt Oberholzer, Jg. 1959, war von 1980 bis 1990 Journalist bei ORF und „SN". Ist seit 1992 Leiter der Stabstelle Öffentlichkeitsarbeit und Marketing der Wirtschaftskammer Salzburg (WKS), Chefredakteur der „Salzburger Wirtschaft", betreute 2009 in der WKS das Schwerpunktjahr „Wirtschaft trägt Verantwortung". Seit damals intensiv in der Organisation von CSR- und Nachhaltigkeitsprojekten der WKS tätig, unter anderem im „Zentrum für humane Marktwirtschaft".

Osburg Thomas

Dr. Thomas H. Osburg ist Director Europe – Corporate Affairs, Intel Corp., verantwortlich für die strategische Gestaltung und Implementierung von Intels CSR-Programmen in Europa. Dr. Osburg ist promovierter Ökonom (Dr. rer. pol.) mit den Schwerpunkten Unternehmensführung und Marketing der Leibniz Universität Hannover. Nach seinem Diplom hatte er zahlreiche Managementpositionen in den Feldern Internationales Management und Marketing, CSR, Bildung und Forschung bei Texas Instruments, Autodesk und Intel inne. Neben Deutschland lebte er mehrere Jahre in Frankreich und den USA. Bis 2005 leitete er als Director Education die Expansion des Technologiekonzerns Texas Instruments Inc. im Bildungsbereich in Asien, Lateinamerika und Australien. Im Januar 2009 haben die Mitgliedsunternehmen des Corporate Citizenship Netzwerks UPJ ihn zum Sprecher des Unternehmensnetzwerks gewählt, seit November 2009 ist er Research Fellow des Center for Corporate Citizenship in Eichstätt-Ingolstadt. Zusätzlich zu seinen beruflichen Aktivitäten hat er Lehraufträge mit den Schwerpunkten CSR, Marketing und Management an renommierten deutschen und internationalen Hochschulen. Zu diesen Themen sind in den letzten Jahren auch zahlreiche Publikationen erschienen. Des Weiteren engagiert er sich in verschiedenen Organisationen als Board Member und ist Mitglied in wissenschaftlichen Beiräten.

Pfneiszl Ina

Ina Pfneiszl ist Corporate Social Responsibility und Diversity Managerin bei der Konzerngruppe Simacek Facility Management Group GmbH. Davor sammelte sie sieben Jahre Konzernerfahrung bei Microsoft als Kommunikationsspezialistin und Community Development Managerin. Sie absolvierte 2010 den CSR – Lehrgang „Fairantwortung in Industrie und Wirtschaft" der incite Ges.m.b.H. der Wirtschaftskammer Österreich. Seit eineinhalb Jahren verantwortet sie das CSR Rollout bei Simacek und ist maßgeblich an der Entwicklung von CSR Projekten beteiligt. Unter anderem trägt sie die Projektverantwortung für das nachhaltige „Simacek CSR-Sprachenprojekt", das 2011 für den Österreichischen Integrationspreis nominiert wurde und für große Stakeholderdialoge wie das Wirtschaftsforum „B2B Diversity Day" und die „B2B Diversity Gala Night".

Pircher-Friedrich Anna Maria

Prof. Dr. Mag^a. rer. soc. oec. Anna Maria Pircher-Friedrich ist Professorin für Human Resources und Qualitäts- und Dienstleistungsmanagement am Management Center Innsbruck – die unternehmerische Hochschule. Leiterin des Instituts für sinnorientierte Persönlichkeits- und Unternehmensentwicklung in Meran. Als international gefragte Vortragende und Seminarleiterin trainiert und coacht sie Führungskräfte aus Wirtschaft, Schulen und Krankenhäusern. Zahlreiche Publikationen von Fachartikeln und Büchern.

Pöchtrager Siegfried

Ao. Univ.-Prof. Dr. Siegfried Pöchtrager ist am Institut für Marketing und Innovation der Universität für Bodenkultur Wien (BOKU) tätig und hat sich 2011 an der BOKU für das wissenschaftliche Fach „Betriebswirtschaftslehre" habilitiert. Er ist ausgebildeter Qualitätstechniker, Qualitätsmanager, Auditor und Sachverständiger und beschäftigt sich im Wissenschafts- und Unternehmensbereich in der Agrar- und Ernährungswirtschaft vor allem mit den Themen der Qualitätssicherung, dem Qualitätsmanagement und seit mehreren Jahren auch mit CSR in der Agrar- und Ernährungswirtschaft. Durch seine nationalen sowie internationalen Projekte stellt er eine wichtige Schnittstelle zwischen Wissenschaft und Praxis dar. Er hat zahlreiche Bücher und Publikationen veröffentlicht, seine Arbeiten wurden mehrfach ausgezeichnet.

Porter Michael

Michael E. Porter promovierte an der Harvard University und hat dort ebenfalls seinen M.B.A. abgeschlossen. Weiters hat er einen B.S.E. an der Princeton University absolviert. Er erhielt über 30 Auszeichnungen und Ehrendoktorate und wurde von der Strategic Management Society zu dem einflussreichsten strategischen Denker der heutigen Zeit gewählt.

Gemeinsam mit Mark Kramer ist er Mitbegründer von FSG. Zurzeit ist er Professor an der Bishop William Lawrence Universität an der Harvard Business School. Er ist eine führende internationale Autorität für Strategie und hat 16 Bücher und über 75 Artikel zu den Themen Strategie und Wettbewerbsfähigkeit verfasst. Er hat die Regierungen zahlreicher Nationen, führende internationale Unternehmen und NGOs in strategischen Fragen beraten. Professor Porter leitet das Harvard Business School Institut für Strategie und Wettbewerbsfähigkeit. Seine Forschungstätigkeit zu der wirtschaftlichen Entwicklung der Amerikanischen Stadtzentren führte zur Gründung der Initiative für wettbewerbsfähige Stadtzentren. Porter war Obmann und Geschäftsführer dieses non-profit Projektes zur Stärkung der wirtschaftlichen Situation der innerstädtischen Bezirke. Gemeinsam mit Mark Kramer, hat er die Foundation Strategy Group (FSG), sowie das Center for Effective Philanthropy gegründet und war Mitautor der Harvard Business Review Artikel, „Philanthropy's New Agenda: Creating Value" und „Strategy & Society: The Link Between Competitive Advantage and Corporate Social Responsibility."

Riess Birgit

Birgit Riess studierte Wirtschafts-, Rechts- und Sozialwissenschaften und arbeitet nach wissenschaftlicher und beratender Tätigkeit seit 1996 bei der Bertelsmann Stiftung. Sie verantwortet dort als Direktorin das Programm „Gesellschaftliche Verantwortung von Unternehmen". Das Programm erarbeitet konzeptionelle Grundlagen von Corporate Social Responsibility (CSR) und umsetzungsorientierte Maßnahmen zur Förderung von CSR in Politik, Unternehmen und Zivilgesellschaft. Zu den wichtigsten Projekten zählen die Marktplatz-Methode, die Initiative „Unternehmen für die Region" sowie die Informationsplattform CSR WeltWeit. Birgit Riess ist Mitglied im CSR-Forum der Bundesregierung und engagiert sich u. a. als Kuratoriumsmitglied für die studentische Initiative für Wirtschafts- und Unternehmensethik sneep.

Rieth Lothar

Dr. Lothar Rieth arbeitet seit April 2011 bei der EnBW AG als Referent für Corporate Responsibility, Nachhaltigkeit und Unternehmenspositionierung. Er war zuvor von 2005 bis 2011 als wissenschaftlicher Mitarbeiter an der TU Darmstadt am Institut für Politikwissenschaft im Arbeitsbereich Internationale Politik tätig. Neben der Forschung in den Bereichen CSR, Nachhaltigkeit und Globalisierung engagierte er sich in der universitären Lehre in praxisnahen Projekten und analysierte das CSR-/Nachhaltigkeitsengagement deutscher Großunternehmen. Außerdem war er als Berater für die Vereinten Nationen, die GTZ, das Global Public Policy Institute (GPPi) und andere nichtstaatliche Organisationen tätig, zuletzt war er an der Entwicklung des Nachhaltigkeitskonzepts für den Deutschen Fußball-Bund (DFB) beteiligt.

Schäfer Henry

Prof. Dr. Henry Schäfer ist Inhaber des Lehrstuhls „Allgemeine Betriebswirtschaftslehre und Finanzwirtschaft" und Leiter der Abteilung III des Betriebswirtschaftlichen Instituts der Universität Stuttgart. Seine Forschungsschwerpunkte liegen im Bereich der Bewertung von Investitionsobjekten und -programmen vor allem unter Berücksichtigung von Unsicherheit, Risiko und nicht-finanziellen Parametern. Weitere Forschungsschwerpunkte sind die ökonomische Analyse von Netzwerken, Projektfinanzierung, Immobilien und die Analyse sowie das Management von Commodities.

Schaltegger Stefan

Prof. Dr. Stefan Schaltegger ist Ordinarius für Betriebswirtschaftslehre, insbes. Nachhaltigkeitsmanagement, Leiter des Centre for Sustainability Management an der Leuphana Universität Lüneburg (CSM) und des weltweit ersten MBA-Studiengangs zu Nachhaltigkeitsmanagement. Stefan Schaltegger ist Mitglied der Herausgeberbeiräte von neun internationalen wissenschaftlichen Fachzeitschriften. Seine Forschungsschwerpunkte umfassen verschiedene Gebiete des Nachhaltigkeitsmanagements, bes. Umweltinformationsmanagement, Environmental and Sustainability Accounting and Reporting, operatives und strategisches Nachhaltigkeitsmanagement, Sustainable Entrepreneurship und Management von Stakeholder-Beziehungen sowie integratives Nachhaltigkeitsmanagement (z. B. Naturschutzmanagement, New Public Environmental Management). Stefan Schaltegger erhielt 2007 den B.A.U.M. Umweltpreis in der Kategorie Wissenschaft.

Schank Christoph

Dr. Christoph Schank, Jg. 1981, ist wissenschaftlicher Mitarbeiter am Institut für Wirtschaftsethik der Universität St.Gallen. Er studierte von 2001 bis 2006 an der Universität Trier und graduierte dort als Diplom-Soziologe und Diplom-Kaufmann. Daran anschließend schloss er 2006 ein Postgraduiertenstudium an der Warwick Business School zum European Master in Labour Studies/Master Européen en Sciences du Travail ab. Von 2006 bis 2009 wirkte er als Projektleiter am Institut für werteorientierte Unternehmensführung und Studienleiter der Evangelischen Akademie der Pfalz. Dazu begleitend promovierte er 2010 an der Universität Flensburg. Vor seiner Beschäftigung am Institut für Wirtschaftsethik vertrat er 2010/2011 eine Hochdeputatsstelle an der Goethe-Universität Frankfurt. Christoph Schank ist Lehrbeauftragter an den Universitäten Flensburg und Frankfurt und als Selbstständiger in der Unternehmens- und Politikberatung tätig.

Schiebel Walter

O. Univ.-Prof. Mag. Dr. Walter Schiebel ist Leiter des Instituts für Marketing & Innovation an der Universität für Bodenkultur Wien. Er war von 1996 bis 2001 Vize-Rektor für Weiterbildung. Er hat sich an der Wirtschaftsuniversität Wien habilitiert und ist seit 1986 Univ.-Doz. für Allgemeine Betriebswirtschaftslehre. Er ist/war als Gastprofessor an der Universität Wien, der Freien Universität Bozen und an der Lincoln University in Christchurch, Neuseeland, tätig. Er ist Autor von über 100 Fachbeiträgen und 21 Büchern, Leiter von mehr als 60 nationalen, EU- und internationalen Forschungsprojekten und Gastvortragender in Asien, Europa, Kanada, Neuseeland und den USA. Seine Forschungsschwerpunkte sind Agrarmarketing, Ökomarketing, Regionalmarketing, (europäische) Ernährungswirtschaft sowie (Welt-)Agrarmärkte; seine Schwerpunkte sind Effizienz von Absatzkooperationen, Kooperationsmodelle in der Food Value Chain, Produktfindung, Innovationsmanagement und Innovationsklima, Customer Satisfaction, Werbewirkungsanalysen mithilfe von Expertensystemen, ökosozialer Unternehmenstest und Corporate Social Responsibility, unternehmerInnenrelevante Persönlichkeitseigenschaften und zielorientiertes Handeln sowie entscheidungsunterstützende Verfahren (Expert Choice and AHP) und Marketing-Simulation.

Schmalenbach-Gesellschaft für Betriebswirtschaft e.V. – Arbeitskreis Nachhaltige Unternehmensführung (AKNU)

Dieser Arbeitskreis der Schmalenbach-Gesellschaft widmet sich dem Themenkomplex der nachhaltigen Unternehmensführung. Die Schmalenbach-Gesellschaft initiiert und koordiniert seit über 75 Jahren den Dialog zwischen betriebswirtschaftlicher Forschung, Lehre und Praxis in Deutschland. Sie ist die älteste übergreifende betriebswirtschaftliche Vereinigung in Deutschland und als gemeinnütziger Verein unabhängig und nicht gewinnorientiert. Eine aktuelle Liste der AKNU-Mitglieder finden Sie unter: www.aknu.org

Schmidpeter René

Dr. René Schmidpeter, Jg. 1974, studierte Betriebswirtschaftslehre, Angewandte Europawissenschaften sowie Sozialethik und Gesellschaftspolitik in Deutschland, Großbritannien und den USA. Seit über zehn Jahren arbeitet und forscht er im Bereich „Gesellschaftliche Verantwortung von Unternehmen". Er ist unter anderem wissenschaftlicher Leiter des Zentrums für humane Marktwirtschaft in Salzburg, Mitglied im Dr. Karl Kummer-Institut sowie im Austrian Chapter des Club of Rome. Darüber hinaus ist er als Redner, Dozent und Fachexperte für nationale und internationale CSR-Initiativen, wissenschaftliche Think-Tanks sowie renommierte Hochschulen im In- und Ausland tätig. Zuvor war er Project Manager im Programm „Gesellschaftliche Verantwortung von Unternehmen" der Bertelsmann Stiftung in Gütersloh, Senior Advisor im Kabinett des österreichischen Sozialministeriums in Wien und wissenschaftlicher Mitarbeiter der Katholischen Universität Eichstätt-Ingolstadt.

Schmiedeknecht Maud Helene

Dr. Maud H. Schmiedeknecht. Studium der Betriebswirtschaftslehre an der Hochschule Konstanz (HTWG). Von 2005 bis 2010 arbeitete sie als wissenschaftliche Mitarbeiterin bei Prof. Dr. Josef Wieland am Konstanz Institut für WerteManagement (KIeM) und schloss 2010 ihre Promotion bei Prof. Dr. Reinhard Pfriem an der Carl von Ossietzky-Universität Oldenburg zum Thema „Die Governance von Multistakeholder-Dialogen. Standardsetzung zur gesellschaftlichen Verantwortung von Organisationen: Der ISO 26000-Prozess" ab. Diverse Lehraufträge an Universitäten und Hochschulen. Seit Oktober 2010 ist sie als Projektmanagerin für das Globale Wirtschaftsethos für das KIeM in Kooperation mit der Novartis Stiftung tätig. Ihre Arbeits- und Forschungsschwerpunkte sind Wirtschafts- und Unternehmensethik, Neue Institutionen- und Organisationsökonomik, (Corporate) Social Responsibility und Stakeholder Management.

Schneider Andreas

Mag. Andreas Schneider, Jg. 1974, verantwortet seit Jänner 2007 in der Wirtschaftskammer Österreich den Themenbereich Gesellschaftspolitik und Corporate Social Responsibility. Aufgrund seiner Erfahrungen im Normenwesen (ISO 26000, ONK 251) hat er auch den Bereich der Normungspolitik in der Wirtschaftskammer aufgebaut. Er ist seit 2007 im Vorstand der Unternehmerplattform respACT, sowie auch Jurymitglied des CSR-Preises TRIGOS und Beirat im Zentrum für humane Marktwirtschaft. Besonderer Fokus in seiner CSR-Tätigkeit sind die Klein- und Mittelunternehmen, sowie mittlerweile auch Einpersonenunternehmen. Er initiierte u.a. die Regionalisierung von CSR in der Reihe „Erfolg mit FAIRantwortung" in bislang vier Bundesländern, das Buch „Werte leben. Mehr Wert schaffen", das CSR-Online-Handbuch www.fairantwortung.at, sowie das vorliegende CSR-Standardwerk.

Von 2004 bis 2006 war Schneider als Politik-, Wirtschafts- und Europaexperte im Kabinett von Außenministerin Ursula Plassnik tätig. Davor war er in der Europaabteilung der Wirtschaftskammer für die Themenbereiche EU-Erweiterung, EU-Lobbying und den COREPER zuständig.

Schöberl Maximilian

Maximilian Schöberl ist seit 2006 Leiter Konzernkommunikation und Politik der BMW Group. In dieser Position verantwortet er weltweit alle Kommunikations-sowie politischen Aktivitäten des Unternehmens. Schöberl studierte Betriebswirtschaftslehre in Regensburg und arbeite danach für ein Jahr als Redakteur für verschiedene politische Magazine des ZDF. Der ausgebildete Speditionskaufmann arbeitete unter anderem als Leiter der Presse- und Öffentlichkeitsarbeit der CSU unter dem Vorsitzenden Theo Waigel.

Schreck Philipp

Dr. Philipp Schreck, Jg. 1978, Studium der Betriebswirtschaftslehre an der Ludwig-Maximilians-Universität (LMU) und der Copenhagen Business School (Dipl.-Kfm. 2005); in der Zeit Gründungsmitglied von sneep – Studentisches Netzwerk Wirtschafts- und Unternehmensethik. 2005–2008 Promotion als wissenschaftlicher Mitarbeiter bei Prof. Küpper am Institut für Produktionswirtschaft und Controlling (IPC). Seit 2008 wissenschaftlicher Assistent am IPC, 2009/2010 Forschungsaufenthalt an der Wharton School, University of Pennsylvania (USA). Schwerpunkte in Forschung und Lehre: Wirtschafts- und Unternehmensethik, Corporate Social Responsibility, Nachhaltigkeitsberichterstattung, Controlling.

Schulz Otto

Dr. Otto Schulz ist Partner bei der Unternehmensberatung für das Top-Management A.T. Kearney und Leiter des Bereichs Nachhaltigkeitsmanagement. Dr. Schulz besitzt mehr als 13 Jahre Beratungserfahrung als Managementberater. Die Schwerpunkte seiner Erfahrung liegen in den Bereichen Strategieentwicklung, Supply Chain-, Wachstums- und Nachhaltigkeitsmanagement. Er unterstützt internationale

Klienten bei der Strategieentwicklung und bei der Erarbeitung und Umsetzung von operativen Verbesserungen – im Sinne von ökonomischen, ökologischen und sozialen Aspekten. Dabei ist er vor allem in Europa, Amerika und Asien tätig. Sein Studium der Physik an der Universität Bonn hat er durch ein Masterstudium in Chemical Physics an der Ohio State University ergänzt. Schulz ist verheiratet und hat fünf Kinder.

Schwalbach Joachim

Prof. Dr. Joachim Schwalbach ist Professor für Internationales Management an der Wirtschaftswissenschaftlichen Fakultät der Humboldt-Universität zu Berlin und leitet dort das Institut für Management. Von 2004 bis 2006 war er Dekan der Wirtschaftswissenschaftlichen Fakultät. Seine Forschungsschwerpunkte sind insbesondere: Internationalisierung von Unternehmen, Corporate Governance, gesellschaftliche Verantwortung von Unternehmen, der Ehrbare Kaufmann, Unternehmensreputation und Managementvergütung. Schwalbach ist darüber hinaus Mitherausgeber diverser Fachzeitschriften, unter ihnen die Zeitschrift für Betriebswirtschaft, und organisiert regelmäßig Tagungen, vornehmlich zum Thema CSR.

Schwarz Christoph

Mag. Christoph Schwarz ist Doktorand an der Wirtschaftswissenschaftlichen Fakultät Ingolstadt der Katholischen Universität Eichstätt-Ingolstadt. Sein Arbeitsthema ist unternehmerisches Engagement im Bildungsbereich. Er hat Internationale Betriebswirtschaft an der Wirtschaftsuniversität Wien und am University College Cork studiert. Während des Studiums war CSR das Thema der Arbeit in der internationalen Studierendenorganisation AIESEC, nach dem Studium hat er ein Praktikum zu CSR in Mexiko absolviert. Er ist in Lehre und Forschung aktiv und hat erste Publikationen zu Unternehmensethik und Engagement von Unternehmen veröffentlicht.

Schwarzbauer Anna

Anna Schwarzbauer ist Diplomandin am Institut für Marketing und Innovation an der Universität für Bodenkultur Wien und arbeitet aktuell an einer Studie zu CSR im österreichischen Lebensmitteleinzelhandel. Während ihres Studiums sammelte sie CSR-Erfahrung in den Branchen Telekommunikation, Bankenwesen und Forstwirtschaft.

Schwerk Anja

Dr. Anja Schwerk studierte Betriebswirtschaftslehre an der Freien Universität Berlin und war anschließend als wissenschaftliche Mitarbeiterin am Institut für kleine und mittelständische Unternehmen an der Freien Universität Berlin tätig. 1993 wechselte sie an das Institut für Management der Humboldt-Universität zu Berlin, wo sie 1998 promovierte. Neben ihrer Tätigkeit an der Universität war sie am Centrum für Corporate Citizenship Deutschland (CCCD) als Projektleiterin im Bereich Fortbildung für die Entwicklung und Durchführung von Executive Trainings zum Thema Corporate Responsibility zuständig. In der Unternehmenspraxis wirkte sie an diversen Beratungsprojekten zum Thema Corporate Responsibility mit. Neben ihrer Tätigkeit als wissenschaftliche Mitarbeiterin am Institut für Management ist Anja Schwerk Dozentin für Corporate Responsibility an der Hamburg School of Management (HSBA). Aktuelle Forschungsschwerpunkte: strategisches Management von CSR/Nachhaltigkeit, Integration von CSR in das Unternehmen, Messung und Wirkung von CSR, Zulieferkettenmanagement.

Sedmak Clemens

Univ.-Prof. DDDr. Clemens Sedmak ist Inhaber des F.D. Maurice Lehrstuhls für Sozialethik am King's College London und F.M. Schmölz OP Gastprofessor an der Universität Salzburg, an der er auch das Zentrum für Ethik und Armutsforschung leitet. Daneben ist Sedmak Präsident des Internationalen Forschungszentrums für soziale und ethische Fragen. Sedmak ist Autor von mehr als 20 Büchern; seine Forschungsschwerpunkte sind: Armutsforschung, Wirtschafts- und Führungsethik und Theorien des guten Lebens.

Simacek Ursula

Mag^a Ursula Simacek leitet in der dritten Generation das Familienunternehmen Simacek Facility Management Group GmbH. Sie trägt die Verantwortung für fast 7.000 MitaberbeiterInnen in Österreich, Deutschland und einigen CEE Ländern. Nach Ihrem Publizistik- und Kommunikationswissenschaftsstudium, erwarb sie 1995 das Dekret für den „Internen – und Lieferanten Auditor". 1996 und 1997 absolvierte sie die Meisterprüfungen für das Handwerk der Gebäudereiniger und Schädlingsbekämpfer. Nachhaltigkeit ist für sie kein Schlagwort sondern Strategie, so implementierte sie 2010 eine CSR Stabstelle im Unternehmen und arbeitet aktiv im CSR Team mit. Ihr politisches Engagement zeigt sich in Ihren Funktionen der Bundes-und Landesinnungsmeister– Stellvertreterin der Denkmal-, Fassaden-und Gebäudereiniger.

Durch ihr CSR Engagement ist die Unternehmerin zur CSR Botschafterin in der Wirtschaft geworden und initiiert Stakeholderdialoge nach der Prämisse „aus der Wirtschaft für die Wirtschaft" wie z.B. die Stakeholderdialoge B2B Diversity Day & Night.

Steurer Reinhard

Mag. Dr. phil. Reinhard Steurer (MPP) ist Universitätsassistent am Institut für Wald-, Umwelt und Ressourcenpolitik (InFER) der Universität für Bodenkultur, Wien. Er studierte Politikwissenschaft (Mag. Dr. phil.) an der Universität Salzburg und absolvierte einen Master in Public Policy (MPP) an der University of Maryland/ USA. In Forschung und Lehre beschäftigt er sich mit der Governance und Politik zu nachhaltiger Entwicklung in Europa, der Rolle von Regierungen im Kontext von CSR sowie mit Klimapolitik (Mitigation und Adaption). Er hat über 140 Journalartikel, Buchkapitel, Bücher, Konferenzbeiträge und Internet-Berichte zu diesen Themen publiziert. Zu den Journalen die seine Arbeiten veröffentlicht haben zählen u.a. „Policy Sciences", „Environment and Planning C", „Journal of Business Ethics" und „Scandinavian Journal of Management". Die zahlreichen von ihm geleiteten

Forschungs- und Beratungsprojekte wurden unter anderem von der Europäischen Kommission, UNDP Türkei, dem Deutschen Rat für Nachhaltige Entwicklung, verschiedenen Ministerien in Österreich und anderen EU-Ländern sowie diversen Wissenschaftsfonds finanziert.

Strauß Hans A.

Dr. Hans A. Strauß war nach seinem Ingenieurstudium in verschiedenen Positionen internationaler Unternehmen tätig. Er erweiterte seine akademische Ausbildung mit den Abschlüssen als MBA in General Management und als MSc im Bereich Systemisches Coaching und Wirtschaftsmediation. Neben der Konzession als Unternehmensberater verfügt er über die internationale Zertifizierung als Certified Management Consultant (CMC) und die Akkreditierung als CSR-Consultant. Weiters ist er IRCA-akkreditierter Trainer für die Ausbildung von Auditoren. Neben seiner derzeitigen Führungsaufgabe als Leiter der Zertifizierstelle für Managementsysteme und gewerberechtlicher Geschäftsführer in einem internationalen Konzern ist er als Leadauditor für Managementsysteme mit den Schwerpunkten Qualität, Umwelt und Social Systems sowie als Systemischer Coach tätig.

Suchanek Andreas

Prof. Dr. rer. pol. Andreas Suchanek ist Inhaber des Dr. Werner Jackstädt-Lehrstuhls für Wirtschafts- und Unternehmensethik an der Handelshochschule Leipzig (HHL) Leipzig Graduate School of Management und Vorstand des Wittenberg-Zentrums für Globale Ethik. Seine Themenschwerpunkte sind Wirtschafts- und Unternehmensethik, Corporate Responsibility, Vertrauens- und Wertemanagement, Führungsethik. Kern seiner Konzeption ist die goldene Regel in der folgenden Formulierung: Investiere in die Bedingungen der gesellschaftlichen Zusammenarbeit zum gegenseitigen Vorteil!

Sutter Georg-Suso

Dr. Georg-Suso Sutter sammelte nach seinem Studium/Promotion (Berufs- und Wirtschaftspädagogik sowie Germanistik) Berufserfahrungen in der Lehre sowie in der Personal- und Organisationsentwicklung der Messerschmidt-Bölkow-Blohm GmbH und der Deutschen Aerospace AG, bevor er verschiedene Führungs-/Vorstandsfunktionen in den Bereichen Human Resources und Facility-Management der Quelle-Neckermann-Gruppe übernahm. Danach war er als HR-Manager und Geschäftsführer der Versandhandelsgruppe Primondo GmbH tätig und dort u. a. für das Human Resources Management für über 20.000 Menschen verantwortlich. Als Consultant und Coach (GSS Consulting – Shared Value) berät er heute Unternehmer und Organisationen zu Führungs-, Steuerungs- und Organisationsfragen, insbesondere bei den Aufgabenstellungen TransformationsManagement und Kulturentwicklung, werteorientierte Führung, Human Potential Management sowie Selbst- und Lebensführung. Er hält zudem Vorträge und Workshops insbesondere zur Bedeutung einer nachhaltigen „verlässlichen Führungskultur" und der besonderen Rolle einer „leistungsfähigen HR-Funktion" bei der Bewältigung von Krisen. Zudem engagiert er sich als Mitglied des Vorstands des „CSR-Dialog-Forum Oberösterreich" für die Weiterverbreitung des CSR-Gedankenguts sowie in der „On-Family-GmbH" für neue Formen des „Miteinander-Wirtschaftens".

Trautner Jörg

Jörg Trautner, Jg. 1955. Studium der Verwaltungswissenschaften an der Universität Konstanz. Ministerialrat im deutschen Bundesministerium für Arbeit und Soziales und Referatsleiter für Gesellschaftliche Verantwortung von Unternehmen (CSR).

Walker Thomas

Thomas Walker ist Geschäftsführer von walk-on/institute for sustainable solutions. Nach einer technischen Ausbildung und jahrelangen Tätigkeit in der Softwareentwicklung und im Projektmanagement machte Thomas Walker eine psychologische Zusatzausbildung am Milton Erickson Institut in Heidelberg und verlagerte schrittweise seine Tätigkeiten in den Bereich der Nachhaltigkeit. 2001 erfolgt die Gründung des Institutes für Nachhaltige Lösungen mit den Forschungsschwerpunkten CSR (Corporate Social Responsibility) und Nachhaltigkeit und die Entwicklung von CSR der zweiten Generation inklusive der entsprechenden Methoden und Interventionen für die Praxis. Weiters macht Thomas Walker Begleitungen und Moderationen von Multistakeholder-Projekten zu CSR der dritten Generation. Walker ist auch im Beirat des Zentrums für humane Marktwirtschaft.

Wieland Josef

Prof. Dr. Josef Wieland ist Professor für Allgemeine BWL mit Schwerpunkt Wirtschafts- und Unternehmensethik an der Hochschule Konstanz für Technik, Wirtschaft und Gestaltung (HTWG). U. a. Wissenschaftlicher Direktor des Konstanz Institut für WerteManagement (KIeM). Forschungs- und Arbeitsschwerpunkte: Wirtschafts- und Unternehmensethik, Neue Institutionen- und Organisationsökonomik, Empirische Gerechtigkeitsforschung, Ökonomische Theoriegeschichte. Träger des Max-Weber-Preises für Wirtschaftsethik 1999 des Instituts der deutschen Wirtschaft Köln und des Preises für Angewandte Forschung (Landesforschungspreis) Baden-Württemberg 2004. Mitglied des vom Bundesministerium für Arbeit und Soziales initiierten CSR-Forums. Zahlreiche Publikationen und Herausgeberschaften, u. a.: MetropolisReihe „Studien zur Governanceethik" 2001-2011; Handbuch Wertemanagement 2004; das Handbuch ComplianceManagement 2010 und das Manifest Globales Wirtschaftsethos 2010".

Zastrau Ralf

Ralf Zastrau ist Vorstandsvorsitzender der Nanogate AG und Mitgründer des Unternehmens. Er hat dessen Transformation von einem wissenschaftlichen Start-up zu einem marktorientierten Technologieunternehmen vollzogen und führte das Unternehmen 2006 mit Erstnotierung an der Frankfurter Börse in eine neue Ära. Er verfügt über langjährige Erfahrung sowohl in der mittelständischer Wirtschaft als auch in internationalen Konzernunternehmen. Seine kaufmännische Basis erhielt er während einer Lehre zum Industriekaufmann sowie im Rahmen seines parallel gegründeten Software-Unternehmens, gefolgt von einem Doppelstudium zum Wirtschaftsinformatiker und Diplom-Kaufmann in Deutschland und England. Den Abschluss bildete ein MBA-Aufbaustudium in den USA. Nach seinem Studium übernahm er Führungspositionen als Leiter Controlling einer mittelständischen Unternehmensgruppe, in der Unternehmensentwicklung der ABB AG sowie in der Geschäftsleitung einer ABB-Tochtergesellschaft. Ralf Zastrau steht für eine Unternehmensphilosophie, in der nicht allein der wirtschaftliche Erfolg maßgebend ist, sondern ebenso die Verantwortung für die Gesellschaft.

Beteiligte Organisationen

BMW Group

Die BMW Group ist mit ihren drei Marken BMW, MINI und Rolls-Royce einer der weltweit erfolgreichsten Premium-Hersteller von Automobilen und Motorrädern. Als internationaler Konzern betreibt das Unternehmen 25 Produktions- und Montagestätten in 14 Ländern sowie ein globales Vertriebsnetzwerk mit Vertretungen in über 140 Ländern. Im Geschäftsjahr 2010 erzielte die BMW Group einen weltweiten Absatz von 1,46 Millionen Automobilen und über 110.000 Motorrädern. Das Ergebnis vor Steuern belief sich auf rund 4,8 Milliarden Euro, der Umsatz auf 60,5 Milliarden Euro. Zum 31. Dezember 2010 beschäftigte das Unternehmen weltweit rund 95.500 Mitarbeiterinnen und Mitarbeiter. Seit jeher sind langfristiges Denken und verantwortungsvolles Handeln die Grundlage des wirtschaftlichen Erfolges der BMW Group. Das Unternehmen hat ökologische und soziale Nachhaltigkeit entlang der gesamten Wertschöpfungskette, umfassende Produktverantwortung sowie ein klares Bekenntnis zur Schonung von Ressourcen fest in seiner Strategie verankert.

Intel

Intel, das weltweit führende Unternehmen in der Halbleiterinnovation, entwickelt und produziert die grundlegende Technik für die Computerprodukte unserer Welt und ist, gemessen am Umsatz, der weltweit größte Halbleiterchip-Hersteller. Für das nächste Jahrzehnt wird Intel Computertechnologien entwickeln und ausbauen, die das Leben bereichern und alle Menschen überall auf der Welt miteinander verbinden. Ein entscheidender Erfolgsfaktor wird es sein, Intel's führende Rolle im Umfeld der Unternehmensverantwortung innovativ auszubauen. Diese wird bei Intel nicht vom Kerngeschäft getrennt. Eine der vier Säulen der globalen Unternehmensstrategie ist der sorgsame Umgang mit Mensch und Umwelt, verbunden mit der Inspiration für die nächste Generation. Die Entwicklung energieeffizienter Computertechnologien ist ein Schlüsselelement des Einsatzes gegen den Klimawandel und für globale Energiesparmöglichkeiten. Für den Bildungsbereich ist Intel überzeugt, dass solides Grundlagenwissen in Mathematik und Naturwissenschaften – kombiniert mit Schlüsselfähigkeiten zu Problemlösungsorientierung, Kooperation und kritischem Denken – die Basis für Innovationen bildet. Im zurückliegenden Jahrzehnt haben Intel und die Intel Foundation über 1 Milliarde US-Dollar investiert, um rund um den Globus die Ausbildung zu verbessern.

Nanogate AG

Nanogate ist ein international führendes, integriertes Systemhaus für Nanooberflächen. Das Unternehmen mit Hauptsitz im Saarland und Standorten in Schwäbisch-Gmünd, Geldrop (Niederlande) sowie Heimerdingen ermöglicht die Programmierung und Integration kombinierter Hochleistungsfunktionen in nahezu beliebige

Materialien und Oberflächen. Das Unternehmen wächst seit seiner Gründung jährlich im klar zweistelligen Prozentbereich, beschäftigt aktuell mehr als 300 Mitarbeiter, ist in über 30 Ländern aktiv und erwartet für das aktuelle Geschäftsjahr einen
Umsatz von signifikant über 30 Millionen Euro. Hierbei schafft Nanogate für seine
Kunden Wettbewerbsvorsprung durch Produktveredelung und verfügt über eine
einzigartige Werkstoff-Kompetenz, kombiniert mit umfangreichem Prozess- und
Produktions-Know-how. Als Systemhaus deckt Nanogate die gesamte Wertschöpfungskette von Rohstoffbeschaffung über die Synthese und Formulierung von Ma-
terialsystemen bis hin zur Veredelung und Produktion der finalen Oberfläche ab.
Die börsennotierte Nanogate-Gruppe zählt seit dem operativen Start 1999 zu den
Vorreitern der Nanotechnologie in Europa. Das Unternehmen verfügt über vielfäl-
tigste Kundenreferenzen und langjährige Erfahrungen in verschiedenen Branchen
und Anwendungen. Mehrere hundert Projekte wurden bislang in der Serienproduk-
tion überführt. Überdies bestehen strategische Partnerschaften mit internationalen
Konzernen.

PWC (PricewaterhouseCoopers)

PwC (PricewaterhouseCoopers) zählt zu den weltweit größten Dienstleistern im
Bereich der Wirtschaftsprüfung, Steuerberatung und Unternehmensberatung und
blickt auf eine 150 Jährige Geschichte zurück. PwC besteht aus einem globalen
Netzwerk rechtlich selbstständiger und unabhängiger Unternehmen mit mehr als
160.000 Mitarbeitern, an 757 Standorten in 154 Ländern. PwC Österreich ist als
Teil des globalen Central Clusters mit 680 MitarbeiterInnen in allen neun Bundesländern vertreten. Die Themen der Nachhaltigen Entwicklung und Unternehmerischen Verantwortung sind für unsere Kunden und so auch für PwC von grosser Bedeutung. Aus diesem Grund gibt es heute ein auf 800 NachhaltigkeitsexpertInnen
gewachsenes globales Netzwerk – der PwC Sustainable Business Solutions. PwC
unterstützt Unternehmen dabei, Nachhaltigkeit und Verantwortung in die Strategie und das Kerngeschäft zu integrieren und so einen messbaren Wertbeitrag zu
schaffen. Dies reicht von der Entwicklung von Nachhaltigkeitsstrategien, über die
Implementierung von Prozessen, Strukturen und Kennzahlen, bis hin zur Begleitung, oder Prüfung von Nachhaltigkeitsberichten. PwC möchte der eigenen Verantwortung in den Bereichen Mitarbeiter, Umwelt, Gesellschaft und Markt gerecht
werden und veröffentlicht dazu jährliche Nachhaltigkeitsberichte. PwC Österreich
erhielt im Jahr 2009 den bedeutenden österreichischen CSR Preis TRIGOS.

Raiffeisen Zentralbank Österreich AG (RZB)

Die RZB wurde 1927 gegründet und ist das Spitzeninstitut der Raiffeisen
Bankengruppe Österreich (RBG). In ihren Grundprinzipien geht diese auf die
Ideen von Friedrich Wilhelm Raiffeisen zurück. Für ihn waren gesellschaftli-
che Solidarität, Selbsthilfe und Nachhaltigkeit Leitlinien für das wirtschaftliche
Handeln. Die RZB ist als Konzernspitze der RZB Group eine wesentliche wirt-
schaftliche Kraft in Österreich und in vielen Ländern, in denen sie tätig ist. Als
Muttergesellschaft der börsenotierten Raiffeisen Bank International AG und mit
ihren Verbundunternehmen betreibt sie eines der größten Bankennetzwerke in

CEE. 17 Märkte der Region werden durch Tochterbanken, Leasingfirmen und eine Reihe anderer Finanzdienstleistungsunternehmen abgedeckt.

Die RZB übernimmt als Unterzeichnerin des UN Global Compact Verantwortung für Menschen, Gesellschaft und Umwelt. Sie berichtet über ihre Corporate Responsibility-Aktivitäten in einem eigenen Bericht und orientiert sich dabei an den international anerkannten Standards der Global Reporting Initiative.

Simacek Facility Management Group GmbH

Die Firma Simacek ist einer der Leitbetriebe Österreichs im Bereich der integrierten Facility Services und wurde 1942 gegründet. Mit Hauptsitz in Wien und zahlreichen Niederlassungen in ganz Österreich sowie mehreren Tochtergesellschaften in Tschechien, der Slowakei, Rumänien, Bulgarien, Serbien und Deutschland beschäftigt SIMACEK über 7000 MitarbeiterInnen. Als Komplettanbieter für infrastrukturelle Facility Services bietet SIMACEK von der Reinigung und Bewachung, über die Betriebsverpflegung, Catering und Eventmanagement, Wäscheservice bis hin zur Schädlingsbekämpfung und Taubenabwehr auf diesem Sektor ein breites- und kundenorientiertes Dienstleistungsspektrum. Personalbereitstellung und Mailroomservice ergänzen das reichhaltige Portfolio. Das in der dritten Generation geführte Familienunternehmen wurde bereits mit vielen Preisen, wie Bestes Familienunternehmen 2009, Vorbildlicher Lehrbetrieb, EMAS geprüftes Umweltmanagement und vielen mehr ausgezeichnet. Gesellschaftliche Verantwortung und Nachhaltigkeit ist bei Simacek nicht nur gelebte Tradition, sondern auch ein wichtiges Thema für Gegenwart und Zukunft.

Verso

„Verso ist ein europaweites CSR-Projekt mit dem Ziel, jedem Unternehmen eine zeit- und ressourcenfreundlich Möglichkeit zu geben, die relevanten CSR-Maßnahmen zu generieren und erfolgreich an sämtliche Interessengruppen zu kommunizieren. In Zusammenarbeit mit Universitäten, Instituten, Ministerien und Experten entstand eine innovative, interaktive und vielfältig integrierbare Lösung. Durch die leichte Verständlichkeit und gute Verfügbarkeit der Informationen werden mit Verso die CSR-Maßnahmen jedes Unternehmens für Konsumenten, Mitarbeiter, Bewerber und Geschäftspartner erstmals wirklich nutzbar. Verso bietet somit Orientierungshilfe bei Entscheidungen und CSR wird zu einem Differenzierungsmerkmal für Unternehmen."

Wirtschaftskammer Österreich

Die Wirtschaftskammer Österreich ist Interessensvertreter für mehr als 400.000 Mitgliedsbetriebe. Als Stimme der Unternehmen setzen wir uns für eine zukunftsorientierte und wirtschaftsfreundliche Politik ein. CSR ist ein wichtiger Teil unseres Grundsatzprogramms. Die Wirtschaftskammer unterstützt das Konzept der gesellschaftlichen Verantwortung von Unternehmen und übernimmt selbstbewusst Verantwortung für Staat und Gesellschaft. Durch verantwortungsvolles Handeln schaffen die Unternehmerinnen und Unternehmer wirtschaftlichen Erfolg, soziale Sicherheit für die Menschen und eine intakte Umwelt. Die soziale Marktwirtschaft bestimmt unser Handeln. Dafür bedarf es eines wirkungsvollen Ordnungsrahmens, der sowohl faire Wettbewerbsbedingungen als auch ein ausgewogenes Miteinander von großen, kleinen und mittleren Unternehmen sichert.

Zentrum für humane Marktwirtschaft

Das Zentrum für humane Marktwirtschaft ist eine von der Wirtschaftskammer Salzburg ins Leben gerufenen Plattform, um das Management-Konzept der „Corporate Social Responsibility" insbesondere in der klein-und mittelständischen Wirtschaft stärker zu verankern. Auf wissenschaftlich fundierter Grundlage und mit Orientierung auf die Praxis will das Zentrum durch Wissensvermittlung einen Beitrag für eine Wirtschaftskultur der Verantwortung leisten.

Printed by Printforce, the Netherlands